Sistema de Unidades Utilizado Neste Livro

No corpo deste livro, tanto no texto como nas equações, são utilizados dois sistemas de unidades: o Sistema Internacional de Unidades (SI, métrico) e o Sistema Americano de Unidades (*United States Customary System* – USCS). As unidades do sistema métrico são apresentadas primeiro, e a unidade utilizada no sistema americano é apresentada na sequência, entre parênteses.

Prefixos para as unidades no SI:

Prefixo	Símbolo	Multiplicador	Exemplo (e símbolos)
nano-	n	10^{-9}	nanômetro (nm)
micro-	μ	10^{-6}	micrômetro, micro (μm)
mili-	m	10^{-3}	milímetro (mm)
centi-	c	10^{-2}	centímetro (cm)
quilo-	k	10^{3}	quilômetro (km)
mega-	M	10^{6}	megaPascal (MPa)
giga-	G	10^{9}	gigaPascal (GPa)

Tabela de Conversão entre as unidades no SI e no USCS:

Variável	Unidade no SI	Unidade no USCS	Conversão
Comprimento	metro (m)	polegada (in)	1,0 in = 25,4 mm = 0,0254 m
		pé (ft)	1,0 ft = 12,0 in = 0,3048 m = 304,8 mm
		jarda	1,0 jarda = 3,0 ft = 0,9144 m = 914,4 mm
		milha	1,0 milha = 5280 ft = 1609,34 m = 1,60934 km
		micropolegada (μ-in)	1,0 μ-in = 1,0 × 10^{-6} in = 25,4 × 10^{-3} μm
Área	m^2, mm^2	in^2, ft^2	1,0 in^2 = 645,16 mm^2
			1,0 ft^2 = 144 in^2 = 92,90 × 10^{-3} m^2
Volume	m^3, mm^3	in^3, ft^3	1,0 in^3 = 16,387 mm^3
			1,0 ft^2 = 1728 in^3 = 2,8317 × 10^{-2} m^3
Massa	quilograma (kg)	libra (lb)	1,0 lb = 0,4536 kg
		tonelada curta (ton)	1,0 ton = 2000 lb = 907,2 kg
Densidade e Massa específica	kg/m^3	lb/in^3	1,0 lb/in^3 = 27,68 × 10^3 kg/m^3
		lb/ft^3	1,0 lb/ft^3 = 16,0184 kg/m^3
Velocidade	m/min	ft/min	1,0 ft/min = 0,3048 m/min = 5,08 × 10^{-3} m/s
	m/s	in/min	1,0 in/min = 25,4 mm/min = 0,42333 mm/s
Aceleração	m/s^2	ft/s^2	1,0 ft/s = 0,3048 m/s^2
Força	Newton (N)	libra-força (lbf)	1,0 lb = 4,4482 N
Torque	N-m	ft-lb, in-lb	1,0 ft-lb = 12,0 in-lb = 1,356 N-m
			1,0 in-lb = 0,113 N-m
Pressão	Pascal (Pa)	lb/in^2	1,0 lb/in^2 = 6895 N/m^2 = 6895 Pa
Tensão	Pascal (Pa)	lb/in^2	1,0 lb/in^2 = 6,895 × 10^{-3} N/mm^2 = 6,895 × 10^{-3} MPa
Trabalho	Joule (J)	ft-lb, in-lb	1,0 ft-lb = 1,356 N-m = 1,356 J
			1,0 in-lb = 0,113 N-m = 0,113 J
Calor	Joule (J)	Btu (British thermal unit)	1,0 Btu = 1055 J
Potência	Watt (W)	Cavalo-vapor (cv, hp)	1,0 hp = 33.000 ft-lb/min = 745,7 J/s = 745,7 W
			1,0 ft-lb/min = 2,2597 × 10^{-2} J/s = 2,2597 × 10^{-2} W
Calor específico	J/kg-°C	Btu/lb-°F	1,0 Btu/lb-°F = 1,0 Caloria/g-°C = 4.187 J/kg-°C
Condutividade térmica	J/s-mm-°C	Btu/h-in-°F	1,0 Btu/h-in-°F = 2,077 × 10^{-2} J/s-mm-°C
Dilatação térmica	(mm/mm)/°C	(in/in)/°F	1,0 (in/in)/°F = 1,8 (mm/mm)/°C
Viscosidade	Pa-s	lbf-s/in^2	1,0 lb-s/in^2 = 6895 Pa-s = 6895 N-s/m^2

Conversões entre SI e USCS

Conversão do USCS para o SI: Para converter o valor de uma variável com unidades no sistema americano para o valor equivalente às unidades no sistema internacional, SI, deve-se ***multiplicar*** o valor USCS a ser convertido pelo valor apresentado no lado direito da Tabela de Conversão.

Exemplo: Converter um comprimento $L = 3,25$ in para seu valor equivalente em milímetros.

Solução: A equivalência apresentada na tabela é: 1 in = 25,4 mm

$$L = 3,25 \text{ in} \times (25,4 \text{ mm/in}) = \mathbf{82,55 \text{ mm}}$$

Conversão do SI para o USCS: Para converter o valor de uma variável com unidades no sistema internacional para o valor equivalente às unidades no americano, USCS, deve-se ***dividir*** o valor no SI a ser convertido pelo valor apresentado no lado direito da Tabela de Conversão.

Exemplo: Converter uma área $A = 1000$ mm^2 para seu valor equivalente em in^2.

Solução: A equivalência apresentada na tabela é: 1,0 in^2 = 645,16 mm^2

$$A = 1000 \text{ mm}^2/(645,16 \text{ mm}^2/\text{in}^2) = \mathbf{1,55 \text{ in}^2}$$

INTRODUÇÃO AOS PROCESSOS DE FABRICAÇÃO

O GEN | Grupo Editorial Nacional – maior plataforma editorial brasileira no segmento científico, técnico e profissional – publica conteúdos nas áreas de ciências exatas, humanas, jurídicas, da saúde e sociais aplicadas, além de prover serviços direcionados à educação continuada e à preparação para concursos.

As editoras que integram o GEN, das mais respeitadas no mercado editorial, construíram catálogos inigualáveis, com obras decisivas para a formação acadêmica e o aperfeiçoamento de várias gerações de profissionais e estudantes, tendo se tornado sinônimo de qualidade e seriedade.

A missão do GEN e dos núcleos de conteúdo que o compõem é prover a melhor informação científica e distribuí-la de maneira flexível e conveniente, a preços justos, gerando benefícios e servindo a autores, docentes, livreiros, funcionários, colaboradores e acionistas.

Nosso comportamento ético incondicional e nossa responsabilidade social e ambiental são reforçados pela natureza educacional de nossa atividade e dão sustentabilidade ao crescimento contínuo e à rentabilidade do grupo.

INTRODUÇÃO AOS PROCESSOS DE FABRICAÇÃO

Mikell P. Groover
Professor Emérito da Industrial and Systems Engineering
Lehigh University

Coordenação de Tradução e Revisão Técnica
Anna Carla Araujo

Tradução e Revisão Técnica

André Ribeiro de Oliveira
Doutor em Eng. de Produção
Professor da Universidade do Estado do Rio de Janeiro – UERJ
Tradução dos Capítulos 28 e 29

Anna Carla Araujo
Doutora em Eng. Mecânica
Professora da Universidade Federal do Rio de Janeiro – UFRJ
Tradução dos Capítulos zero, 1, 4, 16, 17, 26, 27, guardas
Revisão Técnica dos Capítulos 3, 9, 13, 14, 15, 16, 17, 18, 19, 25, 29, 30 e guardas

Gloria Dulce de Almeida Soares
Doutora em Eng. Metalúrgica e de Materiais
Professora da Universidade Federal do Rio de Janeiro – UFRJ
Tradução dos Capítulos 5 e 6
Revisão Técnica dos Capítulos 21, 22, 23 e 24

Hector Reynaldo Meneses Costa
Doutor em Eng. Metalúrgica e de Materiais
Professor do Centro Federal de Educação Tecnológica Celso Suckow da Fonseca – CEFET/RJ
Tradução dos Capítulos 22, 23 e 24
Revisão Técnica dos Capítulos 5 e 6

Ivan Napoleão Bastos
Doutor em Eng. Metalúrgica e de Materiais
Professor da Universidade do Estado do Rio de Janeiro – UERJ
Tradução dos Capítulos 2, 20 e 21
Revisão Técnica dos Capítulos zero, 1, 8 e 27

José Eduardo Ferreira de Oliveira
Doutor em Eng. Mecânica
Professor do Instituto Federal de Pernambuco – IFPE
Tradução do Capítulo 30

José Luís Lopes da Silveira
Doutor em Eng. Mecânica
Professor da Universidade Federal do Rio de Janeiro – UFRJ
Tradução dos Capítulos 15, 16 e 17
Revisão Técnica dos Capítulos 12, 16 e 17

José Roberto Moraes d'Almeida
Doutor em Eng. Metalúrgica e de Materiais
Professor da Pontifícia Universidade Católica do Rio de Janeiro – PUC-Rio
Professor da Universidade do Estado do Rio de Janeiro – UERJ

Tradução dos Capítulos 7, 8 e 9
Revisão Técnica dos Capítulos 2 e 20

Luciano Pessanha Moreira
Docteur en Sciences de l'Ingénieur
Professor da Universidade Federal Fluminense – UFF
Tradução dos Capítulos 12, 13 e 14
Revisão Técnica dos Capítulos 7 e 11

Maria Cindra Fonseca
Doutora em Eng. Metalúrgica e de Materiais
Professora da Universidade Federal Fluminense – UFF
Tradução dos Capítulos 10, 18 e 19

Mônica Calixto de Andrade
Doutora em Eng. Metalúrgica e de Materiais
Professora da Universidade do Estado do Rio de Janeiro – UERJ
Tradução do Capítulo 11
Revisão Técnica do Capítulo 10

Pedro Manuel Calas Lopes Pacheco
Doutor em Eng. Mecânica
Professor do Centro Federal de Educação Tecnológica Celso Suckow de Fonseca – CEFET/RJ
Tradução dos Capítulos 3 e 25
Revisão Técnica dos Capítulos 4 e 26

- O autor deste livro e a editora empenharam seus melhores esforços para assegurar que as informações e os procedimentos apresentados no texto estejam em acordo com os padrões aceitos à época da publicação, *e todos os dados foram atualizados pelo autor até a data de fechamento do livro.* Entretanto, tendo em conta a evolução das ciências, as atualizações legislativas, as mudanças regulamentares governamentais e o constante fluxo de novas informações sobre os temas que constam do livro, recomendamos enfaticamente que os leitores consultem sempre outras fontes fidedignas, de modo a se certificarem de que as informações contidas no texto estão corretas e de que não houve alterações nas recomendações ou na legislação regulamentadora.

- O autor e a editora se empenharam para citar adequadamente e dar o devido crédito a todos os detentores de direitos autorais de qualquer material utilizado neste livro, dispondo-se a possíveis acertos posteriores caso, inadvertida e involuntariamente, a identificação de algum deles tenha sido omitida.

- **Atendimento ao cliente: (11) 5080-0751 | faleconosco@grupogen.com.br**

- Traduzido de
  INTRODUCTION TO MANUFACTURING PROCESSES, FIRST EDITION
  Copyright © 2012 John Wiley & Sons, Inc.
  All Rights Reserved. This translation published under license with the original publisher John Wiley & Sons Inc.
  ISBN: 978-0-470-63228-4

- Direitos exclusivos para a língua portuguesa
  Copyright © 2014, 2021 (5ª impressão) by
  GEN | Grupo Editorial Nacional S.A.
  Publicado pelo selo **LTC | Livros Técnicos e Científicos Editora Ltda**.
  Travessa do Ouvidor, 11
  Rio de Janeiro – RJ – 20040-040
  www.grupogen.com.br

- Reservados todos os direitos. É proibida a duplicação ou reprodução deste volume, no todo ou em parte, em quaisquer formas ou por quaisquer meios (eletrônico, mecânico, gravação, fotocópia, distribuição pela Internet ou outros), sem permissão, por escrito, da LTC | Livros Técnicos e Científicos Editora Ltda.

- Imagem de Capa: Foto cortesia de Sandvik Coromant.

- Editoração Eletrônica: Imagem Virtual Editoração Ltda.

CIP-BRASIL. CATALOGAÇÃO NA PUBLICAÇÃO
SINDICATO NACIONAL DOS EDITORES DE LIVROS, RJ

G899i
Groover, Mikell P.
Introdução aos processos de fabricação / Mikell P. Groover ; tradução Anna Carla Araujo ; tradução e revisão técnica André Ribeiro de Oliveira ... [et al.] - 1. ed. - [Reimpr.]. - Rio de Janeiro : LTC, 2021.
il. ; 28 cm.

Tradução de: Introduction to manufacturing processes
Inclui bibliografia e índice

ISBN 978-85-216-2519-3

1. Usinagem. 2. Processo de fabricação. I. Título.

13-06076   CDD: 671.35
             CDU: 658.512.2

PREFÁCIO

O livro ***Introdução aos Processos de Fabricação*** foi planejado para ser utilizado como suporte em um curso introdutório voltado para a graduação dos currículos de formação em Engenharia Mecânica, Industrial e de Fabricação. Pode ser apropriado também para cursos de tecnologia relacionados a essas disciplinas na engenharia. A presente obra está fortemente fundamentada em meu outro livro intitulado ***Fundamentals of Modern Manufacturing: Materials, Processes, and Systems***, que contém aproximadamente mil páginas e compete com outros livros-textos de fabricação igualmente extensos. Alguns leitores alegam que tais livros apresentam mais conteúdo do que é possível abordar durante um semestre de curso. Contra-argumento tal alegação afirmando que essas obras bem abrangentes servirão como valiosas referências para os estudantes em suas futuras profissões, considerando que trabalharão em áreas relacionadas ao projeto ou à fabricação.

Entretanto, neste novo livro, procuramos oferecer um conteúdo significativamente mais resumido do que os demais. Para decidir a amplitude do texto, a John Wiley & Sons realizou uma pesquisa entre os professores que adotaram meu livro ***Fundamentals*** ou concorrentes, a fim de determinar os temas que eles consideravam mais importantes em seus respectivos cursos. Baseados na resposta desse levantamento, desenvolvemos o conteúdo do livro que aqui apresentamos, cujo foco está nos processos de fabricação. O assunto sobre materiais de engenharia foi reduzido de oito para dois capítulos; a cobertura a respeito dos sistemas de produção foi reduzida de cinco para três. Dois capítulos que tratavam de fabricação de produtos eletrônicos foram eliminados, pois nossa pesquisa mostrou que muitos professores de Engenharia Mecânica não sentem necessidade de incluí-los em seus programas de curso. Finalmente, há vários casos em que os capítulos foram mesclados. Todas essas mudanças produziram um novo livro, que contém 30 capítulos, bem menos do que os 42 que havia na quarta edição do livro ***Fundamentals***.

Os capítulos sobre os processos de fabricação foram extraídos quase que integralmente do livro ***Fundamentals***. Em alguns casos, houve redução do conteúdo, pois omiti certos detalhes e tópicos sobre os processos, que seguramente, a meu ver, pareciam mais apropriados para o texto de maior abrangência, mas não para esta versão introdutória. Ainda assim, a ênfase na ciência de fabricação e na modelagem matemática de processos continua a ser um atributo importante deste novo livro. O leitor perceberá que as notas históricas e as questões de múltipla escolha ao final dos capítulos foram eliminadas. As questões de revisão ao final dos capítulos e os problemas foram mantidos, mas a quantidade de problemas foi reduzida. Todas essas mudanças tiveram a intenção de reduzir o número de páginas e, como consequência, produzir um livro cujos tópicos são ministrados pela maioria dos professores dos cursos de fabricação. Para os professores que necessitem de conteúdo mais abrangente sobre o assunto, esperamos que continuem a adotar o livro ***Fundamentals***.

Mikell P. Groover

PREFÁCIO À EDIÇÃO BRASILEIRA

A proposta de tradução desta obra surgiu da carência de uma bibliografia que pudesse ser adotada como livro-texto para cursos de Introdução à Engenharia de Fabricação e similares em nosso país. Este livro foi traduzido, portanto, com o intuito de atualizar e contribuir para a bibliografia utilizada nos cursos de graduação em Engenharia (principalmente Mecânica, de Produção, Industrial, Naval, de Petróleo, Metalurgia, Materiais e Automação e Controle) no Brasil. Os livros-textos utilizados atualmente nas disciplinas de processos de fabricação dedicam atenção a áreas específicas (usinagem, conformação, soldagem etc.) sem apresentar um panorama geral dos processos de fabricação. A bibliografia em português que atendia a essa necessidade no passado não contempla os processos tecnológicos recentemente desenvolvidos e empregados na indústria moderna, além de muitas terem deixado de ser publicadas pelas respectivas editoras. Assim sendo, esta obra pretende preencher uma lacuna na literatura técnica brasileira.

A edição traduzida recebeu a participação de especialistas nas diversas áreas dos processos de fabricação que este livro abrange. O grupo contou com professores-pesquisadores de conceituadas universidades do Estado do Rio de Janeiro (UFRJ, UFF, PUC-Rio, Uerj e Cefet-RJ) e de Pernambuco (IFPE) que atuam em diferentes áreas de pesquisa relacionadas à fabricação.

Houve grande preocupação com a homogeneidade de terminologia e estilo entre os capítulos. Para isso, o processo de tradução e revisão foi realizado em duplas, porém é possível que o leitor encontre pequenas nuances entre os capítulos.

A fim de facilitar a compreensão dos leitores, as unidades de cada uma das variáveis apresentadas nos capítulos são expressas primeiro no Sistema Internacional; entre parênteses, são apresentadas as unidades dessa variável no Sistema Americano. Nesse aspecto, ressaltamos fortemente aos leitores que os valores numéricos são, em geral, diferentes para cada sistema de unidades adotado.

Os professores responsáveis pela tradução e revisão desta obra esperam ter contribuído de forma positiva para a formação dos engenheiros e a atualização de recursos humanos na indústria brasileira.

Anna Carla Araujo
Coordenadora de Tradução e Revisão Técnica

Material Suplementar

Este livro conta com os seguintes materiais suplementares:

Para leitores e docentes

- Fundamental Manufacturing Process Sampler (Vídeos), coletânea de vídeos em formato (.fvl) com narração em inglês, complementados pelos Estudos de Caso;
- Video Companion Case Studies, arquivos em formato (.pdf) que contêm explicações em inglês para acompanhar os vídeos.

Para docentes

- Fundamental Manufacturing Process Sampler (Vídeos), coletânea de vídeos em formato (.fvl) com narração em inglês, complementados pelos Estudos de Caso;
- Ilustrações da obra em formato de apresentação;
- Lecture PowerPoint Slides, arquivos em (.ppt) com apresentações em inglês para uso em sala de aula;
- Solutions Manual, arquivos em formato (.pdf) com o manual de soluções em inglês;
- Video Companion Case Studies, arquivos em formato (.pdf) que contêm explicações em inglês para acompanhar os vídeos.

Os professores terão acesso a todos os materiais relacionados acima (para leitores e restritos a docentes). Basta estarem cadastrados no GEN.

- O acesso ao material suplementar é gratuito. Basta que o leitor se cadastre e faça seu *login* em nosso *site* (www.grupogen.com.br), clicando em GEN-IO, no *menu* superior do lado direito.

- *O acesso ao material suplementar online fica disponível até seis meses após a edição do livro ser retirada do mercado.*

- Caso haja alguma mudança no sistema ou dificuldade de acesso, entre em contato conosco (gendigital@grupogen.com.br).

GEN-IO (GEN | Informação Online) é o ambiente virtual de aprendizagem do GEN | Grupo Editorial Nacional

AGRADECIMENTOS

Gostaria de expressar o meu apreço aos seguintes profissionais que participaram da nossa pesquisa, a qual resultou nas decisões sobre o conteúdo deste livro. São eles: Yuan-Shin Lee, da North Carolina State University; Ko Moe Hun, da University of Hawaii; Ronald Huston, da University of Cincinnati; Ioan Marinescu, da University of Toledo; Val Marinov, da North Dakota State University; Victor Okhuysen, da California Polytechnic University, em Pomona; John M. Usher, da Mississippi State University; Daniel Waldorf, da California Polytechnic State University; Allen Yi, de Ohio State University; Jack Zhou, da Drexel University e Brian Thompson, da Michigan State University.

Além disso, parece-me apropriado reconhecer o esforço de meus colegas da Wiley, em Hoboken, Nova Jersey: a editora executiva Linda Ratts, os assistentes editoriais Renata Marcionne e Christopher Teja, e a editora de produção Micheline Frederick. Por último, mas não menos importante, eu agradeço ao editor Joyce Poh da Wiley, em Cingapura.

SOBRE O AUTOR

Mikell P. Groover é professor emérito de Engenharia Industrial e de Sistemas da Lehigh University. Ele concluiu sua formação em Artes e Ciência, em 1961; a graduação em Engenharia Mecânica, em 1962; o mestrado (M.Sc.) em Engenharia Industrial, em 1966; e o Ph.D., em 1969, todos pela Lehigh University, nos Estados Unidos. Possui registro profissional de engenharia no estado da Pensilvânia. Sua experiência industrial inclui vários anos como engenheiro de produção na Eastman Kodak Company. Desde que ingressou na Lehigh University, ele se envolve em atividades de consultoria, pesquisa e projetos para diversas indústrias.

Sua área de ensino e pesquisa inclui processos de fabricação, sistemas de produção, automação, movimentação de materiais, planejamento de instalações industriais e sistemas de trabalho. Groover recebeu vários prêmios pela excelência no ensino na Lehigh University, bem como o prêmio *Albert G. Holzman Outstanding Educator Award* do Institute of Industrial Engineers (1995) e o *SME Education Award* da Society of Manufacturing Engineers SME (2001). Ele é associado da IIE (1987) e da SME (1996). Suas publicações incluem mais de 75 artigos técnicos e 11 livros (listados a seguir). Seus livros são utilizados em todo o mundo, traduzidos para o francês, alemão, espanhol, português, russo, japonês, coreano e chinês. A primeira edição de *Fundamentals of Modern Manufacturing: Materials, Processes, and Systems* recebeu o *IIE Joint Publishers Award* (1996) e o *M. Eugene Merchant Manufacturing Textbook Award* da Society of Manufacturing Engineers (1996).

OUTROS LIVROS DO AUTOR

Automation, Production Systems, and Computer-Aided Manufacturing, Prentice Hall, 1980.

CAD/CAM: Computer-Aided Design and Manufacturing, Prentice Hall, 1984 (em coautoria com E. W. Zimmers, Jr.).

Industrial Robotics: Technology, Programming, and Applications, McGraw-Hill Book Company, 1986 (em coautoria com M. Weiss, R. Nagel, e N. Odrey).

Automation, Production Systems, and Computer Integrated Manufacturing, Prentice Hall, 1987.

Fundamentals of Modern Manufacturing: Materials, Processes, and Systems, originalmente publicado pela Prentice Hall em 1996, e posteriormente publicado pela John Wiley & Sons, Inc., 1999.

Automation, Production Systems, and Computer Integrated Manufacturing, Second Edition, Prentice Hall, 2001.

Fundamentals of Modern Manufacturing: Materials, Processes, and Systems, Second Edition, John Wiley & Sons, Inc., 2002.

Work Systems and the Methods, Measurement, and Management of Work, Pearson Prentice Hall, 2007.

Fundamentals of Modern Manufacturing: Materials, Processes, and Systems, Third Edition, John Wiley & Sons, Inc., 2007.

Automation, Production Systems, and Computer Integrated Manufacturing, Third Edition, Pearson Prentice Hall, 2008.

Fundamentals of Modern Manufacturing: Materials, Processes, and Systems, Fourth Edition, John Wiley & Sons, Inc., 2010.

SUMÁRIO

1 INTRODUÇÃO E VISÃO GERAL DE PROCESSOS DE FABRICAÇÃO 1
   1.1 O que É Manufatura? 2
      1.1.1 Definição de Manufatura 2
      1.1.2 Produtos e a Indústria de Fabricação 3
      1.1.3 Capabilidade na Indústria de Fabricação 6
      1.1.4 Materiais de Engenharia Utilizados em Fabricação 7
   1.2 Processos de Fabricação 8
      1.2.1 Operações de Processamento 9
      1.2.2 Operações de Montagem 13
      1.2.3 Máquinas e Ferramentas de Fabricação 13
   1.3 Organização Deste Livro 14

Parte I Materiais de Engenharia e Especificação de Produtos 16

2 MATERIAIS DE ENGENHARIA 16
   2.1 Metais e Suas Ligas 17
      2.1.1 Aços 18
      2.1.2 Ferros Fundidos 23
      2.1.3 Metais Não Ferrosos 25
      2.1.4 Superligas 29
   2.2 Cerâmicas 30
      2.2.1 Cerâmicas Tradicionais 31
      2.2.2 Cerâmicas Avançadas 32
      2.2.3 Vidros 34
   2.3 Polímeros 36
      2.3.1 Polímeros Termoplásticos 39
      2.3.2 Polímeros Termorrígidos 41
      2.3.3 Elastômeros 42
   2.4 Compósitos 44
      2.4.1 Tecnologia e Classificação dos Materiais Compósitos 45
      2.4.2 Materiais Compósitos 47

3 PROPRIEDADES DOS MATERIAIS DE ENGENHARIA 52
   3.1 Relações Tensão-Deformação 53
      3.1.1 Propriedades de Tração 53
      3.1.2 Propriedades de Compressão 61
      3.1.3 Flexão e Ensaios de Materiais Frágeis 63
      3.1.4 Propriedades de Cisalhamento 64
   3.2 Dureza 66
      3.2.1 Ensaios de Dureza 66
      3.2.2 Dureza de Diversos Materiais 68
   3.4 Propriedades dos Fluidos 71
   3.3 Efeito da Temperatura nas Propriedades Mecânicas 69
   3.5 Comportamento Viscoelástico dos Polímeros 73
   3.6 Propriedades Volumétricas e de Fusão 75
      3.6.1 Massa Específica e Dilatação Térmica 75
      3.6.2 Características de Fusão 77
   3.7 Propriedades Térmicas 78
      3.7.1 Calor Específico e Condutividade Térmica 79
      3.7.2 Propriedades Térmicas em Fabricação 79

4 DIMENSÕES, TOLERÂNCIAS E SUPERFÍCIES 84
   4.1 Dimensões e Tolerâncias 85
      4.1.1 Cotas e Tolerâncias 85
      4.1.2 Outras Características Geométricas das Superfícies 85
   4.2 Superfícies 86
      4.2.1 Características das Superfícies 86
      4.2.2 Textura de Superfície 87
      4.2.3 Integridade de Superfície 90
   4.3 Resultados dos Processos de Fabricação 90

Apêndice A4: Metrologia Dimensional e de Superfície 93
   A4.1 Calibres e Outros Instrumentos de Medição Convencionais
      A4.1.1 Blocos-Padrão de Precisão 93
      A4.1.2 Instrumentos de Medição para Dimensões Lineares 94
      A4.1.3 Instrumentos de Medição por Comparação 96
      A4.1.4 Instrumentos de Medidas Angulares 97
   A4.2 Metrologia de Superfície 97
      A4.2.1 Medida de Rugosidade de Superfície 98
      A4.2.2 Avaliação de Integridade Superficial 99

Parte II Processos de Solidificação 100

5 FUNDAMENTOS DA FUNDIÇÃO DE METAIS 100
   5.1 Resumo da Tecnologia de Fundição 101
      5.1.1 Processos de Fundição 102
      5.1.2 Fundição em Moldes de Areia 103
   5.2 Aquecimento e Vazamento 104
      5.2.1 Aquecimento do Metal 104
      5.2.2 Vazamento do Metal Fundido 104
      5.2.3 Engenharia dos Sistemas de Vazamento 105
   5.3 Solidificação e Resfriamento 107
      5.3.1 Solidificação dos Metais 107
      5.3.2 Tempo de Solidificação 109
      5.3.3 Contração de Solidificação 110
      5.3.4 Solidificação Direcional 112
      5.3.5 Projeto de Massalotes 112

xiv Sumário

6 PROCESSOS DE FUNDIÇÃO DE METAIS 116
  6.1 Fundição em Areia 116
    6.1.1 Modelos e Machos 117
    6.1.2 Moldes e Confecção de Moldes 118
    6.1.3 A Operação de Fundição 120
  6.2 Outros Processos com Moldes Perecíveis 120
    6.2.1 Moldagem em Casca (*Shell-Molding*) 120
    6.2.2 Processo com Poliestireno Expandido 121
    6.2.3 Fundição de Precisão (*Investment Casting*) 122
    6.2.4 Fundição em Molde de Gesso e em Molde Cerâmico 124
  6.3 Processos de Fundição em Molde Permanente 125
    6.3.1 Base do Processo em Molde Permanente 125
    6.3.2 Variantes na Fundição em Moldes Permanentes 127
    6.3.3 Fundição sob Pressão (*Die Casting*) 128
    6.3.4 *Squeeze Casting* e Fundição com Metal Semissólido 130
    6.3.5 Fundição Centrífuga 131
  6.4 Rotina de Fusão 132
    6.4.1 Fornos 133
    6.4.2 Vazamento, Limpeza e Tratamento Térmico 135
  6.5 Qualidade do Fundido 136
  6.6 Metais para Fundição 139
  6.7 Considerações sobre o Projeto do Produto 140

7 PROCESSAMENTO DOS VIDROS 144
  7.1 Preparação das Matérias-primas e Fusão 145
  7.2 Processos de Conformação na Fabricação de Vidros 145
    7.2.1 Conformação de Utensílios de Vidro 146
    7.2.2 Conformação de Vidro Plano e Tubular 148
    7.2.3 Conformação de Fibras de Vidro 149
  7.3 Tratamento Térmico e Acabamento 150
    7.3.1 Tratamento Térmico 150
    7.3.2 Acabamento 151
  7.4 Considerações sobre o Projeto de Produto 151

8 PROCESSOS DE CONFORMAÇÃO PARA PLÁSTICOS 153
  8.1 Propriedades dos Polímeros Fundidos 154
  8.2 Extrusão de Polímeros 156
    8.2.1 Processo e Equipamento 156
    8.2.2 Análise da Extrusão 159
    8.2.3 Configurações de Matriz e dos Produtos Extrudados 163
    8.2.4 Defeitos na Extrusão 165
  8.3 Produção de Chapas e Filmes 166
  8.4 Produção de Fibras e Filamentos (Fiação) 169
  8.5 Processos de Revestimento 170
  8.6 Moldagem por Injeção 171
    8.6.1 Processo e Equipamento 172
    8.6.2 Molde 173
    8.6.3 Contração e Defeitos na Moldagem por Injeção 175
    8.6.4 Outros Processos de Moldagem por Injeção 177
  8.7 Moldagem por Compressão e por Transferência 179
    8.7.1 Moldagem por Compressão 179
    8.7.2 Moldagem por Transferência 180
  8.8 Moldagem por Sopro e Moldagem por Rotação 180
    8.8.1 Moldagem por Sopro 181
    8.8.2 Moldagem por Rotação 184
  8.9 Termoformação 186
  8.10 Fundição 189
  8.11 Conformação e Processamento de Espumas Poliméricas 189
  8.12 Considerações sobre o Projeto de Produtos 191

9 PROCESSOS DE CONFORMAÇÃO PARA BORRACHA E COMPÓSITOS DE MATRIZ POLIMÉRICA 196
  9.1 Processamento e Conformação de Borrachas 197
    9.1.1 Produção de Borracha 197
    9.1.2 Formulação 198
    9.1.3 Mistura 199
    9.1.4 Conformação e Processos Similares 199
    9.1.5 Vulcanização 201
  9.2 Fabricação de Pneus e de Outros Produtos de Borracha 202
    9.2.1 Pneus 202
    9.2.2 Outros Produtos de Borracha 205
    9.2.3 Processamento de Elastômeros Termoplásticos 206
  9.3 Materiais e Processos de Conformação de Compósitos de Matriz Polimérica 206
    9.3.1 Matérias-Primas para Compósitos de Matriz Polimérica 207
    9.3.2 Combinando Matriz e Reforço 208
  9.4 Processos de Molde Aberto 209
    9.4.1 Manual 210
    9.4.2 Aspersão 211
    9.4.3 Equipamentos Automáticos para Colocação de Fitas 212
    9.4.4 Cura 212
  9.5 Processos de Molde Fechado 212
    9.5.1 Processos de Moldagem por Compressão para Compósitos de Matriz Polimérica 213
    9.5.2 Processos de Moldagem por Transferência para Compósitos de Matriz Polimérica 213
    9.5.3 Processos de Moldagem por Injeção para Compósitos de Matriz Polimérica 214
  9.6 Enrolamento Filamentar 214
  9.7 Processos de Pultrusão 216
    9.7.1 Pultrusão 216
    9.7.2 Pulconformação 217

9.8 Outros Processos de Conformação para Compósitos de Matriz Polimérica 218

Parte III Processos Particulados de Metais e Cerâmicas 221

10 METALURGIA DO PÓ 221

    10.1 Produção dos Pós Metálicos 223

        10.1.1 Atomização 223

        10.1.2 Outros Métodos de Produção de Pós 223

    10.2 Prensagem e Sinterização Convencionais 225

        10.2.1 Homogeneização e Mistura dos Pós 225

        10.2.2 Compactação 226

        10.2.3 Sinterização 228

        10.2.4 Operações Secundárias 230

    10.3 Técnicas Alternativas de Prensagem e Sinterização 231

        10.3.1 Prensagem Isostática 231

        10.3.2 Moldagem de Pós por Injeção 232

        10.3.3 Laminação dos Pós, Extrusão e Forjamento 232

        10.3.4 Prensagem e Sinterização Combinadas 233

        10.3.5 Sinterização de Fase Líquida 234

    10.4 Materiais e Produtos para a MP 234

    10.5 Considerações de Projeto na Metalurgia do Pó 235

Apêndice A10: Caracterização dos Pós 240

    A10.1 Aspectos Geométricos 240

    A10.2 Outras Características 242

11 PROCESSAMENTO DE MATERIAIS CERÂMICOS E CERMETOS 244

    11.1 Processamento dos Materiais Cerâmicos Tradicionais 245

        11.1.1 Preparo de Matéria-Prima 245

        11.1.2 Processos de Moldagem 247

        11.1.3 Secagem 250

        11.1.4 Queima (Sinterização) 251

    11.2 Processamento dos Materiais Cerâmicos Avançados 252

        11.2.1 Preparo dos Materiais Precursores 252

        11.2.2 Moldagem e Conformação 253

        11.2.3 Sinterização 254

        11.2.4 Acabamento 254

    11.3 Processamento de Cermetos 255

        11.3.1 Carbetos Cementados (Metais Duros) 255

        11.3.2 Outros Cermetos e Compósitos de Matriz Cerâmica 256

    11.4 Considerações sobre o Projeto de Produtos 257

Parte IV Processos de Conformação dos Metais 259

12 FUNDAMENTOS DE CONFORMAÇÃO DOS METAIS 259

    12.1 Visão Geral da Conformação dos Metais 260

    12.2 Comportamento dos Materiais na Conformação dos Metais 262

    12.3 Temperatura na Conformação dos Metais 264

    12.4 Atrito e Lubrificação na Conformação dos Metais 266

13 PROCESSOS DE CONFORMAÇÃO VOLUMÉTRICA DE METAIS 269

    13.1 Laminação 270

        13.1.1 Análise da Laminação de Planos 271

        13.1.2 Laminação de Perfis 276

        13.1.3 Laminadores 276

        13.1.4 Outros Processos Relacionados com a Laminação 278

    13.2 Forjamento 280

        13.2.1 Forjamento em Matriz Aberta 281

        13.2.2 Forjamento em Matriz Fechada 284

        13.2.3 Forjamento de Precisão 286

        13.2.4 Martelos de Forjamento, Prensas e Matrizes 286

        13.2.5 Outros Processos Relacionados com o Forjamento 289

    13.3 Extrusão 292

        13.3.1 Tipos de Extrusão 292

        13.3.2 Análise da Extrusão 295

        13.3.3 Matrizes de Extrusão e Prensas 298

        13.3.4 Outros Processos de Extrusão 300

        13.3.5 Defeitos em Produtos Extrudados 302

    13.4 Trefilação de Barras e Arames 302

        13.4.1 Análise da Trefilação 304

        13.4.2 Prática da Trefilação 306

14 CONFORMAÇÃO DE CHAPAS METÁLICAS 314

    14.1 Operações de Corte 315

        14.1.1 Cisalhamento, Recorte e Puncionamento 316

        14.1.2 Análise do Corte de Chapas Metálicas 316

        14.1.3 Outras Operações de Corte de Chapas Metálicas 319

    14.2 Operações de Dobramento 320

        14.2.1 Dobramento em V e Dobramento de Flange 320

        14.2.2 Análise do Dobramento 321

        14.2.3 Outras Operações de Dobramento e Conformação de Chapas Metálicas 324

    14.3 Estampagem 324

        14.3.1 Mecânica da Estampagem 325

        14.3.2 Análise da Estampagem 327

        14.3.3 Outras Operações de Estampagem 329

        14.3.4 Defeitos de Estampagem 330

    14.4 Outras Operações de Conformação de Chapas 331

        14.4.1 Operações Realizadas com Ferramental Rígido 331

14.4.2 Operações Realizadas com Ferramental Elástico 332

14.5 Matrizes e Prensas Empregadas nos Processos de Conformação de Chapas 334

    14.5.1 Matrizes 334

    14.5.2 Prensas 336

14.6 Operações de Conformação de Chapas Não Realizadas em Prensas 340

    14.6.1 Conformação por Estiramento 340

    14.6.2 Calandragem e Conformação por Rolos 341

    14.6.3 Repuxo 341

    14.6.4 Conformação a Altas Taxas de Energia 342

Parte V Processos de Remoção de Material 347

15 TEORIA DA USINAGEM DE METAIS 347

15.1 Visão Geral de Tecnologia de Usinagem 349

15.2 Teoria da Formação do Cavaco na Usinagem de Metais 352

    15.2.1 O Modelo do Corte Ortogonal 352

    15.2.2 Formação Efetiva do Cavaco 355

15.3 Relações de Força e a Equação de Merchant 357

    15.3.1 Forças no Corte de Metais 357

    15.3.2 A Equação de Merchant 359

15.4 Relações de Potência e Energia em Usinagem 362

15.5 Temperatura de Corte 364

    15.5.1 Métodos Analíticos para Determinar a Temperatura de Corte 365

    15.5.2 Medida de Temperatura de Corte 366

16 OPERAÇÕES DE USINAGEM E MÁQUINAS-FERRAMENTA 370

16.1 Usinagem e Geometria da Peça 370

16.2 Torneamento e Operações Afins 373

    16.2.1 Condições de Corte no Torneamento 373

    16.2.2 Operações Relacionadas ao Torneamento 374

    16.2.3 Torno Mecânico 375

    16.2.4 Outros Tipos de Tornos 379

    16.2.5 Mandriladoras 380

16.3 Furação e Operações Afins 382

    16.3.1 Condições de Corte na Furação 382

    16.3.2 Operações Relacionadas à Furação 384

    16.3.3 Furadeiras 385

16.4 Fresamento 386

    16.4.1 Tipos de Operações de Fresamento 387

    16.4.2 Condições de Corte no Fresamento 389

    16.4.3 Fresadoras 391

16.5 Centros de Usinagem e Centros de Torneamento 393

16.6 Outras Operações de Usinagem 396

    16.6.1 Aplainamento 396

    16.6.2 Brochamento 398

    16.6.3 Serramento 399

16.7 Usinagem em Alta Velocidade 400

16.8 Tolerâncias e Acabamento de Superfície 402

    16.8.1 Tolerâncias na Usinagem 402

    16.8.2 Acabamento de Superfície na Usinagem 403

16.9 Considerações de Projeto de Produto para Usinagem 406

17 FERRAMENTAS DE USINAGEM E TÓPICOS CORRELATOS 412

17.1 Vida da Ferramenta 412

    17.1.1 Desgaste de Ferramenta 413

    17.1.2 Vida de Ferramenta e Equação de Taylor 414

17.2 Materiais para Ferramentas 418

    17.2.1 Aço Rápido e Seus Antecessores 421

    17.2.2 Ligas Fundidas de Cobalto 422

    17.2.3 Metal Duro, *Cermets* e Metal Duro com Recobrimento 422

    17.2.4 Cerâmicas 425

    17.2.5 Diamantes Sintéticos e Nitreto Cúbico de Boro 426

17.3 Geometria da Ferramenta 427

    17.3.1 Geometria das Ferramentas Monocortantes 427

    17.3.2 Ferramentas Multicortantes 430

17.4 Fluidos de Corte 433

    17.4.1 Tipos de Fluidos de Corte 433

    17.4.2 Aplicação dos Fluidos de Corte 435

17.5 Usinabilidade 436

17.6 Condições Econômicas em Usinagem 438

    17.6.1 Seleção do Avanço e da Profundidade de Corte 438

    17.6.2 Velocidade de Corte 439

18 RETIFICAÇÃO E OUTROS PROCESSOS ABRASIVOS 451

18.1 Retificação 452

    18.1.1 O Rebolo de Retificação 452

    18.1.2 Análise do Processo de Retificação 456

    18.1.3 Considerações Práticas na Retificação 461

    18.1.4 Operações de Retificação e Máquinas Retificadoras 462

18.2 Outros Processos Abrasivos 468

    18.2.1 Brunimento 468

    18.2.2 Lapidação 469

    18.2.3 Superacabamento 470

    18.2.4 Polimento e Espelhamento 470

19 PROCESSOS NÃO CONVENCIONAIS DE USINAGEM 474

19.1 Processos Não Convencionais por Energia Mecânica 475

    19.1.1 Usinagem por Ultrassom 475

    19.1.2 Processos por Jatos d'Água 476

19.1.3 Outros Processos Abrasivos Não Tradicionais 478
19.2 Processos de Usinagem Eletroquímica 479
    19.2.1 Usinagem Eletroquímica 479
    19.2.2 Rebarbação e Retificação Eletroquímicas 482
19.3 Processos por Energia Térmica 483
    19.3.1 Processos por Eletroerosão 483
    19.3.2 Usinagem por Feixe de Elétrons 487
    19.3.3 Usinagem a Laser 487
19.4 Usinagem Química 488
    19.4.1 Princípios Mecânicos e Químicos de Usinagem Química 489
    19.4.2 Processos de Usinagem Química 491
19.5 Considerações Práticas 494

Parte VI Melhoria de Propriedades e Tratamentos de Superfícies 499

20 TRATAMENTO TÉRMICO DE METAIS 499
20.1 Recozimento 500
20.2 Formação de Martensita nos Aços 500
    20.2.1 Curva de Transformação Tempo — Temperatura 501
    20.2.2 Tratamento Térmico 502
    20.2.3 Temperabilidade 503
20.3 Endurecimento por Precipitação 504
20.4 Endurecimento Superficial 505

21 OPERAÇÕES DE TRATAMENTO DE SUPERFÍCIE 508
21.1 Processos de Limpeza Industrial 509
    21.1.1 Limpeza Química 509
    21.1.2 Limpeza Mecânica e Tratamento de Superfície 510
21.2 Difusão e Implantação Iônica 512
    21.2.1 Difusão 512
    21.2.2 Implantação Iônica 512
21.3 Revestimentos e Processos Relacionados 513
    21.3.1 Eletrodeposição 513
    21.3.2 Eletroformação 515
    21.3.3 Deposição Química 516
    21.3.4 Imersão a Quente 516
21.4 Revestimento de Conversão 517
    21.4.1 Revestimento de Conversão Química 517
    21.4.2 Anodização 517
21.5 Deposição em Fase Vapor 518
    21.5.1 Deposição Física de Vapor 518
    21.5.2 Deposição Química de Vapor 520
21.6 Revestimentos Orgânicos 523
    21.6.1 Métodos de Aplicação 524
    21.6.2 Revestimentos à Base de Pós 525

Parte VII Processos de União e Montagem 528

22 FUNDAMENTOS DA SOLDAGEM 528
22.1 Revisão da Tecnologia de Soldagem 529
    22.1.1 Tipos de Processos de Soldagem 529
    22.1.2 Soldagem como uma Operação Comercial 531
22.2 Junta Soldada 532
    22.2.1 Tipos de Juntas 532
    22.2.2 Tipos de Soldas 532
22.3 Física de Soldagem 534
    22.3.1 Densidade de Potência 535
    22.3.2 Equilíbrio Térmico na Soldagem por Fusão 536
22.4 Aspectos de uma Junta Soldada por Fusão 538

23 PROCESSOS DE SOLDAGEM 542
23.1 Soldagem a Arco 542
    23.1.1 Tecnologia Geral de Soldagem a Arco 543
    23.1.2 Processos de Soldagem a Arco — Eletrodos Consumíveis 545
    23.1.3 Processos de Soldagem a Arco — Eletrodos Não Consumíveis 550
23.2 Soldagem por Resistência 551
    23.2.1 Fonte de Calor em Soldagem por Resistência 552
    23.2.2 Processos de Soldagem por Resistência 553
23.3 Soldagem a Gás Oxicombustível 557
    23.3.1 Soldagem a Gás Oxiacetileno 557
    23.3.2 Gases Alternativos para Soldagem a Gás Oxicombustível 559
23.4 Outros Processos de Soldagem por Fusão 560
23.5 Soldagem no Estado Sólido 562
    23.5.1 Considerações Gerais sobre Soldagem no Estado Sólido 562
    23.5.2 Processos de Soldagem no Estado Sólido 563
23.6 Qualidade da Solda 568
23.7 Considerações de Projeto em Soldagem 571

24 BRASAGEM, SOLDA FRACA E UNIÃO ADESIVA 576
24.1 Brasagem 577
    24.1.1 Juntas Brasadas 577
    24.1.2 Metais de Adição e Fluxos 579
    24.1.3 Métodos de Brasagem 580
24.2 Solda Fraca 582
    24.2.1 Projetos da Junta em Solda Fraca 582
    24.2.2 Soldas e Fluxos 583
    24.2.3 Métodos de Solda Fraca 584
24.3 União Adesiva 586
    24.3.1 Projeto da Junta 586
    24.3.2 Tipos de Adesivos 588
    24.3.3 Tecnologia da Aplicação de Adesivo 588

25 MONTAGEM MECÂNICA 591
- 25.1 Elementos de Fixação Roscados 592
  - 25.1.1 Parafusos e Porcas 592
  - 25.1.2 Outros Elementos de Fixação Roscados e Acessórios 594
  - 25.1.3 Tensões e Resistência em Juntas Aparafusadas 595
  - 25.1.4 Ferramentas e Métodos para a Montagem de Elementos de Fixação Roscados 597
- 25.2 Rebites 597
- 25.3 Métodos de Montagem Baseados em Ajustes com Interferência 598
- 25.4 Outros Métodos de Fixação Mecânica 601
- 25.5 Moldagem de Insertos e Elementos de Fixação Integrados 603
- 25.6 Projeto Orientado à Montagem (DFA) 604
  - 25.6.1 Princípios Gerais de DFA 605
  - 25.6.2 Projeto Para Montagem Automatizada 606

Parte VIII Processos Especiais de Fabricação e Montagem 609

26 PROTOTIPAGEM RÁPIDA 609
- 26.1 Fundamentos de Prototipagem Rápida 610
- 26.2 Tecnologias de Prototipagem Rápida 611
  - 26.2.1 Sistemas de Prototipagem Rápida com Base Líquida 611
  - 26.2.2 Sistemas de Prototipagem Rápida com Base Sólida 615
  - 26.2.3 Sistemas de Prototipagem Rápida com Base em Pó 616
- 26.3 A Prototipagem Rápida na Prática 618

27 MICROFABRICAÇÃO E NANOTECNOLOGIA DE FABRICAÇÃO 621
- 27.1 Produtos de Microssistemas 622
  - 27.1.1 Tipos de Dispositivos dos Microssistemas 622
  - 27.1.2 Aplicações dos Microssistemas 624
- 27.2 Processos de Microfabricação 625
  - 27.2.1 Processos com Camadas de Silício 625
  - 27.2.2 Processos Liga 629
  - 27.2.3 Outros Processos de Microfabricação 630
- 27.3 Produtos de Nanotecnologia 633
- 27.4 Microscópios para Nanometrologia 635
- 27.5 Processos de Nanofabricação 637
  - 27.5.1 Processos com Abordagem Micro-Nano 637
  - 27.5.2 Processos com Abordagem Pico-Nano 638

Parte IX Temas Relacionados a Sistemas de Manufatura 645

28 SISTEMAS DE PRODUÇÃO E PLANEJAMENTO DE PROCESSO 645
- 28.1 Visão Geral dos Sistemas de Produção 646
  - 28.1.1 Instalações de Produção 646
  - 28.1.2 Sistemas de Apoio à Manufatura 649
- 28.2 Planejamento do Processo 650
  - 28.2.1 Planejamento Tradicional do Processo 650
  - 28.2.2 Decisão entre Fabricar ou Comprar 654
  - 28.2.3 Planejamento do Processo Auxiliado por Computador 655
  - 28.2.4 Solução de Problemas e Melhoria Contínua 657
- 28.3 Engenharia Simultânea e Projeto de Manufatura 658
  - 28.3.1 Projeto para Manufatura e Montagem 658
  - 28.3.2 Engenharia Simultânea 659

29 VISÃO GLOBAL SOBRE AUTOMAÇÃO E SISTEMAS DE MANUFATURA 662
- 29.1 Controle Numérico Computadorizado 663
  - 29.1.1 A Tecnologia do Controle Numérico 663
  - 29.1.2 Análise dos Sistemas de Posicionamento do CNC 665
  - 29.1.3 Programação da Peça no CNC 670
  - 29.1.4 Aplicações do Controle Numérico 672
- 29.2 Manufatura Celular 673
  - 29.2.1 Famílias de Peças 673
  - 29.2.2 Células de Manufatura 675
- 29.3 Sistemas Flexíveis e Células de Manufatura 677
  - 29.3.1 Integração dos Componentes do Sistema de Manufatura 678
  - 29.3.2 Aplicações dos Sistemas Flexíveis de Manufatura 680
- 29.4 Produção Enxuta 681
  - 29.4.1 Sistemas de Produção *Just-In-Time* 681
  - 29.4.2 Outras Abordagens em Produção Enxuta 683
- 29.5 Manufatura Integrada por Computador 684

30 CONTROLE DE QUALIDADE E INSPEÇÃO 689
- 30.1 Qualidade do Produto 689
- 30.2 Capabilidade do Processo e Tolerâncias 690
- 30.3 Controle Estatístico de Processo 692
  - 30.3.1 Gráficos de Controle para Variáveis 693
  - 30.3.2 Gráficos de Controle para Atributos 695
  - 30.3.3 Interpretando os Gráficos 696
- 30.4 Programas de Qualidade em Fabricação 697
  - 30.4.1 Gestão de Qualidade Total 697
  - 30.4.2 Programa Seis Sigma 698
  - 30.4.3 ISO 9000 701
- 30.5 Princípios de Inspeção 701
- 30.6 Tecnologias Modernas de Inspeção 703
  - 30.6.1 Máquinas de Medição por Coordenadas 703
  - 30.6.2 Visão Artificial 705
  - 30.6.3 Outras Técnicas de Inspeção sem Contato 707

Índice 711

1 INTRODUÇÃO E VISÃO GERAL DE PROCESSOS DE FABRICAÇÃO

Sumário

1.1 O que É Manufatura?
1.1.1 Definição de Manufatura
1.1.2 Produtos e a Indústria de Fabricação
1.1.3 Capabilidade na Indústria de Fabricação
1.1.4 Materiais de Engenharia Utilizados em Fabricação

1.2 Processos de Fabricação
1.2.1 Operações de Processamento
1.2.2 Operações de Montagem
1.2.3 Máquinas e Ferramentas de Fabricação

1.3 Organização Deste Livro

A construção de objetos é uma atividade essencial à civilização humana desde a pré-história. Hoje, o termo *fabricação* é utilizado para descrever esta atividade. Por razões tecnológicas e econômicas, a fabricação (ou manufatura) é importante para a prosperidade da maioria das nações desenvolvidas, como os Estados Unidos da América, e também aquelas em desenvolvimento. O termo *Tecnologia* pode ser definido como a utilização da ciência para prover à sociedade os elementos necessários à sua sobrevivência e aos seus anseios. A tecnologia afeta nosso cotidiano de diversas formas. Observe, por exemplo, a lista de produtos apresentados na Tabela 1.1. Ela apresenta várias tecnologias que ajudam a sociedade e os seres humanos a viver melhor. O que todos estes produtos têm em comum? Todos eles são fabricados e não estariam disponíveis à sociedade se não houvesse tecnologia para sua manufatura. Assim, o processo de fabricação representa um fator crítico na viabilidade de uma dada tecnologia.

No aspecto econômico, a fabricação é um importante recurso a partir do qual os países produzem riqueza material. Nos EUA, a indústria da fabricação é responsável por aproximadamente 12% do produto interno bruto (PIB). A exploração econômica dos recursos naturais de um país, como suas terras férteis, jazidas minerais e reservas petrolíferas, também gera riqueza. Na economia americana, a agricultura, a mineração e outros setores semelhantes somam menos de 5% do PIB e a agricultura sozinha responde por apenas 1% aproximadamente. A construção civil e o serviço público somam quase 5%. A maior parcela do PIB está em setores como comércio varejista, transportes, finanças, comunicação, educação e administração pública. Enquanto o setor de serviços é responsável por mais de 75% do PIB da economia americana.* O governo sozinho contribui na mesma proporção de PIB que o setor de fabricação, porém ele não produz riqueza. Na atual economia global, uma nação deve ter uma base fabril robusta (ou ter recursos naturais expressivos) que fortaleça sua economia e proporcione alto padrão de vida ao seu povo.

Neste capítulo inicial, apresentamos tópicos gerais sobre fabricação. O que é a fabricação? Como ela está estruturada na indústria? Quais os processos pelos quais ela é realizada?

TABELA 1.1 Produtos representando diferentes tecnologias e que modificam o cotidiano de todos

Tênis	Leitor de DVD	Cadeira de plástico em peça única
Caixa eletrônico	Leitor de livro eletrônico	Digitalizador ótico
Máquina de lavar louça	Aparelho de fax	Computador pessoal
Caneta esferográfica	Televisor de tela plana em alta definição	Máquina fotocopiadora
Bicicleta	Sistema de posicionamento GPS	Lata de refrigerante
Telefone celular	Calculadora de bolso	Relógio de pulso
Disco compacto (CD)	Cortador de grama	Automóvel híbrido
Leitor de CD	Robô industrial	Avião supersônico
Lâmpada fluorescente	Impressora a jato de tinta colorida	Raquete de tênis de materiais compósitos
Lentes de contato	Circuito integrado	Pneu
Câmera digital	Equipamento de imagem por ressonância magnética (MRI)	Videogame
Disco de vídeo digital (DVD)		Máquina de lavar e secar roupa
	Forno de micro-ondas	

Lista elaborada a partir de produtos comerciais.

1.1 O QUE É MANUFATURA?

A palavra **manufatura** é derivada de duas palavras latinas, **manus** (mãos) e **factus** (fazer), uma combinação que etimologicamente significa feito à mão. Em português, a palavra *manufatura* é bastante antiga, de quando o significado "feito à mão" descrevia com precisão os métodos de fabricação da época.[1] Hoje em dia, a maioria dos processos de fabricação modernos é realizada por automação, cujo controle é processado computacionalmente.

1.1.1 DEFINIÇÃO DE MANUFATURA

No contexto moderno, como área de estudo, a manufatura pode ser definida com conotações tecnológica e econômica. No âmbito tecnológico, **manufatura** é a aplicação de processos físicos e químicos para modificar a geometria, as propriedades e/ou a aparência de um material a fim de produzir peças ou produtos. Manufatura também inclui a montagem de múltiplos objetos para formar um produto final único. Os processos de fabricação envolvem a combinação

---

* De acordo com dados do IBGE de 2010, o setor de serviços no Brasil representa 58% do PIB, enquanto a indústria soma 22% e a agricultura cerca de 5%. Em 2011, dados divulgados na mídia já apontavam aumento do setor de serviços para 68%. (N.T.)
[1] Acredita-se que a palavra **manufacture** na língua inglesa tenha surgido pela primeira vez em 1567 como substantivo, e em 1683 como verbo.

de máquinas, ferramentas, energia e mão de obra e estão representados na Figura 1.1(a). Assim, a fabricação é quase sempre referenciada como uma sequência de operações. Cada operação individual conduz o material a um estado mais próximo do objeto final.

Em termos econômicos, a **manufatura** é definida pela transformação de matérias-primas em itens de maior valor agregado por meio de uma ou mais etapas de processamento e/ou montagem, como representada na Figura 1.1(b). O conceito-chave é que a fabricação **agrega valor** ao material a partir da mudança da sua forma ou de suas propriedades, ou pela sua combinação com outros materiais que também tenham sido alterados. Deste modo, o objeto torna-se mais valioso devido aos processos de fabricação que nele foram realizados. Agrega-se valor quando o minério de ferro é convertido em aço, quando a areia é transformada em vidro, quando o petróleo é refinado em plástico; e quando o plástico toma a forma de uma cadeira com geometria complexa, torna-se ainda mais valioso.

As palavras *fabricação* e *produção* são com frequência usadas indistintamente. Sob o ponto de vista deste autor, produção tem sentido mais amplo que fabricação. Para ilustrar, pode-se dizer "produção de petróleo bruto" mas não "fabricação de petróleo bruto", que parece estranho, pois não há ainda a etapa de transformação. Contudo, quando usadas no contexto de produtos como elementos metálicos ou automóveis, ambas parecem bem aplicadas.

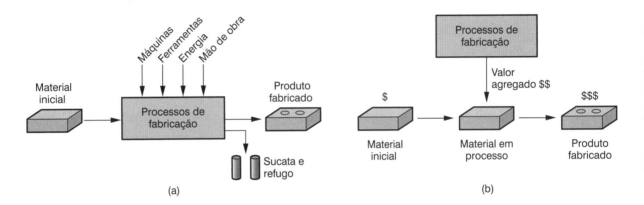

FIGURA 1.1 Duas formas de definir fabricação: (a) como um processamento tecnológico, (b) como um processamento econômico. (Crédito: *Fundamentals of Modern Manufacturing*, 4ª Edição por Mikell P. Groover, 2010. Reimpresso com permissão de John Wiley & Sons, Inc.)

1.1.2 PRODUTOS E A INDÚSTRIA DE FABRICAÇÃO

A fabricação é uma atividade econômica importante das empresas que produzem e vendem seus produtos aos clientes. O tipo de fabricação realizada por uma dada empresa depende do tipo de produto que fabrica. Vamos explorar esta conexão avaliando os tipos de indústrias de fabricação e identificando os produtos que elas produzem.

Indústrias de Fabricação A atividade econômica é formada por empresas e organizações que produzem ou fornecem serviços e bens. Os setores da economia podem ser divididos em: primário, secundário e terciário; e as indústrias relacionadas a um setor utilizam a mesma classificação. As **indústrias primárias** exploram recursos naturais como agricultura e mineração. As **indústrias secundárias** utilizam os produtos da indústria primária e os transformam em bens de consumo e de capital. A fabricação é a principal atividade deste grupo que inclui, por exemplo, construção civil e indústrias de geração de energia. O **setor terciário** é formado pelo setor de serviços da economia. Uma lista com indústrias específicas de cada uma destas categorias é apresentada na Tabela 1.2.

Neste livro, estamos interessados nas indústrias secundárias da Tabela 1.2, que são as empresas envolvidas com fabricação. Contudo, a Classificação Internacional de Normas Industriais (ISIC), utilizada para compor a Tabela 1.2, engloba indústrias cujos processos de fabricação não são cobertos nesta obra, como a indústria química, alimentícia e de bebidas. Neste livro, fabricação significa produção de *peças* e *equipamentos* que incluem desde porcas e parafusos a computadores e armas militares. Produtos plásticos e cerâmicos estão incluídos, porém peças de vestuário, papel, medicamentos, impressos e produtos de madeira foram excluídos.

TABELA 1.2 Indústrias primárias, secundárias e terciárias

Indústria Primária	Indústria Secundária		Setor Terciário (serviços)	
Agricultura	Aeroespacial	Processamento de alimentos	Bancos	Seguros
Silvicultura	Vestuário	Vidro, cerâmica	Telecomunicações	Serviços jurídicos
Pesca	Automotiva	Máquinas pesadas	Educação	Imobiliárias
Pecuária	Siderurgia	Papel	Entretenimento	Reparo e manutenção
Pedreira	Bebidas	Refino de petróleo	Mercado financeiro	Restaurantes
Mineração	Materiais de construção	Farmacêutica	Governo	Comércio varejista
Petróleo	Química	Plásticos	Saúde	Turismo
	Computadores	Indústrias de energia	Hotelaria	Transportes
	Construção civil	Gráficas	Tecnologia da informação	Comércio atacadista
	Eletrodomésticos	Têxtil		
	Eletrônicos	Pneus e borrachas		
	Equipamentos	Madeira e móveis		
	Produtos metalúrgicos			

Lista elaborada a partir de dados do mercado.

Produtos Manufaturados Os produtos acabados das indústrias de manufatura podem ser divididos em dois grupos: bens de consumo e bens de capital. ***Bens de consumo*** são comprados diretamente pelos consumidores, como por exemplo, carros, computadores pessoais, televisão, pneus e raquetes de tênis. ***Bens de capital*** são aqueles que serão adquiridos por empresas que produzirão bens ou fornecerão serviços. Exemplos de bens de capital são aeronaves, computadores, equipamentos de comunicação, instrumentos médicos, ônibus, caminhões, trens, ferramentas e equipamentos para edificações. A maior parte dos bens de capital é utilizada pelo setor de serviços. Relembrando a introdução, a fabricação contribui com aproximadamente 12% do produto interno bruto e o setor de serviços por mais de 75% do PIB dos EUA, porém estes setores estão relacionados. Os bens de capital industrializados e os adquiridos pelo setor de serviços capacitam este setor, ou seja, sem os bens de capital, o setor de serviços não poderia funcionar.

Além dos produtos finais, os ***materiais***, os ***componentes*** e os ***acessórios*** utilizados pelas empresas na fabricação dos produtos finais são também considerados itens manufaturados. Exemplos destes itens são: chapas de aço, barras metálicas, estampados metálicos, moldagens em plásticos, produtos extrudados, ferramentas de corte, matrizes, moldes e lubrificantes. Assim, a indústria de fabricação é composta de infraestrutura complexa, com diversas categorias e camadas intermediárias de fornecedores, com os quais o consumidor final nunca tem contato.

Este livro, de forma geral, trata da fabricação de ***itens discretos*** — peças separadas e conjuntos montados — e não itens produzidos por ***processos contínuos***. Uma operação de estampagem metálica produz um item discreto, porém a bobina de folha metálica onde a estampagem é realizada foi fabricada de forma intermitente. Vários itens discretos partem de um produto contínuo ou descontínuo, como os extrudados e os fios elétricos. Elementos como barras longas com seções transversais constantes, quase contínuas, fornecem o material para retirar peças no comprimento desejado. Por outro lado, uma refinaria de petróleo é o melhor exemplo de processo contínuo.

Variedade do Produto e Volume de Produção A quantidade de produtos manufaturados por uma fábrica tem importante influência no modo com que os operários, as instalações e os procedimentos estão organizados. O volume de produção anual de uma indústria pode ser classificado por três faixas: (1) *baixa* produção, com quantidades de 1 a 100 unidades por ano; (2) *média* produção, de 100 a 10.000 unidades por ano; e (3) *alta* produção, de 10.000 a milhões de unidades por ano. As fronteiras entre as três faixas foram arbitradas de acordo com a avaliação deste autor. Deste modo, dependendo do tipo de produto, estas fronteiras podem ser deslocadas em uma grandeza.

O volume de produção se refere ao número de unidades por ano de um tipo de produto em particular. Algumas fábricas produzem uma variedade de tipos de produtos, cada tipo sendo produzido em baixa ou média quantidade. Outras indústrias se especializam em produções de grandes volumes de produção e com apenas um tipo de produto. É importante identificar que a variedade dos produtos é um parâmetro diferente do volume de produção. A variedade do produto se refere a diferentes formas, projetos ou tipos de produtos que são produzidos na fábrica. Produtos diferentes têm formas e tamanhos diversos e podem desempenhar funções específicas para atender mercados diferenciados, podendo, inclusive, ter números diferentes de componentes na montagem. A quantidade de tipos de produtos diferentes pode ser contabilizada a cada ano. A variedade é alta quando há um número elevado de tipos de produtos na fábrica.

É apresentada, em geral, uma relação inversa entre a variedade de produtos e o volume de produção. Se uma fábrica tiver alta variedade de produtos, seu volume de produção será naturalmente mais baixo, e vice-versa. Assim, se o volume de produção for alto, a variedade dos produtos tenderá a ser baixa, como mostra a Figura 1.2. Indústrias de fabricação tendem a se especializar na combinação de quantidade-variedade de produtos. Esta combinação, em geral, se situa na faixa diagonal apresentada na Figura 1.2.

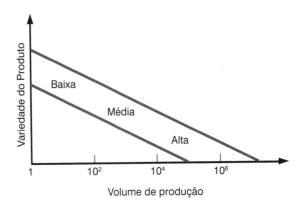

FIGURA 1.2 Relação entre a variedade de produtos e o volume de produção das indústrias. (Crédito: *Fundamentals of Modern Manufacturing*, 4ª Edição por Mikell P. Groover, 2010. Reimpresso com permissão de John Wiley & Sons, Inc.)

Apesar de a variedade de produtos ter sido identificada como um parâmetro quantitativo (número de tipos por empresa), este parâmetro é bem menos preciso que o volume de produção, pois não contabiliza a diferença qualitativa existente entre os produtos. Por exemplo, a diferença qualitativa entre os produtos automóvel e ar-condicionado é bem maior que a existente entre um ar-condicionado e um aquecedor.

A diversidade de produtos pode ser ampla ou restrita. Na indústria automotiva, por exemplo, cada empresa dos EUA produz carros com dois ou três diferentes modelos na mesma montadora, embora tenham estilo e características muito semelhantes. É usual qualificar a diferença entre "leve" e "severa" como forma de descrever esta variedade. Nesta linha de raciocínio, uma montadora de automóveis pode fabricar, além de veículos de passeio, caminhões. ***Produtos com leve variedade*** apresentam diferenças sutis entre os diferentes produtos de uma mesma linha de produção. Em um produto montado, por exemplo, uma leve variedade é caracterizada pelo grande número de peças iguais entre os modelos. Uma ***variedade de produtos severa*** ocorre quando os produtos são substancialmente diferentes, com poucas ou nenhuma peça em comum. A diferença entre um automóvel e um caminhão ilustra a variedade severa.

1.1.3 CAPABILIDADE NA INDÚSTRIA DE FABRICAÇÃO

Uma empresa de fabricação não é capaz de realizar todos os processos e produtos. Ela deve produzir alguns itens e deve fazê-los bem a fim de manter competitividade na indústria. A ***capabilidade de fabricação*** se refere às limitações físicas e técnicas de uma empresa de fabricação. Algumas dimensões desta capabilidade podem ser identificadas: (1) capabilidade tecnológica de processamento, (2) dimensões físicas e peso do produto, (3) capacidade de produção.

Capabilidade Tecnológica de Processamento A capabilidade tecnológica de uma fábrica (ou empresa) é o seu conjunto de processos de fabricação disponíveis. Certas fábricas executam operações de usinagem, outras laminam lingotes de aço conformando-os em chapas, e outras produzem automóveis. Assim, uma oficina de usinagem não pode laminar, e uma laminação não pode fabricar carros. A característica fundamental que distingue estas fábricas são os processos que elas podem executar. Além disto, a capabilidade tecnológica está muito relacionada ao tipo de material a ser processado. Em geral, um dado processo de fabricação é aplicável a apenas um determinado material. Consequentemente, uma fábrica que se especializa em certo processo, ou grupos de processos, se especializa também no tipo de material que pode processar. Isto não inclui somente aspectos físicos dos processos, mas também o *expertise* adquirido pelos funcionários da empresa nestes processos tecnológicos. Assim sendo, as empresas devem se concentrar no projeto e nos processos de fabricação que sejam compatíveis com sua capabilidade tecnológica.

Limitações Físicas dos Produtos Outro aspecto da capabilidade de fabricação é imposto pela geometria do produto. Uma fábrica com um conjunto de processos está limitada em termos de tamanho e peso dos produtos que ela pode manipular. Por exemplo, produtos longos e pesados são difíceis de serem movimentados, e a fábrica deve estar equipada com gruas e pontes com a capacidade de carga requeridas, para movimentá-los. Produtos e componentes menores, fabricados em grande escala, podem ser transportados por correias transportadoras ou outros meios mais simples. A limitação de manipulação de produtos em função do tamanho e peso é também dependente da capacidade de processamento dos equipamentos. Os equipamentos de fabricação têm diferentes portes, nem sempre proporcionais ao tamanho da peça fabricada, de modo que máquinas pesadas podem ser usadas para fabricar pequenas peças. Os equipamentos para fabricação e transporte devem ser projetados para processar e transportar produtos que tenham peso e tamanho compatíveis.

Capacidade de Produção Um terceiro limitante na capabilidade de uma fábrica é a quantidade de peças que pode ser produzida em dado período (por exemplo, em um mês ou um ano). Este índice é normalmente chamado ***capacidade fabril*** ou ***capacidade de produção*** e é definido como a maior taxa de produção que uma fábrica pode alcançar nas suas condições operacionais. As condições operacionais se referem a fatores como: o número de turnos por semana, horas por turno, quantidade máxima de operários ligados de forma direta a cada etapa de fabricação etc. Estes fatores definem a capacidade de uma fábrica de manufatura. A partir destes dados, qual pode ser a produção da fábrica?

A capacidade de uma fábrica é normalmente medida em termos da saída, em unidades fabris, como por exemplo, toneladas de aço produzidas por uma laminação ou pela quantidade de carros produzidos por uma montadora. Nestes casos, a saída é homogênea. Há casos em que os valores de saída não são homogêneos, e outros índices podem ser mais apropriados, como as horas da mão de obra disponíveis em uma oficina de usinagem capaz de produzir peças diferentes.

1.1.4 MATERIAIS DE ENGENHARIA UTILIZADOS EM FABRICAÇÃO

Os materiais de engenharia, na sua maioria, podem ser classificados em uma das três categorias básicas: (1) metais, (2) cerâmicas, e (3) polímeros. As respectivas composições químicas, propriedades físicas e mecânicas são diferentes, o que afeta diretamente o processo de fabricação que produz produtos a partir destes materiais. Além destas três categorias, existem também (4) os materiais *compósitos* — que são misturas não homogêneas de materiais pertencentes às categorias básicas, e não uma categoria de materiais exclusivos a ela. Neste capítulo, faremos uma breve descrição destas quatro categorias, enquanto o Capítulo 2 cobrirá este tema com mais profundidade.

Metais   Os metais utilizados na fabricação são normalmente *ligas*, compostas de dois, ou mais elementos, sendo pelo menos um dos elementos químicos de natureza metálica. Metais e ligas podem ser divididos em dois grupos básicos: ferrosos e não ferrosos.

Metais Ferrosos são ligas que contêm como elemento de base o ferro; o grupo inclui o aço e o ferro fundido. Estes metais constituem o grupo comercial mais importante, mais de três-quartos do peso de todo o metal empregado no mundo. O ferro puro tem uso comercial limitado, mas, se o carbono for adicionado à liga, ganhará utilidade e grande importância comercial, maior que qualquer outro metal.

O *aço* pode ser definido como a liga de ferro-carbono que contém de 0,02% a 2,11% de carbono. É a categoria mais importante de metais do grupo dos ferrosos. Sua composição usualmente inclui outros elementos de ligas, como manganês, cromo, níquel e molibdênio, utilizados para aprimorar as propriedades do metal. O aço é empregado na construção civil (pontes, vigas em I, rebites etc.), transporte (caminhões, trilhos, sistema de agulhas de bifurcação de trens etc.) entre outras inúmeras aplicações como automóveis e muitos outros equipamentos e dispositivos.

O *ferro fundido* é uma liga de ferro e carbono (com 2% a 4% de carbono) fabricada a partir dos processos de fundição (como em fundição em areia). O silício está presente na liga (em proporções de 0,5% a 3%) e outros elementos são em geral adicionados para promover as características desejadas à peça fundida. O ferro fundido se apresenta em diversas formas microestruturais, nas quais a mais comum é o ferro fundido cinzento, que é utilizado para produzir, por exemplo, blocos e cabeçotes de motores de combustão interna.

Os *metais não ferrosos* incluem outros elementos metálicos (que não incluem o ferro) e suas ligas. Na maioria dos casos, as ligas têm maior importância comercial que os metais puros. Os principais metais deste grupo são: alumínio, cobre, ouro, magnésio, níquel, prata, estanho, titânio e zinco, na forma de metais puros e suas ligas.

Cerâmicas   As cerâmicas são definidas como materiais compostos de elementos metálicos (ou semimetálicos) e não metálicos. Tipicamente, os elementos químicos não metálicos das cerâmicas são oxigênio, nitrogênio e carbono. As cerâmicas são classificadas em tradicionais e avançadas. Como exemplo das cerâmicas tradicionais, já usadas há milhares de anos, tem-se a *argila* (disponível em abundância na natureza, consistindo em finas partículas de silicatos de alumínio hidratados e outros minerais e usada para fazer tijolos, telhas e objetos de decoração); a *sílica* (substância base de quase todos os vidros); e a *alumina* e o *carbeto de silício* (abrasivos usados em retificação). As cerâmicas avançadas podem incluir alguns dos materiais tradicionais com propriedades aprimoradas por diversas técnicas e requerem métodos de processamento modernos. Alguns exemplos de cerâmicas avançadas podem ser elencados: o *metal duro* — formado por carbetos metálicos tais como carbeto de tungstênio e de carbeto de titânio, que são amplamente utilizados como materiais de ferramenta de corte, e os *nitretos* — nitretos metálicos e semimetálicos tais como o nitreto de titânio e de nitreto de boro, utilizados em abrasivos e ferramentas de usinagem.*

---

* O nitreto cúbico de boro (CBN) e o nitreto cúbico de boro policristalino (PCBN) são exemplos da utilização de nitretos como ferramentas de corte. (N.T.)

As cerâmicas podem ser classificadas por seu processo de fabricação em cerâmicas cristalinas e vidros. As cerâmicas cristalinas são fabricadas a partir de pós e aquecidas a uma temperatura abaixo do ponto de fusão, promovendo o coalescimento e ligação entre os particulados dos pós. Os vidros são fundidos* e moldados por processos tais como o tradicional sopro.

Polímeros Um polímero é composto da repetição de unidades estruturais chamadas **meros**, cujos átomos compartilham elétrons para formar moléculas bem longas. Os polímeros são formados basicamente por átomos de carbono com um ou mais elementos tais como o hidrogênio, o nitrogênio e o cloro. São divididos em três classes: (1) polímeros termoplásticos; (2) polímeros termorrígidos; e (3) elastômeros.

Polímeros termoplásticos podem ser submetidos a múltiplos ciclos de aquecimento e resfriamento sem alteração molecular substancial do polímero. Alguns exemplos: polietileno, poliestireno, PVC e nylon. *Polímeros termorrígidos* se transformam quimicamente (curam) em uma estrutura rígida no resfriamento, pois têm plasticidade na condição aquecida e por isso podem também ser chamados termofixos ou termoendurecidos.** Resinas, compostos fenólicos e epóxis compõem este grupo. Embora se utilize a denominação "termorrígidos", outros mecanismos podem provocar o endurecimento, não apenas o aquecimento. *Elastômeros* são assim denominados, pois são polímeros que apresentam um comportamento bastante elástico. A borracha natural, o neoprene, o silicone e o poliuretano são alguns exemplos de elastômeros.

Compósitos Os compósitos não constituem com exatidão uma categoria de material, mas sim uma união dos outros três tipos de materiais. Um *compósito* é um material formado por duas ou mais fases que foram processadas separadamente e depois unidas para alcançar propriedades superiores a de seus constituintes isolados. O termo *fase* se refere a uma massa de material homogêneo, de modo análogo a um agregado de grãos com microestrutura e célula unitária idêntica em um metal sólido. A estrutura usual de um compósito tem partículas ou fibras de uma fase unidas a uma fase chamada *matriz*.

Compósitos são encontrados na natureza, como a madeira, mas também podem ser o resultado de um processo de fabricação. Os compósitos sintéticos têm grande importância tecnológica e incluem, por exemplo, fibras de vidro em matriz polimérica (como os plásticos reforçados com fibras); fibras de polímeros em matriz polimérica (como o compósito epóxi-Kevlar); cerâmica em matriz metálica (como o carbeto de tungstênio em matriz de cobalto usado em ferramenta de metal duro).

As propriedades de um compósito dependem dos seus componentes, da geometria e da forma com que são combinados para compor o produto final. Alguns compósitos combinam alta resistência mecânica com baixo peso para serem aplicados em componentes de aviões, carros, cascos de embarcações, raquetes de tênis e varas de pescar. Outros compósitos são resistentes, duros e capazes de manter estas propriedades a elevadas temperaturas, como, por exemplo, os carbetos cementados das ferramentas de corte.

1.2 PROCESSOS DE FABRICAÇÃO

O processo de fabricação é um procedimento realizado a fim de realizar transformações físicas e/ou químicas no material inicial com o objetivo de agregar valor a este material. O processo de fabricação é normalmente considerado uma **operação unitária**, isto é, um passo único da sequência de passos necessários para a transformação do material inicial no produto final. Uma operação unitária é em geral executada em um equipamento único e de modo independente das demais operações da fábrica.

---

* Os vidros são aquecidos até amolecerem a um estado semissólido. (N.T.)
** Em inglês, são denominados thermosetting polymers em função do endurecimento para uma estrutura sólida. (N.T.)

As operações de fabricação podem ser divididas em dois tipos principais: (1) operações de processamento e (2) operações de montagem. Uma **operação de processamento** transforma o material de um estado do acabamento em um estado mais avançado e sempre mais próximo do produto final desejado.

Esta operação eleva o valor do produto por meio de mudança na geometria, nas propriedades e no aspecto do material. Em geral, as operações de processamento são realizadas em componentes distintos, mas algumas podem ser realizadas a conjuntos já montados (por exemplo, a pintura de uma estrutura metálica soldada de um automóvel). Uma **operação de montagem** une dois ou mais componentes objetivando criar uma nova entidade, que pode ser chamada conjunto, subconjunto ou ter outra denominação, mas sempre se referindo ao processo de união (por exemplo, a solda é um **conjunto de elementos soldados**). Uma classificação dos processos de fabricação é apresentada na Figura 1.3.

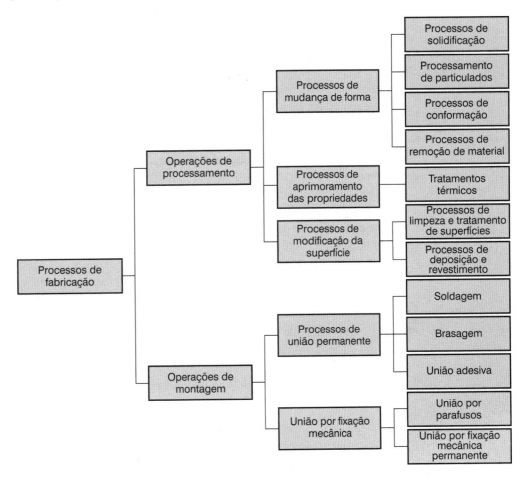

FIGURA 1.3 Classificação dos processos de fabricação. (Crédito: *Fundamentals of Modern Manufacturing*, 4ª Edição por Mikell P. Groover, 2010. Reimpresso com permissão de John Wiley & Sons, Inc.)

1.2.1 OPERAÇÕES DE PROCESSAMENTO

Qualquer operação de processamento usa energia para modificar a forma de um material, para mudar suas propriedades físicas, ou seu aspecto, visando valorizar o produto transformado. As fontes de energia deste processamento podem ser mecânicas, térmicas, elétricas e/ou químicas. A energia é utilizada, de forma controlada, no maquinário e no ferramental. Pode-se também lançar mão da energia do operário, mas, geralmente, os trabalhadores são empregados para controlar as máquinas, supervisionar as operações e, ainda, alimentar e retirar peças de um ciclo da operação. Um modelo geral das operações de processamento é apresentado na Figura 1.1(a). O material é alimentado ao processo, a energia é aplicada pelo maquinário e pelo ferramental para transformá-lo no produto acabado. Grande parte das operações de processamento gera refugo ou sucata, seja como parte natural do processamento (como o cavaco retirado na usinagem) ou pela produção ocasional de peças defeituosas. A redução do descarte é um dos objetivos importantes na fabricação, pois significa menor quantidade de perda.

Geralmente, mais de um processo de fabricação é necessário para realizar a transformação completa do produto. As operações são efetuadas em uma sequência específica para alcançar a geometria e as características definidas pela especificidade de projeto.

Três grandes grupos de operações de processamento podem ser destacados: (1) processos de mudança de forma, (2) processos de alteração das propriedades, e (3) processos de modificação da superfície. Os **processos de mudança de forma** alteram a geometria do elemento inicial por diversos métodos, como exemplo: a fundição, o forjamento e a usinagem. Os **processos de aprimoramento das propriedades** agregam valor ao material pela melhora das propriedades físicas sem modificar sua geometria. O tratamento térmico é o exemplo mais popular. **Processos de modificação da superfície** são realizados para limpar, modificar, revestir e depositar material na superfície externa da peça. Exemplos comuns de revestimentos são a pintura e a galvanização.

Processos de Mudança de Forma A maioria dos processos de fabricação deste grupo aplica calor ou força mecânica, ou uma combinação de força e calor, para conformar a geometria do material. A classificação utilizada neste livro é baseada no estado inicial do material e apresenta quatro categorias: (1) *processos de solidificação*, cujo material inicialmente está no estado *líquido*, ou *semissólido*, e é resfriado até que se solidifique na geometria final; (2) *processamento de particulados*, quando o material a ser processado é um *pó* que será moldado e aquecido para alcançar a geometria desejada; (3) *processos de conformação*, quando o material inicial é um *sólido dúctil* (em geral metálico) que se deforma plasticamente para alcançar a geometria final; e (4) *processos de remoção de material*, quando o material é inicialmente *sólido* (dúctil ou frágil) e parte dele é removida para se obter a geometria final.

Na primeira categoria, o material, no início, é aquecido a uma temperatura suficiente para transformá-lo em líquido ou em estado extremamente plástico (semissólido, pastoso). Praticamente, todos os materiais podem ser processados desta forma. Metais, cerâmicas e plásticos podem ser aquecidos a temperaturas nas quais podem ser transformados em líquidos.* Neste estado, o material pode ser vertido, ou forçado a fluir, em uma cavidade na qual será solidificado, tomando a forma sólida deste molde. A maioria dos processos que se realiza desta forma é chamada fundição ou moldagem. **Fundição** é o nome usado para os metais, enquanto **moldagem**** é utilizado geralmente para os polímeros. Esta categoria é representada na Figura 1.4.

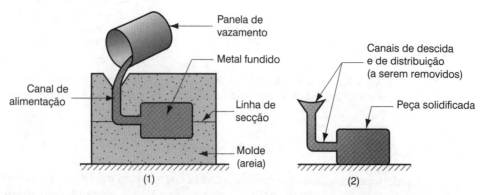

FIGURA 1.4 Processos de fundição e de moldagem começam com um material aquecido a um estado líquido ou semissólido. O processo consiste em (1) verter o fluido em uma cavidade de um molde e (2) permitir que o fluido se solidifique e, em seguida, retira-se a peça do molde. (Crédito: *Fundamentals of Modern Manufacturing*, 4ª Edição por Mikell P. Groover, 2010. Reimpresso com permissão de John Wiley & Sons, Inc.)

---

* Os polímeros e os vidros são aquecidos acima da temperatura vítrea para então serem processados. De fato, os plásticos não são processados na fase líquida. (N.T.)

** O termo moldagem é utilizado também para a operação de fabricação do molde, que é uma etapa da fundição de metais. (N.T.)

Nos *processos com particulados*, o material empregado está inicialmente sob a forma de pó metálico ou cerâmico. Apesar de os materiais serem bem diferentes, a transformação do metal e da cerâmica a partir de particulados é similar. A técnica usual envolve a compactação e a sinterização, como ilustra a Figura 1.5, em que os pós são, no início, depositados em uma cavidade de uma matriz sob alta pressão e, a seguir, aquecidos para que as partículas se unam e formem um material contínuo.

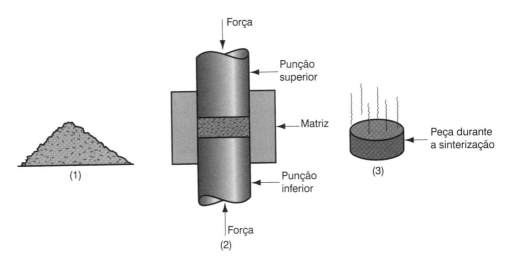

FIGURA 1.5 Processamento de particulados: (1) o pó é a forma do material inicial; e o processo é composto de (2) compactação e (3) sinterização. (Crédito: *Fundamentals of Modern Manufacturing*, 4ª Edição por Mikell P. Groover, 2010. Reimpresso com permissão de John Wiley & Sons, Inc.)

Nos *processos de conformação*, o material muda de forma pela aplicação de forças que causam tensões superiores ao seu limite de escoamento. Para que o elemento se deforme desta maneira, ele deve ser bastante dúctil para suportar a deformação plástica e evitar a fratura. De forma a aumentar a ductilidade (ou ainda por outras razões), o material é usualmente aquecido a uma temperatura abaixo da sua temperatura de fusão antes de ser submetido à conformação. Os processos de conformação têm uma relação estreita com as transformações metalúrgicas concomitantes. Estes processos incluem operações como o *forjamento* e a *extrusão*, conforme apresentados na Figura 1.6.

Os *processos com remoção de material* são operações que removem o excesso de material da peça inicial para que atinja a geometria desejada. Os processos mais importantes desta categoria são os processos de **usinagem** como *torneamento*, *furação* e *fresamento*, apresentados na Figura 1.7. Estas operações de corte são geralmente aplicadas a materiais sólidos

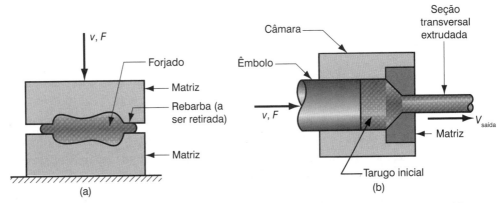

FIGURA 1.6 Dois processos de conformação: (a) forjamento, no qual as partes de um molde comprimem o corpo, fazendo com que ele alcance a forma da cavidade da matriz; e (b) extrusão, em que o tarugo é comprimido contra uma matriz contendo um furo na seção transversal. (Crédito: *Fundamentals of Modern Manufacturing*, 4ª Edição por Mikell P. Groover, 2010. Reimpresso com permissão de John Wiley & Sons, Inc.)

pela ação de ferramentas de corte, que são mais robustas e duras que o material usinado, como também ocorre na *retificação*, que é outro processo usual nesta categoria. O processo de remoção de material conhecido por **usinagem não convencional** utiliza lasers, feixe de elétrons, erosão química, descargas elétricas e energia eletroquímica para remover material, em vez de ferramentas de corte ou abrasivos usados nos processos convencionais de remoção.

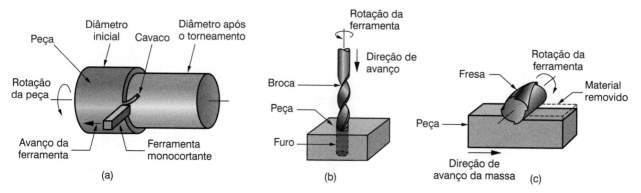

FIGURA 1.7 Operações de usinagem mais comuns: (a) torneamento, em que uma ferramenta monocortante remove metal da peça rotativa para reduzir seu diâmetro; (b) furação, na qual uma broca rotativa avança em direção à peça para produzir um furo; e (c) fresamento, quando a peça avança ao encontro de uma ferramenta rotativa com múltiplas arestas de corte. (Crédito: *Fundamentals of Modern Manufacturing*, 4ª Edição por Mikell P. Groover, 2010. Reimpresso com permissão de John Wiley & Sons, Inc.)

É desejável que seja minimizado o refugo e a sucata que surgem ao se transformar a peça inicial até sua nova geometria. Determinados processos de mudança de forma são mais eficientes no aproveitamento de material. Alguns processos de retirada de material (por exemplo, usinagem) tendem a desperdiçar mais material devido apenas à natureza do processo. O material removido a partir da geometria inicial é eliminado, mas pode, eventualmente, ser utilizado em outra operação unitária. Outros processos, como operações de fundição e moldagem, com frequência transformam quase 100% do material inicial no final. Processos de fabricação que transformam quase todo o material inicial na forma final e não necessitam de usinagem subsequente para o acabamento são chamados ***processos net shape***. Aqueles que requerem a retirada de uma quantidade reduzida de cavaco são chamados ***processos near net shape***.

Processos de Aprimoramento das Propriedades   O segundo maior grupo de processamento de peças é executado para melhorar as propriedades mecânicas ou físicas do material. Estes processos não alteram a forma da peça, exceto em alguns casos não intencionais. O processo mais importante deste grupo envolve ***tratamentos térmicos*** que incluem diversos processos de recozimento e de endurecimento empregados em metais e vidros. A ***sinterização*** de pós metálicos e cerâmicos também é considerada um processo de tratamento térmico, que endurece a peça formada de partículas compactadas.

Processos de Modificação da Superfície   Os processos que alteram a superfície da peça incluem (1) limpeza, (2) tratamento de superfície, e (3) revestimento e deposição de filmes finos. A ***limpeza*** inclui processos mecânicos e químicos para remover impurezas, óleo e outros contaminantes da superfície. Os ***tratamentos de superfície*** incluem processos mecânicos como o jateamento com esferas ou areia (shot peening e sand blasting) e processos físicos como a difusão e implantação iônica. A ***aplicação de revestimento*** e a ***deposição de filmes finos*** são processos que criam uma camada na superfície do material. Os processos de revestimento usuais são a ***galvanização***, a ***anodização*** do alumínio e o ***revestimento*** orgânico (também chamado ***pintura***). A deposição de filmes finos inclui a ***deposição física de vapor*** (PVD) e a ***deposição química de vapor*** (CVD) para criar revestimentos extremamente finos de várias substâncias.

1.2.2 OPERAÇÕES DE MONTAGEM

O segundo grupo de operações de fabricação contém os processos de *montagem*, em que duas ou mais peças se unem para formar uma nova unidade. Os componentes desta nova unidade estão conectados de forma permanente ou semipermanente. A *soldagem*, *brasagem*, *solda branca* e a *união com adesivos* são exemplos da união permanente. Estas operações produzem um novo conjunto que não pode ser facilmente desconectado. Determinados *conjuntos montados* unem os componentes com uniões que podem ser com facilidade desconectadas. A utilização de parafusos, porcas e outros tipos de *conexões mecânicas* rosqueadas é um dos métodos tradicionais desta categoria. As montagens que empregam *rebites*, *montagem por interferência* e *expansores* resultam em conexões mecânicas permanentes.

1.2.3 MÁQUINAS E FERRAMENTAS DE FABRICAÇÃO

As operações de fabricação são realizadas por meio de equipamentos e ferramental (e operadores). A extensiva utilização das máquinas e ferramentas para fabricação iniciou com a Revolução Industrial. Naquela época, as máquinas de usinagem se desenvolveram e foram muito usadas, sendo chamadas *máquinas-ferramenta*—máquinas acionadas por motores para movimentar ferramentas de corte que utilizavam, antes, acionamento manual. Máquinas-ferramenta modernas têm basicamente a mesma definição, exceto que a energia de acionamento é elétrica, em vez de água ou vapor, e a precisão e a automação hoje em dia são bem maiores. As máquinas-ferramenta estão entre as máquinas mais versáteis dentre os equipamentos de produção. Elas não são utilizadas apenas para fabricar bens de consumo, mas também fabricam componentes de outros equipamentos. Tanto no sentido histórico, quanto em relação à fabricação, a máquina-ferramenta é considerada a mãe de todos os equipamentos.

Outros equipamentos podem ser elencados: *prensas* para operações de estampagem, *martelos* para o forjamento, *rolos laminadores* para a laminação de chapas, *máquinas de soldagem* para soldagem e *máquinas de inserção* automática para inserir componentes eletrônicos em placas de circuito impresso. Em geral, o nome do equipamento segue a nomenclatura do processo.

Os equipamentos de produção podem ser projetados para um propósito geral ou específico. *Máquinas universais* são mais flexíveis e adaptáveis a diferentes tarefas. Estão disponíveis comercialmente, e qualquer empresa de fabricação pode investir neste tipo de equipamento. Já as *máquinas específicas* são equipamentos destinados a um propósito específico e em geral fabricam uma peça em particular ou realizam uma operação de fabricação em grande escala. A economia de escala justifica grandes investimentos em equipamentos específicos para alcançar alta eficiência e ciclos de fabricação mais curtos. Estas não são as únicas razões para a existência das máquinas, mas são as mais preponderantes. Outra razão que pode ser citada é a existência de processos incomuns que não estão disponíveis no mercado. Assim, algumas empresas desenvolvem seus próprios equipamentos para realizar operações que só elas poderão executar.

Equipamentos produtivos necessitam normalmente de *ferramental* que personaliza o equipamento para produzir uma peça ou um produto em particular. Em diversos casos, o ferramental deve ser projetado de forma específica para uma dada configuração ou uma peça. Quando o ferramental é utilizado em uma máquina universal, ele é projetado para ser intercambiável. Para cada tipo de peça, os acessórios são montados à máquina e a fabricação é realizada. Ao final da produção, eles são retirados e substituídos para a fabricação da próxima peça. Em máquinas específicas, o ferramental usualmente é projetado como um elemento integrado à máquina. Por ser projetada para fabricar peças com produção em massa, a máquina mais específica não utiliza a troca de ferramental exceto quando esta deve ser retirada por estar com a superfície desgastada ou danificada, devendo ser substituída ou reparada.

O tipo de ferramental depende do tipo de processo de fabricação. A Tabela 1.3 exemplifica ferramentas e acessórios especiais utilizados em várias operações. Nos capítulos deste livro em que cada operação é detalhada, o ferramental específico também é apresentado.

TABELA 1.3 Equipamentos e ferramentas utilizados em diferentes processos de fabricação

Processo	Equipamento	Ferramental específico (função)
Fundição	[a]	Molde (cavidade para o metal fundido)
Moldagem	Injetora ou extrusora de plásticos	Molde (cavidade para o plástico aquecido)
Laminação	Laminador	Cilindro de laminação (redução da espessura da chapa)
Forjamento	Prensa ou martelo de forja	Matriz (compressão para a forma desejada)
Extrusão	Extrusora	Matriz de extrusão (redução* da seção transversal)
Estampagem	Prensa de estampagem	Matriz (cisalhamento ou deformação plástica da chapa)
Usinagem	Máquina-ferramenta	Ferramenta de corte (remoção do material)
		Dispositivos de fixação (fixação da peça na posição de usinagem)
		Gabarito (guia para fixação ou fabricação)
		Rebolo (remoção de material)
Retificação	Retífica	Eletrodo (fusão do metal)
Soldagem	Máquina de soldagem	Dispositivo de fixação (fixação da peça durante a soldagem)

Lista elaborada a partir de equipamentos de produção.
[a]Diferentes tipos de equipamentos de fundição e acessórios descritos no Capítulo 11.
*Reduz e/ou modifica a seção transversal do extrudado.

1.3 ORGANIZAÇÃO DESTE LIVRO

A Seção 1.2 fornece uma introdução aos processos de fabricação apresentados neste livro. Os 29 capítulos do livro estão organizados em 9 partes. A Parte I, intitulada Materiais de Engenharia e Especificações do Produto, é composta de três capítulos. Os Capítulos 2 e 3 discutem as mais importantes categorias e propriedades dos materiais usados nos processos que o livro cobre. O Capítulo 4 faz um levantamento das especificações dos produtos, ou seja, suas dimensões, tolerâncias e características da superfície e inclui apêndice sobre medição destes atributos.

A maior parte dos processos e operações abordados no nosso texto está identificada na Figura 1.3. A Parte II inicia a apresentação das quatro categorias de processos com mudança de forma e é composta de cinco capítulos sobre processos de solidificação; inclui fundição de metais, fabricação de vidros e moldagem de polímeros. Na Parte III, o processamento de partículas metálicas e cerâmicas é apresentado em dois capítulos. A Parte IV inclui três capítulos que tratam dos processos de deformação plástica dos metais como laminação, forjamento, extrusão e conformação de chapas. Por fim, a Parte V apresenta os processos com remoção de material. Três capítulos são destinados aos processos de usinagem convencional e dois outros capítulos incluem a retificação e as tecnologias de usinagem não convencional. As demais operações de processamento, com o aprimoramento das propriedades (tratamentos térmicos) e tratamentos de superfície (por exemplo, limpeza, galvanização e pintura), são cobertas nos dois capítulos da Parte VI.

Processos de união e montagem são tratados na Parte VII, organizada em quatro capítulos: soldagem, brasagem, solda branca, união adesiva e montagem mecânica.

Diversos processos específicos que não se encaixam exatamente na classificação apresentada na Figura 1.3 são apresentados na Parte VIII, intitulada Processos Especiais e Tecnologia de Montagem. Os dois capítulos apresentam a prototipagem rápida, a microfabricação e a nanofabricação.

Parte IX inclui três capítulos sobre tópicos relacionados à fabricação. Estes tópicos são divididos em duas categorias: (1) as tecnologias e equipamentos que se localizam na indústria fabril e realizam operações de fabricação e (2) sistemas de suporte à fabricação, como o planejamento do processo e o controle de qualidade.

REFERÊNCIAS

[1] Black, J., and Kohser, R. *DeGarmo's Materials and Processes in Manufacturing*, 10th ed. John Wiley & Sons, Inc., Hoboken, New Jersey, 2008.

[2] Flinn, R. A., and Trojan, P. K. *Engineering Materials and Their Applications*, 5th ed. John Wiley & Sons, Inc., New York, 1995.

[3] Groover, M. P. *Automation, Production Systems, and Computer Integrated Manufacturing*, 3rd ed. Pearson Prentice-Hall, Upper Saddle River, New Jersey, 2008.

[4] Kalpakjian, S., and Schmid S. R. *Manufacturing Processes for Engineering Materials*, 6th ed. Pearson Prentice Hall, Upper Saddle River, New Jersey, 2010.

QUESTÕES DE REVISÃO

1.1 Qual é o percentual aproximado do produto interno bruto (PIB) dos EUA proveniente das indústrias de fabricação?

1.2 Defina fabricação.

1.3 As indústrias de fabricação são consideradas parte de qual das classificações dos setores: (a) primária, (b) secundária ou (c) terciária?

1.4 Qual é a diferença entre um bem de consumo e um bem de capital? Dê alguns exemplos de cada uma das categorias.

1.5 Qual é a diferença entre uma variedade de produtos leve ou severa, de acordo com o que foi definido no texto?

1.6 Um dos dimensionamentos da capabilidade de fabricação é a capabilidade tecnológica de processamento. Defina este conceito.

1.7 Quais são as quatro categorias de materiais de engenharia usadas em fabricação?

1.8 Qual é a definição de aço?

1.9 Quais são algumas das aplicações típicas dos aços?

1.10 Quais são as diferenças entre um polímero termoplástico e um polímero termorrígido?

1.11 Processos de fabricação são usualmente efetuados como operações unitárias. Defina as operações unitárias.

1.12 Nos processos de fabricação, qual é a diferença entre uma operação de processamento e uma operação de montagem?

1.13 Um dos três tipos de operações de processamento é a mudança de forma, que altera ou cria a geometria da peça. Quais são as quatro categorias deste tipo de operação?

1.14 Quais são as diferenças entre os processos net shape e near net shape?

1.15 Identifique os quatro tipos de processos de união permanentes usados na montagem.

1.16 O que é uma máquina-ferramenta?

1.17 Qual é a diferença entre um equipamento de uso específico e uma máquina universal?

Parte I Materiais de Engenharia e Especificação de Produtos

2 MATERIAIS DE ENGENHARIA

Sumário

2.1 Metais e Suas Ligas
   2.1.1 Aços
   2.1.2 Ferros Fundidos
   2.1.3 Metais Não Ferrosos
   2.1.4 Superligas

2.2 Cerâmicas
   2.2.1 Cerâmicas Tradicionais
   2.2.2 Cerâmicas Avançadas
   2.2.3 Vidros

2.3 Polímeros
   2.3.1 Polímeros Termoplásticos
   2.3.2 Polímeros Termorrígidos
   2.3.3 Elastômeros

2.4 Compósitos
   2.4.1 Tecnologia e Classificação dos Materiais Compósitos
   2.4.2 Materiais Compósitos

No Capítulo 1, a fabricação foi definida como um processo de transformação. O material é transformado; mas é o comportamento deste material, quando submetido a forças, temperaturas e outros parâmetros físicos específicos de um dado processo, que determina o sucesso da operação. Certos materiais respondem bem a alguns processos de fabricação e mal, ou nada, a outros. Quais são as características ou propriedades dos materiais que determinam a capacidade de serem transformados por diferentes processos?

A Parte I deste livro consiste em três capítulos que tratam dessa questão e dos problemas relacionados. No presente capítulo, são discutidos os quatro tipos de materiais de engenharia, que são geralmente empregados nos processos de fabricação apresentados nos demais capítulos do livro. Os quatro tipos de materiais são: (1) metais, (2) cerâmicas, (3) polímeros e (4) compósitos. O Capítulo 3 discute as propriedades mecânicas e físicas desses materiais que são relevantes em processos de fabricação. Essas propriedades são importantes no projeto de produtos. O Capítulo 4 trata dos atributos especificados no projeto de peças e produtos, que são alcançados na etapa de fabricação: dimensões, tolerâncias e acabamento superficial. O apêndice do Capítulo 4 descreve como esses atributos são medidos.

2.1 METAIS E SUAS LIGAS

Os metais são os mais importantes materiais de engenharia. **Metal** é a categoria de materiais geralmente caracterizada pelas propriedades de ductilidade, maleabilidade, brilho e boa condutividade elétrica e térmica. Essa categoria inclui os metais puros e suas ligas. Os metais têm propriedades que satisfazem ampla variedade de requisitos de projeto. Os processos de fabricação pelos quais eles são conformados em produtos têm sido desenvolvidos e aprimorados há muito tempo.

A importância tecnológica e comercial dos metais se deve às seguintes propriedades que estão em geral presentes em todos os metais comuns:

- *Alta rigidez e resistência mecânica.* Aos metais podem ser adicionados elementos de liga para obter alta rigidez, resistência e dureza; assim, eles são usados como componentes estruturais na maioria dos produtos de engenharia.
- *Tenacidade.* Os metais possuem a capacidade de absorver energia melhor que as outras classes de materiais.
- *Boa condutividade elétrica.* Os metais são condutores devido às suas ligações metálicas, que permitem a livre movimentação dos elétrons como portadores de carga.
- *Boa condutividade térmica.* A ligação metálica também explica por que os metais são geralmente melhores condutores térmicos que as cerâmicas ou os polímeros.

Além dessas características, alguns metais possuem propriedades específicas que os tornam atrativos para aplicações especiais. Muitos metais comuns estão disponíveis a um custo relativamente baixo por unidade de peso e com frequência são escolhidos simplesmente devido a seus baixos preços.

Embora alguns metais sejam importantes como metais puros (por exemplo, ouro, prata e cobre) a maioria das aplicações em engenharia requer melhoria das propriedades, que é obtida pela adição de elementos de liga. Uma **liga** é um metal composto de dois ou mais elementos, em que pelo menos um é de natureza metálica. Com a adição de elementos de liga, é possível melhorar a resistência, a dureza e outras propriedades em relação ao metal puro.

As propriedades mecânicas dos metais podem ser alteradas por *tratamento térmico*, que se refere a vários tipos de ciclos de aquecimento e resfriamento realizados em um metal para modificar suas propriedades de forma benéfica. Esses tratamentos alteram a microestrutura básica do metal, a qual, por sua vez, determina as propriedades mecânicas. Algumas operações de tratamento térmico são aplicáveis apenas a certos tipos de metais, como, por exemplo, o tratamento térmico para formar martensita nos aços. Os tratamentos térmicos dos metais serão discutidos no Capítulo 20.

Os metais são transformados em peças e produtos por meio de vários processos de fabricação. O estado inicial do metal é diferente, dependendo do tipo do processamento. As principais categorias são (1) **metal fundido**, no qual a forma inicial é um metal em estado líquido; (2) **metal trabalhado**, no qual o metal foi trabalhado ou pode ser trabalhado (por exemplo, laminado ou conformado) após a solidificação. Melhores propriedades mecânicas são geralmente associadas aos metais trabalhados quando comparadas com as dos metais fundidos; (3) **metal sinterizado**, no qual o metal inicialmente está na forma de pós finos que são, em seguida, transformados em peças por meio de técnicas de metalurgia do pó. A maioria dos metais está disponível nestas três formas. Neste capítulo, a discussão englobará as categorias (1) e (2), que têm maior interesse comercial e de engenharia. As técnicas de metalurgia do pó serão analisadas no Capítulo 10.

Os metais são geralmente classificados em dois grupos principais: (1) **ferrosos** — aqueles nos quais o ferro é o constituinte principal; e (2) **não ferrosos** — os demais metais. Os metais ferrosos podem ainda ser subdivididos em aços e ferros fundidos. A discussão nessa seção que trata desses metais está organizada em quatro tópicos: (1) aços, (2) ferros fundidos, (3) metais não ferrosos e (4) superligas. As superligas incluem os metais de alto desempenho e podem ser ferrosas ou não ferrosas.

2.1.1 AÇOS

O aço é uma das duas categorias das ligas ferrosas, ou seja, nas quais o ferro (Fe) é o constituinte principal. A outra categoria é o ferro fundido (Seção 2.1.2). Juntas, elas representam aproximadamente 85% da massa de metais utilizada nos Estados Unidos [10]. A discussão acerca das ligas ferrosas será iniciada pela análise do diagrama de fases ferro-carbono, mostrado na Figura 2.1. O ferro puro funde a 1539°C (2802°F). Durante a elevação da temperatura a partir da ambiente, o ferro puro sofre diversas transformações de fase no estado sólido, como indicado no diagrama. Começando na temperatura ambiente, a fase presente é o ferro alfa (α), também chamada **ferrita**. A 912°C (1674°F), a ferrita se transforma em ferro gama (γ), denominado **austenita**. Esta fase, por sua vez, se transforma em ferro delta (δ) a 1394°C (2541°F), que se mantém até ocorrer a fusão.

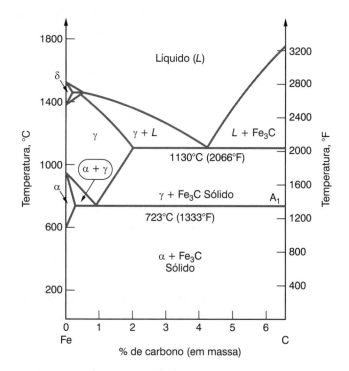

FIGURA 2.1 Diagrama de fase do sistema ferro-carbono, até próximo de 6% de carbono. (Crédito: *Fundamentals of Modern Manufacturing*, 4ª Edição por Mikell P. Groover, 2010. Reimpresso com permissão de John Wiley & Sons, Inc.)

Os limites de solubilidade do carbono no ferro são baixos na fase ferrita — apenas cerca de 0,022% a 723°C (1333°F). A austenita pode dissolver até cerca de 2,1% de carbono na temperatura de 1130°C (2066°F). Essa diferença de solubilidade entre as fases alfa e gama cria oportunidades de endurecimento por tratamento térmico, como será visto no Capítulo 20. Mesmo sem tratamento térmico, a resistência do ferro aumenta bastante quando se eleva o teor de carbono; quando a liga passa a ser chamada aço. De forma precisa, *aço* é definido como uma liga ferro-carbono contendo de 0,02% a 2,11% de carbono.[1] A maioria dos aços tem teor de carbono entre 0,05% a 1,1%C.*

Além das fases mencionadas, há outra fase importante no sistema ferro-carbono. Essa fase é a Fe_3C, também conhecida como **cementita**. Ela é um composto metálico de ferro e carbono, e é dura e frágil. À temperatura ambiente, sob condições de equilíbrio, as ligas ferro-carbono formam um sistema bifásico para teores de carbono um pouco superiores a zero. O teor de carbono em aços varia desde valores bem baixos a aproximadamente 2,1%C. Acima de 2,1%, até próximo de 4% ou 5%, a liga é definida como *ferro fundido*.

---

[1] Essa é a definição convencional de aço, mas existem exceções. Um aço recentemente desenvolvido para operações de estampagem, denominado *aço livre de intersticiais* (IF — do inglês, *interstitial-free steel*), tem teor de carbono de apenas 0,005%.
* A porcentagem dos elementos neste capítulo é a relação entre massas e não a fração atômica. (N.T.)

Os aços, com frequência, possuem outros elementos de liga, tais como manganês, cromo, níquel e/ou molibdênio, mas é o teor de carbono que transforma o ferro em aço. Existem centenas de composições de aços disponíveis comercialmente. Para fins de organização neste capítulo, a maioria dos aços comercialmente importantes pode ser agrupada nas seguintes categorias: (1) aços-carbono comuns, (2) aços de baixa liga, (3) aços inoxidáveis e (4) aços ferramenta.

Aços-Carbono Comuns Esses aços contêm carbono como o principal elemento de liga, e apenas pequenas quantidades de outros elementos (cerca de 0,4% de manganês e ainda menores quantidades de silício, fósforo e enxofre). A resistência mecânica dos aços-carbono comuns aumenta com o teor de carbono. Um comportamento típico dessa correlação está mostrado na Figura 2.2. Como observado na Figura 2.1, o aço à temperatura ambiente é uma mistura de ferrita (α) e cementita (Fe_3C). As partículas de cementita estão distribuídas pela ferrita e atuam como barreiras à deformação; assim, quanto mais carbono, mais barreiras e, consequentemente, mais resistente e duro é o aço.

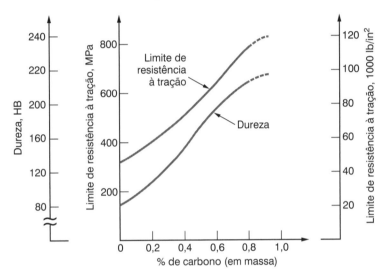

FIGURA 2.2 Limite de resistência à tração e dureza em função do teor de carbono em aços-carbono comuns (aços laminados a quente, sem tratamento térmico). (Crédito: *Fundamentals of Modern Manufacturing*, 4ª Edição por Mikell P. Groover, 2010. Reimpresso com permissão de John Wiley & Sons, Inc.)

De acordo com a nomenclatura desenvolvida pelo Instituto Americano de Ferro e Aço (AISI: *American Iron and Steel Institute*) e pela Sociedade de Engenheiros Automotivos (SAE: *Society of Automotive Engineers*), os aços-carbono comuns são especificados por um sistema de quatro dígitos: 10XX, no qual 10 indica que o aço é um aço-carbono comum e o XX indica cem vezes o percentual de carbono. Por exemplo, o aço 1020 contém 0,20% de carbono. Os aços-carbono comuns são tipicamente classificados em função do teor de carbono em três classes:

1. *Aços com baixo teor de carbono* contêm menos de 0,20% C e são, de longe, os aços mais usados. As aplicações típicas incluem chapas metálicas de automóveis, chapas de aço para fabricação e trilhos de trens. Esses aços são relativamente fáceis de conformar, o que influi para torná-los populares em empregos nos quais a alta resistência não é necessária. Os fundidos de aço também têm usualmente estes teores de carbono.

2. *Aços com médio teor de carbono* possuem teor de carbono entre 0,20% e 0,50% e são especificados para aplicações que requerem maior resistência mecânica que os aços de baixo teor de carbono. Os empregos desses aços incluem componentes de máquinas e partes de motores, tais como virabrequim e biela.

3. *Aços com alto teor de carbono* contêm teor de carbono acima de 0,50%. Eles são especificados para aplicações que requerem resistência ainda mais alta e nas quais são necessárias rigidez e dureza. Molas, ferramentas de corte, lâminas e peças resistentes ao desgaste são exemplos do emprego desses aços.

A elevação do teor de carbono nos aços aumenta a resistência mecânica e a dureza, entretanto a ductilidade é reduzida. Além disso, os aços de alto teor de carbono podem ser tratados termicamente para formar martensita, tornando o aço bastante duro e resistente (Seção 20.2).

Aços de Baixa Liga Os aços de baixa liga são ligas ferro-carbono que contêm outros elementos de liga em teores inferiores a aproximadamente 5% em massa. Devido a essas adições, esses aços têm melhores propriedades mecânicas que os aços-carbono comuns, e portanto, usados em diversas aplicações. Melhores propriedades em geral significam maiores limite de resistência, dureza, dureza a quente, resistência ao desgaste, tenacidade e também melhor combinação dessas propriedades. Um tratamento térmico é frequentemente necessário para atingir essa melhoria de propriedades.

Os elementos de liga mais comuns adicionados a esses aços são cromo, manganês, molibdênio, níquel e vanádio. Algumas vezes, estes elementos são adicionados isoladamente, mas por via de regra são usadas combinações de vários elementos. Em geral, estes elementos formam soluções sólidas com o ferro e compostos metálicos com o carbono (carbetos*), caso haja carbono suficiente para reagir. Os efeitos dos principais elementos de liga podem ser resumidos como:

- ➤ *Cromo* (Cr) — melhora a resistência, a dureza, a resistência ao desgaste e a dureza a quente. É um dos elementos de liga mais efetivos no aumento da temperabilidade (Seção 20.2.3). Em quantidade elevada, o cromo aumenta a resistência à corrosão.
- ➤ *Manganês* (Mn) — aumenta a resistência mecânica e a dureza dos aços. Quando o aço é tratado termicamente, a temperabilidade é melhorada com o aumento do teor de manganês. Por causa desses efeitos benéficos, o manganês é de forma ampla usado como elemento de liga dos aços.
- ➤ *Molibdênio* (Mo) — aumenta a tenacidade e a dureza a quente. Também aumenta a temperabilidade e forma carbetos que resistem ao desgaste.
- ➤ *Níquel* (Ni) — aumenta a resistência mecânica e a tenacidade. Eleva a temperabilidade dos aços, mas não tanto quanto outros elementos de liga. Em quantidade suficiente, aumenta a resistência à corrosão, sendo um dos elementos de liga principais (além do cromo) em certos aços inoxidáveis.
- ➤ *Vanádio* (V) — inibe o crescimento de grãos durante o processamento em temperaturas elevadas e durante tratamento térmico, o que melhora a resistência mecânica e a tenacidade do aço. O vanádio também forma carbetos que elevam a resistência ao desgaste.

A especificação AISI-SAE de alguns aços de baixa liga está apresentada na Tabela 2.1, que indica a análise química nominal. Como já mencionado, o teor de carbono é especificado por XX em centésimos do percentual de carbono. Para ser mais abrangente, também foram incluídos os aços-carbono comuns (10XX). As propriedades de vários aços e de outros metais são definidas e tabeladas no Capítulo 3.

Os aços baixa liga não são facilmente soldados, em especial os de médio e alto carbono. Para superar essa limitação, desde os anos 1960, foram realizadas pesquisas para desenvolver aços baixa liga com baixo teor de carbono que possuam melhor razão resistência mecânica-peso que os aços-carbono comuns, e que sejam mais facilmente soldáveis que os aços baixa liga anteriores. Os aços desenvolvidos são chamados aços de *alta resistência e alta liga* (ARBL ou high-strength, low-alloy — HSLA). Eles em geral têm baixo teor de carbono (na faixa de 0,10-0,30%C) e quantidades de forma relativa menores de elementos de liga (normalmente apenas em torno de 3%, no total). Uma composição química típica expressa em porcentagem em massa é 0,12 C; 0,60 Mn; 1,1 Ni; 1,1 Cr; 0,35 Mo e 0,4 Si. Os aços ARBL são laminados a quente sob condições controladas, projetadas para fornecer melhor resistência em relação

---

* O termo carbeto tem sido utilizado como tradução do termo em inglês carbite. Também se utiliza, com muita frequência nos artigos científicos, teses e catálogos comerciais o termo carboneto, especialmente nos compostos usados como recobrimentos em ferramentas de usinagem. Este livro utilizará as duas nomenclaturas em português: carbeto e carboneto. (N.R.)

TABELA 2.1	Especificação AISI/SAE dos aços								
		Análise Química Nominal, %							
Código	Nome do Aço	Cr	Mn	Mo	Ni	V	P	S	Si
10XX	Aço-carbono comum		0,4				0,04	0,05	
11XX	Ressulfurado		0,9				0,01	0,12	0,01
12XX	Ressulfurado, refosforizado		0,9				0,10	0,22	0,01
13XX	Manganês		1,7				0,04	0,04	0,3
20XX	Aço ao níquel		0,5		0,6		0,04	0,04	0,2
31XX	Níquel-cromo	0,6			1,2		0,04	0,04	0,3
40XX	Molibdênio		0,8	0,25			0,04	0,04	0,2
41XX	Cromo-molibdênio	1,0	0,8	0,2			0,04	0,04	0,3
43XX	Ni-Cr-Mo	0,8	0,7	0,25	1,8		0,04	0,04	0,2
46XX	Níquel-molibdênio		0,6	0,25	1,8		0,04	0,04	0,3
47XX	Ni-Cr-Mo	0,4	0,6	0,2	1,0		0,04	0,04	0,3
48XX	Níquel-molibdênio		0,6	0,25	3,5		0,04	0,04	0,3
50XX	Cromo	0,5	0,4				0,04	0,04	0,3
52XX	Cromo	1,4	0,4				0,02	0,02	0,3
61XX	Cromo-vanádio	0,8	0,8			0,1	0,04	0,04	0,3
81XX	Ni-Cr-Mo	0,4	0,8	0,1	0,3		0,04	0,04	0,3
86XX	Ni-Cr-Mo	0,5	0,8	0,2	0,5		0,04	0,04	0,3
88XX	Ni-Cr-Mo	0,5	0,8	0,35	0,5		0,04	0,04	0,3
92XX	Silício-manganês		0,8				0,04	0,04	2,0
93XX	Ni-Cr-Mo	1,2	0,6	0,1	3,2		0,02	0,02	0,3
98XX	Ni-Cr-Mo	0,8	0,8	0,25	1,0		0,04	0,04	0,3

Referência: [16].

aos aços-carbono comuns, mas sem perda da conformabilidade e da soldabilidade. O endurecimento é obtido pela adição dos elementos de liga. Não é possível realizar o tratamento térmico dos aços ARBL devido ao baixo teor de carbono.

Aços Inoxidáveis Os aços inoxidáveis são um grupo de aços de alta liga projetados para terem alta resistência à corrosão. O principal elemento de liga nos aços inoxidáveis é o cromo, em geral acima de 15%. O cromo presente na liga forma uma camada fina de óxido impermeável em atmosferas oxidantes, que protege a superfície da corrosão. O níquel é outro elemento de liga utilizado em alguns aços inoxidáveis para elevar a proteção contra a corrosão. O carbono é empregado para aumentar a resistência mecânica e a dureza; entretanto, o aumento do teor de carbono tem o efeito de reduzir a proteção anticorrosiva, pois forma-se carbeto de cromo que reduz a disponibilidade do cromo livre na liga.

Além da resistência à corrosão, os aços inoxidáveis são conhecidos pela combinação de resistência e ductilidade. Embora essas propriedades sejam desejáveis em muitas aplicações, elas em geral tornam essas ligas difíceis de serem processadas durante a fabricação. Além disso, os aços inoxidáveis são significativamente mais caros que os aços-carbono comuns ou os de baixa liga.

Os aços inoxidáveis são por tradição classificados em três grupos, denominados em função da fase predominante na liga à temperatura ambiente:

1. Os *aços inoxidáveis austeníticos* têm uma composição típica de cerca 18% Cr e 8% Ni, e são os mais resistentes dos três grupos. Devido à sua composição, eles são algumas vezes identificados com aço inoxidável 18-8. Eles não são magnéticos e são muito dúcteis; porém apresentam encruamento significativo. O níquel tem o efeito de aumentar a região da austenita do diagrama de fases ferro-carbono, tornando-a estável à temperatura ambiente. Os aços inoxidáveis austeníticos são usados para fabricar equipamentos das indústrias

químicas e de processamento de alimentos, assim como componentes de equipamentos que requeiram alta resistência à corrosão.

2. Os *aços inoxidáveis ferríticos* têm de 15% a 20% de cromo, baixo carbono e não possuem níquel. Essa composição os torna ferríticos à temperatura ambiente. Os aços inoxidáveis ferríticos são magnéticos e são menos dúcteis e menos resistentes à corrosão que os austeníticos. Utensílios de cozinha a componentes de motores a jato são feitos de aço inoxidável ferrítico.

3. Os *aços inoxidáveis martensíticos* possuem teor de carbono mais elevado que os ferríticos, permitindo que sejam endurecidos por tratamento térmico (Seção 20.2). Eles têm teores elevados de cromo tais como 18%, mas não têm níquel. Eles são resistentes, duros e têm boa resistência à fadiga, porém, geralmente, não são tão resistentes à corrosão quanto os outros dois grupos. Produtos típicos incluem instrumentos cirúrgicos e de cutelaria.

A maioria dos aços inoxidáveis é especificada por um sistema de três dígitos na classificação AISI. O primeiro dígito indica o tipo geral de aço inoxidável e os dois últimos dígitos a especificação dentro da classe. A Tabela 2.2 lista alguns dos aços inoxidáveis mais comuns com as suas respectivas composições químicas.

TABELA 2.2 Composição de aços inoxidáveis selecionados						
	Análise Química, %					
Tipo	Fe	Cr	Ni	C	Mn	Outros[a]
Austenítico						
301	73	17	7	0,15	2	
302	71	18	8	0,15	2	
304	69	19	9	0,08	2	
309	61	23	13	0,20	2	
316	65	17	12	0,08	2	2,5 Mo
Ferrítico						
405	85	13	—	0,08	1	
430	81	17	—	0,12	1	
Martensítico						
416	85	13	—	0,15	1	
440	81	17	—	0,65	1	

Compilado de [16].
[a] Todos os aços nessa tabela têm aproximadamente 1% (ou menos) de Si, além de pequenas quantidades (bem menos de 1%) de fósforo e enxofre e de outros elementos, tal como o alumínio.

Aços-Ferramenta Os aços-ferramenta são uma classe de aços, por definição, com alto teor de liga, projetados para uso como ferramentas de corte industrial, matrizes e moldes. Nessas aplicações, eles devem ter alta resistência mecânica, dureza, dureza a quente, resistência ao desgaste e tenacidade ao impacto. Para obter essas propriedades, os aços-ferramenta são tratados termicamente. As principais razões para os altos níveis de elementos de liga são (1) melhorar a temperabilidade, (2) reduzir a distorção durante o tratamento térmico, (3) ter dureza a quente, (4) formar carbetos metálicos duros para resistir à abrasão, e (5) aumentar a tenacidade.

Os aços-ferramenta são classificados de acordo com a aplicação e a composição. Para identificar o tipo de aço-ferramenta, a AISI usa um esquema de classificação baseado em um prefixo com uma letra, definido na lista a seguir:

T, M   *Aços rápidos* são usados em ferramentas de corte nos processos de usinagem (Seção 17.2.1). Eles são projetados para terem alta resistência ao desgaste e dureza a quente. Os aços rápidos originais foram desenvolvidos por volta de 1900. Esses aços permitiram aumento drástico na velocidade de corte quando comparados com as ferramentas usadas anteriormente; daí sua designação. As duas designações AISI indicam os principais elementos de liga: T para tungstênio e M para molibdênio.

H   *Aços-ferramenta para trabalho a quente* são destinados para matrizes de forjas, de extrusoras e de fundição.

D   *Aços-ferramenta para trabalho a frio* são aços forjados usados nas operações de trabalho a frio, tais como estampagem de chapas, extrusão a frio e algumas operações de forjamento. A letra D significa matriz (em inglês, *die*). Outras classificações AISI relacionadas a esses aços são indicadas com as letras A e O, respectivamente, para os aços temperáveis ao ar e ao óleo. Esses aços possuem boa resistência ao desgaste.

W   *Aços-ferramenta endurecíveis em água* têm alto teor de carbono e baixo teor, ou mesmo nenhum, de outros elementos de liga. Eles apenas podem ser endurecidos por resfriamento rápido em água. São muito usados devido ao baixo custo, mas têm aplicação apenas em baixas temperaturas. Ferramentas para produzir cabeças de prego e parafusos são aplicações típicas.

S   *Aços-ferramenta resistentes ao choque* são empregados nas aplicações em que a alta tenacidade é necessária, como em muitas operações de corte de chapas, de furação e de dobramento.

P   *Aços para moldes* são usados para fabricar moldes para fabricação de plásticos e de borrachas.

L   *Aços-ferramenta de baixa liga* são geralmente reservados para aplicações especiais.

Os aços-ferramenta não são os únicos materiais para fabricação de ferramentas. No conteúdo deste livro referente aos processos de fabricação, diversas ferramentas serão descritas, bem como os materiais a partir dos quais são elas fabricadas. Esses materiais incluem o aço-carbono comum, aços de baixa liga, ferros fundidos e as cerâmicas.

2.1.2 FERROS FUNDIDOS

O ferro fundido é uma liga ferrosa contendo, usualmente, entre 2,1% e 4% de carbono e entre 1% e 3% de silício. Essa composição torna a liga bastante adequada ao uso em fundição. De fato, a quantidade de fundidos de ferro fundido é várias vezes superior à de todas as peças fundidas de todos os outros metais combinados (excluindo os lingotes fundidos de aço produzidos durante a fabricação do aço e que são subsequentemente laminados para produzir barras, chapas e produtos semelhantes). A quantidade total de ferro fundido produzido é, dentre os metais, superada apenas pelo aço.

Existem vários tipos de ferro fundido, e o mais importante é o ferro fundido cinzento. Os outros tipos de ferro fundido incluem o nodular, o branco e o maleável. Os ferros fundidos nodular e maleável possuem composição química semelhante à dos ferros cinzento e branco, respectivamente, mas são obtidos por tratamentos especiais, que serão descritos a seguir. A Tabela 2.3 apresenta a composição química dos principais tipos de ferros fundidos.

Ferro Fundido Cinzento   O ferro fundido cinzento responde pela maior quantidade de ferro fundido produzido. Sua composição varia de 2,5% a 4% de carbono e 1% a 3% de silício. Esta composição favorece a formação de veios de grafita (carbono) distribuídos por todo o fundido após a solidificação. Essa estrutura faz com que a superfície do metal tenha uma coloração acinzentada na fratura; daí o nome ferro fundido cinzento. A dispersão dos veios de grafita é responsável por duas propriedades interessantes: (1) bom amortecimento de vibrações, o que

TABELA 2.3 Composição de ferros fundidos selecionados					
	Composição Típica, %				
Tipo	Fe	C	Si	Mn	Outros[a]
Ferros fundidos cinzentos					
ASTM Classe 20	93,0	3,5	2,5	0,65	
ASTM Classe 30	93,6	3,2	2,1	0,75	
ASTM Classe 40	93,8	3,1	1,9	0,85	
ASTM Classe 50	93,5	3,0	1,6	1,0	0,67 Mo
Ferros fundidos nodulares					
ASTM A395	94,4	3,0	2,5		
ASTM A476	93,8	3,0	3,0		
Ferro fundido branco					
Baixo carbono	92,5	2,5	1,3	0,4	1,5Ni, 1Cr, 0,5Mo
Ferros fundidos maleáveis					
Ferrítico	95,3	2,6	1,4	0,4	
Perlítico	95,1	2,4	1,4	0,8	

Compilado de [16]. Os ferros fundidos são classificados por vários sistemas. Aqui, tentativamente, procurou-se usar a classificação mais comum para cada tipo de ferro fundido listado.

[a] Os ferros fundidos também contêm fósforo e enxofre, totalizando normalmente menos de 0,3%.

é desejável em motores e em outras máquinas; e (2) lubrificação interna, o que torna o metal fundido bastante usinável.

A Sociedade Americana de Teste e Materiais (ASTM: *American Society for Testing and Materials*) usa uma classificação para o ferro fundido cinzento que tem por objetivo fornecer a especificação do valor mínimo do limite de resistência à tração (SU) para as diversas classes: Classe 20, para ferros fundidos cinzentos com valor mínimo de 138 MPa (20.000 lb/in^2), Classe 30 com tensão última de 207 MPa (30.000 lb/in^2), e assim em diante. A resistência à compressão dos ferros fundidos cinzentos é significativamente maior que a resistência à tração. As propriedades dos fundidos podem ser controladas, dentro de certos limites, por tratamentos térmicos. A ductilidade dos ferros fundidos cinzentos é muito baixa; sendo assim, é um material frágil. Os produtos fabricados de ferro fundido cinzento incluem blocos de motores e cabeçotes de automóveis, carcaças de motor e bases de máquinas-ferramenta.

Ferro Fundido Nodular Esse ferro fundido tem a composição do ferro fundido cinzento, mas o metal fundido é tratado quimicamente antes do vazamento para produzir nódulos de grafita em vez de veios. Isso resulta em um ferro fundido mais resistente e mais dúctil. Suas aplicações incluem componentes de máquinas que requeiram alta resistência e boa resistência ao desgaste.

Ferro Fundido Branco Esse ferro fundido tem menos carbono e silício que o ferro fundido cinzento. Ele é formado por resfriamento rápido do metal fundido após o vazamento, fazendo com que o carbono permaneça quimicamente combinado com o ferro na forma de cementita (Fe_3C), em vez de se precipitar da solução, formando veios de grafita. Quando fraturado, a superfície tem aparência cristalina, clara, que está associada ao nome desse ferro fundido. Devido à presença da cementita, o ferro fundido branco é duro e frágil, e sua resistência ao desgaste é excelente. Essas propriedades tornam o ferro fundido branco adequado para as aplicações em que a resistência ao desgaste é necessária. Sapatas de freios de trens são um exemplo.

Ferro Fundido Maleável Quando os fundidos de ferro fundido branco são tratados termicamente para remover o carbono da solução e formar grafita, o metal resultante é chamado ferro fundido maleável. Essa nova microestrutura pode possuir ductilidade substancial quando comparada à do ferro fundido branco. Produtos típicos fabricados com ferro fundido maleável incluem conexões de tubos e flanges, certos componentes de máquinas e peças de equipamentos de estradas de ferro.

2.1.3 METAIS NÃO FERROSOS

Os metais não ferrosos incluem os elementos metálicos e as ligas que não têm como elemento principal o ferro. Os metais de engenharia mais importantes do grupo dos não ferrosos são alumínio, magnésio, cobre, níquel, titânio e zinco, e suas ligas. Embora os metais não ferrosos, como um todo, não possam se igualar à resistência dos aços, certas ligas não ferrosas possuem resistência à corrosão e/ou razões resistência/peso que as tornam competitivas com os aços em aplicações com solicitação de tensões com intensidade de moderada a elevada. Além disso, muitos dos metais não ferrosos têm outras propriedades, que não as mecânicas, que os tornam ideais para aplicações nas quais o aço seria bastante inadequado. Por exemplo, o cobre tem uma das menores resistividades elétricas entre os metais e é, por isso, muito usado em fios elétricos. O alumínio é um excelente condutor térmico, e seus empregos incluem trocadores de calor e panelas. Ele é também um dos metais mais facilmente conformáveis e também é valorizado por essa razão. O zinco tem um ponto de fusão relativamente baixo, de modo que o zinco é muito usado em operações de fundição. Os metais não ferrosos comuns possuem suas próprias combinações de propriedades, que os tornam atrativos em diversas aplicações. Nos parágrafos seguintes, são discutidos os metais não ferrosos que são mais importantes nos aspectos comercial e tecnológico.

Alumínio e Suas Ligas O alumínio e o magnésio são metais leves e são, com frequência, especificados para aplicações de engenharia devido a essa característica. Ambos os elementos são abundantes na Terra; estando o alumínio presente no solo (cujo principal minério é a ***bauxita***) e o magnésio no mar, embora nenhum deles seja facilmente extraído das suas fontes naturais.

O alumínio tem alta condutividade térmica e elétrica, e sua resistência à corrosão é excelente devido à formação de um filme de óxido, duro e fino, na superfície. O alumínio é um metal muito dúctil, sendo conhecido pela sua conformabilidade. O alumínio puro é relativamente pouco resistente; mas na forma de liga tratada quimicamente compete com alguns aços, em especial quando o peso é um fator importante.

O sistema de classificação das ligas de alumínio usa um código numérico com quatro dígitos. O sistema tem duas partes, uma para as peças forjadas e outra para as peças fundidas. A diferença está no ponto decimal que é usado após o terceiro dígito para as ligas fundidas. As especificações estão apresentadas na Tabela 2.4(a).

TABELA 2.4(a) Especificações das ligas de alumínio		
Ligas	**Peças Forjadas**	**Peças Fundidas**
Alumínio, 99,0% ou mais de pureza	1XXX	1XX.X
Ligas de alumínio, em função do(s) principal(is) elemento(s):		
Cobre	2XXX	2XX.X
Manganês	3XXX	
Silício + cobre e/ou magnésio		3XX.X
Silício	4XXX	4XX.X
Mangnésio	5XXX	5XX.X
Magnésio e silício	6XXX	
Zinco	7XXX	7XX.X
Estanho		8XX.X
Outros	8XXX	9XX.X

Referência: [17].

Devido às propriedades das ligas de alumínio serem tão influenciadas pelo trabalho a frio e pelo tratamento térmico, o tratamento de endurecimento, caso haja, deve ser especificado além da codificação da composição. As principais especificações de tratamentos, mecânicos e térmicos, estão apresentadas na Tabela 2.4(b). Essa especificação é colocada após os quatro dígitos precedentes, separada deles por um hífen, para indicar o tratamento ou ausência dele; por exemplo, 2024-T3. Os tratamentos que especificam trabalho a frio não se aplicam às ligas fundidas. As composições de algumas ligas de alumínio são apresentadas na Tabela 2.5.

TABELA 2.4(b) Designação dos tratamentos para ligas de alumínio

Tratamento	Descrição
F	Como fabricado – sem nenhum tratamento especial.
H	Encruado (alumínios trabalhados). A letra H é seguida por dois dígitos; o primeiro indica o tratamento térmico, caso haja, e o segundo indica o grau de trabalho a frio remanescente; por exemplo: H1X significa sem tratamento térmico após o encruamento e X = 1 a 9, indica o grau de trabalho a frio.
O	Recozido para aliviar o encruamento e aumentar a ductilidade; reduz a resistência ao seu nível mais baixo.
T	Tratamento térmico para produzir estruturas estáveis diferentes das obtidas nos tratamentos F, H ou O. É seguido de um dígito para indicar o tratamento específico, como por exemplo: T1 = resfriado a partir de temperatura elevada, envelhecido naturalmente; T2 = resfriado a partir de temperatura elevada, deformado a frio, envelhecido naturalmente; T3 = solubilizado, deformado a frio, envelhecido naturalmente; e assim por diante.
W	Tratamento térmico de solubilização, aplicado a ligas que endurecem em serviço; é um tratamento instável.

Referência: [17].

TABELA 2.5 Composições de ligas de alumínio selecionadas

	Composição Típica, %[a]					
Especificação	Al	Cu	Fe	Mg	Mn	Si
1050	99,5		0,4			0,3
1100	99,0		0,6			0,3
2024	93,5	4,4	0,5	1,5	0,6	0,5
3004	96,5	0,3	0,7	1,0	1,2	0,3
4043	93,5	0,3	0,8			5,2
5050	96,9	0,2	0,7	1,4	0,1	0,4

Compilado de [17].
[a] Além dos elementos listados, onde a tabela não apresenta um valor, as ligas podem conter traços de outros elementos como cobre, magnésio, manganês, vanádio e zinco.

Magnésio e Suas Ligas O magnésio (Mg) é o menos denso dos metais estruturais; sua densidade específica vale 1,74. O magnésio e suas ligas estão disponíveis tanto na forma forjada quanto fundida. Ele é relativamente fácil de usinar. Entretanto, em todos os processamentos do magnésio, as pequenas partículas do metal (tal como os pequenos cavacos) oxidam rapidamente e cuidados devem ser tomados para evitar incêndios.

Como metal puro, o magnésio é relativamente macio e apresenta resistência mecânica insuficiente para a maioria das aplicações em engenharia. Entretanto, com o emprego de elementos de ligas e tratamentos térmicos atinge resistência mecânica comparável à das ligas de alumínio. Em especial, a sua razão resistência-peso é uma vantagem em componentes de mísseis e de aeronaves.

O sistema de especificação para as ligas de magnésio usa um código alfanumérico com três a cinco caracteres. Os dois primeiros caracteres são letras que identificam os principais elementos de liga (até dois elementos podem ser especificados nesse sistema, em ordem decrescente de porcentagem, ou em ordem alfabética em caso de composições iguais). Por exemplo, A = alumínio (Al), K = zircônio (Zr), M = manganês (Mn) e Z = zinco (Zn). As letras são seguidas de dois dígitos numéricos que indicam, respectivamente, o teor dos dois principais elementos de liga, aproximando pela porcentagem inteira mais próxima. Por fim, o último símbolo é uma letra que indica alguma variação da composição, ou simplesmente a ordem cronológica na qual a liga foi padronizada para fins comerciais. As ligas de magnésio também requerem a especificação dos tratamentos térmicos, e a mesma designação básica mostrada na Tabela 2.4(b) para o alumínio também é usada para o magnésio. Para exemplificar o sistema de especificação, alguns exemplos de ligas de magnésio são mostrados na Tabela 2.6.

TABELA 2.6 Composição de ligas de magnésio selecionadas

Especificação	Composição Típica, %					
	Mg	Al	Mn	Si	Zn	Outros
AZ10A	98,0	1,3	0,2	0,1	0,4	
AZ80A	91,0	8,5			0,5	
ZK21A	97,1				2,3	6 Zr
AM60	92,8	6,0	0,1	0,5	0,2	0,3 Cu
AZ63A	91,0	6,0			3,0	

Compilado de [17].

Cobre e Suas Ligas O cobre puro (Cu) tem uma coloração particular vermelha-rosada, mas a sua mais notável propriedade de interesse em engenharia é a baixa resistividade elétrica — uma das mais baixas entre todos os elementos. Devido a essa propriedade, e sua relativa abundância na natureza, o cobre comercialmente puro é muito usado em condutor elétrico (deve-se ressaltar aqui que a condutividade do cobre decresce de modo significativo quando são adicionados elementos de liga). O cobre é também um excelente condutor térmico. O cobre é um dos metais nobres (ouro e prata também são metais nobres) e por isso é resistente à corrosão.* Todas essas características combinadas tornam o cobre um dos metais mais importantes.

Como desvantagem, a resistência mecânica e a dureza do cobre são relativamente baixas, em especial quando o peso é levado em consideração. Dessa forma, para melhorar a resistência (assim como por outras razões) com frequência são adicionados elementos de liga ao cobre. O *bronze* é uma liga de cobre e estanho (tipicamente com cerca de 90% de Cu e 10% Sn) que ainda é bastante usada, apesar de sua origem muito antiga (ou seja, desde a Idade do Bronze, na pré-história). Outras ligas de bronze têm sido desenvolvidas, compostas com outros elementos, além do estanho, como o alumínio ou o silício. O *latão* é outra liga comum feita de cobre, composta de cobre e zinco (por exemplo, 65% Cu e 35% Zn). A liga de cobre mais resistente mecanicamente é a liga cobre-berílio (com apenas cerca de 2% Be) tratada de forma térmica, que é usada em molas.

A especificação das ligas de cobre é baseada no Sistema Unificado de Numeração para Metais e Ligas (UNS: *Unified Numbering System*), que usa um número de cinco dígitos precedidos pela letra C (C para indicar cobre). As ligas são processadas como forjados ou fundidos, e a especificação UNS inclui ambas. Algumas ligas de cobre e suas composições são apresentadas na Tabela 2.7.

---

* Embora o cobre apresente uma faixa de imunidade dentro da região de estabilidade da água, ela não é tão extensa como a dos metais nobres citados (ouro e prata). (N.T.)

TABELA 2.7 Composição de ligas de cobre selecionadas

Especificação	Composição Típica, %				
	Cu	Be	Ni	Sn	Zn
C10100	99,99				
C11000	99,95				
C17000	98,0	1,7	a		
C24000	80,0				20,0
C26000	70,0				30,0
C52100	92,0			8,0	
C71500	70,0		30,0		

Compilado de [17].
a Pequenas quantidades de Ni e Fe + 0,3 Co.

Níquel e Suas Ligas O níquel (Ni) é similar ao ferro em muitos aspectos. Ele é magnético, e sua rigidez é praticamente a mesma do ferro e do aço. Por outro lado, ele é muito mais resistente à corrosão, e as propriedades a alta temperatura de suas ligas são em geral superiores. Por causa das suas características de resistência à corrosão, o níquel é bastante usado como elemento de liga nos aços, tais como nos aços inoxidáveis, e como revestimento metálico de outros metais, como no aço-carbono comum.

As ligas de níquel são importantes comercialmente e são notáveis pela resistência à corrosão e pelo desempenho em altas temperaturas. A composição de algumas ligas de níquel é exibida na Tabela 2.8. Além disso, diversas superligas são baseadas no níquel (Seção 2.1.4).

TABELA 2.8 Composição de ligas de níquel selecionadas

Especificação	Composição Típica, %						
	Ni	Cr	Cu	Fe	Mn	Si	Outros
270	99,9		a	a			
200	99,0		0,2	0,3	0,2	0,2	C, S
400	66,8		30,0	2,5	0,2	0,5	C
600	74,0	16,0	0,5	8,0	1,0	0,5	
230	52,8	22,0		3,0	0,4	0,4	b

Compilado de [17].
a Traços.
b Outros elementos na composição da liga 230 são 5% Co, 2% Mo, 14% W, 0,3% Al e 0,1% C.

Titânio e Suas Ligas O titânio (Ti) é abundante na natureza, constituindo cerca de 1% da crosta terrestre (o alumínio é o mais abundante, com cerca de 8%). A densidade específica do Ti é 4,7, estando entre a do alumínio e a do ferro. Sua importância tem crescido nas últimas décadas devido às aplicações aeroespaciais, em que sua baixa densidade e boa razão resistência-peso são exploradas.

A expansão térmica do titânio é relativamente baixa dentre os metais. Ele é mais rígido e mais resistente que o alumínio, e mantém boa resistência em temperaturas elevadas. O titânio puro é reativo, o que causa problemas durante o processamento, em especial no estado fundido. À temperatura ambiente, por outro lado, ele forma uma camada de óxido (TiO_2), fina e aderente, que fornece excelente resistência à corrosão. Essas propriedades favorecem as duas principais áreas de aplicação do titânio: (1) no estado comercialmente puro, o titânio é empregado em componentes resistentes à corrosão, tais como componentes para uso em ambientes marinhos e em próteses; e (2) ligas de titânio são usadas em componentes de alta resistência em temperaturas variando de ambiente até acima de 550°C (1000°F), em especial quando sua excelente razão resistência-peso é importante. Essa última aplicação inclui componentes de aeronaves e de mísseis. Os elementos de liga usados no titânio incluem alumínio, manganês, estanho e vanádio. Algumas composições de ligas de titânio são mostradas na Tabela 2.9.

TABELA 2.9 Composição de ligas de titânio selecionadas

Especificação[a]	Composição Típica, %					
	Ti	Al	Cu	Fe	V	Outros
R50250	99,8			0,2		
R56400	89,6	6,0		0,3	4,0	[b]
R54810	90,0	8,0			1,0	1 Mo,[b]
R56620	84,3	6,0	0,8	0,8	6,0	2 Sn,[b]

Compilado de [1] e [17].
[a] Sistema Unificado de Numeração de Metais e Ligas (UNS).
[b] Traços de C, H e O.

Zinco e Suas Ligas O baixo ponto de fusão do zinco (Zn) o torna atrativo como um metal para fundição. Ele também fornece proteção contra a corrosão quando é depositado na superfície do aço ou do ferro; deste modo, o *aço galvanizado* é aquele que foi revestido com zinco.

Diversas ligas de zinco estão listadas na Tabela 2.10, com suas composições e aplicações. As ligas de zinco são muito usadas na fundição em matrizes para produção em massa de componentes para as indústrias automotivas e de equipamentos. Outra aplicação importante do zinco é nos aços galvanizados, na qual o aço é revestido com zinco para aumentar a resistência à corrosão. Um terceiro emprego importante do zinco é como elemento de liga nos latões. Como previamente apresentado na discussão sobre o cobre, essa liga consiste em cobre e zinco; por exemplo, na proporção de 2/3 Cu e 1/3 Zn. Uma curiosidade para os leitores é o fato de que a moeda norte-americana de um centavo de dólar é praticamente feita de zinco. Essa moeda é cunhada em zinco e, depois, deposita-se cobre por eletrodeposição, de modo que a proporção final é 97,5% Zn e 2,5% Cu. Custa ao governo dos Estados Unidos cerca de 1,5 centavo de dólar para produzir cada moeda de um centavo.

TABELA 2.10 Composição e aplicações de ligas de zinco selecionadas

Especificação[a]	Composição Típica, %					Aplicação
	Zn	Al	Cu	Mg	Fe	
Z33520	95,6	4,0	0,25	0,04	0,1	Fundição em matriz
Z35540	93,4	4,0	2,5	0,04	0,1	Fundição em matriz
Z35635	91,0	8,0	1,0	0,02	0,06	Liga de fundição
Z35840	70,9	27,0	2,0	0,02	0,07	Liga de fundição
Z45330	98,9		1,0	0,01		Peça laminada

Compilado de [17].
[a] Sistema Unificado de Numeração de Metais e Ligas (UNS).

2.1.4 SUPERLIGAS

As superligas são um grupo de ligas que englobam ligas ferrosas e não ferrosas. Algumas delas são baseadas no ferro, enquanto outras são baseadas no níquel e no cobalto. De fato, muitas das superligas contêm quantidades elevadas de três ou mais metais, em vez de ter um metal-base com adição de elementos de liga. Embora a quantidade total produzida dessas ligas não seja significativa em comparação com a maioria dos outros metais apresentados neste livro, elas são, entretanto, comercialmente importantes, pois são muito caras; e são tecnologicamente importantes devido ao seu desempenho.

As *superligas* são um grupo de ligas de alto desempenho projetadas para atender a requisitos muito rigorosos de resistência mecânica e resistência à degradação superficial (corrosão e oxidação) em temperaturas de serviço elevadas. A resistência mecânica à temperatura ambiente não é em geral o critério mais importante para essas ligas, e a maioria delas possui boas resistências mecânicas à temperatura ambiente, mas não são excepcionais. O desempenho em altas temperaturas é o que as distingue: resistência à tração, dureza a quente, resistência à fluência e resistência à corrosão em temperaturas muito altas são as propriedades mecânicas de interesse. As temperaturas de operação alcançam com frequência cerca de 1100°C (2000°F). Essas ligas são amplamente usadas em turbinas a gás — motores de jatos e de foguetes, turbinas a vapor e indústrias de energia nuclear — sistemas cuja eficiência aumenta com o aumento da temperatura.

As superligas são de forma usual divididas em três grupos, de acordo com o principal elemento: ferro, níquel ou cobalto:

> ***Ligas à base de ferro*** possuem ferro como o elemento principal, embora em alguns casos o teor de ferro seja inferior a 50% da composição total. Os elementos de liga típicos incluem o níquel, o cobalto e o cromo.

> ***Ligas à base de níquel*** geralmente têm melhor resistência a altas temperaturas que os aços-liga. O principal elemento é o níquel. Os principais elementos de liga são o cromo e o cobalto; elementos em menores quantidades incluem alumínio, titânio, molibdênio, nióbio (Nb) e ferro.

> ***Ligas à base de cobalto*** contêm cobalto (40% a 50%) e cromo (20% a 30%) como principais componentes. Outros elementos de liga incluem níquel, molibdênio e tungstênio.

Em praticamente todas as superligas, incluindo as baseadas em ferro, o endurecimento é obtido por tratamento térmico de precipitação (Seção 20.3). As superligas à base de ferro não usam a transformação martensítica como mecanismo de endurecimento.

2.2 CERÂMICAS

A importância das cerâmicas como materiais de engenharia deriva da sua abundância na natureza e das suas propriedades mecânicas e físicas, que são bem diferentes daquelas dos metais. Uma *cerâmica* é um composto inorgânico constituído de um metal (ou de um semimetal) e de um ou mais não metal. Exemplos importantes de materiais cerâmicos são a ***sílica***, ou dióxido de silício (SiO_2), que é o principal constituinte da maioria dos produtos de vidro; a ***alumina***, ou óxido de alumínio (Al_2O_3), empregada em aplicações que variam desde abrasivos a ossos artificiais; e compostos mais complexos como o silicato hidratado de alumínio ($Al_2Si_2O_5(OH)_4$), conhecido como ***caulinita***, que é o componente principal da maioria dos produtos de argila (por exemplo, tijolos e produtos cerâmicos de uso doméstico). Os elementos nesses compostos são os mais comuns na crosta terrestre. As cerâmicas incluem muitos outros compostos, alguns dos quais existem naturalmente, enquanto outros são manufaturados.

As propriedades gerais que tornam as cerâmicas úteis em produtos de engenharia são a alta dureza, as boas características de isolamento elétrico e térmico, a estabilidade química e os altos pontos de fusão. Algumas cerâmicas são translúcidas — sendo o vidro de janelas o exemplo mais óbvio. Elas também são frágeis e praticamente não têm ductilidade, o que pode causar problemas tanto no processamento quanto no desempenho dos produtos cerâmicos.

Para fins de organização, os materiais cerâmicos são classificados em três tipos básicos: (1) ***cerâmicas tradicionais*** — silicatos usados para produtos à base de argila, como peças cerâmicas de uso doméstico e tijolos, abrasivos comuns e cimento; (2) ***cerâmicas avançadas*** — cerâmicas de desenvolvimento mais recente, não baseadas em silicatos, mas em óxidos e carbetos, e que em geral possuem propriedades mecânicas e físicas superiores, ou diferentes, quando comparadas com as cerâmicas tradicionais; e (3) ***vidros*** — baseados principalmente na sílica e que se distinguem das demais cerâmicas pela sua estrutura não cristalina. Em adição a essas três classes básicas, existem as ***vitrocerâmicas*** — vidros que foram, em grande parte, transformados em estruturas cristalinas por tratamento térmico. Os processos de fabricação desses materiais estão apresentados nos Capítulos 7 (Processamento dos Vidros) e 11 (Processamento de Materiais Cerâmicos e Cermetos).

2.2.1 CERÂMICAS TRADICIONAIS

Essas cerâmicas são baseadas em silicatos, na sílica e em óxidos. Os produtos principais são as argilas queimadas (produtos domésticos à base de argila, louças, tijolos e telhas), o cimento e abrasivos naturais, como a alumina. Esses produtos e os processos usados para obtê-los são empregados há milhares de anos. O vidro também é um material cerâmico — um silicato — e é comumente incluído no grupo das cerâmicas tradicionais [12], [13]. Entretanto, o vidro é apresentado em uma seção à parte, pois tem estrutura amorfa ou vítrea (o termo *vítreo* significa que possui características semelhantes às do vidro), o que o difere das demais cerâmicas cristalinas, já citadas.

Matérias-Primas Os silicatos, tais como as argilas de várias composições, e a sílica, tal como o quartzo, estão entre as substâncias mais abundantes na natureza, e são as principais matérias-primas das cerâmicas tradicionais. As argilas são as matérias-primas mais usadas nas cerâmicas. Elas são constituídas por finas partículas de silicato hidratado de alumina, que se tornam plásticas com adição de água, ficando moldáveis e conformáveis. As argilas mais comuns são do mineral *caulinita* ($Al_2Si_2O_5(OH)_4$). Outros minerais argilosos têm diversas composições, seja em termos de proporção dos constituintes básicos, seja pela adição de outros elementos, tais como magnésio, sódio e potássio.

Além da sua plasticidade quando misturada com água, uma outra característica da argila, que a torna tão útil, é que ela funde quando aquecida a uma temperatura suficientemente alta, produzindo um material denso e rígido. Esse tratamento térmico é conhecido como *queima*. As temperaturas adequadas de queima dependem da composição da argila. Assim, a argila pode ser moldada enquanto está úmida e macia e, então, ser queimada para se obter o produto cerâmico final, duro e rígido.

A *sílica* (SiO_2) é outra matéria-prima principal na produção de cerâmicas tradicionais. Ela é o principal componente dos vidros, e um componente de outros produtos cerâmicos como louças sanitárias, refratários e abrasivos. A sílica está disponível na natureza em várias formas, e a mais importante é o *quartzo*. A principal fonte de quartzo é a *areia*. A abundância de areia e sua relativa facilidade de processamento implicam o baixo custo da sílica; sendo ainda dura e quimicamente estável. Essas características favorecem seu amplo uso nos produtos cerâmicos. A areia é misturada em várias proporções com argila e outros minerais para obter as características apropriadas do produto final. O feldspato é um dos outros minerais com frequência usados. O termo *feldspato* se refere a qualquer dos diversos minerais cristalinos que contenham silicato de alumínio combinado com potássio, sódio, cálcio ou bário. Misturas de argila, sílica e feldspato são usadas para produzir potes, vasos, porcelana e outros utensílios domésticos.

Outra matéria-prima importante para as cerâmicas tradicionais é a *alumina*. A maior parte da alumina é processada a partir do mineral *bauxita*, que é uma mistura impura de óxido de alumínio hidratado e hidróxido de alumínio, além de compostos semelhantes de ferro ou de manganês. A bauxita é também o principal minério para a produção de alumínio metálico. Uma forma mais pura, mas menos comum, de Al_2O_3 é o mineral *coríndon*, que contém grandes quantidades de alumina na sua composição. Cristais de coríndon com pequenos teores de impurezas são as pedras preciosas coloridas safira e rubi. A cerâmica de alumina é usada como um abrasivo em rebolos de esmeril e como tijolos refratários em fornos.

O *carbeto de silício* também é usado como abrasivo, mas não é encontrado na natureza. Ele é produzido por aquecimento de misturas de areia (fonte de silício) e de coque (fonte de carbono) a temperaturas da ordem de 2200°C (3900°F), de modo que a reação química resultante forma SiC e monóxido de carbono.

Produtos de Cerâmica Tradicional Os minerais apresentados são matérias-primas para inúmeros produtos cerâmicos. Os exemplos apresentados aqui abrangem as principais classes de produtos de cerâmicas tradicionais. Esses exemplos estão limitados apenas aos produtos comumente manufaturados, omitindo-se, assim, algumas cerâmicas importantes, tal como o cimento.

> *Vasos e Utensílios Domésticos* Essa categoria é uma das mais antigas, datando de milhares de anos; no entanto, ainda é uma das mais importantes. Inclui utensílios domésticos que todos nós usamos: louças e porcelanas. A matéria-prima para esses produtos é a argila, em geral combinada com outros minerais como sílica e feldspato. A mistura úmida é moldada e subsequentemente queimada para produzir a peça acabada.

> *Tijolos e Telhas* Tijolos de construção, tubos de argila, telhas e manilhas d'água são produzidos com vários insumos à base de argila, de baixo custo, e contendo sílica e areias, disponíveis em grandes quantidade nos depósitos naturais. Esses produtos são moldados por prensagem e queimados em temperaturas relativamente baixas.

> *Refratários* Cerâmicas refratárias, geralmente na forma de tijolos, são importantes em muitos processos industriais que empregam fornos e cadinhos para aquecer e/ou fundir materiais. As propriedades adequadas desses materiais refratários são resistência a altas temperaturas, isolamento térmico e resistência a reações químicas com os materiais (normalmente, metais fundidos) quando aquecidos. Como já mencionado, a alumina é usada com frequência como uma cerâmica refratária. Outros materiais refratários incluem o óxido de magnésio (MgO) e o óxido de cálcio (CaO).

> *Abrasivos* As cerâmicas tradicionais empregadas como abrasivos, em rebolos de esmeril e lixas de papel são a **alumina** e o **carbeto de silício**. Embora o SiC seja mais duro, a maioria dos rebolos usa Al_2O_3, pois se obtém melhores resultados quando do esmerilhamento de aços, o mais usado dos metais. As partículas abrasivas (os grãos da cerâmica) são distribuídas por todo o rebolo usando um material aglomerante como goma-laca, resinas poliméricas ou borracha. A tecnologia de rebolos de esmeril é apresentada no Capítulo 18.

2.2.2 CERÂMICAS AVANÇADAS

O termo *cerâmica avançada* refere-se aos materiais cerâmicos que foram sintetizados nas últimas décadas e a melhorias nas técnicas de processamento, que geraram maior controle sobre as estruturas e as propriedades dos materiais cerâmicos. Em geral, as cerâmicas avançadas são baseadas em compostos diferentes dos silicatos de alumínio (que formam o grosso dos materiais cerâmicos tradicionais). Essas cerâmicas têm, geralmente, composição química mais simples que a das tradicionais; por exemplo, óxidos, carbetos, nitretos e boretos. A linha divisória entre cerâmicas tradicionais e avançadas é algumas vezes nebulosa, pois o óxido de alumínio e o carbeto de silício podem ser classificados também entre as cerâmicas tradicionais. A distinção nestes casos está baseada mais nos métodos de processamento que na composição química.

As cerâmicas avançadas, que serão discutidas nas seções a seguir, estão organizadas em função do tipo de composição química: óxidos, carbetos e nitretos. Uma cobertura mais abrangente das cerâmicas avançadas está apresentada nas referências [9], [12] e [18].

Óxidos Cerâmicos A cerâmica avançada à base de óxido mais importante é a **alumina**. Embora ela tenha sido discutida no contexto das cerâmicas tradicionais, a alumina é hoje em dia produzida sinteticamente a partir da bauxita, usando fornos elétricos. Por meio do controle do tamanho das partículas e das impurezas, de maior controle nos métodos de processamento, e pela mistura com quantidades pequenas de outras cerâmicas, a resistência e a tenacidade da alumina são substancialmente melhoradas quando comparadas com a alumina natural.

A alumina também tem boa dureza a quente, baixa condutividade térmica e boa resistência à corrosão. Essa é uma combinação de propriedades que permite vasta variedade de aplicações, incluindo [20]: abrasivos (rebolos de esmeris), biocerâmicas (ossos artificiais e dentes), isolantes elétricos, componentes eletrônicos, elementos de liga em vidros, tijolos refratários, insertos em ferramentas de corte (Seção 17.2.4), velas de ignição e componentes de engenharia (veja a Figura 2.3).

FIGURA 2.3 Componentes cerâmicos de alumina. (Foto de cortesia da Insaco Inc.) (Crédito: *Fundamentals of Modern Manufacturing*, 4ª Edição por Mikell P. Groover, 2010. Reimpresso com permissão de John Wiley & Sons, Inc.)

Carbetos Os carbetos cerâmicos incluem os carbetos de silício (SiC), de tungstênio (WC), de titânio (TiC), de tântalo (TaC) e de cromo (Cr_3C_2). O carbeto de silício foi discutido anteriormente. Embora seja uma cerâmica produzida pelo homem, os métodos para sua produção foram desenvolvidos um século atrás, e por isso ele é geralmente incluído no grupo das cerâmicas tradicionais. Além do seu uso como abrasivo, outros empregos do SiC incluem elementos de resistências de aquecimento e insumos da siderurgia.

Os carbetos WC, TiC e TaC são reconhecidos pelas suas dureza e resistência ao desgaste em ferramentas de corte (Seção 17.2.3) e em outras aplicações que necessitem dessas propriedades. O carbeto de tungstênio foi o primeiro a ser desenvolvido e é o material mais importante e mais amplamente usado desse grupo. O carbeto de cromo é o mais adequado para aplicações nas quais a estabilidade química e a resistência à oxidação são importantes.

Com exceção do SiC, os carbetos devem ser combinados com um ligante metálico, como o cobalto ou níquel para a fabricação de peças sólidas úteis. Assim, os pós de carbeto ligados a uma matriz metálica dão origem ao cermeto cementado, produto conhecido como **metal duro** — um material compósito, especificamente um **cermeto** (do inglês, *cermet* — forma reduzida derivada de *cer*amic e *met*al). Os metais duros e outros cermetos são discutidos na Seção 2.4.2. Os carbetos têm pouco valor em engenharia exceto como constituintes de um sistema compósito.

Nitretos As cerâmicas à base de nitretos mais importantes são o nitreto de silício (Si_3N_4), o nitreto de boro (BN) e nitreto de titânio (TiN). Como um grupo, as cerâmicas à base de nitretos são duras e frágeis e fundem a altas temperaturas (mas geralmente não tão altas quanto os carbetos). Elas são em geral isolantes elétricos, exceto o TiN.

O **nitreto de silício** apresenta vantagens em aplicações estruturais em altas temperaturas. Ele possui baixa expansão térmica, boa resistência ao choque térmico e à fluência, e resiste à corrosão provocada por metais não ferrosos fundidos. Essas propriedades têm motivado seu uso em turbinas a gás, motores de foguete e cadinhos para fusão.

O **nitreto de boro** existe em diversas estruturas, igual ao carbono. As estruturas importantes do BN são (1) hexagonal, semelhante à grafita, e (2) cúbica, como o diamante; além disso, sua dureza é semelhante à do diamante. Essa última estrutura tem os nomes de **nitreto cúbico de boro** e **borazon**, simbolizado por cBN. Devido à sua dureza extrema, as principais aplicações do cBN são em ferramentas de corte (Seção 17.2.5) e abrasivos de rebolos (Seção 18.1.1). Bastante interessante é o fato do cBN não competir com o diamante em ferramentas de corte e rebolos. O diamante é adequado para a usinagem e lixamento de metais não ferrosos, enquanto o cBN é apropriado para os aços.

O **nitreto de titânio** tem propriedades similares àquelas dos outros nitretos desse grupo, com exceção da condutividade elétrica, pois é um condutor. O TiN tem alta dureza, boa resistência ao desgaste e baixo coeficiente de atrito contra metais ferrosos. Esse conjunto de propriedades torna o TiN um material ideal para revestimento de superfícies de ferramentas de corte. O revestimento tem espessura de apenas 0,008 mm (0,0003 in), de modo que a quantidade de material usada nessa aplicação é baixa.

2.2.3 VIDROS

O termo *vidro* é algumas vezes dúbio, pois descreve um estado da matéria e também um tipo de cerâmica. Como estado da matéria, o termo refere-se a uma estrutura amorfa, ou não cristalina, de um material sólido. O estado vítreo ocorre em um material quando não há tempo suficiente, durante o resfriamento a partir do material fundido, para a estrutura cristalina se formar. Todas as três classes de materiais de engenharia (metais, cerâmicas e polímeros) podem apresentar estado vítreo, embora, para os metais, as condições para que isso ocorra sejam bastante raras.

Como um tipo de cerâmica, o **vidro** é um composto inorgânico, e não metálico (ou uma mistura de compostos), que resfria para uma condição rígida sem cristalizar; ou seja, o vidro é um sólido cerâmico que está no estado vítreo.

Composição Química e Propriedades dos Vidros O principal componente em quase todos os vidros é a **sílica** (SiO_2), mais comumente encontrada como o mineral quartzo, em rochas e areias. O quartzo ocorre de maneira natural como uma substância cristalina, mas quando fundido e, a seguir, resfriado, forma a sílica vítrea. O vidro de sílica tem um coeficiente de expansão térmica muito baixo e é, portanto, muito resistente ao choque térmico. Essas propriedades são ideais para aplicações em temperaturas elevadas; assim sendo, as vidrarias de laboratórios químicos projetadas para aquecimento são fabricadas com altas proporções de vidro de sílica.

Para reduzir a temperatura de fusão dos vidros, visando facilitar o processamento e controlar as propriedades, a composição da maioria dos vidros comerciais inclui outros óxidos além da sílica. A sílica permanece como o principal componente nesses vidros, usualmente entre 50% e 75% da composição total. A razão pela qual a SiO_2 é tão empregada nessas composições se deve ao fato de se transformar de maneira natural para o estado vítreo durante o resfriamento do líquido, enquanto a maioria das cerâmicas cristalizam ao solidificarem. A Tabela 2.11 lista as composições químicas típicas de alguns vidros comuns. Os componentes adicionais formam uma solução sólida com a SiO_2, e cada um tem uma função, tais como: (1) promover a fusão durante o aquecimento; (2) aumentar a fluidez do vidro fundido; (3) retardar a **devitrificação** — a tendência à cristalização a partir do estado vítreo; (4) reduzir a expansão térmica do produto final; (5) melhorar a resistência química contra o ataque de ácidos, de substâncias básicas ou da água; (6) colorir o vidro; e (7) alterar o índice de refração para aplicações ópticas (por exemplo, em lentes).

Produtos de Vidro A seguir, é apresentada uma lista com as principais categorias dos produtos de vidro. O efeito dos diferentes componentes listados na Tabela 2.11 será examinado, conforme os diferentes produtos são discutidos.

TABELA 2.11 Composições típicas de produtos de vidros selecionados

Produto	SiO$_2$	Na$_2$O	CaO	Al$_2$O$_3$	MgO	K$_2$O	PbO	B$_2$O$_3$	Outros
Vidro de cal de soda	71	14	13	2					
Vidro para janela	72	15	8	1	4				
Vidro para vasilhames	72	13	10	2^a	2	1			
Vidro para bulbo de lâmpadas	73	17	5	1	4				
Vidrarias de laboratório:									
Vycor	96			1				3	
Pyrex	81	4		2				13	
Vidro-E (fibras)	54	1	17	15	4			9	
Vidro-S (fibras)	64			26	10				
Vidros ópticos:									
Vidro *crown*	67	8				12		12	ZnO
Vidro *flint*	46	3				6	45		

Compilado de [10], [12], [19] e de outras referências.
^{a} Pode incluir Fe$_2$O$_3$ com Al$_2$O$_3$.

> ***Vidros de Janela*** Esse vidro está representado por duas composições químicas na Tabela 2.11: vidro de cal de soda e vidro para janela. A fórmula do vidro de cal de soda data da indústria de sopro de vidro dos anos 1800 ou mesmo anteriormente. Esse vidro era feito (e ainda é) misturando soda (Na$_2$O) e cal (CaO) com a sílica (SiO$_2$). A mistura evoluiu para se obter um equilíbrio entre a durabilidade química e evitar a cristalização durante o resfriamento. Os vidros modernos de janelas e as técnicas para fazê-los precisaram sofrer pequenos ajustes de composição. A magnésia (MgO) foi acrescentada para reduzir a devitrificação.

> ***Vasilhames*** No início, a mesma composição básica de cal de soda era usada no sopro manual de vidros para fazer garrafas e outros vasilhames. Os processos modernos para conformação de vasilhames de vidro resfriam o vidro mais rápido que os métodos antigos, e as alterações na composição otimizaram a proporção de cal (CaO) e de soda (Na$_2$O$_3$). A cal promove a fluidez. Ela também aumenta a devitrificação, mas desde que o resfriamento é mais rápido, esse efeito não é tão importante como era antigamente, quando taxas de resfriamento mais baixas eram usadas. A soda eleva a estabilidade química e a insolubilidade.

> ***Vidros para Bulbo de Lâmpada*** O vidro usado em bulbos de lâmpadas e outras peças finas de vidro (por exemplo, taças de vidro, bolas de árvore de Natal) é rico em soda e pobre em cal; esses vidros também contêm pequenas quantidades de magnésia e de alumina. As matérias-primas são baratas e adequadas aos fornos de fusão contínuos usados atualmente na produção em massa de bulbos de lâmpadas.

> ***Vidraria para Laboratório*** Esses produtos incluem recipientes para produtos químicos (por exemplo, frascos, béqueres e tubos de ensaio). O vidro deve ser resistente a ataques químicos e ao choque térmico. O vidro rico em sílica é adequado devido à sua baixa expansão térmica. O nome comercial "Vycor" é usado para o vidro bastante rico em sílica. Adições de óxido de boro também resultam em vidro com baixa expansão térmica, de modo que alguns vidros para laboratório contêm B$_2$O$_3$. O nome comercial "Pyrex" é usado para os vidros contendo borossilicato.

> ***Vidros Ópticos*** As aplicações desses vidros incluem as lentes para óculos e para instrumentos ópticos, tais como câmeras, microscópios e telescópios. Para obter bom desempenho, as lentes devem ter índices diferentes de refração. Os vidros ópticos são geralmente

divididos em *crown* e *flint*s. O **vidro crown** tem baixo índice de refração, enquanto o **vidro flint** contém óxido de chumbo (PbO), que confere alto índice de refração.

> *Fibras de Vidro* As fibras de vidro são fabricadas para inúmeras aplicações importantes, incluindo os compósitos poliméricos reforçados com fibra de vidro, as lãs de vidro para isolamento e as fibras ópticas. A composição varia de acordo com a função. As fibras de vidro mais comumente usadas como reforço em plásticos são as do tipo E. Outra fibra de vidro é a do tipo S, que é mais resistente, mas não é tão econômica quanto as do vidro-E. As lãs de fibra de vidro são isolantes e podem ser fabricadas com vidros à base de cal de soda. Os vidros para fibras ópticas consistem em um longo núcleo contínuo de vidro, de alto índice de refração, envolto por uma camada de vidro de baixo índice de refração. O vidro interno deve ter uma transmitância à luz muito elevada para permitir comunicação em longas distâncias.

Vitrocerâmicas As vitrocerâmicas são uma classe de material cerâmico produzido pela conversão do vidro vítreo em uma estrutura policristalina por tratamento térmico. A proporção da fase cristalina no produto final varia, tipicamente, entre 90% e 98%, sendo o restante a fase vítrea que não foi convertida. O tamanho de grão está em geral entre 0,1 e 1,0 µm (4 e 40 µin), muito menor que o tamanho de grão das cerâmicas convencionais. Esta fina microestrutura cristalina torna as vitrocerâmicas mais resistentes que os vidros dos quais elas são obtidas. Além disso, devido à sua estrutura cristalina, as vitrocerâmicas são opacas (em geral, de cor cinza ou branca) em vez de transparentes.

A sequência de processamento das vitrocerâmicas é a seguinte: (1) A primeira etapa envolve operações de aquecimento e moldagem usadas no processamento de vidros (Seção 7.2) para criar o produto com a geometria desejada. Os métodos de conformação de vidros são geralmente mais econômicos que a prensagem e a sinterização usadas para conformar as cerâmicas tradicionais e avançadas fabricadas por metalurgia do pó. (2) O produto é resfriado. (3) O vidro é reaquecido até uma temperatura suficiente para que uma rede densa de núcleos cristalinos se forme em todo o material. É essa alta densidade de sítios de nucleação que inibe o crescimento de grãos dos cristais individuais, acarretando, assim, uma microestrutura de grãos finos das vitrocerâmicas. A chave para a propensão à nucleação é a presença de pequenas quantidades de agentes nucleadores na composição do vidro. Os agentes de nucleação mais comuns são TiO_2, P_2O_5 e ZrO_2. (4) Uma vez que a nucleação começa, o tratamento térmico continua em uma temperatura ainda mais alta para causar o crescimento das fases cristalinas.

As vantagens mais relevantes das vitrocerâmicas incluem (1) eficiência do processamento no estado vítreo, (2) controle dimensional preciso do produto final, e (3) boas propriedades mecânicas e físicas. Essas propriedades incluem alta resistência mecânica (mais resistente que o vidro), ausência de porosidade, baixo coeficiente de expansão térmica e alta resistência ao choque térmico. Essas propriedades têm resultado em aplicação em panelas, trocadores de calor e radomes de mísseis. Certas formulações também possuem alta resistência elétrica, adequada para aplicações elétricas e eletrônicas.

2.3 POLÍMEROS

Praticamente todos os materiais poliméricos usados em engenharia hoje em dia são sintéticos (a exceção é a borracha natural). Esses materiais são produzidos por reações químicas, e a maioria dos produtos é obtida por processos de solidificação. Um **polímero** é um composto formado por longas cadeias moleculares, em que cada molécula é formada por unidades repetidas ligadas entre si. Existem muitos milhares, ou mesmo milhões, de unidades em uma única molécula polimérica. A palavra polímero vem das palavras gregas **poli**, que significa muitos, e *meros* que significa parte. A maioria dos polímeros é baseada no carbono, e são, portanto, considerados materiais orgânicos.

Os polímeros podem ser separados em ***plásticos*** e ***borrachas***. Com o propósito de apresentar os polímeros do ponto de vista técnico é conveniente dividi-los nas três seguintes classes, em que as categorias (1) e (2) são para plásticos e categoria (3) é para borrachas:

1. ***Polímeros termoplásticos***, também chamados ***termoplásticos*** (TP), são materiais sólidos à temperatura ambiente, mas tornam-se líquidos viscosos quando aquecidos a temperaturas de apenas algumas centenas de graus. Essa característica permite que sejam transformados no produto final facilmente e com baixo custo. Eles podem ser submetidos repetidamente a ciclos de aquecimento e resfriamento sem apresentar degradação significativa.
2. ***Polímeros termofixos***, ou ***termorrígidos*** (TR), não toleram ciclos repetidos de aquecimento e resfriamento como os termoplásticos. Quando inicialmente aquecidos, eles amolecem e escoam, conformando-se, mas as temperaturas elevadas também promovem reações químicas que endurecem o material, tornando-o um sólido infusível. Se reaquecidos, os polímeros termofixos degradam e carbonizam em vez de amolecerem.
3. ***Elastômeros*** (E) são polímeros que apresentam alongamento elástico extremo quando submetidos à tensão mecânica relativamente baixa. Embora suas propriedades sejam bem diferentes das dos termorrígidos, eles partilham uma estrutura molecular semelhante, portanto, diferente dos termoplásticos.

Os termoplásticos são os mais importantes em termos econômicos dentre os três tipos de polímeros, representando cerca de 70% do total dos polímeros sintéticos produzidos. Os termorrígidos e os elastômeros dividem, quase que igualmente, os outros 30%. Os polímeros termoplásticos mais comuns incluem o polietileno, o cloreto de polivinila, o polipropileno, o poliestireno e o náilon. Exemplos de polímeros termorrígidos são os fenólicos, os epóxis e alguns poliésteres. O exemplo mais comum dentre os elastômeros é a borracha natural (vulcanizada); entretanto, as borrachas sintéticas são produzidas em maior quantidade que a borracha natural.

Embora a classificação dos polímeros nas categorias de TP, TR e E seja útil para fins de organização dos tópicos dessa seção, deve ser notado que algumas vezes os três tipos se superpõem. Alguns polímeros que são normalmente termoplásticos podem ser modificados para se tornarem termorrígidos. Alguns polímeros podem ainda ser tanto termorrígidos ou elastômeros (como descrito, as estruturas moleculares são semelhantes). Além disso, certos elastômeros são termoplásticos. Entretanto, essas superposições de propriedades são exceções à classificação geral.

O crescimento das aplicações dos polímeros sintéticos tem sido impressionante. Existem diversas razões que justificam a importância econômica e tecnológica dos polímeros:

- Os plásticos podem ser moldados produzindo peças com geometrias complexas, normalmente sem haver necessidade de processamento posterior. Eles são bastante compatíveis com o processamento tipo ***net shape***.
- Os plásticos possuem diversas propriedades atraentes para muitas aplicações em engenharia em que a resistência mecânica não seja primordial: (1) baixa densidade em relação a metais e cerâmicas; (2) boa razão resistência-peso para alguns polímeros (mas não todos); (3) alta resistência à corrosão; e (4) baixa condutividade elétrica e térmica.
- Em relação ao volume produzido, os polímeros têm custo competitivo em relação aos metais.
- Comparando produtos de mesmo volume, uma peça de material polimérico, em geral, requer menos energia para ser produzida do que uma de metal. Isto é normalmente válido porque as temperaturas de trabalho dos polímeros são bem menores que as dos metais.

> Certos plásticos são translúcidos e/ou transparentes, o que os torna competitivos em comparação aos vidros, em algumas aplicações.

> Os polímeros são largamente usados em materiais compósitos (Seção 2.4).

Por outro lado, os polímeros apresentam, em geral, as seguintes limitações: (1) a resistência mecânica é baixa em relação aos metais e cerâmicas; (2) o módulo de elasticidade e a rigidez também são baixos — no caso dos elastômeros, obviamente, isso pode ser uma característica desejável; (3) as temperaturas de serviço são limitadas a apenas poucas centenas de graus, em função do amolecimento dos polímeros termoplásticos ou da degradação dos polímeros termorrígidos e dos elastômeros; e (4) alguns polímeros degradam quando expostos à luz do sol e a outras formas de radiação.

Os polímeros são sintetizados pela união de muitas moléculas pequenas para formar grandes moléculas, chamadas **macromoléculas**, as quais possuem uma estrutura em cadeia. As pequenas unidades, chamadas **monômeros**, são geralmente moléculas orgânicas insaturadas simples, tal como o etileno C_2H_4. Os átomos nessas moléculas são mantidos unidos por ligações covalentes; e quando unidas para formar o polímero, as mesmas ligações covalentes formam as ligações ao longo das cadeias. Assim, cada macromolécula é caracterizada por ter ligações primárias fortes. A síntese da molécula do polietileno está mostrada na Figura 2.4.

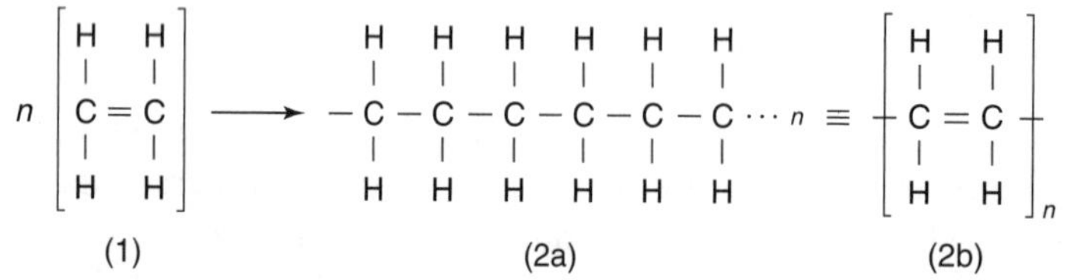

FIGURA 2.4 Síntese do polietileno a partir de monômeros de etileno: (1) n monômeros de etileno produzem (2a) cadeias de polietileno de comprimento n; (2b) notação concisa para representar a estrutura do polímero com cadeia de comprimento n. (Crédito: *Fundamentals of Modern Manufacturing*, 4ª Edição por Mikell P. Groover, 2010. Reimpresso com permissão de John Wiley & Sons, Inc.)

Como descrito aqui, a polimerização produz uma macromolécula com estrutura de cadeia, chamada **polímero linear**. Essa é a estrutura característica de um polímero termoplástico. Outras estruturas estão representadas na Figura 2.5. Uma possibilidade é a formação de ramificações ao longo da cadeia, resultando em um **polímero ramificado**, conforme mostrado na Figura 2.5(b). Para o polietileno, isto ocorre porque átomos de hidrogênio são substituídos por átomos de carbono em pontos aleatórios ao longo da cadeia, iniciando o crescimento de cadeias laterais em cada ponto. Para alguns polímeros, ligações primárias também ocorrem entre as ramificações e outras moléculas, em certos pontos de ligação, formando **polímeros com ligações cruzadas**, como ilustrado nas Figuras 2.5(c) e (d). A ligação cruzada ocorre porque uma parcela dos monômeros usados para formar o polímero é capaz de se ligar a monômeros adjacentes em mais de duas posições, permitindo assim que ramificações de outras moléculas se unam. Estruturas com poucas ligações cruzadas são características dos elastômeros. Quando um polímero apresenta muitas ligações cruzadas, organiza-se como uma **estrutura em rede**, como na Figura 2.5(d); de fato, toda a massa do polímero forma uma macromolécula gigante. Os polímeros termorrígidos assumem essa estrutura após a cura.

A presença de ramificações e de ligações cruzadas nos polímeros tem efeito marcante nas propriedades. Essa é a base da diferença entre as três categorias de polímeros: TP, TR e E. Os polímeros termoplásticos sempre possuem estruturas lineares ou ramificadas, ou uma mistura das duas. As ramificações aumentam o entrelaçamento entre as moléculas, normalmente tornando o polímero mais resistente no estado sólido e mais viscoso em uma dada temperatura na qual o polímero está no estado líquido ou plástico.

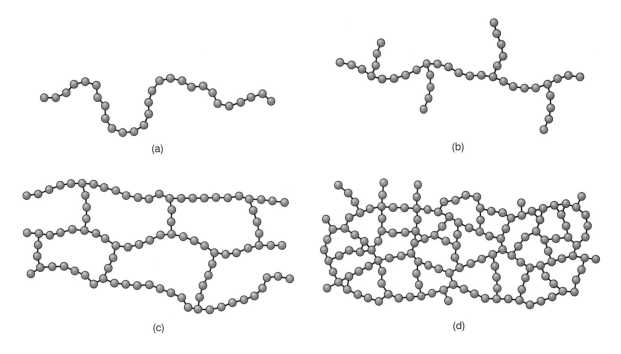

FIGURA 2.5 Várias estruturas de moléculas poliméricas: (a) linear, característica dos termoplásticos; (b) ramificada; (c) com poucas ligações cruzadas, como em um elastômero; e (d) com muitas ligações cruzadas ou com estrutura em rede, como em um termorrígido. (Crédito: *Fundamentals of Modern Manufacturing*, 4ª Edição por Mikell P. Groover, 2010. Reimpresso com permissão de John Wiley & Sons, Inc.)

Os polímeros termorrígidos e os elastômeros têm ligações cruzadas. As ligações cruzadas tornam o polímero quimicamente estável; e assim a reação não pode ser revertida. Esse efeito altera de forma permanente a estrutura do polímero; ao reaquecê-lo, ele degrada ou queima, em vez de fundir. Os termorrígidos possuem muitas ligações cruzadas, enquanto os elastômeros têm poucas. Os termorrígidos são duros e frágeis, enquanto os elastômeros são elásticos e resilientes.

2.3.1 POLÍMEROS TERMOPLÁSTICOS

A propriedade que caracteriza um polímero termoplástico é que ele pode ser aquecido a partir do estado sólido até se tornar um líquido viscoso e, então, ser resfriado novamente para voltar a ser sólido. Esse ciclo de aquecimento e resfriamento pode ser aplicado inúmeras vezes sem degradar o polímero.* A razão para esse comportamento se deve ao fato dos polímeros TP terem macromoléculas lineares (e/ou ramificadas) que não formam ligações cruzadas quando aquecidas. Comparado aos metais e cerâmicas, à temperatura ambiente, um polímero termoplástico típico é caracterizado pelas seguintes características: (1) rigidez muito menor, (2) menor resistência, (3) dureza muito mais baixa, e (4) maior ductilidade.

Os produtos feitos de polímeros termoplásticos incluem itens moldados e extrudados, fibras, filmes, chapas, materiais de embalagem, tintas e vernizes. A matéria-prima inicial para esses produtos é normalmente fornecida aos fabricantes na forma de pós ou de *pellets* (grânulos) em sacos, tambores ou, para maiores quantidades, por caminhões ou vagões de trens. Os polímeros termoplásticos mais importantes são apresentados a seguir:

> ***Acrílicos.*** Os acrílicos são polímeros derivados do ácido acrílico ($C_3H_4O_2$) e de seus compostos. O termoplástico mais importante desse grupo é o **poli(metacrilato de metila)** (PMMA) ou Pexiglas (nome comercial do PMMA). Sua propriedade de maior destaque

---
* Na verdade, os ciclos de aquecimento e resfriamento degradam em algum grau os polímeros, de modo que, em geral, o polímero reprocessado é usado em peças menos nobres. (N.T.)

é a excelente transparência, que o torna competitivo frente aos vidros em aplicações ópticas. Exemplos de emprego incluem faroletes de automóveis, instrumentos ópticos e janelas de aviões.

- *Acrilonitrila-Butadieno-Estireno.* O ABS é chamado de plástico de engenharia devido à sua excelente combinação de propriedades mecânicas. O nome desse plástico deriva dos seus três monômeros iniciais, que podem ser misturados em várias proporções. Aplicações típicas incluem componentes de automóveis, eletrodomésticos, máquinas comerciais, tubos e conexões.

- *Poliamidas.* Uma família importante de polímeros, que formam ligações amida (CONH) durante a polimerização, é a das poliamidas (PA). Os representantes mais importantes da família das PA são os **náilons**, que são resistentes, muito elásticos, tenazes, resistentes à abrasão e autolubrificantes. A maioria das aplicações dos náilons (cerca de 90%) é na forma de fibras para tapetes, vestimentas e cabos para pneus. O restante (10%) é usado em componentes de engenharia, tais como mancais, engrenagens e componentes similares em que a resistência e o baixo atrito são requisitos necessários. Um segundo grupo de poliamidas é o das **aramidas** (poliamidas aromáticas), do qual o **Kevlar** (nome comercial da DuPont) é importante como fibra em plásticos reforçados. O Kevlar é importante pois sua resistência é a mesma que a do aço, pesando apenas 20% em relação ao aço.

- *Policarbonato.* O policarbonato (PC) é conhecido, em geral, por suas excelentes propriedades mecânicas, que incluem alta tenacidade e boa resistência à fluência. Além disso, é resistente ao calor, transparente à luz e resistente ao fogo. As aplicações incluem partes moldadas de máquinas, carcaças de equipamentos de escritório, propulsores de bombas, capacetes de segurança e CDs (ou seja, meios de armazenamento de áudio e música). Ele também é muito empregado em janelas e para-brisas.

- *Poliéster.* Os poliésteres formam uma família de polímeros que possui ligações éster (COO). Eles podem ser tanto termoplásticos como termorrígidos, dependendo se são formadas ligações cruzadas. Um exemplo representativo dos poliésteres termoplásticos é o **poli(tereftalato de etileno)** (PET). Aplicações importantes incluem as garrafas de refrigerantes moldadas por sopro, filmes fotográficos e fitas para gravação magnética. Além disso, as fibras de PET também são muito usadas em vestimentas.

- *Polietileno.* O polietileno (PE) foi sintetizado pela primeira vez nos anos 1930 e, hoje em dia, responde pela maior quantidade dentre todos os plásticos. Os aspectos que tornam o PE atraente como um material de engenharia são baixo custo, inércia química e facilidade de processamento. O polietileno está disponível em diversos tipos, sendo os mais comuns o **polietileno de baixa densidade** (PEBD) e o **polietileno de alta densidade** (PEAD). O polietileno de baixa densidade tem muitas ramificações. Aplicações dos polietilenos incluem garrafas do tipo *squeeze,* sacos para embalagem de comida congelada, folhas, filmes e isolamento de fios elétricos. O PEAD tem estrutura mais linear, com densidade mais alta. Essa diferença estrutural torna o PEAD mais rígido e eleva a temperatura de fusão. O PEAD é usado em garrafas, tubos e utensílios domésticos.

- *Polipropileno.* O polipropileno (PP) é o principal polímero para moldagem por injeção. É o plástico comum de menor densidade e tem elevada razão resistência-peso. O PP é frequentemente comparado com o PEAD, pois o seu custo e muitas de suas propriedades são semelhantes. Entretanto, o alto ponto de fusão do polipropileno permite usá-lo em algumas aplicações que excluem o polietileno — por exemplo, componentes que devem ser esterilizados. Outras aplicações do PP são peças moldadas por injeção para automóveis e para uso doméstico e fibras para carpetes.

- *Poliestireno.* Existem diversos polímeros baseados no monômero de estireno (C_8H_8), dos quais o poliestireno (PS) é usado em maior quantidade. Ele é um polímero linear e normalmente reconhecido por sua fragilidade. O PS é transparente, com facilidade colorido e moldado, mas degrada em temperaturas elevadas e se dissolve em vários solventes.

Alguns tipos de PS contêm de 5% a 15% de borracha para melhorar a tenacidade, e o termo **poliestireno de alto impacto** (HIPS, do inglês *high-impact polystyrene*) é usado para representá-los. Além de produtos obtidos por moldagem por injeção (por exemplo, brinquedos) o poliestireno também é usado em embalagens sob a forma de espuma de PS.

➢ **Policloreto de vinila.** O policloreto de vinila (PVC) é um plástico de amplo emprego cujas propriedades podem ser variadas combinando aditivos com o polímero. Podem ser obtidos polímeros termoplásticos variando de rígidos (PVC rígido) a flexíveis (PVC flexível). A faixa de propriedades torna o PVC um polímero versátil, com aplicações que incluem tubos rígidos (usados em construção, em sistemas de água e esgoto e em irrigação), conexões, isolamento de fios e cabos elétricos, filmes, chapas, embalagem de alimentos, pisos e brinquedos.

2.3.2 POLÍMEROS TERMORRÍGIDOS

Os polímeros termorrígidos (TR) se distinguem pela sua estrutura com muitas ligações cruzadas. De fato, a peça inteira (por exemplo, o cabo de panelas ou o espelho de disjuntores elétricos) se torna uma grande macromolécula. Devido às diferenças na composição química e na estrutura molecular, as propriedades dos polímeros termorrígidos são diferentes das dos termoplásticos. Em geral, os termorrígidos são: (1) mais rígidos, (2) mais frágeis, (3) menos solúveis em solventes comuns, (4) capazes de trabalhar em temperaturas mais altas e (5) não são capazes de serem refundidos — em vez disso, eles degradam ou queimam.

As diferenças nas propriedades dos polímeros TR são atribuídas às ligações cruzadas, que formam uma estrutura tridimensional, termicamente estável, e com ligações covalentes entre as moléculas. As reações químicas associadas à formação das ligações cruzadas são chamadas **cura** ou **endurecimento**. A cura ocorre de três maneiras, dependendo dos reagentes iniciais: (1) sistemas ativados por temperatura, cuja cura ocorre pelo aquecimento; (2) sistemas ativados por catalisador, nos quais uma pequena quantidade de catalisador é adicionada ao polímero líquido, para promover a cura; e (3) sistemas de ativação por mistura, quando dois reagentes são misturados, resultando em uma reação química que forma o polímero com ligações cruzadas. A cura é realizada nas fábricas onde as peças são moldadas e não nas indústrias químicas que fornecem as matérias-primas ao fabricante de peças poliméricas.

Os polímeros termorrígidos não são tão usados quanto os termoplásticos, talvez devido à complexidade envolvida no processamento. Os termorrígidos mais usados são as resinas fenólicas, mas seu volume anual produzido é menos de 20% do volume produzido de polietileno, que é o termoplástico mais usado. A lista a seguir apresenta os termorrígidos mais importantes e suas aplicações típicas:

➢ **Resinas Amínicas.** As resinas amínicas, caracterizadas pela presença do grupo amina (NH_2), consistem em dois polímeros termorrígidos, ureia-formaldeído e melamina-formaldeído, que são produzidos pela reação do formaldeído (CH_2O) com ureia ($CO(NH_2)_2$) ou melamina ($C_3H_6N_6$), respectivamente. A **ureia-formaldeído** é usada como adesivo em compensados e aglomerados. Além disso, também é empregada como composto para moldagem. O plástico **melamina-formaldeído** é resistente à água e é usado em pratos e como revestimento de mesas fabricadas de laminados de madeira e tampos de balcões (nome comercial: Fórmica).

➢ **Epóxis.** As resinas epóxi são baseadas em um grupo químico chamado **epóxi**. A epicloridrina (C_3H_5OCl) é muito usada para produzir resinas epóxi. As resinas epóxi curadas são conhecidas por sua resistência mecânica, adesão, resistência térmica e química. As aplicações incluem revestimentos de superfícies, pisos industriais, compósitos reforçados por fibras de vidro e adesivos. As propriedades isolantes dos epóxis termorrígidos os tornam úteis como material de laminação para placas de circuitos impressos.

> **Fenólicos.** O fenol (C_6H_5OH) é um composto ácido que pode reagir com os aldeídos (alcoóis desidrogenados), sendo o formaldeído (CH_2O) o mais reativo. O **fenol-formaldeído** é o mais importante dos polímeros fenólicos. Ele é frágil e possui boa estabilidade térmica, química e dimensional. As aplicações incluem componentes moldados, placas de circuitos impressos, tampos de balcões, adesivos para compensados e material adesivo para sapatas de freio e discos abrasivos.

> **Poliésteres.** Os poliésteres, polímeros que possuem ligações éster (CO—O), podem ser termorrígidos ou termoplásticos. Os poliésteres termorrígidos são muito usados em plásticos reforçados (compósitos) na fabricação de peças grandes como dutos, tanques, cascos de barco, partes de carrocerias de automóveis e painéis de construção. Eles também podem ser usados para produzir peças menores por vários processos de moldagem.

> **Poliuretanos.** Esses polímeros incluem uma grande família, todos caracterizados pela presença do grupo uretano (NHCOO) na sua estrutura. Muitas tintas, vernizes e revestimentos similares são baseados no uretano. Por variações na composição química, entrecruzamentos e processamento, os poliuretanos podem ser termoplásticos, termorrígidos ou elastômeros, e os dois últimos têm maior importância comercial. O maior uso dos poliuretanos é na forma de espumas. Seu comportamento pode variar entre elastomérico e rígido, e esta última possui maior quantidade de ligações cruzadas (os poliuretanos elastoméricos estão apresentados na Seção 2.3.3). As espumas rígidas são usadas como material de enchimento nos espaços vazios de painéis de construção e de paredes de refrigeradores.

2.3.3 ELASTÔMEROS

Os elastômeros são polímeros capazes de apresentar grandes deformações elásticas quando submetidos a tensões relativamente baixas. Alguns elastômeros podem atingir alongamentos de 500% ou mais, e ainda retornarem à forma inicial. O termo mais popular para os elastômeros é borracha. Os elastômeros podem ser divididos em duas categorias: (1) borracha natural, derivada de plantas; e (2) borrachas sintéticas, produzidas por processos de polimerização semelhantes àqueles usados para os polímeros TP e TR.

A cura é necessária para produzir ligações cruzadas na maioria dos elastômeros. O termo usado para a cura no contexto da borracha natural (e algumas borrachas sintéticas) é **vulcanização**, que envolve a formação de ligações químicas cruzadas entre as cadeias poliméricas. A quantidade típica de ligações cruzadas nas borrachas é de 1 a 10 ligações por centena de átomos de carbono na cadeia linear do polímero, dependendo do grau de rigidez desejada no material. Essa quantidade é consideravelmente menor que a dos polímeros termorrígidos.

Borracha Natural A borracha natural (NR, do inglês *natural rubber*) consiste principalmente em poli-isopreno, um polímero do isopreno (C_5H_8). Ele deriva do látex, uma substância leitosa produzida por várias plantas, e a mais importante é a seringueira (*Hevea brasiliensis*), que cresce em climas tropicais. O látex é uma emulsão aquosa de poli-isopreno (cerca de um terço do peso) e de várias outras substâncias. A borracha é extraída do látex por diversos métodos que removem a água.

A borracha natural crua (sem vulcanização) é aderente em climas quentes, mas rígida e frágil em climas frios. Para se obter um elastômero com propriedades adequadas, a borracha natural deve ser vulcanizada. Tradicionalmente, a vulcanização era realizada pela mistura de borracha crua com pequenas quantidades de enxofre, seguido de aquecimento. O efeito da vulcanização é produzir ligações cruzadas, que aumentam a resistência e a rigidez, mas ainda mantendo o alongamento. A mudança drástica nas propriedades causadas pela vulcanização pode ser vista nas curvas tensão-deformação da Figura 2.6. Somente com o uso de enxofre já se podem produzir ligações cruzadas, mas o processo é lento, levando horas para

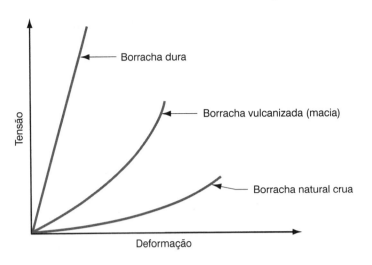

FIGURA 2.6 Aumento da rigidez em função da deformação para três borrachas: borracha natural, borracha vulcanizada e borracha dura. (Crédito: *Fundamentals of Modern Manufacturing*, 4ª Edição por Mikell P. Groover, 2010. Reimpresso com permissão de John Wiley & Sons, Inc.)

se completar. Na prática moderna, outras substâncias químicas são adicionadas com o enxofre durante a vulcanização para acelerar o processo e produzir ainda outros efeitos benéficos. Além disso, a borracha pode ser vulcanizada usando outros compostos químicos diferentes do enxofre. Atualmente, os tempos de cura são bastante reduzidos em comparação à cura original com enxofre, realizada no passado.

Como material de engenharia, a borracha vulcanizada tem destaque entre os elastômeros pela sua alta resistência, resistência ao rasgamento, resiliência (capacidade de recuperar o formato após a deformação), resistência ao desgaste e à fadiga. No entanto, apresenta deficiência em relação à degradação quando exposta ao calor, à luz do sol, ao oxigênio, ao ozônio e a óleos. Algumas dessas limitações podem ser reduzidas com o uso de aditivos.

O maior mercado individual para as borrachas naturais é o de pneus de automóveis. Nos pneus, o negro de fumo é um aditivo importante; ele reforça a borracha aumentando sua resistência mecânica e suas resistências ao rasgamento e à abrasão. Outros produtos feitos de borracha natural incluem solas de sapato, amortecedores, selos em juntas e componentes absorvedores de impacto.

Borrachas Sintéticas   Atualmente, a quantidade de borrachas sintéticas no mercado é mais de três vezes a da borracha natural. O desenvolvimento desses materiais sintéticos foi em grande parte motivado pelas guerras mundiais, quando era difícil obter borracha natural. Como a maioria dos outros polímeros, a matéria-prima predominante das borrachas sintéticas é o petróleo. As borrachas sintéticas de maior importância comercial estão discutidas a seguir:

> ➤ **Borracha de Butadieno.** O ***polibutadieno*** é importante principalmente pela combinação com outras borrachas. Ela é misturada com borracha natural e com estireno (a borracha de estireno-butadieno será discutida adiante) na produção de pneus de automóveis. Sem essa mistura, a resistência ao rasgamento, resistência à tração e a facilidade de processamento do polibutadieno são inferiores ao desejável.

> ➤ **Borracha Butílica.** A borracha butílica consiste em poli-isobutileno (98% a 99%) e poli-isopreno. Ela pode ser vulcanizada para se obter uma borracha com muito baixa permeabilidade ao ar, que se destina a produtos infláveis como câmeras de ar, recobrimentos em pneus sem câmera de ar e produtos esportivos.

> ➤ **Borracha de Cloropreno.** Comumente conhecida como ***Neoprene***, a borracha de cloropreno (CR, do inglês *cloroprene rubber*) é uma borracha importante para aplicações especiais. Ela é mais resistente a óleos, intempéries, ozônio, calor e à chama que as borrachas naturais, porém é mais cara. As suas aplicações incluem mangueiras de combustível (e outras partes de automóveis), correias transportadoras e juntas de vedação; e não são usadas em pneus.

> *Borracha de Etileno-Propileno.* A polimerização do etileno e do propileno com pequena quantidade de um monômero diênico produz o etileno-propileno-dieno (EPDM), que é uma borracha sintética bastante útil. As aplicações principais são em componentes da indústria automotiva, e também são usadas em isolamento de cabos e fios. No entanto, não são usadas em pneus automotivos.

> *Poliuretanos.* Os poliuretanos (Seção 2.3.2) com o mínimo de ligações cruzadas são classificados como elastômeros, mais comumente produzidos como espumas flexíveis. Nessa forma, eles são muito usados em almofadas para móveis e assentos de automóveis. Os poliuretanos, quando em formato diferente das espumas, podem ser moldados em produtos que variam de solados de sapato a para-choques de carros, com a quantidade de ligações cruzadas ajustadas para atingir propriedades desejadas para a aplicação.

> *Borracha de Estireno-Butadieno.* O SBR (do inglês, *styrene-butadiene rubber*) é o elastômero mais produzido, totalizando cerca de 40% de todas as borrachas produzidas (a borracha natural ocupa o segundo lugar). Suas vantagens incluem baixo custo, resistência à abrasão e maior uniformidade que a borracha natural. Quando reforçada com negro de fumo e vulcanizada, suas características e empregos são muito semelhantes aos da borracha natural. Uma comparação de propriedades revela que a maioria das suas propriedades mecânicas, exceto a resistência ao desgaste, é inferior às da borracha natural, mas sua resistência ao envelhecimento pelo calor, ao ozônio, às intempéries e aos óleos é superior. Seus empregos incluem pneus de automóveis, tênis e isolamentos de fios e cabos.

Elastômeros Termoplásticos Um elastômero termoplástico é um termoplástico que se comporta como um elastômero. Ele constitui uma família de polímeros que forma um segmento em rápida expansão no mercado de elastômeros. Os elastômeros termoplásticos derivam suas propriedades elastoméricas não das ligações cruzadas de natureza química, mas das conexões físicas entre as fases rígidas e macias que formam o material. A composição química e a estrutura desses materiais são geralmente complexas, envolvendo dois materiais que são incompatíveis, de modo que formam fases distintas cujas propriedades à temperatura ambiente são diferentes. Devido à sua termoplasticidade, os elastômeros termoplásticos não atingem, em altas temperaturas, as propriedades de resistência mecânica e de fluência dos elastômeros com ligações cruzadas. Empregos típicos desses elastômeros incluem tênis, elásticos, tubos extrudados, revestimentos de fios e componentes moldados para automóveis e outros usos nos quais propriedades elastoméricas são necessárias. Esses elastômeros termoplásticos não são adequados para pneus.

2.4 COMPÓSITOS

Além dos metais, das cerâmicas e dos polímeros, uma quarta categoria de materiais pode ser citada: os compósitos. Um **material compósito** é um sistema composto de duas ou mais fases fisicamente distintas e cuja combinação resulta em propriedades que são diferentes daquelas dos constituintes originais. O interesse comercial e tecnológico nos materiais compósitos vem do fato de que suas propriedades são não apenas diferentes, mas com frequência muito superiores às dos materiais que os compõem. Algumas das possibilidades ao se usar compósitos incluem:

> Compósitos podem ser projetados para ser muito resistentes e rígidos, e ainda bastante leves, resultando em razões resistência-peso e rigidez-peso várias vezes maiores que as dos aços ou do alumínio. Essas propriedades são altamente desejáveis em aplicações que variam de aeronáuticas até equipamentos esportivos.

> As propriedades em fadiga são em geral melhores que a dos metais comumente usados em engenharia. A tenacidade também é, em geral, superior.

> Os compósitos podem ser projetados para evitar a corrosão como a sofrida pelos aços; essa característica é importante na indústria automotiva e em outras aplicações.

> Com os materiais compósitos é possível obter combinações de propriedades não alcançáveis com metais, cerâmicas e polímeros isoladamente.

Junto com as vantagens, existem desvantagens e limitações associadas aos compósitos. Essas incluem: (1) as propriedades de muitos dos compósitos importantes são anisotrópicas, o que significa que as propriedades são diferentes dependendo da direção na qual elas são medidas; (2) muitos compósitos baseados em polímeros estão sujeitos ao ataque por compostos químicos ou por solventes, do mesmo modo que os próprios polímeros são suscetíveis a esses ataques; (3) os materiais compósitos são geralmente caros; e (4) alguns dos métodos de fabricação usados para moldar os materiais compósitos são lentos e dispendiosos.

2.4.1 TECNOLOGIA E CLASSIFICAÇÃO DOS MATERIAIS COMPÓSITOS

Como descrito pela definição, um material compósito consiste em duas ou mais fases distintas. O termo *fase* indica um material homogêneo, tal como um metal ou uma cerâmica, no qual todos os grãos têm a mesma estrutura cristalina, ou como em um polímero que não é fabricado com cargas. Pela combinação de fases, usando métodos a serem descritos, um novo material é criado cujo desempenho agregado excede o de cada parte separadamente. Ou seja, ocorre um efeito sinérgico.

Componentes em um Material Compósito Na manifestação mais simples da sua definição, um material compósito possui duas fases: uma fase primária e uma fase secundária. A fase primária forma a *matriz* na qual a segunda fase está dispersa. A fase dispersa é, às vezes, denominada *elemento de reforço* (ou algum termo equivalente), porque ela serve, normalmente, para aumentar a resistência do compósito. A fase dispersa pode estar na forma de fibras ou de partículas. As fases são em geral insolúveis entre si, mas uma forte adesão deve existir nas suas interfaces.

A fase matriz pode ser de qualquer um dos três tipos de materiais básicos: polímeros, metais ou cerâmicas. A fase dispersa também pode ser de um dos três materiais básicos, ou pode ser um elemento, como o carbono ou o boro. Certas combinações não são adequadas, tal como um polímero em uma matriz cerâmica. As possibilidades existentes incluem também estruturas de duas fases formadas por componentes do mesmo tipo de material, como fibras de Kevlar (polímero) em matriz de plástico (polímero).

O sistema de classificação dos materiais compósitos usado neste livro é baseado na fase matriz. As classes estão listadas aqui e discutidas na Seção 2.4.2:

1. *Compósito de Matriz Metálica* (CMM) inclui misturas de cerâmicas e metais, tais como carbetos e outros cermetos, bem como alumínio ou magnésio reforçado por fibras resistentes e de alta rigidez.

2. *Compósito de Matriz Cerâmica* (CMC) é a categoria menos comum. O óxido de alumínio e o carbeto de silício são materiais que podem ter fibras incorporadas para melhorar as propriedades, especialmente em aplicações em altas temperaturas.

3. *Compósito de Matriz Polimérica* (CMP). As resinas termorrígidas são os polímeros mais amplamente usados nos CMPs. As resinas epóxi e poliéster são por via de regra reforçadas com fibras, e as fenólicas são misturadas com pós. Compósitos termoplásticos moldados são, com frequência, reforçados com pós.

O material da matriz tem diversas funções no compósito. Primeiro, ele dá volume à peça ou ao produto fabricado com o material compósito. Segundo, a matriz sustenta a fase dispersa em sua posição, normalmente envolvendo-a e ocultando-a. Terceiro, quando uma carga é aplicada, a matriz partilha a carga com a fase dispersa e, em alguns casos, a deformação é tal que a tensão é de modo essencial sustentada pelo agente de reforço.

É importante entender que o papel desempenhado pela fase dispersa é o de reforçar a fase primária. A fase dispersa é usada mais comumente em uma das três formas: fibras, partículas ou flocos.

Fibras são filamentos do material de reforço, tendo em geral seção transversal circular. Os diâmetros variam de menos de 0,0025 mm (0,0001 in) a cerca de 0,13 mm (0,005 in), dependendo do material. O reforço com fibras fornece maior oportunidade de aumentar a resistência dos compósitos. Em compósitos reforçados com fibras, as fibras são geralmente consideradas o principal elemento, pois elas suportam a maior parte da carga. As fibras são interessantes como agentes de reforço, pois na forma de filamentos os materiais são de forma significativa mais resistentes que em sua forma tridimensional, volumétrica. À medida que o diâmetro é reduzido, o material se torna orientado na direção do eixo das fibras e a probabilidade de encontrar defeitos na estrutura diminui consideravelmente. Como resultado, a resistência à tração aumenta de forma drástica.

As fibras usadas nos compósitos podem tanto ser contínuas ou descontínuas. *Fibras contínuas* são muito longas; em teoria elas oferecem um percurso contínuo ao longo do qual a carga pode ser suportada pela peça de compósito. Na prática, isso é difícil de ser alcançado devido a variações nas fibras e no processamento. As *fibras descontínuas* (picotadas das fibras contínuas) têm comprimento curto. Vários materiais são usados como fibras em compósitos reforçados com fibras. Eles incluem o vidro (vidro-E e vidro-S, Tabela 2.12), carbono, boro, Kevlar, óxido de alumínio e carbeto de silício.

Uma segunda forma bastante comum da fase dispersa são as *partículas* — pós com tamanho variando de microscópico até macroscópico. Partículas são uma forma importante de metais e cerâmicas. A caracterização e a produção de pós com interesse em engenharia são discutidas nos Capítulos 10 e 11. A distribuição de partículas na matriz do compósito é aleatória e, portanto, a resistência e outras propriedades desses compósitos são em geral isotrópicas.

Flocos são basicamente partículas bidimensionais — pequenas plaquetas achatadas. Dois exemplos desse formato são os minerais mica (silicato de K e Al) e talco ($Mg_3Si_4O_{10}(OH)_2$), usados como agentes de reforço em plásticos. Os flocos têm em geral custo inferior aos polímeros e proveem resistência e rigidez a compostos poliméricos moldados.

Propriedades de um Material Compósito Na seleção de um material compósito, geralmente busca-se uma combinação ótima de propriedades, em vez de uma propriedade particular. Por exemplo, a fuselagem e as asas de um avião devem ser leves assim como resistentes, rígidas e tenazes. Encontrar um material monolítico que satisfaça esses requisitos é difícil. Entretanto, vários polímeros reforçados com fibra possuem essa combinação de propriedades.

Outro exemplo é a borracha. A borracha natural é um material relativamente pouco resistente. No início dos anos 1900, descobriu-se que a adição de quantidades relativamente elevadas de negro de fumo (carbono quase puro) à borracha natural, elevava bastante a sua resistência. Os dois componentes interagem para produzir um material compósito que é de forma considerável mais resistente que os materiais originais sozinhos. A borracha, é claro, deve ser também vulcanizada para atingir plenamente essa resistência.

A borracha sozinha é um aditivo útil no poliestireno. Uma das propriedades particulares e prejudiciais do poliestireno é a sua fragilidade. Embora a maior parte dos outros polímeros tenha considerável ductilidade, para o PD a ductilidade é quase nula. A borracha (natural ou sintética) pode ser adicionada em pequenas quantidades (5% a 15%) a fim de produzir poliestireno resistente a impacto que tem tenacidade, e por isso resistência a impacto muito superiores.

As fibras ilustram a importância da forma geométrica. A maioria dos materiais tem resistência à tração várias vezes maior quando no formato de fibras que na forma tridimensional. Entretanto, as aplicações das fibras são limitadas por defeitos superficiais, por flambagem, quando submetidas à compressão, e ao inconveniente da geometria filamentar, quando um componente sólido é necessário. Com a incorporação das fibras em uma matriz polimérica, um material compósito é obtido, o que evita os problemas associados às fibras, mas utiliza suas altas resistências. Uma matriz fornece material necessário para proteger a superfície das fibras e para resistir à flambagem; e as fibras transferem sua alta resistência ao compósito. Quando uma carga é aplicada, a matriz, de baixa resistência, se deforma e distribui a tensão às fibras de alta resistência, as quais suportam a carga. Se uma fibra individual rompe, a carga é redistribuída através da matriz para as outras fibras.

2.4.2 MATERIAIS COMPÓSITOS

Os três tipos de materiais compósitos e suas aplicações são discutidos nesta seção: (1) compósitos de matriz metálica, (2) compósitos de matriz cerâmica e (3) compósitos de matriz polimérica.

Compósitos de Matriz Metálica Os compósitos de matriz cerâmica (CMMs) consistem em uma matriz metálica reforçada por uma segunda fase. Os materiais de reforço mais comuns são (1) partículas cerâmicas e (2) fibras cerâmicas, de carbono e de boro. Os CMMs do primeiro tipo são comumente chamados cermetos.

Um *cermeto* é um material compósito no qual a cerâmica está incorporada em uma matriz metálica. A cerâmica normalmente domina a mistura, algumas vezes atingindo até 96% do volume. A ligação pode ser aumentada pela pequena solubilidade entre as fases em temperaturas elevadas, usadas durante o processamento desses compósitos. Uma importante categoria dos cermetos são os metais duros.

Os *metais duros* são compostos de um ou mais carbetos unidos por uma matriz metálica usando técnicas de processamento de particulados (Seção 10.2). Os metais duros mais comuns são formados por carbeto de tungstênio (WC), carbeto de titânio (TiC) e/ou carbeto de cromo (Cr_3C_2). O carbeto de tântalo (TaC) e outros carbetos são menos comuns. Os ligantes metálicos típicos são o cobalto e o níquel. Como já discutido (Seção 2.2.2), os carbetos cerâmicos formam o principal constituinte dos metais duros, compreendendo tipicamente entre 80% e 95% do peso total.

As ferramentas de corte são uma aplicação importante dos metais duros fabricados com *carbeto de tungstênio*. Outras aplicações dos metais duros do tipo WC—Co incluem fieiras para trefilação, brocas para perfuração de rochas e outras ferramentas usadas em mineração, matrizes para metalurgia do pó, penetradores para equipamentos de dureza e outras aplicações em que a dureza e a resistência ao desgaste são requisitos críticos. Os cermetos de *carbeto de titânio* são usados principalmente em aplicações em altas temperaturas. Empregos típicos incluem ventoinhas dos bocais de turbinas a gás, sede de válvulas, tubos de proteção de termopares, bicos de maçarico e ferramentas para trabalho a quente. O TiC-Ni também é usado como ferramenta de corte em usinagem.

Compósitos de matriz metálica reforçados por fibras têm interesse prático, pois combinam a alta resistência à tração e o alto módulo de elasticidade das fibras com metais de baixa densidade, obtendo-se, assim, boas razões resistência-peso e rigidez-peso no material compósito resultante. Os metais tipicamente usados como matrizes de baixa densidade são alumínio, magnésio e titânio. Algumas das fibras mais importantes usadas nesses compósitos incluem Al_2O_3, boro, carbono e SiC.

Compósitos de Matriz Cerâmica As cerâmicas têm certas propriedades vantajosas: alta rigidez, dureza, dureza a quente, resistência à compressão e densidade relativamente baixa. As cerâmicas também possuem desvantagens: baixas tenacidade e resistência à tração quando em amostras tridimensionais, volumosas; além de suscetibilidade ao choque térmico. Compósitos de matriz cerâmica (CMCs) são uma tentativa de reter as propriedades desejáveis das cerâmicas, enquanto suas desvantagens são compensadas. Os CMCs consistem em uma fase cerâmica como matriz, envolvendo uma fase dispersa. Até o momento, a maior parte dos trabalhos de desenvolvimento tem focado o uso de fibras como a fase dispersa. O sucesso tem sido incerto. As dificuldades técnicas incluem a compatibilidade térmica e química dos constituintes dos CMCs durante o processamento. Além disso, como em qualquer cerâmica, as limitações com a geometria da peça devem ser consideradas.

Os materiais cerâmicos usados como matrizes incluem a alumina (Al_2O_3), carbeto de boro (B_4C), nitreto de boro (BN), carbeto de silício (SiC), nitreto de silício (Si_3N_4), carbeto de titânio (TiC) e vários tipos de vidros. Alguns desses materiais estão ainda na fase de desenvolvimento como matrizes de CMC. As fibras usadas em CMCs incluem as de carbono, SiC e Al_2O_3.

Compósitos de Matriz Polimérica Um compósito de matriz polimérica (CMP) consiste em uma matriz polimérica na qual é incorporada uma fase dispersa na forma de fibras, pós ou flocos. Comercialmente, os CMPs são os mais importantes dentre as três classes de materiais compósitos. Eles englobam a maioria dos compostos plásticos obtidos por moldagem, as borrachas reforçadas com negro de fumo e os polímeros reforçados por fibras (PRFs).

Um *polímero reforçado por fibras* é um compósito no qual fibras de alta resistência mecânica são incorporadas em uma matriz polimérica. A matriz polimérica é usualmente um polímero termorrígido, tal como poliéster ou epóxi, mas polímeros termoplásticos, como os náilons (poliamidas), policarbonato, poliestireno e policloreto de vinila também são utilizados. Em adição, elastômeros são também reforçados por fibras nos produtos de borracha, tais como pneus e correias transportadoras.

As fibras nos PMCs têm várias formas: descontínuas (picadas), contínuas ou tramadas como em um tecido. As principais fibras empregadas nos PRFs são as de vidro, carbono e Kevlar 49. Fibras menos comuns incluem as de boro, SiC, Al_2O_3 e aço. As fibras de vidro (em especial do vidro-E) são atualmente o material mais comum nos PRFs. Seu emprego para reforçar plásticos data de cerca de 1920.

A forma mais usada dos PRFs é como estrutura laminada, feita pelo empilhamento e união de finas camadas de fibras e polímero, até que a espessura desejada seja obtida. Variando a orientação das fibras entre as camadas, o grau específico de anisotropia das propriedades pode ser ajustado no laminado. Esse método é usado para fabricar peças com seção transversal fina, tal como asas de aviões e partes da fuselagem, painéis de carrocerias de automóveis, de caminhões e cascos de barcos.

Existem muitas características vantajosas que destacam os polímeros reforçados por fibras como materiais de engenharia. As mais notáveis são (1) alta razão resistência-peso, (2) alta razão rigidez-peso e (3) baixo peso específico. Um PRF típico pesa apenas cerca de um quinto em relação ao aço; embora a resistência e o módulo na direção das fibras sejam comparáveis aos do aço.

Durante as últimas três décadas tem havido crescimento estável na aplicação dos polímeros reforçados por fibras em produtos que necessitem de alta resistência e baixo peso, normalmente em substituição aos metais. A indústria aeroespacial é uma das maiores usuárias dos compósitos. Os projetistas estão tentando, de forma contínua, reduzir o peso das aeronaves, para aumentar a eficiência no consumo dos combustíveis e aumentar a capacidade de carga. Assim, o emprego de compósitos em aeronaves militares e comerciais tem aumentado de modo contínuo. Boa parte do peso estrutural dos aviões e helicópteros modernos é devido a estruturas em PRFs. O novo Boeing 787 *Dreamliner* caracteriza-se por ter 50% (em peso) em compósitos (polímeros reforçados por fibras de carbono). Isso corresponde a 80% do volume da aeronave. Os compósitos são usados na fuselagem, nas asas, na empenagem vertical, nas portas e no interior. Para fins de comparação, o Boeing 777 tem apenas 12% (em peso) em compósitos.

A indústria automotiva é outro importante usuário de PRFs. As aplicações mais relevantes estão nos painéis da carroceria de carros e na cabine de caminhões. Os PRFs também têm sido muito usados em equipamentos esportivos e de lazer. Os polímeros reforçados por fibras de vidro têm sido usados em cascos de barco desde os anos 1940. Varas de pescar também foram uma das primeiras aplicações desses compósitos. Atualmente, os PRFs estão presentes em grande gama de produtos esportivos, incluindo raquetes de tênis, tacos de golfe, capacetes de futebol americano, arcos e flechas, esquis e rodas de bicicleta.

Além dos PRFs, outros compósitos de matriz polimérica contêm partículas, flocos e fibras curtas. Os componentes da fase dispersa são chamados *cargas* quando usados nos compósitos poliméricos moldados. As cargas se dividem em duas categorias: (1) reforços e (2) e extensores. As *cargas reforçadoras* servem para aumentar a resistência ou melhorar as propriedades mecânicas do polímero. Exemplos comuns incluem: pós de madeira e de mica em resinas fenólicas e amínicas para aumentar a resistência mecânica, a resistência à abrasão e a estabilidade dimensional; e negro de fumo nas borrachas para melhorar as resistências mecânicas, ao desgaste e ao rasgamento. Os *extensores* simplesmente aumentam o volume e reduzem o custo por unidade de peso do polímero, mas tem pequeno, ou nenhum, efeito sobre as propriedades mecânicas. Os extensores podem ser formulados para melhorar as características de moldagem da resina.

As espumas poliméricas (Seção 8.11) são uma forma de compósito no qual bolhas de gás são incorporadas em uma matriz polimérica. O isopor e a espuma de poliuretano são os exemplos mais conhecidos. A combinação de uma densidade próxima de zero do gás e a relativa baixa densidade da matriz resulta em materiais extremamente leves. A incorporação do gás também acarreta uma condutividade térmica muito baixa, adequada para aplicações nas quais é necessário isolamento térmico.

REFERÊNCIAS

[1] Bauccio, M. (ed.). *ASM Metals Reference Book*, 3rd ed. ASM International, Materials Park, Ohio, 1993.

[2] Black, J., and Kohser, R. *DeGarmo's Materials and Processes in Manufacturing*, 10th ed. John Wiley & Sons, Inc. Hoboken, New Jersey, 2008.

[3] Brandrup, J., and Immergut, E. E. (eds.), *Polymer Handbook*, 4th ed. John Wiley & Sons, Inc. New York, 2004.

[4] Carter, C. B., and Norton, M. G., *Ceramic Materials: Science and Engineering*. Springer, New York, 2007.

[5] Chanda, M., and Roy, S. K., *Plastics Technology Handbook*, 4th ed. CRC Taylor & Francis, Boca Raton, Florida, 2006.

[6] Chawla, K. K., *Composite Materials: Science and Engineering*, 3rd ed. Springer-Verlag, New York, 2008.

[7] *Engineering Materials Handbook,* Vol. **1**, *Composites*. ASM International, Materials Park, Ohio, 1987.

[8] *Engineering Materials Handbook,* Vol. **2**, *Engineering Plastics*. ASM International, Materials Park, Ohio, 2000.

[9] *Engineered Materials Handbook,* Vol. **4**, *Ceramics and Glasses*. ASM International, Materials Park, Ohio, 1991.

[10] Flinn, R. A., and Trojan, P. K. *Engineering Materials and Their Applications*, 5th ed. John Wiley & Sons, Inc. New York, 1995.

[11] Groover, M. P., *Fundamentals of Modern Manufacturing: Materials, Processes, and Systems*, 4th ed. John Wiley & Sons, Inc. Hoboken, New Jersey, 2010.

[12] Hlavac, J. *The Technology of Glass and Ceramics*. Elsevier Scientific Publishing Company, New York, 1983.

[13] Kingery, W. D., Bowen, H. K., and Uhlmann, D. R. *Introduction to Ceramics*, 2nd ed. John Wiley & Sons, Inc. New York, 1995.

[14] Margolis, J. M., *Engineering Plastics Handbook.* McGraw-Hill, New York, 2006.

[15] Mark, J. E., and Erman, B. (eds.), *Science and Technology of Rubber*, 3rd ed. Academic Press, Orlando, Florida, 2005.

[16] Metals Handbook, Vol. 1, *Properties and Selection: Iron, Steels, and High Performance Alloys*. ASM International, Metals Park, Ohio, 1990.

[17] Metals Handbook, Vol. 2, *Properties and Selection: Nonferrous Alloys and Special Purpose Materials*. ASM International, Metals Park, Ohio, 1990.

[18] Richerson, D. W. *Modern Ceramic Engineering: Properties, Processing, and Use in Design*, 3rd

ed. CRC Taylor & Francis, Boca Raton, Florida, 2006.

[19] Scholes, S. R., and Greene, C. H., *Modern Glass Practice*, 7th ed. CBI Publishing Company, Boston, Massachusetts, 1993.

[20] Somiya, S. (ed.). *Advanced Technical Ceramics*. Academic Press, Inc. San Diego, California, 1989.

[21] Tadmor, Z., and Gogos, C. G. *Principles of Polymer Processing*. Wiley-Interscience, Hoboken, New Jersey, 2006.

[22] www.wikipedia.org/wiki/Boeing_787

[23] Young, R. J., and Lovell, P. *Introduction to Polymers*, 3rd ed. CRC Taylor and Francis, Boca Raton, Florida, 2008.

QUESTÕES DE REVISÃO

2.1 Quais são algumas das propriedades gerais que distinguem os metais das cerâmicas e dos polímeros?

2.2 Quais são os dois principais grupos de metais? Defina-os.

2.3 O que é uma liga?

2.4 Qual é a faixa percentual de carbono que define uma liga ferro-carbono como um aço?

2.5 Qual é a faixa percentual de carbono que define uma liga ferro-carbono como um ferro fundido?

2.6 Identifique, além do carbono, alguns elementos de liga comuns usados nos aços de baixa liga.

2.7 Qual é o elemento de liga predominante em todos os aços inoxidáveis?

2.8 Por que o aço inoxidável austenítico tem esse nome?

2.9 Além do alto teor de carbono, que outro elemento de liga é característico nos ferros fundidos?

2.10 Identifique algumas propriedades pelas quais o alumínio é conhecido.

2.11 Quais são algumas das propriedades importantes do magnésio?

2.12 Qual é a mais importante propriedade de engenharia do cobre que determina a maioria das suas aplicações?

2.13 Quais elementos são tradicionalmente adicionados ao cobre para produzir (a) bronze e (b) latão?

2.14 Quais são algumas das aplicações importantes do níquel?

2.15 Quais as principais propriedades do titânio?

2.16 Identifique as aplicações mais importantes do zinco.

2.17 As superligas são dividas em três grupos básicos, de acordo com o metal base usado na liga. Cite os três grupos.

2.18 O que é tão especial nas superligas? O que as diferencia das demais ligas?

2.19 O que é uma cerâmica?

2.20 Qual é a diferença entre as cerâmicas tradicionais e as avançadas?

2.21 Qual é a característica que diferencia um vidro das cerâmicas tradicionais e avançadas?

2.22 Quais são as propriedades mecânicas gerais dos materiais cerâmicos?

2.23 O que a bauxita e o coríndon tem em comum?

2.24 O que é argila, usada na fabricação de produtos cerâmicos?

2.25 Quais são algumas das principais aplicações dos metais duros, tal como o WC—Co?

2.26 Como mencionado no texto, qual é uma das aplicações importantes do nitreto de titânio?

2.27 Qual é o mineral principal nos produtos de vidro?

2.28 O que o termo *devitrificação* significa?

2.29 O que é um polímero?

2.30 Quais são as três categorias básicas dos polímeros?

2.31 Como as propriedades dos polímeros se comparam com as dos metais?

2.32 O que é um ligação cruzada em um polímero e qual é a sua importância?

2.33 Os náilons pertencem a que grupo de polímeros?

2.34 Qual é a fórmula química do etileno, o monômero do polietileno?

2.35 Como as propriedades dos polímeros termorrígidos diferem das dos termoplásticos?

2.36 As ligações cruzadas dos polímeros termorrígidos (cura) ocorrem de três maneiras. Cite-as.

2.37 Elastômeros e polímeros termorrígidos têm ligações cruzadas. Por que as suas propriedades são tão diferentes?

2.38 Qual é o componente principal da borracha natural?

2.39 Como os elastômeros termoplásticos diferem das borrachas convencionais?

2.40 O que é um material compósito?

2.41 Identifique algumas das propriedades características dos materiais compósitos.

2.42 O que significa o termo *anisotropia*?

2.43 Cite as três categorias básicas dos materiais compósitos.

2.44 Quais são as formas comuns da fase de reforço nos materiais compósitos?

2.45 O que é um cermeto?

2.46 Os metais duros estão em que classe de compósitos?

2.47 Quais são algumas das deficiências das cerâmicas que podem ser corrigidas nos compósitos de matriz cerâmica reforçada por fibras?

2.48 Qual é a fibra mais comum nos polímeros reforçados por fibras?

2.49 Identifique algumas das propriedades importantes dos materiais compósitos de matriz polimérica reforçada por fibras.

2.50 Cite algumas das aplicações importantes dos PRFs.

3 PROPRIEDADES DOS MATERIAIS DE ENGENHARIA

Sumário

3.1 Relações Tensão-Deformação
 3.1.1 Propriedades de Tração
 3.1.2 Propriedades de Compressão
 3.1.3 Flexão e Ensaios de Materiais Frágeis
 3.1.4 Propriedades de Cisalhamento

3.2 Dureza
 3.2.1 Ensaios de Dureza
 3.2.2 Dureza de Diversos Materiais

3.3 Efeito da Temperatura nas Propriedades Mecânicas

3.4 Propriedades dos Fluidos

3.5 Comportamento Viscoelástico dos Polímeros

3.6 Propriedades Volumétricas e de Fusão
 3.6.1 Massa Específica e Dilatação Térmica
 3.6.2 Características de Fusão

3.7 Propriedades Térmicas
 3.7.1 Calor Específico e Condutividade Térmica
 3.7.2 Propriedades Térmicas em Fabricação

As propriedades de um determinado material de engenharia determinam a sua resposta às diversas formas de energia que são utilizadas nos processos de fabricação. Se o material responde adequadamente às forças, temperaturas e outros parâmetros físicos gerados em um determinado processo, o resultado é uma operação bem-sucedida, que produz uma peça ou um produto de alta qualidade.

As propriedades do material podem ser divididas em duas categorias: mecânicas e físicas. As propriedades mecânicas de um material determinam o seu comportamento quando submetido a tensões mecânicas. Estas propriedades incluem rigidez, ductilidade, dureza e diversas medidas de resistência. As propriedades mecânicas são importantes para o projeto mecânico, uma vez que a função e o desempenho de um produto dependem da sua capacidade de resistir a deformações sob os efeitos das tensões presentes em serviço. O objetivo usual do projeto mecânico é de garantir que o produto e os seus componentes resistam a estas tensões sem sofrer alterações significativas na sua geometria. Esta capacidade depende de propriedades como o módulo de elasticidade e a tensão de escoamento. Na fabricação, o objetivo é exatamente o oposto. Aqui, deseja-se aplicar tensões que excedam a tensão de escoamento do material para alterar a sua forma. Processos mecânicos como estampagem e usinagem promovem forças que ultrapassam a resistência do material à deformação. Assim, chega-se no seguinte dilema: as propriedades mecânicas que são desejáveis para o projetista mecânico, tais como alta resistência, usualmente tornam a fabricação do produto mais difícil.

As propriedades físicas do material definem o seu comportamento em resposta a outras forças, além dos esforços aplicados mecanicamente. As propriedades volumétricas e térmicas, assim como características de fusão, são importantes na fabricação porque elas frequentemente influenciam a performance do processo. Por exemplo, o comportamento sob fusão é importante em operações de fundição, pois metais com temperatura de fusão mais elevadas requerem maior fornecimento de calor para que o metal seja fundido antes de ser despejado no molde. Em usinagem, as propriedades térmicas do material a ser usinado influenciam a temperatura de corte, a qual afeta o tempo máximo que a ferramenta pode ser utilizada antes de falhar.

Neste capítulo, discutem-se as propriedades dos materiais de engenharia que são mais relevantes para os processos de fabricação abordados neste livro. As propriedades mecânicas são discutidas nas Seções 3.1 a 3.5, e as propriedades físicas são discutidas nas seções remanescentes.

3.1 RELAÇÕES TENSÃO-DEFORMAÇÃO

Existem três tipos de tensões mecânicas estáticas a que os materiais podem ser submetidos: tração, compressão e cisalhamento. As tensões de tração tendem a alongar o material, as tensões de compressão tendem a comprimi-lo e o cisalhamento envolve tensões que tendem a fazer com que partes adjacentes do material deslizem entre si. A curva tensão-deformação representa a relação básica que descreve as propriedades mecânicas dos materiais para todos estes três tipos de tensões.

3.1.1 PROPRIEDADES DE TRAÇÃO

O ensaio de tração é o procedimento mais comum para estudar a relação tensão-deformação, particularmente para metais. No ensaio, é aplicada uma força que traciona o material, tendendo a alongá-lo e a reduzir o seu diâmetro, conforme mostrado na Figura 3.1(a). As normas da ASTM (American Society for Testing Materials) especificam a preparação do corpo de prova e a condução do próprio ensaio. Um corpo de prova e uma configuração típicos para um ensaio de tração são mostrados nas Figuras 3.1(b) e (c), respectivamente.

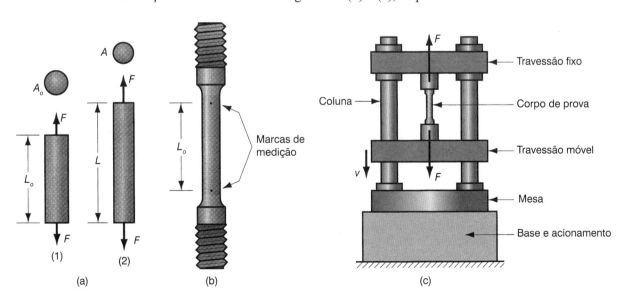

FIGURA 3.1 Ensaio de tração: (a) força de tração aplicada em (1) e (2) o alongamento resultante do material; (b) corpo de prova típico; e (c) configuração do ensaio de tração. (Crédito: *Fundamentals of Modern Manufacturing*, 4ª Edição por Mikell P. Groover, 2010. Reimpresso com permissão da John Wiley & Sons, Inc.)

Antes de começar o ensaio, o corpo de prova tem comprimento de referência inicial L_o e área inicial A_o. O comprimento de referência é medido como a distância entre duas marcas, e a área é medida como a seção transversal do corpo de prova (normalmente circular). Durante o teste de um metal, o corpo de prova alonga até que experimenta, em seguida, uma estricção e, ao final, se rompe, conforme mostrado na Figura 3.2. A carga e a variação do comprimento do corpo de prova são registrados à medida que o ensaio se desenvolve, de modo a fornecer os dados necessários para determinar a relação tensão-deformação. Dois tipos diferentes de curvas tensão-deformação podem ser definidos: (1) tensão-deformação de engenharia e (2) tensão-deformação verdadeira. A primeira é mais importante para projeto mecânico e a segunda é mais importante para a fabricação.

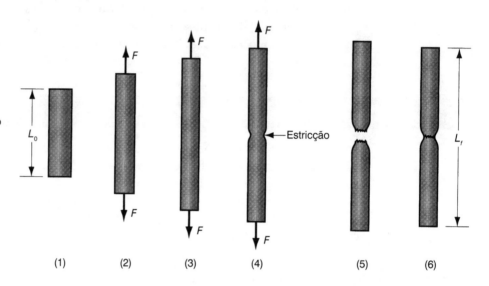

FIGURA 3.2 Desenvolvimento típico de um ensaio de tração: (1) início do ensaio, sem carga; (2) alongamento uniforme e redução da área da seção transversal; (3) o alongamento prossegue e a carga máxima é atingida; (4) início da estricção, a carga começa a cair; e (5) rompimento do corpo de prova. Se os pedaços forem colocados juntos como em (6), o comprimento final pode ser medido. (Crédito: *Fundamentals of Modern Manufacturing*, 4ª Edição por Mikell P. Groover, 2010. Reimpresso com permissão da John Wiley & Sons, Inc.)

Tensão-Deformação de Engenharia As tensões e deformações de engenharia em um ensaio de tração são definidas em relação à área e comprimento originais do corpo de prova. Estes valores são importantes para o projeto mecânico porque o projetista espera que as deformações que se desenvolvem em qualquer componente do produto não alterem significativamente a sua forma. Os componentes são projetados para resistir às tensões previstas que ocorrem em serviço.

A Figura 3.3 apresenta uma curva tensão-deformação de engenharia típica de um ensaio de tração de um corpo de prova metálico. A ***tensão de engenharia*** em qualquer ponto da curva é definida como a força dividida pela área original:

$$S = \frac{F}{A_o} \quad (3.1)$$

em que S = tensão de engenharia, MPa (lb/in²), F = força aplicada no ensaio, N (lb) e A_o = área original do corpo de prova, mm² (in²). A ***deformação de engenharia*** em qualquer instante durante o ensaio é dada por:

$$e = \frac{L - L_o}{L_o} \quad (3.2)$$

em que e = deformação de engenharia, mm/mm (in/in); L = comprimento para qualquer instante durante o alongamento, mm (in); e L_o = comprimento original de medida, mm (in). As unidades de deformação de engenharia são dadas em mm/mm (in/in), mas pode-se imaginar que ela representa o alongamento por unidade de comprimento, sem unidades.

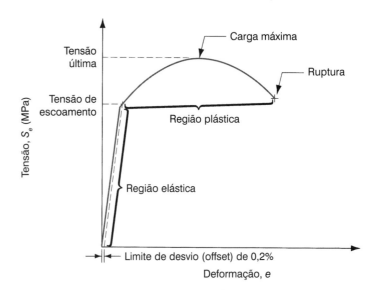

FIGURA 3.3 Curva tensão-deformação de engenharia típica de um ensaio de tração de um metal. (Crédito: *Fundamentals of Modern Manufacturing*, 4ª Edição por Mikell P. Groover, 2010. Reimpresso com permissão da John Wiley & Sons, Inc.)

A relação tensão-deformação apresentada na Figura 3.3 tem duas regiões, indicando duas formas distintas de comportamento: (1) elástico e (2) plástico. Na região elástica da figura, a relação entre a tensão e a deformação é linear e o material exibe comportamento elástico, retornando ao seu comprimento inicial quando a carga (tensão) é removida. A relação é definida pela ***Lei de Hooke***:

$$S = Ee \qquad (3.3)$$

em que E = ***módulo de elasticidade***, MPa (lb/in²), uma medida da rigidez própria de um material, uma constante de proporcionalidade, cujo valor é diferente para diferentes materiais. A Tabela 3.1 apresenta valores típicos do módulo de elasticidade para vários materiais, metais e não metais.

TABELA 3.1 Módulo de elasticidade de alguns materiais selecionados

Metais	Módulo de Elasticidade		Cerâmicos e polímeros	Módulo de Elasticidade	
	MPa	lb/in²		MPa	lb/in²
Alumínio e suas ligas	69 × 10³	10 × 10⁶	Alumina	345 × 10³	50 × 10⁶
Ferro fundido	138 × 10³	20 × 10⁶	Diamante[a]	1035 × 10³	150 × 10⁶
Cobre e suas ligas	110 × 10³	16 × 10⁶	Placa de vidro	69 × 10³	10 × 10⁶
Ferro	209 × 10³	30 × 10⁶	Carbeto de silício	448 × 10³	65 × 10⁶
Chumbo	21 × 10³	3 × 10⁶	Carbeto de tungstênio	552 × 10³	80 × 10⁶
Magnésio	48 × 10³	7 × 10⁶	Náilon	3,0 × 10³	0,40 × 10⁶
Níquel	209 × 10³	30 × 10⁶	Fenol-formaldeído	7,0 × 10³	1,00 × 10⁶
Aço	209 × 10³	30 × 10⁶	Polietileno (baixa densidade)	0,2 × 10³	0,03 × 10⁶
Titânio	117 × 10³	17 × 10⁶	Polietileno (alta densidade)	0,7 × 10³	0,10 × 10⁶
Tungstênio	407 × 10³	59 × 10⁶	Poliestireno	3,0 × 10³	0,40 × 10⁶

Compilado de [8], [11], [12], [16], [17] e outras referências.
[a] Embora o diamante não seja um cerâmico, frequentemente é comparado com os materiais cerâmicos.

À medida que a tensão aumenta, atinge-se um ponto na relação linear para o qual o material começa a escoar. Este ***ponto de escoamento*** S_e do material pode ser identificado na figura através da mudança de inclinação no final da região linear. Uma vez que o início do escoamento é usualmente difícil de ser observado em representação gráfica dos dados do ensaio (em geral não ocorre como uma mudança brusca da inclinação), S_e é normalmente definido como a tensão para a qual ocorre um desvio* de deformação de 0,2% da linha retilínea. De forma mais específica, é o ponto em que a curva tensão-deformação do material intercepta uma linha paralela à parte retilínea da curva, a qual apresenta um desvio em relação a ela de 0,2% de deformação. O ponto de escoamento é uma característica de resistência do material e é, portanto, com frequência referenciado como a ***tensão de escoamento*** (outras denominações incluem ***limite de escoamento*** e ***limite elástico*****).

O ponto de escoamento marca a transição para a região plástica e o início da deformação plástica do material. A relação entre tensão e deformação não obedece mais a Lei de Hooke. O alongamento do corpo de prova se desenvolve além do ponto de escoamento à medida que a carga é aumentada, mas com taxa muito superior à anterior, fazendo com que a inclinação mude dramaticamente, conforme mostrado na Figura 3.3. O alongamento é acompanhado por redução uniforme na área da seção transversal, consistente com a manutenção do volume constante. Por fim, a carga aplicada F atinge o seu valor máximo, e a tensão de engenharia calculada neste ponto é chamada ***limite de resistência à tração*** ou ***tensão última do material***. Ela é denotada por S_u e é calculada por $S_u = F_{máx}/A_o$. S_u e S_e são importantes propriedades de resistência nos cálculos de projeto (elas também são utilizadas em cálculos de fabricação). Alguns valores típicos da tensão de escoamento e da tensão última são listados na Tabela 3.2 para alguns materiais selecionados. Ensaios de tração convencionais são difíceis de realizar em cerâmicos, e um ensaio alternativo é utilizado para medir a resistência destes materiais frágeis (Seção 3.1.3). Os polímeros diferem nas suas propriedades dos metais e cerâmicos devido à viscoelasticidade (Seção 3.5).

TABELA 3.2 Tensão de escoamento e tensão última para materiais selecionados

Metais	Tensão de Escoamento		Tensão Última		Metais	Tensão de Escoamento		Tensão Última	
	MPa	lb/in²	MPa	lb/in²		MPa	lb/in²	MPa	lb/in²
Alumínio, recozido	28	4.000	69	10.000	Níquel, recozido	150	22.000	450	65.000
Alumínio, CW[a]	105	15.000	125	18.000	Aço, baixo C[a]	175	25.000	300	45.000
Ligas de alumínio[a]	175	25.000	350	50.000	Aço, alto C[a]	400	60.000	600	90.000
Ferro fundido[a]	275	40.000	275	40.000	Aço, liga[a]	500	75.000	700	100.000
Cobre, recozido	70	10.000	205	30.000	Aço, inox[a]	275	40.000	650	95.000
Ligas de cobre[a]	205	30.000	410	60.000	Titânio, puro	350	50.000	515	75.000
Ligas de magnésio[a]	175	25.000	275	40.000	Titânio, liga	800	120.000	900	130.000

Compilado de [8], [11], [12], [17] e outras referências.
[a] Os valores dados são típicos. Para as ligas, existe ampla faixa de valores de resistência dependendo da composição e do tratamento (p. ex., tratamento térmico, trabalho mecânico).

À direita da tensão última, na curva tensão-deformação, a carga começa a decair e o corpo de prova tipicamente inicia um processo de alongamento localizado, conhecido como ***estricção***. Ao invés de continuar a se deformar de maneira uniforme ao longo do seu comprimento, a deformação começa a se concentrar em uma pequena seção do corpo de prova. A área desta seção torna-se significativamente mais estreita (forma-se uma estricção) até ocorrer a falha. A tensão calculada de imediato antes da falha é chamada ***tensão de ruptura***.

A quantidade de deformação que o material é capaz de experimentar antes de falhar também é uma propriedade mecânica de interesse em muitos processos de fabricação. A medida mais comum para esta propriedade é a ***ductilidade***, a capacidade do material desenvolver deformação plástica sem fratura. Esta medida pode ser tomada como um alongamento ou uma redução de área.

---

* Chamado também offset. (N.T.)
** Na realidade, o limite elástico definido como a tensão máxima que se pode aplicar ao material num ensaio de tração sem que se desenvolva deformação permanente. (N.T.)

O alongamento na ruptura é definido como

$$AL = \frac{L_f - L_o}{L_o} \tag{3.4}$$

em que AL = alongamento, frequentemente expresso em termos percentuais; L_f = comprimento do corpo de prova na ruptura, mm (in), medido como a distância entre as marcas de medição após as duas partes do corpo de prova terem sido colocadas de volta juntas; e L_o = comprimento original do corpo de prova, mm (in). A redução de área na ruptura é definida como

$$RA = \frac{A_o - A_f}{A_o} \tag{3.5}$$

em que RA = redução de área, frequentemente expressa em termos percentuais; A_f = área da seção transversal do corpo de prova no instante da ruptura, mm^2 (in^2); e A_o = área original, mm^2 (in^2). Em função da estricção que ocorre em corpos de prova metálicos e o efeito não uniforme associado ao alongamento e à redução de área, ocorrem alguns problemas com estas duas medidas de ductilidade. Apesar destas dificuldades, o alongamento percentual e a redução de área percentual são as medidas de ductilidade mais comuns na prática da engenharia. Alguns valores típicos do alongamento percentual para diversos materiais estão listados na Tabela 3.3.

TABELA 3.3 Ductilidade como valor % do alongamento (valores típicos) para vários materiais selecionados

Material	Alongamento	Material	Alongamento
Metais		*Metais, continuação*	
Alumínio, recozido	40%	Aço, baixo C[a]	30%
Alumínio, trabalhado a frio	8%	Aço, alto C[a]	10%
Ligas de alumínio, recozidas[a]	20%	Aço, ligas[a]	20%
Ligas de alumínio, com tratamento térmico[a]	8%	Aço, inox, austenítico[a]	55%
Ligas de alumínio, fundidas[a]	4%	Titânio, praticamente puro	20%
Ferro fundido, cinzento[a]	0,6%	Ligas de zinco	10%
Cobre, recozido	45%	*Cerâmicos*	0[b]
Cobre, trabalhado a frio	10%	*Polímeros*	
Ligas de cobre: bronze, recozido	60%	Polímeros termoplásticos	100%
Ligas de magnésio[a]	10%	Polímeros termorrígidos	1%
Níquel, recozido	45%	Elastômeros (p. ex., borracha)	1%[c]

Compilado de [8], [11], [12], [17] e outras referências.
[a] Os valores dados são típicos. Para as ligas, existe ampla faixa de valores de ductilidade que dependem da composição e do tratamento (p. ex., tratamento térmico, grau do trabalho mecânico).
[b] Os materiais cerâmicos são frágeis; eles suportam deformação elástica, mas teoricamente nenhuma deformação plástica.
[c] Os elastômeros suportam bastante deformação elástica, mas sua deformação plástica é muito limitada, sendo típicos valores somente em torno de 1%.

Tensão-Deformação Verdadeira Alunos mais atentos podem se questionar sobre o uso da área original do corpo de prova para calcular as tensões de engenharia, em vez da área real (instantânea), que se torna incrementalmente pequena à medida que o ensaio progride. Se a área real fosse utilizada, o valor das tensões calculadas seria mais elevado. A tensão obtida dividindo-se a carga aplicada pelo valor instantâneo da área é definida como a ***tensão verdadeira***:

$$\sigma = \frac{F}{A} \tag{3.6}$$

em que σ = tensão verdadeira, MPa (lb/in^2); F = força, N (lb); e A = área real (instantânea) resistente à carga, mm^2 (in^2).

De maneira similar, a **deformação verdadeira** fornece uma forma realista de previsão do alongamento "instantâneo" por unidade de comprimento do material. O valor da deformação verdadeira em um ensaio de tração pode ser estimado dividindo-se o alongamento total em pequenos incrementos, calculando-se a deformação de engenharia para cada incremento tomando-se como base os seus comprimentos iniciais e, então, somando-se os valores de deformação. No limite, a deformação verdadeira é definida como

$$\epsilon = \int_{L_o}^{L} \frac{dL}{L} = \ln \frac{L}{L_o} \tag{3.7}$$

em que L = comprimento instantâneo em um determinado momento durante o alongamento. No final do ensaio (ou para um determinado alongamento-limite), o valor da deformação verdadeira final pode ser calculada utilizando $L = L_f$.

Quando os dados de tensão-deformação de engenharia da Figura 3.3 são colocados num gráfico utilizando os valores de tensão verdadeira e de deformação verdadeira, a curva resultante apresenta uma forma como a mostrada na Figura 3.4. Na região elástica, a curva é praticamente idêntica à anterior. Os valores de deformação são pequenos e a deformação verdadeira é quase igual à deformação de engenharia para a maioria dos metais de interesse. Os valores respectivos de tensão são também muito próximos entre si. O motivo para esse comportamento quase igual é que a área da seção transversal do corpo de prova não apresenta uma redução significativa na região elástica. Assim, a Lei de Hooke pode ser utilizada para relacionar a tensão verdadeira com a deformação verdadeira: $\sigma = E\epsilon$.

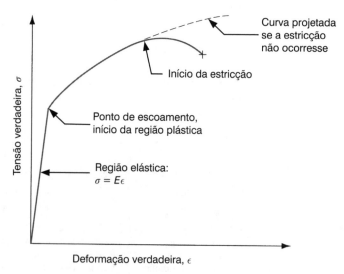

FIGURA 3.4 Curva tensão-deformação verdadeira para o gráfico de tensão-deformação de engenharia mostrado previamente na Figura 3.3. (Crédito: *Fundamentals of Modern Manufacturing*, 4ª Edição por Mikell P. Groover, 2010. Reimpresso com permissão da John Wiley & Sons, Inc.)

A diferença entre a curva tensão-deformação verdadeira e sua correspondente de engenharia ocorre na região plástica. Os valores de tensão são mais elevados na região plástica, uma vez que a área transversal instantânea do corpo de prova, a qual sofre uma redução contínua durante o alongamento, é agora utilizada no cálculo. Assim como na curva anterior, uma inversão da inclinação da curva ocorre como resultado da estricção. Uma linha tracejada é utilizada na figura para indicar a continuação projetada da curva tensão-deformação verdadeira que se desenvolveria se a estricção não ocorresse.

À medida que a deformação torna-se significativa na região plástica, os valores de deformação verdadeira e deformação de engenharia passam a divergir. Pode-se estabelecer uma relação entre a deformação verdadeira e a deformação de engenharia por meio de

$$\epsilon = \ln(1+e) \tag{3.8}$$

De modo similar, pode-se estabelecer uma relação entre a tensão verdadeira e a tensão de engenharia

$$\sigma = S(1+e) \tag{3.9}$$

Observe, na Figura 3.4, que a tensão aumenta de forma contínua na região plástica até o início da estricção. Quando isto ocorre na curva de tensão-deformação de engenharia, ela perde o sentido porque um valor de área reconhecidamente errado é utilizado para calcular a tensão. Já quando a tensão verdadeira também aumenta, isso não pode ser desconsiderado de uma forma tão simples. O que significa que o metal está se tornando mais resistente à medida que a deformação aumenta. Esta é uma propriedade conhecida como **encruamento**, que a maioria dos metais exibe com maior ou menor grau.

O encruamento, ou **endurecimento por trabalho mecânico** como muitas vezes é chamado, tem importante influência em determinados processos de fabricação, particularmente na conformação de metais. Considere o comportamento de um metal à medida que é afetado pelo encruamento. Se a parte da curva tensão-deformação verdadeira representando a região plástica fosse representada em um gráfico com escala log-log, o resultado seria uma relação linear, conforme apresentado na Figura 3.5. Uma vez se obtém uma linha reta com esta transformação, a relação entre tensão verdadeira e deformação verdadeira na deformação plástica pode ser expressa como

$$\sigma = K\epsilon^n \tag{3.10}$$

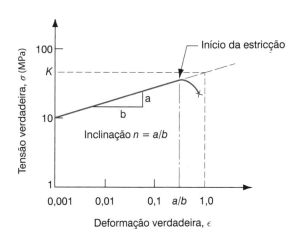

FIGURA 3.5 Curva tensão-deformação verdadeira representada em escala log-log. (Crédito: *Fundamentals of Modern Manufacturing*, 4ª Edição por Mikell P. Groover, 2010. Reimpresso com permissão da John Wiley & Sons, Inc.)

Esta equação é chamada **curva de fluxo** e ela fornece uma boa aproximação do comportamento dos metais na região plástica, incluindo a sua capacidade para encruamento. A constante K é chamada **coeficiente de resistência**, MPa (lb/in^2), e é igual ao valor da tensão verdadeira para uma deformação verdadeira de valor unitário. O parâmetro n é chamado **expoente de encruamento** e representa a inclinação da linha da Figura 3.5. O seu valor está diretamente ligado à tendência do material a encruar. Valores típicos de K e n de materiais selecionados são mostrados na Tabela 3.4.

TABELA 3.4 Valores típicos do coeficiente de resistência K e do expoente de encruamento n para metais selecionados

Material	Coeficiente de Resistência, K		Expoente de Encruamento, n	Material	Coeficiente de Resistência, K		Expoente de Encruamento, n
	MPa	lb/in²			MPa	lb/in²	
Alumínio, puro, recozido	175	25.000	0,20	Aço, baixo C, recozido[a]	500	75.000	0,25
Alumínio, liga, recozido[a]	240	35.000	0,15	Aço, alto C, recozido[a]	850	125.000	0,15
Alumínio, liga, com tratamento térmico	400	60.000	0,10	Aço-liga recozido[a]	700	100.000	0,15
Cobre, puro, recozido	300	45.000	0,50	Aço-inox austenítico recozido	1200	175.000	0,40
Ligas de cobre, bronze[a]	700	100.000	0,35				

Compilado de [10], [11], [12] e outras referências.
[a] Os valores de k e n variam de acordo com a composição, tratamento térmico e endurecimento por trabalho mecânico.

Tipos de Relações Tensão-Deformação Grande parte da informação sobre o comportamento elasto-plástico é fornecido pela curva tensão-deformação. Conforme indicado, a Lei de Hooke ($\sigma = E\epsilon$) governa o comportamento na região elástica e a curva de fluxo ($\sigma = K\epsilon^n$) determina o comportamento na região plástica. Três formas básicas de relação tensão-deformação descrevem o comportamento de praticamente todos os tipos de materiais sólidos, mostrados na Figura 3.6:

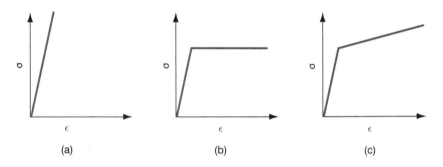

FIGURA 3.6 Três categorias de relação tensão-deformação: (a) perfeitamente elástico, (b) elástico e perfeitamente plástico e (c) elástico com encruamento. (Crédito: *Fundamentals of Modern Manufacturing*, 4ª Edição por Mikell P. Groover, 2010. Reimpresso com permissão da John Wiley & Sons, Inc.)

(a) **Perfeitamente elástico.** O comportamento deste material é completamente definido pela sua rigidez, indicada pelo módulo de elasticidade E. Ele desenvolve ruptura ao invés de escoar como na plasticidade. Materiais frágeis, como os cerâmicos, muitos ferros fundidos e polímeros termorrígidos, possuem curvas tensão-deformação que caem nesta categoria. Estes materiais não são bons candidatos para operações de conformação.

(b) **Elástico perfeitamente plástico.** Este material tem uma rigidez definida por E. Uma vez que a tensão de escoamento S_e é atingida, o material deforma-se plasticamente em um mesmo nível de tensão. A curva de fluxo é dada por $K = S_e$ e $n = 0$. Os metais se comportam desta forma quando são aquecidos a temperaturas bastante altas que permitem que os grãos recristalizem ao invés de encruar durante a deformação. O chumbo apresenta este comportamento na temperatura ambiente, uma vez que a temperatura ambiente está acima do ponto de recristalização do chumbo.

(c) **Elástico e encruamento.** Este material obedece à Lei de Hooke na região elástica. Ele começa a escoar na sua tensão de escoamento S_e. O aumento da deformação requer permanente aumento de tensão, dado por uma curva de fluxo cujo coeficiente de resistência K é maior que S_e e cujo expoente de encruamento n é maior que zero. A curva de escoamento de fluxo é geralmente representada como uma função linear em um gráfico com escala de logaritmo natural. A maioria dos metais dúcteis se comporta desta forma quando trabalhados a frio.

Processos de fabricação que deformam materiais pela aplicação de tensões trativas incluem trefilação de fios e barras (Seção 13.4) e estiramento (Seção 14.6.1)

3.1.2 PROPRIEDADES DE COMPRESSÃO

Um ensaio de compressão aplica uma carga que esmaga um corpo de prova cilíndrico entre duas placas, conforme ilustrado na Figura 3.7. À medida que o corpo de prova é comprimido, sua altura é reduzida e sua seção transversal aumenta. A tensão de engenharia é definida como

$$S = \frac{F}{A_o} \tag{3.11}$$

em que A_o = área original do corpo de prova. Esta é a mesma definição da tensão de engenharia utilizada no ensaio de tração. A deformação de engenharia é definida como

$$e = \frac{h - h_o}{h_o} \tag{3.12}$$

em que h = altura do corpo de prova em um determinado instante do ensaio, mm (in); e h_o = altura inicial, mm (in). Uma vez que o comprimento decresce durante a compressão, o valor de e será negativo. O sinal negativo é normalmente ignorado ao expressar os valores de deformação de compressão.

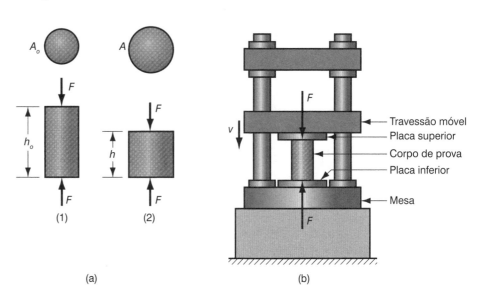

FIGURA 3.7 Ensaio de compressão: (a) força de compressão aplicada para testar uma peça em (1) e (2) a alteração resultante na altura; e (b) a montagem para o ensaio, com tamanho exagerado para o corpo de prova. (Crédito: *Fundamentals of Modern Manufacturing*, 4ª Edição por Mikell P. Groover, 2010. Reimpresso com permissão da John Wiley & Sons, Inc.)

Representando-se a tensão de engenharia em função da deformação de engenharia de um ensaio de compressão em um gráfico, obtém-se a aparência mostrada na Figura 3.8. Assim como apresentado anteriormente, a curva é dividida nas regiões elástica e plástica, mas a forma da curva na parte plástica é diferente da observada no ensaio de tração. Uma vez que a compressão faz com que a seção transversal aumente (em vez de diminuir como no ensaio de tração), a carga aumenta mais rápido que para o caso de tração. Isto resulta em maior valor calculado de tensão de engenharia.

Outro efeito ocorre no ensaio de compressão que contribui para o aumento da tensão. À medida que o corpo de prova cilíndrico é esmagado, o atrito das superfícies de contato com as placas tende a restringir a expansão das extremidades do cilindro. Durante o ensaio, energia adicional é consumida por esse atrito, resultando em uma força maior aplicada. Isto também se mostra como um aumento na tensão de engenharia calculada. Como consequência, devido ao aumento na área da seção transversal e ao atrito entre o corpo de prova e as placas, obtém-se a curva tensão-deformação de engenharia, característica de um ensaio de compressão conforme mostrado na Figura 3.8.

Outra consequência do atrito entre as superfícies é que o material próximo à parte central do corpo de prova está muito mais livre para aumentar a sua área que o material nas extremidades. Isto resulta no ***embarrilamento*** característico do corpo de prova, como pode ser observado na Figura 3.9.

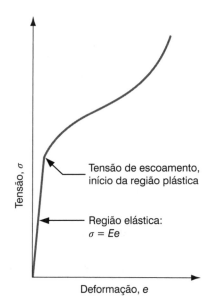

FIGURA 3.8 Curva tensão-deformação de engenharia típica para um ensaio de compressão. (Crédito: *Fundamentals of Modern Manufacturing*, 4ª Edição por Mikell P. Groover, 2010. Reimpresso com permissão da John Wiley & Sons, Inc.)

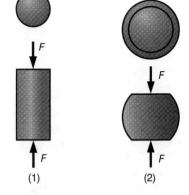

FIGURA 3.9 Efeito de embarrilamento em um ensaio de compressão: (1) início do ensaio; e (2) após o desenvolvimento de uma compressão considerável. (Crédito: *Fundamentals of Modern Manufacturing*, 4ª Edição por Mikell P. Groover, 2010. Reimpresso com permissão da John Wiley & Sons, Inc.)

Embora existam diferenças entre as curvas tensão-deformação de engenharia em tração e compressão, quando os dados correspondentes são representados na curva tensão-deformação verdadeira, a relação é praticamente idêntica (para a maioria dos materiais). Uma vez que os resultados de ensaios de tração são mais abundantes na literatura, os valores dos parâmetros da curva de fluxo (K e n) podem ser derivados de dados de ensaios de tração e aplicados com a mesma validade a uma operação de compressão. O que precisa ser feito ao utilizar os resultados de um ensaio de tração para uma operação de compressão é ignorar o efeito da estricção, um fenômeno que é peculiar à deformação induzida por tensão de tração. Em compressão, não existe um colapso correspondente. Nas representações gráficas apresentadas para curvas tensão-deformação de tração, os dados foram extrapolados além do ponto de estricção por meio de linhas tracejadas. As linhas tracejadas representam melhor o comportamento do material em compressão que dados reais de ensaio de tração.

Operações de compressão em conformação de metais são muito mais comuns que operações envolvendo a tração do material. Processos de compressão importantes incluem laminação, forjamento, e extrusão (Capítulo 13).

3.1.3 FLEXÃO E ENSAIOS DE MATERIAIS FRÁGEIS

Operações de dobramento são utilizadas na fabricação de chapas e placas metálicas. Conforme mostrado na Figura 3.10, o processo de dobramento de uma seção transversal retangular submete o material a tensões (e deformações) na metade externa da seção curvada e tensões compressivas (e deformações) na metade interna. Se o material não desenvolve uma fratura, ele se torna curvado de forma permanente (plasticamente) como mostrado em (3) da Figura 3.10.

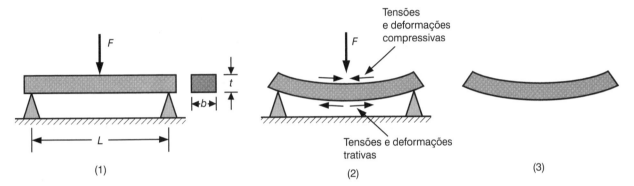

FIGURA 3.10 O dobramento de uma viga com seção transversal retangular resulta na presença de tensões de tração e compressão no material: (1) carregamento inicial; (2) corpo de prova com tensões e deformações elevadas; e (3) peça curvada. (Crédito: *Fundamentals of Modern Manufacturing*, 4ª Edição por Mikell P. Groover, 2010. Reimpresso com permissão da John Wiley & Sons, Inc.)

Materiais duros e frágeis (p. ex., cerâmicas), os quais possuem elasticidade mas pouca ou nenhuma plasticidade, são frequentemente testados por um método que submete o corpo de prova a um carregamento de flexão. Estes materiais não respondem bem a um ensaio de tração tradicional em função de problemas na preparação dos corpos de prova e possíveis desalinhamentos das garras que seguram o corpo de prova. O ***ensaio de flexão*** (também conhecido como ***ensaio de curvamento***) é utilizado para ensaiar a resistência destes materiais utilizando uma configuração ilustrada em (1) da Figura 3.10. Neste procedimento, um corpo de prova de seção transversal retangular é posicionado entre dois suportes, e uma carga é aplicada no seu centro. Nesta configuração, o ensaio é chamado ensaio de flexão em três pontos. Estes materiais frágeis não apresentam o nível exagerado de curvamento mostrado na Figura 3.10; em vez disso, eles deformam elasticamente até a iminência da fratura. A falha usualmente ocorre porque a tensão última à tração das fibras externas do corpo de prova é ultrapassada. O valor de resistência derivado deste ensaio é chamado ***resistência à ruptura transversal***, sendo calculado pela equação

$$S_{uf} = \frac{1,5FL}{bt^2} \qquad (3.13)$$

em que S_{uf} = resistência à ruptura transversal, MPa (lb/in²); F = carga aplicada no instante da ruptura, N (lb); L = comprimento do corpo de prova entre os apoios, mm (in); e b e t são as dimensões da seção transversal do corpo de prova na figura, mm (in).

3.1.4 PROPRIEDADES DE CISALHAMENTO

O cisalhamento envolve a aplicação de tensões em direções opostas em cada lado de um elemento fino que se deforma conforme mostrado na Figura 3.11. A tensão de cisalhamento é definida como

$$\tau = \frac{F}{A} \tag{3.14}$$

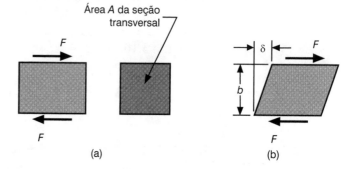

FIGURA 3.11 (A) Tensão e (b) deformação de cisalhamento. (Crédito: *Fundamentals of Modern Manufacturing*, 4ª Edição por Mikell P. Groover, 2010. Reimpresso com permissão da John Wiley & Sons, Inc.)

em que τ = tensão de cisalhamento, MPa (lb/in²); F = carga aplicada, N (lb); e A = área ao longo da qual a força é aplicada, mm² (in²). A deformação de cisalhamento é definida como

$$\gamma = \frac{\delta}{b} \tag{3.15}$$

em que γ = deformação de cisalhamento, mm/mm (in/in); δ = deflexão do elemento, mm (in); e b = distância ortogonal ao longo da qual a deflexão ocorre, mm (in).

A tensão e a deformação de cisalhamento são normalmente testadas em um ***ensaio de torção***, no qual um corpo de prova tubular de paredes finas é submetido a um torque, conforme mostrado na Figura 3.12. À medida que o torque aumenta, o tubo se deforma torcendo, o que para esta geometria representa a deformação de cisalhamento.

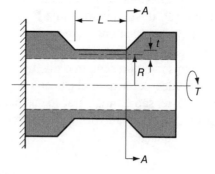 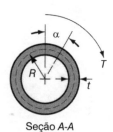

FIGURA 3.12 Configuração para o ensaio de torção. (Crédito: *Fundamentals of Modern Manufacturing*, 4ª Edição por Mikell P. Groover, 2010. Reimpresso com permissão da John Wiley & Sons, Inc.)

A tensão de cisalhamento pode ser determinada no ensaio de torção por:

$$\tau = \frac{T}{2\pi R^2 t} \tag{3.16}$$

em que T = torque aplicado, N-mm (lb-in); R = raio do tubo medido até o eixo neutro da parede, mm (in); e t = espessura da parede, mm (in). A deformação de cisalhamento pode ser determinada medindo-se a quantidade de deflexão angular do tubo, convertendo este valor em uma distância defletida, e dividindo-a pelo comprimento de medida L. Reduzindo isto a uma expressão simples

$$\gamma = \frac{R\theta}{L} \tag{3.17}$$

em que θ = deflexão angular (radianos).

A Figura 3.13 mostra uma curva tensão-deformação de cisalhamento típica. Na região elástica, a relação é definida por

$$\tau = G\gamma \tag{3.18}$$

em que G = **módulo de cisalhamento** ou **módulo de elasticidade ao cisalhamento**, MPa (lb/in^2). Para a maioria dos materiais, o módulo de cisalhamento pode ser aproximado por $G = 0,4E$, em que E é o módulo de elasticidade convencional.

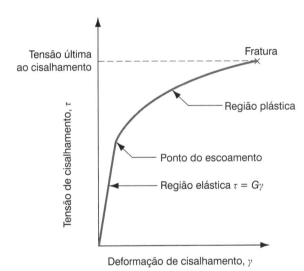

FIGURA 3.13 Curva tensão-deformação de cisalhamento típica para um ensaio de torção. (Crédito: *Fundamentals of Modern Manufacturing*, 4ª Edição por Mikell P. Groover, 2010. Reimpresso com permissão da John Wiley & Sons, Inc.)

Na região plástica da curva tensão-deformação de cisalhamento, o material apresenta encruamento, de modo que o torque aplicado continua a aumentar até que a ruptura finalmente ocorre. A relação nesta região é similar à curva de fluxo. A tensão de cisalhamento na ruptura pode ser calculada e é utilizada como a **tensão última ao cisalhamento** S_{uc} do material. A tensão última ao cisalhamento pode ser estimada de dados da tensão última pela aproximação $S_{uc} = 0,7(S_u)$.

Uma vez que a área da seção transversal do corpo de prova no ensaio de torção não se altera, de forma diferente do que ocorre nos ensaios de tração e de compressão, a curva de tensão-deformação de engenharia para o cisalhamento derivada do ensaio de torção é teoricamente a mesma que a curva tensão-deformação verdadeira.

Processos envolvendo o cisalhamento são comuns na indústria. A ação de cisalhamento é utilizada para cortar folhas de metal em prensas, puncionamento e outras operações de corte (Seção 14.1). Em usinagem, o material é removido pelo mecanismo de deformação de cisalhamento (Seção 15.2).

3.2 DUREZA

A dureza de um material é definida como sua resistência à identação permanente. Boa dureza geralmente significa que o material é resistente ao riscamento e ao desgaste. Para muitas aplicações em engenharia, incluindo a maioria das ferramentas utilizadas em fabricação, a resistência a riscos e ao desgaste são características importantes. Conforme o leitor verá adiante nesta seção, existe forte correlação entre dureza e resistência mecânica.

3.2.1 ENSAIOS DE DUREZA

Testes de dureza são normalmente utilizados para avaliar as propriedades do material, uma vez que são rápidos e convenientes. Entretanto, existe uma variedade de métodos de ensaio de dureza devido à diferença de valores encontrados em diferentes materiais, cada um mais apropriado para uma determinada faixa de dureza. Os ensaios de dureza mais conhecidos são os de Brinell e Rockwell.

Ensaio de Dureza de Brinell   O Ensaio de Dureza de Brinell é amplamente utilizado para ensaiar metais e não metais de baixa ou média dureza. Recebeu o nome do engenheiro sueco que o desenvolveu por volta de 1900. No ensaio, uma esfera de aço endurecida (ou de metal duro) de 10 mm de diâmetro é pressionada contra a superfície de um corpo de prova utilizando uma carga de 500, 1500 ou 3000 kg. A carga é, então, dividida pela área da impressão para obter o Número de Dureza Brinell (BHN*). Na forma de equação,

$$HB = \frac{2F}{\pi D_b \left(D_b - \sqrt{D_b^2 - D_i^2} \right)} \qquad (3.19)$$

em que HB = Número de Dureza Brinell (BHN); F = carga de penetração, kg; D_b = diâmetro da bola, mm; e D_i = diâmetro da impressão sobre a superfície, mm. Estas dimensões são indicadas na Figura 3.14(a). BHN tem unidades de kg/mm², mas em geral as unidades são normalmente omitidas ao expressar o número. Para materiais com uma dureza maior (acima de 500 BHN), utiliza-se a esfera de metal duro, uma vez que a esfera de aço experimenta deformação elástica que compromete a precisão da medida. Também são utilizadas cargas mais elevadas (1500 e 3000 kg) para materiais com alta dureza. Em função de diferenças nos resultados para cargas diferentes, considera-se uma boa prática indicar a carga utilizada no ensaio quando se reportam as leituras HB.

Ensaio de Dureza Rockwell   Este é outro ensaio amplamente utilizado, que recebe o nome do metalurgista que o desenvolveu no início da década de 1920. Ele é de uso conveniente e várias melhorias ao longo dos anos tornaram o ensaio adaptável a uma variedade de materiais.

No Ensaio de Dureza Rockwell, um penetrador de formato cônico ou uma esfera de pequeno diâmetro, com diâmetro = 1,6 ou 3,2 mm (1/16 ou 1/8 in) é pressionado contra o corpo de prova utilizando uma pré-carga de 10 kg, assentando assim o penetrador no material. Em seguida, uma carga principal de 150 kg (ou outro valor) é aplicada, fazendo com que o penetrador penetre no corpo de prova de uma determinada distância além da sua posição inicial. Esta distância de penetração adicional d é convertida em uma leitura de dureza Rockwell pela máquina de ensaio. A sequência é apresentada na Figura 3.14(b). Diferenças no carregamento e na geometria do penetrador fornecem várias escalas Rockwell para materiais diferentes. As escalas mais comuns são indicadas na Tabela 3.5.

---

* BHN - abreviação de Brinell Hardeness Number. (N.T.)

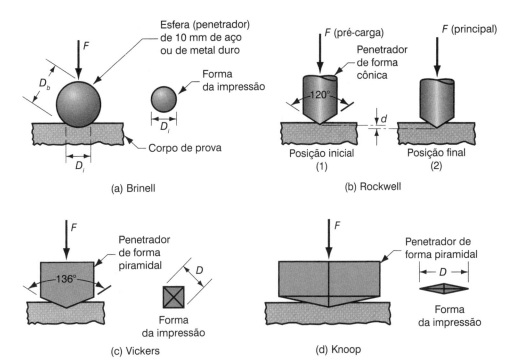

FIGURA 3.14 Métodos de ensaio de dureza: (a) Brinell; (b) Rockwell: (1) pré-carga inicial e (2) carga principal, (c) Vickers e (d) Knoop. (Crédito: *Fundamentals of Modern Manufacturing*, 4ª Edição por Mikell P. Groover, 2010. Reimpresso com permissão da John Wiley & Sons, Inc.)

TABELA 3.5	Escalas comuns de dureza Rockwell			
Escala Rockwell	Símbolo de Dureza	Penetrador	Carga (kg)	Materiais Testados Típicos
A	HRA	Cone	60	Carbetos, cerâmicos
B	HRB	Esfera de 1,6 mm	100	Metais não ferrosos
C	HRC	Cone	150	Metais ferrosos, aços-ferramenta

Referência: [8]

Ensaio de Dureza Vickers Este ensaio, também desenvolvido no início da década de 1920, utiliza um penetrador de forma piramidal feito de diamante. Ele é baseado no princípio de que as impressões feitas pelo penetrador são geometricamente similares de maneira independente da carga. Dessa forma, cargas de diferentes valores são aplicadas, dependendo da dureza do material a ser medido. O valor da dureza Vickers (HV) é então determinado pela equação

$$HV = \frac{1,854F}{D^2} \qquad (3.20)$$

em que F = carga aplicada, kg, e D = diagonal da impressão feita pelo penetrador, mm, conforme indicado na Figura 3.14(c). O ensaio Vickers pode ser utilizado para todos os metais e possui uma das mais amplas escalas entre os ensaios de dureza.

Ensaio de Dureza Knoop O ensaio Knoop, desenvolvido em 1939, utiliza um penetrador de forma piramidal, e a pirâmide apresenta uma razão comprimento-largura de aproximadamente 7:1, conforme indicado na Figura 3.14(d) e as cargas aplicadas são em geral menores que as utilizadas no ensaio Vickers. É um ensaio de microdureza, o que significa que é adequado para medir corpos de prova pequenos e finos ou materiais com dureza elevada que possam fraturar se forem aplicadas cargas elevadas. A forma do penetrador facilita a leitura da impressão resultante das cargas mais leves utilizadas neste ensaio. O valor de dureza Knoop (HK) é determinado de acordo com a equação

$$HK = 14,2\frac{F}{D^2} \qquad (3.21)$$

em que F = carga, kg; e D = maior diagonal do penetrador, mm. Uma vez que a impressão feita neste ensaio é normalmente muito pequena, um cuidado considerável deve ser tomado ao preparar a superfície a ser medida.

3.2.2 DUREZA DE DIVERSOS MATERIAIS

Esta seção compara os valores de dureza de alguns dos materiais mais comuns nas três classes de materiais de engenharia: metais, cerâmicos e polímeros.

Metais Os Ensaios de Dureza Brinell e Rockwell foram desenvolvidos em uma época em que os metais eram os principais materiais de engenharia. Uma quantidade significativa de dados tem sido coletada utilizando estes testes em metais. A Tabela 3.6 lista valores de dureza para metais selecionados.

TABELA 3.6 Dureza típica para metais selecionados

Metal	Dureza Brinell, HB	Dureza Rockwell, HR[a]	Metal	Dureza Brinell, HB	Dureza Rockwell, HR[a]
Alumínio, recozido	20		Ligas de magnésio, endurecidas[b]	70	35B
Alumínio, trabalhado a frio	35		Níquel, recozido	75	40B
Ligas de alumínio, recozidas[b]	40		Aço, baixo C, laminado a quente[b]	100	60B
Ligas de alumínio, endurecidas[b]	90	52B	Aço, alto C, laminado a quente[b]	200	95B, 15C
Ligas de alumínio, fundidas[b]	80	44B	Aço, liga, recozido[b]	175	90B, 10C
Ferro fundido, cinzento, como fundido[b]	175	10C	Aço, liga, com tratamento térmico[b]	300	33C
Cobre, recozido	45		Aço, inox, austenítico[b]	150	85B
Ligas de cobre: bronze, recozido	100	60B	Titânio, praticamente puro	200	95B
Chumbo	4		Zinco	30	

Compilado de [11], [12], [17] e outras referências.
[a] Os valores HR fornecidos na escala B ou C conforme indicado pela designação da letra. A ausência de valores indica que a dureza é muito baixa para as escalas Rockwell.
[b] Os valores HB dados são típicos. Os valores de dureza variam de acordo com a composição, tratamento térmico e grau de encruamento.

Para a maioria dos metais, a dureza está fortemente ligada à resistência. Uma vez que os métodos de ensaio para obter a dureza são de forma usual baseados na resistência à impressão, a qual é uma forma de compressão, pode-se esperar boa correlação entre dureza e propriedades de resistência determinadas em um ensaio de compressão. No entanto, as propriedades de resistência em um ensaio de compressão são aproximadamente as mesmas obtidas de um ensaio de tração, após serem consideradas compensações referentes a alterações na seção transversal dos respectivos corpos de prova; assim a correlação com propriedades de tração também deverá ser boa.

O valor de dureza Brinell (HB) exibe uma correlação próxima com a tensão última S_u dos aços, levando à relação [10], [16]:

$$S_u = K_{hb} HB \qquad (3.22)$$

em que K_{hb} é uma constante de proporcionalidade. Se S_u é expresso em MPa, então K_h = 3,45; e se S_u é expresso em lb/in², então K_{hb} = 500.

Cerâmicos O Ensaio de Dureza Brinell não é apropriado para cerâmicos porque o material sendo ensaiado apresenta frequentemente dureza superior à esfera do penetrador. Os Ensaios de Dureza Vickers e Knoop são utilizados para ensaiar estes materiais de alta dureza. A Tabela 3.7 lista valores de dureza para vários cerâmicos e materiais com dureza elevada. Como comparação, a dureza Rockwell C para aço-ferramenta temperado é de 65 HRC. A escala HRC não se estende de maneira suficiente para que possa ser utilizada para os materiais de maior dureza.

TABELA 3.7 Dureza de alguns materiais cerâmicos e outros materiais de dureza elevada, listado em ordem crescente de dureza

Material	Dureza Vickers, HV	Dureza Knoop, HK	Material	Dureza Vickers, HV	Dureza Knoop, HK
Aço-ferramenta endurecido[a]	800	850	Nitreto de Titânio, TiN	3000	2300
Metal duro (WC – Co)[a]	2000	1400	Carbeto de Titânio, TiC	3200	2500
Alumina, Al_2O_3	2200	1500	Nitreto cúbico de Boro, cBN	6000	4000
Carbeto de tungstênio, WC	2600	1900	Diamante, policristalino sinterizado	7000	5000
Carbeto de silício SiC	2600	1900	Diamante, natural	10.000	8000

Compilado de [15], [17] e outras referências.
[a] Aço ferramenta endurecido e metal duro são dois materiais geralmente usados no Ensaio de Dureza Brinell.

Polímeros Os polímeros têm a dureza mais baixa entre os três tipos de materiais de engenharia. A Tabela 3.8 lista vários tipos de polímeros utilizando a escala de dureza Brinell. Embora este método de ensaio não seja normalmente utilizado para estes materiais, permite uma comparação com os materiais de dureza mais elevada.

TABELA 3.8 Dureza de alguns polímeros

Polímero	Dureza Brinell, HB	Polímero	Dureza Brinell, HB
Náilon	12	Polipropileno	7
Fenol-formaldeído	50	Poliestireno	20
Polietileno, baixa densidade	2	Polivinilclorídrico	10
Polietileno, alta densidade	4		

Compilado de [5], [8] e outras referências.

3.3 EFEITO DA TEMPERATURA NAS PROPRIEDADES MECÂNICAS

A temperatura tem efeitos significativos sobre as propriedades mecânicas de um material. É importante para o projetista conhecer as propriedades do material nas temperaturas de operação do produto quando em serviço, assim como é importante conhecer como a temperatura afeta as propriedades mecânicas na fabricação. Em temperaturas elevadas, os materiais apresentam valores mais baixos de resistência e mais altos de ductilidade. A relação geral para metais é mostrada na Figura 3.15. Assim, em temperaturas elevadas a maioria dos metais pode ser conformada com forças menores e menor potência que quando eles estão frios.

Dureza a Quente Uma propriedade bastante utilizada para caracterizar a resistência e a dureza em temperaturas elevadas é a dureza a quente. *Dureza a quente* é apenas a capacidade do material em reter dureza em temperaturas elevadas; é normalmente apresentada ou como uma lista de valores de dureza para diferentes temperaturas, ou por meio de um gráfico de dureza *versus* temperatura, como na Figura 3.16. Os aços com elementos de liga podem apresentar melhorias significativas na dureza a quente, como mostrado na figura. Os cerâmicos exibem propriedades superiores em temperaturas elevadas e, portanto, estes materiais são frequentemente escolhidos para aplicações em alta temperatura, como componentes de turbinas, ferramentas de corte e aplicações com refratários. A superfície externa de um ônibus espacial é coberta com tijolos cerâmicos para suportar o calor do atrito promovido pela reentrada em alta velocidade na atmosfera.

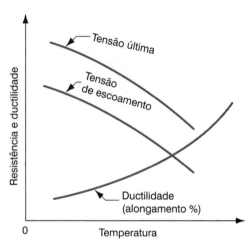

FIGURA 3.15 Efeito geral da temperatura na resistência e na ductilidade. (Crédito: *Fundamentals of Modern Manufacturing*, 4ª Edição por Mikell P. Groover, 2010. Reimpresso com permissão da John Wiley & Sons, Inc.)

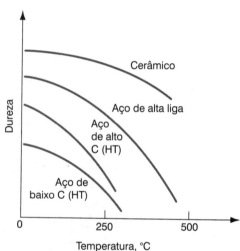

FIGURA 3.16 Dureza a quente — dureza típica em função da temperatura para diversos materiais. (Crédito: *Fundamentals of Modern Manufacturing*, 4ª Edição por Mikell P. Groover, 2010. Reimpresso com permissão da John Wiley & Sons, Inc.)

Uma boa dureza a quente também é desejável nos materiais de ferramentas em muitas operações de fabricação. Quantidades significativas de calor são geradas durante a maioria dos processos de conformação com metais, e as ferramentas devem ser capazes de suportar as altas temperaturas envolvidas.

Recristalização A maioria dos metais se comporta de acordo com a curva de fluxo para a região plástica na temperatura ambiente. À medida que o material é deformado, ele aumenta sua resistência devido ao encruamento (expoente de encruamento $n > 0$). No entanto, se o metal for aquecido a uma temperatura bastante elevada e então deformado, o encruamento não ocorrerá. Ao invés disso, novos grãos livres de deformação se formam, e o metal se comporta como um material perfeitamente plástico; isto é, com um expoente de encruamento $n = 0$. A formação de novos grãos livres de deformação é um processo chamado de ***recristalização***, e a temperatura na qual ele ocorre é quase igual à metade do ponto de fusão ($0,50\ T_f$), medida em uma escala absoluta (R ou K). Ela é chamada ***temperatura de recristalização***. A recristalização necessita de tempo. A temperatura de recristalização para um determinado metal é usualmente especificada como a temperatura necessária para que a formação completa de novos grãos ocorra em 1 hora.

Recristalização é uma característica dos metais dependente da temperatura que pode ser explorada na fabricação. Aquecendo-se o metal até a temperatura de recristalização antes da deformação, pode-se aumentar substancialmente a quantidade de deformação que o metal é capaz de desenvolver, e as forças e a potência necessárias para o desenvolvimento do processo são significativamente reduzidas. A conformação de metais em temperaturas acima da temperatura de recristalização é chamada *trabalho a quente* (Seção 12.3).

3.4 PROPRIEDADES DOS FLUIDOS

Os fluidos se comportam de uma forma bastante diferente dos sólidos. Um fluido escoa; ele toma a forma do recipiente que o contém. Um sólido não escoa; ele possui a forma geométrica que é independente das suas vizinhanças. Os fluidos incluem líquidos e gases; o primeiro é o foco desta seção. Muitos processos de fabricação são realizados com materiais que foram convertidos do estado sólido para o estado líquido por meio de aquecimento. Os metais são solidificados a partir do seu estado fundido; o vidro é formado em um estado aquecido e altamente fluido; e os polímeros quase sempre atingem sua forma como fluidos espessos.

Viscosidade Embora o escoamento seja uma característica que define um fluido, a tendência para escoar varia para diferentes fluidos. A viscosidade é a propriedade que determina o escoamento do fluido. De forma simplista, a *viscosidade* pode ser definida como a resistência ao escoamento, o que é uma característica de um fluido. É uma medida do atrito interno que se desenvolve quando gradientes de velocidade estão presentes no fluido — quanto mais viscoso o fluido é, mais alto é o atrito interno e maior a resistência ao escoamento. O inverso da viscosidade é *fluidez* — a facilidade com a qual um fluido escoa.

A viscosidade é definida mais precisamente na configuração apresentada na Figura 3.17, na qual duas placas paralelas estão separadas por uma distância d. Uma das placas está parada, enquanto a outra move-se com uma velocidade v, e o espaço entre as placas é ocupado por um fluido. Orientando estes parâmetros em relação a um sistema de eixos, d está na direção do eixo y e v está na direção do eixo x. O movimento da placa superior sofre a resistência de uma força F que resulta da ação viscosa de cisalhamento do fluido. Esta força pode ser reduzida a uma tensão de cisalhamento dividindo-se F pela área da placa A:

$$\tau = \frac{F}{A} \qquad (3.23)$$

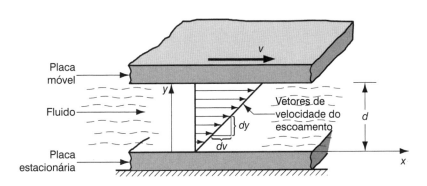

FIGURA 3.17 Escoamento de um fluido entre duas placas paralelas, uma estacionária e a outra movendo-se com uma velocidade v. (Crédito: *Fundamentals of Modern Manufacturing*, 4ª Edição por Mikell P. Groover, 2010. Reimpresso com permissão da John Wiley & Sons, Inc.)

em que τ = tensão de cisalhamento, N/m^2 ou Pa (lb/in^2). Esta tensão de cisalhamento está relacionada com a taxa de cisalhamento, a qual é definida como a variação na velocidade dv em relação a dy. Isto é,

$$\dot{\gamma} = \frac{dv}{dy} \qquad (3.24)$$

em que $\dot{\gamma}$ = taxa de cisalhamento, 1/s; dv = variação incremental na velocidade, m/s (in/s); e dy = variação incremental na distância y, m (in). A viscosidade de cisalhamento é a propriedade do fluido que define a relação entre F/A e dv/dy; isto é,

$$\frac{F}{A} = \eta \frac{dv}{dy} \quad \text{ou} \quad \tau = \eta \dot{\gamma} \quad (3.25)$$

em que η = uma constante de proporcionalidade chamada coeficiente de viscosidade, Pa-s (lb-s/in^2). Rearranjando a Eq. (3.25), o coeficiente de viscosidade pode ser expresso por:

$$\eta = \frac{\tau}{\dot{\gamma}} \quad (3.26)$$

Assim, a viscosidade de um fluido pode ser definida como a razão entre a tensão de cisalhamento e a taxa de deformação durante o escoamento, em que a tensão de cisalhamento é a força de atrito exercida pelo fluido por unidade de área, e a taxa de deformação é o gradiente de velocidade perpendicular à direção do escoamento. As características viscosas dos fluidos definidas pela Eq. (3.26) foram primeiramente estabelecidas por Newton. Ele observou que a viscosidade era uma propriedade constante de um determinado fluido, e um fluido deste tipo é chamado um *fluido newtoniano*. Alguns valores típicos de coeficientes de viscosidade para vários fluidos são dados na Tabela 3.9. Pode-se observar em diversos destes materiais listados que a viscosidade varia com a temperatura.

TABELA 3.9 Valores de viscosidade para fluidos selecionados

Material	Coeficiente de Viscosidade Pa-s	lb-s/In^2	Material	Coeficiente de Viscosidade Pa-s	lb-s/In^2
Vidro[b], 540°C (1000°F)	10^{12}	10^8	Calda de panqueca (temperatura ambiente)	50	73 × 10^{-4}
Vidro[b], 815°C (1500°F)	10^5	14			
Vidro[b], 1095°C (2000°F)	10^3	0,14	Polímero[a],151°C (300°F)	115	167 × 10^{-4}
Vidro[b], 1370°C (2500°F)	15	22 × 10^{-4}	Polímero[a], 205°C (400°F)	55	80 × 10^{-4}
Mercúrio, 20°C (70°F)	0,0016	0,23 × 10^{-6}	Polímero[a], 260°C (500°F)	28	41 × 10^{-4}
Óleo de máquina (temperatura ambiente)	0,1	0,14 × 10	Água	0,001	0,15 × 10^{-6}
			Água	0,0003	0,04 × 10^{-6}

Compilado de diversas referências.
[a] O polietileno de baixa densidade é utilizado aqui como exemplo de polímero; a maioria dos outros polímeros tem viscosidades ligeiramente mais elevadas.
[b] A composição do vidro é na sua maior parte SiO$_2$; a composição e a viscosidade variam; os valores dados são representativos.

A Viscosidade nos Processos de Fabricação Para muitos metais, a viscosidade no estado fundido é comparável à da água na temperatura ambiente. Alguns processos de fabricação, em especial fundição e soldagem, são desenvolvidos em metais no seu estado fundido, e o sucesso nestas operações requer baixa viscosidade, de modo que o metal fundido preencha a cavidade do molde ou a junta de soldagem antes de solidificar. Em outras operações, como conformação e usinagem, lubrificantes e fluidos de refrigeração são utilizados no processo, e, mais uma vez, o sucesso na utilização destes fluidos depende de alguma forma da sua viscosidade.

Vidros cerâmicos exibem uma transição gradual do estado sólido para o líquido à medida que a temperatura é aumentada; eles não fundem repentinamente da mesma forma que os metais. O efeito é ilustrado por meio dos valores de viscosidade do vidro para diversas temperaturas na Tabela 3.9. Na temperatura ambiente, o vidro é sólido e frágil, exibindo nenhuma tendência para fluir; para todos os propósitos práticos, a sua viscosidade é infinita. À medida que o vidro é aquecido, ele gradualmente amolece, tornando-se cada vez menos viscoso (cada vez mais fluido), até que pode por fim ser conformado por meio de processos de sopro ou moldagem por volta de 1100°C (2000°F).

Muitos processos para conformar polímeros são realizados em temperaturas elevadas, nas quais o material está no estado líquido ou em uma condição de elevada plasticidade. Polímeros termoplásticos representam o caso mais representativo, e também são os polímeros mais comuns. Em baixas temperaturas, os polímeros termoplásticos são sólidos; à medida que a temperatura é aumentada, eles tipicamente se transformam em um material mole similar à borracha e, então, em um fluido espesso. À medida que a temperatura continua a aumentar, a viscosidade decresce gradualmente, como na Tabela 3.9 para o polietileno, o polímero termoplástico mais utilizado. Entretanto, para os polímeros, a relação não é simples em função de diversos outros fatores. Por exemplo, a viscosidade é afetada pela taxa de escoamento. A viscosidade de um polímero termoplástico não é constante. Um polímero fundido não se comporta de forma newtoniana. A sua relação entre tensão de cisalhamento e taxa de deformação pode ser observada na Figura 3.18. Um fluido que exibe esta viscosidade decrescente com o aumento da taxa de deformação é chamado *pseudoplástico*. Este comportamento torna a análise para conformação de polímeros mais complexa.

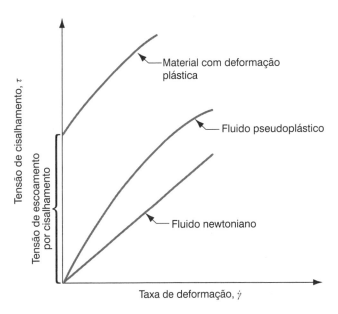

FIGURA 3.18 Comportamentos viscosos de fluidos newtonianos e pseudoplásticos. Polímeros fundidos exibem comportamento pseudoplástico. Para comparação, o comportamento de um material com deformação plástica é mostrado. (Crédito: *Fundamentals of Modern Manufacturing*, 4ª Edição por Mikell P. Groover, 2010. Reimpresso com permissão da John Wiley & Sons, Inc.)

3.5 COMPORTAMENTO VISCOELÁSTICO DOS POLÍMEROS

Outra propriedade que é característica dos polímeros é a viscoelasticidade. *Viscoelasticidade* é a propriedade de um material que determina a deformação que ele experimenta quando submetido a combinações de tensão e temperatura ao longo do tempo. Conforme o nome sugere, é uma combinação de viscosidade e elasticidade. A viscoelasticidade pode ser explicada com referência à Figura 3.19. As duas partes da figura mostram a resposta típica de dois materiais à aplicação de uma tensão abaixo da tensão de escoamento durante determinado período. O material em (a) exibe elasticidade perfeita; quando a tensão é removida, o material retorna à sua forma original. Em contraste, o material em (b) mostra comportamento viscoelástico. A quantidade de deformação aumenta gradualmente ao longo do tempo sob a aplicação da tensão. Quando a tensão é removida, o material não volta de imediato à sua forma original; em vez disso, a deformação decresce gradualmente. Se a tensão tivesse sido aplicada e de imediato removida, o material deveria retornar de imediato à sua forma inicial. No entanto, o tempo entra na figura e tem a função de afetar o comportamento do material.

Um modelo simples de viscoelasticidade pode ser desenvolvido utilizando a definição de elasticidade como ponto de partida. A elasticidade é concisamente expressa pela Lei de

Hooke, $\sigma = E\epsilon$, a qual apenas relaciona tensão com deformação por meio de uma constante de proporcionalidade. Em um sólido viscoelástico, a relação entre tensão e deformação é dependente do tempo; ela pode ser expressa como

$$\sigma(t) = f(t)\epsilon \tag{3.27}$$

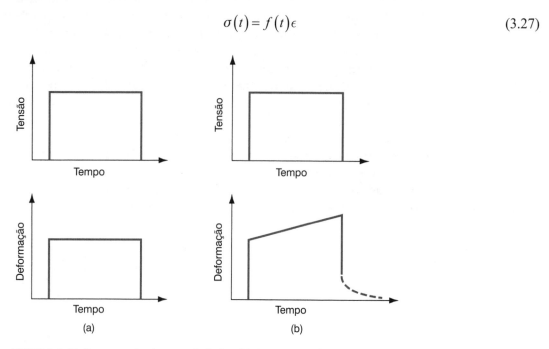

FIGURA 3.19 Comparação das propriedades elásticas e viscoelásticas: (a) resposta perfeitamente elástica do material à aplicação de tensão ao longo do tempo; e (b) resposta de um material viscoelástico sob as mesmas condições. O material em (b) experimenta uma deformação que é função do tempo e da temperatura. (Crédito: *Fundamentals of Modern Manufacturing*, 4ª Edição por Mikell P. Groover, 2010. Reimpresso com permissão da John Wiley & Sons, Inc.)

A função do tempo $f(t)$ pode ser conceituada como um módulo de elasticidade que depende do tempo. Ela pode ser escrita como $E(t)$ e definida como um módulo viscoelástico. A forma desta função do tempo pode ser complexa, algumas vezes incluindo a deformação como um fator. Sem entrar nas expressões matemáticas para ela, porém, é possível explorar o efeito da dependência do tempo. Um efeito comum pode ser visto na Figura 3.20, o qual mostra o comportamento tensão-deformação de um polímero termoplástico sob diferentes taxas de deformação. Em taxas de deformação baixas, o material exibe escoamento viscoso significativo e, em taxas de deformação altas, ele se comporta de forma muito próxima a um material frágil.

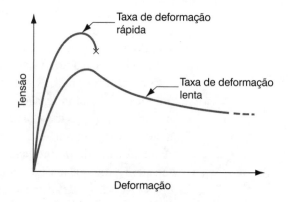

FIGURA 3.20 Curva tensão-deformação para um material viscoelástico (polímero termoplástico) para taxas de deformação alta e baixa. (Crédito: *Fundamentals of Modern Manufacturing*, 4ª Edição por Mikell P. Groover, 2010. Reimpresso com permissão da John Wiley & Sons, Inc.)

A temperatura é um fator presente na viscoelasticidade: à medida que a temperatura aumenta, o comportamento viscoso torna-se cada vez mais proeminente em relação ao comportamento elástico, e o material torna-se mais semelhante a um fluido. A Figura 3.21 ilustra esta dependência da temperatura para um polímero termoplástico. Em temperaturas baixas, o polímero apresenta um comportamento elástico. À medida que T aumenta acima da temperatura de transição vítrea T_v, o polímero torna-se viscoelástico. À medida que a temperatura aumenta, ele se torna mole e semelhante à borracha. Para temperaturas ainda mais elevadas, ele exibe características viscosas. A temperatura para a qual estes modos de comportamento são observados variam, dependendo do plástico. As formas das curvas do módulo *versus* temperatura também diferem de acordo com as proporções das estruturas cristalinas e amorfas no termoplástico. Polímeros termorrígidos e elastômeros apresentam comportamentos diferentes do mostrado na figura; após a cura, estes polímeros não amolecem como os termoplásticos o fazem para temperaturas elevadas. Em vez disso, eles degradam (queimam) em altas temperaturas.

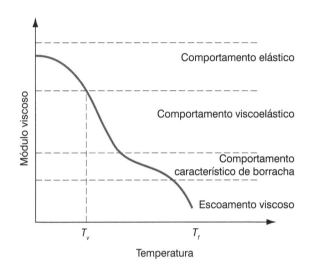

FIGURA 3.21 Módulo viscoelástico em função da temperatura para um polímero termoplástico. (Crédito: *Fundamentals of Modern Manufacturing*, 4ª Edição por Mikell P. Groover, 2010. Reimpresso com permissão da John Wiley & Sons, Inc.)

O comportamento viscoelástico manifesta-se em polímeros fundidos na forma de um efeito de memória. Quando, durante seu processamento, um polímero fundido espesso tem sua forma alterada, ele "lembra" sua forma anterior e tenta voltar para esta geometria. Por exemplo, um problema comum em extrusão de polímeros é o inchamento do entrudado, no qual o contorno do material extrudado aumenta em tamanho, refletindo sua tendência em voltar para sua maior seção transversal de quando está no cilindro da extrusora, imediatamente antes de ser comprimido pela abertura menor da matriz. As propriedades de viscosidade e viscoelasticidade são examinadas em mais detalhe na discussão de conformação plástica (Capítulo 8).

3.6 PROPRIEDADES VOLUMÉTRICAS E DE FUSÃO

Estas propriedades estão relacionadas com o volume dos sólidos e como eles são afetados pela temperatura. Nelas se incluem massa específica, dilatação térmica e ponto de fusão e são detalhadas a seguir. Uma lista de valores típicos destas propriedades para materiais de engenharia selecionados é apresentada na Tabela 3.10.

3.6.1 MASSA ESPECÍFICA E DILATAÇÃO TÉRMICA

Em engenharia, a **massa específica** de um material é a sua massa por unidade de volume. O seu símbolo é ρ e suas unidades típicas são g/cm³ (lb/in³). A massa específica de um elemento é determinada pelo seu número atômico e outros fatores como seu raio atômico e seu empacotamento atômico. O termo ***densidade*** expressa a massa específica do material em relação à massa específica da água e é, dessa forma, uma razão sem unidades.

A massa específica é uma importante consideração na seleção de um material para uma dada aplicação, mas geralmente não é a única propriedade de interesse. A resistência também é importante, e as duas propriedades são com frequência relacionadas em uma ***razão resistência-massa***, a qual é a razão entre a tensão última do material dividida pela sua massa específica. Esta razão é útil para comparar materiais a serem utilizados em aplicações estruturais envolvendo aviões, automóveis e outros produtos para os quais o peso e a energia são fatores importantes a serem considerados.

TABELA 3.10 Propriedades volumétricas para materiais de engenharia selecionados						
	Massa Específica, ρ		Coeficiente de Dilatação Térmica, α		Ponto de Fusão, T_f	
Material	g/cm³	lb/in³	°C⁻¹ × 10⁻⁶	°F⁻¹ × 10⁻⁶	°C	°F
Metais						
Alumínio	2,70	0,098	24	13,3	660	1220
Cobre	8,97	0,324	17	9,4	1083	1981
Ferro	7,87	0,284	12,1	6,7	1539	2802
Chumbo	11,35	0,410	29	16,1	327	621
Magnésio	1,74	0,063	26	14,4	650	1202
Níquel	8,92	0,322	13,3	7,4	1455	2651
Aço	7,87	0,284	12	6,7	a	a
Estanho	7,31	0,264	23	12,7	232	449
Tungstênio	19,30	0,697	4,0	2,2	3410	6170
Zinco	7,15	0,258	40	22,2	420	787
Cerâmicos						
Vidro	2,5	0,090	1,8–9,0	1,0–5,0	b	b
Alumina	3,8	0,137	9,0	5,0	NA	NA
Sílica	2,66	0,096	NA	NA	b	b
Polímeros						
Resina fenol	1,3	0,047	60	33	c	c
Náilon	1,16	0,042	100	55	b	b
Teflon	2,2	0,079	100	55	b	b
Borracha natural	1,2	0,043	80	45	b	b
Polietileno (baixa densidade)	0,92	0,033	180	100	b	b
Poliestireno	1,05	0,038	60	33	b	b

Compilado de [8], [11] e outras referências.
ᵃ As características de fusão dos aços dependem da composição.
ᵇ Amolece em temperaturas elevadas e não possui ponto de fusão bem definido.
ᶜ Degrada quimicamente em temperaturas elevadas. NA = não disponível; valor da propriedade para este material não pôde ser obtido.

A massa específica de um material é uma função da temperatura. De forma geral, a massa específica decresce com o aumento da temperatura, e observando de outra forma, o volume por unidade de massa aumenta com a temperatura. A dilatação térmica é o nome dado a este efeito que a temperatura tem sobre a massa específica. Ele é usualmente expresso pelo ***coeficiente de dilatação térmica***, que mede a variação no comprimento por grau de temperatura, como mm/mm/°C (in/in/°F). Representa uma razão de comprimentos em vez de uma razão de volumes, uma vez que é mais fácil de ser medido e aplicado. É consistente com a situação usual de projeto, na qual as mudanças dimensionais são mais importantes que as mudanças volumétricas. A mudança no comprimento correspondente a uma dada variação de temperatura é dada por:

$$L_2 - L_1 = \alpha L_1 (T_2 - T_1) \tag{3.28}$$

em que α = coeficiente de dilatação térmica, °C⁻¹ (°F⁻¹); e L_1 e L_2 são comprimentos, mm (in), correspondendo, respectivamente, às temperaturas T_1 e T_2, °C (°F).

Os valores de coeficientes de dilatação térmica mostrados na Tabela 3.10 sugerem que ele tem uma relação linear com a temperatura. Isto é apenas uma aproximação. Não somente o comprimento é afetado pela temperatura, mas também o próprio coeficiente de dilatação térmica é afetado. Para alguns materiais, ele aumenta com a temperatura; para outros materiais ele diminui. Estas mudanças em geral, não são suficientemente significativas para levantarem alguma preocupação, e valores como os listados na tabela são bastante úteis em cálculos de projeto mecânico para as faixas de temperatura encontradas em operação. Variações nos coeficientes são mais substanciais quando o metal experimenta transformação de fase, tal como transformação de sólido para líquido, ou de uma estrutura cristalina para outra.

Nas operações de fabricação, a dilatação térmica é colocada para trabalhar a favor em ajustes por interferência (Seção 25.3.2), nos quais uma peça é aquecida para aumentar seu tamanho ou resfriada para reduzir seu tamanho com o objetivo de permitir a inserção de uma peça na outra. Quando a peça retorna à temperatura ambiente, uma montagem apertada e firme é obtida. A dilatação térmica pode ser um problema em tratamentos térmicos (Capítulo 20) e em soldagem (Seção 23.6) devido a tensões térmicas que se desenvolvem no material durante estes processos.

3.6.2 CARACTERÍSTICAS DE FUSÃO

Para um elemento puro, o ***ponto de fusão*** T_f é a temperatura na qual o material transforma-se do estado sólido para o líquido. A transformação reversa, de líquido para sólido, ocorre na mesma temperatura e é chamada ***ponto de congelamento***. Para elementos cristalinos, como os metais, as temperaturas de fusão e de congelamento são as mesmas. Uma determinada quantidade de energia de calor, chamada ***calor de fusão***, é necessária nesta temperatura para completar a transformação de sólido para líquido.

A fusão de um elemento de metal a uma temperatura específica, conforme descrito aqui, considera condições de equilíbrio. Exceções ocorrem na natureza; por exemplo, quando um metal fundido é resfriado, ele pode permanecer no estado líquido além do seu ponto de congelamento se a nucleação dos cristais não se iniciar imediatamente. Quando isto ocorre, diz-se que o líquido está ***super-resfriado***.

Existem outras variações no processo de fusão — diferenças na forma como a fusão ocorre em diferentes materiais. Por exemplo, diferentemente dos metais puros, a maioria das ligas metálicas não têm um único ponto de fusão. Ao invés disso, a fusão ocorre em uma determinada temperatura, chamada ***solidus***, e continua à medida que a temperatura aumenta, até finalmente ocorrer a conversão completa para o estado líquido a uma temperatura chamada ***liquidus***. Entre estas duas temperaturas, a liga é composta de uma mistura de metal sólido e fundido, e a quantidade de cada um é inversamente proporcional às suas distâncias relativas da *liquidus* e *solidus*. Embora a maioria das ligas se comporte desta forma, as ligas eutéticas que fundem (e congelam) em uma única temperatura são exceções.

Outra diferença em relação à fusão ocorre em materiais não cristalinos (vidros). Nestes materiais, existe uma transição gradual entre os estados sólido e líquido. O material sólido gradualmente amolece à medida que a temperatura aumenta, por fim tornando-se líquido no ponto de fusão. Durante o amolecimento, o material apresenta um aumento de plasticidade (cada vez mais se comportando como um fluido) à medida que se aproxima do ponto de fusão.

Estas diferenças nas características de fusão entre os metais puros e o vidro são ilustradas na Figura 3.22. A figura mostra alterações na sua massa específica como uma função da temperatura e para três materiais hipotéticos: um metal puro, uma liga e vidro. É mostrada na figura a variação volumétrica, que é o inverso da massa específica.

A importância da fusão nos processos de fabricação é evidente. Na fundição de metais (Capítulos 5 e 6), o material é fundido e, então, despejado em uma cavidade do molde. Metais com baixos pontos de fusão são geralmente mais simples de fundir, mas se a temperatura de fusão for muito baixa, o metal perderá a aplicabilidade como um material de engenharia.

As características de fusão dos polímeros são importantes na fabricação de plásticos e em outros processos de conformação de polímeros (Capítulo 8). A sinterização de metais e cerâmicos requer o conhecimento dos pontos de fusão, pois, apesar de a sinterização não envolver a fusão dos materiais, as temperaturas utilizadas no processo precisam estar próximas do ponto de fusão para obter-se a adesão das partículas.

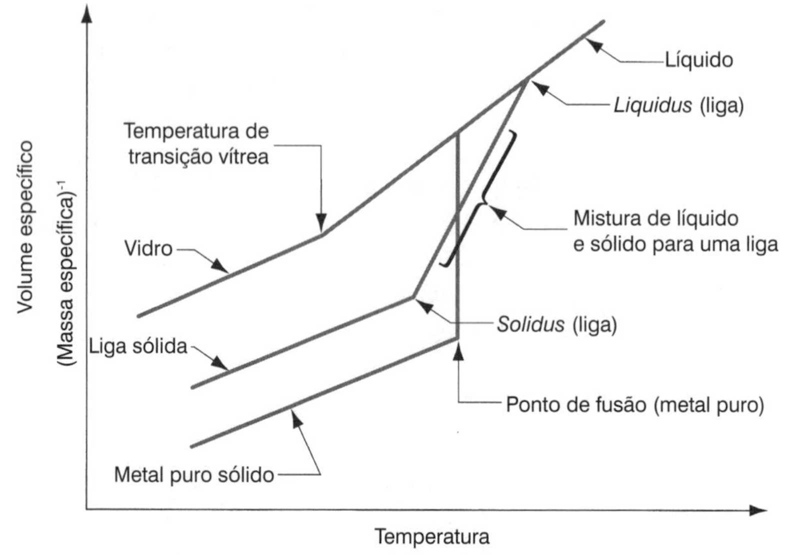

FIGURA 3.22 Variações no volume por unidade de massa (1/massa específica) como uma função da temperatura para materiais hipotéticos: um metal puro, uma liga e vidro; todos exibindo características similares referentes à expansão térmica e à fusão. (Crédito: *Fundamentals of Modern Manufacturing*, 4ª Edição por Mikell P. Groover, 2010. Reimpresso com permissão da John Wiley & Sons, Inc.)

3.7 PROPRIEDADES TÉRMICAS

A seção anterior trata dos efeitos da temperatura sobre as propriedades volumétricas dos materiais. Esta seção examina várias propriedades térmicas adicionais — aquelas que estão relacionadas com o armazenamento e o fluxo de calor no interior da substância. As propriedades de interesse usuais são o calor específico e a condutividade térmica, valores que estão compilados para alguns materiais na Tabela 3.11.

TABELA 3.11 Valores de propriedades térmicas comuns para materiais selecionados. Valores à temperatura ambiente e estes valores podem variar para temperaturas diferentes

Material	Calor Específico Cal/g °C ou Btu/lbm °F	Condutividade Térmica J/s mm °C	Btu/h in °F	Material	Calor Específico Cal/g °C ou Btu/lbm °F	Condutividade Térmica J/s mm °C	Btu/h in °F
Metais							
Alumínio	0,21	0,22	9,75	**Cerâmicos**			
Ferro fundido	0,11	0,06	2,7	Alumina	0,18	0,029	1,4
Cobre	0,092	0,40	18,7	Concreto	0,2	0,012	0,6
Ferro	0,11	0,072	2,98	**Polímeros**			
Chumbo	0,031	0,033	1,68	Fenólicos	0,4	0,00016	0,0077
Magnésio	0,25	0,16	7,58	Polietileno	0,5	0,00034	0,016
Níquel	0,105	0,070	2,88	Teflon	0,25	0,00020	0,0096
Aço	0,11	0,046	2,20	Borracha natural	0,48	0,00012	0,006
Aço inox[b]	0,11	0,014	0,67	**Outros**			
Estanho	0,054	0,062	3,0	Água (líquida)	1,00	0,0006	0,029
Zinco	0,091	0,112	5,41	Gelo	0,46	0,0023	0,11

Compilado de [8], [16] e outras referências.
[a]O calor específico tem o mesmo valor numérico em Btu/lbm-F ou em Cal/g-C. 1,0 Caloria = 4,186 Joules.
[b]Aço inox austenítico (18-8)

3.7.1 CALOR ESPECÍFICO E CONDUTIVIDADE TÉRMICA

O valor específico C de um material é definido com a quantidade de energia térmica necessária para aumentar a temperatura de uma massa unitária do material em um grau. Alguns valores típicos estão listados na Tabela 3.11. Para determinar a quantidade de energia necessária para aquecer certa massa de um metal em um forno à temperatura elevada, a seguinte equação pode ser utilizada:

$$H = Cm\left(T_2 - T_1\right) \tag{3.29}$$

em que H = quantidade de energia térmica, J (Btu); C = calor específico do material, J/kg °C (Btu/lb °F); m = sua massa, kg (lb); e $(T_2 - T_1)$ = variação de temperatura, °C (°F).

A capacidade volumétrica de armazenamento de calor de um material é frequentemente de interesse. Ela é apenas a massa específica multiplicada pelo calor específico ρC. Assim, o **calor específico volumétrico** é a energia térmica necessária para elevar a temperatura de um volume unitário do material em um grau, J/mm³ °C (Btu/in³ °F).

A condução é um processo de transferência de calor fundamental. Ela envolve a transferência de energia térmica no interior de um material, de molécula para molécula somente por meio de movimentos térmicos; nenhuma transferência de massa ocorre. A condutividade térmica de uma substância é, portanto, a sua capacidade de transferir calor por meio dele mesmo por esse mecanismo físico. Ela é medida por meio do **coeficiente de condutividade térmica** k, o qual tem unidades típicas de J/s mm °C (Btu/in h °F). O coeficiente de condutividade térmica geralmente é alto nos metais, baixo nos cerâmicos e plásticos.

A razão entre a condutividade térmica e o calor específico volumétrico é frequentemente encontrada na análise de transferência de calor. Ela é chamada **difusividade térmica** K e é determinado como

$$K = \frac{k}{\rho C} \tag{3.30}$$

Esta propriedade é utilizada para calcular temperaturas de corte em usinagem (Seção 15.5.1).

3.7.2 PROPRIEDADES TÉRMICAS EM FABRICAÇÃO

As propriedades térmicas têm um importante papel na fabricação porque a geração de calor é comum em muitos processos. Em algumas operações, o calor é a energia que realiza o processo; em outras, o calor é gerado como consequência do processo.

O calor específico é de interesse por diversas razões. Em processos que requerem o aquecimento do material (p. ex., fundição, tratamento térmico e laminação a quente), o calor específico determina a quantidade de energia necessária para aumentar a temperatura até o nível desejado, de acordo com a Eq. (3.29).

Em muitos processos realizados à temperatura ambiente, a energia mecânica necessária para a operação é convertida em calor, o qual aumenta a temperatura da peça. Isto é comum em usinagem e conformação a frio de metais. O aumento de temperatura é função do calor específico do metal. Fluidos de refrigeração são frequentemente utilizados em usinagem para reduzir estas temperaturas, e aqui o calor específico do fluido é um elemento crítico. A água é quase sempre utilizada como base destes fluidos por causa da sua capacidade de reter o calor.

Para dissipar o calor em processos de fabricação, a condutividade térmica às vezes é benéfica e às vezes não. Em processos mecânicos como conformação e usinagem de metais, grande parte da potência necessária para operar o processo é convertida em calor. A habilidade do material trabalhado e das ferramentas para conduzir o calor para fora da sua fonte é altamente desejada nestes processos.

Por outro lado, uma condutividade térmica elevada do metal trabalhado é indesejável em processos de soldagem por fusão, como soldagem a arco. Nestas operações, a entrada de calor deve ser concentrada no local da junta, de modo que seja possível fundir o metal. Por exemplo, geralmente é difícil soldar o cobre porque sua elevada condutividade térmica faz com que o calor seja conduzido da fonte de calor para a peça de uma forma muito rápida, inibindo a localização do calor para fundir o material na junta.

REFERÊNCIAS

[1] Avallone, E. A., and Baumeister III, T. (eds.). *Mark's Standard Handbook for Mechanical Engineers*, 11th ed. McGraw-Hill Book Company, New York, 2006.

[2] Beer, F. P., Russell, J. E., Eisenberg, E., and Mazurek, D. *Vector Mechanics for Engineers: Statics*, 9th ed. McGraw-Hill Book Company, New York, 2009.

[3] Black, J. T., and Kohser, R. A. *DeGarmo's Materials and Processes in Manufacturing*, 10th ed. John Wiley & Sons, Inc., Hoboken, New Jersey, 2008.

[4] Budynas, R. G. *Advanced Strength and Applied Stress Analysis*, 2nd ed. McGraw-Hill Book Company, New York, 1998.

[5] Chandra, M., and Roy, S. K. *Plastics Technology Handbook*, 4th ed. CRC Press, Inc., Boca Raton, Florida, 2006.

[6] Dieter, G. E. *Mechanical Metallurgy*, 3rd ed. McGraw-Hill Book Company, New York, 1986.

[7] Engineered *Materials Handbook,* Vol. 2, *Engineering Plastics*. ASM International, Materials Park, Ohio, 1987.

[8] Flinn, R. A., and Trojan, P. K. *Engineering Materials and Their Applications*, 5th ed. John Wiley & Sons, Inc., Hoboken, New Jersey, 1995.

[9] Guy, A. G., and Hren, J. J. *Elements of Physical Metallurgy*, 3rd ed. Addison-Wesley Publishing Company, Reading, Massachusetts, 1974.

[10] Kalpakjian, S., and SchmidS. R. *Manufacturing Processes for Engineering Materials*, 6th ed. Pearson Prentice Hall, Upper Saddle River, New Jersey, 2010.

[11] *Metals Handbook*, Vol. 1, **Properties and Selection: Iron, Steels, and High Performance Alloys**. ASM International, Materials Park, Ohio, 1990.

[12] *Metals Handbook*, Vol. 2, **Properties and Selection: Nonferrous Alloys and Special Purpose Materials**. ASM International, Materials Park, Ohio, 1991.

[13] *Metals Handbook*, Vol. 8, **Mechanical Testing and Evaluation, ASM International.** Materials Park, Ohio, 2000.

[14] Morton-Jones, D. H. Polymer *Processing. Chapman and Hall*, London, 2008.

[15] Schey, J. A. *Introduction to Manufacturing Processes*, 3rd ed. McGraw-Hill Book Company, New York, 2000.

[16] VanVlack, L. H. *Elements of Materials Science and Engineering*, 6th ed. Addison-Wesley Publishing Company, Reading, Massachusetts, 1991.

[17] Wick, C., and Veilleux, R. F. (eds.). *Tool and Manufacturing Engineers Handbook*, 4th ed. Vol. 3, Materials, Finishing, and Coating. Society of Manufacturing Engineers, Dearborn, Michigan, 1985.

QUESTÕES DE REVISÃO

3.1 Qual é o dilema entre projeto mecânico e fabricação, em termos das propriedades mecânicas?

3.2 Quais são os três tipos de tensões estáticas aos quais os materiais estão submetidos?

3.3 Formule a Lei de Hooke.

3.4 Qual é a diferença entre tensão de engenharia e tensão verdadeira em um ensaio de tração?

3.5 Defina a tensão última de um material.

3.6 Defina a tensão de escoamento de um material.

3.7 Por que não pode ser feita uma conversão direta entre as medidas de ductilidade de alongamento e de redução de área utilizando a hipótese de volume constante?

3.8 O que é encruamento?

3.9 Sob que circunstâncias os coeficientes de resistência têm o mesmo valor da tensão de escoamento?

3.10 Como a variação da área da seção transversal de um corpo de prova em um ensaio de compressão difere do seu correspondente corpo de prova em um ensaio de tração?

3.11 Ensaios de tração não são apropriados para materiais frágeis com dureza elevada como os cerâmicos. Qual é o ensaio utilizado para determinar a propriedade de resistência destes materiais?

3.12 Como o módulo de elasticidade ao cisalhamento G está relacionado com o módulo de elasticidade em tração E, na média?

3.13 Como a tensão última ao cisalhamento S_{uc} está relacionada com a tensão última S_u, na média?

3.14 O que é dureza e como ela é geralmente ensaiada?

3.15 Por que existem diversos ensaios de dureza e diversas escalas necessárias?

3.16 Defina a temperatura de recristalização para um metal.

3.17 Defina a viscosidade de um fluido.

3.18 Qual é a característica que define um fluido newtoniano?

3.19 O que é viscoelasticidade, como propriedade de um material?

3.20 Defina massa específica, como propriedade de um material.

3.21 Qual é a diferença nas características de fusão entre um elemento de metal puro e uma liga metálica?

3.22 Defina calor específico como propriedade de um material.

3.23 O que é condutividade térmica, como propriedade de um material.

3.24 Defina difusividade térmica.

PROBLEMAS

3.1 Um ensaio de tração utiliza um corpo de prova que tem seu comprimento de medida de 50 mm e uma área = 200 mm². Durante um ensaio, o corpo de prova escoa com uma carga de 98.000 N. O correspondente comprimento de medida = 50,23 mm. Este é o ponto de escoamento de 0,2%. A carga máxima de 168.000 N é atingida para o comprimento de medida = 64,2 mm. Determine (a) a tensão de escoamento, (b) o módulo de elasticidade e (c) a tensão última. (d) Se a ruptura ocorrer para um comprimento de medida de 67,3 mm, determine o alongamento percentual. (e) Se o corpo de prova desenvolver uma estricção que resulta em uma área = 92 mm², determine o percentual de redução de área.

3.2 Um corpo de prova em um ensaio de tração tem comprimento de medida de 2,0 in e área = 0,5 in². Durante o ensaio, o corpo de prova escoa sob uma carga de 32.000 lb. O comprimento de medida correspondente = 2,0083 in. Este é o ponto de escoamento de 0,2%. A carga máxima de 60.000 lb é atingida para um comprimento de medida = 2,60 in. Determine (a) a tensão de escoamento, (b) o módulo de elasticidade e (c) a tensão última. (d) Se a ruptura ocorrer para um comprimento de medida de 2,92 in, determine o alongamento percentual. (e) Se o corpo de prova desenvolver uma estricção que resulta em uma área = 0,25 in², determine o percentual de redução de área.

3.3 Em um ensaio de tração com um corpo de prova de metal, a deformação verdadeira = 0,08 para uma tensão = 265 MPa. Quando a tensão verdadeira = 325 MPa, a deformação verdadeira = 0,27. Determine o coeficiente de resistência e o expoente de encruamento na equação da curva de fluxo.

3.4 Em um ensaio de tração com um corpo de prova de metal, a deformação verdadeira = 0,10 para uma tensão = 37.000 lb/in². E mais tarde, para uma tensão verdadeira = 55.000 lb/in², a deformação verdadeira = 0,25. Determine o coeficiente de resistência e o expoente de encruamento na equação da curva de fluxo.

3.5 Um ensaio de tração para um determinado metal fornece os seguintes parâmetros da curva de fluxo: o expoente de encruamento é 0,3 e o coeficiente de resistência é 600 MPa. Determine (a) a tensão de fluxo para uma deformação verdadeira = 1,0 e (b) a deformação verdadeira para uma tensão de fluxo = 600 MPa.

3.6 A curva de fluxo para um determinado metal tem um expoente de encruamento 0,22 e um coeficiente de resistência de 54.000 lb/in². Determine

(a) a tensão de fluxo para uma deformação verdadeira = 0,45 e (b) a deformação verdadeira para uma tensão de fluxo = 40.000 lb/in².

3.7 Um metal é deformado em um ensaio de tração até a sua região plástica. O corpo de prova tem comprimento de medida inicial = 2,0 in e área = 0,50 in². Em um ponto do ensaio de tração, o comprimento de medida 2,5 in e a tensão de engenharia correspondente = 24.000 lb/in²; em outro ponto do ensaio, antes da estricção, o comprimento de medida = 3,2 in e a tensão de engenharia correspondente = 28.000 lb/in². Determine o coeficiente de resistência e o expoente de encruamento do material.

3.8 Um corpo de prova em tração é alongado até o dobro do seu comprimento inicial. Determine a deformação de engenharia e a deformação verdadeira para este ensaio. Supondo que o metal tivesse sido deformado em compressão, determine o comprimento final do corpo de prova considerando que (a) a deformação de engenharia é igual ao mesmo valor em módulo (ela será negativa por causa da compressão) e (b) a deformação verdadeira tem o mesmo valor em módulo (mais uma vez ela será negativa por causa da compressão). Observe que a resposta para o item (a) é um resultado impossível. A deformação verdadeira é assim a melhor medida de deformação durante a deformação plástica.

3.9 Mostre que a deformação verdadeira = $\ln(1 + e)$, em que e = deformação de engenharia.

3.10 Um fio de cobre de diâmetro de 0,80 mm falha para uma tensão de engenharia = 248,2 MPa. A sua ductilidade é medida como 75% de redução de área. Determine a tensão verdadeira e a deformação verdadeira na falha.

3.11 Um corpo de prova de aço em tração com um comprimento de medida inicial = 2,0 in e uma área de seção transversal = 0,5 in² atinge carga máxima de 37.000 lb. O seu alongamento neste ponto é 24%. Determine a tensão verdadeira e a deformação verdadeira na sua carga máxima.

3.12 Uma liga metálica foi testada em um ensaio de tração e apresentou os seguintes resultados para os parâmetros da curva de fluxo: coeficiente de resistência = 620,5 MPa e um expoente de encruamento = 0,26. O mesmo metal é agora ensaiado em um ensaio de compressão no qual o comprimento inicial do corpo de prova = 62,5 mm e o seu diâmetro = 25 mm. Supondo que a seção transversal aumenta uniformemente, determine a carga necessária para comprimir o corpo de prova até a altura de (a) 50 mm e (b) 37,5 mm.

3.13 Os parâmetros da curva de fluxo para um determinado aço inox são coeficiente de resistência = 1100 MPa e expoente de encruamento = 0,35. Um corpo de prova cilíndrico com área de seção transversal inicial = 1000 mm² e uma altura = 75 mm é comprimido até altura de 58 mm. Determine a força necessária para obter esta compressão, supondo que a seção transversal aumenta uniformemente.

3.14 Um ensaio de flexão é utilizado para determinado material de dureza elevada. Se a resistência de ruptura transversal do material for conhecida como de 1000 MPa, qual será a previsão para a carga na qual o corpo de prova deverá falhar, supondo sua largura = 15 mm, sua espessura = 10 mm e seu comprimento = 60 mm?

3.15 Um corpo de prova de uma cerâmica especial é ensaiado em um ensaio de flexão. A sua largura = 0,50 in e sua espessura = 0,25 in. O comprimento do corpo de prova entre os suportes = 2,0 in. Determine a resistência de ruptura transversal se a falha ocorrer para uma carga = 1700 lb.

3.16 Um corpo de prova para ensaio de torção tem raio = 25 mm, espessura de parede = 3 mm e comprimento de medida = 50 mm. Durante o ensaio, um torque de 900 N-m resulta em uma deflexão angular = 0,3°. Determine (a) a tensão de cisalhamento, (b) a deformação de cisalhamento e (c) o módulo de cisalhamento, supondo que o corpo de prova não apresentou escoamento. (d) Se a falha do corpo de prova ocorrer para um torque = 1200 N-m e uma deflexão angular correspondente = 10°, qual será a tensão última ao cisalhamento do metal?

3.17 Em um ensaio de torção, um torque de 5000 ft-lb é aplicado causando uma deflexão angular = 1° em um corpo de prova tubular de parede fina cujo raio = 1,5 in, espessura de parede = 0,10 in e comprimento de medida = 2,0 in. Determine (a) a tensão de cisalhamento, (b) a deformação de cisalhamento e (c) o módulo de cisalhamento, supondo que o corpo de prova não apresentou escoamento. (d) Se o corpo de prova falhar para um torque = 8000 ft-lb e uma deflexão angular correspondente = 23°, calcule a tensão última ao cisalhamento do metal.

3.18 Em um Ensaio de Dureza Brinell, uma carga de 1500 kg é aplicada a um corpo de prova utilizando uma esfera de aço endurecido de 10 mm. A impressão resultante tem um diâmetro = 3,2 mm. (a) Determine o número de dureza Brinell para o metal. (b) Se o corpo de prova for de aço, apresente uma estimativa para a tensão última do aço.

3.19 Um dos inspetores do departamento de controle de qualidade tem frequentemente utilizado os Ensaios de Dureza de Brinell e Rockwell, para os quais existem equipamentos disponíveis na empresa. Ele afirma que o Ensaio Rockwell é baseado no mesmo princípio utilizado para o Ensaio Brinell, que estabelece que a dureza é sempre medida como a carga aplicada dividida pela área das impressões feitas por um penetrador. Ele está correto? Se não, o que diferencia o ensaio Rockwell?

3.20 Um lote de aço recozido acabou de ser recebido de um fornecedor. Espera-se que ele tenha uma tensão última na faixa de 60.000 — 70.000 lb/in^2. Um Ensaio de Dureza Brinell realizado no departamento que recebeu o material mostra um valor $HB = 118$. O aço satisfaz as especificações relativas à sua tensão última?

3.21 Duas placas planas, separadas por uma distância de 4 mm, movem-se uma em relação à outra com velocidade de 5 m/s. O espaço entre elas é preenchido por um fluido de viscosidade desconhecida. O movimento das placas apresenta tensão de cisalhamento resistente de 10 MPa devida à viscosidade do fluido. Supondo que o gradiente de velocidade do fluido seja constante, determine o coeficiente de viscosidade do fluido.

3.22 Duas superfícies paralelas, separadas por uma distância de 0,5 in, que é preenchido por um fluido, movem-se uma em relação à outra com uma velocidade de 25 in/s. O movimento das placas apresenta tensão de cisalhamento resistente de 0,3 lb/in^2 devida à viscosidade do fluido. Supondo que o gradiente de velocidade no espaço entre as superfícies seja constante, determine o coeficiente de viscosidade do fluido.

3.23 O diâmetro inicial de um eixo é igual a 25,0 mm. Este eixo está para ser inserido em um furo em uma operação de montagem de ajuste por interferência. Para ser inserido, o eixo precisa ter seu diâmetro reduzido por resfriamento. Determine a temperatura do eixo à qual deve ser reduzida, partindo da temperatura ambiente (20°C), de modo a reduzir o seu diâmetro para 24,98 mm. Utilize a Tabela 3.10.

3.24 O alumínio tem massa específica de 2,70 g/cm^3 na temperatura ambiente (20°C). Determine sua massa específica a 650°C, utilizando os dados fornecidos na Tabela 3.10 como referência.

3.25 Utilizando a Tabela 3.10, determine o aumento de comprimento de uma barra de aço, cujo comprimento = 10,0 in, se a barra for aquecida da temperatura ambiente de 70°F até 500°F.

3.26 Utilizando a Tabela 3.11, determine a quantidade de calor necessária para aumentar a temperatura de um bloco de alumínio com 10 cm × 10 cm × 10 cm da temperatura ambiente (21°C) até 300°C.

4 DIMENSÕES, TOLERÂNCIAS E SUPERFÍCIES

Sumário

4.1 Dimensões e Tolerâncias
    4.1.1 Cotas e Tolerâncias
    4.1.2 Outras Características Geométricas das Superfícies

4.2 Superfícies
    4.2.1 Características das Superfícies
    4.2.2 Textura de Superfície
    4.2.3 Integridade de Superfície

4.3 Resultados dos Processos de Fabricação

Apêndice A4 Metrologia Dimensional e de Superfície

A4.1 Calibres e Outros Instrumentos de Medição Convencionais
    A4.1.1 Blocos-Padrão de Precisão
    A4.1.2 Instrumentos de Medição para Dimensões Lineares
    A4.1.3 Instrumentos de Medição por Comparação
    A4.1.4 Instrumentos de Medidas Angulares

A4.2 Metrologia de Superfície
    A4.2.1 Medida da Rugosidade da Superfície
    A4.2.2 Avaliação da Integridade Superficial

Além das propriedades dos materiais de engenharia, as dimensões e as superfícies dos seus componentes também determinam o desempenho de um produto fabricado. As ***dimensões*** de um produto são compostas dos comprimentos e ângulos especificados no desenho mecânico. Elas são importantes porque determinam o encaixe entre os componentes de um produto durante a montagem. Ao fabricar um dado componente, é quase impossível e muito custoso que um componente tenha exatamente a dimensão do desenho. Como alternativa, define-se a variação dos limites permitidos a esta dimensão e esta variação admissível é chamada ***tolerância***.

As características das superfícies de um componente também são importantes. Elas afetam o desempenho do produto, o ajuste, a montagem e o apelo estético que um potencial cliente possa ter pelo produto. Uma ***superfície*** é o limite externo entre um objeto e a parte que o envolve: seja um outro objeto, um fluido, um vazio ou combinações destes. A superfície envolve um elemento sólido com propriedades mecânicas e físicas características.

Neste capítulo apresentamos os três atributos da peça que devem ser especificados pelo projetista: as dimensões, as tolerâncias e as superfícies, que são determinados pelos processos de fabricação utilizados na produção das peças e dos produtos. No Apêndice A4, apresentamos como esses atributos da peça são verificados por meio de instrumentos de inspeção. Um tema intimamente relacionado a este tópico é o controle de qualidade, que é abordado no Capítulo 30.

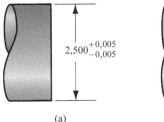 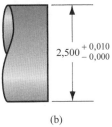 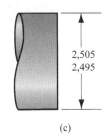

FIGURA 4.1 Três formas para especificar limites de tolerância para uma dimensão nominal de 2,500: (a) sistema bilateral, (b) sistema unilateral e (c) sistema limite. (Crédito: *Fundamentals of Modern Manufacturing*, 4ª edição por Mikell P. Groover, 2010. Reproduzida com permissão de John Wiley & Sons, Inc.)

4.1 DIMENSÕES E TOLERÂNCIAS

Nesta seção, são apresentados os parâmetros básicos utilizados por engenheiros projetistas para especificar as características geométricas de uma peça no desenho. Estes parâmetros incluem, por exemplo, conceitos de dimensões e tolerâncias, planicidade, circularidade e angularidade.

4.1.1 COTAS E TOLERÂNCIAS

A norma ANSI [3] define uma *cota* como "um valor numérico, expresso na unidade de medida apropriada, indicado no desenho e/ou em outros documentos junto com linhas, símbolos e notas, que definem a forma ou uma característica geométrica, ou ambos, de uma peça ou de uma parte dela". Cotas em desenhos mecânicos representam as dimensões nominais ou básicas da peça, ou seja, são os valores que o projetista gostaria que a peça tivesse, imaginando que ela pudesse ser fabricada neste tamanho exato, sem erros ou variações causadas durante o processo de fabricação. No entanto, o próprio processo de fabricação apresenta variações que se manifestam como variações no tamanho da peça, e as tolerâncias são utilizadas para definir os limites permitidos desta variação. Citando novamente a norma ANSI [3], a *tolerância* é "a variação dimensional permissível que uma dimensão de uma peça pode apresentar. A tolerância é a diferença entre os limites máximo e mínimo da dimensão".

As tolerâncias podem ser especificadas de diversas maneiras, ilustradas na Figura 4.1. Provavelmente, a mais comum é a *tolerância bilateral*, quando a variação é permitida em ambos os sentidos, positivo e negativo, da dimensão nominal. Por exemplo, na Figura 4.1 (a), a dimensão nominal é de 2,500 unidades lineares (por exemplo, milímetros ou polegadas), com variação permitida de 0,005 unidade nos dois sentidos. Se a peça apresentar esta medida fora desses limites, ela não poderá ser aceita. A tolerância bilateral pode se apresentar de forma assimétrica em relação à dimensão nominal; por exemplo, 2,500 +0,010, – 0,005 unidade. Uma *tolerância unilateral* é aquela em que a variação da dimensão especificada é permitida apenas em um sentido, quer positivo, como na Figura 4.1(b), ou negativo. O *sistema limite* representa uma forma alternativa para especificar a variação admissível do tamanho da peça e apresenta as dimensões máximas e mínimas permitidas, como mostra a Figura 4.1(c).

4.1.2 OUTRAS CARACTERÍSTICAS GEOMÉTRICAS DAS SUPERFÍCIES

Dimensões e tolerâncias são comumente expressas como valores (tamanhos) lineares, mas existem outras características geométricas importantes das peças, como a planicidade de uma superfície, a circularidade de um eixo ou um furo, o paralelismo entre duas superfícies. As definições destes termos foram listadas na Tabela 4.1.

4.2 SUPERFÍCIES

Uma superfície é o que tocamos quando seguramos um objeto como uma peça ou produto manufaturado. O projetista especifica as dimensões da peça relacionando diversas superfícies umas com as outras. As *superfícies nominais* representam o contorno de superfície pretendida da peça; elas são definidas por linhas no desenho mecânico. As superfícies nominais aparecem no desenho em forma de linhas perfeitamente retas, círculos ideais, furos redondos, e outras superfícies que são de forma geométrica perfeitas, entretanto a geometria de uma superfície real é determinada pelos processos de fabricação utilizados para sua produção. A variedade de processos disponíveis resulta em superfícies com características diferentes, e é importante que a tecnologia das superfícies seja compreendida pelos engenheiros.

TABELA 4.1 Definições dos termos de tolerância geométrica

Angularidade — A medida que representa o quanto uma superfície ou eixo está orientado a um ângulo especificado em relação a uma superfície de referência. Se este ângulo for de 90°, este atributo será chamado perpendicularidade.

Cilindricidade — Representa a medida com que todos os pontos de uma superfície de revolução, como um cilindro, estão equidistantes do seu eixo de revolução.

Circularidade — A circularidade é aplicável a uma superfície de revolução como um cilindro, um furo, um cone, e mede quanto os pontos da interseção da superfície com um plano perpendicular ao eixo de revolução estão equidistantes ao eixo. Em uma esfera, a circularidade é medida na interseção da superfície da esfera com um plano que passa pelo centro da esfera.

Concentricidade — A medida que representa quanto duas (ou mais) superfícies de revolução em uma peça tem um eixo em comum, por exemplo, uma superfície cilíndrica e um furo.

Ortogonalidade — o mesmo que perpendicularidade.

Paralelismo — A medida com que todos os pontos de uma superfície, linha ou eixo de uma peça estão equidistantes de um plano, eixo ou linha de referência.

Perpendicularidade — Representa a medida com que todos os pontos de uma superfície, linha ou eixo estão a 90° de um plano, linha ou eixo de referência.

Planicidade — A planicidade representa o quanto os pontos de uma superfície estão alinhados em um único plano.

Retitude — A medida que representa quanto uma linha ou um eixo estão pertencentes a uma linha reta.

De acordo com diferentes aplicações de um produto, as superfícies são comercial e tecnologicamente importantes por uma série de razões: (1) razões estéticas, por exemplo: superfícies que são lisas e livres de riscos e manchas são mais suscetíveis a causar impressão favorável para o cliente; (2) razões de segurança: as características das superfícies afetam a proteção da peça ou segurança de quem a manipula; (3) razões de contato com deslizamento: o atrito e o desgaste dependem das características de superfície; (4) razões mecânicas: as superfícies afetam as propriedades mecânicas e físicas do produto, por exemplo, as falhas de superfície podem criar pontos de concentração de tensões; (5) razões de encaixe com outras peças: a montagem de elementos depende das características de suas superfícies, por exemplo, a resistência de uma união adesiva (Seção 24.3) é aumentada quando as superfícies são ligeiramente rugosas; (6) razões de transferência de elétrons: superfícies lisas proporcionam contato elétrico mais eficiente.

A *tecnologia de superfície* preocupa-se em definir (1) as características de uma superfície, (2) a textura da superfície, (3) a integridade da superfície, e (4) a relação entre os processos de fabricação e as características da superfície resultante. Os três primeiros tópicos são abordados nesta seção, e o último é apresentado na Seção 4.3.

4.2.1 CARACTERÍSTICAS DAS SUPERFÍCIES

Observando o perfil do relevo da superfície real de uma peça por meio de uma visão microscópica pode-se perceber suas irregularidades e imperfeições. O perfil de uma superfície típica é ilustrado na Figura 4.2, que representa a ampliação de uma seção transversal de uma superfície metálica. Apesar de o texto se referenciar a superfícies metálicas, os comentários se aplicam a cerâmicas e polímeros com modificações referentes às estruturas destes materiais.

A parte interior do objeto, referenciada como **substrato**, tem estrutura cristalográfica que também depende dos processos de fabricação precedentes; ou seja, sua composição química, o processo de fundição usado para fabricar a peça, as operações de deformação plástica e os tratamentos térmicos realizados na peça influenciam na estrutura do substrato.

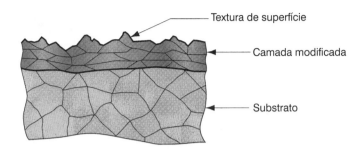

FIGURA 4.2 Perfil ampliado de uma superfície metálica típica. (Crédito: *Fundamentals of Modern Manufacturing*, 4ª edição por Mikell P. Groover, 2010. Reproduzida com permissão de John Wiley & Sons, Inc.)

A face externa de um objeto manufaturado é uma superfície cuja topografia não é a mesma de uma linha reta ou de contorno suave. O perfil da seção transversal da superfície real ampliado algumas vezes mostra que, na verdade, ela é rugosa, ondulada e apresenta defeitos e fendas. Embora não tenha sido representado graficamente na Figura 4.2, ela possui ainda uma direção característica e/ou um padrão proveniente do processo de fabricação que a produziu. Todas estas características da superfície estão incluídas no termo **textura de superfície**.

Logo abaixo da superfície, se apresenta uma camada de metal com estrutura diferente do substrato. Esta camada é chamada **camada modificada** e é resultado das ações realizadas na superfície da peça durante sua criação e da sequência de modificações feitas. Os processos de fabricação consomem energia, em geral em larga escala, que é transferida à peça usualmente por meio da sua superfície. Desta forma, as alterações desta camada podem ser resultado de encruamento (energia mecânica), aquecimento (energia térmica), tratamentos químicos ou até energia elétrica. O metal desta camada externa sofreu a aplicação desta energia diretamente e, como consequência, sua microestrutura é alterada. A análise da alteração das propriedades na superfície, assim como a definição, especificação e controle das camadas da superfície de um material, via de regra metálico, durante a fabricação e sua performance em serviço, pertencem ao escopo da **integridade da superfície**. O âmbito da integridade da superfície é usualmente interpretado de modo a incluir tanto a textura da superfície quanto as camadas abaixo dela.

Além disso, a maioria das superfícies metálicas é coberta com uma **camada de óxido**, se for dado tempo suficiente para sua formação. O alumínio, por exemplo, forma um filme denso e rígido de óxido de alumínio (Al_2O_3) na superfície (que protege o substrato da corrosão) e o ferro forma óxidos de diversas composições químicas na sua superfície (a ferrugem que, neste caso, não oferece nenhuma proteção ao metal). Além do óxido, umidade, sujeira, óleo, gases absorvidos e outros contaminantes podem ser encontrados na superfície da peça.

4.2.2 TEXTURA DE SUPERFÍCIE

A textura de superfície é formada por desvios aleatórios e/ou periódicos da superfície nominal ou geométrica da peça; quatro tipos de desvios podem ser encontrados no perfil da superfície: rugosidade, ondulação, sulcos e defeitos, como pode-se observar na Figura 4.3. A **rugosidade** é composta de pequenos desvios, finamente espaçados da superfície nominal, que são determinados pelas características do material e do processo de fabricação realizado para a formação da geometria da peça. A **ondulação** é definida por desvios de maior espaçamento provenientes da deflexão da peça ou da ferramenta, das vibrações que podem ter ocorrido durante a fabricação, do aquecimento dos elementos envolvidos no processo de fabricação e/ou de outros fatores semelhantes. A rugosidade está superposta à ondulação. Os **sulcos** indicam a direção predominante e o padrão encontrado na textura, que é determinado pelo método de fabricação utilizado para a formação da superfície, usualmente resultado da ferramenta de usinagem. A Figura 4.4 ilustra as possíveis formas de sulcos que a superfície pode apresentar

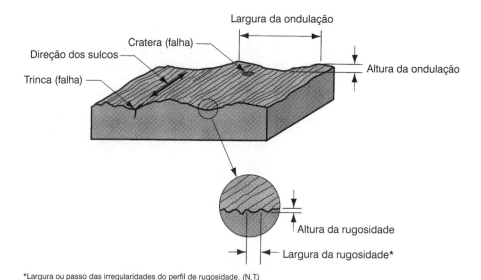

FIGURA 4.3 Elementos da textura de superfície (Crédito: *Fundamentals of Modern Manufacturing*, 4ª edição por Mikell P. Groover, 2010. Reproduzida com permissão de John Wiley & Sons, Inc.)

*Largura ou passo das irregularidades do perfil de rugosidade. (N.T.)

Símbolo da orientação	Padrão da superfície	Descrição	Símbolo da orientação	Padrão da superfície	Descrição
=		A direção dos sulcos é paralela à linha que representa a superfície em que o símbolo foi colocado.	C		A orientação dos sulcos forma círculos concêntricos na superfície na qual o símbolo foi indicado.
⊥		A direção dos sulcos é perpendicular à linha que representa a superfície em que o símbolo foi colocado.	R		Os sulcos estão orientados nas direções radiais em relação ao centro da superfície em que o símbolo foi indicado.
X		Os sulcos estão orientados em duas direções inclinadas em relação à linha que representa a superfície em que o símbolo foi indicado.	P		A superfície tem irregularidades com sulcos particulados, protuberantes e que não apresentam direção preferencial.

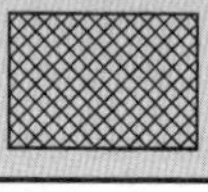

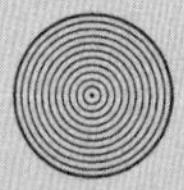

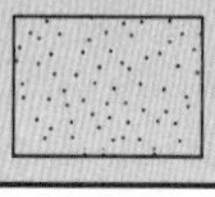

FIGURA 4.4 Possíveis orientações dos sulcos de uma superfície (Referência: [1]). (Crédito: *Fundamentals of Modern Manufacturing*, 4ª edição por Mikell P. Groover, 2010. Reproduzida com permissão de John Wiley & Sons, Inc.)

e seus respectivos símbolos utilizados no desenho técnico pelo projetista para indicá-la. Por fim, as **falhas** são irregularidades que ocorrem acidentalmente na superfície, por exemplo: trincas, arranhões, inclusões e outras imperfeições no padrão da superfície. Apesar de serem consideradas na textura de superfície, as falhas afetam a integridade de superfície (Seção 4.2.3).

Rugosidade e Acabamento da Superfície A rugosidade da superfície é uma grandeza que pode ser medida a partir dos desvios da linha média, como será definido a seguir. Já o **acabamento da superfície** é um termo mais subjetivo que é utilizado para indicar a suavidade do perfil e a qualidade da superfície. Popularmente, o acabamento é usado como sinônimo de rugosidade.

A medida mais comum da textura da superfície é a rugosidade. Observando a Figura 4.5, a **rugosidade** pode ser definida como a média dos desvios verticais de uma superfície nominal em um comprimento determinado. A média aritmética é comumente utilizada a partir dos valores absolutos dos desvios, e este valor de rugosidade chamado **rugosidade média**. Na forma de uma equação,

$$R_a = \int_0^{L_m} \frac{|y|}{L_m} dx \qquad (4.1)$$

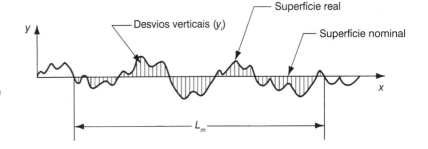

FIGURA 4.5 Desvios da superfície nominal usados na definição da rugosidade de superfície. (Crédito: *Fundamentals of Modern Manufacturing*, 4ª edição por Mikell P. Groover, 2010. Reproduzida com permissão de John Wiley & Sons, Inc.)

em que R_a = desvio aritmético médio para medida de rugosidade, em m (ou polegadas); y = distância vertical da superfície real à superfície nominal (valor absoluto da distância), em m (ou polegadas), e L_m = o comprimento especificado para realizar a medição dos desvios na superfície ou comprimento de avaliação. Uma aproximação da Eq. (4.1), e talvez de mais simples compreensão, é dada por:

$$R_a = \sum_{i=1}^{n} \frac{|y_i|}{n} \qquad (4.2)$$

em que R_a tem o mesmo significado exposto anteriormente; y_i = desvios verticais discretos, em valores absolutos, identificados com o subscrito i, em m (ou polegadas); e n = o número de desvios medidos no comprimento de medição L_m. As unidades das distâncias nestas equações são apresentadas em metros e polegadas, porém a escala dos desvios é tão pequena que o mais apropriado* é expressá-las em m (1 μm = 10^{-6} m = 10^{-3} mm) ou μ-in (μ-in = 10^{-6} in). Estas são as unidades comumente utilizadas para expressar rugosidade.

A rugosidade da superfície sofre o mesmo problema de qualquer medida isolada realizada para representar uma grandeza física complexa. A direção do sulco, por exemplo, não é contabilizada durante esta medição e, dependendo da direção que é realizada, pode apresentar grande variação da rugosidade.

Outra deficiência é que a ondulação pode estar incluída na medida do R_a e, para diminuir este problema, é usado um parâmetro chamado **comprimento de amostragem** (*cutoff*), que é utilizado como um filtro que separa a ondulação dos desvios medidos. Na realidade, o comprimento de amostragem é uma parte da região em que os desvios serão medidos. Uma distância menor que a ondulação como comprimento de amostragem elimina os desvios associados a ondulação e contabiliza apenas aqueles associados à rugosidade. O comprimento de amostragem mais utilizado na prática é 0,8 mm (0,030 in). O comprimento de avaliação dos desvios L_m é normalmente cinco vezes o comprimento de amostragem.

As limitações da utilização da rugosidade motivaram o desenvolvimento de medidas adicionais que possam descrever melhor a topografia de uma dada superfície. Estas medidas incluem processamentos gráficos tridimensionais da superfície, detalhadas em [17].

Símbolos Utilizados no Desenho Mecânico Os projetistas especificam a textura da superfície nos desenhos técnicos utilizando os símbolos apresentados na Figura 4.6. O símbolo usado para indicar a textura da superfície se assemelha a uma raiz quadrada e indica os valores de rugosidade média, de ondulação, o comprimento de amostragem, a direção dos sulcos e o máximo espaçamento entre os picos dos desvios de rugosidade. Os símbolos utilizados para representar a direção dos sulcos são apresentados na Figura 4.4.

---

* A norma ABNT NB-93 preconiza a utilização da unidade em micrômetros (mícrons). Na versão em original na língua inglesa deste livro, é dada a opção de utilizar a unidade de polegadas como alternativa. (N.T.)

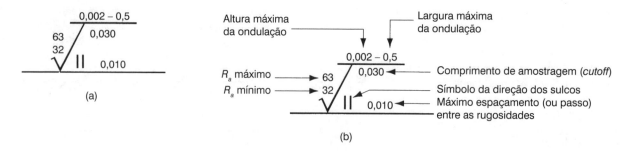

FIGURA 4.6 Símbolos utilizados no desenho mecânico para determinar as características da textura de superfície: (a) o símbolo, e (b) o símbolo com as definições a que cada espaço está destinado. Os valores de R_a são dados em micropolegadas e as demais medidas são apresentadas em polegadas. Os projetistas não precisam necessariamente especificar todos os parâmetros aqui apresentados no desenho mecânico. (Crédito: *Fundamentals of Modern Manufacturing*, 4ª edição por Mikell P. Groover, 2010. Reproduzida com permissão de John Wiley & Sons, Inc.)

4.2.3 INTEGRIDADE DE SUPERFÍCIE

A textura de superfície isoladamente não descreve por completo a superfície, pois podem ocorrer modificações metalúrgicas ou outras variações na camada imediatamente inferior à superfície que podem mudar de forma significativa as propriedades mecânicas da peça. A ***integridade de superfície*** é o estudo e o controle da camada de material sob a superfície. Qualquer mudança nesta camada abaixo da superfície e, como consequência do processo de fabricação, pode influenciar na performance da peça final. Na Figura 4.2, esta camada foi referenciada como camada superficial modificada e destacada da região interna da peça, chamada substrato.

Existe uma variedade de possíveis alterações e defeitos nesta camada que podem ocorrer durante a fabricação. A modificação da superfície é causada pela aplicação de diversas formas de energia durante o processo, seja ela mecânica, térmica, química e/ou elétrica. A energia mecânica é a forma mais comum durante os processos de fabricação: ela é aplicada ao material em operações como a conformação volumétrica (forjamento, extrusão etc.), conformação e corte de chapas, e usinagem. Embora sua função principal nestes processos seja a mudança da geometria, a energia mecânica aplicada também deixa tensões residuais, endurecimento por encruamento e trincas na camada superficial.

4.3 RESULTADOS DOS PROCESSOS DE FABRICAÇÃO

A função dos processos de fabricação é ter habilidade em alcançar determinada dimensão dentro da tolerância especificada e com determinadas características de superfície. Nesta seção, serão descritas tolerâncias e rugosidades que os processos de fabricação têm capacidade de executar de forma geral.

Alguns processos de fabricação são naturalmente mais precisos que outros. Os processos de usinagem, por exemplo, são bastante precisos, capazes de produzir peças com tolerâncias de 0,05 mm (0,002 in) ou menores. Em contrapartida, a fundição em areia verde é em geral pouco precisa, com tolerâncias de 10 ou 20 vezes maiores que as especificadas para peças usinadas. Na Tabela 4.2, listamos diversos processos de fabricação e as tolerâncias típicas de cada processo. As tolerâncias são definidas a partir da capabilidade do processo para a operação de fabricação, como será definida na Seção 30.2, porém a tolerância de uma peça deve ser especificada em função das suas dimensões, isto é, elementos maiores têm tolerâncias mais generosas. A tabela apresenta valores típicos de tolerâncias para peças de tamanho médio em cada categoria de processos de fabricação.

A escolha do processo de fabricação determina o acabamento da superfície e a integridade superficial, pois alguns processos são capazes de produzir melhores superfícies que outros. Em geral, o custo do processo aumenta com a melhoria da superfície. Isto ocorre pois a obtenção de superfícies com melhor qualidade normalmente requer operações adicionais e maior tempo. No Capítulo 18, alguns processos que produzem peças com acabamento muito superior aos demais são apresentados, são eles: o brunimento, lapidação, polimento e o superacabamento. A Tabela 4.3 indica a rugosidade esperada usualmente em diferentes processos de fabricação.

TABELA 4.2 Tolerâncias típicas dos processos de fabricação com base na capabilidade do processo[a]

Processo	Tolerância Típica, mm (in)	Processo	Tolerância Típica, mm (in)
Fundição em areia verde		Abrasivo	
Ferro fundido	±1,3 (±0,050)	Retificação	±0,008 (±0,0003)
Aço	±1,5 (±0,060)	Lapidação	±0,005 (±0,0002)
Alumínio	±0,5 (±0,020)	Brunimento	±0,005 (±0,0002)
Fundição sob pressão	±0,12 (±0,005)	Não convencional e térmico	
Moldagem de plásticos:		Usinagem química	±0,08 (±0,003)
Polietileno	±0,3 (±0,010)	Eletroerosão	±0,025 (±0,001)
Poliestireno	±0,15 (±0,006)	Retificação eletroquímica	±0,025 (±0,001)
Usinagem:		Usinagem eletroquímica	±0,05 (±0,002)
Furação de 6 mm (0,25 in)	+0,08/−0,03 (+0,003/−0,001)	Usinagem com feixe de elétrons	±0,08 (±0,003)
Fresamento	±0,08 (±0,003)	Usinagem a laser	±0,08 (±0,003)
Torneamento	±0,05 (±0,002)	Corte com arco de plasma	±1,3 (±0,050)

[a] Informações retiradas de [4], [7] e outras referências. Para cada um dos processos, as tolerâncias podem variar dependendo dos parâmetros de fabricação. Além disso, as tolerâncias aumentam com o tamanho do elemento mecânico.

TABELA 4.3 Valores típicos de rugosidades como resultado de diferentes processos de fabricação[a]

Processo	Acabamento Típico	Faixa de Rugosidade[b]	Processo	Acabamento Típico	Faixa de Rugosidade[b]
Fundição:			Abrasivo:		
Fundição sob pressão	Bom	1–2 (30–65)	Retificação	Muito bom	0,1–2 (5–75)
Fundição com cera perdida	Bom	1,5–3 (50–100)	Brunimento	Muito bom	0,1–1 (4–30)
Fundição em areia verde	Pobre	12–25 (500–1000)	Lapidação	Excelente	0,05–0,5 (2–15)
Conformação:			Polimento	Excelente	0,1–0,5 (5–15)
Laminação a frio	Bom	1–3 (25–125)	Superacabamento	Excelente	0,02–0,3 (1–10)
Embutimento	Bom	1–3 (25–125)	Não convencional:		
Extrusão a frio	Bom	1–4 (30–150)	Químico	Regular	1,5–5 (50–200)
Laminação a quente	Pobre	12–25 (500–1000)	Eletroquímica	Bom	0,2–2 (10–100)
Usinagem:			Eletroerosão	Regular	1,5–15 (50–500)
Torneamento interno	Bom	0,5–6 (15–250)	Feixe de elétrons	Regular	1,5–15 (50–500)
Furação	Regular	1,5–6 (60–250)	Laser	Regular	1,5–15 (50–500)
Fresamento	Bom	1–6 (30–250)	Térmico:		
Alargamento	Bom	1–3 (30–125)	Soldagem a arco elétrico	Pobre	5–25 (250–1000)
Aplainamento	Regular	1,5–12 (60–500)			
Serramento	Pobre	3–25 (100–1000)	Corte com chama	Pobre	12–25 (500–1000)
Torneamento externo	Bom	0,5–6 (15–250)	Corte com arco de plasma	Pobre	12–25 (500–1000)

[a] Informações retiradas de [1], [2] e outras referências, segundo o autor.
[b] Valores de rugosidades dados em μm (μ-in). A rugosidade pode variar significantemente dependendo dos parâmetros do processo.

REFERÊNCIAS

[1] American National Standards Institute, Inc. *Surface Texture*, ANSI B46.1-1978. American Society of Mechanical Engineers, New York, 1978.

[2] American National Standards Institute, Inc. *Surface Integrity*, ANSI B211.1-1986. Society of Manufacturing Engineers, Dearborn, Michigan, 1986.

[3] American National Standards Institute, Inc. *Dimensioning and Tolerancing*, ANSI Y14.5M-2009. American Society of Mechanical Engineers, New York, 2009.

[4] Bakerjian, R., and Mitchell, P. *Tool and Manufacturing Engineers Handbook*, 4th ed. Vol. VI, Design for Manufacturability. Society of Manufacturing Engineers, Dearborn, Michigan, 1992.

[5] Brown & Sharpe. *Handbook of Metrology*. North Kingston, Rhode Island, 1992.

[6] Curtis, M. *Handbook of Dimensional Measurement*, 4th ed. Industrial Press Inc., New York, 2007.

[7] Drozda, T. J., and Wick, C. *Tool and Manufacturing Engineers Handbook*, 4th ed. Vol. I, Machining. Society of Manufacturing Engineers, Dearborn, Michigan, 1983.

[8] Farago, F. T. *Handbook of Dimensional Measurement*, 3rd ed. Industrial Press Inc., New York, 1994.

[9] *Machining Data Handbook*, 3rd ed., Vol. II. Machinability Data Center, Cincinnati, Ohio, 1980, Ch. 18.

[10] Mummery, L. Surface *Texture Analysis — The Handbook*. Hommelwerke GmbH, Germany, 1990.

[11] Oberg, E., Jones, F. D., Horton, H. L., and Ryffel, H. *Machinery's Handbook*, 26th ed. Industrial Press Inc., New York, 2000.

[12] Schaffer, G. H. "The Many Faces of Surface Texture," Special Report 801, *American Machinist and Automated Manufacturing*, June 1988 pp. 61–68.

[13] Sheffield Measurement, a Cross & Trecker Company, *Surface Texture and Roundness Measurement Handbook*, Dayton, Ohio, 1991.

[14] Spitler, D., Lantrip, J., Nee, J., and Smith, D. A. *Fundamentals of Tool Design*, 5th ed. Society of Manufacturing Engineers, Dearborn, Michigan, 2003.

[15] S. Starrett Company, *Tools and Rules. Athol, Massachusetts*, 1992.

[16] Wick, C., and Veilleux, R. F. *Tool and Manufacturing Engineers Handbook*, 4th ed. Vol. IV, *Quality Control and Assembly*. Society of Manufacturing Engineers, Dearborn, Michigan, 1987.

[17] Zecchino, M. "Why Average Roughness Is Not Enough," *Advanced Materials & Processes*, March 2003, pp. 25–28.

QUESTÕES DE REVISÃO

4.1 O que é tolerância?

4.2 Qual é a diferença entre tolerância bilateral e tolerância unilateral?

4.3 O que é exatidão de uma medida?

4.4 O que é precisão de uma medida?

4.5 Cite algumas razões pelas quais a determinação das características das superfícies é importante.

4.6 Defina superfície nominal.

4.7 Defina textura de superfície.

4.8 Como a textura da superfície se diferencia da integridade superficial?

4.9 Dentro do âmbito de textura da superfície, como a rugosidade se diferencia da ondulação?

4.10 A rugosidade de uma superfície é um parâmetro quantitativo da textura da superfície. O que significa rugosidade média?

4.11 Indique algumas limitações da utilização da rugosidade da superfície como medida da textura.

4.12 Quais as causas das mudanças nas propriedades da camada de material abaixo da superfície?

4.13 Identifique alguns processos de fabricação que produzem superfície com acabamentos mais pobres.

4.14 Identifique alguns processos de fabricação que produzem superfície com excelente acabamento.

APÊNDICE A4: METROLOGIA DIMENSIONAL E DE SUPERFÍCIE

A *medição** é o procedimento em que uma quantidade conhecida é comparada a um padrão conhecido, utilizando um sistema de unidades consistente e conhecido. Dois sistemas de unidades são mais utilizados no mundo: (1) o sistema americano USCS e (2) o sistema internacional de unidades (SI de Systeme Internationale d'Unites), popularmente chamado sistema métrico. O sistema métrico é muito aceito em quase todos os países industrializados à exceção dos EUA que de maneira gradual começa a adotar o SI.

A medição proporciona valor numérico a uma grandeza de interesse, dentro de certos limites de precisão e exatidão.* A *exatidão* revela quanto um valor medido se aproxima do valor real do parâmetro aferido. Um procedimento de medida tem exatidão quando é isento de erros sistemáticos, ou seja, de desvios positivos ou negativos do valor real que se mantém consistente de uma medida para a seguinte. A *precisão* representa o quanto uma medida tem repetibilidade no processo de aferição de uma grandeza. Ter boa precisão significa que erros aleatórios na medida estão minimizados. Erros aleatórios são normalmente associados com a contribuição humana ao processo de aferição, como, por exemplo, às modificações na montagem, aos erros de leitura da escala, aos erros de arredondamento e assim por diante, mas há também aquelas em que o operador não tem influência, como, por exemplo, a mudança de temperatura, o desgaste gradual e/ou desalinhamento das grandezas medidas na montagem.

A4.1 CALIBRES E OUTROS INSTRUMENTOS DE MEDIÇÃO CONVENCIONAIS

Nesta seção do apêndice, iremos apresentar diversos instrumentos manuais utilizados para medir e avaliar dimensões de elementos mecânicos, seus comprimentos, diâmetros, seus ângulos, a retitude, a circularidade etc. Estes instrumentos são encontrados em laboratórios de metrologia, departamentos de inspeção e controle de qualidade e salas de ferramentas. O primeiro instrumento abordado no próximo tópico é, naturalmente, os blocos-padrão.

A4.1.1 BLOCOS-PADRÃO DE PRECISÃO

Blocos-padrão de precisão são calibres utilizados com outros instrumentos de medida para comparar dimensões. Os blocos-padrão são usualmente prismas retangulares ou quadrados. As faces a serem utilizadas na medida são fabricadas com acabamento tal que apresentem dimensões acuradas e paralelas na ordem de milionésimos de polegada com polimento de acabamento espelhado. Diferentes graduações de blocos-padrão de precisão podem ser utilizadas com tolerâncias mais estreitas para níveis mais altos de precisão. O nível mais preciso – o *padrão dos laboratórios de calibração* – é fabricado com tolerância de ±0,00003 mm (± 0,000001 in). Os blocos-padrão podem ser produzidos em diferentes materiais com maior dureza, dependendo do grau de dureza desejado e do preço que o usuário pode pagar, incluindo o aço-ferramenta, o aço cromado, o carbeto de cromo e o carbeto de tungstênio (metal duro).

Estão disponíveis no mercado blocos-padrão de diferentes dimensões padronizadas, que podem ser vendidos separadamente ou em conjuntos de blocos com diferentes dimensões.

---

* Os termos em português utilizados no Apêndice A4 estão de acordo com o "Vocabulário Internacional de termos fundamentais e gerais de metrologia" produzido pelo INMETRO em parceria com o SENAI. (N.T.)

As dimensões dos blocos de um conjunto foram determinadas para que, ao serem empilhadas, possam atingir qualquer dimensão desejada com precisão de 0,0025 milímetro (0,00001 in).

Para melhores resultados, os blocos-padrão devem ser utilizados sobre uma superfície de referência plana, tal como um desempeno. Um *desempeno* é um grande bloco sólido cuja superfície superior tem um acabamento retificado e planicidade precisa. A maioria dos desempenos de hoje é feita de granito. O granito tem a vantagem de ser rígido, não enferrujar, não ser magnético, ser resistente ao desgaste, termicamente estável e de fácil manutenção.

Os blocos-padrão, assim como outros instrumentos de alta precisão de medição, devem ser usados sob condições normais de temperatura e isentos de outros fatores que podem afetar a medição. Por acordo internacional, a temperatura de 20°C (68°F) foi estabelecida como a temperatura-padrão. Os laboratórios de metrologia operam com este padrão. Correções para a expansão ou contração térmica podem ser necessárias se os blocos-padrão, como com qualquer outro instrumento de medição, forem utilizados em ambiente fabril com temperatura difere deste padrão. Pode-se acrescentar que blocos-padrão utilizados de forma constante para a inspeção na área de controle de qualidade de uma fábrica estão sujeitos a desgaste e devem ser calibrados periodicamente comparando com blocos-padrão mais precisos de laboratório.

A4.1.2 INSTRUMENTOS DE MEDIÇÃO PARA DIMENSÕES LINEARES

Os instrumentos de medição podem ser divididos em dois tipos: os instrumentos de medida graduados e os não graduados. Os *instrumentos de medição graduados* apresentam um conjunto de marcas (chamado *graduações*) em uma escala linear ou angular pelo qual a dimensão do objeto medido pode ser comparada. *Instrumentos de medição não graduados* não possuem escala e são usados para realizar comparações entre dimensões ou para realizar uma transferência de uma dimensão para a medição por um dispositivo graduado.

O instrumento de medição graduado mais simples é a *escala* (como é comumente fabricada em aço, é muitas vezes chamada *escala flexível de aço*), usada para medir dimensões lineares. As escalas estão disponíveis em vários comprimentos: as escalas métricas têm comprimentos-padrão de 150, 300, 600 e 1000 mm, com graduações de 1 ou 0,5 mm e, nos EUA, os comprimentos mais comuns das escalas são 6, 12 e 24 in, com graduações de 1/32, 1/64 ou 1/100 in.

Compassos são instrumentos de medição não graduados. Um compasso é constituído por duas hastes ligadas por um mecanismo de articulação, como na Figura A4.1. As extremidades das hastes ficam em contato com as superfícies do objeto a ser medido, enquanto a articulação tem uma trava que é utilizada para manter as hastes em posição durante a utilização para medição. As pontas da haste que estarão em contato com a peça podem apontar para dentro ou para fora. Quando elas apontam para dentro, como na Figura A4.1, o instrumento é chamado *compasso externo* e é usado para medir as dimensões externas, tais como um diâmetro. Quando apontam para fora, é chamado *compasso interno*, que é usado para medir a distância entre duas superfícies internas. No *compasso reto*, as hastes são retas e as extremidade são endurecidas e pontiagudas. Os compassos retos são utilizados para transferir e medir as distâncias entre dois pontos ou o comprimento de uma linha sobre uma superfície, e para traçagem de círculos ou arcos sobre uma superfície.

Uma variedade de paquímetros graduados estão disponíveis para diferentes tipos de medidas. O mais simples é o *paquímetro universal*, que consiste em uma régua de aço a qual duas hastes são adicionadas, uma fixa à extremidade do instrumento e a outra que se move, como mostra a Figura A4.2. Os paquímetros podem ser usados para as medições internas ou externas utilizando as faces de referência internas ou externas do instrumento. As duas faces de referência são pressionadas contra as superfícies da peça que serão medidas, e a parte móvel indica a dimensão de interesse. Os paquímetros permitem medições mais exatas e precisas que as escalas. Além da graduação semelhante à da escala, o paquímetro, chamado

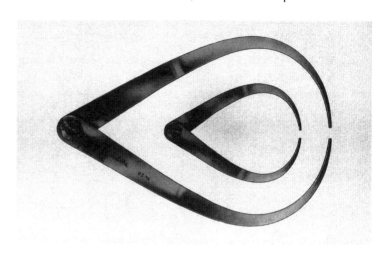

FIGURA A4.1 Dois compassos externos com dimensões diferentes. (Uma cortesia de L.S. Starrett Co.) (Crédito: *Fundamentals of Modern Manufacturing*, 4ª edição por Mikell P. Groover, 2010. Reproduzida com permissão de John Wiley & Sons, Inc.)

paquímetro de vernier, pode ter graduação menor, como é apresentada na Figura A4.3. Neste caso, a haste móvel inclui uma escala vernier, em homenagem a P. Vernier (1580-1637), matemático francês que a inventou. O vernier fornece graduações de 0,01 mm no SI (ou 0,001 in na USCS), muito mais preciso que a graduação da escala.

O *micrômetro* é um instrumento de medição bastante preciso e amplamente utilizado, seu formato mais comum consiste em um eixo e um corpo em forma de C, como na Figura A4.4. O eixo gira e translada em relação à parte fixa do micrômetro por uma rosca fina. Em um micrômetro típico americano, cada rotação do eixo representa 0,025 in de movimento linear. Conectado ao fuso é colocado um colar com 25 marcas em torno de sua circunferência, cada marca correspondente a 0,001 in. A luva do micrômetro normalmente também tem uma escala vernier, que permite resoluções até 0,0001 in. Em um micrômetro com escala métrica, as graduações são de 0,01 mm. Micrômetros modernos (e também paquímetros) apresentam mostradores eletrônicos que exibem uma leitura digital da medição (como em nossa figura). Estes instrumentos são mais fáceis de ler e eliminam grande parte do erro humano associado à leitura de dispositivos convencionais.

Os tipos de micrômetros mais comuns são: (1) *micrômetro externo*, apresentado na Figura A4.4, encontrado em diversas dimensões padronizadas, (2) *micrômetro interno*, que consiste em um conjunto com uma parte superior em forma de eixo e um conjunto de hastes com diferentes comprimentos para medir diferentes faixas de dimensões, e (3) *micrômetros de profundidade*, semelhantes a um micrômetro interno adaptado para medir a profundidade de um furo.

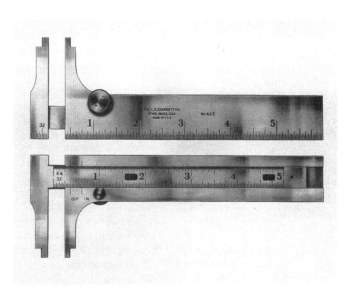

FIGURA A4.2 Dois lados opostos de um paquímetro. (Uma cortesia de L.S. Starrett Co.) (Crédito: *Fundamentals of Modern Manufacturing*, 4ª edição por Mikell P. Groover, 2010. Reproduzida com permissão de John Wiley & Sons, Inc.)

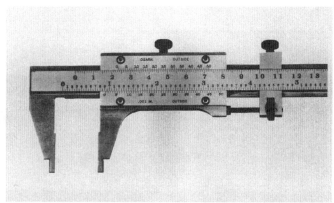

FIGURA A4.3 Paquímetro de Vernier. (Uma cortesia de L.S. Starrett Co.) (Crédito: *Fundamentals of Modern Manufacturing*, 4ª edição por Mikell P. Groover, 2010. Reproduzida com permissão de John Wiley & Sons, Inc.)

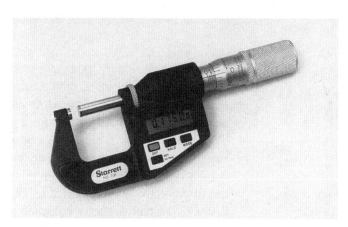

FIGURA A4.4 Micrômetro externo, padrão com 1 polegada e leitura digital. (Uma cortesia de L.S. Starrett Co.) (Crédito: *Fundamentals of Modern Manufacturing*, 4ª edição por Mikell P. Groover, 2010. Reproduzida com permissão de John Wiley & Sons, Inc.)

A4.1.3 INSTRUMENTOS DE MEDIÇÃO POR COMPARAÇÃO

Os instrumentos de medição por comparação são utilizados para fazer comparações dimensionais entre dois objetos, tais como uma peça fabricada e uma superfície de referência. Normalmente, eles não são capazes de proporcionar um valor absoluto da medida de interesse, eles quantificam a magnitude e a direção do desvio entre as superfícies de dois objetos. Os instrumentos desta categoria podem ser instrumentos mecânicos ou eletrônicos.

Instrumentos de Comparação Mecânicos *Instrumentos mecânicos* são projetados para ampliar o desvio entre duas superfícies mecanicamente a fim de permitir a observação. O instrumento mais comum nesta categoria é o ***relógio comparador***, como mostra a Figura A4.5, que converte o movimento linear de um ponteiro de contato e amplifica na rotação de uma agulha de marcação. O mostrador é formado por marcações finas de medida, de 0,01 mm (ou 0,001 in). Os relógios comparadores são utilizados para medir nivelamento de uma peça, a retitude, o paralelismo, a perpendicularidade, a circularidade e a excentricidade em muitas aplicações. Uma configuração típica para medir excentricidade de um eixo é ilustrada na Figura A4.6.

FIGURA A4.5 Relógio comparador: na direita, o relógio apresenta a face em que realiza a leitura graduada e, na esquerda, o relógio foi girado e pode-se observar o mecanismo interno, pois a placa de cobertura foi removida. (Uma cortesia de Federal Products Co., Providence, RI.) (Crédito: *Fundamentals of Modern Manufacturing*, 4ª edição por Mikell P. Groover, 2010. Reproduzida com permissão de John Wiley & Sons, Inc.)

FIGURA A4.6 Montagem do relógio comparador para medir a excentricidade de um eixo: o elemento é girado no seu eixo entre pontas, e o ponteiro mostra variações da superfície em relação ao centro de rotação.

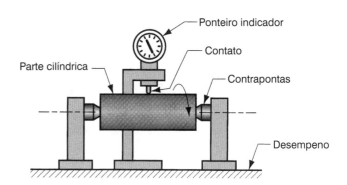

Instrumentos de Comparação Eletrônicos Os instrumentos eletrônicos são capazes de converter um deslocamento linear num sinal elétrico, e existem diferentes instrumentos que têm esta característica. O sinal elétrico é amplificado e transformado em um conjunto de dados adequado, com leitura digital, como na Figura A4.4. A utilização de instrumentos eletrônicos cresceu rapidamente nos últimos anos, impulsionada pelos avanços da tecnologia de microprocessadores, e eles estão gradualmente substituindo muitos dispositivos de medição convencionais. Algumas vantagens de medidores eletrônicos podem ser citadas como: (1) ter boa sensibilidade, exatidão, precisão, repetibilidade e velocidade de resposta, (2) apresentar capacidade de medir dimensões bem pequenas até a 0,025 mm (1 μin), (3) ter facilidade operacional, (4) reduzir o erro humano; (5) o sinal elétrico pode ser exibido em vários formatos, e (6) poder ser interligado com os sistemas de computador para processamento de dados.

A4.1.4 INSTRUMENTOS DE MEDIDAS ANGULARES

Vários estilos de *transferidores* podem ser utilizados para medir ângulos de uma peça. Um *transferidor simples* consiste em uma lâmina que gira em relação a um corpo semicircular, que é tracejado com marcações de unidades angulares (em graus ou radianos). Para usar, deve-se girar a lâmina para a posição angular correspondente à certa inclinação ou face da peça a ser medida, e o ângulo é lido na escala angular. Um *transferidor universal*, Figura A4.7, consiste em duas lâminas retas que giram pivotadas relativamente uma em relação à outra. O conjunto pivotado tem uma escala angular que permite que o ângulo formado pelas lâminas seja lido. Quando equipado com um vernier, o transferidor universal pode informar ângulos com até cerca de 5 min; sem o vernier a resolução é de apenas cerca de 1 grau.

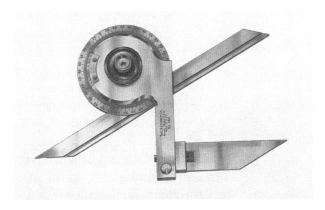

FIGURA A4.7 Transferidor com escala de Vernier. (Uma cortesia de L.S. Starrett Co.) (Crédito: *Fundamentals of Modern Manufacturing*, 4ª edição por Mikell P. Groover, 2010. Reproduzida com permissão de John Wiley & Sons, Inc.)

A4.2 METROLOGIA DE SUPERFÍCIE

A avaliação de superfícies consiste em observar duas características principais: (1) textura superficial e (2) a integridade da superfície. Esta seção apresenta as técnicas que realizam a medição destas características.

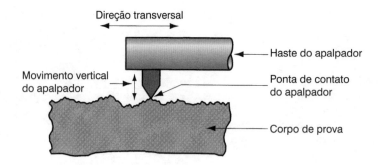

FIGURA A4.8 Ilustração da operação do apalpador de um rugosímetro. O apalpador atravessa horizontalmente sobre a superfície enquanto acompanha o perfil da superfície se movendo verticalmente. O movimento vertical pode ser convertido em (1) um perfil da superfície ou (2) no valor da média aritmética da rugosidade. (Crédito: *Fundamentals of Modern Manufacturing*, 4ª edição por Mikell P. Groover, 2010. Reproduzida com permissão de John Wiley & Sons, Inc.)

A4.2.1 MEDIDA DA RUGOSIDADE DA SUPERFÍCIE

Os métodos utilizados para avaliar a rugosidade de superfície podem ser divididos em três categorias: (1) comparação subjetiva com superfícies-padrão, (2) rugosímetros com apalpador eletrônico, e (3) técnicas ópticas.

Teste de Comparação com Superfícies-Padrão Para estimar a rugosidade de uma dada amostra de teste, é possível utilizar um conjunto de blocos com diferentes acabamentos de superfície com valores de rugosidades diferentes, específicas e padronizadas.[1] A superfície avaliada é comparada visualmente com o padrão, ou é realizada uma comparação tátil entre eles. Nesta segunda opção, o inspetor utiliza o tato das pontas dos dedos ou passa a unha na superfície e avalia que padrão está mais próximo do corpo de prova. O teste usando as superfícies dos blocos de rugosidades é uma forma prática para o operador obter uma estimativa da rugosidade da superfície. Eles também são úteis para os engenheiros de projeto em definir o valor da rugosidade da superfície e especificá-la em um desenho mecânico.

Rugosímetro com Apalpador O teste realizado com os blocos de rugosidade é bastante subjetivo. Assim, de forma similar ao teste realizado pelo operador, porém mais científica, um rugosímetro utiliza um apalpador de diferentes tipos para medir a rugosidade da superfície. O rugosímetro é um dispositivo eletrônico que utiliza apalpadores de diamante em formato cônico com raio de ponta com cerca de 0,005 mm (0,0002 in) ou apalpadores com ponta com ângulo de 90°, que atravessam toda a parte da superfície a ser testada a uma velocidade constante e lenta. A operação é representada na Figura A4.8. À medida que o apalpador se desloca na horizontal, ele também se move verticalmente para seguir os desvios de superfície, gerando um sinal elétrico ao dispositivo que representa a topografia da superfície. O resultado pode ser apresentado na forma impressa e amplificada do perfil da superfície ou na forma da média aritmética da rugosidade. *Perfilômetros* (ou rugosímetros de forma) utilizam uma mesa própria (um desempeno) como uma superfície de referência nominal sobre a qual os desvios são medidos. Os sinais de saída compõem uma superfície cujo contorno foi a trajetória percorrida pelo apalpador. Este tipo de sistema pode identificar rugosidade e ondulação. ***Rugosímetros portáteis******** simplificam os desvios de rugosidade a um único valor de R_a. Estes equipamentos usam uma superfície deslizante de apoio na superfície para estabelecer o plano nominal de referência. O sistema de deslizamento (patim) atua como um filtro mecânico para reduzir o efeito da ondulação da superfície. De fato, o que é realizado por eles para efetuar o cálculo é computar eletronicamente o que é descrito na Equação (4.1).

---

[1] Na USCS, estes blocos têm superfícies com rugosidades de 2, 4, 8, 16, 32, 64 e 128 micropolegadas.

* A expressão original *Averaging Devices* não apresenta uma expressão similar em português. (N.T.)

Técnicas Ópticas A maior parte dos outros instrumentos de medição utiliza técnicas ópticas para encontrar a rugosidade. Estas técnicas se baseiam na reflexão da luz sobre a superfície, dispersão ou difusão de luz e tecnologia laser. Estes equipamentos são úteis nas aplicações em que não se deseja que haja o contato do apalpador com a superfície. Algumas destas técnicas permitem inspeções em velocidade bem mais altas e, com isso, possibilitam que a inspeção seja realizada na totalidade da peça. Contudo, as técnicas óticas podem produzir valores que não estão sempre bem correlacionados com as medidas realizadas pelos instrumentos que usam o apalpador.

A4.2.2 AVALIAÇÃO DA INTEGRIDADE SUPERFICIAL

A integridade superficial é de mais difícil avaliação que a rugosidade superficial. Algumas técnicas para inspecionar mudanças subsuperficiais são destrutivas ao material do corpo de prova. As técnicas de avaliação da integridade superficial são:

➢ *Textura de superfície.* A rugosidade da superfície, descrição dos sulcos e outras medidas correlacionadas fornecem informações sobre a integridade da superfície. Este tipo de teste é relativamente simples de ser executado e é sempre realizado na avaliação da integridade superficial.

➢ *Inspeção visual.* A inspeção visual pode revelar diversos defeitos, como trincas, crateras, dobras e emendas. Este tipo de teste é usualmente realizado com técnicas fluorescentes e fotográficas para aumentar a nitidez da superfície.

➢ *Exame microestrutural.* Este procedimento envolve técnicas metalográficas padronizadas para o preparo de seções transversais da superfície, e para obtenção das micrografias fotográficas a fim de examinar a microestrutura nas camadas da superfície comparadas com o substrato.

➢ *Perfil de microdureza.* Diferenças na dureza próximas à superfície podem ser detectadas utilizando técnicas de medida de microdureza como a dureza Knoop e a Vickers (Seção 3.2.1). A peça é cortada na direção transversal à superfície e a dureza é medida ao longo da distância abaixo da superfície. Esta variação é representada graficamente para descrever o perfil de dureza ao longo da seção transversal.

➢ *Perfil de tensões residuais.* Técnicas de difração de raios X são utilizadas para medir tensões residuais nas camadas da superfície de uma peça.

Parte II Processos de Solidificação

5 FUNDAMENTOS DA FUNDIÇÃO DE METAIS

Sumário

5.1 Resumo da Tecnologia de Fundição
  5.1.1 Processos de Fundição
  5.1.2 Fundição em Moldes de Areia

5.2 Aquecimento e Vazamento
  5.2.1 Aquecimento do Metal
  5.2.2 Vazamento do Metal Fundido
  5.2.3 Engenharia dos Sistemas de Vazamento

5.3 Solidificação e Resfriamento
  5.3.1 Solidificação dos Metais
  5.3.2 Tempo de Solidificação
  5.3.3 Contração de Solidificação
  5.3.4 Solidificação Direcional
  5.3.5 Projeto de Massalotes

Nesta parte do livro, consideraremos os processos de fabricação em que o material de partida é um líquido ou está numa condição altamente plástica, e uma peça é criada a partir da solidificação do material. Processos de fundição e moldagem dominam essa categoria de operações de conformação. Os processos que envolvem solidificação podem ser classificados de acordo com o material de engenharia que é processado: (1) metais, (2) cerâmicas, especificamente vidros,[1] e (3) polímeros e compósitos de matriz polimérica (CMPs). Fundição de metais é coberta neste e no capítulo seguinte, conformação de vidros é abordada no Capítulo 7 e o processamento de polímeros e de CMP é tratado nos Capítulos 8 e 9.

Fundição é um processo no qual metal fundido flui pela força da gravidade, ou por ação de outra força, num molde em que ele solidifica com a forma da cavidade do molde. O termo *fundido* é aplicado ao componente ou peça obtido por esse processo. É um dos processos de fabricação mais antigos, remontando seis mil anos. O princípio da fundição parece simples: fundir o metal, vertê-lo no molde e deixá-lo resfriar e solidificar; no entanto, existem vários fatores e variáveis que devem ser considerados para resultar numa operação bem-sucedida.

---

[1] Dentre as cerâmicas, somente os vidros são processados por solidificação; cerâmicas tradicionais e avançadas são conformadas mecanicamente usando processamento de particulados (Capítulo 11).

O processo de fundição inclui a fundição de lingotes e a fundição de peças. O termo *lingote* é usualmente associado com a indústria metalúrgica primária; ele descreve um fundido de grande porte que possui forma simples com o intuito de ser subsequentemente conformado de maneira mecânica por processos como laminação ou forjamento. A *fundição de peças* envolve a produção de geometrias mais complexas que são muito mais próximas da forma desejada final da peça ou do produto. Este capítulo e o seguinte se dedicam mais à fundição de peças que especificamente à fundição dos lingotes.

Uma variedade de métodos de conformação por solidificação está disponível, tornando assim a fundição um dos mais versáteis de todos os processos de fabricação. Dentre suas capacitações e vantagens, estão as seguintes:

➢ A fundição pode ser usada para criar peças com geometrias complexas, incluindo formas externas e internas;

➢ Alguns processos de fundição são capazes de produzir peças com a forma final (*net shape*): nenhuma operação de manufatura é necessária para se atingir a geometria e dimensões requeridas pela peça. Outros processos de fundição alcançam geometrias próximas à final (*near net shape*), para os quais alguma etapa de processamento adicional é requerida (usualmente usinagem) de forma a atingir dimensões e detalhes de exatidão;

➢ A fundição pode ser usada para produzir peças de grande porte, como, por exemplo, fundidos com peso superior a 100 ton;

➢ O processo de fundição pode ser aplicado a qualquer metal que possa ser aquecido até o estado líquido;

➢ Alguns métodos de fundição são particularmente adequados à produção seriada.

Há também desvantagens associadas com a fundição — diferentes desvantagens para diferentes métodos de fundição. Essas incluem limitações em propriedades mecânicas, porosidade, baixa precisão dimensional e acabamento superficial para alguns processos de fundição, riscos à segurança durante o processamento de metais líquidos quentes e problemas ambientais.

Peças fabricadas por processos de fundição variam em tamanho de pequenos componentes, pesando apenas poucos gramas, até produtos muito grandes pesando toneladas. A lista de peças inclui coroas dentais, joias, estátuas, fogão à lenha, blocos de motor e cabeçotes para veículos automotivos, bases de máquinas, rodas ferroviárias, frigideiras, tubos e carcaças de bombas. Todos os tipos de metais ferrosos e não ferrosos, podem ser fundidos.

Fundição também pode ser usada em outros materiais como os polímeros e cerâmicas; entretanto, os detalhes são suficientemente diferentes e podemos adiar a discussão sobre os processos de fundição para esses materiais para os últimos capítulos da Parte II. Este capítulo e o seguinte tratam exclusivamente da fundição de metais. Aqui, discutiremos os fundamentos que são aplicados a virtualmente todas as operações de fundição. No capítulo seguinte, cada processo de fundição é descrito, junto com algumas questões de projeto que devem ser consideradas quando se opta por fabricar peças por fundição.

5.1 RESUMO DA TECNOLOGIA DE FUNDIÇÃO

Como um processo de produção, a fundição de peças é usualmente feita numa *fábrica* — denominada *fundição** — equipada para produzir moldes, fundir e lidar com metal no estado líquido, executar o vazamento e dar acabamento à peça fundida. Os trabalhadores que executam as operações de fundição nessas fábricas são chamados *fundidores*.

---

* Em inglês, duas palavras traduzem o termo "fundição" com significados distintos: as palavras *casting*, o ato de fundir, e *foundry*, a fábrica onde se realiza o processo, como apresenta a versão original. (N.T.)

5.1.1 PROCESSOS DE FUNDIÇÃO

A discussão sobre fundição se inicia logicamente pelo molde. O **molde** contém a cavidade cuja geometria determina a forma da peça fundida. O tamanho e a forma reais da cavidade devem ser ligeiramente maiores, de modo a permitir a contração que ocorre no metal durante a solidificação e resfriamento. Diferentes metais apresentam diferentes coeficientes de contração, de tal modo que a cavidade do molde deve ser projetada para um dado metal a ser fundido, caso a precisão dimensional seja crítica. Moldes são feitos de uma variedade de materiais, incluindo areia, gesso, cerâmica e metal. Os diversos processos de fundição são geralmente classificados de acordo com esses tipos de moldes.

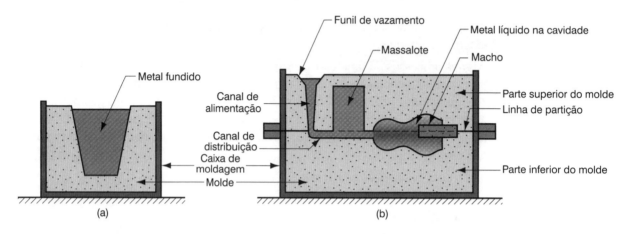

FIGURA 5.1 Dois tipos de molde: (a) molde aberto, meramente um contêiner com a forma da peça desejada; e (b) molde fechado, no qual a geometria do molde é mais complexa e requer um sistema de alimentação (caminho) para que o metal preencha a cavidade. (Crédito: *Fundamentals of Modern Manufacturing*, 4ª Edição por Mikell P. Groover, 2010. Reimpresso com permissão de John Wiley & Sons, Inc.)

Para efetuar uma operação de fundição, o metal é primeiro aquecido a uma temperatura elevada o suficiente para convertê-lo totalmente ao estado líquido. Ele é então vazado, ou de outra forma direcionado, à cavidade do molde. Num **molde aberto**, Figura 5.1(a), o metal líquido é simplesmente vertido até preencher a cavidade. Num **molde fechado**, Figura 5.1(b), um caminho, denominado sistema de alimentação, é previsto para permitir que o metal líquido flua da parte externa do molde até a cavidade. O molde fechado é, de longe, a categoria mais importante na produção de fundidos.

Tão logo o metal fundido atinge o molde, ele começa a resfriar. Quando a temperatura cai o suficiente (isto é, até a temperatura de solidificação para um metal puro), a solidificação, que envolve mudança de fase do metal, tem início. Para completar a mudança de fase, tempo é necessário e calor considerável é removido no processo. É durante essa etapa do processo que o metal assume a forma sólida da cavidade do molde e que muitas das propriedades e características do fundido são estabelecidas.

Uma vez que o fundido se resfriou suficientemente, ele é removido do molde. Dependendo do método de fundição e metal empregados, pode ser necessário processamento posterior. Este pode incluir remoção do excesso de metal da peça fundida (rebarbação), limpeza da superfície, inspeção do produto e tratamentos térmicos para melhorar suas propriedades. Adicionalmente, usinagem (Capítulo 16) pode ser necessária para atingir, em certas regiões, tolerâncias dimensionais mais estreitas e para remover a camada superficial do fundido.

Processos de fundição se subdividem em duas grandes categorias, de acordo com o tipo de molde empregado: fundição em moldes perecíveis e fundição em moldes permanentes. Um **molde perecível** significa que o molde no qual o metal líquido se solidifica deve ser destruído para que se remova a peça fundida. Esses moldes são fabricados com areia, gesso, ou materiais similares, cuja forma é mantida com o uso de aglomerantes de diversos tipos. Fundição em areia é o mais importante exemplo de processos com molde perecível, no qual o metal líquido é vazado num molde à base de areia. Após o metal solidificar e adquirir resistência, o molde precisa ser sacrificado para a remoção do fundido.

O **molde permanente** pode ser utilizado diversas vezes para produzir muitos fundidos. Ele é feito em metal (ou, menos comumente, numa cerâmica refratária) que pode resistir às elevadas temperaturas envolvidas nas operações de fundição. Na fundição em moldes permanentes, o molde consiste em duas (ou mais) seções que podem ser abertas para permitir a remoção da peça acabada. Fundição sob pressão é o processo mais conhecido desse grupo.

Fundidos com geometria mais complexa são geralmente obtidos com processos que utilizam moldes perecíveis. Peças fabricadas por solidificação em moldes permanentes são limitadas pela necessidade de abertura do molde. Por outro lado, alguns processos que usam moldes permanentes apresentam certa vantagem econômica em situações de alta produção. Discutiremos os processos de moldes perecíveis e moldes permanentes no Capítulo 6.

5.1.2 FUNDIÇÃO EM MOLDES DE AREIA

Fundição em moldes de areia é, de longe, o processo de fundição mais importante. A fundição em moldes de areia será usada para descrever os aspectos básicos de um molde. Figura 5.1(b) mostra a vista da seção transversal de um típico molde de areia, indicando a terminologia utilizada. O molde consiste em duas metades: parte superior e parte inferior. A **parte superior** é a metade de cima do molde, e a **parte inferior**, a de baixo. Essas duas partes são contidas numa **caixa de moldagem**, também bipartida. As duas metades do molde são separadas pela **linha de partição**.

Na fundição em areia (e em outros processos com moldes perecíveis), a cavidade do molde é formada a partir de um **modelo**, que é feito de madeira, metal, plástico, ou outro material, e tem a forma da peça que será fundida. A cavidade é formada pela compactação da areia ao redor do modelo, cada metade numa caixa (superior e inferior), de tal forma que, quando o modelo é removido, o vazio remanescente tem a forma desejada para a peça fundida. O modelo é geralmente fabricado em tamanho maior para permitir a contração do metal quando ele solidifica e resfria. A areia empregada na fabricação do molde é úmida e contém um aglomerante para manter sua forma.

A cavidade no molde dá origem à superfície externa da peça fundida. Adicionalmente, a peça pode ter cavidades internas. As superfícies internas são obtidas com o uso do **macho**, um componente colocado dentro do molde para definir a geometria do interior da peça. Na fundição em areia, os machos são em geral fabricados em areia, embora outros materiais possam ser usados, como metais*, gesso e cerâmicas.

Num molde de fundição, o **sistema de alimentação** compreende o canal, ou rede de canais, através dos quais o metal flui do exterior para a cavidade do molde. Como mostrado na figura, o sistema de alimentação tipicamente consiste num **canal de alimentação** (também chamado **canal**), através do qual o metal entra no **canal de distribuição** e é conduzido à cavidade principal. No topo do canal, um **funil de vazamento** (ou bacia de vazamento) é em geral usado para minimizar respingos e turbulência à medida que o metal flui no canal de alimentação. É mostrado no nosso diagrama como um simples funil cônico. Alguns funis de vazamento são projetados na forma de bacias, com um canal aberto conduzindo o metal ao canal de alimentação.

Adicionalmente ao sistema de alimentação, qualquer fundido que tenha contração significante requer um massalote conectado à cavidade principal. O **massalote**** é um reservatório de metal que serve como uma fonte de metal líquido para o fundido compensar a contração durante a solidificação. O massalote deve ser projetado para resfriar após a peça fundida (ou parte dela) de forma a atender à sua função.

---

* O uso de metais neste caso é bastante raro. (N.T.)
** Massalote é também chamado alimentador ou montante. (N.T.)

À medida que o metal flui dentro do molde, o ar que previamente ocupava a cavidade e, também, os gases quentes formados pelas reações no metal fundido devem ser evacuados para que o metal preencha por completo o espaço vazio. Na fundição em areia, por exemplo, a porosidade natural do molde em areia permite que ar e gases escapem através das paredes da cavidade. Nos moldes permanentes metálicos, pequenos canais de ventilação são broqueados no molde ou usinados na linha de partição para permitir a remoção de ar e gases.

5.2 AQUECIMENTO E VAZAMENTO

Para realizar uma operação de fundição, o metal deve ser aquecido a uma temperatura um pouco acima do seu ponto de fusão, e então vazado dentro da cavidade do molde para solidificar. Nesta seção, consideraremos diversos aspectos dessas duas etapas da fundição.

5.2.1 AQUECIMENTO DO METAL

Fornos de aquecimento de diversos tipos (Seção 6.4.1) são usados para aquecer um metal a uma temperatura suficiente para a fundição. A energia térmica requerida é a soma de (1) o calor para aumentar a temperatura até a temperatura de fusão, (2) o calor de fusão para convertê-lo do estado sólido ao líquido, e (3) o calor para que o metal líquido atinja a temperatura adequada ao vazamento. Isto pode ser expresso:

$$H = \rho V \left\{ C_s \left(T_f - T_o \right) + H_f + C_l \left(T_v - T_f \right) \right\} \tag{5.1}$$

em que, H = calor total necessário para aumentar a temperatura do metal até a temperatura de vazamento, J (Btu); ρ = massa específica, g/cm^3 (lbm/in^3); C_s = calor específico do metal sólido, J/g-C (Btu/lbm-F); T_f = temperatura de fusão do metal, °C (°F); T_o = temperatura de partida — usualmente, a ambiente, °C (°F); H_f = calor de fusão, J/g (Btu/lbm); C_l = calor específico do metal líquido, J/g-C (Btu/lbm-F); T_v = temperatura de vazamento, °C (°F); e V = volume do metal que está sendo aquecido, cm^3 (in^3).

A Equação (5.1) tem valor conceitual, mas seu valor computacional é limitado por causa dos seguintes fatores: (1) O calor específico e outras propriedades térmicas de um metal sólido variam com a temperatura, especialmente se o metal passa por mudanças de fase durante o aquecimento. (2) O calor específico de um metal pode ser diferente nos estados sólido e líquido. (3) A maioria dos metais fundidos é liga, e a maioria das ligas funde num intervalo de temperatura entre as temperaturas *liquidus* e *solidus,* em vez de num único ponto de fusão. (4) Os valores das propriedades requeridas na equação para uma dada liga são, na maioria dos casos, não facilmente disponíveis. (5) Existem perdas significativas de calor para o ambiente durante o aquecimento.

5.2.2 VAZAMENTO DO METAL FUNDIDO

Após a etapa de aquecimento e fusão, o metal está pronto para o vazamento. A introdução do metal fundido no molde, incluindo seu fluxo por meio do sistema de canais e na cavidade do molde, é uma etapa crítica do processo de fundição. Para que essa etapa seja bem-sucedida, o metal deve atingir todas as regiões do molde antes da solidificação. Fatores que afetam a operação de vazamento incluem temperatura de vazamento, velocidade de vazamento e turbulência.

A ***temperatura de vazamento*** é a temperatura do metal fundido no momento em que é introduzido no molde. O que importa aqui é a diferença entre a temperatura no vazamento e a temperatura na qual a solidificação tem início (a temperatura de fusão para um metal puro ou a temperatura *liquidus* para uma liga). Essa diferença de temperatura é algumas vezes referida como o **superaquecimento**. Esse termo é também empregado para a quantidade de calor que deve ser removida do metal fundido entre o vazamento e o início da solidificação [7].

Taxa de vazamento se refere à vazão na qual o metal fundido é vertido no molde. Se a taxa for muito lenta, o metal resfria e para de fluir antes de encher a cavidade. Se a taxa de vazamento for excessiva, turbulência pode se tornar um sério problema. **Turbulência** em escoamento de fluidos é caracterizada por variações erráticas na magnitude e direção da velocidade do fluido. O fluxo é agitado e irregular ao invés de suave e contido, como no fluxo laminar. Fluxo turbulento deve ser evitado durante o vazamento por várias razões. Ele tende a acelerar a formação de óxidos metálicos que podem ficar aprisionados durante solidificação, degradando, assim, a qualidade do fundido. Turbulência também agrava a **erosão do molde**, o desgaste gradual das superfícies do molde devido ao impacto do fluxo de metal fundido. A massa específica da maioria dos metais fundidos é muito maior que a da água e outros fluidos que normalmente utilizamos. Esses metais fundidos são também muito mais reativos quimicamente que à temperatura ambiente. Como consequência, o desgaste causado pelo fluxo desses metais no molde é significativo, em especial sob condições turbulentas. Erosão é especialmente séria quando ocorre na cavidade principal porque a geometria da peça fundida é afetada.

5.2.3 ENGENHARIA DOS SISTEMAS DE VAZAMENTO

Existem diversas correlações que governam o fluxo do metal líquido através do sistema de alimentação e dentro do molde. Uma importante correlação é o **teorema de Bernoulli**, que afirma que a soma das energias (altura, pressão, cinética e fricção) em quaisquer dois pontos do fluxo metálico é igual. Ele pode ser escrito da seguinte forma:

$$h_1 + \frac{p_1}{\rho} + \frac{v_1^2}{2g} + f_1 = h_2 + \frac{p_2}{\rho} + \frac{v_2^2}{2g} + f_2 \quad (5.2)$$

em que h = altura, cm (in), p = pressão no líquido, N/cm² (lb/in²); ρ = massa específica, g/cm³ (lbm/in³); v = velocidade do fluxo metálico, cm/s (in/s); g = constante de aceleração gravitacional, 981 cm/s² (32,2 × 12 = 386 in/s²); e f = perdas em altura devido à fricção, cm (in). Subscritos 1 e 2 indicam dois locais quaisquer do fluxo de líquido.

A Equação de Bernoulli pode ser simplificada de vários modos. Se ignorarmos perdas por fricção (para ser verdadeiro, a fricção afetará o fluxo de líquido através de um molde de areia) e assumirmos que o sistema permanece sob pressão atmosférica o tempo todo, então a equação pode ser reduzida a:

$$h_1 + \frac{v_1^2}{2g} = h_2 + \frac{v_2^2}{2g} \quad (5.3)$$

Ela pode ser usada para determinar a velocidade do metal fundido na base do canal de alimentação. Definamos o ponto 1 no topo do canal e o ponto 2 em sua base. Se o ponto 2 for usado como plano de referência, então a altura nesse ponto será zero ($h_2 = 0$) e h_1 é a altura (comprimento) do canal. Quando o metal é vazado na bacia de vazamento e transborda do canal, sua velocidade inicial no topo é zero ($v_1 = 0$). Assim, a Eq. (5.3) é simplificada para

$$h_1 = \frac{v_2^2}{2g}$$

que pode ser resolvida para determinar a velpocidade do fluxo:

$$v = \sqrt{2gh} \quad (5.4)$$

em que v = velocidade do metal líquido na base do canal, cm/s (in/s); g = 981 cm/s² (386 in/s²); e h = a altura do canal, cm (in).

Outra correlação importante durante o vazamento é a *lei de continuidade*, que afirma que a vazão é igual à velocidade multiplicada pela área da seção transversal do canal que contém o líquido. A lei de continuidade pode ser expressa:

$$Q = v_1 A_1 = v_2 A_2 \quad (5.5)$$

em que Q = vazão, cm³/s (in³/s); v = velocidade; A = área da seção transversal do líquido, cm² (in²); e os subscritos se referem a dois pontos quaisquer do sistema. Assim, um aumento na área resulta num decréscimo de velocidade e vice-versa.

As Eqs. (5.4) e (5.5) indicam que o canal de alimentação deve ser cônico. À medida que o metal acelera durante sua descida pelo canal, a área da seção transversal deve ser reduzida; de outro modo, com o aumento da velocidade do fluxo metálico em direção à base do canal, ar pode ser aspirado pelo líquido e conduzido até a cavidade do molde. Para minimizar essa condição, o canal é projetado de forma cônica, de tal forma que, no topo e na base, a vazão vA tem o mesmo valor.

Assumindo que o canal de distribuição que vai da base do canal de alimentação até a cavidade do molde é horizontal (e, portanto, a altura h é a mesma da base do canal), a vazão através do canal e dentro da cavidade do molde permanece igual a vA. Consequentemente, podemos estimar o tempo requerido para encher a cavidade de um molde de volume V como

$$T_{EM} = \frac{V}{Q} \quad (5.6)$$

em que T_{EM} = tempo de enchimento do molde, s; V = volume da cavidade do molde, cm³ (in³); e Q = vazão, como definido anteriormente. O tempo de enchimento do molde computado pela Eq. (5.6) deve ser considerado como tempo mínimo. Isto porque a análise feita ignora perdas por fricção e possível restrição do fluxo dentro do sistema de alimentação; assim, o tempo de enchimento do molde será maior que o dado pela Eq. (5.6).

Exemplo 5.1 Cálculo de Sistemas de Vazamento

Um canal de alimentação de um molde tem 20 cm de comprimento, e a área da seção transversal na base é igual a 2,5 cm². O canal alimenta um canal de distribuição horizontal até a cavidade do molde cujo volume é 1560 cm³. Determine: (a) velocidade do metal fundido na base do canal, (b) vazão do líquido, e (c) tempo para encher o molde.

Solução: (a) A velocidade do fluxo metálico na base do canal é dada pela Eq. (5.4):

$$v = \sqrt{2(981)(20)} = 198,1 \text{ cm/s}$$

(b) A vazão é igual a

$$Q = (2,5 \text{ cm}^2)(198,1 \text{ cm/s}) = 495 \text{ cm}^3/\text{s}$$

(c) O tempo requerido para encher a cavidade do molde de 1560 cm³ a essa vazão é

$$T_{EM} = 1560 / 495 = 3,2 \text{ s}$$

5.3 SOLIDIFICAÇÃO E RESFRIAMENTO

Após o vazamento no molde, o metal fundido resfria e solidifica. Nessa seção examinaremos o mecanismo físico da solidificação que ocorre durante a fundição. Aspectos associados com a solidificação incluem o tempo para o metal solidificar, contração de solidificação, solidificação direcional e projeto do massalote.

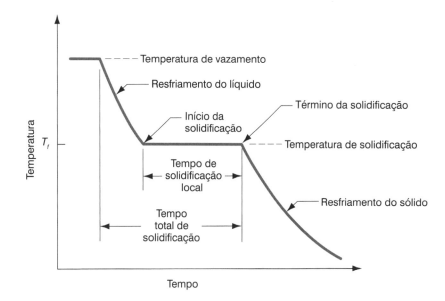

FIGURA 5.2 Curva de resfriamento de um metal puro durante a fundição. (Crédito: *Fundamentals of Modern Manufacturing*, 4ª Edição por Mikell P. Groover, 2010. Reimpresso com permissão de John Wiley & Sons, Inc.)

5.3.1 SOLIDIFICAÇÃO DOS METAIS

A solidificação envolve a transformação do metal líquido novamente para o estado sólido. O processo de solidificação difere se o metal for um elemento puro ou uma liga.

Metais Puros Um metal puro solidifica a uma temperatura constante, temperatura de solidificação, que é igual à temperatura de fusão. O ponto de fusão de metais puros é bem conhecido e documentado (Tabela 3.10). O processo ocorre ao longo do tempo como mostrado na Figura 5.2, denominada curva de resfriamento. A solidificação propriamente dita leva um tempo, chamado ***tempo de solidificação local*** do fundido, durante o qual o calor latente de fusão é liberado para o molde. O ***tempo de solidificação total*** é o tempo entre o vazamento e o fim da solidificação. Após o fundido estar totalmente solidificado, o resfriamento continua a uma taxa indicada pela inclinação da curva de resfriamento.

Por causa da extração de calor pela parede do molde, imediatamente após o vazamento, é formada uma fina camada de metal sólido na interface com o molde. A espessura da camada aumenta formando uma casca em volta do metal fundido à medida que a solidificação progride em direção ao centro da cavidade. A velocidade com que a solidificação avança depende da transferência de calor para o molde, assim como das propriedades térmicas do molde.

É de interesse examinar a formação dos grãos metálicos e seu crescimento durante o processo de solidificação. O metal que forma a camada inicial foi de modo rápido resfriado pela extração de calor por meio das paredes do molde. Esse resfriamento causa a formação de grãos finos e aleatoriamente orientados na camada solidificada. Com a continuação do resfriamento, grãos adicionais são formados e crescem na direção contrária da transferência de calor. Uma vez que a transferência de calor ocorre por meio da camada e da parede do molde, os grãos crescem para o interior como agulhas ou protuberâncias de metal sólido. À medida que essas protuberâncias crescem, braços laterais são formados e, com o crescimento desses braços, adicionais braços se formarão perpendicularmente aos primeiros. Esse tipo de crescimento é referido como ***crescimento dendrítico***, e ocorre não somente na solidificação de metais puros, mas também na solidificação de ligas. Com o resfriamento, os espaços entre essas estruturas similares a árvores (dendritas) são gradualmente preenchidos com metal adicional até que a solidificação termine. Os grãos resultantes desse crescimento dendrítico assumem uma orientação preferencial, tendendo a grãos colunares grosseiros alinhados na direção do centro do fundido. A formação de grãos resultante é ilustrada na Figura 5.3.

FIGURA 5.3 Estrutura de grãos característica de um metal puro fundido, mostrando camada de grãos finos aleatoriamente orientados próximo à parede do molde, e grãos colunares grosseiros orientados em direção ao centro do fundido. (Crédito: *Fundamentals of Modern Manufacturing*, 4ª Edição por Mikell P. Groover, 2010. Reimpresso com permissão de John Wiley & Sons, Inc.)

Ligas metálicas A maioria das ligas solidifica numa faixa de temperatura ao invés de numa única temperatura. A faixa exata depende do sistema da liga e da composição pretendida. Solidificação de uma liga pode ser explicada com a ajuda da Figura 5.4, que mostra o diagrama de fases de uma liga particular e a curva de resfriamento para uma determinada composição. À medida que a temperatura cai, a solidificação tem início na temperatura ***liquidus*** e é completada quando a temperatura ***solidus*** é alcançada. O início da solidificação é similar ao que ocorre com o metal puro. Uma fina camada sólida é formada na parede do molde devido ao grande gradiente de temperatura nessa superfície. A solidificação então progride como anteriormente descrito, com a formação de dendritas que crescem a partir das paredes do molde. Entretanto, devido à diferença entre as temperaturas *liquidus* e *solidus*, a natureza do crescimento dendrítico é tal que uma frente de solidificação é formada, na qual metal sólido e metal líquido coexistem. A parte sólida é a estrutura dendrítica que foi formada e aprisionou pequenas ilhas de metal líquido entre seus braços. A região de coexistência sólido-líquido tem uma consistência macia, o que motivou ser chamada de ***zona pastosa***. Dependendo das condições de resfriamento, a zona pastosa pode ser relativamente estreita, ou ela pode se estender por quase toda a peça fundida. Essa última condição ocorre quando estão presentes fatores como baixa taxa de transferência de calor do metal líquido e uma larga diferença entre as temperaturas *liquidus* e *solidus*. De forma gradual, as ilhas de líquido da matriz dendrítica solidificam à medida que a temperatura do fundido cai e se aproxima da temperatura *solidus* da liga.

Outro aspecto que complica a solidificação de ligas é que a composição das dendritas em seu início de formação é mais rica nos elementos de mais alta temperatura de fusão. Com a continuação da solidificação e o crescimento dendrítico, se desenvolve um desequilíbrio de composição química entre o metal já solidificado e o metal fundido remanescente. Esse desequilíbrio na composição está presente no produto fundido na forma de segregação dos elementos químicos. A segregação pode ser de dois tipos, microscópica e macroscópica. No nível microscópico, a composição química varia de grão para grão individualmente. Isso é devido ao fato de que a protuberância inicial de cada dendrita apresenta maior teor de um dos elementos de liga. À medida que as dendritas crescem, elas o fazem utilizando o metal líquido remanescente que teve o teor do primeiro componente parcialmente reduzido. Ao fim da solidificação, o último metal a solidificar é o que ficou retido entre os braços das dendritas, e sua composição é ainda mais distante da composição nominal da liga. Assim, teremos uma variação na composição química dentro de cada grão do fundido.

No nível macroscópico, a composição química varia ao longo da peça fundida. Uma vez que regiões do fundido que solidificaram primeiro (próximo às paredes do molde) são mais

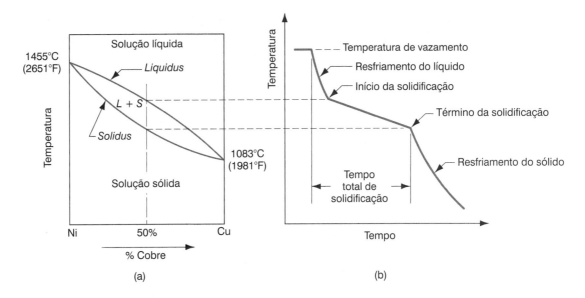

FIGURA 5.4 (a) Diagrama de fases para um sistema de ligas cobre-níquel e (b) curva de resfriamento correspondente à fundição da liga com composição 50%Ni-50%Cu. (Crédito: *Fundamentals of Modern Manufacturing*, 4ª Edição por Mikell P. Groover, 2010. Reimpresso com permissão de John Wiley & Sons, Inc.)

FIGURA 5.5 Estrutura de grãos característica de uma liga fundida, mostrando segregação dos componentes de liga na região central do fundido. (Crédito: *Fundamentals of Modern Manufacturing*, 4ª Edição por Mikell P. Groover, 2010. Reimpresso com permissão de John Wiley & Sons, Inc.)

ricas num dado componente, no momento que a solidificação ocorre na parte central, o metal líquido remanescente estará empobrecido naquele elemento de liga. Assim, há uma segregação geral ao longo da seção transversal da peça, algumas vezes denominada ***segregação de lingote***, como ilustrado na Figura 5.5.

Ligas eutéticas Ligas eutéticas constituem uma exceção ao processo geral pelo qual as ligas solidificam. A ***liga eutética*** é uma composição particular de um sistema de ligas no qual a temperatura *solidus* é igual à temperatura *liquidus*. Assim, a solidificação ocorre à temperatura constante (denominada ***temperatura eutética***) em vez de se dar num intervalo de temperatura. Exemplos de ligas eutéticas utilizadas em fundição incluem ligas alumínio-silício (11,6% Si) e ferro fundido (4,3% C).

5.3.2 TEMPO DE SOLIDIFICAÇÃO

Independente de o fundido ser um metal puro ou liga, a solidificação leva um tempo. O tempo total de solidificação é o tempo requerido para, após o vazamento, o fundido solidificar. Esse tempo é dependente do tamanho e forma do fundido por uma equação empírica conhecida como **Regra de Chvorinov**, que afirma:

$$T_{TS} = c_m \left(\frac{V}{A}\right)^n \tag{5.7}$$

em que T_{TS} = tempo total de solidificação, min; V = volume do fundido, cm³ (in³); A = área superficial do fundido, cm² (in²); n = exponencial, sendo usualmente utilizado o valor = 2; e C_m é a **constante do molde**. Considerando n = 2, a unidade de c_m é min/cm² (min/in²), e seu valor depende de condições particulares do processo de fundição, incluindo material do molde (por exemplo, calor específico, condutividade térmica), propriedades térmicas do metal fundido (por exemplo, calor de fusão, calor específico, condutividade térmica), e temperatura de vazamento em relação à temperatura de fusão do metal. Para uma dada operação de fundição, o valor de C_m pode ser baseado em dados experimentais de operações anteriores realizadas com o mesmo material de moldagem, metal e temperatura de vazamento, ainda que a forma da peça possa ser razoavelmente diferente.

A Regra de Chvorinov indica que uma peça fundida com maior razão volume/área resfriará e solidificará de forma mais lenta que uma peça com menor razão. Esse princípio é bastante utilizado no projeto de massalotes de um molde. Para atender à função de alimentar com metal fundido a cavidade principal do molde, o metal no massalote precisa permanecer no estado líquido mais tempo que a peça. Em outras palavras, o T_{TS} do massalote precisa ser maior que o T_{TS} da peça principal. Uma vez que as condições do molde são as mesmas para o massalote e a peça, a constante do molde será igual. Projetando um massalote para que tenha maior razão volume/área, estaremos seguros de que a peça solidificará primeiro e os efeitos de contração serão minimizados.

5.3.3 CONTRAÇÃO DE SOLIDIFICAÇÃO

Nossa discussão sobre solidificação negligenciou o impacto da contração que ocorre durante o resfriamento e solidificação. A contração ocorre em três etapas: (1) contração do líquido durante o resfriamento antes da solidificação; (2) contração durante a transformação de fase do líquido para o sólido, denominada **contração de solidificação**; e (3) contração térmica do fundido solidificado durante seu resfriamento até a temperatura ambiente. As três etapas podem ser explicadas usando como referência um fundido cilíndrico num molde aberto, como mostrado na Figura 5.6. O metal fundido imediatamente após o vazamento é mostrado na parte (0) da série. A contração do metal líquido, durante o resfriamento a partir do vazamento até a temperatura de solidificação, causa a redução na altura do líquido em relação à altura original, como em (1) da figura. O total de contração desse líquido é usualmente em torno de 0,5%. A contração de solidificação, vista na parte (2), tem dois efeitos. Primeiro, a contração causa uma redução adicional na altura do fundido. Em segundo lugar, a quantidade de metal líquido disponível para alimentar a parte central superior da peça se torna restrita. Essa é usualmente a última região a solidificar, e a ausência de metal cria um vazio no fundido nessa localização. Essa cavidade de contração é chamada **rechupe** pelos fundidores. Uma vez solidificado, o fundido passa por adicional contração na altura e diâmetro, como em (3). Essa contração é determinada pelo coeficiente de expansão térmica do metal sólido, que nesse caso tem sinal invertido para indicar a contração. Na Tabela 5.1, são apresentados valores de concentração linear típicos de diferentes materiais.

A contração de solidificação ocorre em praticamente todos os metais porque a fase sólida tem massa específica maior que a fase líquida. A transformação de fase que acompanha a solidificação causa a redução no volume por unidade de massa do metal. A exceção é o ferro fundido contendo elevado teor de carbono, porque a etapa de grafitização, que ocorre durante o estágio final de solidificação, resulta numa expansão que tende a compensar a contração volumétrica associada à transformação de fase [7]. Compensação da contração de solidificação é obtida de diversos modos dependendo das operações de fundição. Na fundição em areia, metal líquido é suprido por meio dos massalotes (Seção 5.3.5). Na fundição sob pressão (Seção 6.3.3), o metal fundido é introduzido sob pressão.

Fabricantes de modelos levam em conta a contração térmica ao produzir cavidades de molde superdimensionadas. O quanto maior deve ser o molde relativo ao tamanho final do

Fundamentos da Fundição de Metais

TABELA 5.1 Valores de contração linear típicos para diferentes metais fundidos em decorrência da contração térmica no estado sólido

Metal	Contração Linear	Metal	Contração Linear	Metal	Contração Linear
Ligas de alumínio	1,3%	Magnésio	2,1%	Aço cromo	2,1%
Latão amarelo	1,3% – 1,6%	Liga de magnésio	1,6%	Estanho	2,1%
Ferro fundido cinzento	0,8% – 1,3%	Níquel	2,1%	Zinco	2,6%
Ferro fundido branco	2,1%	Aço-carbono	1,6% – 2,1%		

Compilado de [10].

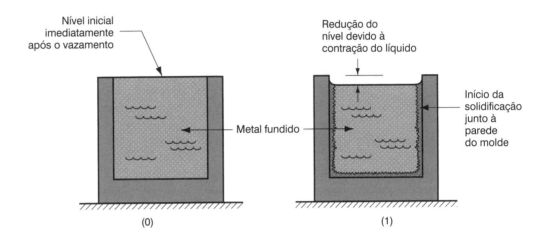

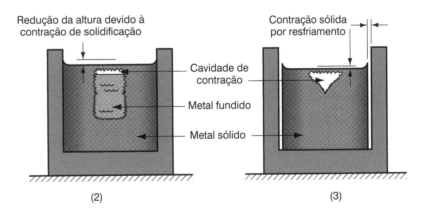

FIGURA 5.6 Contração de um fundido cilíndrico durante a solidificação e resfriamento: (0) nível inicial do metal fundido imediatamente após o vazamento; (1) redução no nível causado pela contração do líquido durante o resfriamento; (2) redução em altura e formação de cavidade de contração causada pela contração de solidificação; (3) adicional redução na altura e diâmetro devido à contração térmica durante o resfriamento do metal sólido. Para maior clareza, as reduções dimensionais foram exageradas nos nossos esquemas. (Crédito: *Fundamentals of Modern Manufacturing*, 4ª Edição por Mikell P. Groover, 2010. Reimpresso com permissão de John Wiley & Sons, Inc.)

fundido é chamado ***compensação do modelo para contração***. Apesar de a contração ser volumétrica, as dimensões do fundido são expressas de forma linear, assim o acréscimo deve ser aplicado sobre as medidas lineares. "Réguas de contração" especiais com escalas métricas ligeiramente alongadas são empregadas para fabricar os modelos e, por conseguinte, os moldes com dimensões apropriadamente maiores que as desejadas para o fundido. A Tabela 5.1 lista valores típicos de contração linear para diversos metais fundidos; esses valores podem ser usados para determinar as escalas das réguas de contração.

5.3.4 SOLIDIFICAÇÃO DIRECIONAL

De modo a minimizar os efeitos nocivos da contração, é desejável que as regiões da peça mais distantes do ponto de suprimento do metal líquido solidifiquem primeiro e a solidificação progrida dessas regiões remotas até o(s) massalote(s). Desse modo, metal fundido estará continuamente disponível nos massalotes de forma a evitar a formação de vazios de contração durante a solidificação. O termo *solidificação direcional* é utilizado para descrever esse aspecto do processo de solidificação e os métodos pelos quais pode ser controlado. A desejada solidificação direcional é obtida seguindo a Regra de Chvorinov no projeto do fundido propriamente dito, na sua posição no molde e no projeto do sistema de massalotes que alimentarão a peça. Por exemplo, com a localização de seções da peça com baixa razão V/A longe do massalote, a solidificação iniciará nessas regiões, e o suprimento de metal líquido para o restante da peça permanecerá aberto até que as seções mais espessas solidifiquem.

Tão importante quanto iniciar a solidificação em regiões apropriadas da cavidade é também evitar a solidificação prematura em seções do molde próximas ao massalote.

Especial cuidado deve se ter com a união do massalote com a cavidade do molde. Essa conexão (ou pescoço) deve ser projetada de tal forma que não solidifique antes do fundido, o que isolaria a peça do metal fundido no massalote. Embora seja em geral indicada a minimização do volume da conexão (para reduzir desperdício de metal), a área da seção transversal deve ser suficientemente grande para retardar o início da solidificação. Esse objetivo é usualmente conseguido fazendo o pescoço curto e largo, de tal forma que absorva calor do metal fundido do massalote e da peça.

5.3.5 PROJETO DE MASSALOTES

Como descrito anteriormente, um massalote, Figura 5.1(b), é usado em moldes de fundição em areia para alimentar a peça com metal líquido durante a solidificação, de forma a compensar a contração de solidificação. A Regra de Chvorinov pode ser empregada para calcular o tamanho do massalote que satisfaça esse requisito. O exemplo seguinte ilustra esse cálculo.

Exemplo 5.2 Projeto de Massalote Utilizando a Regra de Chvorinov

Um massalote cilíndrico para um molde de fundição em areia deve ser projetado. A peça fundida é uma placa retangular em aço com dimensões 7,5 cm × 12,5 cm × 2,0 cm. Observações prévias indicaram que o tempo total de solidificação (T_{TS}) para essa peça = 1,6 min. O cilindro do massalote deverá ter uma razão diâmetro/altura = 1,0. Determine as dimensões do massalote para que T_{TS} = 2,0 min.

Solução: Primeiro, determine a razão V/A para a placa. Seu volume V = 7,5 × 12,5 × 2,0 = 187,5 cm³, e sua área superficial A = 2(7,5 × 12,5 + 7,5 × 2,0 + 12,5 × 2,0) = 267,5 cm². Considerando que T_{TS} = 1,6 min, podemos determinar a constante do molde c_m a partir da Eq. (5.7), com n = 2 na equação.

$$c_m = \frac{T_{TS}}{(V/A)^2} = \frac{1,6}{(187,5/267,5)^2} = 3,26 \text{ min/cm}^2$$

Em seguida, devemos projetar o massalote de tal modo que o tempo total de solidificação seja 2,0 min, utilizando o mesmo valor da constante de molde. O volume do massalote será dado por

$$V = \frac{\pi D^2 h}{4}$$

e a área superficial é dada por $A = \pi D h + \frac{2\pi D^2}{4}$.

Uma vez que estamos considerando $D/h = 1{,}0$, então $D = h$. Substituindo D por h nas fórmulas de volume e área superficial, teremos

$$V = \pi D^3 / 4$$

e

$$A = \pi D^2 + 2\pi D^2 / 4 = 1{,}5\pi D^2$$

Assim, a razão $V/A = D/6$. Usando essa razão na equação de Chvorinov, temos

$$T_{TS} = 2{,}0 = 3{,}26\left(\frac{D}{6}\right)^2 = 0{,}09056\,D^2$$

$$D^2 = 2{,}0 / 0{,}09056 = 22{,}086\,\text{cm}^2$$

$$D = 4{,}7\,\text{cm}$$

Uma vez que $h = D$, então $h = 4{,}7$ cm também. ∎

O massalote representa desperdício de metal, pois será separado da peça fundida e refundido para fabricar outras peças. É desejável que o volume de metal no massalote seja o mínimo. Uma vez que a geometria do massalote é normalmente selecionada para maximizar a razão V/A, isso tende a reduzir o volume do massalote o máximo possível. Observe que, no nosso exemplo, o volume do massalote é $V = \pi(4{,}7)^3/4 = 81{,}5$ cm³, ou seja, somente 44% do volume da placa (peça fundida), mesmo considerando que o tempo total de solidificação é 25% maior que o da peça.

Massalotes podem ser projetados de diferentes modos. O projeto mostrado na Figura 5.1(b) é um **massalote lateral**. Ele é conectado à peça lateralmente por meio de um pequeno conduto. Um **massalote de topo** está conectado com o topo da superfície na parte superior do molde. Massalotes podem ser abertos ou cegos. Um **massalote aberto** é exposto ao exterior no topo da superfície da parte superior do molde. Ele tem como desvantagem permitir maior perda de calor para o exterior, acelerando a solidificação.* Um **massalote cego** é inteiramente contido dentro do molde, como mostrado na Figura 5.1(b).

REFERÊNCIAS

[1] Amstead, B. H., Ostwald, P. F., and Begeman, M. L. *Manufacturing Processes*. John Wiley & Sons, Inc., New York, 1987.

[2] Beeley, P. R. *Foundry Technology*. Butterworths-Heinemann, Oxford, England, 2001.

[3] Black, J., and Kohser, R. *DeGarmo's Materials and Processes in Manufacturing*, 10th ed. John Wiley & Sons, Inc., Hoboken, New Jersey, 2008.

[4] Datsko, J. *Material Properties and Manufacturing Processes*. John Wiley & Sons, Inc., New York, 1966.

[5] Edwards, L., and Endean, M. *Manufacturing with Materials*. Open University, Milton Keynes, and Butterworth Scientific Ltd., London, 1990.

[6] Flinn, R. A. *Fundamentals of Metal Casting*. American Foundrymen's Society, Inc., Des Plaines, Illinois, 1987.

[7] Heine, R. W., Loper, Jr., C. R., and Rosenthal, C. *Principles of Metal Casting*, 2nd ed. McGraw-Hill Book Co., New York, 1967.

[8] Kotzin, E. L. (ed.). *Metalcasting and Molding Processes*. American Foundrymen's Society, Inc., Des Plaines, Illinois, 1981.

[9] Lessiter, M. J., and Kirgin, K. "Trends in the Casting Industry," *Advanced Materials & Processes*, January 2002, pp. 42–43.

[10] *Metals Handbook*, Vol. 15: Casting. ASM International, Materials Park, Ohio, 2008.

---

* O massalote aberto tem como principal vantagem poder receber metal quente vazado diretamente por cima, o que aumenta seu tempo de solidificação. (N.T.)

[11] Mikelonis, P. J. (ed.). *Foundry Technology*. American Society for Metals, Metals Park, Ohio, 1982.

[12] Niebel, B. W., Draper, A. B., and Wysk, R. A. *Modern Manufacturing Process Engineering*. McGraw-Hill Book Co., New York, 1989.

[13] Taylor, H. F., Flemings, M. C., and Wulff, J. *Foundry Engineering*, 2nd ed. American Foundrymen's Society, Inc., Des Plaines, Illinois, 1987.

[14] Wick, C., Benedict, J. T., and Veilleux, R. F. *Tool and Manufacturing Engineers Handbook*, 4th ed. Vol. II, Forming. Society of Manufacturing Engineers, Dearborn, Michigan, 1984.

QUESTÕES DE REVISÃO

5.1 Identifique algumas das importantes vantagens dos processos de fabricação por fundição.

5.2 Quais são algumas das limitações e desvantagens da fundição?

5.3 O nome fundição pode ser utilizado com dois significados diferentes, quais são eles?

5.4 Qual é a diferença entre molde aberto e molde fechado?

5.5 Nomeie os dois tipos básicos de molde que distinguem os processos de fundição.

5.6 Qual dos processos de fundição é o mais importante comercialmente?

5.7 Qual é a diferença entre modelo e macho na moldagem em areia?

5.8 O que significa o termo *superaquecimento*?

5.9 Por que o fluxo turbulento do metal fundido dentro do molde deve ser evitado?

5.10 O que é a lei de continuidade aplicada ao fluxo de metal fundido na peça?

5.11 O que significa calor de fusão em fundição?

5.12 De que modo a solidificação de ligas difere da solidificação de metais puros?

5.13 O que é uma liga eutética?

5.14 Qual é a correlação conhecida na fundição como Regra de Chvorinov?

5.15 Identifique as três etapas de contração após o vazamento de um metal fundido.

PROBLEMAS

5.1 O canal de alimentação que leva o metal até o canal de ataque de um molde tem 175 mm de comprimento. A área da seção transversal é 400 mm². A cavidade do molde tem volume = 0,001 m³. Determine (a) a velocidade do metal fundido na base do canal de alimentação, (b) a vazão do fluxo, e (c) o tempo necessário para preencher a cavidade do molde.

5.2 Um molde tem um canal de alimentação com comprimento igual a 6,0 in. A área da seção transversal na base do canal é 0,5 in². O canal de alimentação desemboca num canal de distribuição horizontal que alimenta a cavidade do molde, cujo volume = 75 in³. Determine (a) a velocidade do metal fundido na base do canal de alimentação, (b) a vazão volumétrica do fluxo, e (c) o tempo necessário para preencher a cavidade do molde.

5.3 A vazão do metal líquido no canal de alimentação de um molde = 1 l/s. A área da seção transversal no topo do canal = 800 mm², e seu comprimento = 175 mm. Qual deve ser a área na base do canal para evitar aspiração de ar do metal líquido?

5.4 A vazão de metal fundido no canal de alimentação a partir do funil de vazamento é 50 in³/s. No topo, onde o funil de vazamento se une ao canal de alimentação, a área da seção transversal = 1,0 in². Determine a área da base do canal de alimentação se seu comprimento = 8,0 in. É desejável manter uma vazão constante, no topo e na base, de modo a evitar aspiração de metal líquido.

5.5 Metal fundido pode ser vazado no funil de vazamento de um molde em areia numa taxa constante de 1000 cm³/s. O metal fundido flui do funil para o canal de alimentação. A seção transversal do canal é um círculo, com diâmetro no topo = 3,4 cm. Se o canal tem 25 cm de comprimento, determine o diâmetro na base do canal, de modo a manter a mesma vazão.

5.6 Determine a régua de contração a ser usada por modeladores para a fundição de ferro fundido branco. Utilizando os valores de contração da Tabela 5.1, expresse sua resposta em termos de fração decimal de polegadas (de alongamento) por pés (de comprimento), comparado com uma régua padrão com um pé de comprimento.

5.7 Determine a régua de contração a ser usada por moldadores para fundição sob pressão de zinco. Utilizando os valores de contração da Tabela 5.1, expresse sua resposta em termos de décimos de mm de alongamento por 300 mm de comprimento comparado a uma régua padrão de 300 mm.

5.8 Uma placa plana deve ser fundida em um molde aberto cuja base tem a forma de um quadrado de 200 mm por 200 mm. O molde tem 40 mm de profundidade. O total de 1.000.000 mm^3 de alumínio fundido é vazado no molde. A contração volumétrica de solidificação é igual a 6,0%. A Tabela 5.1 lista a contração linear decorrente da contração térmica após a solidificação como 1,3%. Se a disponibilidade de metal fundido permite que a forma quadrada da placa fundida mantenha as dimensões de 200 mm × 200 mm até que a solidificação termine, determine as dimensões finais da placa.

5.9 Baseados em experimentos prévios de uma fundição de aço com molde de determinadas características, a constante do molde da Regra de Chvorinov é conhecida como 4,0 min/cm^2. O fundido é uma placa cujo comprimento = 30 cm, largura = 10 cm, e espessura = 20 mm. Determine quanto tempo levará para a peça fundida solidificar.

5.10 Calcule o tempo total de solidificação do exercício anterior apenas usando, na regra de Chvorinov, o valor do expoente de 1,9 em vez de 2,0. Que ajustes devem ser feitos nas unidades da constante do molde?

5.11 Um componente com a forma de um disco deve ser fundido em alumínio. O diâmetro do disco = 500 mm e sua espessura = 20 mm. Se a constante do molde = 2,0 s/mm^2 na Regra de Chvorinov, quanto tempo levará para o fundido solidificar?

5.12 Em experimentos de fundição realizados com determinada liga e um tipo de molde de areia, levou 155 s para um fundido com a forma de um cubo solidificar. O cubo tinha 50 mm de lado. (a) Determine o valor da constante do molde da Regra de Chvorinov. (b) Se a mesma liga e molde forem usados, ache o tempo total de solidificação para um fundido cilíndrico cujo diâmetro = 30 mm e comprimento = 50 mm.

5.13 Um fundido de aço tem a geometria cilíndrica com 4,0 in de diâmetro e peso de 20 lb. Esse fundido leva 6,0 min para solidificar completamente. Outro fundido cilíndrico com a mesma razão diâmetro/comprimento pesa 12 lb. Esse fundido é feito no mesmo aço e as mesmas condições de molde e vazamento foram empregadas. Determine: (a) a constante do molde da Regra de Chvorinov, (b) as dimensões e (c) o tempo total de solidificação do fundido mais leve. A massa específica do aço = 490 lb/ft^3.

5.14 O tempo total de solidificação de três geometrias deve ser comparado: (1) uma esfera, (2) um cilindro, com razão diâmetro/comprimento = 1,0, e (3) um cubo. Para todas as três geometrias, o volume = 1000 cm^3. A mesma liga fundida foi usada nos três casos. (a) Determine o tempo de solidificação de cada geometria. (b) Baseado nos resultados da parte (a), qual geometria resultará no melhor massalote? (c) Se a constante do molde da Regra de Chvorinov = 3,5 min/cm^2, calcule o tempo total de solidificação para cada fundido.

5.15 Um massalote cilíndrico será usado num molde de fundição em areia. Para um dado volume do cilindro, determine a razão diâmetro/comprimento que maximize o tempo de solidificação do massalote.

5.16 Um massalote cilíndrico será projetado para um molde de fundição em areia. O comprimento do cilindro é 1,25 vez seu diâmetro. O fundido é uma placa quadrada com cada lado = 10 in e espessura = 0,75 in. Se o metal é ferro fundido e a constante do molde da Regra de Chvorinov = 16,0 min/in^2, determine as dimensões do massalote de tal forma que ele leve 30% mais tempo para solidificar.

6 PROCESSOS DE FUNDIÇÃO DE METAIS

Sumário

6.1 Fundição em Areia
  6.1.1 Modelos e Machos
  6.1.2 Moldes e Confecção de Moldes
  6.1.3 A Operação de Fundição

6.2 Outros Processos com Moldes Perecíveis
  6.2.1 Moldagem em Casca (*Shell-Molding*)
  6.2.2 Processo com Poliestireno Expandido
  6.2.3 Fundição de Precisão (*Investment Casting*)
  6.2.4 Fundição em Molde de Gesso e em Molde Cerâmico

6.3 Processos de Fundição em Molde Permanente
  6.3.1 Base do Processo em Molde Permanente
  6.3.2 Variantes na Fundição em Moldes Permanentes
  6.3.3 Fundição sob Pressão (*Die Casting*)
  6.3.4 *Squeeze Casting* e Fundição com Metal Semissólido
  6.3.5 Fundição Centrífuga

6.4 Rotina de Fusão
  6.4.1 Fornos
  6.4.2 Vazamento, Limpeza e Tratamento Térmico

6.5 Qualidade do Fundido

6.6 Metais para Fundição

6.7 Considerações sobre o Projeto do Produto

Processos de fundição de metais são divididos em duas categorias, baseados no tipo de molde: (1) moldes perecíveis e (2) moldes permanentes. Nas operações de fundição que empregam moldes perecíveis, o molde é sacrificado possibilitando a remoção da peça fundida. Porque um novo molde é necessário para cada novo fundido, a produtividade em processos com moldes perecíveis é em geral limitada pelo tempo necessário para a confecção dos moldes, mais que o tempo de fusão e vazamento propriamente dito. Entretanto, para peças com determinadas geometrias, moldes em areia podem ser produzidos e obtidos fundidos, em taxas de 400 peças por hora ou mais. Em processos de fundição em molde permanente, o molde é fabricado separadamente em metal (ou outro material durável) e pode ser usado várias vezes para produzir muitos fundidos. Assim, esses processos têm como vantagem natural taxas de produção maiores.

Nossa discussão neste capítulo sobre processos de fundição é organizada do seguinte modo: (1) fundição em areia, (2) outros processos de fundição empregando moldes perecíveis, e (3) processos que utilizam moldes permanentes. O capítulo também inclui equipamentos e procedimentos de uso em fundições. Outra seção aborda aspectos relacionados com inspeção e qualidade. Diretrizes gerais para o projeto de produtos fundidos são apresentadas na seção final.

6.1 FUNDIÇÃO EM AREIA

A fundição em areia é o processo de fundição mais largamente utilizado, respondendo pela maioria significativa da tonelagem total de produtos fundidos. Quase todas as ligas podem ser fundidas em moldes de areia; de fato, é um dos poucos processos que podem ser usados com metais de alto ponto de fusão, como aços, níquel, e titânio. Sua versatilidade permite fundir peças (ou componentes de peças) variando em tamanho de pequenas a muito grandes e em quantidade produzida, de uma até milhões.

Fundição em areia, também chamada *fundição em molde de areia*, consiste em vazar o metal fundido num molde em areia, deixando o metal solidificar, e, depois, quebrar o molde para remover a peça. Esta deve ser então limpa, inspecionada e, às vezes, é necessário tratamento térmico para melhorar as propriedades metalúrgicas. A cavidade no molde em areia é formada compactando areia em volta de um modelo (uma cópia aproximada da peça a ser fundida), e então o modelo é removido pela separação do molde em duas metades. O molde também contém o sistema de canais e de massalotes. Adicionalmente, se a peça fundida precisar ter superfícies internas (por exemplo, peças ocas ou peças com furos), um macho deverá ser também incluído no molde. Porque o molde é sacrificado para a remoção do fundido, um novo molde em areia deve ser feito para cada peça que é produzida.* A partir dessa breve descrição, observa-se que a fundição em areia inclui não somente as operações de fundição propriamente ditas, mas também a confecção do modelo e do molde. A sequência de produção é resumida na Figura 6.1.

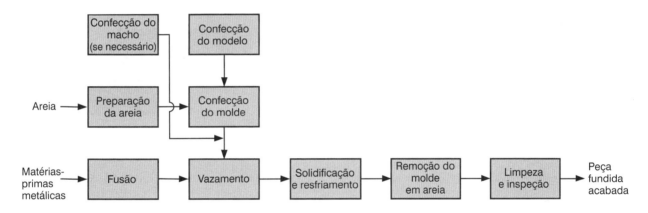

FIGURA 6.1 Etapas na sequência de produção em fundição em areia. As etapas incluem não somente as operações de fundição, mas também a confecção de modelos e de moldes. (Crédito: *Fundamentals of Modern Manufacturing*, 4ª Edição por Mikell P. Groover, 2010. Reimpresso com permissão de John Wiley & Sons, Inc.)

6.1.1 MODELOS E MACHOS

A fundição em areia requer um *modelo* — uma reprodução em tamanho real da peça, com dimensões maiores para considerar a contração de solidificação e as tolerâncias para usinagem da peça fundida acabada. Materiais empregados na confecção de modelos incluem madeira, plásticos e metais. Madeira é o material comumente usado em modelos porque ela é trabalhada com facilidade. Suas desvantagens são que os modelos em madeira tendem a empenar e são erodidos pela areia que é compactada em seu redor, limitando assim o número de vezes que podem ser reutilizados. Os modelos metálicos são mais caros, mas duram mais tempo. Os plásticos representam um meio termo entre a madeira e o metal. A seleção de um material apropriado para um modelo depende, em grande parte, da quantidade total de fundidos a serem produzidos.

Existem vários tipos de modelos, como ilustrado na Figura 6.2. O mais simples é fabricado numa só peça, chamado *modelo sólido (individual)* — mesma geometria da peça, ajustada no tamanho para a contração de solidificação e a usinagem. Embora, seja o modelo de mais fácil fabricação, ele não é o de mais fácil emprego na confecção do molde em areia. Com um modelo individual, a determinação da localização da linha de partição entre as duas metades do molde pode ser um problema, e a incorporação do sistema de canais no molde fica

---

* Dependendo do tamanho do molde, uma caixa pode conter vários modelos associados a um único sistema de canais, produzindo, assim, várias peças. (N.T.)

a critério do julgamento e das habilidades do trabalhador da fundição.* Como consequência, modelos sólidos são geralmente limitados à produção de lotes muito pequenos.

Modelos bipartidos consistem em duas peças, cujo plano de separação coincide com a linha de partição do molde. Modelos bipartidos são apropriados para peças com geometrias complexas e quantidades moderadas de produção. A linha de partição do molde é predeterminada pelas duas metades do modelo, em vez do julgamento do operador.

Para a produção de grandes quantidades, *placas-modelo* são usadas. Numa primeira opção, cada metade do modelo é fixada num lado de uma placa de madeira ou metal, e o conjunto pode ser chamado *placa reversível* (Figura 6.2c). Furos-guias na placa permitem o alinhamento das seções (superior e inferior) do molde. A Figura 6.2d mostra também um modelo bipartido, mas cada metade do modelo é fixada em placas separadas, de tal forma que as seções superior e inferior do molde podem ser fabricadas de modo independente, em vez de usar uma mesma máquina para fabricar o molde superior e o molde inferior. A parte (d) da figura inclui os sistemas de canais e de massalotes nas placas-modelo.

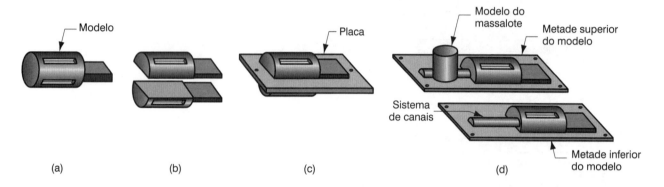

FIGURA 6.2 Tipos de modelos utilizados na fundição em areia: (a) modelo sólido, (b) modelo bipartido, (c) placa-modelo com uma metade do modelo em cada face, e (d) cada placa-modelo contém uma metade do modelo. (Crédito: *Fundamentals of Modern Manufacturing*, 4ª Edição por Mikell P. Groover, 2010. Reimpresso com permissão de John Wiley & Sons, Inc.)

Os modelos definem a forma externa do componente fundido. Se o fundido tiver superfícies internas, um macho será necessário. Um *macho* é um modelo em tamanho natural do interior das superfícies do componente. Ele é inserido na cavidade do molde antes do vazamento, de tal forma que o metal fundido flui e solidifica no espaço entre a cavidade do molde e o macho, formando ao mesmo tempo as superfícies externa e interna. O macho é usualmente confeccionado em areia, compactado na forma desejada. De forma similar ao modelo, o tamanho real do macho deve incluir tolerâncias para contração e usinagem. Dependendo da geometria do componente, o macho pode necessitar de suportes para mantê-lo, durante o vazamento, em posição dentro do molde. Esses suportes, denominados *chapelins*, são fabricados em metal com temperatura de fusão maior que a do metal fundido. Por exemplo, chapelins em aço poderiam ser usados na moldagem de peças de ferro fundido. Com o vazamento e a solidificação, os chapelins ficam unidos ao fundido. Um arranjo possível de um macho num molde usando chapelins é esquematizado na Figura 6.3. A parte do chapelim que ultrapassa a superfície da peça fundida é subsequentemente removida por corte.

6.1.2 MOLDES E CONFECÇÃO DE MOLDES

As areias de fundição são constituídas de sílica (SiO_2) ou sílica misturada com outros minerais. A areia deve possuir boas propriedades refratárias — capacidade para suportar altas temperaturas sem fusão ou outro tipo de degradação. Outras importantes características da areia incluem tamanho de grão, distribuição granulométrica e a forma dos grãos individuais. Grãos

---

* No caso, o moldador. (N.T.)

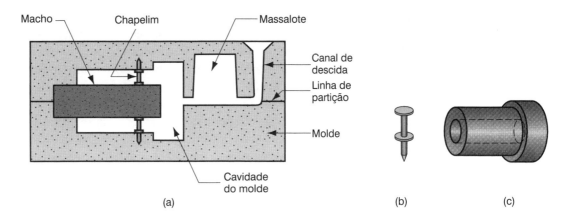

FIGURA 6.3 (a) Macho mantido no local da cavidade do molde por chapelins, (b) exemplo do projeto de um chapelim, e (c) peça fundida com cavidade interna. (Crédito: *Fundamentals of Modern Manufacturing*, 4ª Edição por Mikell P. Groover, 2010. Reimpresso com permissão de John Wiley & Sons, Inc.)

finos resultam no melhor acabamento superficial da peça fundida, mas grãos grosseiros são mais permeáveis (para permitir o escape dos gases durante o vazamento). Moldes feitos com grãos de forma irregular tendem a ser mais resistentes que moldes com areia de grãos arredondados por causa do travamento, embora o travamento tenda a diminuir a permeabilidade.

Na confecção do molde, os grãos de areia são mantidos unidos por uma mistura de água e argila como aglomerante. Uma típica mistura (em volume) é 90% areia, 3% água e 7% argila. Outros agentes aglomerantes podem ser usados em substituição à argila, incluindo resinas orgânicas (por exemplo, resinas fenólicas) e aglomerantes inorgânicos (por exemplo, silicato e fosfato de sódio). Além da areia e do aglomerante, aditivos são algumas vezes adicionados à mistura para melhorar propriedades como resistência mecânica e/ou permeabilidade do molde.

Para formar a cavidade do molde, o método tradicional é compactar a areia de moldagem ao redor do modelo para formar ambas as partes (superior e inferior) do molde num contêiner chamado ***caixa de moldagem***. O processo de compactação é realizado por vários métodos. O mais simples é a socagem manual, feita manualmente por um trabalhador da fundição.* Adicionalmente, várias máquinas foram desenvolvidas para mecanizar o procedimento de compactação. Essas máquinas operam por diversos mecanismos, incluindo (1) compressão da areia ao redor do modelo por pressão pneumática; (2) ação de impacto na qual a caixa contento a areia e o modelo cai repetidamente para compactá-la;** e (3) projeção centrífuga, na qual os grãos de areia são impactados contra o modelo em alta velocidade.

Uma alternativa às tradicionais caixas de moldagem para cada molde em areia é a ***moldagem sem caixa***,*** que se refere ao uso de uma caixa padrão num sistema mecanizado de produção de moldes. Cada molde em areia é produzido usando a mesma caixa. Produção de moldes a taxas de até 600 por hora é assegurada por esse método automatizado [8].

Diversos indicadores são usados para determinar a qualidade do molde em areia [7]: (1) ***resistência mecânica*** — habilidade do molde para manter sua forma e resistir à erosão causada pelo fluxo de metal líquido; depende do formato dos grãos e das qualidades adesivas do aglomerante; (2) ***permeabilidade*** — capacidade do molde de permitir que o ar quente e os gases oriundos das operações de fundição passem através dos vazios da areia; (3) ***estabilidade térmica*** — habilidade da camada de areia da superfície do molde de resistir ao trincamento e empenamento após o contato com o metal fundido; (4) ***colapsibilidade*** — habilidade do molde de desmoronar, permitindo que o fundido se contraia sem a formação de trincas na peça fundida; também se refere à habilidade de remover a areia do fundido durante as operações de limpeza; e (5) ***reutilização*** — pode a areia, oriunda do molde destruído, ser empregada

---

* No caso, o moldador. (N.T.)
** As máquinas mais comuns conjugam compressão e impacto. (N.T.)
*** Também denominada moldagem em bolo. (N.T.)

novamente para fabricar outros moldes? Esses requisitos são algumas vezes incompatíveis; por exemplo, um molde com elevada resistência é menos colapsível.

Moldes em areia são geralmente classificados como areia-verde, areia-seca, ou moldes em casca. *Moldes em areia-verde* são confeccionados com uma mistura de areia, argila e água, e a palavra *verde* se refere ao fato de que o molde contém umidade no momento do vazamento. Os moldes em areia-verde possuem resistência mecânica suficiente para a maioria das aplicações, boa colapsibilidade, boa permeabilidade, boa reutilização, e são os moldes menos caros. Eles são o tipo de molde mais largamente utilizado, mas não estão livres de problemas. A umidade da areia pode causar defeitos em alguns fundidos, dependendo do metal e da geometria da peça. Um *molde em areia-seca* é confeccionado usando aglomerantes orgânicos de preferência à argila, e o molde é estufado num forno de grande porte a temperaturas variando de 200°C a 320°C (400°F a 600°F) [8]. A secagem em estufa aumenta a resistência do molde e endurece superficialmente a cavidade. Um molde em areia-seca garante melhor controle dimensional do produto fundido, comparado com a moldagem em areia-verde. Entretanto, moldagem em areia-seca é mais cara, e a produtividade é reduzida por causa do tempo gasto na secagem. Aplicações da fundição em areia-seca são em geral limitadas a fundidos de tamanho médio-grande, em lotes pequenos ou médios. Num *molde-seco na superfície*, as vantagens do molde em areia-seca são parcialmente atingidas pela secagem da superfície de um molde em areia-verde até profundidades de 10 a 25 mm (0,4-1 in) da cavidade do molde, usando maçaricos, lâmpadas aquecedoras ou outros meios. Materiais aglomerantes especiais devem ser adicionados à mistura de areia para endurecer a superfície da cavidade.

A classificação anterior dos moldes se refere ao uso de aglomerantes convencionais, consistindo em argila-água ou os que necessitam de aquecimento para curar. Em adição a essa classificação, moldes quimicamente ligados foram desenvolvidos e não são baseados em nenhum dos aglomerantes tradicionais. Alguns materiais aglomerantes empregados nesses sistemas de "cura a frio" incluem resinas furânicas (consistindo em álcool furfurílico, ureia e formaldeído), fenólicas e resinas alquídicas. Moldes de cura a frio vêm crescendo em popularidade devido a seu bom controle dimensional em aplicações seriadas.

6.1.3 A OPERAÇÃO DE FUNDIÇÃO

Após o posicionamento do macho (quando é utilizado) e o travamento das duas metades do molde, a fundição é realizada. A fundição consiste no vazamento, solidificação e resfriamento do fundido (Seções 5.2 e 5.3). Os sistemas de canais e de massalotes devem ser projetados para preencher a cavidade do molde com metal líquido e abastecer o(s) massalote(s) com metal líquido suficiente para a contração de solidificação. Ar e gases devem ter caminhos para escapar do molde.

Após a solidificação e resfriamento, o molde em areia é separado da peça fundida. Em seguida, a peça é limpa, o que consiste na separação dos sistemas de canais e de massalotes, remoção da areia da superfície e inspeção do fundido.

6.2 OUTROS PROCESSOS COM MOLDES PERECÍVEIS

Outros processos de fundição têm sido desenvolvidos para atender a distintas necessidades, apresentando também versatilidade similar à dos moldes em areia. A diferença entre esses métodos está no material que compõe o molde ou na maneira pela qual o molde e o modelo são confeccionados.

6.2.1 MOLDAGEM EM CASCA (SHELL-MOLDING)

Shell-molding é um processo de fundição no qual o molde é uma casca fina (tipicamente 9 mm ou 3/8 in) confeccionado em areia, cujos grãos são unidos com uma resina aglomerante termofixa. Desenvolvido na Alemanha no início dos anos 1940, o processo é descrito e ilustrado na Figura 6.4.

O processo *shell-molding* apresenta várias vantagens. A superfície da cavidade do molde *shell* é menos rugosa que a do molde em areia-verde convencional, e essa baixa rugosidade facilita o fluxo de metal líquido durante o vazamento e o melhor acabamento superficial da peça fundida. Uma rugosidade de 2,5 µm (100 µ-in) pode ser obtida. Boa acurácia dimensional é também alcançada, com tolerâncias de ±0,25 mm (±0,010 in) em peças de tamanho pequeno a médio. O bom acabamento e acurácia geralmente eliminam a necessidade de usinagem adicional e a colapsibilidade do molde é em geral suficiente para evitar tensões internas e trincas na peça fundida.

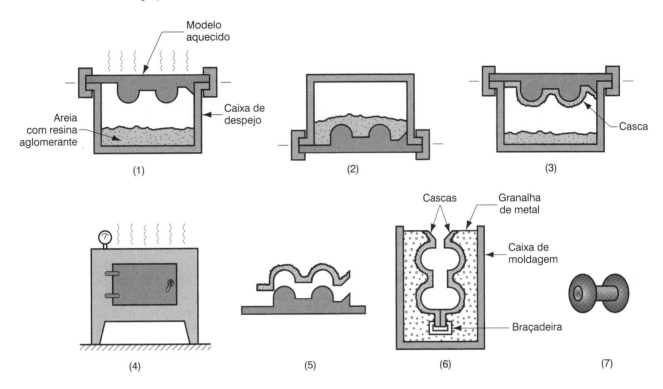

FIGURA 6.4 Etapas na moldagem *shell*: (1) a placa modelo (reversível ou não) é aquecida e posicionada sobre uma caixa contendo areia misturada com resina termofixa; (2) a caixa é invertida de modo que a areia com resina cai sobre o modelo aquecido, causando a cura parcial da mistura em contato com a superfície e formando uma casca (*shell*) resistente; (3) a caixa é reposicionada, e a areia solta não curada se desprende do modelo; (4) a casca de areia é aquecida num forno por diversos minutos para completar a cura da resina; (5) o molde *shell* é removido; (6) as duas metades do molde *shell* são montadas e acondicionadas numa caixa, suportadas por areia ou granalha de metal, e o vazamento é realizado. O fundido com o canal de descida já removido é mostrado em (7). (Crédito: *Fundamentals of Modern Manufacturing*, 4ª Edição por Mikell P. Groover, 2010. Reimpresso com permissão de John Wiley & Sons, Inc.)

6.2.2 PROCESSO COM POLIESTIRENO EXPANDIDO

O processo de fundição com poliestireno expandido usa um molde com areia compactada ao redor de um modelo em espuma de poliestireno que é vaporizado quando o metal fundido é vazado no molde. O processo e suas variações são conhecidos por diversos outros nomes, incluindo **processo espuma-perdida**, **processo modelo-perdido**, **fundição com espuma evaporável** e **molde cheio** (este último é uma marca comercial). O modelo em espuma inclui o canal de descida, massalotes e o sistema de canais, e pode também conter machos internos (se necessário), eliminando, assim, a necessidade de se produzir um macho separadamente. Como o modelo em espuma se torna a cavidade do molde, considerações sobre "ângulo de saída" e linha de partição também podem ser ignoradas. O molde não precisa ser aberto em seções (superior e inferior). A sequência desse processo de fundição é ilustrada e descrita na

Figura 6.5. Diversos métodos para a confecção do modelo podem ser usados, dependendo da quantidade de peças a serem produzidas. Para a produção unitária, a espuma é cortada manualmente a partir de largas tiras e montada para formar o modelo. Para a produção de grandes lotes, uma operação automatizada pode ser estabelecida para a confecção dos modelos antes da confecção dos moldes para o vazamento. O modelo é em geral recoberto com um composto refratário para garantir uma superfície lisa a fim de melhorar sua resistência a altas temperaturas. As areias de moldagem usualmente incluem elementos aglomerantes. No entanto, areia-seca é usada em determinados processos desse grupo, o que facilita sua recuperação e reutilização.

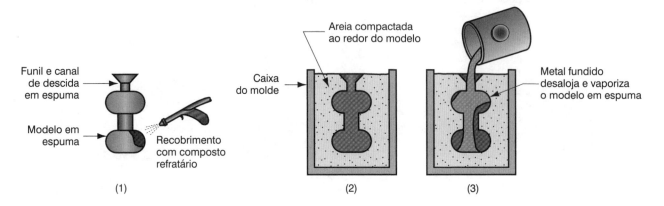

FIGURA 6.5 Processo de fundição com poliestireno expandido: (1) modelo de poliestireno é recoberto com um composto refratário; (2) modelo em espuma é posicionado na caixa de moldagem, e areia é compactada em volta do modelo; e (3) metal fundido é vazado na parte do modelo correspondente ao funil e canal de descida. À medida que o metal entra no molde, a espuma de poliestireno é vaporizada à frente do líquido que avança, permitindo assim que a cavidade resultante do molde seja preenchida com o metal. (Crédito: *Fundamentals of Modern Manufacturing*, 4ª Edição por Mikell P. Groover, 2010. Reimpresso com permissão de John Wiley & Sons, Inc.)

Uma vantagem significativa desse processo é que o modelo não precisa ser removido do molde. Isto simplifica e torna mais rápida a confecção do molde. Num molde convencional em areia-verde, duas metades com adequada linha de partição são necessárias; tolerâncias para ângulo de saída precisam ser previstas no projeto do molde, machos precisam ser posicionados e os sistemas de canais e de massalotes precisam ser adicionados. Com o processo de poliestireno expandido, essas etapas são embutidas no próprio modelo. Um novo modelo é necessário para cada fundido, assim a viabilidade econômica do processo de fundição com poliestireno expandido depende largamente do custo de produção dos modelos. O processo tem sido aplicado à produção em massa de fundidos para motores de automóveis, nos quais se emprega um sistema automatizado para a confecção de modelos de espuma de poliestireno.

6.2.3 FUNDIÇÃO DE PRECISÃO (*INVESTMENT CASTING*)

Na fundição de precisão, um modelo feito em cera é recoberto com um material refratário para fabricar o molde, após a cera ser derretida antes do vazamento do metal fundido. O termo ***investment**** vem de uma das menos conhecidas definições para a palavra ***invest***, que significa recobrir totalmente, em referência ao recobrimento com material refratário ao redor do modelo de cera. É um processo de precisão, pois é capaz de produzir fundidos com elevada acurácia e detalhes intrincados. O processo teve origem no Egito antigo e é também conhecido como ***processo de cera-perdida***, uma vez que a forma do modelo em cera é perdida antes da fundição.

---

* No Brasil, esse processo foi chamado, por longo tempo, Fundição por Investimento, numa tradução equivocada do inglês. Hoje, utiliza-se prioritariamente Fundição de Precisão ou Microfusão. (N.T.)

As etapas da fundição de precisão são descritas na Figura 6.6. Porque o modelo em cera é derretido depois que o molde refratário é confeccionado, um modelo separado precisa ser confeccionado para cada peça fundida. A produção de modelos é usualmente realizada por uma operação de moldagem — vazamento ou injeção da cera quente numa **matriz padrão** projetada com as tolerâncias adequadas à contração de ambos: cera e, em seguida, o metal fundido. Nos casos em que a geometria da peça é complexa, diversas partes feitas em cera separadamente podem ser unidas para formar o modelo. Em operações de elevada produção, vários modelos são fixados num canal, também feito em cera, para formar uma **árvore-modelo** (ou cacho); esse conjunto é que será fundido no metal.

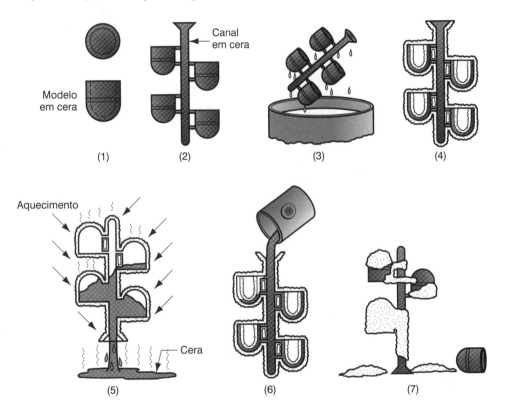

FIGURA 6.6 Etapas na fundição de precisão: (1) modelos de cera são produzidos; (2) vários modelos são fixados num canal para formar uma árvore-modelo; (3) a árvore-modelo é recoberta com uma fina camada de material refratário; (4) o molde é formado pelo recobrimento da árvore com novas camadas de material refratário suficientes para torná-lo rígido; (5) o molde é mantido em posição invertida e aquecido para fundir a cera e permitir que ela escorra da cavidade; (6) o molde é preaquecido a uma temperatura elevada que garanta que todos os contaminantes tenham sido eliminados do molde; também permite que o metal líquido flua mais facilmente dentro do molde; o metal fundido é vazado; ele solidifica; e (7) o molde é separado da peça fundida. As peças são separadas do canal. (Crédito: *Fundamentals of Modern Manufacturing*, 4ª Edição por Mikell P. Groover, 2010. Reimpresso com permissão de John Wiley & Sons, Inc.)

O recobrimento com refratário (etapa 3) é geralmente realizado pela imersão da árvore-modelo numa lama de sílica com partículas muito finas ou outro refratário (quase sempre na forma de pó) misturado com gesso para dar forma ao molde. O pequeno tamanho de partículas do material refratário garante uma superfície pouco rugosa e reproduz os intrincados detalhes do modelo em cera. O molde final (etapa 4) é feito pelas imersões sucessivas da árvore na lama refratária ou pela compactação cuidadosa do refratário ao redor da árvore, dentro de um contêiner. O molde fica secando ao ar por cerca de 8 horas para endurecer o ligante.

As vantagens da fundição de precisão incluem: (1) peças de grande complexidade e com ramificações podem ser fundidas; (2) controle dimensional estreito — tolerâncias de ±0,075 mm (±0,003 in) são possíveis; (3) bom acabamento superficial; (4) com frequência, a cera pode ser recuperada e reutilizada; (5) usinagem adicional não é usualmente necessária — esse é um processo *net shape*. Devido ao fato de que muitas etapas são envolvidas na operação de fundição, ele é um processo mais ou menos caro. Fundidos de precisão são em geral pequenos em tamanho, embora peças unitárias com complexa geometria pesando até 34 kg (75 lb) tenham sido fundidas com sucesso.

FIGURA 6.7 Um estator de compressor com 108 aletas, fabricado numa única peça por fundição de precisão. Foto cortesia da Alcoa Howmet. (Crédito: *Fundamentals of Modern Manufacturing*, 4ª Edição por Mikell P. Groover, 2010. Reimpresso com permissão de John Wiley & Sons, Inc.)

Todos os tipos de metais, incluindo aços, aços inoxidáveis e outras ligas resistentes a altas temperaturas, podem ser fundidos por esse processo. Exemplos de componentes incluem peças complexas de maquinário, palhetas e outros componentes de motores de turbinas, joias e fixadores odontológicos. A Figura 6.7 mostra um componente que ilustra os aspectos intrincados possíveis de serem feitos por fundição de precisão.

6.2.4 FUNDIÇÃO EM MOLDE DE GESSO E EM MOLDE CERÂMICO

Fundição em molde de gesso é similar à fundição em areia, exceto que o molde é confeccionado em gesso (gipsita — $CaSO_4$–$2H_2O$) em vez de areia. Aditivos como talco ou pó de sílica são misturados ao gesso para controlar a contração e o tempo de cura, reduzir as trincas e aumentar a resistência. Para confeccionar o molde, a mistura de gesso com água é vertida sobre um modelo plástico ou metálico que está dentro da caixa e deixada curar. Os modelos em madeira são geralmente insatisfatórios devido ao longo contato com a água do gesso. A consistência fluida permite que a mistura de gesso flua de imediato no entorno do modelo, capturando seus detalhes e acabamento superficial. Assim, produtos fundidos em moldes de gesso são reconhecidos por esses atributos.

A cura do molde em gesso é uma das desvantagens desse processo, ao menos em situações de elevada produção. O molde precisa esperar cerca de 20 minutos antes de o modelo ser extraído. O molde é então estufado por várias horas para remover a umidade. Mesmo com a estufagem, nem toda a umidade do gesso é removida. O dilema com que se depara o fundidor é que a resistência do molde é perdida quando o gesso se torna muito desidratado, e a umidade pode causar defeitos de fundição no produto. Um balanço entre essas indesejáveis alternativas deve ser alcançado. Outra desvantagem com o molde em gesso é que ele não é permeável, limitando assim a saída dos gases da cavidade do molde. Esse problema pode ser resolvido de vários modos: (1) evacuando o ar da cavidade do molde antes do vazamento; (2) aerando a lama de gesso antes da confecção do molde, de forma que o gesso resultante, quando endurecido, contenha vazios finamente dispersos; e (3) usando composição e tratamento especiais do molde, conhecido como *processo Antioch*. Esse processo envolve o uso de cerca de 50% de areia misturada com o gesso, aquecimento do molde numa autoclave (um forno que usa vapor superaquecido sob pressão) e, então, secagem. O molde resultante tem permeabilidade consideravelmente maior que um molde convencional de gesso.

Moldes em gesso não podem ser expostos às mesmas altas temperaturas que os moldes em areia. Eles são, portanto, limitados à fundição de ligas com baixo ponto de fusão, como alumínio, magnésio e algumas ligas à base de cobre. Aplicações incluem a fundição de moldes metálicos para moldagem subsequente de plásticos e borrachas, rotores de bombas e turbinas, e outras peças com geometria relativamente intrincada. O tamanho dos fundidos varia de cerca de 20 g (menos que 1 oz) até mais que 100 kg (220 lb). Peças pesando menos que 10 kg (22 lb) são as mais comuns. As vantagens da fundição com molde em gesso para essas aplicações são bons acabamento superficial, acurácia dimensional e a capacidade de obter fundidos com seções transversais finas.

Fundição em molde cerâmico é similar à fundição em gesso, exceto que o molde é fabricado em materiais cerâmicos refratários que podem ser expostos a temperaturas mais elevadas que o gesso. Dessa forma, moldagem em cerâmica pode ser usada para fundir aços, ferros fundidos e outras ligas resistentes a altas temperaturas. Suas aplicações (peças relativamente complexas) são similares às da moldagem em gesso, exceto quanto ao metal fundido. Suas vantagens (acurácia e acabamento bons) também são similares.

6.3 PROCESSOS DE FUNDIÇÃO EM MOLDE PERMANENTE

A desvantagem econômica de qualquer um dos processos em molde perecível é que um novo molde é necessário para cada fundido. Na fundição em molde permanente, o molde é reutilizado muitas vezes. Nesta seção, trataremos da fundição em molde permanente como o processo básico do grupo de processos de fundição que usam moldes metálicos reutilizáveis. Outros membros do grupo incluem os processos sob pressão e fundição centrífuga.

6.3.1 BASE DO PROCESSO EM MOLDE PERMANENTE

A fundição em molde permanente emprega um molde metálico que é construído em duas seções, que são projetadas para abertura e fechamento simples e preciso. Esses moldes são comumente confeccionados em aço ou ferro fundido. A cavidade, com sistema de canais incluído, é usinada em duas metades para propiciar dimensões acuradas e bom acabamento superficial. Os metais comumente fundidos em molde permanente incluem alumínio, magnésio, ligas à base de cobre e ferro fundido. Entretanto, ferro fundido requer elevada temperatura de vazamento, de 1250°C a 1500°C (de 2300°F a 2700°F), o que impacta na vida do molde. A bastante alta temperatura de vazamento do aço faz com que moldes permanentes não sejam adequados a esse metal, a menos que o molde seja fabricado num material refratário.

Machos podem ser usados em moldes permanentes para formar as superfícies internas do produto fundido. Os machos podem ser confeccionados em metal, mas sua forma deve permitir sua remoção do fundido ou eles devem ser mecanicamente colapsáveis para permitir sua retirada. Se a limitação do macho metálico tornar difícil ou impossível seu uso, machos em areia poderão ser empregados, e, nesse caso, o processo de fundição é geralmente referido como *fundição em molde semipermanente*.

As etapas básicas do processo de fundição em molde permanente estão descritas na Figura 6.8. Na preparação para a fundição, o molde é primeiro aquecido, e uma ou mais camadas de recobrimento são aspergidas na cavidade. O preaquecimento facilita o fluxo de metal por meio do sistema de canais e na cavidade. O recobrimento ajuda a dissipação de calor e lubrifica a superfície do molde para facilitar a remoção da peça fundida. Após o vazamento, assim que o metal solidifica, o molde é aberto e o fundido removido. Diferentemente dos moldes perecíveis, moldes permanentes não colapsam, assim o molde precisa ser aberto antes que apreciável contração de resfriamento ocorra, de modo a evitar que trincas se desenvolvam no fundido.

Vantagens da fundição em molde permanente incluem, como já foi apresentado, bom acabamento superficial e controle dimensional estreito. Adicionalmente, a solidificação mais rápida, em consequência do contato do metal com o molde metálico, resulta numa estrutura mais refinada; assim são produzidos fundidos com maior resistência mecânica. O processo é em geral limitado a metais de baixo ponto de fusão. Outras limitações incluem peças com geometrias mais simples comparadas com a fundição em areia (devido à necessidade de abrir o molde) e o custo do molde. Porque o custo do molde é substancial, o processo é mais adequado a altos volumes de produção e, portanto, pode ser automatizado. Peças típicas incluem pistões automotivos, carcaças de bombas e certos fundidos para aeronaves e mísseis.

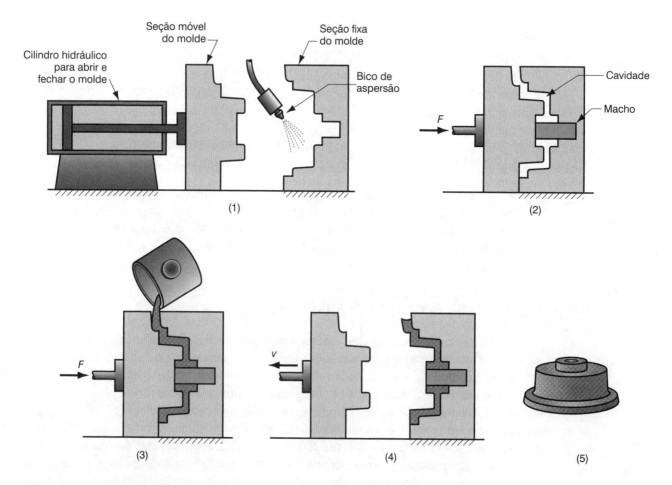

FIGURA 6.8 Etapas da fundição em molde permanente: (1) o molde é preaquecido e recoberto; (2) machos (se utilizados) são inseridos, e o molde fechado; (3) metal fundido é vazado no molde; e (4) molde é aberto. Peça acabada é mostrada em (5). (Crédito: *Fundamentals of Modern Manufacturing*, 4ª Edição por Mikell P. Groover, 2010. Reimpresso com permissão de John Wiley & Sons, Inc.)

6.3.2 VARIANTES NA FUNDIÇÃO EM MOLDES PERMANENTES

Diversos processos de fundição são bastante similares, em sua base, ao método que usa molde permanente. Eles incluem fundição por derretimento, fundição baixa-pressão e fundição em molde permanente sob vácuo.

Fundição por Derretimento Fundição por derretimento é um processo em molde permanente no qual um fundido oco é produzido pela inversão do molde, após a solidificação parcial da superfície, para drenar o metal líquido do centro da peça.* A solidificação tem início nas paredes do molde porque elas estão relativamente frias, e progride com o tempo em direção ao centro do fundido. A espessura da casca é função do tempo antes da drenagem. A fundição por derretimento é empregada para fabricar estátuas, pedestais de iluminação e brinquedos em metais com baixo ponto de fusão, como zinco e estanho. Nesses itens, a aparência exterior é relevante, mas a resistência mecânica e a geometria do interior do fundido são menos importantes.

Fundição Baixa-Pressão No processo básico de fundição em molde permanente e na fundição por derretimento, o fluxo do metal na cavidade do molde é causado pela gravidade. Na fundição baixa-pressão, o metal líquido é forçado a entrar na cavidade sob baixa-pressão — aproximadamente 0,1 MPa (15 lb/in^2) — a partir do fundo, de tal forma que o fluxo é para cima, como ilustrado na Figura 6.9. A vantagem dessa variante sobre o vazamento tradicional é que o metal limpo do centro da panela é introduzido no molde, em vez do metal que foi exposto ao ar. Porosidades de gás e defeitos de oxidação são, portanto, minimizados, e as propriedades mecânicas melhoradas.

Fundição em Molde Permanente sob Vácuo Esse processo é uma modificação da fundição baixa-pressão no qual vácuo é empregado para direcionar o metal fundido para a cavidade do molde. A configuração geral do processo de fundição em molde permanente sob vácuo é similar à operação de fundição sob baixa-pressão. A diferença é que a pressão reduzida de ar pela evacuação do molde é usada para direcionar o líquido para a cavidade, em vez de forçá-lo pela pressão de ar positiva da câmara abaixo do molde. Existem vários benefícios no uso do vácuo em relação à fundição baixa-pressão: porosidades devido ao ar e defeitos relacionados são reduzidos e maior resistência mecânica é conferida ao produto fundido.

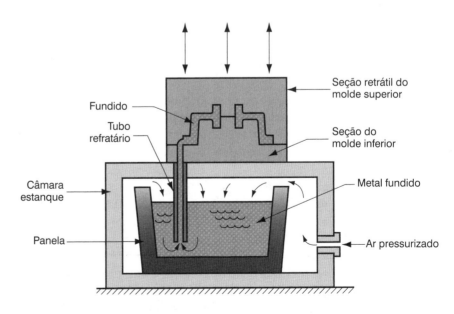

FIGURA 6.9 Fundição baixa-pressão. O diagrama mostra como o ar pressurizado é empregado para forçar o metal fundido da panela a subir para a cavidade do molde. A pressão é mantida até que o fundido tenha solidificado. (Crédito: *Fundamentals of Modern Manufacturing*, 4ª Edição por Mikell P. Groover, 2010. Reimpresso com permissão de John Wiley & Sons, Inc.)

---

* O derretimento também é usado na fundição de peças artísticas pelo processo cera-perdida. (N.T.)

6.3.3 FUNDIÇÃO SOB PRESSÃO (*DIE CASTING*)

A fundição sob pressão é um processo de fundição em molde permanente no qual o metal fundido é injetado na cavidade do molde sob alta pressão. Pressões típicas vão de 7 a 350 MPa (de 1.000 a 50.000 lb/in^2). A pressão é mantida durante a solidificação, após o molde ser aberto e a peça removida. Moldes nessa operação de fundição são chamados matrizes (*die* em inglês); daí vem o nome do processo em inglês: *die casting*, termo também usado com frequência no Brasil. O uso de pressão elevada para forçar o metal a entrar na cavidade é o aspecto mais notável que distingue esse processo de outros da categoria de processos em molde permanente.

Operações de fundição sob pressão são realizadas em máquinas especiais que são projetadas para fechar de forma precisa duas metades do molde, mantendo-as fechadas enquanto o metal líquido é forçado na cavidade. A configuração geral é mostrada na Figura 6.10. Existem dois tipos principais de máquinas de fundição sob pressão: (1) câmara-quente e (2) câmara-fria, diferenciadas pela forma com que o metal fundido é injetado na cavidade.

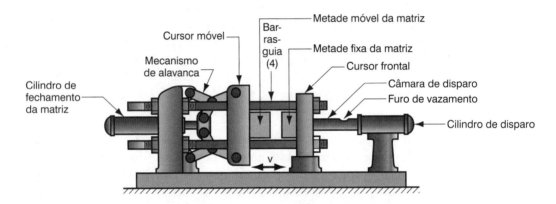

FIGURA 6.10 Configuração geral de uma máquina de fundição sob pressão do tipo câmara-fria. (Crédito: *Fundamentals of Modern Manufacturing*, 4ª Edição por Mikell P. Groover, 2010. Reimpresso com permissão de John Wiley & Sons, Inc.)

Em *máquinas câmara-quente*, o metal é fundido num contêiner anexo à máquina, e um êmbolo é usado para injetar o metal líquido sob alta pressão na matriz. Pressões típicas de injeção vão de 7 a 35 MPa (de 1.000 a 5.000 lb/in^2). O ciclo de fundição é resumido na Figura 6.11. É comum encontrar taxas de produção de até 500 peças por hora. A fundição sob pressão em câmara-quente impõe especial desgaste no sistema de injeção porque parte desse sistema é mantida imersa no metal fundido. Esse processo é, portanto, limitado em suas aplicações a metais de baixo ponto de fusão que não ataquem quimicamente o êmbolo e outros componentes mecânicos. Os metais incluem zinco, estanho, chumbo e, às vezes, magnésio.

Em *máquinas de fundição sob pressão câmara-fria*, metal fundido é vazado numa câmara não aquecida a partir de um contêiner externo contendo o metal, e um êmbolo é usado para injetar o metal sob alta pressão na cavidade da matriz. Pressões de injeção usadas nessas máquinas vão, tipicamente, de 14 a 140 MPa (de 2.000 a 20.000 lb/in^2). O ciclo de produção é explicado na Figura 6.12. Comparado às máquinas câmara-quente, os ciclos são em geral mais longos devido à necessidade de transferir o metal líquido de uma fonte externa até a câmara. Apesar disso, esse processo de fundição é uma operação de alta produção. As máquinas câmara-fria são tipicamente usadas para fundição de alumínio, latão e ligas de magnésio. Ligas com baixo ponto de fusão (zinco, estanho, chumbo) também podem ser fundidas em máquinas câmara-fria, mas as vantagens do processo de câmara-quente em geral induzem seu uso nesses metais.

Moldes empregados nas operações de fundição sob pressão são usualmente confeccionados em aços-ferramenta, aço médio-carbono, ou aço maraging. Tungstênio e molibdênio com boas qualidades refratárias têm sido também empregados, em especial em tentativas de fundir sob pressão aço e ferro fundido. As matrizes podem ser do tipo cavidade-única ou com cavidades-múltiplas (matrizes com cavidade única são mostradas nas Figuras 6.11 e 6.12). Pinos ejetores são necessários para remover a peça da matriz quando ela abre, como mostrado nos nossos diagramas. Esses pinos empurram a peça a partir da superfície do molde de tal forma que ela pode ser removida. Lubrificantes também devem ser aspergidos nas cavidades para evitar a gripagem.

Porque os materiais da matriz não têm naturalmente porosidade, e o metal fundido flui rápido para dentro da matriz durante a injeção, furos e canais de ventilação devem ser construídos na linha de partição das matrizes para evacuar o ar e gases da cavidade. Os canais de ventilação são bastante pequenos; ainda assim são preenchidos com metal durante a injeção, e esse metal dever ser posteriormente removido da peça fundida. Também a formação de *rebarba* é comum na fundição sob pressão, na qual o metal líquido sob alta pressão se comprime no pequeno espaço entre as metades da matriz na linha de partição ou nos espaços ao redor de machos ou pinos ejetores. Essas rebarbas devem ser removidas do fundido junto com o canal de descida e demais canais.

As vantagens da fundição sob pressão incluem: (1) possibilidade de elevada taxa de produção; (2) economicamente viável para a produção de grandes lotes; (3) possibilidade de tolerâncias estreitas, da ordem de ±0,076 mm (±0,003 in) em pequenas peças; (4) bom acabamento superficial; (5) seções finas são possíveis até cerca de 0,5 mm (0,020 in); e (6) resfriamento rápido gera tamanho de grão pequeno e fundido com boa resistência mecânica. A limitação desse processo, em adição aos metais que podem ser fundidos, é a restrição de forma, uma vez que a peça solidificada precisa ser removida da cavidade da matriz.

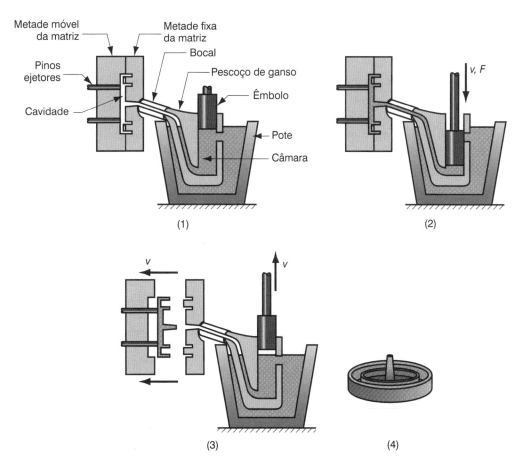

FIGURA 6.11 Ciclo de fundição em máquina câmara-quente: (1) com a matriz fechada e o êmbolo retraído, o metal fundido flui dentro da câmara; (2) o êmbolo força o metal da câmara a fluir para a matriz, mantendo a pressão durante o resfriamento e a solidificação; (3) o êmbolo é retraído, a matriz é aberta, e a peça solidificada é ejetada. A peça acabada é mostrada em (4). (Crédito: *Fundamentals of Modern Manufacturing*, 4ª Edição por Mikell P. Groover, 2010. Reimpresso com permissão de John Wiley & Sons, Inc.)

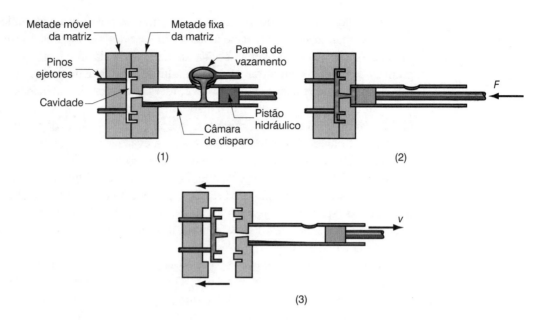

FIGURA 6.12 Ciclo de fundição em máquina câmara-fria: (1) com a matriz fechada e o pistão hidráulico retraído, o metal fundido é vazado na câmara; (2) o pistão hidráulico força o metal a fluir na matriz, mantendo pressão durante o resfriamento e a solidificação; e (3) o pistão é retraído, a matriz é aberta, e a peça é ejetada. (O sistema de canais foi simplificado.) (Crédito: *Fundamentals of Modern Manufacturing*, 4ª Edição por Mikell P. Groover, 2010. Reimpresso com permissão de John Wiley & Sons, Inc.)

6.3.4 *SQUEEZE CASTING* E FUNDIÇÃO COM METAL SEMISSÓLIDO

Existem dois processos que são geralmente associados à fundição sob pressão. ***Squeeze casting*** é uma combinação de fundição e forjamento (Seção 13.2) na qual o metal fundido é vazado na metade inferior da matriz preaquecida, e a parte superior da matriz é fechada para criar a cavidade do molde após o início da solidificação. Isto difere do processo usual de fundição em molde permanente, no qual as metades da matriz são fechadas antes do vazamento ou injeção. Devido à natureza híbrida do processo, ele também é conhecido como ***forjamento de metal-líquido***. No *squeeze casting*, a pressão aplicada pela matriz superior faz com que o metal preencha por completo a cavidade, resultando em bom acabamento superficial e baixa contração. As pressões requeridas são significativamente menores que no forjamento de um tarugo de metal sólido, e superfícies com mais detalhes podem ser obtidas com mais facilidade com esse processo que com o forjamento. *Squeeze casting* pode ser empregado para ambas as ligas: ferrosas e não ferrosas, mas ligas de alumínio e de magnésio são as mais comuns devido às baixas temperaturas de fusão. Componentes automotivos são as aplicações mais rotineiras.

Fundição com metal semissólido é uma família de processos *net-shape* e *near net-shape* realizados em ligas metálicas a temperaturas entre a *liquidus* e a *solidus* (Seção 5.3.1). Assim, durante a fundição, a liga está no estado pastoso, como uma lama, sendo uma mistura de sólido e metal fundido. Para fluir apropriadamente, a mistura deve consistir em glóbulos sólidos de metal num líquido em vez das típicas dentritas que se formam durante a solidificação de um metal fundido. Isto é alcançado por uma agitação vigorosa da lama para evitar a formação de dendritas e, ao contrário, encorajar as formas esféricas, que por sua vez reduzem a viscosidade do metal a ser trabalhado. As vantagens da fundição com metal semissólido incluem as seguintes [15]: (1) peças com geometrias complexas, (2) peças com paredes finas, (3) tolerâncias estreitas, (4) ausência ou baixa porosidade, resultando em fundido com elevada resistência mecânica.

Existem diversos modos de fundição com metal semissólido. Quando aplicado ao alumínio, os termos **thixocasting** e **rheocasting** são usados, e os equipamentos de produção são similares às máquinas de fundição sob pressão. Quando aplicado ao magnésio, o termo **thixomolding** é empregado, e o equipamento é similar a uma máquina de moldagem por injeção (Seção 8.6.1).

6.3.5 FUNDIÇÃO CENTRÍFUGA

A centrifugação se refere a diversos métodos de fundição nos quais o molde é girado a elevadas velocidades, de modo que a força centrífuga distribui o metal fundido às regiões periféricas da cavidade da matriz. Aqui, descreveremos o processo usado para peças fundidas tubulares, denominado fundição centrífuga verdadeira.

Na fundição centrífuga verdadeira, o metal fundido é vazado num molde giratório para produzir uma peça tubular. Exemplos de peças fabricadas por esse processo incluem canos, tubos, buchas e anéis. Um possível arranjo é mostrado na Figura 6.13. O metal fundido é vazado numa das extremidades de um molde horizontal giratório. Em algumas operações, a rotação do molde começa após o vazamento ter início, em vez de antes do vazamento. A alta velocidade de rotação resulta em forças centrífugas que fazem com que o metal tome a forma da cavidade do molde. Assim, a forma externa do fundido pode ser esférica, octogonal, hexagonal etc. Entretanto, a forma interna do fundido é (em termos teóricos) perfeitamente esférica devido às forças radiais simétricas.

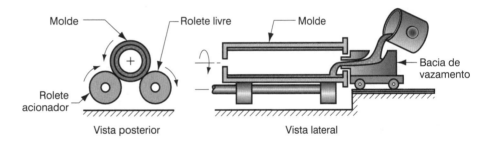

FIGURA 6.13 Esquema para a fundição centrífuga verdadeira. (Crédito: *Fundamentals of Modern Manufacturing*, 4ª Edição por Mikell P. Groover, 2010. Reimpresso com permissão de John Wiley & Sons, Inc.)

A orientação do eixo de rotação do molde pode ser tanto horizontal como vertical, o primeiro sendo mais comum. Consideremos o quanto rápido o molde deve girar na **fundição centrífuga horizontal** para o processo funcionar satisfatoriamente. A força centrífuga é definida pela equação física:

$$F = \frac{mv^2}{R} \tag{6.1}$$

em que F = força, N (lbf); m = massa, kg (lb); v = velocidade, m/s (ft/s); e R = raio interno do molde, m (ft). A força da gravidade é o seu peso P = mg, em que P é dado em kg (lb), e g = aceleração da gravidade, 9,8 m/s² (32,2 ft/s²). O conhecido fator-G FG é a razão entre a força centrífuga dividida pelo peso.

$$FG = \frac{F}{P} = \frac{mv^2}{Rmg} = \frac{v^2}{Rg} \tag{6.2}$$

A velocidade v pode ser expressa como $2\pi RN/60 = \pi RN/30$, em que N = velocidade de rotação, rpm. Substituindo essa expressão na Eq. (6.2), obtemos

$$FG = \frac{\left(R\dfrac{\pi N}{30}\right)^2}{g} \qquad (6.3)$$

Rearranjando para determinar a velocidade de rotação N, e usando diâmetro D em vez de raio na equação resultante, teremos

$$N = \frac{30}{\pi}\sqrt{\frac{2gFG}{D}} \qquad (6.4)$$

em que D = diâmetro interno do molde, m (ft). Se, na fundição centrífuga verdadeira, o fator-G for muito baixo, o metal líquido não permanecerá forçado contra o molde durante a metade superior do caminho circular e cairá como "chuva" no interior da cavidade. Ocorrerá deslizamento entre o metal fundido e a parede do molde, o que significa que a velocidade de rotação do metal é menor que a do molde. Numa base empírica, valores de $FG = 60$ a 80 são considerados apropriados para a fundição centrífuga horizontal [2], embora isto dependa de alguma forma do metal que está sendo fundido.

Exemplo 6.1
Velocidade de rotação na fundição centrífuga verdadeira

Uma operação de fundição centrífuga verdadeira será realizada horizontalmente para produzir seções de tubos em cobre com $D_e = 25$ cm e $D_i = 22,5$ cm. Que velocidade de rotação é requerida se um fator-G de 65 é usado para fundir o tubo?

Solução: O diâmetro interno do molde é igual ao diâmetro externo do fundido = 25 cm = 0,25 m. Podemos calcular a velocidade de rotação necessária a partir da Eq. (6.4) como segue:

$$N = \frac{30}{\pi}\sqrt{\frac{2(9,8)(26)}{0,25}} = \mathbf{681,7\ rpm.}$$

Na *fundição centrífuga vertical*, o efeito da gravidade agindo sobre o metal líquido resulta em que a parede do fundido é mais espessa na base que no topo. O perfil interno da parede do fundido assume uma forma parabólica. Como consequência, os comprimentos das peças fabricadas por fundição centrífuga vertical são normalmente, no máximo, o dobro dos seus diâmetros. Isto é bastante satisfatório para buchas e outras peças que têm diâmetro grande em relação à sua altura, em especial se usinagem for empregada para ajustar, de forma precisa, seu diâmetro interno.

Os fundidos produzidos pela fundição centrífuga verdadeira são caracterizados pela elevada massa específica, especialmente nas regiões externas em que a força centrífuga é mais elevada. A contração de solidificação na parte externa do tubo fundido não é importante porque, durante a solidificação, a força centrífuga de forma contínua realoca metal fundido em direção à parede do molde. Impurezas no fundido tendem a se localizar na parede interna e podem ser removidas, se necessário, por usinagem.

6.4 ROTINA DE FUSÃO

Em todos os processos de fundição, o metal deve ser aquecido até o estado líquido e ser vazado, ou de outra forma, forçado no molde. O aquecimento e fusão são realizados num forno. Esta seção cobre os vários tipos de fornos usados na fundição e as rotinas de vazamento para distribuir o metal fundido do forno ao molde.

6.4.1 FORNOS

Os tipos de fornos mais comumente utilizados em fundições são (1) cubilôs, (2) fornos diretos a combustível, (3) fornos a cadinho, (4) fornos elétricos a arco, e (5) fornos de indução.

A seleção do tipo de forno mais apropriado depende de fatores como a liga fundida; suas temperaturas de fusão e vazamento; capacidade do forno; custos de investimento, operação e manutenção; e considerações sobre poluição ambiental.

Cubilô O cubilô é um forno cilíndrico vertical equipado com uma bica de vazamento próxima à sua base. Cubilôs são empregados apenas para a fusão de ferros fundidos, e, embora outros fornos também possam ser usados, a maior tonelagem de ferro fundido é produzida em cubilôs. Aspectos gerais da construção e operação do cubilô são ilustrados na Figura 6.14. Ele é formado por uma grande carcaça de chapa de aço revestida com refratário. A "carga", consistindo em ferro, coque, fundente e possíveis elementos de liga, é introduzida pela porta de carregamento localizada abaixo da metade da altura do cubilô. O ferro é normalmente uma mistura de ferro-gusa e sucata (incluindo massalotes, canais de descida e demais canais que são removidos de fundidos anteriores). O coque é o combustível usado para aquecer o forno. Para a combustão do coque, ar forçado é introduzido pelas aberturas próximas ao fundo da carcaça. O fundente é um composto básico como calcário, que reage com as cinzas do coque e outras impurezas para formar a escória. A escória serve como cobertura do metal, protegendo-o da reação com o ambiente no interior do cubilô e reduzindo as perdas térmicas. À medida que a mistura é aquecida e a fusão do ferro ocorre, o forno é periodicamente sangrado para prover metal líquido para o vazamento.

Fornos Diretos a Combustível O forno direto a combustível contém uma pequena soleira aberta, na qual a carga metálica é aquecida por queimadores a combustível localizados

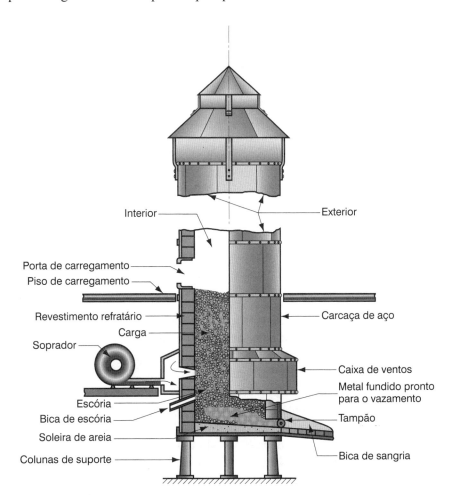

FIGURA 6.14 Cubilô empregado para fusão de ferro fundido. O forno mostrado é típico para uso em pequena fundição e omite detalhes do sistema de controle de emissões necessário em cubilôs modernos. (Crédito: *Fundamentals of Modern Manufacturing*, 4ª Edição por Mikell P. Groover, 2010. Reimpresso com permissão de John Wiley & Sons, Inc.)

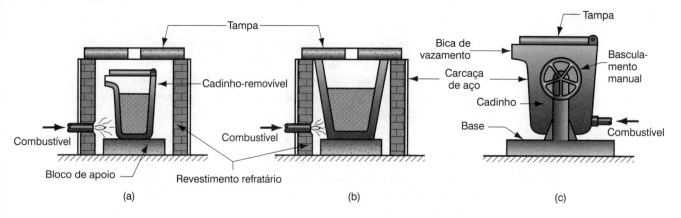

FIGURA 6.15 Três tipos de fornos a cadinho: (1) cadinho-removível, (b) cadinho-fixo, e (c) cadinho-basculante. (Crédito: *Fundamentals of Modern Manufacturing*, 4ª Edição por Mikell P. Groover, 2010. Reimpresso com permissão de John Wiley & Sons, Inc.)

lateralmente no forno. O teto do forno auxilia no aquecimento refletindo a chama na direção da carga. O combustível típico é o gás natural, e os produtos de combustão saem do forno por uma chaminé. No fundo da soleira, há um furo de sangria para liberar o metal fundido. Fornos diretos a combustível são em geral usados na fusão de metais não ferrosos como ligas à base de cobre e alumínio.

Fornos a Cadinho Esses fornos fundem o metal sem contato direto com a mistura combustível. Por essa razão, eles são algumas vezes chamados *fornos indiretos a combustível*. Três tipos de fornos a cadinho são empregados em fundição: (a) cadinho-removível, (b) cadinho-fixo, e (c) cadinho-basculante, como ilustrado na Figura 6.15. Todos eles utilizam um contêiner (cadinho) fabricado em material refratário adequado (por exemplo, uma mistura argila-grafite) ou aço-liga resistente a altas temperaturas em que a carga é colocada. No *forno cadinho-removível*, o cadinho é colocado num forno e aquecido o suficiente para fundir a carga metálica. Óleo, gás, ou carvão pulverizado são combustíveis típicos desses fornos. Quando o metal é fundido, o cadinho é removido do forno e usado como uma panela de vazamento. Os outros dois tipos, referidos, às vezes, como *fornos-pote*, têm o forno de aquecimento e o contêiner como uma única unidade. No caso do *cadinho-fixo*, o forno é fixo, e o metal líquido é removido do contêiner. No *cadinho-basculante*, o conjunto é basculado para o vazamento. Fornos a cadinho (dos três tipos) são usados para fundir metais não ferrosos como bronze, latão e ligas de zinco e de alumínio. A capacidade do forno é geralmente limitada a algumas centenas de quilogramas.

Fornos a Arco Elétrico Nesse tipo de forno, a carga é fundida pelo calor gerado a partir de um arco elétrico, que flui entre dois ou três eletrodos e a carga metálica. O consumo de energia é elevado, mas fornos a arco elétrico podem ser projetados com elevadas capacidades de fusão (de 23.000 a 45.000 kg/h ou de 25 a 50 ton/h), e são usados principalmente para fundir aço.

Fornos de Indução O forno de indução utiliza corrente alternada passando por uma bobina para criar um campo magnético no metal, e a corrente induzida resultante causa rápido aquecimento e fusão do metal. Aspectos do forno de indução para operações de fundição são ilustrados na Figura 6.16. O campo de força eletromagnética tem sobre o metal líquido uma ação misturadora, que leva à homogeneização do banho. Também porque o metal não entra em contato direto com os elementos de aquecimento, o ambiente no qual a fusão se dá pode ser controlado com precisão. Tudo isso resulta em metais fundidos de alta qualidade e pureza, e fornos de indução são usados para praticamente qualquer liga fundida quando esses requisitos são importantes. Fusão de aço, ferro fundido e ligas de alumínio são aplicações comuns na fundição.

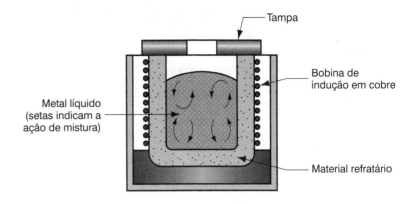

FIGURA 6.16 Forno de indução. (Crédito: *Fundamentals of Modern Manufacturing*, 4ª Edição por Mikell P. Groover, 2010. Reimpresso com permissão de John Wiley & Sons, Inc.)

6.4.2 VAZAMENTO, LIMPEZA E TRATAMENTO TÉRMICO

A movimentação do metal fundido do forno de fusão até o molde é, algumas vezes, feita usando cadinhos. Mais frequentemente, a transferência é realizada em ***panelas*** de diversos tipos. Essas panelas recebem o metal do forno e possibilitam o vazamento nos moldes. Duas panelas típicas são ilustradas na Figura 6.17, uma para manuseio de grandes volumes de metal fundido usando uma ponte rolante, e a outra, "com alças", para movimentação e vazamento manual de pequenas quantidades.

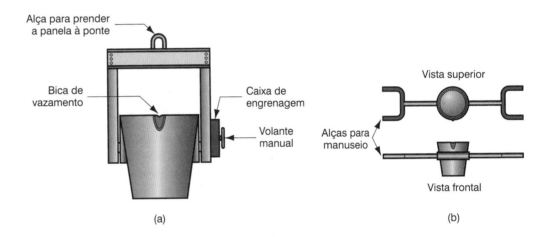

FIGURA 6.17 Dois tipos comuns de panelas: (a) panela em ponte rolante e (b) panela manual. (Crédito: *Fundamentals of Modern Manufacturing*, 4ª Edição por Mikell P. Groover, 2010. Reimpresso com permissão de John Wiley & Sons, Inc.)

Um dos problemas no vazamento é que o metal fundido oxidado pode ser introduzido no molde. Óxidos metálicos reduzem a qualidade do produto, podendo gerar um fundido defeituoso; assim, durante o vazamento, medidas são tomadas para minimizar a entrada desses óxidos no molde. Filtros são algumas vezes empregados para aprisionar os óxidos e outras impurezas à medida que o metal é vertido pela bica de vazamento, e fluxos são usados para cobrir o metal fundido e retardar a oxidação. Adicionalmente, panelas têm sido desenvolvidas para vazar o metal líquido a partir do fundo da panela, uma vez que os óxidos se acumulam na superfície do banho.

Após a solidificação e remoção do fundido do molde, uma série de etapas adicionais são em geral necessárias. Essas operações incluem (1) rebarbação, (2) remoção do macho, (3) limpeza da superfície, (4) inspeção, (5) reparo, se necessário, e (6) tratamento térmico. Na fundição, as etapas de (1) a (5) são coletivamente denominadas "limpeza". A extensão da necessidade dessas operações adicionais varia com o processo de fundição e com os metais. Quando necessárias, elas usualmente demandam mão de obra intensa e são custosas.

Rebarbação envolve a remoção dos canais de descida e de distribuição, massalotes, rebarbas entre caixas, entre outras, chapelins e qualquer outro excesso de metal da peça fundida. No caso de ligas fundidas frágeis e quando as seções transversais são relativamente finas, esses apêndices do fundido podem ser quebrados. Em outros casos, pode-se empregar: martelamento, corte por cisalhamento, com serra alternativa, serra de fita, com discos de corte abrasivos, com maçarico e diversos outros métodos de corte.

Se machos foram usados para fundir a peça, eles devem ser removidos. A maioria dos machos é fabricada em areia quimicamente ligada ou aglomerada com óleo, e em geral colapsam à medida que o aglomerante se deteriora. Em alguns casos, eles são removidos pela vibração, manual ou mecânica, do fundido. Em raras ocasiões, os machos são removidos pela dissolução química do agente aglomerante empregado no macho em areia. Machos sólidos devem ser martelados ou pressionados para sair.

A limpeza da superfície é mais importante no caso da fundição em areia. Em vários outros processos de fundição, especialmente nos processos em molde permanente, essa etapa pode ser suprimida. *Limpeza superficial* envolve remoção da areia da superfície do fundido, o que, de alguma forma, melhora a aparência da superfície. Os métodos usados para limpeza incluem tamboramento, jateamento com ar contendo partículas grosseiras de areia ou granalha de metal, escova de aço e decapagem química (Capítulo 21).

Os defeitos são possíveis em fundidos, e a inspeção é necessária para detectar sua presença. Consideraremos esse assunto na próxima seção.

Fundidos são em geral tratados termicamente (Capítulo 20) para melhorar suas propriedades, ou para operações de processamento subsequentes como usinagem ou ajuste das propriedades desejadas pela aplicação da peça fundida.

6.5 QUALIDADE DO FUNDIDO

Durante a operação de fundição, há numerosas oportunidades para algo dar errado, resultando num produto fundido com defeitos. Nesta seção, compilamos uma lista dos defeitos mais comuns que ocorrem na fundição e indicamos os procedimentos de inspeção para detectá-los.

Defeitos de Fundição Alguns defeitos são comuns a qualquer e todos os processos de fundição. Esses defeitos são ilustrados na Figura 6.18 e são brevemente descritos a seguir:

(a) *Falha de preenchimento* aparece em fundidos que solidificam antes de a cavidade do molde estar totalmente preenchida. As causas típicas incluem: (1) fluidez do metal fundido insuficiente, (2) temperatura de vazamento muito baixa, (3) vazamento feito de forma muito lenta, e/ou (4) seção transversal do fundido muito fina.

(b) *Delaminação* ocorre quando duas porções do metal fluem juntas, mas falta fusão das duas frentes devido à solidificação prematura. As causas são similares às da falha de preenchimento.

(c) *Gotas frias* resultam do respingo durante o vazamento, causando a formação de grânulos sólidos de metal que ficam aprisionados no fundido. Procedimentos de vazamento e projeto de sistema de canais que evite os respingos podem evitar esse defeito.

(d) *Cavidade de contração* é a depressão na superfície ou um vazio interno no fundido, causado pela contração de solidificação que restringe a quantidade de metal fundido disponível na última região a se solidificar. Geralmente é formado próximo à superfície do fundido e, nesse caso, é denominado "rechupe". Veja a Figura 5.6(3). O problema pode ser na maior parte das vezes resolvido pelo projeto de um massalote adequado.

(e) *Microporosidade* consiste numa rede de pequenos vazios distribuídos por todo o fundido, causada pela contração que ocorre no fim da solidificação do metal nos espaços entre a estrutura dendrítica. Esse defeito é usualmente associado a ligas, por causa da forma pela qual a solidificação ocorre nesses metais, que apresentam tendência à larga diferença entre as temperaturas *liquidus* e *solidus*.

(f) **Ruptura a quente**, também chamada **trinca a quente**,* ocorre quando, nos estágios finais da solidificação ou nos primeiros estágios do resfriamento, a contração do fundido é restringida devido ao molde ser pouco deformável. O defeito se manifesta pela separação (daí vem o termo **ruptura** e **trinca**) no ponto de elevada tensão de tração, causada pela impossibilidade do metal contrair naturalmente. Na fundição em areia e outros processos de fundição com moldes perecíveis, o defeito é evitado pela escolha de um molde com propriedade de colapsibilidade. Nos processos com moldes permanentes, a ruptura a quente é reduzida removendo a peça do molde imediatamente após a solidificação.

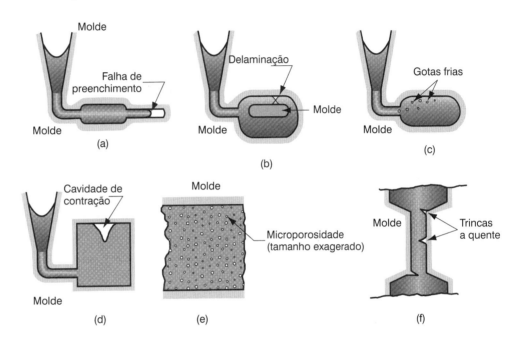

FIGURA 6.18 Alguns defeitos comuns em fundidos: (a) falha de preenchimento, (b) delaminação, (c) gotas frias, (d) cavidade de contração, (e) microporosidade, e (f) ruptura a quente. (Crédito: *Fundamentals of Modern Manufacturing*, 4ª Edição por Mikell P. Groover, 2010. Reimpresso com permissão de John Wiley & Sons, Inc.)

Alguns defeitos são relacionados ao uso dos moldes em areia e, portanto, eles ocorrem somente na fundição em areia. Em menor grau, outros processos em molde perecível são também suscetíveis desse problema. Os defeitos presentes prioritariamente em fundição em areia são mostrados na Figura 6.19 e descritos a seguir:

(a) **Bolha** é um defeito que consiste numa cavidade de gás com a forma de um balão, causada pela liberação de gases do molde durante o vazamento. Ela ocorre na superfície do fundido, ou pouco abaixo, próximo do topo da peça. Baixa permeabilidade, ventilação insatisfatória e elevada umidade na areia do molde são as causas usuais.

(b) **Microporosidade**, também causada pela liberação de gases durante o vazamento, consiste em diversas e pequenas cavidades formadas na superfície da peça, ou logo abaixo dela.

(c) **Erosão por lavagem** é uma irregularidade na superfície do fundido que resulta da erosão da areia do molde durante o vazamento, e o contorno da erosão será reproduzido na superfície da peça.

---

* Outra expressão usada para esse defeito é trinca de contração. (N.T.)

(d) **Crosta de erosão** são áreas rugosas na superfície do fundido devido a incrustações de areia e metal. Elas são causadas por pequenas porções da superfície do molde que se descamam durante a solidificação e ficam entranhadas na superfície da peça.

(e) **Penetração** é um defeito superficial que ocorre quando a fluidez do metal líquido é alta, penetrando no molde ou no macho em areia. Durante a solidificação, a superfície do fundido consiste numa mistura de grãos de areia e metal. Maior compactação do molde de areia ajuda a reduzir esse defeito.

(f) **Deslocamento do molde** se refere ao defeito causado pela movimentação da parte superior do molde em relação à parte inferior; o resultado é um degrau no fundido na altura da linha de partição.

(g) **Deslocamento do macho** é similar ao deslocamento do molde, mas é o macho que se movimenta, e o deslocamento é geralmente vertical. O deslocamento é causado pela tendência do metal de movimentar o macho, dada a sua massa específica ser menor que a do metal.

(h) **Trinca no molde** ocorre quando a resistência mecânica do molde é insuficiente e uma trinca se desenvolve, na qual o metal líquido pode penetrar para formar um "apêndice" na peça final.

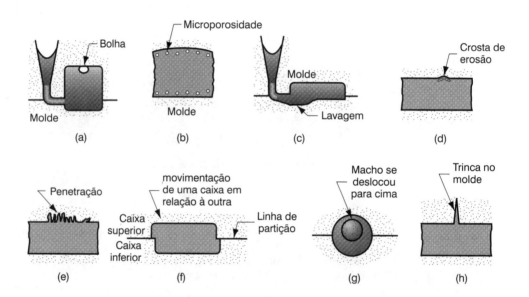

FIGURA 6.19 Defeitos comuns na fundição em areia: (a) bolha, (b) microporosidade, (c) erosão por lavagem, (d) crosta de erosão, (e) penetração, (f) deslocamento do molde, (g) deslocamento do macho, e (h) trinca no molde. (Crédito: *Fundamentals of Modern Manufacturing*, 4ª Edição por Mikell P. Groover, 2010. Reimpresso com permissão de John Wiley & Sons, Inc.)

Métodos de Inspeção Os procedimentos de inspeção na fundição incluem (1) inspeção visual para detectar defeitos óbvios como falha de preenchimento, delaminação e trincas superficiais de tamanho razoável; (2) verificação dimensional para garantir que as tolerâncias foram atingidas; e (3) testes metalúrgicos, químicos, físicos e outros testes relacionados à qualidade do metal fundido [7]. Testes na categoria (3) incluem: (a) testes hidrostáticos — para localizar vazamentos no fundido; (b) métodos radiográficos, testes com partículas magnéticas, uso de líquidos fluorescentes penetrantes e testes supersônicos — para detectar os defeitos superficiais ou internos no fundido; e (c) testes mecânicos para determinar propriedades como resistência à tração e dureza. Se defeitos são identificados, mas não são tão sérios, é geralmente possível salvar o fundido com soldagem, desbaste (retificação ou esmerilhamento) ou outro método de reparo que o cliente aceite.

6.6 METAIS PARA FUNDIÇÃO

A maioria das peças fundidas comerciais é fabricada em ligas em vez de metais puros. Ligas são geralmente mais fáceis de fundir, e as propriedades do produto resultante são melhores. Ligas fundidas podem ser classificadas em ferrosas e não ferrosas. A categoria de ferrosas é subdividida em ferro fundido e aço fundido.

Ligas de Fundição Ferrosas: Ferro Fundido   O ferro fundido é a mais importante de todas as ligas fundidas. A tonelagem de peças em ferro fundido é muitas vezes maior que a de todos os outros metais juntos. Existem diversos tipos de ferro fundido (Seção 2.1.2): (1) ferro fundido cinzento, (2) ferro nodular, (3) ferro fundido branco, (4) ferro maleável, e (5) ferro fundido ligado. A temperatura típica de vazamento para ferro fundido é em torno de 1400°C (2500°F), dependendo da composição.

Ligas de Fundição Ferrosas: Aço   As propriedades mecânicas do aço o tornam um material de engenharia interessante (Seção 2.1.1), e a capacidade de criar geometrias complexas torna a fundição um processo atraente. Entretanto, grandes dificuldades estão presentes na fundição especializada em aço. Primeiro, o ponto de fusão do aço é de forma considerável maior que o da maioria dos outros metais usados comumente em fundição. O intervalo de solidificação para aços baixo-carbono começa logo abaixo de 1540°C (2800°F). Isso significa que a temperatura de vazamento requerida para o aço é muito alta — próxima a 1650°C (3000°F). Nessas temperaturas elevadas, o aço é muito reativo quimicamente. Ele se oxida rápido, então procedimentos especiais devem ser usados durante a fusão e o vazamento para isolar o metal fundido do ar. Também, o aço fundido tem relativamente baixa fluidez, e isso limita o projeto de seções finas de componentes fundidos em aço.

Diversas características dos fundidos em aço fazem com que seja válido o esforço de solucionar esses problemas. A resistência à tração é mais elevada que a maioria dos outros metais fundidos, indo até aproximadamente 410 MPa (60.000 lb/in^2) [9]. Fundidos em aço têm maior tenacidade que a maioria das outras ligas fundidas. As propriedades do aço fundido são isotrópicas; a resistência é, na prática, a mesma em todas as direções, ao contrário das peças fabricadas por conformação mecanicamente (por exemplo, laminação, forjamento), que exibem direcionalidade em suas propriedades. Dependendo dos requisitos do produto, comportamento isotrópico do material pode ser desejável. Outra vantagem dos aços fundidos é a facilidade de soldagem. Sem significante perda de resistência, o aço pode ser prontamente soldado para reparar a peça fundida ou para fabricar estruturas com outros componentes de aço.

Ligas de Fundição Não Ferrosas   Metais fundidos não ferrosos incluem ligas de alumínio, magnésio, cobre, estanho, zinco, níquel e titânio (Seção 2.1.3). As *ligas de alumínio* são geralmente consideradas de fácil fundição. O ponto de fusão do alumínio puro é 660°C (1220°F), assim as temperaturas de vazamento para ligas fundidas de alumínio são baixas, comparadas com ferro e aço fundidos. Suas propriedades as tornam atrativas para fundidos: baixa massa específica, vasta gama de propriedades alcançadas por meio de tratamentos térmicos e fácil usinagem. As *ligas de magnésio* são as mais leves de todas as ligas fundidas. Outras propriedades incluem resistência à corrosão, assim como elevadas razões resistência-massa específica e rigidez-massa específica.

As *ligas de cobre* incluem bronze, latão e bronze-alumínio. As propriedades que as tornam relevantes são a resistência à corrosão, boa aparência e boas propriedades como mancais. O alto custo do cobre é uma limitação ao uso de suas ligas. Aplicações incluem conexões para tubos, pás de hélices marinhas, componentes de bombas e joalheria ornamental.

O estanho tem o menor ponto de fusão dos metais fundidos. As *ligas à base de estanho* são geralmente fáceis de fundir. Elas têm boa resistência à corrosão, mas baixa resistência mecânica, o que limita suas aplicações a vasilhames e produtos similares que não necessitem de elevada resistência. As *ligas de zinco* são comumente usadas na fundição sob pressão. O zinco tem baixo ponto de fusão e boa fluidez, tornando-o de fácil uso na fundição. Sua principal desvantagem é a baixa resistência à fluência, de modo que o fundido não pode ser submetido a tensões elevadas por longo tempo.

As *ligas de níquel* têm boas resistência a quente e resistência à corrosão, o que as torna adequadas a aplicações em temperaturas elevadas como em motores a jato e componentes de foguete, proteção térmica e componentes similares. Essas ligas também possuem elevada temperatura de fusão e não são fáceis de fundir. As *ligas de titânio* fundidas são resistentes à corrosão e possuem elevada razão resistência-massa específica. Entretanto, titânio tem alto ponto de fusão, baixa fluidez e propensão a oxidar em temperaturas elevadas. Essas propriedades tornam difícil sua fundição e a de suas ligas.

6.7 CONSIDERAÇÕES SOBRE O PROJETO DO PRODUTO

Se a fundição for escolhida pelo projetista de produto como o processo de fabricação principal de um determinado componente, então certas diretrizes deverão ser seguidas para facilitar a produção da peça e evitar os vários defeitos enumerados na Seção 6.5. Algumas diretrizes e considerações importantes para a fundição são apresentadas:

- *Simplicidade geométrica*. Embora a fundição seja um processo indicado para produzir peças com geometrias complexas, a simplicidade do projeto da peça melhorará sua fundibilidade. Evitando complexidades desnecessárias, simplifica-se a confecção do molde, reduz a necessidade de machos e melhora a resistência mecânica do fundido.

- *Cantos*. Cantos e ângulos vivos devem ser evitados porque são fonte de concentração de tensões e podem causar ruptura a quente e trincas no fundido. Nos cantos internos, filetes generosos devem ser projetados e cantos vivos devem ser adoçados.

- A *espessura das seções* deve ser uniforme para evitar cavidades de contração. Seções espessas criam *pontos quentes* no fundido porque o maior volume de metal requer mais tempo para solidificar e resfriar. Os pontos quentes são prováveis localizações de cavidades de contração.

- *Ângulo de saída*. As seções da peça dentro do molde devem ter ângulo de saída ou conicidade, como definida na Figura 6.20. Na fundição em molde perecível, o propósito dessa conicidade é facilitar a remoção do modelo do molde. Na fundição em molde permanente, o objetivo é ajudar na remoção da peça fundida do molde. Conicidade similar deverá ser empregada se machos sólidos forem usados no processo de fundição. O ângulo de saída requerido precisa ser de apenas 1° na fundição em areia e de 2° a 3° no processo em molde permanente.

- *Uso de machos*. Pequenas modificações no projeto de peças podem geralmente reduzir a necessidade de se usar machos, como mostrado na Figura 6.20.

- *Tolerâncias dimensionais*. Há diferenças significativas na acurácia dimensional que pode ser alcançada, dependendo de qual processo de fundição é usado. A Tabela 6.1 fornece uma compilação de tolerâncias típicas para peças em diversos processos de fundição e diferentes metais.

- *Acabamento superficial*. As rugosidades superficiais típicas atingidas na fundição em areia são ao redor de 6 μm (250 μ-in). De forma similar, no *shell-molding* o acabamento obtido também é pobre, enquanto a moldagem em gesso e a fundição de precisão produzem menores valores de rugosidade: 0,75 μm (30 μ-in). Dentre os processos em molde permanente, a fundição sob pressão é destaque pelo acabamento superficial em torno de 1 μm (40 μ-in).

TABELA 6.1 Tolerâncias dimensionais típicas para diversos processos de fundição e diferentes metais

Processo de Fundição	Tamanho da Peça	Tolerância mm	Tolerância in	Processo de Fundição	Tamanho da Peça	Tolerância mm	Tolerância in
Fundição em areia				**Molde permanente**			
Alumínio[a]	Pequena	±0,5	±0,020	Alumínio[a]	Pequena	±0,25	±0,010
Ferro fundido	Pequena	±1,0	±0,040	Ferro fundido	Pequena	±0,8	±0,030
	Grande	±1,5	±0,060	Ligas de cobre	Pequena	±0,4	±0,015
Ligas de cobre	Pequena	±0,4	±0,015	Aço	Pequena	±0,5	±0,020
Aço	Pequena	±1,3	±0,050	**Sob pressão**			
	Grande	±2,0	±0,080	Alumínio[a]	Pequena	±0,12	±0,005
Shell-molding				Ligas de cobre	Pequena	±0,12	±0,005
Alumínio[a]	Pequena	±0,25	±0,010	**Fundição de precisão**			
Ferro fundido	Pequena	±0,5	±0,020	Alumínio[a]	Pequena	±0,12	±0,005
Ligas de cobre	Pequena	±0,4	±0,015	Ferro fundido	Pequena	±0,25	±0,010
Aço	Pequena	±0,8	±0,030	Ligas de cobre	Pequena	±0,12	±0,005
Moldagem em gesso	Pequena	±0,12	±0,005	Aço	Pequena	±0,25	±0,010
	Grande	±0,4	±0,015				

Compilada de [7], [14] e outras referências.
[a]Valores para alumínio também se aplicam ao magnésio.

> ***Tolerâncias para usinagem.*** As tolerâncias alcançadas em muitos processos de fundição são insuficientes frente às necessidades de várias aplicações. Fundição em areia é o mais proeminente exemplo dessa deficiência. Nesses casos, partes do fundido devem ser usinadas até as dimensões requeridas. Praticamente todos os fundidos em areia devem, de alguma forma, ser usinados para tornar a peça funcional. Assim, adicional material, chamado **sobremetal para usinagem**, é deixado na peça para usinar essas superfícies, se necessário. Sobremetais típicos de usinagem para fundição em areia variam entre 1,5 mm e 3 mm (1/16 in e 1/4 in).

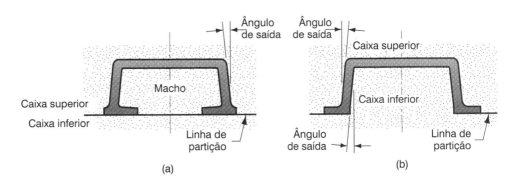

FIGURA 6.20 Definição de ângulo de saída. O projeto também pode ser modificado para eliminar a necessidade de se utilizar um macho: (a) projeto original e (b) projeto redefinido. (Crédito: *Fundamentals of Modern Manufacturing*, 4ª Edição por Mikell P. Groover, 2010. Reimpresso com permissão de John Wiley & Sons, Inc.)

REFERÊNCIAS

[1] Amstead, B. H., Ostwald, P. F., and Begeman, M. L. *Manufacturing Processes*. John Wiley & Sons, Inc., New York, 1987.

[2] Beeley, P. R. *Foundry Technology*. Newnes-Butterworths, London, 1972.

[3] Black, J., and Kohser, R. *DeGarmo's Materials and Processes in Manufacturing*, 10th ed. John Wiley & Sons, Inc., Hoboken, New Jersey, 2008.

[4] Datsko, J. *Material Properties and Manufacturing Processes*. John Wiley & Sons, Inc., New York, 1966.

[5] Decker, R. F., Walukas, D. M., LeBeau, S. E., Vining, R. E., and Prewitt, N. D. "Advances in Semi-Solid Molding," *Advanced Materials & Processes*, April 2004, pp. 41–42.

[6] Flinn, R. A. *Fundamentals of Metal Casting*. American Foundrymen's Society, Inc., Des Plaines, Illinois, 1987.

[7] Heine, R. W., Loper, Jr., C.R., and Rosenthal, C. *Principles of Metal Casting*, 2nd ed. McGraw-Hill Book Co., New York, 1967.

[8] Kotzin, E. L. *Metalcasting & Molding Processes*. American Foundrymen's Society, Inc., Des Plaines, Illinois, 1981.

[9] Metals Handbook, Vol. **15**, *Casting*. ASM International, Materials Park, Ohio, 2008.

[10] Mikelonis, P. J. (ed.). *Foundry Technology*. American Society for Metals, Materials Park, Ohio, 1982.

[11] Mueller, B. "Investment Casting Trends," *Advanced Materials & Processes*, March 2005, pp. 30–32.

[12] Niebel, B. W., Draper, A. B., and Wysk, R. A. *Modern Manufacturing Process Engineering*. McGraw-Hill Book Co., New York, 1989.

[13] Perry, M. C. "Investment Casting," *Advanced Materials & Processes*, June 2008, pp. 31–33.

[14] Wick, C., Benedict, J. T., and Veilleux, R. F. *Tool and Manufacturing Engineers Handbook*, 4th ed. Vol. II, *Forming*. Society of Manufacturing Engineers, Dearborn, Michigan, 1984, Chapter 16.

[15] www.wikipedia.org/wiki/semi-solid_metal_casting.

QUESTÕES DE REVISÃO

6.1 Nomeie as duas categorias básicas de processos de fundição.

6.2 Existem vários tipos de modelos usados na fundição em areia. Qual é a diferença entre o modelo bipartido e a placa-modelo com uma metade do modelo em cada face da placa?

6.3 Qual é a função de um chapelim?

6.4 Que propriedades determinam a qualidade de um molde em areia para a fundição em areia?

6.5 Em que consiste o processo *Antioch*?

6.6 Quais são os metais mais comumente usados na fundição sob pressão?

6.7 Qual é a máquina de fundição sob pressão que usualmente apresenta maior taxa de produção, câmara-fria ou câmara-quente, e por quê?

6.8 Por que se formam rebarbas na fundição sob pressão?

6.9 O que é um cubilô?

6.10 Na fundição em areia, quais são algumas das operações requeridas após a remoção do fundido do molde?

6.11 Quais são alguns dos defeitos comumente encontrados em processos de fundição? Nomeie e descreva brevemente três deles.

PROBLEMAS

6.1 Uma operação de fundição centrífuga horizontal verdadeira será usada para produzir tubos de cobre. O comprimento será de 1,5 m, o diâmetro externo = 15,0 cm e o diâmetro interno = 12,5 cm. Se a velocidade de rotação do tubo = 1.000 rpm, determine o fator-G.

6.2 Uma operação de fundição centrífuga verdadeira é realizada numa configuração horizontal para fabricar seções de tubos em ferro fundido. As seções têm o comprimento = 42,0 in, diâmetro externo = 8,0 in e espessura de parede = 0,50 in. Se a velocidade de rotação do tubo = 500 rpm, determine o fator-G. A operação deve ser um sucesso?

6.3 O processo de fundição centrífuga horizontal verdadeira é usado para produzir buchas de latão com as seguintes dimensões: comprimento = 10 cm, diâmetro externo = 15 cm e diâmetro interno = 12 cm. (a) Determine a velocidade de rotação requerida de forma a obter um fator-G de 70. (b) Operando a essa velocidade, qual a força centrífuga por metro quadrado (Pa) imposta ao metal fundido na parede interna do molde? A massa específica do latão é 8,62 g/cm^3.

6.4 Uma fundição centrífuga autêntica é realizada horizontalmente para produzir seções de tubos de cobre com grandes diâmetros. Os tubos têm um comprimento = 1,0 m, diâmetro = 0,25 m e espessura de parede = 15 mm. (a) Se a velocidade de rotação do tubo = 700 rpm, determine o fator-G no metal fundido. (b) A velocidade de rotação é suficiente para evitar "chuva" do metal? (c) Que volume de metal fundido deve ser vazado no molde para produzir a peça, se a contração de solidificação e a contração após a solidificação forem consideradas? Contração de solidificação do cobre = 4,5%, e a contração térmica do sólido = 7,5%.

6.5 Se uma operação de fundição centrífuga verdadeira fosse realizada na estação espacial que circunda a Terra, como a falta de gravidade afetaria o processo?

6.6 Um processo de fundição centrífuga horizontal verdadeira é usado para fabricar anéis de alumínio com as seguintes dimensões: comprimento = 5 cm, diâmetro externo = 65 cm, e diâmetro interno = 60 cm. (a) Determine a velocidade de rotação que fornecerá um fator-G = 60. (b) Suponha que o anel seja feito de aço em vez de alumínio. Se a velocidade de rotação calculada no item (a) fosse usada na operação de fundição de aço, determine o fator-G e (c) a força centrífuga por metro quadrado (Pa) na parede do molde. (d) Essa velocidade de rotação resultaria numa operação de sucesso? A massa específica do aço = 7,87 g/cm^3.

6.7 Para o anel de aço do Problema anterior 6.6(b), determine o volume de metal que deve ser vazado no molde, considerando que a contração no líquido é 0,5%, a contração de solidificação = 3% e a contração no sólido depois da solidificação = 7,2%.

6.8 Um processo de fundição centrífuga horizontal verdadeira é empregado para fabricar tubo de chumbo para plantas químicas. O tubo tem comprimento = 0,5 m, diâmetro externo = 70 mm e espessura de parede de 6,0 mm. Determine a velocidade de rotação que garantirá fator-G = 60.

6.9 A caixa de um determinado maquinário é composta de dois componentes, ambos em alumínio fundido. O componente maior tem a forma de uma pia, e o segundo componente é uma cobertura plana que é presa ao primeiro componente para criar um espaço fechado para as peças do maquinário. A fundição em areia é usada para produzir os dois componentes, e ambas as peças contêm defeitos como falhas de preenchimento e delaminação. O chefe da fundição reclama que as peças são muito finas e isso é a causa dos defeitos. Entretanto, sabe-se que os mesmos componentes são obtidos, com sucesso, em outras fundições. Que outra justificativa pode ser dada para a presença desses defeitos?

6.10 Uma grande peça de aço fundido em areia apresenta os sinais característicos de defeito de penetração: a superfície consistindo em uma mistura de areia e metal. (a) Que passos podem ser tomados para corrigir o defeito? (b) Que outros possíveis defeitos podem resultar da opção por cada um desses passos?

7 PROCESSAMENTO DOS VIDROS

Sumário

7.1 Preparação das Matérias-Primas e Fusão

7.2 Processos de Conformação na Fabricação de Vidros
  7.2.1 Conformação de Utensílios de Vidro
  7.2.2 Conformação de Vidro Plano e Tubular
  7.2.3 Conformação de Fibras de Vidro

7.3 Tratamento Térmico e Acabamento
  7.3.1 Tratamento Térmico
  7.3.2 Acabamento

7.4 Considerações sobre o Projeto de Produto

Os produtos à base de vidro são fabricados comercialmente em uma variedade de formas quase ilimitada. Diversos desses produtos são feitos em quantidades muito grandes, tal como os bulbos de lâmpadas, garrafas de bebidas e vidros de janelas. Outros produtos, tal como as grandes lentes de telescópios, são fabricados individualmente.

O vidro é um dos três tipos básicos de cerâmicas (Seção 2.2). Ele é distinguido por sua estrutura não cristalina (vítrea), enquanto os outros materiais cerâmicos têm estrutura cristalina. Os métodos pelos quais o vidro é transformado em produtos úteis são bastante diferentes daqueles usados para as outras cerâmicas. No processamento dos vidros, a principal matéria-prima é a sílica (SiO_2), que é em geral combinada com outros óxidos cerâmicos para formar os vidros. As matérias-primas são aquecidas para transformá-las de sólidos duros em um líquido viscoso; são então moldadas na geometria desejada nessa condição altamente plástica e fluida. Quando são resfriadas e endurecem, o material permanece no estado vítreo em vez de cristalizar.

A sequência de fabricação típica no processamento dos vidros consiste nos passos representados na Figura 7.1. A moldagem do vidro é feita por vários processos, incluindo fundição, prensagem e sopro (para fabricar garrafas e outros recipientes) e laminação (para fazer chapas de vidro). Uma etapa de acabamento é necessária para certos produtos.

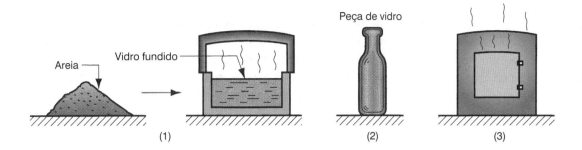

FIGURA 7.1 A sequência de processo típica na fabricação de vidros: (1) preparação das matérias-primas e fusão, (2) moldagem e (3) tratamento térmico. (Crédito: *Fundamentals of Modern Manufacturing*, 4ª Edição por Mikell P. Groover, 2010. Reimpresso com permissão de John Wiley & Sons, Inc.)

7.1 PREPARAÇÃO DAS MATÉRIAS-PRIMAS E FUSÃO

O principal componente em praticamente todos os vidros é a sílica, e sua principal fonte é o quartzo natural da areia. A areia deve ser lavada e classificada. A lavagem remove impurezas, tal como a argila, e certos minerais que poderiam causar uma coloração indesejada no vidro. ***Classificar*** a areia significa separar os grãos de acordo com o tamanho. O tamanho de partícula mais desejável para a fabricação dos vidros está na faixa entre 0,1 e 0,6 mm (0,004 – 0,025 in) [3]. Os outros diversos componentes, tal como o carbonato de sódio (fonte de Na_2O), calcário (fonte de CaO), óxido de alumínio, potassa (fonte de K_2O) e outros minerais, são adicionados em proporções apropriadas para obter a composição desejada. A mistura é normalmente feita em bateladas, em quantidades que sejam compatíveis com as capacidades disponíveis dos fornos de fusão.

Hoje em dia, vidro reciclado é usualmente adicionado à mistura. Além de preservar o meio ambiente, o vidro reciclado facilita a fusão. Dependendo da quantidade de rejeitos de vidro disponível e das especificações da composição final, a proporção de vidro reciclado pode ser de até 100%.

A batelada de matérias-primas a ser fundida é denominada ***carga***, e o procedimento de alimentar essa carga no forno de fusão é chamado ***carregamento*** do forno. Os fornos de fusão para vidros podem ser divididos nos seguintes tipos [3]: (1) ***fornos de cadinho*** — cadinhos cerâmicos com pequena capacidade, nos quais a fusão ocorre por aquecimento das paredes do cadinho; (2) ***fornos acumuladores*** — fornos de maior capacidade para a produção por bateladas, nos quais o aquecimento é feito pela queima de combustível acima da carga; (3) ***fornos acumuladores contínuos*** — fornos tubulares compridos, nos quais as matérias-primas são alimentadas em uma extremidade e são fundidas conforme se deslocam para a outra extremidade, na qual o vidro fundido é retirado para produção em massa; e (4) ***fornos elétricos*** de vários formatos para ampla faixa de taxas de fabricação.

A fusão do vidro é normalmente realizada em temperaturas em torno de 1500°C a 1600°C (2700°F a 2900°F). O ciclo de fusão para uma carga típica leva entre 24 e 48 horas. Esse é o tempo necessário para que todos os grãos de areia se tornem líquidos e o vidro fundido seja refinado e resfriado até a temperatura apropriada para ser trabalhado. O vidro fundido é um fluido viscoso, e a viscosidade é inversamente proporcional à temperatura. Como a operação de moldagem ou conformação é feita de imediato após o ciclo de fusão, a temperatura na qual o vidro é retirado do forno depende da viscosidade necessária para o processo de conformação subsequente.

7.2 PROCESSOS DE CONFORMAÇÃO NA FABRICAÇÃO DE VIDROS

As principais categorias de produtos de vidro são os vidros de janelas, as garrafas, os bulbos de lâmpadas, as vidrarias de laboratório, as fibras de vidro e os vidros ópticos. A despeito da variedade representada por essa lista, os processos de conformação (ou moldagem) para fabricar esses produtos podem ser agrupados em apenas três categorias: (1) processos para fabricação individual de utensílios de vidro, que incluem as garrafas, os bulbos de lâmpadas e outros itens fabricados individualmente; (2) processos contínuos para a fabricação de vidros planos (lâminas e chapas de vidro de janelas) e tubos (para vidraria de laboratório e lâmpadas fluorescentes); e (3) processos para fabricação de fibras para isolamento, materiais compósitos reforçados por fibras de vidro e fibras ópticas.

7.2.1 CONFORMAÇÃO DE UTENSÍLIOS DE VIDRO

Os métodos antigos de fabricação manual do vidro, tal como o sopro do vidro, ainda são usados hoje em dia para fazer, em pequenas quantidades, utensílios de vidro de alto valor. A maioria dos processos discutidos nesta seção usa tecnologias altamente mecanizadas para a produção de peças individuais, tais como jarras, garrafas e bulbos de lâmpadas, em grandes quantidades.

Centrifugação A centrifugação do vidro é semelhante à *fundição por centrifugação* dos metais e também é conhecida por esse nome no processamento de vidros. Ela é usada para produzir componentes com formatos afunilados. O dispositivo usado está representado na Figura 7.2. Uma gota de vidro fundido é vertida no interior de um molde cônico, feito de aço. O molde é girado, tal que a força centrífuga faz com que o vidro escoe para cima e se espalhe sobre a superfície do molde.

Prensagem Esse é um processo muito usado para a produção em massa de utensílios de vidro, tais como pratos, travessas, lentes de faróis e itens semelhantes, que sejam relativamente planos. O processo está ilustrado e descrito na Figura 7.3. As grandes quantidades da maioria dos produtos prensados justificam o alto grau de automação nesse processo de produção.

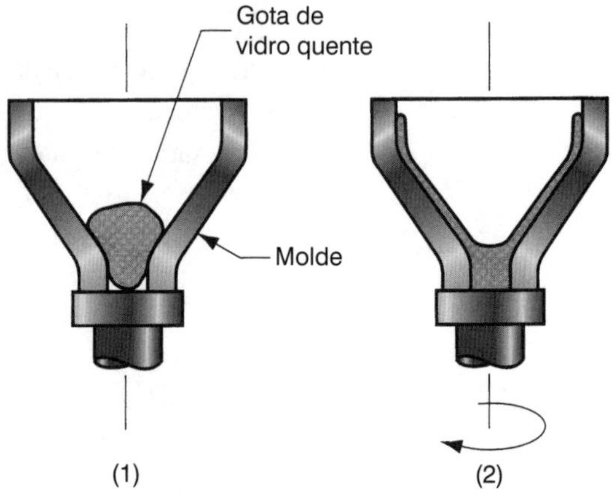

FIGURA 7.2 Centrifugação de peças de vidro com formato afunilado: (1) gota de vidro vertida dentro do molde e (2) rotação do molde para causar o espalhamento do vidro fundido sobre a superfície do molde. (Crédito: *Fundamentals of Modern Manufacturing*, 4ª Edição por Mikell P. Groover, 2010. Reimpresso com permissão de John Wiley & Sons, Inc.)

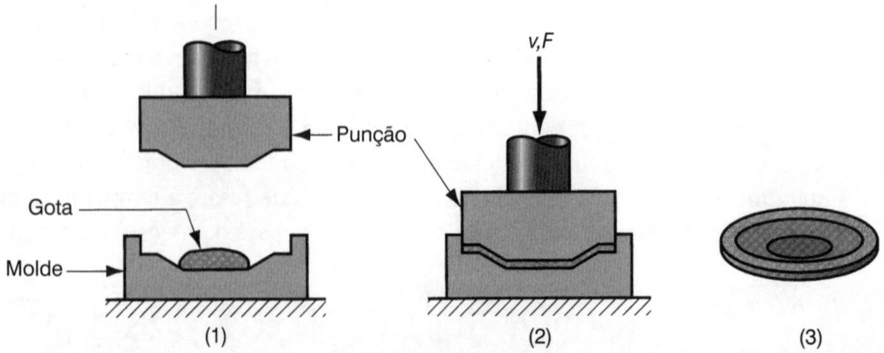

FIGURA 7.3 Prensagem de uma peça de vidro: (1) uma gota de vidro é vertida dentro do molde a partir do forno; (2) prensagem para obter a forma desejada por um punção e (3) o punção é retirado e o produto acabado é removido. Os símbolos v e F indicam movimento (v = velocidade) e força aplicada, respectivamente. (Crédito: *Fundamentals of Modern Manufacturing*, 4ª Edição por Mikell P. Groover, 2010. Reimpresso com permissão de John Wiley & Sons, Inc.)

Sopro Vários processos de conformação incluem um sopro como uma ou mais das suas etapas. Em vez de ser uma operação manual, o sopro é realizado em um equipamento altamente automatizado. Os dois processos descritos aqui são os métodos de prensagem-e-sopro e sopro-e-sopro.

Como o nome indica, o método de ***prensagem-e-sopro*** consiste em uma operação de prensagem seguida por uma operação de sopro, como mostrado na Figura 7.4. O processo é adequado para a produção de recipientes com gargalo largo. Um molde bipartido é usado na operação de sopro para a remoção da peça.

O método de ***sopro-e-sopro*** é usado para produzir garrafas com gargalos menores. A sequência é semelhante à anterior, à exceção de que duas (ou mais) operações de sopro são realizadas em vez da prensagem e sopro. Existem variações do processo dependendo da geometria do produto; uma possível sequência está mostrada na Figura 7.5. O reaquecimento é, às vezes, necessário entre as etapas de sopro. Moldes com duas ou três cavidades são usados algumas vezes, junto com um sistema casado de alimentação das gotas de vidro, para aumentar as taxas de produção. Os métodos de prensagem-e-sopro e sopro-e-sopro são usados para fabricar jarras, garrafas de bebidas, bulbos de lâmpadas incandescentes e peças com geometrias semelhantes.

Fundição Se o vidro fundido estiver bastante fluido, ele pode ser vertido em um molde. Objetos relativamente grandes, tal como os espelhos e lentes de telescópios astronômicos, são fabricados por esse método. Essas peças devem ser resfriadas de maneira muito lenta para evitar tensões internas e possíveis trincas devido aos gradientes de temperatura que, de outro modo, seriam gerados no vidro. Após resfriar e solidificar, a peça deve ser acabada por lapidação e polimento (Capítulo 18). A fundição não é muito usada no processamento de vidros, exceto para esses tipos de trabalhos especiais. Não só o resfriamento e a formação de trincas são um problema, mas o vidro fundido também é relativamente viscoso nas temperaturas usuais de trabalho e não flui por pequenos orifícios ou em seções estreitas tão bem como os metais ou os termoplásticos aquecidos. Lentes menores são em geral fabricadas por prensagem, como já discutido.

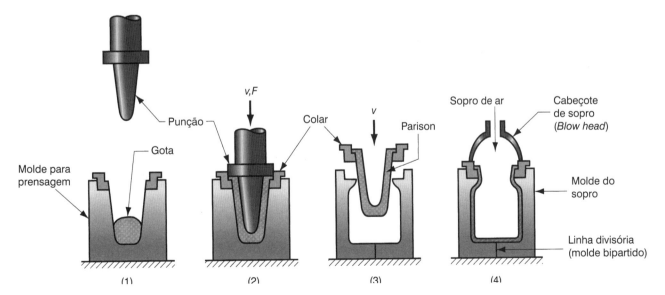

FIGURA 7.4 Sequência de conformação prensagem-e-sopro: (1) uma gota de vidro fundida é vertida na cavidade do molde; (2) prensagem para formar um ***parison***;* (3) o parison parcialmente formado, sustentado em um anel, é transferido para o molde de sopro e (4) sopro à forma final. Os símbolos v e F indicam movimento (v = velocidade) e força aplicada, respectivamente. (Crédito: *Fundamentals of Modern Manufacturing*, 4ª Edição por Mikell P. Groover, 2010. Reimpresso com permissão de John Wiley & Sons, Inc.)

---

* Do francês "parison", massa de vidro fundido necessária para dar forma a um produto. (N.T.)

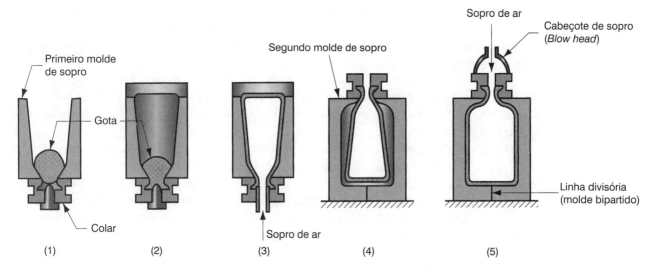

FIGURA 7.5 Sequência de conformação sopro-e-sopro: (1) uma gota de vidro é vertida na cavidade do molde; (2) o molde é coberto; (3) primeira etapa de sopro; (4) a peça parcialmente formada é reorientada e é transferida para o segundo molde de sopro; e (5) sopro à forma final. (Crédito: *Fundamentals of Modern Manufacturing*, 4ª Edição por Mikell P. Groover, 2010. Reimpresso com permissão de John Wiley & Sons, Inc.)

7.2.2 CONFORMAÇÃO DE VIDRO PLANO E TUBULAR

Descrevemos aqui dois métodos para a fabricação de vidros planos e um método para a produção de tubos. Esses processos são contínuos, nos quais longos comprimentos de vidros planos para janelas ou de tubos de vidro são fabricados e, posteriormente, cortados nos tamanhos e comprimentos apropriados.

Laminação de Vidros Planos Chapas planas de vidro podem ser produzidas por laminação, como ilustrado na Figura 7.6. O vidro a ser usado, em uma condição plástica apropriada no forno, é forçado a passar entre dois cilindros que giram em sentidos opostos, cuja separação determina a espessura da chapa. A operação de laminação é usualmente realizada de modo que o vidro plano seja movido direto para o interior de um forno de recozimento. A chapa laminada de vidro deve depois ser lixada e polida para garantir o paralelismo e a planicidade.

Processo de Flutuação Esse processo foi desenvolvido no final da década de 1950. Sua vantagem em relação a outros métodos, tal como a laminação, decorre de que ele gera superfícies lisas que não precisam de acabamento posterior. No processo de flutuação, ilustrado na Figura 7.7, o vidro escoa direto do seu forno de fusão sobre a superfície de um banho de estanho fundido. O vidro altamente fluido se espalha de maneira uniforme sobre a superfície do estanho fundido, alcançando uma espessura uniforme e planicidade. Após ser movido para uma região mais fria do banho, o vidro endurece e passa através de um forno de recozimento, após o qual ele é cortado no tamanho adequado.

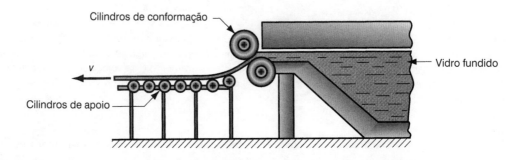

FIGURA 7.6 Laminação de vidro plano. (Crédito: *Fundamentals of Modern Manufacturing*, 4ª Edição por Mikell P. Groover, 2010. Reimpresso com permissão de John Wiley & Sons, Inc.)

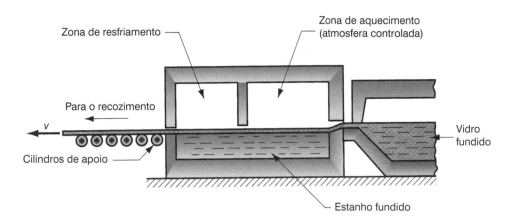

FIGURA 7.7 O processo de flutuação para a produção de chapas de vidro. (Crédito: *Fundamentals of Modern Manufacturing*, 4ª Edição por Mikell P. Groover, 2010. Reimpresso com permissão de John Wiley & Sons, Inc.)

Extrusão de Tubos de Vidro Tubos de vidro são fabricados pelo processo de extrusão conhecido como ***processo Danner***, que está ilustrado na Figura 7.8. O vidro fundido escoa em torno de um mandril giratório oco, pelo qual é soprado ar, enquanto o vidro está sendo extrudado. A temperatura e o fluxo do ar soprado, assim como a velocidade da extrusão, determinam o diâmetro e a espessura da parede da seção transversal tubular. Durante o endurecimento, o tubo de vidro é apoiado em uma série de rolos, dispostos abaixo do mandril, ao longo de uma extensão de cerca de 30 m (100 ft). O tubo contínuo é, então, cortado em comprimentos-padrão. Os produtos tubulares de vidro incluem as vidrarias de laboratório, tubos de lâmpadas fluorescentes e termômetros.

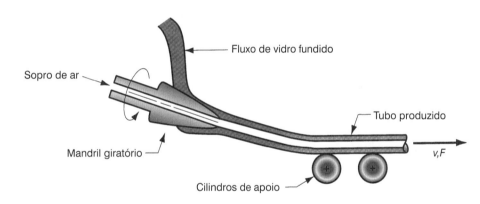

FIGURA 7.8 Extrusão de tubos de vidro pelo processo *Danner*. Os símbolos v e F indicam movimento (v = velocidade) e força aplicada, respectivamente. (Crédito: *Fundamentals of Modern Manufacturing*, 4ª Edição por Mikell P. Groover, 2010. Reimpresso com permissão de John Wiley & Sons, Inc.)

7.2.3 CONFORMAÇÃO DE FIBRAS DE VIDRO

Fibras de vidro são usadas em aplicações que variam desde lãs isolantes até linhas de comunicação de fibras ópticas. As fibras de vidro podem ser divididas em duas categorias [6]: (1) fibras de vidro para isolamento térmico, isolamento acústico e filtros de ar, em que as fibras estão em uma forma semelhante à lã, dispostas aleatoriamente; e (2) filamentos longos e contínuos adequados para plásticos reforçados por fibras, para cabos e tecidos e para fibras ópticas. Diferentes métodos de fabricação são usados para as duas categorias; descrevemos dois métodos a seguir que representam, respectivamente, cada uma dessas categorias de produtos.

Aspersão com Centrifugação Em um típico processo para fabricação de lã de vidro, o vidro fundido escoa para dentro de um cilindro giratório, com muitos orifícios pequenos dispostos em sua periferia. A força centrífuga faz com que o vidro escoe pelos orifícios, formando uma massa fibrosa adequada para isolamento térmico e acústico.

Extrusão de Filamentos Contínuos Nesse processo, ilustrado na Figura 7.9, fibras de vidro contínuas de pequeno diâmetro (o limite inferior de tamanho é de 0,0025 mm ou 0,0001

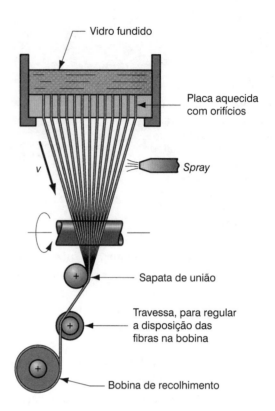

FIGURA 7. 9 Extrusão de fibras de vidro contínuas. (Crédito: *Fundamentals of Modern Manufacturing*, 4ª Edição por Mikell P. Groover, 2010. Reimpresso com permissão de John Wiley & Sons, Inc.)

in) são produzidas por extrusão de fios de vidro fundido através de pequenos orifícios dispostos em uma placa aquecida, fabricada em uma liga de platina. A placa pode ter várias centenas de orifícios, cada um produzindo uma fibra. As fibras individuais são unidas em um cabo ao serem enroladas em uma bobina. Antes de serem enroladas, as fibras são recobertas com vários produtos químicos para lubrificá-las e protegê-las. Velocidades de extrusão em torno de 50 m/s (10.000 ft/min), ou maiores, não são incomuns.

7.3 TRATAMENTO TÉRMICO E ACABAMENTO

O tratamento térmico dos produtos de vidro é a terceira etapa na sequência da fabricação dos vidros. Para alguns produtos, são realizadas operações adicionais de acabamento.

7.3.1 TRATAMENTO TÉRMICO

Os produtos de vidro têm, normalmente, tensões internas indesejáveis após a conformação, as quais reduzem suas resistências. O recozimento é feito para aliviar essas tensões; na fabricação de vidros, esse tratamento tem, portanto, a mesma função que na fabricação de metais (Seção 20.1). O *recozimento* envolve o aquecimento do vidro a uma temperatura elevada e sua manutenção nessa temperatura por certo período para eliminar tensões e gradientes de temperatura; o resfriamento lento do vidro, a seguir, evita a geração de tensões, o qual é seguido pelo resfriamento mais rápido até a temperatura ambiente. As temperaturas usuais de recozimento estão em torno de 500°C (900°F). O intervalo de tempo que o produto é mantido nessa temperatura, assim como as taxas de aquecimento e de resfriamento durante o ciclo, depende da espessura do vidro; a regra usual é a de que o tempo de recozimento necessário varia com o quadrado da espessura.

Nas fábricas de vidro modernas, o recozimento é realizado em fornos semelhantes a túneis, denominados *fornos Lehr*, nos quais os produtos escoam lentamente sobre esteiras pela câmara aquecida. Os queimadores estão localizados apenas na extremidade dianteira da câmara, de modo que o vidro seja submetido aos ciclos de aquecimento e resfriamento necessários.

Uma distribuição de tensões internas benéfica pode ser gerada em produtos de vidro por um tratamento térmico conhecido como ***têmpera***,* e o material resultante é denominado ***vidro temperado***. Da mesma maneira que no tratamento de aços endurecidos (Seção 20.2.2), o revenimento aumenta a tenacidade do vidro. O processo envolve aquecer o vidro até uma temperatura pouco acima da sua temperatura de recozimento e na região plástica, seguido pelo resfriamento rápido das superfícies, usualmente com jatos de ar. Quando as superfícies resfriam, elas contraem e endurecem, enquanto o interior ainda está plástico e deformável. Conforme o interior do vidro resfria de forma lenta, ele se contrai, colocando assim as superfícies rígidas sob compressão. Semelhante a outros cerâmicos, o vidro é muito mais resistente quando submetido a tensões compressivas que a tensões trativas. Desse modo, o vidro temperado é muito mais resistente a arranhões e à quebra devido às tensões compressivas nas suas superfícies. As aplicações do vidro temperado incluem janelas para edifícios altos, portas de vidro, vidros de segurança e outros produtos que necessitam um vidro tenaz.

Quando o vidro temperado rompe, ele estilhaça em inúmeros fragmentos pequenos, que têm menor probabilidade que um vidro de janela convencional (recozido) de cortar alguém. É interessante que os para-brisas de automóveis não são fabricados de vidro temperado devido ao perigo imposto ao motorista pela sua fragmentação. Em vez disso, o vidro convencional é usado; entretanto, ele é fabricado laminando duas peças de vidro em cada lado de uma lâmina de um polímero tenaz. Se esse ***vidro laminado*** falhar, os cacos de vidro serão retidos pela lâmina de polímero, e o para-brisas permanece relativamente transparente.

7.3.2 ACABAMENTO

Algumas vezes, operações de acabamento são necessárias nos produtos de vidro. Essas operações secundárias incluem lixamento, polimento e corte. Quando chapas de vidro são produzidas por extrusão e laminação, os lados opostos não são necessariamente paralelos, e as superfícies contêm defeitos e arranhões causados pelo emprego de ferramentas duras sobre o vidro, que tem menor dureza. As chapas de vidro devem ser lixadas e polidas para a maioria das aplicações comerciais. Quando moldes bipartidos são usados nas operações de prensagem e sopro, o polimento é frequentemente necessário para remover marcas de costura do vasilhame obtido.

Nos processos contínuos de fabricação de vidro, tal como na fabricação de chapas e tubos, as seções contínuas devem ser cortadas em partes menores. Isso é feito, primeiro, marcando-se o vidro com uma ferramenta giratória para corte de vidros ou com uma ferramenta de diamante, e, então, quebrando-se a seção ao longo da linha de marcação. O corte é geralmente feito conforme o vidro sai do forno de recozimento.

Processos de decoração e de acabamento superficial são realizados em certos produtos de vidro. Esses processos incluem operações de corte mecânico e de polimento; jateamento com areia; ataque químico (com ácido fluorídrico, frequentemente combinado com outros produtos químicos) e revestimento (por exemplo, o revestimento de chapas de vidro com alumínio ou com prata para fabricar espelhos).

7.4 CONSIDERAÇÕES SOBRE O PROJETO DE PRODUTO

O vidro possui propriedades especiais que o tornam desejável para certas aplicações. As seguintes recomendações de projeto foram compiladas de Bralla [1] e de outras referências.

> ➢ O vidro é transparente e possui certas propriedades ópticas que são incomuns, se não forem únicas, entre os materiais de engenharia. Para aplicações que precisam de transparência, transmissão de luz, ampliação e propriedades ópticas semelhantes, o vidro é

---

* Na verdade, é realizado o tratamento de revenimento, mas a denominação usual desse tratamento para vidros é têmpera, e o produto obtido é denominado vidro temperado. (N.T.)

provavelmente o material a ser escolhido. Certos polímeros são transparentes e podem competir com o vidro, dependendo dos requisitos do projeto.

> O vidro é diversas vezes mais resistente em compressão que em tração; os componentes devem ser projetados de modo que sejam submetidos a tensões de compressão e não de tração.

> As cerâmicas, incluindo o vidro, são frágeis. Peças de vidro não devem ser usadas em aplicações que envolvam carregamentos de impacto ou tensões elevadas, que poderiam causar fratura.

> Certas composições de vidro possuem coeficientes de expansão térmica muito baixos e são, portanto, tolerantes ao choque térmico. Esses vidros podem ser selecionados para aplicações nas quais essa característica é importante.

> Nas peças de vidro, arestas externas e vértices devem ter raios ou chanfros grandes; do mesmo modo, vértices internos devem ter raios grandes. Tanto os vértices externos quanto internos são pontos potenciais de concentração de tensão.

> Diferente das peças fabricadas com cerâmicas tradicionais ou novas, roscas podem ser incluídas no projeto de peças de vidro; elas são tecnicamente possíveis com os processos de conformação com pressão e sopro. Entretanto, as roscas devem ser grossas.

REFERÊNCIAS

[1] Bralla, J. G. (Editor-chefe). *Design for Manufacturability Handbook*, 2nd ed. McGraw-Hill Book Company, New York, 1998.

[2] Flinn, R. A., and Trojan, P. K. *Engineering Materials and Their Applications*, 5th ed. John Wiley & Sons, Inc., New York, 1995.

[3] Hlavac, J. *The Technology of Glass and Ceramics*. Elsevier Scientific Publishing Company, New York, 1983.

[4] McLellan, G., and Shand, E. B. *Glass Engineering Handbook*, 3rd ed. McGraw-Hill Book Company, New York, 1984.

[5] McColm, I. J. *Ceramic Science for Materials Technologists*. Chapman and Hall, New York, 1983.

[6] Mohr, J. G., and Rowe, W. P. *Fiber Glass*. Krieger Publishing Company, New York, 1990.

[7] Scholes, S. R., and Greene, C. H. *Modern Glass Practice*, 7th ed. TechBooks, Marietta, Georgia, 1993.

QUESTÕES DE REVISÃO

7.1 O vidro é classificado como um material cerâmico; no entanto, o vidro é diferente das cerâmicas tradicionais e das modernas. Qual é a diferença?

7.2 Qual é o composto químico predominante em quase todos os vidros?

7.3 Quais são as três etapas básicas na sequência de fabricação dos vidros?

7.4 Descreva o processo de centrifugação para a fabricação de vidros.

7.5 Qual é a principal diferença entre os processos de conformação prensagem-e-sopro e sopro-e-sopro na fabricação de vidros?

7.6 Existem diversas maneiras de conformar placas ou lâminas de vidro. Cite e descreva resumidamente uma delas.

7.7 Descreva o processo *Danner*.

7.8 Cite e descreva resumidamente os dois processos para fabricação de fibras de vidro que estão discutidos no texto.

7.9 Qual é o propósito do recozimento no processamento de vidros?

7.10 Descreva como uma peça de vidro é tratada termicamente para produzir vidro temperado.

7.11 Descreva o tipo de material que é comumente usado para fazer para-brisas para automóveis.

8 PROCESSOS DE CONFORMAÇÃO PARA PLÁSTICOS

Sumário

8.1 Propriedades dos Polímeros Fundidos

8.2 Extrusão de Polímeros
- 8.2.1 Processo e Equipamento
- 8.2.2 Análise da Extrusão
- 8.2.3 Configurações da Matriz e dos Produtos Extrudados
- 8.2.4 Defeitos na Extrusão

8.3 Produção de Chapas e Filmes

8.4 Produção de Fibras e Filamentos (Fiação)

8.5 Processos de Revestimento

8.6 Moldagem por Injeção
- 8.6.1 Processo e Equipamento
- 8.6.2 Molde
- 8.6.3 Contração e Defeitos na Moldagem por Injeção
- 8.6.4 Outros Processos de Moldagem por Injeção

8.7 Moldagem por Compressão e por Transferência
- 8.7.1 Moldagem por Compressão
- 8.7.2 Moldagem por Transferência

8.8 Moldagem por Sopro e Moldagem por Rotação
- 8.8.1 Moldagem por Sopro
- 8.8.2 Moldagem por Rotação

8.9 Termoformação

8.10 Fundição

8.11 Conformação e Processamento de Espumas Poliméricas

8.12 Considerações sobre o Projeto de Produtos

As matérias-primas de produtos plásticos podem ser transformadas em uma variedade de produtos, tal como peças moldadas, seções extrudadas, filmes, chapas, recobrimentos isolantes em fios elétricos e fibras para têxteis. Além disso, os plásticos são frequentemente a principal matéria-prima de outros materiais, tais como tintas e vernizes; adesivos e vários compósitos de matriz polimérica. Neste capítulo, consideramos as tecnologias pelas quais esses produtos são conformados ou moldados, deixando as considerações sobre tintas, vernizes, adesivos e compósitos para capítulos posteriores. Muitos processos de fabricação de plásticos podem ser adaptados para borrachas e para compósitos de matriz polimérica (Capítulo 9).

A importância comercial e tecnológica desses processos de fabricação deriva da crescente importância dos plásticos, cujas aplicações aumentaram em uma taxa muito maior que os metais ou as cerâmicas durante os últimos 50 anos. De fato, muitas peças fabricadas anteriormente em metais são, hoje em dia, fabricadas em plástico ou em compósitos poliméricos. O mesmo é verdade em relação ao vidro; vasilhames de plástico substituíram muitas garrafas e jarras de vidro no armazenamento de líquidos. O volume total de polímeros (plásticos e borrachas) excede, atualmente, o dos metais. Podemos identificar diversas razões pelas quais os processos de conformação de plásticos são importantes:

➤ A variedade dos processos de conformação e a facilidade pela qual os polímeros podem ser processados permitem a produção de uma diversidade quase ilimitada de formas geométricas.

➤ Muitas peças de plástico são fabricadas por moldagem, que é um processo de *net shape*. Normalmente, não é necessário um processo de formação adicional.

> Embora o aquecimento seja em geral necessário para conformar os plásticos, *menos energia* é requerida em comparação aos metais, pois as temperaturas de processamento são muito menores.

> Como no processamento são usadas temperaturas menores, o manuseio dos produtos durante a produção é simplificado. Uma vez que muitos métodos de processamento de plásticos são operações em uma única etapa (por exemplo, moldagem), a quantidade necessária de manuseio dos produtos é reduzida substancialmente em comparação com a dos metais.

> Acabamento por pintura ou por revestimento não é necessário para os plásticos (exceto em circunstâncias especiais).

Como foi discutido na Seção 2.3, os dois tipos de plásticos são os *termoplásticos* e os *termorrígidos*. A diferença decorre de que os termorrígidos sofrem processo de cura durante o aquecimento e a conformação, o que causa mudança química permanente (formação de ligações cruzadas) na sua estrutura molecular. Uma vez que tenham curado, eles não podem mais ser fundidos por reaquecimento. Por outro lado, os termoplásticos não curam, e suas estruturas químicas permanecem basicamente inalteradas sob reaquecimento, embora se transformem de sólido em fluido. Dentre os dois tipos, os termoplásticos são, de longe, o tipo comercialmente mais importante, englobando mais que 80%, em massa do total dos plásticos.

Os processos de conformação dos plásticos podem ser classificados de acordo com a geometria do produto final da seguinte maneira: (1) produtos extrudados contínuos, com seção transversal constante à exceção de chapas, filmes e filamentos; (2) chapas e filmes contínuos; (3) filamentos contínuos (fibras); (4) peças moldadas, que são majoritariamente sólidas; (5) peças moldadas ocas, com paredes relativamente finas; (6) peças isoladas conformadas a partir de chapas e de filmes; (7) fundidos e (8) espumas. Este capítulo examina cada uma dessas categorias. Os processos comercialmente mais importantes são aqueles associados aos termoplásticos; sendo os dois processos de maior importância a extrusão e a moldagem por injeção. Começaremos nossa apresentação examinando as propriedades dos polímeros fundidos, pois quase todos os processos de conformação de termoplásticos compartilham a etapa comum de aquecimento do plástico, necessário ao escoamento do polímero.

8.1 PROPRIEDADES DOS POLÍMEROS FUNDIDOS

Para conformar um polímero termoplástico, ele deve ser aquecido de forma a amolecer até adquirir a consistência de um líquido. Nessa forma, ele é chamado *fundido polimérico*. Os polímeros fundidos exibem diversas propriedades características, duas das quais são examinadas nesta seção: viscosidade e viscoelasticidade.

Viscosidade Devido à sua massa molar elevada, um polímero fundido é um fluido espesso de alta viscosidade. Como foi definido na Seção 3.4, a viscosidade é uma propriedade de um fluido que relaciona a tensão cisalhante aplicada durante o escoamento do fluido à taxa de cisalhamento. A viscosidade é importante no processamento dos polímeros, pois a maioria dos métodos de conformação envolve escoamento do polímero fundido por pequenos canais ou furos das matrizes. As taxas de escoamento são frequentemente elevadas, gerando assim altas taxas de cisalhamento; e as tensões de cisalhamento aumentam com a taxa de cisalhamento, de modo que pressões elevadas são necessárias para realizar os processos.

A Figura 8.1 mostra a viscosidade em função da taxa de cisalhamento para dois tipos de fluidos. Para um *fluido newtoniano* (o que inclui a maioria dos fluidos simples, tais como a água e o óleo), a viscosidade é constante a uma dada temperatura; e não varia com a taxa de cisalhamento. A tensão de cisalhamento é proporcional à taxa de cisalhamento, sendo a viscosidade a constante de proporcionalidade:

$$\tau = \eta \dot{\gamma} \quad \text{ou} \quad \eta = \frac{\tau}{\dot{\gamma}} \tag{8.1}$$

em que τ = tensão de cisalhamento, Pa (lb/in^2); η = viscosidade, Ns/m^2, ou Pa-s (lb-s/in^2) e $\dot{\gamma}$ = taxa de cisalhamento, 1/s (1/s). Entretanto, para um polímero fundido, a viscosidade diminui com a taxa de cisalhamento, indicando que o fluido se torna menos denso sob maiores taxas de cisalhamento. Esse comportamento é chamado ***pseudoplasticidade*** e pode ser modelado, com razoável aproximação, pela expressão

$$\tau = k\left(\dot{\gamma}\right)^n \tag{8.2}$$

em que k = constante corresponde ao coeficiente de viscosidade e n = índice do comportamento ao escoamento. Para $n = 1$, a equação se reduz à equação anterior, Eq. (8.1) para um fluido newtoniano, e k se torna η. Para um polímero fundido, os valores de n são menores que 1.

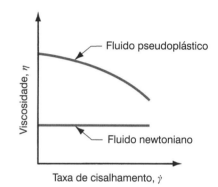

FIGURA 8.1 Relações da viscosidade para um fluido newtoniano e um polímero fundido típico. (Crédito: *Fundamentals of Modern Manufacturing*, 4ª Edição por Mikell P. Groover, 2010. Reimpresso com permissão de John Wiley & Sons, Inc.)

Além do efeito da taxa de cisalhamento (taxa de escoamento do fluido), a viscosidade de um polímero fundido também é afetada pela temperatura. De modo semelhante à maioria dos fluidos, o valor da viscosidade diminui com o aumento da temperatura. Este comportamento é mostrado na Figura 8.2 para vários polímeros comuns, sob uma taxa de cisalhamento de 10^3 s^{-1}, que é um valor próximo das taxas encontradas na moldagem por injeção e na extrusão à alta velocidade. Assim, a viscosidade de um polímero fundido diminui com valores crescentes da taxa de cisalhamento e da temperatura. A Eq. (8.2) poderia ser aplicada, exceto pelo fato de que k depende da temperatura, como está mostrado na Figura 8.2.

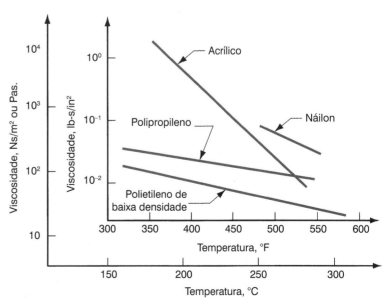

FIGURA 8.2 Viscosidade em função da temperatura para polímeros selecionados a uma taxa de cisalhamento de 10^3 s^{-1}. Os dados foram compilados de [12]. (Crédito: *Fundamentals of Modern Manufacturing*, 4ª Edição por Mikell P. Groover, 2010. Reimpresso com permissão de John Wiley & Sons, Inc.)

Viscoelasticidade A segunda propriedade de interesse aqui é a viscoelasticidade. Discutimos essa propriedade no contexto dos polímeros sólidos na Seção 3.5. Entretanto, os polímeros fundidos também a exibem. Um bom exemplo é o *inchamento* na extrusão, quando o plástico quente se expande ao sair pela abertura da matriz. O fenômeno, ilustrado na Figura 8.3, pode ser explicado observando-se que o polímero estava confinado em uma seção transversal muito maior antes de entrar no estreito canal da matriz. De fato, o material extrudado "lembra" da sua forma anterior e tenta retornar a ela após passar pela abertura da matriz. De modo mais técnico, as tensões compressivas que atuam no material conforme ele entra na pequena abertura da matriz não relaxam imediatamente. A seguir, quando o material sai pela abertura e o confinamento é removido, as tensões não relaxadas fazem com que a seção transversal se expanda.

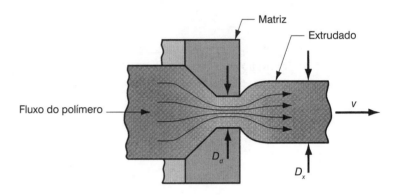

FIGURA 8.3 O inchamento, mostrado aqui, é uma manifestação da viscoelasticidade de um polímero fundido ao sair da matriz de extrusão. (Crédito: *Fundamentals of Modern Manufacturing*, 4ª Edição por Mikell P. Groover, 2010. Reimpresso com permissão de John Wiley & Sons, Inc.)

O inchamento pode ser mais facilmente medido para uma seção transversal circular por meio da *razão de inchamento*, definida como

$$r_s = \frac{D_x}{D_d} \quad (8.3)$$

em que r_s = razão de inchamento, D_x = diâmetro da seção transversal extrudada, mm (in) e D_d = diâmetro da abertura da matriz, mm (in). O valor do inchamento depende do tempo que o polímero fundido passou no canal da matriz. Aumentando o tempo de residência no canal, por meio de um canal mais longo, reduz o inchamento.

8.2 EXTRUSÃO DE POLÍMEROS

A extrusão é um dos processos de conformação fundamentais para metais e cerâmicas, assim como para polímeros. A extrusão é um processo de compressão, no qual o material é forçado a escoar por uma abertura na matriz, para gerar um produto contínuo e longo, cuja forma da seção transversal é determinada pelo formato da abertura. Como um processo de conformação de polímeros, a extrusão é largamente usada para termoplásticos e elastômeros (mas de forma rara para termorrígidos) em itens de produção em massa, tais como tubulações, dutos, mangueiras, formas estruturais (tal como batentes de janelas e de portas), chapas e filmes, filamentos contínuos, revestimentos de cabos e fios elétricos. Para esses tipos de produtos, a extrusão é realizada como um processo contínuo; o *extrudado* (o produto extrudado) é, a seguir, cortado nos comprimentos desejados. Esta seção cobre os aspectos básicos do processo de extrusão, e as três seções posteriores examinam processos baseados na extrusão.

8.2.1 PROCESSO E EQUIPAMENTO

Na extrusão de polímeros, a matéria-prima, na forma de pó ou de *pellets*, é alimentada ao corpo da extrusora (também denominado barril), no qual ela é aquecida e fundida, e forçada a escoar por uma abertura na matriz, por meio de uma rosca giratória, como ilustrado na Figura 8.4.

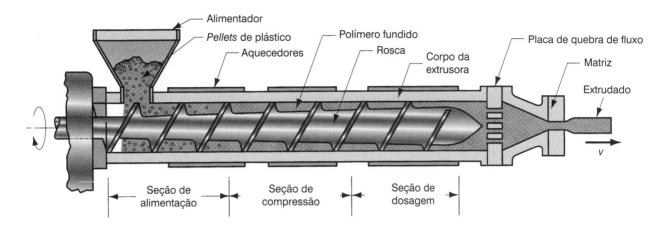

FIGURA 8.4 Componentes e detalhes de uma extrusora (monorrosca) para plásticos e elastômeros. (Crédito: *Fundamentals of Modern Manufacturing*, 4ª Edição por Mikell P. Groover, 2010. Reimpresso com permissão de John Wiley & Sons, Inc.)

Os dois principais componentes da extrusora são o corpo e a rosca. A matriz não é um componente da extrusora; ela é uma ferramenta especial que deve ser fabricada para o perfil particular a ser produzido.

O diâmetro interno do corpo da extrusora varia tipicamente de 25 a 150 mm (1,0 a 6,0 in). O corpo da extrusora é longo em relação ao seu diâmetro, com razões L/D normalmente entre 10 e 30. A razão L/D está reduzida na Figura 8.4 para que o desenho fique mais claro. As maiores razões são usadas para materiais termoplásticos, enquanto os menores valores de L/D são usados para elastômeros. Um alimentador contendo a matéria-prima fica localizado na extremidade do corpo da extrusora oposta à matriz. Os *pellets* são alimentados por gravidade sobre a rosca giratória, cujo giro move o material ao longo do corpo da extrusora. Aquecedores elétricos são usados para fundir, no começo, os *pellets* sólidos; a mistura e o trabalho mecânico subsequentes do material geram calor adicional, o que mantém o material fundido. Em alguns casos, calor suficiente é fornecido pela mistura e pela ação cisalhante, de modo que não é necessário fornecer calor externo. De fato, em alguns casos, o corpo da extrusora deve ser resfriado externamente para prevenir sobreaquecimento do polímero.

O material é transportado ao longo do corpo da extrusora na direção da abertura da matriz pela ação da rosca da extrusora, que gira a cerca de 60 rpm. A rosca tem diversas funções e está dividida em seções, relacionadas a essas funções. As seções e funções são (1) a **seção de alimentação**, na qual a matéria-prima é movida da porta do alimentador e é preaquecida; (2) a **seção de compressão**, em que o polímero é fundido; o ar aprisionado entre os *pellets* é extraído do fundido e o material é comprimido; e (3) a **seção de dosagem**, na qual o fundido é homogeneizado e há pressão suficiente para bombear o polímero fundido pela abertura da matriz.

A operação da rosca é determinada pela sua geometria e velocidade de rotação. Uma geometria típica da rosca de uma extrusora está ilustrada na Figura 8.5. A rosca consiste em filetes em espiral, com canais entre eles, através dos quais é movido o polímero fundido. O canal possui uma largura w_c e uma profundidade d_c. Conforme a rosca gira, os filetes empurram o material para frente pelo canal, movendo-o da extremidade do corpo da extrusora com o alimentador em direção à matriz. Embora não seja discernível no diagrama, o diâmetro dos filetes é menor que o diâmetro do corpo da extrusora D, deixando uma folga muito pequena — em torno de 0,05 mm (0,002 in). Sua função é limitar a perda de fundido, por retorno ao canal anterior. A borda do filete tem uma largura w_f e é feita em aço endurecido para resistir à abrasão, pois a rosca gira e atrita contra o interior do corpo da extrusora. A rosca tem um passo cujo valor é normalmente próximo ao do seu diâmetro D. O ângulo de ataque A é o ângulo em hélice da rosca e pode ser determinado a partir da relação

$$\operatorname{tg} A = \frac{P}{\pi D} \qquad (8.4)$$

em que P = passo da rosca.[1]

O aumento da pressão aplicada ao polímero fundido nas três seções do corpo da extrusora é determinado em especial pela profundidade do canal d_c. Na Figura 8.4, d_c é relativamente grande na seção de alimentação para permitir que grandes quantidades de grânulos do polímero sejam admitidas no corpo da extrusora. Na seção de compressão, d_c é de forma gradual reduzido, levando, portanto, ao aumento de pressão sobre o polímero, à medida que esse se funde. Na seção de dosagem, d_c é pequeno, e a pressão atinge um valor máximo conforme o fluxo é restringido na extremidade do corpo da extrusora em que fica a matriz. As três seções da rosca estão mostradas como tendo aproximadamente o mesmo comprimento na Figura 8.4; isso é apropriado para um polímero que funda de maneira gradual, tal como o polietileno de baixa densidade (PEBD). Para outros polímeros, os comprimentos ótimos das seções são diferentes. Para polímeros cristalinos, tal como o náilon, a fusão ocorre de modo bastante brusco em um ponto de fusão específico, e, portanto, é apropriada uma seção de compressão curta. Os polímeros amorfos, como o policloreto de vinila (PVC), fundem mais lentamente que o PEBD, e a zona de compressão deve ocupar quase todo o comprimento da rosca para esses materiais. Embora o projeto otimizado da rosca seja diferente para cada tipo de material, é prática comum empregar roscas de uso geral. Esses projetos representam um compromisso entre os diferentes materiais e evitam a necessidade de fazer trocas frequentes de roscas, o que resultaria em um custoso tempo de parada do equipamento.

O avanço do polímero ao longo do corpo da extrusora leva-o, por fim, à zona da matriz. Antes de alcançar a matriz, o fundido passa por um conjunto de telas — uma série de peneiras sustentadas por uma placa rígida (denominada **placa de quebra de fluxo**), contendo pequenos orifícios axiais. O conjunto de peneiras tem como função (1) filtrar contaminantes e aglomerados endurecidos do fundido; (2) aumentar a pressão na seção de dosagem; e (3) alinhar o fluxo do polímero fundido e remover sua "memória" do movimento circular imposto pela rosca. Essa última função lida com a propriedade viscoelástica do polímero; se o fluxo não fosse alinhado, o polímero poderia repetir seu histórico de rotação dentro da câmara da extrusora, tendendo a girar e a distorcer o extrudado.

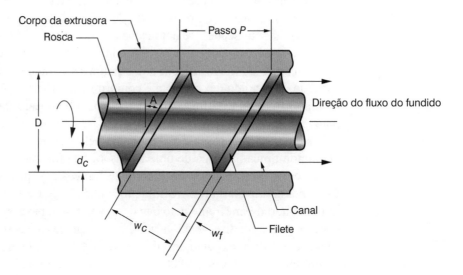

FIGURA 8.5 Detalhes de uma rosca no interior de uma extrusora. (Crédito: *Fundamentals of Modern Manufacturing*, 4ª Edição por Mikell P. Groover, 2010. Reimpresso com permissão de John Wiley & Sons, Inc.)

---

[1] Segundo a norma brasileira ABNT ISO 724, o símbolo que representa o passo é P. Dessa forma, neste capítulo será utilizado P para representar o passo e p para representar a pressão. (N.R.)

8.2.2 ANÁLISE DA EXTRUSÃO

Nesta seção, desenvolvemos modelos matemáticos para descrever, de maneira simplificada, diversos aspectos da extrusão de polímeros.

Fluxo do Polímero Fundido na Extrusora Conforme a rosca gira dentro do corpo de extrusora, o polímero fundido é forçado a se mover para frente, na direção da matriz; o sistema opera de modo semelhante a uma rosca de Arquimedes. O principal mecanismo de transporte é o *fluxo por arraste*, resultante do atrito entre o líquido viscoso e as duas superfícies com movimentos opostos entre si: (1) o corpo estacionário da extrusora e (2) o canal da rosca, sob giro. Esse arranjo pode ser associado ao fluxo de um fluido que ocorre entre uma placa estacionária e uma placa que se move, separadas por um fluido viscoso, como ilustrado na Figura 3.17. Dado que a placa que se move tem uma velocidade v, pode ser deduzido que a velocidade média do fluido é $v/2$, resultando em uma taxa de escoamento volumétrica de

$$Q_a = 0,5 v d w \qquad (8.5)$$

em que Q_a = taxa de escoamento volumétrica por arraste, m³/s (in³/s); v = velocidade da placa que se move, m/s (in/s); d = distância de separação entre as duas placas, m (in) e w = largura das placas, perpendicularmente à direção da velocidade, m (in). Esses parâmetros podem ser comparados com aqueles do canal da extrusora, e, nesse caso, os parâmetros são definidos entre a rosca giratória e a superfície estacionária do corpo da extrusora.

$$v = \pi D N \cos A \qquad (8.6)$$

$$d = d_c \qquad (8.7)$$

e $\quad w = w_c = \left(\pi D \operatorname{tg} A - w_f \right) \cos A \qquad (8.8)$

em que D = diâmetro do filete da rosca, m (in); N = velocidade de rotação da rosca, rot/s; d_c = profundidade do canal da rosca, m (in); w_c = largura do canal da rosca, m (in); A = ângulo de ataque; e w_f = largura da borda do filete, m (in). Se assumirmos que a largura da borda do filete é muito pequena, então a última dessas equações se reduz a

$$w_c = \pi D \operatorname{tg} A \cos A = \pi D \operatorname{sen} A \qquad (8.9)$$

Substituindo as Eqs. (8.6), (8.7) e (8.9) na Eq. (8.5) e usando diversas identidades trigonométricas, obtemos

$$Q_a = 0,5 \pi^2 D^2 N d_c \operatorname{sen} A \cos A \qquad (8.10)$$

Se nenhuma força estivesse presente para resistir ao movimento de avanço do fluido, essa equação forneceria uma descrição razoável da taxa de escoamento do fundido em uma extrusora. Entretanto, a compressão do polímero fundido através da matriz cria uma *pressão retroativa* no corpo da extrusora, que reduz a quantidade de material movida pela força de arraste na Eq. (8.10). Essa redução do fluxo, chamada *fluxo retroativo*, depende das dimensões da rosca, da viscosidade do polímero fundido e do gradiente de pressão ao longo do corpo da extrusora. Essas relações podem ser resumidas nessa equação [12]:

$$Q_r = \frac{\pi D d_c^3 \operatorname{sen}^2 A}{12 \eta} \left(\frac{dp}{dt} \right) \qquad (8.11)$$

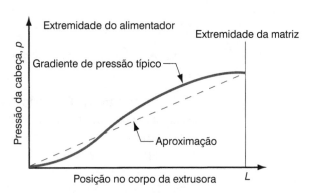

FIGURA 8.6 Gradiente de pressão típico em uma extrusora; a linha tracejada indica a aproximação por uma reta, para facilitar os cálculos. (Crédito: *Fundamentals of Modern Manufacturing*, 4ª Edição por Mikell P. Groover, 2010. Reimpresso com permissão de John Wiley & Sons, Inc.)

em que Q_r = fluxo retroativo, m³/s (in³/s); η = viscosidade, N-s/m² (lb-s/in²); dp/dl = gradiente de pressão, MPa/m (lb/in²/in); os outros termos foram definidos anteriormente. O verdadeiro gradiente de pressão no corpo da extrusora é função da forma da rosca ao longo do seu comprimento; um perfil de pressão típico é dado na Figura 8.6. Se assumirmos, como uma aproximação, que o perfil é uma linha reta, indicada pela linha tracejada na figura, o gradiente de pressão se torna, então, uma constante, p/L, e a equação anterior se reduz a

$$Q_r = \frac{P\pi D d_c^3 \operatorname{sen}^2 A}{12\eta L} \qquad (8.12)$$

em que p = pressão na frente do corpo da extrusora, MPa (lb/in²); e L = comprimento da extrusora, m (in). Note que esse fluxo retroativo não é, de fato, um fluxo real; mas uma redução no fluxo de arraste. Assim, podemos calcular a grandeza do fluxo do fundido em uma extrusora como a diferença entre o fluxo de arraste e o fluxo retroativo:

$$Q_x = Q_a - Q_r$$
$$Q_x = 0{,}5\pi^2 D^2 N d_c \operatorname{sen} A \cos A - \frac{P\pi D d_c^3 \operatorname{sen}^2 A}{12\eta L} \qquad (8.13)$$

em que Q_x = é o fluxo resultante de polímero fundido na extrusora. A Eq. (8.13) considera que existe um *fluxo de vazamento* mínimo através da folga entre os filetes e o corpo da extrusora. O fluxo de vazamento do fundido é pequeno quando comparado aos fluxos de arraste e retroativo, exceto em extrusoras severamente desgastadas.

A Eq. (8.13) contém muitos parâmetros, os quais podem ser divididos em dois tipos: (1) parâmetros de projeto, e (2) parâmetros operacionais. Os parâmetros de projeto são aqueles que definem a geometria da rosca e do corpo da extrusora: o diâmetro D, o comprimento L, a profundidade do canal d_c e o ângulo de ataque A. Para uma dada operação da extrusora, esses parâmetros não podem ser alterados durante o processamento. Os parâmetros operacionais são aqueles que podem ser alterados durante o processamento. Estes parâmetros alteram o fluxo de saída e incluem a velocidade de rotação N, a pressão na cabeça da extrusora p e a viscosidade do fundido η. Obviamente, a viscosidade do fundido é ajustável apenas nas faixas em que a temperatura e a taxa de cisalhamento podem ser variadas para alterar essa propriedade. Vamos ver agora, no exemplo a seguir, como esses parâmetros atuam.

EXEMPLO 8.1
Taxas de Escoamento na Extrusão

O corpo de uma extrusora tem um diâmetro D = 75 mm. A rosca gira com N = 1 rot/s. A profundidade do canal é d_c = 6 mm e o ângulo de ataque é A = 20°. A pressão na extremidade do corpo da extrusora é p = 7,0 × 10⁶ Pa, o comprimento do corpo da extrusora é L = 1,9 m e a viscosidade do polímero fundido é considerada η = 100 Pa-s. Determine a taxa de escoamento volumétrica, Q_x, do plástico no corpo da extrusora.

Solução: Usando a Eq. (8.13) podemos calcular os fluxos de arraste e o retroativo. O fluxo retroativo se opõe ao de arraste ao longo do corpo da extrusora.

$$Q_a = 0{,}5\pi^2 \left(75 \times 10^{-3}\right)^2 (1{,}0)\left(6 \times 10^{-3}\right)(\operatorname{sen} 20)(\cos 20) = 53{,}525\left(10^{-9}\right) \mathrm{m}^3/\mathrm{s}$$

$$Q_r = \frac{\pi \left(7 \times 10^6\right)\left(75 \times 10^{-3}\right)\left(6 \times 10^{-3}\right)^3 (\operatorname{sen} 20)^2}{12(100)(1{,}9)} = 18{,}276\left(10^{-6}\right) = 18{,}276\left(10^{-9}\right) \mathrm{m}^3/\mathrm{s}$$

$$Q_x = Q_a - Q_r = (53 \cdot 525 - 18 \cdot 276)\left(10^{-9}\right) = \mathbf{35{,}249\left(10^{-9}\right) m^3/s}$$

■

Características da Extrusora e da Matriz Se a pressão retroativa for nula, de modo que o fluxo do fundido não é restringido na extrusora, então, o fluxo será igual ao fluxo de arraste Q_a dado pela Eq. (8.10). Definidos os parâmetros de projeto e operacionais (D, A, N etc.), essa situação seria a da máxima capacidade possível de fluxo da extrusora. Vamos denominar esse fluxo como $Q_{máx}$:

$$Q_{máx} = 0{,}5\pi^2 D^2 N d_c \operatorname{sen} A \cos A \tag{8.14}$$

Por outro lado, se a pressão retroativa fosse tão grande de modo a fazer com que o fluxo fosse nulo, então o fluxo retroativo será igual ao fluxo de arraste; ou seja

$$Q_x = Q_a - Q_r = 0, \quad \text{logo} \quad Q_a = Q_r$$

Usando as expressões para Q_a e para Q_r na Eq. (8.13), podemos explicitá-la em relação a p para determinar qual deveria ser a máxima pressão na cabeça da extrusora, $p_{máx}$, para fazer com que não haja fluxo na extrusora:

$$p_{máx} = \frac{6\pi DNL\eta \cot A}{d_c^2} \tag{8.15}$$

Os dois valores, $Q_{máx}$ e $p_{máx}$, são pontos ao longo dos eixos de um diagrama conhecido como **diagrama característico da extrusora** (ou **característico da rosca**), como mostrado na Figura 8.7. Ele define a relação entre a pressão na cabeça e a taxa de escoamento em uma extrusora para um dado projeto e parâmetros operacionais fixos.

Com uma matriz no equipamento e o processo de extrusão em andamento, os valores reais de Q_x e de p estarão entre os valores extremos, sendo determinados pelas características da matriz. A taxa de escoamento através da matriz depende do tamanho e da forma da abertura, bem como da pressão aplicada para forçar o fundido a passar por ela. Isso pode ser expresso por:

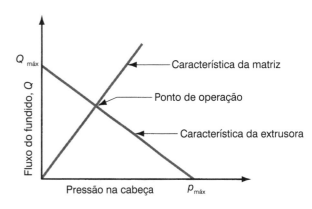

FIGURA 8.7 Diagrama característico de uma extrusora (também chamado diagrama característico da rosca) e diagrama característico da matriz. O ponto de operação da extrusora está na interseção das duas linhas. (Crédito: *Fundamentals of Modern Manufacturing*, 4ª Edição por Mikell P. Groover, 2010. Reimpresso com permissão de John Wiley & Sons, Inc.)

$$Q_x = K_s p \tag{8.16}$$

em que Q_x = taxa de escoamento, m³/s (in³/s); p = pressão na cabeça, Pa (lb/in²) e K_s = fator de forma para a matriz, m⁵/N-s (in⁵/lb-s). Para uma abertura circular na matriz, com um dado comprimento de canal, o fator de forma pode ser calculado [12] como

$$K_s = \frac{\pi D_d^4}{128 \eta L_d} \tag{8.17}$$

em que D_d = diâmetro da abertura na matriz, m (in); η = viscosidade do fundido, N-s/m² (lb-s/in²) e L_d = comprimento da abertura na matriz, m (in). Para formas diferentes da circular, o fator de forma da matriz é menor que o circular que tenha uma mesma área de seção transversal, significando que uma pressão maior é necessária para alcançar uma taxa de escoamento semelhante.

A relação entre Q_x e p na Eq. (8.16) é chamada ***característica da matriz***. Na Figura 8.7, ela está construída como uma reta que intercepta a característica da extrusora. O ponto de interseção identifica os valores de Q_x e de p que são conhecidos como ***ponto de operação*** para o processo de extrusão.

EXEMPLO 8.2 Características da Extrusora e da Matriz

Considere a extrusora do Exemplo 8.1, na qual D = 75 mm, L = 1,9 m, N = 1 rot/s, d_c = 6 mm e A = 20°. O fundido plastificado tem uma viscosidade η = 100 Pa-s. Determine (a) $Q_{máx}$ e $p_{máx}$, (b) o fator de forma para uma abertura circular na matriz, com D_d = 6,5 mm e L_d = 20 mm e (c) os valores de Q_x e de p no ponto de operação.

Solução: (a) $Q_{máx}$ é dado pela Eq. (8.14).

$$Q_{máx} = 0,5\pi^2 D^2 N d_c \operatorname{sen} A \cos A = 0,5\pi^2 \left(75 \times 10^{-3}\right)^2 (1,0)\left(6 \times 10^{-3}\right)(\operatorname{sen} 20)(\cos 20)$$
$$= \mathbf{53{,}525\left(10^{-9}\right) m^3/s}$$

$p_{máx}$ é dado pela Eq. (8.15).

$$p_{máx} = \frac{6\pi DNL\eta \cot A}{d_c^2} = \frac{6\pi \left(75 \times 10^{-3}\right)(1,9)(1,0)(100)\cot 20}{\left(6 \times 10^{-3}\right)^2} = \mathbf{20.499{,}874\ Pa}$$

Esses dois valores definem a interseção com a ordenada e a abscissa para a característica da extrusora.

(b) O fator de forma para uma abertura circular na matriz, com D_d = 6,5 mm e L_d = 20 mm pode ser determinado a partir da Eq. (8.17).

$$K_s = \frac{\pi \left(6,5 \times 10^{-3}\right)^4}{128(100)\left(20 \times 10^{-3}\right)} = \mathbf{21{,}9\left(10^{-12}\right) m^5/Ns}$$

Esse fator de forma define a inclinação da reta característica da matriz.

(c) O ponto de operação é definido pelos valores de Q_x e de p, nos quais a característica da rosca intercepta a característica da matriz. A característica da extrusora pode ser expressa como a equação da reta entre $Q_{máx}$ e $p_{máx}$, que é

$$Q_x = Q_{máx} - (Q_{máx}/p_{máx})p$$
$$= 53{,}525\left(10^{-9}\right) - \left(53{,}525\left(10^{-9}\right)/20.499{,}874\right)p = 53{,}525\left(10^{-9}\right) - 2{,}611\left(10^{-12}\right)p \tag{8.18}$$

A característica da matriz é dada pela Eq. (8.16) usando o valor de K_s calculado no item (b).

$$Q_x = 21,9(10^{-12})p$$

Igualando as duas equações, obtemos

$$53.525(10^{-9}) - 2,611(10^{-12})p = 21,9(10^{-12})p$$

$$P = \mathbf{2,184(10^{-6})\,Pa}$$

Resolvendo para Q_x, usando uma das equações iniciais, obtemos

$$Q_x = 53.525(10^{-6}) - 2,611(10^{-12})(2,184)(10^6) = 47,822(10^{-6})\,m^3/s$$

Checando esse valor com a outra equação para verificação,

$$Q_x = 21,9(10^{-12})(2,184)(10^6) = 47,82(10^{-6})\,m^3/s \qquad \blacksquare$$

8.2.3 CONFIGURAÇÕES DA MATRIZ E DOS PRODUTOS EXTRUDADOS

A forma da abertura na matriz determina a forma da seção transversal do extrudado. Podemos enumerar os perfis comuns das matrizes e as formas extrudadas correspondentes como: (1) perfis sólidos; (2) perfis vazados, tais como tubos; (3) revestimentos de fios e cabos; (4) chapas e filmes; e (5) filamentos. As três primeiras categorias são cobertas na presente seção. Os métodos para produzir chapas e filmes são examinados na Seção 8.3, e a produção de filamentos é discutida na Seção 8.4. Algumas vezes, essas últimas formas envolvem processos de conformação diferentes da extrusão.

Perfis Sólidos Os perfis sólidos incluem formas regulares, tais como circulares e quadradas, e seções transversais irregulares, tais como formas estruturais, batentes de portas e janelas, guarnições de automóveis e calhas de casas. A vista lateral da seção transversal de uma matriz para essas formas sólidas está ilustrada na Figura 8.8. Logo após o final da rosca, e antes da matriz, o polímero fundido passa através do conjunto de telas e pela placa de quebra de fluxo para alinhar as linhas de fluxo. A seguir, ele escoa para uma entrada (normalmente) convergente na matriz, cuja forma é projetada para manter um fluxo laminar e evitar pontos mortos nos cantos, que, de outro modo, estariam presentes próximos à abertura. O fundido escoa, então, através da própria abertura da matriz.

Quando o material sai da matriz, ele ainda está macio. Os polímeros com viscosidades elevadas no estado fundido são os melhores candidatos para a extrusão, pois eles mantêm melhor a forma durante o resfriamento. O resfriamento é realizado por sopro de ar, aspersão de água ou passando o extrudado por um recipiente com água. Para compensar o inchamento após a saída da matriz, a abertura da matriz é longa o suficiente para remover parte da memória do polímero fundido. Além disso, o extrudado é com frequência estirado (alongado) para compensar a expansão devida ao inchamento.

Para formas diferentes da circular, a abertura da matriz é projetada com uma seção transversal que é ligeiramente diferente daquela do perfil desejado, de modo que o efeito do inchamento após a saída da matriz resulte na forma final desejada. Essa correção está ilustrada na Figura 8.9, para uma seção transversal quadrada. Como polímeros diferentes exibem vários graus de inchamento, a forma do perfil da matriz depende do material a ser extrudado. Para seções transversais complexas, considerável conhecimento e tomada de decisão são necessários ao projetista de matrizes.

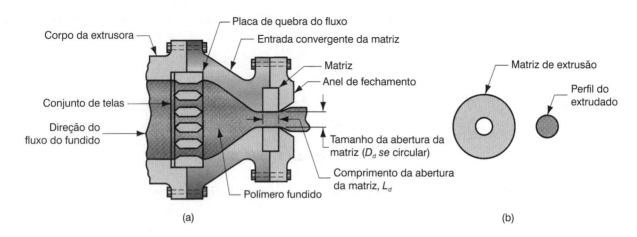

FIGURA 8.8 (a) Vista lateral da seção transversal da matriz de uma extrusora para formas sólidas regulares, tal como barras; (b) vista frontal da matriz, com o perfil extrudado. O inchamento está evidente em ambas as vistas. (Alguns detalhes de construção da matriz estão simplificados ou omitidos para maior clareza.) (Crédito: *Fundamentals of Modern Manufacturing*, 4ª Edição por Mikell P. Groover, 2010. Reimpresso com permissão de John Wiley & Sons, Inc.)

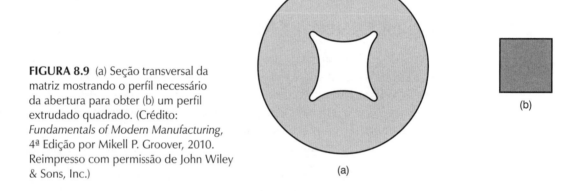

FIGURA 8.9 (a) Seção transversal da matriz mostrando o perfil necessário da abertura para obter (b) um perfil extrudado quadrado. (Crédito: *Fundamentals of Modern Manufacturing*, 4ª Edição por Mikell P. Groover, 2010. Reimpresso com permissão de John Wiley & Sons, Inc.)

Perfis Vazados A extrusão de perfis vazados, tais como tubos, mangueiras e outras seções transversais contendo orifícios, requer um mandril para conformar a seção vazada. Uma configuração de matriz típica está mostrada na Figura 8.10. O mandril é mantido no lugar por meio de hastes, vistas na Seção A-A da figura. O polímero fundido escoa em torno das hastes que sustentam o mandril, e se une novamente formando uma parede monolítica. O mandril inclui, frequentemente, um canal de ar, por meio do qual é soprado ar para manter a forma vazada do extrudado durante seu endurecimento. Tubos são resfriados usando recipientes abertos com água ou puxando o extrudado não enrijecido através de um tanque cheio com água, por meio de luvas que limitam o diâmetro externo do tubo, enquanto a pressão interna de ar é mantida.

Revestimento de Fios e Cabos O revestimento de fios e de cabos para isolamento é um dos mais importantes processos de extrusão de polímeros. Como mostrado na Figura 8.11, para o revestimento de fios, o polímero fundido é aplicado ao fio sem cobertura, à medida que o fio é puxado em alta velocidade através de uma matriz. Um vácuo de baixa intensidade é feito entre o fio e o polímero para promover a adesão do revestimento. O fio tenaz fornece rigidez ao polímero durante o resfriamento, sendo normalmente auxiliado pela passagem do fio revestido por um recipiente com água. O produto é enrolado em grandes bobinas, em velocidades de até 50 m/s (10.000 pés/min).

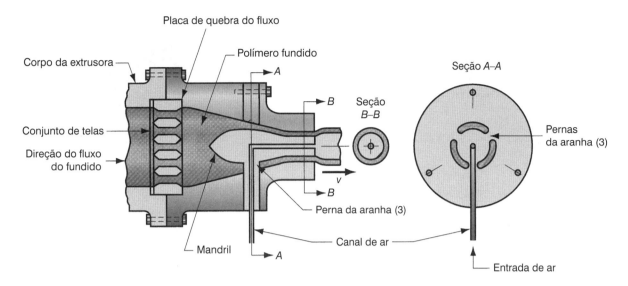

FIGURA 8.10 (a) Vista lateral da seção transversal da matriz para conformação de seções transversais vazadas, tais como tubos; a seção A-A é uma vista frontal, mostrando como o mandril é mantido no lugar; a seção B-B mostra a seção transversal tubular logo antes de sair da matriz; o inchamento após a saída da matriz causa aumento do diâmetro. (Alguns detalhes da construção da matriz estão simplificados.) (Crédito: *Fundamentals of Modern Manufacturing*, 4ª Edição por Mikell P. Groover, 2010. Reimpresso com permissão de John Wiley & Sons, Inc.)

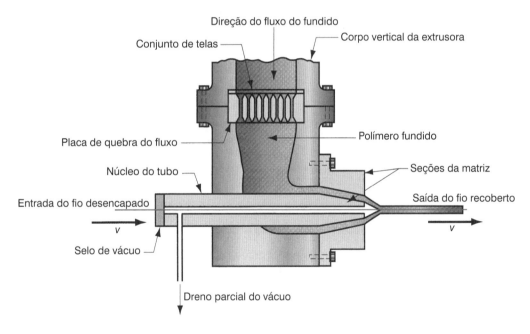

FIGURA 8.11 Vista lateral da seção transversal da matriz para o revestimento de fios elétricos por extrusão. (Alguns detalhes da construção da matriz estão simplificados.) (Crédito: *Fundamentals of Modern Manufacturing*, 4ª Edição por Mikell P. Groover, 2010. Reimpresso com permissão de John Wiley & Sons, Inc.)

8.2.4 DEFEITOS NA EXTRUSÃO

Diversos defeitos podem ocorrer nos produtos extrudados. Um dos piores é a ***fratura do fundido***, na qual as tensões atuando no fundido imediatamente antes e durante o seu escoamento, através da matriz, são tão elevadas que causam sua fratura, que se manifesta na forma de uma superfície muito irregular no extrudado. Como sugerido pela Figura 8.12, a fratura do fundido pode ser causada por uma redução brusca na entrada da matriz, causando um escoamento turbulento que rompe o fundido. Isso contrasta com o fluxo laminar de matrizes com convergência gradual, como apresentado na Figura 8.8.

FIGURA 8.12 Fratura do fundido causada pelo escoamento turbulento através de uma matriz com redução brusca na entrada. (Crédito: *Fundamentals of Modern Manufacturing*, 4ª Edição por Mikell P. Groover, 2010. Reimpresso com permissão de John Wiley & Sons, Inc.)

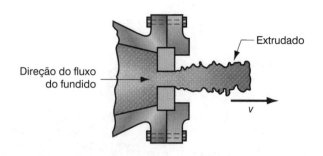

Um defeito mais comum na extrusão é a ***pele de tubarão***, no qual a superfície do produto se torna rugosa ao sair da matriz. À medida que o fundido escoa pela abertura da matriz, o atrito na interface resulta em um perfil de velocidade ao longo da seção transversal, Figura 8.13. Conforme esse material é alongado para acompanhar o núcleo que se move mais rapidamente, são desenvolvidas tensões de tração na superfície. Essas tensões causam pequenas fraturas, que tornam a superfície rugosa. Se o gradiente de velocidade se tornar elevado, marcas grandes ocorrerão na superfície, dando a ela a aparência de um caule de bambu; portanto, esse defeito mais severo é denominado ***marcas de bambu***.

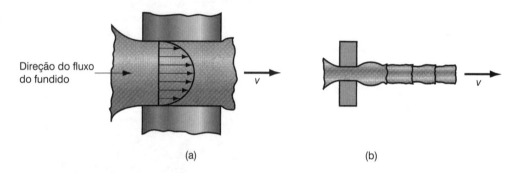

FIGURA 8.13 (a) Perfil de velocidade do fundido à medida que ele escoa pela abertura da matriz, e pode levar a defeitos denominados pele de tubarão e (b) marcas de bambu. (Crédito: *Fundamentals of Modern Manufacturing*, 4ª Edição por Mikell P. Groover, 2010. Reimpresso com permissão de John Wiley & Sons, Inc.)

8.3 PRODUÇÃO DE CHAPAS E FILMES

Chapas e filmes termoplásticos são produzidos por inúmeros processos, dos quais os mais importantes são dois métodos baseados na extrusão. O termo ***chapa*** se refere ao produto com uma espessura variando de 0,5 mm (0,020 in) até cerca de 12,5 mm (0,5 in) e é usado em produtos tais como janelas planas e matéria-prima para termoformação (Seção 8.9). Um ***filme*** é referente a espessuras abaixo de 0,5 mm (0,020 in). Filmes finos são usados em embalagem (filmes para envolver diversos produtos, sacolas de mercado e sacos de lixo); as aplicações de filmes mais espessos incluem coberturas e recobrimentos (por exemplo, coberturas de piscinas e recobrimentos de valas de irrigação).

Todos os processos cobertos nesta seção são operações contínuas, de alta produção. Mais da metade dos filmes produzidos hoje em dia são de polietileno; a maioria de polietileno de baixa densidade. Os outros principais materiais são o polipropileno, o cloreto de polivinila e a celulose regenerada (celofane). Todos esses são polímeros termoplásticos.

Extrusão de Chapas e Filmes em Matriz com Canal Fino Chapas e filmes de várias espessuras são produzidos por extrusão convencional, usando um canal fino como a abertura na matriz. A abertura da matriz pode ter até 3 m (10 ft) de largura e ser tão fina quanto cerca de 0,4 mm (0,015 in). Uma possível configuração de matriz está ilustrada na Figura 8.14. A matriz inclui um coletor que espalha o polímero fundido lateralmente, antes de ele escoar pela

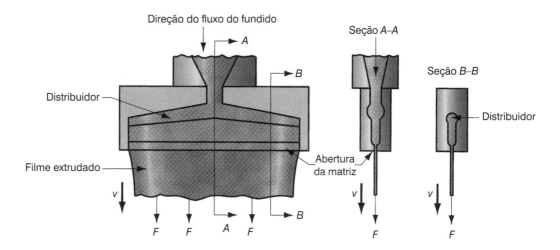

FIGURA 8.14 Uma das várias configurações de matrizes para a extrusão de chapas e de filmes. (Crédito: *Fundamentals of Modern Manufacturing*, 4ª Edição por Mikell P. Groover, 2010. Reimpresso com permissão de John Wiley & Sons, Inc.)

abertura da matriz. Uma das dificuldades nesse método de extrusão é obter a uniformidade da espessura em toda a largura do produto. Essa dificuldade resulta da drástica variação de forma sofrida pelo polímero fundido durante seu escoamento pela matriz e também das variações de temperatura e de pressão na matriz. Em geral, as bordas do filme devem ser aparadas devido ao aumento da espessura nas bordas.

Para alcançar altas taxas de produção, um método eficiente de resfriamento e de remoção do filme deve ser integrado ao processo de extrusão. Isso normalmente é feito direcionando-se de imediato o extrudado para um banho de resfriamento em água ou sobre cilindros resfriados, como mostrado na Figura 8.15. O método com cilindros resfriados parece ser mais importante comercialmente. O contato com os cilindros resfriados de forma rápida resfria e solidifica o extrudado; de fato, a extrusora atua como um dispositivo de alimentação para os cilindros de resfriamento, que, na verdade, conformam o filme. Esse processo é caracterizado por velocidades de produção muito altas — 5 m/s (1.000 ft/min). Além disso, podem ser obtidas tolerâncias bem estreitas na espessura dos filmes. Devido ao método de resfriamento usado nesse processo, ele é conhecido como ***extrusão sobre cilindros resfriados***.

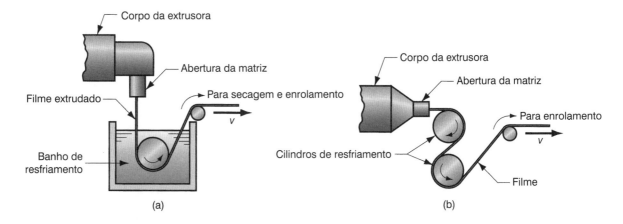

FIGURA 8.15 Emprego de (a) banho de resfriamento em água ou (b) cilindros resfriados para a solidificação rápida do filme fundido após a extrusão. (Crédito: *Fundamentals of Modern Manufacturing*, 4ª Edição por Mikell P. Groover, 2010. Reimpresso com permissão de John Wiley & Sons, Inc.)

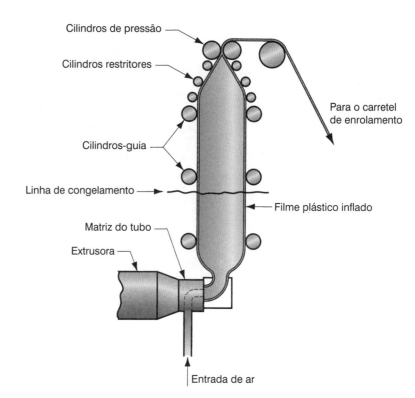

FIGURA 8.16 Processo de sopro de filmes para produção em larga escala de filmes finos tubulares. (Crédito: *Fundamentals of Modern Manufacturing*, 4ª Edição por Mikell P. Groover, 2010. Reimpresso com permissão de John Wiley & Sons, Inc.)

Processo de Extrusão por Sopro de Filmes Esse é outro processo largamente usado para produzir filmes finos de polietileno para embalagens. Ele é um processo complexo, que combina extrusão e sopro para produzir um tubo de filme fino, e pode ser mais bem explicado fazendo-se referência ao diagrama na Figura 8.16. O processo começa com a extrusão de um tubo, que é imediatamente estirado enquanto ainda está fundido e é ao mesmo tempo expandido pelo ar soprado no seu interior através de um mandril posicionado na matriz. Uma "linha de congelamento" marca a posição ao longo do movimento vertical ascendente da bolha em que ocorre a solidificação do polímero. A pressão de ar na bolha deve ser mantida constante para manter uniforme a espessura do filme e o diâmetro do tubo. O ar fica aprisionado no tubo pela ação de cilindros de pressão que fecham as paredes do tubo uma contra a outra, após o polímero se solidificar. Cilindros-guia e cilindros restritores também são usados para conter o tubo inflado e direcioná-lo aos cilindros de pressão. O tubo planificado é, então, enrolado em uma bobina.

O efeito do ar soprado é o de estirar o filme em ambas as direções, conforme ele resfria a partir do estado fundido. Isso resulta em propriedades de resistência isotrópicas, o que é uma vantagem sobre outros processos nos quais o material é estirado principalmente em uma direção. Outras vantagens incluem a facilidade com que a taxa de extrusão e a pressão do ar são alteradas para controlar a largura e o diâmetro do produto. Comparando esse processo com a extrusão em matriz com canal fino, o método de sopro de filmes produz filmes mais resistentes (de modo que um filme mais fino pode ser usado para embalar um produto), porém o controle da espessura é pior e as taxas de produção são menores. O filme soprado final pode ser deixado na forma tubular (por exemplo, para sacos de lixo) ou ele pode ser, a seguir, cortado nas bordas para se obter dois filmes finos paralelos.

Calandragem A calandragem de polímeros* é um processo utilizado para produzir chapas e filmes de borracha (Seção 9.1.4) ou de termoplásticos borrachosos, tal como o PVC plastificado. Nesse processo, a matéria-prima inicial é passada através de um conjunto de cilindros

---

* Usualmente, utiliza-se o termo laminação para processos de chapas com redução de espessura, porém, é comum usar o termo calandragem para processamento de redução de espessura de polímeros. (N.T.)

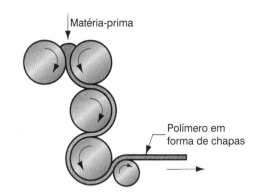

FIGURA 8.17 Cilindros de calandragem de polímeros. (Crédito: *Fundamentals of Modern Manufacturing*, 4ª Edição por Mikell P. Groover, 2010. Reimpresso com permissão de John Wiley & Sons, Inc.)

para trabalhar o material e reduzir sua espessura até aquela desejada. Uma configuração típica está ilustrada na Figura 8.17. O equipamento é caro, mas a taxa de produção é alta; velocidades de processamento próximas de 2,5 m/s (500 ft/min) são possíveis. É necessário controlar precisamente as temperaturas dos cilindros, as pressões e as velocidades de rotação. O processo se destaca pelo bom acabamento superficial e alta precisão na bitola dos filmes. Os produtos plásticos feitos pelo processo de calandragem incluem revestimentos de piso em PVC, cortinas de chuveiro, toalhas de mesa de vinil, piscinas plásticas, barcos e brinquedos infláveis.

8.4 PRODUÇÃO DE FIBRAS E FILAMENTOS (FIAÇÃO)

A aplicação mais importante de fibras e de filamentos poliméricos é na indústria têxtil. Seu emprego como materiais de reforço em plásticos (compósitos) é uma aplicação crescente, mas ainda pequena em comparação aos têxteis. Uma *fibra* pode ser definida como um fio longo e fino de um material, cujo comprimento é finito. Um *filamento* é um fio de comprimento contínuo.

As fibras podem ser naturais ou sintéticas. As fibras sintéticas constituem cerca de 75% do mercado atual de fibras, sendo as de poliéster as mais importantes, seguidas pelas de náilon, acrílicas e de raiom. As fibras naturais são cerca de 25% do total produzido, com o algodão sendo, de longe, a matéria-prima mais importante (a produção de lã é significativamente menor que a de algodão).

O termo *fiação* é remanescente dos métodos usados para estirar e torcer as fibras naturais em fios ou tramas. Na produção de fibras sintéticas, o termo se refere ao processo de extrusão de um polímero fundido ou de uma solução por meio de uma *fieira* para fazer filamentos, (uma matriz com inúmeros pequenos orifícios) que são então estirados e enrolados sobre uma bobina. Existem três principais variantes na fiação de fibras sintéticas, dependendo do polímero que está sendo processado: (1) fiação com fusão, (2) fiação a seco e (3) fiação a úmido.

A *fiação com fusão* é usada quando o polímero pode ser processado melhor por aquecimento até o estado fundido, e então bombeado através da fieira, de modo semelhante à extrusão convencional. Uma fieira típica tem 6 mm (0,25 in) de espessura e contém aproximadamente 50 furos com 0,25 mm (0,010 in) de diâmetro. Os furos são cônicos na entrada, de modo que o furo resultante tem uma razão L/D de apenas 5/1 ou menor. Os filamentos que saem da matriz são estirados e, ao mesmo tempo resfriados por ar antes de serem recolhidos e enrolados em uma bobina, como mostrado na Figura 8.18. Ocorrem grandes alongamento e redução da seção transversal enquanto o polímero ainda está fundido, de modo que o diâmetro final do filamento enrolado na bobina pode ser apenas 1/10 daquele do fio extrudado. A fiação com fusão é usada para o poliéster e o náilon. Como essas são as fibras sintéticas mais importantes, a fiação com fusão é o mais importante dos três processos para fibras sintéticas.

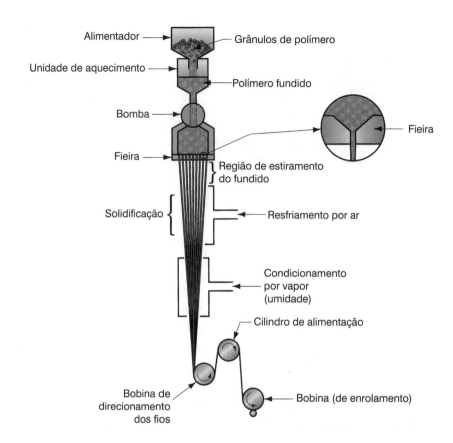

FIGURA 8.18 Fiação com fusão de filamentos contínuos. (Crédito: *Fundamentals of Modern Manufacturing*, 4ª Edição por Mikell P. Groover, 2010. Reimpresso com permissão de John Wiley & Sons, Inc.)

Na *fiação a seco*, o polímero inicial está em solução, e o solvente pode ser separado por evaporação. O extrudado é puxado através de uma câmara aquecida que remove o solvente; nos processos seguintes, a sequência é semelhante à fiação com fusão. Fibras de acetato de celulose e acrílicas são produzidas por esse processo. Na *fiação a úmido*, o polímero também está em solução — apenas o solvente não é volátil. Para separar o polímero, o extrudado deve ser passado por uma solução química que coagula ou precipita o polímero em fios coerentes, que são, então, enrolados em bobinas. Esse método é usado para produzir raiom (fibras de celulose regenerada).

Os filamentos produzidos por qualquer dos três processos são, normalmente, submetidos ainda a estiramento a frio para alinhar a estrutura cristalina ao longo da direção do eixo do filamento. Alongamentos de 2 a 8 vezes são típicos [13]. Isso aumenta de forma significativa a resistência à tração das fibras. O estiramento é realizado puxando o fio entre duas bobinas, e a bobina na qual o filamento está sendo enrolado é mantida em uma velocidade maior que a bobina em que o filamento está sendo desenrolado.

8.5 PROCESSOS DE REVESTIMENTO

Revestimentos plásticos (ou com borracha) envolvem a aplicação de uma camada de certo polímero sobre um substrato. Três categorias são observadas [6]: (1) revestimento de fios e cabos; (2) revestimento plano, que envolve o revestimento de um filme plano; e (3) revestimento de contornos — o revestimento de um objeto tridimensional. Já examinamos o revestimento de fios e cabos (Seção 8.2.3); ele é basicamente um processo de extrusão. As outras duas categorias são revistas nos parágrafos seguintes. Além disso, existe a tecnologia da aplicação de tintas, vernizes, lacas e outros revestimentos semelhantes (Seção 21.6).

O *revestimento plano* é usado para recobrir tecidos, papel, papelões e folhas metálicas; esses itens são os principais produtos de alguns plásticos. Os principais polímeros aqui incluem o polietileno e o polipropileno, com menor aplicação do náilon, PVC e poliéster.

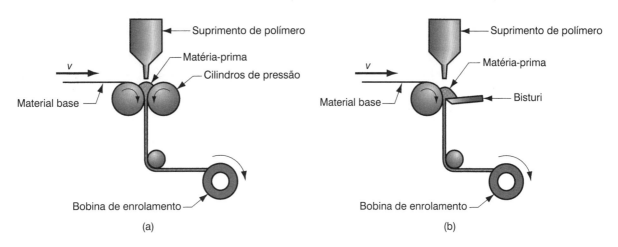

FIGURA 8.19 Processos de revestimento plano: (a) método de laminação, e (b) método do bisturi. (Crédito: *Fundamentals of Modern Manufacturing*, 4ª Edição por Mikell P. Groover, 2010. Reimpresso com permissão de John Wiley & Sons, Inc.)

Na maioria dos casos, o revestimento tem apenas 0,01 a 0,05 mm (0,0005 a 0,002 in) de espessura. As duas principais técnicas de revestimento plano estão mostradas na Figura 8.19. No *método de laminação*, o material do revestimento polimérico é comprimido contra o substrato por meio de cilindros com movimentos opostos. No *método do bisturi*, uma lâmina afiada controla, lateralmente, a quantidade de polímero fundido que recobre o substrato. Em ambos os casos, o material do revestimento é fornecido ou por um processo de extrusão em matriz com canal fino ou por calandragem.

O *revestimento de contornos* de objetos tridimensionais pode ser realizado por imersão ou aspersão. A *imersão* envolve submergir o objeto em banho de polímero fundido ou em solução, seguido de resfriamento e secagem. A *aspersão* (tal como a aspersão de tintas) é um método alternativo para aplicação de revestimento polimérico em um objeto sólido.

8.6 MOLDAGEM POR INJEÇÃO

A moldagem por injeção é o processo no qual um polímero é aquecido até um estado altamente plástico e é forçado, sob alta pressão, para dentro da cavidade de um molde, no qual ele solidifica. A peça moldada, chamada *injetada*, é então removida da cavidade. O processo produz componentes discretos, que já estão quase sempre na sua forma final (*net shape*). O tempo de ciclo de produção está tipicamente na faixa de 10 a 30 s, embora ciclos de 1 min, ou maiores, não sejam incomuns para peças grandes. Além disso, o molde pode conter mais de uma cavidade, de modo que diversos injetados são produzidos em cada ciclo.

Formas complexas e detalhadas são possíveis na moldagem por injeção. O desafio, nesses casos, é fabricar um molde cuja cavidade tenha a mesma geometria da peça e, também, permita a remoção da peça. O tamanho das peças pode variar desde cerca de 50 g (2 onças) até cerca de 25 kg (mais de 50 libras), sendo o limite superior representado por componentes tais como portas de refrigeradores e para-choques de carros. O molde determina a forma e o tamanho da peça e é a ferramenta especial na moldagem por injeção. Para peças grandes e complexas, o molde pode custar centenas de milhares de dólares. Para peças pequenas, o molde pode ser construído de modo a conter inúmeras cavidades, o que também eleva o custo. Assim, a moldagem por injeção é econômica apenas para a produção de grandes quantidades.

A moldagem por injeção é o processo de moldagem mais amplamente usado para termoplásticos. Alguns termorrígidos e elastômeros são moldados por injeção, fazendo-se alterações no equipamento e nos parâmetros operacionais para permitir a formação das ligações cruzadas desses materiais. Discutimos essas e outras variações da moldagem por injeção na Seção 8.6.4.

8.6.1 PROCESSO E EQUIPAMENTO

O equipamento para a moldagem por injeção evoluiu da fundição de metais em matrizes. Como ilustrado na Figura 8.20, uma máquina de moldagem por injeção consiste em dois componentes principais: (1) a unidade de injeção do plástico e (2) a unidade de fechamento e suporte do molde. A *unidade de injeção* é muito semelhante a uma extrusora. Ela consiste em um barril (o corpo da injetora) que é alimentado a partir de uma extremidade por um alimentador, que contém um suprimento de *pellets* de plástico. Dentro do corpo da injetora está uma rosca, cuja operação ultrapassa a operação da rosca em uma extrusora no seguinte aspecto: além de girar, para misturar e aquecer o polímero, ela também atua como um êmbolo, que se move rapidamente para frente para injetar o plástico fundido para dentro do molde. Uma válvula retentora, montada próxima à extremidade da rosca, previne que o fundido escoe para trás, ao longo dos filetes da rosca. Posteriormente, no ciclo de moldagem, o êmbolo se retrai para sua posição inicial. Devido a essa dupla ação, essa rosca é chamada *rosca alternada*. Em resumo, as funções da unidade de injeção são fundir e homogeneizar o polímero e, então, injetá-lo na cavidade do molde.

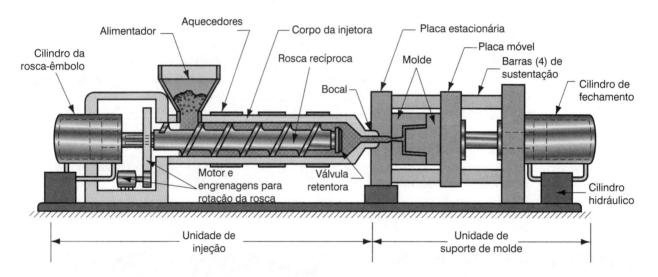

FIGURA 8.20 Diagrama de uma máquina de moldagem por injeção, do tipo com rosca alternada (alguns detalhes mecânicos estão simplificados). (Crédito: *Fundamentals of Modern Manufacturing*, 4ª Edição por Mikell P. Groover, 2010. Reimpresso com permissão de John Wiley & Sons, Inc.)

A *unidade de suporte do molde* é dedicada à operação do molde. Suas funções são (1) manter em alinhamento apropriado entre si as duas metades do molde; (2) manter o molde fechado durante a injeção pela aplicação de uma força de aperto suficiente para resistir à força de injeção; e (3) abrir e fechar o molde nos momentos apropriados durante o ciclo de moldagem. Essa unidade consiste em duas placas, uma fixa e outra móvel, e num mecanismo para mover essa última. O mecanismo é basicamente uma prensa, que é operada por um pistão hidráulico ou por dispositivos de acionamento mecânico de vários tipos. Forças de aperto de vários milhares de toneladas são disponíveis nas injetoras de grande porte.

O ciclo para moldagem por injeção de um polímero termoplástico ocorre na sequência a seguir, ilustrada na Figura 8.21. Vamos iniciar a ação com o molde aberto e a máquina pronta para iniciar uma nova injeção: (1) O molde é fechado e apertado. (2) Uma *injeção* de polímero fundido, que foi levado à temperatura e viscosidade corretas por aquecimento e por trabalho mecânico da rosca, é feita sob alta pressão para dentro da cavidade do molde. O plástico resfria e começa a se solidificar quando atinge a superfície fria do molde. A pressão do êmbolo é mantida para introduzir polímero fundido adicional dentro da cavidade, de modo a compensar a contração durante o resfriamento. (3) A rosca é girada e retraída com a válvula retentora aberta para permitir que uma nova quantidade de polímero escoe para a região dianteira do corpo da injetora. Enquanto isso, o polímero no molde solidifica completamente. (4) O molde é aberto, e a peça é ejetada e retirada.

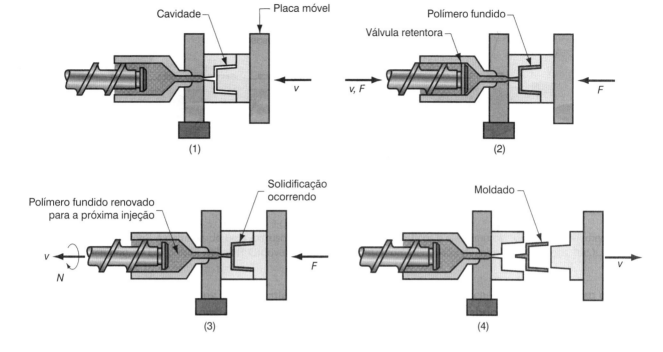

FIGURA 8.21 Ciclo de moldagem típico: (1) o molde é fechado, (2) o polímero fundido é injetado dentro da cavidade, (3) a rosca é retraída, e (4) o molde abre, e a peça é ejetada. (Crédito: *Fundamentals of Modern Manufacturing*, 4ª Edição por Mikell P. Groover, 2010. Reimpresso com permissão de John Wiley & Sons, Inc.)

8.6.2 MOLDE

O molde é a ferramenta especial na moldagem por injeção; ele é projetado e fabricado especialmente para a determinada peça a ser produzida. Quando a produção dessa peça termina, o molde é substituído por um novo molde para a próxima peça. Nesta seção, examinamos diversos tipos de molde para moldagem por injeção.

Molde Bipartido O molde bipartido convencional, ilustrado na Figura 8.22, consiste em duas metades presas a duas placas da unidade de suporte do molde da injetora. Quando a unidade de suporte do molde é aberta, as duas metades do molde abrem como está mostrado em (b). A região mais importante do molde é a *cavidade*, que é normalmente fabricada pela remoção de metal das superfícies em contato, das duas metades. Os moldes podem ter uma cavidade única ou múltiplas cavidades para produzir mais de uma peça em uma única injeção. A figura mostra um molde com duas cavidades. As ***superfícies de partição*** (ou ***linha de partição*** em uma vista lateral da seção transversal do molde) compõem a região onde o molde se abre para remoção da(s) peça(s).

Além da cavidade, outras características do molde desempenham funções indispensáveis durante o ciclo de moldagem. Um molde deve ter um canal de distribuição, por meio do qual o polímero fundido escoa do bico de injeção, no corpo da injetora para o interior da cavidade do molde. O canal de distribuição consiste em (1) uma ***canaleta de admissão***, que vai do bico de injeção ao molde; (2) uma ***canaleta de distribuição***, que vai da canaleta de admissão até a cavidade (ou cavidades); e (3) ***portas***, que restringem o fluxo do plástico para dentro da cavidade. A restrição do fluxo aumenta a taxa de cisalhamento, reduzindo, portanto, a viscosidade do polímero fundido. Existe uma ou mais portas para cada cavidade no molde.

Ao final do ciclo de moldagem, um ***sistema de ejeção*** é necessário para ejetar a peça moldada da cavidade. ***Pinos ejetores*** posicionados na metade móvel do molde normalmente realizam essa função. A cavidade é dividida entre as duas metades do molde de tal maneira que a contração natural na moldagem faz com que a peça adira à metade móvel. Quando o molde abre, os pinos ejetores empurram a peça para fora da cavidade.

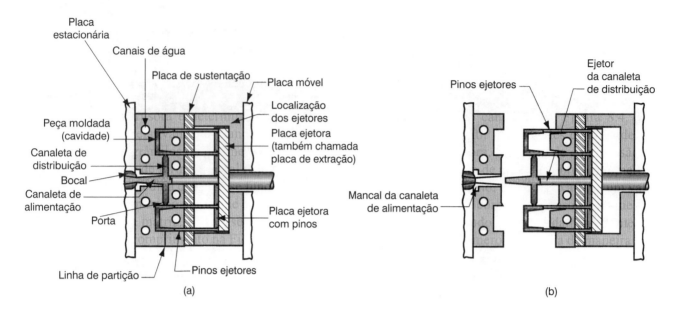

FIGURA 8.22 Detalhes de um molde bipartido para a moldagem por injeção de termoplásticos: (a) fechado e (b) aberto. O molde tem duas cavidades para produzir duas peças com formato de taças (mostradas em seção transversal) em cada injeção. (Crédito: *Fundamentals of Modern Manufacturing*, 4ª Edição por Mikell P. Groover, 2010. Reimpresso com permissão de John Wiley & Sons, Inc.)

Um *sistema de resfriamento* é necessário para o molde. Esse sistema consiste em uma bomba externa ligada a dutos no molde, por meio dos quais circula água para remover o calor do plástico quente. O ar deve ser removido da cavidade do molde à medida que o polímero penetra nela. A maior parte do ar passa através das pequenas folgas dos pinos ejetores no molde. Além disso, *passagens de ar* estreitas são frequentemente usinadas nas superfícies de partição; com apenas cerca de 0,03 mm (0,001 in) de profundidade e com 12 a 25 mm (0,5 a 1,0 in) de largura, esses canais permitem que o ar escape para o lado de fora, mas são muito pequenos para que o polímero fundido, viscoso, escoe por eles.

Em resumo, um molde consiste em (1) uma ou mais cavidades que determinam a geometria da peça, (2) canais de distribuição por meio dos quais o polímero fundido escoa para as cavidades, (3) um sistema de ejeção para remoção da peça, (4) um sistema de resfriamento e (5) passagens de ar para permitir a remoção do ar das cavidades.

Outros Tipos de Moldes Um alternativa ao molde bipartido é um *molde tripartido*, mostrado na Figura 8.23, para produzir a peça com a mesma geometria de antes. Existem diversas vantagens para esse projeto de molde. Inicialmente, o escoamento do plástico fundido ocorre por uma porta localizada na base da peça com formato de taça, em vez de ocorrer pela lateral. Isso permite uma distribuição mais uniforme do fundido nas laterais da taça. No projeto com a porta lateral no molde bipartido da Figura 8.22, o plástico deve escoar em torno do núcleo e se juntar no lado oposto, podendo criar uma região menos resistente na linha de solda. Em seguida, o molde tripartido permite a operação mais automatizada da máquina de moldagem. Conforme o molde abre, ele se divide em três partes, com duas aberturas entre elas. Essa ação separa a canaleta de distribuição das peças, que caem por gravidade em recipientes abaixo do molde.

As canaletas de admissão e de distribuição nos moldes bipartidos e tripartidos convencionais implicam perda de material. Em muitos casos, elas podem ser moídas e reutilizadas; entretanto, em alguns casos, o produto deve ser feito de plástico "virgem" (plástico que não foi previamente moldado). O *molde com canaleta quente* elimina a solidificação nas canaletas de admissão e de distribuição pela localização de aquecedores em torno dos canais correspondentes. Embora o plástico na cavidade do molde solidifique, o material nas canaletas de admissão e de distribuição permanece fundido, pronto para ser injetado na cavidade no próximo ciclo.

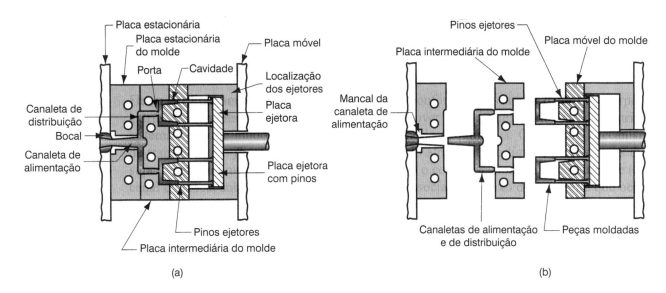

FIGURA 8.23 Molde tripartido: (a) fechado e (b) aberto. (Crédito: *Fundamentals of Modern Manufacturing*, 4ª Edição por Mikell P. Groover, 2010. Reimpresso com permissão de John Wiley & Sons, Inc.)

8.6.3 CONTRAÇÃO E DEFEITOS NA MOLDAGEM POR INJEÇÃO

Os polímeros possuem coeficientes de expansão térmica elevados, e uma contração significativa pode ocorrer durante o resfriamento do plástico no molde. A contração de plásticos cristalinos tende a ser maior que a de polímeros amorfos. A contração para um dado polímero é normalmente expressa como a redução linear no comprimento que ocorre durante o resfriamento até a temperatura ambiente, a partir da temperatura de moldagem. As unidades apropriadas são, portanto, mm/mm (in/in) da dimensão sob consideração. Valores típicos para polímeros escolhidos são apresentados na Tabela 8.1

Cargas adicionadas ao plástico tendem a reduzir a contração. Na prática industrial de moldagem, valores de contração para o composto de moldagem específico devem ser obtidos pelo fabricante antes de se fazer o molde. Para compensar a contração, as dimensões da cavidade do molde devem ser maiores que as dimensões especificadas para a peça. A seguinte equação pode ser usada [14]:

$$D_c = D_p + D_p S + D_p S^2 \tag{8.19}$$

em que D_c = dimensão da cavidade, mm (in); D_p = dimensão da peça moldada, mm (in) e S = valores de contração obtidos da Tabela 8.1. O terceiro termo do lado direito faz a correção da contração que ocorre na moldagem.

EXEMPLO 8.3
Contração na Moldagem por Injeção

O comprimento nominal de uma peça fabricada em polietileno deve ser 80 mm. Determine a dimensão correspondente da cavidade do molde que irá compensar a contração.

Solução: A partir da Tabela 8.1, a contração para o polietileno é $S = 0{,}025$. Usando a Eq. (8.19), o diâmetro da cavidade do molde deveria ser:

$$D_c = 80{,}0 + 80{,}0(0{,}025) + 80{,}0(0{,}025)^2$$
$$= 80{,}0 + 2{,}0 + 0{,}05 = 82{,}05 \text{ mm}$$

TABELA 8.1 Valores típicos da contração de moldados de termoplásticos escolhidos			
Plástico	Contração, mm/mm (in/in)	Plástico	Contração, mm/mm (in/in)
ABS	0,006	Polietileno	0,025
Náilon 6,6	0,020	Poliestireno	0,004
Policarbonato	0,007	PVC	0,005

Compilado de [14].

Devido às diferenças na contração entre os plásticos, as dimensões do molde devem ser determinadas para o polímero particular a ser moldado. O mesmo molde produzirá peças diferentes em diferentes tipos de polímeros.

Os valores na Tabela 8.1 representam uma simplificação aproximada do problema de contração. Na verdade, a contração é afetada por inúmeros fatores, e qualquer um deles pode alterar a quantidade de contração de um dado polímero. Os fatores mais importantes são a pressão de injeção, o tempo de compactação, a temperatura da moldagem e a espessura da peça. À medida que a pressão de injeção é aumentada, forçando mais material para o interior da cavidade do molde, a contração é reduzida. Aumentar o tempo de compactação tem efeito semelhante, considerando que o polímero na porta não solidifica e não sela a cavidade. Do mesmo modo, a manutenção da pressão força mais material para dentro da cavidade enquanto a contração está ocorrendo. A contração resultante será, portanto, reduzida.

A temperatura de moldagem é a temperatura do polímero no cilindro imediatamente antes da injeção. Seria razoável supor que uma temperatura maior do polímero aumentasse a contração, fazendo-se o raciocínio que a diferença entre as temperaturas de moldagem e ambiente seria maior. Entretanto, a contração é, na verdade, menor para temperaturas de moldagem maiores. A explicação decorre de que temperaturas maiores abaixam significativamente a viscosidade do polímero fundido, permitindo que mais material seja introduzido no molde; esse efeito é semelhante à aplicação de pressões de injeção maiores. Assim, o efeito sobre a viscosidade compensa, e sobrepõe, a maior diferença de temperatura.

Finalmente, partes mais espessas apresentam maior contração. Um moldado se solidifica a partir da superfície; o polímero em contato com a superfície do molde forma uma casca que cresce na direção do centro da peça. Em algum momento durante a solidificação, a porta solidifica isolando o material na cavidade do sistema de canaletas de distribuição e da pressão de injeção. Quando isso ocorre, o polímero fundido no interior da casca é responsável pela maior parcela da contração remanescente que ocorre na peça. Uma seção mais grossa da peça tem maior contração, pois contém maior quantidade de material fundido.

Além dos problemas relacionados à contração, outros problemas também podem ocorrer. Aqui estão alguns dos defeitos comuns em peças moldadas por injeção:

➢ *Injeções curtas*. Como ocorre em fundição, o defeito da injeção curta ocorre quando um moldado que solidificou antes de a cavidade ser completamente preenchida. O defeito pode ser corrigido aumentando a temperatura e/ou a pressão. O defeito pode também ser resultante do uso de um equipamento com capacidade de injeção insuficiente, nesse caso um equipamento de maior capacidade é necessário.

➢ *Rebarbas*. As rebarbas ocorrem quando o polímero fundido é forçado para dentro da superfície de partição entre as placas do molde; as rebarbas também podem ocorrer em torno dos pinos de ejeção. Esse defeito é normalmente causado por (1) passagens de ar e folgas no molde que são muito grandes; (2) pressão de injeção muito alta em comparação com a força de fechamento; (3) temperatura de fusão muito alta; ou (4) quantidade excessiva de polímero injetado.

➢ *Vazios e marcas de afundamento*. Esses são defeitos normalmente relacionados a seções grossas de peças moldadas. Uma **marca de afundamento** ocorre quando a superfície externa do moldado solidifica, mas a contração do material interno faz com que a casca afunde para um nível inferior ao do perfil desejado. Um **vazio** é causado pelo mesmo fenômeno básico; entretanto, a superfície do material retém sua forma e a contração se manifesta como um vazio interno devido às altas tensões de tração no polímero que ainda está fundido. Esses defeitos podem ser evitados aumentando a pressão de compactação após a injeção. Uma solução melhor é projetar a peça de modo a ter seções com espessuras uniformes e mais finas.

➢ *Linhas de solda*. As linhas de solda ocorrem quando o polímero fundido escoa em torno de um núcleo ou de outro detalhe convexo na cavidade do molde e se encontra a partir de direções opostas; a fronteira assim formada é chamada linha de solda e ela pode ter propriedades mecânicas inferiores àquelas do restante da peça. Temperaturas mais elevadas do fundido, maiores pressões de injeção, posições alternativas das portas na peça e melhores passagens de ar são maneiras de lidar com esse defeito.

8.6.4 OUTROS PROCESSOS DE MOLDAGEM POR INJEÇÃO

A vasta maioria das aplicações da moldagem por injeção envolve termoplásticos. Diversas variações do processo estão descritas nesta seção.

Moldagem por Injeção de Espuma Termoplástica Espumas plásticas têm uma variedade de aplicações, e discutimos esses materiais e seus processamentos na Seção 8.11. Um dos processos, algumas vezes chamado **moldagem de espumas estruturais**, é apropriado para ser discutido aqui, pois envolve moldagem por injeção. Ele envolve a moldagem de peças termoplásticas que possuem uma casca externa densa que envolve um núcleo leve, formado por uma espuma. Tais peças possuem razões rigidez-peso elevadas, adequadas para aplicações estruturais.

Uma peça estrutural formada por uma espuma pode ser produzida tanto pela introdução de gás em um plástico fundido, na unidade de injeção, quanto pela mistura de um componente que produza gás com os *pellets* iniciais. Durante a injeção, quantidade insuficiente de polímero fundido é forçada para dentro da cavidade do molde, onde se expande (espuma) preenchendo o molde. As células da espuma em contato com a superfície fria do molde colapsam formando a casca densa, enquanto o material no núcleo retém sua estrutura celular. Peças feitas com espuma estrutural incluem estojos para produtos eletrônicos e equipamentos, componentes de móveis e tanques de máquinas de lavar. As vantagens citadas para a moldagem por injeção de espumas estruturais incluem baixas pressões de injeção e de fechamento, e, assim, há capacidade de se produzir componentes grandes, como sugerido pelos exemplos anteriores. Uma desvantagem do processo é que as superfícies das peças tendem a ser rugosas, ocasionalmente com a presença de vazios. Se um bom acabamento superficial for necessário para determinada aplicação, então um processamento adicional será necessário, tal como lixamento, pintura e a adesão de uma folha de compensado.

Moldagem por Injeção de Termorrígidos A moldagem por injeção pode ser usada para plásticos termorrígidos (TR), com certas alterações no equipamento e no procedimento de operação, para permitir a formação das ligações cruzadas. As máquinas de moldagem por injeção de termorrígidos são semelhantes àquelas usadas para termoplásticos. Elas usam uma unidade de injeção com uma rosca recíproca, mas o comprimento do corpo da injetora é menor, para evitar a cura e a solidificação prematura do polímero TR. Pela mesma razão, as temperaturas no corpo da extrusora são mantidas relativamente baixas, em geral entre 50°C e 125°C (120°F e 260°F), dependendo do polímero. O plástico, normalmente na forma de *pellets* ou de grânulos, é alimentado à injetora por meio de um alimentador. A plastificação ocorre pela ação da rosca giratória à medida que o material é transportado para frente, em direção ao bico da injetora. Quando uma quantidade suficiente de material fundido se acumula à frente da rosca, ele é injetado para dentro do molde, que está aquecido entre 150°C e 230°C (300°F e 450°F), onde ocorrem as ligações cruzadas para endurecer o plástico. O molde é, então, aberto, e a peça é ejetada e removida. Os tempos dos ciclos de moldagem variam tipicamente de 20 s a 2 min, dependendo do tipo de polímero e do tamanho da peça. A cura é a etapa que dura mais tempo no ciclo.

Os principais termorrígidos para moldagem por injeção são os fenólicos, poliésteres insaturados, melaminas, epóxis e ureia-formaldeído. Mais de 50% das moldagens com fenólicos produzidas atualmente nos Estados Unidos são feitas por esse processo [11], representando uma mudança em relação aos métodos de compressão e de moldagem por transferência, que são os processos tradicionais usados para termorrígidos (Seção 8.7). A maioria dos materiais termorrígidos usados em moldagem contém grandes proporções de cargas (até 70% em peso), incluindo fibras de vidro, argila, fibras de madeira e negro de fumo. De fato, são materiais compósitos que estão sendo moldados por injeção.

Moldagem por Injeção Reativa A moldagem por injeção reativa (MIR) envolve a mistura de dois componentes líquidos altamente reativos e a injeção imediata da mistura para dentro da cavidade de um molde onde ocorrem as reações químicas que causam a solidificação. As uretanas, epóxis e ureia-formaldeído são exemplos desses sistemas poliméricos. A MIR foi desenvolvida com poliuretano para produzir componentes automotivos grandes, tais como para-choques, saias e para-lamas. Esses tipos de peças ainda constituem a principal aplicação do processo. Peças de poliuretano moldadas por MIR possuem tipicamente uma estrutura interna de espuma envolvida por uma casca externa mais densa.

Como mostrado na Figura 8.24, os componentes líquidos são bombeados em quantidades medidas com precisão, a partir de tanques de armazenagem separados, para a cabeça de mistura. Os componentes são misturados rapidamente e, então, injetados na cavidade do molde, sob pressão relativamente baixa, onde ocorrem a polimerização e a cura. Um tempo típico desse ciclo é de cerca de 2 min. Para cavidades relativamente grandes, os moldes para MIR são muito mais baratos que os de moldagem por injeção convencional. Isso resulta das baixas forças de fechamento necessárias na MIR e da possibilidade de se usar componentes leves nos moldes. Outras vantagens da MIR incluem (1) o processo requer pouca energia; (2) os custos dos equipamentos são menores que na moldagem por injeção; (3) diversos sistemas químicos estão disponíveis, o que permite que propriedades específicas sejam obtidas no produto moldado; e (4) o equipamento de produção é confiável, e os sistemas químicos e seus comportamentos nos equipamentos são bem conhecidos [17].

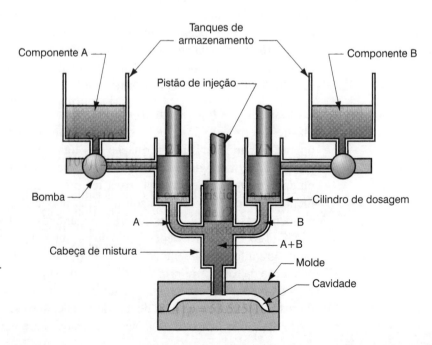

FIGURA 8.24 Sistema de moldagem por injeção reativa (MIR) mostrado imediatamente após os componentes A e B terem sido bombeados para a cabeça de mistura, antes da injeção para a cavidade do molde (alguns detalhes dos equipamentos de processo foram omitidos). (Crédito: *Fundamentals of Modern Manufacturing*, 4ª Edição por Mikell P. Groover, 2010. Reimpresso com permissão de John Wiley & Sons, Inc.)

8.7 MOLDAGEM POR COMPRESSÃO E POR TRANSFERÊNCIA

Nesta seção, são discutidas duas técnicas de moldagem largamente usadas para polímeros termorrígidos e para elastômeros. Para os termoplásticos, essas técnicas não têm a eficiência da moldagem por injeção, exceto para aplicações muito especiais.

8.7.1 MOLDAGEM POR COMPRESSÃO

A moldagem por compressão é um processo de moldagem antigo e largamente usado para plásticos termorrígidos. Suas aplicações também incluem pneus de borracha e várias peças de compósitos de matriz polimérica. O processo, ilustrado na Figura 8.25 para um plástico TR, consiste em (1) carregar quantidade exata do composto a ser moldado, chamada *carga*, na metade inferior de um molde aquecido; (2) juntar as metades do molde para comprimir a carga, forçando-a a escoar e a tomar a forma da cavidade; (3) aquecer a carga por meio do molde aquecido para polimerizar e curar o material, transformando-o em uma peça sólida; e (4) abrir as metades do molde e remover a peça da cavidade.

A carga inicial do composto a ser moldado pode estar em diversas formas, incluindo pós ou *pellets*, líquida ou pré-forma (material parcialmente conformado). A quantidade de polímero deve ser controlada com precisão para se ter reprodutibilidade consistente do produto moldado. Tornou-se prática comum preaquecer a carga antes de colocá-la no molde; isso amolece o polímero e reduz o tempo do ciclo de produção. Os métodos de preaquecimento incluem aquecedores por infravermelho, aquecimento por convecção em um forno e uso de roscas giratórias aquecidas em um barril. Essa última técnica (derivada da moldagem por injeção) também é usada para dosar a quantidade de carga.

As prensas para moldagem por compressão são verticais e contêm duas placas, que são presas às metades do molde. As prensas operam com ambos os tipos de atuação: (1) subida da placa inferior ou (2) descida da placa superior, sendo a primeira a configuração mais comum. Elas são normalmente acionadas por um cilindro hidráulico, que pode ser projetado para ter capacidade de fechamento de até várias centenas de toneladas.

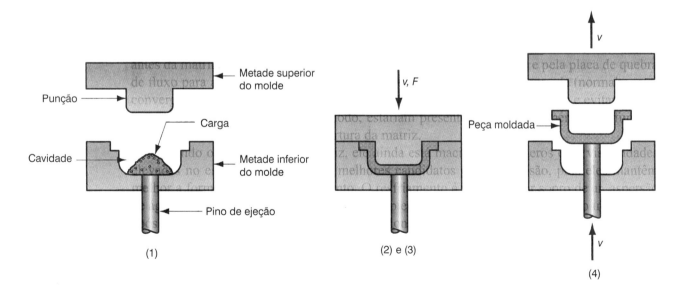

FIGURA 8.25 Moldagem por compressão para plásticos termorrígidos: (1) a carga é colocada; (2) e (3) a carga é comprimida e curada; e (4) a peça é ejetada e removida (alguns detalhes foram omitidos). (Crédito: *Fundamentals of Modern Manufacturing*, 4ª Edição por Mikell P. Groover, 2010. Reimpresso com permissão de John Wiley & Sons, Inc.)

Os moldes para a moldagem por compressão são geralmente mais simples que os seus similares para moldagem por injeção. Não existem os sistemas de alimentação e de distribuição em um molde para compressão, e o próprio processo é em geral limitado a peças com geometrias mais simples, devido à menor capacidade de escoamento dos materiais TR iniciais. Entretanto, deve-se prever o aquecimento do molde, normalmente feito por resistências elétricas, vapor ou pela circulação de óleo quente. Os moldes para moldagem por compressão podem ser classificados como *moldes manuais*, usados para testes; *semiautomáticos*, nos quais a prensagem segue um ciclo programado, mas o operador carrega e descarrega de forma manual a prensa; e *automático*, que opera sob um ciclo de prensagem totalmente automático (incluindo carregamento e descarregamento automáticos).

Os materiais para moldagem por compressão incluem fenólicos, melamina, ureia-formaldeído, epóxis, uretanas e elastômeros. Moldados típicos incluem tomadas elétricas, cabos de panelas e pratos. As vantagens da moldagem por compressão nessas aplicações incluem (1) moldes mais simples e mais baratos, (2) menos rebarbas e (3) tensões residuais baixas nas peças moldadas. Uma desvantagem característica são ciclos mais longos e, portanto, menores taxas de produção que na moldagem por injeção.

8.7.2 MOLDAGEM POR TRANSFERÊNCIA

Nesse processo, uma carga de termorrígido é colocada em uma câmara imediatamente acima da cavidade do molde, onde a carga é aquecida; aplica-se, então, pressão para forçar o polímero amolecido a escoar para o molde aquecido no qual a cura ocorre. Existem duas variantes do processo, ilustradas na Figura 8.26: (a) *moldagem por transferência a partir de uma cuba*, na qual a carga é injetada a partir de uma "cuba" através de um canal de alimentação para a cavidade do molde; e (b) *moldagem por transferência por punção*, em que a carga é injetada por meio de um punção a partir de uma cavidade aquecida, através de canais laterais, para a cavidade do molde. Em ambos os casos, rejeitos são produzidos em cada ciclo devido ao material excedente existente na base das cavidades de injeção e nos canais laterais; esse rejeito é chamado *escória*. Além disso, o material no canal de alimentação também é um rejeito. Como os polímeros são termorrígidos, o rejeito não pode ser recuperado.

A moldagem por transferência é bem semelhante à moldagem por compressão, pois é usada com os mesmos tipos de polímeros (termorrígidos e elastômeros). Pode-se também ver semelhanças com a moldagem por injeção, pois a carga é prequecida em uma câmara separada e, então, é injetada no molde. A moldagem por transferência é capaz de moldar peças com formatos mais detalhados que a moldagem por compressão, mas menos complexos que na moldagem por injeção. A moldagem por transferência também permite a moldagem com enxertos, na qual um enxerto metálico ou cerâmico é colocado na cavidade antes da injeção, e o plástico aquecido se liga ao enxerto durante a moldagem.

8.8 MOLDAGEM POR SOPRO E MOLDAGEM POR ROTAÇÃO

Ambos os processos são usados para produzir peças vazadas e sem costura de polímeros termoplásticos. A moldagem por rotação também pode ser usada para termorrígidos. As peças variam em tamanho desde pequenas garrafas de plástico de apenas 5 ml (0,15 onças) até grandes tanques de armazenamento de 38.000 l (10.000 galões) de capacidade. Embora, em certos casos, os dois processos sejam concorrentes, geralmente eles têm seus próprios nichos. A moldagem por sopro é mais adequada para a produção em massa de recipientes descartáveis pequenos, enquanto a moldagem por rotação é favorecida para formas vazadas grandes.

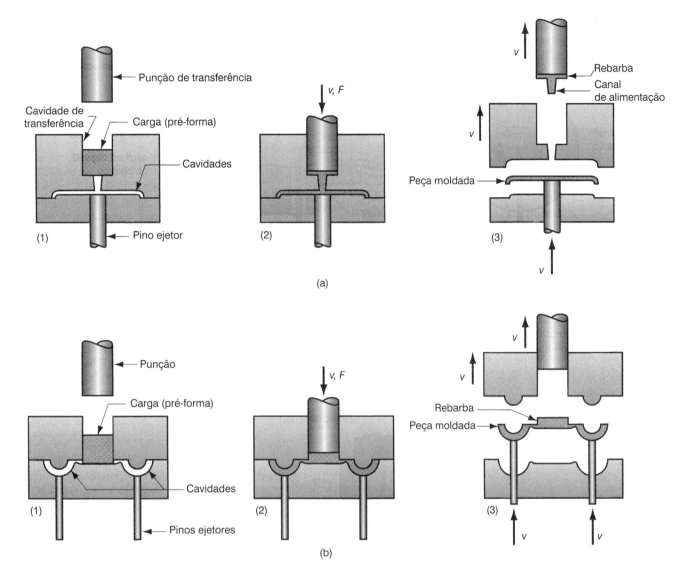

FIGURA 8.26 (a) Moldagem por transferência a partir de uma cuba, e (b) moldagem por transferência por punção. O ciclo em ambos os processos é: (1) a carga é colocada na cuba, (2) o polímero amolecido é pressionado para a cavidade do molde e curado e (3) a peça é ejetada. (Crédito: *Fundamentals of Modern Manufacturing*, 4ª Edição por Mikell P. Groover, 2010. Reimpresso com permissão de John Wiley & Sons, Inc.)

8.8.1 MOLDAGEM POR SOPRO

A moldagem por sopro é um processo de moldagem no qual a pressão do ar é usada para inflar um plástico amolecido dentro da cavidade do molde. É um processo industrial importante para fabricar peças vazadas de plástico, de paredes finas, tais como garrafas e vasilhames. Como muitos desses itens são usados para bebidas a serem consumidas em grande escala, a produção é tipicamente organizada para quantidades muito grandes. A tecnologia é derivada da indústria de vidro (Seção 7.2), com a qual os plásticos competem no mercado de garrafas descartáveis e recicláveis.

A moldagem por sopro é realizada em duas etapas: (1) fabricação de um tubo inicial de plástico fundido, chamado **parison** (mesmo termo usado no sopro de vidro); e (2) sopro do tubo à forma final desejada. A conformação do *parison* é feita tanto por extrusão quanto por moldagem por injeção.

Moldagem por Sopro com Extrusão Essa forma de moldagem por sopro consiste no ciclo ilustrado na Figura 8.27. Na maioria dos casos, o processo é organizado como uma operação

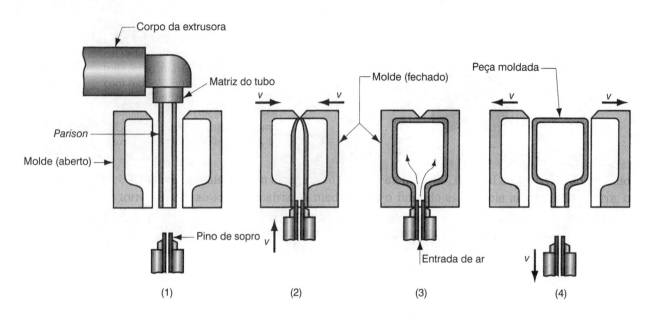

FIGURA 8.27 Moldagem por sopro com extrusão: (1) extrusão do *parison*; (2) o *parison* é pinçado no topo e é selado na base em torno de um bico metálico de sopro, quando as duas metades do molde se aproximam; (3) o tubo é inflado de modo a tomar a forma da cavidade do molde; e (4) o molde é aberto para remoção da peça solidificada. (Crédito: *Fundamentals of Modern Manufacturing*, 4ª Edição por Mikell P. Groover, 2010. Reimpresso com permissão de John Wiley & Sons, Inc.)

com alta taxa de produção para fazer garrafas plásticas. A sequência é automatizada e, com frequência, integrada a operações subsequentes, tais como enchimento das garrafas e colocação de rótulos.

Em geral, é necessário que o vasilhame soprado seja rígido, e a rigidez depende da espessura da parede, entre outros fatores. Podemos relacionar a espessura da parede do vasilhame soprado ao *parison* extrudado inicialmente [12], considerando uma forma cilíndrica para o produto final. O efeito do inchamento, após a saída da matriz sobre o *parison*, é mostrado na Figura 8.28. O diâmetro médio do tubo, à medida que ele sai da matriz, é determinado pelo diâmetro médio D_d. O inchamento causa expansão até um diâmetro médio do *parison* D_p. Ao mesmo tempo, a espessura da parede expande de t_d para t_p. A razão de inchamento do diâmetro do *parison* e da espessura da parede é dada por

$$r_s = \frac{D_p}{D_d} = \frac{t_p}{t_d} \tag{8.20}$$

Quando o *parison* é inflado até o diâmetro do molde D_m, existe uma redução correspondente na espessura da parede para t_m. Considerando o volume da seção transversal constante, temos

$$\pi D_p t_p = \pi D_m t_m \tag{8.21}$$

Resolvendo para t_m, obtemos

$$t_m = \frac{D_p t_p}{D_m}$$

Substituindo a Eq. (8.20) nessa equação, temos

$$t_m = \frac{r_s^2 t_d D_d}{D_m} \tag{8.22}$$

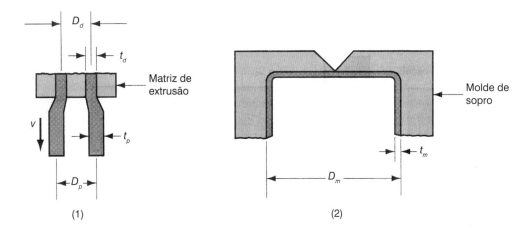

FIGURA 8.28 (1) Dimensões da matriz de extrusão mostrando o *parison* após o inchamento; e (2) vasilhame final após a moldagem por sopro no processo de sopro com extrusão. (Crédito: *Fundamentals of Modern Manufacturing*, 4ª Edição por Mikell P. Groover, 2010. Reimpresso com permissão de John Wiley & Sons, Inc.)

O inchamento após a saída da matriz no processo de extrusão inicial pode ser medido por observação direta, pois as dimensões da matriz estão mostradas. Podemos, assim, determinar a espessura da parede no vasilhame moldado por sopro.

Moldagem por Sopro com Injeção Nesse processo, o *parison* inicial é moldado por injeção em vez de ser extrudado. Uma sequência simplificada está mostrada na Figura 8.29. Em comparação com sua concorrente baseada na extrusão, a moldagem por sopro com injeção tem, em geral, as seguintes vantagens: (1) maior taxa de produção; (2) maior precisão das dimensões finais; (3) menores quantidades de rebarbas, e (4) menos perda de material. Por outro lado, vasilhames maiores podem ser produzidos com a moldagem por sopro com extrusão, pois o molde na moldagem por injeção é muito caro para *parisons* grandes. Além disso, a moldagem por sopro com extrusão é tecnicamente mais adequada e mais econômica para frascos bicamadas usados para armazenar alguns medicamentos, produtos de beleza pessoais e vários compostos químicos.[2]

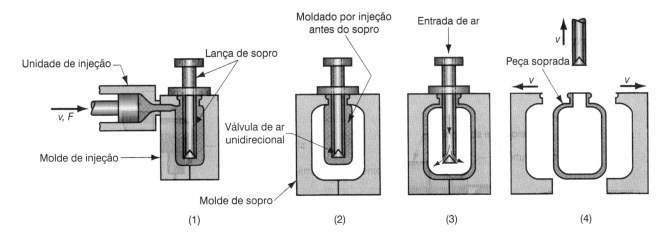

FIGURA 8.29 Moldagem por sopro com injeção: (1) o *parison* é moldado por injeção em torno de uma lança de sopro; (2) o molde de injeção é aberto, e o *parison* é transferido para um molde de sopro; (3) o polímero amolecido é inflado para se conformar ao molde de sopro; e (4) o molde de sopro é aberto, e o produto soprado é removido. (Crédito: *Fundamentals of Modern Manufacturing*, 4ª Edição por Mikell P. Groover, 2010. Reimpresso com permissão de John Wiley & Sons, Inc.)

---

[2] O autor está em dívida com Tom Walko, antigo aluno, e, no momento da redação deste livro, era gerente de produção em uma das unidades de moldagem por sopro da Graham Packaging Company e forneceu as comparações entre as moldagens por sopro com extrusão e com injeção.

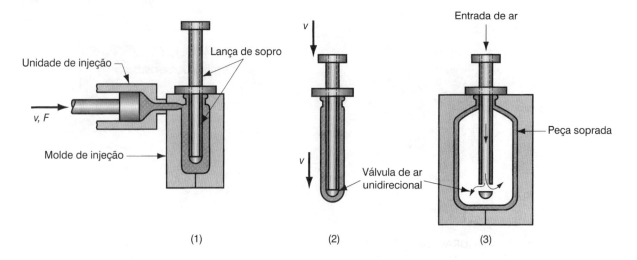

FIGURA 8.30 Moldagem por sopro com estiramento: (1) moldagem por injeção do *parison*; (2) estiramento e (3) sopro. (Crédito: *Fundamentals of Modern Manufacturing*, 4ª Edição por Mikell P. Groover, 2010. Reimpresso com permissão de John Wiley & Sons, Inc.)

Em uma variação da moldagem por sopro com injeção, chamada **moldagem por sopro com estiramento** (Figura 8.30), a lança de sopro avança para baixo dentro do *parison* moldado por injeção durante a etapa 2; estirando, assim, o plástico amolecido e gerando distribuição de tensões mais favorável no polímero que nas moldagens por sopro com injeção e extrusão convencionais. A estrutura resultante é mais rígida, com maior transparência e melhor resistência ao impacto.

Materiais e Produtos A moldagem por sopro é limitada aos termoplásticos. O polietileno é o polímero mais amplamente usado — em particular, os polietilenos de alta densidade e de alto peso molecular (PEAD e PEUAPM). Comparando-se suas propriedades com as do PE de baixa densidade, e considerando o requisito de rigidez do produto final, é mais econômico usar esses materiais de custo mais elevado, pois as paredes dos vasilhames podem ser mais finas. Outros moldados por sopro são fabricados de polipropileno e de cloreto de polivinila. O material mais largamente usado para moldagem por sopro com estiramento é o polietileno tereftalato (PET), um poliéster de permeabilidade muito baixa que tem sua resistência aumentada pelo processo de moldagem por sopro com estiramento. Essa combinação de propriedades torna o PET ideal para vasilhame de bebidas carbonatadas (por exemplo, garrafas de refrigerantes de 2 litros).

Vasilhames descartáveis para embalagem de bebidas vendidas a varejo formam a maior parte dos produtos fabricados por moldagem por sopro; mas esses não são os únicos produtos. Outros itens incluem grandes tambores (0,21 m^3, 55 galões) para transporte de líquidos e de pós, grandes tanques de armazenamento (7,6 m^3, 2000 galões), tanques de gasolina de automóveis, brinquedos e quilhas para pranchas à vela e pequenos barcos. No último caso, dois cascos de barco são fabricados em uma única moldagem por sopro e subsequentemente são cortados em dois cascos abertos.

8.8.2 MOLDAGEM POR ROTAÇÃO

A moldagem por rotação usa a gravidade dentro de um molde giratório para obter uma forma vazada. Também chamado **rotomoldagem**, é uma alternativa para a moldagem por sopro para fabricar formas grandes, vazadas. É usado principalmente para polímeros termoplásticos, mas aplicações para termorrígidos e elastômeros estão se tornando mais comuns. A rotomoldagem tende a ser mais apropriada para geometrias externas complexas, peças grandes e produção de menores quantidades que a moldagem por sopro. O processo consiste nas seguintes etapas:

(1) Uma quantidade pré-determinada de polímero em pó é colocada na cavidade de um molde bipartido. (2) O molde é, então, aquecido e simultaneamente girado em dois eixos perpendiculares, de modo que o pó atinge todas as superfícies internas do molde, formando de forma gradual uma camada fundida com espessura uniforme. (3) Enquanto ainda está girando, o molde é resfriado de modo que a casca de plástico se solidifica. (4) O molde é aberto, e a peça é removida. As velocidades de rotação usadas no processo são relativamente lentas. É a gravidade, e não a força centrífuga, que promove o recobrimento uniforme das superfícies do molde.

Os moldes na moldagem por rotação são simples e baratos em comparação com a moldagem por injeção e a moldagem por sopro, mas o ciclo de produção é muito mais longo, durando cerca de 10 minutos ou mais. Para equilibrar essas vantagens e desvantagens na produção, a moldagem por rotação é frequentemente realizada em um equipamento dotado de múltiplas cavidades, tal como a máquina com três estações mostrada na Figura 8.31. O equipamento é projetado de modo que três moldes são posicionados em sequência em três estações de trabalho. Assim, todos os três moldes trabalham ao mesmo tempo. A primeira estação de trabalho é uma estação de carga-descarga, em que a peça acabada é removida do molde e o pó, para a próxima peça, é carregado na cavidade. A segunda estação consiste em uma câmara de aquecimento onde a convecção de ar quente aquece o molde, enquanto, simultaneamente, o molde é girado. As temperaturas dentro da câmara são em torno de 375°C (700°F), dependendo do polímero e da peça a ser moldada. A terceira estação resfria o molde usando ar frio forçado ou aspersão de água para resfriar e solidificar o moldado de plástico no interior do molde.

Uma variedade muito interessante de artigos é fabricada por moldagem por rotação. A lista inclui bonecos ocos, tal como cavalos de brinquedo e bolas; cascos de botes e de canoas, caixas de areia, piscinas pequenas; boias e outros dispositivos de flutuação; peças de carroceria de caminhão, painéis e tanques de combustível automotivos; peças de malas, móveis, latas de lixo; manequins; grandes tanques industriais, containers e tanques de armazenagem; banheiros químicos e tanques sépticos. O material de moldagem mais popular é o polietileno, especialmente o PEAD. Outros plásticos incluem o polipropileno, a acrilonitrila-butadieno-estireno e o poliestireno.

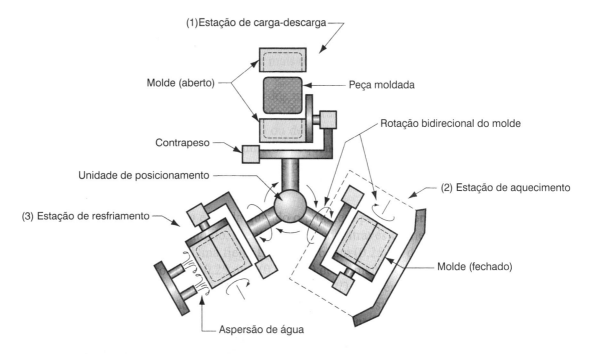

FIGURA 8.31 O ciclo de moldagem por rotação realizado em um equipamento com três estações: (1) estação de carga-descarga; (2) molde de aquecimento e de rotação; (3) molde de resfriamento. (Crédito: *Fundamentals of Modern Manufacturing*, 4ª Edição por Mikell P. Groover, 2010. Reimpresso com permissão de John Wiley & Sons, Inc.)

8.9 TERMOFORMAÇÃO

A termoformação é um processo no qual uma chapa plana de termoplástico é aquecida e conformada à forma desejada. O processo é largamente usado para embalagem de produtos de grande consumo e fabricação de peças grandes, tais como banheiras, esquadrias de janelas e revestimentos internos de portas de refrigeradores.

A termoformação consiste em duas etapas principais: aquecimento e conformação. O aquecimento é em geral feito por radiação via aquecedores elétricos, localizados em um ou nos dois lados da chapa inicial de plástico, a uma distância de aproximadamente 125 mm (5 in). A duração do ciclo de aquecimento para amolecer de forma suficiente a chapa depende da espessura e da cor do polímero. Os métodos pelos quais a conformação é realizada podem ser classificados em três categorias básicas: (1) termoformação a vácuo, (2) termoformação por pressão, e (3) termoformação mecânica. Na nossa discussão desses métodos, descrevemos a conformação de uma chapa, mas, na indústria de embalagens, a maioria das operações de termoformação é feita em filmes finos.

Termoformação a Vácuo Esse foi o primeiro processo de termoformação (chamado simplesmente *conformação a vácuo* quando foi desenvolvido na década de 1950). A pressão negativa é usada para sugar uma chapa preaquecida para dentro da cavidade de um molde. O processo está apresentado na Figura 8.32 na sua forma mais básica. Os furos para aplicar o vácuo no molde têm diâmetro da ordem de 0,8 mm (0,031 in) de modo a que seu efeito na superfície do plástico seja mínimo.

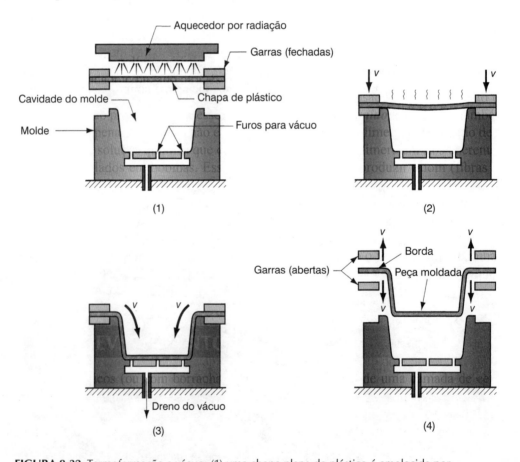

FIGURA 8.32 Termoformação a vácuo: (1) uma chapa plana de plástico é amolecida por aquecimento; (2) a chapa amolecida é colocada sobre a cavidade côncava do molde; (3) o vácuo suga a chapa para dentro da cavidade; e (4) o plástico endurece em contato com a superfície fria do molde, e a peça é removida e subsequentemente separada do conjunto. (Crédito: *Fundamentals of Modern Manufacturing*, 4ª Edição por Mikell P. Groover, 2010. Reimpresso com permissão de John Wiley & Sons, Inc.)

Termoformação por Pressão Uma alternativa à conformação a vácuo envolve a aplicação de pressão para forçar o plástico aquecido para dentro da cavidade do molde. Esse processo é chamado ***termoformação por pressão*** ou ***conformação por sopro***; sua vantagem sobre a conformação a vácuo é devida às pressões mais elevadas que podem ser aplicadas, pois a conformação a vácuo está limitada à pressão máxima teórica de 1 atm. Pressões de 3 a 4 atm são comuns nas conformações por sopro. A sequência do processo é semelhante à anterior, com a diferença de que a chapa é pressurizada de fora para dentro da cavidade do molde. Orifícios para passagem de ar são posicionados no molde para a exaustão do ar aprisionado. As etapas de conformação (2 e 3) da sequência estão ilustradas na Figura 8.33.

Nesse ponto, é adequado distinguir entre moldes positivos e negativos. Os moldes mostrados nas Figuras 8.32 e 8.33 são ***moldes negativos***, pois eles têm cavidades côncavas. Um ***molde positivo*** tem forma convexa. Ambos os tipos são usados na termoformação. No caso do molde positivo, a chapa aquecida envolve a forma convexa e pressão positiva ou negativa é usada para forçar o plástico contra a superfície do molde. Um molde positivo é mostrado na Figura 8.34 para a termoformação a vácuo.

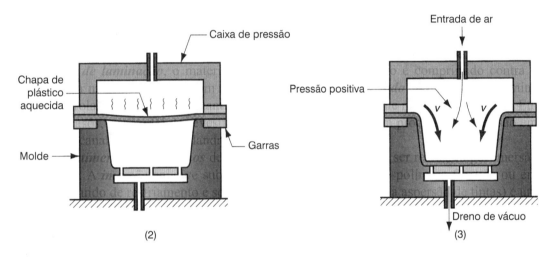

FIGURA 8.33 Termoformação por pressão. As etapas (1) e (4) são idênticas às da Figura 8.32. As etapas intermediárias são: (2) a chapa é colocada sobre a cavidade do molde; e (3) uma pressão positiva força a chapa para dentro da cavidade do molde. (Crédito: *Fundamentals of Modern Manufacturing*, 4ª Edição por Mikell P. Groover, 2010. Reimpresso com permissão de John Wiley & Sons, Inc.)

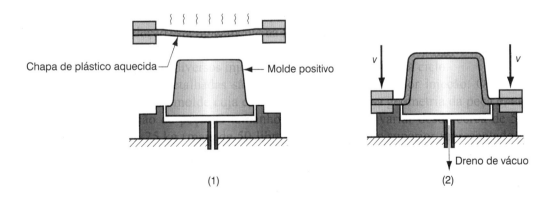

FIGURA 8.34 Emprego de um molde positivo na termoformação a vácuo: (1) a chapa de plástico aquecida é posicionada acima do molde convexo e (2) o conjunto é abaixado até a posição na qual a chapa envolva o molde, enquanto o vácuo força a chapa contra a superfície do molde. (Crédito: *Fundamentals of Modern Manufacturing*, 4ª Edição por Mikell P. Groover, 2010. Reimpresso com permissão de John Wiley & Sons, Inc.)

A diferença entre moldes positivos e negativos pode parecer sem importância, pois as formas das peças são as mesmas nos diagramas. Porém, se a peça for moldada no molde negativo, então sua superfície exterior terá o exato contorno da superfície da cavidade do molde. A superfície interna será uma aproximação do contorno e terá um acabamento correspondente àquele da chapa inicial. Por outro lado, se a chapa envolver um molde positivo, então sua superfície interior será idêntica àquela do molde convexo e sua superfície externa será aproximada. Dependendo dos requisitos do produto, essa diferença pode ser importante.

Outra diferença é a redução de espessura da chapa de plástico, que é um dos problemas da termoformação. A menos que o contorno do molde seja muito raso, ocorrerá um afinamento significativo da chapa conforme ela é estirada para se moldar ao contorno do molde. Os moldes positivos e negativos produzem um padrão de afinamento diferente em uma dada peça. Considere a peça com formato de cuba das figuras. No molde positivo, conforme a chapa é moldada contra a forma convexa, a face da chapa em contato com a superfície de cima (correspondente ao fundo da cuba) solidifica rápido e praticamente não apresenta nenhum estiramento. Isso resulta em uma base mais espessa, embora haja redução significativa na espessura das paredes da cuba. Por outro lado, um molde negativo resulta em uma distribuição mais uniforme de estiramento e afinamento da chapa, antes que seja feito contato com a superfície fria.

Termoformação Mecânica O terceiro método, chamado termoformação mecânica, usa moldes positivos e negativos que se encaixam e são pressionados contra a chapa de plástico aquecida, forçando-a a assumir suas formas. Na conformação mecânica pura, não se usa nenhuma pressão de ar. O processo está ilustrado na Figura 8.35. Suas vantagens são melhor controle dimensional e a possibilidade de detalhamento da superfície em ambos os lados da peça. Sua desvantagem é que duas metades de molde são necessárias; portanto, os moldes são mais caros.

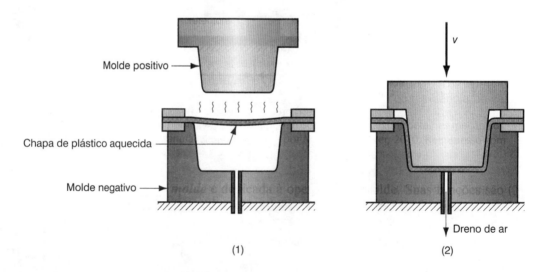

FIGURA 8.35 Termoformação mecânica: (1) chapa de plástico aquecida, posicionada acima do molde negativo, e (2) o molde é fechado para conformar a chapa. (Crédito: *Fundamentals of Modern Manufacturing*, 4ª Edição por Mikell P. Groover, 2010. Reimpresso com permissão de John Wiley & Sons, Inc.)

Aplicações A termoformação é um processo de conformação secundário; sendo a produção de chapas e filmes o processo primário (Seção 8.3). Apenas termoplásticos podem ser termoformados, pois as chapas extrudadas de polímeros termorrígidos e de elastômeros já foram curadas e não podem ser amolecidas por reaquecimento. Os termoplásticos comuns incluem poliestireno, acetato de celulose, butirato de acetato de celulose, ABS, PVC, polietileno e polipropileno.

As operações de termoformação para produção em massa são realizadas na indústria de embalagens. A chapa, ou o filme inicial, é alimentada de forma rápida por meio de uma câmara de aquecimento e é, então, conformada mecanicamente na forma desejada. As operações são, com frequência, projetadas para produzir diversas peças em cada avanço da prensa usando moldes com diversas cavidades. Em alguns casos, o equipamento de extrusão que produz a chapa ou o filme está localizado diretamente antes do processo de termoformação, eliminando assim a necessidade de reaquecer o plástico. Para se ter melhor eficiência, o processo de colocação do produto na embalagem é instalado de imediato após a termoformação.

Embalagens finas que são produzidas em massa por termoformação incluem cartelas e filmes de cobertura. Elas oferecem uma maneira atraente de mostrar certos produtos de largo emprego, tais como cosméticos, artigos de toalete, pequenas ferramentas e fixadores (pregos, parafusos etc.). O processo de termoformação também pode produzir peças grandes a partir de chapas mais grossas. Exemplos incluem coberturas de máquinas, cascos de barcos, corpo do boxe, difusores de lâmpadas, painéis de propaganda e sinais, banheiras, revestimentos internos de portas e alguns brinquedos.

8.10 FUNDIÇÃO

A fundição de polímeros envolve verter uma resina líquida em um molde usando a gravidade para preencher a cavidade e permitindo que o polímero endureça. Tanto termoplásticos quanto termorrígidos são fundidos. Exemplos de termoplásticos incluem acrílicos, poliestireno, poliamidas (náilon) e vinis (PVC).

O poliuretano, poliésteres insaturados, fenólicas e epóxis são polímeros termorrígidos empregados em fundição. Nesse processo, os componentes líquidos que formam o termorrígido são vertidos em um molde de modo que ocorram a polimerização e a formação de ligações cruzadas. Calor e/ou catalisador podem ser necessários, dependendo do sistema de resina. As reações devem ser suficientemente lentas para permitir que a resina seja por completo vertida no molde. Sistemas termorrígidos de reação rápida, como certos sistemas de poliuretanos, requerem processos de conformação alternativos, como a moldagem por injeção reativa (Seção 8.6.4).

As vantagens da fundição sobre os processos alternativos, tal como a moldagem por injeção, incluem: (1) o molde é mais simples e mais barato, (2) o produto fundido é relativamente livre de tensões residuais e de memória viscoelástica, e (3) o processo é adequado para produção de pequenas quantidades. Em relação à vantagem (2), placas de acrílico (Plexiglas, Lucita) são geralmente fundidas entre duas peças de placas de vidro bastante polidas. O processo de fundição permite que sejam alcançados alto grau de planicidade e qualidades ópticas desejáveis nas chapas transparentes de plástico. Tal planicidade e transparência não podem ser obtidas por extrusão de uma chapa plana. Uma desvantagem em algumas aplicações é a contração significativa da peça fundida durante a solidificação. Por exemplo, chapas de acrílico sofrem contração de cerca de 20% quando fundidas. Isso é muito mais que na moldagem por injeção, que emprega pressões elevadas para compactar a cavidade do molde para reduzir a contração.

Uma aplicação importante da fundição é o *encapsulamento* de produtos eletrônicos, no qual itens tais como transformadores, bobinas, conectores e outros componentes elétricos são encapsulados em plástico por fundição.

8.11 CONFORMAÇÃO E PROCESSAMENTO DE ESPUMAS POLIMÉRICAS

Uma espuma polimérica é uma mistura polímero-gás, que torna o material uma estrutura porosa ou celular. As espumas poliméricas mais comuns são de poliestireno (Styrofoam, um nome comercial) e de poliuretano. Outros polímeros usados para fazer espumas incluem a borracha natural ("borracha espumada") e o cloreto de polivinila (PVC).

As propriedades características de um polímero na forma de uma espuma incluem (1) baixa densidade, (2) alta resistência por unidade de peso, (3) bom isolamento térmico, e (4) boas qualidades de absorção de energia. A elasticidade do polímero-base determina a propriedade correspondente da espuma. As espumas poliméricas podem ser classificadas [6] como (1) *elastoméricas*, nas quais a matriz polimérica é uma borracha, capaz de grande deformação elástica; (2) *flexíveis*, nas quais a matriz é um polímero altamente plástico, tal como o PVC maleável; e (3) *rígidas*, nas quais o polímero é um termoplástico rígido, como o poliestireno, ou um plástico termorrígido como um fenólico. Dependendo da formulação química e do grau de ligações cruzadas, as poliuretanas podem ser classificadas em todas as três categorias.

As propriedades das espumas poliméricas e a habilidade de controlar seus comportamentos elásticos pela seleção do polímero-base tornam esses materiais bastante adequados para certas aplicações, incluindo copos para bebidas quentes, materiais estruturais isolantes térmicos e núcleos de painéis estruturais, materiais para embalagens, materiais para almofadas de móveis e de camas, almofadas de painéis de automóveis e produtos que requerem flutuabilidade.

Os gases comuns usados nas espumas poliméricas são o ar, nitrogênio e dióxido de carbono. A proporção do gás pode alcançar até 90% ou mais. O gás é introduzido no polímero por diversos métodos, chamados processos de espumação. Esses processos incluem (1) mistura de uma resina líquida com ar por *agitação mecânica*, com posterior endurecimento do polímero por meio de calor ou de uma reação química; (2) mistura de um *agente físico de espumação* com o polímero — um gás, tal como o nitrogênio (N_2) ou o pentano (C_5H_{12}), que pode ser dissolvido no polímero fundido sob pressão, de modo que o gás sai da solução e se expande quando a pressão é subsequentemente reduzida; e (3) mistura do polímero com compostos químicos, chamados *agentes químicos de espumação*, que se decompõem em temperaturas elevadas para liberar gases tais como CO_2 ou N_2 dentro do fundido.

Existem muitos processos de conformação para os produtos de espumas poliméricas. Como as duas espumas mais importantes são de poliestireno e de poliuretano, nossa discussão está limitada aos processos de conformação para esses materiais. Como o poliestireno é um termoplástico e o poliuretano pode ser tanto termorrígido quanto elastômero, os processos cobertos nesta seção para esses materiais são representativos dos processos usados para outras espumas poliméricas.

As *espumas de poliestireno* são conformadas por extrusão e moldagem. Na *extrusão*, um agente de espumação físico ou químico é colocado no polímero fundido, próximo à extremidade do corpo da extrusora onde fica a matriz; assim, o extrudado consiste no polímero expandido. Grandes placas e painéis são fabricados desse modo e são subsequentemente cortados nos tamanhos adequados para peças e painéis de isolamento térmico.

Existem diversos processos de moldagem para a espuma de poliestireno. Discutimos antes a *moldagem de espumas estruturais* (Seção 8.6.4). Um processo mais amplamente usado é a *moldagem de espumas expansíveis*, no qual o material a ser moldado consiste em geral em gotas de poliestireno pré-espumado. As gotas pré-espumadas são produzidas a partir de *pellets* de poliestireno sólido que foram impregnados com um agente de espumação físico. A pré-espumação é feita em um grande tanque pela aplicação de calor, via vapor, para expandir parcialmente os *pellets*, que são ao mesmo tempo agitados para prevenir que fundam. A seguir, no processo de moldagem, as gotas pré-espumadas são colocadas na cavidade de um molde, onde elas são mais expandidas e coalescem para formar o produto moldado. Copos de bebidas quentes de espuma de poliestireno são produzidos dessa maneira. Em alguns processos, a etapa de pré-espumação é suprimida, e as gotas impregnadas são alimentadas de forma direta na cavidade do molde, onde são aquecidas, expandidas e fundidas. Em outras operações, a espuma expansível é inicialmente conformada em uma chapa plana pelo *processo de extrusão por sopro de filmes* (Seção 8.3) e, a seguir, conformada por *termoformação* (Seção 8.9) em embalagens, tais como as embalagens para ovos.

Os produtos de *espuma de poliuretano* são fabricados em processo de etapa única, na qual os dois líquidos componentes (poliol e isocianato) são misturados e de imediato vertidos em um molde ou outra matriz, de modo que o polímero é sintetizado e a geometria da peça é gerada ao mesmo tempo. Os processos de conformação para a espuma de poliuretano podem ser divididos em dois tipos básicos [11]: aspersão e vazamento. A *aspersão* envolve o uso de uma pistola de aspersão alimentada de maneira contínua pelos dois componentes, que são misturados e então aspergidos sobre a superfície alvo. As reações que levam à polimerização e à espumação ocorrem após a aplicação sobre a superfície. Esse método é usado para aplicar espumas isolantes rígidas sobre painéis de construção, vagões de trem e grandes componentes similares. O *vazamento* consiste em verter os componentes a partir de uma cabeça de mistura dentro de um molde aberto ou fechado, no qual ocorrem as reações. Um molde aberto pode ser um recipiente com o contorno desejado (por exemplo, para a almofada do banco de um automóvel) ou um longo canal que se move lentamente em relação ao bico de vazamento para fabricar seções longas e contínuas de espuma. O molde fechado é uma cavidade por completo fechada, na qual certa quantidade da mistura é vertida. A expansão dos reagentes preenche por completo a cavidade e modela a peça. Para poliuretanos de reação rápida, a mistura deve ser injetada rapidamente na cavidade do molde usando a *moldagem por injeção reativa* (Seção 8.6.4). O grau de ligações cruzadas, controlado pelos componentes iniciais, determina a rigidez relativa da espuma resultante.

8.12 CONSIDERAÇÕES SOBRE O PROJETO DE PRODUTOS

Os plásticos são materiais de projeto importantes, mas o projetista deve estar atento às suas limitações. Esta seção lista alguns princípios básicos de projeto para componentes de plástico, começando com aqueles de aplicação geral e, então, os aplicáveis à extrusão e à moldagem (moldagem por injeção, moldagem por compressão e moldagem por transferência).

Diversos princípios básicos são aplicáveis independentemente do processo de conformação. Eles são, na sua maioria, limitações dos materiais plásticos que devem ser consideradas pelo projetista.

➤ *Resistência e rigidez*. Os plásticos não são tão resistentes nem tão rígidos quanto os metais. Eles não devem ser usados em aplicações nas quais existirão tensões elevadas. A resistência à fluência é também uma limitação. As propriedades de resistência variam significativamente entre os plásticos, e a razão resistência-peso para alguns plásticos é competitiva com a dos metais em certas aplicações.

➤ *Resistência ao impacto*. A capacidade dos plásticos de absorver impacto é geralmente boa; os plásticos têm comparação favorável em relação à maioria dos metais.

➤ As *temperaturas de serviço* dos plásticos são limitadas em relação às dos metais e cerâmicas de engenharia.

➤ A *expansão térmica* é maior para os plásticos que para os metais; portanto, as variações dimensionais devido a variações de temperatura são muito mais importantes que para os metais.

Muitos tipos de plásticos são submetidos à *degradação* devido à luz do sol e algumas outras formas de radiação. Além disso, alguns plásticos degradam em atmosferas de oxigênio e de ozônio. Por fim, os plásticos são solúveis em muitos solventes comuns. Do lado positivo, os plásticos são resistentes aos mecanismos de corrosão convencionais que afetam muitos metais. Os pontos fracos de certos plásticos devem ser considerados pelo projetista.

A extrusão é um dos processos de conformação de plásticos mais largamente usado. Diversas recomendações de projeto são apresentadas aqui para a extrusão convencional (compiladas, na maioria, de [3]).

> *Espessura da parede*. Uma espessura uniforme de parede é desejável em uma seção transversal extrudada. Variações na espessura da parede resultam em um escoamento plástico e em resfriamento não uniformes, que tendem a distorcer o extrudado.

> *Seções ocas* complicam o projeto da matriz e o escoamento do plástico. É desejável usar seções transversais extrudadas maciças, embora essas satisfaçam os requisitos funcionais.

> *Cantos*. Cantos vivos, internos e externos, devem ser evitados na seção transversal, pois eles resultam em um fluxo não uniforme durante o processamento e em concentrações de tensão no produto final.

Os seguintes princípios básicos são aplicáveis à moldagem por injeção, à moldagem por compressão e à moldagem por transferência (compilados de [3], [10] e de outras referências).

> *Quantidades econômicas de produção*. Cada peça moldada requer um molde único, e o molde para qualquer desses processos pode ser caro, em especial para moldagem por injeção. Quantidades de produção mínimas para moldagem por injeção são, normalmente, em torno de 10.000 peças; para moldagem por compressão, as quantidades mínimas estão em torno de 1.000 peças, pois o projeto de molde é mais simples. A moldagem por transferência se situa entre essas duas.

> *Complexidade da peça*. Embora peças com geometrias mais complexas signifiquem moldes mais caros, pode ser, entretanto, econômico projetar um molde complexo se as alternativas envolverem muitos componentes individuais a serem montados juntos. Uma vantagem da moldagem dos plásticos decorre de que ela permite que múltiplos detalhes funcionais sejam combinados em uma peça.

> *Espessura da parede*. Seções transversais espessas são geralmente indesejáveis; elas desperdiçam material; têm maior probabilidade de entortar devido à contração e levam mais tempo para endurecer. **Suportes de reforço** podem ser usados em peças moldadas de plástico para obter aumento de rigidez, sem excessiva espessura de parede. Os suportes devem ser mais finos que as paredes que eles reforçam, para minimizar as marcas de afundamento na parede externa.

TABELA 8.2 Tolerâncias típicas em peças moldadas de plásticos selecionados

Plástico	Tolerância para:[a] Comprimento de 50 mm	Furo de 10 mm	Plástico	Tolerância para:[a] Comprimento de 50 mm	Furo de 10 mm
Termoplástico:			Termorrígido:		
ABS	±0,2 mm (±0,007 in)	±0,08 mm (±0,003 in)	Epóxis	±0,15 mm (±0,006 in)	±0,05 mm (±0,002 in)
Polietileno	±0,3 mm (±0,010 in)	±0,13 mm (±0,005 in)	Fenólicos	±0,2 mm (±0,008 in)	±0,08 mm (±0,003 in)
Poliestireno	±0,15 mm (±0,006 in)	±0,1 mm (±0,004 in)			

Os valores representam a prática de moldagem comercial típica. Compilado de [3], [7], [14] e [19].
[a]As tolerâncias podem ser reduzidas para tamanhos menores. Para tamanhos maiores, tolerâncias maiores são necessárias.

> *Raios de cantos e de filetes*. Cantos vivos, tanto externos quanto internos, são indesejáveis em peças moldadas; eles interrompem o fluxo uniforme do fundido, tendem a criar defeitos superficiais e causam concentrações de tensão na peça acabada.

> *Furos* são bastante viáveis em plásticos moldados, mas eles complicam o projeto do molde e a remoção da peça. Eles também causam interrupções no fluxo do fundido.

> *Angulação*. Uma peça moldada deve ser projetada com certo ângulo nas suas laterais para facilitar sua remoção do molde. Isso é especialmente importante para uma peça com parede interna com formato de cunha, pois o plástico moldado contrai sobre o molde com formato positivo. O ângulo recomendado para os termorrígidos é de cerca de 1/2° a 1°; para os termoplásticos, o ângulo varia entre 1/8° e 1/2°. Os fornecedores dos compostos para moldagem de plásticos informam os valores dos ângulos recomendados para seus produtos.

> As *tolerâncias* especificam as variações de fabricação permitidas para uma peça (Capítulo 4). Embora, sob condições rígidas de controle, a contração seja previsível, tolerâncias generosas são desejáveis para os moldados por injeção devido às variações nos parâmetros do processo que afetam a contração. A Tabela 8.2 lista as tolerâncias para as dimensões de peças moldadas de plásticos selecionados.

REFERÊNCIAS

[1] Baird, D. G., and Collias, D. I. *Polymer Processing Principles and Design*. John Wiley & Sons, Inc., New York, 1998.

[2] Billmeyer, Fred, W., Jr. *Textbook of Polymer Science*, 3rd ed. John Wiley & Sons, New York, 1984.

[3] Bralla, J. G.(Editor-chefe). *Design for Manufacturability Handbook*, 2nd ed. McGraw-Hill Book Company, New York, 1998.

[4] Briston, J. H. *Plastic Films*, 3rd ed. Longman Group U.K., Ltd., Essex, England, 1989.

[5] Chanda, M., and Roy, S. K. *Plastics Technology Handbook*. Marcel Dekker, Inc., New York, 1998.

[6] Charrier, J-M. *Polymeric Materials and Processing*. Oxford University Press, New York, 1991.

[7] *Engineering Materials Handbook*, Vol. 2, *Engineering Plastics*. ASM International, Materials Park, Ohio, 1988.

[8] Hall, C. *Polymer Materials*, 2nd ed. John Wiley & Sons, New York, 1989.

[9] Hensen, F. (ed.). *Plastic Extrusion Technology*, Hanser Publishers, Munich, FRG, 1988. (Distribuído nos Estados Unidos por Oxford University Press, New York.)

[10] McCrum, N. G., Buckley, C. P., and Bucknall, C. B. *Principles of Polymer Engineering*, 2nd ed. Oxford University Press, Oxford, United Kingdom, 1997.

[11] *Modern Plastics Encyclopedia*, Modern Plastics. McGraw-Hill, Inc., Hightstown, New Jersey, 1991.

[12] Morton-Jones, D. H. *Polymer Processing*. Chapman and Hall, London, United Kingdom, 1989.

[13] Pearson, J. R. A. *Mechanics of Polymer Processing*. Elsevier Applied Science Publishers, London, 1985.

[14] Rubin, I. I. *Injection Molding: Theory and Practice*. John Wiley & Sons, New York, 1973.

[15] Rudin, A. *The Elements of Polymer Science and Engineering*, 2nd ed. Academic Press, Inc., Orlando, Florida, 1999.

[16] Strong, A. B. *Plastics: Materials and Processing*, 3rd ed. Pearson Educational, Upper Saddle River, New Jersey, 2006.

[17] Sweeney, F. M. *Reaction Injection Molding Machinery and Processes*. Marcel Dekker, Inc., New York, 1987.

[18] Tadmor, Z., and Gogos, C. G. *Principles of Polymer Processing*. John Wiley & Sons, New York, 1979.

[19] Wick, C., Benedict, J. T., and Veilleux, R. F. *Tool and Manufacturing Engineers Handbook*, 4th ed. Vol. II: *Forming*. Society of Manufacturing Engineers, Dearborn, Michigan, 1984, Chapter 18.

QUESTÕES DE REVISÃO

8.1 Quais são algumas das razões pelas quais os processos de conformação de plásticos são importantes?

8.2 Identifique as principais categorias dos processos de conformação de plásticos, classificadas em função da geometria do produto obtido.

8.3 A viscosidade é uma propriedade importante de um polímero fundido nos processos de conformação de plásticos. De quais parâmetros a viscosidade depende?

8.4 Como a viscosidade de um polímero fundido difere da maioria dos fluidos, que são newtonianos.

8.5 O que significa viscosidade para um polímero fundido?

8.6 Defina inchamento na extrusão.

8.7 Descreva brevemente o processo de extrusão de plásticos.

8.8 O barril e a rosca de uma extrusora são, geralmente, divididos em três seções; identifique essas seções.

8.9 Quais são as funções do conjunto de telas e da placa de quebra de fluxo na extremidade do corpo da extrusora onde fica a matriz?

8.10 Quais são as diversas formas dos extrudados e das matrizes correspondentes?

8.11 Qual é a diferença entre uma chapa e um filme de plástico?

8.12 Qual é o processo de sopro de filmes usado para produzir matéria-prima na forma de filmes?

8.13 Descreva o processo de calandragem de polímero.

8.14 Fibras e filamentos poliméricos são usados em diversas aplicações. Qual é a aplicação comercial mais importante?

8.15 Qual é a diferença técnica entre uma fibra e um filamento?

8.16 Descreva resumidamente o processo de moldagem por injeção.

8.17 Um equipamento de moldagem por injeção é dividido em dois componentes principais. Nomeie-os.

8.18 Qual é a função das portas nos moldes de injeção?

8.19 Quais são as vantagens de um molde tripartido em relação a um molde bipartido na moldagem por injeção?

8.20 Discuta alguns dos defeitos que ocorrem na moldagem por injeção de plásticos.

8.21 Quais são as diferenças importantes no equipamento e nos procedimentos operacionais entre a moldagem por injeção de termoplásticos e a moldagem por injeção de termorrígidos?

8.22 O que é a moldagem por injeção reativa?

8.23 Que tipos de produtos são produzidos pela moldagem por sopro?

8.24 Qual é a forma inicial do material na termoformação?

8.25 Qual é a diferença entre um molde positivo e um molde negativo na termoformação?

8.26 Por que os moldes são, em geral, mais caros na termoformação mecânica que na termoformação com pressão ou a vácuo?

8.27 Quais são algumas das considerações gerais que os projetistas de produto devem ter em mente quando projetam componentes de plásticos?

PROBLEMAS

8.1 O diâmetro do corpo de uma extrusora é 65 mm e seu comprimento vale 1,75 m. A rosca gira a 55 rpm. A profundidade do canal da rosca é de 5,0 mm e o ângulo de ataque vale 18°. A pressão na cabeça, na extremidade do corpo da extrusora próxima à matriz, é $5,0 \times 10^6$ Pa. A viscosidade do polímero fundido é dada como valendo 100 Pa-s. Ache a taxa de escoamento volumétrica do plástico no corpo da extrusora.

8.2 O corpo de uma extrusora tem diâmetro de 110 mm e comprimento do 3,0 m. A profundidade do canal da rosca é 7,0 mm e o seu passo vale 95 mm. A viscosidade do polímero fundido vale 105 Pa-s e a pressão na cabeça do corpo da extrusora vale 4,0 MPa. Que velocidade de rotação da rosca é necessária para alcançar taxa de escoamento volumétrica de 90 cm³/s?

8.3 Uma extrusora tem diâmetro de 80 mm e comprimento de 2,0 m. Sua rosca tem profundidade de canal de 5 mm, um ângulo de ataque de 18 graus e gira a 1 rot/s. O fundido tem viscosidade ao cisalhamento de 150 Pa-s. Determine as características da extrusora calculando $Q_{máx}$ e $p_{máx}$ e, então, ache a equação da reta entre eles.

8.4 Determine o ângulo de ataque A, tal que o passo P da extrusora seja igual ao diâmetro da rosca D. Esse ângulo é chamado "quadrado" na extrusão de plásticos — o ângulo que fornece um avanço igual a um diâmetro para cada rotação da rosca.

8.5 O corpo de uma extrusora tem diâmetro de 63,5 mm (2,5 in). A rosca gira a 60 rpm; a profundidade do seu canal é 5,1 mm (0,20 in) e seu ângulo de ataque é igual a 17,5°. A pressão da cabeça na extremidade do corpo da extrusora próxima à matriz vale 5,52 MPa (800 lb/in²) e o comprimento do corpo da extrusora é de 1.270 mm (50 in). A viscosidade do polímero fundido é de 84,1 N-s/m² (122×10^{-4} lb-s/in²). Determine a taxa de escoamento volumétrica do plástico no corpo da extrusora.

8.6 O corpo de uma extrusora tem um diâmetro de 102 mm (4,0 in) e uma razão L/D de 28. A profundidade do canal é 6,35 mm (0,25 in) e seu passo de 122 mm (4,8 in). Ela gira a 60 rpm. A viscosidade do polímero fundido é de 68,9 N-s/m² (100 × 10⁻⁴ lb-s/in²). Qual é a pressão da cabeça necessária para obter taxa de escoamento volumétrica igual a 2,46 L/min (150 in³/min)?

8.7 O corpo de uma extrusora tem diâmetro e comprimento de 100 mm e 2,8 m, respectivamente. A velocidade de rotação da rosca é 50 rpm, a profundidade do canal vale 7,5 mm e o ângulo de ataque é 17°. O fundido tem viscosidade ao cisalhamento de 175 Pa-s. Determine: (a) a característica da extrusora, (b) o fator de forma K_s para uma abertura circular na matriz, com diâmetro de 3,0 mm e comprimento de 12,0 mm, e (c) o ponto de operação (Q e p).

8.8 Considere uma extrusora na qual o corpo tem diâmetro de 114 mm (4,5 in) e comprimento de 3,35 m (11 ft). A rosca da extrusora gira a 60 rpm; a profundidade do seu canal é 8,9 mm (0,35 in) e o ângulo de ataque é 20°. O plástico fundido tem viscosidade ao cisalhamento 86,2 N-s/m² (125 × 10⁻⁴ lb-s/in²). Determine: (a) $Q_{máx}$ e $p_{máx}$; (b) o fator de forma K_s para uma abertura circular na matriz na qual D_d = 7,94 mm (0,312 in) e L_d = 19 mm (0,75 in); e (c) os valores de Q e p no ponto de operação.

8.9 A dimensão especificada para certa peça fabricada por moldagem por injeção em ABS é 225,0 mm. Calcule a dimensão correspondente com a qual a cavidade do molde deve ser usinada empregando o valor de contração dado na Tabela 8.1.

8.10 A dimensão para certa peça fabricada por moldagem por injeção em policarbonato é especificada como 95,3 mm (3,75 in). Calcule a dimensão correspondente com a qual a cavidade do molde deve ser usinada empregando o valor de contração dado na Tabela 8.1.

8.11 O contramestre no departamento de moldagem por injeção disse que uma peça de polietileno produzida em uma das operações tinha contração maior que os cálculos indicavam que ele deveria ter. A dimensão relevante da peça é especificada como 122,5 ± 0,25 mm. Entretanto, a peça moldada mede 112,02 mm. (a) Como primeiro passo, a dimensão correspondente da cavidade do molde deve ser verificada. Calcule o valor correto da dimensão do molde, dado que o valor de contração para o polietileno é 0,025 (Tabela 8.1). (b) Que ajustes nos parâmetros de processo poderiam ser feitos para reduzir a contração?

8.12 A matriz de extrusão para um *parison* de polietileno usado na moldagem por sopro tem diâmetro médio de 18,0 mm. O tamanho do anel da abertura na matriz é de 2,0 mm. O diâmetro médio do *parison* incha até o valor de 21,5 mm após sair do orifício da matriz. Se o diâmetro do vasilhame moldado por sopro deve ser de 150 mm, determine (a) a espessura de parede correspondente do vasilhame e (b) a espessura da parede do *parison*.

8.13 Um *parison* é extrudado a partir de uma matriz com diâmetro externo de 11,5 mm e diâmetro interno de 7,5 mm. O inchamento após a saída da matriz é de 1,25. O *parison* é usado para o sopro de um vasilhame de bebida, cujo diâmetro externo vale 112 mm (tamanho padrão para uma garrafa de refrigerante de 2 litros). (a) Qual é a espessura de parede correspondente do vasilhame? (b) Obtenha uma garrafa de refrigerante de 2 litros vazia e (com cuidado) corte-a transversalmente. Usando um micrometro, meça a espessura da parede para compará-la com sua resposta em (a).

8.14 Uma operação de extrusão é usada para produzir um *parison* cujo diâmetro médio é 27 mm. Os diâmetros interno e externo da matriz que produziu o *parison* são 18 mm e 22 mm, respectivamente. Se a espessura de parede mínima do vasilhame soprado for de 0,40 mm, qual será o máximo diâmetro possível do molde de sopro?

8.15 Uma operação de moldagem por rotação deve ser usada para moldar uma bola oca de polipropileno. A bola terá 38,1 mm (1,25 ft) de diâmetro e sua espessura de parede deve ser de 2,38 mm (3/32 in). Que peso de pó de PP deve ser colocado no molde para alcançar essas especificações? A gravidade específica do PP é 0,90 e o peso específico da água é 9,81 KN/m³ (62,4 lb/ft³).

8.16 O problema em certa operação de termoformação é que ocorre afinamento excessivo nas paredes das peças grandes com formato de cuba. A operação é a termoformação com pressão convencional usando um molde positivo, e o plástico é uma chapa de ABS com espessura inicial de 3,2 mm. (a) Por que está ocorrendo afinamento nas paredes da cuba? (b) Que modificações poderiam ser feitas na operação para corrigir o problema?

9 PROCESSOS DE CONFORMAÇÃO PARA BORRACHA E COMPÓSITOS DE MATRIZ POLIMÉRICA

Sumário

9.1 Processamento e Conformação de Borrachas
  9.1.1 Produção da Borracha
  9.1.2 Formulação
  9.1.3 Mistura
  9.1.4 Conformação e Processos Similares
  9.1.5 Vulcanização

9.2 Fabricação de Pneus e de Outros Produtos de Borracha
  9.2.1 Pneus
  9.2.2 Outros Produtos de Borracha
  9.2.3 Processamento de Elastômeros Termoplásticos

9.3 Materiais e Processos de Conformação de Compósitos de Matriz Polimérica
  9.3.1 Matérias-Primas para Compósitos de Matriz Polimérica
  9.3.2 Combinando Matriz e Reforço

9.4 Processos de Molde Aberto
  9.4.1 Manual
  9.4.2 Aspersão
  9.4.3 Equipamentos Automáticos para Colocação de Fitas
  9.4.4 Cura

9.5 Processos de Molde Fechado
  9.5.1 Processos de Moldagem por Compressão para Compósitos de Matriz Polimérica
  9.5.2 Processos de Moldagem por Transferência para Compósitos de Matriz Polimérica
  9.5.3 Processos de Moldagem por Injeção para Compósitos de Matriz Polimérica

9.6 Enrolamento Filamentar

9.7 Processos de Pultrusão
  9.7.1 Pultrusão
  9.7.2 Pulconformação

9.8 Outros Processos de Conformação para Compósitos de Matriz Polimérica

Muitos dos processos de conformação usados para produzir produtos plásticos (Capítulo 8) também são aplicáveis para borrachas e compósitos de matriz polimérica. Entretanto, os processos de conformação devem, com frequência, ser adaptados devido às diferenças desses materiais. Discutimos essas adaptações e diferenças neste capítulo.

A indústria da borracha é bastante separada da indústria de plásticos, e os artigos feitos de borracha são dominados por um produto: pneus. Os pneus são usados em grandes quantidades para automóveis, caminhões, aviões e bicicletas. A tecnologia da borracha pode ser atribuída a Charles Goodyear que, em 1839, realizou a descoberta da vulcanização — processo pelo qual a borracha natural crua é transformada em material útil, comercialmente, pela formação de ligações cruzadas das moléculas poliméricas. Durante seu primeiro século, a indústria da borracha estava interessada apenas no processamento da borracha natural. Por volta da Segunda Guerra Mundial, as borrachas sintéticas foram desenvolvidas; atualmente, elas constituem a maior parcela da produção de borracha. A borracha de pneus, e de muitos outros produtos, são, na verdade, compósitos de matriz polimérica, pois eles contêm negro de fumo como uma fase de reforço. Pneus e esteiras transportadoras de borracha são também estruturas compósitas, uma vez que elas incluem fios de aço ou outros materiais para limitar o alongamento apresentado pelo produto. Discutimos a tecnologia de processamento da borracha na Seção 9.1 e a fabricação de pneus e de outros produtos de borracha na Seção 9.2

A cobertura neste capítulo inclui também os processos de fabricação pelos quais compósitos de matriz polimérica são conformados em produtos e componentes úteis. O *compósito de matriz polimérica* (CMP) é um material compósito formado por um polímero que envolve uma fase de reforço, tais como fibras ou partículas (Seção 2.4). A importância comercial e tecnológica dos processos para

CMPs deriva do uso crescente dessa classe de materiais, especialmente dos polímeros reforçados por fibras (PRFs). No uso corrente, CMP em geral se refere, na prática, aos polímeros reforçados por fibras. Os compósitos reforçados por fibras podem ser projetados com razões resistência-peso e rigidez-peso elevadas. Essas características os tornam atrativos na aviação, em automóveis, caminhões, barcos e equipamentos esportivos. Os processos de conformação para os CMPs estão discutidos nas Seções 9.3 a 9.8.

9.1 PROCESSAMENTO E CONFORMAÇÃO DE BORRACHAS

A produção de produtos de borracha pode ser dividida em duas etapas básicas: (1) a produção da própria borracha e (2) o processamento da borracha em produtos acabados. A produção da borracha difere em função de ela ser natural ou sintética. A borracha natural (BN) é produzida pelo cultivo na agricultura, enquanto a maioria das borrachas sintéticas é feita a partir do petróleo.

A produção da borracha é seguida pelo seu processamento nos produtos finais; o que consiste em (1) formulação, (2) mistura, (3) conformação e (4) vulcanização. As técnicas de processamento para as borrachas natural e sintética são praticamente as mesmas, a diferença está relacionada com os produtos químicos usados para fazer a vulcanização (formação de ligações cruzadas). Essa sequência não é aplicável aos elastômeros termoplásticos, cujas técnicas de conformação são as mesmas usadas para os outros polímeros termoplásticos.

Diferentes tipos de atividades produtivas estão envolvidos na produção e no processamento de borrachas. A produção da borracha natural crua pode ser classificada como atividade agrícola, pois o látex, o composto inicial da borracha natural, é coletado em grandes plantações localizadas em climas tropicais. Em contrapartida, as borrachas sintéticas são produzidas pela indústria petroquímica. O processamento desses materiais em pneus, solas de sapato e outros produtos de borracha ocorre em usinas de processamento (fabricantes do produto final), que são comumente conhecidas como a indústria da borracha. Alguns dos grandes nomes nessa indústria incluem Goodyear, B. F. Goodrich e Michelin. A importância do pneu está refletida nesses nomes.

9.1.1 PRODUÇÃO DA BORRACHA

Nesta seção, revisamos brevemente a produção da borracha antes de ela ir para o processamento. Essa revisão diferencia a borracha natural e a borracha sintética.

Borracha Natural A borracha natural é extraída das árvores da borracha (*Hevea brasiliensis*) em forma de látex. Essas árvores são cultivadas em plantações no Sudoeste Asiático e em outros locais do mundo, como, por exemplo, no Brasil. O látex é uma dispersão coloidal de partículas sólidas do polímero poli-isopreno (Seção 2.3.3) em água. O poli-isopreno é a substância química que forma a borracha, e seu teor na emulsão é de cerca de 30%. O látex é recolhido em grandes tanques, que misturam a produção de muitas árvores.

O método preferido para transformar o látex em borracha envolve a coagulação. Primeiro, o látex é diluído com água até cerca de metade da sua concentração natural. Um ácido, tal como o ácido fórmico (HCOOH) ou o ácido acético (CH_3COOH), é adicionado para que o látex coagule após aproximadamente 12 horas. O látex coagulado, agora na forma de blocos sólidos e macios é, então, comprimido por cilindros em série, que removem grande parte da água do produto reduzindo a espessura para cerca de 3 mm (1/8 in). Os últimos cilindros da série possuem ranhuras que geram um padrão de linhas nas chapas resultantes. As chapas são, então, estendidas sobre estruturas de madeira e secas em estufas. A fumaça quente das estufas contém creosoto, que previne bolor e oxidação da borracha. Diversos dias são normalmente necessários para completar o processo de secagem. A borracha resultante, agora na forma chamada ***chapa defumada*** (*ribbed smoked sheet*, RSS-3), é enrolada em grandes fardos para ser transporte para os processadores. Essa borracha crua tem uma cor marrom escuro característica. Em alguns casos, as chapas são secas em ar quente em vez de em estufas, e o termo ***chapa seca*** é aplicado; nesse caso, obtém-se uma borracha de melhor qualidade. Qualidade ainda melhor é chamada **borracha *crepe clara***, que envolve duas etapas de coagulação; a primeira remove componentes indesejáveis do látex, depois, o coagulado resultante é submetido à lavagem mais intensa e ao procedimento envolvendo trabalho mecânico, seguido por secagem ao ar quente. A cor da borracha crepe clara se aproxima ao moreno claro.

Borracha Sintética   Os vários tipos de borrachas sintéticas estão identificados na Seção 2.3.3. A maioria das borrachas sintéticas é produzida a partir do petróleo pelas mesmas técnicas de polimerização usadas para sintetizar outros polímeros. Entretanto, diferente dos polímeros termoplásticos e termorrígidos, que são normalmente fornecidos ao processador como *pellets* ou como resinas líquidas, as borrachas sintéticas são fornecidas aos processadores de borracha na forma de grandes fardos. A indústria desenvolveu uma longa tradição de manusear a borracha natural nesses fardos.

9.1.2 FORMULAÇÃO

A borracha tem sempre aditivos na sua formulação, e é pela formulação que uma borracha específica é projetada com o objetivo de satisfazer determinada aplicação em termos de propriedades, custo e processabilidade. Produtos químicos são adicionados na formulação para a vulcanização. O enxofre tem sido usado tradicionalmente para esse propósito. O processo de vulcanização está discutido na Seção 9.1.5.

Os aditivos incluem cargas, que atuam tanto para melhorar as propriedades mecânicas da borracha (cargas reforçadoras) ou ocupar volume na borracha para reduzir o custo (cargas não reforçadoras). A carga reforçadora mais importante na borracha é o ***negro de fumo***,* uma forma de carbono coloidal, de cor preta, obtida a partir da decomposição térmica de hidrocarbonetos (fuligem). Seu efeito é o de aumentar a resistência à tração e a resistência à abrasão e ao rasgamento do produto final de borracha. O negro de fumo também provê proteção contra a radiação ultravioleta. Essas melhorias são especialmente importantes nos pneus. A maioria das peças de borracha é de cor preta por conterem negro de fumo.

Embora o negro de fumo seja a carga mais importante, outras também são usadas. Essas incluem argilas — aluminossilicatos hidratados ($Al_2Si_2O_5(OH)_4$), que reforçam menos que o negro de fumo, mas são usados quando a cor preta não for aceitável; carbonato de cálcio ($CaCO_3$), que é uma carga não reforçadora; sílica (SiO_2), que pode ter funções de reforço ou não, dependendo do tamanho da partícula; e outros polímeros, tais como estireno, PVC e fenólicos. A borracha retornada (reciclada) também pode ser adicionada como carga em alguns produtos de borracha, mas em proporções que normalmente não ultrapassam 10%.

Outros aditivos formulados com a borracha incluem antioxidantes para retardar o envelhecimento por oxidação; produtos químicos para proteção ao ozônio e à fadiga; pigmentos de cor; óleos plastificantes; agentes de expansão na produção de borracha expandida; e compostos desmoldantes.

Muitos produtos requerem reforço por filamentos para reduzir o alongamento, embora mantendo as outras propriedades desejáveis da borracha. Pneus e esteiras rolantes são exemplos importantes. Celulose, náilon e poliéster são filamentos usados para esse propósito. Fibras de vidro e de aço são também usadas como reforço (por exemplo, pneus radiais cinturados com aço). Essas fibras contínuas devem ser introduzidas como parte do processo de conformação; elas não são misturadas com os outros aditivos.

---

* O negro de fumo também é chamado negro de carbono nas indústrias de pneumáticos. (N.T.)

9.1.3 MISTURA

Os aditivos devem ser completamente misturados com a borracha para se obter uma dispersão uniforme dos componentes. As borrachas não curadas possuem alta viscosidade. Trabalho mecânico aplicado à borracha pode aumentar sua temperatura até 150°C (300°F). Se agentes de vulcanização estiverem presentes desde o início da mistura, ocorrerá vulcanização prematura — o pesadelo dos processadores de borracha [15]. Desse modo, a mistura em duas etapas é empregada normalmente. Na primeira etapa, o negro de fumo e outros aditivos que não causam vulcanização são combinados à borracha crua. O termo *mistura base* é usado para essa mistura da primeira etapa. Após a completa mistura ter sido realizada e suficiente tempo para o resfriamento ter ocorrido, é realizada a segunda etapa, na qual os agentes de vulcanização são adicionados.

O moinho de rolos e os misturadores de câmara fechada, ou misturadores internos, tal como o misturador *Banbury*, Figura 9.1, são equipamentos utilizados para mistura. O *moinho de rolos* consiste em dois cilindros paralelos, sustentados em uma estrutura de forma que podem ser aproximados para se obter a "folga" desejada (largura do espaçamento) e podem ser operados em velocidades de rotações iguais, ou ligeiramente diferentes. O *misturador interno* possui dois rotores fechados dentro de uma carcaça, como na Figura 9.1(b), para um misturador interno do tipo *Banbury*. Os rotores possuem lâminas e giram em direções opostas, em velocidades diferentes, gerando um padrão complexo do fluxo na mistura nele contida.

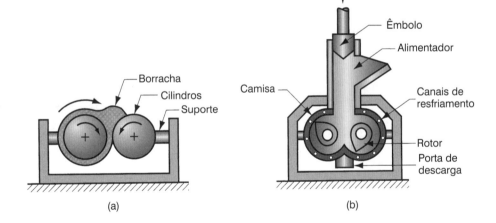

FIGURA 9.1 Misturadores usados no processamento de borrachas: (a) moinho de dois cilindros e (b) misturador interno do tipo *Banbury*. (Crédito: *Fundamentals of Modern Manufacturing*, 4ª Edição por Mikell P. Groover, 2010. Reimpresso com permissão de John Wiley & Sons, Inc.)

9.1.4 CONFORMAÇÃO E PROCESSOS SIMILARES

Os processos de conformação para os produtos de borracha podem ser divididos em quatro categorias básicas: (1) extrusão, (2) calandragem, (3) revestimento e (4) moldagem e fundição. A maioria desses processos já foi discutida nos capítulos anteriores, porém, nesta seção, examinamos as questões especiais que aparecem quando eles são aplicados às borrachas. Alguns produtos, como os pneus, requerem vários processos de transformação e ainda montagem para sua fabricação.

Extrusão A extrusão de polímeros foi discutida na Seção 8.2. Extrusoras de rosca são em geral usadas para a extrusão de borrachas. Como ocorre na extrusão de plásticos termorrígidos, a razão L/D do corpo das extrusoras é menor que para termoplásticos, tipicamente na faixa de 10 a 15, para reduzir o risco da formação prematura de ligações cruzadas. O inchamento após a saída da matriz ocorre em extrudados de borracha, pois o polímero está em condição altamente plástica e exibe a propriedade de memória. Ele ainda não está vulcanizado.

Calandragem* Esse processo envolve a passagem da borracha por uma série de cilindros giratórios com espaçamentos decrescentes para a passagem do material (Seção 8.3). O equipamento usado na indústria da borracha é de construção mais robusta que o usado para termoplásticos, pois a borracha é mais viscosa e mais dura para conformar. A saída do processo é uma chapa de borracha com a espessura determinada pelo espaçamento do cilindro final; outra vez ocorre inchamento na chapa, fazendo com que sua espessura seja ligeiramente maior que o tamanho do espaçamento.

Existem problemas relacionados à produção de chapas grossas tanto por extrusão quanto por calandragem. O controle da espessura é difícil no primeiro processo, e ocorre aprisionamento de ar no último. No entanto, esses problemas são bem solucionados quando a extrusão e a calandragem são combinadas no processo de *laminação com matriz* (Figura 9.2).** A matriz da extrusora é uma fenda que alimenta os cilindros de laminação.

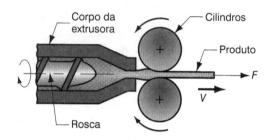

FIGURA 9.2 Processo de laminação com matriz: extrusão da borracha seguida por laminação. (Crédito: *Fundamentals of Modern Manufacturing*, 4ª Edição por Mikell P. Groover, 2010. Reimpresso com permissão de John Wiley & Sons, Inc.)

Revestimento Revestir ou impregnar tecidos com borracha é uma etapa importante do processamento na indústria de borracha. Esses materiais compósitos são usados em pneus de automóveis, correias transportadoras, botes infláveis e tecidos à prova d'água para encerados, barracas e capas de chuva. O *revestimento* de borracha sobre a superfície dos tecidos compreende diversos processos. A calandragem é um dos métodos de aplicação do revestimento. A Figura 9.3 ilustra uma maneira possível pela qual o tecido é introduzido entre os cilindros de calandragem para obter a chapa de borracha reforçada.

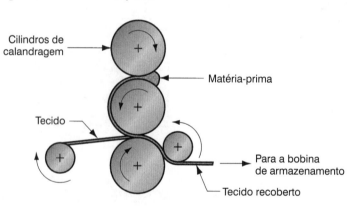

FIGURA 9.3 Revestimento de um tecido com borracha usando processo de calandragem. (Crédito: *Fundamentals of Modern Manufacturing*, 4ª Edição por Mikell P. Groover, 2010. Reimpresso com permissão de John Wiley & Sons, Inc.)

São alternativas à calandragem: escumação, mergulho e aspersão. No processo de *escumação*, uma solução espessa do composto de borracha em um solvente orgânico é aplicada sobre o tecido conforme ele é desenrolado de uma bobina de alimentação. O tecido revestido passa sob uma lâmina que remove o solvente à espessura apropriada e, a seguir, vai para câmara de vapor, na qual o solvente é removido pelo calor. Como seu nome sugere, o *mergulho* envolve a imersão temporária do tecido em solução altamente fluida de borracha, seguido de secagem. Do mesmo modo, o processo de *aspersão* está relacionado à utilização de uma pistola de aspersão para aplicar a solução de borracha.

---

* Na indústria de polímeros, utiliza-se esta nomenclatura, embora haja redução de espessura, o que seria denominado laminação. (N.T.)

** Os processos de extrusão e calandragem podem ser combinados na laminação com matriz ou realizados separadamente, como ocorre em algumas indústrias. (N.T.)

Moldagem e Fundição As solas e saltos de sapato, gaxetas e selos, peras de sucção e rolhas de garrafa são exemplos de artigos moldados. Muitas peças de borracha expandida são produzidas por moldagem. Além disso, a moldagem é um processo importante na produção de pneus. Os principais processos de moldagem para a borracha são (1) moldagem por compressão, (2) moldagem por transferência e (3) moldagem por injeção. A moldagem por compressão é a técnica mais importante devido ao seu uso na fabricação de pneus. Em todos os três processos, a cura (vulcanização) é realizada no molde, o que representa uma mudança em relação aos métodos de conformação já discutidos, os quais requerem a etapa de vulcanização separada. Na moldagem por injeção da borracha existem os riscos de cura prematura, semelhantes àqueles que ocorrem no mesmo processo quando aplicado aos plásticos termorrígidos. As vantagens da moldagem por injeção sobre os métodos tradicionais para a produção de peças de borracha incluem melhor controle dimensional, menor formação de rebarbas e tempos mais curtos dos ciclos. Além do seu uso na moldagem de borrachas convencionais, a moldagem por injeção é também aplicada para elastômeros termoplásticos. Devido aos altos custos dos moldes, a produção de grandes quantidades é necessária para justificar a moldagem por injeção.

Uma forma de fundição, chamada *fundição por mergulho*, é usada para produzir luvas e galochas de borracha. Ela envolve a imersão de um molde positivo em um polímero líquido (ou fôrma aquecida em plastisol) por certo tempo para formar a espessura desejada (o processo pode envolver repetidas imersões). O revestimento é, então, retirado da fôrma e curado a fim de promover as ligações cruzadas na borracha.

9.1.5 VULCANIZAÇÃO

A vulcanização é o tratamento que promove as ligações cruzadas das moléculas do elastômero, de modo que a borracha se torna mais rígida e resistente, mas mantém o alongamento. É uma etapa crítica na sequência de processamento da borracha. Em uma escala submicroscópica, o processo pode ser representado como na Figura 9.4, quando as moléculas de cadeias longas da borracha se juntam em certos pontos de amarração, cujo efeito é reduzir a habilidade de escoar do elastômero. A borracha macia típica tem uma ou duas ligações cruzadas por mil unidades (monômeros). Conforme o número de ligações cruzadas aumenta, o polímero se torna mais rígido e se comporta mais como um plástico termorrígido (borracha dura).

A vulcanização, da maneira como foi primeiramente inventada por Goodyear, envolvia o uso de enxofre (cerca de 8 partes por peso dele misturado com 100 partes de borracha natural) em uma temperatura de 140°C (280°F) por cerca de 5 horas. Nenhum outro composto químico era incluído no processo. Hoje em dia, a vulcanização somente com enxofre não é mais usada como tratamento comercial devido aos longos tempos de cura. Vários outros compostos químicos, incluindo o óxido de zinco (ZnO) e o ácido esteárico ($C_{18}H_{36}O_2$), são combinados com

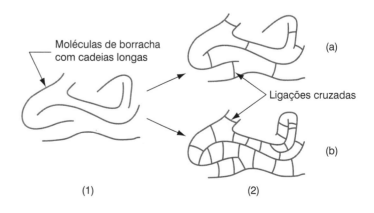

FIGURA 9.4 Efeito da vulcanização sobre as moléculas da borracha: (1) borracha crua; (2) borracha vulcanizada (com ligações cruzadas). Variações de (2) incluem (a) borracha macia, baixo grau de entrecruzamento e (b) borracha dura, alto grau de entrecruzamento. (Crédito: *Fundamentals of Modern Manufacturing*, 4ª Edição por Mikell P. Groover, 2010. Reimpresso com permissão de John Wiley & Sons, Inc.)

menores doses de enxofre para acelerar e melhorar o tratamento. O tempo de cura resultante é de 15 a 20 minutos para um típico pneu de carro de passageiros. Além disso, vários tratamentos de vulcanização sem enxofre foram desenvolvidos.

Nos processos de conformação de borrachas, a vulcanização é realizada no molde, mantendo-se a temperatura do molde no nível apropriado para a cura. Nos outros processos de conformação, a vulcanização é realizada após a peça ter sido conformada. Os tratamentos geralmente se dividem entre processos em batelada e processos contínuos. Os métodos em batelada incluem o uso de uma *autoclave*, vaso de pressão aquecido por vapor; e *cura a gás*, na qual um gás inerte aquecido, tal como nitrogênio, cura a borracha. Muitos desses processos de conformação básicos formam produtos contínuos e, se esses não forem cortados em peças discretas, a vulcanização contínua é apropriada. Os métodos contínuos incluem *vapor sob alta pressão*, adequado para a cura de fios e cabos revestidos por borracha; *túnel de ar quente*, para extrudados expandidos e bases de carpetes [5]; e *tambor de cura contínua*, no qual chapas contínuas de borracha (por exemplo, materiais para correias e pisos) passam por um ou mais cilindros aquecidos para realizar a vulcanização.

9.2 FABRICAÇÃO DE PNEUS E DE OUTROS PRODUTOS DE BORRACHA

O pneu é o principal produto da indústria da borracha, sendo responsável por cerca de três quartos da produção total. Outros produtos importantes incluem calçados, mangueiras, correias transportadoras, selos, componentes absorvedores de choque, produtos de borracha expandida e equipamentos esportivos.

9.2.1 PNEUS

Os pneus são componentes críticos dos veículos nos quais são usados. Eles são usados em automóveis, caminhões, ônibus, tratores, retroescavadeiras, veículos militares, bicicletas, motocicletas e aviões.* Os pneus sustentam o peso do veículo, dos passageiros e da carga embarcados; eles transmitem o torque do motor para propulsionar o veículo (exceto nos aviões) e absorvem vibrações e choques para garantir uma viagem confortável.

Fabricação dos Pneus e a Sequência de Produção Um pneu é uma montagem de muitas partes, cuja fabricação é inesperadamente complexa. O pneu de um veículo de passageiros consiste em cerca de 50 partes distintas e o pneu grande de retroescavadeira pode ter até 175 partes. De início, existem três tipos básicos de construção de pneus: (a) diagonal, (b) cinturado e (c) radial, mostrados na Figura 9.5. Em todos os três casos, a estrutura interna do pneu, conhecida como *carcaça*, consiste em camadas múltiplas de cabos recobertos de borracha, denominadas *lâminas*. Os cabos são de vários materiais tais como náilon, poliéster, fibras de vidro e aço, os quais garantem rigidez reforçando a borracha na carcaça. O *pneu diagonal* tem os cabos dispostos diagonalmente, mas em direções perpendiculares entre si nas lâminas adjacentes. Um pneu diagonal típico pode ter quatro lâminas. O *pneu cinturado* é construído com camadas diagonais, com orientações opostas, mas tem ainda diversas camadas ao redor da periferia da carcaça. Essas *cintas* aumentam a rigidez do pneu na banda de rodagem e limitam a expansão diametral dos pneus ao serem cheios. Os cabos nas cintas também são dispostos diagonalmente, como indicado na figura.

O *pneu radial* tem lâminas dispostas radialmente e não diagonalmente; ele também usa cintas em torno da periferia para dar sustentação. No *pneu radial cinturado*, as cintas radiais possuem cabos de aço. A construção radial gera um constado mais flexível, o que tende a

---

* Durante a etapa de revisão técnica deste capítulo, foi realizada uma consulta informal de nomenclatura à engenheira industrial de pneumáticos Thais Madaglena. (N.T.)

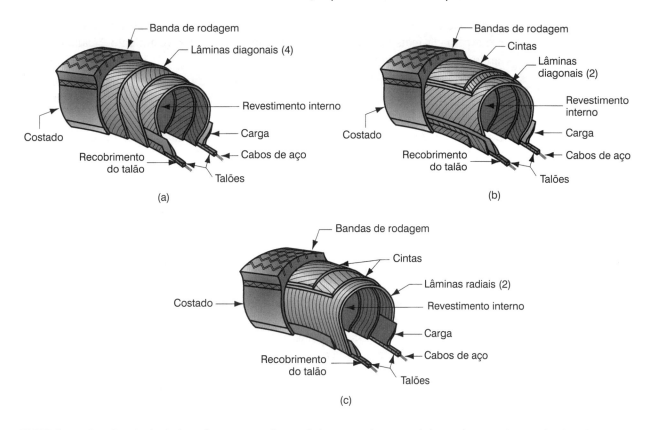

FIGURA 9.5 Os três principais tipos de pneus: (a) diagonal, (b) cinturado e (c) radial. (Crédito: *Fundamentals of Modern Manufacturing*, 4ª Edição por Mikell P. Groover, 2010. Reimpresso com permissão de John Wiley & Sons, Inc.)

reduzir as tensões nas cintas e na banda de rodagem à medida que elas continuamente se deformam em contato com a superfície plana das faixas de rolamento ao girarem. Esse efeito resulta em maior vida da banda de rodagem, maior facilidade de se fazer curvas, melhor estabilidade de direção e melhor condução em velocidades altas.

Em cada construção, a carcaça é coberta por borracha sólida que alcança maior espessura na banda de rodagem. A carcaça é também recoberta internamente por revestimento de borracha. Para pneus com câmara interna, o revestimento interno é uma camada fina aplicada à camada mais interna durante a fabricação do pneu. Para pneus sem câmara, o revestimento interno deve ter baixa permeabilidade, pois ele mantém a pressão do ar; esse revestimento é, via de regra, uma borracha laminada.

A produção de pneus pode ser resumida em três etapas: (1) pré-forma dos componentes, (2) montagem da carcaça e colocação de bandas de borracha para formar os costados e a banda de rodagem e (3) moldagem e cura dos componentes em uma peça única. A descrição dessas etapas, a seguir, são as comuns; existem variações no processamento dependendo da construção, tamanho do pneu e tipo do veículo no qual o pneu será usado.

Pré-forma dos Componentes Como mostrado na Figura 9.5, a carcaça consiste em inúmeros componentes separados, a maioria dos quais é de borracha ou de borracha reforçada. Esses componentes, assim como a borracha dos costados e da banda de rodagem, são produzidos em processos contínuos e são, então, pré-cortados na forma e tamanho adequados para a subsequente montagem. Os componentes, identificados na Figura 9.5, e os processos de pré-conformação para fabricá-los são:

> *Talão*. Um cabo de aço contínuo é revestido de borracha, cortado, enrolado e, então, tem suas extremidades unidas.

> *Lâminas*. Tecidos contínuos (têxteis, náilon, fibra de vidro, aço) são revestidos de borracha em processo de calandragem e são pré-cortados na forma e tamanho adequados.

> ***Revestimento interno***. Para pneus com câmara, o revestimento interno é calandrado sobre a camada mais interna. Para pneus sem câmara, o revestimento é calandrado com laminado de duas lâminas.
> ***Cintas***. Tecidos contínuos são revestidos de borracha (semelhante às lâminas), mas são cortados em ângulos diferentes para fornecer melhor reforço; a seguir, são montados em cintas de diversas camadas.
> ***Banda de rodagem***. Extrudada como uma banda contínua; a seguir, é cortada e pré-montada com as cintas.
> ***Costado***. Extrudado como uma banda contínua; a seguir, é cortado no tamanho e forma adequados.

Montagem da Carcaça A carcaça é tradicionalmente montada usando o equipamento conhecido como ***tambor de montagem***, cujo elemento principal é um fuso giratório. As bandas pré-cortadas que formam a carcaça são montadas em torno desse fuso em procedimento passo a passo. As lâminas que compõem a seção transversal do pneu são presas nos lados opostos do aro pelos dois talões. Os ***talões*** são formados por diversos cabos de aço de alta resistência. Sua função é a de prover suporte rígido quando o pneu acabado estiver montado sobre o aro da roda. Outros componentes são combinados às lâminas e aos talões. Esses componentes incluem diversas peças de enchimento, que envolvem o pneu para que ele tenha resistências mecânica e térmica adequadas, retenha o ar e se encaixe ao aro da roda de forma apropriada. Após o número conveniente das peças ter sido colocado em volta do fuso, as cintas são colocadas. Em seguida, é colocada a borracha externa que vai compor as bandas de rodagem e o costado.[1] Nesse ponto do processo, as bandas de rodagem são tiras de borracha com seção transversal uniforme — os sulcos são adicionados à banda de rodagem mais tarde, durante a moldagem. O tambor de montagem é retrátil, de modo que o pneu pode ser removido após estar pronto. A forma do pneu nesse estágio é aproximadamente tubular, como ilustrado na Figura 9.6.

Moldagem e Cura Os moldes dos pneus são construídos, normalmente, em duas peças (moldes bipartidos) e contêm o padrão da banda de rodagem a ser impresso nos pneus. O molde é aparafusado em uma prensa, sendo metade presa ao batente superior (a tampa), e a metade inferior é presa ao batente inferior (a base). O pneu não curado é colocado sobre um diafragma expansível e inserido entre as duas metades, como mostrado na Figura 9.7. A prensa é, então, fechada, e o diafragma é expandido de modo que a borracha macia é pressionada contra a cavidade do molde. Isso faz com que o padrão da banda de rodagem seja impresso na borracha. Ao mesmo tempo, a borracha é aquecida tanto pelo lado de fora, pelo molde, quanto

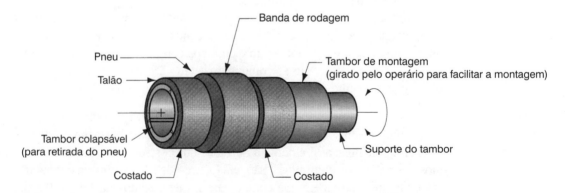

FIGURA 9.6 O pneu imediatamente antes de ser removido do tambor de montagem e de ser curado. (Crédito: *Fundamentals of Modern Manufacturing*, 4ª Edição por Mikell P. Groover, 2010. Reimpresso com permissão de John Wiley & Sons, Inc.)

---

[1] A banda de rodagem e o costado não são, tecnicamente, considerados componentes da carcaça.

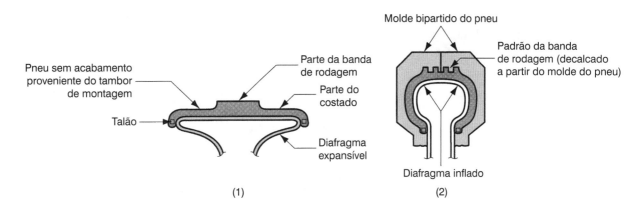

FIGURA 9.7 Moldagem dos pneus (o pneu é mostrado em uma vista transversal): (1) o pneu não curado é colocado sobre o diafragma expansível; (2) o molde é fechado, e o diafragma é expandido, forçando a borracha não curada contra a cavidade do molde, imprimindo o padrão da banda de rodagem na borracha; o molde e o diafragma são aquecidos para curar a borracha. (Crédito: *Fundamentals of Modern Manufacturing*, 4ª Edição por Mikell P. Groover, 2010. Reimpresso com permissão de John Wiley & Sons, Inc.)

pelo lado de dentro, pelo diafragma. A circulação de água quente ou de vapor sob pressão é usada para aquecer o diafragma. A duração dessa etapa de cura depende da espessura da parede do pneu. Um pneu de carro de passeio típico pode ser curado em cerca de 15 minutos. Pneus de bicicleta curam em cerca de 4 minutos, enquanto os pneus para grandes equipamentos para movimentação de terra levam várias horas para curar. Após a cura estar completa, o pneu é resfriado e removido da prensa.

9.2.2 OUTROS PRODUTOS DE BORRACHA

A maioria dos outros produtos de borracha é feita por processos menos complexos. As *correias de borracha* são amplamente usadas para transporte e em sistemas mecânicos de transmissão de potência. Assim como para os pneus, a borracha é um material ideal para esses produtos, mas as correias devem ter flexibilidade e nenhuma, ou pouca, extensibilidade durante a operação. Desse modo, elas são reforçadas com fibras, comumente de poliéster ou de náilon. Tecidos desses polímeros são em geral recobertos em operações de calandragem, empilhados para se obter o número de camadas e a espessura necessários e, a seguir, são vulcanizados por processos contínuos ou em bateladas.

Mangueiras de borracha podem tanto ser reforçadas quanto fabricadas sem reforço. Mangueiras sem reforço são extrudadas na forma de tubos. As reforçadas consistem em um tubo interno, de uma camada de reforço (algumas vezes denominada carcaça) e de uma cobertura. O tubo interno é extrudado a partir de uma borracha, cuja composição foi adequada à determinada substância que irá escoar através dele. A camada de reforço é aplicada ao tubo na forma de tecido, quer por enrolamento, enlaçamento, trançamento ou outro método de aplicação. A camada externa tem sua composição adequada para resistir às condições do ambiente. Ela é aplicada por extrusão, laminação ou outras técnicas.

Componentes de *calçados* incluem as solas, saltos, galochas e outros itens usados sobre os sapatos. Várias borrachas são usadas para fazer componentes de calçados. As partes moldadas são produzidas por moldagem por injeção, moldagem por compressão e certas técnicas especiais de moldagem desenvolvidas pela indústria de calçados. As borrachas usadas nesta aplicação são variadas e incluem tanto sólidas quanto em espuma. Em alguns casos, para baixo volume de produção, métodos manuais são usados para cortar a borracha a partir de chapas da matéria-prima.

A borracha é largamente usada em equipamentos e acessórios esportivos, como na superfície de raquetes de tênis de mesa, manopla de tacos de golfe, câmara de bolas de futebol e bolas esportivas de vários tipos. As bolas de tênis, por exemplo, são fabricadas em grande número. A produção desses produtos esportivos está baseada nos vários processos de conformação discutidos na Seção 9.1.4, assim como em técnicas especiais que foram desenvolvidas para itens específicos.

9.2.3 PROCESSAMENTO DE ELASTÔMEROS TERMOPLÁSTICOS

O elastômero termoplástico (ETP) é um polímero termoplástico que possui as propriedades de uma borracha (Seção 2.3); o termo **borracha termoplástica** também é usado. Os ETPs podem ser processados como os termoplásticos, mas suas aplicações são aquelas de um elastômero. Os processos de conformação mais comuns são a moldagem por injeção e a extrusão, em geral mais econômicas e mais rápidas que os processos tradicionais usados para borrachas, as quais devem ser vulcanizadas. Os produtos moldado incluem solas de sapatos, calçados esportivos e componentes automotivos, tais como laterais e cantos de para-choques (mas não pneus — os ETPs são insatisfatórios para essa aplicação). Itens extrudados incluem coberturas isolantes para fios elétricos, tubos para aplicações médicas, correias transportadoras, matérias-primas na forma de chapas e filmes. Outras técnicas de conformação para os ETPs incluem moldagem por sopro e termoformação (Seções 8.8 e 8.9); esses processos não podem ser usados para borrachas vulcanizadas.

9.3 MATERIAIS E PROCESSOS DE CONFORMAÇÃO DE COMPÓSITOS DE MATRIZ POLIMÉRICA

Alguns dos processos de conformação para compósitos de matriz polimérica, descritos nas seções a seguir, são lentos e envolvem grande demanda de mão de obra. Em geral, as técnicas para conformar compósitos são menos eficientes que os processos para outros materiais. Existem duas razões para isso: (1) Os materiais compósitos são mais complexos que os outros materiais, pois consistem em duas os mais fases e precisam que a fase de reforço seja orientada, no caso dos plásticos reforçados por fibras; e (2) as tecnologias de processamento dos materiais compósitos não foram alvo de melhoramentos e refinamentos ao longo de muitos anos, como ocorreu com os processos de outros materiais.

A variedade de métodos de conformação dos plásticos reforçados por fibras é, algumas vezes, desconcertante em uma primeira leitura. Os processos de conformação dos PRF podem ser divididos em cinco categorias: (1) processos com molde aberto, (2) processos com molde fechado, (3) enrolamento filamentar, (4) processos de pultrusão e (5) outros. Os processos com molde aberto incluem alguns dos procedimentos manuais originais para a colocação das resinas e das fibras nos moldes. Os processos com molde fechado são semelhantes àqueles usados na moldagem de plásticos; o leitor irá reconhecer os nomes — moldagem por compressão, moldagem por transferência e moldagem por injeção — embora os nomes sejam trocados algumas vezes e, por vezes, sejam feitas modificações para a fabricação de PRFs. No **enrolamento filamentar**, os filamentos contínuos, que foram mergulhados na resina líquida, são enrolados em torno de um mandril giratório; quando a resina cura, uma forma rígida, oca e geralmente cilíndrica é criada. A **pultrusão** é o processo de conformação para produzir perfis longos, retilíneos, de seção transversal constante; esse processo é semelhante à extrusão, mas é adaptado para incluir o reforço de fibras contínuas. A categoria "outros" inclui diversas operações que não se enquadram nas categorias anteriores.

Alguns desses processos são usados para conformar compósitos com fibras contínuas, enquanto outros são usados para CMPs com fibras curtas. Vamos começar nossa abordagem explorando como as fases individuais em um compósito de matriz polimérica são produzidas, e como essas fases são combinadas nos materiais precursores para a conformação.

9.3.1 MATÉRIAS-PRIMAS PARA COMPÓSITOS DE MATRIZ POLIMÉRICA

Em CMP, os materiais precursores são um polímero e uma fase de reforço. Eles são processados separadamente antes de se tornarem as fases do compósito. Esta seção considera como esses materiais são produzidos antes de serem combinados.

Matriz Polimérica Todos os três tipos básicos de polímeros — termoplásticos, termorrígidos e elastômeros — são usados como matrizes em compósitos de matriz polimérica. Os polímeros termorrígidos (TR) são os materiais mais comuns para matrizes. Os principais polímeros TR são as resinas fenólicas, os poliésteres insaturados e os epóxis. As fenólicas estão associadas ao uso de fases de reforço na forma de partículas, enquanto os poliésteres e epóxis são mais relacionados com os PRFs. Os polímeros termoplásticos (TP) também são usados em compósitos de matriz polimérica, e, de fato, a maioria dos compostos moldados é material compósito, que inclui cargas e/ou agentes de reforço. Como já mencionado, a maioria dos elastômeros é material compósito, pois praticamente todas as borrachas são reforçadas com negro de fumo. Nesta seção e nas seguintes, a abordagem está limitada ao processamento de compósitos de matriz polimérica que empregam polímeros TR ou TP como matriz. Embora muitos dos processos de conformação de polímeros discutidos no Capítulo 8 sejam aplicáveis aos compósitos de matriz polimérica, a combinação do polímero e do agente de reforço complica, algumas vezes, as operações.

O Agente de Reforço O fase de reforço pode ter qualquer uma dentre diversas geometrias, como fibras, partículas e plaquetas, e pode ser qualquer um dentre inúmeros materiais, por exemplo, os cerâmicos, metais, outros polímeros ou elementos, tais como o carbono ou o boro.

Materiais comuns usados na forma de fibras em PRF são o vidro, carbono e o polímero Kevlar. As fibras desses materiais são produzidas por várias técnicas, algumas das quais estão cobertas em outros capítulos. As fibras de vidro são produzidas por estiramento por pequenos orifícios (Seção 7.2.3). Para as fibras de carbono, vários tratamentos térmicos são realizados para converter um filamento precursor contendo um composto de carbono em uma forma mais pura de carbono. O material precursor pode ser qualquer um dentre diversas substâncias: a poliacrilonitrila (PAN), piche (resina preta de carbono formada na destilação do betume de carvão, de madeira, do petróleo etc.) ou o raiom (celulose) são alguns exemplos. As fibras de Kevlar são produzidas por extrusão, combinada com estiramento por pequenos orifícios em uma fieira (Seção 8.4).

Começando como filamentos contínuos, as fibras são combinadas com a matriz polimérica em qualquer uma dentre diversas formas, dependendo das propriedades desejadas no material e do método de processamento a ser usado para conformar o compósito. Em alguns processos de fabricação, os filamentos são contínuos, enquanto em outros eles estão picados em comprimentos curtos. Na forma contínua, os filamentos individuais estão em geral disponíveis em bobinas. A *bobina* é um conjunto de fios contínuos e não torcidos (paralelos); essa é uma forma conveniente para manuseio e processamento. As bobinas contêm tipicamente entre 12 e 120 fios individuais. Por outro lado, o *cabo* é um conjunto de filamentos torcidos. Bobinas são usadas em vários processos de fabricação de compósitos de matriz polimérica, incluindo o enrolamento filamentar e a pultrusão.

A forma mais comum de estrutura com fibras contínuas é em um ***tecido*** — formado por um conjunto de cabos torcidos. Muito semelhante a um tecido, mas diferente, é o ***tecido trançado***, no qual são usados filamentos não torcidos em vez de cabos. Esses tecidos trançados podem ser produzidos com um número diferente de fios nas duas direções, tal que eles possuem maior resistência em uma direção que na outra. Tecidos trançados unidirecionais são frequentemente preferidos em compósitos laminados reforçados por fibras.

As fibras também podem ser preparadas na forma de ***manta*** — um feltro consistindo em fibras curtas de forma aleatória orientadas, mantidas fracamente unidas por um ligante, algumas vezes sobre um tecido que serve de sustentação. As mantas são disponíveis de modo comercial com vários pesos, espessuras e larguras. As mantas podem ser cortadas e conformadas para serem usadas como *pré-formas* em alguns dos processos de molde fechado. Durante a moldagem, a resina impregna na pré-forma e, então, cura, formando assim um moldado reforçado por fibras.

Partículas e Plaquetas Partículas e plaquetas estão, na verdade, na mesma classe. As plaquetas são partículas cujo comprimento e largura são grandes em relação à espessura. A caracterização de pós-usados em engenharia está discutida na Seção 10.1, e as técnicas para produzir pós-cerâmicos estão discutidas na Seção 11.1.

9.3.2 COMBINANDO MATRIZ E REFORÇO

A incorporação do agente de reforço na matriz polimérica ocorre ou durante o processo de conformação, ou antes disso. No primeiro caso, os materiais precursores chegam à operação de fabricação como materiais separados e são combinados no compósito durante a conformação. São exemplos desse caso o enrolamento filamentar e a pultrusão. O reforço precursor nesses processos consiste em fibras contínuas. No segundo caso, os dois materiais componentes são combinados em alguma forma preliminar que seja conveniente para ser usada no processo de conformação. Quase todos os termoplásticos e termorrígidos usados nos processos de conformação de plásticos são, na realidade, polímeros combinados a cargas. As cargas são tanto fibras curtas ou partículas (incluindo plaquetas).

As formas precursoras usadas nos processos desenvolvidos para compósitos reforçados por fibras são as de maior interesse neste capítulo. Devemos pensar nas formas precursoras como compósitos pré-fabricados, que já chegam prontos para uso no processo de conformação. Essas formas são os compostos moldados e os pré-impregnados.

Compostos Moldados Os compostos moldados são semelhantes àqueles usados na moldagem de plásticos. Eles são projetados para uso em operações de moldagem e, portanto, devem ser capazes de escoar. A maioria dos compostos de moldagem para o processamento de compósitos é polímero termorrígido. Desse modo, eles não foram curados antes do processamento de conformação. A cura é feita durante e/ou após a conformação final. Os compostos moldados para compósitos reforçados por fibras consistem na resina matriz com fibras curtas, dispersas aleatoriamente. Esses compostos são obtidos por diversas formas.

Compostos moldados em chapas (*sheet molding compound* — SMC) são uma combinação de resina polimérica TR, cargas e outros aditivos, e fibras de vidro picadas (orientadas de forma aleatória), todos laminados em uma chapa com espessura típica de 6,5 mm (0,250 in). A resina mais comum é o poliéster insaturado; as cargas são em geral pós de minerais, tais como talco, sílica e calcário; as fibras de vidro têm tipicamente de 12 a 75 mm (0,5 a 3,0 in) de comprimento e respondem por cerca de 30% em volume do SMC. Como cargas usadas em processos de moldagem, os SMCs são muito convenientes em termos de manuseio e de corte ao tamanho adequado. Os compostos moldados em chapas são em geral produzidos entre filmes finos de polietileno para limitar a evaporação dos voláteis da resina termorrígida. A camada protetora também melhora o acabamento superficial nas peças subsequentemente moldadas. O processo para a fabricação contínua de chapas de SMC está ilustrado na Figura 9.8.

Compostos moldados em blocos (*bulk molding compound* — BMC) são fabricados com componentes semelhantes àqueles do SMC, mas o composto polimérico está na forma de um bloco em vez de uma chapa. As fibras no BMC são mais curtas, tipicamente entre 2 e 12 mm (0,1 e 0,5 in), pois é preciso maior fluidez nas operações de moldagem, para as quais esses materiais são preparados. O diâmetro do bloco é em geral de 25 a 50 mm (1 a 2 in). O processo para produzir o BMC é semelhante àquele para o SMC, exceto que é usada extrusão para dar ao bloco sua forma final. O BMC também é conhecido como *composto moldado em massa* (*dough molding compound* — DMC), pois ele possui a consistência de uma massa. Outros compostos moldados de PRF incluem *compostos moldados espessos* (*thick molding*

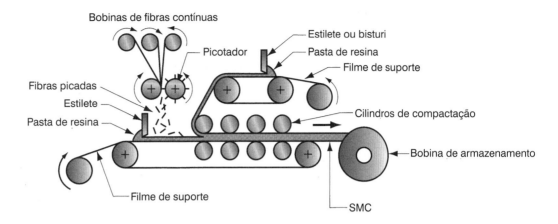

FIGURA 9.8 Processo para produção de compostos moldados em chapas (SMC). (Crédito: *Fundamentals of Modern Manufacturing*, 4ª Edição por Mikell P. Groover, 2010. Reimpresso com permissão de John Wiley & Sons, Inc.)

compound — TMC), semelhante ao SMC, porém mais espessos — com até 50 mm (2 in); e **compostos moldados em pellets** (*pelletized molding compound*) — basicamente compostos convencionais para a moldagem de plásticos que contêm fibras curtas.

Pré-impregnados Outra forma pré-fabricada para as operações de conformação de PRF são os **pré-impregnados**, que consistem em fibras impregnadas com resinas termorrígidas parcialmente curadas para facilitar o processo de conformação. A finalização da cura deve ser realizada durante e/ou após a conformação. Os pré-impregnados estão disponíveis na forma de fitas ou de lâminas com fibras cruzadas ou com tecidos de fibras. A vantagem dos pré-impregnados é que eles são fabricados com filamentos contínuos em vez de fibras curtas aleatórias, aumentando assim a resistência e o módulo do produto final. As fitas e as lâminas de pré-impregnados são usadas em compósitos que são reforçados com fibras de boro, carbono/grafite, Kevlar ou vidro.

9.4 PROCESSOS DE MOLDE ABERTO

A característica que diferencia essa família de processos de conformação de PRF é o emprego de uma única superfície de moldagem, positiva ou negativa (Figura 9.9), para produzir as estruturas laminadas de PRF. Outros nomes para os processos de conformação de molde aberto incluem **laminação por contato** e **moldagem por contato**. Os materiais precursores (resina, fibras, mantas e tecidos) são aplicados sobre o molde em camadas até se alcançar a espessura desejada. Isso é seguido pela cura e pela remoção da peça. As resinas comuns são os poliésteres insaturados e os epóxis, usando fibras de vidro como reforço. Os moldes são normalmente grandes (por exemplo, para cascos de barcos). A vantagem de usar o molde aberto é que ele custa menos que se fossem usados moldes bipartidos. A desvantagem é que apenas a superfície da peça em contato com a superfície do molde tem acabamento; a outra superfície é áspera. Para se obter a melhor superfície possível no lado com acabamento, o próprio molde deve ser bem liso.

FIGURA 9.9 Tipos de moldes abertos: (a) positivo e (b) negativo. (Crédito: *Fundamentals of Modern Manufacturing*, 4ª Edição por Mikell P. Groover, 2010. Reimpresso com permissão de John Wiley & Sons, Inc.)

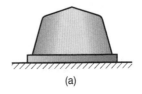
(a)

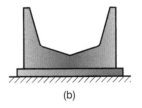
(b)

Existem vários processos de molde aberto importantes para os PRF. As diferenças estão nos métodos de laminação, em técnicas alternativas de cura e outras variações. Nesta seção, descrevemos três processos de molde aberto para a conformação de plásticos reforçados por fibras: (1) manual, (2) por aspersão e (3) com equipamentos automáticos de colocação de fitas.

9.4.1 MANUAL

A laminação manual é o método de molde aberto mais antigo para fabricar laminados de PRF, datando dos anos 1940, quando ele foi primeiro usado para fabricar cascos de barcos. Ele é também o método com maior uso de mão de obra. Como o nome sugere, a laminação manual é um método de conformação no qual as sucessivas camadas de resina e de reforço são aplicadas de forma manual em molde aberto para montar uma estrutura laminada de PRF. O procedimento básico consiste em cinco etapas, ilustradas na Figura 9.10. A peça moldada final deve, normalmente, ser desbastada com uma serra, para aparar as bordas externas. Em geral, essas mesmas cinco etapas são necessárias para todos os processos de molde aberto, e as diferenças entre os métodos ocorrem nas etapas 3 e 4.

Na etapa 3, cada camada de fibra de reforço está seca quando é colocada sobre o molde. A resina líquida (não curada) é, então, aplicada por pincelamento, aspersão ou sendo vertida. A impregnação da resina na manta ou no tecido de fibra é realizada por laminação manual. Esse procedimento é denominado **laminação a úmido**. Um procedimento alternativo é o uso de **pré-impregnados**, no qual as camadas impregnadas das fibras de reforço são preparadas primeiramente fora do molde e, então, colocadas sobre a superfície do molde. As vantagens citadas para o emprego de pré-impregnados incluem maior controle sobre a mistura fibra-resina e métodos mais eficientes de colocação das camadas [17].

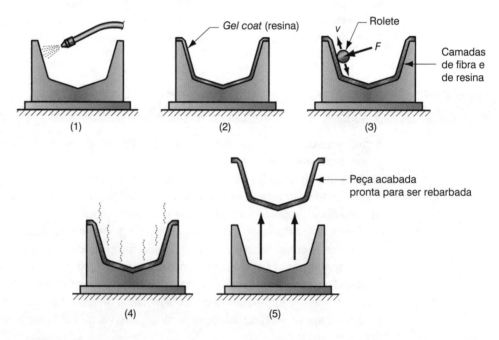

FIGURA 9.10 Procedimento de laminação manual: (1) o molde é limpo e recoberto com um agente desmoldante; (2) é aplicada uma fina camada de *gel coat* (resina, quase sempre com pigmento para ficar colorida), que será a superfície externa da peça moldada; (3) quando o *gel coat* tiver parcialmente curado, são aplicadas camadas sucessivas de resina e de fibras, que estão na forma de manta ou de tecido; cada camada é laminada para impregnar por completo as fibras com a resina e remover bolhas de ar; (4) a peça é curada e (5) a peça totalmente rígida é removida do molde. (Crédito: *Fundamentals of Modern Manufacturing*, 4ª Edição por Mikell P. Groover, 2010. Reimpresso com permissão de John Wiley & Sons, Inc.)

Os moldes para a laminação por contato em molde aberto podem ser de gesso, metal, plástico reforçado por fibra de vidro ou outros materiais. A seleção do material depende de fatores econômicos, qualidade da superfície e outros fatores técnicos. Para a fabricação de protótipos, na qual apenas uma peça é produzida, os moldes de gesso são normalmente adequados. Para produções médias, o molde pode ser feito de plástico reforçado por fibras de vidro. Altas produções requerem, em geral, moldes metálicos. São empregados alumínio, aço e níquel, algumas vezes com endurecimento superficial para resistir à abrasão. Uma vantagem do metal, além da durabilidade, é sua alta condutividade térmica, que pode ser usada para implementar um sistema de cura a quente, ou simplesmente dissipar calor do laminado enquanto esse cura em temperatura ambiente.

Os produtos adequados para laminação manual são geralmente de tamanho grande, mas com baixa quantidade de produção. Além de cascos de barcos, outras aplicações incluem piscinas, tanques de armazenagem grandes, placas de sinalização, radomes e outras peças em forma de placas. Peças automotivas também têm sido fabricadas, mas o método não é econômico para alta produção. As maiores peças moldadas já feitas por esse processo foram cascos de navios para a Real Armada Britânica: 85 m (280 ft) de comprimento [3].

9.4.2 ASPERSÃO

Esse método representa uma tentativa de mecanizar a aplicação de camadas de fibra-resina e reduzir o tempo da laminação manual. Ele é uma alternativa para a etapa 3 no procedimento de laminação manual. No método de aspersão, a resina líquida e fibras picadas são aspergidas sobre um molde aberto para formar lâminas sucessivas de PRF, como mostrado na Figura 9.11. A pistola de aspersão é equipada com um mecanismo de corte, que é alimentado por fibras contínuas e as corta em fibras com comprimentos de 25 a 75 mm (1 a 3 in), e são direcionadas ao fluxo de resina conforme esse sai da ponta da pistola. Essa mistura resulta em fibras com orientações aleatórias nas camadas — diferente da laminação manual, na qual os filamentos podem ser orientados, se desejado. Outra diferença é que o teor de fibras no processo de aspersão é limitado a cerca de 35%, em comparação com um máximo em torno de 65% na laminação manual. Essa é uma limitação do processo de mistura e aspersão.

A aspersão pode ser realizada manualmente usando uma pistola de aspersão portátil ou equipamento automático, no qual o percurso da pistola de aspersão é pré-programado e controlado por computador. O procedimento automatizado é vantajoso em relação à eficiência da mão de obra e da proteção ao ambiente. Algumas emissões de voláteis a partir das resinas líquidas são nocivas, e os equipamentos com percurso controlado podem operar em áreas fechadas sem a presença de pessoas. Entretanto, normalmente é necessário laminar cada camada, como na laminação manual.

Os produtos fabricados pelo método de aspersão incluem cascos de barcos, banheiras, boxes de banheiros, peças de carroceria de carros e de caminhões, componentes de veículos de recreação, móveis, grandes painéis estruturais e contêineres. Painéis de sinalização e

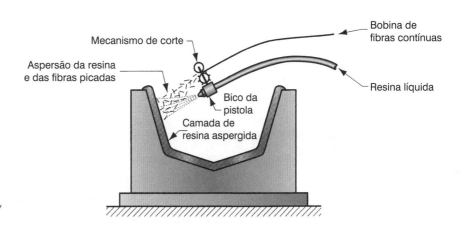

FIGURA 9.11 Procedimento de aspersão. (Crédito: *Fundamentals of Modern Manufacturing*, 4ª Edição por Mikell P. Groover, 2010. Reimpresso com permissão de John Wiley & Sons, Inc.)

letreiros são, algumas vezes, fabricados por esse método. Como os produtos fabricados por aspersão possuem fibras curtas orientadas aleatoriamente, eles não são tão resistentes como aqueles fabricados por laminação manual, nos quais as fibras são contínuas e direcionadas.

9.4.3 EQUIPAMENTOS AUTOMÁTICOS PARA COLOCAÇÃO DE FITAS

Essa é outra tentativa para automatizar e acelerar a etapa 3 do processo de colocação das fibras. Os equipamentos automáticos de colocação de fitas operam colocando uma fita de pré-impregnado sobre um molde aberto, seguindo percurso pré-programado. Um equipamento típico consiste em um pórtico ao qual é presa uma cabeça de alimentação. O pórtico permite que a cabeça se mova em x-y-z para se posicionar e seguir um percurso definido e contínuo. A cabeça, em si, possui diversos eixos de rotação, mais um dispositivo de cisalhamento para cortar a fita ao final de cada percurso. Fitas de pré-impregnados com 75 mm (3 in) de largura são comuns, embora larguras de 300 mm (12 in) tenham sido reportadas [16]; a espessura fica em torno de 0,13 mm (0,005 in). A fita é armazenada no equipamento em rolos, sendo desenrolada e posicionada em comprimento definido. Cada lâmina é colocada em uma série de passes para a frente e para trás ao longo da superfície do molde, até que o conjunto paralelo de fitas complete a camada.

Muito do trabalho pioneiro para desenvolver equipamentos automatizados para colocação de fitas foi realizado pela indústria aeronáutica, que é ávida para economizar custos de mão de obra e, ao mesmo tempo, alcançar maior qualidade e uniformidade possíveis nos seus componentes fabricados. A desvantagem desse e de outros equipamentos controlados numericamente por computador é que ele deve ser programado, e a programação leva tempo.

9.4.4 CURA

A cura (etapa 4) é a etapa necessária para produzir todas as resinas termorrígidas usadas em compósitos laminados reforçados por fibras. A cura decorre da formação de ligações cruzadas no polímero, transformando-o da sua condição de líquido ou altamente plástico em produto rígido. Existem três principais parâmetros de processo na cura: tempo, temperatura e pressão.

A cura ocorre normalmente à temperatura ambiente para as resinas TR usadas nos procedimentos de laminação manual e de dispersão. As peças moldadas feitas por esses processos são com frequência grandes, e o aquecimento dessas peças seria difícil. Em alguns casos, são necessários dias antes que a cura à temperatura ambiente esteja suficientemente terminada para que a peça seja removida. Se for possível, aplica-se calor para acelerar a reação de cura.

O aquecimento é realizado por diversos meios. A cura em forno fornece calor em temperaturas bem controladas; alguns fornos de cura são equipados de modo a fazerem vácuo parcial. Aquecimento por infravermelho pode ser usado em aplicações nas quais for impraticável ou for inconveniente colocar a peça moldada em um forno.

A cura em uma autoclave promove tanto controle sobre a temperatura quanto sobre a pressão. A *autoclave* é uma câmara fechada, equipada para aplicar calor e/ou pressão em níveis controlados. No processamento de compósitos reforçados por fibras, a autoclave é, normalmente, um grande cilindro horizontal com portas em ambas as extremidades. O termo *moldagem em autoclave* é usado, algumas vezes, em referência à cura em uma autoclave de um laminado feito com pré-impregnados. Esse procedimento é muito usado na indústria aeroespacial para produzir componentes de alta qualidade em compósitos.

9.5 PROCESSOS DE MOLDE FECHADO

Essas operações de moldagem são realizadas em moldes formados por duas seções que abrem e fecham durante cada ciclo de moldagem. Pode-se pensar que um molde fechado tem cerca de duas vezes o custo de um molde aberto semelhante. Entretanto, o custo do ferramental é ainda maior, pois o equipamento é mais complexo nesses processos. A despeito dos seus custos, as vantagens dos moldes fechados são: (1) bom acabamento em todas as superfícies da peça, (2) maiores taxas de produção, (3) maior controle em relação às tolerâncias e (4) possibilidade de fabricar formas tridimensionais mais complexas.

Embora a terminologia seja frequentemente diferente quando compósitos de matriz polimérica sejam moldados, dividimos os processos de moldes fechados em três classes, baseados nos seus correspondentes na moldagem convencional de plásticos: (1) moldagem por compressão, (2) moldagem por transferência e (3) moldagem por injeção.

9.5.1 PROCESSOS DE MOLDAGEM POR COMPRESSÃO PARA COMPÓSITOS DE MATRIZ POLIMÉRICA

Na moldagem por compressão de compostos convencionais (Seção 8.7.1), uma carga é colocada na seção inferior do molde, e as seções do molde são fechadas sob pressão, fazendo com que a carga assuma a forma da cavidade. As metades do molde são aquecidas para curar o polímero termorrígido. Quando a peça moldada está suficientemente curada, o molde é aberto e a peça é removida. Existem diversos processos de conformação de PRF baseados na moldagem por compressão; as diferenças estão, em sua maioria, na forma dos materiais precursores. O escoamento da resina, das fibras e de outros componentes durante o processo é fator crítico na moldagem por compressão dos compósitos reforçados por fibras.

Moldagem por SMC, TMC e BMC Diversos dos compostos de PRF moldados (Seção 9.3.2) nominalmente compostos moldados em placas (SMC), compostos moldados em blocos (BMC) e compostos moldados espessos (TMC) podem ser cortados no tamanho adequado e podem ser usados como cargas precursoras na moldagem por compressão. Para armazenar esses materiais antes do processo de conformação é, com frequência, necessária a refrigeração. Os nomes dos processos de conformação são baseados no composto de moldagem precursor (ou seja, *moldagem SMC* quando a carga precursora é pré-cortada de um composto moldado em chapas; a *moldagem BMC* usa um composto moldado em bloco e cortado no tamanho adequado como carga; e assim por diante).

Moldagem por Pré-forma Outra forma de moldagem por compressão, chamada *moldagem por pré-forma* [17], envolve a colocação de uma manta pré-cortada na seção inferior do molde junto com a carga de resina polimérica (ou seja, *pellets* ou uma chapa). Os materiais são, então, prensados entre as metades aquecidas do molde, fazendo com que a resina escoe e impregne na manta de fibras, produzindo uma peça moldada reforçada por fibras. Variações do processo usam tanto polímeros termoplásticos quanto termorrígidos.

Moldagem em Reservatório Elástico A carga precursora na moldagem em reservatório elástico (MRE) é uma estrutura sanduíche, consistindo em uma espuma polimérica central colocada entre duas camadas de fibras secas. A espuma do núcleo é comumente poliuretano com células abertas, impregnada com resina líquida, tal como epóxi ou poliéster, e as fibras secas podem estar em mantas, tecidos ou em outra forma precursora de fibras. A estrutura sanduíche é colocada na parte inferior do molde e submetida à pressão moderada — em torno de 0,7 MPa (100 lb/in^2). Conforme o núcleo é comprimido, ele libera a resina, que molha a superfície seca das camadas de fibras. A cura produz uma peça leve, formada por um núcleo de baixa densidade e superfícies finas de PRF.

9.5.2 PROCESSOS DE MOLDAGEM POR TRANSFERÊNCIA PARA COMPÓSITOS DE MATRIZ POLIMÉRICA

Na moldagem por transferência convencional (Seção 8.7.2), a carga de resina termorrígida é colocada em uma cuba ou em uma câmara, aquecida e forçada pela ação de um pistão para o interior de uma ou mais cavidades do molde. O molde é aquecido para curar a resina. O nome do processo deriva do fato de que o polímero fluido é transferido de uma cuba para dentro do molde. Ele pode ser usado para moldar resinas TR, nas quais as cargas incluem fibras curtas, para fabricar uma peça em compósito polimérico reforçado por fibras. Outra forma de moldagem por transferência para PRF é chamada **moldagem por transferência de resina** (*resin transfer molding* — RTM) [7], [18]; ela se refere ao processo de molde fechado, no qual uma manta é colocada na seção inferior do molde; o molde é fechado e uma resina termorrígida (por exemplo, resina poliéster) é transferida para dentro da cavidade do molde sob pressão moderada, para impregnar na pré-forma. Para causar confusão, o processo RTM é chamado algumas vezes **moldagem por injeção de resina** [7], [18] (a diferença entre a moldagem por transferência e a moldagem por injeção é, de qualquer modo, difusa, como o leitor deve ter percebido no Capítulo 8). O processo RTM tem sido usado para fabricar produtos tais como banheiras, piscinas, assentos de bancos e de cadeiras e cascos para barcos pequenos.

9.5.3 PROCESSOS DE MOLDAGEM POR INJEÇÃO PARA COMPÓSITOS DE MATRIZ POLIMÉRICA

A moldagem por injeção se destaca pela produção a baixo custo e em grande quantidade de peças em plástico. Embora ela esteja mais fortemente associada a termoplásticos, o processo pode ser adaptado também a termorrígidos (Seção 8.6.4).

Moldagem Convencional por Injeção No processo de conformação de polímeros reforçados por fibras, a moldagem por injeção é usada tanto para PRF com TP quanto com TR. Na categoria dos TP, praticamente todos os polímeros termoplásticos podem ser reforçados com fibras. Fibras picadas devem ser usadas; se fibras contínuas fossem usadas, elas seriam encurtadas, de qualquer modo, pela ação da rosa giratória no corpo de injetora. Durante a injeção, a partir da câmara para a cavidade do molde, as fibras tendem a se alinhar ao longo de seu percurso por meio do bico de injeção. Os projetistas podem, por vezes, explorar essa característica para otimizar as propriedades direcionais a partir do projeto da peça, da localização das portas e da orientação da cavidade em relação à porta [14].

Embora compostos TP moldados sejam aquecidos e então injetados em molde frio, polímeros TR são injetados em molde aquecido para cura. O controle do processo com termorrígidos é mais rigoroso devido ao risco de formação prematura de ligações cruzadas na câmara de injeção. Sob os mesmos riscos, a moldagem por injeção pode ser aplicada aos plásticos TR reforçados com fibras, na forma de compostos moldados em *pellets* e compostos moldados em massa.

Moldagem por Injeção Reativa com Reforços Alguns termorrígidos curam por reações químicas em vez de temperatura; essas resinas podem ser moldadas por moldagem por injeção reativa (*reaction injection molding* — RIM). Na RIM, dois componentes reativos são misturados e imediatamente injetados na cavidade do molde, em que a cura e a solidificação dos componentes químicos ocorrem rápido. Um processo bastante próximo a esse inclui fibras de reforço, tipicamente de vidro, na mistura. Nesse caso, o processo é chamado moldagem por injeção reativa com reforços (*reinforced reaction injection molding* — RRIM). Suas vantagens são semelhantes àquelas do RIM, com o benefício adicional do reforço pelas fibras. O processo RRIM é muito usado nas carrocerias de carros e cabines de caminhões em para-choques, protetores e outras peças.

9.6 ENROLAMENTO FILAMENTAR

O enrolamento filamentar é o processo no qual fibras contínuas impregnadas com resina são enroladas em torno de um mandril rotativo, que tem a forma interna do produto de PRF desejado. A resina é, em seguida, curada e o mandril é removido. São produzidos componentes

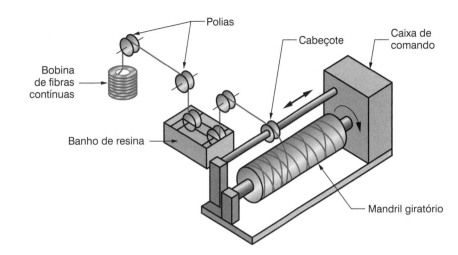

FIGURA 9.12 Enrolamento filamentar. (Crédito: *Fundamentals of Modern Manufacturing*, 4ª Edição por Mikell P. Groover, 2010. Reimpresso com permissão de John Wiley & Sons, Inc.)

ocos axissimétricos (normalmente com seção transversal circular), assim como algumas formas irregulares. A forma mais comum do processo está ilustrada na Figura 9.12. Um conjunto de fibras, provenientes de uma bobina, é puxado por meio de banho de resina, imediatamente antes de ser enrolado em um percurso helicoidal sobre um mandril cilíndrico. A continuação do percurso de enrolamento completa a superfície de uma camada, com a espessura de um filamento, sobre o mandril. A operação é repetida para formar camadas adicionais, cada qual possuindo um padrão de entrecruzamento com a anterior, até que a espessura desejada para a peça tenha sido alcançada.

Existem diversos métodos pelos quais as fibras podem ser impregnadas com a resina: (1) **enrolamento úmido**, no qual o filamento é puxado por meio da resina líquida imediatamente antes do enrolamento, como na figura; (2) **enrolamento de pré-impregnados** (também denominado **enrolamento seco**), no qual os filamentos são pré-impregnados com a resina parcialmente curada e enrolados em torno de um mandril aquecido; e (3) **impregnação posterior**, na qual os filamentos são enrolados sobre o mandril e, então, são impregnados com resina por pincelamento ou por outra técnica.

Dois padrões de enrolamento básico são usados no enrolamento filamentar: (a) em hélice e (b) polar (Figura 9.13). No **enrolamento em hélice**, as fibras são enroladas em um padrão espiral em torno do mandril, com ângulo de hélice θ. Se as fibras são enroladas com ângulo de hélice que se aproxima de 90°, de modo que, por revolução, o avanço do enrolamento é igual à largura do conjunto de fibras e os filamentos formam anéis aproximadamente circulares, esse enrolamento é chamado **enrolamento circunferencial**; esse enrolamento é um caso especial do enrolamento em hélice. No **enrolamento polar**, as fibras são enroladas em torno do maior eixo do mandril, como na Figura 9.13(b); após cada revolução longitudinal, o mandril fica recoberto na largura do conjunto de fibras (com rotação parcial entre si), de modo que uma forma oca é parcialmente formada no interior. Os padrões circunferencial e polar podem ser combinados por sucessivos giros do mandril para gerar camadas adjacentes com direções das fibras que sejam aproximadamente perpendiculares; essa forma é denominada **enrolamento biaxial** [3].

FIGURA 9.13 Dois padrões básicos no enrolamento filamentar: (a) em hélice e (b) polar. (Crédito: *Fundamentals of Modern Manufacturing*, 4ª Edição por Mikell P. Groover, 2010. Reimpresso com permissão de John Wiley & Sons, Inc.)

Os equipamentos de enrolamento filamentar possuem capacidades semelhantes àqueles do motor de um torno (Seção 16.2.3). O equipamento típico possui motor de acionamento que gira o mandril e mecanismo de alimentação para mover o cabeçote. Vários tipos de controle estão disponíveis nos equipamentos de enrolamento filamentar. Os equipamentos modernos usam **comando numérico computadorizado** (CNC, Seção 29.1), no qual a rotação do mandril e a velocidade do cabeçote são controlados independentemente, para permitir maior ajuste e flexibilidade nos movimentos relativos.

O **mandril** é a ferramenta especial que determina a geometria da peça obtida por enrolamento filamentar. Para a remoção da peça, os mandris devem ser capazes de colapsar após o enrolamento e a cura. Vários projetos são possíveis, incluindo mandris infláveis ou desinfláveis, mandris metálicos colapsáveis e mandris feitos de sais solúveis ou de gesso.

As aplicações do enrolamento filamentar são, com frequência, classificadas como aeroespaciais ou comerciais [16], e a primeira categoria envolve requisitos de engenharia bem maiores. Alguns exemplos de aplicações aeroespaciais incluem a envoltória dos motores de foguetes, corpos de mísseis, radomes, pás de helicópteros e seções da cauda e de estabilizadores de aviões. Essas peças são comumente feitas de resinas epóxi reforçadas por fibras de carbono, boro, Kevlar e vidro. Produtos com aplicações comerciais incluem tanques de armazenamento, tubos e dutos reforçados, eixos de transmissão, pás de turbinas eólicas e postes de iluminação; esses são fabricados com os PRFs convencionais. Os polímeros incluem resinas poliéster, epóxi e fenólicas; a fibra de vidro é o reforço comum.

9.7 PROCESSOS DE PULTRUSÃO

O processo básico de pultrusão foi desenvolvido em torno de 1950 para fazer varas de pescar em polímero reforçado por fibras de vidro (PRFV). O processo é semelhante à extrusão (daí a semelhança no nome), mas ele envolve puxar a peça (logo o prefixo "pul-" é usado no lugar de "ex-").* Como na extrusão, a pultrusão produz seções contínuas, retilíneas e com seção transversal constante. Um processo relacionado, chamado pulconformação (*pulforming*), pode ser usado para fabricar peças que são curvas e podem ter variações na seção transversal ao longo de seus comprimentos.

9.7.1 PULTRUSÃO

A pultrusão é o processo no qual fibras contínuas, provenientes de bobinas, são imersas em um banho de resina e puxadas através de uma matriz de conformação, em que a resina impregnada sofre a cura. A configuração do processo está esquematizada na Figura 9.14, que mostra o produto curado sendo cortado em seções retilíneas longas. As seções são reforçadas em todo o seu comprimento por fibras contínuas. Da mesma forma que na extrusão, as peças têm seção transversal constante, cujo perfil é determinado pela forma da abertura do molde.

O processo consiste em cinco etapas (identificadas no diagrama) realizadas em uma sequência contínua [3]: (1) **alimentação das fibras**, na qual as fibras são desenroladas de teares (prateleiras com ponteiras que prendem as bobinas de fibras); (2) **impregnação com resina**, em que as fibras são mergulhadas na resina líquida não curada; (3) **conformação prévia** — o conjunto de filamentos é gradualmente conformado na forma aproximada da seção transversal desejada antes da matriz; (4) **conformação e cura**, quando as fibras impregnadas são puxadas através da matriz aquecida, cujo comprimento é de 1 a 1,5 m (3 a 5 ft) e cujas superfícies internas são altamente polidas; e (5) **puxamento e corte** — os puxadores são usados para puxar o comprimento já curado de dentro do molde, após o que ele é cortado por uma serra com grãos de SiC ou de diamante.

---

* "pul-" do inglês pull (puxar). (N.T.)

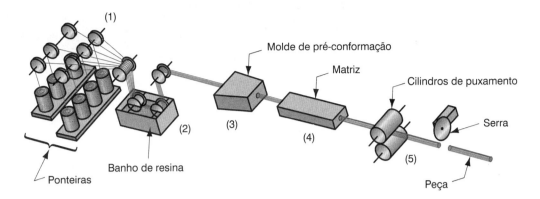

FIGURA 9.14 Processo de pultrusão (ver o texto para a interpretação da sequência dos números). Crédito: *Fundamentals of Modern Manufacturing*, 4ª Edição por Mikell P. Groover, 2010. Reimpresso com permissão de John Wiley & Sons, Inc.)

As resinas comumente usadas na pultrusão são poliésteres, epóxis e de silicone; todas são polímeros termorrígidos. Existem dificuldades no processamento com polímeros epóxi devido à sua aderência sobre a superfície da matriz. O material de reforço mais largamente usado são as fibras de vidro em proporções variando de 30% a 70%. O módulo de elasticidade e a resistência à tração aumentam com o teor do reforço. Os produtos fabricados por pultrusão são barras sólidas, tubos, chapas longas e finas, seções estruturais (tais como perfis não planos, cantoneiras e vigas com abas), cabos de ferramentas para trabalho em alta voltagem e coberturas do terceiro trilho de metrô.

9.7.2 PULCONFORMAÇÃO

O processo de pultrusão é limitado a seções retilíneas, com seção transversal constante. Existe também a necessidade de peças longas, com reforço por fibras contínuas, que sejam curvas em vez de retas e cujas seções transversais possam variar ao longo do comprimento. O processo de pulconformação é adequado a essas formas menos regulares. A pulconformação pode ser definida como a pultrusão com etapas adicionais para conformar o comprimento em um contorno semicircular e variar a seção transversal em um ou mais locais ao longo do comprimento. Um esquema do equipamento está ilustrado na Figura 9.15. Após sair da matriz de conformação, a peça contínua é alimentada a uma mesa giratória, que contém moldes negativos posicionados em torno da sua periferia. A peça é forçada em uma das cavidades do molde por uma matriz-guia, que comprime a seção transversal em várias posições e faz a curvatura ao longo do comprimento. O diâmetro da mesa determina o raio da peça. Conforme a peça sai da mesa-matriz, ela é cortada em certo comprimento, gerando peças individuais. Resinas e cargas semelhantes àquelas da pultrusão são usadas na pulconformação. Uma aplicação importante do processo é a produção do feixe de molas de automóveis.

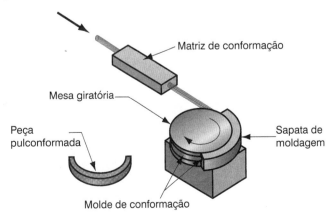

FIGURA 9.15 Processo de pulconformação (o corte da peça pulconformada não está mostrado no esboço). (Crédito: *Fundamentals of Modern Manufacturing*, 4ª Edição por Mikell P. Groover, 2010. Reimpresso com permissão de John Wiley & Sons, Inc.)

9.8 OUTROS PROCESSOS DE CONFORMAÇÃO PARA COMPÓSITOS DE MATRIZ POLIMÉRICA

Processos de conformação adicionais de PRF que merecem ser comentados incluem a fundição por centrifugação, laminação de tubos, laminação contínua e corte. Além disso, muitos dos processos de conformação para termoplásticos são aplicáveis a PRF (com fibras curtas) baseados em polímeros TP; esses processos incluem moldagem por sopro, termoformação e extrusão.

Fundição por Centrifugação Esse processo é ideal para produtos cilíndricos, tais como tubos e tanques. O processo é o mesmo que seu correspondente na fundição de metais (Seção 6.3.5). Fibras picadas combinadas com resina líquida são vertidas em um molde cilíndrico que gira rapidamente. A força centrífuga pressiona os componentes contra a parede do molde em que ocorre a cura. As superfícies internas resultantes são bastante lisas. A contração da peça e/ou o emprego de moldes com várias partes permitem a remoção da peça.

Laminação de Tubos Tubos de PRF podem ser fabricados a partir de lâminas de pré-impregnados pela técnica de laminação [12], mostrada na Figura 9.16. Tais tubos são usados em quadros de bicicletas e treliças espaciais. No processo, uma lâmina de pré-impregnado, pré-cortada, é enrolada em torno de um mandril cilíndrico diversas vezes, para obter um tubo com uma parede com diversas vezes a espessura da lâmina. As lâminas enroladas são, então, encapsuladas em uma luva, que se contrai com calor, e são curadas em forno. Conforme a luva contrai, os gases aprisionados são expulsos pelas extremidades do tubo. Quando a cura termina, o mandril é removido, obtendo-se um tubo de PRF. A operação é simples, e o custo do ferramental é baixo. Existem variações do processo, tais como o uso de diferentes métodos de enrolamento ou o uso de um molde de aço para encapsular o tubo de lâminas enroladas de pré-impregnados, a fim de obter melhor controle dimensional.

Laminação Contínua Painéis de plástico reforçado por fibras, algumas vezes translúcidos e/ou corrugados, são usados em construção. O processo para produzi-los consiste em (1) impregnação das camadas de mantas ou de tecidos de fibras de vidro pela imersão em resina líquida, ou passando-as sob um estilete; (2) recolher as camadas entre filmes de cobertura (celofane, poliéster ou outro polímero); e (3) compactação entre cilindros compactadores e cura. O perfil corrugado (4) é gerado por cilindros com perfil ou por sapatas nos moldes.

Métodos de Corte Compósitos laminados de PRF devem ser cortados tanto curados quanto não curados. Os materiais não curados (pré-impregnados, pré-formas, SMCs e outras formas precursoras) devem ser cortados no tamanho adequado para serem empilhados, moldados, e assim por diante. Facas, tesouras, guilhotinas e punções de aço são ferramentas típicas de corte. Além disso, também são usados métodos de corte não tradicionais, tais como corte a laser e corte por jato de água (Capítulo 19).

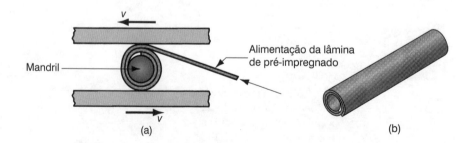

FIGURA 9.16 Laminação de tubos, mostrando (a) uma maneira possível de enrolar pré-impregnados de PRF em torno de um mandril e (b) o tubo acabado após a cura e a remoção do mandril. (Crédito: *Fundamentals of Modern Manufacturing*, 4ª Edição por Mikell P. Groover, 2010. Reimpresso com permissão de John Wiley & Sons, Inc.)

Os PRF curados são duros, tenazes, abrasivos e difíceis de serem cortados, mas o corte é necessário, em muitos processos de conformação de PRF, para retirar as rebarbas de material em excesso, fazer furos, contornos, e assim por diante. Para os plásticos reforçados por fibras de vidro, ferramentas de corte de carbeto cementado e lâminas de corte de aços rápidos devem ser usadas. Para compósitos mais avançados (por exemplo, boro-epóxi), ferramentas de corte adiamantadas obtêm os melhores resultados. O corte com jato de água é também usado com sucesso em PRF curados; esse processo reduz os problemas de poeira e de ruído associados aos métodos de corte convencionais.

REFERÊNCIAS

[1] Alliger, G., and Sjothun, I. J. (eds.). *Vulcanization of Elastomers*. Krieger Publishing Company, New York, 1978.

[2] *ASM Handbook*, Vol. **21**, *Composites*. ASM International, Materials Park, Ohio, 2001.

[3] Bader, M. G., Smith, W., Isham, A. B., Rolston, J. A., and Metzner, A. B. *Delaware Composites Design Encyclopedia*. Vol. 3, *Processing and Fabrication Technology*. Technomic Publishing Co., Inc., Lancaster, Pennsylvania, 1990.

[4] Billmeyer, Fred, W., Jr. *Textbook of Polymer Science*, 3rd ed. John Wiley & Sons, New York, 1984.

[5] Blow, C. M., and Hepburn, C. *Rubber Technology and Manufacture*, 2nd ed. Butterworth-Heinemann, London, 1982.

[6] Bralla, J. G. (ed.). *Design for Manufacturability Handbook*, 2nd ed. McGraw-Hill Book Company, New York, 1999.

[7] Charrier, J-M. *Polymeric Materials and Processing*. Oxford University Press, New York, 1991.

[8] Chawla, K. K. *Composite Materials: Science and Engineering*, 3rd ed. Springer-Verlag, New York, 2008.

[9] Coulter, J. P. "Resin Impregnation During the Manufacture of Composite Materials," *PhD Dissertation*. University of Delaware, 1988.

[10] *Engineering Materials Handbook*. Vol. **1**, *Composites*. ASM International, Materials Park, Ohio, 1987.

[11] Hofmann, W. *Rubber Technology Handbook*. Hanser-Gardner Publications, Cincinnati, Ohio, 1989.

[12] Mallick, P. K. *Fiber-Reinforced Composites: Materials, Manufacturing, and Design*, 2nd ed. Marcel Dekker, Inc., New York, 1993.

[13] Mark, J. E., and Erman, B. (eds.). *Science and Technology of Rubber*, 3rd ed. Academic Press, Orlando, Florida, 2005.

[14] McCrum, N. G., Buckley, C. P., and Bucknall, C. B. *Principles of Polymer Engineering*. Oxford University Press, Inc., Oxford, United Kingdom, 1988.

[15] Morton-Jones, D. H. *Polymer Processing*. Chapman and Hall, London, United Kingdom, 1989.

[16] Schwartz, M. M. *Composite Materials Handbook*, 2nd ed. McGraw-Hill Book Company, New York, 1992.

[17] Strong, A. B. *Fundamentals of Composites Manufacturing: Materials, Methods, and Applications*, 2nd ed. Society of Manufacturing Engineers, Dearborn, Michigan, 2007.

[18] Wick, C., Benedict, J. T., and Veilleux, R. F. (eds.). *Tool and Manufacturing Engineers Handbook*, 4th ed. Vol. **II**, *Forming*. Society of Manufacturing Engineers, Dearborn, Michigan, 1984.

[19] Wick, C., and Veilleux, R. F. (eds.). *Tool and Manufacturing Engineers Handbook*, 4th ed. Vol. III, *Materials, Finishing, and Coating*. Society of Manufacturing Engineers, Dearborn, Michigan, 1985.

QUESTÕES DE REVISÃO

9.1 Como a indústria da borracha está organizada?

9.2 Qual é a sequência das etapas de processamento necessárias para produzir peças acabadas de borracha?

9.3 Quais são alguns dos aditivos que são combinados com a borracha durante sua formulação?

9.4 Cite as quatro categorias básicas dos processos usados para conformar a borracha.

9.5 O que a vulcanização faz na borracha?

9.6 Cite as três configurações básicas dos pneus e identifique resumidamente as diferenças entre elas.

9.7 Quais são as três etapas básicas na fabricação de um pneu?

9.8 Qual é o propósito do talão em um pneu?

9.9 O que é um ETP?

9.10 Quais são os principais polímeros usados em polímeros reforçados por fibras?

9.11 Qual é a diferença entre uma bobina e um cabo?

9.12 O que é uma manta no contexto de fibras para reforço?

9.13 Por que as plaquetas são consideradas elementos da mesma classe básica de materiais de reforço que as partículas?

9.14 O que é um composto moldado em chapa (SMC)?

9.15 Como um pré-impregnado é diferente de um composto moldado?

9.16 Por que peças laminadas de PRF feitas pelo método de aspersão não são tão resistentes como os produtos semelhantes feitos por laminação manual?

9.17 O que é uma autoclave?

9.18 Quais são algumas das vantagens dos processos de molde fechado para PRF em relação aos processos de molde aberto?

9.19 Identifique algumas das diferentes formas dos compósitos de matriz polimérica obtidas por compostos moldados.

9.20 No que consiste a moldagem com pré-forma?

9.21 Descreva a moldagem por injeção reativa com reforços (RRIM).

9.22 No que consiste o enrolamento filamentar?

9.23 Descreva o processo de pultrusão.

9.24 Em que a pulconformação difere da pultrusão?

9.25 Como os PRF são cortados?

Parte III Processos Particulados de Metais e Cerâmicas

10 METALURGIA DO PÓ

Sumário

10.1 Produção dos Pós Metálicos
 10.1.1 Atomização
 10.1.2 Outros Métodos de Produção de Pós

10.2 Prensagem e Sinterização Convencionais
 10.2.1 Homogeneização e Mistura dos Pós
 10.2.2 Compactação
 10.2.3 Sinterização
 10.2.4 Operações Secundárias

10.3 Técnicas Alternativas de Prensagem e Sinterização
 10.3.1 Prensagem Isostática
 10.3.2 Moldagem de Pós por Injeção
 10.3.3 Laminação dos Pós, Extrusão e Forjamento
 10.3.4 Prensagem e Sinterização Combinadas
 10.3.5 Sinterização de Fase Líquida

10.4 Materiais e Produtos para a MP

10.5 Considerações de Projeto na Metalurgia do Pó

Apêndice 10 Caracterização dos Pós
 A10.1 Aspectos Geométricos
 A10.2 Outras Características

A Parte III deste livro se preocupa com o processamento de metais e cerâmicas na forma de pós sólidos em partículas muito pequenas. No caso das cerâmicas tradicionais, os pós são produzidos por britagem e moagem de materiais comumente encontrados na natureza, tais como minerais de silicatos (argilas) e de quartzo. No caso dos metais e dos novos materiais cerâmicos (aqueles à base, principalmente, de óxidos e carbonetos), os pós são produzidos por meio de vários processos industriais. Abordamos os processos de fabricação dos pós, bem como os métodos utilizados para moldar os produtos à base de pós em dois capítulos: o Capítulo 10 sobre a metalurgia do pó, e o Capítulo 11 sobre o processamento de particulados cerâmicos e cermetos.

A *Metalurgia do Pó* (MP) é um processo de fabricação no qual as peças são produzidas a partir de pós metálicos. Numa sequência usual de produção em MP, os pós são compactados na forma desejada e, depois, aquecidos para provocar a ligação entre as partículas numa massa rígida e dura. A compressão, denominada *compactação*, é executada em prensas utilizando ferramentas específicas para a produção de peças. O ferramental, que consiste basicamente em uma matriz e um ou mais punções, pode ser caro, e por isso a MP é um processo mais indicado para médias e grandes produções. O tratamento térmico, denominado *sinterização*, é realizado a temperaturas abaixo do ponto de fusão dos metais.

As considerações que tornam a metalurgia do pó uma importante tecnologia comercial incluem:

- Por metalurgia do pó, as peças produzidas podem ser **net shape** ou **near net shape**, reduzindo ou eliminando a necessidade de subsequentes operações de acabamento.
- O processo da MP envolve baixíssimo desperdício de material; cerca de 97% dos pós são transformados em produto. Isso pode ser favoravelmente comparado ao processo de fundição, no qual os canais de vazamento são materiais desperdiçados no ciclo de produção.
- Devido à natureza da matéria-prima da MP, as peças com nível específico de porosidade podem ser fabricadas. Esta característica presta-se à produção de peças metálicas porosas, tais como filtros metálicos, rolamentos e engrenagens autolubrificantes.
- Peças de certos metais de difícil fabricação por outros métodos podem ser moldadas por metalurgia do pó. O tungstênio é um exemplo; filamentos de tungstênio utilizados em lâmpadas incandescentes são feitos utilizando a tecnologia da MP.
- Certas combinações de ligas metálicas e cermetos podem ser fabricadas por MP e não podem ser produzidas por outros métodos.
- A MP é comparada favoravelmente com a maioria dos processos de fundição em termos de controle dimensional do produto. Tolerâncias de ± 0,13 mm (± 0005 in) são obtidas de forma rotineira.
- Para uma produção, os métodos de fabricação por MP podem ser automatizados.

Existem limitações e desvantagens associadas aos processamentos por MP. Eles incluem as seguintes: (1) os custos de ferramental e equipamentos são elevados, (2) os pós metálicos são caros, e (3) existem dificuldades com o armazenamento e o manuseio dos pós metálicos (tais como a degradação dos metais ao longo do tempo e o risco de incêndio com alguns metais em particular). Também (4) existem limitações de geometria da peça, porque os pós metálicos não escoam lateralmente com facilidade no molde durante a prensagem, e tolerâncias devem ser consideradas para a ejeção da peça para fora da matriz após a prensagem. Além disso, (5) as variações de densidade dos materiais em todas as partes da peça podem ser um problema na MP, em especial nas peças de geometrias complexas.

Embora peças até 22 kg (50 lb) possam ser produzidas, a maioria dos componentes da MP pesa menos que 2,2 kg (5 lb). Uma coleção de peças típicas da MP é mostrada na Figura 10.1. A maior quantidade de metais produzidos por MP são ligas de ferro, aço e alumínio. Outros metais por MP incluem cobre, níquel, e metais refratários, tais como molibdênio e tungstênio. Carbonetos metálicos, tais como carboneto de tungstênio, são frequentemente incluídos no escopo da metalurgia do pó, entretanto, uma vez que estes materiais são cerâmicos, suas considerações a respeito da fabricação desses materiais ficarão para o próximo capítulo.

FIGURA 10.1 Uma coleção de peças da metalurgia do pó. Cortesia da Dorst America, Inc. (Crédito: *Fundamentals of Modern Manufacturing*, 4ª Edição por Mikell P. Groover, 2010. Reimpresso com permissão de John Wiley & Sons, Inc.)

O sucesso na metalurgia do pó depende muito das características dos pós; a caracterização dos pós será discutida no apêndice deste capítulo. Nas cerâmicas, exceto os vidros, as matérias-primas são também pós, de modo que os métodos para a caracterização dos pós cerâmicos estão intimamente relacionados com aqueles na MP.

10.1 PRODUÇÃO DOS PÓS METÁLICOS

Para começar, é importante salientar que as empresas produtoras dos pós metálicos não são as mesmas que fazem as peças por MP. Os produtores de pó são os fornecedores, as fábricas que fazem os componentes com pós metálicos são os clientes. Os processos utilizados pelos fornecedores dos pós são discutidos nesta seção, os processos utilizados pelos fabricantes de peças por MP são discutidos nas Seções 10.2 e 10.3.

Teoricamente, qualquer metal pode ser produzido na forma de pó. Pode-se destacar três métodos principais, pelos quais os pós metálicos são comercialmente produzidos, cada um dos quais envolve uma forma diferente de energia utilizada para aumentar a área superficial do metal. Os métodos são (1) atomização, (2) químico, e (3) eletrolítico [13]. Além deles, os métodos mecânicos são usados de maneira eventual para reduzir o tamanho dos pós; entretanto, estes métodos são muito mais comumente associados com a produção de pós cerâmicos e trataremos deles no próximo capítulo.

10.1.1 ATOMIZAÇÃO

Este método envolve a conversão do metal fundido em gotas pulverizadas que se solidificam em forma de pós. Atualmente, ele é o método mais versátil e popular para produção de pós metálicos, aplicável a quase todos os metais, tanto ligas metálicas, como metais puros. Existem várias maneiras de criar o jato de metal fundido, muitas das quais estão ilustradas na Figura 10.2. Dois dos métodos apresentados se baseiam na *atomização a gás*, na qual uma corrente de gás (ar ou gás inerte) em alta velocidade é usada para atomizar o metal líquido. Na Figura 10.2(a), o gás flui pelo bocal de expansão, encontra o metal fundido que sobe pelo sifão de baixo para cima, sendo pulverizado em um recipiente. As gotículas solidificam em forma de pó. Por método muito semelhante, mostrado na Figura 10.2(b), o metal fundido flui por gravidade por um bocal e é imediatamente atomizado por jatos de ar. Os pós metálicos resultantes, que tendem a ser esféricos, são recolhidos numa câmara inferior.

A abordagem mostrada na Figura 10.2(c) é similar à (b) exceto por ser usada uma corrente de água a alta velocidade em vez de ar. Este é conhecido como *atomização em água* e é o mais comum dos métodos de atomização, particularmente adequado para metais que se fundem a temperaturas abaixo de 1000ºC (2900ºF). O resfriamento é mais rápido, e a forma do pó resultante é irregular em vez de esférica. A desvantagem do uso de água é a oxidação da superfície das partículas. Recente inovação prevê o uso de óleo sintético em vez de água para reduzir a oxidação. Em ambos os processos de atomização, a gás ou em água, o tamanho da partícula é em grande parte controlado pela velocidade da corrente do fluido; o tamanho da partícula é inversamente proporcional à velocidade.

Vários métodos são baseados na *atomização por centrifugação*. Um deles é o *método por disco rotativo* mostrado na Figura 10.2(d), no qual a corrente de metal líquido é lançada sobre um disco de alta rotação, que pulveriza o metal em todas as direções para produzir os pós.

10.1.2 OUTROS MÉTODOS DE PRODUÇÃO DE PÓS

Outros métodos de produção de pós metálicos incluem vários processos de redução química, métodos por precipitação e eletrólise.

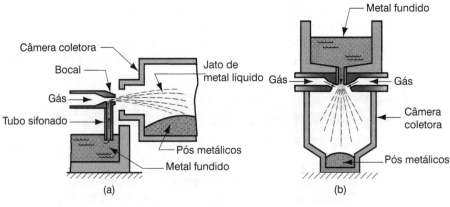
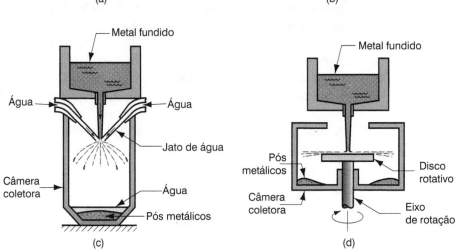

FIGURA 10.2 Vários métodos de atomização para produção de pós metálicos: (a) e (b) dois métodos de atomização a gás; (c) atomização em água; e (d) atomização por centrifugação pelo método por disco rotativo. (Crédito: *Fundamentals of Modern Manufacturing*, 4ª Edição, por Mikell P. Groover, 2010. Reimpresso com permissão de John Wiley & Sons, Inc.)

A ***redução química*** inclui uma variedade de reações químicas pelas quais os compostos metálicos são reduzidos para pós metálicos elementares. Um processo comum envolve a liberação dos metais, a partir de seus óxidos, pelo uso de agentes redutores, tais como hidrogênio ou monóxido de carbono. O agente redutor é usado para combinar com o oxigênio no composto e libertar o elemento metálico. Este procedimento é usado para produzir pós de ferro, tungstênio e cobre. Outros processos químicos para a produção de pós de ferro envolvem a decomposição do Pentacarbonil de ferro, $(Fe(CO)_5)$, para produzir partículas esféricas de elevada pureza. Os pós produzidos por esse método estão ilustrados na micrografia óptica da Figura 10.3. Outros métodos químicos incluem a ***precipitação*** dos elementos metálicos a partir de sais dissolvidos em água. Pós de cobre, níquel e cobalto podem ser produzidos por esse método.

FIGURA 10.3 Pós de ferro produzidos por atomização em água. Cortesia de T.F. Murphy e Hoeganaes Corporation.

Na *eletrólise*, uma célula eletrolítica é montada de tal forma que a fonte do metal desejado seja o anodo. Este anodo é lentamente dissolvido sob a aplicação de uma tensão, transportada por meio do eletrólito e depositada no catodo. O depósito é removido, lavado e secado para obter um pó metálico de pureza muito elevada. A técnica é usada para a produção de pós de berílio, cobre, ferro, prata, tântalo e titânio.

10.2 PRENSAGEM E SINTERIZAÇÃO CONVENCIONAIS

Após a produção dos pós metálicos, a sequência convencional da MP usada pelos fabricantes de peças consiste em três etapas: (1) mistura e homogeneização dos pós; (2) compactação, na qual os pós são prensados no formato da peça desejada; e (3) sinterização, que envolve aquecimento da temperatura abaixo do ponto de fusão para promover a ligação das partículas no estado sólido e conferir resistência à peça. As três etapas, que às vezes são citadas como as operações primárias da MP, estão retratadas na Figura 10.4. Além delas, operações secundárias são, às vezes, realizadas para melhorar a precisão dimensional, aumentar a densidade ou por outros motivos.

10.2.1 HOMOGENEIZAÇÃO E MISTURA DOS PÓS

Para alcançar bons resultados na compactação e sinterização, os pós metálicos devem ser cuidadosamente homogeneizados em uma etapa anterior. Os termos *homogeneização* e *mistura* são ambos usados neste contexto. O termo **homogeneização** é utilizado quando pós de uma mesma composição química, mas de diferentes tamanhos de partículas, são misturados. Diferentes tamanhos de partículas combinados são, com frequência, para reduzir a porosidade. **Mistura** significa que pós de diferentes composições químicas estão sendo combinados. Uma vantagem da tecnologia de MP é a oportunidade de misturar vários metais em composições que seriam difíceis ou impossíveis de serem produzidas por outros meios. A distinção entre a homogeneização e mistura nem sempre é precisa na prática industrial.

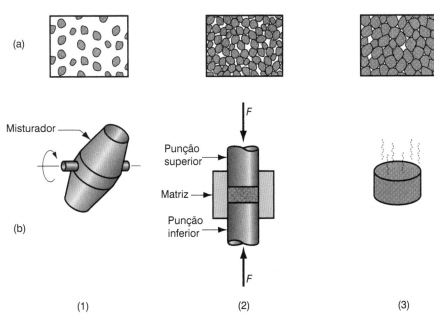

FIGURA 10.4 Sequência de produção na metalurgia do pó convencional: (1) mistura, (2) compactação, e (3) sinterização; (a) mostra a condição de partículas, enquanto (b) mostra a operação de fabricação da peça durante a sequência. (Crédito: *Fundamentals of Modern Manufacturing*, 4ª Edição, por Mikell P. Groover, 2010. Reimpresso com permissão de John Wiley & Sons, Inc.)

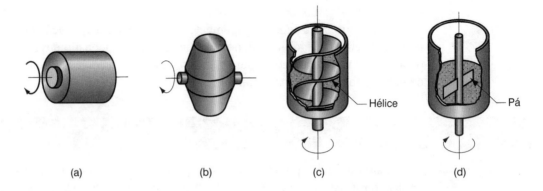

FIGURA 10.5 Alguns dispositivos de mistura e homogeneização: (a) tambor rotativo, (b) misturador duplo cone rotativo, (c) misturador de hélice, e (d) misturador de pás. (Crédito: *Fundamentals of Modern Manufacturing*, 4ª Edição, por Mikell P. Groover, 2010. Reimpresso com permissão de John Wiley & Sons, Inc.)

A mistura e a homogeneização são realizadas por meios mecânicos. Quatro alternativas estão ilustradas na Figura 10.5: (a) rotação em tambor, (b) rotação em misturador duplo cone, (c) agitação em um misturador de hélice, e (d) agitação em um misturador de pás. Existe mais ciência nestes dispositivos que se poderia suspeitar. Os melhores resultados são obtidos quando os equipamentos são carregados entre 20% e 40% de sua capacidade. Os recipientes são, em geral, projetados com defletores internos ou outros dispositivos para prevenir a queda livre de pós de tamanhos diferentes durante a mistura, pois as variações nas taxas de sedimentação resultam em segregação — que é exatamente o oposto do que é desejado na mistura. A vibração do pó é indesejável, uma vez que também causa a segregação.

Outros ingredientes são geralmente adicionados aos pós metálicos durante a etapa de homogeneização e/ou mistura. Eles incluem (1) *lubrificantes*, tais como estearatos de zinco e de alumínio, em pequenas quantidades para reduzir a fricção entre as partículas e a parede da matriz durante a compactação; (2) *agentes aglutinantes*, que são requeridos em alguns casos para alcançar resistência adequada nas peças prensadas, mas não sinterizadas, e (3) *desfloculantes*, que inibem a aglomeração de pós para melhores características de fluidez durante o processamento subsequente.

10.2.2 COMPACTAÇÃO

Na compactação, alta pressão é aplicada nos pós para moldá-los no formato desejado. O método de compactação convencional é o de *prensagem*, em que punções opostos pressionam os pós contidos numa matriz. As etapas de um ciclo de prensagem são mostradas na Figura 10.6. A peça, após a prensagem, é chamada *compactado verde*, e a palavra *verde* significa ainda não foi completamente processada. Como resultado da prensagem, a densidade da peça, a chamada *densidade a verde*, é muito maior que a densidade da matéria-prima. A *resistência verde* da peça quando prensada é adequada para o manuseio, entretanto é muito menor que aquela que será alcançada após a sinterização.

A pressão aplicada na compactação resulta inicialmente em remanejamento dos pós em um arranjo mais eficiente, eliminando as "pontes" formadas durante o enchimento, reduzindo o espaço dos poros e aumentando o número de pontos de contato entre as partículas. Conforme a pressão aumenta, as partículas vão sendo plasticamente deformadas, aumentando a área de contacto interpartículas e levando partículas adicionais a fazer contato. Isto é acompanhado pela redução adicional do volume de poros. A evolução é ilustrada nas três etapas na Figura 10.7, que levam as partículas a tomarem a forma esférica. Também é mostrada a densidade correspondente, nas três etapas, em função da pressão aplicada.

Na MP convencional, as prensas usadas na compactação são mecânicas, hidráulicas, ou uma combinação destas duas. Uma prensa hidráulica de 450 kN (50 t) está mostrada na

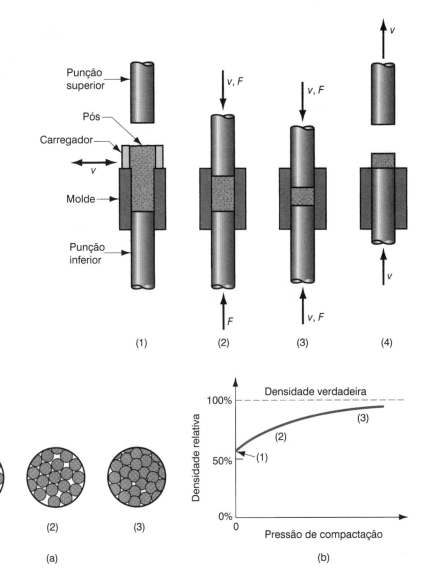

FIGURA 10.6 Prensagem, o método convencional de compactação dos pós metálicos na MP: (1) enchimento da cavidade do molde com os pós, feito por carregamento automático na produção, (2) posição inicial, e (3) posição final dos punções superior e inferior durante a compactação, e (4) ejeção da peça. (Crédito: *Fundamentals of Modern Manufacturing*, 4ª Edição, por Mikell P. Groover, 2010. Reimpresso com permissão de John Wiley & Sons, Inc.)

FIGURA 10.7 (a) Efeito da pressão aplicada nas diferentes etapas: (1) pós soltos após o enchimento inicial, (2) rearranjo, e (3) deformação das partículas, e (b) densificação dos pós em função da pressão. A sequência aqui corresponde aos estágios 1, 2, e 3 na Figura 10.6. (Crédito: *Fundamentals of Modern Manufacturing*, 4ª Edição, por Mikell P. Groover, 2010. Reimpresso com permissão de John Wiley & Sons, Inc.)

Figura 10.8. Em virtude das diferenças na complexidade das peças associadas às exigências da prensagem, as prensas podem ser classificadas como (1) compactação uniaxial, referente às prensas de simples ação; ou (2) prensas de dupla direção, de vários tipos, incluindo punções opostos, dupla ação e múltipla ação. A moderna tecnologia de prensagem disponível pode fornecer até 10 controles de ação distintos para produzir peças de significativa complexidade geométrica. Examinaremos a complexidade das peças produzidas e outras questões de projeto na Seção 10.5.

A capacidade das prensas na produção de peças por MP é normalmente dada em kN ou MN. A força requerida para a prensagem depende da área da peça projetada para MP (área no plano horizontal para a prensa vertical) multiplicada pela pressão necessária para compactar o dado pó metálico. Reduzindo isso para uma equação,

$$F = A_p p_c \qquad (10.1)$$

FIGURA 10.8 Uma prensa hidráulica de 450 kN (50 t) para compactação de componentes da metalurgia do pó. Foto cedida por Dorst America, Inc. (Crédito: *Fundamentals of Modern Manufacturing*, 4ª Edição, por Mikell P. Groover, 2010. Reimpresso com permissão de John Wiley & Sons, Inc.)

em que F = força necessária, N (lb); A_p = área projetada da peça, mm² (in²); e p_c = pressão de compactação requerida para o dado material em pó, MPa (lb/in²). As pressões usuais de compactação variam de 70 MPa (10.000 lb/in²) para pó de alumínio a 700 MPa (100.000 lb/in²) para pós de ferro e aço.

10.2.3 SINTERIZAÇÃO

Depois de prensado, o compactado verde não tem resistência mecânica e dureza; ele facilmente fratura sob baixas tensões. A *sinterização* é uma operação de tratamento térmico realizada no compactado para unir as suas partículas metálicas, aumentando assim a resistência e a dureza. O tratamento é em geral realizado a temperaturas entre 0,7 e 0,9 de ponto de fusão do metal (escala absoluta). Os termos *sinterização no estado sólido* ou *sinterização de fase sólida* são por vezes utilizados para se referenciar à sinterização convencional, porque o metal permanece não fundido a estas temperaturas de tratamento.

É consenso geral entre os pesquisadores que a principal força motriz para a sinterização é a redução da energia superficial [6], [16]. O compactado verde é constituído de inúmeras partículas distintas, cada uma com sua própria superfície individual, e assim a área superficial total contida no compactado é muito elevada. Sob a influência do calor, a área superficial é reduzida pela formação e crescimento de ligações entre as partículas, com a redução associada da energia superficial. Quanto mais fino for o pó inicial, maior será a área de superfície total e maior a força motriz associada ao processo.

A série de desenhos da Figura 10.9 mostra, em escala microscópica, as mudanças que ocorrem durante a sinterização de pós metálicos. A sinterização envolve o transporte de massa para criar o pescoço e transformá-lo em contorno de grão. O principal mecanismo pelo qual isto ocorre é a difusão; outros mecanismos podem ser utilizados, como, por exemplo, o escoamento (fluxo plástico). A contração de toda a peça ocorre durante a sinterização, como resultado da redução de tamanho dos poros. Isto depende, em grande medida, da densidade do compactado verde, o que está relacionado com a pressão usada durante a compactação. A contração é, em geral previsível, quando as condições de processamento são estreitamente controladas.

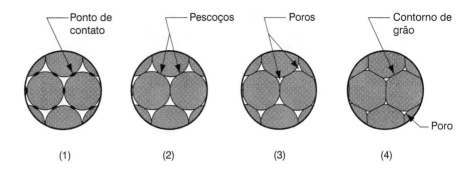

FIGURA 10.9 A sinterização em escala microscópica: (1) a ligação da partícula é iniciada em pontos de contato; (2) os pontos de contato crescem formando "pescoços", (3) os poros entre as partículas são reduzidos em tamanho, e (4) os contornos de grãos se desenvolvem entre as partículas no lugar das regiões de pescoço. (Crédito: *Fundamentals of Modern Manufacturing*, 4ª Edição, por Mikell P. Groover, 2010. Reimpresso com permissão de John Wiley & Sons, Inc.)

As aplicações da MP envolvem geralmente médias e grandes produções, assim, a maioria dos fornos de sinterização é projetada com fluxo mecanizado contínuo das peças. O tratamento térmico consiste em três etapas, realizado nas três câmaras destes fornos contínuos: (1) preaquecimento, quando os lubrificantes e agentes ligantes são evaporados, (2) sinterização, e (3) resfriamento. O tratamento é ilustrado na Figura 10.10. As temperaturas e os tempos típicos da sinterização de metais selecionados são apresentados na Tabela 10.1.

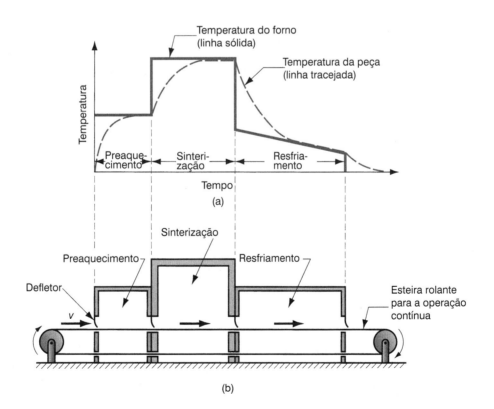

FIGURA 10.10 (a) Ciclo de tratamento térmico típico na sinterização; e (b) a seção transversal esquemática de um forno de sinterização contínuo. (Crédito: *Fundamentals of Modern Manufacturing*, 4ª Edição, por Mikell P. Groover, 2010. Reimpresso com permissão de John Wiley & Sons, Inc.)

TABELA 10.1	Temperaturas e tempos típicos da sinterização de alguns pós metálicos		
	Temperaturas de Sinterização		
Metal	**°C**	**°F**	**Tempo Usual**
Aço inoxidável	1200	2200	45 min
Bronze	820	1500	15 min
Cobre	850	1600	25 min
Ferro	1100	2000	30 min
Latão	850	1600	25 min
Tungstênio	2300	4200	480 min

Compilado de [10] e [17].

Na prática atual da sinterização, a atmosfera no forno é controlada. Os efeitos da atmosfera controlada incluem (1) proteção contra a oxidação, (2) proporcionar atmosfera redutora para remover os óxidos existentes, (3) fornecer atmosfera para cementação, e (4) auxiliar na remoção de lubrificantes e ligantes utilizados na prensagem. As atmosferas mais comuns dos fornos de sinterização são de gases inertes, à base de nitrogênio, amônia dissociada, hidrogênio e gás natural [6]. Vácuo é utilizado para certos metais, tais como aço inoxidável e tungstênio.

10.2.4 OPERAÇÕES SECUNDÁRIAS

Na MP, pode ser necessário realizar operações secundárias para produzir a peça final; elas incluem densificação, ajustagem, impregnação, infiltração, tratamento térmico e acabamento.

Densificação e Calibração Uma série de operações secundárias pode ser realizada na peça prensada e sinterizada para aumentar a densidade, melhorar a precisão ou adicionar algum detalhe na geometria da peça. A *reprensagem* é uma operação de prensagem em que a peça é prensada em uma matriz fechada para aumentar a densidade e melhorar as propriedades físicas. A *calibração* é a prensagem de uma peça sinterizada para melhorar a precisão dimensional. *Cunhagem* é uma operação de prensagem de uma peça sinterizada para acrescentar algum detalhe na superfície do objeto.

Algumas peças da MP requerem *usinagem* após a sinterização. A usinagem raramente é feita para ajustar as dimensões da peça, e sim para criar efeitos geométricos que não podem ser produzidos pela prensagem, tais como roscas internas e externas, furos laterais e outros detalhes.

Impregnação e Infiltração A porosidade é uma característica única e inerente à tecnologia da metalurgia do pó. Ela pode ser explorada para criar produtos especiais, preenchendo o espaço disponível dos poros com óleos, polímeros ou metais que têm temperaturas de fusão inferiores às do metal de base.

A *impregnação* é o termo utilizado quando óleo ou outro fluido é permeado para dentro dos poros de uma peça sinterizada na MP. Os produtos mais comuns deste processo são rolamentos impregnados de óleo, engrenagens e componentes de máquinas semelhantes. Mancais autolubrificantes, normalmente feitos de bronze ou de ferro, com 10% a 30% de óleo, em volume, são muito utilizados na indústria automobilística. O tratamento é realizado por imersão das peças sinterizadas em um banho de óleo quente.

Uma aplicação alternativa da impregnação produz peças por MP que devem ser fabricadas com forte pressão ou que necessitem ser impermeáveis a líquidos. Neste caso, as peças são impregnadas com vários tipos de resinas poliméricas na forma líquida, que escoam preenchendo os espaços dos poros e, em seguida, solidificam. Em alguns casos, a impregnação de resina é utilizada para facilitar o processamento subsequente, por exemplo, para permitir a utilização de soluções de processamento (tais como produtos químicos de revestimento), que poderiam penetrar nos poros e degradar o produto, ou melhorar a usinabilidade da peça produzida por MP.

Infiltração é uma operação em que os poros da peça da MP são preenchidos com um metal fundido. O ponto de fusão do metal de enchimento deve ser inferior dos pós da peça por MP. O processo envolve o aquecimento do metal de enchimento em contato com o componente sinterizado, que pela ação de capilaridade atrai o material de enchimento para dentro dos poros. A estrutura resultante é relativamente não porosa, e a peça infiltrada tem densidade mais uniforme, bem como resistência e tenacidade melhoradas. Uma aplicação do processo é a infiltração de cobre em peças de ferro produzida por MP.

Tratamento Térmico e Acabamento Os componentes da metalurgia do pó podem ser tratados termicamente (Capítulo 20) e acabados (galvanizados ou pintados, Capítulo 21) pela maioria dos mesmos processos utilizados em peças produzidas por fundição e outros processos de fabricação mecânica. Cuidados especiais devem ser tomados em tratamentos térmicos devido à porosidade; por exemplo, banhos de sal não são utilizados no aquecimento de peças fabricadas por MP. Operações de galvanização e de revestimento são aplicadas a peças sinterizadas para fins estéticos e de resistência à corrosão. Mais uma vez, devem ser tomadas precauções para evitar a retenção de soluções químicas nos poros; impregnação e infiltração são com frequência utilizadas para esta finalidade. Os recobrimentos mais comuns para peças da MP incluem cobre, níquel, cromo, zinco e cádmio.

10.3 TÉCNICAS ALTERNATIVAS DE PRENSAGEM E SINTERIZAÇÃO

A sequência convencional de prensagem e sinterização é a tecnologia mais utilizada na fabricação por metalurgia do pó. Os métodos adicionais para processamento de peças por MP são discutidos nesta seção.

10.3.1 PRENSAGEM ISOSTÁTICA

Uma característica da prensagem convencional é que a pressão é aplicada uniaxialmente. Isto impõe limitações sobre a geometria da peça, uma vez que os pós metálicos não escoam com facilidade em direções perpendiculares à pressão aplicada. A prensagem uniaxial também leva a variações de densidade do compactado após a prensagem. Na ***prensagem isostática***, a pressão é aplicada em todas as direções contra os pós que estão contidos em um molde flexível; a pressão hidráulica é usada para realizar a compactação. A prensagem isostática pode ser realizada em duas alternativas: (1) prensagem isostática a frio e (2) prensagem isostática a quente.

A ***prensagem isostática a frio*** (PIF) realiza a compactação à temperatura ambiente. O molde, feito de borracha ou outro elastômero, é superdimensionado para compensar a contração. Água ou óleo são usados para fornecer a pressão hidrostática contra o molde no interior da câmara. A Figura 10.11 ilustra a sequência do processamento da prensagem isostática a frio. As vantagens da PIF incluem densidade mais uniforme, ferramentas menos dispendiosas e maior aplicabilidade para menores produções. Na prensagem isostática, é difícil conseguir uma boa precisão dimensional devido à utilização de molde flexível. Consequentemente, as operações de acabamento subsequentes são muitas vezes necessárias para se obter as dimensões requeridas, antes ou após a sinterização.

A ***prensagem isostática a quente*** (PIQ) é realizada a temperaturas e pressões elevadas utilizando um gás, argônio ou hélio, como meio de compressão. O molde em que os pós são contidos é feito de chapa metálica para suportar as elevadas temperaturas. Pela PIQ é possível fazer a prensagem e a sinterização em uma única etapa. Apesar desta vantagem aparente, é um processo relativamente caro, e suas aplicações estão concentradas na indústria aeroespacial. As peças da PM feitas por prensagem isostática a quente são caracterizadas por elevada densidade (porosidade próxima de zero), completa ligação interpartículas e boa resistência mecânica.

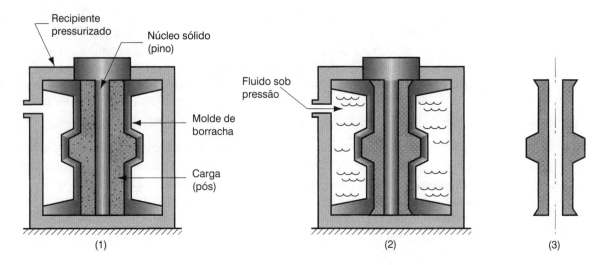

FIGURA 10.11 Prensagem isostática a frio: (1) os pós são colocados em molde flexível; (2) a pressão hidrostática é aplicada contra o molde para compactação dos pós; e (3) a pressão é reduzida, e a peça é extraída. (Crédito: *Fundamentals of Modern Manufacturing*, 4ª Edição, por Mikell P. Groover, 2010. Reimpresso com permissão de John Wiley & Sons, Inc.)

10.3.2 MOLDAGEM DE PÓS POR INJEÇÃO

A moldagem por injeção é usual e diretamente relacionada à indústria de plásticos (Seção 8.6). Porém, o mesmo processo básico pode ser utilizado para fabricar peças de pós metálicos ou cerâmicos, com a diferença de que a matéria-prima polimérica contém elevado teor de material particulado, tipicamente cerca de 50% a 85% em volume. Quando usado em metalurgia do pó, o termo **moldagem por injeção metálica** é usado. O processo mais geral é **moldagem por injeção de pós**, que inclui tanto pós metálicos quanto cerâmicos. As etapas da moldagem por injeção de pós é feita da seguinte forma [7]: (1) Os pós metálicos são misturados com um ligante apropriado; (2) *Pellets* granulares são formados a partir da mistura. (3) Os *pellets* são aquecidos à temperatura de moldagem, injetados na cavidade do molde, e a peça é resfriada e extraída do molde. (4) A peça é processada para remover o ligante usando uma das várias técnicas térmicas ou solvente. (5) A peça é sinterizada. (6) Operações secundárias são realizadas conforme especificado.

O ligante usado na moldagem de pós por injeção atua como um veículo para as partículas. São suas funções proporcionar características de escoamento adequadas durante a moldagem e segurar os pós na forma moldada até a sinterização. Os cinco tipos básicos de ligantes em MIP são (1) polímeros termofixos, tais como fenólicos, (2) polímeros termoplásticos, tais como polietileno, (3) água, (4) géis, e (5) materiais inorgânicos [7]. Os polímeros são os mais utilizados.

A moldagem de pós por injeção é adequada para peças de geometrias semelhantes às da moldagem por injeção de plástico. Não é economicamente competitivo para peças simples assimétricas, porque o processo de prensagem e sinterização convencional é mais adequado para esses casos. A MIP parece ser mais econômica para peças pequenas e complexas, de alto valor agregado. A precisão dimensional é limitada pela contração que acompanha a densificação da peça durante a sinterização.

10.3.3 LAMINAÇÃO DOS PÓS, EXTRUSÃO E FORJAMENTO

Laminação, extrusão e forjamento são os processos comuns de conformação dos metais (Capítulo 13). Eles serão descritos aqui no contexto da metalurgia do pó.

Laminação de Pós Os pós podem ser conformados em uma operação de laminação para formar tiras metálicas. O processo é em geral projetado para ser realizado de forma contínua

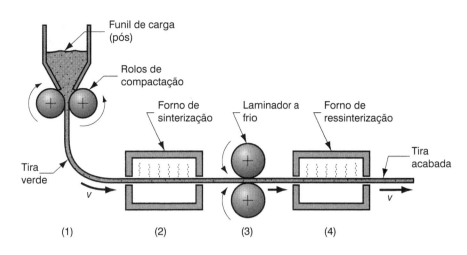

FIGURA 10.12 Laminação de pós: (1) os pós são alimentados por meio de rolos de compactação para formar uma fita compactada verde, (2) sinterização; (3) laminação a frio; e (4) ressinterização. (Crédito: *Fundamentals of Modern Manufacturing*, 4ª Edição, por Mikell P. Groover, 2010. Reimpresso com permissão de John Wiley & Sons, Inc.)

ou semicontínua, como mostrado na Figura 10.12. Os pós metálicos são compactados entre rolos formando uma tira verde, que alimenta diretamente um forno de sinterização. Ela é, então, laminada a frio e ressinterizada.

Extrusão de Pós A extrusão é um dos processos básicos de fabricação. Na MP por extrusão, a matéria-prima em pó pode ser de diferentes formas. No método mais comum, os pós são colocados em uma lata metálica estanque, a vácuo, que pode ser aquecida e extrudada junto com o recipiente. Numa outra variante, tarugos são pré-conformados pelo processo convencional de prensagem e sinterização e, em seguida, são extrudados a quente. Estes métodos permitem obter elevado grau de densificação nos produtos da MP.

Forjamento de Pós O forjamento é um importante processo de conformação dos metais (Seção 13.2). No forjamento de pós, a matéria-prima de partida é uma peça pré-formada pela metalurgia do pó por prensagem e sinterização, de dimensões adequadas. As vantagens deste método são: (1) densificação da peça da MP, (2) redução dos custos de ferramentas e menor número de passes de forjamento (e, por conseguinte, mais elevadas taxas de produção), porque a matéria-prima é uma peça pré-conformada, e (3) redução dos resíduos de material.

10.3.4 PRENSAGEM E SINTERIZAÇÃO COMBINADAS

A prensagem isostática a quente (Seção 10.3.1) realiza a compactação e sinterização em uma única etapa. Outras técnicas que combinam as duas etapas são prensagem a quente e sinterização por centelhamento ou sinterização reativa.

Prensagem a quente A configuração da prensagem uniaxial a quente é muito semelhante à prensagem da MP convencional, exceto pelo fato de o calor ser aplicado durante a compactação. O produto resultante é, em geral, denso, resistente, duro e dimensionalmente preciso. Apesar dessas vantagens, o processo apresenta certos problemas técnicos que limitam o seu uso. Entre eles estão: (1) a seleção do material de molde adequado para suportar as elevadas temperaturas de sinterização, (2) a necessidade de longo ciclo de produção para realizar a sinterização, e (3) o controle do processo de aquecimento e manutenção da atmosfera [2]. A prensagem a quente tem encontrado aplicação na fabricação de produtos de carbonetos sinterizados usando moldes de grafite.

Sinterização por Centelhamento ou Sinterização Reativa Uma abordagem alternativa que combina prensagem e sinterização, mas supera alguns dos problemas da prensagem a quente, é a sinterização por centelhamento. O processo consiste em dois passos básicos [2] [17]: (1) o pó ou um compactado verde pré-moldado é colocado na matriz, e (2) os punções superior e inferior, que também servem como eletrodos, comprimem a peça e, simultaneamente, aplicam uma corrente elétrica de alta energia que queima os contaminantes da superfície e sinteriza os pós, formando uma peça densa e sólida em 15 segundos. O processo tem sido aplicado para uma variedade de metais.

10.3.5 SINTERIZAÇÃO DE FASE LÍQUIDA

A sinterização convencional (Seção 10.2.3) é a sinterização de estado sólido; o metal é sinterizado a uma temperatura abaixo do seu ponto de fusão. Em sistemas que consistem em mistura de dois metais em pó, quando há diferença de temperatura de fusão entre os metais, um tipo alternativo de sinterização é usado, chamado sinterização de fase líquida. Neste processo, os dois pós são inicialmente misturados, e então aquecidos a uma temperatura que seja bastante elevada para fundir o metal de ponto de fusão inferior, mas não o outro. O metal fundido molha por completo as partículas sólidas, criando uma estrutura densa com forte ligação entre os metais na solidificação. Dependendo dos metais envolvidos, o aquecimento prolongado pode resultar na formação de liga metálica pela dissolução gradual das partículas sólidas dentro da massa líquida fundida e/ou difusão do metal líquido para dentro do sólido. Em ambos os casos, o produto resultante é totalmente denso (sem poros) e resistente. Exemplos de sistemas que utilizam a sinterização de fase líquida incluem Fe-Cu, W-Cu e Cu-Co [6].

10.4 MATERIAIS E PRODUTOS PARA A MP

As matérias-primas para o processamento por MP são mais caras que aquelas utilizadas em outros processos de fabricação devido à energia adicional necessária para reduzir o metal para a forma de pó. Assim sendo, a MP é competitiva apenas para um determinado campo de aplicações. Nesta seção, vamos identificar os materiais e produtos que são mais adequados para a metalurgia do pó.

Materiais da MP Do ponto de vista químico, os pós metálicos podem ser classificados como elementares ou pré-ligados. Os pós *elementares* são formados por pós de metal puro e são utilizados em aplicações em que alta pureza é importante. Por exemplo, ferro puro pode ser utilizado quando as suas propriedades magnéticas são importantes. Os pós elementares mais comuns são de ferro, alumínio e cobre.

Os pós elementares são também misturados com outros pós metálicos para produzir ligas especiais, que são difíceis de fabricar usando métodos convencionais de processamento. Os aços ferramenta são um exemplo; a MP permite homogeneizar ingredientes difíceis ou impossíveis de serem produzidos pelas técnicas metalúrgicas tradicionais. Utilizando misturas de pós elementares para formar uma liga proporciona-se melhoria no processamento, mesmo nos casos em que ligas especiais não estão sendo fabricadas. Uma vez que os pós são metais puros, eles não são tão resistentes como os metais pré-ligados. Por isso, eles deformam mais facilmente durante a prensagem, de modo que a densidade e a resistência do compactado verde são mais elevadas que os compactados pré-ligados.

Nos pós *pré-ligados*, cada partícula é constituída pela composição química desejada. Pós pré-ligados são utilizados para as ligas que não podem ser formuladas pela mistura de pós elementares; os aços inoxidáveis são um exemplo importante. Os pós pré-ligados mais comuns são certas ligas de cobre, aços inoxidáveis e aços rápidos.

Os pós metálicos elementares e pré-ligados mais comumente utilizados em ordem aproximada de quantidade usada, são: (1) ferro, de longe é o metal da MP mais amplamente utilizado, com frequência misturado com grafite para fazer as peças de aço, (2) alumínio, (3) cobre e suas ligas, (4) níquel, (5) aço inoxidável, (6) aço rápido, e (7) outros materiais MP, tais como molibdênio, tungstênio, titânio, estanho, e metais preciosos.

Produtos da MP A tecnologia da MP oferece uma vantagem substancial: ser um processo *net shape* ou *near net shape*, ou seja, é necessária pouca ou nenhuma operação adicional de acabamento depois do processamento por MP. Alguns dos componentes comumente fabricados por metalurgia do pó são engrenagens, rolamentos, rodas dentadas, fixadores, contatos elétricos, ferramentas de corte e peças de máquinas diversas. Quando produzidos em grandes quantidades, engrenagens metálicas e rolamentos são em especial bem adaptados para MP por duas razões: (1) a geometria é definida principalmente em duas dimensões, de modo que a peça tem superfície de topo de uma determinada forma, mas a peça não apresenta detalhes geométricos nas laterais, e (2) existe necessidade de porosidade no material para servir como reservatório para o lubrificante. Peças mais complexas com geometrias verdadeiramente tridimensionais são também viáveis em metalurgia do pó por meio da adição de operações secundárias, tais como usinagem para complementar a forma das peças prensadas e sinterizadas, e pela observação de determinados conceitos de projeto, tais como aqueles descritos na seção seguinte.

10.5 CONSIDERAÇÕES DE PROJETO NA METALURGIA DO PÓ

A utilização da técnica da MP é geralmente adequada para um determinado tipo de situação e projeto de peças. Nesta seção, vamos tentar definir as características desta classe de aplicações para as quais a metalurgia do pó é o processo mais apropriado. Em primeiro lugar, apresentamos um sistema de classificação para as peças de MP e, em seguida, oferecemos algumas orientações sobre o projeto do componente.

O *Metal Powder Industries Federation* (MPIF) define quatro classes de projetos de peças na metalurgia do pó por nível de dificuldade na prensagem convencional. O sistema é útil porque indica algumas das limitações nas formas que podem ser obtidas pelo processamento na MP convencional. As quatro classes de peças estão ilustradas na Figura 10.13.

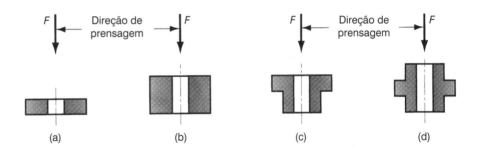

FIGURA 10.13 Quatro classes de peças da MP, vista lateral da seção transversal circular de (a); a seção transversal é circular (a) Classe I – geometria simples e fina que pode ser prensada em uma direção, (b) Classe II – geometria simples, porém mais espessas que exigem prensagem em duas direções; (c) Classe III – dois níveis de espessura, prensadas a partir de duas direções, e (d) Classe IV – múltiplos níveis de espessura, prensadas a partir de duas direções, com controles separados para cada nível, a fim de atingir a densificação adequada por meio do compactado. (Crédito: *Fundamentals of Modern Manufacturing*, 4ª Edição, por Mikell P. Groover, 2010. Reimpresso com permissão de John Wiley & Sons, Inc.)

O sistema de classificação MPIF dá algumas orientações sobre geometrias de peças que se adéquam às técnicas prensagem convencionais da MP. Informações adicionais poderão ser oferecidas nas seguintes diretrizes de projeto, compilado a partir de [3], [13], e [17].

> Para ser economicamente viável, o processamento pela MP geralmente requer grande quantidade de peças para justificar o custo de ferramentas e equipamentos especiais necessários. Quantidades mínimas de 10.000 unidades são sugeridas [17], embora haja exceções.

FIGURA 10.14 Detalhes de geometria da peça a serem evitadas na MP: (a) furos laterais e (b) rebaixos laterais. A ejeção da peça é impossível. (Crédito: *Fundamentals of Modern Manufacturing*, 4ª Edição, por Mikell P. Groover, 2010. Reimpresso com permissão de John Wiley & Sons, Inc.)

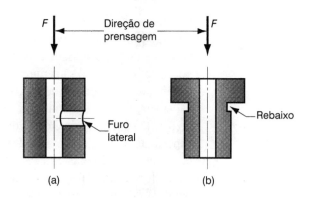

- A metalurgia do pó é única em sua capacidade de fabricar peças, com nível controlado de porosidade. Porosidades até 50% são possíveis.
- A MP pode ser usada para fabricar peças de metais e ligas incomuns — de materiais difíceis, se não impossíveis, de serem produzidos por outros meios.
- A geometria da peça deve permitir ejeção do molde após a prensagem; isso geralmente significa que a peça deve ter os lados verticais ou quase verticais, embora ressaltos na peça sejam permissíveis, tal como sugerido pelo sistema de classificação MPIF (Figura 10.13). Características de projeto, tais como rebaixos e furos laterais na peça, como mostrado na Figura 10.14, devem ser evitadas. Rebaixos verticais e furos, como na Figura 10.15, são permitidos porque eles não interferem com ejeção da peça. Furos verticais não transversais podem não ser circulares ou redondos (p. ex., quadrados, rasgos de chaveta), sem aumentos significativos no ferramental ou em dificuldade de processamento.
- As roscas não podem ser fabricadas por prensagem na MP, porém, se necessárias, elas devem ser usinadas após a sinterização.
- A obtenção de chanfros e raios é possível por prensagem na MP, como mostrado na Figura 10.16. Os problemas são encontrados na rigidez do punção, quando os ângulos são muito agudos.
- A espessura de parede deve ser de no mínimo 1,5 mm (0,060 in) entre os furos ou um furo e a parede exterior da peça, tal como indicado na Figura 10.17. O diâmetro mínimo recomendado do furo é de 1,5 mm (0,060 in).

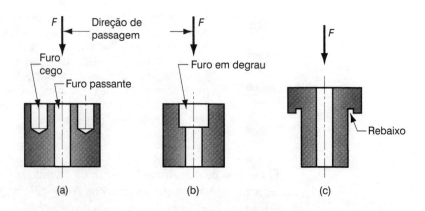

FIGURA 10.15 Geometrias permitidas nas peças na MP; (a) furo vertical, cego e passante, (b) furo vertical em degraus, e (c) rebaixo na direção vertical. Estas características permitem a ejeção da peça. (Crédito: *Fundamentals of Modern Manufacturing*, 4ª Edição, por Mikell P. Groover, 2010. Reimpresso com permissão de John Wiley & Sons, Inc.)

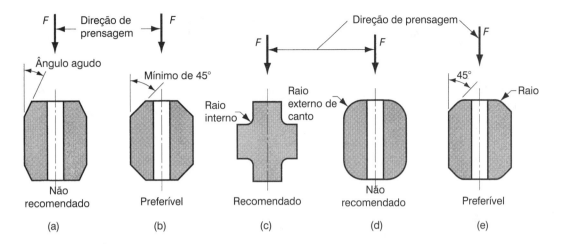

FIGURA 10.16 Chanfros e raios podem ser realizados, mas algumas regras devem ser observadas: (a) evitar chanfros de ângulos agudos; (b) ângulos maiores são preferíveis para a rigidez do punção; (c) pequenos raios laterais são desejáveis; (d) raios de canto externos apresentam dificuldades, porque o punção é frágil nas quinas; (e) o problema do raio externo pode ser resolvido pela combinação de raio e chanfro. (Crédito: *Fundamentals of Modern Manufacturing*, 4ª Edição, por Mikell P. Groover, 2010. Reimpresso com permissão de John Wiley & Sons, Inc.)

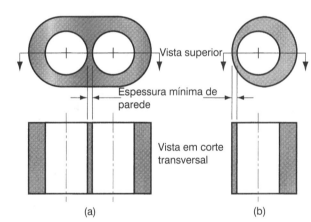

FIGURA 10.17 Espessura mínima de parede recomendada (a) entre furos ou (b) entre um furo e uma parede externa deve ser de 1,5 mm (0,060 in). (Crédito: *Fundamentals of Modern Manufacturing*, 4ª Edição, por Mikell P. Groover, 2010. Reimpresso com permissão de John Wiley & Sons, Inc.)

REFERÊNCIAS

[1] *ASM Handbook*, Vol. 7, *Powder Metal Technologies and Applications*. ASM International, Materials Park, Ohio, 1998.

[2] Amstead, B. H., Ostwald, P. F., and Begeman, M. L. *Manufacturing Processes*, 8th ed. John Wiley & Sons, New York, 1987.

[3] Bralla, J. G. (ed.). *Design for Manufacturability Handbook*, 2nd ed. McGraw-Hill Book Company, New York, 1998.

[4] Bulger, M. "Metal Injection Molding," *Advanced Materials & Processes*, March 2005, pp. 39–40.

[5] Dixon, R. H. T., and Clayton, A. *Powder Metallurgy for Engineers*. The Machinery Publishing Co. Ltd., Brighton, United Kingdom, 1971.

[6] German, R. M. *Powder Metallurgy Science*, 2nd ed. Metal Powder Industries Federation, Princeton, New Jersey, 1994.

[7] German, R. M. *Powder Injection Molding*. Metal Powder Industries Federation, Princeton, New Jersey, 1990.

[8] German, R. M. *A-Z of Powder Metallurgy*. Elsevier Science, Amsterdam, Netherlands, 2006.

[9] Johnson, P. K. "P/M Industry Trends in 2005," *Advanced Materials & Processes*, March 2005, pp. 25–28.

[10] *Metals Handbook*, 9th ed. Vol. 7, *Powder Metallurgy*. American Society for Metals, Materials Park, Ohio, 1984.

[11] Pease, L. F. "A Quick Tour of Powder Metallurgy," *Advanced Materials & Processes*, March 2005, pp. 36–38.

[12] Pease, L. F., and West, W. G. *Fundamentals of Powder Metallurgy*. Metal Powder Industries Federation, Princeton, New Jersey, 2002.

[13] *Powder Metallurgy Design Handbook*. Metal Powder Industries Federation, Princeton, New Jersey, 1989.

[14] Schey, J. A. *Introduction to Manufacturing Processes*, 3rd ed. McGraw-Hill Book Company, New York, 1999.

[15] Smythe, J. "Superalloy Powders: An Amazing History," *Advanced Materials & Processes*, November 2008, pp. 52–55.

[16] Waldron, M. B., and Daniell, B. L. *Sintering*. Heyden, London, United Kingdom, 1978.

[17] Wick, C., Benedict, J. T., and Veilleux, R. F. (eds.). *Tool and Manufacturing Engineers Handbook*, 4th ed. Vol. II, *Forming*. Society of Manufacturing Engineers, Dearborn, Michigan, 1984.

QUESTÕES DE REVISÃO

10.1 Cite algumas das razões para a importância comercial da tecnologia da metalurgia do pó.

10.2 Quais são algumas das desvantagens dos métodos da MP?

10.3 Quais são os principais métodos utilizados para a produção de pós metálicos?

10.4 Quais são as três etapas básicas na fabricação pelo processo da metalurgia do pó convencional?

10.5 Qual é a diferença técnica entre homogeneização e mistura em metalurgia do pó?

10.6 O que são alguns dos ingredientes normalmente adicionados durante a homogeneização dos pós e/ou mistura?

10.7 O que se entende pelo termo *compactado verde*?

10.8 Descreva o que acontece com as partículas individuais durante a compactação.

10.9 Quais são as três etapas do ciclo de sinterização na MP?

10.10 Quais são algumas das razões pelas quais na sinterização é desejável um forno de atmosfera controlada?

10.11 Qual é a diferença entre a impregnação e infiltração na MP?

10.12 Como a prensagem isostática se difere da prensagem convencional e sinterização na MP?

10.13 Descreva sinterização em fase líquida.

10.14 Quais são as duas classes básicas de pós metálicos do ponto de vista químico?

10.15 Por que a tecnologia da MP é tão bem adaptada para a produção de engrenagens e rolamentos?

PROBLEMAS

10.1 Em determinada operação de prensagem, os pós metálicos alimentados em matriz aberta têm um fator de compressibilidade de 0,5. A operação de prensagem reduz os pós para dois terços do seu volume inicial. Na subsequente operação de sinterização, os valores de contração atingem 10% do volume inicial. Considerando que estes são os únicos fatores que afetam a estrutura da peça acabada, determine sua porosidade final.

10.2 Um rolamento de geometria simples está para ser prensado a partir de pós de bronze, usando pressão de compactação de 207 MPa. O diâmetro externo = 44 mm, o diâmetro interno = 22 mm, e o comprimento do rolamento = 25 mm. Qual é a capacidade da prensa para realizar esta operação?

10.3 A peça mostrada na Figura P10.3 está para ser prensada com pós de ferro utilizando pressão de compactação de 75.000 lb/in^2. As dimensões estão em polegadas. Determine (a) a direção mais adequada da compactação, (b) a capacidade necessária da prensa para executar esta operação, e (c) o peso final da peça se a porosidade é de 10%. Considere que a contração durante a sinterização pode ser desprezada.

10.4 Observe os quatro desenhos técnicos das peças na Figura P10.4. Indique quais as classes da MP a que cada peça se adapta, se a peça deve ser prensada em uma ou nas duas direções e, ainda, quantos níveis de controle de pressão são necessários. As dimensões apresentadas estão em mm.

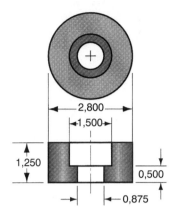

FIGURA P10.3 Peça para o Problema 10.3 (dimensões em polegadas). (Crédito: *Fundamentals of Modern Manufacturing*, 4ª Edição, por Mikell P. Groover, 2010. Reimpresso com permissão de John Wiley & Sons, Inc.)

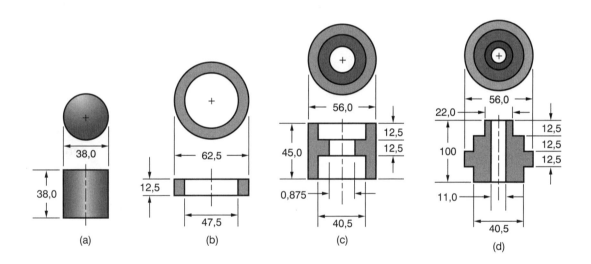

FIGURA P10.4 Peças para o Problema 10.4 (dimensões em mm). (Crédito: *Fundamentals of Modern Manufacturing*, 4ª Edição, por Mikell P. Groover, 2010. Reimpresso com permissão de John Wiley & Sons, Inc.)

APÊNDICE A10: CARACTERIZAÇÃO DOS PÓS

Um *pó* pode ser definido como um sólido em partículas finamente divididas. Neste apêndice, vamos caracterizar os pós metálicos. A maior parte da nossa discussão aplica-se também aos pós cerâmicos.

A10.1 ASPECTOS GEOMÉTRICOS

A geometria dos pós pode ser definida pelos seguintes atributos: (1) tamanho de partícula e distribuição, (2) forma das partículas e estrutura interna, e (3) área superficial.

Tamanho de Partícula e Distribuição O tamanho das partículas refere-se às dimensões dos pós individuais. Se a forma da partícula for esférica, uma única dimensão é adequada. Para outras formas, duas ou mais dimensões são necessárias. Vários métodos estão disponíveis para a obtenção dos dados de tamanho de partícula. O método mais comum usa peneiras de diferentes tamanhos de malha. O termo *mesh* é usado para se referir ao número de aberturas por polegada linear da peneira. Maior número de malha indica menor tamanho de partícula. Uma malha de 200 *mesh* significa que há 200 aberturas por polegada linear. Uma vez que a malha é quadrada, a contagem é a mesma em ambas as direções, e o número total de aberturas por polegada quadrada é $200^2 = 40.000$.

As partículas são classificadas por meio de sua passagem por uma série de peneiras de malha progressivamente menor. Os pós são colocados sobre uma peneira de um número determinado de malha, que é vibrada de modo que as partículas suficientemente pequenas para se encaixarem através das aberturas passem para a peneira colocada abaixo. A segunda peneira se esvazia para a terceira, e assim sucessivamente, de modo que as partículas são classificadas de acordo com o tamanho. Um tamanho de pó determinado pode ser chamado tamanho 230 através de 200, indicando que o pó passou através da peneira 200, mas não na 230. Para tornar mais fácil a especificação, apenas dizemos que o tamanho da partícula é 200. O procedimento de separar os pós por tamanho é chamado *classificação*.

As aberturas na peneira são menores que a relativa quantidade em *mesh* devido à espessura do fio da malha, como ilustrado na Figura A10.1. Assumindo que a dimensão limite da partícula é igual à abertura da malha, temos

$$Lp = \frac{1}{n_m} - t_m \qquad (A10.1)$$

em que Lp = tamanho da partícula, em polegada; n_m = número de malha, *mesh* por polegada linear; t_m = espessura do fio da malha, em polegada. A figura mostra como as partículas menores passam pela peneira, enquanto os pós maiores não. Variações ocorrem nos tamanhos de pó classificados por peneiramento devido às diferenças nas formas das partículas, a gama de etapas de contagem de tamanhos de malhas, e as variações nas aberturas da malha dentro de um dado número de malha. Além disso, o método do peneiramento tem limite superior prático de $n_m = 400$ (aproximadamente) devido à dificuldade em fazer tais peneiras finas e por causa da aglomeração dos pós de pequenas dimensões. Outros métodos para medir o tamanho das partículas incluem técnicas por microscopia e raios X.

FIGURA A10.1 Peneira para classificação de tamanhos de partícula. (Crédito: *Fundamentals of Modern Manufacturing*, 4ª Edição, por Mikell P. Groover, 2010. Reimpresso com permissão de John Wiley & Sons, Inc.)

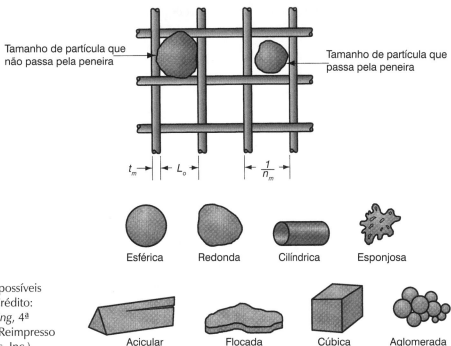

FIGURA A10.2 Algumas das formas possíveis de partículas na metalurgia do pó. (Crédito: *Fundamentals of Modern Manufacturing*, 4ª Edição, por Mikell P. Groover, 2010. Reimpresso com permissão de John Wiley & Sons, Inc.)

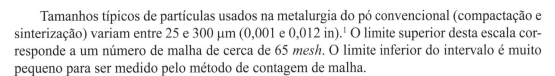

Tamanhos típicos de partículas usados na metalurgia do pó convencional (compactação e sinterização) variam entre 25 e 300 μm (0,001 e 0,012 in).[1] O limite superior desta escala corresponde a um número de malha de cerca de 65 *mesh*. O limite inferior do intervalo é muito pequeno para ser medido pelo método de contagem de malha.

Forma de Partícula e Estrutura Interna As formas dos pós metálicos podem ser catalogadas em vários tipos, alguns dos quais estão ilustrados na Figura A10.2. Haverá variação no formato das partículas em um conjunto de pós, assim como o tamanho de partícula pode variar. Uma simples e útil medida de formato é obtida por meio da relação de aspecto, que é a razão entre a dimensão máxima e a dimensão mínima de uma dada partícula. A relação de aspecto de uma partícula esférica é 1,0, entretanto, para um grão acicular a razão pode ser de 2 a 4. Técnicas microscópicas são necessárias para determinar características de forma.

Qualquer volume de pós soltos irá conter poros entre as partículas. Estes são chamados *poros abertos* porque são externos às partículas individuais. Poros abertos são espaços nos quais fluidos, tais como, água, óleo, ou um metal fundido, podem penetrar. Além disso, existem *poros fechados* – vazios internos na estrutura de uma partícula individual. A existência desses poros internos é, geralmente, mínima, e seus efeitos, quando existem, são menores, mas eles podem influenciar as medidas de densidade, como veremos mais tarde.

Área Superficial Considerando que a forma da partícula é uma esfera perfeita, sua área A e volume V são dados por

$$A = \pi D^2 \tag{A10.2}$$

$$V = \frac{\pi D^3}{6} \tag{A10.3}$$

---

[1] Esses valores são fornecidos pelo Prof. Wojciech Misiolek, meu colega no Departamento de Engenharia e Ciência dos Materiais de Lehigh. A metalurgia do pó é uma das suas áreas de pesquisa.

em que D = diâmetro da partícula esférica, em mm (in). A razão de área-volume A/V para uma esfera é dada por

$$\frac{A}{V} = \frac{6}{D} \qquad (A10.4)$$

Geralmente, a razão de área-volume pode ser expressa para qualquer partícula esférica ou não esférica, como se segue:

$$\frac{A}{V} = \frac{K_s}{D} \quad \text{ou} \quad K_s = \frac{AD}{V} \qquad (A10.5)$$

em que K_s = fator de forma; D no caso geral = ao diâmetro de uma esfera de volume equivalente ao de uma partícula não esférica, mm (in). Assim sendo, $K_s = 6{,}0$ para uma esfera. Para outras formas de partículas não esféricas, $K_s > 6$.

A partir dessas equações, podemos deduzir o seguinte. Menores tamanhos de partícula e maiores fatores de forma (K_s) significam maior área superficial para o mesmo peso total dos pós metálicos. Isto significa maior área superficial para ocorrer oxidação. Pequenos tamanhos de pó também levam à maior aglomeração das partículas, o que é um problema na alimentação automática dos pós. A razão para o uso de tamanhos menores de partículas é que eles fornecem contração mais uniforme e melhores propriedades mecânicas do produto final da MP.

A10.2 OUTRAS CARACTERÍSTICAS

Outras características dos pós incluem o atrito interpartículas, características de escoamento, de compressibilidade, massa específica (densidade), porosidade, química e filmes superficiais.

Características de Atrito Interpartículas e Escoamento O atrito entre as partículas afeta a capacidade de um pó escoar rápido e ser firmemente compactado. Uma medida comum do atrito interpartículas é o ***ângulo de repouso***, que é o ângulo formado por uma pilha de pós que são derramados a partir de um funil estreito, como na Figura A10.3. Ângulos maiores indicam maior atrito entre as partículas. Os menores tamanhos de partículas em geral mostram maior atrito e ângulos mais agudos. Partículas de formas esféricas resultam em atrito interpartículas menor; sendo o desvio de forma maior para as partículas esféricas, o atrito entre as partículas tende a aumentar.

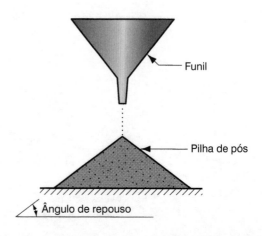

FIGURA A10.3 Atrito interpartículas, como indicado pelo ângulo de repouso de uma pilha de pós derramada a partir de um funil em ângulo. Ângulos maiores indicam maior atrito entre partículas. (Crédito: *Fundamentals of Modern Manufacturing*, 4ª Edição, por Mikell P. Groover, 2010. Reimpresso com permissão de John Wiley & Sons, Inc.)

As características de escoamento são importantes no enchimento da matriz e na compactação. O enchimento automático da matriz depende do escoamento fácil e consistente nos pós. Na compactação, a resistência ao escoamento aumenta as variações na densidade da peça compactada; estes gradientes de massa específica são geralmente indesejáveis. Uma medida comum de escoamento é o tempo necessário para determinada quantidade de pó (em peso) escoar por um funil de tamanho padrão. Menores tempos de escoamento indicam fluxo mais fácil e menor atrito interpartículas. Para reduzir o atrito interpartículas e facilitar o escoamento durante a compactação, pequenas quantidades de lubrificantes são muitas vezes adicionadas aos pós.

Compressibilidade, Massa Específica e Porosidade As características de compressibilidade dependem de duas medidas de massa específica. Primeiro, da ***massa específica verdadeira***, que é a massa específica do volume real do material. Esta é a massa específica obtida quando os pós são coalescidos numa massa sólida, e seus valores são dados na Tabela 3.10. Em segundo lugar, da ***massa específica aparente***, que é a massa específica do pó no estado livre, após o vazamento, que inclui o efeito de poros entre as partículas. Devido aos poros, a massa específica aparente é inferior à massa específica verdadeira.

O ***fator de compressibilidade*** é a massa específica aparente dividida pela massa específica verdadeira. Os valores típicos para pós soltos variam entre 0,5 e 0,7. O fator de compressibilidade depende da forma da partícula e da distribuição de tamanhos de partículas. Se pós de vários tamanhos estão presentes, os pós menores irão se encaixar nos interstícios dos maiores, que, de outra forma, seriam ocupados por ar, resultando assim em maior fator de compressibilidade. A compressibilidade pode também ser aumentada por meio de vibração dos pós, levando-os a se compactar mais firmemente. Por fim, devemos notar que a pressão externa, aplicada durante a compactação, aumenta muito a compressibilidade de pó pelo rearranjo e deformação das partículas.

A porosidade representa um meio alternativo de considerar as características de compressibilidade de um pó. A ***porosidade*** é definida como a razão entre o volume dos poros (espaços vazios) no pó e o volume total. Em princípio,

$$\text{Porosidade} + \text{Fator de compressibilidade} = 1,0 \qquad (A10.6)$$

A questão é complicada pela possível existência de poros fechados em algumas das partículas. Se estes volumes de poros internos estiverem incluídos na porosidade anterior, então a equação será exata.

Composição Química e Filmes Superficiais A caracterização do pó não estaria completa sem a identificação da sua composição química. Os pós metálicos são classificados como elementar, consistindo em metal puro, ou pré-ligado, em que cada partícula é uma liga metálica. Estas classes e os metais geralmente usados na MP são discutidos na Seção 10.4.

Os filmes superficiais são um problema na metalurgia do pó, devido à grande área por unidade de peso do metal, quando se lida com pós. Os filmes possíveis incluem óxidos, sílica, materiais orgânicos adsorvidos e umidade [6]. Em geral, estes filmes devem ser removidos antes do processamento.

11

PROCESSAMENTO DE MATERIAIS CERÂMICOS E CERMETOS

Sumário

11.1 Processamento dos Materiais Cerâmicos Tradicionais
    11.1.1 Preparo da Matéria-Prima
    11.1.2 Processos de Moldagem
    11.1.3 Secagem
    11.1.4 Queima (Sinterização)

11.2 Processamento dos Materiais Cerâmicos Avançados
    11.2.1 Preparo dos Materiais Precursores
    11.2.2 Moldagem e Conformação
    11.2.3 Sinterização
    11.2.4 Acabamento

11.3 Processamentos de Cermetos
    11.3.1 Carbetos Cementados (Metais Duros)
    11.3.2 Outros Cermetos e Compósitos de Matriz Cerâmica

11.4 Considerações sobre o Projeto dos Produtos

Os materiais cerâmicos se dividem em três categorias (Seção 2.2): (1) materiais cerâmicos tradicionais, (2) materiais cerâmicos avançados, e (3) vidros. O processamento do vidro envolve solidificação primária e é apresentado no Capítulo 7. No presente capítulo, são considerados os métodos de processamentos usados para os materiais cerâmicos tradicionais e avançados. Também são abordados os processamentos dos materiais compósitos com matrizes metálicas e cerâmicas.

As cerâmicas tradicionais são feitas de minerais presentes na natureza. Os produtos incluem potes, porcelanas, tijolos e cimentos. As cerâmicas avançadas são produzidas a partir de matéria-prima sintetizada e englobam grande variedade de itens, como ferramentas de corte, ossos artificiais, combustíveis nucleares e substratos de circuitos eletrônicos. O material precursor para ambas as categorias é na forma de pó. No caso dos materiais cerâmicos tradicionais, os pós são usualmente misturados com água para ligar de forma temporária as partículas, e assim conseguir a consistência necessária para a moldagem. Para as cerâmicas avançadas, outras substâncias são usadas como ligantes durante a moldagem. Depois da moldagem, as peças verdes são sinterizadas. Isto é com frequência chamado *queima* nos materiais cerâmicos, e o objetivo desta etapa é o mesmo da metalurgia do pó: promover uma reação no estado sólido que una o material, formando uma massa sólida resistente.

Os métodos de processamentos discutidos neste capítulo são comercial e tecnologicamente importantes, pois quase todos os produtos cerâmicos são produzidos por esses métodos (exceto, os produtos vítreos). As etapas da manufatura são similares para as cerâmicas tradicionais e as avançadas devido à forma do material precursor ser a mesma: o pó. Entretanto, os métodos de processamentos para as duas categorias são bastante diferentes e são discutidos separados.

11.1 PROCESSAMENTO DOS MATERIAIS CERÂMICOS TRADICIONAIS

Nesta seção, é descrito o processo tecnológico usado para fazer os produtos de cerâmicas tradicionais, como potes de cerâmicas, faiança, louça, tijolos, telhas e cerâmicas refratárias. Os rebolos de esmeril também são fabricados pelos mesmos processos básicos aqui apresentados. Estes produtos têm em comum as matérias-primas, que consistem basicamente em silicatos cerâmicos – as argilas. A sequência do processamento para a maioria dos materiais cerâmicos tradicionais consiste em etapas mostradas na Figura 11.1.

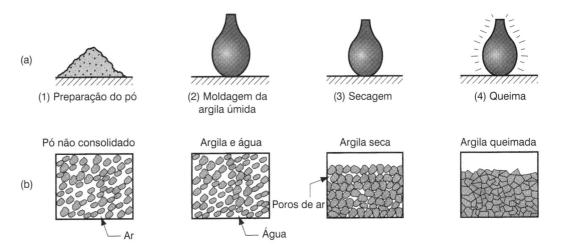

FIGURA 11.1 Etapas utilizadas no processamento de materiais cerâmicos tradicionais: (1) preparação da matéria-prima, (2) moldagem, (3) secagem, e (4) queima. A parte (a) mostra as transformações sequenciais do material durante o processamento, enquanto (b) mostra as transformações do pó. (Crédito: *Fundamentals of Modern Manufacturing*, 4ª Edição por Mikell P. Groover, 2010. Reimpresso com permissão de John Wiley & Sons, Inc.)

11.1.1 PREPARO DA MATÉRIA-PRIMA

Os processos de moldagem para os materiais cerâmicos tradicionais necessitam que o material de partida esteja na forma de uma pasta plástica. Esta pasta é feita com pós finos cerâmicos misturados com água, e sua consistência determina a facilidade de moldagem do material, e influi também no desempenho do produto final. A matéria-prima cerâmica usualmente encontra-se na natureza, como fragmentos de rocha. A redução do tamanho de partícula para pó é o objetivo da etapa de preparação da matéria-prima nos processamentos cerâmicos.

As técnicas para a redução do tamanho de partículas nos processamentos cerâmicos envolvem a aplicação de energia mecânica em diferentes modos, como impacto, compressão e atrito. O termo *cominuição* é usado para estas técnicas, que têm mais eficiência com os materiais frágeis, como cimentos, minérios metálicos e metais frágeis. Duas classes gerais de operações de cominuição se destacam: a britagem e a moagem.

A *britagem* refere-se à redução de grandes pedaços da jazida para menores tamanhos, preparando-os para a etapa de redução posterior. Vários estágios podem ser necessários

(p. ex., britagem primária, britagem secundária), ficando a razão de redução em cada estágio na faixa de 3 a 6. A britagem dos minerais é alcançada pela compressão ou pelo impacto contra superfícies duras em um movimento cíclico e com restrição de movimento [1]. A Figura 11.2 mostra alguns tipos de equipamentos usados para realizar a britagem: (a) o britador de mandíbula, no qual uma grande alavanca de mandíbula frontal e de retaguarda é usada para britar o material em contato com uma superfície dura e rígida; (b) o britador giratório, que usa um cone giratório para fragmentar o minério contra a superfície dura; (c) o britador de rolo, que comprime e cisalha as rochas da matéria-prima cerâmica entre os rolos de rotação; e (d) o britador de impacto, que aplica impactos com o movimento rotativo de barras ao material para fraturar as partículas.

A *moagem*, neste contexto, refere-se à operação final de redução das menores partículas obtidas da britagem para chegar ao pó fino. A moagem é realizada pela abrasão e impacto do mineral britado pela livre movimentação de corpos moedores, como bolas, seixos, ou barras [1]. Os exemplos de moinhos incluem (a) moinho de bola, (b) moinho de rolo, e (c) moinho de impacto, conforme ilustrado na Figura 11.3.

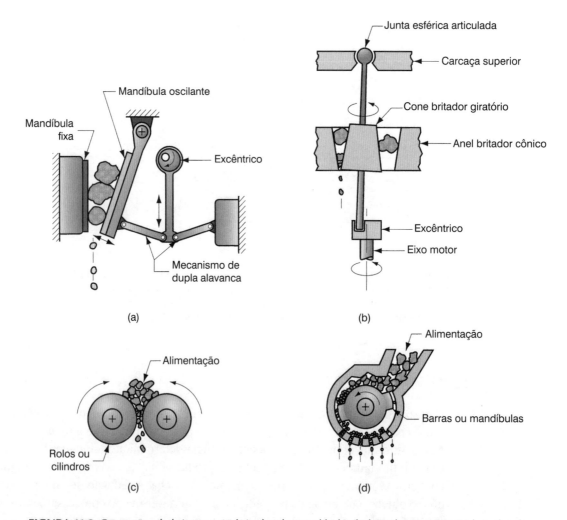

FIGURA 11.2 Operações de britagem: (a) britador de mandíbula, (b) britador giratório, (c) britador de rolo, e (d) britador de martelo. (Crédito: *Fundamentals of Modern Manufacturing*, 4ª Edição por Mikell P. Groover, 2010. Reimpresso com permissão de John Wiley & Sons, Inc.)

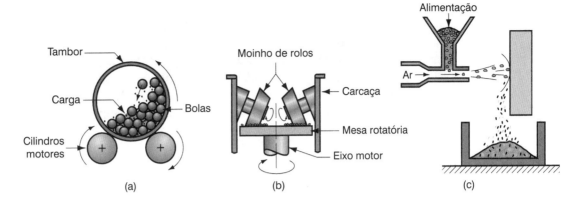

FIGURA 11.3 Métodos mecânicos de produção de pós cerâmicos: (a) moinho de bola, (b) moinho de rolo, e (c) moagem por impacto. (Crédito: *Fundamentals of Modern Manufacturing*, 4ª Edição por Mikell P. Groover, 2010. Reimpresso com permissão de John Wiley & Sons, Inc.)

Em um ***moinho de bolas***, esferas duras misturadas com a carga a ser cominuída são movimentadas em um recipiente cilíndrico rotativo. A rotação provoca o movimento das bolas e da carga em direção às paredes do recipiente, e, simultaneamente, a gravidade as atrai para a parte baixa do moinho. Assim, a ação combinada de atrito e impacto promove a moagem no moinho de bolas. Estas operações são com frequência realizadas com água adicionada à mistura, de modo que a matéria-prima cerâmica está na forma de lama. Em um ***moinho de rolo***, a carga a ser moída é comprimida contra a superfície horizontal da mesa de moagem pelos rolos que giram ao redor de seus eixos, comprimindo a superfície da mesa. Embora não esteja mostrado claramente no esquema, a pressão dos rolos de moagem contra a mesa é regulada por molas ou acionados por mecanismos hidráulico e pneumático. Na ***moagem por impacto***, usada com menos frequência, as partículas da matéria-prima são projetadas contra uma superfície plana e dura, em alta velocidade por corrente de ar ou em uma lama com elevada velocidade. O impacto fratura o material, transformando-o em partículas menores.

A massa plástica requerida para moldagem consiste em pó cerâmico e água. As argilas são os principais componentes desta pasta por causa das suas características ideais de plasticidade. Quanto mais água existe na mistura, mais plástica e fácil é a moldagem da pasta cerâmica. Contudo, quando a peça formada for seca e queimada, ocorre contração, o que pode causar trincamento do produto final. Para resolver este problema, outras matérias-primas cerâmicas, que não contraem na secagem e queima, são adicionadas à pasta frequentemente em grande quantidade. Além disso, outros componentes podem ser adicionados com efeitos especiais. Assim, os componentes da pasta cerâmica podem ser divididos em três categorias [3]: (1) material plástico (argila), que promove a consistência e a plasticidade requerida para a moldagem; (2) matéria-prima não plástica, como alumina e sílica, que não se contrai com a secagem e a queima, mas reduz a plasticidade na mistura durante a moldagem; e (3) outros componentes, como os fundentes, que fundem durante a queima e promovem a sinterização do material cerâmico, e os agentes umidificantes, que melhoram as características da mistura.

Estes ingredientes devem ser cuidadosamente misturados, quer úmido ou quer seco. O moinho de bolas geralmente serve para este propósito devido à sua função de moagem. A quantidade apropriada de pó e água na pasta precisa ser ajustada, assim a água pode ser adicionada ou removida, dependendo da condição prévia da pasta e sua consistência final desejada.

11.1.2 PROCESSOS DE MOLDAGEM

As proporções ótimas de pó e de água dependem do processo usado para a moldagem. Alguns processos de moldagem requerem elevada fluidez, outros funcionam com uma composição que contém muito pouco teor de água. Em aproximadamente 50% em volume de água, a mistura é uma lama que flui como um líquido. Com a redução do teor de água, é necessário aumentar a pressão sobre a pasta para produzir um fluxo similar. Deste modo, os processos de moldagem podem ser divididos de acordo com a consistência da mistura: (1) colagem de barbotina, no qual a mistura é uma lama com 25% a 40% de água; (2) conformação plástica, quando se conforma a argila na condição plástica de 15% a 25% de água; (3) prensagem semisseca, na qual a argila está úmida (10% a 15% de água), mas tem baixa plasticidade; e (4) prensagem a seco, quando a argila está bem seca, contendo menos que 5% de água. Ressalta-se que a argila seca não tem plasticidade. Cada categoria inclui diferentes processos de conformação.

Colagem de Barbotina Na colagem de barbotina, a suspensão do pó cerâmico com água forma uma *barbotina*, que é vertida no molde poroso de gesso paris ($CaSO_4 \cdot 2H_2O$) formando uma camada firme de argila na superfície do molde. A água da mistura é absorvida de forma gradual pelo molde, consolidando uma camada depositada. A composição da barbotina é tipicamente de 25% a 40% de água, sendo o restante argila, que está em geral misturada com outros ingredientes. A suspensão precisa ser bastante fluida para escoar pelas cavidades do molde. Menor conteúdo de água é desejável para atingir maior produtividade. A colagem de barbotina tem duas variações principais: a colagem drenada e a colagem sólida. Na *colagem drenada*, que é o processo tradicional, o molde é invertido para drenar o excesso da suspensão depois da camada semissólida ter sido formada, deixando uma parte oca no molde. O molde é então aberto para remover a peça. A sequência do processo é ilustrada na Figura 11.4 e é muito similar às fundições ocas de metais. Este processo é usado para produzir bules de chá, vasos, objetos de artes e outros produtos ocos de louças. No processo de *colagem sólida*, usada para produzir produto sólido maciço, é necessário esperar tempo suficiente para que todo o corpo torne-se firme. O molde precisa ser periodicamente reabastecido com adição de suspensão, para compensar a contração devido à absorção de água.

Conformação Plástica Esta categoria inclui uma variedade de métodos, manuais e mecânicos. Todos eles necessitam de uma mistura inicial com consistência plástica, que é em geral obtida com 15% a 25% de água. Os métodos manuais fazem uso de argilas com maior teor de água, o que promove um material mais facilmente conformado, embora tenha grande contração na secagem. Em geral, os métodos mecânicos empregam uma mistura com menor teor de água, de modo que a argila fica menos fluida.

Embora haja registros do uso de métodos manuais para moldagem de milhares de anos atrás, estes métodos ainda são usados por artesãos qualificados na produção ou em obras de arte. A *modelagem manual* envolve a criação de produto cerâmico pela manipulação da

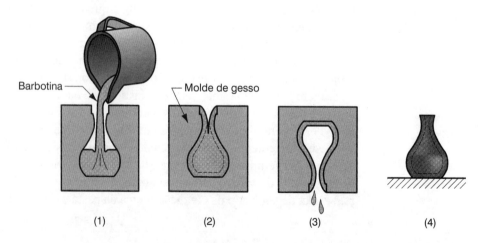

FIGURA 11.4 Etapas da colagem por drenagem, que é um modo de colagem de barbotina: (1) a suspensão é vazada nas cavidades do molde; (2) a água é absorvida pelo molde de gesso para formar a camada firme; (3) o excesso de suspensão é drenado; e (4) a peça é removida do molde e retirada às rebarbas. (Crédito: *Fundamentals of Modern Manufacturing*, 4ª Edição por Mikell P. Groover, 2010. Reimpresso com permissão de John Wiley & Sons, Inc.)

massa da argila plástica criando a geometria desejada. Além das obras de arte, os padrões para os moldes de gesso da colagem de barbotina são frequentemente feitos por esse processo. A *moldagem manual* é um método similar, sendo usados moldes ou fôrmas para modelar partes das peças. O *trabalho manual* executado numa roda de oleiro é um aprimoramento do método artesanal. A *roda de oleiro* é uma mesa redonda que gira sobre um eixo vertical, acionado tanto por motor quanto por pedal. Os produtos cerâmicos de seção transversal circular podem ser conformados nestas mesas rotatórias pela deposição manual e pela moldagem da argila, e algumas vezes um molde é utilizado para gerar o formato interno.

A rigor, o uso da roda de oleiro com acionamento por motor já é um método mecânico de conformação. Entretanto, a maioria dos métodos mecanizados para a conformação de argilas é caracterizada pela participação manual muito menor que no método de trabalho manual descrito previamente. Estes métodos mais mecanizados incluem torneamento (equipamento que gira e molda argilas), prensagem plástica e extrusão. A *conformação no torno* é uma extensão dos métodos de roda de oleiros, na qual a moldagem manual é substituída por técnicas mecanizadas. Este tipo de conformação é utilizado para produzir grande número de peças idênticas, como tigelas e pratos. Entretanto, existe variação nas ferramentas e métodos usados, refletindo os diferentes níveis de automação e refinamento do processo básico. Um fluxograma típico é apresentado na Figura 11.5: (1) a argila úmida é colocada sobre um molde convexo; (2) uma ferramenta de conformação pressiona a argila para promover uma forma inicial grosseira – a operação é chamada *batting*, e a peça formada é chamada *prato*; e (3) uma ferramenta é aquecida e usada para conferir a forma final do contorno do produto pela prensagem do perfil na superfície durante a rotação da peça. A ferramenta aquecida produz vapor de água da argila úmida que evita a adesão. Um processo muito semelhante e relacionado à conformação do torno é o *jaule*, cujo formato do molde básico é côncavo em vez de convexo [8]. Em ambos os processos, uma ferramenta rotativa é usada no lugar da ferramenta não rotativa do torno (ou *jaule*); com essas ferramentas, a argila adquire o formato desejado.

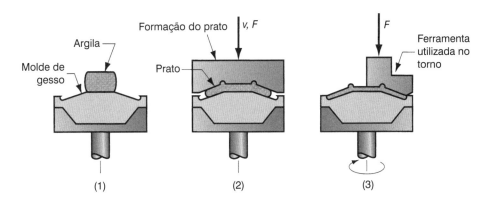

FIGURA 11.5 Etapas da conformação no torno: (1) argila mole e úmida é depositada no molde convexo; (2) conformação; e (3) a ferramenta, chamada braço do torno, confere formato ao produto final. Os símbolos *v* e *F* indicam movimento (*v* = velocidade) e força aplicada, respectivamente. (Crédito: *Fundamentals of Modern Manufacturing*, 4ª Edição por Mikell P. Groover, 2010. Reimpresso com permissão de John Wiley & Sons, Inc.)

A *prensagem plástica* é um processo de conformação na qual a argila plástica é prensada entre dois moldes, superiores e inferiores, contidos em anéis de metal. Os moldes são feitos de material poroso, como gipsita, que permite remover a umidade da argila quando produz vácuo em uma das metades do molde. As seções do molde são, então, abertas usando pressão pneumática para evitar adesão de partes da peça no molde. A prensagem plástica alcança maior taxa de produção que o torneamento e não está limitada somente a peças com simetria radial.

A *extrusão* é usada em processamentos cerâmicos para produzir produtos longos de seções transversais uniformes, cujo comprimento é cortado no tamanho requerido. O equipamento de extrusão, também chamado maromba, utiliza a ação de uma ferramenta tipo parafuso para misturar a argila e ajudar a empurrá-la pela abertura da matriz. Este método de produção é amplamente utilizado para fazer tijolos ocos, peças com formato de telhas, tubos de drenagem, tubos e isolantes. É também utilizado para fazer conformação inicial da argila para outros métodos de processamento cerâmicos, como torneamento e prensagem plástica.

Prensagem Semisseca   Na prensagem semisseca, a proporção de água na argila precursora está tipicamente entre 10% e 15%. Isto resulta em baixa plasticidade, impedindo o uso de métodos de conformação plástica, pois requerem argila muito plástica. A prensagem semisseca utiliza elevada pressão para superar a baixa plasticidade do material, e assim forçá-lo a fluir para a cavidade da matriz. Um esguicho é frequentemente formado devido ao excesso de argila sendo comprimida entre as seções da matriz.

Prensagem Seca   A principal diferença entre prensagem seca e a semisseca é o teor de umidade da mistura. O teor de umidade da argila na prensagem seca é em geral abaixo de 5%. Os ligantes são usualmente adicionados na mistura de pó quando ela ainda está seca, pois isto permite obter resistência da peça prensada que seja suficiente para o manuseio subsequente. Os lubrificantes são também adicionados para reduzir a aderência na matriz durante a prensagem e assim facilitar sua remoção. Como a argila seca não tem plasticidade e é muito abrasiva, existem diferenças no projeto da matriz e nos procedimentos operacionais em relação à prensagem semisseca. As matrizes podem ser feitas de aço ferramenta ou metal duro para reduzir o desgaste. Já que a argila seca não flui durante a prensagem, a geometria da peça precisa ser relativamente simples, e a quantidade e a distribuição do pó na cavidade da matriz deve ser precisa. Nenhum esguicho é formado na prensagem a seco e nenhuma contração ocorre na secagem; assim, o tempo de secagem é eliminado e boa acurácia pode ser obtida nas dimensões dos produtos finais. A sequência do processo na prensagem a seco é similar ao da prensagem semisseca. Os produtos típicos incluem azulejos de banheiro, isolantes elétricos e tijolos refratários.

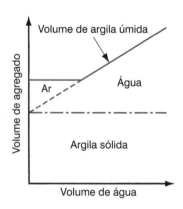

FIGURA 11.6 Volume de argila em função do teor de água. Esta relação é típica das misturas e altera para diferentes composições da argila. (Crédito: *Fundamentals of Modern Manufacturing*, 4ª Edição por Mikell P. Groover, 2010. Reimpresso com permissão de John Wiley & Sons, Inc.)

11.1.3   SECAGEM

A água desempenha papel fundamental na maioria dos processos de moldagem das cerâmicas tradicionais. Após a conformação, ela precisa ser removida da peça de argila antes da queima. A contração durante esta etapa é um problema no processamento, pois a água é responsável por parte do volume da peça, e, quando é removida, o volume se reduz. O efeito pode ser visto na Figura 11.6. Quando a água é inicialmente adicionada à argila seca, ela apenas substitui o ar nos poros entre as partículas cerâmicas, e não existe variação volumétrica. Aumentando o teor de água acima de certo valor, provoca-se a separação das partículas e o volume aumenta, resultando em argila úmida que tem plasticidade e conformabilidade. Com mais água

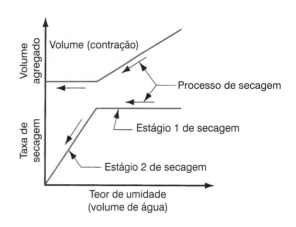

FIGURA 11.7 Curva típica da taxa de secagem associada à redução de volume (contração na secagem) para os corpos cerâmicos. A taxa de secagem no segundo estágio de secagem é representada aqui por uma reta (decréscimo à taxa constante em função do teor de água). Na literatura, esta curva é representada como côncava ou convexa [3], [8]. (Crédito: *Fundamentals of Modern Manufacturing*, 4ª Edição por Mikell P. Groover, 2010. Reimpresso com permissão de John Wiley & Sons, Inc.)

adicionada, a mistura pode eventualmente se comportar como uma suspensão de partículas de argila em água.

O inverso deste processo ocorre na secagem, quando a água é removida da argila úmida e o volume da peça se contrai. O processo de secagem ocorre em dois estágios, como mostrado na Figura 11.7. No primeiro estágio, a taxa de secagem é rápida e constante, a água evapora da superfície da argila para o ar, já a água do interior migra em direção à superfície por ação capilar para substituí-la. Durante este estágio, ocorre contração, com risco associado de deformação e de trincamento devido às heterogeneidades de secagem nas diferentes seções da peça. No segundo estágio de secagem, a redução da umidade ocorre nos pontos de contato das partículas cerâmicos, e pequena ou nenhuma contração ocorre. O processo de secagem é lento, e isto pode ser visualizado pela diminuição da taxa de perda de umidade da Figura 11.7.

Na produção industrial, a secagem é usualmente realizada em câmara de secagem, na qual a temperatura e a umidade são controladas obdecendo a um programa de secagem. A água não deve ser removida muito rápido das peças, pois grandes gradientes de umidade as tornam mais propensas ao trincamento. O aquecimento é em geral aplicado combinando-se convecção e radiação, usando fontes de luz infravermelha. Os tempos aproximados de secagem são entre quatro horas para as peças de seções finas e vários dias para as bem espessas.

11.1.4 QUEIMA (SINTERIZAÇÃO)

Depois da conformação, mas antes da queima, a peça cerâmica é dita **verde** (termo semelhante ao empregado em metalurgia do pó), significando processamento incompleto. A peça verde não tem dureza nem resistência suficientes, e precisa ser queimada para consolidar seu formato e ganhar dureza e resistência mecânica do produto final. A **queima** é um processo térmico que sinteriza o material cerâmico. Esta operação é realizada em fornos denominados **muflas**. Na **sinterização**, as ligações ocorrem entre as partículas da peça verde, formando os grãos dos materiais cerâmicos. Esse processo de queima é acompanhado da densificação e da redução da porosidade. A contração que surge no material policristalino é adicional àquela que já ocorreu durante a secagem. A sinterização nas cerâmicas se processa basicamente pelo mesmo mecanismo observado em metalurgia do pó. Na queima das cerâmicas tradicionais, algumas reações químicas podem ocorrer entre os componentes da mistura, além da formação de uma fase vítrea entre os cristais e que atua como ligante. Ambos os fenômenos dependem da composição química do material cerâmico e da temperatura de queima usada.

As louças cerâmicas não vitrificadas são queimadas somente uma vez; os produtos vitrificados são queimados duas vezes.* A **vitrificação** refere-se à aplicação de revestimento

---

* Atualmente, muitas indústrias de revestimento utilizam a monoqueima para produzir produtos vitrificados em uma só etapa. (N.T.)

na superfície da cerâmica para reduzir a permeabilidade à água e melhorar sua aparência. A sequência de processamento normal com as louças vitrificadas é (1) queima da louça uma vez antes da vitrificação para endurecer o corpo da peça, (2) aplicação do vidrado, e (3) aquecimento da peça uma segunda vez para endurecer o vidrado.

11.2 PROCESSAMENTO DOS MATERIAIS CERÂMICOS AVANÇADOS

A maioria das cerâmicas tradicionais é baseada em argila, que possui a capacidade única de ser plástica quando misturada à água, e dura quando seca e queimada. A argila consiste em várias fórmulas de silicato de alumínio hidratado, geralmente misturada a outros materiais cerâmicos, resultando numa composição química bastante complexa. As cerâmicas avançadas (Seção 2.2.2) empregam compostos químicos mais simples, como óxidos, carbetos e nitretos. Estes materiais não possuem a plasticidade e a conformabilidade das argilas tradicionais quando misturadas à água. Por conseguinte, outros ingredientes precisam ser combinados com o pó cerâmico para alcançar a plasticidade e outras propriedades desejadas durante a moldagem. Com isto, os métodos convencionais de moldagem podem ser utilizados. As cerâmicas avançadas são geralmente projetadas para aplicações que requerem elevada resistência e dureza, além de propriedades específicas não encontradas nos materiais cerâmicos tradicionais. Estes requisitos têm motivado a introdução de diversas técnicas novas para o processamento não utilizadas nas cerâmicas tradicionais.

A sequência para a fabricação de cerâmicas avançadas pode ser resumida nas seguintes etapas: (1) preparação de matérias-primas, (2) moldagem, (3) sinterização, e (4) acabamento. Embora a sequência seja quase a mesma das cerâmicas tradicionais, os detalhes são em geral bastante diferentes, como se observará a seguir.

11.2.1 PREPARO DOS MATERIAIS PRECURSORES

Visto que a resistência especificada destes materiais é normalmente muito maior que a das cerâmicas tradicionais, os pós precisam ser mais homogêneos em tamanho e em composição, e o tamanho das partículas precisa ser menor (a resistência dos produtos cerâmicos resultantes é inversamente proporcional ao tamanho do grão). Tudo isto indica que maior controle dos pós é necessário. O preparo do pó inclui métodos químicos e mecânicos. Os métodos mecânicos consistem em operações de moagem semelhantes aos moinhos de bolas usados no processamento das cerâmicas tradicionais. Um problema deste método é que as partículas cerâmicas podem se contaminar com os materiais utilizados nas bolas e nas paredes do moinho. Isto compromete a pureza do pó cerâmico e resulta em falhas microscópicas, que reduz a resistência do produto final.

Dois métodos químicos são usados para alcançar grande homogeneidade dos pós das cerâmicas avançadas: a liofilização e a precipitação de solução. Na *liofilização*, os sais de uma matéria-prima química apropriada são dissolvidos em água, e a solução é pulverizada para formar pequenas gotículas, que são rapidamente congeladas. A água é, então, removida das gotículas em uma câmara de vácuo, e os sais liofilizados resultantes são decompostos pelo aquecimento para formar pós cerâmicos. A liofilização não é aplicada para todas as cerâmicas, porque, em alguns casos, o sal solúvel em água não pode ser considerado matéria-prima.

A *precipitação de solução* é outro método usado no preparo de cerâmicas avançadas. Neste processo típico, o composto cerâmico desejado é dissolvido do mineral precursor, permitindo que as impurezas sejam filtradas. Um composto intermediário é então precipitado da solução e convertido no composto desejado por aquecimento. Um exemplo do método de precipitação é o *processo Bayer* para produção de alumina com elevada pureza (e também utilizado na produção de alumínio). Neste processo, o óxido de alumínio é dissolvido a partir do mineral bauxita de modo que os compostos de ferro e outras impurezas possam ser removidos. Posteriormente, o hidróxido de alumínio ($Al(OH)_3$) é precipitado da solução e reduzido para Al_2O_3 por aquecimento.

Outro método de preparo dos pós inclui a classificação por tamanho e a mistura antes da moldagem. Pós muito finos são necessários para aplicações nas cerâmicas avançadas, e assim as partículas precisam ser separadas e classificadas de acordo com o tamanho. A completa mistura das partículas, em especial quando diferentes pós cerâmicos são combinados, é necessária para evitar a segregação.

Vários aditivos são combinados com os pós, usualmente em pequenas quantidades. Os aditivos incluem (1) os ***plastificantes*** para melhorar a plasticidade e trabalhabilidade; (2) os ***ligantes*** para ligar as partículas cerâmicas na massa sólida do produto final, (3) os ***agentes umidificantes*** para facilitar a mistura; (4) os ***defloculantes***, que previnem a aglomeração e a aglutinação prematura do pó; e (5) os ***lubrificantes***, que reduzem o atrito entre as partículas cerâmicas durante a moldagem e, posteriormente, diminuem a aderência durante a liberação do molde.

11.2.2 MOLDAGEM E CONFORMAÇÃO

Muitos processos de moldagem e conformação das cerâmicas avançadas são iguais aos usados na metalurgia do pó e nas cerâmicas tradicionais. Assim, os métodos de prensagem e de sinterização discutidos na Seção 10.2 foram adaptados para os materiais cerâmicos avançados. Algumas técnicas de fabricação das cerâmicas tradicionais (Seção 11.1.2) são usadas para conformar as cerâmicas avançadas, incluindo a colagem de barbotina, a extrusão e a prensagem seca. Os processos apresentados a seguir não são normalmente associados à produção das cerâmicas tradicionais, embora vários deles sejam usados em metalurgia do pó.

Prensagem a Quente A prensagem a quente é similar à prensagem seca, exceto que o processo é realizado em temperaturas elevadas, de modo que a sinterização do produto ocorre simultaneamente com a prensagem. Isto elimina a necessidade da etapa da queima na sequência de produção. Neste processo, densidades maiores e tamanhos de grãos menores são obtidos, mas a vida útil da matriz é reduzida pela abrasão das partículas quentes contra a superfície da matriz.

Prensagem Isostática A prensagem isostática de cerâmicas é semelhante ao processo usado em metalurgia do pó (Seção 10.3.1). A pressão hidrostática é usada para compactar pó cerâmico em todas as direções, evitando o problema da densidade não uniforme do produto final, o que é, com frequência, observado nos métodos tradicionais de prensagem uniaxial.

Processo "Doctor Blade" Este processo é usado para produzir lâminas finas de cerâmica. Uma aplicação comum das lâminas é na indústria eletrônica, como substrato de circuitos integrados. O processo é esquematizado na Figura 11.8. A lama cerâmica é depositada sobre um suporte em movimento. Este suporte é um filme transportador de material semelhante ao celofane. A espessura da cerâmica na esteira é determinada por um anteparo, que limita a altura da lama, chamado **Doctor blade**. Como a lama se movimenta para a zona de secagem, ela seca e obtém uma fita flexível, a cerâmica verde. No fim da linha, a lâmina é armazenada em bobinas para posterior processamento. Nesta condição, a lâmina a verde pode ser cortada ou conformada e, depois, queimada.

Moldagem por Injeção de Pós (moldagem por injeção de pós) O processo de moldagem por injeção (*Powder injection molding*) é semelhante ao usado em metalurgia do pó (Seção 10.3.2), exceto que os pós são cerâmicos em vez de metálicos. As partículas cerâmicas são misturadas a um polímero termoplástico que atua como transportador e permite o escoamento adequado na temperatura de moldagem. A mistura é então aquecida e injetada na

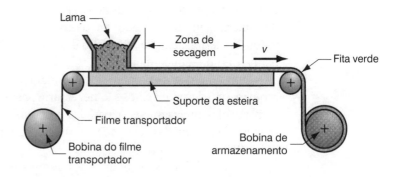

FIGURA 11.8 Processo "Doctor blade" usado para produção de lâminas cerâmicas. Símbolo v indica movimento (v = velocidade). (Crédito: *Fundamentals of Modern Manufacturing*, 4ª Edição por Mikell P. Groover, 2010. Reimpresso com permissão de John Wiley & Sons, Inc.)

cavidade do molde. Após o resfriamento, que endurece o polímero, o molde é aberto e a peça retirada. Como a temperatura necessária para escoar plasticamente é muito inferior àquela necessária à sinterização cerâmica, a peça se mantém na condição a verde após a moldagem. Antes da sinterização, o ligante plástico precisa ser retirado. Esta operação é denominada remoção ou extração (*debinding*) de ligantes, sendo geralmente realizada pelo uso combinado de tratamentos térmicos e solventes químicos.

Ainda hoje, as aplicações da moldagem cerâmica por injeção de pó são limitadas por dificuldades nas etapas de retirada do ligante e da sinterização. A queima do polímero é relativamente lenta, e sua remoção enfraquece de forma significativa a resistência da peça verde moldada. Deformações e trincas ocorrem com frequência durante a sinterização. Além disto, os produtos cerâmicos feitos por moldagem com injeção do pó são particularmente vulneráveis às falhas microestruturais, que reduzem a resistência mecânica.

11.2.3 SINTERIZAÇÃO

Como a plasticidade necessária para conformar as cerâmicas avançadas não é geralmente baseada na mistura com água, a etapa de secagem comumente empregada para remover água das cerâmicas verdes tradicionais pode ser omitida no processamento da maioria das cerâmicas avançadas. A etapa de sinterização, contudo, é ainda necessária para obter a máxima resistência mecânica e dureza. As funções da sinterização são as mesmas da sinterização das cerâmicas tradicionais: (1) união dos grãos* individuais em uma massa sólida, (2) aumento da massa específica, e (3) redução, ou eliminação, da porosidade.

Temperaturas entre 80% e 90% de fusão dos materiais são em geral utilizadas na sinterização das cerâmicas.** Os mecanismos de sinterização diferem um pouco entre as cerâmicas avançadas, pois elas empregam de forma predominante um único composto químico (por exemplo, Al_2O_3), enquanto as cerâmicas baseadas em argilas, por conterem diversos compostos, têm diferentes pontos de fusão. No caso das cerâmicas avançadas, o mecanismo da sinterização é a difusão de massa por meio das superfícies das partículas em contato, provavelmente acompanhado por algum escoamento plástico. Este mecanismo faz com que as partículas se unam, resultando na densificação do material final. Na sinterização das cerâmicas tradicionais, este mecanismo é complexo devido à fusão de alguns constituintes e à formação de uma fase vítrea, que atua como ligante dos grãos.

11.2.4 ACABAMENTO

As peças de cerâmicas avançadas precisam algumas vezes de operações acabamento. Em geral, estas operações têm um ou mais dos seguintes propósitos: (1) maior precisão dimensional, (2) melhoria do acabamento superficial, e (3) diminuição das variações geométricas da

---

* A sinterização une as partículas da peça conformada e só existe grão após a sinterização. (N.T.)

** Essas temperaturas referem-se à escala Kelvin. (N.T.)

peça. As operações de acabamento em geral envolvem a retificação e outros processos abrasivos (Capítulo 18). Os abrasivos de diamante são usados para cortar os materiais cerâmicos endurecidos.

11.3 PROCESSAMENTO DE CERMETOS

Muitos compósitos de matriz metálica (MMC) e matriz cerâmica (CMC) são processados por métodos específicos de processamentos. Os exemplos mais importantes são os carbetos cementados e outros cermetos.

11.3.1 CARBETOS CEMENTADOS (METAIS DUROS)

Os carbetos cementados, também chamados *metais duros* são uma família de materiais compósitos formados de partículas cerâmicas de carbeto envolvidas em um ligante metálico. Eles são classificados como compósitos de matriz metálica porque o ligante metálico é a matriz que une as partículas. Entretanto, as partículas de carbetos constituem a maior proporção no material compósito, variando em geral entre 80% e 96% do volume. Os carbetos cementados são tecnicamente classificados como cermetos, porém o termo "cermeto" usualmente identifica um grupo específico desta classe.

O mais importante metal duro é o carbeto de tungstênio com ligante de cobalto (WC-Co). Geralmente, inclui-se nesta categoria determinadas misturas de WC, TiC e TaC na matriz de cobalto, embora o carbeto de tungstênio (ou carboneto de tungstênio) seja o principal componente. Outros metais duros são o carbeto de titânio em níquel (TiC-Ni) e o carbeto de cromo em níquel (Cr_3C_2-Ni). Estas composições foram discutidas na Seção 2.4.2, e as composições dos carbetos foram descritas na Seção 2.2.2. Aqui, nesta seção, importa discutir o processamento das partículas do carbeto cementado.

Para obter uma peça resistente e livre de poros, os pós de carbetos precisam ser sinterizados com um ligante metálico. O cobalto funciona melhor com WC, enquanto o níquel é melhor com os carbetos de TiC e de Cr_3C_2. A proporção usual de ligante metálico fica de 4% a 20%. Os pós de carbetos e do ligante metálico são completamente misturados em moinhos de bolas (ou outro equipamento de mistura) para formar uma lama homogênea. A moagem também serve para refinar o tamanho das partículas. Na fase prévia de preparo para a conformação, a mistura é então seca sob vácuo ou em atmosfera controlada para evitar a oxidação.

Compactação Vários métodos são utilizados para moldar a mistura de pó em um compactado verde com a geometria desejada. O processo mais comum é de prensagem a frio, conforme descrito anteriormente, e utilizado para a produção em larga escala de peças de carbetos cementados, tais como insertos de ferramentas de corte. As matrizes usadas na prensagem a frio precisam ter dimensões maiores que a peça final para compensar a contração que ocorre durante a sinterização. As contrações lineares podem ser de 20%, ou maiores. Para alta produção, as próprias matrizes são feitas com revestimento de WC-Co para reduzir o desgaste, devido à natureza abrasiva das partículas de carbetos. Para produção em menor escala, grandes seções planas são prensadas e, depois, cortadas em pedaços menores já no tamanho especificado das peças finais.

Outros métodos de conformação usados para produzir carbetos cementados são a ***prensagem isostática*** e a ***prensagem a quente*** para peças grandes, como fieiras de trefilação e corpos moedores de moinho de bola; e a ***extrusão*** para seções longas circulares, retangulares, ou de outras seções transversais. Cada um destes processos foi descrito anteriormente, quer no presente capítulo ou no anterior.

Sinterização Embora seja possível sinterizar o WC e o TiC sem ligante metálico, o material obtido tem pouco menos que 100% da densidade teórica (e de massa específica teórica). Por outro lado, a utilização de um ligante produz estrutura praticamente livre de porosidade.

A sinterização do WC-Co envolve a sinterização em fase líquida (Seção 10.3.5). O processo pode ser explicado com auxílio do diagrama de fase binário dos constituintes apresentado na Figura 11.9. A faixa de composição para os produtos comerciais de metal duro está mostrada neste diagrama. As temperaturas de sinterização usuais para o WC-Co estão na faixa de 1370°C a 1425°C (2500°F a 2600°F), que são inferiores à temperatura de fusão de cobalto de 1495°C (2716°F). Assim, o ligante metálico puro não funde na temperatura de sinterização. Contudo, como mostra o diagrama de fase, o WC dissolve-se no Co no estado sólido. Durante o tratamento térmico, o WC é gradualmente dissolvido na fase gama, e seu ponto de fusão é reduzido até que por fim ocorre a fusão parcial. Como há a formação de uma fase líquida, ela flui e molha as partículas de WC ainda mais, dissolvendo a fase sólida. A presença do material fundido também serve para remover os gases das regiões internas da peça compactada. Estes mecanismos combinam-se para efetuar um rearranjo das partículas remanescentes de WC com um empacotamento elevado, o que resulta em boa densificação e contração da massa de WC-Co. Mais tarde, durante o resfriamento do ciclo de sinterização, o carbeto dissolvido é precipitado e deposita-se sobre os cristais existentes para formar uma configuração coerente de WC, que está todo embutido no ligante Co.

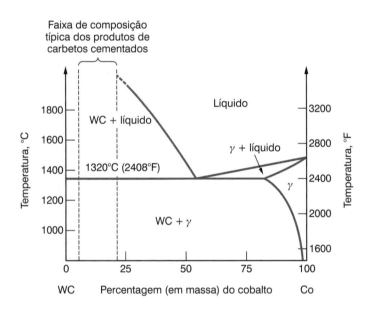

FIGURA 11.9 Diagrama de fase do WC-Co. Fonte: [7]. (Crédito: *Fundamentals of Modern Manufacturing*, 4ª Edição por Mikell P. Groover, 2010. Reimpresso com permissão de John Wiley & Sons, Inc.)

Operações Secundárias Um processamento subsequente é geralmente necessário após a sinterização para obter controle dimensional adequado das peças de carbetos cementados. A retificação com uma roda abrasiva de diamante é a operação secundária mais comum. Outros processos usados para conformar os carbetos cementados duros incluem os processos de usinagem não convencionais, como descarga elétrica e ultrassom. Estes tópicos serão apresentados no Capítulo 19.

11.3.2 OUTROS CERMETOS E COMPÓSITOS DE MATRIZ CERÂMICA

Além do metal duro, outros cermetos têm como composto base os óxidos cerâmicos como Al_2O_3 e MgO. O cromo é um ligante metálico bastante comum destes materiais compósitos. A proporção de metal em relação à cerâmica cobre uma faixa maior que aquelas dos carbetos cementados, e, em alguns casos, o metal é o componente principal. Estes cermetos são produzidos pelos mesmos métodos de conformação básicos utilizados para os carbetos cementados.

A tecnologia atual de compósitos de matriz cerâmica (Seção 2.4.2) inclui materiais cerâmicos (isto é, Al_2O_3, BN, Si_3N_4, e vidro) reforçados com fibra de carbono, de SiC, ou de Al_2O_3. Se as fibras são uísqueres (fibras compostas de monocristais), estes CMC podem ser processados pelos métodos usados nas cerâmicas avançadas (Seção 11.2).

11.4 CONSIDERAÇÕES SOBRE O PROJETO DE PRODUTOS

Os materiais cerâmicos têm propriedades especiais, que os tornam atraentes para os projetistas, se as aplicações de uso forem específicas. As seguintes recomendações de projetos, retiradas de Bralla [2] e outras referências, aplicam-se tanto aos materiais cerâmicos tradicionais, como aos avançados, embora os projetistas estejam mais propensos a encontrar novas oportunidades para as cerâmicas avançadas nos produtos da engenharia que para as tradicionais. Em geral, as mesmas orientações aplicam-se para carbetos cementados.

➢ Os materiais cerâmicos são mais resistentes em compressão que em tração; portanto, os componentes cerâmicos precisam ser projetados para serem submetidos a esforços compressivos e não trativos.

➢ As cerâmicas são frágeis e não possuem quase nenhuma ductilidade. Assim, as peças cerâmicas não podem ser usadas em aplicações que envolvam carregamento de impacto ou esforços elevados que possam fraturá-las.

➢ Embora muitos processamentos de conformação de cerâmicas permitam criar geometrias complexas, é desejável manter as formas simples tanto por questões de caráter econômico, como técnico. Os furos profundos, os canais e rebaixos devem ser evitados, assim como carregamento com grandes momentos fletores.

➢ As bordas e cantos vivos externos devem ter raios de concordância ou ser chanfrados, e os cantos vivos internos devem ter raios de concordância. Esta orientação é, naturalmente, violada em aplicações de ferramentas de corte, na qual a borda precisa ser afiada para exercer a função prevista no projeto. As bordas cortadas são com frequência fabricadas com um raio ou chanfro muito pequenos para protegê-las do lascamento microscópico, o que pode iniciar a falha.

➢ A contração na secagem e na queima (para as cerâmicas tradicionais), como na sinterização (para as cerâmicas avançadas), torna-se importante e precisa ser levada em consideração pelo projetista no dimensionamento e na tolerância. Isto é mais um problema para os engenheiros de produção, que precisam determinar as dimensões adequadas de modo que as peças estejam dentro das tolerâncias especificadas.

➢ Filetes de rosca em peças cerâmicas precisam ser evitados. Eles são difíceis de fabricar e têm baixa resistência mecânica em serviço.

REFERÊNCIAS

[1] Bhowmick, A. K. Bradley Pulverizer Company, Allentown, Pennsylvania, personal communication, February 1992.

[2] Bralla, J. G. (Editor-in-Chief). ***Design for Manufacturability Handbook***, 2nd ed. McGraw-Hill Book Company, New York, 1999.

[3] Hlavac, J. ***The Technology of Glass and Ceramics.*** Elsevier Scientific Publishing Company, New York, 1983.

[4] Kingery, W. D., Bowen, H. K., and Uhlmann, D. R. ***Introduction to Ceramics***, 2nd ed. John Wiley & Sons, Inc., New York, 1995.

[5] Rahaman, M. N. ***Ceramic Processing.*** CRC Taylor & Francis, Boca Raton, Florida, 2007.

[6] Richerson, D. W. ***Modern Ceramic Engineering: Properties, Processing***, **and Use in Design**, 3rd ed. CRC Taylor & Francis, Boca Raton, Florida, 2006.

[7] Schwarzkopf, P., and Kieffer, R. ***Cemented Carbides.*** The Macmillan Company, New York, 1960.

[8] Singer, F., and Singer, S. S. *Industrial Ceramics.* Chemical Publishing Company, New York, 1963.

[9] Somiya, S. (ed.). *Advanced Technical Ceramics.* Academic Press, Inc., San Diego, California, 1989.

QUESTÕES DE REVISÃO

11.1 Quais são as diferenças entre as cerâmicas tradicionais e as cerâmicas avançadas no que se refere às matérias-primas?

11.2 Liste as etapas básicas do processamento de cerâmicas tradicionais.

11.3 Quais são as diferenças técnicas entre britagem e moagem no preparo das matérias-primas da cerâmica tradicional?

11.4 Descreva o processo de colagem de barbotina no processamento das cerâmicas tradicionais.

11.5 Liste e descreva brevemente alguns dos métodos utilizados para moldar os produtos de cerâmica tradicional.

11.6 Como é realizado o processo de conformação de cerâmicas no torno?

11.7 Qual é a diferença entre a prensagem seca e a semisseca das peças cerâmicas tradicionais?

11.8 O que acontece a um material cerâmico quando ele é sinterizado?

11.9 Qual é o nome dado ao forno usado na queima de louça cerâmica?

11.10 Por que a etapa de secagem é tão importante no processamento das cerâmicas tradicionais e, normalmente, não é necessária no processamento das cerâmicas avançadas?

11.11 O que é o processo de liofilização usado para fazer certos pós de cerâmica avançada?

11.12 Descreva o processo de conformação "doctor blade" (de lâmina).

11.13 Quais são algumas das recomendações de projeto para peças cerâmicas?

Parte IV Processos de Conformação dos Metais

12 FUNDAMENTOS DA CONFORMAÇÃO DOS METAIS

Sumário

12.1 Visão Geral da Conformação dos Metais

12.2 Comportamento dos Materiais na Conformação dos Metais

12.3 Temperatura na Conformação dos Metais

12.4 Atrito e Lubrificação na Conformação dos Metais

A *conformação dos metais* engloba extenso grupo de processos de manufatura, nos quais a deformação plástica é empregada na mudança de forma de peças metálicas. A deformação resulta da utilização de uma ferramenta, denominada comumente *matriz* em conformação dos metais, a qual, por sua vez, exerce tensões que ultrapassam o limite de escoamento do metal. O metal, portanto, se deforma plasticamente para tomar a forma determinada pela geometria da matriz. A conformação dos metais se enquadra na classe de operações de mudança de forma apresentada no Capítulo 1 como *processos de conformação* (Figura 1.3).

As componentes de tensão aplicadas para deformar plasticamente o metal são de modo usual compressivas. Todavia, alguns processos de conformação estiram o metal, enquanto outros dobram o metal, e ainda alguns aplicam tensões de cisalhamento ao metal. Para ser conformado com sucesso, o metal deve apresentar certas propriedades. As propriedades desejadas no material a ser conformado incluem baixa resistência ao escoamento e elevada ductilidade. Estas propriedades são influenciadas pela temperatura. A ductilidade é aumentada e a resistência ao escoamento é reduzida quando a temperatura de trabalho é elevada. O efeito de temperatura se traduz nas divisões entre trabalho a frio, trabalho a morno e trabalho a quente. O atrito é um fator adicional que influencia o rendimento na conformação dos metais. Nós iremos analisar todos estes fatores neste capítulo, porém primeiro vamos fornecer uma síntese dos processos de conformação dos metais.

12.1 VISÃO GERAL DA CONFORMAÇÃO DOS METAIS

Os processos de conformação dos metais podem ser classificados em duas categorias principais: processos de conformação volumétrica (ou maciça) e processos de conformação de chapas. Estas duas categorias são abordadas com detalhes nos Capítulos 13 e 14, respectivamente. Cada categoria inclui diversas classes importantes de operações de mudança de forma, descritas brevemente nesta seção.

Processos de Conformação Volumétrica Os processos de conformação volumétrica são geralmente caracterizados por deformações relevantes com mudanças na forma da peça, e uma relação relativamente pequena entre a área superficial e o volume da peça. O termo *maciço* é empregado aqui para descrever a peça a ser conformada, que possui pequena razão entre área e volume. As formas iniciais das peças ou esboços de partida desses processos incluem tarugos cilíndricos e barras retangulares. A Figura 12.1 ilustra as seguintes operações principais de deformação volumétrica:

> *Laminação.* Este é um processo de deformação por compressão direta, no qual a espessura de uma placa ou chapa grossa é reduzida pela ação de dois cilindros com rotação em sentidos opostos. Os cilindros giram de modo a conformar e comprimir o metal na região de abertura entre eles.

> *Forjamento.* No forjamento, uma peça é comprimida entre duas matrizes opostas, de modo que a geometria das matrizes é transmitida à peça de trabalho. O forjamento

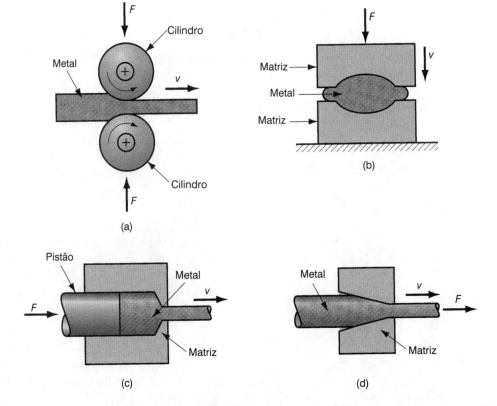

FIGURA 12.1 Principais processos de conformação volumétrica: (a) laminação, (b) forjamento, (c) extrusão, e (d) trefilação. O movimento relativo nestas operações é indicado por v; as forças são indicadas por F. (Crédito: *Fundamentals of Modern Manufacturing*, 4ª Edição, por Mikell P. Groover, 2010. Reimpresso com permissão de John Wiley & Sons, Inc.)

é tradicionalmente um processo de conformação a quente, porém várias operações de forjamento são realizadas a frio.

> ***Extrusão.*** Este é um processo de compressão no qual o metal de trabalho é forçado a escoar pela abertura de uma matriz, transformando a seção transversal da peça a partir da geometria da matriz.

> ***Trefilação.*** Neste processo de conformação, o diâmetro de um arame ou barra redonda é reduzido ao puxá-lo pela abertura de uma matriz.

Conformação de Chapas Os processos de conformação de chapas são operações de corte ou de mudança de forma realizadas em metais sob a forma de chapas, tiras e bobinas. A razão entre área superficial e o volume do esboço de partida é grande; portanto, obter esta razão é um método útil para distinguir os processos de deformação volumétrica dos processos de conformação de chapas. ***Estampagem*** é um termo que representa uma das operações de conformação de chapas, porém, é utilizada, com frequência para representar todo o conjunto dessas operações. Com isto, a peça de metal produzida em uma operação de conformação de chapas é comumente chamada *estampo*.

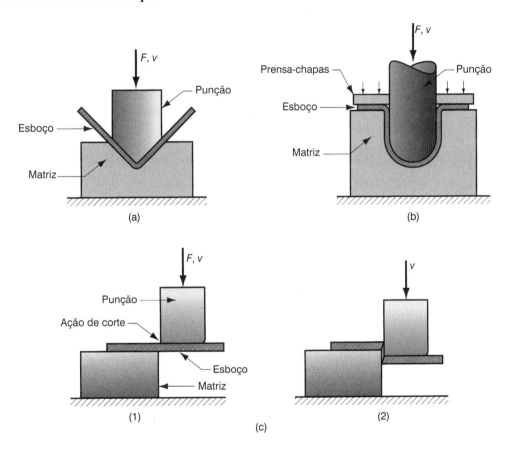

FIGURA 12.2 Principais operações de conformação de chapas metálicas: (a) dobramento, (b) estampagem, e (c) corte: (1) aproximação e contato inicial do punção com a chapa, e (2) durante o corte. Forças e movimentos relativos entre as partes são indicados nestas operações por F e v, respectivamente. (Crédito: Fundamentals of Modern Manufacturing, 4ª Edição, por Mikell P. Groover, 2010. Reimpresso com permissão de John Wiley & Sons, Inc.)

---

* Em inglês, duas expressões diferentes são utilizadas. *Pressworking* representa o conjunto de processos de conformação de chapas, com origem na máquina que realiza esses processos: as prensas. *Drawing* representa o processo de estampagem apresentado na Figura 12.2(b). (N.T.)

As operações de conformação de chapas são em geral realizadas em processos de trabalho a frio e usualmente efetuadas por meio de um conjunto de ferramentas compostos de um *punção* e uma *matriz*. O punção é a parte positiva e a matriz a parte negativa do ferramental. As principais operações de conformação de chapas estão esquematizadas na Figura 12.2 e são definidas por:

> *Dobramento.* O dobramento envolve a deformação de uma chapa fina ou grossa de metal para formar um ângulo ao longo de um eixo, que usualmente é uma aresta retilínea.

> *Estampagem.* Na conformação de chapas metálicas, a estampagem consiste na conformação de uma chapa de metal plana em uma forma côncava ou oca, tal como um copo, por estiramento do metal. Um prensa-chapas é empregado para manter o esboço pressionado enquanto o punção empurra a chapa metálica, conforme mostrado na Figura 12.2(b). Os termos estampagem de copo (*cup drawing*) e estampagem profunda (*deep drawing*) são frequentemente usados. Em inglês, o termo *drawing* pode ser usado para a operação de trefilação de arames ou barras (*wire drawing* e *bar drawing*).

> *Corte.* O processo de corte por conformação realiza a mudança da geometria através do cisalhamento do material até a ruptura. A operação de cisalhamento corta o esboço com auxílio de um punção e uma matriz, como mostra na Figura 12.2(c). Embora este processo possa ser excluído dos processos de conformação, pois não apresenta a deformação plástica continuamente, é uma operação comum e necessária à conformação de chapas.

A classificação de conformação de chapas metálicas também inclui outros processos de mudança, de forma que não empregam ferramentais constituídos por punção e matriz. Estes processos abrangem a conformação por estiramento, a calandragem, o repuxo e o dobramento de tubos semiacabados.

12.2 COMPORTAMENTO DOS MATERIAIS NA CONFORMAÇÃO DOS METAIS

Conceitos importantes com respeito ao comportamento dos metais durante a conformação podem ser obtidos a partir da curva tensão-deformação. A curva típica tensão-deformação da maioria dos metais é dividida em uma região elástica e uma região plástica (Seção 3.1.1). Na conformação dos metais, a região plástica é de fundamental interesse, porque o metal é deformado plástica, ou seja, com deformação permanentemente nesses processos.

A relação característica tensão-deformação para um metal exibe elasticidade abaixo do limite de escoamento e encruamento acima dele. As Figuras 3.4 e 3.5 representam este comportamento em eixos linear e logarítmico. Na região plástica, o comportamento do metal pode ser descrito pela curva de escoamento:

$$\sigma = K\epsilon^n$$

em que K = o coeficiente de resistência, MPa (lbf/in^2) e n é o expoente de encruamento. As medidas de tensão σ e deformação ϵ empregadas na curva de escoamento são a tensão verdadeira e a deformação verdadeira. A curva de escoamento é geralmente válida como uma relação que define o comportamento plástico do metal no trabalho a frio. Valores típicos de K e n para diferentes metais a temperatura ambiente estão listados na Tabela 3.4.

Tensão de Escoamento   A curva de escoamento descreve a relação tensão-deformação na região em que a conformação do metal ocorre. Esta indica a tensão de escoamento do metal — a propriedade de resistência que determina as forças e potências necessárias à realização de uma dada operação de conformação. Na maioria dos metais à temperatura ambiente, a curva tensão-deformação da Figura 3.5 indica que à medida que o metal é deformado, sua resistência aumenta devido ao encruamento. A tensão necessária ao prosseguimento da deformação deve ser aumentada para corresponder a este aumento na resistência. A **tensão de escoamento** é definida como o valor instantâneo de tensão necessário à continuidade do processo de deformação do material — para manter o "escoamento" do metal. Esta é a resistência ao escoamento metal em função da deformação, que pode ser expressa por:

$$\sigma_e = K\epsilon^n \tag{12.1}$$

em que σ_e é a tensão de escoamento, MPa (lbf/in^2).

Nas operações individuais de conformação tratadas nos próximos dois capítulos, a tensão instantânea de escoamento pode ser usada para analisar o processo durante sua história. Por exemplo, em certas operações de forjamento, a força instantânea durante a compressão pode ser determinada a partir do valor da tensão de escoamento. A força máxima pode ser calculada com bases na tensão de escoamento que resulta da deformação final no fim do curso de forjamento.

Em outros casos, em vez de adotar valores instantâneos, a análise é realizada com bases nos valores médios de tensões e deformações que ocorrem na conformação. A extrusão representa este caso, Figura 12.1(c). À medida que a seção transversal do tarugo é reduzida ao passar pela abertura da matriz de extrusão, o metal encrua gradualmente para atingir valor máximo. No lugar de determinar uma sequência de valores instantâneos de tensão-deformação durante a redução, o que seria não somente difícil, mas também de pouco interesse, é mais apropriado analisar o processo com base na tensão média de escoamento ao longo da deformação.

Tensão Média de Escoamento A tensão média de escoamento é o valor médio de tensão da curva tensão-deformação, definido a partir do início de deformação até seu valor final (máximo), que tem lugar durante a deformação. Este valor está representado no traçado da curva tensão-deformação da Figura 12.3. A tensão média de escoamento é determinada pela integração da equação da curva de escoamento, Eq. (12.1), entre zero e o valor final de deformação que define o domínio ou gama de deformações de interesse. Esta integração fornece a seguinte equação:

$$\overline{\sigma}_e = \frac{K\epsilon^n}{1+n} \tag{12.2}$$

em que $\overline{\sigma}_e$ é a tensão média de escoamento, MPa (lbf/in^2); e ϵ o valor da máxima deformação durante o processo de deformação.

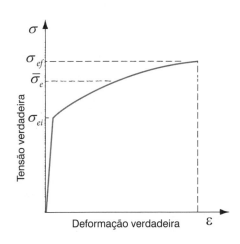

FIGURA 12.3 Curva tensão-deformação indicando a localização da tensão média de escoamento $\overline{\sigma}_e$ em relação à tensão de escoamento inicial σ_{ei} e à tensão de escoamento final σ_{ef}. (Crédito: *Fundamentals of Modern Manufacturing*, 4ª Edição, por Mikell P. Groover, 2010. Reimpresso com permissão de John Wiley & Sons, Inc.)

Faremos extenso uso da tensão média de escoamento em nosso estudo dos processos de deformação volumétrica no próximo capítulo. Dados os valores de K e n do metal de trabalho, um método de cálculo do valor final de deformação será desenvolvido para cada processo. Com base nesta deformação, a Eq. (12.2) pode ser empregada para determinar a tensão média de escoamento a qual o metal é submetido durante a operação.

12.3 TEMPERATURA NA CONFORMAÇÃO DOS METAIS

A curva de escoamento é uma representação válida do comportamento tensão-deformação de um metal durante a deformação plástica, sobretudo em operações de trabalho a frio. Para qualquer metal, os valores de K e n dependem da temperatura. A resistência e o encruamento são reduzidos em temperaturas elevadas. Estas mudanças de propriedades são importantes porque elas resultam em baixas forças e potências durante a conformação. Além disso, a ductilidade é aumentada em temperaturas mais altas, o que permite maior deformação plástica do metal a conformar. Três faixas de temperaturas de trabalho determinam uma das classificações aplicadas aos processos de conformação dos metais: trabalhos a frio, a morno e a quente.

Trabalho a Frio Trabalho a frio (também conhecido como *conformação a frio*) é a conformação dos metais realizada à temperatura ambiente ou ligeiramente acima. As vantagens significativas da conformação a frio em comparação com o trabalho a quente são (1) maior precisão, logo, tolerâncias mais estreitas que podem ser obtidas; (2) melhor acabamento de superfície; (3) maiores resistência e dureza da peça devido ao encruamento; (4) a orientação de grãos desenvolvida durante a deformação faz com que possam ser obtidas propriedades direcionais desejáveis no produto final; e (5) nenhum aquecimento do metal é necessário, o que economiza custos de equipamentos e combustíveis de fornos e permite maiores taxas de produção. Graças a esta combinação de vantagens, muitos processos de conformação a frio tornaram-se importantes em operações com alto volume de produção. Eles fornecem tolerâncias de precisão e superfícies regulares, minimizando a quantidade de usinagem requerida, de modo que estas operações podem ser classificadas como processos *net shape* ou *near net shape*, nos quais são obtidos as formas e acabamentos próximos ao uso final da peça (Seção 1.2.1).

Existem algumas desvantagens ou limitações associadas com as operações de conformação a frio: (1) elevadas forças e potências são exigidas para realizar a operação; (2) cuidado deve ser tomado para assegurar que as superfícies do esboço inicial de trabalho estejam livres de carepas e sujeiras e (3) a ductilidade e o encruamento do metal de trabalho limitam o quanto de conformação pode ser feito na peça. Em algumas operações, o metal deve ser recozido (Seção 20.1) para permitir que deformação adicional seja realizada. Em outros casos, o metal não é dúctil o suficiente para ser trabalhado a frio.

Para solucionar o problema do encruamento e reduzir as demandas de força e potência, muitas operações de conformação são realizadas em temperaturas elevadas. Existem duas faixas de temperaturas acima da temperatura ambiente, que dão origem aos termos de trabalho a morno e trabalho a quente.

Trabalho a Morno Considerando que as propriedades do material no escoamento são normalmente melhoradas pelo aumento da temperatura da peça ou esboço de trabalho, as operações de conformação são, algumas vezes, realizadas em temperaturas acima da temperatura ambiente, mas abaixo da temperatura de recristalização. O termo **trabalho a morno** é aplicado a esta segunda gama de temperaturas. A linha divisória entre o trabalho a frio e o trabalho a morno é com frequência expressa em termos do ponto de fusão do metal. Esta divisória é usualmente tomada por 0,3 T_f, em que T_f é o ponto de fusão (temperatura absoluta) do metal em questão.

Os menores valores de resistência mecânica e encruamento em temperaturas intermediárias, assim como a maior ductilidade, asseguram vantagens do trabalho a morno sobre o trabalho a frio: (1) forças e potências mais baixas, (2) possibilidade de geometrias mais complexas e (3) necessidade de recozimento pode ser reduzida ou eliminada.

Trabalho a Quente Trabalho a quente (também chamado **conformação a quente**) envolve deformação em temperaturas acima da temperatura de recristalização (Seção 3.3). A temperatura de recristalização de um dado metal é cerca de metade do seu ponto de fusão em escala absoluta. Na prática, o trabalho a quente é usualmente conduzido em temperaturas um pouco acima de 0,5 T_f. O metal de trabalho continua a amaciar à medida que a temperatura é aumentada acima de 0,5 T_f, aumentando assim a vantagem do trabalho a quente acima deste nível. Entretanto, o próprio processo de deformação gera calor, o qual, por conseguinte, aumenta as temperaturas de trabalho em regiões localizadas da peça. Isto pode conduzir à fusão do metal nestas regiões, o que é extremamente indesejável. Ainda, a formação de carepa na superfície do metal é acelerada em temperaturas mais elevadas. Por conseguinte, as temperaturas de trabalho a quente são de modo usual mantidas dentro da gama 0,5 T_f a 0,75 T_f.

A vantagem mais significativa do trabalho a quente é a capacidade de promover considerável deformação plástica do metal — muito mais do que é possível com o trabalho a frio ou o trabalho a morno. A principal razão para isto é que a curva de escoamento do metal trabalhado a quente tem um coeficiente de resistência que é consideravelmente menor que aquele à temperatura ambiente, o expoente de encruamento é (em termos teóricos) zero e a ductilidade do metal é aumentada de maneira significativa. Tudo isto resulta nas seguintes vantagens com relação ao trabalho a frio: (1) a forma da peça de trabalho pode ser significativamente alterada, (2) forças e potências mais baixas são necessárias para deformar o metal, (3) os metais que usualmente fraturam no trabalho a frio podem ser conformados a quente, (4) as propriedades de resistência mecânica são, em geral, isotrópicas devido à ausência de estrutura de grãos orientados comumente formados no trabalho a frio e (5) nenhum aumento da resistência da peça decorre do encruamento. Esta última vantagem pode parecer inconsistente, pois o aumento de resistência do metal é com frequência considerado uma vantagem para o trabalho a frio. Contudo, existem aplicações nas quais é indesejável que o metal esteja encruado, porque isto reduz a ductilidade, por exemplo, se a peça for posteriormente processada por conformação a frio. As desvantagens do trabalho a quente englobam: (1) menor precisão dimensional, (2) maior energia total exigida (devido à energia térmica para aquecer o esboço de trabalho), (3) oxidação da superfície do metal (carepa), (4) acabamento superficial mais pobre e (5) vida mais curta do ferramental.

A recristalização do metal no trabalho a quente envolve difusão, o que é um processo dependente do tempo. As operações de conformação dos metais são frequentemente realizadas em altas velocidades, o que não fornece tempo suficiente para completar a recristalização da estrutura de grãos durante o seu ciclo de deformação. Entretanto, em razão das temperaturas elevadas, a recristalização acaba por ocorrer. Esta pode ter lugar de imediato na sequência do processo de conformação ou mais tarde, à medida que a peça de trabalho resfria. Embora a recristalização possa ocorrer após a deformação efetiva, sua eventual ocorrência e o amolecimento considerável do metal em temperaturas elevadas são as características que diferenciam o trabalho a quente do trabalho a morno ou do trabalho a frio.

Conformação Isotérmica Certos metais, tais como os aços hiperligados, muitas ligas de titânio e ligas de níquel para altas temperaturas, possuem boa dureza a quente, propriedade que os torna adequados para serviços em altas temperaturas. No entanto, esta propriedade que os torna atrativos nestas aplicações também faz com que eles sejam difíceis de conformar por meio de métodos convencionais. O problema é que quando estes metais são aquecidos, as suas temperaturas de trabalho a quente, em seguida, entram em contato com as ferramentas de conformação relativamente frias, e o calor é rapidamente retirado das superfícies do esboço, aumentando assim a resistência mecânica nestas regiões. As variações de temperaturas e resistência nas diferentes regiões do esboço de trabalho provocam padrões irregulares de escoamento no metal durante a deformação, conduzindo a tensões residuais elevadas e possíveis trincas na superfície.

A *conformação isotérmica* refere-se às operações de conformação que são realizadas de modo a eliminar o resfriamento superficial e os gradientes térmicos resultantes na peça de trabalho. Esta é realizada por meio de pré-aquecimento das ferramentas, que entram em contato com a peça na mesma temperatura do metal de trabalho. Isto enfraquece as ferramentas e reduz sua vida, porém evita os problemas já descritos quando estes metais de difícil trabalho são conformados por métodos convencionais. Em alguns casos, a conformação isotérmica representa a única opção pela qual estes materiais podem ser conformados. Este procedimento é mais bem associado com o forjamento; e nós tratamos o forjamento isotérmico no próximo capítulo.

12.4 ATRITO E LUBRIFICAÇÃO NA CONFORMAÇÃO DOS METAIS

O atrito na conformação dos metais surge devido ao contato direto entre o ferramental e as superfícies do metal, e as pressões elevadas que mantêm as superfícies em contato nestas operações. Na maioria dos processos de conformação dos metais, o atrito é indesejável pelas seguintes razões: (1) o fluxo de metal é reduzido, provocando tensões residuais e algumas vezes defeitos no produto; (2) as forças e potências para realizar a operação são aumentadas e (3) o desgaste da ferramenta pode levar à perda de precisão dimensional, resultando em partes defeituosas e necessitando de substituição do ferramental. Como na conformação dos metais as ferramentas geralmente são caras, o desgaste do ferramental é um fator importante. O atrito e o desgaste de ferramenta são mais severos no trabalho a quente devido ao seu ambiente mais agressivo.

O atrito na conformação dos metais é diferente daquele encontrado na maior parte dos sistemas mecânicos, tais como em trens de engrenagens, eixos e rolamentos, e outros componentes envolvendo movimento relativo entre superfícies. Estes outros casos são em geral caracterizados por baixas pressões de contato, baixas a moderadas temperaturas e extensa lubrificação para minimizar o contato metal-metal. Por outro lado, o ambiente de conformação dos metais apresenta altas pressões entre a ferramenta endurecida e a peça de trabalho macia, deformação plástica do material mais macio e temperaturas elevadas (pelo menos no trabalho a quente). Estas condições podem resultar em coeficientes de atrito relativamente altos na transformação dos metais, mesmo na presença de lubrificantes. Os valores típicos do coeficiente de atrito para três categorias de conformação dos metais estão listados na Tabela 12.1.

TABELA 12.1 Valores típicos de temperatura (relativa ao ponto de fusão T_f) e do coeficiente de atrito nos trabalhos a frio, a morno e a quente

Categoria	Faixa de temperatura	Coeficiente de atrito
Trabalho a frio	$\leq 0,3 T_f$	0,1
Trabalho a morno	$0,3 T_f - 0,5 T_f$	0,2
Trabalho a quente	$0,5 T_f - 0,75 T_f$	0,4 - 0,5

Compilados de várias referências.

Se o coeficiente de atrito se tornar bastante elevado, ocorrerá a condição conhecida como aderência. A *aderência* na transformação dos metais (também chamada ***atrito de aderência*** ou ***atrito de agarramento***) é a tendência que duas superfícies em movimento relativo têm de aderir uma à outra ao invés de deslizarem. Isto significa que a tensão de atrito entre as superfícies excede a tensão de escoamento em cisalhamento do metal de trabalho, causando assim a deformação do metal por um processo de cisalhamento na região sub-superficial, no lugar do deslizamento na superfície. A aderência ocorre nas operações de conformação dos metais e é um problema conhecido na laminação; trataremos disso neste contexto no próximo capítulo.

Os lubrificantes de transformação de metais são aplicados na interface ferramenta/peça em diversas operações de conformação para reduzir os efeitos nocivos do atrito. Os benefícios incluem a redução de aderência, forças, potências, desgaste da ferramenta e melhor acabamento superficial do produto. Os lubrificantes servem também para outras funções, tais como a remoção de calor do ferramental. As considerações de escolha de um lubrificante apropriado à transformação dos metais incluem (1) o tipo de processo de conformação (laminação, forjamento, estampagem de chapas metálicas, entre outros), (2) se usado no trabalho a quente ou no trabalho a frio, (3) material da peça conformada, (4) reatividade química com os metais da ferramenta e de trabalho (é desejável geralmente que o lubrificante venha aderir às superfícies para ser mais efetivo na redução do atrito), (5) facilidade de aplicação, (6) toxicidade, (7) flamabilidade e (8) custo.

Os lubrificantes usados para as operações de trabalho a frio incluem [4], [7] óleos minerais, graxas e óleos graxos, óleos emulsionáveis em água, sabões e outros revestimentos. O trabalho a quente, às vezes, é realizado a seco em certas operações e materiais (por exemplo, laminação a quente de aço e extrusão de alumínio). Quando os lubrificantes são usados no trabalho a quente, eles podem ser compostos de óleos minerais, grafite e vidro. O vidro fundido torna-se um efetivo lubrificante para a extrusão a quente de ligas de aços. A grafite contida na água ou no óleo mineral é um lubrificante comum para o forjamento a quente de vários metais. Detalhes com respeito aos tratamentos de lubrificantes na transformação dos metais são encontrados nas referências [7] e [9].

REFERÊNCIAS

[1] Altan, T., Oh, S.-I., and Gegel, H. L. **Metal Forming: Fundamentals and Applications.** ASM International, Materials Park, Ohio, 1983.

[2] Cook, N. H. **Manufacturing Analysis.** Addison-Wesley Publishing Company, Inc., Reading, Massachusetts, 1966.

[3] Hosford, W. F., and Caddell, R. M. **Metal Forming: Mechanics and Metallurgy**, 3rd ed. Cambridge University Press, Cambridge, United Kingdom, 2007.

[4] Lange, K. **Handbook of Metal Forming.** Society of Manufacturing Engineers, Dearborn, Michigan, 2006.

[5] Lenard, J. G. **Metal Forming Science and Practice.** Elsevier Science, Amsterdam, The Netherlands, 2002.

[6] Mielnik, E. M. **Metalworking Science and Engineering.** McGraw-Hill, Inc., New York, 1991.

[7] Nachtman, E. S., and Kalpakjian, S. **Lubricants and Lubrication in Metalworking Operations.** Marcel Dekker, Inc., New York, 1985.

[8] Wagoner, R. H., and Chenot, J.-L. **Fundamentals of Metal Forming.** John Wiley & Sons, Inc., New York, 1997.

[9] Wick, C., et al. (eds.). **Tool and Manufacturing Engineers Handbook**, 4th ed., Vol. **II**, **Forming.** Society of Manufacturing Engineers, Dearborn, Michigan, 1984.

QUESTÕES DE REVISÃO

12.1 Quais são as diferenças entre os processos de deformação volumétrica e os processos de conformação de chapas?

12.2 A extrusão é um importante processo de mudança de forma. Descreva-a.

12.3 Quais são os dois significados da utilização do termo "estampagem"?

12.4 Qual é a diferença entre a estampagem profunda e o dobramento?

12.5 Enuncie a equação matemática para a curva de escoamento.

12.6 Como o aumento de temperatura afeta os parâmetros na equação da curva de escoamento?

12.7 Enuncie algumas vantagens do trabalho a frio em comparação aos trabalhos a morno e a quente.

12.8 O que é conformação isotérmica?

12.9 Por que o atrito é geralmente indesejável nas operações de conformação dos metais?

12.10 O que é atrito de aderência (ou de agarramento) nos processos de conformação dos metais?

PROBLEMAS

12.1 Para um dado metal, tem-se o coeficiente de resistência $K = 550$ MPa e o expoente de encruamento $n = 0{,}22$. Durante uma operação de conformação, a deformação verdadeira final a qual o metal é submetido é $\varepsilon = 0{,}85$. Determine a tensão de escoamento neste nível de deformação e o valor da tensão média de escoamento a que o metal é submetido durante a operação.

12.2 Um metal tem a curva de escoamento com o coeficiente de resistência $K = 850$ MPa e o expoente de encruamento $n = 0{,}30$. Um corpo de prova de tração uniaxial deste metal com comprimento inicial de medida $L_0 = 100$ mm é alongado para um comprimento final $L = 157$ mm. Determine a tensão de escoamento para este comprimento final e o valor da tensão média de escoamento a que o metal é submetido durante a deformação.

12.3 Um dado metal tem uma curva de escoamento com coeficiente de resistência $K = 35.000$ lbf/in^2 e expoente de encruamento $n = 0{,}26$. Um corpo de prova de tração uniaxial deste metal com comprimento inicial de medida $L_0 = 2$ in é alongado para um comprimento final $L = 3{,}3$ in. Determine a tensão de escoamento para este comprimento final e o valor da tensão média de escoamento a que o metal é submetido durante a deformação.

12.4 O coeficiente de resistência e expoente de encruamento de certo metal são iguais a 40.000 lbf/in^2 e 0,19, respectivamente. Um corpo de prova cilíndrico deste metal com diâmetro inicial $d_0 = 2{,}5$ in e comprimento inicial $L_0 = 3$ in é comprimido para um comprimento final $L = 1{,}5$ in. Determine a tensão de escoamento para este comprimento final obtido por compressão e o valor da tensão média de escoamento a que o metal é submetido durante a deformação.

12.5 Para um dado metal, o coeficiente de resistência é igual a 700 MPa e o expoente de encruamento é 0,27. Determine a tensão média de escoamento que o metal experimenta se for submetido à tensão igual ao seu coeficiente de resistência K.

12.6 Determine o valor do expoente de encruamento para um metal que fornecerá tensão média de escoamento igual a 3/4 do valor final de tensão de escoamento após a deformação.

12.7 O coeficiente de resistência é igual a 35.000 lbf/in^2 e o expoente de encruamento igual a 0,40 para um metal usado em operação de conformação na qual a peça de trabalho tem redução de área da seção transversal por estiramento. Se a tensão média de escoamento da peça é 20.000 lbf/in^2, determine a quantidade de redução de área da seção transversal experimentada pela peça.

12.8 Em um ensaio de tração uniaxial, dois pares de valores de tensão e deformação foram medidos após o escoamento do corpo de prova metálico: (1) tensão verdadeira = 217 MPa e deformação verdadeira = 0,35 e (2) tensão verdadeira = 259 MPa e deformação verdadeira = 0,68. Com base nestes dados experimentais, determine o coeficiente de resistência e o expoente de encruamento.

12.9 Os seguintes valores de tensão e deformação foram medidos na região plástica durante um ensaio de tração uniaxial realizado em novo metal: (1) tensão verdadeira = 43.068 lbf/in^2 e deformação verdadeira = 0,27 in/in e (2) tensão verdadeira = 52.048 lbf/in^2 e deformação verdadeira = 0,85 in/in. Com base nestes dados experimentais, determine o coeficiente de resistência e o expoente de encruamento.

13 PROCESSOS DE CONFORMAÇÃO VOLUMÉTRICA DE METAIS

Sumário

13.1 Laminação
    13.1.1 Laminação de Planos e Sua Análise
    13.1.2 Laminação de Perfis
    13.1.3 Laminadores
    13.1.4 Outros Processos Relacionados com a Laminação

13.2 Forjamento
    13.2.1 Forjamento em Matriz Aberta
    13.2.2 Forjamento em Matriz Fechada
    13.2.3 Forjamento de Precisão
    13.2.4 Martelos de Forjamento, Prensas e Matrizes
    13.2.5 Outros Processos Relacionados com o Forjamento

13.3 Extrusão
    13.3.1 Tipos de Extrusão
    13.3.2 Análise da Extrusão
    13.3.3 Matrizes e Prensas de Extrusão
    13.3.4 Outros Processos de Extrusão
    13.3.5 Defeitos em Produtos Extrudados

13.4 Trefilação de Barras e Arames
    13.4.1 Análise da Trefilação
    13.4.2 Prática da Trefilação

Os processos de conformação descritos neste capítulo realizam significantes mudanças de forma em peças metálicas cuja forma inicial é uma peça maciça, segundo a definição apresentada no Capítulo 12, não uma chapa. As formas de partida incluem barras e tarugos cilíndricos, tarugos retangulares e placas, e geometrias elementares similares. Os processos de conformação volumétrica transformam as formas de partida, por vezes aprimorando propriedades mecânicas, mas sempre agregando valor. Estes processos transformam a geometria do material aplicando tensão suficiente para que o metal alcance o estado de escoamento plástico e acomode à forma desejada.

Os processos de conformação volumétrica são realizados nas três faixas de temperatura apresentadas no capítulo anterior, ou seja, por meio do trabalho a frio, a morno e a quente. Trabalhos a frio e a morno são apropriados quando a mudança de forma é menos severa, e quando há necessidade de melhorar propriedades mecânicas e obter bom acabamento na peça. Exige-se, geralmente, o trabalho a quente quando é necessária a deformação de um grande volume da peça.

A importância comercial e tecnológica dos processos de conformação volumétrica pode ser constatada nas seguintes afirmações:

➤ Podem causar mudança significativa na forma da peça, se realizado por operações de trabalho a quente.

> Podem ser usados para aumentar a resistência mecânica dos produtos por meio do encruamento, e não somente para dar forma ao produto, se realizado por operações de trabalho a frio.

> Produzem pouco, ou nenhum, desperdício de material como subproduto de operação. Algumas operações de conformação são chamadas processos **near net shape** ou **net shape**, pois alcançam a geometria final do produto com pouca, ou nenhuma, usinagem subsequente.

Os quatro principais processos de conformação volumétrica são: (1) laminação, (2) forjamento, (3) extrusão, e (4) trefilação de arames e barras. Este capítulo também apresenta algumas das operações relacionadas com estes quatro processos fundamentais.

13.1 LAMINAÇÃO

A laminação é um processo de conformação no qual a espessura do metal é reduzida por esforços compressivos exercidos por meio de dois cilindros. Como ilustrado na Figura 13.1, os cilindros giram para puxar e, ao mesmo tempo, comprimir o metal que está compreendido entre eles. O processo básico mostrado na figura é o de laminação de planos, usado para reduzir a espessura de uma peça com seção transversal retangular. Processo muito semelhante é o de laminação de perfis, no qual uma peça com seção transversal quadrada é conformada até alcançar uma forma tal como a de uma viga I.

A maioria dos processos de laminação demanda investimento grande de capital, pois seus equipamentos contêm componentes robustos, chamados trem de laminação, para realizá-los. O alto custo de investimento exige que os laminadores sejam usados para produção em grande escala de itens padronizados, tais como chapas finas e grossas. A maioria dos processos de laminação é realizada por meio de trabalho a quente, chamado **laminação a quente**, em razão da necessidade de grande volume de material a ser deformado. O metal laminado a quente é geralmente isento de tensões residuais, e suas propriedades são isotrópicas. Desvantagens da laminação a quente são relacionadas com a impossibilidade de serem obtidos produtos com tolerâncias estreitas e a superfície apresentar uma camada característica de óxido.

A fabricação de aço utiliza a aplicação mais corriqueira de operações de laminação. Vamos acompanhar a sequência de etapas em um laminador de aço para ilustrar a variedade de produtos fabricados. Etapas similares podem ser encontradas em outras indústrias de metais primários. O metal inicia sob a forma de um lingote de aço fundido recém-solidificado. Enquanto este ainda se encontra quente, o lingote é colocado em um forno no qual permanece por muitas horas até alcançar temperatura uniforme em todo o corpo; assim, o metal escoará de forma consistente durante a laminação. No aço, a temperatura desejada para laminação é em torno de 1200°C (2200°F). A operação de aquecimento é chamada **encharcamento**, e os fornos nos quais esta etapa é realizada são denominados **fornos poços**.

A partir do encharcamento, o lingote é movido para o laminador, onde é laminado a uma das três formas intermediárias: blocos, tarugos ou placas. Um **bloco** tem a seção transversal quadrada de pelo menos 150 mm × 150 mm (6 in × 6 in). Uma **placa** é laminada a partir de um lingote, ou bloco, e tem uma seção transversal retangular de pelo menos 250 mm (10 in) de largura e pelo menos 40 mm (1,5 in) de espessura. Um **tarugo** é laminado a partir de um bloco e tem dimensões de uma seção quadrada com 40 mm (1,5 in) em seus lados. Estas formas intermediárias são posteriormente laminadas para as formas finais do produto.

Blocos são laminados para produzir formas estruturais e trilhos para linhas ferroviárias. Tarugos são laminados para produzir barras quadradas e barras de seção circular, e estes produtos são usualmente as matérias-primas em processos de usinagem, trefilação de arames, forjamento e outros processos de transformação dos metais. Placas são laminadas para produzir chapas grossas, chapas finas e tiras. Chapas grossas laminadas a quente são usadas na construção naval, pontes, caldeiras, estruturas soldadas para diversas máquinas pesadas, tubos com costura e muitos outros produtos. A Figura 13.2 mostra alguns destes produtos laminados de aço. O desempenamento — operação realizada nas chapas grossas e finas laminadas a quente — é comumente obtido por **laminação a frio**, e seu objetivo é prepará-las para operações de conformação de chapas (Capítulo 14). A laminação a frio aumenta a resistência do metal e permite tolerâncias mais estreitas na espessura. Além disso, a superfície da chapa laminada a frio é isenta de carepas, e geralmente melhor se comparada ao correspondente produto laminado a quente. Estas características tornam as chapas finas, tiras e bobinas laminados a frio as matérias-primas ideais para estampas, painéis externos e outros componentes de produtos, desde automóveis a utensílios e material de escritório.

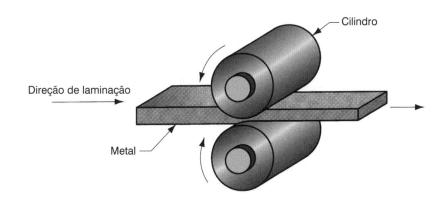

FIGURA 13.1 O processo de laminação (especificamente, laminação de planos). (Crédito: *Fundamentals of Modern Manufacturing*, 4ª Edição por Mikell P. Groover, 2010. Reimpresso com permissão de John Wiley & Sons, Inc.)

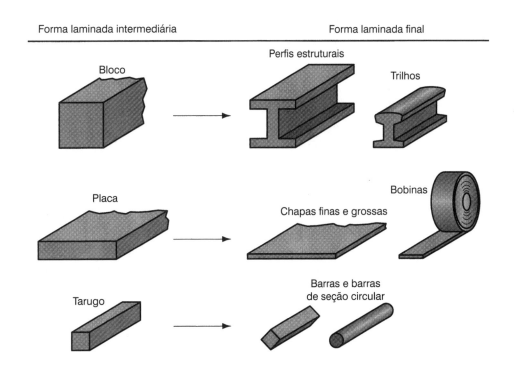

FIGURA 13.2 Alguns produtos do processo de laminação. (Crédito: *Fundamentals of Modern Manufacturing*, 4ª Edição por Mikell P. Groover, 2010. Reimpresso com permissão de John Wiley & Sons, Inc.)

13.1.1 ANÁLISE DA LAMINAÇÃO DE PLANOS

A laminação de planos está ilustrada nas Figuras 13.1 e 13.3. Ela engloba a laminação de placas, tiras, chapas finas e chapas grossas — peças de seção transversal retangular nas quais a largura é maior que a espessura. Na laminação de planos, o metal é comprimido entre dois cilindros de modo a reduzir sua espessura em uma quantidade chamada **desbaste ou esboço**:

$$d = t_o - t_f \qquad (13.1)$$

em que d é o esboço, mm (in); t_o a espessura inicial, mm (in); e t_f a espessura final, mm (in). O desbaste é também expresso como uma fração da espessura inicial, chamada **redução**:

$$r = \frac{d}{t_o} \qquad (13.2)$$

em que r é a redução. Quando uma sequência de operações de laminação é usada, a redução é tomada como a soma dos esboços dividida pela espessura inicial.

Além da redução de espessura, a laminação usualmente conduz ao aumento de largura da peça. Isto é chamado **espalhamento** e tende a ser mais pronunciado em situações com baixas razões largura-espessura e baixos coeficientes de atrito. A conservação de massa é preservada, logo o volume do metal na seção de saída dos cilindros é igual ao volume na entrada:

$$t_o w_o L_o = t_f w_f L_f \qquad (13.3)$$

em que w_o e w_f são as larguras da peça antes e depois do passe de laminação, mm (in); L_o e L_f são os comprimentos da peça antes e depois do passe de laminação, mm (in). De forma análoga, o fluxo de material deve se manter constante, antes e depois da conformação, assim as velocidades de entrada e saída da peça na laminação (v_o e v_f) podem ser relacionadas:

$$t_o w_o v_o = t_f w_f v_f \qquad (13.4)$$

em que v_o e v_f são as velocidades de entrada e de saída do trabalho.

O ângulo de contato entre os cilindros de trabalho e a peça é definido pelo ângulo θ. Cada cilindro tem raio R, e sua velocidade de rotação fornece velocidade periférica v_r, que é maior que a velocidade de entrada da peça v_o e menor que sua velocidade de saída v_f. Como o escoamento de metal é contínuo, existe uma mudança gradual da velocidade na região da peça entre os cilindros de trabalho. Entretanto, existe um ponto ao longo do arco de contato em que a velocidade da peça se iguala à velocidade do cilindro de trabalho. Este é chamado **ponto de não deslizamento**, também conhecido como **ponto neutro**. Em ambos os lados deste ponto, ocorrem escorregamento e atrito entre os cilindros de trabalho e a peça. A quantidade de deslizamento entre os cilindros de trabalho e a peça pode ser medida por meio do **deslizamento avante**, termo usado em laminação que é definido por:

$$s = \frac{v_f - v_r}{v_r} \qquad (13.5)$$

em que s é o escorregamento avante; v_f é a velocidade de saída da peça, m/s (ft/s); e v_r é velocidade periférica do cilindro de trabalho, m/s (ft/s).

A deformação verdadeira que a peça sob laminação sofre é função das espessuras inicial e final do esboço. Em forma de equação, pode ser escrita por:

$$\epsilon = \ln \frac{t_o}{t_f} \qquad (13.6)$$

A deformação verdadeira pode ser empregada para determinar a tensão média de escoamento $\bar{\sigma}_e$ aplicada ao material de trabalho na laminação de planos. Relembrando a Eq. 12.2 do capítulo anterior:

$$\bar{\tau}_e = \frac{K\epsilon^n}{1+n} \qquad (13.7)$$

A tensão média de escoamento é usada para o cálculo de estimativas de força e de potência na laminação.

O atrito na laminação ocorre com um dado coeficiente de atrito, e a força de compressão dos cilindros multiplicada por esse coeficiente de atrito resulta em uma força de atrito entre os cilindros e a peça. Em um dos lados do ponto neutro, aquele na direção da entrada da peça, a força de atrito está em uma direção, e no outro lado está na direção oposta. Entretanto, as duas forças não são iguais. A força de atrito no lado de entrada é maior, o que faz com que a força resultante puxe a peça através dos cilindros. Não fosse isto, a laminação não seria possível. Há um limite da máxima redução possível que pode ser realizada na laminação de planos com um dado coeficiente de atrito. Este limite é definido pela máxima redução $d_{máx}$ (mm ou in):

$$d_{máx} = \mu^2 R \qquad (13.8)$$

em que μ é o coeficiente de atrito; e R é o raio do cilindro de trabalho, mm (in). Esta equação indica que, se o atrito fosse nulo, a redução seria zero e não seria possível realizar a operação de laminação.

O coeficiente de atrito na laminação depende da lubrificação, do material de trabalho e da temperatura de trabalho. Na laminação a frio, este valor está em torno de 0,1; na laminação a morno, o valor típico é cerca de 0,2; e, na laminação a quente, está em torno de 0,4 [16]. A laminação a quente é frequentemente caracterizada por uma condição chamada **agarramento**, na qual a superfície da peça quente adere aos cilindros de trabalho sobre o arco de contato. Esta condição ocorre com frequência na laminação de aços e ligas de altas temperaturas. Quando ocorre agarramento, o coeficiente de atrito pode alcançar valores tão altos quanto 0,7. A consequência do agarramento é que as camadas superficiais da peça estão restritas a moverem-se na mesma velocidade que a velocidade do cilindro de trabalho v_r; e abaixo da superfície, a deformação é mais severa para permitir a passagem da peça através da abertura entre cilindros.

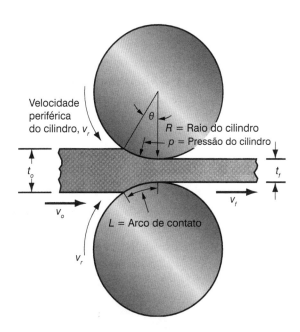

FIGURA 13.3 Vista lateral da laminação de planos, indicando as espessuras inicial e final, velocidades da peça, ângulo de contato com os cilindros e outras características. (Crédito: *Fundamentals of Modern Manufacturing*, 4ª Edição, Mikell P. Groover, 2010. Reimpresso com permissão de John Wiley & Sons, Inc.)

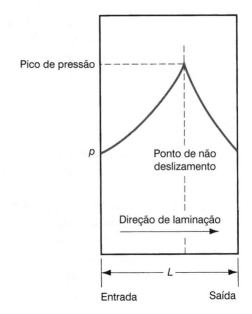

FIGURA 13.4 Variação típica da pressão ao longo do comprimento do arco de contato na laminação de planos. O pico de pressão está localizado no ponto neutro. A integração da Eq. (13.9), representada na área abaixo da curva, é a força de laminação F. (Crédito: *Fundamentals of Modern Manufacturing*, 4ª Edição, Mikell P. Groover, 2010. Reimpresso com permissão de John Wiley & Sons, Inc.)

A força do cilindro F, requerida para manter a separação entre os dois cilindros de trabalho, dado que o contato apresenta um coeficiente de atrito suficiente para realizar a laminação, pode ser calculada pela integração da pressão em um cilindro (indicada por p na Figura 13.3) na área de contato peça-cilindro. Esta pode ser expressa por:

$$F = w \int_o^L p\, dL \qquad (13.9)$$

em que F é a força de laminação, N (lbf); w é a largura da peça sendo laminada, mm (in); p é a pressão do cilindro, MPa (lbf/in^2); e L é o comprimento de contato entre os cilindros de trabalho e a peça, mm (in). A integração requer a soma de dois termos separados, cada um referente a um lado do ponto neutro. A variação da pressão do cilindro ao longo do comprimento do arco de contato é significante. Uma noção desta variação pode ser obtida a partir do gráfico na Figura 13.4. A pressão atinge um máximo no ponto neutro e decai em ambos os lados em relação aos pontos de entrada e saída. À medida que o atrito aumenta, a pressão máxima aumenta em relação aos valores de entrada e saída. À medida que o atrito diminui, o ponto neutro se desloca da entrada em direção à saída para manter uma força de arraste na direção de laminação. Caso contrário, com baixo atrito, a peça escorregaria em vez de passar por entre os cilindros de trabalho.

Uma aproximação dos resultados obtidos pela Eq. (13.9) pode ser calculada com base na tensão média de escoamento que o material de trabalho sofre no afastamento deixado entre cilindros. Isto é,

$$F = \overline{\tau}_e w L \qquad (13.10)$$

em que $\overline{\sigma}_e$ é a tensão média de escoamento obtida pela Eq. (13.7), MPa (lbf/in^2); e o produto $w\,L$ é a área de contato com o cilindro, mm^2 (in^2). O comprimento de contato pode ser aproximado por

$$L = \sqrt{R(t_o - t_f)} \qquad (13.11)$$

O torque na laminação pode ser estimado assumindo que a força de laminação está localizada no centro da peça quando passa entre os cilindros de trabalho, e esta força atua gerando um momento com uma alavanca igual à metade do comprimento de contato L. Logo, o torque para cada cilindro de trabalho é

$$T = 0,5\, FL \tag{13.12}$$

A potência necessária a cada cilindro de trabalho é obtida pelo produto do torque e da velocidade angular. A velocidade angular é dada por $2\,\pi N$, em que N é a velocidade de rotação do cilindro. Portanto, a potência para cada cilindro é $2\,\pi NT$. Substituindo a Eq. (13.12) para o torque nesta expressão de potência e multiplicando por dois, para considerar o fato de que a cadeira de laminação é composta de dois cilindros, obtém-se a seguinte expressão:

$$P = 2\pi NFL \tag{13.13}$$

em que P é a potência, J/s ou W (lbf-in/min); N = velocidade de rotação, 1/s (rpm); F é força de laminação, em N (lbf); e L é o comprimento de contato, m (in).

Exemplo 13.1
Laminação de Planos

Uma bobina de 300 mm de largura e 25 mm de espessura é alimentada em um laminador com dois cilindros de raio igual a 250 mm. A espessura da peça deve ser reduzida para 22 mm em um único passe à velocidade de rotação dos cilindros de 50 rpm. O material da peça tem uma curva de escoamento definida por K = 275 MPa e n = 0,15, e o coeficiente de atrito entre os cilindros e a peça é igual a 0,12. Determine se o atrito é suficiente para permitir que a operação de laminação seja realizada. Caso afirmativo, calcule a força de laminação, o torque e a potência em HP.

Solução: O desbaste previsto nesta operação de laminação é

$$d = 25 - 22 = 3 \text{ mm}$$

A partir da Eq. (13.8), a máxima redução possível para o dado coeficiente de atrito é

$$d_{máx} = (0,12)^2 (250) = 3,6 \text{ mm}$$

Visto que a máxima redução permitida excede o desbaste previsto, a operação de laminação é possível. Para computar a força de laminação, nós precisamos do comprimento de contato L e da tensão média de escoamento $\bar{\sigma}_e$. O comprimento de contato é dado pela Eq. (13.11):

$$L = \sqrt{250(25-22)} = 27,4 \text{ mm}$$

$\bar{\sigma}_e$ é determinado a partir da deformação verdadeira:

$$\epsilon = \ln\frac{25}{22} = 0,128$$

$$\bar{\tau}_e = \frac{275(0,128)^{0,15}}{1,15} = 175,7 \text{ MPa}$$

A força de laminação é determinada a partir da Eq. (13.10):

$$F = 175,7(300)(27,4) = 1.444.786 \text{ N}$$

O torque necessário para cada cilindro é dado pela Eq. (13.12):

$$T = 0{,}5(1.444.786)(27{,}4)(10^{-3}) = 19.786 \text{ N-m}$$

e a potência é obtida a partir da Eq. (13.13):

$$P = 2\pi(50)(1.444.786)(27{,}4)(10^{-3}) = 12.432.086 \text{ N-m/min} = 207.201 \text{ N-m/s}(W)$$

Para fins de comparação, vamos converter a potência de Watts para HP (note que 1 HP = 745,7 W):

$$P_{hp} = \frac{207.201}{745{,}7} = 278 \text{ hp}$$

É possível observar, a partir deste exemplo, que é necessário aplicar grandes forças e potências na laminação. O exame das Eqs. (13.10) e (13.13) indica que, para reduzir a força e/ou potência para laminar uma tira com certa largura e material de trabalho, há as seguintes opções: (1) usar a laminação a quente no lugar da laminação a frio para reduzir a resistência ao escoamento e o encruamento (K e n) do material de trabalho; (2) diminuir a redução em cada passe; (3) usar cilindros de trabalho com menores raios R para reduzir a força de laminação; e (4) usar baixas velocidades de rotação de laminação N para reduzir a potência. ∎

13.1.2 LAMINAÇÃO DE PERFIS

Na laminação de perfis, a peça é deformada para ter o formato da seção transversal desejada. Exemplos dos produtos fabricados pela laminação de perfis são vigas I, L e U; trilhos para estradas de ferro; e barras redondas e quadradas e fio-máquina (veja a Figura 13.2). O processo é realizado pela passagem da peça através de cilindros que possuem a geometria complementar da forma desejada ao perfil.

A maior parte dos princípios que se aplicam à laminação de planos é também aplicável à laminação de perfis. Os cilindros de laminação de perfis são mais complexos; a peça, usualmente com forma inicial quadrada, necessita de transformação gradual por meio da passagem por vários cilindros para obtenção da seção transversal final. O projeto de sequência das formas intermediárias e cilindros correspondentes é chamado ***plano de passes*** ou ***calibração***.*
O objetivo da realização de diversos passes é alcançar uma deformação uniforme por meio da seção transversal em cada redução. Caso contrário, algumas porções da peça ficam mais reduzidas que outras, provocando maiores alongamentos nestas seções. As consequências de uma redução não uniforme podem ser o empenamento e o aparecimento de trincas no produto laminado. Tanto cilindros horizontais quanto verticais são utilizados para obter reduções consistentes do material de trabalho.

13.1.3 LAMINADORES

Várias configurações de laminadores ou cadeiras de laminação estão disponíveis para lidar com a variedade de aplicações e problemas técnicos no processo de laminação. O laminador típico consiste em dois cilindros opostos e é denominado ***laminador-duo***, mostrado na

---

* Termo utilizado para definir o projeto do plano de passes na laminação de produtos longos. (N.T.)

Figura 13.5(a). Os cilindros destes laminadores têm diâmetros que variam de 0,6 a 1,4 m (2,0 a 4,5 ft). A configuração de laminador-duo pode ser tanto reversível quanto irreversível. Na **cadeira de laminação irreversível**, os cilindros sempre giram no mesmo sentido, e a peça sempre passa através dos cilindros pelo mesmo lado. A **cadeira de laminação reversível** autoriza a reversão do sentido de rotação do cilindro, de modo que a peça possa ser laminada em ambas as direções. Isto permite uma série de reduções a serem realizadas com o mesmo conjunto de cilindros, simplesmente pela passagem da peça a partir de direções opostas em múltiplos passes. A desvantagem da configuração reversível é o significante momento angular alcançado pelos grandes cilindros rotativos e os problemas técnicos associados à reversão.

Vários arranjos alternativos estão ilustrados na Figura 13.5. Na configuração de **cadeira-trio**, Figura 13.5(b), existem três cilindros em uma coluna vertical, e a direção de cada cilindro permanece inalterada. Para obter uma série de reduções, a peça pode ser laminada em ambos os lados pela elevação ou abaixamento da tira após cada passe. O equipamento de uma cadeira de laminação trio torna-se mais complicado devido a um mecanismo de mesa elevatória necessário à movimentação da peça.

Como indicado pelas equações apresentadas, algumas vantagens são obtidas com a redução do diâmetro do cilindro. O comprimento de contato cilindro com a peça é reduzido com menores raios de cilindro, e isto conduz a menores forças, torque e potência. A **cadeira de laminação quádruo** usa dois cilindros menores para contato com a peça e dois cilindros de encosto ou apoio, conforme mostrado na Figura 13.5(c). Em razão das forças de laminação elevadas, quando ocorre a passagem da peça, os cilindros menores podem fletir elasticamente entre os mancais de rolamento, a menos que cilindros de encosto de maior diâmetro sejam usados para apoiá-los. Outra configuração que permite utilizar cilindros de trabalho menores contra a peça é a **cadeira com cilindros agrupados ou laminador Sendzimir**, Figura 13.5(d).

Para obter maiores taxas de laminação de produtos padronizados, **um trem laminador** é usualmente empregado. Esta configuração é composta de uma série de cadeiras de laminação, como representado na Figura 13.5(e). Embora apenas três cadeiras sejam mostradas em nosso esquema, um trem típico de cadeiras de laminação pode ter oito ou dez cadeiras, cada uma

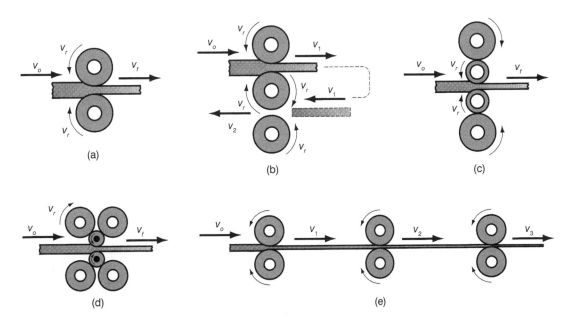

FIGURA 13.5 Várias configurações de laminadores: (a) duo, (b) trio, (c) quádruo, (d) laminador com cilindros agrupados (Sendzimir) e (e) laminador em tandem ou trem de laminação. (Crédito: *Fundamentals of Modern Manufacturing*, 4ª Edição, Mikell P. Groover, 2010. Reimpresso com permissão de John Wiley & Sons, Inc.)

fazendo uma redução de espessura ou mudança de forma na peça fabricada que passa por elas. A cada passo de laminação, a velocidade da peça aumenta, e o problema de sincronização das velocidades dos cilindros torna-se importante.

13.1.4 OUTROS PROCESSOS RELACIONADOS COM A LAMINAÇÃO

Diversos outros processos de conformação volumétrica usam cilindros para dar forma à peça fabricada. Exemplos destas operações são: laminação de roscas, laminação de anéis, laminação de engrenagens e laminação de tubos.

Laminação de Roscas É usada para conformar roscas em peças cilíndricas laminando-as entre duas matrizes. Este é o mais importante processo comercial para produção seriada de componentes com rosca externa (p. ex., porcas e parafusos). O outro processo que compete com este é o rosqueamento (usinagem de roscas, Seção 16.2.2). A maior parte das operações de laminação de roscas é realizada por trabalho a frio em máquinas de laminação de roscas. Estas máquinas são equipadas com matrizes especiais que determinam o tamanho e a forma da rosca. As matrizes são classificadas em dois tipos: (1) matrizes planas, as quais alternam entre si, como ilustrado na Figura 13.6; e (2) matrizes arredondadas, as quais têm rotação relativa entre si para realizar a ação de laminação.

As taxas de produção na laminação de roscas podem ser elevadas, atingindo até oito peças por segundo para pequenas porcas e parafusos. Não somente estas taxas são significativamente maiores em comparação ao rosqueamento, mas também existem outras vantagens sobre a usinagem: (1) melhor utilização de material, (2) roscas mais resistentes devido ao encruamento, (3) superfícies mais suaves, e (4) melhor resistência à fadiga devido às tensões compressivas introduzidas pela laminação.

Laminação de Anéis É um processo de conformação no qual um anel de parede grossa de menor diâmetro é laminado em um anel de parede fina de maior diâmetro. A Figura 13.7 apresenta dois instantes: antes e depois do processo ser realizado. À medida que o anel de parede grossa é comprimido entre os laminadores, o material deformado alonga provocando aumento do diâmetro do anel. A laminação de anéis é usualmente realizada como um processo de trabalho a quente para produzir grandes anéis e como processo de trabalho a frio para pequenos anéis.

As aplicações da laminação de anéis incluem pistas de rolamentos de esferas e roletes, aros de aço para rodas de estradas de ferro e anéis para tubos, vasos de pressão e máquinas rotativas. As paredes dos anéis não são limitadas a seções transversais retangulares; o processo permite a laminação de formas mais complexas. Existem várias vantagens da laminação de anéis sobre outros métodos alternativos para fazer a mesma peça: economia de material, orientação de grãos ideal para a aplicação e aumento de resistência por meio do trabalho a frio.

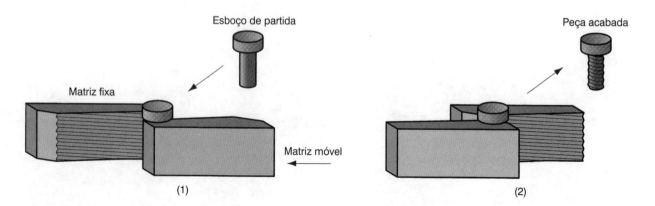

FIGURA 13.6 Laminação de roscas com matrizes planas: (1) início do ciclo e (2) fim do ciclo. (Crédito: *Fundamentals of Modern Manufacturing*, 4ª Edição, Mikell P. Groover, 2010. Reimpresso com permissão de John Wiley & Sons, Inc.)

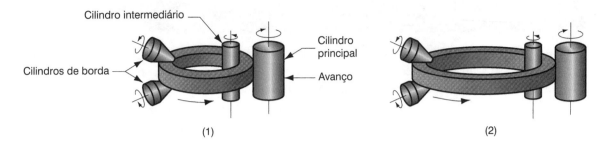

FIGURA 13.7 Laminação de anéis usada para reduzir a espessura de parede e aumentar o diâmetro de um anel: (1) início e (2) conclusão do processo. (Crédito: *Fundamentals of Modern Manufacturing*, 4ª Edição, Mikell P. Groover, 2010. Reimpresso com permissão de John Wiley & Sons, Inc.)

Laminação de Engrenagens É um processo de trabalho a frio para produzir alguns tipos de engrenagens. A indústria automotiva é um importante usuário destes produtos. O arranjo na laminação de engrenagens é similar ao da laminação de roscas, exceto no que diz respeito aos aspectos de deformação do esboço cilíndrico ou do disco que estão orientados paralelos ao seu eixo (ou a certo ângulo, no caso de engrenagens helicoidais), em vez da forma em espiral como na laminação de roscas. Existem outros métodos alternativos para a fabricação de roscas, como a usinagem. As vantagens da laminação de engrenagens sobre a usinagem são similares àquelas da laminação de roscas: altas taxas de produção, melhores resistência ao endurecimento e à fadiga, além de perdas reduzidas de material.

Laminação de Tubos sem Costura com Mandril É um processo especializado de conformação a quente para produção de tubos de paredes grossas sem costuras. Este processo utiliza dois cilindros opostos, sendo, portanto, classificado como processo de laminação. O processo é baseado no princípio do desenvolvimento de elevadas tensões trativas no centro quando uma peça cilíndrica sólida é comprimida na sua circunferência, como mostrado na Figura 13.8(a). Se a compressão é suficientemente elevada, uma fissura interna é formada. Na laminação a mandril, este princípio é explorado pelo arranjo mostrado na Figura 13.8(b). Tensões compressivas são aplicadas a um tarugo sólido cilíndrico por dois cilindros, cujos eixos estão orientados em pequenos ângulos (~ 6°) em relação ao eixo do tarugo, de modo que suas rotações tendam a puxar o tarugo através dos cilindros. Um mandril é utilizado para controlar o tamanho e acabamento do furo criado por essa ação. Os termos ***laminador de tubos com mandril*** e ***processo Mannesmann*** são também adotados para este operação de fabricação de tubos.

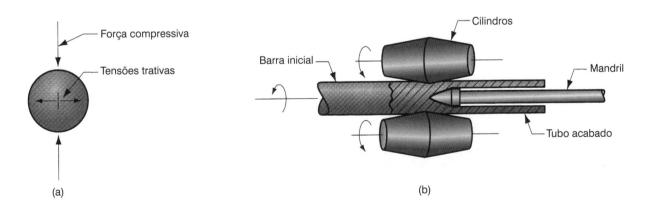

FIGURA 13.8 Laminação a mandril de tubos: (a) formação de tensões internas e cavidade pela compressão da peça cilíndrica; e (b) arranjo do laminador Mannesmann para produção de tubos sem costura. (Crédito: *Fundamentals of Modern Manufacturing*, 4ª Edição, Mikell P. Groover, 2010. Reimpresso com permissão de John Wiley & Sons, Inc.)

13.2 FORJAMENTO

O forjamento é um processo de conformação no qual a peça processada é comprimida entre duas matrizes, ora por meio de impacto ou a partir de uma pressão gradativa para dar forma à peça. É a mais antiga das operações de conformação de metais, datadas talvez em 5000 a.C. Atualmente, o forjamento é um importante processo industrial usado para fabricar uma variedade de componentes de alta resistência para aplicações automotivas, aeroespaciais, entre outras. Estes componentes incluem virabrequins de motores e bielas, engrenagens, componentes estruturais de aeronaves e peças de bocais de motores de turbinas. Além disso, indústrias de aços e outros metais usam o forjamento para obter a forma básica de grandes componentes que serão usinados posteriormente para as formas e dimensões finais.

O forjamento é realizado de diversas formas diferentes. Uma maneira de classificar a operação de forjamento é em relação à temperatura de trabalho. A maior parte das operações de forjamento é conduzida a quente ou a morno, em razão da grande quantidade de deformação requerida pelo processo e a necessidade de reduzir a resistência e aumentar a ductilidade do metal em processamento. Entretanto, o forjamento a frio é também muito comum para certos produtos. A vantagem do forjamento a frio é a elevada resistência da peça como resultado do encruamento.

O forjamento utiliza tanto impacto quanto uma pressão gradativa para realizar o processo. A distinção entre estes está mais ligada ao tipo de equipamento usado do que com as diferenças tecnológicas do processo. O equipamento que aplica uma carga de impacto para realizar o forjamento é chamado **martelo de forjar**, enquanto aquele que aplica uma pressão gradativa é chamado **prensa de forjar**.

Outra diferença entre as operações de forjamento é a forma pela qual o escoamento do metal processado está contido entre as matrizes. Segundo esta classificação, existem três tipos de operação de forjamento, como mostra a Figura 13.9: (a) forjamento em matriz aberta ou forjamento livre, (b) forjamento em matriz fechada, e (c) forjamento sem rebarba. No **forjamento em matriz aberta**, a peça é comprimida entre duas matrizes planas (ou quase planas), permitindo assim que o metal escoe sem restrição na direção lateral em relação às superfícies

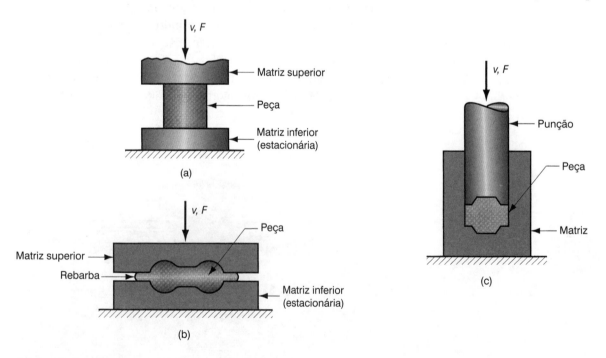

FIGURA 13.9 Três tipos de operações de forjamento ilustrados pelos esquemas de seção transversal: (a) forjamento em matriz aberta; (b) forjamento em matriz fechada, e (c) forjamento sem rebarba. (Crédito: *Fundamentals of Modern Manufacturing*, 4ª Edição, Mikell P. Groover, 2010. Reimpresso com permissão de John Wiley & Sons, Inc.)

das matrizes. No *forjamento em matriz fechada*, as superfícies das matrizes contêm uma forma ou cavidade que é conferida à peça durante a compressão, restringindo deste modo o escoamento do metal significativamente. Neste tipo de operação, uma porção do metal processado escoa para fora da cavidade da matriz formando uma *rebarba*, como é mostrado na figura. A rebarba é o excesso de metal que deve ser aparado depois. No *forjamento sem rebarba*, o metal está por completo contido na matriz e nenhum excedente de rebarba é produzido. O volume da peça inicial deve ser controlado com mais rigor de modo a preencher o volume da cavidade da matriz.

13.2.1 FORJAMENTO EM MATRIZ ABERTA

O caso mais simples de forjamento em matriz aberta envolve compressão de uma peça com seção transversal cilíndrica entre duas matrizes planas, tal como no ensaio de compressão (Seção 3.1.2). Esta operação de forjamento, conhecida como *recalcamento* ou *recalque*, reduz a altura da peça e aumenta seu diâmetro.

Análise do Forjamento em Matriz Aberta Se o forjamento em matriz aberta for realizado sob condições ideais sem atrito entre a peça e as superfícies das matrizes, a deformação será homogênea, e o escoamento radial do material será uniforme ao longo da sua altura, como ilustrado na Figura 13.10. Sob estas condições ideais, a deformação verdadeira experimentada pela peça durante o processo pode ser determinada por:

$$\epsilon = \ln \frac{h_o}{h} \qquad (13.14)$$

em que h_o é a altura inicial da peça, mm (in); e h é a altura instantânea em um dado instante do processo, mm (in). No final do curso de compressão, h é igual ao seu valor final h_f, e a deformação verdadeira atinge seu valor máximo.

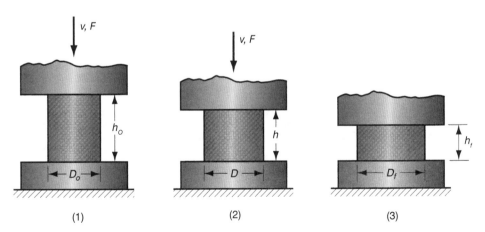

FIGURA 13.10 Deformação homogênea de uma peça cilíndrica sob condições ideais em uma operação de forjamento em matriz aberta: (1) início do processo com a peça em seus comprimento e diâmetro originais; (2) compressão parcial; e (3) tamanho final. (Crédito: *Fundamentals of Modern Manufacturing*, 4ª Edição, Mikell P. Groover, 2010. Reimpresso com permissão de John Wiley & Sons, Inc.)

Podem ser calculadas estimativas da força necessária para realizar o recalque. A força requerida para continuar a compressão a qualquer momento, quando a altura é h, durante o processo pode ser obtida pelo produto da área correspondente à seção transversal pela tensão de escoamento:

$$F = \tau_e A \qquad (3.15)$$

em que F é a força, N (lbf); A é a área da seção transversal da peça, mm² (in²); e τ_e é a tensão de escoamento correspondente à deformação definida pela Eq. (13.14) em MPa (lbf/in²). A área A aumenta de forma contínua durante a operação à medida que a altura é reduzida. A tensão de escoamento τ_e também aumenta em decorrência do encruamento. Este encruamento não ocorre quando o metal é perfeitamente plástico (por exemplo, no trabalho a quente); neste caso, o expoente de encruamento $n = 0$, e a tensão de escoamento τ_e iguala ao limite de resistência do metal τ_{ef}. A força atinge um valor máximo no final do curso de forjamento, quando ambos, a área e tensão de escoamento, alcançam seus valores mais altos.

Uma operação real de recalque não ocorre como descrita pela Figura 13.10 devido ao atrito que se opõe ao escoamento do metal nas superfícies das matrizes. Isto cria um efeito de embarrilamento mostrado na Figura 13.11. Quando realizado em uma peça processada a quente, por meio de matrizes frias, o efeito de embarrilamento é ainda mais pronunciado. Isto é resultado de elevado coeficiente de atrito típico do trabalho a quente e da transferência de calor nas superfícies das matrizes em suas vizinhanças, o que resfria o metal e aumenta sua resistência à deformação. O metal mais quente do interior da peça escoa mais facilmente que o metal mais frio em contato com as extremidades. Estes efeitos são mais intensos à medida que a razão definida entre o diâmetro e a altura de peça aumenta, devido à maior área de contato na interface metal-matriz.

Todos estes fatores fazem com que a força necessária ao recalque real seja maior que é previsto pela Eq. (13.15). Como uma aproximação, podemos aplicar um fator de forma a Eq. (13.15) para considerar os efeitos da razão D/h e atrito:

$$F = K_f \tau_e A \qquad (13.16)$$

em que F, τ_e e A têm as mesmas definições que as empregadas na equação anterior; e K_f é um fator de forma de forjamento, definido por:

$$K_f = 1 + \frac{0{,}4\mu D}{h} \qquad (13.17)$$

em que μ é o coeficiente de atrito; D é o diâmetro da peça ou outra dimensão representativa do comprimento de contato com a superfície da matriz, mm (in); e h é a altura da peça, mm (in).

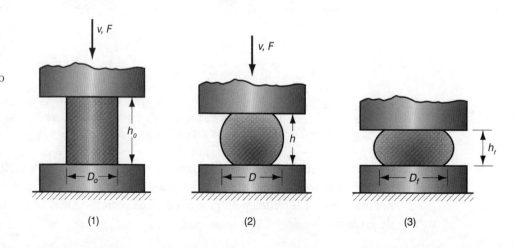

FIGURA 13.11 Deformação real de uma peça cilíndrica em operação de forjamento em matriz aberta, mostrando um embarrilamento pronunciado: (1) início do processo, (2) compressão parcial, e (3) forma final. (Crédito: *Fundamentals of Modern Manufacturing*, 4ª Edição, Mikell P. Groover, 2010. Reimpresso com permissão de John Wiley & Sons, Inc.)

Exemplo 13.2
Forjamento em Matriz Aberta

Uma peça cilíndrica está sujeita a uma operação de recalque a frio. A peça tem dimensões iniciais iguais a 75 mm e 50 mm de altura e diâmetro, respectivamente. Ela é reduzida nesta operação para a altura de 36 mm. O material de trabalho tem uma curva de escoamento definida por $K = 350$ MPa e $n = 0,17$. Assuma coeficiente de atrito de 0,1. Determine a força de início de processo, em alturas intermediárias de 62 mm, 49 mm, e na altura final de 36 mm.

Solução: O volume da peça $V = 75\,\pi\,(50^2/4) = 147.262$ mm^3. No início do contato feito pela matriz superior, $h = 75$ mm e a força $F = 0$. No início do escoamento, h é ligeiramente menor que 75 mm, e assumimos que a deformação é igual a 0,002, na qual a tensão de escoamento é

$$\tau_e = K\epsilon^n = 350(0,002)^{0,17} = 121,7 \text{ MPa}$$

O diâmetro é aproximadamente $D = 50$ mm e a área $A = \pi(50^2/4) = 1963,5$ mm^2. Para estas condições, o fator de forma K_f é calculado por

$$K_f = 1 + \frac{0,4(0,1)(50)}{75} = 1,027$$

A força de forjamento é

$$F = 1,027(121,7)(1963,5) = 245.410 \text{ N}$$

Em $h = 62$ mm,

$$\epsilon = \ln\frac{75}{62} = \ln(1,21) = 0,1904$$

$$\tau_e = 350(0,1904)^{17} = 264,0 \text{ MPa}$$

Assumindo a conservação de volume e desprezando o embarrilamento

$$A = 147.262/62 = 2375,2 \text{ mm}^2 \quad \text{e} \quad D = \sqrt{\frac{4(2375,2)}{\pi}} = 55,0 \text{ mm}$$

$$K_f = 1 + \frac{0,4(0,1)(55)}{62} = 1,035$$

$$F = 1,035(264)(2375,2) = 649.303 \text{ N}$$

De forma análoga, em $h = 49$ mm, $F = 955.642$ N; e $h = 36$ mm, $F = 1.467.422$ N. A curva força-deslocamento na Figura 13.12 foi desenvolvida a partir dos valores deste exemplo.

Prática do Forjamento em Matriz Aberta Este é um importante processo industrial. As formas geradas pelas operações de forjamento em matriz aberta são simples; eixos, discos e anéis são alguns exemplos de peças fabricadas por esse processo. Em algumas aplicações, as matrizes possuem superfícies com contornos que auxiliam a dar forma à peça. Além disso, a peça deve ser sempre manipulada (por exemplo, rotacionada em passos) para efetuar a mudança desejada de forma. A habilidade do operador humano é fator de sucesso nestas operações. Um exemplo de forjamento em matriz aberta na indústria de aço é a conformação de um grande lingote fundido de seção quadrada em uma seção transversal circular. As operações de forjamento em matriz aberta produzem peças brutas, e operações subsequentes são necessárias para beneficiar as peças para a geometria e as dimensões finais. Uma importante contribuição do forjamento a quente em matriz aberta é que ele cria um escoamento dos grãos e uma estrutura metalúrgica do metal favoráveis.

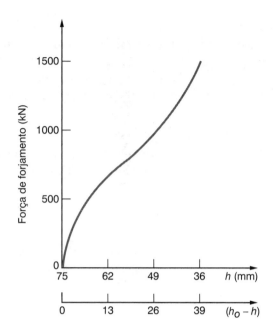

FIGURA 13.12 Força de recalque em função da altura h e da redução de altura $(h_0 - h)$. Este gráfico é, às vezes, denominado curva força-deslocamento. (Crédito: *Fundamentals of Modern Manufacturing*, 4ª Edição, Mikell P. Groover, 2010. Reimpresso com permissão de John Wiley & Sons, Inc.)

13.2.2 FORJAMENTO EM MATRIZ FECHADA

O forjamento em matriz fechada é realizado com matrizes que contêm o formato complementar à forma desejada para a peça. O processo é ilustrado em uma sequência de três estágios na Figura 13.13. A peça no estado bruto é mostrada como uma peça cilíndrica similar àquela usada na operação anterior em matriz aberta. À medida que se aproxima da configuração final, a rebarba é formada pelo metal que escoa além da cavidade da matriz em direção à pequena abertura entre os pratos das matrizes. Embora esta rebarba deva ser cortada da peça em operação subsequente de rebarbação, na verdade, ela exerce uma função importante durante o forjamento em matriz fechada. À medida que a rebarba começa a se formar na abertura da matriz, o atrito oferece resistência à continuidade do escoamento na abertura, sujeitando assim o volume do material de trabalho a permanecer na cavidade da matriz. No forjamento a quente, o escoamento do metal é ainda mais restrito, visto que a rebarba fina se resfria rapidamente contra os pratos da matriz, aumentando, portanto, sua resistência à deformação. A restrição do escoamento de metal na abertura provoca aumento significativo da pressão de compressão na peça, forçando assim o material a preencher os detalhes por vezes complexos da cavidade da matriz para assegurar um produto de alta qualidade.

Diversos estágios de conformação são usualmente necessários no forjamento em matriz fechada para transformar o esboço de partida na geometria final desejada. Cavidades separadas na matriz são necessárias para cada estágio. Os primeiros estágios são projetados para redistribuir o metal na peça, a fim de obter uma deformação uniforme e estrutura metalúrgica desejada nos estágios subsequentes. Os estágios finais conduzem a peça à sua geometria final. Além disso, quando o forjamento é usado com martelo de queda, vários golpes do martelo podem ser necessários para cada estágio. Quando o forjamento em matriz fechada por martelo de queda é realizado manualmente, como é sempre o caso, experiência considerável do operador é exigida sob condições adversas para obter resultados consistentes.

Devido à formação de rebarba no forjamento em matriz fechada e as formas mais complexas realizadas com estas matrizes, as forças neste processo são significativamente maiores e mais difíceis de analisar que no forjamento em matriz aberta. A fórmula da força é a mesma estabelecida pela Eq. (13.16), antes apresentada no forjamento em matriz aberta, porém sua interpretação é um pouco diferente:

$$F = K_f \tau_e A \tag{13.18}$$

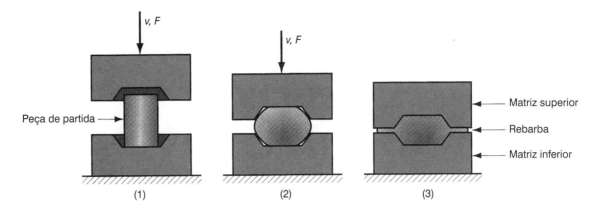

FIGURA 13.13 Sequência do forjamento em matriz fechada: (1) antes do contato inicial com a peça bruta de trabalho, (2) compressão parcial, e (3) fechamento final da matriz provocando a formação de rebarba na abertura entre os pratos das matrizes. (Crédito: *Fundamentals of Modern Manufacturing*, 4ª Edição, Mikell P. Groover, 2010. Reimpresso com permissão de John Wiley & Sons, Inc.)

em que F é a força máxima na operação, N (lb); A é a área projetada da peça incluindo a rebarba, mm², (in²); τ_e é a tensão de escoamento do material, MPa (lb/in²); e K_f é o fator de forma de forjamento. No forjamento a quente, o valor apropriado para τ_e é o limite de resistência do metal em temperatura elevada. Em outros casos, a seleção do valor adequado da tensão de escoamento é dificultada, uma vez que, em formas complexas, a deformação varia por toda parte da peça. K_f na Eq. (13.18) é um fator que visa considerar os aumentos da força necessária ao forjamento de peças com complexidades diversas. A Tabela 13.1 indica a gama de valores de K_f para diferentes geometrias. Obviamente, o problema de especificação do valor apropriado de K_f para uma dada peça limita a precisão da estimativa de força.

TABELA 13.1 Valores típicos de K_f para várias formas de peças nos forjamentos em matriz fechada e sem rebarba

Forjamento em matriz fechada	K_f	Forjamento sem rebarba	K_f
Formas simples com rebarba	6,0	Cunhagem (superfícies superior e inferior)	6,0
Formas complexas com rebarba	8,0	Formas complexas	8,0
Formas muito complexas com rebarba	10,0		

Dados compilados a partir de [13], [19], e outras referências.

A Eq. (13.18) aplica-se à máxima força durante a operação, pois esta é a carga que determinará a capacidade requerida da prensa ou martelo usado na operação. A força máxima é alcançada no fim de curso de forjamento, quando a área projetada é a maior e o atrito é máximo.

O forjamento em matriz fechada não é capaz de fornecer tolerâncias apertadas de trabalho, e a usinagem é usualmente necessária para atingir as precisões demandadas. A geometria básica da peça é obtida a partir do processo de forjamento, com usinagem realizada naquelas porções da peça que requerem precisão de acabamento (por exemplo, furos, roscas e superfícies que se unem com outros componentes). As vantagens do forjamento, comparadas à usinagem completa da peça, são as elevadas taxas de produção, conservação de metal, maior resistência e orientação favorável de grãos do metal que resulta do forjamento.

Melhorias na tecnologia de forjamento de matriz fechada têm resultado na capacidade de produzir forjados com seções mais finas, geometrias mais complexas, reduções drásticas do esboço nas exigências das matrizes, tolerâncias mais apertadas, e a possibilidade de redução de retirada de material por usinagem. Os processos de forjamento com estas características são conhecidos como ***forjamento de precisão***. Forjados de precisão são corretamente classificados como processos *near net shape* ou *net shape*, dependendo se a usinagem é necessária ou não para realizar o acabamento na geometria da peça. Os metais comumente usados no forjamento de precisão incluem o alumínio e o titânio.

13.2.3 FORJAMENTO DE PRECISÃO

No forjamento sem rebarba, ilustrado na Figura 13.14, a peça no estado bruto está completamente contida no interior da cavidade da matriz durante a compressão e nenhuma rebarba é formada. Os requisitos de controle do processo são mais exigentes no forjamento sem rebarba que no forjamento em matriz fechada. O mais importante é que o volume da peça de trabalho de partida deve ser igual ao espaço da cavidade da matriz dentro de uma tolerância muito apertada. Se o esboço de partida for muito grande, pressões elevadas poderão causar dano à matriz ou à prensa. Se o esboço for muito pequeno, a cavidade poderá não ser preenchida. Em razão das demandas específicas exigidas pelo forjamento sem rebarba, este processo é mais indicado para geometrias que são usualmente simples e simétricas e para materiais de trabalho, tais como alumínio e magnésio e suas ligas. O forjamento sem rebarbas é frequentemente classificado como um processo de *forjamento de precisão* [5].

As forças no forjamento sem rebarbas atingem valores comparáveis aos obtidos no forjamento em matriz fechada. Estimativas para estas forças podem ser calculadas usando os mesmos métodos empregados para o forjamento em matriz fechada: Eq. (13.18) e Tabela 13.1.

A *cunhagem* é uma aplicação especial do forjamento em matriz fechada no qual detalhes refinados na matriz são impressos nas superfícies superior e inferior da peça de trabalho. Existe pouco escoamento de metal na cunhagem, porém as pressões exigidas para reproduzir os detalhes superficiais na cavidade da matriz são elevadas, como indicado pelo valor de K_f na Tabela 13.1. Uma aplicação comum da cunhagem é, obviamente, a cunhagem de moedas, mostrada na Figura 13.15. O processo é também usado para fornecer bom acabamento superficial e precisão em peças de trabalho feitas por outras operações.

13.2.4 MARTELOS DE FORJAMENTO, PRENSAS E MATRIZES

Os equipamentos usados no forjamento consistem em máquinas de forjamento, denominados como martelos ou prensas e matrizes de forjamento, os quais compõem o ferramental especial usado nestas máquinas. Além disso, equipamentos auxiliares são necessários à

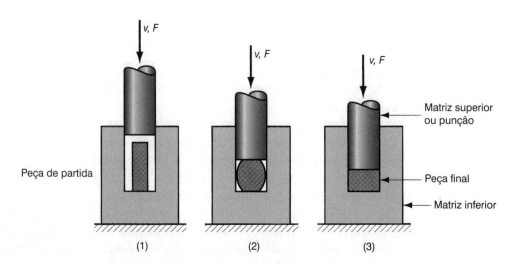

FIGURA 13.14 Forjamento sem rebarba: (1) antes do contato inicial com a peça, (2) compressão parcial, e (3) fechamento final do punção e matriz. Os símbolos v e F indicam o movimento (velocidade) e força aplicada, respectivamente. (Crédito: *Fundamentals of Modern Manufacturing*, 4ª Edição, Mikell P. Groover, 2010. Reimpresso com permissão de John Wiley & Sons, Inc.)

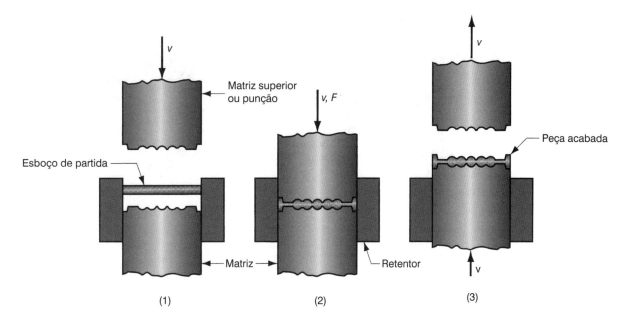

FIGURA 13.15 Operação de cunhagem: (1) início do ciclo, (2) curso de compressão, e (3) expulsão da peça acabada. (Crédito: *Fundamentals of Modern Manufacturing*, 4ª Edição, Mikell P. Groover, 2010. Reimpresso com permissão de John Wiley & Sons, Inc.)

operação, tais como fornos para aquecer a peça, dispositivos mecânicos para carregar e descarregar a peça, e estações de rebarbação para remover a rebarba no forjamento em matriz fechada.

Martelos de Forjamento. Estes operam pela aplicação de um carregamento de impacto contra a peça. Conforme mostrado nas Figuras 13.16 e 13.17, o termo ***martelo de queda*** é usualmente usado para estas máquinas devido ao meio de fornecimento da energia de impacto. Martelos de queda são usados com mais frequência no forjamento em matriz fechada. A porção superior da matriz de forjamento é presa à massa cadente, e a porção inferior é fixada à bigorna. Na operação, a peça é posicionada na matriz inferior, e a massa cadente é suspensa e, em seguida, liberada. Quando a matriz superior bate a peça, a energia de impacto faz com que a peça assuma a forma da cavidade da matriz. Diversos golpes do martelo são usualmente necessários para obter a mudança de geometria desejada. Uma das desvantagens dos martelos de queda é que grande quantidade de energia de impacto é transmitida pela bigorna para o piso do prédio.

Prensas de Forjamento As prensas aplicam pressão gradual, em vez de impacto brusco, para realizar a operação de forjamento. As prensas de forjamento incluem prensas mecânicas, prensas hidráulicas e prensas de parafuso. ***Prensas mecânicas*** operam por meio de excêntricos, manivelas, ou articulações de pino, que convertem o movimento rotativo do motor propulsor em movimento de translação da massa cadente. Estes mecanismos são muito similares àqueles usados em prensas de estampagem (Seção 14.5.2). As prensas mecânicas atingem tipicamente forças muito elevadas no fim do golpe ou curso de forjamento. ***Prensas hidráulicas*** usam um pistão acionado hidraulicamente para mover a massa cadente. ***Prensas de parafusos*** aplicam a força por um mecanismo de parafuso que move a massa vertical. Ambos os acionamentos por parafuso e hidráulico operam em velocidades de percurso mais ou menos baixas e podem fornecer força constante ao longo de todo o curso. Estas máquinas são, portanto, apropriadas para operações de forjamento (e outros processos de conformação) que requerem um longo curso.

Matrizes de Forjamento O projeto de matrizes adequado é importante ao sucesso de uma operação de forjamento. As peças a serem forjadas devem ser projetadas com base no

FIGURA 13.16 Martelo de queda de forjamento, alimentado por unidades transportadora e de aquecimento, no lado direito da foto. Foto cortesia de Ajax-Ceco. (Crédito: *Fundamentals of Modern Manufacturing*, 4ª Edição, Mikell P. Groover, 2010. Reimpresso com permissão de John Wiley & Sons, Inc.)

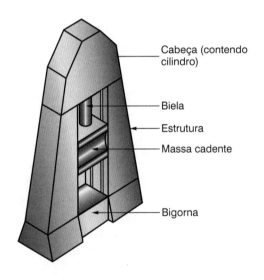

FIGURA 13.17 Esquema mostrando detalhes de um martelo de queda para forjamento em matriz fechada. (Crédito: *Fundamentals of Modern Manufacturing*, 4ª Edição, Mikell P. Groover, 2010. Reimpresso com permissão de John Wiley & Sons, Inc.)

conhecimento dos princípios e limitações deste processo. Nossa proposta aqui é descrever um pouco da terminologia e dos princípios básicos empregados no projeto de produtos forjados e de matrizes de forjamento. O projeto de matrizes abertas é em geral mais simples, uma vez que as matrizes possuem formas relativamente simples. Nossos comentários, portanto, se aplicam às matrizes fechadas. A Figura 13.18 define parte da terminologia em uma matriz fechada. No que se segue, nós discutimos a terminologia e indicamos alguns princípios e limitações que devem ser considerados no projeto de peças ou na seleção do forjamento como processo de manufatura da peça [5]:

> ➤ **Linha de partição.** Ela representa o plano que divide a matriz superior da matriz inferior. É chamada linha de rebarba no forjamento em matriz fechada e representa o plano no qual as duas metades da matriz se encontram. Sua seleção pelo projetista de matrizes afeta o escoamento de grãos na peça, a carga necessária e a formação de rebarba.

> *Ângulo de saída.* Ele é a medida de conicidade nos lados da peça que é necessária à sua remoção da matriz. O termo se aplica também à conicidade nos lados da cavidade da matriz. Os ângulos típicos de saída são 3° em peças de alumínio e magnésio e 5° a 7° para peças de aço. Os ângulos de saída em forjados de precisão são próximos de zero.

> *Almas e nervuras.* A alma é uma fina porção do forjado que é paralela à linha de partição, enquanto a nervura é uma fina porção que é perpendicular à linha de partição. Estas características da peça provocam dificuldades no escoamento do metal à medida que se tornam mais finas.

> *Raios de adoçamento e de cantos.* Eles estão ilustrados na Figura 13.18. Pequenos raios tendem a limitar o escoamento do metal e aumentar as tensões nas superfícies da matriz durante o forjamento.

> *Rebarba.* A formação de rebarba exerce papel importante no forjamento em matriz fechada pelo incremento da pressão no interior da matriz para promover o preenchimento da cavidade. Este incremento de pressão é controlado projetando-se uma ranhura de rebarba e uma calha na matriz, como esquematizado na Figura 13.18. A ranhura determina a área superficial, ao longo da qual ocorre escoamento lateral do metal, controlando, portanto, o aumento de pressão no interior da matriz. A calha permite que o excesso de metal escape sem provocar valores extremos na carga de forjamento.

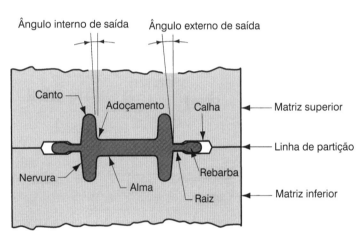

FIGURA 13.18 Terminologia de um forjamento convencional em matriz fechada. (Crédito: *Fundamentals of Modern Manufacturing*, 4ª Edição, Mikell P. Groover, 2010. Reimpresso com permissão de John Wiley & Sons, Inc.)

13.2.5 OUTROS PROCESSOS RELACIONADOS COM O FORJAMENTO

Além das operações convencionais de forjamento discutidas nas seções precedentes, outras operações de conformação mecânica estão intimamente associadas com o forjamento.

Forjamento por Compressão ou Recalque O recalque (também chamado *forjamento por compressão*) é uma operação de conformação na qual uma peça cilíndrica é aumentada no seu diâmetro e reduzida no seu comprimento. Esta operação foi analisada na nossa discussão de forjamento em matriz aberta (Seção 13.2.1). Porém, com uma operação industrial, esta pode ser realizada em matrizes fechadas, conforme mostrado na Figura 13.19.

O recalcamento é amplamente usado na indústria de fixadores para conformar cabeças em pregos, parafusos e produtos de ferragens similares. Nestas aplicações, o termo *conformação de cabeça por recalque axial* é usado de forma comum para denotar a operação. A Figura 13.20 ilustra uma variedade de aplicações de conformação de cabeça, indicando várias configurações possíveis de matriz. Devido ao uso difundido dos produtos fabricados nestas aplicações, um número maior de peças é produzido por recalcamento em comparação a qualquer outro processo de forjamento. Ele é realizado como uma operação de produção em massa — a frio, a morno, ou a quente — em máquinas especiais de recalque. Estas máquinas são usualmente equipadas com cursos horizontais em vez de cursos verticais, como em martelos de forjamento convencionais e prensas. Arames longos ou barras de aço são alimentados nas

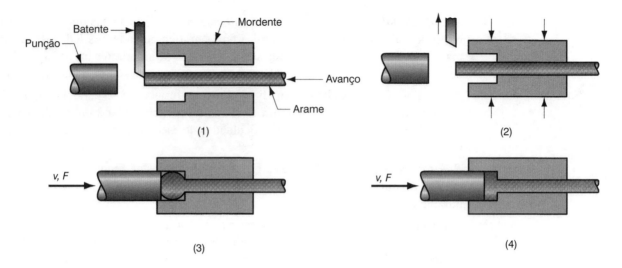

FIGURA 13.19 Uma operação de forjamento por recalque para conformar a cabeça de um parafuso ou uma ferragem similar. O ciclo ocorre como se segue: (1) Um arame é alimentado até o batente; (2) os mordentes apertam o arame, e o batente é removido; (3) o punção move avante; e (4) assenta no fundo para conformar a cabeça. (Crédito: *Fundamentals of Modern Manufacturing*, 4ª Edição, Mikell P. Groover, 2010. Reimpresso com permissão de John Wiley & Sons, Inc.)

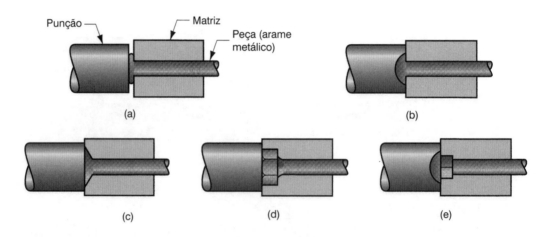

FIGURA 13.20 Exemplos de conformação de cabeças (forjamento por recalque): (a) conformação de cabeça de prego usando matrizes abertas, (b) cabeça redonda conformada por punção, (c) e (d) cabeças conformadas por matriz, e (e) cabeça de parafuso francês conformada por punção e matriz. (Crédito: *Fundamentals of Modern Manufacturing*, 4ª Edição, Mikell P. Groover, 2010. Reimpresso com permissão de John Wiley & Sons, Inc.)

máquinas, a ponta da barra é recalcada por forjamento, e então a peça é cortada no comprimento para fabricar o item desejado. Para porcas e parafusos, a laminação de roscas (Seção 13.1.4) é empregada para conformar os filetes.

Existem limites na capacidade de deformação que podem ser impostos no recalcamento; usualmente, ela é definida pelo comprimento máximo do metal a ser forjado. O comprimento máximo que pode ser conformado em um golpe é três vezes o diâmetro do metal de partida. Caso contrário, o metal dobra ou enruga em vez de comprimir-se de forma adequada para preencher a cavidade.

Forjamento Rotativo e Forjamento Radial Estes são processos de forjamento usados para reduzir o diâmetro de um tubo ou uma barra sólida. Forjamento rotativo é usualmente realizado na ponta de uma peça para formar uma seção cônica. O processo de ***forjamento rotativo***, mostrado na Figura 13.21, é realizado por meio de matrizes rotativas que martelam uma peça radialmente para dentro a fim de afunilá-la, à medida que a peça é alimentada nas matrizes. Um mandril é, às vezes, necessário para controlar a forma e tamanho do diâmetro interno de peças tubulares que são forjadas. O *forjamento radial* é similar ao rotatório em sua ação contra a peça e é usado para conformar peças com formas similares a este último. A diferença é que, no forjamento radial, as matrizes não giram em torno da peça; pelo contrário, a peça é rotacionada à medida que é alimentada nas matrizes de forjamento.

Produção de Cavidades de Matrizes Este é um processo de conformação no qual um molde de aço temperado é prensado contra um bloco de aço macio (ou outro metal macio). O processo é com frequência usado para produzir cavidades para moldes de injeção de plásticos e matrizes de fundição, como sugerido pela Figura 13.22. O perfil de aço temperado, chamado *macho*, é usinado na geometria da peça a ser moldada. Pressões elevadas são necessárias para forçar o macho no bloco macio, e isto é de forma comum realizado por uma prensa hidráulica. A completa formação da cavidade da matriz no bloco usualmente requer vários estágios e a produção de cavidades pode ser acompanhada por recozimento para recuperar o metal dos efeitos de encruamento. Quando quantidades significativas de material são deformadas no bloco, como mostrado na figura, o excesso de material deve ser removido por usinagem. A vantagem da produção de cavidades neste tipo de aplicação é que geralmente é mais fácil de usinar a forma positiva que a cavidade negativa. Esta vantagem é multiplicada em casos nos quais são produzidas mais de uma cavidade no bloco da matriz.

Forjamento Isotérmico Este é o termo aplicado a uma operação de forjamento a quente, na qual a peça é mantida próxima ou na temperatura inicial de trabalho durante a deformação, usualmente pelo aquecimento das matrizes de forjamento a esta temperatura elevada.

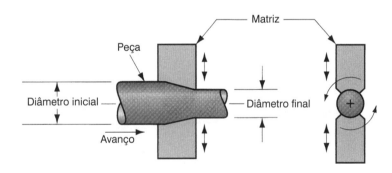

FIGURA 13.21 Processo de forjamento rotatório para reduzir uma barra sólida de metal; as matrizes giram à medida que estas forjam o metal. No forjamento radial, a peça gira enquanto as matrizes permanecem em uma orientação fixa à medida que forjam o metal. (Crédito: *Fundamentals of Modern Manufacturing*, 4ª Edição, Mikell P. Groover, 2010. Reimpresso com permissão de John Wiley & Sons, Inc.)

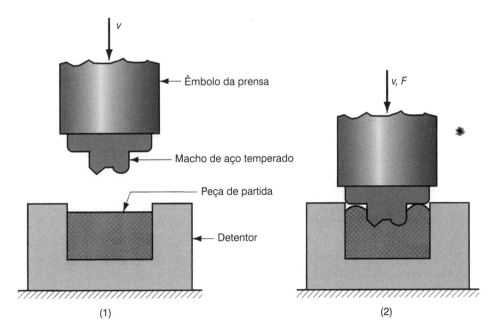

FIGURA 13.22 Produção de cavidades em matrizes: (1) antes da deformação, e (2) à medida que o processo é completado. Observe que o excesso de material formado pela penetração do macho deve ser removido por usinagem. (Crédito: *Fundamentals of Modern Manufacturing*, 4ª Edição, Mikell P. Groover, 2010. Reimpresso com permissão de John Wiley & Sons, Inc.)

Evitando-se o resfriamento da peça devido ao contato com as superfícies frias da matriz, como no caso do forjamento convencional, o metal escoa mais rápido, e a força necessária para realizar o processo é reduzida. O forjamento isotérmico é mais dispendioso que o forjamento convencional e é frequentemente reservado para o forjamento de metais difíceis de forjar, tais como o titânio e superligas, e em peças com formas complexas. O processo é, por vezes, conduzido no vácuo para evitar a rápida oxidação do material da matriz. Análogo ao forjamento isotérmico é o *forjamento em matriz aquecida*, no qual as matrizes são aquecidas à temperatura um pouco abaixo da temperatura da peça.

Rebarbação É uma operação usada para remover rebarbas na peça no forjamento em matriz fechada. Na maior parte dos casos, a rebarbação é realizada por cisalhamento, como na Figura 13.23, na qual um punção força o metal através de uma matriz de corte, as arestas de corte para as quais se têm o perfil da peça desejada. A rebarbação é usualmente realizada enquanto o metal está ainda quente, o que significa que uma prensa de rebarbação separada é incluída para cada martelo ou prensa de forjamento. Nos casos em que o metal pode ser danificado pelo processo de corte, a rebarbação pode ser feita por métodos alternativos, tais como esmerilhamento ou serragem.

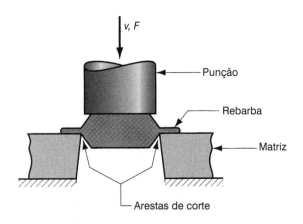

FIGURA 13.23 Operação de rebarbação (processo de corte) para remover a rebarba após o forjamento em matriz fechada. (Crédito: *Fundamentals of Modern Manufacturing*, 4ª Edição, Mikell P. Groover, 2010. Reimpresso com permissão de John Wiley & Sons, Inc.)

13.3 EXTRUSÃO

A extrusão é um processo de conformação por compressão no qual a peça de partida é forçada a escoar através da abertura de uma matriz para produzir a forma da seção transversal desejada. Um processo similar pode ser visto ao espremer a pasta de dente para fora do tubo. A origem da extrusão data de cerca de 1800. Existem diversas vantagens no processo moderno: (1) é possível produzir uma variedade de formas, especialmente por meio da extrusão a quente; (2) a estrutura dos grãos e as propriedades de resistência são melhoradas nas extrusões a frio e a morno; (3) é possível alcançar tolerâncias apertadas, sobretudo na extrusão a frio; (4) e é gerada pouca ou nenhuma sucata em algumas operações de extrusão. Porém, existe uma limitação do processo: a seção transversal da peça extrudada deve ser uniforme ao longo do seu comprimento.

13.3.1 TIPOS DE EXTRUSÃO

A extrusão é conduzida em várias maneiras. Uma importante distinção é entre a extrusão direta e a extrusão indireta. Outra classificação é pela temperatura de trabalho: extrusão a frio, a morno, ou extrusão a quente. E por fim, a extrusão é realizada tanto como um processo contínuo quanto como um processo intermitente.

Extrusão Direta *versus* Extrusão Indireta A extrusão direta (também chamada extrusão avante) está ilustrada na Figura 13.24. Um tarugo de metal é carregado em uma câmara ou

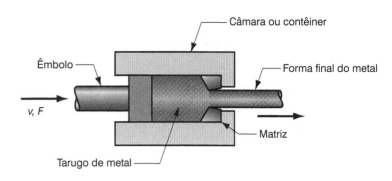

FIGURA 13.24 Extrusão direta. (Crédito: *Fundamentals of Modern Manufacturing*, 4ª Edição, Mikell P. Groover, 2010. Reimpresso com permissão de John Wiley & Sons, Inc.)

contêiner, e um êmbolo comprime o material forçando-o a escoar através de uma ou mais aberturas em uma matriz no lado oposto da câmara. À medida que o êmbolo se aproxima da matriz, uma pequena porção do tarugo que permanece não pode ser forçada a atravessar a abertura da matriz. Esta porção extra, chamada *fundo*, é separada do produto pelo seu corte logo após a saída da matriz.

Um dos problemas da extrusão direta é o elevado atrito que ocorre entre a superfície do metal e as paredes da câmara à medida que o tarugo é forçado a deslizar em direção à abertura da matriz. Este atrito provoca aumento substancial na força necessária à extrusão direta. Na extrusão a quente, o problema do atrito é agravado pela presença de uma camada de óxido na superfície do tarugo. Esta camada de óxido pode provocar defeitos no produto extrudado. Para resolver estes problemas, um falso pistão é usualmente usado entre o êmbolo e o tarugo de metal. O diâmetro do falso pistão é ligeiramente menor que o diâmetro do tarugo, de modo que um estreito anel do material (sobretudo de camada de óxido) é deixado na câmara, fornecendo o produto final livre de óxidos.

Seções vazadas (por exemplo, tubos) são possíveis na extrusão direta pelo arranjo do processo da Figura 13.25. O tarugo de partida é preparado com um furo paralelo ao seu eixo. Isto permite a passagem do mandril que é fixado ao falso pistão. À medida que o tarugo é comprimido, o material é forçado a escoar através da folga entre o mandril e a abertura da matriz. A seção transversal resultante é tubular. Formas com seções transversais semivazadas são de forma comum extrudadas da mesma maneira.

O tarugo de partida na extrusão direta é usualmente de seção transversal circular, mas a forma final é determinada pela forma da abertura da matriz. É óbvio que a maior dimensão de abertura da matriz deve ser menor que o diâmetro do tarugo.

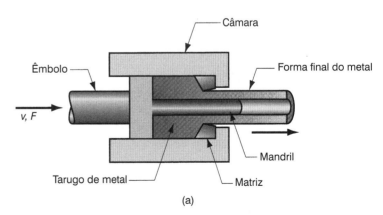

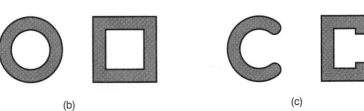

FIGURA 13.25 (a) Extrusão direta para produzir uma seção transversal vazada ou semivazada; seções transversais (b) vazadas; e (c) semivazadas. (Crédito: *Fundamentals of Modern Manufacturing*, 4ª Edição, Mikell P. Groover, 2010. Reimpresso com permissão de John Wiley & Sons, Inc.)

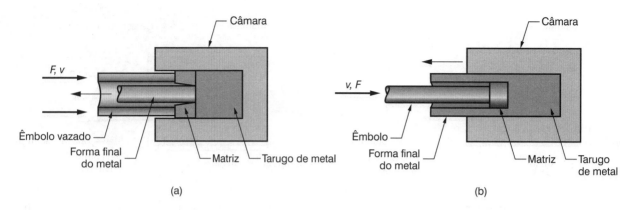

FIGURA 13.26 Extrusão indireta para produzir (a) uma seção transversal sólida e (b) uma seção transversal vazada. (Crédito: *Fundamentals of Modern Manufacturing*, 4ª Edição, Mikell P. Groover, 2010. Reimpresso com permissão de John Wiley & Sons, Inc.)

Na *extrusão indireta*, também chamada *extrusão a ré* ou *extrusão reversa*, Figura 13.26(a), a matriz é montada no êmbolo em vez do lado oposto da câmara. À medida que o êmbolo penetra na peça, o metal é forçado a escoar através da folga na direção contrária ao movimento do êmbolo. Como o tarugo não é forçado a mover-se em relação à câmara, não há nenhum atrito nas paredes da câmara, e a força do êmbolo é, portanto, menor que na extrusão direta. As limitações da extrusão indireta são impostas pela rigidez inferior do êmbolo vazado e a dificuldade em suportar o produto extrudado à medida que este sai da matriz.

A extrusão indireta pode produzir seções transversais vazadas (tubulares), como apresentado na Figura 13.26(b). Neste método, o êmbolo é pressionado contra o tarugo forçando o material a escoar em torno do êmbolo e a tomar uma forma de copo. Existem limitações práticas quanto ao comprimento da peça extrudada que podem ser feitas por esse método. A sustentação do êmbolo torna-se um problema à medida que o comprimento do metal aumenta.

Extrusão a Quente *versus* Extrusão a Frio A extrusão pode ser realizada tanto a quente como a frio, dependendo do metal de trabalho e da quantidade de deformação segundo a qual este está sujeito durante a conformação. Os metais que são tipicamente extrudados a quente compreendem alumínio, cobre, magnésio, zinco, estanho e suas ligas. Estes mesmos metais são, às vezes, extrudados a frio. As ligas de aço são usualmente extrudadas a quente, embora mais macias; alguns graus mais dúcteis são, por vezes, extrudados a frio (por exemplo, aços baixo carbono e aços inoxidáveis). O alumínio é provavelmente o metal mais indicado para a extrusão (a quente e a frio), e muitos produtos comerciais de alumínio são produzidos por esse processo (perfis estruturais, caixilhos de portas e janelas etc.).

A *extrusão a quente* envolve preaquecimento do tarugo à temperatura acima de sua temperatura de recristalização. Isto reduz a resistência e aumenta a ductilidade do metal, permitindo reduções de seção mais severas e formas mais complexas a serem produzidas neste processo. Vantagens adicionais incluem a redução da força do êmbolo, aumento da velocidade do êmbolo e redução de características do escoamento dos grãos no produto final. O resfriamento do tarugo, quando em contato com as paredes da câmara, é um problema, e a *extrusão isotérmica* é, às vezes, adotada para suplantar este problema. A lubrificação é crítica na extrusão a quente de alguns metais (por exemplo, aços), e lubrificantes especiais têm sido desenvolvidos para serem mais efetivos sob condições severas que podem ter lugar na extrusão a quente. O vidro é, às vezes, usado como lubrificante na extrusão a quente, o qual, além de reduzir o atrito, também fornece isolamento térmico eficaz entre o tarugo e a câmara de extrusão.

A *extrusão a frio* e extrusão a morno são geralmente usadas para produzir peças distintas, com frequência na forma acabada (ou semiacabada). O termo *extrusão por impacto* é usado para indicar extrusão a frio em alta velocidade, e este método é descrito em mais detalhes na

Seção 13.3.4. Algumas vantagens importantes da extrusão a frio incluem resistência aumentada devido ao encruamento, tolerâncias apertadas, melhor acabamento superficial, ausência de camadas de óxidos e altas taxas de produção. A extrusão a frio em temperatura ambiente também elimina a necessidade de aquecimento do tarugo de partida.

Processamento Contínuo *versus* Processamento Discreto   Um processo contínuo de fato opera em modo estacionário por um período indefinido. Algumas operações de extrusão se aproximam deste ideal pela produção de seções muito longas em um único ciclo; porém, estas operações acabam por ser limitadas pelo tamanho inicial do tarugo, que pode ser carregado na câmara de extrusão. Estes processos são descritos de forma mais adequada como operações semicontínuas. Em quase todos os casos, a longa seção é cortada em comprimentos menores em uma operação de corte na serra ou por cisalhamento.

Em uma operação discreta de extrusão, uma única peça é produzida em cada ciclo de extrusão. A extrusão por impacto é um exemplo de caso de processamento discreto.

13.3.2   ANÁLISE DA EXTRUSÃO

Vamos adotar a Figura 13.27 como uma referência na discussão de alguns parâmetros de extrusão. O diagrama assume que ambos, o tarugo e a peça extrudada, tenham seções transversais circulares. Um parâmetro importante é a ***razão de extrusão***, também chamada ***razão de redução***. Esta razão é definida por:

$$r_x = \frac{A_o}{A_f} \tag{13.19}$$

em que r_x é a razão de extrusão; A_o é a área da seção transversal do tarugo de partida, mm² (in²); e A_f é a área final da seção transversal extrudada, mm² (in²). A razão se aplica para ambos os processos: de extrusão direta e indireta. O valor de r_x pode ser usado para determinar a deformação verdadeira na extrusão, considerando que uma deformação ideal ocorra sem atrito e nenhum trabalho redundante:

$$\epsilon = \ln r_x = \ln \frac{A_o}{A_f} \tag{13.20}$$

Sob a hipótese de deformação ideal (atrito zero e nenhum trabalho redundante), a pressão aplicada ao êmbolo para comprimir o tarugo por meio da abertura da matriz esquematizada na nossa figura pode ser computada como se segue:

$$p = \bar{\tau}_e \ln r_x \tag{13.21}$$

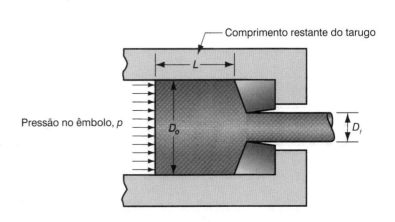

FIGURA 13.27 Pressão e outras variáveis na extrusão direta. (Crédito: *Fundamentals of Modern Manufacturing*, 4ª Edição, Mikell P. Groover, 2010. Reimpresso com permissão de John Wiley & Sons, Inc.)

em que $\bar{\tau}_e$ é a tensão média de escoamento durante a deformação, MPa (lbf/in^2). Por conveniência, nós relembramos a Eq. (12.2) do capítulo anterior:

$$\bar{\tau}_e = \frac{K\epsilon^n}{1+n}$$

Na verdade, a extrusão não é um processo sem atrito, e as equações anteriores subestimam grosseiramente a deformação e a pressão em uma operação de extrusão. O atrito existe entre a matriz e o metal à medida que o tarugo é comprimido e passa através da abertura da matriz. Na extrusão direta, o atrito também existe entre a parede da câmara e a superfície do tarugo. O efeito do atrito é aumentar o nível de deformação ao qual o material está sujeitado. Logo, a pressão real é maior que aquela fornecida pela Eq. (13.21), a qual assume atrito zero.

Vários métodos foram sugeridos para calcular a deformação verdadeira do processo real associada com a pressão do êmbolo na extrusão [1], [3], [6], [11], [12], e [9]. A seguinte equação empírica proposta por Johnson [11] para estimativa da deformação na extrusão ganhou considerável reconhecimento:

$$\epsilon_x = a + b \ln r_x \quad (13.22)$$

em que ϵ_x é a deformação de extrusão; e a e b são constantes empíricas para um dado ângulo de matriz. Valores típicos destas constantes são: $a = 0,8$ e $b = 1,2$ até $1,5$. Os valores de a e b tendem a tornar-se maior com o aumento do ângulo da matriz.

A pressão do êmbolo para realizar a **extrusão indireta** pode ser estimada com bases na equação de Johnson para a deformação de extrusão, como:

$$p = \bar{\tau}_e \epsilon_x \quad (13.23a)$$

em que $\bar{\tau}_e$ é calculada com base na deformação ideal a partir da Eq. (13.20), em vez da deformação de extrusão dada pela Eq. (13.22).

Na **extrusão direta**, o efeito do atrito entre as paredes da câmara e o tarugo faz com que a pressão do êmbolo seja maior que na extrusão indireta. Podemos escrever a seguinte expressão, a qual isola a força de atrito na câmara da extrusão direta:

$$\frac{p_e \pi D_o^2}{4} = \mu p_c \pi D_o L$$

em que p_e é a pressão adicional necessária para vencer o atrito, MPa (lbf/in^2); $\pi D_o^2/4$ é a área da seção transversal do tarugo, mm^2 (in^2); μ é o coeficiente de atrito na parede da câmara; p_c é a pressão do tarugo contra a parede da câmara, MPa (lbf/in^2); e $\pi D_o L$ é a área da interface de contato entre o tarugo e a parede da câmara mm^2 (in^2). O lado direito desta equação indica a força de atrito tarugo-câmara, e o lado esquerdo fornece a força adicional ao êmbolo para vencer este atrito. No pior dos casos, atrito de aderência ocorre na parede da câmara de modo que a tensão de atrito se iguala ao limite de resistência de cisalhamento do material:

$$\mu p_c \pi D_o L = \tau_s \pi D_o L$$

em que τ_s é o limite de resistência de cisalhamento, MPa (lbf/in^2). Se assumirmos que $\tau_s = \bar{\tau}_e/2$ então, p_e se reduzirá a:

$$p_e = \bar{\tau}_e \frac{2L}{D_o}$$

FIGURA 13.28 Gráficos típicos da pressão do êmbolo em função do curso do êmbolo (e comprimento remanescente do tarugo) para a extrusão direta e indireta. Os elevados valores na extrusão direta resultam do atrito na parede do contêiner. A forma do aumento da pressão inicial no começo do gráfico depende do ângulo da matriz (altos ângulos da matriz causam aumentos escalonados de pressão). O aumento de pressão no fim do curso está relacionado com a formação do fundo. (Crédito: *Fundamentals of Modern Manufacturing*, 4ª Edição, Mikell P. Groover, 2010. Reimpresso com permissão de John Wiley & Sons, Inc.)

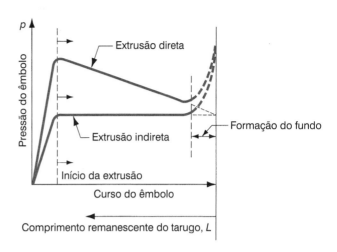

Com base neste raciocínio, a seguinte equação pode ser usada para computar a pressão do êmbolo na extrusão direta:

$$p = \bar{\tau}_e \left(\epsilon_x + \frac{2L}{D_o} \right) \quad (13.23b)$$

em que o termo $2L/D_o$ leva em consideração a pressão adicional devido ao atrito na interface contêiner-tarugo. L é a porção remanescente do comprimento do tarugo a ser extrudada, e D_o é o diâmetro inicial do tarugo. Observe que o valor p é reduzido à medida que o comprimento remanescente do tarugo diminui durante o processo. Os gráficos típicos da pressão do êmbolo em função do curso do êmbolo para as operações de extrusão direta e indireta estão apresentados na Figura 13.28. A Eq. (13.23b) provavelmente superestima a pressão do êmbolo. Com boa lubrificação, a pressão do êmbolo seria menor que os valores calculados por essa equação.

A força do êmbolo na extrusão indireta ou direta é obtida pela pressão p calculada pelas Eqs. (13.23a) ou (13.23b), respectivamente, multiplicada pela área do tarugo A_o:

$$F = pA_o \quad (13.24)$$

em que F é a força do êmbolo na extrusão, N (lbf). A potência para conduzir a operação de extrusão é:

$$P = Fv \quad (13.25)$$

em que P é a potência, J/s (lbf-in/min); F é a força do êmbolo, N (lbf); e v é a velocidade do êmbolo, m/s (in/min).

Exemplo 13.3
Pressões de Extrusão

Um tarugo de 75 mm de comprimento e 25 mm de diâmetro deve ser extrudado por meio de extrusão direta com uma razão de extrusão $r_x = 4{,}0$. A peça extrudada tem uma seção transversal circular. O ângulo da matriz (meio-ângulo) é igual a 90°. O metal tem um coeficiente de resistência igual a 415 MPa, e um expoente de encruamento igual a 0,18. Use a equação de Johnson com $a = 0{,}8$ e $b = 1{,}5$ para estimar a deformação de extrusão. Determine a pressão aplicada na extremidade do tarugo à medida que o êmbolo se move avante.

Solução: Vamos examinar a pressão do êmbolo para os comprimentos do tarugo de $L = 75$ mm (valor inicial), $L = 50$ mm, $L = 25$ mm, e $L = 0$. Computamos a deformação verdadeira de um processo ideal, a deformação de extrusão usando a equação de Johnson, e a tensão média de escoamento:

$$\epsilon = \ln r_x = \ln 4,0 = 1,3863$$

$$\epsilon_x = 0,8 + 1,5(1,3863) = 2,8795$$

$$\bar{\tau}_e = \frac{415(1,3863)^{0,18}}{1,18} = 373\,\text{MPa}$$

$L = 75$ mm: Com ângulo de matriz de 90°, assumimos que o tarugo de metal seja forçado através da abertura da matriz quase imediatamente; portanto, nosso cálculo considera que a pressão máxima é alcançada para o comprimento do tarugo $L = 75$ mm. Para ângulos de matriz menores que 90°, a pressão se elevaria a um máximo, como mostrado na Figura 13.28, à medida que o tarugo de partida é comprimido na parte cônica da matriz de extrusão. Usando a Eq. (13.23b),

$$p = 373\left(2,8795 + 2\frac{75}{25}\right) = 3312\,\text{MPa}$$

$$L = 50\,\text{mm}: p = 373\left(2,8795 + 2\frac{50}{25}\right) = 2566\,\text{MPa}$$

$$L = 25\,\text{mm}: p = 373\left(2,8795 + 2\frac{25}{25}\right) = 1820\,\text{MPa}$$

$L = 0$ mm: Comprimento zero é um valor hipotético na extrusão direta. Na verdade, é impossível de comprimir todo o metal através da abertura da matriz. Ao contrário, uma porção do tarugo (o "fundo") permanece não extrudada, e a pressão começa a aumentar rapidamente à medida que L se aproxima de zero. Este aumento na pressão, no fim do curso, é visto no gráfico da pressão do êmbolo em função do curso na Figura 13.28. A seguir, está calculado o valor mínimo hipotético da pressão do êmbolo que resultaria em $L = 0$.

$$p = 373\left(2,8795 + 2\frac{0}{25}\right) = 1074\,\text{MPa}$$

Este é também o valor da pressão do êmbolo que estaria associado com a extrusão indireta de todo o comprimento do tarugo. ∎

13.3.3 MATRIZES DE EXTRUSÃO E PRENSAS

Fatores importantes em uma matriz de extrusão são o ângulo da matriz e a forma do orifício. O ângulo da matriz é mais especificamente usado através da metade do ângulo da matriz, como representado por α na Figura 13.29(a). Para pequenos ângulos, a área superficial da matriz é grande, o que conduz ao aumento do atrito na interface matriz-tarugo. Atrito elevado resulta em maiores forças de êmbolo. Por outro lado, um grande ângulo provoca maior turbulência no escoamento do metal durante a redução, aumentando a força requerida ao êmbolo. Portanto, o efeito do ângulo da matriz na força do êmbolo é uma função com forma em U, como mostrado na Figura 13.29(b). Um ângulo de matriz ótimo existe, como sugerido pelo nosso gráfico hipotético. O ângulo ótimo depende de vários fatores (por exemplo, material de trabalho, temperatura do tarugo e lubrificação) e é, portanto, difícil de determinar para uma dada operação de extrusão. Projetistas de matrizes se valem de critérios empíricos e julgamentos, por meio de tentativas e erros, para escolha do ângulo apropriado.

Nossas equações prévias para a pressão do êmbolo, Eqs. (13.23a, b), se aplicam para uma matriz com orifício circular. A forma do orifício da matriz afeta a pressão necessária ao êmbolo para realizar uma operação de extrusão. Uma seção transversal complexa, tal como

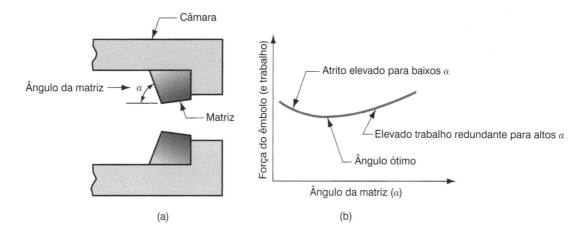

FIGURA 13.29 (a) Definição do ângulo de matriz na extrusão direta; (b) efeito do ângulo da matriz na força do êmbolo. (Crédito: *Fundamentals of Modern Manufacturing*, 4ª Edição, Mikell P. Groover, 2010. Reimpresso com permissão de John Wiley & Sons, Inc.)

a mostrada na Figura 13.30, requer maior pressão e força mais elevada que a forma circular. O efeito da forma do orifício da matriz pode ser avaliado pelo ***fator de forma*** da matriz, definido como a razão da pressão necessária para extrudar uma seção transversal de uma dada forma relativa à pressão de extrusão para uma seção transversal circular de mesma área. Nós podemos expressar o fator de forma como:

$$K_x = 0,98 + 0,02 \left(\frac{C_x}{C_c} \right)^{2,25} \tag{13.26}$$

em que K_x é o fator de forma da matriz na extrusão; C_x é o perímetro da seção transversal extrudada, mm (in); e C_c é o perímetro de um círculo de mesma área que a forma extrudada,

FIGURA 13.30 Uma seção transversal extrudada complexa para um dissipador de calor. Foto cortesia da Aluminum Company of America. (Crédito: *Fundamentals of Modern Manufacturing*, 4ª Edição, Mikell P. Groover, 2010. Reimpresso com permissão de John Wiley & Sons, Inc.)

mm (in). A Eq. (13.26) é baseada nos dados empíricos de Altan *et al.* [1], numa gama de valores de C_x/C_c de 1,0 a ~ 6,0. A equação pode se tornar inválida muito além do limite superior desta gama.

Como indicado pela Eq. (13.26), o fator de forma é uma função do perímetro da seção transversal extrudada, dividida pelo perímetro de uma seção transversal circular de mesma área. Uma forma circular na forma mais simples, com um valor de $K_x = 1,0$. Seções vazadas e de paredes finas têm maiores fatores de forma e são mais difíceis de extrudar. O aumento na pressão não está considerado nas nossas equações prévias de pressão, Eqs. (13.23a, b), as quais se aplicam somente para seções transversais circulares. Para outras formas diferentes da circular, a expressão correspondente para a extrusão indireta é

$$p = K_x \bar{\tau}_e \epsilon_x \tag{13.27a}$$

e para extrusão direta,

$$p = K_x \bar{\tau}_e \left(\epsilon_x + \frac{2L}{D_o} \right) \tag{13.27b}$$

em que p é a pressão de extrusão, MPa (lbf/in^2); K_x é o fator de forma; e os outros termos têm a mesma interpretação que antes. Os valores de pressão fornecidos por essas equações podem ser usados na Eq. (13.24) para determinar a força do êmbolo.

Os materiais usados em matrizes para extrusão a quente incluem aços-ferramentas e ligas de aços. Propriedades importantes destes materiais para matrizes incluem elevada resistência ao desgaste, elevada dureza a quente e elevada condutividade térmica para remover o calor do processo. Os materiais para matrizes empregadas na extrusão a frio incluem aços ferramentas e metais duros (carbonetos). Resistência ao desgaste e habilidade de reter a forma sob elevadas tensões são propriedades desejáveis. Os carbonetos são usados quando elevadas taxas de produção, longas vidas de ferramenta e bom controle dimensional são exigidos.

As prensas de extrusão são tanto horizontais quanto verticais, dependendo da orientação do eixo de trabalho. Os tipos horizontais são mais comuns. As prensas de extrusão são usualmente movidas de forma hidráulica. Este acionamento é em especial adequado para produção semicontínua de seções longas, como na extrusão direta. Acionamentos mecânicos são frequentemente usados para extrusão a frio de peças individuais, tal como na extrusão por impacto.

13.3.4 OUTROS PROCESSOS DE EXTRUSÃO

As extrusões direta e indireta são os principais métodos de extrusão. Outras operações de extrusão são únicas. Nós examinamos duas destas nesta seção.

Extrusão por Impacto A extrusão por impacto é realizada em altas velocidades e cursos curtos em comparação aos processos convencionais. Esta é usada para produzir componentes individuais. Como sugere o nome, o punção impacta a peça em vez de simplesmente aplicar uma pressão sobre ela. O impacto pode ser conduzido como extrusão a ré ou extrusão avante, ou combinações destas. Alguns exemplos representativos estão mostrados na Figura 13.31.

A extrusão por impacto é usualmente feita a frio em uma variedade de metais. A extrusão por impacto a ré é a mais comum. Os produtos feitos por esse processo incluem tubos de pasta de dente e caixas de bateria. Como indicado por esses exemplos, paredes muito finas são possíveis em peças extrudadas obtidas por impacto. As características de alta velocidade de impacto permitem grandes reduções e elevadas taxas de produção, o que torna este um importante processo comercial.

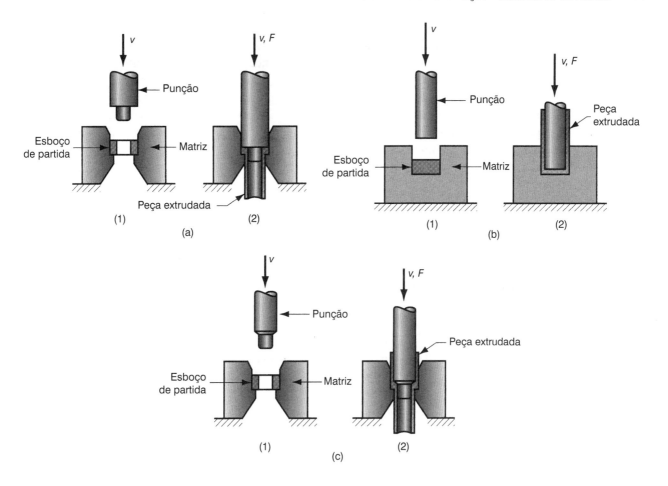

FIGURA 13.31 Diversos exemplos da extrusão por impacto: (a) avante, (b) a ré, e (c) combinação de avante e a ré. (Crédito: *Fundamentals of Modern Manufacturing*, 4ª Edição, Mikell P. Groover, 2010. Reimpresso com permissão de John Wiley & Sons, Inc.)

Extrusão Hidrostática Um dos problemas na extrusão direta é o atrito ao longo da interface tarugo-câmara. Este problema pode ser resolvido envolvendo o tarugo com um fluido no interior da câmara e pressurizando o fluido pelo movimento avante do êmbolo, como na Figura 13.32. Deste modo, não há atrito no interior da câmara, e o atrito na abertura da matriz é reduzido. Por conseguinte, a força do êmbolo é significativamente menor que na extrusão direta. A pressão do fluido, atuante em todas as superfícies do tarugo, dá o nome a este processo. Este pode ser conduzido à temperatura ambiente ou em elevadas temperaturas. Fluidos e procedimentos especiais devem ser usados em temperaturas elevadas. A extrusão hidrostática é uma adaptação da extrusão direta.

FIGURA 13.32 Extrusão hidrostática. (Crédito: *Fundamentals of Modern Manufacturing*, 4ª Edição, Mikell P. Groover, 2010. Reimpresso com permissão de John Wiley & Sons, Inc.)

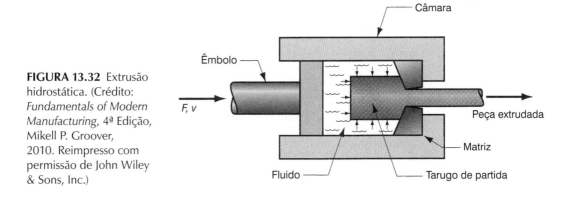

A pressão hidrostática na peça aumenta a ductilidade do material. Por conseguinte, este processo pode ser usado para metais que seriam muito frágeis em operações convencionais de extrusão. Metais dúcteis também podem ser extrudados hidrostaticamente, e elevadas razões de redução são possíveis nestes materiais. Uma das desvantagens do processo é a preparação necessária do material do tarugo de partida. O tarugo deve ser conformado com uma das extremidades com formato cônico para ajustar-se precisamente na cavidade de entrada da matriz. Isto estabelece uma vedação que previne que o fluido jorre a por meio do furo da matriz quando a câmara é inicialmente pressurizada.

13.3.5 DEFEITOS EM PRODUTOS EXTRUDADOS

Devido à considerável deformação associada às operações de extrusão, um número de defeitos pode ocorrer em produtos extrudados. Os defeitos podem ser classificados nas seguintes categorias, ilustradas na Figura 13.33:

(a) *Trinca central*. Este defeito é caracterizado por uma trinca interna que se desenvolve como resultado de tensões trativas ao longo da linha de centro da peça durante a extrusão. Embora as tensões trativas possam parecer estranhas a um processo de compressão como a extrusão, estas tendem a ocorrer sob condições de grandes deformações em regiões do metal afastadas do eixo central. O importante movimento de material nestas regiões afastadas estira o material ao longo do centro do metal. Se as tensões são suficientemente elevadas, ocorre a formação de trincas. As condições que promovem as trincas centrais são altos ângulos da matriz, baixas razões de extrusão e impurezas no material de trabalho, que servem como pontos de nucleação dos defeitos na forma de fendas. O aspecto que dificulta a trinca central é sua detecção. É um defeito interno que não é usualmente perceptível pela observação visual. Outros nomes, às vezes usados para este tipo de defeito, incluem *fratura de ponta de flecha*, *fissura central*, *fratura tipo chevron*.

(b) *Cachimbo*. O cachimbo é um defeito associado com a extrusão direta. Como mostrado na Figura 13.33(b), é a formação de um rechupe na ponta do tarugo. O uso de um falso pistão, cujo diâmetro é ligeiramente menor que o do tarugo, ajuda a evitar o cachimbo. Este tipo de defeito é também conhecido como *rabo de peixe*.

(c) *Trinca de superfície*. Este defeito resulta das altas temperaturas da peça que causam o desenvolvimento de trincas na superfície. Eles sempre acontecem quando a velocidade de extrusão é muito alta, o que conduz a altas taxas de deformação associadas com a geração de calor. Outros fatores que contribuem com as trincas superficiais são o elevado atrito e resfriamento da superfície dos tarugos em altas temperaturas na extrusão a quente.

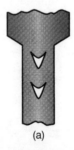  

FIGURA 13.33 Alguns defeitos comuns na extrusão: (a) trinca central, (b) cachimbo e (c) trinca de superfície. (Crédito: *Fundamentals of Modern Manufacturing*, 4ª Edição, Mikell P. Groover, 2010. Reimpresso com permissão de John Wiley & Sons, Inc.)

(a) (b) (c)

13.4 TREFILAÇÃO DE BARRAS E ARAMES

No contexto de deformação volumétrica, a trefilação é uma operação na qual uma seção transversal de uma barra, vara ou arame é reduzida, puxando-a através da abertura de uma matriz, como na Figura 13.34. As características gerais do processo são similares àquelas da extrusão.

A diferença é que, na trefilação, o metal é puxado através da matriz, enquanto é empurrado através da matriz na extrusão. Embora a presença de tensões trativas seja clara na trefilação, a compressão também exerce papel fundamental, visto que o metal é comprimido à medida que passa pela abertura da matriz. Por essa razão, a deformação que ocorre na trefilação é, às vezes, denominada compressão indireta.

A diferença básica entre trefilação de barra e trefilação de arame é na dimensão do metal que é processado. ***Trefilação de barra*** é o termo usado para barras e vergalhões de metal de grandes diâmetros, enquanto *trefilação de arame* se aplica a menores diâmetros. Os tamanhos de arames até 0,03 mm (0,001 in) são possíveis na trefilação de arames. Apesar de os mecanismos do processo serem os mesmos para os dois casos, os métodos, equipamentos, e mesmo terminologia, são um tanto diferentes.

A trefilação de barra é geralmente realizada como operação de ***uma única redução*** — o metal é puxado através da abertura de uma matriz. Uma vez que o metal de partida tem grande diâmetro, este é na forma de uma peça cilíndrica retilínea. Isto limita o comprimento do metal que pode ser trefilado, necessitando de uma operação tipo batelada. Ao contrário, a trefilação de arames a partir de bobinas consiste em várias centenas (ou mesmo vários milhares) de metros de arame e é realizada por meio de uma série de matrizes de trefilação. O número de matrizes varia tipicamente entre 4 e 12. O termo *trefilação contínua* é usado para descrever este tipo de operação devido aos longos ciclos de produção que são obtidos com as bobinas de arame, as quais podem ser unidas por solda de topo para fazer uma operação realmente contínua.

Em uma operação de trefilação, a mudança de tamanho do metal é usualmente dada pela redução de área, definida por:

$$r = \frac{A_o - A_f}{A_o} \quad (13.28)$$

em que r é a redução de área na trefilação; A_o é a área inicial do metal, mm² (in²); e A_f é a área final, mm² (in²). A redução de área é frequentemente expressa em valores percentuais.

Nos processos de trefilação de barras e vergalhões, e na trefilação de grandes diâmetros em arames para as operações de recalcamento e formação de cabeças, o termo *esboço* é usado para denotar a diferença entre o antes e o depois no tamanho do metal processado. O esboço é simplesmente a diferença entre os diâmetros inicial e final do metal:

$$d = D_o - D_f \quad (13.29)$$

em que d é o esboço, mm (in); D_o é o diâmetro inicial do metal, mm (in); e D_f é o diâmetro final, mm (in).

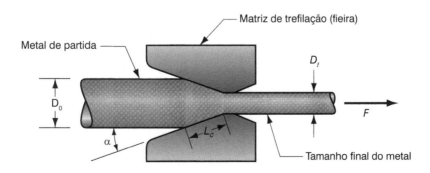

FIGURA 13.34 Trefilação de barra, vara ou arame. (Crédito: *Fundamentals of Modern Manufacturing*, 4ª Edição, Mikell P. Groover, 2010. Reimpresso com permissão de John Wiley & Sons, Inc.)

13.4.1 ANÁLISE DA TREFILAÇÃO

Nesta seção, nós consideramos a mecânica da trefilação de arames e barras. Como as tensões e forças são computadas no processo? Também consideramos quão grande uma redução é possível em uma operação de trefilação.

Mecânica da Trefilação Se nenhum atrito ou trabalho redundante ocorrerem na trefilação, a deformação verdadeira poderia ser determinada como se segue:

$$\epsilon = \ln \frac{A_o}{A_f} = \ln \frac{1}{1-r} \tag{13.30}$$

em que A_o e A_f são as áreas inicial e final da seção transversal inicial do metal, como definido previamente; e r é a redução na trefilação definida pela Eq. (13.28). A tensão que resulta desta deformação ideal é dada por

$$\sigma_e = \overline{\tau}_e \epsilon = \overline{\tau}_e \ln \frac{A_o}{A_f} \tag{13.31}$$

em que $\tau_e = \dfrac{K\epsilon^n}{1+n}$ é a tensão média de escoamento calculada com base no valor da deformação dada pela Eq. (13.30).

Visto que o atrito está presente na trefilação, e o material experimenta deformação não homogênea, a tensão real é maior que a fornecida pela Eq. (13.31). Além da razão A_o/A_f, outras variáveis que influenciam a tensão de trefilação são o ângulo da matriz e o coeficiente de atrito na interface metal-matriz. Um número de métodos foi proposto para predizer a tensão de trefilação com base nos valores destes parâmetros [1], [3] e [19]. Apresentamos a equação sugerida por Schey [19]:

$$\sigma_t = \overline{\tau}_e \left(1 + \frac{\mu}{\tan \alpha}\right) \phi \ln \frac{A_o}{A_f} \tag{13.32}$$

em que σ_t é a tensão de trefilação, MPa (lbf/in²); μ é o coeficiente de atrito na interface matriz-metal; α é o ângulo da matriz (metade do ângulo entre as laterais) como definido na Figura 13.34; e ϕ é um fator que leva em consideração a deformação não homogênea, a qual é determinada para uma seção transversal circular como:

$$\phi = 0{,}88 \pm 0{,}12 \frac{D}{L_c} \tag{13.33}$$

em que D é o diâmetro médio do metal durante a trefilação, mm (in); e L_c é o comprimento de contato do metal com a matriz de trefilação na Figura 13.34, mm (in). Os valores de D e L_c podem ser determinados a partir de:

$$D = \frac{D_o + D_f}{2} \tag{13.34a}$$

$$L_o = \frac{D_o + D_f}{2 \operatorname{sen} \alpha} \tag{13.34b}$$

A força de trefilação correspondente é então obtida pela área da seção transversal multiplicada pela tensão de trefilação:

$$F = A_f \sigma_t = A_f \bar{\tau}_e \left(1 + \frac{\mu}{\tan \alpha}\right) \phi \ln \frac{A_o}{A_f} \qquad (13.35)$$

em que F é a força de trefilação, t (lbf); e os outros termos já estão definidos. A potência requerida em uma operação de trefilação é igual à força de trefilação multiplicada pela velocidade do metal.

Exemplo 13.4
Tensão e Força na Trefilação de Arames

Um arame é trefilado em uma matriz de trefilação com ângulo de entrada igual a 15°. O diâmetro inicial é 2,5 mm, e o diâmetro final igual a 2,0 mm. O coeficiente de atrito na interface metal-matriz é igual a 0,07. O metal tem coeficiente de resistência $K = 205$ MPa, e expoente de encruamento $n = 0,20$. Determine a tensão de trefilação e a força de trefilação nesta operação.

Solução: Os valores de D e L_c na Eq. (13.33) podem ser determinados usando as Eqs. (13.34a, b). $D = 2,25$ mm e $L_c = 0,966$ mm. Portanto,

$$\phi = 0,88 + 0,12 \frac{2,25}{0,966} = 1,16$$

As áreas da seção transversal circular antes e depois da trefilação são calculadas por $A_o = 4,91$ mm² e $A_f = 3,14$ mm². A deformação verdadeira resultante $\epsilon = \ln(4,91/3,14) = 0,446$, e a tensão média de escoamento na operação é obtida por:

$$\bar{\tau}_e = \frac{205(0,446)^{0,20}}{1,20} = 145,4 \, \text{MPa}$$

A tensão de trefilação é dada pela Eq. (13.32):

$$\sigma_t = (145,4)\left(1 + \frac{0,07}{\tan 15}\right)(1,16)(0,446) = 94,1 \, \text{MPa}$$

Finalmente, a força de trefilação é esta tensão multiplicada pela área da seção transversal do arame de saída:

$$F = 94,1(3,14) = 295,5 \, \text{N}$$

Máxima Redução por Passe Uma questão que pode ocorrer ao leitor é: Por que é necessária mais de uma etapa para atingir a redução desejada na trefilação de arames? Por que não tomar toda a redução em um único passe por meio de uma única matriz, como na extrusão? A resposta pode ser explicada da seguinte forma. A partir das equações precedentes, fica claro que à medida que a redução aumenta, a tensão de trefilação aumenta. Se a redução é grande o bastante, a tensão de trefilação excederá o limite de resistência do material na região fora da fieira. Quando isto acontece, o arame trefilado simplesmente alongará no lugar do material a ser comprimido através da abertura da matriz. Para se ter êxito na trefilação de arames, a máxima tensão de trefilação deve ser menor que o limite de resistência do metal de saída.

É uma questão simples determinar esta máxima tensão de trefilação e a máxima redução possível resultante, que pode ser realizada em um único passe, sob certas hipóteses. Vamos assumir um metal com plasticidade perfeita ($n = 0$), atrito zero e nenhum trabalho redundante. Neste caso ideal, a tensão máxima de trefilação possível é igual ao limite de resistência do material de trabalho. Expressando este usando a equação para a tensão de trefilação sob condições de deformação ideal, Eq. (13.31), e colocando $\bar{\tau}_e = \tau_e$ (visto que $n = 0$),

$$\sigma_t = \bar{\tau}_e \ln \frac{A_o}{A_f} = \tau_e \ln \frac{A_o}{A_f} = \tau_e \ln \frac{1}{1-r} = \tau_e$$

Isto significa que $\ln(A_o/A_f) = \ln(1/(1-r)) = 1$. Neste caso, tem-se que $A_o/A_f = 1/(1-r)$ deve se igualar à base e do logaritmo natural. Por conseguinte, a máxima razão de áreas possível é

$$\frac{A_o}{A_f} = e = 2{,}7183 \qquad (13.36)$$

e a máxima redução possível é

$$r_{\text{máx}} = \frac{e-1}{e} = 0{,}632 \qquad (13.37)$$

O valor fornecido pela Eq. (13.37) é frequentemente usado como uma máxima redução teórica possível num único passe de trefilação, mesmo se esta despreza (1) os efeitos de atrito e trabalho redundante, os quais reduziriam o valor máximo possível, e (2) o encruamento, o qual aumentaria a máxima redução possível, visto que o arame de saída seria mais resistente que o metal de partida. Na prática, reduções de trefilação por passe estão bem abaixo do limite teórico. Reduções de 0,50 para um passe simples de trefilação de barras e 0,30 para múltiplos passes de trefilação de arames são considerados os limites superiores nas operações industriais.

13.4.2 PRÁTICA DA TREFILAÇÃO

A trefilação é usualmente realizada como uma operação de trabalho a frio. É usada com mais frequência para produzir seções transversais circulares, porém seções quadradas e outras formas são também trefiladas. A trefilação de arames é um processo industrial importante no fornecimento de produtos comerciais, tais como fios e cabos elétricos, arames para cercas, cabides de roupas, carrinhos de compras e barras de metais para produzir pregos, parafusos, molas e outras ferragens. A trefilação de barras é usada para produzir barras de metais para usinagem, forjamento e outros processos.

As vantagens da trefilação nestas aplicações incluem (1) controle dimensional de precisão, (2) bom acabamento da superfície, (3) melhorias de propriedades mecânicas, tais como resistência e dureza, e (4) adaptabilidade para produções econômicas em batelada ou em massa. As velocidades de trefilação podem chegar a valores tão altos quanto 50 m/s (10.000 ft/min) para arames finos. No caso de trefilação de barras como matéria-prima fornecida ao processo de usinagem, a operação melhora a usinabilidade da barra (Seção 17.5).

Equipamento de Trefilação A trefilação de barras é realizada em uma máquina chamada ***bancada de trefilação***, que consiste em uma mesa de entrada, uma cadeira de trefilação (a qual contém a matriz de trefilação ou fieira), um carro e uma prateleira de saída de material. O arranjo deste equipamento está mostrado na Figura 13.35. O carro é usado para puxar o metal através da matriz de trefilação. Este carro é acionado por cilindros hidráulicos ou por correntes acionadas por motores. A cadeira de trefilação é frequentemente projetada para suportar mais de uma matriz, de modo que várias barras possam ser puxadas, ao mesmo tempo, através das suas respectivas fieiras.

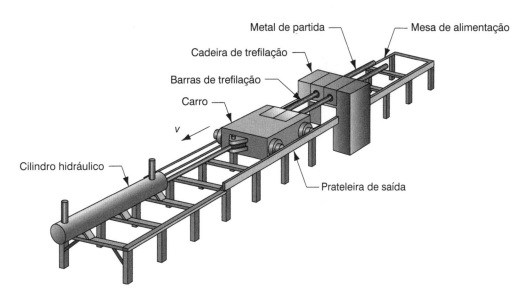

FIGURA 13.35 Bancada de trefilação de barras operada hidraulicamente para trefilar barras de metais. (Crédito: *Fundamentals of Modern Manufacturing*, 4ª Edição, Mikell P. Groover, 2010. Reimpresso com permissão de John Wiley & Sons, Inc.)

A trefilação de arames é conduzida em máquinas de trefilação contínuas compostas de múltiplas matrizes, separadas por tambores acumuladores entre as fieiras, como na Figura 13.36. Cada tambor, chamado *cabestrante*, é um motor de acionamento para fornecer a força adequada de puxada para trefilar o metal de arame através da fieira a montante. Este elemento também tem o objetivo de manter a tensão baixa no arame enquanto este avança para a próxima fieira em série. Cada fieira fornece certa quantidade de redução ao arame, de modo que a redução total seja obtida pelo conjunto de fieiras em série. Dependendo do metal a ser processado e da redução total, o recozimento do arame é, às vezes, necessário entre os grupos de fieiras em série.

Fieiras de Trefilação A Figura 13.37 identifica as características de uma fieira típica de trefilação. Quatro regiões da matriz podem ser distinguidas por: (1) entrada, (2) ângulo de redução, (3) superfície cilíndrica (calibração), e (4) saída. A região de *entrada* é usualmente uma abertura na forma de boca de sino que não tem contato com o metal. O seu objetivo é afunilar o lubrificante na fieira e prevenir arranhões nas superfícies do metal e da matriz. A zona de *redução* ou *trabalho* é onde o processo de conformação na trefilação ocorre. Esta região tem a forma de um cone, cuja metade de seu ângulo varia normalmente de 6° a 20°. O ângulo

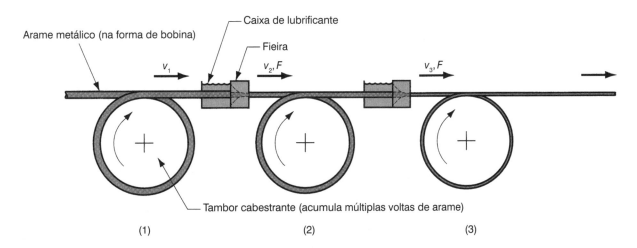

FIGURA 13.36 Trefilação contínua de arames. (Crédito: *Fundamentals of Modern Manufacturing*, 4ª Edição, Mikell P. Groover, 2010. Reimpresso com permissão de John Wiley & Sons, Inc.)

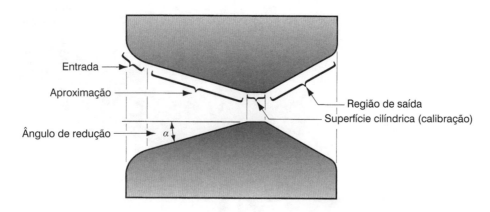

FIGURA 13.37 Fieira de trefilação para trefilar barra redonda ou arame. (Crédito: *Fundamentals of Modern Manufacturing*, 4ª Edição, Mikell P. Groover, 2010. Reimpresso com permissão de John Wiley & Sons, Inc.)

adequado varia de acordo com o material de trabalho. A **superfície cilíndrica**, também chamada **calibração**, determina o tamanho final do metal trefilado. Finalmente, a **zona de saída** é a região de saída. Esta é disposta com um ângulo de saída (metade do ângulo) de cerca de 30°. As fieiras de trefilação são fabricadas com aços-ferramenta ou metal duro (carbonetos). As fieiras para operações em altas velocidades de trefilação de arames usam frequentemente insertos de diamante (ambos sintético e natural) para as superfícies de desgaste.

Preparação do Metal Antes da trefilação, o metal de partida deve ser preparado de forma adequada. Isto envolve três etapas: (1) recozimento, (2) limpeza, e (3) apontamento. O objetivo do recozimento é aumentar a ductilidade do metal para suportar a deformação durante a trefilação. Como mencionado previamente, o recozimento é, às vezes, necessário entre os estágios de uma trefilação contínua. A limpeza do metal é necessária para evitar danos às superfícies do metal e da fieira. Esta consiste na remoção de contaminantes superficiais (por exemplo, carepas e ferrugens) por meio de decapagem química ou jateamento de granalhas. Em alguns casos, a pré-lubrificação do metal é realizada após a limpeza.

O **apontamento** consiste na redução do diâmetro de entrada do metal de modo que possa ser inserido através da fieira para iniciar o processo de trefilação. Este é usualmente realizado por forjamento rotatório, laminação ou torneamento. O lado apontado do metal é agarrado pelo mordente do carro puxador ou outro dispositivo para então iniciar o processo de trefilação.

REFERÊNCIAS

[1] Altan, T., Oh, S-I., and Gegel, H. L. **Metal Forming: Fundamentals and Applications.** ASM International, Materials Park, Ohio, 1983.

[2] **ASM Handbook**, Vol. **14A, Metalworking: Bulk Forming.** ASM International, Materials Park, Ohio, 2005.

[3] Avitzur, B. **Metal Forming: Processes and Analysis**. Robert E. Krieger Publishing Company, Huntington, New York, 1979.

[4] Black, J. T., and Kohser, R. A. **DeGarmo's Materials and Processes in Manufacturing**, 10th ed. John Wiley & Sons, Inc., Hoboken, New Jersey, 2008.

[5] Byrer, T. G., et al. (eds.). **Forging Handbook**. Forging Industry Association, Cleveland, Ohio; and American Society for Metals, Materials Park, Ohio, 1985.

[6] Cook, N. H. **Manufacturing Analysis**. Addison-Wesley Publishing Company, Inc., Reading, Massachusetts, 1966.

[7] Groover, M. P. "An Experimental Study of the Work Components and Extrusion Strain in the Cold Forward Extrusion of Steel." **Research Report**. Bethlehem Steel Corporation, 1966.

[8] Harris, J. N. **Mechanical Working of Metals**. Pergamon Press, Oxford, England, 1983.

[9] Hosford, W. F., and Caddell, R. M. *Metal Forming: Mechanics and Metallurgy*, 3rd ed. Cambridge University Press, Cambridge, United Kingdom, 2007.

[10] Jensen, J. E. (ed.). *Forging Industry Handbook*. Forging Industry Association, Cleveland, Ohio, 1970.

[11] Johnson, W. "The Pressure for the Cold Extrusion of Lubricated Rod Through Square Dies of Moderate Reduction at Slow Speeds." *Journal of the Institute of Metals*, Vol. 85, 1956.

[12] Kalpakjian, S. *Mechanical Processing of Materials*. D. Van Nostrand Company, Inc., Princeton, New Jersey, 1967, Chapter 5.

[13] Kalpakjian, S., and Schmid, S. R. *Manufacturing Processes for Engineering Materials*, 6th ed. Pearson Prentice Hall, Upper Saddle River, New Jersey, 2010.

[14] Lange, K. *Handbook of Metal Forming*. Society of Manufacturing Engineers, Dearborn, Michigan, 2006.

[15] Laue, K., and Stenger, H. *Extrusion: Processes, Machinery, and Tooling*. American Society for Metals, Materials Park, Ohio, 1981.

[16] Mielnik, E. M. *Metalworking Science and Engineering*. McGraw-Hill, Inc., New York, 1991.

[17] Roberts, W. L. *Hot Rolling of Steel*. Marcel Dekker, Inc., New York, 1983.

[18] Roberts, W. L. *Cold Rolling of Steel*. Marcel Dekker, Inc., New York, 1978.

[19] Schey, J. A. *Introduction to Manufacturing Processes*, 3rd ed. McGraw-Hill Book Company, New York, 2000.

[20] Wick, C., et al. (eds.). *Tool and Manufacturing Engineers Handbook*, 4th ed., Vol. II, *Forming*. Society of Manufacturing Engineers, Dearborn, Michigan, 1984.

QUESTÕES DE REVISÃO

13.1 Quais são as razões que fazem com que os processos de conformação volumétrica sejam comercialmente e tecnologicamente importantes?

13.2 Cite os quatro principais processos de conformação volumétrica.

13.3 O que é a laminação no contexto de processos de conformação volumétrica?

13.4 Liste alguns dos produtos fabricados em um laminador.

13.5 O que é o desbaste na operação de laminação?

13.6 O que é agarramento na operação de laminação a quente?

13.7 Identifique algumas das maneiras segundo as quais a força de laminação de planos pode ser reduzida.

13.8 O que é um laminador-duo?

13.9 O que é uma cadeira reversível na laminação?

13.10 O que é forjamento?

13.11 Uma maneira de classificar as operações de forjamento é pela forma de escoamento do metal de trabalho que é contido pelas matrizes. A partir desta classificação, cite os três tipos básicos de forjamento.

13.12 Por que a rebarba é desejável no forjamento em matriz fechada?

13.13 O que é uma operação de rebarbação no contexto do forjamento em matriz fechada?

13.14 Quais são os dois tipos básicos de equipamentos de forjamento?

13.15 O que é forjamento isotérmico?

13.16 O que é extrusão?

13.17 Diferencie a extrusão direta da extrusão indireta.

13.18 Cite alguns produtos que são fabricados pela extrusão.

13.19 Por que o atrito é um fator determinante na força do êmbolo da extrusão direta e não na extrusão indireta?

13.20 O que são os processos de trefilação de barras e trefilação de arames?

13.21 Embora a peça em uma operação de trefilação esteja obviamente sujeita a tensões trativas, como as tensões compressivas também exercem papel importante neste processo?

13.22 Em uma operação de trefilação de arames, por que a tensão de trefilação não deve nunca exceder o limite de resistência do metal?

PROBLEMAS

13.1 Uma chapa grossa de aço baixo carbono com espessura igual a 42,0 mm deve ser reduzida para 34,0 mm em um passe numa operação de laminação. À medida que a espessura é reduzida, a chapa grossa alarga 4%. O limite de resistência da chapa grossa de aço é 290 MPa. A velocidade de entrada da chapa grossa é 15,0 m/min. O raio do cilindro de trabalho é 325 mm, e a velocidade de rotação é 49,0 rpm. Determine (a) o mínimo coeficiente de atrito necessário para que esta operação de laminação seja realizada, (b) a velocidade de saída da chapa grossa, e (c) o deslizamento avante.

13.2 Uma placa tem 2,0 in de espessura, 10 in de largura e 12,0 ft de comprimento. A espessura deve ser reduzida em três passes de uma operação de laminação a quente. Cada passe reduzirá a placa de 75% da sua espessura de entrada. É esperada, para este metal, uma redução, na qual a placa se alargará de 3% em cada passe. Se a velocidade de entrada da placa no primeiro passe for 40 ft/min, e a velocidade do cilindro de trabalho for a mesma para os três passes, determine: (a) o comprimento e (b) a velocidade da placa após a última redução.

13.3 Uma série operações de laminação a frio são empregadas para reduzir a espessura de uma chapa grossa de 50 mm para 25 mm em um laminador-duo reversível. O diâmetro do cilindro de trabalho é igual a 700 mm, e o coeficiente de atrito entre os cilindros e metal igual a 0,15. A limitação é que o desbaste seja a mesma em cada passe. Determine (a) o número mínimo de passes necessário, e (b) a redução de cada passe.

13.4 No problema anterior, assuma que a redução percentual foi especificada para ser a mesma em cada passe, em vez de adotar o desbaste. (a) Qual é o número mínimo de passes necessário? (b) Qual é o desbaste em cada passe?

13.5 Uma chapa grossa tem 250 mm de largura e 25 mm de espessura e deve ser reduzida em um único passe num laminador-duo reversível para uma espessura final de 20 mm. O cilindro de trabalho tem raio igual a 500 mm, e sua velocidade é 30 m/min. O material tem coeficiente de resistência igual a 240 MPa e expoente de encruamento igual a 0,2. Determinar (a) a força de laminação, (b) o torque de laminação, e (c) a potência exigida para realizar esta operação.

13.6 Resolva o problema 13.5 usando um raio do cilindro de trabalho igual a 250 mm.

13.7 Uma placa de 4,50 in de espessura, 9 in de largura e 24 in de comprimento deve ser reduzida em um único passe num laminador-duo reversível de 3,87 in. O cilindro gira à velocidade de 5,50 rpm e tem raio de 17,0 in. O material tem coeficiente de resistência igual a 30.000 lbf/in^2 e expoente de encruamento igual a 0,15. Determine (a) a força de laminação, (b) o torque de laminação, e (c) a potência exigida para realizar esta operação.

13.8 Uma operação de laminação em um único passe reduz uma chapa grossa de 20 mm para 18 mm. A chapa grossa de partida tem 200 mm de largura. O raio do cilindro de trabalho é igual a 250 mm e sua velocidade de rotação é igual a 12 rpm. O material tem coeficiente de resistência igual a 600 MPa e expoente de encruamento igual a 0,22. Determine (a) a força de laminação, (b) o torque de laminação, e (c) a potência exigida para realizar esta operação.

13.9 Um laminador a quente tem cilindros de trabalho com diâmetro igual a 24 in. Estes podem exercer força máxima igual a 400.000 lbf. O laminador tem potência máxima de 100 HP. Deseja-se reduzir uma chapa grossa de 1,5 in de espessura por meio do máximo desbaste em um único passe. A chapa grossa tem 10 in de largura. Na condição de aquecido, o material tem coeficiente de resistência igual a 20.000 lbf/in^2 e expoente de encruamento igual a zero. Determine (a) o máximo desbaste possível, (b) a deformação verdadeira correspondente, e (c) a máxima velocidade de operação dos cilindros de trabalho.

13.10 Um peça cilíndrica é forjada a morno em uma operação de recalcamento em matriz aberta. O diâmetro inicial é 45 mm e altura inicial é 40 mm. A altura, após o forjamento, é 25 mm. O coeficiente de atrito na interface metal-matriz é 0,20. O limite de resistência do material de trabalho é 285 MPa, e sua curva de escoamento é definida por coeficiente de resistência de 600 MPa e expoente de encruamento de 0,12. Determine a força na operação (a) quando o limite de escoamento é atingido (escoamento em uma deformação igual a 0,002), (b) a uma altura de 35 mm, (c) a uma altura de 30 mm, e (d) a uma altura de 25 mm. O uso de uma planilha de cálculo é recomendado.

13.11 Uma peça cilíndrica de trabalho com diâmetro igual a 2,5 in e altura de 2,5 in deve ser recalcada por meio de forjamento em matriz aberta para uma altura de 1,5 in. O coeficiente de atrito na interface matriz-metal é igual a 0,10. O material de trabalho tem curva de escoamento definida por: $K = 40.000$ lbf/in^2 e $n = 0,15$. O limite de resistência é igual a 15.750 lbf/in^2. Determine a força instantânea na operação (a) quando o limite de escoamento é atingido (escoamento em uma deformação igual a 0,002), e nas alturas (b) $h = 2,3$ in, (c) $h = 2,1$ in, (d) $h = 1,9$ in, (e) $h = 1,7$ in, e (f) $h = 1,5$ in. O uso de uma planilha de cálculo é recomendado.

13.12 Uma operação de conformação de cabeças a frio é realizada para produzir cabeças em pregos de aço. O coeficiente de resistência deste aço é 600 MPa, e o expoente de encruamento é 0,22. O arame de metal a partir do qual o prego é fabricado tem 5,00 mm de diâmetro. A cabeça deve ter um diâmetro de 9,5 mm e uma espessura de 1,6 mm. O comprimento final do prego é 120 mm. (a) Qual é o comprimento do metal que deve ser projetado para fora da matriz de modo a fornecer volume de material suficiente para esta operação de recalcamento? (b) Calcule a força máxima que deve ser aplicada ao punção para conformar a cabeça nesta operação em matriz aberta?

13.13 Foi um obtido um prego comum grande (cabeça chata) pelo processo de forjamento por recalque. Foi medido o diâmetro da cabeça e sua espessura, bem como o diâmetro do corpo do prego. (a) Qual é o comprimento do metal que deve ser projetado para fora da matriz de modo a fornecer material suficiente para produzir o prego? (b) Usando valores apropriados para o coeficiente de resistência e expoente de encruamento para o metal a partir do qual o prego é fabricado (Tabela 3.4), calcule a força máxima necessária na operação para conformar a cabeça do prego.

13.14 Uma operação de recalcamento a quente é realizada em uma matriz aberta. A peça de partida tem diâmetro igual a 25 mm e altura igual a 50 mm. A peça deve ser recalcada para diâmetro médio de 50 mm. O metal nesta temperatura elevada escoa a 85 MPa ($n = 0$). O coeficiente de atrito na interface matriz-metal é igual a 0,40. Determine (a) a altura final da peça, e (b) a força máxima na operação.

13.15 Uma prensa hidráulica de forjamento tem a capacidade de carga de 1.000.000 N. Uma peça cilíndrica deve ser forjada a frio. A peça de partida tem diâmetro igual a 30 mm e altura de 30 mm. A curva de escoamento do metal é definida por $K = 400$ MPa e $n = 0,20$. Determine a máxima redução de altura para a qual a peça pode ser comprimida com esta prensa de forjamento, se o coeficiente de atrito for igual a 0,1. O uso de uma planilha de cálculo é recomendado.

13.16 Uma peça é projetada para ser forjada a quente em uma matriz fechada. A área projetada da peça, incluindo a rebarba, é 16 in^2. Após a rebarbação, a peça tem área projetada de 10 in^2. A geometria da peça é complexa. Quando aquecido, o material de trabalho escoa a 10.000 lbf/in^2, e não tem tendência ao encruamento. À temperatura ambiente, o material escoa a 25.000 lbf/in^2. Determine a força máxima exigida para realizar esta operação de forjamento.

13.17 Uma biela é projetada para ser forjada a quente em uma matriz fechada. A área projetada da peça é 6.500 mm^2. O projeto da matriz provocará a formação de rebarba durante o forjamento, de modo que a área, incluindo a rebarba, será de 9.000 mm^2. A geometria da peça é considerada complexa. Quando aquecido, o material de trabalho escoa a 75 MPa, e não apresenta tendência ao encruamento. Determine a força máxima exigida para realizar esta operação.

13.18 Um tarugo cilíndrico que possui 100 mm de comprimento e 50 mm de diâmetro é reduzido por extrusão indireta (a ré) para 20 mm no diâmetro. O ângulo da matriz é 90°. Na equação de Johnson, $a = 0,8$ e $b = 1,4$. Na curva de escoamento do material, o coeficiente de resistência é igual a 800 MPa, e o expoente de encruamento igual a 0,13. Determine (a) a razão de extrusão, (b) a deformação verdadeira (deformação homogênea), (c) a deformação de extrusão, e (e) a força do êmbolo.

13.19 Um tarugo cilíndrico de 3 in de comprimento, cujo diâmetro é 1,5 in, é reduzido por extrusão indireta para um diâmetro igual a 0,375 in. O ângulo da matriz é igual a 90°. Na equação de Johnson, $a = 0,8$ e $b = 1,5$. Na curva de escoamento do material, $K = 75.000$ lbf/in^2 e $n = 0,25$. Determine (a) a razão de extrusão, (b) a deformação verdadeira (deformação homogênea), (c) a deformação de extrusão, (e) a força do êmbolo, e (f) a potência se a velocidade do êmbolo for igual a 20 in/min.

13.20 Um tarugo de 75 mm de comprimento com diâmetro de 35 mm deve ser reduzido por extrusão direta para diâmetro de 20 mm. A matriz de extrusão tem ângulo igual a 75°. Para o material da peça, $K = 600$ MPa e $n = 0,25$. Na equação de Johnson, $a = 0,8$ e $b = 1,4$. Determine (a) a razão de extrusão, (b) a deformação verdadeira (deformação homogênea), (c) a deformação de extrusão, e (d) a pressão e força do êmbolo para $L = 70, 60, 50, 40, 30, 20$ e 10 mm. O uso de uma planilha de cálculo é recomendado para o item (d).

13.21 Um tarugo de 2,0 in de comprimento com diâmetro igual a 1,25 in é reduzido por extrusão direta para um diâmetro de 0,50 in. O ângulo da matriz de extrusão é igual a 90°. Para o material da peça, $K = 45.000$ lbf/in², e $n = 0,20$. Na equação de Johnson, $a = 0,8$ e $b = 1,5$. Determine (a) a razão de extrusão, (b) a deformação verdadeira (deformação homogênea), (c) a deformação de extrusão, e (d) a pressão do êmbolo para $L = 2,0$; 1,5; 1,0; 0,5 e in zero. O uso de uma planilha de cálculo é recomendado para o item (d).

13.22 Um processo de extrusão indireta inicia com um tarugo de alumínio com diâmetro igual 2,0 in e comprimento igual a 3,0 in. A seção transversal após a extrusão é quadrada com 1,0 de lado. O ângulo da matriz é igual a 90°. A operação é realizada a frio, o coeficiente de resistência do metal $K = 26.000$ lbf/in² e o expoente de encruamento $n = 0,20$. Na equação de Johnson, $a = 0,8$ e $b = 1,2$. (a) calcule a razão de extrusão, a deformação verdadeira e a deformação de extrusão. (b) Qual é o fator de forma do produto? (c) Se o fundo deixado na câmara no fim do curso tem 0,5 mm de espessura, qual é o comprimento da seção extrudada? (d) Determine a pressão do êmbolo no processo.

13.23 Um peça na forma de copo deve ser extrudada a ré a partir de um tarugo de alumínio de 50 mm de diâmetro. As dimensões finais do copo são: diâmetro externo = 50 mm, diâmetro interno = 40 mm, altura = 100 mm e espessura do fundo = 5 mm. Determine (a) a razão de extrusão, (b) o fator de forma, e (c) a altura do tarugo de partida para atingir as dimensões finais. (d) Se o metal tiver uma curva de escoamento com os parâmetros $K = 400$ MPa e $n = 0,25$, e as constantes na equação de deformação de extrusão de Johnson forem: $a = 0,8$ e $b = 1,5$, determine a força de extrusão.

13.24 Determine o fator de forma para cada uma das formas de orifício de matriz de extrusão da Figura P13.24.

13.25 Uma operação de extrusão direta produz uma seção transversal mostrada na Figura P13.24(a) a partir de um tarugo de latão cujo diâmetro é igual a 125 mm e comprimento igual 350 mm. Os parâmetros da curva de escoamento do latão são $K = 700$ MPa e $n = 0,35$. Na equação de deformação de Johnson, $a = 0,7$ e $b = 1,4$. Determine (a) a razão de extrusão, (b) o fator de forma, (c) a força necessária para acionar o êmbolo avante durante a extrusão no ponto do processo quando o comprimento remanescente do tarugo na câmara é igual a 300 mm, e (d) o comprimento da seção extrudada no final da operação se o volume do fundo deixado na câmara for igual a 600.000 mm³.

13.26 Em uma operação de extrusão direta, a seção transversal mostrada na Figura P13.24(b) é produzida a partir de um tarugo de cobre cujo diâmetro é igual a 100 mm e comprimento igual a 500 mm. Na curva de escoamento do cobre, o coeficiente de resistência é igual a 300 MPa, e o expoente de encruamento é igual a 0,50. Na equação de deformação de Johnson, $a = 0,8$ e $b = 1,5$. Determine (a) a razão de extrusão, (b) o fator de forma, (c) a força necessária para acionar o êmbolo avante durante a extrusão no ponto do processo quando o comprimento remanescente do tarugo na câmara é igual a 450 mm, e (d) o comprimento da seção extrudada no final da operação se o volume do fundo deixado na câmara for igual a 350.000 mm³.

13.27 Em uma operação de extrusão direta, a seção transversal mostrada na Figura P13.24(c) é produzida a partir de um tarugo de alumínio cujo diâmetro é igual a 150 mm e comprimento igual a 500 mm. Os parâmetros da curva de escoamento do alumínio são $K = 240$ MPa e $n = 0,16$. Na equação de deformação de Johnson, $a = 0,8$ e $b = 1,2$. Determine (a) a razão de extrusão, (b) o fator de forma, (c) a força necessária para acionar o êmbolo avante durante a extrusão no ponto do processo quando o comprimento remanescente do tarugo na câmara é igual a 400 mm, e (d) o comprimento da seção extrudada no final da operação se o volume do fundo deixado na câmara for igual a 600.000 mm³.

13.28 Em uma operação de extrusão direta, a seção transversal mostrada na Figura P13.24(d) é produzida a partir de um tarugo de alumínio cujo diâmetro é igual a 150 mm e comprimento igual a 900 mm. Os parâmetros da curva de escoamento do alumínio são $K = 240$ MPa e $n = 0,16$. Na equação de deformação de Johnson, $a = 0,8$ e $b = 1,5$. Determine (a) a razão de extrusão, (b) o fator de forma, (c) a força necessária para acionar o êmbolo avante durante a extrusão no ponto do processo quando o comprimento remanescente do tarugo na câmara é igual a 850 mm, e (d) o comprimento da seção extrudada no final da operação se o volume do fundo deixado na câmara for igual a 600.000 mm³.

13.29 Um arame em bobina tem diâmetro inicial de 2,5 mm. Ele é trefilado através de uma fieira com abertura de 2,1 mm. O ângulo de entrada da fieira é 18°. O coeficiente de atrito na interface metal-fieira é 0,08. O material tem o coeficiente de resistência igual a 450 MPa e o expoente de encruamento é igual a 0,26. A trefilação é realizada à temperatura ambiente. Determine (a) a redução de área, (b) a tensão de trefilação, e (c) a força de trefilação exigida na operação.

13.30 Uma barra de metal com diâmetro inicial de 0,50 in é trefilada através de uma fieira com ângulo de entrada de 13°. O diâmetro final da barra redonda é 0,375 in. O metal tem o coeficiente de resistência igual a 40.000 lbf/in² e o expoente de encruamento é igual a 0,20. O coeficiente de atrito na interface metal-fieira é 0,1. Determine (a) a redução de área, (b) a força de trefilação para a operação, e (c) potência para realizar a operação se a velocidade de saída do metal for igual a 2 ft/s.

13.31 Uma barra de metal de diâmetro inicial igual a 90 mm é trefilada com desbaste igual a 15 mm. A fieira tem ângulo de entrada igual a 18°, e o coeficiente de atrito na interface metal-fieira é igual a 0,08. O metal se comporta como um material perfeitamente plástico, com limite de escoamento igual a 105 MPa. Determine (a) a redução de área, (b) a força de trefilação para a operação, e (c) potência para realizar a operação se a velocidade de saída do metal for igual a 1,0 m/min.

13.32 Um arame de metal com diâmetro inicial de 0,125 in é trefilado através duas fieiras, cada uma com 0,20 de redução de área. O metal de partida tem coeficiente de resistência igual a 40.000 lbf/in² e expoente de encruamento igual a 0,15. Cada fieira tem ângulo de entrada de 12°, e o coeficiente de atrito na interface metal-fieira é estimado igual a 0,10. Cada um dos motores de acionamento dos cabestrantes nas saídas das fieiras pode fornecer 1,5 HP com 90% de rendimento. Determine a máxima velocidade possível do arame na saída da segunda fieira.

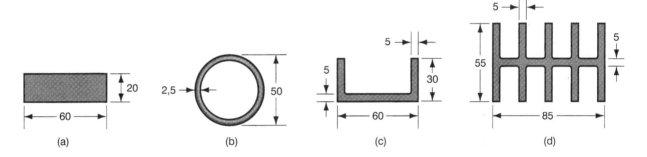

FIGURA P13.24 Formas das seções transversais para o Problema 13.24 (dimensões estão em mm): (a) barra retangular, (b) tubo, (c) perfil U, e (e) aletas de resfriamento. (Créditos: *Fundamentals of Modern Manufacturing*, 4ª Edição, Mikell P. Groover, 2010. Reimpresso com permissão de John Wiley & Sons, Inc.)

14 CONFORMAÇÃO DE CHAPAS METÁLICAS

Sumário

14.1 Operações de Corte
  14.1.1 Cisalhamento, Recorte e Puncionamento
  14.1.2 Análise do Corte de Chapas Metálicas
  14.1.3 Outras Operações de Corte de Chapas Metálicas

14.2 Operações de Dobramento
  14.2.1 Dobramento em V e Dobramento de Flange
  14.2.2 Análise do Dobramento
  14.2.3 Outras Operações de Dobramento e Conformação de Chapas Metálicas

14.3 Estampagem
  14.3.1 Mecânica da Estampagem
  14.3.2 Análise da Estampagem
  14.3.3 Outras Operações de Estampagem
  14.3.4 Defeitos de Estampagem

14.4 Outras Operações de Conformação de Chapas
  14.4.1 Operações Realizadas com Ferramental Rígido
  14.4.2 Operações Realizadas com Ferramental Elástico

14.5 Matrizes e Prensas Empregadas nos Processos de Conformação de Chapas
  14.5.1 Matrizes
  14.5.2 Prensas

14.6 Operações de Conformação de Chapas não Realizadas em Prensas
  14.6.1 Conformação por Estiramento
  14.6.2 Calandragem e Conformação de Chapas por Rolos
  14.6.3 Repuxo
  14.6.4 Conformação a Altas Taxas de Energia

O que é chamado "conformação de chapas metálicas", na verdade, engloba, além das operações de conformação realizadas em chapas relativamente finas de metal, as operações de corte por cisalhamento de chapas. As espessuras típicas de chapas metálicas estão entre 0,4 mm (1/64 in) e 6 mm (1/4 in). Quando a espessura excede cerca de 6 mm, esse produto metálico plano é em geral denominado chapa grossa. Esses metais, tanto em forma de chapas finas ou grossas, usados na conformação de chapas, são produzidos por laminação de planos (Seção 13.1.1). A chapa metálica comumente mais usada é a de aço baixo-carbono (0,06% a 0,15%C). O seu baixo custo e a boa conformabilidade, ajustados com resistência suficiente para a maior parte das aplicações, fazem dele uma matéria-prima ideal para esse processo de fabricação.

A importância comercial da conformação de chapas metálicas é significante. Considere o número de produtos de consumo e industriais que utilizam peças de chapas metálicas finas ou grossas: carrocerias de carros e caminhões, aviões, vagões ferroviários, locomotivas, equipamentos agrícolas e de construção, utensílios, material de escritório e muito mais. Embora esses exemplos sejam óbvios, porque têm exteriores em chapas metálicas, muitas das suas peças internas são também feitas de chapas finas ou grossas de metais. As peças de chapas metálicas são em geral caracterizadas pela elevada resistência, boa tolerância dimensional, bom acabamento superficial e custo relativamente baixo. Para componentes que devem ser feitos em grandes quantidades, operações econômicas que visam à produção em grande escala podem ser projetadas a fim de processar as peças. As latas de bebidas de alumínio são excelente exemplo.

O processamento de chapas metálicas é usualmente realizado à temperatura ambiente (trabalho a frio). As exceções são: quando o esboço é espesso, o metal é frágil, ou a deformação acumulada é muito elevada. Esses são usualmente casos nos quais se deve usar o trabalho a morno, no lugar da conformação a quente.

A maior parte das operações de chapas metálicas é realizada em máquinas-ferramentas chamadas **prensas**. O termo **prensa de estampar** é usado para distingui-las das prensas de forjamento e extrusão. O ferramental que realiza o trabalho de conformação de chapas é chamado **punção e matriz**; o termo **matriz de estampar** é também utilizado. Os produtos de chapas metálicas são chamados **estampos**. Para facilitar a produção em massa, a chapa metálica é frequentemente alimentada na prensa, na forma de longas tiras ou bobinas. Diversos tipos de ferramentais de punção-matriz e prensas de estampar são apresentados na Seção 14.5. As seções finais do capítulo apresentam várias operações que não utilizam o ferramental convencional punção-matriz, em que a maior parte delas não é realizada em prensas de estampar.

As três maiores categorias de processos de conformação de chapas são: (1) corte, (2) dobramento e (3) estampagem. O corte é usado para separar chapas grandes em peças menores, recortar perímetros das peças e puncionar furos nas peças. Dobramento e estampagem são usados para conformar peças de chapas metálicas nas suas formas desejadas.

14.1 OPERAÇÕES DE CORTE

O corte de chapas metálicas é realizado pela ação de cisalhamento entre dois gumes afiados de corte. Essa ação está ilustrada em quatro passos esquematizados na Figura 14.1, em que o gume superior de corte (o punção) se move para baixo além de um gume inferior estacionário (a matriz). À medida que o punção começa a operar no metal, ocorre a **deformação plástica** nas superfícies da chapa. À medida que o punção se move para baixo, ocorre a **penetração**, na qual o punção comprime a chapa e corta o metal. Essa zona de penetração é geralmente cerca de um terço da espessura da chapa. À medida que o punção continua a andar no metal, inicia-se a **fratura** na peça de trabalho, nos dois gumes de corte. Se a folga entre o punção e a matriz estiver adequada, as duas linhas da fratura se encontram, resultando na completa separação do metal em duas partes.

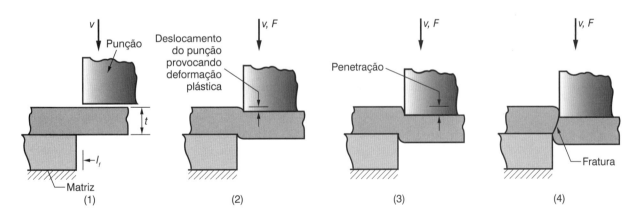

FIGURA 14.1 Cisalhamento de chapas metálicas entre dois gumes de corte: (1) antes do contato do punção com a peça de trabalho; (2) deformar plasticamente a superfície da peça; (3) o punção avança e penetra na chapa provocando uma região com grande deformação por cisalhamento; e (4) a fratura é iniciada nos lados opostos dos gumes de corte, que irão separar a chapa. Os símbolos v e F indicam o movimento e a força aplicada, respectivamente, t é a espessura do esboço, l_f é a folga. (Crédito: *Fundamentals of Modern Manufacturing*, 4ª Edição por Mikell P. Groover, 2010. Reimpresso com permissão de John Wiley & Sons, Inc.)

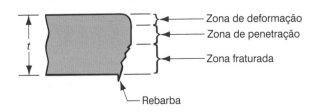

FIGURA 14.2 Zonas características do cisalhamento do metal de trabalho. (Crédito: *Fundamentals of Modern Manufacturing*, 4ª Edição por Mikell P. Groover, 2010. Reimpresso com permissão de John Wiley & Sons, Inc.)

As bordas cisalhadas da chapa têm aspectos característicos mostrados na Figura 14.2. No topo da superfície de corte, há uma região chamada *zona de deformação*. Ela corresponde à depressão feita pelo punção no metal antes do cisalhamento. É onde a deformação plástica inicial ocorre no metal. Logo abaixo da zona de deformação, pode-se observar uma região relativamente plana chamada *zona de penetração*, que é resultante da penetração do punção no metal, provocando grande deformação por cisalhamento, antes de iniciar a fratura. Abaixo da zona de penetração, está a *zona fraturada*, uma superfície relativamente rugosa na borda de corte em que o movimento contínuo de descida do punção provocou a fratura do metal. Por fim, no fundo da borda da chapa, está a *rebarba*, um canto vivo na borda decorrente do alongamento do metal durante a separação final das duas partes.

14.1.1 CISALHAMENTO, RECORTE E PUNCIONAMENTO

As três operações mais importantes em conformação de chapas que cortam o metal pela ação de cisalhamento, já descrita, são: o cisalhamento, o recorte e o puncionamento.

O *cisalhamento* é uma operação de corte de chapas metálicas ao longo de uma linha retilínea entre dois gumes de corte, como mostrado na Figura 14.3(a). O cisalhamento é de modo comum usado para cortar chapas grandes em seções menores para operações posteriores de conformação de chapas. É realizado em uma máquina chamada *guilhotina*, ou *tesoura de esquadriar*. A lâmina superior da guilhotina é usualmente inclinada, como mostrado na Figura 14.3(b), para reduzir a força necessária ao corte.

O *recorte* envolve o corte de uma chapa metálica ao longo de um contorno fechado em um único estágio para separar a peça do metal ao redor, como mostrado na Figura 14.4(a). A parte que é removida é o produto desejado na operação e é chamada *esboço*. O *puncionamento* é similar ao recorte, exceto que este produz um furo, e a peça separada é apara, chamada geratriz. O pedaço de metal remanescente é a peça desejada. A distinção entre as duas operações está ilustrada na Figura 14.4(b).

14.1.2 ANÁLISE DO CORTE DE CHAPAS METÁLICAS

Os parâmetros de processo no corte de chapas metálicas são: a folga entre o punção e a matriz, a espessura do esboço de partida, o tipo de metal e sua resistência mecânica, e o comprimento do corte. Vamos definir esses parâmetros e algumas das relações entre eles.

Folga A folga l_f em uma operação de corte é a distância entre o punção e a matriz, como mostrado na Figura 14.1(a). As folgas típicas em convencionais trabalhos de prensas variam entre 4% e 8% da espessura do metal t. A folga recomendada pode ser calculada pela seguinte equação:

$$l_f = a_f t \tag{14.1}$$

em que l_f é a folga, mm (in); a_f é a tolerância da folga; e t é a espessura do esboço, mm (in). A tolerância da folga é determinada de acordo com o tipo de metal. Por conveniência, os metais são classificados em três grupos listados na Tabela 14.1, com a correspondente tolerância para cada grupo.

Esses valores de folga calculados podem ser aplicados nas operações convencionais de recorte e puncionamento de furos para determinar os tamanhos apropriados do punção e matriz. A abertura da matriz deve sempre ser maior que o tamanho do punção (obviamente). Adicionar o valor de folga ao tamanho da matriz ou subtraí-lo do tamanho do punção depende se a peça a ser cortada é um esboço ou uma apara, como ilustrado na Figura 14.5 para uma peça circular. Por causa da geometria da aresta cisalhada, a dimensão externa da peça cortada a partir da chapa será maior que o tamanho do furo. Logo, os tamanhos de punção e matriz para um esboço circular de diâmetro D_p são determinados por:

FIGURA 14.3 Operação de cisalhamento: (a) vista lateral da operação de cisalhamento; (b) vista frontal guilhotina equipada com navalha inclinada superior de corte. O símbolo *v* indica o movimento (Crédito: *Fundamentals of Modern Manufacturing*, 4ª Edição por Mikell P. Groover, 2010. Reimpresso com permissão de John Wiley & Sons, Inc.)

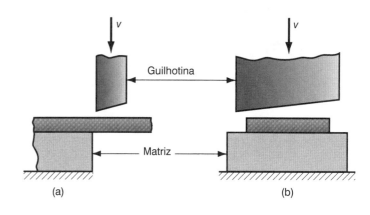

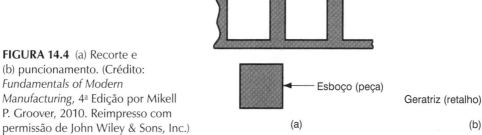

FIGURA 14.4 (a) Recorte e (b) puncionamento. (Crédito: *Fundamentals of Modern Manufacturing*, 4ª Edição por Mikell P. Groover, 2010. Reimpresso com permissão de John Wiley & Sons, Inc.)

$$\text{Diâmetro do punção de recorte} = D_p - 2_{l_f} \qquad (14.2a)$$

$$\text{Diâmetro da matriz de recorte} = D_p \qquad (14.2b)$$

Os tamanhos de punção e matriz para um furo de diâmetro D_f são determinados por:

$$\text{Diâmetro do punção} = D_f \qquad (14.3a)$$

$$\text{Diâmetro da matriz} = D_f + 2_{l_f} \qquad (14.3b)$$

Para que a apara ou o esboço sejam extraídos da matriz, a abertura da matriz deve ter um ***afastamento angular*** (vide Figura 14.6) de 0,25° a 1,5° em cada lado.

TABELA 14.1 Valores de tolerância da folga para três grupos de chapas metálicas	
Grupo de metais	**a_f**
Ligas de alumínio 1100S e 5052S, todos revenidos	0,045
Ligas de alumínio 2024ST e 6061ST; latões, todos revenidos; aços macios laminados a frio; aços macios inoxidáveis.	0,060
Aços laminados a frio, meio duro; aços inoxidáveis, meio duro e extraduro	0,075

Compilados de [3].

Forças de Corte   As estimativas da força de corte são importantes porque essa força determina o tamanho ("tonelagem") da prensa requerida. A força de corte *F* no trabalho de conformação de chapas pode ser determinada por

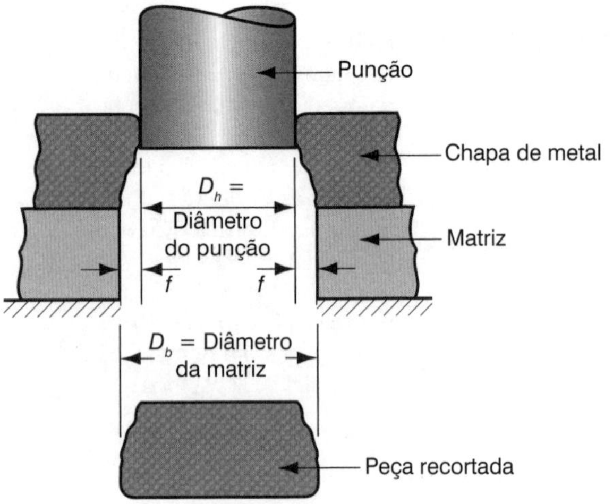

FIGURA 14.5 O tamanho da matriz define o diâmetro do esboço (peça) D_p; o tamanho do punção define o diâmetro do furo D_f; l_f é a folga. (Crédito: *Fundamentals of Modern Manufacturing*, 4ª Edição por Mikell P. Groover, 2010. Reimpresso com permissão de John Wiley & Sons, Inc.)

$$F = \tau_s tL \tag{14.4}$$

em que τ_s é a resistência ao cisalhamento da chapa metálica, MPa (lbf/in²); t é a espessura do metal de partida, mm (in), e L é o comprimento da aresta de corte, mm (in). Nas operações de recorte, puncionamento, abertura de ranhuras e em outras operações similares, L é o comprimento do perímetro do esboço ou furo a ser cortado. O pequeno efeito da folga na determinação do valor de L pode ser desprezado. Se a resistência ao cisalhamento for desconhecida, um método alternativo para estimativa da força de corte será o emprego do limite de resistência à tração:

$$F = 0,7(Su)tL \tag{14.5}$$

em que Su (Capítulo 3) é o limite de resistência à tração MPa (lbf/in²).

Essas equações para estimativa da força de corte assumem que todo o corte ao longo do comprimento L da aresta cisalhada é realizado ao mesmo tempo. Nesse caso, a força de corte será um máximo. É possível reduzir a força máxima pelo uso de uma aresta inclinada de corte no punção ou na matriz, como na Figura 14.3(b). O ângulo (chamado **ângulo de cisalhamento**) estende o corte no tempo e reduz a força necessária em qualquer instante.

Exemplo 14.1
Folga e Força no Recorte

Um disco de 150 mm de diâmetro deve ser recortado a partir de uma tira de 3,2 mm de aço laminado meio duro, cujo limite de cisalhamento é igual a 310 MPa. Determine (a) os diâmetros apropriados para o punção e matriz e (b) a força de corte.

Solução: (a) A partir da Tabela 14.1, a tolerância da folga para um aço laminado a frio, meio duro, é $A_f = 0,075$. Por conseguinte,

$$l_f = 0,075(3,2 \text{ mm}) = \textbf{0,24 mm}$$

O esboço deve ter um diâmetro igual a 150 mm, e o tamanho da matriz determina o tamanho do esboço. Portanto,

Diâmetro de abertura da matriz = **150,00 mm**
Diâmetro de punção = 150 − 2(0,24) = **149,52 mm**

(b) Para determinar a força de recorte, nós assumimos que todo o perímetro da peça é recortado ao mesmo tempo. O comprimento da aresta de corte é

$$L = \pi D_p = 150\pi = 471,2 \text{ mm}$$

e a força é

$$F = 310(471,2)(3,2) = \mathbf{467{,}469 \text{ N}}\,(\sim 53 \text{ tons})$$

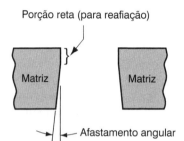

FIGURA 14.6 Afastamento angular. (Crédito: *Fundamentals of Modern Manufacturing*, 4ª Edição por Mikell P. Groover, 2010. Reimpresso com permissão de John Wiley & Sons, Inc.)

14.1.3 OUTRAS OPERAÇÕES DE CORTE DE CHAPAS METÁLICAS

Além das operações de cisalhamento, recorte e puncionamento, existem várias outras operações de corte de chapas. O mecanismo de corte em cada caso envolve a mesma ação de cisalhamento discutida anteriormente.

Corte de Tiras com e sem Aparas (*Cutoff* e *Parting*) O corte de tiras sem aparas é uma operação de cisalhamento na qual os esboços são separados a partir de uma tira metálica, por meio do corte em sequência dos lados opostos da peça, como mostrado na Figura 14.7(a). Uma nova peça é produzida a cada corte. As características dessa operação que as distinguem de uma operação convencional de cisalhamento são (1) as arestas de corte não são necessariamente retas, e (2) os esboços podem estar encaixados na tira de modo a evitar formação da apara ou retalho de corte.

O **corte de tiras com apara** é constituído de corte de uma tira de chapa metálica por meio da ação de um punção com duas arestas de corte, que se ajustam aos lados opostos do esboço, como mostrado na Figura 14.7(b). Isso pode ser necessário visto que o contorno da

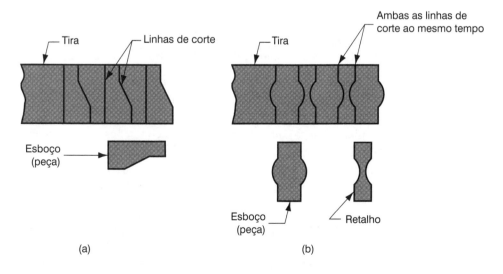

FIGURA 14.7 (a) Corte de tira sem apara e (b) corte de tira com apara. (Crédito: *Fundamentals of Modern Manufacturing*, 4ª Edição por Mikell P. Groover, 2010. Reimpresso com permissão de John Wiley & Sons, Inc.)

peça pode ter uma forma irregular que impeça o perfeito ajuste dos esboços na tira metálica. O corte de tiras com apara é menos eficiente que o sem aparas, pois resulta em desperdício de material.

Ranhuramento, Perfuração e Entalhamento O *ranhuramento* é um termo às vezes usado para uma operação de puncionamento que remove uma parte alongada ou um furo retangular, como ilustrado na Figura 14.8(a). A *perfuração* envolve o puncionamento simultâneo de um padrão de furos em uma chapa de metal, como na Figura 14.8(b). O padrão de furo é usualmente para fins decorativos, ou para permitir a passagem de luz, gás ou fluidos.

Para obter o contorno desejado de um esboço, porções de uma chapa metálica são com frequência removidas por entalhamento ou semientalhamento. O *entalhamento* envolve o corte de uma peça de metal a partir da lateral da chapa ou da tira. O *semientalhamento* remove uma porção do metal do interior da chapa. Essas operações estão ilustradas na Figura 14.8(c). O semientalhamento pode parecer, aos olhos do leitor, como uma operação de puncionamento ou ranhuramento. A diferença é que o metal removido pelo semientalhamento cria uma parte do contorno do esboço, enquanto, no puncionamento ou ranhuramento, criam buracos no esboço.

Aparamento O aparamento é uma operação de corte, realizada em uma peça conformada, para remover o excesso de metal e estabelecer dimensões desejadas. O termo tem o mesmo significado básico aqui que no forjamento (Seção 13.2.5). Um exemplo típico na estampagem de chapas é o aparamento da porção superior de um copo obtido por estampagem profunda para alcançar as dimensões finais do copo.

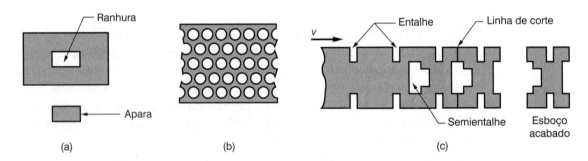

FIGURA 14.8 (a) Ranhuramento, (b) perfuração, (c) entalhamento e semientalhamento. O símbolo *v* indica o movimento da tira. (Crédito: *Fundamentals of Modern Manufacturing*, 4ª Edição por Mikell P. Groover, 2010. Reimpresso com permissão de John Wiley & Sons, Inc.)

14.2 OPERAÇÕES DE DOBRAMENTO

Dobramento em conformação de chapas é uma operação definida pela deformação do metal em torno de um eixo reto, como mostrado na Figura 14.9. Durante a operação de dobramento, o metal na parte interna do plano neutro está comprimido, enquanto o metal na parte externa do plano neutro está tracionado. Essas condições de deformação podem ser vistas na Figura 14.9(b). O metal é deformado plasticamente de modo que a curvatura recebe deformação constante após a remoção das tensões que provocaram o dobramento. O dobramento produz pequena ou nenhuma variação de espessura da chapa de metal.

14.2.1 DOBRAMENTO EM V E DOBRAMENTO DE FLANGE

As operações de dobramento são realizadas usando ferramental composto de punção e matriz. Os dois métodos usuais de dobramento e ferramental correspondentes são o dobramento em V, realizado com uma matriz com formato em V; e o dobramento de flange ou flangeamento, realizado com uma matriz de deslizamento. Esses métodos estão ilustrados na Figura 14.10.

FIGURA 14.9 (a) Dobramento de chapa de metal; (b) ocorrem ambas as deformações do metal por compressão e tração no dobramento. (Crédito: *Fundamentals of Modern Manufacturing*, 4ª Edição por Mikell P. Groover, 2010. Reimpresso com permissão de John Wiley & Sons, Inc.)

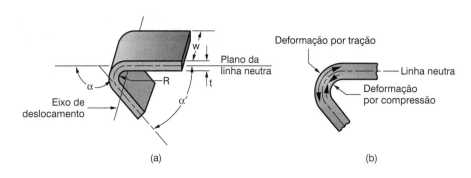

No ***dobramento em V***, a chapa é curvada entre um punção e uma matriz em forma de V. Ângulos de dobramento que variam de ângulos muito obtusos até ângulos muito agudos podem ser feitos com matrizes em V. O dobramento em V é em geral usado em operações de baixa produção. Ele é com frequência realizado em uma prensa viradeira mecânica (Seção 14.5.2), e as correspondentes matrizes em V são relativamente simples e de baixos custos.

O ***dobramento de flange*** ou ***flangeamento*** envolve um carregamento em balanço da chapa de metal. Uma almofada de pressão é usada para aplicar uma força de aperto F_m para manter a peça contra a matriz, enquanto o punção força a peça a escoar e dobrar-se em torno do raio de adoçamento da matriz. Na montagem mostrada na Figura 14.10(b), o dobramento de flange é limitado a curvaturas de 90º ou menores. Matrizes de deslizamento mais complexas podem ser projetadas para ângulos de dobramento maiores que 90º. Devido à almofada de pressão, as matrizes de deslizamento são mais complexas e custosas que as matrizes em V e são geralmente usadas para trabalhos de alta produção.

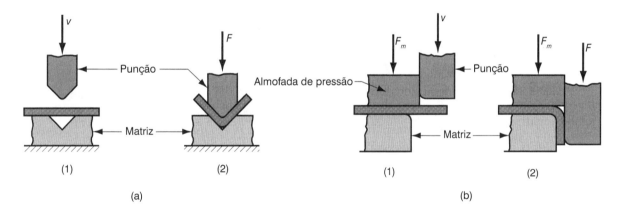

FIGURA 14.10 Dois métodos usuais de dobramento: (a) dobramento em V e (b) dobramento de flange; (1) antes e (2) depois do dobramento. Símbolos: v = movimento, F = força aplicada ao dobramento, F_h = força de aperto. (Crédito: *Fundamentals of Modern Manufacturing*, 4ª Edição por Mikell P. Groover, 2010. Reimpresso com permissão de John Wiley & Sons, Inc.)

14.2.2 ANÁLISE DO DOBRAMENTO

Alguns dos importantes termos no dobramento de chapas estão identificados na Figura 14.9. O metal de espessura t é dobrado através de um ângulo chamado ângulo de dobramento α. Isso resulta em uma peça de chapa metálica com um ângulo incluso de α', em que $\alpha + \alpha' = 180º$. O raio de curvatura R é normalmente especificado no interior da peça, em vez de no eixo neutro, e é determinado pelo raio do ferramental usado para realizar a operação. A curvatura é feita sobre a largura w da peça de trabalho.

Tolerância da Curvatura Se o raio de curvatura for pequeno com relação à espessura do esboço de partida, o metal tenderá a estirar durante o dobramento. É importante predizer a quantidade de estiramento que ocorre, caso haja algum, de modo que a peça final venha a corresponder com a dimensão final especificada. O problema é determinar o comprimento do eixo neutro antes do dobramento, para considerar o estiramento da seção final curvada. Esse comprimento é chamado *curvatura admissível*, e pode ser estimado por:

$$C_a = 2\pi \frac{\alpha}{360}(R + K_e t) \qquad (14.6)$$

em que C_a é a curvatura admissível, mm (in); α é o ângulo de curvatura, graus; R é o raio de curvatura, mm (in); t é a espessura do metal, mm (in); e K_e é um fator para estimar o estiramento. Os seguintes valores de projeto são recomendados para K_e [3]: se $R < 2t$, $K_e = 0{,}33$; e se $R \geq 2t$, $K_e = 0{,}50$. Os valores de K_e predizem que o estiramento ocorrerá somente se o raio de curvatura for pequeno comparado à espessura da chapa.

Retorno Elástico Quando a tensão de dobramento é removida ao final da operação de conformação, energia elástica fica armazenada na peça provocando nela uma parcial recuperação à sua forma inicial. Essa recuperação elástica é chamada *retorno elástico*, definido como aumento no ângulo incluso da peça curvada, relativo ao ângulo incluso da ferramenta de conformação, uma vez que o ferramental é removido. Isso é ilustrado na Figura 14.11 e expresso pela razão de retorno elástico:

$$r_{re} = \frac{\alpha' - \alpha'_b}{\alpha'_b} \qquad (14.7)$$

em que r_{re} razão de retorno elástico; α' é o ângulo incluso da peça de chapa metálica, graus, e α_b' é o ângulo incluso da ferramenta de dobramento, graus. Embora não seja muito óbvio, também ocorre aumento no raio de curvatura em razão da recuperação elástica. A quantidade de retorno elástico aumenta com o módulo de elasticidade E e o limite de escoamento Y do metal de trabalho.

A compensação para o retorno elástico pode ser obtida por vários métodos. Dois métodos usuais são o dobramento por excesso de curvatura e o dobramento de fundo. No *dobramento por excesso de curvatura*, o ângulo do punção e o raio são fabricados ligeiramente menores que o ângulo especificado na peça final, de modo que a chapa retorne elasticamente ao valor desejado. O *dobramento de fundo* envolve compressão da peça no fim do curso, deformando-a plasticamente na região do raio de curvatura.

Força de Dobramento A força requerida para realizar o dobramento depende das geometrias do punção e matriz, além da resistência, espessura e comprimento da chapa metálica. A força máxima de dobramento pode ser estimada por meio da seguinte equação:

$$F = \frac{K_d (Su) w t^2}{D} \qquad (14.8)$$

em que F é a força de dobramento, N (lbf); Su é o limite de resistência à tração do material da chapa, MPA (lbf/in^2); w é a largura de peça na direção do eixo de dobramento, mm (in); t é a espessura do metal, mm (in); e D é a dimensão de abertura da matriz conforme definido na Figura 14.12, mm (in). A Eq. (14.8) foi estabelecida com base na mecânica do dobramento de vigas simples, e K_d é uma constante que leva em consideração as diferenças encontradas no processo real de dobramento. O seu valor depende do tipo de dobramento: para dobramento em V, $K_d = 1{,}33$; e para dobramento de flange, $K_d = 0{,}33$.

FIGURA 14.11 Retorno elástico no dobramento em que está ilustrado decréscimo no ângulo de curvatura e aumento no raio de curvatura: (1) durante a operação, a peça é forçada a tomar o raio R_t e o ângulo incluso α_b' = determinado pela ferramenta de dobramento (punção no dobramento em V); (2) após a remoção do punção, a peça retorna elasticamente ao raio R e ângulo incluso α'. Símbolo F é a força aplicada de dobramento. (Crédito: *Fundamentals of Modern Manufacturing*, 4ª Edição por Mikell P. Groover, 2010. Reimpresso com permissão de John Wiley & Sons, Inc.)

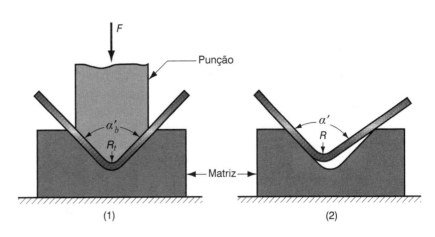

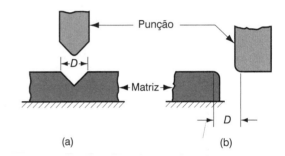

FIGURA 14.12 Dimensão da abertura de matriz D: (a) matriz em V e (b) matriz de deslizamento. (Crédito: *Fundamentals of Modern Manufacturing*, 4ª Edição por Mikell P. Groover, 2010. Reimpresso com permissão de John Wiley & Sons, Inc.)

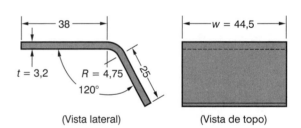

FIGURA 14.13 Peça de chapa do Exemplo 14.2. (Crédito: *Fundamentals of Modern Manufacturing*, 4ª Edição por Mikell P. Groover, 2010. Reimpresso com permissão de John Wiley & Sons, Inc.)

Exemplo 14.2 Dobramento de Chapa

Um esboço de chapa metálica deve ser dobrado conforme mostrado na Figura 14.13. O metal tem um módulo de elasticidade igual a 205.000 MPa, limite de escoamento igual a 275 MPa e limite de resistência igual a 450 MPa. Determine (a) o tamanho inicial do esboço e (b) a força de dobramento se uma matriz em V for usada com uma dimensão de abertura igual a 25 mm.

Solução: (a) O esboço de partida tem 44,5 de largura. Seu comprimento é igual a $38 + C_a + 25$ (mm). Para o ângulo incluso $\alpha' = 120°$, o ângulo de curvatura $\alpha = 60°$. O valor de K_e na Eq. (14.6) é igual a 0,33, visto que $R/t = 4{,}75/3{,}2 = 1{,}48$ (menor que 2,0).

$$C_a = 2\pi \frac{60}{360}(4{,}75 + 0{,}33 \times 3{,}2) = 6{,}08 \text{ mm}$$

O comprimento do esboço é, portanto, $38 + 6{,}08 + 25 = 69{,}08$ mm.
(b) A força é obtida a partir da Eq. (14.8) usando $K_d = 1{,}33$.

$$F = \frac{1{,}33(450)(44{,}5)(3{,}2)^2}{2{,}5} = 10.909 \text{ N}$$

14.2.3 OUTRAS OPERAÇÕES DE DOBRAMENTO E CONFORMAÇÃO DE CHAPAS METÁLICAS

Algumas operações de conformação de chapas envolvem dobramento sobre um eixo curvado em vez de um eixo reto, ou elas têm outras características que as diferenciam das operações de dobramento já descritas.

Flangeamento, Agrafamento, Recravação e Enrolamento O *flangeamento* é uma operação de dobramento na qual a borda de uma peça de chapa metálica é curvada a 90° (usualmente) para formar uma aba ou um flange. É com frequência usado para aumentar a resistência ou enrijecer a peça de chapa metálica. O flange pode ser conformado sobre um eixo reto, como na Figura 14.14 (a), ou pode envolver algum estiramento ou contração do metal, como em 14.14 (b) e 14.14 (c).

O *agrafamento* envolve o dobramento da borda da chapa sobre ela mesma, em mais de uma etapa de dobramento. Ele é frequentemente realizado para eliminar cantos vivos na peça, aumentar a rigidez e melhorar a aparência. A *recravação* é uma operação semelhante na qual duas bordas de chapas metálicas são unidas. O *agrafamento* e a *recravação* estão ilustrados nas Figuras 14.15(a) e 14.15(b).

O *enrolamento*, também chamado *reviramento*, tem por objetivo curvar as bordas de uma peça. Como no agrafamento, é realizado para fins de segurança, resistência e estética. Exemplos de produtos nos quais o enrolamento é usado incluem dobradiças, recipientes e panelas, bem como caixas de relógios de bolso. Esses exemplos mostram que o reviramento pode ser realizado sobre eixos de dobramento retos ou curvos.

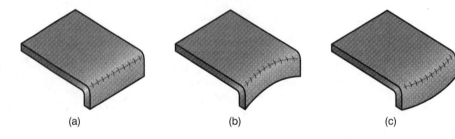

FIGURA 14.14 Flangeamento: (a) flangeamento reto, (b) flangeamento com estiramento, (c) flangeamento com retração. (Crédito: *Fundamentals of Modern Manufacturing*, 4ª Edição por Mikell P. Groover, 2010. Reimpresso com permissão de John Wiley & Sons, Inc.)

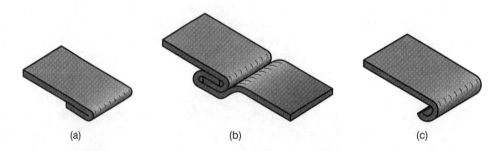

FIGURA 14.15 (a) Agrafamento, (b) recravação e (c) enrolamento. (Crédito: *Fundamentals of Modern Manufacturing*, 4ª Edição por Mikell P. Groover, 2010. Reimpresso com permissão de John Wiley & Sons, Inc.)

14.3 ESTAMPAGEM

A estampagem é uma operação de conformação de chapas usada para produzir peças na forma de copos, caixas ou outras formas complexas curvadas e côncavas. Ela é realizada pelo posicionamento de uma peça de chapa metálica sobre a cavidade de uma matriz e, então, empurrando-a em direção à abertura com um punção, como na Figura 14.16. O esboço metálico deve usualmente ser fixado para baixo, contra a matriz, por meio da ação de um prensa-chapas. As peças comumente fabricadas por estampagem incluem latas de bebidas, cápsulas de munição, pias, panelas de cozinha, e painéis externos de automóveis.

14.3.1 MECÂNICA DA ESTAMPAGEM

A conformação de uma peça na forma de um copo é a operação básica de estampagem, com dimensões e parâmetros ilustrados na Figura 14.16. Um esboço de diâmetro D_e é estampado na cavidade de uma matriz por meio da ação de um punção com diâmetro D_p. O punção e a matriz devem ter raios de adoçamento, definidos por R_p e R_m. Se o punção e a matriz tiverem cantos vivos (R_p e $R_m = 0$), uma operação de puncionamento de furo (e não seria uma operação muito boa) seria realizada no lugar de uma operação de estampagem. Os lados do punção e da matriz são separados por uma folga l_f. Essa folga na estampagem é cerca de 10% maior que a espessura do esboço de partida:

$$l_f = 1,1t \qquad (14.9)$$

O punção move-se para baixo e aplica uma força F para realizar a conformação do metal, e uma força de aperto F_m é aplicada pelo prensa-chapas, como mostrado no esquema.

À medida que o punção desce em direção à sua posição final, a peça de trabalho experimenta uma sequência complexa de tensões e deformações quando esta é gradualmente conformada na forma definida pelo punção e pela cavidade da matriz. Os estágios no processo de deformação estão ilustrados na Figura 14.17. À medida que o punção começa a empurrar a peça de trabalho, o esboço é submetido a uma operação de **dobramento**. A chapa é somente curvada sobre os raios de adoçamento do punção e da matriz, como na Figura 14.17(2). O perímetro externo do esboço move-se em direção do centro neste primeiro estágio, porém muito pouco.

Logo que o punção continua a descer, uma ação de **endireitamento** ocorre no esboço que foi previamente curvado sobre o raio da matriz, como mostra a Figura 14.17(3). O metal no fundo do copo, assim como ao longo do raio do punção, foi movido para baixo com o punção. O metal que foi curvado sobre o raio da matriz, porém, deve, agora, ser endireitado a fim de ser puxado através da folga e formar a parede cilíndrica do copo. Ao mesmo tempo, mais metal deve ser adicionado para substituir aquele empregado na parede do copo. Este novo metal vem da borda externa do esboço. O metal nas porções externas do esboço é puxado em direção à abertura da matriz para reabastecer o metal previamente curvado e endireitado, que, agora, dá forma à parede cilíndrica.

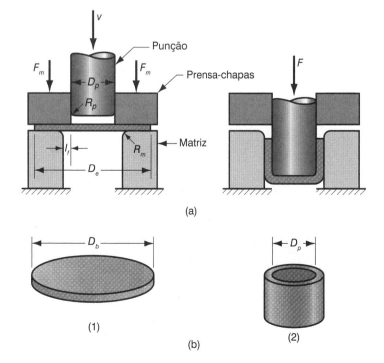

FIGURA 14.16 (a) Estampagem de uma peça na forma de um copo: (1) início da operação antes que o punção entre em contato com a peça de trabalho e (2) próximo ao fim de curso do punção; e (b) peças de trabalhos correspondentes: (1) esboço de partida e (2) peça estampada. Símbolos: l_f = folga, D_e = diâmetro do esboço, D_p = diâmetro do punção, R_m = raio de adoçamento da matriz, R_p = raio de adoçamento do punção, F = força de estampagem, F_m = força de aperto do prensa-chapas. (Crédito: *Fundamentals of Modern Manufacturing*, 4ª Edição por Mikell P. Groover, 2010. Reimpresso com permissão de John Wiley & Sons, Inc.)

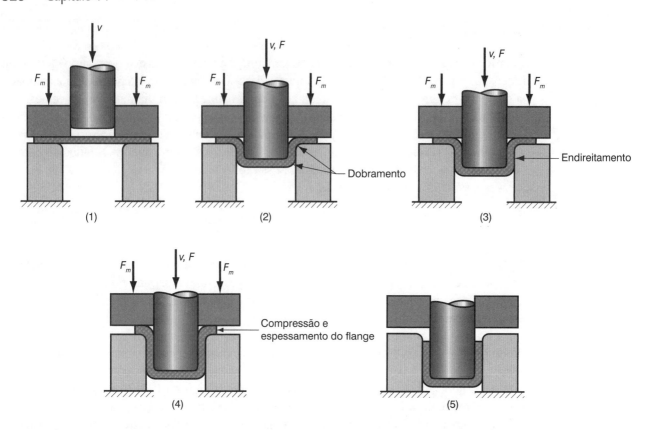

FIGURA 14.17 Estágios de deformação da peça de trabalho na estampagem profunda: (1) o punção pouco antes do contato com a peça de trabalho, (2) dobramento, (3) endireitamento, (4) atrito e compressão e (5) copo final com indicação dos efeitos de afinamento nas paredes do estampo. Símbolos: v = movimento do punção, F = força do punção, F_m = força de aperto do prensa-chapas. (Crédito: *Fundamentals of Modern Manufacturing*, 4ª Edição por Mikell P. Groover, 2010. Reimpresso com permissão de John Wiley & Sons, Inc.)

Durante esse estágio do processo, o atrito e a compressão exercem papéis importantes no flange do esboço. Para que o material no flange se mova em direção à abertura da matriz, é preciso vencer o *atrito* entre a chapa e as superfícies do prensa-chapas e da matriz. No início, predomina a condição de atrito estático, até que o metal começa a deslizar; então, uma vez iniciado o escoamento do metal, o processo fica controlado por uma condição de atrito dinâmico. A intensidade da força de aperto aplicada ao prensa-chapas e as condições de atrito nas duas interfaces de contato são fatores determinantes quanto ao êxito desses aspectos tribológicos na operação de estampagem. Lubrificantes ou misturas são geralmente usados para reduzir as forças de atrito. Além do atrito, a *compressão* na direção circunferencial também ocorre na extremidade da borda do flange do esboço. À medida que o metal nessa região do esboço é puxado em direção ao centro, o perímetro externo do flange torna-se menor. Visto que o volume do metal se mantém constante durante a deformação plástica, a espessura do esboço no flange é comprimida na direção circunferencial e torna-se mais espessa com a redução do seu perímetro externo. Isto sempre resulta em enrugamento na porção do esboço remanescente no flange, sobretudo quando se conforma chapas finas, ou a força do prensa-chapas é muito baixa. Essa é uma condição que não pode ser mais corrigida, uma vez que ocorreu enrugamento. Os efeitos de atrito e compressão estão ilustrados na Figura 14.17(4).

A força de aperto aplicada pelo prensa-chapas é agora vista como um fator crítico na estampagem profunda. Se ela for muito baixa, ocorrerá o enrugamento. Se ela for muito alta, impedirá que o metal escoe de forma adequada em direção à abertura da matriz, resultando em estiramento e possivelmente em rasgamento da chapa metálica. A determinação apropriada da força de aperto envolve cuidadoso balanço desses fatores conflitantes.

O movimento progressivo de descida do punção resulta em escoamento contínuo do metal causado pela estampagem e compressão do esboço. Ademais, ocorre *afinamento* da parede do copo, como mostrado na Figura 14.17(5). Na operação de estampagem, força sendo aplicada pelo punção se opõe à deformação plástica do metal do esboço e ao atrito deste com as interfaces de contato. Uma parcela da deformação inclui o estiramento e o afinamento do metal assim que ele é puxado através da abertura da matriz. Até 25% de afinamento pode ocorrer na parede lateral do estampo, em uma operação de estampagem realizada com êxito, a maior parte próxima ao fundo do copo.

14.3.2 ANÁLISE DA ESTAMPAGEM

É importante dispor do conhecimento das limitações da quantidade de deformação que pode ser realizada em uma operação de estampagem. Isto é sempre auxiliado por medidas básicas, que podem ser facilmente calculadas para uma dada operação. Ademais, as forças de estampagem e as forças do prensa-chapas são importantes variáveis de processo. Enfim, o tamanho de partida do esboço deve ser igualmente determinado.

Medidas de Estampagem Uma das medidas de severidade de uma operação de estampagem profunda é a ***razão-limite de estampagem*** r_{le}. Ela é definida de forma mais fácil para uma forma cilíndrica como a razão entre o diâmetro do esboço D_e e o diâmetro do punção D_p. Na forma de equação, espessura do esboço de partida:

$$r_{le} = \frac{D_e}{D_p} \qquad (14.10)$$

A razão-limite de estampagem fornece uma indicação, embora uma aproximação grosseira, da severidade de uma dada operação de estampagem. Maior é essa razão, sem que ocorram defeitos no estampo (vide Seção 14.3.4), mais severa é a operação. Um valor aproximado para o limite superior da razão-limite de estampagem r_{le} é igual 2,0. O valor-limite real para uma dada operação depende dos raios de adoçamento do punção e da matriz (R_p e R_m), condições de atrito, profundidade do estampo e características do metal do esboço (por exemplo, ductilidade, grau de direcionalidade de propriedades de resistência no metal).

Outro modo de caracterizar uma determinada operação de estampagem é pela ***redução*** r, em que espessura do esboço de partida:

$$r = \frac{D_e - D_p}{D_e} \qquad (14.11)$$

A qual se relaciona com a razão de estampagem. Em concordância com o valor-limite da r_{le} ($r_{le} \leq 2,0$), o valor da redução r deve ser menor que 0,50.

Uma terceira medida na estampagem profunda é a ***razão espessura-diâmetro*** t/D_e (espessura do esboço de partida t dividida pelo diâmetro do esboço D_e). Usualmente expressa em porcentagem, é desejável que a razão t/D_e seja maior que 1%. Assim que t/D_e decresce, a tendência de ocorrer enrugamento (Seção 14.3.4) aumenta.

Nos casos em que esses limites da razão de estampagem, redução e razão t/D_e são excedidos no projeto de uma peça estampada, o esboço deve ser conformado em dois ou mais estágios, às vezes com recozimento entre os estágios.

Exemplo 14.3 Estampagem de Copo

Uma operação de estampagem é usada para conformar um copo cilíndrico com diâmetro interno igual a 75 mm e altura igual a 50 mm. O esboço de partida tem diâmetro de 138 mm e espessura inicial de 2,4 mm. Com bases nesses dados, a operação pode ser realizada?

Solução: Para acessar a facilidade de execução, nós determinamos a razão de estampagem e a razão espessura-diâmetro.

$$r_{le} = 138/75 = 1,84$$
$$r = (138-75)/138 = 0,457 = 45,7\%$$
$$t/D_e = 2,4/138 = 0,017 = 1,7\%$$

De acordo com essas medidas, a operação pode ser realizada. A razão-limite de estampagem é menor que 2,0, a redução é menor que 50% e a razão t/D_e é maior que 1%. Essas recomendações gerais são frequentemente usadas para indicar a viabilidade técnica. ∎

Forças A *força de estampagem* necessária para realizar uma determinada operação pode ser aproximada pela seguinte equação:

$$F = \pi D_e t (Su) \left(\frac{D_e}{D_p} - 0,7 \right) \tag{14.12}$$

em que F é a força de estampagem, N (lbf); t é a espessura inicial do esboço, mm (in); Su é o limite de resistência à tração, MPa (lbf/in²); e D_e e D_p são os diâmetros de partida do esboço e do punção, respectivamente, mm (in). A constante 0,7 é um fator de correção para levar em conta os efeitos de atrito. A Eq. 14.12 estima a força máxima na operação. A força de estampagem varia ao longo do movimento de descida do punção, usualmente atingindo valor máximo em cerca de 1/3 do seu curso.

A *força de aperto* é fator importante em uma operação de estampagem. Como uma aproximação grosseira, a pressão de aperto pode ser considerada igual a 0,015 do limite de escoamento do material de chapa [8]. Esse valor é então multiplicado pela porção de área do esboço de partida, que deve ser mantida pelo prensa-chapas. Na forma de equação, espessura do esboço de partida:

$$F_m = 0,015 S_e \pi D_e^2 - \left(D_p + 2,2t + 2R_m \right)^2 \tag{14.13}$$

em que F_m é a força de aperto na estampagem, N (lbf); S_e é o limite de escoamento do material da chapa, MPa (lbf/in²); t é a espessura inicial do esboço, mm (in); R_m é o raio de adoçamento da matriz, mm (in), e os outros termos já foram definidos. A força de aperto é usualmente cerca de 1/3 da força de estampagem [10].

Exemplo 14.4
Forças na Estampagem

Para a operação do Exemplo 14.3, determine (a) a força de estampagem e (b) a força de aperto, conhecidos os valores do limite de resistência à tração = 300 MPa, e o limite de escoamento = 175 MPa do material da chapa (aço baixo-carbono). O raio de adoçamento da matriz é igual a 6 mm.

Solução: (a) A força máxima de estampagem é dada pela Eq. (14.12):

$$F = \pi (75)(2,4)(300)\left(\frac{138}{75} - 0,7 \right) = 193.396 \text{ N}$$

(b) A força de aperto é estimada pela Eq. (14.13):

$$F_m = 0,015(175)\pi\left(138^2 - (75 + 2,2 \times 2,4 + 2 \times 6)^2 \right) = 86.824 \text{ N}$$

∎

Determinação do Tamanho do Esboço Para obtenção das dimensões finais do estampo de forma cilíndrica, é necessário o diâmetro correto do esboço de partida. Ele deve ser grande o suficiente para fornecer material necessário às dimensões desejadas do copo. Ainda, se existe material em excesso, a operação resultará na criação de sucata desnecessária. Para outras formas de estampos diferentes de copos cilíndricos, existe o mesmo problema de estimativa do tamanho do esboço de partida, porém somente a forma do esboço pode ser outra, que não a circular.

O seguinte método é aceitável para estimar o diâmetro do esboço de partida em uma operação de estampagem profunda que produz uma peça cilíndrica (por exemplo, um copo e formas mais complexas desde que possuam simetria axial). Considerando que o volume do produto final é o mesmo que o volume do esboço metálico de partida, então o diâmetro do esboço pode ser calculado a partir da igualdade entre o volume do esboço de partida e o volume final do produto para obter como solução o diâmetro D_e. Para facilitar os cálculos, assume-se frequentemente que ocorre um afinamento desprezível de espessura na parede do estampo.

14.3.3 OUTRAS OPERAÇÕES DE ESTAMPAGEM

Nossa discussão teve foco em uma operação convencional de estampagem de copo, que produz uma forma cilíndrica simples em um único estágio e usa o prensa-chapas para facilitar o processo. Vamos considerar algumas variações dessa operação básica.

Reestampagem Se a mudança desejada de forma pelo projeto da peça for muito severa (razão de estampagem muito alta), a conformação completa da peça poderá ser realizada em mais de um estágio de estampagem. O segundo estágio de estampagem, e qualquer outro estágio de estampagem que for necessário, recebe a denominação ***reestampagem***, ilustrada na Figura 14.18.

Uma operação semelhante é a ***estampagem reversa***, na qual uma peça estampada é posicionada com a face interna para baixo, de modo que a segunda operação de estampagem produza uma configuração como mostrada na Figura 14.19. Embora possa parecer que a estampagem reversa produziria uma deformação mais severa que a reestampagem, na verdade é mais fácil para o metal. A razão é que o esboço metálico na estampagem reversa é curvado na mesma direção nas partes externa e interna dos raios de adoçamento da matriz; enquanto, na reestampagem, o metal é curvado nas direções opostas nos dois raios de adoçamento. Por causa dessa diferença, o esboço experimenta menor encruamento na estampagem reversa, e a força de estampagem é inferior.

Estampagem de Outras Formas Muitos produtos necessitam de formas diferentes de copos cilíndricos. A variedade de formas de estampos inclui caixas quadradas e retangulares (como as pias), copos escalonados, cones, copos com fundos esféricos no lugar de planos, e formas curvadas irregulares. Cada uma dessas formas apresenta problemas técnicos singulares de estampagem. Eary e Reed [2] fornecem uma discussão detalhada da estampagem desses tipos de formas.

FIGURA 14.18 Reestampagem de um copo: (1) início da reestampagem e (2) fim do curso. Símbolos: v = velocidade do punção, F = força aplicada ao punção, F_m = força aplicada ao prensa-chapas. (Crédito: *Fundamentals of Modern Manufacturing*, 4ª Edição por Mikell P. Groover, 2010. Reimpresso com permissão de John Wiley & Sons, Inc.)

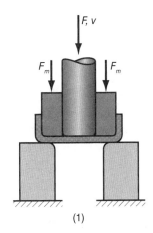
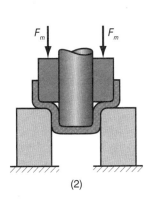

FIGURA 14.19 Estampagem reversa: (1) início e (2) finalização. Símbolos: v = velocidade do punção, F = força aplicada ao punção, F_m = força aplicada ao prensa-chapas. (Crédito: *Fundamentals of Modern Manufacturing*, 4ª Edição por Mikell P. Groover, 2010. Reimpresso com permissão de John Wiley & Sons, Inc.)

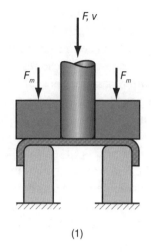
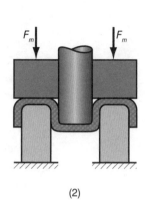

(1)   (2)

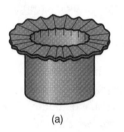

(a)   (b)   (c)   (d)   (e)

FIGURA 14.20 Defeitos comuns em peças estampadas: (a) enrugamento pode ocorrer tanto no flange ou (b) na parede, (c) rasgamento, (d) orelhamento e (e) riscos na superfície. (Crédito: *Fundamentals of Modern Manufacturing*, 4ª Edição por Mikell P. Groover, 2010. Reimpresso com permissão de John Wiley & Sons, Inc.)

14.3.4 DEFEITOS DE ESTAMPAGEM

A estampagem de chapas metálicas é uma operação mais complexa que o corte ou o dobramento, e mais coisas podem dar errado. Diversos defeitos podem ocorrer em um produto estampado, alguns dos quais nós já fizemos alusão. Segundo uma lista de defeitos comuns, com os aspectos esquematizados na Figura 14.20:

(a) **Enrugamento no flange.** O enrugamento em uma peça estampada consiste em uma série de rugas, que se formam radialmente no flange não estampado da peça de trabalho devido a tensões compressivas que conduzem à instabilidade.

(b) **Enrugamento na parede.** Se e quando um flange enrugado for estampado em um copo, essas rugas aparecerão na parede vertical do copo.

(c) **Rasgamento.** O rasgamento é uma trinca aberta na parede vertical, usualmente próximo ao fundo do copo estampado, devido a elevadas tensões trativas que causam afinamento e fratura do metal nessa região. Esse tipo de falha poderá também ocorrer quando o metal for puxado sobre um canto vivo da matriz.

(d) **Orelhamento.** É a formação de irregularidades (chamadas *orelhas*) na borda superior de um copo obtido por estampagem profunda, provocadas pela anisotropia plástica da chapa metálica. Se o material da chapa for perfeitamente isotrópico, não ocorrerá a formação de orelhas.

(e) **Riscos nas superfícies.** Riscos ou arranhões superficiais poderão ocorrer no estampo se o punção e a matriz não forem lisos ou se a lubrificação for insuficiente.

14.4 OUTRAS OPERAÇÕES DE CONFORMAÇÃO DE CHAPAS

Além do dobramento e da estampagem, muitas outras operações de conformação de chapas podem ser realizadas em prensas convencionais. Nós as classificamos como (1) operações realizadas com ferramental rígido e (2) operações realizadas com ferramental elástico.

14.4.1 OPERAÇÕES REALIZADAS COM FERRAMENTAL RÍGIDO

Operações realizadas com ferramental rígido incluem (1) a estampagem com estiramento de parede, (2) a cunhagem e estampagem em relevo, (3) corte e estampagem para fabricar ressaltos na chapa (*lancing*) e (4) torcimento.

Estampagem com Estiramento de Parede Na estampagem profunda, o flange é comprimido pela ação do movimento radial do esboço em direção à abertura da matriz. Devido a essa compressão, a região próxima à borda livre do esboço fica mais espessa à medida que o esboço metálico é empurrado para baixo pela ação do punção. Se a espessura do esboço nessa região for maior que a folga entre o punção e a matriz, ela será comprimida ao tamanho dessa folga, processo conhecido como ***estampagem com estiramento de parede***.

Às vezes, o estiramento de parede é conduzido em uma etapa posterior à estampagem. Este caso está ilustrado na Figura 14.21. O estiramento fornece um copo cilíndrico com espessura de parede mais uniforme. A peça conformada é, portanto, mais longa e eficiente com relação ao aproveitamento de material. Latas de bebidas e cartuchos de artilharia — dois itens de alta taxa de produção — empregam a estampagem com estiramento de parede dentre as suas etapas de processamento que visam ao uso econômico de material.

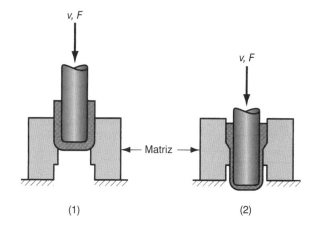

FIGURA 14.21 Processo de estampagem com estiramento de parede em um copo cilíndrico: (1) início do processo; (2) durante a conformação. Observe o afinamento e o alongamento das paredes do copo. Os símbolos F e v denotam o movimento e a força aplicada, respectivamente. (Crédito: *Fundamentals of Modern Manufacturing*, 4ª Edição por Mikell P. Groover, 2010. Reimpresso com permissão de John Wiley & Sons, Inc.)

Cunhagem e Estampagem em Relevo A cunhagem é um processo de deformação volumétrica discutido no capítulo anterior. É frequentemente usado em trabalhos de chapas metálicas para conformar mossas e seções com ressaltos na peça. As mossas conduzem ao afinamento da chapa de metal, e os ressaltos ao espessamento do metal.

Estampagem em Relevo é uma operação de conformação usada para criar mossas na chapa, tais como inscrições em relevo ou nervuras de enrijecimento, como ilustrado na Figura 14.22. O processo envolve estiramento e afinamento da chapa metálica. Pode-se assemelhar à cunhagem. Porém, as matrizes de estampagem em relevo possuem cavidades com contornos positivo e negativo, o punção contém o contorno positivo, e a matriz o contorno negativo; enquanto as matrizes de cunhagem podem ter cavidades muito diferentes nas duas partes, provocando assim uma deformação mais importante que a estampagem em relevo.

FIGURA 14.22 Gravação em relevo: (a) seção transversal da configuração do punção e matriz durante a prensagem; (b) peça acabada com os frisos em relevo. (Crédito: *Fundamentals of Modern Manufacturing*, 4ª Edição por Mikell P. Groover, 2010. Reimpresso com permissão de John Wiley & Sons, Inc.)

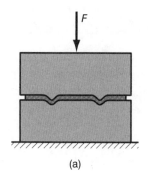

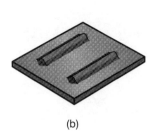

(a)   (b)

Corte e Estampagem para Fabricar Ressaltos Uma operação combinada de corte e dobramento ou corte e conformação, realizada num único estágio, para separar parcialmente o metal da chapa. Alguns exemplos são mostrados na Figura 14.23. Entre outras aplicações, é usada para produzir persianas em chapas metálicas para sistemas de aquecimento e ar-condicionado em construções.

Torcimento Trata-se de uma operação que submete a chapa metálica a um carregamento de torção no lugar de um dobramento, causando, portanto, uma torção na chapa em torno do seu comprimento. Esse tipo de operação tem aplicações muito restritas. É usado para produzir peças como pás de ventiladores e pás de hélices. Pode ser realizado em ferramentas convencionais compostas de punção e matriz, que são projetadas para deformar a peça na forma desejada.

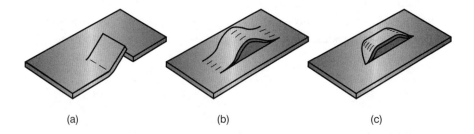

(a)   (b)   (c)

FIGURA 14.23 Corte e estampagem para fabricar ressaltos: (a) etapas de corte e dobramento; (b) e (c) dois tipos de corte e conformação. (Crédito: *Fundamentals of Modern Manufacturing*, 4ª Edição por Mikell P. Groover, 2010. Reimpresso com permissão de John Wiley & Sons, Inc.)

14.4.2 OPERAÇÕES REALIZADAS COM FERRAMENTAL ELÁSTICO

As duas operações aqui discutidas são realizadas em prensas convencionais, porém o ferramental é incomum, uma vez que usa um elemento flexível (uma borracha ou um elastômero similar) para efetuar a operação de conformação. As operações são (1) o processo Guerin e (2) a hidroconformação.

Processo Guerin Ele usa uma almofada espessa de borracha (ou outro material flexível) para conformar a chapa sobre um bloco de forma positiva, como mostrado na Figura 14.24. A almofada de borracha é confinada em um contêiner de aço. Quando o pistão desce, a borracha envolve gradualmente a chapa, aplicando uma pressão para deformá-la na forma do bloco de moldar. Esse processo é limitado a formas relativamente rasas, pois as pressões desenvolvidas pela borracha — até cerca de 10 MPa (1.500 lbf/in^2) — não são suficientes para evitar o enrugamento em peças mais profundas.

A vantagem do processo Guerin é o custo relativamente baixo do ferramental. O bloco de moldar pode ser feito de madeira, plástico, ou outros materiais fáceis de dar forma, e a almofada de borracha pode ser usada com diferentes moldes de conformação. Esses fatores

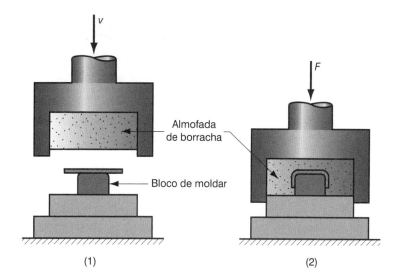

FIGURA 14.24 Processo Guerin: (1) antes e (2) depois. Os símbolos *v* e *F* indicam a velocidade e a força aplicada, respectivamente. (Crédito: *Fundamentals of Modern Manufacturing*, 4ª Edição por Mikell P. Groover, 2010. Reimpresso com permissão de John Wiley & Sons, Inc.)

tornam a conformação por elastômeros viável para a produção em pequena escala, tal como na indústria aeronáutica, em que o processo foi desenvolvido.

Hidroconformação Ela é similar ao processo Guerin; a diferença é que emprega um diafragma de borracha pressionado com fluido hidráulico no lugar de uma almofada espessa de elastômero, como ilustrado na Figura 14.25. Isto possibilita que a pressão que conforma a peça seja aumentada — para cerca de 100 MPa (15.000 lbf/in^2) —, prevenindo, portanto, o enrugamento em peças conformadas com maiores profundidades. Na verdade, estampos mais profundos podem ser obtidos com o processo de hidroconformação em comparação à estampagem profunda convencional. Isso ocorre porque a pressão uniforme na hidroconformação força o esboço de trabalho a ter contato com o punção ao longo de todo o seu comprimento, aumentando assim o atrito e reduzindo as tensões de tração que causam rasgamento no fundo do copo estampado.

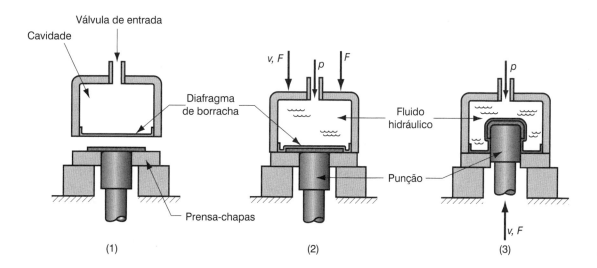

FIGURA 14.25 Processo de hidroconformação: (1) início, sem fluido na cavidade; (2) a prensa fechada, e cavidade pressurizada com fluido hidráulico; (3) punção pressionado contra o esboço de trabalho para conformar a peça. Símbolos *v* = velocidade, *F* = força aplicada, *p* = pressão hidráulica. (Crédito: *Fundamentals of Modern Manufacturing*, 4ª Edição por Mikell P. Groover, 2010. Reimpresso com permissão de John Wiley & Sons, Inc.)

14.5 MATRIZES E PRENSAS EMPREGADAS NOS PROCESSOS DE CONFORMAÇÃO DE CHAPAS

Nesta seção, são examinados o ferramental de conformação de chapas, constituído de punção e matriz, e os equipamentos de produção usados nos processos convencionais de conformação de chapas.

14.5.1 MATRIZES

Quase todas as operações anteriores de trabalhos em prensas são realizadas com ferramental convencional de punção e matriz. O ferramental é denominado uma ***matriz***. Ele é projetado sob medida para uma dada peça ser produzida. O termo ***matriz de estampar*** é, às vezes, usado para matrizes de alta produção. Os materiais típicos para as matrizes de estampar são os aços-ferramenta (Seção 2.1.1).

Componentes de uma Matriz de Estampar Os componentes de uma matriz de estampar, para realizar uma operação simples de recorte de chapas, estão ilustrados na Figura 14.26. Os componentes de trabalho são o ***punção*** e a ***matriz***, os quais realizam a operação de corte. Eles são fixados nas porções superior e inferior do ***conjunto da matriz de estampar***, chamados respectivamente ***suporte do punção*** (ou ***sapata superior***) e ***suporte da matriz*** (ou ***sapata inferior***). O conjunto inclui, ainda, os pinos-guia e buchas para assegurar o alinhamento adequado entre o punção e a matriz durante a operação de estampagem. O suporte da matriz é fixado na base da prensa, e o suporte do punção é fixado no pistão hidráulico da prensa. A atuação do pistão realiza a operação da prensa de trabalho.

Além desses componentes, uma matriz usada para recorte ou puncionamento de furos deve ter um meio de prevenção para evitar que a chapa metálica fique presa ao punção quando este for removido para cima, ao término da operação. O furo recém-criado no metal tem a mesma dimensão que o diâmetro do punção, o que tende a aderir ao punção durante seu afastamento. O dispositivo na matriz que desmonta a chapa metálica do punção é chamado ***ejetor***. Ele é em geral uma placa simples fixada na matriz, como na Figura 14.26, com um furo ligeiramente maior que o diâmetro do punção.

Em matrizes que processam tiras e bobinas de chapas metálicas, é necessário um dispositivo para deter a chapa metálica à medida que ela avança através da matriz entre os ciclos da prensa. Esse dispositivo é chamado ***batente***. Os batentes variam desde pinos sólidos situados na trajetória da tira para bloquear o seu movimento a ré, até mecanismos sincronizados mais complexos para subir e retrair com a atuação da prensa. O batente mais simples é mostrado na Figura 14.26.

Existem outros componentes em matrizes de estampar, porém a descrição precedente fornece uma introdução à terminologia empregada em prensas de trabalho usadas para a conformação de chapas.

Tipos de Matrizes de Estampar Além das diferenças nas matrizes de estampar relacionadas às realizações de suas operações (por exemplo, corte, dobramento, estampagem), outras diferenças dizem respeito ao número de operações isoladas a serem conduzidas em cada atuação da prensa e como estas podem ser realizadas.

A matriz de estampar, considerada anteriormente nesta seção, realiza uma única operação de recorte a cada percurso da prensa e é chamada ***matriz simples***. Outras matrizes que realizam uma única operação incluem matrizes em V (Seção 14.2.1). Matrizes de estampar em prensas de trabalho mais complicadas incluem as matrizes compostas, matrizes combinadas e matrizes progressivas. Uma ***matriz composta*** executa duas operações em uma única posição, tal como recorte e puncionamento, ou recorte e estampagem [2]. Bom exemplo é uma matriz composta para corte e puncionamento de uma arruela. Uma ***matriz combinada*** é

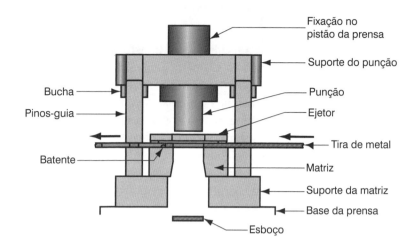

FIGURA 14.26 Componentes de um punção e uma matriz em operação de recorte de chapas. (Crédito: *Fundamentals of Modern Manufacturing*, 4ª Edição por Mikell P. Groover, 2010. Reimpresso com permissão de John Wiley & Sons, Inc.)

pouco comum; ela realiza duas operações em duas posições distintas na matriz. Exemplos de aplicações incluem recorte em duas partes diferentes da peça (por exemplo, nos lados direito e esquerdo da peça), ou recorte e, então, dobramento da mesma peça [2].

Uma ***matriz para conformação progressiva*** realiza duas ou mais operações em uma bobina de chapa metálica, em duas ou mais posições a cada percurso da prensa. A peça é fabricada progressivamente. A bobina é alimentada de uma posição para a outra, e operações diferentes (por exemplo, puncionamento, entalhamento, dobramento e recorte) são realizadas em cada estágio. Quando a peça sai do último estágio, ela é completada e separada (cortada) do restante da bobina. O projeto de uma matriz progressiva se inicia com o desenho da peça na tira ou na bobina e a determinação de quais operações serão realizadas em cada estágio. O resultado desse procedimento é chamado ***layout de chapa***. Uma matriz para conformação progressiva e um *layout* de chapa correspondente estão ilustrados na Figura 14.27. Matrizes progressivas podem ter mais de uma dezena de estágios. Elas são as matrizes de estampagem mais complicadas e de maior custo, justificadas economicamente apenas para peças complexas que exigem múltiplas operações em altas taxas de produção.

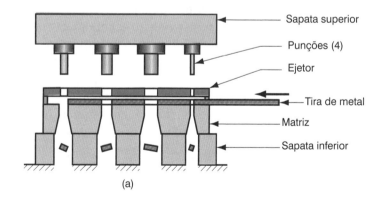

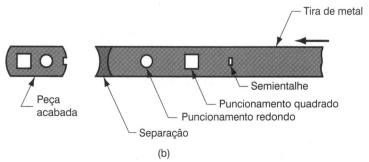

FIGURA 14.27 (a) Matriz progressiva e (b) desenvolvimento da tira correspondente. (Crédito: *Fundamentals of Modern Manufacturing*, 4ª Edição por Mikell P. Groover, 2010. Reimpresso com permissão de John Wiley & Sons, Inc.)

14.5.2 PRENSAS

A prensa usada para a transformação de chapas metálicas é uma máquina-ferramenta com uma **base** estacionária e um êmbolo **percutor** (ou **martelo**), que pode ser movido em direção à fundação para realizar diversas operações de corte e conformação. Uma prensa típica, com seus principais componentes, está esquematizada na Figura 14.28. As posições relativas da base e êmbolo percutor são estabelecidas pela **estrutura**, e o êmbolo percutor é acionado por força mecânica ou hidráulica. Quando uma matriz é montada na prensa, o suporte do punção é fixado ao êmbolo percutor, e o suporte da matriz é preso ao **porta-matriz** na base da prensa.

As prensas estão disponíveis para uma variedade de capacidades, sistemas de forças e tipos de estrutura. A capacidade da prensa é sua habilidade em fornecer a força e energia necessárias para completar a operação de estampagem. Isto é determinado pela dimensão física da prensa e seu sistema de força. O sistema de força faz referência se a força mecânica ou hidráulica foi empregada e o tipo de acionamento usado para transmitir a força ao êmbolo percutor. A taxa de produção é outro aspecto importante de capacidade. O tipo de estrutura se refere à construção física da prensa. Existem dois tipos de estruturas de uso corrente: em "colo de cisne", ou corpo em C, e montante direito.

Prensas de Corpo em C A **estrutura em "colo de cisne"** tem uma configuração na forma da letra C e é usualmente denominada **corpo** ou **estrutura em C**. Prensas de corpo em C fornecem bom acesso à matriz e são em geral abertas na parte de trás permitindo a expulsão dos estampos ou das aparas. Os tipos de prensas em C são: (a) estrutura sólida em C, (b) inclinável com traseira aberta, (c) prensa viradeira e (d) prensa de perfuração.

A **estrutura sólida em C** (às vezes chamada simplesmente **prensa em C**) possui construção em uma única peça, como mostrado na Figura 14.28. As prensas com este tipo de estrutura são rígidas, a forma em C permite ainda o acesso adequado pelas laterais para alimentação de tiras ou bobinas metálicas. Essas prensas estão disponíveis em uma gama de tamanhos, com capacidades que variam até 9.000 kN (1.000 tons). A prensa **inclinável com traseira aberta** tem uma estrutura em C montada em uma fundação, de modo que a estrutura pode ser inclinada para trás seguindo vários ângulos, para que os estampos possam cair por gravidade através da abertura traseira. As capacidades dessas prensas variam entre 1 ton até cerca de 2.250 kN (250 tons). Elas podem ser operadas em altas velocidades — até cerca de 1.000 golpes por minuto.

A **prensa viradeira** é uma prensa de armação em C, com uma fundação muito larga. O modelo na Figura 14.29 tem uma fundação com largura de 9,15 m (30 ft). Isto permite que matrizes separadas (matrizes simples de dobramento em V são as mais comuns) sejam montadas na mesa, de modo que pequenas quantidades de estampos possam ser feitas economicamente. Essas pequenas quantidades de peças, às vezes necessitando múltiplas dobras de diferentes ângulos, requerem uma operação manual. Para a peça que exige uma série de dobras, o operador move o esboço de partida por meio da sequência desejada de matrizes de dobramento, atuando a prensa em cada matriz, para completar o trabalho demandado.

Enquanto as prensas viradeiras são bastante adaptadas às operações de dobramento, as **prensas de perfuração** são destinadas às situações nas quais deve ser realizada uma sequência de puncionamento, entalhamento e operações relacionadas ao corte em peças de chapas metálicas, como na Figura 14.30. As prensas de perfuração têm uma estrutura em C, embora essa construção não esteja tão evidente na Figura 14.31. O martelo convencional com o punção é substituído por uma torre porta-ferramentas contendo vários punções de diferentes formas e tamanhos. A torre trabalha pela divisão (rotação) até a posição de manutenção do punção para realizar a operação desejada. Abaixo da torre porta-punção, existe uma torre porta-matriz, que posiciona a abertura da matriz para cada punção. Entre o punção e a matriz está o esboço de chapa metálica, mantido por um sistema de posicionamento em x - y que opera por controle numérico computadorizado (Seção 29.1). O esboço é movido para a posição da coordenada requerida para cada operação.

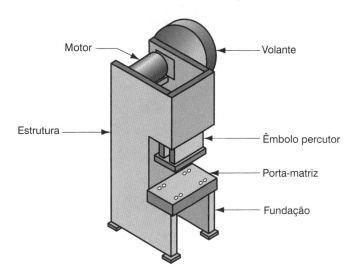

FIGURA 14.28 Componentes de uma prensa típica de estampagem (acionamento mecânico). (Crédito: *Fundamentals of Modern Manufacturing*, 4ª Edição por Mikell P. Groover, 2010. Reimpresso com permissão de John Wiley & Sons, Inc.)

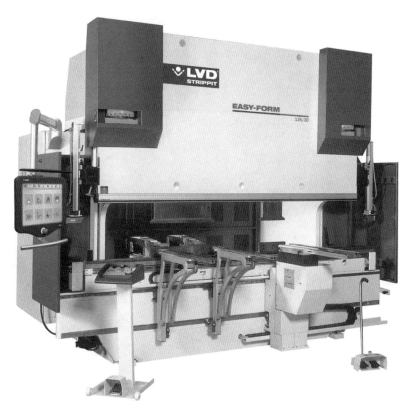

FIGURA 14.29 Prensa viradeira. Foto cortesia da Strippit, Inc.

Prensas com Estrutura em Montantes Retos Para trabalhos que requerem capacidade de cargas elevadas, são necessárias prensas com armações de grande rigidez estrutural. Prensas com estrutura em montantes retos têm lados cheios, o que lhes confere a aparência de uma caixa como na Figura 14.32. Essa construção aumenta a resistência e a rigidez da estrutura. Por conseguinte, prensas com estrutura em montantes retos têm capacidades disponíveis de até 35.000 kN (4.000 tons) para trabalhos de conformação de chapas metálicas. Prensas maiores desse tipo de estrutura também são usadas para o forjamento (Seção 13.2).

Em todas essas prensas, prensas em C e com montantes retos, as dimensões estão relacionadas diretamente com a capacidade de carga. Prensas grandes são construídas para suportar forças mais elevadas no trabalho de prensas. A dimensão da prensa é também relacionada com a velocidade segundo a qual ela pode operar. Prensas menores são geralmente capazes de maiores taxas de produção do que as prensas grandes.

FIGURA 14.30 Várias peças de chapas metálicas produzidas em uma prensa perfuratriz, exemplificando a variedade de formas de furos possíveis. Foto cortesia da Strippit, Inc. (Crédito: *Fundamentals of Modern Manufacturing*, 4ª Edição por Mikell P. Groover, 2010. Reimpresso com permissão de John Wiley & Sons, Inc.)

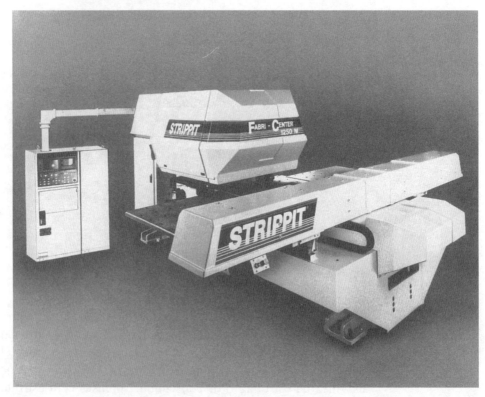

FIGURA 14.31 Prensa de perfuração com CNC (Controle Numérico Computadorizado). Foto cortesia da Strippit, Inc. (Crédito: *Fundamentals of Modern Manufacturing*, 4ª Edição por Mikell P. Groover, 2010. Reimpresso com permissão de John Wiley & Sons, Inc.)

Sistemas de Forças e Acionamento Os sistemas de forças nas prensas são tanto hidráulicos quanto mecânicos. As ***prensas hidráulicas*** usam um pistão grande e um cilindro para acionar o martelo. Esse sistema de forças usualmente fornece golpes do martelo mais longos que os acionamentos mecânicos e podem desenvolver a capacidade completa de carga através de todo o golpe ou curso do martelo. Contudo, é mais lento. Sua aplicação em conformação de chapas está normalmente limitada à estampagem profunda e a outras operações de conformação em que essas características de carga-curso são mais vantajosas. Essas prensas estão disponíveis com um ou mais cursores de acionamento independentes, chamadas simples efeito (cursor único), duplo efeito (dois cursores), e assim em diante. As prensas de duplo efeito são úteis em operações de estampagem profunda, em que se requer um controle independente das forças do punção e de aperto do prensa-chapas.

Vários tipos de mecanismos de acionamento são usados nas **prensas mecânicas**, incluindo excêntricos, eixos de manivelas e articulações de pinos, ilustrados na Figura 14.33. Eles convertem o movimento de rotação de um motor de acionamento em movimento linear do martelo. Um ***volante*** é usado para armazenar a energia do motor de acionamento a ser empregada na operação de estampagem. Prensas mecânicas que usam esses acionamentos atingem forças muito altas no fim dos seus golpes e são, portanto, bastante adequadas para operações de recorte e puncionamento. A articulação de pinos fornece uma força muito elevada quando esta alcança o fim de curso e, portanto, é frequentemente usada em operações de cunhagem.

FIGURA 14.32 Prensa de perfuração com CNC (Controle Numérico Computadorizado). Foto cortesia da Greenerd Press & Machine Company, Inc. (Crédito: *Fundamentals of Modern Manufacturing*, 4ª Edição por Mikell P. Groover, 2010. Reimpresso com permissão de John Wiley & Sons, Inc.)

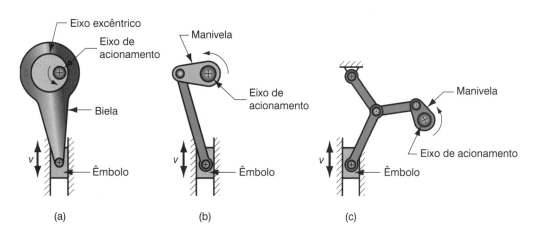

FIGURA 14.33 Tipos de acionamento em prensas de conformação de chapas: (a) excêntrico, (b) eixo de manivela e (c) articulação de pinos. (Crédito: *Fundamentals of Modern Manufacturing*, 4ª Edição por Mikell P. Groover, 2010. Reimpresso com permissão de John Wiley & Sons, Inc.)

14.6 OPERAÇÕES DE CONFORMAÇÃO DE CHAPAS NÃO REALIZADAS EM PRENSAS

Algumas operações em chapas metálicas não são realizadas empregando-se as prensas convencionais. Nesta seção, nós examinamos vários desses tipos de processos: (1) conformação por estiramento, (2) processos de conformação por rolos e de calandragem, (3) repuxo e (4) processos de conformação a altas taxas de energia.

14.6.1 CONFORMAÇÃO POR ESTIRAMENTO

A conformação por estiramento ou expansão é um processo de deformação de chapas no qual o esboço metálico é intencionalmente estirado e, ao mesmo tempo, curvado para obter a mudança de forma desejada. Ele está ilustrado na Figura 14.34 para uma curvatura gradual e relativamente simples. A peça de trabalho é apertada por um ou mais mordentes em cada extremidade e, então, estirada e curvada sobre uma matriz positiva que contém a forma desejada. O metal é tensionado em tração a um nível acima do seu limite de escoamento. Quando o carregamento em tração é removido, o metal foi deformado plasticamente. A combinação de estiramento e dobramento resulta em um retorno elástico de modo relativo pequeno na peça. Uma estimativa da força necessária na conformação por estiramento pode ser obtida multiplicando-se a área da seção transversal da chapa na direção em que esta é puxada pela tensão de escoamento do metal.

$$F = Lt\sigma_e \tag{14.14}$$

em que F é a força de estiramento, N (lbf); L é o comprimento da chapa na direção perpendicular ao estiramento, mm (in); t é a espessura instantânea do metal, mm (in); e τ_m é a tensão de escoamento do metal de trabalho, MPa (lbf/in²). A força da matriz F_m mostrada na figura pode ser determinada pelo equilíbrio das componentes de forças na direção vertical.

Contornos mais complexos que o mostrado na figura são possíveis a partir da conformação por estiramento, porém existem limitações em quão fechadas as curvas na chapa podem ser. A conformação por estiramento é largamente usada nas indústrias aeronáutica e aeroespacial para produzir, de forma mais econômica, grandes peças de chapas metálicas em pequenas quantidades características dessas indústrias.

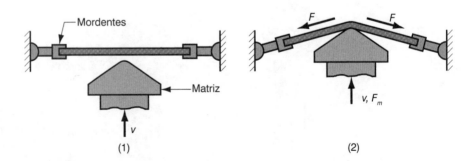

FIGURA 14.34 Conformação por estiramento: (1) início do processo; (2) matriz de conformação é pressionada contra o esboço com a força F_m, provocando o seu estiramento e dobramento sobre o molde. F = força de estiramento. (Crédito: *Fundamentals of Modern Manufacturing*, 4ª Edição por Mikell P. Groover, 2010. Reimpresso com permissão de John Wiley & Sons, Inc.)

14.6.2 CALANDRAGEM E CONFORMAÇÃO POR ROLOS

As operações descritas nesta seção usam rolos para conformar a chapa metálica. A *calandragem* é uma operação na qual (usualmente) grandes peças de chapas finas e chapas grossas de metal são conformadas em seções curvas por meio da ação de rolos. Um arranjo comum de rolos está ilustrado na Figura 14.35. À medida que a chapa passa entre os rolos, eles são conduzidos uns em relação aos outros para uma configuração que forneça o raio de curvatura desejado na peça. Componentes para grandes tanques de armazenamento e vasos de pressão são fabricados por calandragem. A operação pode também ser usada para dobrar ou curvar perfis estruturais, trilhos de ferrovias e tubos.

Uma operação relacionada é o *desempeno por calandragem*, em que chapas empenadas (ou outras formas de seção transversal) são endireitadas ao serem passadas por uma série de rolos. Os rolos submetem o metal a uma sequência decrescente de pequenos dobramentos em direções opostas, provocando assim o endireitamento da chapa na saída.

A conformação por rolos (também chamada *perfilamento*) é um processo de dobramento contínuo, no qual rolos opostos são usados para produzir seções longas na forma de perfis a partir de bobinas ou chapas de metal. Diversos pares de rolos são usualmente necessários para completar de forma progressiva o dobramento do esboço ao perfil desejado. O processo é ilustrado na Figura 14.36 para um perfil com seção U. Produtos feitos por conformação de rolos incluem canaletas, calhas, seções laterais de metal (para casas), canos e tubos com costuras, e várias seções de perfis estruturais. Embora a conformação por rolos tenha o aspecto geral de uma operação de laminação (o ferramental é bastante similar), a diferença é que a conformação por rolos envolve dobramento no lugar de compressão do metal.

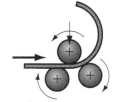

FIGURA 14.35 Calandragem. (Crédito: *Fundamentals of Modern Manufacturing*, 4ª Edição por Mikell P. Groover, 2010. Reimpresso com permissão de John Wiley & Sons, Inc.)

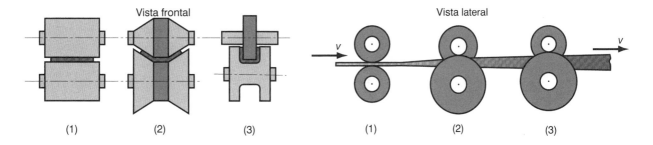

FIGURA 14.36 Perfilamento de um canal de seção contínua: (1) rolos retos, (2) conformação parcial e (3) conformação final. (Crédito: *Fundamentals of Modern Manufacturing*, 4ª Edição por Mikell P. Groover, 2010. Reimpresso com permissão de John Wiley & Sons, Inc.)

14.6.3 REPUXO

O repuxo é um processo de conformação de metais no qual uma peça com simetria axial é gradualmente conformada sobre um mandril ou molde por meio de uma ferramenta arredondada ou um rolete. A ferramenta ou rolete aplica uma pressão localizada (quase um contato pontual) para deformar o metal por movimentos axiais e radiais sobre a superfície da peça. As geometrias fabricadas pelo repuxo podem ser copos, cones, hemisférios e tubos. Nesta seção, descrevemos o processo convencional de repuxo. Como ilustrado na Figura 14.37, um disco de chapa metálica é fixado contra a extremidade de um mandril rotativo, o

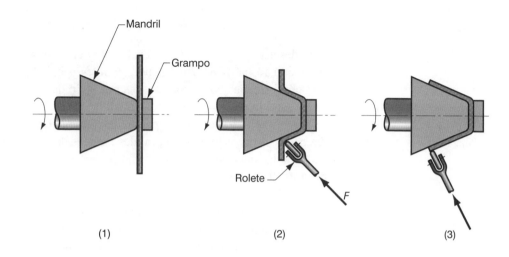

FIGURA 14.37 Repuxo convencional: (1) montagem no início do processo; (2) durante o repuxo; e (3) finalização do processo. (Crédito: *Fundamentals of Modern Manufacturing*, 4ª Edição por Mikell P. Groover, 2010. Reimpresso com permissão de John Wiley & Sons, Inc.)

qual possui a forma desejada para a peça final, enquanto a ferramenta ou o rolete deforma o metal contra o mandril. Em alguns casos, o esboço de partida tem forma diferente de um disco plano. O processo requer uma série de passos, como indicado na figura, para completar a mudança de forma exigida pela peça. A posição da ferramenta pode ser controlada tanto por um operador, por meio de um ponto de apoio para obter o braço de alavanca necessário, ou por um método automático tal como o controle numérico. Essas alternativas são conhecidas como **repuxo manual** e **repuxo mecânico**. O repuxo mecânico tem a capacidade de aplicar maiores forças à operação, resultando em tempos de ciclos mais rápidos e capacidade de maiores tamanhos de esboço de trabalho. Esse processo também fornece melhor controle que o repuxo manual.

O repuxo convencional dobra o metal em torno de um eixo com movimento rotativo para conformá-lo à superfície externa do mandril axissimétrico. A espessura do metal permanece, portanto, inalterada (levemente maior ou menor) com relação à espessura do disco de partida. O diâmetro do disco deve então ser um pouco maior que o diâmetro da peça a ser conformada. O diâmetro de partida necessário pode ser obtido assumindo o volume constante, antes e depois do repuxo.

As aplicações do repuxo convencional são encontradas na fabricação em pequenas quantidades de formas cônicas e curvadas. As peças com diâmetros muito grandes — até 5 m (15 ft) ou mais — podem ser produzidas por repuxo. Processos alternativos de conformação de chapas demandariam elevados custos para confecção de matrizes. O mandril de conformar pode ser feito de madeira ou outros materiais macios, que são fáceis de modelar. É, portanto, um ferramental de baixo custo comparado ao punção e matriz necessários na estampagem profunda,

14.6.4 CONFORMAÇÃO A ALTAS TAXAS DE ENERGIA

Vários processos têm sido desenvolvidos para conformar metais com o emprego de grandes quantidades de energia em intervalo de tempo muito pequeno. Graças a essa característica, as operações são chamadas processos de **conformação a altas taxas de energia** (High-energy-rate forming, HERF em inglês). Entre eles podem ser citadas a conformação por explosivos, conformação eletro-hidráulica e conformação eletromagnética.

Conformação por Explosivos Esta faz uso de carga explosiva para dar forma à chapa fina (ou chapa grossa) em uma cavidade de uma matriz. Um método de implementação desse processo está ilustrado na Figura 14.38. A peça é fixada e vedada em torno da matriz, e, em seguida, um vácuo é criado na cavidade da matriz. O conjunto é então colocado em um recipiente grande contendo água, e uma carga de explosivo é posicionada a certa distância, acima do esboço metálico. A detonação da carga resulta em uma onda de choque, cuja energia

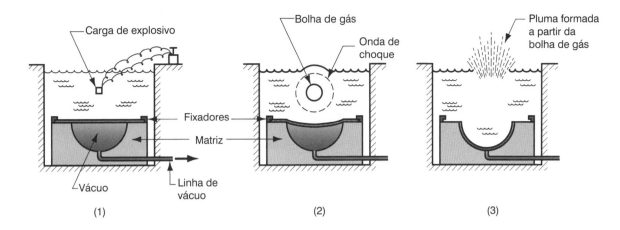

FIGURA 14.38 Conformação por explosivos: (1) montagem, (2) detonação do explosivo e (3) onda de choque conforma a peça e pluma através da superfície d'água. (Crédito: *Fundamentals of Modern Manufacturing*, 4ª Edição por Mikell P. Groover, 2010. Reimpresso com permissão de John Wiley & Sons, Inc.)

é transmitida pela água para causar a rápida conformação de peça na cavidade da matriz. A quantidade de carga explosiva e a distância segundo a qual ela é posicionada acima da peça são requisitos de grande experiência e conhecimento. A conformação por explosivos é reservada para grandes peças, típicas da indústria aeroespacial.

Conformação Eletro-hidráulica Trata-se de um processo à alta taxa de energia, no qual uma onda de choque, para deformar o esboço contra a cavidade da matriz, é gerada pela descarga de energia elétrica entre dois eletrodos submersos em um fluido de transmissão (água). Em razão desse princípio de operação, o processo é também conhecido por ***conformação por descarga elétrica***. Sua montagem está ilustrada na Figura 14.39. A energia elétrica é acumulada em grandes capacitores e então liberada para eletrodos. A conformação eletro-hidráulica é similar à conformação por explosivos. A diferença está no método de geração de energia e nas pequenas quantidades de energia que são liberadas, o que limita a conformação eletro-hidráulica a peças de tamanhos muito menores.

Conformação Eletromagnética Também chamada ***conformação por pulso magnético***, é um processo no qual uma chapa metálica é deformada por uma força mecânica de um campo eletromagnético, induzido na peça por meio de uma bobina energizada. Esse campo gera correntes parasitas na peça que produzem seus próprios campos magnéticos. O campo induzido se opõe ao campo primário, produzindo uma força mecânica que deforma a peça contra uma cavidade que a circunda. Desenvolvida na década de 1960, a conformação eletromagnética é o processo de conformação a altas taxas de energia mais comumente empregado [10]. Em geral, ele é usado para conformar peças tubulares, como ilustrado na Figura 14.40.

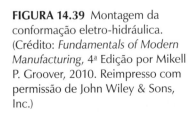

FIGURA 14.39 Montagem da conformação eletro-hidráulica. (Crédito: *Fundamentals of Modern Manufacturing*, 4ª Edição por Mikell P. Groover, 2010. Reimpresso com permissão de John Wiley & Sons, Inc.)

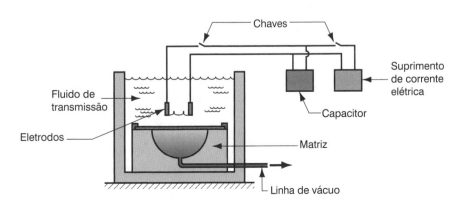

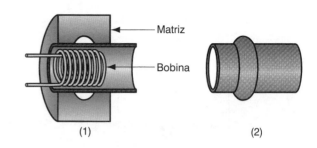

FIGURA 14.40 Conformação eletromagnética: (1) montagem na qual a bobina é inserida na peça tubular circundada pela matriz; (2) peça conformada. (Crédito: *Fundamentals of Modern Manufacturing*, 4ª Edição por Mikell P. Groover, 2010. Reimpresso com permissão de John Wiley & Sons, Inc.)

REFERÊNCIAS

[1] *ASM Handbook*, Vol. 14B, *Metalworking: Sheet Forming*. ASM International, Materials Park, Ohio, 2006.

[2] Eary, D. F., and Reed, E. A. *Techniques of Pressworking Sheet Metal*, 2nd ed. Prentice-Hall, Inc., Englewood Cliffs, New Jersey, 1974.

[3] Hoffman, E. G. *Fundamentals of Tool Design*, 2nd ed. Society of Manufacturing Engineers, Dearborn, Michigan, 1984.

[4] Hosford, W. F., and Caddell, R. M. *Metal Forming: Mechanics and Metallurgy*, 3rd ed. Cambridge University Press, Cambridge, United Kingdom, 2007.

[5] Kalpakjian, S. *Manufacturing Processes for Engineering Materials*, 4th ed. Prentice Hall/Pearson, Upper Saddle River, New Jersey, 2003.

[6] Lange, K., et al. (eds.). *Handbook of Metal Forming*. Society of Manufacturing Engineers, Dearborn, Michigan, 1995.

[7] Mielnik, E. M. *Metalworking Science and Engineering*. McGraw-Hill, Inc., New York, 1991.

[8] Schey, J. A. *Introduction to Manufacturing Processes*, 3rd ed. McGraw-Hill Book Company, New York, 2000.

[9] Spitler, D., Lantrip, J., Nee, J., and Smith, D. A. *Fundamentals of Tool Design*, 5th ed. Society of Manufacturing Engineers, Dearborn, Michigan, 2003.

[10] Wick, C., et al. (eds.). *Tool and Manufacturing Engineers Handbook*, 4th ed., Vol. II, *Forming*. Society of Manufacturing Engineers, Dearborn, Michigan, 1984.

QUESTÕES DE REVISÃO

14.1 Cite os três tipos básicos de operações de conformação de chapas.

14.2 Em operações convencionais de conformação de chapas, (a) quais são os nomes dados às ferramentas e (b) qual é o nome da máquina-ferramenta usada nas operações?

14.3 No recorte de uma peça circular de chapa metálica, a folga é aplicada ao diâmetro do punção ou ao diâmetro de abertura da matriz?

14.4 Qual é a diferença operacional entre corte de tiras com e sem aparas?

14.5 Qual é a diferença entre uma operação de entalhamento e uma operação de semientalhamento?

14.6 Descreva cada um dos dois tipos de operações de dobramento de chapas: dobramento em V e dobramento de flange.

14.7 A curvatura admissível é proposta para compensar qual efeito?

14.8 O que é retorno elástico no dobramento de chapas metálicas?

14.9 Defina a estampagem no contexto da conformação de metais.

14.10 Quais são as medidas simples de serem realizadas que servem para avaliar a facilidade de execução de uma operação de estampagem profunda de um copo?

14.11 Qual é a diferença entre os processos de reestampagem e estampagem reversa?

14.12 Quais são os defeitos mais comuns encontrados em peças estampadas?

14.13 O que é uma operação de estampagem em relevo?

14.14 O que é conformação por estiramento?

14.15 Quais são os dois tipos de estruturas usadas em prensas de estampagem?

14.16 Quais são as vantagens e desvantagens das prensas mecânicas comparadas às prensas hidráulicas na conformação de chapas metálicas?

14.17 O que é o processo Guerin?

14.18 Estabeleça a distinção entre calandragem e conformação por rolos.

PROBLEMAS

14.1 Um tesourão mecânico é usado para cortar um aço doce laminado a frio com espessura de 4,75 mm. Qual folga deve ser ajustada às tesouras para fornecer um corte ótimo?

14.2 Uma operação de recorte deve ser realizada numa chapa de 2,0 mm de espessura de um aço laminado a frio (meio duro). A peça é circular com um diâmetro igual a 75 mm. Determine os tamanhos adequados para o punção e matrizes dessa operação.

14.3 Uma matriz composta será usada para recorte e puncionamento de uma arruela grande a partir de uma chapa de liga de alumínio 6061ST com 3,5 mm de espessura. O diâmetro externo da arruela é 50,0 mm, e o diâmetro interno é 15,0 mm. Determine (a) os tamanhos do punção e matriz para a operação de recorte, e (b) os tamanhos do punção e matriz para a operação de puncionamento.

14.4 Uma matriz de recorte deve ser projetada para recortar uma peça retangular cujas dimensões são iguais a 105 mm e 37,5 mm. A chapa metálica de 4 mm de espessura é de aço inoxidável (com média dureza). Determine as dimensões do punção de recorte e da abertura da matriz.

14.5 Determine a força de recorte necessária ao Problema 14.2, se o limite de resistência ao cisalhamento do aço for igual a 325 MPa e o seu limite de resistência a tração for igual a 450 MPa.

14.6 Determine a capacidade mínima de prensa para realizar as operações de recorte e puncionamento do Problema 14.3. A chapa de alumínio tem o limite de resistência a tração igual a 310 MPa, o coeficiente de resistência de 350 MPa e o expoente de encruamento de 0,12. (a) Assuma que as operações de recorte e puncionamento sejam realizadas simultaneamente. (b) Assuma que os punções estejam defasados de modo que o puncionamento ocorra primeiro e, em seguida, seja realizado o recorte.

14.7 Determine a capacidade de prensa necessária para realizar a operação do Problema 14.4 considerando que o aço inoxidável tenha o limite de escoamento igual a 500 MPa, o limite de resistência ao cisalhamento igual 600 MPa e o limite de resistência à tração igual a 700 MPa.

14.8 Uma operação de dobramento deve ser realizada na peça mostrada na Figura 14.3, exceto que as dimensões foram modificadas para: espessura inicial = 5,0 mm no lugar de 3,2 mm; raio interno de dobramento = 8,0 mm no lugar de 4,75 mm, e ângulo incluso = 65° no lugar de 120°. As demais dimensões são as mesmas. Determine o tamanho necessário do esboço.

14.9 Resolva o Problema 14.8 considerando, porém, o raio interno de dobramento $R = 11,0$ mm.

14.10 Uma operação de dobramento deve ser realizada em uma chapa de aço laminado a frio com espessura igual a 4,0 mm, largura igual a 25 mm e comprimento de 100 mm. A chapa é dobrada em torno da direção da sua largura e, portanto, o raio de curvatura é igual a 25 mm. A peça de chapa metálica resultante do processo tem ângulo agudo de 30° e raio de curvatura de 6 mm. Determine (a) a tolerância de curvatura e (b) o comprimento do eixo neutro da peça após o dobramento. (Dica: o comprimento do eixo neutro antes do dobramento é igual a 100 mm).

14.11 Determine a força de dobramento necessária ao Problema 14.8 se a curvatura deve ser realizada em matriz em V com uma abertura de 30 mm. O material tem o limite de resistência à tração de 600 MPa e o limite de resistência ao cisalhamento de 430 MPa.

14.12 Resolva o Problema 14.11. Considere, porém, que a operação seja realizada usando uma matriz de deslizamento com uma abertura de matriz igual a 22 mm.

14.13 Uma peça de chapa metálica de 3 mm de espessura e 20 mm de comprimento é dobrada em uma matriz em V para um ângulo incluso igual a 60° e um raio de curvatura de 7,5 mm. O metal tem o limite de escoamento igual 220 MPa e o limite de resistência à tração de 340 MPa. Calcule a força necessária para dobrar a peça, dado que a abertura da matriz tem dimensão de 15 mm.

14.14 Derive uma expressão para a redução r na estampagem em função da razão-limite de estampagem r_{le}.

14.15 Um copo cilíndrico deve ser conformado por meio de uma operação de estampagem profunda. A altura do copo é igual a 75 mm, e seu diâmetro interno igual a 100 mm. A espessura do esboço metálico de partida é igual a 2 mm. Se o diâmetro do esboço de partida for igual a 225 mm, determine (a) a razão-limite de estampagem, (b) a redução e (c) a razão espessura-diâmetro. (d) A operação pode ser realizada?

14.16 Resolva o Problema 14.15. Considere, porém, o diâmetro do esboço de partida igual a 175 mm.

14.17 Em uma operação de estampagem profunda, têm-se que o diâmetro interno do copo cilíndrico é igual a 4,25 in, e sua altura igual a 2,65 in. A espessura inicial do esboço é 3/16 in, e o diâmetro do esboço de partida é igual 7,7 in. Os raios de adoçamento do punção e matriz são iguais a 5/32 in. A chapa tem o limite de escoamento igual a 65.000 lbf/in², o limite de resistência à tração igual 32.000 lbf/in² e a resistência ao cisalhamento é 40.000 lb/in². Determine (a) a razão-limite de estampagem, (b) a redução, (c) a força de estampagem e (d) a força de aperto do prensa-chapas.

14.18 Resolva o Problema 14.17, porém para uma espessura inicial do esboço metálico $t = 1/8$ pol.

14.19 Em uma operação de estampagem profunda, têm-se que o diâmetro interno do copo cilíndrico é igual a 80 mm e sua altura igual a 50 mm. A espessura inicial do esboço é igual a 3 mm, e o diâmetro do esboço de partida é igual 150 mm. Os raios de adoçamento do punção e matriz são iguais a 4 mm. A chapa tem o limite de escoamento igual a 180 MPa e o limite de resistência à tração igual 400 MPa. Determine (a) a razão limite de estampagem, (b) a redução, (c) a força de estampagem e (d) a força de aperto do prensa-chapas.

14.20 Uma operação de estampagem profunda é realizada em um esboço de chapa metálica com espessura inicial de 1/8 in. A altura (dimensão interna) do copo é igual a 3,8 in, e seu diâmetro (dimensão interna) é de 5,0 in. Assumindo que o raio do punção seja igual a zero, calcule o diâmetro de partida do esboço para completar a operação de estampagem sem deixar material no flange. A operação é viável (ignore o fato de que o raio do punção é muito pequeno)?

14.21 Resolva o Problema 14.20, porém use o raio do punção igual 0,375 in.

14.22 Uma operação de estampagem é realizada em um metal de 3,0 mm de espessura. A peça é um copo cilíndrico com altura de 50 mm e diâmetro interno igual a 70 mm. Assuma que o raio de adoçamento do punção seja igual a 0. (a) Encontre o diâmetro inicial necessário ao esboço de partida D_e. (b) A operação de estampagem é viável?

14.23 Resolva o Problema 14.22, porém para uma altura de copo igual a 60 mm.

14.24 Resolva o Problema 14.23, porém para um raio de adoçamento do punção igual a 10 mm.

14.25 O contramestre da seção de estampagem de uma fábrica traz consigo diversas amostras de peças que foram conformadas nessa fábrica. As amostras têm vários defeitos. Uma tem orelhas, outra apresenta rugas, e uma terceira tem rasgos no seu fundo. Quais são as causas de cada um desses defeitos e quais seriam as ações que você proporia para remediá-los?

Parte V Processos de Remoção de Material

15 TEORIA DA USINAGEM DE METAIS

Sumário

15.1 Visão Geral da Tecnologia de Usinagem

15.2 Teoria da Formação do Cavaco na Usinagem de Metais
   15.2.1 O Modelo do Corte Ortogonal
   15.2.2 Formação Efetiva do Cavaco

15.3 Relações de Força e a Equação de Merchant
   15.3.1 Forças no Corte de Metais
   15.3.2 A Equação de Merchant

15.4 Relações de Potência e Energia em Usinagem

15.5 Temperatura de Corte
   15.5.1 Métodos Analíticos para Determinar a Temperatura de Corte
   15.5.2 Medida da Temperatura de Corte

Os *processos de remoção de material* são uma família de operações de mudança de forma (Figura 1.3), em que a geometria final desejada é obtida pela remoção do excesso de material de uma peça inicial. O ramo mais importante dessa família é a *usinagem convencional*, na qual uma ferramenta de corte afiada é utilizada para retirar mecanicamente o material e se obter a geometria desejada. Os três principais processos de usinagem são: torneamento, furação e fresamento. Aplainamento, brochamento e serramento são outras operações de usinagem deste grupo. Este capítulo inicia nossa abordagem sobre usinagem, que se estende até o Capítulo 17.

Outro grupo de processos de remoção de material são os *processos abrasivos*, que removem material mecanicamente pela ação de partículas duras, abrasivas. Esse grupo de processos, que inclui a retificação, é abordado no Capítulo 18. Por fim, existem os *processos não tradicionais*, que utilizam várias formas de energia, mas não fazem uso de uma ferramenta de corte afiada, ou com partículas abrasivas para remover o material. A mecânica, a eletroquímica, a térmica e a química são formas de energia[1] dos processos não tradicionais discutidos no Capítulo 19.

---
[1] Algumas das formas de energia mecânica nos processos não tradicionais envolvem o uso de partículas abrasivas e, desse modo, se sobrepõem com os processos abrasivos no Capítulo 18.

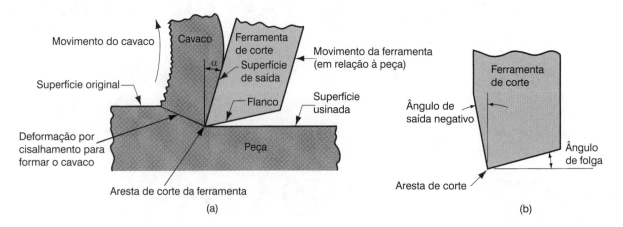

FIGURA 15.1 (a) Uma vista em corte transversal do processo de usinagem. (b) Ferramenta com ângulo de saída negativo, em contraposição ao ângulo de saída α positivo apresentado em (a). (Crédito: *Fundamentals of Modern Manufacturing*, 4ª Edição por Mikell P. Groover, 2010. Reproduzido com permissão de John Wiley & Sons, Inc.)

Usinagem é um processo de fabricação em que uma ferramenta de corte afiada é utilizada para remover material e produzir o formato da peça desejada. A ação predominante de corte na usinagem envolve a deformação por cisalhamento do material trabalhado para formar o cavaco; conforme o cavaco é removido, uma nova superfície é exposta. A usinagem é aplicada mais frequentemente para dar forma a metais. O processo é ilustrado no diagrama da Figura 15.1.

A usinagem é um dos processos de fabricação mais importantes. A Revolução Industrial e, consequentemente, o crescimento da economia de manufatura no mundo podem ser relacionados ao desenvolvimento das várias operações de usinagem. A usinagem é importante comercial e tecnologicamente por diversas razões:

➢ *Variedade de materiais processados.* A usinagem pode ser aplicada à grande variedade de materiais. Praticamente todos os metais sólidos podem ser usinados. Plásticos e compósitos de plástico também podem ser cortados por usinagem. As cerâmicas apresentam dificuldades devido à sua elevada dureza e fragilidade; no entanto, a maioria das cerâmicas pode ser cortada com sucesso por meio de processos abrasivos de usinagem (Capítulo 18).

➢ *Variedade de formas e características geométricas das peças.* A usinagem pode ser usada para criar quaisquer geometrias comuns, tais como superfícies planas, furos redondos e cilindros. Com a introdução de variações nas formas das ferramentas e nas trajetórias das ferramentas, geometrias irregulares podem ser criadas, tais como filetes de rosca e ranhuras-T. Ao combinar diversas operações de usinagem em sequência, podem ser produzidas formas de complexidade e variedade quase ilimitada.

➢ *Precisão dimensional.* A usinagem pode produzir dimensões com tolerâncias muito estreitas. Alguns processos de usinagem podem alcançar tolerâncias de ±0,025 mm (±0,001 in), muito mais precisos que a maioria dos outros processos.

➢ *Bons acabamentos superficiais.* A usinagem é capaz de gerar acabamentos superficiais muito bons. Valores de rugosidade inferiores a 0,4 μm (16 μin) podem ser alcançados em operações de usinagem convencionais. Alguns processos abrasivos podem conseguir acabamentos ainda melhores.

Por outro lado, certas desvantagens estão associadas com a usinagem e outros processos de remoção de materiais:

➢ *Desperdício de material.* A usinagem intrinsecamente desperdiça material. Os cavacos gerados em uma operação de usinagem se tornam material desperdiçado. Embora, geralmente, esses cavacos possam ser reciclados, eles representam resíduo em termos da unidade de operação.

> ***Consumo de tempo.*** Uma operação de usinagem, em geral, leva mais tempo para dar forma a determinada peça que processos alternativos de mudança de forma, tais como fundição ou forjamento.

A usinagem é realizada geralmente após outros processos de fabricação, tais como fundição ou deformação volumétrica (por exemplo, forjamento, trefilação de uma barra). Esses processos criam a forma geral da peça bruta, e a usinagem fornece a geometria, as dimensões e o acabamento finais.

15.1 VISÃO GERAL DA TECNOLOGIA DE USINAGEM

Usinagem não é apenas um processo, mas um grupo de processos. A característica comum dos processos deste grupo é a utilização de uma ferramenta de corte para formar o cavaco que é removido da peça. Para executar a operação, um movimento relativo entre a ferramenta e a peça é necessário. Esse movimento relativo é conseguido, na maioria das operações de usinagem, por meio de movimento primário, denominado ***velocidade de corte***, e um movimento secundário, denominado ***avanço***. A forma da ferramenta e sua penetração na superfície de trabalho, combinadas com esses movimentos, produzem a geometria da superfície desejada.

Tipos de Operações de Usinagem Existem muitos tipos de operações de usinagem, cada um dos quais é capaz de gerar determinada geometria e textura na superfície da peça. Vamos discutir essas operações detalhadamente no Capítulo 16, mas, por enquanto, é apropriado identificar e definir os três tipos mais comuns: torneamento, furação e fresamento, ilustrados na Figura 15.2.

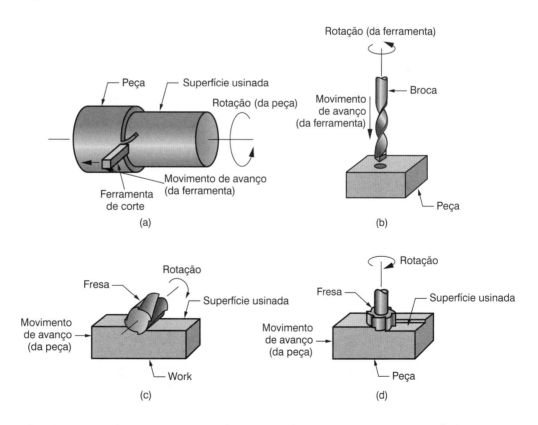

FIGURA 15.2 Os três tipos mais comuns de processos de usinagem: (a) torneamento, (b) furação e duas formas de fresamento: (c) fresamento tangencial, e (d) fresamento frontal. (Crédito: *Fundamentals of Modern Manufacturing*, 4ª Edição por Mikell P. Groover, 2010. Reproduzido com permissão de John Wiley & Sons, Inc.)

No ***torneamento***, uma ferramenta de corte com uma única aresta de corte é utilizada para remover material de uma peça rotativa para gerar forma cilíndrica, conforme a Figura 15.2(a). O movimento que produz a velocidade de corte, no torneamento, é fornecido pela rotação da peça, e o movimento de avanço é obtido pela ferramenta de corte movendo-se de maneira lenta em direção paralela ao eixo de rotação da peça. A ***furação*** é usada para produzir um furo com seção circular. É realizada por uma ferramenta rotativa que tipicamente possui duas arestas de corte. A ferramenta é introduzida na peça em direção paralela ao seu eixo de rotação para dar forma ao furo cilíndrico, como na Figura 15.2(b). No ***fresamento***, uma ferramenta rotativa com múltiplas arestas de corte avança lentamente através do material para gerar um plano ou superfície reta. A direção do movimento de avanço é perpendicular ao eixo de rotação da ferramenta. O movimento que produz a velocidade de corte é fornecido pela rotação da fresa. As duas formas básicas de fresamento são o fresamento periférico (ou tangencial) e o fresamento frontal, conforme a Figura 15.2(c) e (d).

Outras operações de usinagem convencional são: aplainamento, brochamento e serramento (Seção 16.6). Além delas, a retificação e outras operações similares com o uso de abrasivos são frequentemente incluídas dentro da categoria de usinagem. Esses processos* em geral são realizados após as operações de usinagem convencionais para que a peça alcance acabamento superficial superior.

A Ferramenta de Corte Uma ferramenta de corte possui uma ou mais arestas de corte afiadas e é composta de material mais duro que o material a ser usinado. A aresta de corte serve para separar o cavaco do material de origem, como mostrado na Figura 15.1. Duas superfícies da ferramenta estão conectadas à aresta de corte: a superfície de saída e o flanco. A superfície de saída, que direciona o fluxo do cavaco recém-formado, é orientada em certo ângulo denominado ***ângulo de saída*** α.** O ângulo de saída é medido em relação a um plano perpendicular à superfície gerada e pode ser positivo, como na Figura 15.1(a), ou negativo como em (b). O flanco da ferramenta fornece uma folga entre a ferramenta e a superfície de trabalho recém-gerada, protegendo, dessa forma, a superfície usinada contra a abrasão, que degradaria o acabamento. A superfície do flanco é orientada em um ângulo denominado ***ângulo de folga***.

Na prática, a maioria das ferramentas de corte possui geometria mais complexa que aquelas na Figura 15.1. Existem dois tipos básicos de ferramentas: (a) ferramentas monocortantes e (b) ferramentas multicortantes, e exemplos de cada um desses tipos estão ilustrados na Figura 15.3. Uma *ferramenta monocortante* possui uma aresta de corte e é utilizada para operações tais como a de torneamento. Além das características geométricas ilustradas na Figura 15.1, a ferramenta apresenta uma única ponta de corte, de onde deriva o nome desse tipo de ferramenta. Durante a usinagem, a ponta da ferramenta penetra abaixo da superfície original da peça. A ponta é geralmente arredondada, com um determinado raio, chamado raio de ponta. As *ferramentas multicortantes* têm mais de uma aresta de corte e, em geral, realizam seu movimento em relação à peça por rotação. Furação e fresamento utilizam ferramentas multicortantes rotativas. A Figura 15.3 (b) mostra uma fresa helicoidal utilizada no fresamento tangencial. Embora a forma geral seja bastante diferente de uma ferramenta monocortante, muitos elementos da geometria da ferramenta são similares. As ferramentas monocortantes e multicortantes e os materiais utilizados para fabricá-las são discutidos com mais detalhes no Capítulo 17.

Condições de Corte Para executar uma operação de usinagem, é necessário movimento relativo entre a ferramenta e a peça. O movimento primário é realizado a uma determinada ***velocidade de corte*** v. Além disso, a ferramenta deve ser movimentada de um lado a outro da peça. Esse percurso é percorrido de forma muito mais lenta e é chamado ***avanço*** f (*feed*). A outra dimensão do corte é a penetração da ferramenta de corte abaixo da superfície original,

---

* Os processos que utilizam ferramentas abrasivas são chamadas de usinagem com ferramenta não definida. (N.T.)
** O ângulo de saída é chamado γ pela norma ABNT NBR 6163:1989. (N.T.)

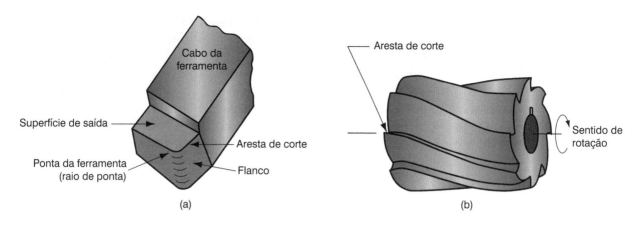

FIGURA 15.3 (a) Uma ferramenta monocortante mostrando a superfície de saída, o flanco e a ponta da ferramenta; e (b) uma fresa helicoidal, representativa de ferramentas com múltiplas arestas de corte. (Crédito: *Fundamentals of Modern Manufacturing*, 4ª Edição por Mikell P. Groover, 2010. Reproduzido com permissão de John Wiley & Sons, Inc.)

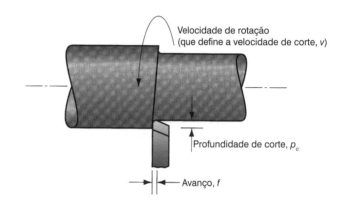

FIGURA 15.4 Velocidade de corte, avanço e profundidade de corte para uma operação de torneamento. (Crédito: *Fundamentals of Modern Manufacturing*, 4ª Edição por Mikell P. Groover, 2010. Reproduzido com permissão de John Wiley & Sons, Inc.)

chamada **profundidade de corte** d (*depth of cut*). A velocidade de corte, o avanço e a profundidade de corte, em conjunto, são chamados **condições de corte** e formam as três dimensões do processo de usinagem. Para certas operações (por exemplo, a maioria das operações com ferramenta monocortante), as condições de corte podem ser usadas para calcular a taxa de remoção de material para o processo:

$$\varphi_{RM} = vfp_c \qquad (15.1)$$

em que φ_{RM} = taxa de remoção de material, mm³/s (in³/min); v = velocidade de corte, m/min (ft/min), que deve ser convertida para mm/s (in/min); f = avanço, mm (in); e p_c = profundidade de corte, mm (in).

As condições de corte para uma operação de torneamento estão representadas na Figura 15.4. Unidades típicas utilizadas para a velocidade de corte são m/min (ft/min). O avanço no torneamento é expresso em mm/rot (in/rot) e a profundidade de corte é expressa em mm (in). Em outras operações de usinagem, a interpretação das condições de corte pode ser diferente. Por exemplo, em uma operação de furação, a profundidade é interpretada como a profundidade do furo usinado.*

As operações de usinagem, de modo geral, se dividem em duas categorias, que se distinguem pela finalidade e pelas condições de corte: usinagem de desbaste e usinagem de acabamento. Usinagens de **desbaste** são utilizadas para remover grandes quantidades de material

---

* A profundidade do furo usinado na furação não representa a profundidade de corte. A profundidade de corte na furação é igual ao diâmetro da broca quando a aresta (ponta da broca) já penetrou a peça. (N.T.)

da peça bruta o mais rápido possível, a fim de produzir uma forma próxima da desejada, deixando material suficiente na peça para a operação subsequente de acabamento. Usinagens de *acabamento* são utilizadas para finalizar a peça e obter as dimensões, tolerâncias e acabamento superficial requeridos. Nas operações de usinagem de um processo produtivo, geralmente são realizados na peça um ou mais cortes de desbaste, seguidos por um ou dois cortes de acabamento. As operações de desbaste são realizadas com avanços e profundidades elevados, enquanto as operações de acabamento são realizadas com baixos avanços e baixas profundidades. No desbaste, avanços de 0,4 a 1,25 mm/rot (0,015 a 0,050 in/rot) e profundidades de 2,5 a 20 mm (0,100 a 0,750 in) são típicos e, no acabamento, se utilizam avanços de 0,125 a 0,4 mm/rot (0,005 a 0,015 in/rot) e profundidades de 0,75 a 2,0 mm (0,030 a 0,075 in). As velocidades de corte são menores no desbaste que no acabamento.

Um *fluido de corte* é com frequência aplicado à operação de usinagem para refrigerar e lubrificar a ferramenta de corte (os fluidos de corte são discutidos na Seção 17.4). A decisão sobre a utilização ou não de fluido de corte, e, se assim for, a escolha do fluido de corte adequado, é geralmente incluída dentro do escopo das condições de corte. Dado o material de trabalho e as ferramentas, a seleção dessas condições tem muita influência na determinação do sucesso de uma operação de usinagem.

Máquinas-Ferramenta Uma máquina-ferramenta é utilizada para fixar o material da peça, posicionar a ferramenta em relação à peça e fornecer potência ao processo de usinagem na velocidade, avanço e profundidade que foram ajustadas. Por meio do controle da ferramenta, do material de trabalho e das condições de corte, as máquinas-ferramentas permitem que as peças sejam produzidas com grande precisão e repetibilidade, com tolerâncias de 0,025 mm (0,001 in) ou mais estreitas. O termo *máquina-ferramenta* se aplica a qualquer máquina com motor de acionamento que execute uma operação de usinagem, incluindo a retificação. O termo também pode ser aplicado a máquinas que realizam operações de conformação de metal e de estampagem (Capítulos 13 e 14).

As máquinas-ferramentas tradicionalmente utilizadas para executar as operações de torneamento, furação e fresamento são, de forma respectiva, os tornos, as furadeiras e as fresadoras. As máquinas-ferramentas convencionais em geral são comandadas por um operador humano, que faz a fixação da peça a ser usinada, retira as peças após o processo, troca as ferramentas de corte e ajusta as condições de corte. Muitas máquinas-ferramentas modernas são projetadas para realizar suas operações com a forma de automação denominada comando numérico computadorizado — CNC (Seção 29.1).

15.2 TEORIA DA FORMAÇÃO DO CAVACO NA USINAGEM DE METAIS

A maioria das operações reais de usinagem possui geometria relativamente complexa. Existe um modelo simplificado de usinagem que despreza muitas das complexidades geométricas, mas descreve muito bem a mecânica do processo. Esse modelo é chamado *corte ortogonal*, Figura 15.5. Embora um processo real de usinagem seja tridimensional, o modelo do corte ortogonal considera apenas duas dimensões nas quais a análise pode ser realizada e retrata o desempenho da região real de usinagem.

15.2.1 O MODELO DO CORTE ORTOGONAL

Por definição, no corte ortogonal, a ferramenta possui a forma de uma cunha, e sua aresta de corte é perpendicular à direção da velocidade de corte. À medida que a ferramenta é forçada a entrar no material, o cavaco é formado pela deformação por cisalhamento ao longo de um plano denominado *plano de cisalhamento*, que está orientado a um ângulo ϕ em relação à superfície usinada. A falha (ruptura) do material usinado ocorre apenas na extremidade da

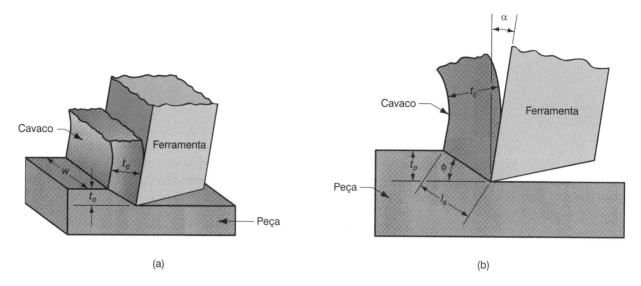

FIGURA 15.5 Corte ortogonal: (a) vista do processo em três dimensões e (b) vista lateral, reduzindo o processo a duas dimensões. (Crédito: *Fundamentals of Modern Manufacturing*, 4ª Edição por Mikell P. Groover, 2010. Reproduzido com permissão de John Wiley & Sons, Inc.)

aresta de corte da ferramenta, resultando na separação entre o cavaco e o material da peça. O material é deformado plasticamente ao longo do plano de cisalhamento, quando a maior parte da energia mecânica da usinagem é consumida.

A ferramenta no corte ortogonal possui apenas dois parâmetros geométricos: (1) o ângulo de saída e (2) o ângulo de folga. Como indicado anteriormente, o ângulo de saída α determina a direção em que o cavaco produzido flui na superfície da ferramenta e o ângulo de folga fornece uma pequena folga entre o flanco da ferramenta e a superfície de trabalho recém-gerada.

Durante o corte, a aresta de corte da ferramenta é mantida a determinada distância abaixo da superfície original do material. Isso corresponde à espessura do material que formará o cavaco, t_o, chamado espessura do cavaco indeformado. À medida que o cavaco é efetivamente produzido e deformado no plano de cisalhamento, essa espessura aumenta para t_c. A razão entre t_o e t_c é chamada **razão de espessura do cavaco** (ou simplesmente **razão do cavaco**) r:

$$r = \frac{t_o}{t_c} \tag{15.2}$$

Uma vez que a espessura do cavaco, após o corte, é sempre maior que a espessura correspondente antes do corte, a razão de espessura do cavaco será sempre inferior a 1,0.

Além da dimensão t_o, o cavaco indeformado tem uma largura w, como mostrado na Figura 15.5(a), perpendicular ao plano analisado no corte ortogonal. Esta largura não contribui substancialmente para a análise do corte ortogonal.

A geometria do modelo de corte ortogonal permite estabelecer uma relação importante entre a razão de espessura do cavaco, o ângulo de saída e o ângulo do plano de cisalhamento. Suponha que l_s seja o comprimento do plano de cisalhamento. Pode-se fazer as substituições: $t_o = l_s \operatorname{sen} \phi$, e $t_c = l_s \cos(\phi - \alpha)$. Assim,

$$r = \frac{l_s \operatorname{sen}\phi}{l_s \cos(\phi-\alpha)} = \frac{\operatorname{sen}\phi}{\cos(\phi-\alpha)}$$

Que pode ser rearranjada para determinar ϕ como se segue:

$$\operatorname{tg}\phi = \frac{r\cos\alpha}{1 - r\operatorname{sen}\alpha} \qquad (15.3)$$

A deformação de cisalhamento que ocorre ao longo do plano de cisalhamento pode ser estimada pela análise da Figura 15.6. A parte (a) mostra a deformação de cisalhamento representada, de modo aproximado, por uma série de placas paralelas que se deslocam umas sobre as outras para formar o cavaco. Consistente com a definição de deformação de cisalhamento (Seção 3.1.4), cada placa experimenta a deformação de cisalhamento mostrada na Figura 15.6(b). Referindo-se à parte (c), a deformação por cisalhamento pode ser expressa como

$$\gamma = \frac{AC}{BD} = \frac{AD + DC}{BD}$$

que pode ser reduzida à seguinte definição de deformação por cisalhamento no corte de metais:

$$\gamma = \operatorname{tg}(\phi - \alpha) + \operatorname{cotg}\phi \qquad (15.4)$$

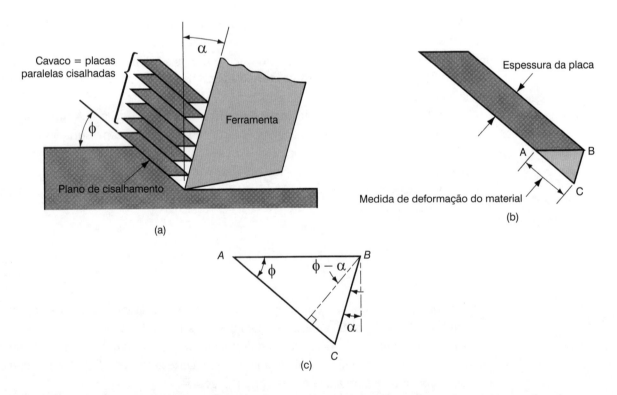

FIGURA 15.6 Deformação de cisalhamento durante a formação do cavaco: (a) formação do cavaco representada por uma série de placas paralelas deslizando uma em relação à outra; (b) uma das placas isoladas para ilustrar a definição de deformação por cisalhamento baseada nesse modelo de placas paralelas; e (c) triângulo da deformação de cisalhamento utilizado para derivar a Eq. (15.4). (Crédito: *Fundamentals of Modern Manufacturing*, 4ª Edição por Mikell P. Groover, 2010. Reproduzido com permissão de John Wiley & Sons, Inc.)

Exemplo 15.1 Corte Ortogonal

Em uma operação de usinagem que se aproxima do corte ortogonal, a ferramenta de corte tem ângulo de saída = 10°. A espessura do material que será removido (espessura do cavaco antes de sofrer a deformação ou espessura do cavaco indeformado) $t_o = 0{,}50$ mm e a espessura do cavaco (após o corte) $t_c = 1{,}125$ mm. Calcule o ângulo do plano de cisalhamento e a deformação de cisalhamento na operação.

Solução: A razão de espessura do cavaco pode ser determinada a partir da Eq. (15.2):

$$r = \frac{0{,}50}{1{,}125} = 0{,}444$$

O ângulo do plano de cisalhamento é dado pela Eq. (15.3):

$$\text{tg}\,\phi = \frac{0{,}444\cos 10}{1 - 0{,}444\,\text{sen}\,10} = 0{,}4738$$

$$\phi = 25{,}4°$$

Finalmente, a deformação de cisalhamento é calculada a partir da Eq. (15.4):

$$\gamma = \text{tg}(25{,}4 - 10) + \text{cotg}\,25{,}4$$
$$\gamma = 0{,}275 + 2{,}111 = 2{,}386$$

15.2.2 FORMAÇÃO EFETIVA DO CAVACO

Deve-se observar que existem diferenças entre o modelo de corte ortogonal e o processo de usinagem real. Primeiro, o processo de deformação por cisalhamento não ocorre ao longo de um plano de cisalhamento, mas dentro de uma região. Se o cisalhamento ocorresse em um plano de espessura nula, isso implicaria a ação de cisalhamento ter de ocorrer instantaneamente na passagem pelo plano, em vez de em um período finito (embora breve). Para o material se comportar de forma realista, a deformação de cisalhamento deve ocorrer dentro de uma zona fina de cisalhamento. Esse modelo mais realista do processo de deformação por cisalhamento na usinagem é ilustrado na Figura 15.7. Os experimentos de usinagem indicam que a espessura da zona de cisalhamento é de apenas alguns milésimos de polegada. Sendo a zona de cisalhamento tão fina, não há grande perda de precisão, na maioria dos casos, referindo-se a ela como um plano.

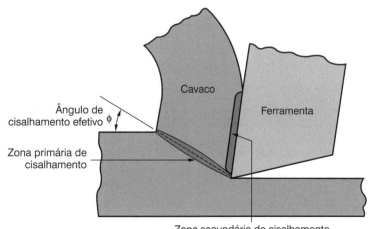

FIGURA 15.7 Visão mais realista da formação do cavaco, mostrando uma zona de cisalhamento em vez de um plano de cisalhamento. Também é mostrada a zona de cisalhamento secundária resultante do atrito cavaco-ferramenta. (Crédito: *Fundamentals of Modern Manufacturing*, 4ª Edição por Mikell P. Groover, 2010. Reproduzido com permissão de John Wiley & Sons, Inc.)

Segundo, além da deformação de cisalhamento que ocorre na zona de cisalhamento, outra ação cisalhante ocorre no cavaco após esse ter sido formado. Esse cisalhamento adicional é chamado cisalhamento secundário para distingui-lo do cisalhamento primário. O cisalhamento secundário é resultado do atrito entre o cavaco e a ferramenta enquanto o cavaco desliza ao longo da superfície de saída da ferramenta. O seu efeito aumenta com o aumento do atrito entre a ferramenta e o cavaco. As zonas primária e secundária de cisalhamento podem ser vistas na Figura 15.7.

Terceiro, a formação do cavaco depende do tipo de material que está sendo usinado e das condições de corte da operação. Quatro tipos básicos de cavaco podem ser distinguidos, ilustrados na Figura 15.8:

> *Cavaco descontínuo.* Quando materiais relativamente frágeis (p. ex., ferros fundidos) são usinados em velocidades de corte baixas, os cavacos com frequência se formam em segmentos separados (algumas vezes os segmentos são levemente conectados), o que tende a conferir textura irregular à superfície usinada. Elevado atrito cavaco-ferramenta, grande avanço e elevada profundidade de corte promovem a formação desse tipo de cavaco.

> *Cavaco contínuo.* Quando materiais dúcteis são usinados em altas velocidades e com avanços e profundidades relativamente pequenos, cavacos longos e contínuos são formados. Em geral, obtém-se bom acabamento superficial quando esse tipo de cavaco é formado. Uma ferramenta com uma aresta de corte afiada e baixo atrito cavaco-ferramenta promove a formação de cavacos contínuos. Cavacos longos e contínuos (como no torneamento) podem causar problemas com respeito à eliminação do cavaco e/ou ao emaranhamento sobre a ferramenta. Para resolver esses problemas, as ferramentas de torneamento são equipadas frequentemente com quebra-cavacos (Seção 17.3.1).

> *Cavaco contínuo com aresta postiça.* Quando se usina materiais dúcteis em baixas a médias velocidades de corte, o atrito entre a ferramenta e o cavaco tende a fazer com que partes do material fiquem aderidas à superfície de saída da ferramenta em uma região próxima à aresta de corte. Essa formação é chamada aresta postiça de corte (APC). A formação de uma APC é cíclica; ela se forma e aumenta até que se torne instável e se quebre. Grande parte da APC destacada é carregada com o cavaco, algumas vezes levando partes de superfície de saída da ferramenta com ela, o que reduz a vida da ferramenta de corte. As partes desprendidas da APC que não são transportadas com o cavaco ficam incorporadas à superfície usinada, fazendo com que a superfície se torne áspera.

Os tipos anteriores de cavaco foram classificados pela primeira vez por Ernst no final da década de 1930 [13]. Desde então, os metais disponíveis utilizados em usinagem, os materiais para ferramenta de corte e as velocidades de corte, todos tiveram crescimento, e um quarto tipo de cavaco foi identificado:

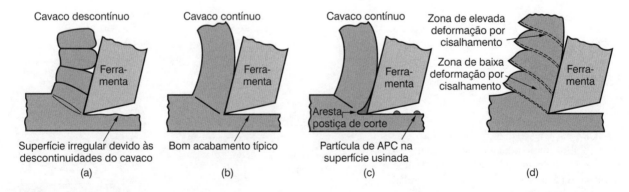

FIGURA 15.8 Quatro tipos de formação do cavaco em corte de metais: (a) descontínuo, (b) contínuo, (c) contínuo com aresta postiça, (d) segmentado. (Crédito: *Fundamentals of Modern Manufacturing*, 4ª Edição por Mikell P. Groover, 2010. Reproduzido com permissão de John Wiley & Sons, Inc.)

> **Cavacos segmentados** (o termo **cisalhamento-localizado** é também utilizado para esse quarto tipo de cavaco). Esses cavacos são semicontínuos, pois eles possuem aparência de dente de serra, que é produzida por uma formação cíclica do cavaco que alterna elevada deformação por cisalhamento, seguida por baixa deformação por cisalhamento. Esse quarto tipo de cavaco é mais diretamente associado a certos metais difíceis de usinar, tais como ligas de titânio, superligas à base de níquel e aços inoxidáveis austeníticos, quando são usinados com velocidades de corte mais elevadas. No entanto, o fenômeno também é encontrado com metais mais comuns (por exemplo, o aço), quando são usinados em altas velocidades [13].[2]

15.3 RELAÇÕES DE FORÇA E A EQUAÇÃO DE MERCHANT

Várias forças relativas ao modelo de corte ortogonal podem ser definidas. Com base nessas forças, a tensão de cisalhamento, o coeficiente de atrito e certas outras relações podem ser definidas.

15.3.1 FORÇAS NO CORTE DE METAIS

Considere as forças que atuam sobre o cavaco durante o corte ortogonal na Figura 15.9(a). As forças aplicadas contra o cavaco pela ferramenta podem ser representadas pela soma de duas componentes perpendiculares entre si: a força de atrito e a força normal ao atrito. A **força de atrito** F é a força de fricção que resiste ao escoamento do cavaco ao longo da superfície de saída da ferramenta. A **força normal ao atrito** N é perpendicular à força de atrito. Essas duas componentes podem ser usadas para definir o coeficiente de atrito entre a ferramenta e o cavaco:*

$$\mu = \frac{F}{N} \tag{15.5}$$

A força de atrito e sua força normal podem ser somadas vetorialmente para formar uma força resultante R, que é orientada em um ângulo β, denominado ângulo de atrito. O ângulo de atrito é relacionado com o coeficiente de atrito por

$$\mu = \operatorname{tg}\beta \tag{15.6}$$

Além das forças da ferramenta que agem sobre o cavaco, a força aplicada pela peça sobre o cavaco também pode ser decomposta em duas componentes: a força de cisalhamento e a força normal ao cisalhamento. A **força de cisalhamento** F_s é a força que provoca a deformação por cisalhamento que ocorre no plano de cisalhamento, e a **força normal ao cisalhamento** F_n é perpendicular à força de cisalhamento. Com base na força de cisalhamento, pode-se definir a tensão de cisalhamento que atua ao longo do plano de cisalhamento entre a peça e o cavaco:

$$\tau = \frac{F_s}{A_s} \tag{15.7}$$

---

[2] Uma descrição mais completa do cavaco do tipo segmentado pode ser encontrada em Trent & Wright [13], págs. 348-367.
* Essa relação de Mohr-Coulomg é válida para baixas forças normais N. Em altas tensões normais, como nas regiões próximas à ponta da aresta de corte, a aderência ou atrito de agarramento (Capítulo 12) deve ser utilizada. (N.T.)

em que A_s = área do plano de cisalhamento. A área do plano de cisalhamento pode ser calculada por

$$A_s = \frac{t_o w}{\text{sen}\,\phi} \qquad (15.8)$$

A tensão de cisalhamento na Eq. (15.7) representa o nível de tensão necessário para executar a operação de usinagem. Portanto, essa tensão é igual à tensão de escoamento por cisalhamento do material trabalhado ($\tau = \tau_s$) nas condições em que o corte ocorre.

A soma vetorial das duas componentes de força F_s e F_n produz a força resultante R'. Para que as forças que atuam no cavaco sejam equilibradas, a resultante R' deve ser igual em módulo, oposta em sentido e colinear com a resultante R.

Nenhuma das quatro componentes de força F, N, F_s e F_n pode ser medida diretamente em uma operação de usinagem, porque as direções em que elas são aplicadas variam com as diferentes geometrias de ferramentas e as condições de corte. No entanto, é possível que a ferramenta de corte seja instrumentada utilizando um dispositivo de medição de força chamado dinamômetro. O dinamômetro mede diretamente duas componentes da força, que estão em direções diferentes das já relatadas, neste caso, a força de corte e a força de penetração. A *força de corte* F_c é colinear com a direção de corte, a mesma direção da velocidade de corte v e a *força de penetração* F_t é perpendicular à força de corte e está associada à espessura do material que será cortado t_o. A força de corte e a força de penetração são mostradas na Figura 15.9(b) junto com sua força resultante R''. As respectivas direções dessas forças são conhecidas, de modo que os transdutores de força no dinamômetro podem ser alinhados adequadamente.

As seguintes equações podem ser derivadas para relacionar as quatro componentes de força que não podem ser medidas com as duas forças que podem ser medidas:

$$F = F_c \,\text{sen}\,\alpha + F_t \cos\alpha \qquad (15.9)$$

$$N = F_c \cos\alpha - F_t \,\text{sen}\,\alpha \qquad (15.10)$$

$$F_s = F_c \cos\phi - F_t \,\text{sen}\,\phi \qquad (15.11)$$

$$F_n = F_c \,\text{sen}\,\phi + F_t \cos\phi \qquad (15.12)$$

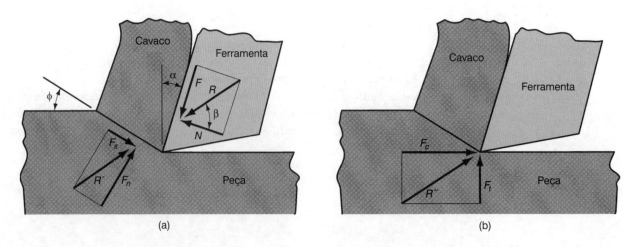

FIGURA 15.9 Forças no corte de metais: (a) forças que atuam sobre o cavaco no corte ortogonal e (b) forças que podem ser medidas e atuam sobre a ferramenta. (Crédito: *Fundamentals of Modern Manufacturing*, 4ª Edição por Mikell P. Groover, 2010. Reproduzido com permissão de John Wiley & Sons, Inc.)

Se a força de corte e a força de penetração são conhecidas, essas quatro equações podem ser utilizadas para calcular estimativas para a força de cisalhamento, para a força de atrito e para a força normal ao atrito. Com base nessas estimativas de força, a tensão de cisalhamento e o coeficiente de atrito podem ser determinados.

Note que, no caso especial de corte ortogonal com ângulo de saída $\alpha = 0$, as Eqs. (15.9) e (15.10) se reduzem a $F = F_t$ e $N = F_c$, respectivamente. Assim, nesse caso especial, a força de atrito e sua força normal podem ser medidas pelo dinamômetro de forma direta.

Exemplo 15.2
Tensão de Cisalhamento na Usinagem

Suponha, no Exemplo 15.1, que a força de corte e a força de penetração sejam medidas durante uma operação de corte ortogonal: $F_c = 1559$ N e $F_t = 1271$ N. A largura da operação de corte ortogonal é $w = 3,0$ mm. Com base nesses dados, determine a tensão de escoamento por cisalhamento do material trabalhado.

Solução: Do Exemplo 15.1, o ângulo de saída $\alpha = 10°$ e o ângulo do plano de cisalhamento $\phi = 25,4°$. A força de cisalhamento pode ser calculada a partir da Eq. (15.11):

$$F_s = 1559\cos 25,4 - 1271\operatorname{sen} 25,4 = 863 \text{ N}$$

A área do plano de cisalhamento é dada pela Eq. (15.8):

$$A_s = \frac{(0,5)(3,0)}{\operatorname{sen} 25,4} = 3,497 \text{ mm}^2$$

Assim, a tensão de cisalhamento, que é igual à tensão de escoamento por cisalhamento do material trabalhado, é

$$\tau = \tau_s - \frac{863}{3,497} = 247 \text{N/mm}^2 = 247 \text{ MPa}$$

∎

Esse exemplo demonstra que a força de corte e a força de avanço estão relacionadas com a tensão de escoamento por cisalhamento do material trabalhado. As relações podem ser estabelecidas de forma mais direta. Recordando a Eq. (15.7), em que a força de cisalhamento $F_s = \tau_s A_s$, as equações que se seguem podem ser obtidas:

$$F_c = \frac{\tau_s t_o w \cos(\beta - \alpha)}{\operatorname{sen}\phi \cos(\phi + \beta - \alpha)} = \frac{F_s \cos(\beta - \alpha)}{\cos(\phi + \beta - \alpha)} \tag{15.13}$$

e

$$F_t = \frac{\tau_s t_o w \operatorname{sen}(\beta - \alpha)}{\operatorname{sen}\phi \cos(\phi + \beta - \alpha)} = \frac{F_s \operatorname{sen}(\beta - \alpha)}{\cos(\phi + \beta - \alpha)} \tag{15.14}$$

Essas equações permitem que se estime a força de corte e a força de avanço em uma operação de corte ortogonal se a tensão de escoamento por cisalhamento do material é conhecida.

15.3.2 A EQUAÇÃO DE MERCHANT

Uma relação importante no corte de metais foi obtida por Eugene Merchant [10]. Seu desenvolvimento foi baseado na hipótese de corte ortogonal, mas, em geral, sua validade permite aplicações em operações tridimensionais de usinagem. Merchant partiu da definição da tensão de cisalhamento expressa na forma da seguinte relação, obtida pela combinação das Eqs. (15.7), (15.8) e (15.11):

$$\tau = \frac{F_c \cos\phi - F_t \sen\phi}{(t_o w / \sen\phi)} \quad (15.15)$$

Merchant argumentou que, de todos os ângulos possíveis provenientes da aresta de corte da ferramenta em que a deformação cisalhante pode ocorrer, existe um ângulo ϕ que predomina. Esse é o ângulo em que a tensão de cisalhamento é precisamente igual à tensão de escoamento por cisalhamento do material trabalhado e desse modo a deformação de cisalhamento ocorre nesse ângulo. Para todos os outros ângulos de cisalhamento possíveis, a tensão de cisalhamento é menor que a tensão de escoamento por cisalhamento, de modo que a formação do cavaco não pode ocorrer nesses outros ângulos. De fato, o material trabalhado assumirá o ângulo do plano de cisalhamento que minimiza a energia. Esse ângulo pode ser determinado tomando a derivada da tensão de cisalhamento τ_s na Eq. (15.15) com respeito a ϕ e fazendo a derivada igual a zero. Resolvendo para ϕ, se obtém a relação cujo nome foi dado em homenagem a Merchant:

$$\phi = 45° + \frac{\alpha}{2} - \frac{\beta}{2} \quad (15.16)$$

Entre as hipóteses da equação de Merchant tem-se que a tensão de escoamento por cisalhamento do material trabalhado é constante e, portanto, não é afetada pela taxa de deformação, temperatura e outros fatores. Como essa hipótese é violada em operações reais de usinagem, a Eq. (15.16) deve ser considerada uma relação aproximada, em vez de uma equação matemática precisa. Vamos, contudo, considerar a sua aplicação no exemplo a seguir.

Exemplo 15.3
Estimativa para o Ângulo de Atrito

Usando os dados e os resultados dos exemplos anteriores, determine (a) o ângulo de atrito e (b) o coeficiente de atrito.

Solução: (a) A partir do Exemplo 15.1, $\alpha = 10°$ e $\phi = 25,4°$. Reorganizando a Eq. (15.16), o ângulo de atrito pode ser estimado:

$$\beta = 2(45) + 10 - 2(25,4) = 49,2°$$

(b) O coeficiente de atrito é dado pela Eq. (15.6):

$$\mu = \tg 49,2 = 1,16 \quad \blacksquare$$

Ensinamentos Baseados na Equação de Merchant O real valor da equação de Merchant é que ela define a relação geral entre o ângulo de saída, o atrito cavaco-ferramenta e o ângulo do plano de cisalhamento. O ângulo do plano de cisalhamento pode ser aumentado (1) pelo incremento do ângulo de saída e (2) pela diminuição do ângulo de atrito (e do coeficiente de atrito) entre a ferramenta e o cavaco. O ângulo de saída pode ser aumentado por um projeto adequado da ferramenta, e o ângulo de atrito pode ser reduzido pelo uso de um fluido de corte lubrificante.

A importância de se aumentar o ângulo do plano de cisalhamento pode ser vista na Figura 15.10. Se todos os outros fatores permanecem os mesmos, um ângulo do plano de cisalhamento maior resulta em uma área do plano de cisalhamento menor. Uma vez que a tensão de

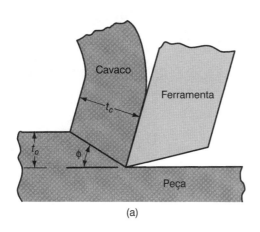 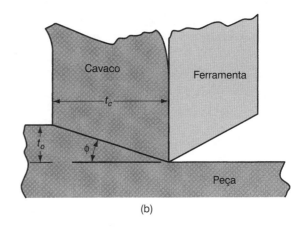

FIGURA 15.10 Efeito do ângulo do plano de cisalhamento ϕ: (a) maior ϕ com área resultante do plano de cisalhamento menor, (b) menor ϕ com área correspondente do plano de cisalhamento maior. Note que o ângulo de saída é maior em (a), o que tende a aumentar o ângulo de cisalhamento de acordo com a equação de Merchant. (Crédito: *Fundamentals of Modern Manufacturing*, 4ª Edição por Mikell P. Groover, 2010. Reproduzido com permissão de John Wiley & Sons, Inc.)

escoamento por cisalhamento é aplicada sobre essa área, a força de cisalhamento necessária para formar o cavaco diminuirá quando a área do plano de cisalhamento for reduzida. Maior ângulo do plano de cisalhamento resulta em energia de corte mais baixa, menores exigências de potência e temperatura de corte mais baixa. Essas são boas razões para tentar fazer o ângulo do plano de cisalhamento tão grande quanto possível durante a usinagem.

Aproximação do Torneamento pelo Corte Ortogonal O modelo ortogonal pode ser usado para aproximar o torneamento e certas outras operações de usinagem com ferramenta monocortante, desde que o avanço nessas operações seja pequeno em relação à profundidade de corte. Assim, a maior parte do corte estará relacionada à direção do avanço, e o corte na ponta da ferramenta será considerado desprezível. A Figura 15.11 indica a conversão de uma situação de corte para a outra.

A interpretação das condições de corte nos dois casos é diferente. A espessura do material a ser removido (espessura do cavaco indeformado) t_o no corte ortogonal corresponde ao avanço f no torneamento; e a largura de corte w no corte ortogonal corresponde à profundidade de corte d no torneamento. Além disso, a força de penetração F_t no modelo ortogonal corresponde à força de avanço F_f no torneamento. A velocidade de corte e a força de corte têm o mesmo significado nos dois casos. A Tabela 15.1 resume as conversões.

TABELA 15.1 Relação de conversão: operação de torneamento *versus* corte ortogonal

Operação de Torneamento	Modelo de Corte Ortogonal
Avanço f =	Espessura do cavaco indeformado t_o
Profundidade p_c =	Largura de corte w
Velocidade de corte v =	Velocidade de corte v
Força de corte F_c =	Força de corte F_c
Força de avanço F_f =	Força de penetração F_t

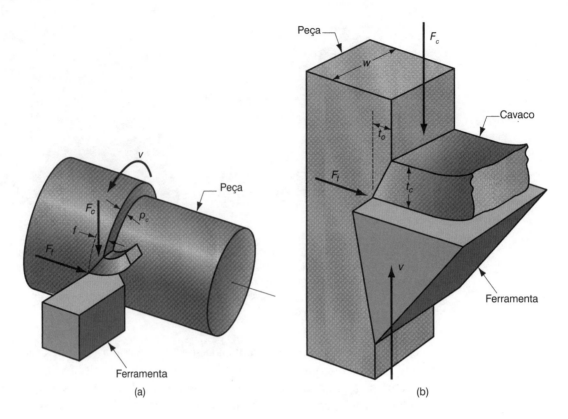

FIGURA 15.11 Aproximação do torneamento pelo modelo ortogonal: (a) torneamento e (b) o corte ortogonal correspondente. (Crédito: *Fundamentals of Modern Manufacturing*, 4ª Edição por Mikell P. Groover, 2010. Reproduzido com permissão de John Wiley & Sons, Inc.)

15.4 RELAÇÕES DE POTÊNCIA E ENERGIA EM USINAGEM

A operação de usinagem necessita de potência para ser realizada. A força de corte em uma operação de usinagem de um processo produtivo pode exceder 1000 N (algumas centenas de libras), como sugerido pelo Exemplo 15.2. As velocidades de corte típicas são de algumas centenas de m/min. O produto da força e da velocidade de corte corresponde à potência (energia por unidade de tempo) necessária à execução da operação de usinagem:

$$P_c = F_c v \tag{15.17}$$

em que P_c = potência de corte, Nm/s ou W (lbf pé/min); F_c = força de corte, N (lbf) e v = velocidade de corte, m/s (pé/min). Em unidades americanas habituais, a potência é tradicionalmente expressa em HP dividindo lbf pé/min por 33.000. Assim,

$$P_c(HP) = \frac{F_c v}{33.000} \tag{15.18}$$

em que $P_c(HP)$ = potência de corte em HP. A potência bruta necessária para operar a máquina-ferramenta é maior que a potência fornecida para o processo de corte devido às perdas mecânicas no motor e no sistema de transmissão da máquina. Essas perdas podem ser contabilizadas pela eficiência mecânica da máquina-ferramenta:

$$P_b = \frac{P_c}{E} \quad \text{ou} \quad P_b(HP) = \frac{P_c(HP)}{E} \tag{15.19}$$

em que P_b = potência bruta do motor da máquina-ferramenta, W; P_b *(HP)* = potência bruta em HP e E = eficiência mecânica da máquina-ferramenta. Valores típicos de E para máquinas-ferramentas são da ordem de 90%.

Frequentemente, é útil converter a potência em potência por unidade da taxa do volume de metal removido. O que é chamado **potência unitária**, P_u (ou **potência unitária em HP**, P_u *(HP)*), definida por:

$$P_u = \frac{P_c}{\varphi_{RM}} \quad \text{ou} \quad P_u(HP) = \frac{P_c(HP)}{\varphi_{RM}} \tag{15.20}$$

em que φ_{RM} = taxa de remoção de material, mm³/s (in³/min). A taxa de remoção de material pode ser calculada como o produto de v, t_o e w. Essa é a Eq. (15.1) usando as conversões da Tabela 15.1. A potência unitária também é conhecida como **energia específica** U.

$$U = P_u = \frac{P_c}{\varphi_{RM}} = \frac{F_c v}{v t_o w} = \frac{F_c}{t_o w} \tag{15.21}$$

As unidades para energia específica são tipicamente Nm/mm³ (lbf in/in³). A última expressão na Eq. (15.21) sugere que as unidades podem ser reduzidas a N/mm² (lbf/in²). No entanto, é mais significativo manter as unidades como Nm/mm³ ou J/mm³ (lbf in/in³).

Exemplo 15.4
Relações de Potência em Usinagem

Continuando com os exemplos anteriores, vamos determinar a potência de corte e a energia específica em uma operação de usinagem com velocidade de corte = 100 m/min. Resumindo os dados e resultados dos exemplos anteriores, t_o = 0,50 mm, w = 3,0 mm, F_c = 1557 N.

Solução: A partir da Eq. (15.18), a potência na operação é

$$P_c = (1557 \text{ N})(100 \text{ m/min}) = 155.700 \text{ N-m/min} = 155.700 \text{ J/min} = 2595 \text{ J/s} = 2595 \text{ W}$$

A energia específica é calculada a partir da Eq. (15.21):

$$U = \frac{155.700}{100(10^3)(3,0)(0,5)} = \frac{155.700}{150.000} = 1,038 \text{ N-m/mm}^3$$

A potência unitária e a energia específica fornecem uma medida útil de quanta potência (ou energia) é necessária para remover uma unidade de volume de metal durante a usinagem. Usando essa medida, diferentes materiais podem ser comparados em termos de suas necessidades de potência e energia. A Tabela 15.2 apresenta uma lista de valores de potência unitária em HP e energia específica para materiais selecionados.

Os valores na Tabela 15.2 são baseados em duas hipóteses: (1) a ferramenta de corte é afiada e (2) a espessura do cavaco antes do corte t_o = 0,25 mm (0,010 in). Caso essas hipóteses não sejam satisfeitas, alguns ajustes devem ser feitos. Para ferramentas desgastadas, a potência necessária para realizar o corte é maior, o que se reflete em valores mais elevados da energia específica e da potência unitária. Como uma aproximação, os valores na tabela devem ser multiplicados por um fator entre 1,00 e 1,25, dependendo do grau de desgaste da ferramenta. Para ferramentas afiadas, o fator é 1,00. Para ferramentas em operação de acabamento, que estão praticamente gastas, o fator é em torno de 1,10, e para ferramentas em uma operação de desbaste, que estão praticamente gastas, o fator é de 1,25.

TABELA 15.2 Valores da potência unitária em HP e energia específica para materiais selecionados, utilizando ferramentas de corte afiadas e espessura do cavaco indeformado t_o = 0,25 mm (0,010 in)

Material	Dureza Brinell	Energia Específica U ou Potência Unitária P_u		Potência Unitária em HP_u hp/(in³/min)
		N·m/mm³	in/lb/in	
Aço-carbono	150–200	1,6	240.000	0,6
	201–250	2,2	320.000	0,8
	251–300	2,8	400.000	1,0
Aços-liga	200–250	2,2	320.000	0,8
	251–300	2,8	400.000	1,0
	301–350	3,6	520.000	1,3
	351–400	4,4	640.000	1,6
Ferros fundidos	125–175	1,1	160.000	0,4
	175–250	1,6	240.000	0,6
Aço inoxidável	150–250	2,8	400.000	1,0
Alumínio	50–100	0,7	100.000	0,25
Ligas de alumínio	100–150	0,8	120.000	0,3
Latão	100–150	2,2	320.000	0,8
Bronze	100–150	2,2	320.000	0,8
Ligas de magnésio	50–100	0,4	60.000	0,15

Dados compilados de [6], [8], [11] e outras referências.

A espessura do cavaco indeformado t_o também afeta os valores de energia específica e de potência unitária. Conforme t_o diminui, as exigências de potência unitária aumentam. Essa relação é chamada **efeito de escala**.* Como exemplo, a retificação, em que os cavacos são extremamente pequenos em comparação com a maioria das operações de usinagem, requer valores de energia específica muito elevados. Os valores de U e P_u (HP) na Tabela 15.2 podem também ser utilizados para estimar a potência e a energia para situações em que t_o não é igual a 0,25 mm (0,010 in) pela aplicação de um fator de correção que leve em conta qualquer diferença na espessura do cavaco indeformado. A Figura 15.12 fornece os valores desse fator de correção em função de t_o. Os valores de potência unitária e de energia específica na Tabela 15.2 devem ser multiplicados pelo fator de correção adequado quando t_o é diferente de 0,25 mm (0,010 in).

Além do estado da afiação da ferramenta e do efeito de escala, outros fatores também influenciam os valores da energia específica e da potência unitária para uma dada operação. Esses outros fatores incluem o ângulo de saída, a velocidade de corte e o fluido de corte. Quando o ângulo de saída ou a velocidade de corte são aumentados, ou quando é adicionado fluido de corte ao processo, os valores de U e P_u (HP) são ligeiramente reduzidos. Para a solução dos exercícios no final do capítulo, os efeitos desses fatores adicionais podem ser ignorados.

15.5 TEMPERATURA DE CORTE

Da energia total consumida na usinagem, quase toda ela (~98%) é convertida em calor. Esse calor pode produzir temperaturas muito elevadas na interface cavaco-ferramenta — acima de 600°C (1100°F) não é incomum. A energia restante (~2%) é retida como energia elástica no cavaco.

---
* O efeito de escala também é muito discutido em microusinagem mecânica e mecânica de precisão, que utilizam a espessura do cavaco indeformado reduzida. (N.T.)

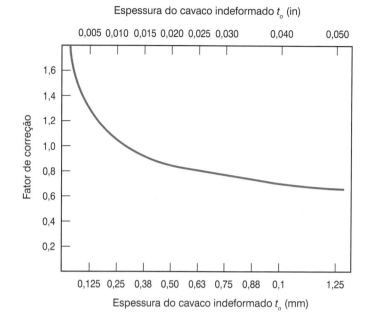

FIGURA 15.12 Fator de correção para potência unitária em HP e energia específica quando os valores de espessura do cavaco antes do corte t_o são diferentes de 0,25 mm (0,010 in). (Crédito: *Fundamentals of Modern Manufacturing*, 4ª Edição por Mikell P. Groover, 2010. Reproduzido com permissão de John Wiley & Sons, Inc.)

As temperaturas de corte são importantes porque temperaturas elevadas (1) reduzem a vida da ferramenta, (2) produzem cavacos quentes que colocam em risco a segurança do operador da máquina e (3) podem causar imprecisões nas dimensões da peça devido à expansão térmica do material trabalhado. Nesta seção, serão discutidos métodos para calcular e medir as temperaturas na usinagem.

15.5.1 MÉTODOS ANALÍTICOS PARA DETERMINAR A TEMPERATURA DE CORTE

Existem vários métodos analíticos para calcular estimativas para a temperatura de corte. As referências [3], [5], [9] e [15] apresentam algumas dessas abordagens. Descreveremos o método de Cook [5], que foi desenvolvido utilizando dados experimentais de diversos materiais, para estabelecer os valores dos parâmetros para a equação proposta. A equação pode ser utilizada para prever o aumento da temperatura na interface cavaco-ferramenta durante a usinagem:

$$\Delta T = \frac{0,4U}{\rho C}\left(\frac{vt_o}{K}\right)^{0,333} \tag{15.22}$$

em que ΔT = elevação média da temperatura na interface cavaco-ferramenta, °C (°F); U = energia específica na operação, Nm/mm³ ou J/mm³ (lbf in/in³); v = velocidade de corte, m/s (in/s); t_o = espessura do cavaco indeformado, m (in); ρC = calor específico volumétrico do material, J/mm³ °C (lbf in/in³ °F); K = difusividade térmica do material, m²/s (in²/s).

Exemplo 15.5
Temperatura de Corte

Para a energia específica obtida no Exemplo 15.4, calcule o aumento na temperatura acima da temperatura ambiente de 20°C. Utilize os dados fornecidos nos exemplos anteriores deste capítulo: v = 100 m/min, t_o = 0,50 mm. Além disso, o calor específico volumétrico para o material trabalhado = 3,0 (10^{-3}) J/mm³ °C e a difusividade térmica = 50 (10^{-6}) m²/s (ou 50 mm²/s).

Solução: A velocidade de corte deve ser convertida para mm/s: v = (100 m/min) $(10^3$ mm/m)/(60 s/min) = 1667 mm/s. A Eq. (15.22) pode então ser utilizada para calcular o aumento médio da temperatura:

$$\Delta T = \frac{0,4(1,038)}{3,0(10^{-3})} \, ^\circ C \left(\frac{1667(0,5)}{50} \right)^{0,333} = (138,4)(2,552) = 353\,^\circ C$$

∎

15.5.2 MEDIDA DA TEMPERATURA DE CORTE

Alguns métodos experimentais foram desenvolvidos para medir a temperatura na usinagem.* A técnica de medição utilizada mais frequentemente é a do **termopar cavaco-ferramenta**, que consiste na ferramenta e no cavaco como os dois metais dissimilares que formam a junta do termopar. Conectando de forma adequada terminais elétricos à ferramenta e à peça (que está ligada ao cavaco), a tensão gerada na interface cavaco-ferramenta durante o corte pode ser monitorada por meio de um potenciômetro ou outro dispositivo apropriado de aquisição de dados. A tensão de saída do termopar cavaco-ferramenta (medida em mV) pode ser convertida para o valor correspondente da temperatura por meio de equações de calibração para a combinação específica de ferramenta e peça.

O termopar cavaco-ferramenta tem sido utilizado por pesquisadores para investigar a relação entre a temperatura e as condições de corte, tais como velocidade e avanço. Trigger [14] determinou a relação entre a velocidade e a temperatura com a seguinte forma geral:

$$T = Kv^m \tag{15.23}$$

em que T = temperatura medida na interface cavaco-ferramenta e v = velocidade de corte. Os parâmetros K e m dependem das condições de corte (outras condições que não incluem v) e do material usinado. A Figura 15.13 apresenta o gráfico da temperatura em relação à velocidade de corte para vários materiais, com equações na forma da Eq. (15.23) determinadas para cada material. Uma relação semelhante existe entre a temperatura de corte e o avanço; no entanto, o efeito do avanço sobre a temperatura não é tão marcante quanto o da velocidade de corte. Esses resultados empíricos tendem a apoiar a validade geral da equação de Cook: Eq. (15.22).

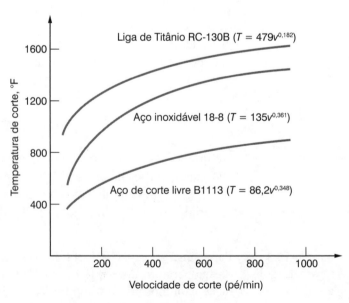

FIGURA 15.13 Gráfico da temperatura de corte medida experimentalmente contra a velocidade utilizada para usinar três materiais diferentes, indicando a concordância geral com a Eq. (15.23). Com base nos dados em [9].[3] (Crédito: *Fundamentals of Modern Manufacturing*, 4ª Edição por Mikell P. Groover, 2010. Reproduzido com permissão de John Wiley & Sons, Inc.)

---

* O livro de Machado, A.R.; Coelho, R.T.; Abrão, A.M. e da Silva, M.B. *Teoria da Usinagem dos Materiais*, São Paulo: Blucher, 2009 apresenta diversos métodos experimentais de temperatura de corte. (N.T.)

[3] As unidades relatadas no artigo de Loewen e Shaw na ASME [9] foram °F para a temperatura de corte e pé/min para a velocidade de corte. Mantivemos essas unidades no gráfico e nas equações da figura.

REFERÊNCIAS

[1] *ASM Handbook*, Vol. **16**, *Machining*. ASM International, Materials Park, Ohio, 1989.

[2] Black, J, and Kohser, R. *DeGarmo's Materials and Processes in Manufacturing*, 10th ed. John Wiley & Sons, Inc. Hoboken, New Jersey, 2008.

[3] Boothroyd, G., and Knight, W. A. *Fundamentals of Metal Machining and Machine Tools*, 3rd ed. CRC Taylor and Francis, Boca Raton, Florida, 2006.

[4] Chao, B. T., and Trigger, K. J. "Temperature Distribution at the Tool-Chip Interface in Metal Cutting," *ASME Transactions*, Vol. 77, October 1955, pp. 1107-1121.

[5] Cook, N. "Tool Wear and Tool Life," *ASME Transactions, J. Engrg. for Industry*, Vol. 95, November 1973, pp. 931-938.

[6] Drozda, T. J., and Wick, C. (eds.). *Tool and Manufacturing Engineers Handbook*, 4th ed., Vol. I, *Machining*. Society of Manufacturing Engineers, Dearborn, Michigan, 1983.

[7] Kalpakjian, S., and Schmid, R. *Manufacturing Processes for Engineering Materials*, 4th ed. Prentice Hall/Pearson, Upper Saddle River, New Jersey, 2003.

[8] Lindberg, R. A. *Processes and Materials of Manufacture*, 4th ed. Allyn and Bacon, Inc., Boston, Massachusetts, 1990.

[9] Loewen, E. G., and Shaw, M. C. "On the Analysis of Cutting Tool Temperatures," *ASME Transactions*, Vol. 76, No. 2, February 1954, pp. 217–225.

[10] Merchant, M. E. "Mechanics of the Metal Cutting Process: II. Plasticity Conditions in Orthogonal Cutting," *Journal of Applied Physics*, Vol. 16, June 1945 pp. 318—324.

[11] Schey, J. A. *Introduction to Manufacturing Processes*, 3rd ed. McGraw-Hill Book Company, New York, 1999.

[12] Shaw, M. C. *Metal Cutting Principles*, 2nd ed. Oxford University Press, Inc., Oxford, England, 2005.

[13] Trent, E. M., and Wright, P. K. *Metal Cutting*, 4th ed. Butterworth Heinemann, Boston, Massachusetts, 2000.

[14] Trigger, K. J. "Progress Report No. 2 on Tool-Chip Interface Temperatures," *ASME Transactions*, Vol. 71, No. 2, February 1949, pp. 163-174.

[15] Trigger, K. J., and Chao, B.T. "An Analytical Evaluation of Metal Cutting Temperatures," *ASME Transactions*, Vol. 73, No. 1, January 1951, pp. 57-68.

QUESTÕES DE REVISÃO

15.1 Quais são as três categorias básicas de processos de remoção de material?

15.2 O que distingue a usinagem de outros processos de fabricação?

15.3 Identifique algumas das razões pelas quais a usinagem é importante comercial e tecnologicamente.

15.4 Diga o nome dos três processos de usinagem mais comuns.

15.5 Quais são as duas categorias básicas de ferramentas de corte em usinagem? Dê dois exemplos de operações de usinagem que utilizam cada um desses tipos de ferramenta.

15.6 Quais são os parâmetros de uma operação de usinagem que estão incluídos dentro do conjunto das condições de corte?

15.7 Explique a diferença entre operações de usinagem de desbaste e de acabamento.

15.8 O que é uma máquina-ferramenta?

15.9 O que é uma operação de corte ortogonal?

15.10 Por que o modelo de corte ortogonal é útil na análise da usinagem de metais?

15.11 Diga o nome e faça uma breve descrição dos quatro tipos de cavaco que ocorrem no corte de metais.

15.12 Identifique as quatro forças que atuam sobre o cavaco no modelo de corte ortogonal para metais, mas que em geral não podem ser medidas diretamente durante uma operação.

15.13 Identifique as duas forças que podem ser medidas no modelo de corte ortogonal para metais.

15.14 Qual é a relação entre o coeficiente de atrito e o ângulo de atrito no modelo de corte ortogonal?

15.15 Descreva em palavras o que a equação Merchant nos diz.

15.16 Como está relacionada a potência necessária em uma operação de corte com a força de corte?

15.17 O que é energia específica na usinagem de metais?

15.18 O que significa o termo *efeito de escala* no corte de metais?

15.19 O que é um termopar cavaco-ferramenta?

PROBLEMAS

15.1 Em uma operação de corte ortogonal, a ferramenta tem um ângulo de saída = 15°. A espessura do cavaco indeformado = 0,30 mm e o corte produz uma espessura do cavaco = 0,65 mm. Calcule (a) o ângulo do plano de cisalhamento e (b) a deformação de cisalhamento para a operação.

15.2 Em uma operação de corte ortogonal, uma ferramenta com 0,250 in de largura tem um ângulo de saída de 5°. O torno é ajustado de modo que a espessura do cavaco indeformado é 0,010 in. Após o corte, a medida da espessura do cavaco deformado é de 0,027 in. Calcule (a) o ângulo do plano de cisalhamento e (b) a deformação de cisalhamento para a operação.

15.3 Em uma operação de torneamento, a rotação do eixo principal é ajustada para fornecer uma velocidade de corte de 1,8 m/s. O avanço e a profundidade de corte são 0,30 mm e 2,6 mm, respectivamente. O ângulo de saída da ferramenta é 8°. Após o corte, a medida da espessura do cavaco deformado é de 0,49 milímetro. Determine (a) o ângulo do plano de cisalhamento, (b) a deformação de cisalhamento e (c) a taxa de remoção de material. Utilize o modelo de corte ortogonal como uma aproximação do processo de torneamento.

15.4 A força de corte e a força de penetração em uma operação de corte ortogonal são 1470 N e 1589 N, respectivamente. O ângulo de saída = 5°, a largura do corte = 5,0 mm, a espessura do cavaco indeformado = 0,6 mm e a razão de espessura do cavaco = 0,38. Determine (a) tensão de escoamento por cisalhamento do material usinado e (b) o coeficiente de atrito na operação.

15.5 A força de corte e a força de penetração foram medidas em uma operação de corte ortogonal como 300 lbf e 291 lbf, respectivamente. O ângulo de saída = 10°, a largura de corte = 0,2 in, a espessura do cavaco indeformado = 0,015 in e a razão de espessura do cavaco = 0,4. Determine (a) tensão de escoamento por cisalhamento do material usinado e (b) o coeficiente de atrito na operação.

15.6 Em uma operação de corte ortogonal, o ângulo de saída = –5°, a espessura do cavaco indeformado = 0,2 mm e a largura de corte = 4,0 mm. A razão do cavaco = 0,4. Determine (a) a espessura do cavaco, (b) o ângulo de cisalhamento, (c) o ângulo de atrito, (d) o coeficiente de atrito e (e) a deformação de cisalhamento.

15.7 A tensão de escoamento por cisalhamento de um determinado material = 50.000 lbf/in^2. Uma operação de corte ortogonal é realizada utilizando uma ferramenta com um ângulo de saída = 20° nas seguintes condições de usinagem: velocidade de corte = 100 ft/min, espessura do cavaco indeformado = 0,015 in e largura de corte = 0,150 in. A razão de espessura do cavaco resultante = 0,50. Determine (a) o ângulo do plano de cisalhamento, (b) a força de cisalhamento, (c) a força de corte e a força de penetração e (d) a força de atrito.

15.8 Uma barra de aço de carbono com 7,64 in de diâmetro tem resistência à tração de 65.000 lbf/in^2 e tensão de escoamento por cisalhamento de 45.000 lbf/in^2. O diâmetro é reduzido utilizando uma operação de torneamento com velocidade de corte de 400 ft/min. O avanço é de 0,011 in/rot e a profundidade de corte é 0,120 in. O ângulo de saída da ferramenta na direção do escoamento do cavaco é 13°. As condições de corte resultam em uma razão de cavaco de 0,52. Utilizando o modelo ortogonal como uma aproximação do torneamento, determine (a) o ângulo do plano de cisalhamento, (b) a força de cisalhamento, (c) a força de corte e força de avanço e (d) o coeficiente de atrito entre a ferramenta e o cavaco.

15.9 Um aço de baixo-carbono com resistência à tração de 300 MPa e tensão de escoamento por cisalhamento de 220 MPa é usinado em uma operação de torneamento com velocidade de corte de 3,0 m/s. O avanço é de 0,20 mm/rot e a profundidade de corte é de 3,0 mm. O ângulo de saída da ferramenta é 5° na direção do escoamento do cavaco. A razão de cavaco resultante é de 0,45. Utilizando o modelo ortogonal como uma aproximação do torneamento, determine (a) o ângulo do plano de cisalhamento, (b) a força de cisalhamento, (c) a força de corte e a força de avanço.

15.10 Uma operação de torneamento é realizada com ângulo de saída de 10°, avanço de 0,01 in/rot e profundidade de corte = 0,1 in. Sabe-se que a tensão de escoamento por cisalhamento do material usinado é de 50.000 lbf/in^2 e a razão de espessura do cavaco medida após o corte é de 0,40. Determine a força de corte e a força de avanço. Utilize o modelo de corte ortogonal como uma aproximação do processo de torneamento.

15.11 Em operação de torneamento de um aço inoxidável com dureza = 200 HB, velocidade de corte = 200 m/min, avanço = 0,25 mm/rot e profundidade de corte = 7,5 mm, qual potência o torno consumirá para realizar essa operação, se a sua eficiência mecânica = 90%. Utilize a Tabela 15.2 para obter o valor apropriado da energia específica.

15.12 No Problema 15.11, calcule a potência necessária ao torno supondo que o avanço é alterado para 0,50 mm/rot.

15.13 Em operação de torneamento de alumínio, velocidade de corte = 900 pés/min, avanço = 0,020 in/rot e profundidade de corte = 0,250 in, qual é a potência em HP exigida do motor de acionamento, se o torno tem eficiência mecânica = 87%? Utilize a Tabela 15.2 para obter o valor apropriado da potência unitária em HP.

15.14 Em operação de torneamento de aço-carbono, cuja dureza Brinell = 275 HB, a velocidade de corte é fixada em 200 m/min e a profundidade de corte = 6,0 mm. O motor do torno é classificado em 25 kW e sua eficiência mecânica = 90%. Utilizando o valor apropriado de energia específica da Tabela 15.2, determine o avanço máximo que pode ser ajustado para essa operação. O uso de uma planilha eletrônica é recomendado para os cálculos iterativos exigidos nesse problema.

15.15 Uma operação de torneamento é realizada em um torno com potência de 20 HP que possui índice de eficiência de 87%. A usinagem de desbaste é realizada em um aço-liga, cuja dureza está na faixa de 325 a 335 HB. A velocidade de corte é de 375 ft/min, o avanço é de 0,03 in/rot e a profundidade de corte é de 0,15 in. Com base nesses valores, o trabalho pode ser executado no torno com 20 HP? Utilize a Tabela 15.2 para obter o valor apropriado da potência unitária em HP.

15.16 Em operação de torneamento de um aço de baixo-carbono (175 HB), a velocidade de corte = 400 ft/min, o avanço = 0,010 in/rot e a profundidade de corte = 0,075 in. O torno possui uma eficiência mecânica = 0,85. Com base nos valores de potência unitária em HP na Tabela 15.2, determine (a) a potência em HP consumida pela operação de torneamento e (b) a potência em HP que deve ser desenvolvida pelo torno.

15.17 Resolva o Problema 15.16, considerando que o avanço = 0,0075 in/rot e o material trabalhado é o aço inoxidável (Dureza Brinell = 240 HB).

15.18 Uma operação de torneamento é realizada em alumínio (100 HB). A velocidade de corte = 5,6 m/s, o avanço = 0,25 mm/rot e a profundidade de corte = 2,0 mm. O torno tem eficiência mecânica = 0,85. Com base nos valores de energia específica na Tabela 15.2, determine (a) a potência de corte e (b) potência bruta na operação de torneamento, em Watts.

15.19 Uma operação de torneamento é realizada em um torno utilizando ferramenta com ângulo de saída nulo na direção de escoamento do cavaco. O material de trabalho é um aço-liga com dureza = 325 Brinell Hardness. O avanço é de 0,015 in/rot, a profundidade de corte é de 0,125 in e a velocidade de corte é de 300 ft/min. Após o corte, a medida da razão de espessura do cavaco é 0,45. (a) Usando o valor apropriado de energia específica da Tabela 15.2, calcule a potência no motor de acionamento em HP, se o torno tem uma eficiência = 85%. (b) Com base na potência em HP, calcule sua melhor estimativa para a força de corte para essa operação de torneamento. Utilize o modelo de corte ortogonal como uma aproximação do processo de torneamento.

15.20 Em operação de torneamento de uma peça de liga de alumínio, o avanço = 0,020 in/rot e a profundidade de corte = 0,250 in. O motor do torno tem potência de 20 HP e eficiência mecânica = 92%. O valor da potência unitária = 0,25 HP/(in^3/min) para essa classe de alumínio. Qual é a velocidade de corte máxima que pode ser usada nesse trabalho?

15.21 Um corte ortogonal é realizado em um metal cujo calor específico de massa = 1,0 J/g°C, densidade = 2,9 g/cm^3 e difusividade térmica = 0,8 cm^2/s. A velocidade de corte é de 4,5 m/s, espessura do cavaco indeformado é de 0,25 mm e largura de corte é de 2,2 mm. A força de corte é medida em 1170 N. Pela equação de Cook, determine a temperatura de corte, supondo que a temperatura ambiente = 22°C.

15.22 Considere operação de torneamento executada em um aço cuja dureza = 225 HB, a velocidade = 3,0 m/s, avanço = 0,25 mm e profundidade = 4,0 mm. Utilizando os valores das propriedades térmicas encontradas nas tabelas e definições das Seções 3.6 e 3.7, e o valor adequado para a energia específica da Tabela 15.2, calcule uma estimativa da temperatura de corte utilizando a equação de Cook. Assuma que a temperatura ambiente = 20°C.

15.23 Uma operação de corte ortogonal é executada em determinado metal cujo calor específico volumétrico = 110 lbf in/in^3 °F e difusividade térmica = 0,140 in^2/s. A velocidade de corte = 350 ft/min, a espessura do cavaco indeformado = 0,008 in e a largura de corte = 0,100 in. A força de corte é medida em 200 lbf. Utilizando a equação de Cook, determine a temperatura de corte, supondo que a temperatura ambiente = 70°F.

15.24 Em uma operação de torneamento, um termopar cavaco-ferramenta foi utilizado para medir a temperatura de corte. Os dados de temperatura, a seguir, foram coletados durante as usinagens em três velocidades de corte diferentes (o avanço e a profundidade foram mantidos constantes): (1) v = 100 m/min, T = 505°C, (2) v = 130 m/min, T = 552°C, (3) v = 160 m/min, T = 592°C. Determine a equação para a temperatura em função da velocidade de corte que tenha a forma da equação de Trigger, Eq. (15.23).

16 OPERAÇÕES DE USINAGEM E MÁQUINAS-FERRAMENTA

Sumário

16.1 Usinagem e Geometria da Peça

16.2 Torneamento e Operações Afins
16.2.1 Condições de Corte no Torneamento
16.2.2 Operações Relacionadas ao Torneamento
16.2.3 Torno Mecânico
16.2.4 Outros Tipos de Tornos
16.2.5 Mandriladoras

16.3 Furação e Operações Afins
16.3.1 Condições de Corte na Furação
16.3.2 Operações Relacionadas à Furação
16.3.3 Furadeiras

16.4 Fresamento
16.4.1 Tipos de Operações de Fresamento
16.4.2 Condições de Corte no Fresamento
16.4.3 Fresadoras

16.5 Centros de Usinagem e Centros de Torneamento

16.6 Outras Operações de Usinagem
16.6.1 Aplainamento
16.6.2 Brochamento
16.6.3 Serramento

16.7 Usinagem em Alta Velocidade

16.8 Tolerâncias e Acabamento de Superfície
16.8.1 Tolerâncias na Usinagem
16.8.2 Acabamento de Superfície na Usinagem

16.9 Considerações de Projeto de Produto para Usinagem

A usinagem é o mais versátil e preciso dentre todos os processos de fabricação. Isso se deve à sua capacidade de produzir peças com características geométricas bem diversas. A fundição também pode produzir uma variedade de formas, mas não possui a precisão e a exatidão da usinagem. Neste capítulo, são descritas as operações de usinagem mais importantes e também as máquinas-ferramenta utilizadas para realizá-las.

16.1 USINAGEM E GEOMETRIA DA PEÇA

As peças produzidas pelo processo de usinagem podem ter, ou não, uma geometria de revolução, conforme se observa na Figura 16.1. Uma peça com *geometria de revolução* apresenta forma cilíndrica ou de disco. A operação típica que produz essa geometria é aquela em que uma ferramenta de corte remove material de uma peça que gira. Exemplos incluem o torneamento interno e externo. A maioria das operações de furação ocorre de modo muito similar, exceto que a forma cilíndrica interna é criada com o giro da ferramenta (em vez da peça). Uma peça *sem geometria de revolução* (também chamada *prismática*) é semelhante a um bloco ou a uma placa, como mostrada na Figura 16.1(b). Essa geometria é obtida por movimentos lineares da peça combinados com a rotação ou com o movimento linear da ferramenta. As operações nessa categoria incluem fresamento, aplainamento (*shaping* e *planing*, em inglês) e serramento.

Cada operação de usinagem produz uma geometria característica em virtude de dois fatores: (1) os movimentos relativos entre a peça e a ferramenta e (2) a forma da ferramenta de corte. Essas operações, que criam a forma da peça, podem ser classificadas como geração e formação. Na *geração*, a geometria da peça é determinada pela trajetória do avanço da ferramenta de corte. O caminho percorrido pela ferramenta durante seu movimento de avanço é transmitido à superfície de trabalho para criar a forma. Exemplos de geração incluem torneamento cilíndrico, torneamento cônico, torneamento curvilíneo, fresamento com fresa cilíndrica tangencial e fresamento com fresa de topo, todos ilustrados na Figura 16.2. Em cada uma dessas operações, a remoção do material é realizada pelo movimento que produz a velocidade de corte na operação, mas a forma da peça é determinada pelo movimento de avanço. A trajetória de avanço pode envolver variações na profundidade ou na espessura do corte durante a operação. Por exemplo, nas operações de torneamento curvilíneo e de fresamento de um perfil mostradas na Figura 16.2, o movimento de avanço resulta em mudanças na profundidade e na espessura, respectivamente, enquanto o corte é realizado.

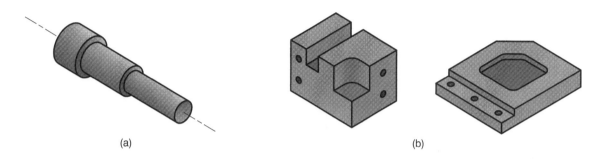

FIGURA 16.1 As peças usinadas são classificadas em (a) com geometria de revolução, ou (b) sem geometria de revolução, aqui representadas por um bloco e uma peça plana. (Crédito: *Fundamentals of Modern Manufacturing*, 4ª Edição por Mikell P. Groover, 2010. Reimpresso com permissão de John Wiley & Sons, Inc.)

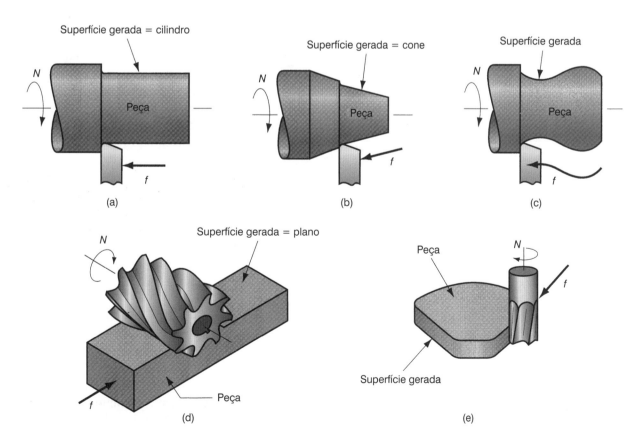

FIGURA 16.2 Geração de formas em usinagem: (a) torneamento cilíndrico, (b) torneamento cônico, (c) torneamento curvilíneo, (d) fresamento cilíndrico tangencial, e (e) fresamento de um perfil com fresa de topo. (Crédito: *Fundamentals of Modern Manufacturing*, 4ª Edição por Mikell P. Groover, 2010. Reimpresso com permissão de John Wiley & Sons, Inc.)

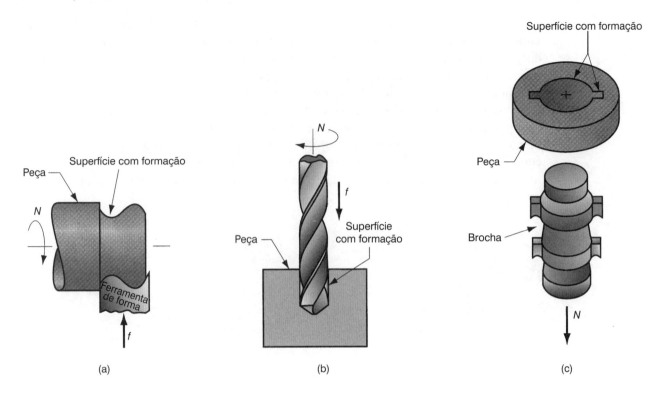

FIGURA 16.3 Formação para criar formas em usinagem: (a) perfilamento radial, (b) furação, e (c) brochamento. (Crédito: *Fundamentals of Modern Manufacturing*, 4ª Edição por Mikell P. Groover, 2010. Reimpresso com permissão de John Wiley & Sons, Inc.)

Na *formação*, a forma da peça é criada pela geometria da ferramenta de corte. De fato, a forma da aresta de corte da ferramenta é complementar àquela produzida na superfície da peça. O perfilamento radial, a furação e o brochamento são exemplos desse caso. Nessas operações, ilustradas na Figura 16.3, a forma da ferramenta de corte é transmitida para a peça a fim de criar sua geometria. As condições de corte na formação normalmente incluem a velocidade do movimento primário combinada com o movimento de avanço que é direcionado à peça. A profundidade de corte nessa categoria de usinagem normalmente se refere à penetração final no trabalho, após o movimento de avanço ter sido concluído.

A formação e a geração, algumas vezes, são combinadas em uma única operação, como ilustrado na Figura 16.4, para o rosqueamento no torno ou para o fresamento de uma ranhura em T por fresamento. No rosqueamento no torno, o formato pontiagudo da ferramenta de corte determina a forma dos filetes, mas a elevada velocidade de avanço é que gera a rosca. De modo semelhante, no fresamento de ranhuras (também chamado fresamento de rasgos), a largura da ferramenta de corte determina a largura da ranhura, mas é o movimento de avanço que cria a ranhura.

A usinagem é classificada como um processo secundário. Em geral, os processos secundários se seguem a processos básicos, cujo propósito é estabelecer a forma inicial da peça bruta. Exemplos de processos básicos incluem a fundição, forjamento e laminação. As formas produzidas por esses processos geralmente requerem o trabalho posterior por processos secundários. As operações de usinagem servem para transformar as formas iniciais nas geometrias finais especificadas de acordo com o projeto da peça. Como exemplo, partindo-se de um material com a forma inicial de uma barra, chega-se à geometria final de um eixo, após uma série de operações de usinagem.

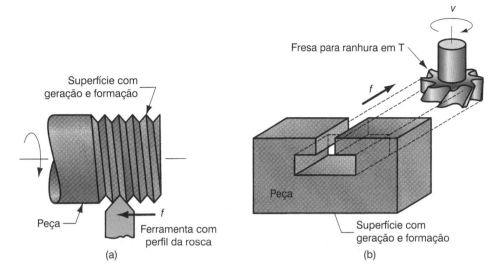

FIGURA 16.4 Combinação de formação e geração para criar formas: (a) usinagem de uma rosca em um torno, e (b) fresamento de uma ranhura em T. (Crédito: *Fundamentals of Modern Manufacturing*, 4ª Edição por Mikell P. Groover, 2010. Reimpresso com permissão de John Wiley & Sons, Inc.)

16.2 TORNEAMENTO E OPERAÇÕES AFINS

O torneamento é um processo de usinagem em que uma ferramenta monocortante remove material da superfície de uma peça que gira. A ferramenta avança linearmente em uma direção paralela ao eixo de rotação para gerar a geometria cilíndrica, como ilustrado nas Figuras 16.2(a) e 16.5. Ferramentas monocortantes utilizadas no torneamento e em outras operações de usinagem são discutidas na Seção 17.3.1. O torneamento é realizado em uma máquina-ferramenta denominada *torno*, que fornece a potência necessária para tornear a peça a uma determinada velocidade de rotação e avançar a ferramenta na velocidade e profundidade de corte especificadas.

16.2.1 CONDIÇÕES DE CORTE NO TORNEAMENTO

A rotação no torneamento está relacionada com a velocidade de corte desejada na superfície da peça cilíndrica segundo a equação:

$$N = \frac{1000v}{\pi D_i} \qquad (16.1)$$

em que N = rotação, rpm; v = velocidade de corte, m/min (ft/min); e D_i = diâmetro inicial da peça, m (ft).

A operação de torneamento reduz o diâmetro da peça bruta do seu diâmetro inicial D_i para um diâmetro final D_f, conforme definido pela profundidade de corte (*depth of cut*) p_c:

$$D_f = D_i - 2p_c \qquad (16.2)$$

O avanço no torneamento normalmente é expresso em mm/rot (pol/rot). Esse avanço pode ser convertido para uma velocidade de percurso linear em mm/min (pol/min) pela fórmula:

$$v_f = Nf_r \qquad (16.3)$$

em que v_f = velocidade de avanço, mm/min (in/min); e f_r = avanço por rotação (*feed*), mm/rot (in/rot).

O tempo para usinar de uma extremidade da peça cilíndrica até a outra é dado por:

$$T_c = \frac{L}{f_r} \qquad (16.4)$$

em que T_c = tempo de corte, min; e L = comprimento da peça cilíndrica, mm (in). Um cálculo mais direto do tempo de corte é fornecido pela seguinte equação:

$$T_c = \frac{\pi D_i L}{1000 v_{fr}} \qquad (16.5)$$

em que D_i = diâmetro inicial da peça, mm (in); L = comprimento da peça, mm (in); f_r = avanço, mm/rot (in/rot); e v = velocidade de corte, m/min (in/min).* Do ponto de vista prático, uma pequena distância geralmente é adicionada ao comprimento da peça, no seu início e final, para permitir a aproximação e o afastamento da ferramenta. Assim, a duração do movimento de avanço durante o trabalho será maior que T_c.

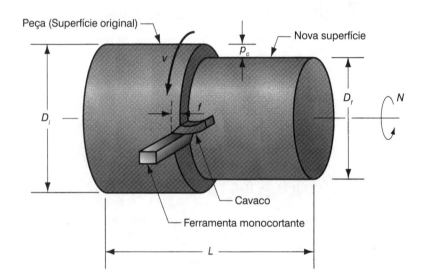

FIGURA 16.5 Operação de torneamento. (Crédito: *Fundamentals of Modern Manufacturing*, 4ª Edição por Mikell P. Groover, 2010. Reimpresso com permissão de John Wiley & Sons, Inc.)

A taxa volumétrica de remoção de material pode ser mais convenientemente determinada pela seguinte equação:

$$\varphi_{RM} = v \cdot p_c \cdot f_r \qquad (16.6)$$

em que φ_{RM} = taxa de remoção de material, mm³/min (in³/min). Ao utilizar essa equação, as unidades para f são expressas simplesmente por mm (in); de fato, despreza-se o aspecto de rotação do torneamento. Além disso, deve-se tomar cuidado para assegurar que as unidades para a velocidade sejam consistentes com as de avanço, nas unidades americanas e inglesas.

16.2.2 OPERAÇÕES RELACIONADAS AO TORNEAMENTO

Diversas operações de usinagem podem ser realizadas em um torno, além do torneamento, e incluem-se as seguintes, ilustradas na Figura 16.6:

---

* Novamente, deve-se ter cuidado na adequação das unidades para conversão. (N.T.)

(a) **Faceamento**. A ferramenta avança na direção radial, sobre a face oposta ao cabeçote móvel da peça em rotação, para criar uma superfície plana.

(b) **Torneamento cônico**. Em vez de a ferramenta avançar paralelamente ao eixo de rotação da peça, a ferramenta avança em um ângulo, criando assim um cilindro afunilado ou uma forma cônica.

(c) **Torneamento curvilíneo**. Em vez de a ferramenta avançar paralelamente ao eixo de rotação, a ferramenta segue um contorno não linear, criando assim uma forma curva na peça torneada.

(d) **Perfilamento radial**. Nessa operação de formação, a ferramenta apresenta um formato que é transmitido para a peça ao se introduzir radialmente a ferramenta na peça.

(e) **Chanframento**. A aresta de corte da ferramenta é utilizada para produzir um ângulo na borda do cilindro, criando um "chanfro".

(f) **Sangramento**. De forma semelhante ao faceamento, a ferramenta avança radialmente na peça em rotação. A ferramenta (bedame) realiza um rebaixo progressivo em uma seção da peça, em um ponto ao longo do comprimento, até que, ao chegar no centro,* corta a peça. Essa operação é chamada frequentemente *corte com bedame.*

(g) **Rosqueamento no torno**. Uma ferramenta pontiaguda com a geometria da rosca avança linearmente ao longo da superfície externa da peça em rotação, em uma direção paralela ao eixo de rotação, com alta velocidade de avanço efetiva, e dessa forma produz filetes no cilindro.

(h) **Broqueamento**. Uma ferramenta monocortante avança linearmente em uma direção paralela ao eixo de rotação, no diâmetro interno de um furo existente na peça.

(i) **Furação**. A furação pode ser realizada em um torno, avançando a broca contra a peça que gira em torno do seu eixo. O *alargamento* pode ser realizado de maneira similar.

(j) **Recartilhado**. Essa não é uma operação de usinagem, porque não envolve o corte de material. Em vez disso, trata-se de uma operação de conformação de metais utilizada com o objetivo de produzir um padrão de hachuras regulares na superfície de trabalho.

A maioria das operações no torno utiliza ferramentas monocortantes (Seção 17.3.1). O torneamento cilíndrico, o faceamento, o torneamento cônico, o torneamento curvilíneo, o chanframento e o broqueamento são todos realizados com ferramentas monocortantes. Uma operação de rosqueamento no torno ocorre utilizando uma ferramenta monocortante projetada com geometria que dá a forma ao filete da rosca. Algumas operações exigem ferramentas diferentes das monocortantes. O perfilamento é realizado com uma ferramenta especialmente projetada, denominada ferramenta de forma. A forma do perfil afiada na ferramenta define o formato da peça. Uma ferramenta de corte é basicamente uma ferramenta de forma. A furação é realizada por uma broca (Seção 17.3.2). O recartilhado é feito por uma recartilha, que consiste em dois roletes de material extremamente duro, em que cada rolete gira apoiado em seus eixos. As superfícies dos roletes têm o padrão desejado do recartilhado. Para executar o recartilhado, a ferramenta é pressionada contra a peça rotativa com pressão suficiente para imprimir o padrão na superfície da peça.

16.2.3 TORNO MECÂNICO

O equipamento básico utilizado para o torneamento e operações similares é o ***torno mecânico***, uma máquina-ferramenta versátil, operada manualmente e muito utilizada em pequena e média produção.

---

* Se o objetivo da operação é produzir um rebaixo em vez de um corte, o movimento da ferramenta é interrompido quando se atinge a dimensão requerida. (N.T.)

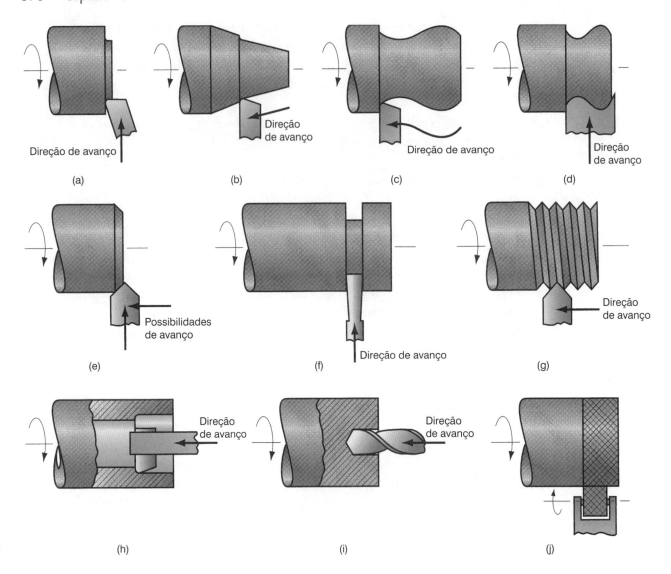

FIGURA 16.6 Outras operações de usinagem que são realizadas no torno, além do próprio torneamento: (a) faceamento, (b) torneamento cônico, (c) torneamento curvilíneo, (d) perfilamento radial, (e) chanframento, (f) sangramento, (g) rosqueamento no torno, (h) broqueamento, (i) furação, e (j) recartilhado. (Crédito: *Fundamentals of Modern Manufacturing*, 4ª Edição por Mikell P. Groover, 2010. Reimpresso com permissão de John Wiley & Sons, Inc.)

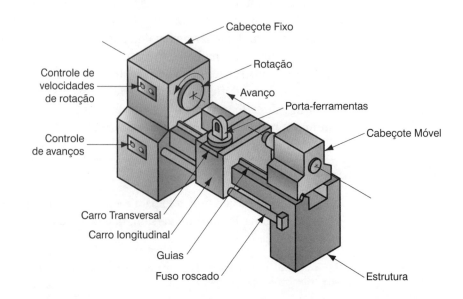

FIGURA 16.7 Diagrama de um torno mecânico indicando seus principais componentes. (Crédito: *Fundamentals of Modern Manufacturing*, 4ª Edição por Mikell P. Groover, 2010. Reimpresso com permissão de John Wiley & Sons, Inc.)

Tecnologia do Torno Mecânico A Figura 16.7 apresenta esquematicamente um torno mecânico mostrando seus principais componentes. O *cabeçote fixo* contém a unidade de acionamento que faz girar o eixo árvore, que, por sua vez, gira a peça. No lado oposto ao cabeçote fixo, está o *cabeçote móvel*, em que está montado um centro para apoiar a outra extremidade da peça.

A ferramenta de corte é fixada no *porta-ferramenta*, que é preso ao *carro transversal*. Esse, por sua vez, está montado no *carro principal*, que é projetado para deslizar ao longo do *barramento* do torno, de modo a promover o avanço da ferramenta paralelamente ao eixo de rotação. O barramento é como um trilho, ao longo do qual o carro principal desliza, e é fabricado com grande precisão para se alcançar alto grau de paralelismo em relação ao eixo de rotação. O barramento se situa na *base* do torno, que fornece uma estrutura rígida para a máquina-ferramenta.

O carro principal é acionado por um parafuso (fuso), que gira com uma rotação adequada para fornecer a velocidade de avanço desejada. O carro transversal é projetado a fim de avançar na direção perpendicular ao movimento do carro principal. Desse modo, movendo-se o carro principal, a ferramenta avança paralelamente ao eixo da peça ao executar um torneamento cilíndrico. Quando o carro transversal se desloca radialmente, a ferramenta avança sobre a peça para realizar um faceamento, um perfilamento radial, ou operação de corte.

O torno mecânico convencional e a maioria das máquinas descritas nesta seção são *tornos horizontais*, isto é, o eixo principal é horizontal. Isso é apropriado para a maioria dos trabalhos de torneamento, em que o comprimento da peça é maior que o diâmetro. Para trabalhos em que o diâmetro é grande em relação ao comprimento e a peça é pesada, é mais conveniente que a peça gire em torno de um eixo vertical; nesse caso, as máquinas são chamadas *tornos verticais*.

O tamanho de um torno mecânico é definido pelo diâmetro admissível sobre o barramento e pela distância máxima entre pontas. O *diâmetro admissível* sobre o barramento é o diâmetro máximo da peça que pode ser fixada no eixo principal. Esse diâmetro é determinado pelo dobro da distância entre a linha central do eixo e o barramento da máquina. O tamanho máximo real de uma peça cilíndrica que pode ser acomodada no torno é menor que o diâmetro admissível sobre o barramento, porque o conjunto do carro principal e do carro transversal também ocupa parte do espaço disponível. A *distância máxima entre pontas* indica o comprimento máximo de uma peça que pode ser montada entre pontas no cabeçote fixo e no cabeçote móvel. Por exemplo, um torno com 350 mm × 1,2 m (14 in × 48 in) identifica que o diâmetro admissível sobre o barramento é de 350 mm (14 in) e a distância máxima entre pontas é de 1,2 m (48 in).

Métodos para Fixação da Peça em um Torno Quatro métodos são comumente utilizados para fixar as peças no torno. Esses métodos de fixação consistem em vários mecanismos para prender a peça, centralizá-la, mantê-la em posição paralela ao eixo principal e girá-la. Os métodos de montagem, ilustrados na Figura 16.8, prendem a peça (a) entre pontas, (b) em placa de castanhas, (c) em pinça e (d) em placa plana.

A fixação da peça *entre pontas* remete ao uso de duas pontas, uma no cabeçote fixo e outra no cabeçote móvel, como na Figura 16.8(a). Esse método é adequado para peças com razão elevada entre o comprimento e o diâmetro. No centro do cabeçote fixo, um dispositivo chamado *arrastador* ou *grampo* é preso à parte externa da peça e fornece a rotação a partir do eixo. O centro do cabeçote móvel possui uma ponta com forma de cone, que é inserida em um orifício cônico na extremidade da peça. A ponta no cabeçote móvel pode ser fixa ou rotativa. Uma *ponta rotativa* gira apoiada em um rolamento no cabeçote móvel, de modo que não há rotação relativa entre a peça e a ponta; consequentemente, não existe atrito entre a ponta rotativa e a peça. Em contraste, uma *ponta fixa* é presa ao cabeçote móvel e, portanto, não gira. Em vez disso, a peça gira sobre a ponta. Devido ao atrito e ao acúmulo de calor que ocorre, essa configuração em geral é utilizada em baixas rotações. A ponta rotativa pode ser usada em velocidades mais elevadas.

A *placa de castanhas*, Figura 16.8(b), está disponível em vários modelos, com três ou quatro castanhas para prender a peça cilíndrica pelo seu diâmetro externo. As castanhas com frequência são construídas de modo que possam também prender o diâmetro interno de uma peça tubular. Uma placa *autocentrante* possui um mecanismo que movimenta as castanhas para dentro ou para fora, simultaneamente, de modo a centralizar a peça no eixo principal. Outras placas permitem a operação independente de cada castanha. As placas podem ser utilizadas com ou sem a ponta no cabeçote móvel. Para peças com baixa razão entre o comprimento e o diâmetro, a fixação da peça na placa como uma viga em balanço é em geral suficiente para suportar as forças de corte. Para barras longas, a ponta no cabeçote móvel é necessária para o suporte adequado.

Uma *pinça* consiste em uma bucha tubular com ranhuras longitudinais que se estendem até a metade do seu comprimento, e são igualmente espaçadas em torno da circunferência da pinça, tal como na Figura 16.8(c). O diâmetro interno da pinça é utilizado para fixar uma peça cilíndrica, tal como uma barra. Devido às ranhuras, uma das extremidades da pinça pode ser comprimida a fim de reduzir o seu diâmetro e produzir uma pressão suficiente para a fixação da peça. Uma vez que existe limite para a redução, que pode ser obtida em uma pinça de um determinado diâmetro, esses dispositivos de fixação devem ser fabricados em diferentes tamanhos para combinar com o tamanho específico da peça na operação.

A *placa plana*, Figura 16.8(d), é um dispositivo fixado ao eixo principal do torno, utilizado para prender peças com formas irregulares. Devido à sua forma irregular, essas peças não podem ser fixadas por outros métodos. A placa plana é utilizada com grampos de formato personalizado adequados à geometria especial da peça.

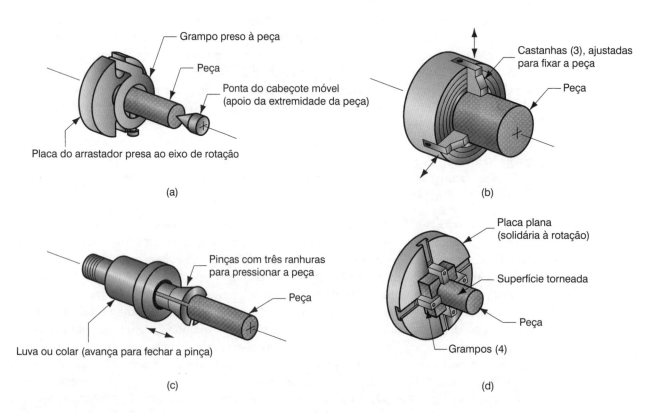

FIGURA 16.8 Quatro métodos de fixação utilizados em tornos: (a) montagem da peça entre pontas fazendo uso de um arrastador, (b) placa de três castanhas, (c) pinça e (d) placa plana para peças não cilíndricas. (Crédito: *Fundamentals of Modern Manufacturing*, 4ª Edição por Mikell P. Groover, 2010. Reimpresso com permissão de John Wiley & Sons, Inc.)

16.2.4 OUTROS TIPOS DE TORNOS

Além do torno mecânico, outras máquinas-ferramenta para torneamento foram desenvolvidas para atender a funções específicas ou automatizar o processo de torneamento. Entre essas máquinas estão: (1) torno de ferramentaria, (2) torno com avanço manual, (3) torno revólver, (4) torno com fixação por mandril ou por pinça (*chucking machine* e *bar machine*), (5) torno automático, e (6) torno controlado numericamente.

O torno de ferramentaria e o torno de avanço manual estão intimamente relacionados com o torno mecânico. O **torno de ferramentaria** é menor e possui uma gama mais ampla de velocidades e avanços disponíveis. Foi construído também para permitir maior precisão, consistente com o propósito de fabricar componentes para ferramentas, acessórios e outros dispositivos de alta precisão.

O **torno com avanço manual** (*speed lathe*) é mais simples em sua construção que o torno mecânico. Não possui o conjunto do carro principal e do carro transversal e, portanto, não existe fuso para acionar o carro. A ferramenta de corte é segura pelo operador utilizando um suporte preso ao torno para apoio. Tornos com avanço manual operam com velocidades mais elevadas, mas o número de velocidades disponíveis é limitado. As aplicações desse tipo de máquina incluem o torneamento de madeira, o repuxo de metais (Seção 14.6.3) e operações de polimento (Seção 18.2.4).

Um **torno revólver** é um torno operado de forma manual, em que o cabeçote móvel é substituído por uma torre que contém até seis ferramentas de corte. Essas ferramentas podem ser rapidamente colocadas em operação para usinar uma peça, uma após a outra, por meio da sua adequada disposição na torre revólver. Além disso, o porta-ferramenta convencional utilizado em um torno mecânico é substituído por uma torre com quatro lados, capaz de posicionar até quatro ferramentas. Assim, devido à sua capacidade de mudar rápido de uma ferramenta de corte para a seguinte, o torno revólver é utilizado para trabalhos em alta produção, que exigem uma sequência de usinagens a serem realizadas na peça.

Como o nome sugere, um **torno com fixação por mandril** utiliza um mandril em seu eixo para fixar a peça. Não existe cabeçote móvel em um torno com fixação por mandril, de modo que as peças não podem ser montadas entre centros. Essa característica limita a utilização de um torno com fixação por mandril à usinagem de peças curtas e leves. A preparação e operação são semelhantes à do torno revólver, exceto que os avanços das ferramentas de corte são controlados automaticamente, e não por um operador. A função do operador é carregar e descarregar as peças.

Um **torno com fixação por pinça** (*bar machine*) é similar a um torno com fixação por mandril, exceto que é utilizada uma pinça (em vez de um mandril). Essa fixação permite que uma barra longa de matéria-prima seja posicionada através do cabeçote. No final de cada ciclo de usinagem, uma operação de corte separa a nova peça. A barra de material é, então, empurrada para frente a fim de fornecer matéria-prima para a próxima peça. A alimentação de material, bem como a indexação e alimentação das ferramentas de corte é realizada automaticamente. Devido ao seu elevado nível de automação, é com frequência chamado **torno automático**. Uma das suas aplicações mais importantes é na produção de parafusos e de pequenos itens semelhantes de equipamentos; o nome **torno automático** é frequentemente utilizado para máquinas utilizadas nessas aplicações.

Tornos com fixação por pinça, que são alimentados por barras, podem ser classificados como de único eixo ou de múltiplos eixos. Um **torno alimentado por barra de eixo único** possui um eixo que normalmente permite que apenas uma ferramenta de corte seja usada de cada vez durante a usinagem de uma única peça. Assim, enquanto uma ferramenta está cortando a peça, as outras ferramentas estão paradas. Tornos revólver e tornos com fixação por mandril também são limitados por essa operação sequencial da ferramenta, e não simultânea. Para aumentar a utilização das ferramentas de corte e a taxa de produção, **tornos alimentados por barra de múltiplos eixos** são utilizados. Essas máquinas têm mais que um eixo, de modo que múltiplas peças são usinadas de forma simultânea por múltiplas ferramentas. Por exemplo, um torno automático alimentado por barra, com seis eixos, opera em seis peças de cada

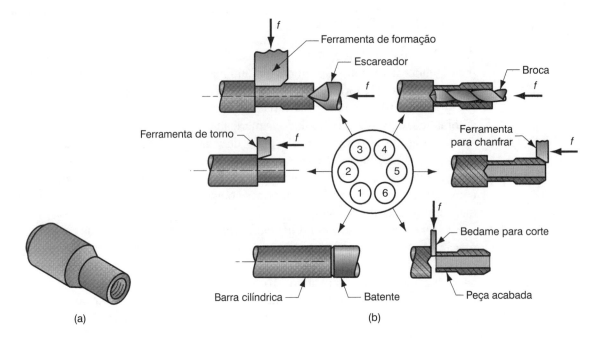

FIGURA 16.9 (a) Tipo de peça produzida em um torno automático, alimentado por barra com seis eixos; e (b) sequência de operações para produzir a peça: (1) alimentação da barra de material até o batente ou topador, (2) torneamento do diâmetro principal, (3) formação de um segundo diâmetro e do escareamento, (4) furação, (5) chanframento e (6) corte. (Crédito: *Fundamentals of Modern Manufacturing*, 4ª Edição por Mikell P. Groover, 2010. Reimpresso com permissão de John Wiley & Sons, Inc.)

vez, como na Figura 16.9. No final de cada ciclo de processamento, os eixos (incluindo pinças e barras) são girados para a posição seguinte. Na Figura 16.9, cada peça é cortada sequencialmente por cinco conjuntos de ferramentas de corte. Essa operação é realizada em seis ciclos (a posição 1 diz respeito ao avanço da barra de material até um batente ou "topador"). Com esse arranjo, uma peça é concluída ao final de cada ciclo. Como resultado, um torno automático com seis eixos possui uma taxa de produção muito elevada.

A sequência e a atuação dos movimentos nos tornos automáticos e com fixação por mandril têm sido tradicionalmente controladas por cames e outros dispositivos mecânicos. A forma moderna de controle é o **comando numérico computadorizado** (CNC), no qual as operações da máquina-ferramenta são controladas por um "programa com instruções", consistindo em um código alfanumérico (Seção 29.1). O CNC fornece um modo mais sofisticado e versátil de controle que aqueles disponíveis nos dispositivos mecânicos. O CNC levou ao desenvolvimento de máquinas-ferramenta capazes de ciclos de usinagem e geometrias de peças mais complexas, e um nível mais alto de funcionamento automatizado que os tornos automáticos e com fixação por mandril convencional. O torno CNC é um exemplo dessas máquinas no torneamento, em especial é útil para operações de torneamento curvilíneo e trabalhos com tolerâncias estreitas. Atualmente, tornos automáticos com fixação por mandril e por pinça são dotados de tecnologia CNC.

16.2.5 MANDRILADORAS

O mandrilamento é uma operação semelhante ao torneamento. O mandrilamento utiliza uma ferramenta monocortante contra uma peça fixa. Tipicamente, no mandrilamento é usinado o diâmetro interno de um orifício preexistente. Na verdade, o mandrilamento é similar a uma operação de torneamento interno. Na língua inglesa, a nomenclatura utilizada para a operação de mandrilamento (*boring*) é a mesma para a operação que, em português, indica o torneamento interno, denominada broqueamento. As máquinas-ferramenta utilizadas para realizar operações de mandrilamento são chamadas **mandriladoras**. É de se esperar que as mandriladoras tenham características em comum com os tornos.

As mandriladoras podem ser horizontais ou verticais. A designação se refere à orientação do eixo de rotação da ferramenta. Na operação de *broqueamento*, existem duas formas distintas de configuração. Na primeira configuração, a peça é fixada ao eixo em rotação, e a ferramenta é presa à ferramenta de broquear em balanço, que avança sobre a peça, como ilustrado na Figura 16.10(a). A ferramenta de broquear, nessa configuração, deve ser bastante rígida para evitar deflexão e vibração durante o corte. Para ter grande rigidez, são frequentemente feitas de metal duro, cujo módulo de elasticidade é em torno de 620 GPa (90×10^6 lb/in^2). A Figura 16.11 mostra uma ferramenta de broquear de metal duro.

A segunda configuração possível é aquela em que a ferramenta é montada na barra de mandrilar, que está apoiada e gira entre centros. A peça é presa a um mecanismo de avanço que a desloca através da barra de mandrilar onde está montada a ferramenta. Essa configuração, Figura 16.10(b), pode ser usada para executar uma operação de mandrilar em uma madrilhadora.

Uma **mandriladora de eixo vertical** é utilizada para peças grandes, pesadas, com grandes diâmetros. Geralmente, o diâmetro da peça é maior que o seu comprimento. Conforme mostrado na Figura 16.12, a peça é fixada à mesa de trabalho, que gira em relação à base da máquina. Existem mesas com até 12 m (40 pés) de diâmetro. É possível que uma mandriladora

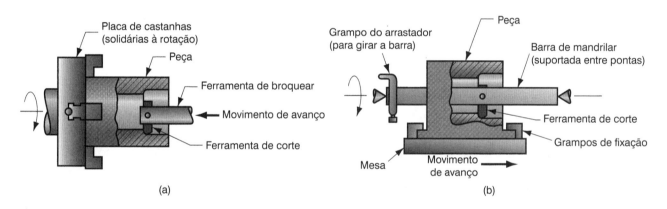

FIGURA 16.10 Duas formas de torneamento interno: (a) a ferramenta de broquear avança contra a peça em rotação, e (b) a peça, não rotativa, avança em uma barra de mandrilar em rotação. (Crédito: *Fundamentals of Modern Manufacturing*, 4ª Edição por Mikell P. Groover, 2010. Reimpresso com permissão de John Wiley & Sons, Inc.)

FIGURA 16.11 Ferramenta de broquear feita de metal duro (WC-Co), que utiliza insertos intercambiáveis de metal duro. Cortesia da Kennametal Inc. (Crédito: *Fundamentals of Modern Manufacturing*, 4ª Edição por Mikell P. Groover, 2010. Reimpresso com permissão de John Wiley & Sons, Inc.)

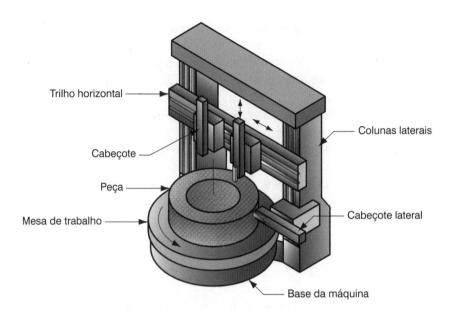

FIGURA 16.12 Mandriladora de eixo vertical. (Crédito: *Fundamentals of Modern Manufacturing*, 4ª Edição por Mikell P. Groover, 2010. Reimpresso com permissão de John Wiley & Sons, Inc.)

típica posicione e avance várias ferramentas de corte simultaneamente. As ferramentas são montadas em cabeçotes que podem avançar horizontal e verticalmente em relação à mesa de trabalho. Um ou dois cabeçotes são dispostos sobre o trilho horizontal, montado acima da mesa de trabalho. As ferramentas de corte montadas acima da peça podem ser usadas para faceamento e mandrilamento. Além das ferramentas no trilho transversal, é possível montar um ou dois cabeçotes adicionais de ferramentas nas colunas laterais da máquina, a fim de permitir o torneamento no diâmetro externo da peça.

Os cabeçotes utilizados em uma mandriladora vertical frequentemente incluem torres para acomodar várias ferramentas de corte. Isso resulta na perda da diferenciação entre essa máquina e o *torno revólver vertical*. Alguns construtores de máquinas-ferramenta fazem a distinção de que o torno revólver vertical é usado para diâmetros de até 2,5 m (100 in), enquanto a mandriladora vertical é usada para diâmetros maiores [9]. Além disso, as mandriladoras verticais são frequentemente aplicadas a trabalhos de um único tipo, enquanto os tornos revólver verticais são utilizados para produção em lote.

16.3 FURAÇÃO E OPERAÇÕES AFINS

A furação, Figura 16.3(b), é uma operação de usinagem realizada para criar um furo circular em uma peça. Isso contrasta com o broqueamento que só pode ser realizado para ampliar um furo existente. A furação é geralmente realizada com ferramenta rotativa cilíndrica, que tem duas arestas de corte na sua extremidade útil. Essa ferramenta é chamada **broca**. A broca mais comum é a broca helicoidal, descrita na Seção 17.3.2. A broca gira e avança na direção da peça parada a fim de realizar um orifício, cujo diâmetro é igual ao diâmetro da broca. A furação é habitualmente realizada em uma **furadeira**, embora outras máquinas-ferramenta também executem essa operação.

16.3.1 CONDIÇÕES DE CORTE NA FURAÇÃO

A velocidade tangencial com que o diâmetro externo da broca gira é considerada a velocidade de corte da operação de furação. É especificada dessa maneira por conveniência, embora quase todo o corte ao longo da aresta seja efetivamente realizado em velocidades mais baixas, à medida que se aproxima do eixo de rotação. Para ajustar a velocidade de corte desejada na furação, é necessário determinar a velocidade de rotação da broca.

A velocidade de rotação, em rpm, é representada por N:

$$N = \frac{1000v}{\pi D} \quad (16.7)$$

em que v = velocidade de corte, m/min (in/min); e D = diâmetro da broca, mm (in). Em algumas operações de furação, a peça gira e avança, enquanto a ferramenta permanece estacionária; porém, a mesma equação é utilizada em ambos os casos.

O avanço f na furação é especificado em mm/rot (in/rot). Os valores de avanço recomendados são, grosso modo, proporcionais ao diâmetro da broca; assim avanços maiores são usados com brocas de diâmetro maior. Como geralmente existem duas arestas de corte na ponta da broca, a espessura do cavaco indeformado (a superfície de corte), suportada por cada aresta cortante, é a metade do avanço. O avanço por rotação pode ser convertido em velocidade de avanço utilizando a mesma equação do torneamento:

$$v_f = N f_r \quad (16.8)$$

em que v_f é a velocidade de avanço em mm/min (in/min).

Os furos podem ser passantes ou cegos, como mostra a Figura 16.13. Nos *furos passantes*, ao final da operação, a broca sai no lado oposto à entrada na peça, enquanto, nos *furos cegos*, isso não acontece. O tempo de corte necessário para produzir um furo passante pode ser determinado pela seguinte fórmula:

$$\boldsymbol{T_c} = \frac{t+A}{v_f} \quad (16.9)$$

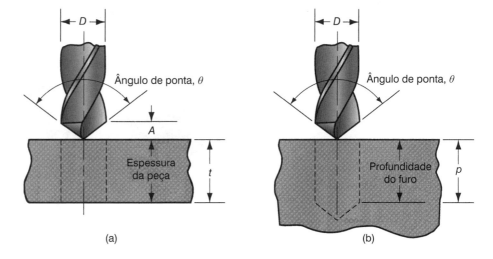

FIGURA 16.13 Dois tipos de furos: (a) furo passante e (b) furo cego. (Crédito: *Fundamentals of Modern Manufacturing*, 4ª Edição por Mikell P. Groover, 2010. Reimpresso com permissão de John Wiley & Sons, Inc.)

em que $\boldsymbol{T_c}$ = tempo de corte (furação), min; t = espessura da peça, mm (in); v_f = velocidade de avanço, mm/min (in/min); e A = a altura aproximada da ponta da broca, ou seja, a distância que a broca deve avançar na peça até que a aresta de corte esteja executando o corte em todo o diâmetro do furo, Figura 16.13(a). Essa altura é dada por:

$$A = 0{,}5D \tan\left(90 - \frac{\theta}{2}\right) \quad (16.10)$$

em que A = altura, mm (in); e θ é o ângulo da ponta da broca. Na furação de um furo passante, geralmente o movimento de avanço prossegue além do outro lado da peça, tornando assim a duração efetiva do processo um pouco maior que $\boldsymbol{T_c}$ da Eq. (16.9).

Num furo cego, a profundidade do furo p é definida como a distância entre a superfície da peça até a profundidade em que foi usinado o diâmetro total, como mostra a Figura 16.13(b). Assim, o tempo de corte para realizar um furo cego é dado por:

$$T_c = \frac{p+A}{v_f} \qquad (16.11)$$

em que A é a altura da ponta, apresentada na equação (16.10).

A taxa de remoção de material na furação é determinada como o produto da área da seção transversal usinada e a velocidade de avanço:

$$\varphi_{RM} = \frac{\pi D^2 v_f}{4} \qquad (16.12)$$

Essa equação é válida apenas após a entrada da ponta da broca e exclui a altura da aproximação.

16.3.2 OPERAÇÕES RELACIONADAS À FURAÇÃO

Algumas operações de usinagem têm estreita relação com a furação. Elas estão ilustradas na Figura 16.14 e descritas nesta seção. A maior parte dessas operações é realizada após a furação, ou seja, um furo já usinado é modificado por outras operações. A furação de centro e o rebaixamento de ressalto são exceções a essa regra. Todas as operações mostradas na figura usam ferramentas rotativas.

(a) **Alargamento**. Usado para aumentar levemente o diâmetro do furo e fornecer uma tolerância mais apertada, bem como melhorar o acabamento da superfície. A ferramenta é chamada **alargador** e apresenta geralmente arestas retas, sem ângulo de hélice.*

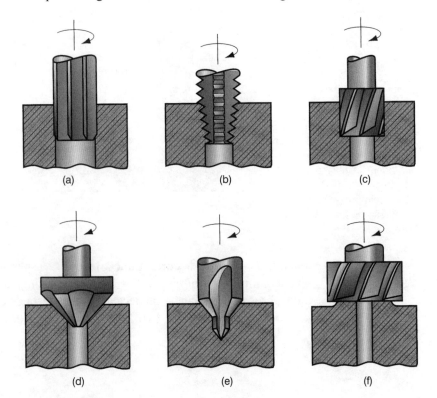

FIGURA 16.14 Operações relacionadas ao processo de furação: (a) alargamento, (b) rosqueamento com macho, (c) furação escalonada, (d) escareamento, (e) furação de centro e (f) rebaixamento de ressalto. (Crédito: *Fundamentals of Modern Manufacturing*, 4ª Edição por Mikell P. Groover, 2010. Reimpresso com permissão de John Wiley & Sons, Inc.)

---

* Alguns alargadores com geometria da Norma DIN (206, 212) apresentam ângulo de hélice, com valores menores do que aqueles utilizados em ferramentas de fresamento. (N.T.)

(b) **Rosqueamento com macho.** Esta operação é realizada com uma ferramenta chamada *macho*, utilizada para usinar roscas internas em um furo.

(c) **Rebaixamento.** A operação efetua um furo escalonado, ou seja, um diâmetro maior é feito na parte do furo realizado previamente. É usado, por exemplo, para fazer um rebaixo a fim de posicionar a cabeça de um parafuso de tal forma que ele não fique exposto na superfície da peça. A ferramenta é chamada *rebaixador*, que pode realizar o rebaixamento da furação escalonada ou o rebaixamento de faces.

(d) **Escareamento ou Rebaixamento cônico.** De forma similar à furação escalonada, esta operação realiza um rebaixo no furo pré-usinado. Nela, o rebaixo tem a forma de cone e é usado para posicionar parafusos com cabeça chata, por exemplo. A ferramenta cônica utilizada é chamada *escareador.*

(e) **Furação de centro.** A operação realiza um furo inicial para dar maior precisão da localização da furação subsequente, ou seja, realizar uma centragem para o próximo furo. A ferramenta é chamada *broca de centro*.

(f) **Rebaixamento de faces.** O rebaixamento de faces ou ressaltos é uma operação similar ao fresamento. O *rebaixador* é utilizado para usinar uma superfície plana em uma área específica da peça usinada.

16.3.3 FURADEIRAS

A máquina-ferramenta padrão para a furação é a furadeira. Existem vários tipos de furadeiras; os mais básicos são a ***furadeira de coluna***, Figura 16.15, e a ***furadeira de bancada***. A primeira é posicionada diretamente no piso, enquanto a outra, menor, pode ser instalada em uma bancada. Ambas são compostas de mesa para a fixação da peça, cabeçote que fornece o movimento de rotação para furação, base e coluna de apoio.

A *furadeira radial*, Figura 16.16, é de grande porte, projetada com finalidade de realizar furos em grandes peças. Ela tem um braço radial ao longo do qual o carro que contém o cabeçote de furação pode se mover e ser fixado na posição do furo. Desta forma, o cabeçote pode estar bem distante da coluna e realizar furos em peças de grandes dimensões. O braço radial pode também ser girado ao redor da coluna e usinar peças dispostas em diferentes posições da mesa de fixação.

As *furadeiras em série* consistem basicamente em um conjunto de duas a seis furadeiras verticais, com árvores múltiplas conectadas em série, em um arranjo linear. Cada árvore gira e opera de forma independente. Entretanto, elas compartilham uma mesa de trabalho comum, de modo que diversas furações e operações afins podem ser realizadas em sequência (por exemplo, furo de centro, furação, rebaixamento e rosqueamento com macho) simplesmente deslizando a

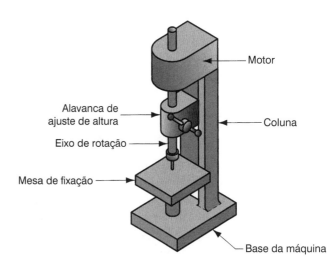

FIGURA 16.15 Furadeira de coluna. (Crédito: *Fundamentals of Modern Manufacturing*, 4ª Edição por Mikell P. Groover, 2010. Reimpresso com permissão de John Wiley & Sons, Inc.)

FIGURA 16.16 Furadeira radial. Cortesia de *Willis Machinery and Tools*. (Crédito: *Fundamentals of Modern Manufacturing*, 4ª Edição por Mikell P. Groover, 2010. Reimpresso com permissão de John Wiley & Sons, Inc.)

peça ao longo da mesa de trabalho de uma furadeira para outra. Uma máquina semelhante tem uma *peça única*, que transmite o movimento de rotação a diversas árvores conectadas em conjunto para fazer múltiplos furos, simultaneamente, em uma mesma peça.

Além dessas furadeiras, estão disponíveis no mercado **modelos com controle numérico** para fazer o controle da posição dos furos nas peças. Essas máquinas são frequentemente equipadas com magazines para gerenciar várias ferramentas que podem ser indexadas no programa CNC. O termo *furação CNC* é usado para essas máquinas-ferramenta.

A fixação em uma furadeira é realizada por morsa, dispositivo de fixação ou gabarito. A *morsa* é o elemento de fixação de utilidade geral que possui duas garras; elas se aproximam para prender a peça na posição com o movimento de um fuso. Um *dispositivo de fixação* normalmente tem arranjo personalizado para a peça em especial (blocos paralelos, cantoneiras, grampos e parafusos). É possível projetar a disposição desses elementos a fim de que seja mais precisa no posicionamento da peça durante a usinagem, ter maiores taxas de produção ou ser mais conveniente a uma dada operação. Um *gabarito* é o elemento de fixação projetado especialmente para um dado tipo de peça. A característica que diferencia um gabarito de um dispositivo de fixação é que o gabarito guia a ferramenta durante a furação. Um dispositivo de fixação não tem esse recurso de orientação da ferramenta. Um gabarito usado para furação é chamado **gabarito de furação**.

16.4 FRESAMENTO

O fresamento (ou fresagem) é a operação de usinagem em que a peça avança em direção a uma ferramenta rotativa cilíndrica com várias arestas de corte, como ilustrado na Figura 16.2(d) e (e). (Em casos raros, uma ferramenta com uma aresta de corte, denominada *bailarina*, é utilizada.) O eixo de rotação da ferramenta de corte é perpendicular à direção de avanço. Essa diferença de orientação entre o eixo da ferramenta e a direção de avanço é uma das características que distingue o fresamento da furação. Na furação, a ferramenta de corte avança na direção paralela ao seu eixo de rotação. A ferramenta de corte, no fresamento, é chamada *fresa*, e as arestas de corte são chamadas dentes. Os aspectos relacionados à geometria da fresa são discutidos na Seção 17.3.2. A máquina-ferramenta convencional que realiza essa operação é uma *fresadora*.

A forma geométrica criada pelo fresamento é a superfície plana. Outras formas geométricas podem ser criadas pela trajetória da ferramenta ou pela geometria da ferramenta de corte. Devido à grande variedade de formas possíveis e às suas altas taxas de produção, o fresamento é uma das operações de usinagem mais versáteis e mais utilizadas.

O fresamento é uma operação de *usinagem com interrupções*, ou seja, os dentes da fresa entram e saem da peça a cada revolução. Essa ação de corte interrompido expõe os dentes a forças cíclicas de impacto e a choque térmico em cada rotação. O material e a geometria da ferramenta devem ser projetados para resistir a essas condições.

16.4.1 TIPOS DE OPERAÇÕES DE FRESAMENTO

Existem dois tipos básicos de operações de fresamento, como mostra a Figura 16.17: (a) fresamento periférico ou fresamento cilíndrico tangencial e (b) fresamento frontal. A maioria das operações de fresamento cria a geometria por geração (Seção 16.1).

Fresamento Periférico Também chamado *fresamento cilíndrico tangencial*, no fresamento periférico o eixo da ferramenta é paralelo à superfície a ser usinada, e a operação é realizada pelas arestas de corte que estão na periferia externa da fresa. Vários tipos de fresamento periférico são apresentados na Figura 16.18: (a) *fresamento tangencial de face*, a forma básica do fresamento periférico, no qual a largura da fresa é maior que a superfície usinada da peça, que ultrapassa a peça em ambos os lados; (b) *fresamento de canais*, quando a largura da fresa é menor que a largura da peça, criando um canal na peça – a fresa é muito estreita, e a operação é usada para fresar entalhes pequenos ou para cortar a peça em duas, chamado *fresamento de disco*; (c) *fresamento de rasgos*, no qual a fresa usina um rasgo, ou um canto, em uma das laterais da peça; (d) *fresamento de rasgos paralelos*, esse tipo de fresamento de rasgos ocorre nas duas laterais da peça ao mesmo tempo; e (e) *fresamento de perfil*, no qual os dentes da fresa tem um perfil que define a forma do entalhe que será cortado na peça. O fresamento de perfil é classificado a partir desta seção como operação de formação (Seção 16.1).

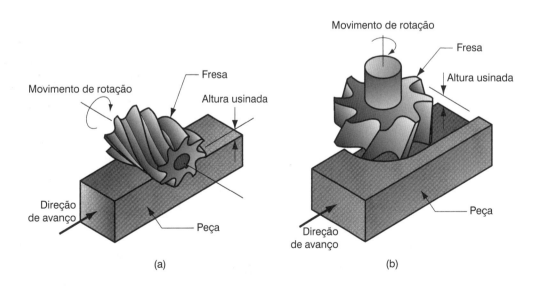

FIGURA 16.17 Dois tipos básicos de fresamento: (a) fresamento periférico e (b) fresamento frontal. (Crédito: *Fundamentals of Modern Manufacturing*, 4ª Edição por Mikell P. Groover, 2010. Reimpresso com permissão de John Wiley & Sons, Inc.)

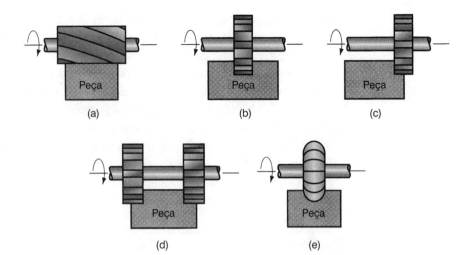

FIGURA 16.18 Fresamento periférico: (a) fresamento tangencial de face, (b) fresamento de canais, (c) fresamento de rasgos, (d) fresamento de rasgos paralelos e (e) fresamento de perfil. (Crédito: *Fundamentals of Modern Manufacturing*, 4ª Edição por Mikell P. Groover, 2010. Reimpresso com permissão de John Wiley & Sons, Inc.)

No fresamento periférico, a direção de rotação da fresa distingue duas direções de fresamento: concordante e discordante, ilustrados na Figura 16.19. No *fresamento discordante*, também chamado *fresamento convencional*, a direção do movimento dos dentes da fresa está em oposição à direção de avanço da peça em relação à ferramenta. O fresamento ocorre "contra o avanço". No *fresamento concordante*, a direção da passagem do dente pela peça é a mesma da direção do avanço quando o dente corta a peça. O fresamento ocorre "a favor do avanço".

As geometrias relacionadas a essas duas formas de fresamento resultam das diferentes ações que as fresas realizam na peça. No fresamento discordante, o cavaco formado por cada dente de corte começa muito fino, e sua espessura aumenta à medida que a fresa gira. Por esse motivo, é chamado em inglês *up milling*, em função do aumento da espessura do cavaco. No fresamento concordante (*down milling* ou *climb milling*), o cavaco inicia com a máxima espessura e diminui ao longo da passagem do dente. O comprimento de um cavaco no fresamento concordante é menor que no discordante (a diferença de comprimento está exagerada na Figura 16.19). Isso significa que o dente está envolvido durante o corte por menos tempo por unidade de volume do material cortado, o que tende a aumentar a vida da ferramenta no modo concordante.

A direção de força de corte é tangente à periferia da fresa em cada dente que está cortando a peça. No fresamento discordante, a força tem a tendência para levantar a peça quando os dentes deixam o material. No fresamento concordante, a força de corte está orientada contra a peça, tendendo a empurrá-la contra a mesa da fresadora.

Fresamento Frontal O eixo da fresa, no fresamento frontal, é perpendicular à superfície que está sendo fresada, e a usinagem é realizada tanto pelas arestas de corte, que estão na periferia, quanto pelas arestas secundárias, que estão na base da ferramenta. Como no fresamento periférico, existem diversas formas de fresamento frontal. Algumas delas estão apresentadas na

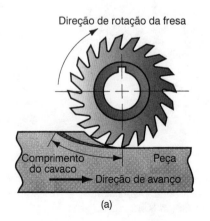
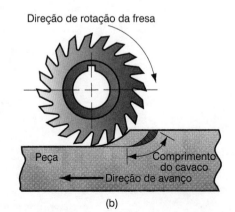

FIGURA 16.19 Duas formas de fresamento periférico com fresa de 20 dentes: (a) fresamento discordante e (b) fresamento concordante. (Crédito: *Fundamentals of Modern Manufacturing*, 4ª Edição por Mikell P. Groover, 2010. Reimpresso com permissão de John Wiley & Sons, Inc.)

Figura 16.20: (a) *fresamento de faceamento convencional*, no qual o diâmetro da fresa é consideravelmente maior que a largura da peça, assim a fresa cobre a peça por completo nos dois lados; (b) *fresamento de faceamento parcial*, em que a ferramenta cobre apenas um dos lados da superfície; (c) *fresamento de topo*, no qual o diâmetro da fresa é menor que a largura da peça, ou seja, é gerado um rebaixo na peça; (d) *fresamento de borda*, tipo de fresamento de topo no qual a periferia da peça é usinada com as arestas principais da fresa; (e) *fresamento de cavidades*, outro modo de fresamento de topo usado para fresar cavidades ou bolsões em superfícies planas, também chamado *fresamento de mergulho* ou rampa; e (f) *fresamento de superfícies curvas*, no qual uma fresa de ponta esférica avança ao longo de uma trajetória curvilínea cobrindo toda a peça (com idas e vindas) para criar forma tridimensional, côncava ou convexa na superfície da peça. Nesse tipo de fresamento, a ponta esférica é mais comum que a reta. Para usinar contornos de cavidades e moldes, é necessário o mesmo controle da trajetória do fresamento de superfície; porém, nesse caso utiliza-se o nome específico de *fresamento de moldes de matrizes*.

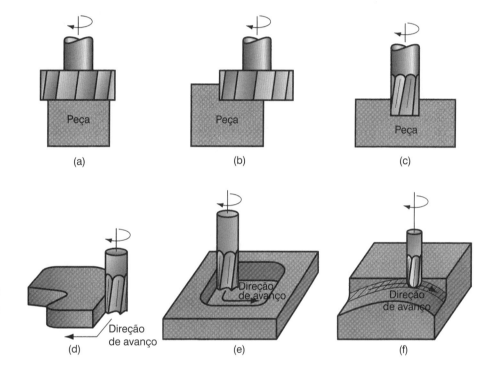

FIGURA 16.20 Fresamento frontal: (a) fresamento de faceamento convencional, (b) fresamento de faceamento parcial, (c) fresamento de topo, (d) fresamento de borda, (e) fresamento de cavidades e (f) fresamento de superfícies curvas. (Crédito: *Fundamentals of Modern Manufacturing*, 4ª Edição por Mikell P. Groover, 2010. Reimpresso com permissão de John Wiley & Sons, Inc.)

16.4.2 CONDIÇÕES DE CORTE NO FRESAMENTO

A velocidade de corte é função do diâmetro externo da fresa. Ela pode ser convertida em velocidade de rotação da fresa utilizando a expressão a seguir, que já se tornou familiar:

$$N = \frac{1000\,v}{\pi D} \tag{16.13}$$

O avanço no fresamento geralmente é utilizado como avanço por dente f_z. Dessa maneira, define o tamanho do cavaco que será formado por cada aresta de corte. Isso pode ser convertido em velocidade de avanço levando-se em conta a rotação e o número de dentes da fresa, como segue:

$$v_f = NZf_z \tag{16.14}$$

em que v_f = velocidade de avanço, mm/min (in/min); N = velocidade de rotação em rpm; Z = número de dentes da fresa; e f_z é o avanço por dente (*chip load*) em mm/dente (in/dente).

A taxa de remoção de cavaco no fresamento é determinada usando o produto da área da seção transversal de corte e a velocidade de avanço. Dessa forma, em uma operação de fresamento tangencial de face que corta uma peça com largura b e profundidade p_c, a taxa de remoção de material será:

$$\varphi_{RM} = b p_c v_f \tag{16.15}$$

Esse cálculo ignora o percurso de entrada da fresa antes que ela esteja totalmente em contato com a superfície da peça. A Eq. 16.15 pode ser aplicada ao fresamento de topo, ao fresamento de faceamento e a outras operações de fresamento, fazendo os ajustes necessários para o cálculo da área da seção transversal.

O tempo necessário para fresar uma peça de comprimento L deve considerar a distância requerida para o completo engajamento da ferramenta com a peça. Para calcular esse tempo, consideraremos inicialmente o caso de fresamento tangencial de face, Figura 16.21. Para determinar o tempo em que a operação é realizada, a distância de aproximação até a entrada da ferramenta é dada por:

$$A = \sqrt{p_c(D - p_c)} \tag{16.16}$$

em que p_c = profundidade de corte, mm (in); e D = diâmetro da fresa, mm (in). O tempo de corte T_c no qual a fresa está efetivamente usinando é:

$$T_c = \frac{L + A}{v_f} \tag{16.17}$$

No fresamento de faceamento, consideraremos as duas possibilidades apresentadas na Figura 16.22. No primeiro caso, a fresa está centrada sobre uma peça retangular, assim como na Figura 16.22(a). A ferramenta avança da direita para a esquerda através da peça. Para que a ferramenta alcance a largura total de trabalho, ela deve percorrer uma distância de aproximadamente:

$$A = 0{,}5\left(D - \sqrt{D^2 - b^2}\right) \tag{16.18}$$

em que D = diâmetro da fresa, mm (in) e b = largura da peça, mm (in). Se D = b, então a Eq. (16.18) se reduz a $A = 0{,}5D$. E se $D < b$, então um entalhe é usinado na peça e $A = 0{,}5D$.

O segundo caso ocorre quando a fresa está deslocada para um dos lados da peça, assim como na Figura 16.22(b). Nesse caso, a distância aproximada é dada por:

$$A = \sqrt{b(D - b)} \tag{16.19}$$

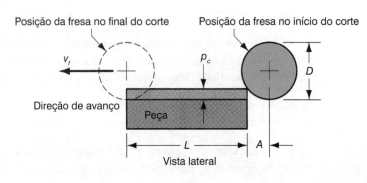

FIGURA 16.21 Entrada da ferramenta na peça no fresamento tangencial de face. (Crédito: *Fundamentals of Modern Manufacturing*, 4ª Edição por Mikell P. Groover, 2010. Reimpresso com permissão de John Wiley & Sons, Inc.)

FIGURA 16.22 Fresamento de faceamento parcial e as distâncias percorridas pela fresa em dois casos: (a) quando a fresa está centrada em relação à largura da peça e (b) quando a fresa está deslocada do centro. (Crédito: *Fundamentals of Modern Manufacturing*, 4ª Edição por Mikell P. Groover, 2010. Reimpresso com permissão de John Wiley & Sons, Inc.)

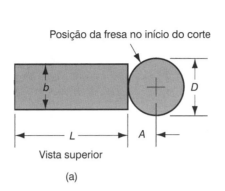
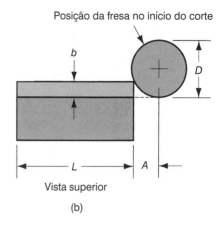

em que b = largura do corte, mm (in). Em ambos os casos, o tempo de corte é dado por:

$$T_c = \frac{L+A}{v_f} \qquad (16.20)$$

Deve ser evidenciado, em todos esses cenários de fresamento apresentados, que T_c representa o tempo em que os dentes da fresa estão em contato com a peça retirando cavacos. As distâncias de aproximação e de afastamento são usualmente acrescentadas ao início e ao final de cada corte. Nessas regiões de acesso e saída, também ocorre usinagem, e a força de usinagem sofre redução ou aumento em relação à região interna da peça. Dessa forma, a duração real do movimento de avanço da ferramenta é maior que T_c.

16.4.3 FRESADORAS

As fresadoras são máquinas-ferramenta que fornecem a rotação necessária para as ferramentas, com uma mesa que permite a fixação, posicionamento e avanço da peça. Diversos projetos de máquinas-ferramenta satisfazem a esses requisitos. Para apresentá-las, inicialmente classificaremos as máquinas de usinagem como horizontal ou vertical. Uma *fresadora horizontal* tem um eixo de rotação horizontal. Essa concepção é bem adequada para a realização de fresamento periférico (por exemplo, fresamento tangencial de face, canais, cantos e perfil) em peças com geometrias aproximadamente cúbicas. Em uma *fresadora vertical*, o eixo de rotação é vertical, a orientação é apropriada para fresamento de faceamento, topo, moldes e matrizes em peças relativamente planas.

Além da orientação da rotação do eixo, as fresadoras podem ainda ser classificadas nos seguintes tipos: (1) fresadora de coluna e console, (2) fresadora de mesa fixa, (3) fresadora de arrasto, (4) fresadora copiadora e (5) fresadora CNC.

A *fresadora de coluna e console* é a máquina-ferramenta básica para o fresamento. Seu nome deriva do fato de que suas duas principais componentes são uma *coluna*, que suporta o eixo, e um *console*, que suporta a sela e a mesa de trabalho. Ela está disponível tanto na forma horizontal ou vertical conforme ilustrado na Figura 16.23. Na versão horizontal, o eixo porta-fresa em geral fixa a ferramenta. Esse *eixo* fornece basicamente um movimento de rotação, e as fresas podem ser posicionadas com o auxílio de luvas espaçadoras. Todo esse conjunto gira com o eixo. Em fresadoras horizontais, um braço rígido, chamado cabeçote de ponta ou torpedo, fornece o suporte para o eixo. Na versão vertical, o eixo árvore é vertical, e as fresas giram em torno de seu eixo nessa posição.

Uma das características da fresadora de coluna e console que a torna tão versátil é sua capacidade de movimento de avanço da mesa nos eixos x-y-z. Assim, a mesa pode ser movida na direção x, a sela pode ser movida na direção y, e o console pode ser movido verticalmente em z.

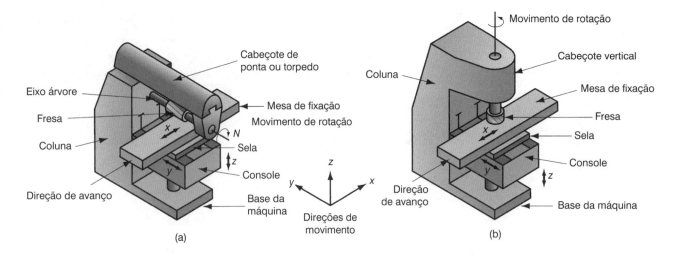

FIGURA 16.23 Dois tipos básicos de fresadoras de coluna e console: (a) horizontal e (b) vertical. (Crédito: *Fundamentals of Modern Manufacturing*, 4ª Edição por Mikell P. Groover, 2010. Reimpresso com permissão de John Wiley & Sons, Inc.)

Duas fresadoras de coluna e console especiais devem ser destacadas. Uma é a ***fresadora universal com mesa divisora***, como na Figura 16.24(a), com uma mesa que pode ser girada no plano horizontal (em torno de um eixo vertical) em qualquer ângulo especificado. Isso facilita o corte das formas angulares e hélices em peças. Outra fresadora especial é a ***fresadora ferramenteira***, como na Figura 16.24(b), em que o cabeçote que contém o eixo árvore é localizado na extremidade do torpedo; o torpedo pode ser ajustado para uma região sobre a mesa de trabalho, e afastado dela para localizar a ferramenta em relação à peça. O cabeçote também pode ser inclinado para atingir na orientação angular da ferramenta em relação à peça. Essas características proporcionam versatilidade considerável na usinagem de geometrias diversas.

Fresadoras de mesa fixa foram projetadas para atingir maiores taxas de produção. Elas são construídas com maior rigidez que as fresadoras de coluna e console e, por isso, alcançam maiores taxas de avanço e de profundidades de corte, com altas taxas de remoção de cavaco. A Figura 16.25 apresenta as principais características desse tipo de máquina-ferramenta. A mesa é montada diretamente na base rígida da fresadora, o que dá maior rigidez em relação ao tipo console. Esse tipo de projeto limita a possibilidade de movimentos da mesa a apenas o avanço longitudinal da peça em relação à ferramenta. A fresa é montada em um cabeçote que pode ser ajustado verticalmente na coluna da máquina. Esse tipo de fresadora é chamado fresadora ***simplex***, quando tem apenas um eixo de rotação, como mostra a Figura 16.25, e está disponível tanto nos modelos vertical quanto horizontal. Fresadoras ***duplex*** usam dois eixos rotativos. Em geral, os cabeçotes são posicionados horizontalmente em lados opostos da mesa. Nesse modo, é possível realizar operações simultâneas com um avanço único da peça. Fresadoras ***tríplex*** adicionam um terceiro eixo montado de forma vertical sobre a mesa para aumentar a capacidade de usinagem da máquina.

Fresadoras de arrasto são as maiores máquinas-ferramenta de fresamento. Sua configuração é semelhante a uma grande plaina de mesa ou de arrasto (veja Figura 16.31). A diferença é o que realiza o fresamento em vez do aplainamento. Para isso, um ou dois eixos rotativos substituem a ferramenta monocortante usada nas plainas. O movimento da peça em relação à ferramenta, no caso da fresadora, representa o avanço, e não a velocidade de corte, como é o caso das plainas. Fresadoras de arrasto são construídas para usinar peças muito grandes. A mesa e a base da máquina são pesadas e posicionadas próximas ao piso. Uma estrutura do tipo ponte suporta o cabeçote que se move sobre a extensão da mesa.

Fresadora copiadora é projetada para reproduzir uma geometria de peça irregular que foi criada em um gabarito. Um topador é usado para seguir o perfil do gabarito enquanto o cabeçote duplica a trajetória a fim de usinar a peça desejada. Emprega-se avanço manual, operado pelo fresador, ou automático, realizado pela máquina. São encontrados dois tipos de fresadoras copiadoras: (1) ***perfil em x–y***, quando o contorno de um gabarito plano é o

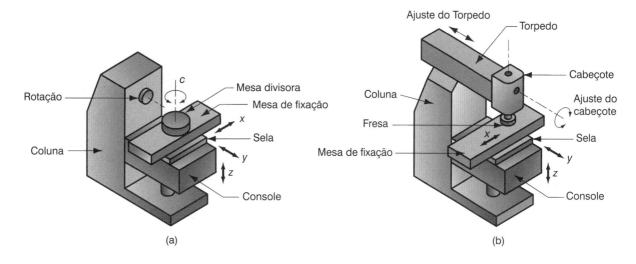

FIGURA 16.24 Tipos especiais de fresadoras de coluna e console: (a) universal com mesa divisora (torpedo, árvore e fresa omitidos para melhor visualização) e (b) fresadora ferramenteira. (Crédito: *Fundamentals of Modern Manufacturing*, 4ª Edição por Mikell P. Groover, 2010. Reimpresso com permissão de John Wiley & Sons, Inc.)

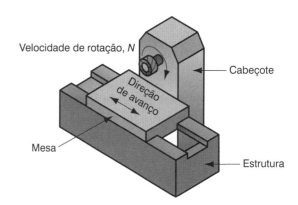

FIGURA 16.25 Fresadora simplex horizontal. (Crédito: *Fundamentals of Modern Manufacturing*, 4ª Edição por Mikell P. Groover, 2010. Reimpresso com permissão de John Wiley & Sons, Inc.)

perfil fresado usando o controle em dois eixos; e (2) *perfil em x–y–z*, quando o sensor acompanha um gabarito tridimensional usando um sistema de controle de três eixos. Fresadoras copiadoras têm sido usadas para criar formas que não podem ser facilmente geradas por um movimento simples de avanço em direção à ferramenta, como, por exemplo, em aplicações que incluem moldes e matrizes. Nos últimos anos, as máquinas de comando numérico (CNC) assumiram muitas dessas aplicações no fresamento.

Fresadoras CNC são fresadoras em que o percurso de corte é controlado por informações alfanuméricas, em vez de um modelo físico. Elas são adequadas especialmente para fresamento de perfil, fresamento de cavidades, fresamento de contorno de superfície e de matrizes, nos quais dois ou três eixos da mesa devem ser controlados de forma simultânea para alcançar a trajetória de corte requerida. Normalmente, é necessário que o operador troque as ferramentas e carregue e descarregue a peça na mesa da máquina-ferramenta.

16.5 CENTROS DE USINAGEM E CENTROS DE TORNEAMENTO

Um *centro de usinagem*, ilustrado na Figura 16.26, é uma máquina-ferramenta altamente automatizada, capaz de realizar várias operações de usinagem com controle numérico computadorizado em uma configuração que reduz ao mínimo a operação humana. Os operários precisam carregar e descarregar as peças, o que em geral demora bem menos que o tempo do ciclo da máquina, permitindo atender a mais de uma máquina. O fresamento e a furação são as operações tipicamente realizadas em um centro de usinagem, pois utilizam ferramentas rotativas de corte.

FIGURA 16.26 Centro de usinagem universal. A capabilidade de orientar o cabeçote o caracteriza como CNC de 5 eixos. Uma cortesia de Cincinnati Milacron. (Crédito: *Fundamentals of Modern Manufacturing*, 4ª Edição por Mikell P. Groover, 2010. Reimpresso com permissão de John Wiley & Sons, Inc.)

As características que usualmente distinguem um centro de usinagem de máquinas-ferramenta convencionais e as torna tão produtivas são:

> ***Operações múltiplas em um setup***. A maior parte das peças requer mais de uma operação para usinar completamente a geometria especificada. Peças complexas podem requerer dezenas de operações de usinagem separadas, cada uma exigindo sua própria máquina-ferramenta, *setup* e ferramentas de corte. Centros de usinagem são capazes de executar a maior parte ou a totalidade das operações de um só local, o que minimiza o tempo de configuração e de produção.

> ***Troca automática de ferramenta***. Para mudar a operação de usinagem para outra, as ferramentas de corte devem ser trocadas. Isso é feito no controle do centro de usinagem CNC por um trocador de ferramentas automático, que realiza a troca entre o eixo da máquina-ferramenta e um ***magazine de armazenamento de ferramentas***. A capacidade desses magazines geralmente varia de 16 a 80 ferramentas de corte. A máquina na Figura 16.26 possui dois magazines de armazenamento no lado esquerdo da coluna.

> ***Trocadores de Pallets***. Alguns centros de comando numéricos são equipados com trocadores de *pallets*, que podem ser automaticamente transladados de uma estação lateral para a posição de usinagem, como apresentado na Figura 16.26. As peças são fixadas nos *pallets* que estão presos aos trocadores. Nessa configuração, o operador pode retirar a peça já usinada e fixar a próxima peça em um *pallet* enquanto outra peça está sendo usinada em outro *pallet*. Tempos improdutivos são reduzidos utilizando esses dispositivos.

> ***Posicionamento automático de peças***. Muitos centros de usinagem têm mais de três eixos. Um dos eixos adicionais é normalmente projetado como uma mesa rotativa, que posiciona a peça em um ângulo específico em relação ao eixo de rotação da ferramenta. A mesa rotativa permite que a ferramenta realize a usinagem nos quatro lados da peça com um só *setup*.

Centros de usinagem são classificados como horizontal, vertical ou universal. A designação refere-se à orientação do eixo de rotação. Centros de usinagem horizontais normalmente usinam peças com formas cúbicas, cujos quatro lados verticais podem ser alcançados pela ferramenta. Centros de usinagem verticais são adequados para as partes planas em que a ferramenta pode usinar a superfície de topo. Nos centros de usinagem universais, os eixos de rotação estão em qualquer posição angular entre a horizontal e a vertical, como mostrado na Figura 16.26.

O sucesso dos centros de usinagem CNC levou ao desenvolvimento de centros de torneamento CNC. Um moderno *centro de torneamento CNC*, Figura 16.27, é capaz de executar várias operações de torneamento e afins, como torneamento de perfil, e realizar a indexação automática de ferramentas, tudo sob o controle do computador. Além disso, os centros mais sofisticados de torneamento podem realizar: (1) medida da peça (verificação de dimensões-chave depois da usinagem), (2) monitoramento da ferramenta (sensores indicam o desgaste das ferramentas), (3) troca automática de ferramentas quando o desgaste-limite é alcançado, e ainda (4) mudança automática da peça após o ciclo de trabalho [16].

Outro tipo de máquina-ferramenta relacionada aos centros de usinagem e torneamento é o *centro de torno-fresamento CNC*. Essa máquina apresenta a configuração geral de um centro de torneamento. Além disso, pode posicionar uma peça cilíndrica em um ângulo especificado, de modo que uma ferramenta de corte rotativa (por exemplo, uma fresa) possa usinar a superfície exterior da peça, tal como ilustrado na Figura 16.28. Um centro de torneamento comum não tem a capacidade de parar a peça numa posição angular específica, nem consegue usinar com ferramentas rotativas em outro eixo além do eixo de simetria da peça.

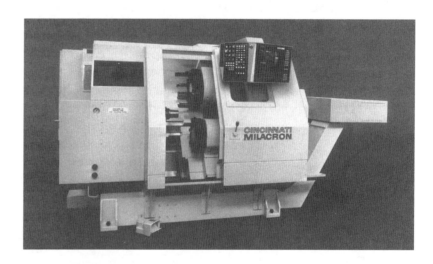

FIGURA 16.27 Centro de usinagem de 4 eixos. Cortesia de Cincinnati Milacron. (Crédito: *Fundamentals of Modern Manufacturing*, 4ª Edição por Mikell P. Groover, 2010. Reimpresso com permissão de John Wiley & Sons, Inc.)

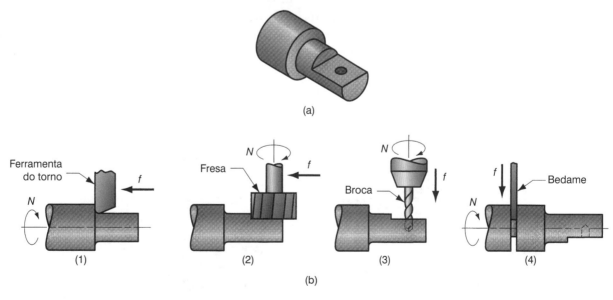

FIGURA 16.28 Operação de um centro de torno-fresamento: (a) exemplo de uma peça com superfícies usinadas por torneamento, fresamento e furação; e (b) sequência de operações realizadas no centro de torno-fresamento: (1) torneamento do segundo diâmetro, (2) fresamento da superfície plana em determinada posição angular, (3) furação da peça na posição desejada e (4) sangramento da peça para retirá-la da peça bruta. (Crédito: *Fundamentals of Modern Manufacturing*, 4ª Edição por Mikell P. Groover, 2010. Reimpresso com permissão de John Wiley & Sons, Inc.)

Os progressos na tecnologia de máquinas-ferramenta aplicados a centro de torno-fresamento acrescentaram novas funcionalidades à máquina, aumentando sua capacidade. As funcionalidades adicionais incluem (1) a combinação de fresamento, furação e torneamento com retificação, soldagem e inspeção, tudo em uma só máquina-ferramenta; (2) a utilização de vários eixos de rotação, simultaneamente, quer seja usinando uma única peça ou em duas peças diferentes; e (3) a automatização da manipulação da peça adicionando robôs industriais à máquina [2],[16]. Os termos *máquinas-ferramenta CNC multitarefas* e *máquinas-ferramenta CNC multifunções* são, por vezes, usados para essas máquinas.

16.6 OUTRAS OPERAÇÕES DE USINAGEM

Além de torneamento, furação e fresamento, outras operações de usinagem devem ser incluídas neste capítulo: (1) aplainamento, (2) brochamento e (3) serramento.

16.6.1 APLAINAMENTO

O aplainamento é a operação de usinagem que utiliza uma ferramenta de corte monocortante com movimento linear alternativo em relação à peça. No aplainamento convencional, uma superfície reta plana é criada por esse processo. A Figura 16.29 mostra duas configurações do processo de aplainamento. Na Figura 16.29(a), o movimento de corte é realizado pelo movimento da ferramenta de corte sobre a peça, enquanto, na Figura 16.29(b), o corte é proporcionado pelo movimento da peça em direção à ferramenta.

As ferramentas de corte no aplainamento têm uma única aresta principal de corte (Seção 17.3.1); mas, de forma distinta ao torneamento, o corte não é contínuo. O corte no aplainamento é realizado de modo intermitente, e a ferramenta está sujeita a uma carga de impacto na entrada da peça. Além disso, as máquinas-ferramenta estão limitadas a baixas velocidades de corte em virtude do mecanismo que gera o movimento oscilatório. Essas condições impõem a utilização de ferramentas de aço-rápido.

Plaina Limadora A máquina-ferramenta que realiza o processo de aplainamento é a *plaina limadora*, apresentada na Figura 16.30. Os componentes da plaina limadora incluem o *carro torpedo* e a *mesa de fixação*. O carro torpedo se move em relação a uma estrutura vertical, ou coluna, cujo movimento proporciona o corte. A mesa de fixação fixa a peça e realiza o movimento de avanço. O movimento do carro torpedo é constituído de um curso útil, com movimento para a

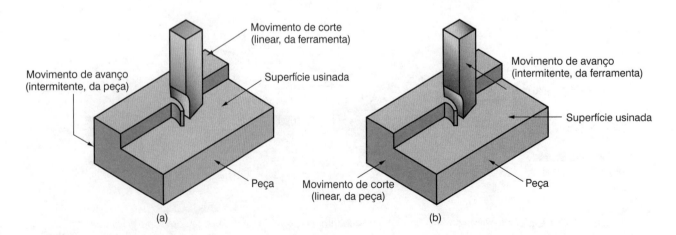

FIGURA 16.29 (a) Aplainamento realizado em plaina limadora e (b) aplainamento realizado em plaina de mesa ou de arrasto. (Crédito: *Fundamentals of Modern Manufacturing*, 4ª Edição por Mikell P. Groover, 2010. Reimpresso com permissão de John Wiley & Sons, Inc.)

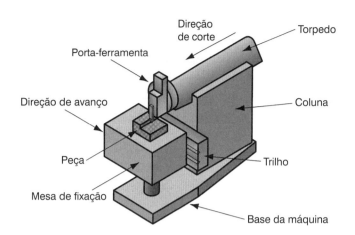

FIGURA 16.30 Elementos mecânicos de uma plaina limadora. (Crédito: *Fundamentals of Modern Manufacturing*, 4ª Edição por Mikell P. Groover, 2010. Reimpresso com permissão de John Wiley & Sons, Inc.)

frente que executa o corte, e um curso de retorno, durante o qual a ferramenta eleva-se ligeiramente para se afastar da superfície usinada, e, em seguida, inicia um novo passe. No fim de cada curso de retorno, a mesa de trabalho é movimentada transversalmente em relação à trajetória de corte para permitir a usinagem de toda a superfície da peça. O avanço é definido em mm/passe (in/passe). O mecanismo de acionamento para o movimento do carro torpedo pode ser hidráulico ou mecânico. O sistema hidráulico tem maior flexibilidade no ajuste do comprimento do curso e velocidade mais uniforme durante o curso para frente, mas é mais caro que o sistema de acionamento mecânico. Ambos são projetados para atingir velocidades mais altas no curso de retorno (sem corte) que no curso de corte (para frente), aumentando a proporção de tempo gasto efetivamente durante o corte.

Plaina de Mesa Outra máquina-ferramenta utilizada no aplainamento é a *plaina de mesa* ou *plaina de arrasto*. A velocidade de corte é alcançada pelo movimento alternativo da mesa de trabalho de encontro à ferramenta monocortante. A capacidade alcançada nessa configuração e o movimento de uma plaina de mesa permitem a usinagem de peças muito maiores que a plaina limadora. As plainas de mesa podem ser classificadas como plainas de mesa abertas e com duas colunas. As *plainas abertas*, ou de *coluna única*, Figura 16.31, têm uma única coluna de apoio do carro transversal, sobre o qual está montado um cabeçote. Outro cabeçote pode também ser montado e avança sobre a coluna vertical. Cabeçotes múltiplos permitem que mais de um corte possa ser realizado em cada passe. Após a realização de cada curso, cada cabeçote se move em relação ao trilho (ou à coluna) para atingir o movimento de avanço intermitente. A configuração da plaina de mesa aberta permite a usinagem de peças muito largas.

Uma *plaina de mesa com dupla coluna* tem uma coluna em cada lateral do conjunto base e mesa de trabalho, alinhadas na direção perpendicular à direção de corte. As colunas suportam o carro transversal, em que um ou mais cabeçotes são montados. As duas colunas proporcionam uma estrutura rígida para o funcionamento; no entanto, elas limitam a largura da peça que pode ser usinada nessa máquina.

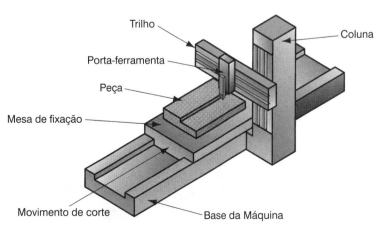

FIGURA 16.31 Elementos mecânicos de uma plaina de mesa de coluna única. (Crédito: *Fundamentals of Modern Manufacturing*, 4ª Edição por Mikell P. Groover, 2010. Reimpresso com permissão de John Wiley & Sons, Inc.)

O aplainamento pode ser utilizado para usinar outras formas geométricas além de superfícies planas. A restrição dessas formas é que a superfície de corte deve ser reta. Isso permite a usinagem de ranhuras, entalhes, dentes de engrenagem e outras formas, tais como ilustradas na Figura 16.32. Máquinas e geometrias de ferramenta especiais devem ser especificadas para usinar essas formas. Um exemplo importante é a *geradora de engrenagens*. Uma plaina vertical com projeto específico para a rotação da mesa de avanço sincronizado com o cabeçote é usada para gerar dentes de engrenagem.

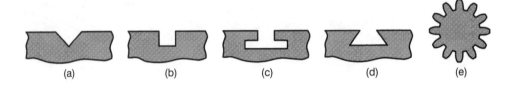

FIGURA 16.32 Tipos de geometrias que podem ser usinadas pelo aplainamento: (a) ranhura em V, (b) ranhura quadrada, (c) ranhura em T, (d) ranhura de encaixe "rabo de andorinha" e (e) dentes de engrenagens. (Crédito: *Fundamentals of Modern Manufacturing*, 4ª Edição por Mikell P. Groover, 2010. Reimpresso com permissão de John Wiley & Sons, Inc.)

16.6.2 BROCHAMENTO

A operação de brochamento é realizada usando-se uma ferramenta multicortante, com movimento linear da ferramenta em relação à peça na direção do eixo da ferramenta, como mostra a Figura 16.33. A máquina-ferramenta é chamada **brochadeira**, e a ferramenta de corte é chamada **brocha**. Em aplicações nas quais essa operação pode ser utilizada, é um método altamente produtivo de usinagem. As vantagens do brochamento são: bom acabamento de superfície, tolerâncias estreitas e várias formas geométricas podem ser produzidas. Em razão da geometria complexa, muitas vezes as ferramentas são customizadas, e por isso as ferramentas são caras.

Existem dois tipos principais de brochamento: o externo (também chamado brochamento de superfície) e o interno. O **brochamento externo** é realizado na superfície externa da peça para criar uma seção transversal determinada sobre a superfície. A Figura 16.34(a) mostra algumas seções transversais possíveis que podem ser geradas pelo brochamento externo. O **brochamento interno** é realizado sobre uma superfície interna de um furo na peça. Consequentemente, a peça deve conter um vazado (ou furo) inicial para que possa ser colocada a ferramenta no início do passe. A Figura 16.34(b) indica algumas das formas que podem ser produzidas por brochamento interno.

A função básica da brochadeira é proporcionar movimento linear preciso da ferramenta sobre a peça estacionária, mas existem várias maneiras pelas quais isso pode ser realizado. A maioria das máquinas de brochamento pode ser classificada como máquinas verticais ou horizontais.

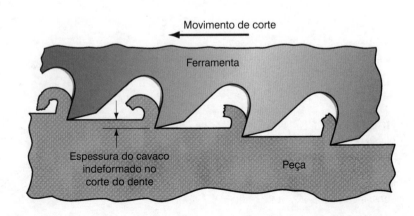

FIGURA 16.33 Operação de brochamento. (Crédito: *Fundamentals of Modern Manufacturing*, 4ª Edição por Mikell P. Groover, 2010. Reimpresso com permissão de John Wiley & Sons, Inc.)

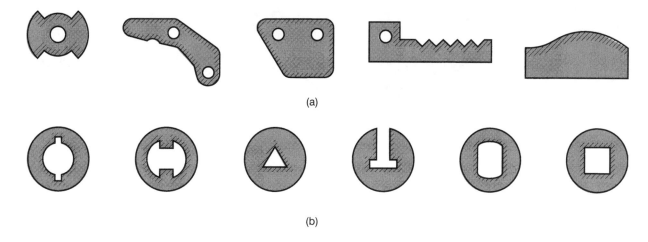

FIGURA 16.34 Formas geométricas que podem ser usinadas pelo brochamento: (a) externo e (b) interno. As hachuras indicam as superfícies usinadas pelo brochamento. (Crédito: *Fundamentals of Modern Manufacturing*, 4ª Edição por Mikell P. Groover, 2010. Reimpresso com permissão de John Wiley & Sons, Inc.)

A ***brochadeira vertical*** é projetada para mover a brocha em uma trajetória vertical, enquanto na ***brochadeira horizontal*** a ferramenta percorre um caminho horizontal. A maioria das máquinas de brochamento puxa a brocha para que elas passem pela peça. No entanto, existem exceções à ação de puxar: uma delas é relativamente simples, chamada ***brochadeira por compressão***, usada somente para brochamento interno, que empurra a ferramenta através da peça. Outra exceção é a ***brochadeira contínua***, na qual as peças são fixadas em uma correia ou um disco, e passam sobre uma ferramenta estacionária. Por causa de seu funcionamento contínuo, esse equipamento pode ser utilizado apenas para brochamento de superfície.

16.6.3 SERRAMENTO

Serrar é um processo em que uma fenda estreita é retirada de uma peça por uma ferramenta composta de uma série de dentes com espaçamentos estreitos. O serramento é normalmente usado para separar uma peça em duas partes, ou para cortar uma parte indesejada da peça. Essas operações são, muitas vezes, referenciadas como ***operações de corte***, e não de usinagem. Uma vez que muitas fábricas requerem operações de corte em algum ponto da sequência de produção, serrar é um processo de fabricação importante.

Na maioria das operações de serramento, a peça é mantida estacionária, e a ***lâmina de serra*** se move em relação a ela. Existem três tipos básicos de serra, como mostrado na Figura 16.35, de acordo com o tipo de movimento no qual a lâmina se envolve: (a) serras alternativas, (b) serras de fita e (c) serras circulares.

O ***serramento alternativo***, Figura 16.35(a), envolve um movimento linear alternado da serra em relação à peça. Esse método de serramento é frequentemente usado em operações de corte, que é realizado apenas no curso para a frente da lâmina de serra. Em virtude de a ação de corte ser intermitente, o serramento alternativo é inerentemente menos eficiente que os outros métodos contínuos de serrar. A ***lâmina dentada da serra*** é uma ferramenta fina e esbelta, com os dentes de corte em uma lateral. Esse tipo de serramento pode ser feito à mão com um ***arco de serra***, ou com um equipamento chamado ***serra alternativa***. Essa máquina fornece um mecanismo de acionamento para movimentar a lâmina de serra com a velocidade desejada, mas também se aplica um avanço ou pressão de corte.

O ***serramento com serras de fita*** envolve um movimento linear contínuo, com uma ***lâmina de serra*** feita sob a forma de um laço sem fim flexível, com dentes em uma lateral. A máquina de corte é a ***serra de fita***, que proporciona mecanismo semelhante ao de uma correia que se move continuamente durante o corte. Serras de fita são classificadas como vertical

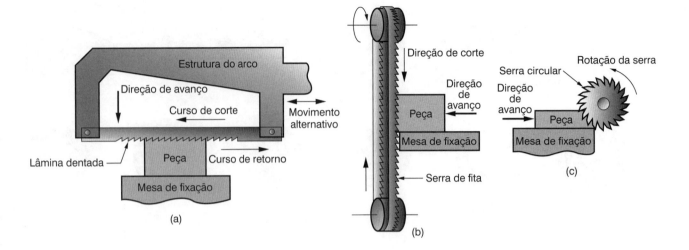

FIGURA 16.35 Três tipos de operações de serramento: (a) alternativo, (b) com serra de fita vertical e (c) com serra circular. (Crédito: *Fundamentals of Modern Manufacturing*, 4ª Edição por Mikell P. Groover, 2010. Reimpresso com permissão de John Wiley & Sons, Inc.)

ou horizontal. A designação refere-se ao sentido do movimento da lâmina de serra durante o corte. Serras de fita verticais são utilizadas para corte, bem como para fazer contorno de peças e entalhes. Pode-se executar uma *operação de desbaste de contorno* com a serra de fita para realizar o corte bruto de um perfil a partir de um produto laminado plano. Pode-se também realizar a *usinagem de uma fenda* em peças, uma operação bem adequada à serra de fita. Nesses dois casos, a peça avança na direção da lâmina de serra.

Nas máquinas de serra de fita verticais, o operador pode guiar manualmente a peça contra a serra de fita em movimento para cortar. A peça pode também ser alimentada de forma automática quando a peça tiver avanço contínuo na direção da lâmina. As recentes inovações em design desse equipamento têm permitido o uso do CNC para executar o contorno de peças complexas. Alguns dos detalhes da operação da serra de fita vertical são ilustrados na Figura 16.35(b). Serras de fita horizontais são normalmente utilizadas para as operações de corte semelhantes àquelas das serras alternativas.

O *serramento com serras circulares*, Figura 16.35(c), utiliza uma lâmina rotativa que proporciona movimento contínuo da ferramenta sobre a peça. Serras circulares são, muitas vezes, usadas para cortar barras longas, tubos e formas semelhantes cujo comprimento é maior que a seção transversal. A ação de corte é semelhante à de uma operação de fresamento de canal, com exceção que o disco de serra é mais fino e contém mais dentes de corte que uma fresa de disco. Serras circulares giram em torno do eixo perpendicular ao disco, e um mecanismo de avanço é utilizado para movê-las de encontro às peças.

Duas operações relacionadas com o serramento circular são as de corte com disco abrasivo e as de serramento por fricção. No *corte com disco abrasivo*, o disco é usado para o corte de materiais duros, que seriam difíceis de cortar com uma serra com lâmina convencional. No *serramento com discos de fricção*, um disco de aço gira contra a peça com velocidades muito altas, resultando em atrito e calor, que fazem com que o material amoleça o suficiente e permita a penetração do disco. As velocidades de corte em ambas as operações são muito maiores que as da serra circular.

16.7 USINAGEM EM ALTA VELOCIDADE

Uma tendência persistente ao longo da história da usinagem de metais é a utilização de velocidades de corte cada vez mais elevadas. Nos últimos anos, tem sido renovado o interesse nessa área em razão de seu potencial para velocidades de produção maiores, menores prazos de entrega, redução de custos e melhora da qualidade da peça. A definição de **usinagem em alta velocidade** (*High Speed Machining* ou *High Speed Cutting* – *HSM* ou *HSC*), na sua forma mais simples, consiste em utilizar velocidades de corte significativamente maiores que aquelas usadas em operações de usinagem convencionais. Alguns valores das velocidades de corte na usinagem convencional e na de alta velocidade são apresentados na Tabela 16.1, de acordo com dados compilados pela Kennametal Inc.*

Outras definições de HSM têm sido desenvolvidas para lidar com a grande variedade de materiais usinados e materiais de ferramenta de usinagem. Uma definição muito usada para o HSM é a relação DN, ou seja, a multiplicação do diâmetro do eixo (em mm) pela velocidade máxima de rotação do eixo (rpm). Para usinagem em alta velocidade, valores típicos da relação DN estão entre 500.000 e 1.000.000. Essa definição permite que rolamentos com maior diâmetro caiam dentro da gama de HSM, mesmo operando com velocidades de rotação mais baixas que os rolamentos de menor dimensão. A faixa de velocidades de rotação típicas do HSC está entre 8.000 e 35.000 rpm, embora haja eixos projetados para girar a 100.000 rpm.

Outra definição para HSM se baseia na relação de potência por velocidade máxima de rotação, ou seja, a **relação hp/rpm**. Máquinas-ferramenta convencionais geralmente têm maior relação hp/rpm em relação a máquinas equipadas para usinagem de alta velocidade. Por esse parâmetro, a linha divisória entre usinagem convencional e HSM é em torno de 0,005 hp/rpm. Assim, a alta velocidade de usinagem inclui máquinas de 50 hp com velocidade máxima de 10.000 rpm (ou seja, 0,005 hp/rpm) e potência de 15 hp de eixos que podem girar a 30.000 rpm (também 0,0005 hp/rpm).

A usinagem de alta velocidade requer as seguintes características: (1) eixos com rolamentos especiais projetados para rotações elevadas; (2) capacidade de proporcionar elevada velocidade de avanço, tipicamente cerca de 50 m/min (2000 pol/min); (3) movimento de controle CNC tem características que permitem ao controlador prever mudanças de direção e fazer ajustes para evitar erros da trajetória da ferramenta (*undershooting* ou *overshooting*); (4) ferramentas de corte, porta-ferramentas e eixos balanceados para minimizar os efeitos de vibração; (5) sistemas de fornecimento de fluido de corte com pressões muito maiores que na usinagem convencional; e (6) sistemas de controle e remoção do cavaco adequados às taxas de remoção de cavaco muito maiores. Além disso, é igualmente importante o material das ferramentas de corte. Como listado na Tabela 16.1, são diferentes os materiais para ferramentas na alta velocidade, e eles são discutidos no próximo capítulo.

TABELA 16.1 Velocidades de corte usadas na usinagem convencional *versus* de alta velocidade

	Ferramentas Inteiriças (fresas de topo, brocas)[a]				Ferramentas Indexáveis (fresas de facear)[a]			
	Velocidade convencional		Usinagem à alta velocidade		Velocidade convencional		Usinagem à alta velocidade	
Material usinado	m/min	ft/min	m/min	ft/min	m/min	ft/min	m/min	ft/min
Alumínio	300+	1000+	3000+	10.000+	600+	2000+	3600+	12.000+
Ferro fundido macio	150	500	360	1200	360	1200	1200	4000
Ferro fundido modular	105	350	250	800	250	800	900	3000
Aço de usinagem fácil	105	350	360	1200	360	1200	600	2000
Ligas de aço	75	250	250	800	210	700	360	1200
Titânio	40	125	60	200	45	150	90	300

[a]Ferramentas inteiriças são compostas de um corpo único, enquanto ferramentas indexadas são formadas de uma peça com insertos fixados ao seu corpo. Materiais apropriados a serem utilizados como insertos incluem metal duro de diversos graus para todos os materiais, cerâmicas, diamantes policristalinos para alumínio, nitreto cúbico de boro para aços (veja Seção 17.2 a respeito desses materiais de ferramentas).
Fonte: Kennametal Inc. [3].

---

* Kennametal Inc. é um reconhecido fabricante de ferramentas de corte.

16.8 TOLERÂNCIAS E ACABAMENTO DE SUPERFÍCIE

As operações de usinagem produzem peças com geometrias definidas, tolerâncias e acabamentos de superfície especificados pelo engenheiro de produto. Nesta seção, são analisadas as questões de tolerância e acabamento de superfície na usinagem.

16.8.1 TOLERÂNCIAS NA USINAGEM

Em qualquer processo de fabricação, há variabilidade dimensional. As tolerâncias são utilizadas para definir os limites admissíveis dessa variabilidade (Seção 4.1.1). A usinagem é com frequência escolhida quando as tolerâncias são estreitas, porque é mais precisa que a maioria dos demais processos de mudança de geometria. A Tabela 16.2 indica as tolerâncias típicas que podem ser alcançadas pela maioria das operações de usinagem. Deve ser mencionado que os valores nesta tabela representam as condições ideais, ou seja, condições que podem ser usualmente realizadas numa fábrica moderna. Se a máquina-ferramenta for usada e antiga, a variabilidade do processo será provavelmente maior que a ideal, e será mais difícil obter as tolerâncias apresentadas. Por outro lado, novas ferramentas de usinagem podem alcançar tolerâncias mais apertadas que as listadas.

Tolerâncias mais estreitas em geral significam custos mais elevados. Por exemplo, se o projetista especifica uma tolerância de ±0,10 mm em um diâmetro de um furo de 6,0 mm, a tolerância pode ser obtida por uma operação de furação, de acordo com a Tabela 16.2. No entanto, se o projetista especifica uma tolerância de ±0,025 mm, então, é necessário realizar uma operação adicional de alargamento para satisfazer a essa faixa dimensional mais restrita. Isso não significa que tolerâncias mais frouxas sejam sempre boas. É comum que tolerâncias mais estreitas e menor variabilidade na usinagem dos componentes resultem em menor número de problemas na montagem, no teste do produto final, na aplicação de campo e em maior aceitação do cliente. Embora esses custos não sejam sempre tão fáceis de quantificar como os custos diretos de produção, eles podem, no entanto, ser significativos. Tolerâncias mais justas fazem com que a fábrica obtenha melhor controle sobre seus processos de fabricação e podem levar à redução dos custos operacionais totais da empresa a longo prazo.

TABELA 16.2 Valores de tolerâncias e rugosidade média de superfície típicas de operações de usinagem

Operação de usinagem	Tolerância — Capabilidade Típica mm	in	Rugosidade de Superfície Típica μm	μ-in	Operação de usinagem	Tolerância — Capabilidade Típica mm	in	Rugosidade de Superfície Típica μm	μ-in
Torneamento, broqueamento			0,8	32	Alargamento			0,4	16
Diâmetro D<25 mm	±0,025	±0,001			Diâmetro D<12 mm	±0,025	±0,001		
25 mm<D<50 mm	±0,05	±0,002			12 mm<D<25 mm	±0,05	±0,002		
Diâmetro D>50 mm	±0,075	±0,003			Diâmetro D>25 mm	±0,075	±0,003		
Furação*			0,8	32	Fresamento			0,4	16
Diâmetro D<2,5 mm	±0,05	±0,002			Periférico	±0,025	±0,001		
2,5 mm<D<6 mm	±0,075	±0,003			Faceamento	±0,025	±0,001		
6 mm<D<12 mm	±0,10	±0,004			Topo	±0,05	±0,002		
12 mm<D<25 mm	±0,125	±0,005			Aplainamento com plaina de mesa	±0,025	±0,001	1,6	63
Diâmetro D>25 mm	±0,20	±0,008			Aplainamento com plaina limadora	±0,075	±0,003	1,6	63
Brochamento	±0,025	±0,001	0,2	8	Serramento	±0,50	±0,02	6,0	250

*Tolerâncias de furação são tipicamente expressas como tolerâncias bilaterais assimétricas (por exemplo, +0,010/− 0,002). Os valores desta tabela estão expressos como a tolerância bilateral simétrica (por exemplo, ±0,006).
Compilado de várias referências, incluindo [8], [9], [10], [21], entre outras.

16.8.2 ACABAMENTO DE SUPERFÍCIE NA USINAGEM

Como a usinagem é muitas vezes o processo de fabricação que determina a geometria e as dimensões finais da peça, é também o processo que determina a textura superficial da peça (Seção 4.2.2). A Tabela 16.2 lista os valores de rugosidade de superfície típicos de várias operações de usinagem. Os valores de acabamento apresentados podem ser facilmente alcançáveis por ferramentas modernas e máquinas bem conservadas.

Examinaremos como o acabamento de superfície é estabelecido em uma operação de usinagem. A rugosidade de uma superfície usinada depende de muitos fatores, que podem ser agrupados como se segue: (1) fatores relacionados à geometria, (2) fatores relacionados ao material usinado e (3) fatores relacionados à vibração e à máquina-ferramenta. Nesta seção, discute-se o acabamento de superfície abordando os fatores relacionados e seus efeitos.

Fatores relacionados à geometria Vários são os parâmetros de usinagem que determinam a geometria da superfície de uma peça usinada. Eles incluem: (1) o tipo de operação de usinagem; (2) a geometria da ferramenta de corte, principalmente o raio da ponta; e (3) o avanço. A geometria da superfície que deveria resultar desses fatores é referida como a rugosidade de superfície "ideal" ou "teórica", isto é, o acabamento que seria obtido na ausência de outros fatores relacionados ao material da peça, a vibrações e à máquina-ferramenta.

O parâmetro mencionado como 'tipo de operação' refere-se ao processo de usinagem usado para gerar a superfície. Por exemplo, o fresamento de faceamento, o fresamento periférico e o aplainamento produzem uma superfície plana. No entanto, a geometria da superfície gerada a partir de cada operação é diferente por causa das diferenças na forma da ferramenta e na maneira com que ela interage com a superfície. Uma noção dessas diferenças pode ser obtida observando a Figura 4.4, que apresenta possíveis direções dos sulcos de uma superfície.

A geometria da ferramenta e o avanço se combinam para formar a geometria da superfície. A forma da ponta da ferramenta é o fator mais importante da geometria da ferramenta que influencia a rugosidade. Os efeitos podem ser vistos na ferramenta monocortante apresentada na Figura 16.36. Com o mesmo avanço, o maior raio da ponta faz com que as marcas do avanço sejam menos acentuadas, levando assim ao melhor acabamento. Se dois avanços forem empregados para uma ferramenta com o mesmo raio da ponta, o maior avanço aumentará a separação entre as marcas da ferramenta, conduzindo ao aumento do valor da rugosidade teórica da superfície. Se a velocidade de avanço for suficientemente grande, e o raio da ponta for suficientemente pequeno, de modo que a aresta de corte secundária (ou lateral, Figura 17.6) participe na criação da nova superfície, então o ângulo da aresta de corte secundária irá afetar a geometria da superfície. Nesse caso, o aumento do ângulo de posição da aresta secundária (χ_L) resulta num valor maior da rugosidade superficial. Em teoria, um χ_L igual a zero produziria uma superfície perfeitamente lisa; no entanto, as imperfeições na ferramenta, do material usinado e do processo impedem que seja alcançado esse acabamento ideal.

Os efeitos do raio da ponta e do avanço podem ser combinados em uma equação para prever a rugosidade média teórica de uma superfície produzida por uma ferramenta monocortante. A equação se aplica a operações como torneamento e aplainamento:

$$R_i = \frac{f^2}{32 r_\varepsilon} \tag{16.21}$$

em que R_i = é a rugosidade média ideal (ou teórica) da superfície em mm (ou in); f = avanço em mm (ou in); e r_ε = raio da ponta da ferramenta em mm (ou in). A equação assume que o raio da ponta não é nulo, e o avanço e raio da ponta são os principais fatores que determinam a geometria da superfície. Os valores de R_i são calculados em mm (ou in) e podem ser convertidos para µm (ou µ-in). É possível também usar a Eq. (16.21) para estimar a rugosidade ideal no fresamento de faceamento, que utiliza insertos se o f for usado para representar o avanço por dente, ou seja, a força que o cavaco faz no inserto.

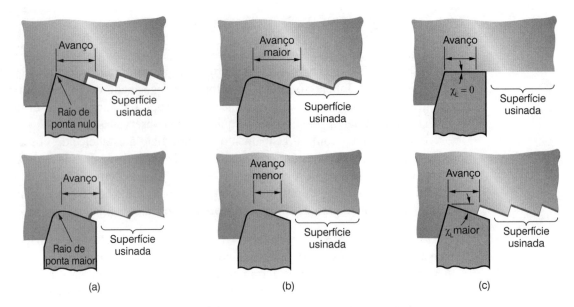

FIGURA 16.36 Efeitos dos fatores geométricos para determinar o acabamento teórico da superfície de ferramentas monocortante: (a) efeito do ângulo da ponta, (b) efeito do avanço e (c) efeito do ângulo de posição da aresta secundária. (Crédito: *Fundamentals of Modern Manufacturing*, 4ª Edição por Mikell P. Groover, 2010. Reimpresso com permissão de John Wiley & Sons, Inc.)

A Eq. (16.21) assume que a ferramenta está afiada. À medida que a ferramenta desgasta, a forma da ponta muda, o que se reflete na geometria da superfície usinada. Quando o desgaste é suave, o efeito é desprezível e não é notado. No entanto, quando o desgaste se torna relevante, especialmente o desgaste de raio da ponta, a rugosidade da superfície se afasta muito do valor calculado para a rugosidade ideal, conforme apresentado na equação.

Fatores relacionados ao material usinado   Não é possível alcançar o acabamento de superfície ideal na maioria das operações de usinagem por causa de fatores relacionados com o material usinado e sua interação com a ferramenta. Os fatores do material usinado que afetam o acabamento incluem: (1) formação da aresta postiça de corte, uma vez que ela se forma e se quebra ciclicamente e, com isso, as partículas são depositadas sobre a superfície usinada fazendo com que tenha uma textura "áspera como uma lixa", (2) danos à superfície causados pela curvatura do cavaco que se move em direção à região de corte, (3) lascamento da superfície usinada durante a formação do cavaco em materiais dúcteis, (4) trincas de superfície causadas pela formação do cavaco descontínuo na usinagem de materiais frágeis, e (5) atrito entre o flanco da ferramenta e a superfície usinada. Esses fatores relacionados ao material são influenciados pela velocidade de corte e pelo ângulo de saída, de modo que o aumento da velocidade de corte ou do ângulo de saída, em geral, melhora o acabamento da superfície.

Os fatores relacionados ao material geralmente fazem com que o acabamento da superfície real seja pior que o ideal. Uma razão empírica pode ser desenvolvida para converter o valor de rugosidade ideal em uma estimativa do valor real da rugosidade de superfície. Essa relação leva em conta a formação da aresta postiça de corte, do lascamento e de outros fatores. O valor desse coeficiente depende da velocidade de corte, bem como do material usinado. A Figura 16.37 mostra a curva que relaciona a rugosidade de superfície real com a ideal, em função da velocidade de corte, de acordo com o material usinado.

O procedimento para calcular a rugosidade real em uma operação de usinagem é estimar a rugosidade média ideal e então multiplicá-la pela razão real para ideal encontrada no gráfico, que relaciona a velocidade de corte com o tipo de material utilizado no processo. Isso pode ser resumido como:

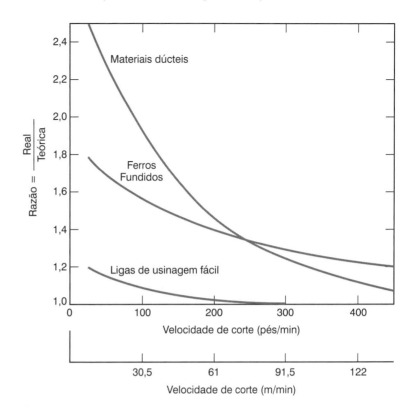

FIGURA 16.37 Relação da rugosidade de superfície ideal e a real para diferentes tipos de materiais. Dados coletados por General Electric Co. [19]. (Crédito: *Fundamentals of Modern Manufacturing*, 4ª Edição por Mikell P. Groover, 2010. Reimpresso com permissão de John Wiley & Sons, Inc.)

$$R_r = r_{ri} R_i \tag{16.22}$$

em que R_r = valor estimado para a rugosidade real; r_{ri} é a relação real-ideal para o acabamento da superfície obtido a partir Figura 16.37; e R_i é a rugosidade ideal calculada a partir da Eq. (16.21).

EXEMPLO 16.1
Rugosidade de Superfície

Uma operação de torneamento é realizada em um aço C1008 (um material relativamente dúctil) utilizando uma ferramenta com raio de ponta igual a 1,2 mm. A velocidade de corte utilizada foi 100 m/min, e o avanço 0,25 mm/rot. Calcule a rugosidade da superfície estimada nessa operação.

Solução: A rugosidade ideal pode ser calculada a partir da Eq. (16.21):

$$R_i = (0,25)^2 / (32 \times 1,2) = 0,0016 \text{ mm} = 1,6 \, \mu\text{m}$$

Observando a Figura 16.37, a relação real-ideal da rugosidade para materiais dúcteis a 100 m/min é cerca de 1,25. Dessa forma, a rugosidade real estimada para a operação será aproximadamente:

$$R_r = 1,25 \times 1,6 = 2,0 \, \mu\text{m}$$ ∎

Fatores relacionados à Vibração e à Máquina-Ferramenta Esses fatores estão relacionados com a máquina-ferramenta, o ferramental e a configuração na operação. Eles incluem *chatter* ou vibrações na máquina-ferramenta ou na ferramenta de corte; deflexão da fixação, que muitas vezes resultam em vibração; e folga no mecanismo de avanço, especialmente em máquinas-ferramenta antigas. Se esses fatores relacionados às máquinas-ferramenta puderem ser minimizados ou eliminados, a rugosidade da superfície usinada é determinada principalmente pelos fatores geométricos e pelos materiais usinados já descritos nesta seção.

As vibrações e/ou o *chatter* em uma operação de usinagem podem resultar em uma ondulação pronunciada na superfície usinada. Quando ocorre o *chatter*, surge um ruído característico que pode ser reconhecido por qualquer operador experiente. Existem algumas medidas possíveis em campo para reduzir ou eliminar a vibração: (1) o aumento da rigidez e/ou do amortecimento na configuração do processo, (2) operar em uma velocidade de rotação que não provoque forças cíclicas cujas frequências se aproximem da frequência natural do sistema máquina-ferramenta, (3) a redução do avanço e das profundidades de corte para reduzir as forças de corte e (4) mudar o perfil da ferramenta de corte para reduzir as forças. A geometria da peça pode, às vezes, desempenhar papel importante na ocorrência de *chatter*. Finas seções transversais tendem a aumentar a probabilidade de apresentar esse fenômeno, e podem ser utilizados apoios extras para melhorar essa condição.

16.9 CONSIDERAÇÕES DE PROJETO DE PRODUTO PARA USINAGEM

Vários aspectos de projeto de produto já foram considerados em nossa discussão anterior de tolerância e acabamento superficial. Nesta seção, apresentamos algumas diretrizes de projeto para usinagem, compilados a partir das referências [5], [8] e [21]:

➢ Se possível, as peças devem ser concebidas de forma a não ser necessária a operação de usinagem. Se não for possível, então minimize a quantidade de material retirado por usinagem nas peças. Em geral, um produto com custo mais baixo é obtido por processos *net shape*, tais como fundição de precisão, forjamento com matriz fechada ou moldagem (em plástico), e *near net shape*, tal como o forjamento em matriz fechada. É possível citar algumas razões quando a usinagem pode ser necessária: tolerâncias estreitas; bom acabamento superficial; e as características geométricas especiais, tais como roscas, furos de precisão, seções cilíndricas, com elevado grau de cilindricidade, e geometrias similares que não podem ser alcançadas por outros processos que não seja a usinagem.

➢ As tolerâncias devem ser especificadas para satisfazer os requisitos funcionais, porém a capabilidade do processo deve ser também considerada. Observe a Tabela 16.2 de capabilidade de tolerância em usinagem. Tolerâncias excessivamente estreitas adicionam custo que podem não agregar valor à peça. Quando as tolerâncias ficam mais apertadas (menores), os custos dos produtos geralmente aumentam devido ao processamento adicional, elementos de fixação adicionais, inspeção, triagem, retrabalho e sucata.

➢ O acabamento da superfície deve ser especificado para atender às exigências funcionais e/ou estéticas; porém, acabamentos melhores geralmente aumentam os custos de processamento, exigindo operações adicionais, tais como a retificação ou a lapidação.

➢ Elementos que serão usinados e contêm cantos vivos e arestas em projeto devem ser evitados, pois eles são muitas vezes difíceis de realizar por usinagem. Cantos vivos internos requerem ferramentas de corte pontiagudas, que tendem a quebrar durante a usinagem. Arestas e cantos externos tendem a criar rebarbas e são perigosos na manipulação.

➢ Furos profundos que precisam ser alargados devem ser evitados. O alargamento de furos longos requer uma barra de mandrilar longa e chata, que deve ser rígida, e, portanto, requer a utilização de materiais da ferramenta com elevado módulo de elasticidade, tais como metal duro, o que é caro.

➢ Peças usinadas devem ser projetadas de forma a utilizar matérias-primas a partir de um estoque padronizado. A escolha de dimensões exteriores iguais ou próximas a uma dimensão-padrão de estoque minimiza a retirada de material por usinagem. Por exemplo, projetar eixos com diâmetros externos que são iguais ou próximos a diâmetros de barras padronizados.

> Peças devem ser projetadas para serem suficientemente rígidas a fim de resistirem às forças de corte e de fixação durante a usinagem. A usinagem de peças longas e esbeltas, grandes peças planas, peças com paredes finas e formas semelhantes devem ser evitadas, se possível.

> Rebaixos, como o da Figura 16.38, devem ser evitados, uma vez que geralmente requerem configurações adicionais das operações e/ou ferramentas especiais para a usinagem. Elas podem também induzir concentração de tensões em serviço.

> Materiais com boa usinabilidade devem ser selecionados pelo projetista (Seção 17.5). A título indicativo, a classificação de usinabilidade de um material está correlacionada com a velocidade de corte admissível e com a taxa de produção que pode ser usada. Assim, peças feitas de materiais com baixa usinabilidade custam mais para produzir. Peças que foram endurecidas por tratamento térmico normalmente devem ser acabadas por retificação ou usinadas com ferramentas de custo mais elevado após o endurecimento, para alcançar a dimensão final e as tolerâncias projetadas.

> Peças usinadas devem ser projetadas com geometria tal que possam ser produzidas com o menor número de elementos de fixação e a configuração mais simples possível. Isso significa, geralmente, uma geometria que possa ser toda usinada com acesso a apenas um dos lados da peça (veja a Figura 16.39).

> Peças usinadas devem ser projetadas com elementos geométricos que possam ser alcançados com ferramentas de corte padronizadas. Isso significa evitar tamanhos de furo e roscas incomuns e geometria com formas inusitadas que requerem ferramentas com geometria especial. Além disso, o processo de fabricação será mais fácil se o projeto das peças requerer número reduzido de ferramentas de corte; isso, muitas vezes, permite que a peça seja completada com uma única configuração da máquina, tal como em um centro de usinagem (Seção 16.5).

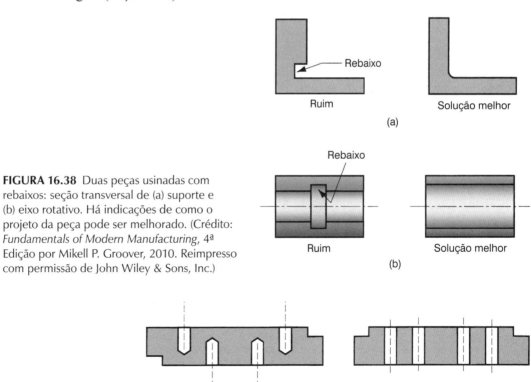

FIGURA 16.38 Duas peças usinadas com rebaixos: seção transversal de (a) suporte e (b) eixo rotativo. Há indicações de como o projeto da peça pode ser melhorado. (Crédito: *Fundamentals of Modern Manufacturing*, 4ª Edição por Mikell P. Groover, 2010. Reimpresso com permissão de John Wiley & Sons, Inc.)

FIGURA 16.39 Duas peças com furos similares: (a) furos que devem ser usinados a partir das duas faces requerem duas configurações de fixação e (b) furos que podem ser usinados a partir de uma face somente. (Crédito: *Fundamentals of Modern Manufacturing*, 4ª Edição por Mikell P. Groover, 2010. Reimpresso com permissão de John Wiley & Sons, Inc.)

REFERÊNCIAS

[1] Aronson, R. B. "Spindles are the Key to HSM," *Manufacturing Engineering*, October 2004, pp. 67–80.

[2] Aronson, R. B. "Multitalented Machine Tools," *Manufacturing Engineering*, January 2005, pp. 65–75.

[3] Ashley, S. "High-speed Machining Goes Mainstream," *Mechanical Engineering*, May 1995 pp. 56–61.

[4] *ASM Handbook*, Vol. *16, Machining*. ASM International, Materials Park, Ohio, 1989.

[5] Bakerjian, R. (ed.). *Tool and Manufacturing Engineers Handbook*, 4th ed., Vol. *VI, Design for Manufacturability*. Society of Manufacturing Engineers, Dearborn, Michigan, 1992.

[6] Black, J., and Kohser, R. *DeGarmo's Materials and Processes in Manufacturing*, 10th ed. John Wiley & Sons, Inc., Hoboken, New Jersey, 2008.

[7] Boston, O. W. *Metal Processing*, 2nd ed. John Wiley & Sons, Inc., New York, 1951.

[8] Bralla, J. G. (ed.). *Design for Manufacturability Handbook*, 2nd ed. McGraw-Hill Book Company, New York, 1998.

[9] Drozda, T. J., and Wick, C. (eds.). *Tool and Manufacturing Engineers Handbook*, 4th ed. Vol. *I, Machining*. Society of Manufacturing Engineers, Dearborn, Michigan, 1983.

[10] Early, D. F., and Johnson, G. E. *Process Engineering for Manufacturing*. Prentice-Hall, Inc., Englewood Cliffs, New Jersey, 1962.

[11] Kalpakjian, S., and Schmid, S. R. *Manufacturing Engineering and Technology*, 4th ed. Prentice Hall, Upper Saddle River, New Jersey, 2003.

[12] Kalpakjian, S., and Schmid, S. R. *Manufacturing Processes for Engineering Materials*, 6th ed. Pearson Prentice Hall, Upper Saddle River, New Jersey, 2010.

[13] Krar, S. F., and Ratterman, E. *Superabrasives: Grinding and Machining with CBN and Diamond*. McGraw-Hill, Inc., New York, 1990.

[14] Lindberg, R. A. *Processes and Materials of Manufacture*, 4th ed. Allyn and Bacon, Inc., Boston, 1990.

[15] Marinac, D. "Smart Tool Paths for HSM," *Manufacturing Engineering*, November 2000, pp. 44–50.

[16] Mason, F., and Freeman, N. B. "Turning Centers Come of Age," Special Report 773, *American Machinist*, February 1985, pp. 97–116.

[17] *Modern Metal Cutting*. AB Sandvik Coromant, Sandvik, Sweden, 1994.

[18] Ostwald, P. F., and Munoz, J. *Manufacturing Processes and Systems*, 9th ed. John Wiley & Sons, Inc. New York, 1997.

[19] *Surface Finish*. Machining Development Service, Publication A-5, General Electric Company, Schenectady, New York (no date).

[20] Trent, E. M., and Wright, P. K. *Metal Cutting*, 4th ed. Butterworth Heinemann, Boston, 2000.

[21] Trucks, H. E., and Lewis, G. *Designing for Economical Production*, 2nd ed. Society of Manufacturing Engineers, Dearborn, Michigan, 1987.

[22] Witkorski, M., and Bingeman, A. "The Case for Multiple Spindle HMCs," *Manufacturing Engineering*, March 2004, pp. 139–148.

QUESTÕES DE REVISÃO

16.1 Quais são as diferenças entre peças com geometria de revolução e peças prismáticas para o processo de usinagem?

16.2 Descreva as diferenças entre as operações de geração e formação nos processos de usinagem.

16.3 Cite dois exemplos de operações de usinagem nos quais a geração e a formação estão combinadas para gerar a geometria da peça.

16.4 Descreva o processo de torneamento.

16.5 Quais são as diferenças entre o rosqueamento no torno e rosqueamento com macho?

16.6 Qual é a diferença entre uma operação de torneamento e de broqueamento?

16.7 O que significa a denominação 12 × 36 polegadas no torno?

16.8 Nomeie as várias formas de se prender uma peça no torno.

16.9 Qual é a diferença entre a ponta rotativa e a ponta fixa e quando esses termos são usados no contexto de fixação no torno?

16.10 Como o torno revólver se diferencia de um torno mecânico?

16.11 O que é um furo cego?

16.12 Quais são as características que diferenciam a furadeira radial das demais furadeiras?

16.13 Qual é a principal diferença entre fresamento periférico e fresamento frontal?

16.14 Descreva o fresamento de borda.

16.15 O que é fresamento de cavidades ou de mergulho?

16.16 Descreva as diferenças entre fresamento concordante e discordante.

16.17 Como uma fresadora de coluna e console se diferencia de uma fresadora de mesa fixa?

16.18 O que é um centro de usinagem?

16.19 Quais são as diferenças entre o centro de usinagem e o centro de torneamento?

16.20 O que um centro de torno-fresamento pode realizar que um centro de torneamento convencional não pode?

16.21 Qual é a diferença entre o movimento de uma plaina de mesa e uma plaina limadora?

16.22 Qual é a diferença entre o brochamento interno do externo?

16.23 Identifique as três formas básicas da operação de serramento.

16.24 Como os custos tendem a aumentar quando é necessário um acabamento de superfície melhor em uma peça usinada?

16.25 Quais são os fatores básicos que afetam a rugosidade de superfície na usinagem?

16.26 Quais são os parâmetros que têm maior influência na determinação da rugosidade de superfície ideal R_i em uma operação de torneamento?

16.27 Nomeie algumas atitudes que podem ser tomadas para reduzir ou eliminar as vibrações durante a usinagem.

PROBLEMAS

16.1 Uma peça cilíndrica de 200 mm de diâmetro e 700 mm de comprimento deve ser torneada em um torno mecânico. A velocidade de corte é 2,30 m/s, avanço = 0,32 mm/rot, e a profundidade de corte = 1,80 mm. Determine: (a) o tempo de corte e (b) a taxa de remoção de material.

16.2 Em uma operação de torneamento, o chefe da produção decretou que um único passe deveria ser realizado em uma peça cilíndrica em 5 min. A peça tem 400 mm de comprimento e 150 mm de diâmetro. Usando um avanço = 0,30 mm/rot e uma profundidade de corte = 4,0 mm, qual é a velocidade de corte a ser utilizada para alcançar o tempo de corte requerido?

16.3 Uma superfície cônica deve ser tornada em um torno automático. A peça tem 750 mm de comprimento e diâmetros máximo e mínimo de 200 e 100 mm, respectivamente, nas faces opostas. O controle automático no torno permite que a velocidade na superfície se mantenha constante em 200 m/min ajustando a rotação como função do diâmetro. Avanço = 0,25 mm/rot e profundidade de corte = 3,0 mm. A operação de desbaste já foi realizada, e essa é a operação final na peça. Determine: (a) o tempo requerido para a operação de torneamento e (b) as velocidades de rotação no início e no final do corte.

16.4 Uma barra cilíndrica com 4,5 in de diâmetro e 52 in de comprimento é presa no torno e apoiada na outra extremidade usando uma ponta móvel. Uma parte de 46 in é torneada para o diâmetro de 4,25 in em um passe com a velocidade de 450 ft/min. A taxa de remoção deve ser de 6,75 in^3/min. Determine (a) a profundidade de corte requerida, (b) o avanço requerido e (c) o tempo de corte.

16.5 A extremidade de uma grande peça tubular deve ser faceada em uma mandriladora vertical CNC. O diâmetro externo da peça tem 38 in, e o diâmetro interno 24 in. Se a operação de faceamento é realizada com velocidade de rotação de 40 rpm, avanço de 0,015 in/rot, e profundidade de corte de 0,180 in, determine (a) o tempo de corte para completar a operação de faceamento e (b) as velocidade de corte e a taxa de remoção de cavaco no início e final do corte.

16.6 Uma operação de furação é realizada com uma broca de 12,7 mm de diâmetro e 118° de ângulo de ponta em uma peça de aço. O furo é cego e tem profundidade de 60 mm. A velocidade de corte é de 25 m/min, e o avanço é 0,3 mm/rot.

Determine: (a) o tempo de corte para completar a operação de furação e (b) a taxa de remoção de material durante a operação, depois da entrada da ponta da broca.

16.7 Uma operação de furação é usada para realizar um furo de 9/64-in com certa profundidade. A operação leva 4,5 minutos usando fluido de alta pressão, que é alimentado internamente à broca. A velocidade de rotação é 4000 rpm, e o avanço 0,0017 in/rot. Para melhorar o acabamento da superfície, tomou-se a decisão de aumentar a velocidade em 20% e reduzir o avanço em 25%. Quanto tempo levará para que a operação seja realizada com as novas condições de corte?

16.8 Uma operação de fresamento periférico é realizada em uma superfície de topo de uma peça retangular com 400 mm de altura e 60 mm de largura. A fresa tem 80 mm de diâmetro e 5 dentes, ultrapassando a largura da peça nas duas laterais. A velocidade de corte = 70 m/min, avanço por dente = 0,25 mm/dente, e profundidade de corte = 5,0 mm. Determine: (a) o tempo de corte real para realizar um passe sobre a superfície e (b) a máxima taxa de remoção de cavaco durante o corte.

16.9 Uma operação de fresamento de faceamento é usada para usinar 6 mm da superfície do topo de uma peça retangular de alumínio com 300 mm de comprimento por 125 de largura em um único passe. A fresa realiza uma trajetória centrada na peça e tem 4 dentes e diâmetro de 150 mm. A velocidade de corte = 2,8 m/s, e avanço por dente = 0,27 mm/dente. Determine: (a) o tempo de corte real para fazer um passe ao longo da superfície e (b) a máxima taxa de remoção de cavaco durante o corte.

16.10 Um fresamento tangencial de face é realizado em uma superfície de topo de uma peça retangular de aço com 12 in de comprimento por 2,5 in de largura. Uma fresa helicoidal com 3 in de diâmetro e 10 dentes é localizada de forma a cobrir a largura da peça nas duas laterais. A velocidade de corte é 125 ft/min, o avanço é 0,006 in/dente, e profundidade de corte = 0,300 in. Determine: (a) o tempo de corte real para fazer um passe sobre a superfície e (b) a máxima taxa de remoção de cavaco durante o corte. (c) Se for adicionada uma distância de aproximação de 0,5 in no início do corte (antes da usinagem) e um afastamento de 0,5 in ao final do corte além do raio da fresa, qual é a duração do movimento de avanço?

16.11 Uma operação de fresamento de faceamento é realizada no topo de uma superfície retangular de aço com 12 in de comprimento por 2,5 in de largura. A fresa realiza uma trajetória centrada em relação à peça. A fresa tem 5 dentes e 3 in de diâmetro. A velocidade de corte = 250 ft/min, avanço = 0,006 in/dente, e profundidade de corte = 0,150 in. Determine: (a) o tempo de corte real para fazer um passe sobre a superfície e (b) a máxima taxa de remoção de cavaco durante o corte. (c) Se for adicionada uma distância de aproximação de 0,5 in no início do corte (antes da usinagem) e um afastamento de 0,5 in ao final do corte além do raio da fresa, qual é a duração do movimento de avanço?

16.12 Resolva o Problema 16.11 substituindo a peça por uma de 5 in de largura e colocando um deslocamento da fresa para um dos lados, de forma que a superfície usinada tem 1 in de largura, que é chamado fresamento de faceamento parcial, Figura 16.20(b).

16.13 Em uma operação de torneamento em ferro fundido, o raio de ponta da ferramenta é igual a 1,5 mm, o avanço é 0,22 mm/rot, e a velocidade de corte é 1,8 m/s. Calcule a rugosidade de superfície estimada para esse corte.

16.14 Uma operação de usinagem faz uso de um raio da ponta de 2/64 in em um aço de corte fácil, com avanço de 0,010 in/rot e uma velocidade de corte 300 ft/min. Determine a rugosidade de superfície desse processo.

16.15 Uma ferramenta de aço rápido com 3/64 in de raio da ponta é usada em uma operação de aplainamento em uma peça de aço dúctil. A velocidade de corte é 120 ft/min. O avanço é 0,014 in/passe, e a profundidade de corte é 0,135 in. Determine a rugosidade de superfície dessa operação.

16.16 Uma peça deve ser usinada em um torno e ter a rugosidade de 1,6 mm. Essa peça é feita de liga de alumínio de usinagem fácil. A velocidade de corte = 150 m/min, a profundidade de corte = 4,0 mm e o raio da ponta = 0,75 mm. Determine o avanço que deve ser utilizado para alcançar a rugosidade determinada.

16.17 Resolva o Problema 16.16 substituindo a peça por uma feita de ferro fundido, em vez de alumínio, e reduza a velocidade de corte a 100 m/min.

16.18 Uma operação de fresamento de faceamento deve ser realizada em ferro fundido para produzir uma superfície com rugosidade de 36 μ-in. A ferramenta utilizada usa quatro insertos e seu diâmetro é 3,0 in. A fresa gira a 475 rpm. Para obter o melhor acabamento possível, um inserto de metal duro com raio de ponta 4/64 in é utilizado. Determine a velocidade de avanço necessária (in/min) para alcançar o acabamento de 36 μ-in desejado.

16.19 Uma operação de fresamento de faceamento não está fornecendo o acabamento de superfície necessário a uma peça. A ferramenta usa quatro insertos e é uma fresa de facear. O operador da oficina acha que o problema está no material usinado, que é muito dúctil para o trabalho, mas essa propriedade está adequada à faixa de ductilidade especificada pelo projetista. Sem saber nada mais sobre o trabalho, que mudanças você sugeriria em relação (a) às condições de corte e (b) às ferramentas, para melhorar o acabamento de superfície?

17 FERRAMENTAS DE USINAGEM E TÓPICOS CORRELATOS

Sumário

17.1 Vida da Ferramenta
  17.1.1 Desgaste de Ferramenta
  17.1.2 Vida da Ferramenta e Equação de Taylor

17.2 Materiais para Ferramentas
  17.2.1 Aço Rápido e Seus Antecessores
  17.2.2 Ligas Fundidas de Cobalto
  17.2.3 Metal Duro, Cermets e Metal Duro com Recobrimento
  17.2.4 Cerâmicas
  17.2.5 Diamantes Sintéticos e Nitreto Cúbico de Boro

17.3 Geometria da Ferramenta
  17.3.1 Geometria das Ferramentas Monocortantes
  17.3.2 Ferramentas Multicortantes

17.4 Fluidos de Corte
  17.4.1 Tipos de Fluidos de Corte
  17.4.2 Aplicação dos Fluidos de Corte

17.5 Usinabilidade

17.6 Condições Econômicas em Usinagem
  17.6.1 Seleção do Avanço e da Profundidade de Corte
  17.6.2 Velocidade de Corte

As operações de usinagem são realizadas utilizando ferramentas de corte. As elevadas forças e temperaturas, durante a usinagem, criam um ambiente muito severo para a ferramenta. Se a força de corte se torna muito alta, a ferramenta quebra. Se a temperatura de corte se torna muito alta, o material da ferramenta amolece e falha. Se nenhuma das duas situações causarem a falha da ferramenta, o desgaste contínuo da aresta de corte conduz à sua falha ao final.

A tecnologia de usinagem tem dois aspectos principais: o material da ferramenta e sua geometria. O primeiro envolve o desenvolvimento de materiais que suportem as forças, as temperaturas e a ação do desgaste durante o processo de usinagem. O segundo trata da otimização da geometria da ferramenta de corte utilizada para determinada combinação de material da ferramenta e operação de usinagem. É conveniente iniciar considerando a vida da ferramenta, um pré-requisito para muitas das discussões que serão realizadas a respeito dos materiais de ferramentas. O capítulo também inclui diversos tópicos adicionais que estão relacionados à tecnologia da ferramenta de corte: fluidos de corte, usinabilidade e condições econômicas de corte.

17.1 VIDA DA FERRAMENTA

Como sugerido pelo parágrafo inicial, existem três formas possíveis de falha de uma ferramenta de corte durante o processo de usinagem:

1. ***Falha por fratura***. Esse modo de falha ocorre quando a força de corte, em um ponto da aresta de corte, se torna excessivamente alta, causando uma falha repentina por fratura frágil.
2. ***Falha por temperatura***. Essa falha ocorre quando a temperatura de corte é muito alta para o material da ferramenta, o que faz com que o material na região da aresta de corte amoleça, resultando em deformação plástica e perda da afiação.
3. ***Desgaste gradual***. O desgaste gradual da aresta de corte causa a perda da geometria da ferramenta, redução da eficiência do corte, aceleração do desgaste da ferramenta à medida que ela se torna mais desgastada e, finalmente, sua falha, de forma similar à falha por temperatura.

As falhas por fratura e temperatura resultam em perda prematura da ferramenta de corte. Esses dois modos de falha são, portanto, indesejáveis. Das três possibilidades de falha, o desgaste gradual é preferido porque leva à utilização da ferramenta pelo maior tempo possível, com a vantagem econômica associada ao seu uso prolongado.

A qualidade do produto também deve ser considerada quando se tem o objetivo de controlar o modo de falha da ferramenta. Quando a ponta da ferramenta falha de forma súbita durante o corte, frequentemente causa dano à superfície usinada. Esse dano requer o retrabalho da superfície ou o possível sucateamento da peça. O dano pode ser evitado se forem selecionadas condições de corte que favoreçam o desgaste gradual da ferramenta em vez da falha por fratura ou por temperatura, e pela troca da ferramenta antes que ocorra a falha catastrófica da aresta de corte.

17.1.1 DESGASTE DE FERRAMENTA

O desgaste gradual ocorre em duas regiões principais da ferramenta de corte: na superfície de saída e no flanco. Dessa forma, dois tipos principais de desgaste de ferramentas podem ser identificados: desgaste de cratera e desgaste de flanco, ilustrados na Figura 17.1 para uma ferramenta monocortante. O ***desgaste de cratera*** consiste numa cavidade na superfície de saída da ferramenta, que é formada e cresce pela ação do deslizamento do cavaco contra a superfície. A região do contato cavaco-ferramenta é caracterizada por altas temperaturas e tensões, que contribuem para a ação do desgaste. A cratera pode ser medida tanto pela sua profundidade quanto por sua área. O ***desgaste de flanco*** ocorre na lateral, ou seja, na superfície de folga da ferramenta. É o resultado do atrito entre a superfície que acaba de ser gerada com a superfície do flanco, adjacente à aresta de corte. O desgaste de flanco é medido pela largura média de desgaste, VB. Essa largura de desgaste é, por vezes, chamada ***marca de desgaste do flanco***.

Algumas características do desgaste de flanco podem ser identificadas. Em primeiro lugar, uma condição extrema de desgaste de flanco geralmente surge na aresta de corte, na posição correspondente à superfície original da peça, e é chamado ***desgaste de entalhe***. Isso ocorre porque a superfície de trabalho original é mais dura e/ou mais abrasiva que o material do interior, podendo ser causado por encruamento pela deformação plástica a frio ou usinagem prévia, partículas de areia na superfície do fundido, ou outras razões. Como consequência de uma superfície mais dura, o desgaste é acelerado nessa localização. Uma segunda região do desgaste de flanco que pode ser identificada é o ***desgaste no raio de ponta***; ele ocorre no raio de ponta da ferramenta próximo ao final da aresta de corte.

Os mecanismos de usinagem que causam desgaste nas interfaces cavaco-ferramenta e ferramenta-peça podem ser resumidos nos tipos a seguir:

> ***Abrasão***. Essa é uma ação mecânica de desgaste, causada por partículas duras contidas no material usinado, que arranha e remove pequenas porções da ferramenta. Essa ação abrasiva ocorre tanto no desgaste de flanco como no desgaste de cratera; é uma causa importante do desgaste de flanco.

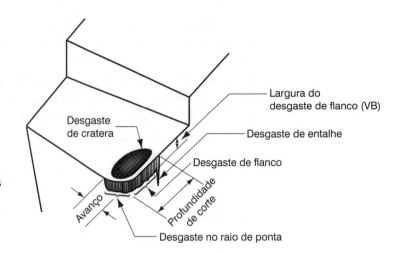

FIGURA 17.1 Representação de uma ferramenta com desgaste, revelando as principais localizações e tipos de desgaste que ocorrem. (Crédito: *Fundamentals of Modern Manufacturing*, 4ª Edição por Mikell P. Groover, 2010. Reimpresso com permissão de John Wiley & Sons, Inc.)

> *Adesão*. Quando dois metais são forçados em um contato com altas pressões e temperaturas, uma adesão (soldagem) ocorre entre eles. Essas condições estão presentes entre o cavaco e a superfície de saída da ferramenta. À medida que o cavaco escoa na ferramenta, pequenas partículas da ferramenta aderem ao cavaco e são retiradas da superfície, resultando em desgaste da superfície.

> *Difusão*. Esse é um processo em que uma troca de átomos ocorre por meio da fronteira de contato entre dois materiais. No caso do desgaste de ferramenta, a difusão ocorre na fronteira cavaco-ferramenta, fazendo com que a superfície da ferramenta fique empobrecida dos átomos, que são responsáveis pela sua dureza. À medida que esse processo continua, a superfície da ferramenta se torna mais suscetível à abrasão e à adesão. A difusão é considerada um dos principais mecanismos do desgaste de cratera.

> *Reações químicas*. As altas temperaturas e as superfícies limpas na interface cavaco-ferramenta, na usinagem em altas velocidades, podem resultar em reações químicas, em particular, na oxidação da superfície de saída da ferramenta. A camada oxidada, sendo mais macia que o material original da ferramenta, é cisalhada para fora expondo um novo material para manter o processo de reação.

> *Deformações plásticas*. Outro mecanismo que contribui para o desgaste da ferramenta é a deformação plástica da aresta de corte. As forças de corte que atuam na aresta de corte em altas temperaturas fazem com que a aresta se deforme plasticamente, deixando-a mais vulnerável à abrasão da superfície da ferramenta. As deformações plásticas contribuem sobretudo para o desgaste de flanco.

A maioria desses mecanismos de desgaste da ferramenta de corte é acelerada em velocidades e temperaturas mais altas. A difusão e as reações químicas são especialmente sensíveis às altas temperaturas.

17.1.2 VIDA DA FERRAMENTA E EQUAÇÃO DE TAYLOR

À medida que o corte é realizado, os diversos mecanismos de desgaste resultam em níveis crescentes de desgaste na ferramenta de corte. A relação geral de desgaste de ferramenta *versus* tempo de corte é apresentada na Figura 17.2. Apesar de a figura demonstrar o desgaste de flanco, uma relação similar ocorre para o desgaste de cratera. Normalmente, três regiões podem ser identificadas na curva típica de crescimento do desgaste. A primeira região é chamada *período inicial*, quando a aresta de corte nova desgasta rápido no início da sua utilização. Essa primeira região ocorre nos primeiros minutos de corte. O período inicial é seguido de desgaste, que se dá a uma taxa praticamente uniforme. Essa é a região de *desgaste à taxa constante*. Na figura, a região é apresentada como uma função linear do tempo, apesar de

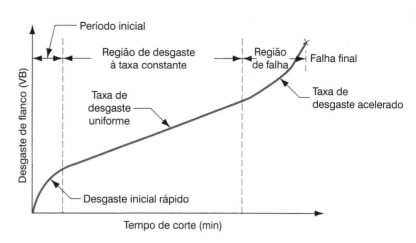

FIGURA 17.2 Desgaste da ferramenta como função do tempo de corte. O desgaste de flanco (VB) é utilizado como medida do desgaste da ferramenta. O desgaste de cratera apresenta uma curva similar de crescimento. (Crédito: *Fundamentals of Modern Manufacturing*, 4ª Edição por Mikell P. Groover, 2010. Reimpresso com permissão de John Wiley & Sons, Inc.)

haver desvios da reta em um processo real de usinagem. Por fim, o desgaste alcança um nível em que a taxa de desgaste começa a acelerar. Isso marca o início da **região de falha**, em que as temperaturas de corte são maiores, e a eficiência do processo de usinagem, como um todo, se reduz. Se for permitido que o processo continue, a ferramenta enfim falha pelo mecanismo de falha por temperatura.

A inclinação da curva de desgaste da ferramenta na região com taxa constante é influenciada pelo material usinado e condições de corte. Materiais mais duros fazem com que a taxa de desgaste (a inclinação da curva de desgaste) aumente. Aumentar a velocidade, o avanço e a profundidade de corte tem efeito similar, sendo a velocidade de corte o mais relevante dos três. Se a curva de desgaste for construída para algumas velocidades de corte diferentes, os resultados se assemelharão aos apresentados na Figura 17.3. Com o aumento da velocidade de corte, a taxa de desgaste aumenta e, então, um mesmo nível de desgaste é alcançado em tempo menor.

A **vida da ferramenta*** é definida como a duração do tempo de corte que a ferramenta pode ser utilizada. Operar com a ferramenta até a falha catastrófica final é uma forma de definir a vida da ferramenta. Isso está indicado na Figura 17.3, na extremidade de cada curva de desgaste, com um ×. No entanto, no chão de fábrica, geralmente não é vantajoso utilizar a ferramenta até que ocorra a falha por conta das dificuldades com a reafiação da ferramenta e dos problemas com a qualidade da superfície usinada. Como alternativa, um nível de desgaste

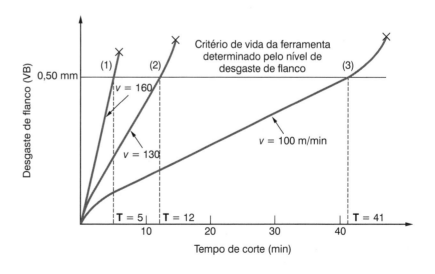

FIGURA 17.3 Efeito da velocidade de corte no desgaste de flanco (VB) para três velocidades de corte. Valores hipotéticos de velocidades e de vida da ferramenta são apresentados para um critério de fim de vida da ferramenta de 0,50 mm de desgaste de flanco. (Crédito: *Fundamentals of Modern Manufacturing*, 4ª Edição por Mikell P. Groover, 2010. Reimpresso com permissão de John Wiley & Sons, Inc.)

---

* O tempo de vida da ferramenta é representado usualmente pelo símbolo T. Para diferenciar os tempos de vida, de usinagem, de manutenção etc. do parâmetro temperatura, também representado por T, utilizaremos o negrito. Assim, as variáveis **T** em negrito representam os tempos relacionados ao processo de usinagem, enquanto as variáveis de temperatura não são apresentadas em negrito. (N.T.)

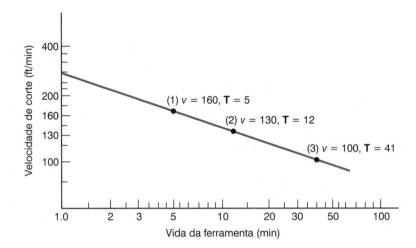

FIGURA 17.4 Velocidade de corte *versus* vida da ferramenta representadas em um gráfico log-log. (Crédito: *Fundamentals of Modern Manufacturing*, 4ª Edição por Mikell P. Groover, 2010. Reimpresso com permissão de John Wiley & Sons, Inc.)

da ferramenta pode ser selecionado como critério de vida da ferramenta, e ela ser substituída quando o desgaste atingir esse nível. Critério conveniente para a vida da ferramenta é um determinado valor de desgaste de flanco, como, por exemplo, 0,5 mm (0,020 in), representado pela linha horizontal no gráfico. Quando cada uma das três curvas interceptar essa linha, a vida da ferramenta correspondente é considerada terminada. Se os pontos de interseção forem projetados para baixo, na direção do eixo de tempo, os valores da vida da ferramenta poderão ser identificados, como mostrado na figura.

Se os valores de vida da ferramenta, para as três curvas de desgaste na Figura 17.3, forem representados graficamente em uma escala natural log-log da velocidade de corte *versus* vida da ferramenta, a relação resultante será uma linha reta, como apresentado na Figura 17.4.[1]

A descoberta dessa relação foi realizada aproximadamente em 1900, e os créditos são dados a F. W. Taylor. Essa relação pode ser apresentada em forma de equação e é chamada equação de Taylor para a vida da ferramenta:

$$v\mathbf{T}^n = C \tag{17.1}$$

em que v = velocidade de corte, m/min (ft/min); $\mathbf{T}$ = vida da ferramenta, min; e n e C são parâmetros cujos valores dependem do avanço, profundidade de corte, material da peça, ferramental (material da ferramenta em particular) e do critério de vida da ferramenta utilizado. O valor de n é relativamente constante para um determinado material de ferramenta, enquanto o valor de C depende do material da ferramenta, do material da peça e das condições de corte.

Basicamente, a Eq. (17.1) mostra que velocidades de corte mais altas resultam em vidas mais curtas para a ferramenta. Relacionando os parâmetros n e C à Figura 17.4, n é a inclinação da curva (expressa em termos lineares em vez de na escala dos eixos) e C é o valor da velocidade quando a curva intercepta o eixo das velocidades. O C representa a velocidade de corte que resulta em uma vida de ferramenta de 1 min.

O problema com a Eq. (17.1) é que as unidades do lado direito da equação não são consistentes com as do lado esquerdo. Para que as unidades sejam consistentes, a equação deve ser expressa na forma:

$$v\mathbf{T}^n = C\left(\mathbf{T}_{\text{ref}}^n\right) \tag{17.2}$$

---

[1] O leitor deve ter notado, na Figura 17.4, que a variável dependente (vida da ferramenta) foi representada no eixo horizontal, e a variável independente (velocidade de corte) no eixo vertical. Embora essa seja a forma inversa da convenção normal de representação, ela é a forma que a relação de Taylor para a vida da ferramenta é usualmente representada.

em que T_{ref} = um valor de referência para C. T_{ref} é simplesmente 1 min quando v está em m/min (ft/min) e T está em minutos. A vantagem da Eq. (17.2) é percebida quando se deseja usar a equação de Taylor com outras unidades além de m/min (ft/min) e minutos – por exemplo, se a velocidade de corte for indicada em m/s e a vida da ferramenta em segundos. Nesse caso, T_{ref} seria 60 s, e C teria, portanto, o mesmo valor de velocidade apresentado na Eq. (17.1), embora convertido para unidades de m/s. A inclinação n teria o mesmo valor numérico que na Eq. (17.1).

Exemplo 17.1
Equação de Taylor para a Vida da Ferramenta

Determine os valores de C e n no gráfico da Figura 17.4 usando dois dos três pontos da curva e resolvendo simultaneamente as equações na forma da Eq. (17.1).

Solução: Escolhendo os dois pontos da extremidade: $v = 160$ m/min, $T = 5$ min; e $v = 100$ m/min, $T = 41$ min; temos:

$$160(5)^n = C$$
$$100(41)^n = C$$

Igualando os lados direitos de cada uma das equações,

$$160(5)^n = 100(41)^n$$

Calculando os logaritmos naturais de cada termo,

$$\ln(160) + n\ln(5) = \ln(100) + n\ln(41)$$
$$5,0752 + 1,6094n = 4,6052 + 3,7136n$$
$$0,4700 = 2,1042n$$
$$n = \frac{0,4700}{2,1042} = 0,223$$

Substituindo o valor de n em qualquer uma das equações iniciais, obtemos o valor de C:

$$C = 160(5)^{0,223} = 229$$

ou

$$C = 100(41)^{0,223} = 229$$

A equação de Taylor para a vida da ferramenta para os dados da Figura 17.4 é, portanto:

$$vT^{0,223} = 229$$ ∎

Uma versão expandida da Eq. (17.2) pode ser formulada para incluir os efeitos do avanço, da profundidade de corte e ainda da dureza do material da peça:

$$vT^n f^m p_c^{\,p} H^p = KT^n_{ref} f^m_{ref} p_c^{\,p}{}_{ref} H^p_{ref} \qquad (17.3)$$

em que f = avanço, mm (in); p_c = profundidade de corte, mm (in); H = dureza, fornecida em uma escala de dureza apropriada; m, p e q são expoentes determinados experimentalmente para as condições de operação; K = constante análoga à C na Eq. (17.2); e f_{ref}, p_{cref} e H_{ref} são valores de referência para avanço, profundidade de corte e dureza. Os valores de m e p, os expoentes do avanço e profundidade, são menores que 1,0. Isso indica o efeito mais relevante da velocidade de corte na vida da ferramenta, pois o expoente de v é 1,0. Depois da velocidade, o avanço é o seguinte em importância, e consequentemente m tem maior valor que p. O expoente para a dureza q é também menor que 1,0.

Talvez a maior dificuldade em utilizar a Eq. (17.3) em uma operação prática de usinagem é a inúmera quantidade de dados de corte que seriam necessários para determinar os parâmetros da equação. Variações no material usinado e nas condições de ensaio também causam dificuldades por introduzir variações estatísticas nos dados. A Eq. (17.3) é válida para indicar tendências gerais sobre suas variáveis, mas não por sua habilidade em prever com precisão o desempenho da vida da ferramenta. Para reduzir esses problemas e tratar o escopo da equação com mais facilidade, alguns termos são normalmente eliminados. Por exemplo, a omissão da profundidade e da dureza reduz a Eq. (17.3) para a seguinte expressão:

$$vT^n f^m = KT^n_{ref} f^m_{ref} \tag{17.4}$$

na qual os termos, como já detalhado, tem o mesmo significado, com a diferença que a constante K terá uma interpretação ligeiramente distinta.

Apesar de o desgaste de flanco ser o critério de fim de vida da ferramenta na discussão anterior sobre a equação de Taylor, ele não é muito prático no ambiente de uma indústria em função das dificuldades e do tempo necessário para medir o desgaste de flanco. Portanto, alguns critérios alternativos utilizados para a vida da ferramenta nas operações de usinagem em produção incluem: (1) inspeção visual da aresta de corte pelo operador da máquina para determinar quando deve ser trocada a ferramenta, (2) degradação do acabamento superficial da peça, (3) troca da ferramenta após ter sido fabricado um determinado número de peças e (4) troca da ferramenta quando certo tempo de corte acumulado para a ferramenta tiver sido alcançado.

17.2 MATERIAIS PARA FERRAMENTAS

Os três modos de falha da ferramenta permitem identificar três propriedades importantes requeridas de um material de ferramenta:

> ➢ **Tenacidade**. Com o objetivo de evitar a falha por fratura, o material da ferramenta deve possuir alta tenacidade, ou seja, capacidade de um material em absorver energia sem falhar. É usualmente caracterizada pela combinação de resistência e ductilidade do material.

> ➢ **Dureza a quente**. A dureza a quente é a habilidade de um material reter sua dureza em altas temperaturas. Isso é necessário por causa do ambiente de alta temperatura em que a ferramenta opera.

> ➢ **Resistência ao desgaste.** Dureza é a propriedade mais importante e necessária para resistir ao desgaste por abrasão. Todos os materiais para ferramenta de corte devem ser duros. Entretanto, a resistência ao desgaste no corte de metais depende de outros fatores além da dureza da ferramenta em razão de diversos mecanismos de desgaste da ferramenta. Essas outras características que afetam a resistência ao desgaste incluem o acabamento da superfície da ferramenta (uma superfície mais lisa resulta em menor coeficiente de atrito), a afinidade química entre o material da ferramenta e da peça, e se um fluido de corte é utilizado.

Os materiais das ferramentas de corte alcançam essa combinação de propriedades em vários níveis. Nesta seção, os seguintes materiais de ferramentas são discutidos: (1) aços rápidos e seus antecessores, aço-carbono e aços com baixa liga, (2) ligas fundidas de cobalto, (3) metal duro, *cermets* e metal duro com recobrimento, (4) cerâmicas, (5) diamantes sintéticos e nitreto cúbico de boro. Antes de analisar esses materiais individualmente, será apresentada uma visão geral breve e comparação técnica. Em termos comerciais, os materiais para ferramentas mais importantes são: o aço rápido e o metal duro, o *cermet* e o metal duro com recobrimento. Essas duas categorias são responsáveis por mais de 90% das ferramentas de corte utilizadas em operações de usinagem.

A Tabela 17.1 e a Figura 17.5 apresentam dados sobre as propriedades de diferentes materiais de ferramenta. As propriedades são aquelas relacionadas aos requisitos de uma ferramenta de corte: dureza, tenacidade e dureza a quente. A Tabela 17.1 lista a dureza em temperatura ambiente e resistência à ruptura transversal para alguns materiais selecionados. A resistência à ruptura transversal (Seção 3.1.3) é uma propriedade utilizada para indicar a tenacidade em materiais mais duros. A Figura 17.5 mostra a dureza em função da temperatura para vários dos materiais de ferramenta mencionados nesta seção.

TABELA 17.1 Valores típicos de dureza (em temperatura ambiente) e resistência à ruptura transversal para diversos materiais de ferramentas[a]

Material	Dureza	Resistência à Ruptura Transversal	
		MPa	lb/in²
Aço-carbono	60 HRC	5200	750.000
Aço rápido	65 HRC	4100	600.000
Liga fundida de cobalto	65 HRC	2250	325.000
Metal duro (WC)			
Baixa concentração de Co	93 HRA, 1800 HK	1400	200.000
Alta concentração de Co	90 HRA, 1700 HK	2400	350.000
Cermet (TiC)	2400 HK	1700	250.000
Alumina (Al$_2$O$_3$)	2100 HK	400	60.000
Nitreto cúbico de boro	5000 HK	700	100.000
Diamante policristalino	6000 HK	1000	150.000
Diamante natural	8000 HK	1500	215.000

Compilado de [7], [12], [20] e outras referências.
[a]*Nota*: Os valores apresentados para dureza e S_{uf} são típicos e têm o objetivo de permitir uma comparação. Variações nessas propriedades são resultado de diferenças na composição e no processamento.

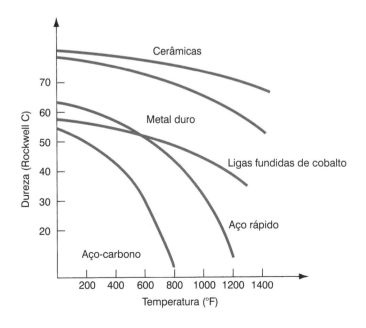

FIGURA 17.5 Relações típicas de dureza a quente para os materiais de ferramentas selecionados. O aço-carbono mostra uma perda rápida de dureza quando a temperatura aumenta. O aço rápido é substancialmente melhor, enquanto os metais duros e as cerâmicas são de forma significativa mais duros em altas temperaturas. (Crédito: *Fundamentals of Modern Manufacturing*, 4ª Edição por Mikell P. Groover, 2010. Reimpresso com permissão de John Wiley & Sons, Inc.)

Além dessas comparações entre as propriedades, é útil comparar os materiais em relação aos parâmetros n e C da equação de Taylor. Em geral, o desenvolvimento de novos materiais de ferramenta de corte resultou no aumento dos valores desses dois parâmetros. A Tabela 17.2 lista os valores representativos de n e C da equação de Taylor para a vida da ferramenta para alguns materiais de ferramenta de corte.

O desenvolvimento cronológico dos materiais de ferramenta em geral seguiu um caminho em que novos materiais permitiram que velocidades de corte cada vez mais altas fossem alcançadas. A Tabela 17.3 identifica os materiais de ferramenta de corte, bem como o ano aproximado de sua introdução no mercado e valores máximos admissíveis das velocidades de corte que podem ser usados. O aumento dramático na produtividade da usinagem foi possível em virtude dos avanços na tecnologia dos materiais de ferramentas, como indicado na tabela. Na prática, as máquinas-ferramenta nem sempre têm mantido o mesmo ritmo de avanço da tecnologia das ferramentas de corte. Limitações na potência, na rigidez das máquinas-ferramenta, nos mancais dos eixos de rotação, e o uso generalizado de equipamentos mais antigos na indústria contribuíram para subutilizar as velocidades mais altas permitidas para as ferramentas de corte disponíveis.

TABELA 17.2 Valores representativos de n e C na equação de Taylor (Eq. 17.1), para alguns materiais de ferramentas

Material da Ferramenta	n	C			
		Usinagem de Outros Metais		Usinagem de Aço	
		m/min	(ft/min)	m/min	(ft/min)
Aço-carbono para ferramenta	0,1	70	(200)	20	60
Aço rápido	0,125	120	(350)	70	200
Metal duro	0,25	900	(2700)	500	1500
Cermet	0,25			600	2000
Metal duro com recobrimento	0,25			700	2200
Cerâmica	0,6			3000	10.000

Compilado de [7], [12] e outras referências.
Os valores dos parâmetros são aproximados para torneamento com avanço = 0,25 mm/rot (0,010 in/rot) e profundidade = 2,5 mm (0,100 in). A coluna Usinagem de outros metais se refere a metais de corte fácil como alumínio, latão e ferro fundido; e a coluna Usinagem de aço se refere à usinagem de aço doce (não endurecido). Deve-se considerar que variações significativas nesses valores podem ser esperadas na prática.

TABELA 17.3 Materiais para ferramentas de corte com o ano aproximado de introdução no mercado e as velocidades de corte permitidas

Material da Ferramenta	Ano de Início de Uso	Velocidades de Corte Permitidas[a]			
		Usinagem de Outros Metais		Usinagem de Aço	
		m/min	ft/min	m/min	ft/min
Aço-carbono para ferramenta	1800s	< 10	< 30	< 5	< 15
Aço rápido	1900	25–65	75–200	17–33	50–100
Ligas fundidas de cobalto	1915	50–200	150–600	33–100	100–300
Metal duro (WC)	1930	330–650	1000–2000	100–300	300–900
Cermets (TiC)	1950s			165–400	500–1200
Cerâmicas (Al$_2$O$_3$)	1955			330–650	1000–2000
Diamantes sintéticos	1954, 1973	390–1300	1200–4000		
Nitreto cúbico de boro	1969			500–800	1500–2500
Metal duro com recobrimento	1970			165–400	500–1200

[a]Compilado de [12], [16], [19], [21] e outras referências.

17.2.1 AÇO RÁPIDO E SEUS ANTECESSORES

Antes do desenvolvimento do aço rápido, o aço-carbono e aço *Mushet* foram os principais materiais para ferramentas de corte de metais. Hoje, é raro esses aços serem utilizados em aplicações industriais de usinagem. Os aços-carbono usados como ferramentas de corte podem ser tratados de forma térmica para obter uma dureza relativamente alta (60 Rockwell C), em razão do seu teor de carbono relativamente elevado. No entanto, por causa dos baixos níveis de liga, possuem baixa dureza a quente (Figura 17.5) tornando-os inviáveis para o corte de metais, exceto em velocidades muito baixas, o que não é prático para os padrões atuais. O aço *Mushet* contém tungstênio como elemento de liga (4% a 12%) e manganês (2% a 4%) além do carbono. Pode ser considerado um antecessor do aço rápido.

O *aço rápido* (HSS – *High Speed Steel*) é um aço ferramenta de alta liga, capaz de manter a dureza em temperaturas elevadas com comportamento melhor que o aço com alto teor de carbono e os aços de baixa liga. Sua boa dureza a quente permite que ferramentas de aço rápido possam ser usadas em velocidades de corte mais altas. Em comparação com os outros materiais de ferramenta, no momento do seu desenvolvimento, foi merecedor de seu nome "rápido" (alta velocidade). Uma grande variedade de aços rápidos está disponível no mercado, mas esses materiais podem ser divididos em dois tipos básicos: (1) os de tungstênio, designados pela categoria T dada pelo *American Iron and Steel Institute* (AISI), e (2) os de molibdênio, designado pela categoria M da AISI.

Os *aços rápidos ao tungstênio* contêm como principal elemento de liga o tungstênio (W). Elementos de liga adicionais são o cromo (Cr) e o vanádio (V). Um dos aços rápidos mais antigos e conhecidos desse grupo é o T1 ou aço rápido 18-4-1, que contém 18% W, 4% Cr e 1% V. Os *aços rápidos ao molibdênio* contêm uma combinação de tungstênio e molibdênio (Mo), além dos mesmos elementos de liga adicionais dos aços rápidos do grupo T. O cobalto (Co) é adicionado algumas vezes ao aço rápido para melhorar a dureza a quente. Claro que o aço rápido contém carbono, o elemento comum a todos os aços. Quantidades típicas dos elementos de liga e suas funções no aço rápido estão listadas na Tabela 17.4.

Comercialmente, o aço rápido é um dos mais importantes materiais de ferramenta de corte em uso hoje em dia, apesar de ter sido introduzido há mais de um século. O aço rápido é especialmente indicado para aplicações que envolvam ferramentas com geometrias complexas, como brocas, machos, fresas e brochas. Essas formas complexas em geral são mais fáceis e mais baratas de serem produzidas em aço rápido não endurecido do que em outro material para ferramenta. Em seguida, a ferramenta pode ser tratada termicamente para que a dureza da aresta de corte seja alcançada (65 Rockwell C), enquanto o interior da ferramenta apresenta boa tenacidade. As ferramentas de aço rápido possuem maior tenacidade que qualquer um dos materiais não ferrosos para ferramentas utilizados em usinagem, tais como os carbonetos (metal duro) e materiais cerâmicos. Mesmo para ferramentas monocortantes, o aço rápido é popular entre os operadores por causa da facilidade com que uma geometria de ferramenta desejada pode ser afiada. Ao longo dos anos, melhorias têm sido desenvolvidas na formulação e no processamento metalúrgico do aço rápido, de modo que esse tipo de material de ferramenta se mantém competitivo em muitas aplicações. Além disso, algumas ferramentas de aço rápido, brocas em particular, são muitas vezes recobertas com uma camada fina de nitreto de titânio (TiN) para proporcionar aumento significativo no desempenho de corte. A deposição física de vapor (Seção 21.5.1) é comumente usada para revestir essas ferramentas.

TABELA 17.4	Elementos de liga típicos e suas funções no aço rápido	
Elemento de Liga	Teor Típico no Aço Rápido, em % de Peso	Funções no Aço Rápido
Tungstênio	Aço rápido tipo T: 12-20	Aumenta a dureza a quente
	Aço rápido tipo M: 1,5-6	Aumenta a resistência à abrasão por meio da formação de carbetos duros no aço rápido
Molibdênio	Aço rápido tipo T: nenhum	Aumenta a dureza a quente
	Aço rápido tipo M: 5-10	Aumenta a resistência à abrasão por meio da formação de carbetos duros no aço rápido
Cromo	3,75–4,5	Temperabilidade profunda durante tratamento térmico
		Aumenta a resistência à abrasão por meio da formação de carbetos duros no aço rápido
		Resistência à corrosão (efeito reduzido)
Vanádio	1–5	Combina-se com o carbono para resistência ao desgaste
		Retarda o crescimento de grão para melhor tenacidade
Cobalto	0–12	Aumenta a dureza a quente
Carbono	0,75–1,5	Principal elemento no endurecimento do aço
		Permite que o carbono disponível forme carbetos com outros elementos de liga para a resistência ao desgaste

Compilado de [1], [10], [12] e outras referências.

17.2.2 LIGAS FUNDIDAS DE COBALTO

As ferramentas de corte de ligas fundidas são constituídas de cobalto, cerca de 40% a 50%; cromo, de 25% a 35%, e tungstênio, geralmente de 15% a 20%, com quantidades residuais de outros elementos. Essas ferramentas são fabricadas por fundição na geometria desejada em moldes de grafite e, em seguida, retificadas no formato final com a afiação da aresta de corte. A dureza elevada é obtida no fundido, uma vantagem sobre o aço rápido, que exige tratamento térmico para atingir sua dureza. A resistência ao desgaste das ligas fundidas de cobalto é melhor que a do aço rápido, mas não é tão boa quanto a do metal duro. A tenacidade das ferramentas fundidas de cobalto é melhor que a dos carbonetos, mas não é tão boa como a do aço rápido. A dureza a quente também se encontra entre esses dois materiais.

Como seria de esperar, a partir de suas propriedades, as aplicações das ferramentas fundidas de cobalto estão, geralmente, entre aquelas do aço rápido e do metal duro. São capazes de realizar usinagens de desbaste pesado em velocidades superiores às do aço rápido e em avanços maiores que do metal duro. Podem ser usinados tanto materiais ferrosos e não ferrosos, bem como não metálicos, como materiais plásticos e grafite. Hoje, as ferramentas de ligas fundidas de cobalto não são comercialmente tão importantes quanto o aço rápido nem quanto as ferramentas de metal duro. Eles foram introduzidos por volta de 1915 como um material de ferramenta que permitiria velocidades de corte mais altas que o aço rápido. Os carbonetos foram desenvolvidos logo em seguida e se mostraram superiores às ligas fundidas na maioria das situações de corte.

17.2.3 METAL DURO, *CERMETS* E METAL DURO COM RECOBRIMENTO

Cermets são definidos como compostos de materiais *cer*âmicos e *met*álicos (Seção 2.4.2). Tecnicamente falando, os carbonetos estão incluídos nessa definição; no entanto, *cermets* baseados em WC-Co, incluindo WC-TiC-TaC-Co, são chamados usualmente metal duro.

Na terminologia da usinagem, o termo *cermet* é aplicado aos compostos de cerâmica e metal contendo TiC, TiN, e outras cerâmicas que não incluem o WC. Um dos avanços nos materiais da ferramenta de corte envolve a aplicação de camada muito fina em um substrato de WC-Co. Essas ferramentas são chamadas metais duros com recobrimento. Assim, são três os materiais para ferramentas mais importantes e intimamente relacionados que serão discutidos: (1) os metais duros, (2) os *cermets* e (3) os metais duros com recobrimento.

Metal Duro Os carbonetos sinterizados (denominados **metal duro**) são uma classe de material para ferramenta com alta dureza formulada a partir do carboneto de tungstênio (WC), usando técnicas da metalurgia do pó com cobalto (Co) como ligante (Seção 11.3.1). Pode haver outros compostos de carbonetos na mistura, como o carboneto de titânio (TiC) e/ou o carboneto de tântalo (TaC), em adição ao WC.

As primeiras ferramentas de corte de metal duro foram feitas de WC-Co e podiam ser utilizadas para usinar ferro fundido e materiais não metálicos com velocidades de corte mais altas que as possíveis, com aço rápido e ligas fundidas. No entanto, quando ferramentas de WC-Co puro foram utilizadas para cortar aço, o desgaste de cratera ocorreu rapidamente, conduzindo à falha precoce da ferramenta. A forte afinidade química existente entre o aço e o carbono do WC resultou no desgaste acelerado por difusão e a uma reação química na interface cavaco-ferramenta para essa combinação de materiais de peça-ferramenta. Como consequência, as ferramentas de WC-Co puro não podem ser utilizadas de forma eficaz para usinar aço. Posteriormente, foi descoberto que a adição de carboneto de titânio e carboneto de tântalo ao WC-Co retarda de forma significativa a taxa do desgaste de cratera na usinagem do aço. Essas novas ferramentas de WC-TiC-TaC-Co podem ser utilizadas para usinagem do aço. O resultado dessa especificidade é a divisão dos metais duros em dois tipos básicos: (1) classe de metal duro não indicada para usinar aço, compostos apenas de WC-Co; e (2) classe de metal duro para aços, com combinações de TiC e TaC adicionados ao WC-Co.

As propriedades gerais dos dois tipos de metais duros são semelhantes: (1) elevada resistência mecânica à compressão, mas com baixa à moderada resistência à tração; (2) dureza elevada (90 a 95 HRA); (3) boa dureza a quente; (4) boa resistência ao desgaste; (5) elevada condutividade térmica; (6) elevado módulo de elasticidade – valores de E até cerca de 600 GPa (90×10^6 lb/in^2) e (7) tenacidade menor que a do aço rápido.

A *classe de metal duro não indicada para usinar aço* se refere aos carbonetos, que são adequados para usinar alumínio, latão, cobre, magnésio, titânio e outros materiais não ferrosos, além do ferro fundido cinzento que também está incluído nesse grupo de materiais. O tamanho de grão e o teor de cobalto são os fatores que influenciam as propriedades do metal duro nesse grupo. O tamanho de grão típico encontrado no metal duro convencional varia entre 0,5 e 5 μm (20 e 200 μ-in). À medida que o tamanho de grão aumenta, a dureza a quente e a dureza são reduzidas, mas a resistência à ruptura transversal aumenta.[2] O teor típico de cobalto nos carbonetos utilizados para ferramentas de corte é de 3% a 12%. Conforme aumenta o teor de cobalto, a resistência à ruptura transversal (S_{uf}, Seção 3.1.3) melhora à custa da dureza e resistência ao desgaste. O metal duro com baixas porcentagens de teor de cobalto (3% a 6%) apresenta alta dureza e S_{uf} baixa, enquanto o metal duro com Co elevado (6% a 12%) tem S_{uf} elevada, mas um valor inferior de dureza (Tabela 17.1). Por conseguinte, os metais duros, com maior teor de cobalto, são usados para operações de desbaste e processos com corte interrompido (tal como fresamento), enquanto os metais duros, com menor teor de cobalto (portanto, maior dureza e resistência ao desgaste), são usados em operações de acabamento.

A *classe de metal duro indicada para aço* é usada para usinar aço com baixo teor de carbono, aço inoxidável e outras ligas de aço. Para essa classe de metal duro, parte do carboneto

---

[2] O efeito do tamanho de grão na resistência à ruptura transversal (S_{uf}) é mais complexo que o que foi apresentado. Dados publicados indicam que o efeito do tamanho de grão na S_{uf} é influenciado pelo teor de cobalto. Com baixa adição de Co (menos de 10%), o S_{uf}, com certeza, cresce quando o tamanho de grão aumenta, mas com teores mais altos de Co (maiores que 10%), o S_{uf} decresce com o aumento do tamanho do grão [10], [18].

de tungstênio é substituída pelo carboneto de titânio e/ou carboneto de tântalo. O TiC é o aditivo mais popular na maioria das aplicações. Tipicamente, de 10% a 25% do WC devem ser substituídos por uma combinação de TiC e TaC. Essa composição aumenta a resistência ao desgaste de cratera para a usinagem do aço, mas tende a afetar de forma contrária a resistência ao desgaste de flanco para aplicações no corte de materiais que excluem o aço; por isso é necessário haver duas categorias básicas de metal duro.

TABELA 17.5 O sistema de classificação da ANSI para metais duros

Aplicação em Usinagem	Classes para Usinagem de Outros Materiais	Classes para Usinagem de Aço	Cobalto e Propriedades
Desbaste	C1	C5	Alto Co para máx. tenacidade
Uso geral	C2	C6	Médio a alto Co
Acabamento	C3	C7	Baixo a médio Co
Acabamento de precisão	C4	C8	Baixo Co para máx. dureza
Materiais usinados	Al, latão, Ti, ferro fundido	Aço-carbono e aço-liga	
Componentes típicos	WC-Co	WC-TiC-TaC-Co	

Referência: [12].

Um dos importantes avanços na tecnologia do metal duro nos últimos anos é o uso de tamanhos de grão muito finos (em escala submícron) dos vários carbonetos constituintes (WC, TiC e TaC). Apesar da associação usual entre tamanho de grão pequeno e alta dureza, mas baixa resistência à ruptura transversal, o decréscimo do S_{uf} é reduzido ou revertido para partículas em tamanho submícron. Consequentemente, esses carbonetos com grãos ultrafinos possuem elevada dureza combinada com boa tenacidade.

Uma vez que os dois tipos básicos de metal duro foram introduzidos em 1920 e 1930, o aumento do número e da variedade dos materiais de engenharia tornou por demais complexa a seleção do metal duro mais adequado para uma determinada aplicação em usinagem. Para resolver esse problema de seleção da classe de metal duro, dois sistemas de classificação foram desenvolvidos: (1) o sistema ANSI,[3] desenvolvido nos EUA por volta de 1942; e (2) o sistema ISO R513-1975(E), introduzido pela International Organization for Standardization (ISO) em torno de 1964. No sistema ANSI, resumido na Tabela 17.5, as classes de metal duro são divididas em dois grupos básicos, correspondentes à categoria indicada ao corte de aço e à categoria não indicada ao corte de aço. Dentro de cada grupo, existem quatro níveis, correspondentes a desbaste, uso geral, acabamento e acabamento de precisão.

O sistema ISO R513-1975(E), intitulado "Aplicação de Metal Duro para Usinagem por Remoção de Cavaco", classifica todas as classes de metal duro para usinagem em três grupos básicos, cada um com sua letra e código de cores, como resumido na Tabela 17.6. Dentro de cada grupo, as classes são numeradas em uma escala com variação da dureza máxima até a tenacidade máxima. As classes mais duras são usadas para operações de acabamento (altas velocidades, baixos avanços e profundidades), enquanto classes mais tenazes são usadas para operações de desbaste. A classificação do sistema ISO também pode ser usada para recomendar aplicações para *cermets* e metais duros com recobrimento.

Cermets Apesar de os metais duros serem classificados tecnicamente como compostos de *cermet*, o termo **cermet**, em tecnologia de ferramentas de corte, é em geral reservado para combinações de TiC, TiN e carbonitreto de titânio (TiCN), com níquel e/ou molibdênio como ligantes. Alguns *cermets* são mais complexos em termos químicos (p. ex., cerâmicas, como Ta_xNb_yC e ligantes, tais como Mo_2C). No entanto, *cermets* excluem compostos metálicos, que são principalmente baseados em WC-Co. Aplicações de *cermets* incluem acabamento em alta velocidade e semiacabamento de aços, aços inoxidáveis e ferros fundidos. Velocidades mais

---
[3] ANSI = American National Standards Institute.

altas em geral são permitidas com essas ferramentas, em comparação com as classes de metal duro para corte de aço. Avanços menores são tipicamente utilizados a fim de alcançar melhor acabamento superficial, muitas vezes eliminando a necessidade de retificação.

TABELA 17.6 O sistema ISO R513-1975(E) "Aplicação de Metal Duro para Usinagem por Remoção de Cavaco"

Grupo	Tipo de Carboneto	Material Usinado	Classe (Cobalto e Propriedades)
P (azul)	WC–TiC–TaC–Co altamente ligado	Aço, aço fundido, ferro fundido nodular (metais ferrosos com cavacos longos)	P01 (baixo Co para máxima dureza) até P50 (alto Co para máxima tenacidade)
M (amarelo)	WC–TiC–TaC–Co ligado	Aço de corte fácil, ferro fundido cinzento, aço inoxidável austenítico e superligas	M10 (baixo Co para máxima dureza) até M40 (alto Co para máxima tenacidade)
K (vermelho)	WC–Co apenas	Metais e ligas não ferrosos, ferro fundido cinzento (metais ferrosos com cavacos curtos) e não metálicos	K01 (baixo Co para máxima dureza) até K40 (alto Co para máxima tenacidade)

Referência: [12].

Metal Duro com Recobrimento O desenvolvimento de carbonetos revestidos por volta de 1970 representou avanço significativo na tecnologia de ferramentas de corte. O *metal duro com recobrimento* é um inserto de metal duro revestido com uma ou mais camadas finas de material resistente ao desgaste, tais como carboneto de titânio, nitreto de titânio e/ou óxido de alumínio (Al_2O_3). O revestimento é aplicado ao substrato por deposição química de vapor ou deposição física de vapor (Seção 21.5). A espessura do revestimento é de apenas 2,5 a 13 μm (0,0001-0,0005 in). Verificou-se que os revestimentos mais espessos tendem a ser frágeis, formando trincas, lascamentos e separação do substrato.

A primeira geração de metais duros revestidos tinha apenas uma única camada de revestimento (TiC, TiN, ou Al_2O_3). Mais recentemente, foram desenvolvidos insertos, ou pastilhas, revestidos com várias camadas. A primeira camada aplicada à base de WC-Co é em geral de TiN ou TiCN por causa da sua boa adesão e coeficiente de expansão térmica semelhante. Camadas adicionais com várias combinações de TiN, TiCN, Al_2O_3, e TiAlN são aplicadas em sequência (veja a Figura 21.5).

Metais duros revestidos são usados para usinar ferros fundidos e aços em operações de torneamento e fresamento. São mais bem aplicados em altas velocidades de corte, em situações em que a força dinâmica e o choque térmico são mínimos. Se as condições se tornarem muito severas, como em algumas operações de corte interrompido, lascamento do revestimento pode ocorrer, resultando em falha prematura da ferramenta. Nessa situação, são indicados os metais duros não revestidos com maior tenacidade. Quando aplicadas de forma apropriada, as ferramentas de metal duro revestido geralmente permitem o aumento na velocidade de corte admissível, em comparação com os metais duros sem recobrimento.

A utilização de ferramentas de metal duro revestidas tem se expandido para aplicações em metais não ferrosos e materiais não metálicos para aumentar a vida da ferramenta e permitir maiores velocidades de corte. São necessários materiais diferentes para recobrimento, tais como carboneto de cromo (CrC), nitreto de zircônia (ZrN) e diamante [15].

17.2.4 CERÂMICAS

As ferramentas de corte em cerâmica foram utilizadas comercialmente pela primeira vez nos Estados Unidos, em meados dos anos 1950, embora o seu desenvolvimento e uso na Europa datem do início de 1900. Hoje, as ferramentas de corte em cerâmica são compostas principalmente de grãos finos de *óxido de alumínio* (Al_2O_3), prensados e sinterizados em pastilhas a altas pressões e temperaturas, sem ligante. O óxido de alumínio é em geral muito puro (99% é típico), apesar de alguns fabricantes adicionarem outros óxidos (tal como o óxido de zircônio) em pequenas quantidades. Na produção de ferramentas de cerâmica, é importante usar um tamanho de grão muito fino do pó de alumina e maximizar a densidade da mistura pela alta pressão de compactação para elevar a baixa tenacidade do material.

As ferramentas de corte em óxido de alumínio são as mais bem-sucedidas no torneamento em alta velocidade de ferro fundido e aço. As aplicações também incluem o torneamento de acabamento em aços endurecidos utilizando altas velocidades de corte, avanços baixos e profundidades de corte pequenas, com uma montagem rígida do conjunto. Muitas falhas prematuras das ferramentas de corte por fratura são resultado de montagens não rígidas da máquina-ferramenta, que submetem as ferramentas a choque mecânico. Quando utilizadas de modo apropriado, as ferramentas de corte de cerâmica podem ser usadas para obter acabamento superficial muito bom. As cerâmicas não são recomendadas para operações de corte interrompido pesado (por exemplo, fresamento de desbaste) por causa de sua baixa tenacidade. Além da sua utilização como insertos em operações de usinagem convencional, o Al_2O_3 é amplamente usado como abrasivo em retificação e em outros processos abrasivos (Capítulo 18).

Outras cerâmicas disponíveis comercialmente como material para ferramenta de corte incluem o nitreto de silício (SiN), o *sialon* (nitreto de silício e óxido de alumínio, $SiN-Al_2O_3$), o óxido de alumínio com carboneto de titânio ($TiC-Al_2O_3$) e o óxido de alumínio reforçado com monocristais de carboneto de silício (*whiskers*). Essas ferramentas são em geral destinadas a aplicações especiais; uma discussão sobre o assunto está além do escopo deste livro.

17.2.5 DIAMANTES SINTÉTICOS E NITRETO CÚBICO DE BORO

O diamante é o material com maior dureza conhecido. De acordo com algumas medidas de dureza, o diamante é de três a quatro vezes mais duro que o carboneto de tungstênio ou o óxido de alumínio. Uma vez que a dureza elevada é uma das propriedades desejáveis de uma ferramenta de corte, é natural que se pense no diamante para aplicações em usinagem e retificação. Ferramentas de corte de diamantes sintéticos são feitas de diamante policristalino sinterizado (PCD), que data do início dos anos 1970. O *diamante policristalino sinterizado* é fabricado pela sinterização de cristais de grãos finos de diamante sob altas temperaturas e pressões, na geometria desejada. Pouco ou nenhum aglomerante é utilizado. Os cristais têm uma orientação aleatória, o que aumenta de forma considerável a tenacidade das ferramentas de diamante policristalino comparado com monocristais de diamantes. Os insertos para ferramentas são normalmente feitos pela deposição de uma camada de PCD com cerca de 0,5 mm (0,020 in) de espessura sobre a superfície de metal duro de uma base. Insertos muito pequenos também foram produzidos com 100% de PCD.

As aplicações das ferramentas de corte de diamante incluem a usinagem em alta velocidade de metais não ferrosos e abrasivos não metálicos, como fibra de vidro, grafite e madeira. A utilização de ferramentas de PCD para a usinagem de aço, e outros metais ferrosos, e de ligas à base de níquel é impraticável em função da afinidade química existente entre esses metais e o carbono (o diamante, afinal, é carbono).

Depois do diamante, o *nitreto cúbico de boro* é o material mais duro conhecido, e sua fabricação em insertos para ferramenta de corte é basicamente a mesma do PCD, isto é, como revestimento em insertos de carboneto de tungstênio e cobalto (WC-Co). O nitreto cúbico de boro (simbolizado por cBN) não reage quimicamente com o ferro e o níquel tal como o PCD e, portanto, as ferramentas revestidas com cBN são aplicadas na usinagem do aço e de ligas à base de níquel. Tanto as ferramentas de PCD como as de cBN são caras, como se poderia esperar, e as aplicações devem justificar o custo adicional do ferramental.

17.3 GEOMETRIA DA FERRAMENTA

A ferramenta de corte deve ter uma geometria apropriada para a operação de usinagem. Uma maneira importante de classificar as ferramentas de corte é de acordo com o processo de usinagem. Dessa forma, temos ferramentas de torneamento, ferramentas de sangrar (bedame), fresas, brocas, alargadores, machos e muitas outras ferramentas de corte, que recebem nome de acordo com a operação em que são utilizadas, cada uma com sua geometria própria e, em alguns casos, bastante singular.

Como indicado na Seção 15.1, as ferramentas de corte podem ser divididas em monocortantes e multicortantes. Ferramentas monocortantes são usadas em torneamento, mandrilamento e aplainamento. Ferramentas multicortantes são usadas na furação, alargamento, rosqueamento, fresamento, brochamento e serramento. Muitos dos princípios que se aplicam a ferramentas monocortantes também se aplicam a outros tipos de ferramentas de corte, porque o mecanismo de formação do cavaco é basicamente o mesmo para todas as operações de usinagem.

17.3.1 GEOMETRIA DAS FERRAMENTAS MONOCORTANTES

O formato genérico de uma ferramenta monocortante é ilustrado na Figura 15.3(a). A Figura 17.6 mostra uma representação mais detalhada. No modelo de corte ortogonal para usinagem de metais (Seção 15.2.1), o ângulo de saída de uma aresta de corte é tratado como um único parâmetro. Em uma ferramenta monocortante, a orientação da superfície de saída é definida por dois ângulos:* ***ângulo lateral de saída*** (α_l) e ***ângulo facial de saída*** (α_f). Juntos, esses dois ângulos são fundamentais para determinar a direção do escoamento do cavaco sobre a superfície de saída. A superfície de folga, ou de flanco, da ferramenta é definida pelo ***ângulo lateral de folga*** (γ_l) e ***ângulo facial de folga*** (γ_f). Esses ângulos determinam o tamanho da folga entre a ferramenta e a superfície da peça recém-criada. A aresta de corte de uma ferramenta monocortante é dividida em duas partes, aresta principal e aresta secundária (ou lateral). Elas são separadas pela ponta da ferramenta, que apresenta um determinado raio de adoçamento, denominado raio da ponta. O ***raio de ponta*** (r_ε) tem grande influência sobre a textura da superfície gerada na operação. Uma ferramenta muito pontiaguda (com raio de ponta pequeno) causa marcas de avanço bem nítidas na superfície (Seção 16.8.2). O ***ângulo de posição*** (χ) determina a entrada da aresta principal da ferramenta no material e pode ser usado para reduzir a força repentina que a ferramenta sofre quando entra na peça. O complemento do ângulo de posição (90°-χ) é representado na Figura 17.6. O ***ângulo de posição da aresta secundária*** (χ_L) proporciona uma folga entre a aresta secundária (ou lateral) da ferramenta e a superfície recém-gerada na peça, reduzindo assim o atrito contra a superfície.

Ao todo, existem sete elementos geométricos em uma ferramenta monocortante. Quando especificados na ordem a seguir, esses elementos formam uma designação padronizada que representa toda a ***geometria da ferramenta***: ângulo facial de saída (α_f), ângulo lateral de saída (α_l), ângulo facial de folga (γ_f), ângulo lateral de folga (γ_l), ângulo de posição da aresta secundária (χ_L), complemento do ângulo de posição (90°-χ) e raio de ponta (r_ε). Por exemplo, uma ferramenta monocortante usada no torneamento pode ter a seguinte especificação: 5, 5, 7, 7, 20, 15, 2/64 in.

Quebra-cavacos A eliminação de cavacos é um problema frequentemente encontrado no torneamento e em outras operações contínuas de usinagem. Cavacos longos e serrilhados são com frequência gerados, principalmente quando se usina materiais dúcteis em altas velocidades. Esses cavacos constituem um perigo para o operador da máquina e o acabamento da peça, bem como interferem com a operação automática do processo de torneamento. Os

---
* Para a equivalência entre os ângulos da ferramenta utilizados na edição original, com a nomenclatura corrente no Brasil (baseada na DIN 6581), foi utilizada a conversão descrita em Dino Ferraresi (1970). (N.T.)

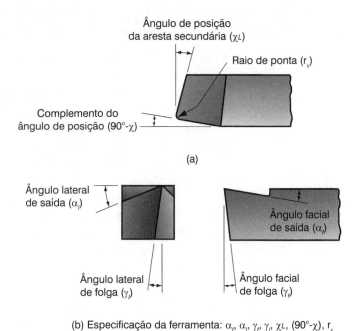

FIGURA 17.6 (a) Os sete elementos de uma ferramenta monocortante, e (b) indicação da convenção que define os sete elementos. (Crédito: *Fundamentals of Modern Manufacturing*, 4ª Edição por Mikell P. Groover, 2010. Reimpresso com permissão de John Wiley & Sons, Inc.)

(b) Especificação da ferramenta: α_f, α_l, γ_f, γ_l, χL, $(90°\text{-}\chi)$, r_ε

quebra-cavacos são utilizados com frequência em ferramentas monocortantes para forçar o cavaco a se curvar com maior intensidade do que seria a sua tendência natural, causando assim sua fratura. Existem duas formas principais de projeto de quebra-cavacos usualmente utilizadas em ferramentas monocortantes, como ilustrado na Figura 17.7: (a) quebra-cavaco na própria superfície de saída da ferramenta de corte, e (b) quebra-cavaco postiço, projetado como um dispositivo adicional na superfície de saída da ferramenta. A distância do quebra-cavaco pode ser ajustada no segundo tipo para diferentes condições de corte.

Efeito do Material da Ferramenta na Geometria da Ferramenta Na discussão da equação de Merchant (Seção 15.3.2), observou-se que um ângulo de saída positivo geralmente é desejável, pois reduz as forças de corte, a temperatura e o consumo de energia. As ferramentas de aço rápido quase sempre são afiadas com ângulos de saída positivos, em geral variando entre +5° e +20°. O aço rápido tem boa resistência e tenacidade, de modo que uma seção transversal mais fina da ferramenta produzida por grandes ângulos de saída positivos, em geral, não causa problema de quebra da ferramenta. As ferramentas de aço rápido são predominantemente feitas de uma única peça. O tratamento térmico do aço rápido pode ser controlado para proporcionar uma aresta de corte dura, enquanto se mantém um núcleo tenaz no interior da ferramenta.

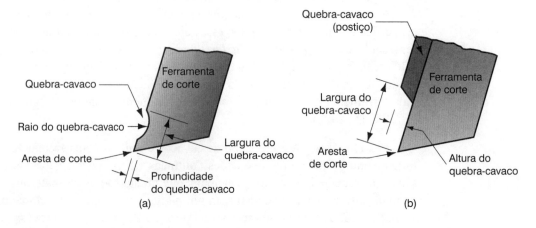

FIGURA 17.7 Dois métodos de quebra do cavaco em ferramentas monocortantes: quebra-cavaco (a) na própria ferramenta e (b) postiço. (Crédito: *Fundamentals of Modern Manufacturing*, 4ª Edição por Mikell P. Groover, 2010. Reimpresso com permissão de John Wiley & Sons, Inc.)

Com o desenvolvimento de materiais muito duros para ferramentas (por exemplo, metal duro e materiais cerâmicos), foram necessárias mudanças na geometria da ferramenta. Esse grupo de materiais tem dureza maior e tenacidade menor que o aço rápido. Além disso, as suas resistências à tração e ao cisalhamento são baixas em relação à sua resistência à compressão, e suas propriedades não podem ser manipuladas por meio do tratamento térmico, como no aço rápido. Por fim, o custo por unidade de peso para esses materiais muito duros é mais alto que o custo do aço rápido. Esses fatores têm afetado os projetos de ferramentas de corte para materiais de ferramenta muito duros de diversas maneiras.

Em primeiro lugar, os materiais muito duros devem ser projetados com um ângulo de saída negativo ou com pequenos ângulos positivos. Essa alteração tende a submeter a ferramenta mais a um carregamento em compressão e menos em cisalhamento, favorecendo assim a elevada resistência à compressão desses materiais mais duros. O metal duro, por exemplo, é utilizado com ângulos de saída tipicamente entre –5° e +10°. As ferramentas de cerâmica têm ângulos de saída entre –5° e –15°. Os ângulos de folga devem ser tão pequenos quanto possível (5° é típico) para proporcionar à aresta de corte o melhor apoio possível.

Outra diferença é a forma em que a aresta de corte da ferramenta é mantida na posição. As formas alternativas de prender e posicionar a aresta de corte em uma ferramenta monocortante são ilustradas na Figura 17.8. A geometria de uma ferramenta de aço rápido é afiada a partir de uma haste sólida (*bit*), como mostrado na parte (a) da figura. O custo mais elevado e as diferenças nas propriedades e processamento dos materiais mais duros deram origem ao uso de insertos, que são soldados ou fixados mecanicamente a um suporte de ferramenta. A parte (b) mostra um inserto soldado, em que um inserto de metal duro é soldado por brasagem no cabo da ferramenta. O cabo da ferramenta é feito de aço ferramenta para maior resistência e tenacidade. A parte (c) ilustra uma forma possível para fixação mecânica de um inserto em um porta-ferramenta. A fixação mecânica é utilizada com metal duro, cerâmica e outros materiais duros. A grande vantagem do inserto fixado mecanicamente é que cada pastilha contém múltiplas arestas de corte. Quando uma aresta se desgasta, o inserto é retirado, reposicionado (rotação no porta-ferramenta) para cortar com uma nova aresta de corte e fixado novamente no porta-ferramenta. Quando todas as arestas de corte estão gastas, o inserto é descartado e substituído.

Insertos Os insertos para ferramentas de corte são amplamente utilizados em usinagem em virtude do fator econômico e da sua adaptação a muitos tipos diferentes de operações de usinagem: torneamento interno e externo, mandrilamento, rosqueamento, fresamento e até furação. Estão disponíveis em diversos formatos e tamanhos para uma variedade de situações de corte encontradas na prática. Um inserto quadrado é apresentado na Figura 17.8(c). Outros formatos comuns usados nas operações de torneamento são apresentados na Figura 17.9.

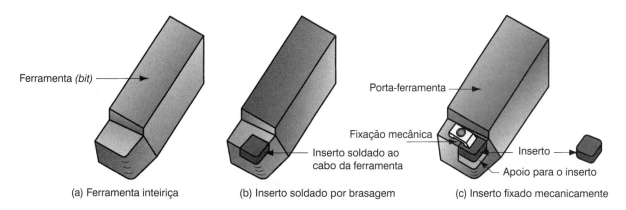

FIGURA 17.8 Três formas de fixar e posicionar a aresta de corte em uma ferramenta monocortante: (a) ferramenta inteiriça, típica em aço rápido; (b) inserto soldado por brasagem, uma das formas de fixar um inserto de metal duro; e (c) inserto fixado mecanicamente, usado para metal duro, cerâmica e outros materiais muito duros para ferramentas. (Crédito: *Fundamentals of Modern Manufacturing*, 4ª Edição por Mikell P. Groover, 2010. Reimpresso com permissão de John Wiley & Sons, Inc.)

De forma geral, deve ser selecionado o maior ângulo de ponta possível para se obter maior resistência e economia. Insertos circulares têm grande ângulo de ponta (e grande raio de ponta) apenas por causa de sua forma. Insertos com grande ângulo de ponta são inerentemente mais fortes e menos suscetíveis a quebrar ou lascar durante o corte, mas requerem maior potência e existe maior probabilidade de ocorrerem vibrações. A vantagem econômica dos insertos circulares é que podem ser girados múltiplas vezes para proporcionar mais cortes por inserto. Os insertos quadrados apresentam quatro arestas de corte, as formas triangulares têm três arestas, enquanto as formas rômbicas apenas duas. Menos arestas de corte representam uma desvantagem no custo. Se dois lados do inserto podem ser usados (por exemplo, na maior parte das aplicações com ângulo de saída negativo), então o número de arestas de corte é duplicado. As formas rômbicas são usadas (especialmente com ângulos de ponta mais agudos) em razão de sua versatilidade e acessibilidade quando operações variadas devem ser realizadas. Essas formas podem ser posicionadas mais facilmente em pequenos espaços e ser usadas não apenas no torneamento, mas também para o faceamento, Figura 16.6(a), e para o torneamento curvilíneo, Figura 16.6(c).

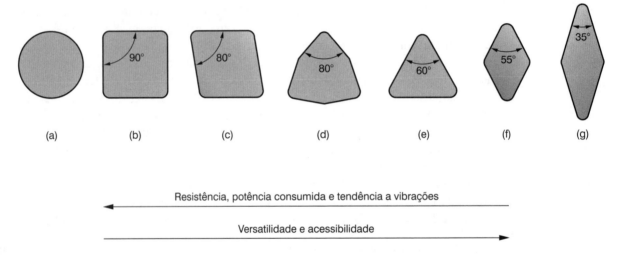

FIGURA 17.9 Formatos comuns de insertos: (a) circular ou redondo, (b) quadrado, (c) rômbico com dois ângulos de ponta de 80°, (d) trigonal com três ângulos de ponta de 80°, (e) triangular (equilátero), (f) rômbico com dois ângulos de ponta de 55°, (g) rômbico com dois ângulos de ponta de 35°. Também são apresentadas as características típicas da geometria. A resistência, a potência consumida e a tendência a vibrações aumentam quanto mais para a esquerda, enquanto a versatilidade e a acessibilidade tendem a ser melhores com as geometrias à direita. (Crédito: *Fundamentals of Modern Manufacturing*, 4ª Edição por Mikell P. Groover, 2010. Reimpresso com permissão de John Wiley & Sons, Inc.)

17.3.2 FERRAMENTAS MULTICORTANTES

A maior parte das ferramentas multicortantes é usada em operações de usinagem em que a ferramenta gira. Nesta seção, ferramentas-padrão para furação e fresamento são descritas.

Brocas Várias ferramentas de corte estão disponíveis para usinar furos, mas a ***broca helicoidal*** é de longe a mais comum. Ela é fornecida em diâmetros que variam entre cerca de 0,15 mm (0,006 in) até tão grandes quanto 75 mm (3,0 in). As brocas helicoidais são amplamente utilizadas na indústria para produzir furos de forma rápida e com economia.

A geometria padrão de uma broca helicoidal é ilustrada na Figura 17.10. O corpo da broca tem dois ***canais helicoidais*** (a forma helicoidal dá nome à broca helicoidal). O ângulo do canal helicoidal é chamado ***ângulo de hélice***, um valor típico é de cerca de 30°. Durante a furação, os canais têm a função de dar passagem para a retirada dos cavacos do furo. Embora seja desejável que as aberturas dos canais sejam grandes para proporcionar o máximo de folga para os cavacos, o corpo da broca deve dar resistência à ferramenta em todo seu comprimento. Essa resistência é proporcionada pelo ***núcleo*** da broca, que é formado pela espessura interna da broca entre os canais.

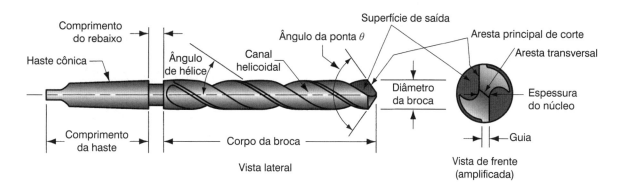

FIGURA 17.10 Geometria padrão de uma broca helicoidal. (Crédito: *Fundamentals of Modern Manufacturing*, 4ª Edição por Mikell P. Groover, 2010. Reimpresso com permissão de John Wiley & Sons, Inc.)

A ponta da broca helicoidal tem forma cônica. Um valor típico para o **ângulo da ponta** é de 118°. A ponta pode ser fabricada de várias maneiras, mas a geometria mais comum tem a presença da **aresta transversal**, como na Figura 17.10. Duas arestas de corte estão conectadas à aresta transversal e ao início dos canais helicoidais. A superfície da cada canal helicoidal adjacente à aresta de corte atua como a superfície de saída da ferramenta.

A ação de corte da broca helicoidal é complexa. A rotação e o avanço da ponta da broca resultam em um movimento relativo entre as arestas de corte e a peça de modo a formar os cavacos. A velocidade de corte ao longo de cada ponto da aresta de corte varia em função da distância desse ponto até o eixo de rotação. Em consequência, a eficiência do corte varia ao longo da aresta, sendo, na região próxima ao diâmetro externo da broca, mais eficiente e, no centro, menos. De fato, como a velocidade relativa no centro da ferramenta é zero, não há a presença do corte efetivamente. Em vez disso, a aresta transversal na ponta da broca empurra para os lados o material do centro, enquanto a ferramenta penetra no furo. Então, é requerida uma força de avanço grande para que a broca entre no material. Além disso, no início da operação, a aresta transversal tende a deslizar enquanto gira sobre a superfície da peça antes de penetrar e iniciar o furo, causando perda de precisão na posição do furo. Várias alternativas de afiação da ponta da ferramenta foram projetadas para resolver esse problema.

A remoção do cavaco pode ser um problema na furação. A ação de corte ocorre na base das paredes do furo usinado, e os canais devem dispor de espaço suficiente ao longo do comprimento da broca para permitir que os cavacos sejam extraídos do furo a partir de sua parte inferior. O cavaco é formado e forçado a passar pelos canais até a superfície da peça. O atrito prejudica a operação de duas formas: além do atrito normal durante o corte entre o cavaco e a superfície de saída, ele também ocorre como resultado da fricção entre o diâmetro externo da broca e as paredes do furo recém-usinado. Isso faz com que haja aumento da temperatura da broca e da peça. A aplicação de fluido de corte na ponta da broca com o objetivo de reduzir o atrito e remover calor é difícil, porque os cavacos estão fluindo na direção oposta. Por causa da remoção dos cavacos e o calor gerado, uma broca helicoidal é normalmente limitada a uma profundidade do furo de cerca de quatro vezes o seu diâmetro. Algumas brocas helicoidais têm canais de refrigeração interna ao longo do comprimento, por meio dos quais o fluido de corte pode ser bombeado para a ponta da broca, e desse modo o fluido pode ser aplicado direto na região de corte. Uma abordagem alternativa com brocas helicoidais que não têm refrigeração interna é utilizar o procedimento "pica-pau" durante a operação. Nesse procedimento, a broca é periodicamente retirada do furo para remover os cavacos antes de prosseguir mais adiante na direção de avanço.

As brocas são normalmente feitas de aço rápido. A geometria da broca é fabricada antes do tratamento térmico, e, em seguida, a superfície externa da broca (arestas de corte e superfícies que sofrem atrito) é endurecida, mas mantendo a parte central interna tenaz. A retificação é usada para afiar as arestas de corte e formar a geometria da ponta da broca.

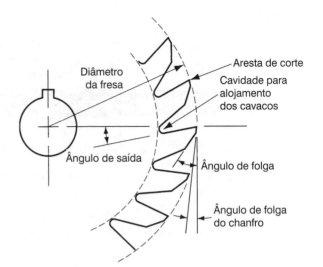

FIGURA 17.11 Elementos da geometria de uma fresa tangencial com 18 dentes. (Crédito: *Fundamentals of Modern Manufacturing*, 4ª Edição por Mikell P. Groover, 2010. Reimpresso com permissão de John Wiley & Sons, Inc.)

Mais informações sobre ferramentas para a fabricação de furos (brocas e outros tipos) podem ser encontradas em várias de nossas referências [3] e [12].

Fresas A classificação das fresas está intimamente associada com as operações de fresamento descritas na Seção 16.4.1. Os principais tipos de fresas são os seguintes:

> *Fresas cilíndricas tangenciais*. São usadas para fresamento tangencial. Como mostram as Figuras 16.17(a) e 16.18(a), essas fresas têm forma cilíndrica com várias fileiras de dentes. As arestas de corte são geralmente orientadas em um ângulo de hélice (como nas figuras) para reduzir o impacto de entrada na peça usinada e são chamadas *fresas cilíndricas helicoidais*. Os elementos da geometria de uma fresa tangencial são apresentados na Figura 17.11.

> *Fresas de perfil constante*. São fresas tangenciais nas quais as arestas de corte têm um perfil especial reproduzido na peça. Uma aplicação importante é a usinagem de engrenagens, em que a fresa de perfil constante tem a forma adequada para cortar as ranhuras entre os dentes, produzindo assim a geometria dos dentes da engrenagem.

> *Fresas de facear*. Essas fresas são projetadas com dentes que cortam tanto na periferia como na base da fresa. As fresas de facear podem ser feitas de aço rápido, como apresentado na Figura 16.17(b), ou projetadas para usar pastilhas de metal duro. A Figura 17.12 mostra uma fresa de facear com quatro dentes utilizando insertos.

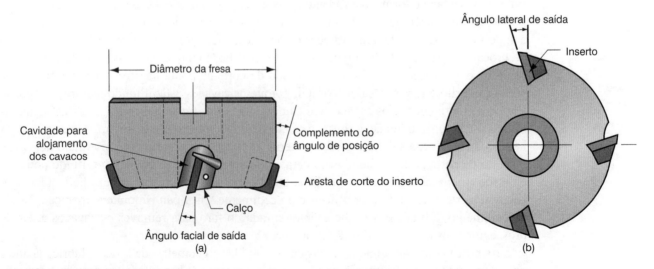

FIGURA 17.12 Elementos da geometria da ferramenta de uma fresa de facear com quatro dentes: (a) vista lateral e (b) vista inferior. (Crédito: *Fundamentals of Modern Manufacturing*, 4ª Edição por Mikell P. Groover, 2010. Reimpresso com permissão de John Wiley & Sons, Inc.)

> *Fresas de topo*. Como apresentado na Figura 16.20(c), uma fresa de topo se assemelha a uma broca; mas, olhando de forma mais atenta, pode-se perceber que ela é projetada para cortar principalmente com as arestas que estão na periferia e muito menos com as arestas da parte inferior. (Uma broca corta apenas com sua extremidade à medida que penetra na peça.) As fresas de topo são projetadas com pontas retas, com pontas raiadas e com pontas esféricas. As fresas de topo podem ser usadas para fresamento de faceamento, fresamento de perfis e cavidades, fresamento de canais, fresamento de superfícies e fresamento de moldes e matrizes.

17.4 FLUIDOS DE CORTE

Um *fluido de corte* é qualquer líquido ou gás aplicado diretamente à operação de usinagem para melhorar o desempenho do corte. Os fluidos de corte resolvem dois problemas principais: (1) a geração de calor na zona de cisalhamento e na zona de atrito, e (2) o atrito nas interfaces cavaco-ferramenta e ferramenta-superfície usinada. Além de remover o calor e reduzir o atrito, os fluidos de corte proporcionam benefícios adicionais, tais como a retirada dos cavacos (especialmente na retificação e no fresamento),* a redução da temperatura da peça usinada para facilitar a manipulação pelo operador, a redução das forças e potências de corte, a melhora da estabilidade dimensional da peça e do acabamento da superfície.

17.4.1 TIPOS DE FLUIDOS DE CORTE

Vários tipos de fluidos de corte estão disponíveis comercialmente. É apropriado apresentá-los primeiro de acordo com sua função e, em seguida, classificá-los segundo sua formulação química.

Funções dos fluidos de corte Existem duas categorias gerais de fluidos de corte correspondentes aos dois principais problemas que têm por finalidade tratar: refrigerantes e lubrificantes.

Refrigerantes são fluidos de corte destinados a reduzir os efeitos da temperatura na operação de usinagem. Possuem efeito limitado sobre a quantidade de calor gerada no corte; em vez disso, removem o calor gerado, reduzindo assim a temperatura da ferramenta e da peça. Isso ajuda a prolongar a vida da ferramenta de corte. A capacidade de um fluido de corte em reduzir as temperaturas de usinagem depende de suas propriedades térmicas. O calor específico e a condutividade térmica são as propriedades mais importantes (Seção 3.7.1). A água tem elevado calor específico e elevada condutividade térmica em relação a outros líquidos; esse é o motivo pelo qual a água é usada como base nos fluidos de corte do tipo refrigerante. Essas propriedades permitem que o refrigerante remova calor durante a operação, reduzindo assim a temperatura da ferramenta de corte.

Os fluidos de corte do tipo refrigerantes parecem ser mais eficazes em velocidades de corte relativamente altas quando a geração de calor e as altas temperaturas são um problema. São mais eficazes em materiais para ferramentas mais suscetíveis às falhas por temperatura, tais como os aços rápidos, e usados com frequência em operações de torneamento e fresamento em que grandes quantidades de calor são geradas.

Lubrificantes são geralmente fluidos à base de óleo (porque os óleos possuem boas qualidades de lubrificação) formulados para reduzir o atrito nas interfaces cavaco-ferramenta e ferramenta-superfície usinada. Os fluidos de corte lubrificantes operam por *lubrificação de extrema pressão*, uma forma especial de lubrificação que envolve a formação de finas camadas sólidas de sal nas superfícies metálicas limpas e aquecidas por meio de uma reação química com o lubrificante. Compostos de enxofre, cloro e fósforo no lubrificante proporcionam a

---
* Na furação, o fluido de corte também tem a função de remoção do cavaco através do canal helicoidal. (N.T.)

formação dessas camadas na superfície, que atuam para separar as duas superfícies metálicas (por exemplo, o cavaco e a ferramenta). Esses filmes de extrema pressão são significativamente mais eficazes na redução do atrito no corte de metais que a lubrificação convencional, cuja base é a presença de filmes líquidos entre as duas superfícies.

Os fluidos de corte do tipo lubrificantes são mais eficazes em baixas velocidades de corte. Eles tendem a perder sua eficácia em velocidades acima de 120 m/min (400 ft/min), porque o movimento do cavaco nessas altas velocidades impede que o fluido de corte alcance a interface cavaco-ferramenta. Adicionalmente, as altas temperaturas de corte nessas velocidades fazem com que o óleo se vaporize antes que possa lubrificar. Operações de usinagem como furação e rosqueamento em geral se beneficiam do uso de lubrificantes. Nessas operações, a formação de aresta postiça de corte é retardada, e o torque na ferramenta reduzido.

Apesar de o principal objetivo de um lubrificante ser reduzir o atrito, a temperatura da operação também é reduzida por meio de diversos mecanismos. Em primeiro lugar, o calor específico e a condutividade térmica do lubrificante ajudam a remover calor da operação e, consequentemente, provocam a redução da temperatura. Em segundo lugar, como o atrito é reduzido, o calor gerado por atrito também é menor. Terceiro, porque um menor coeficiente de atrito resulta em um ângulo de atrito menor. De acordo com a equação de Merchant, Eq. 15.16, um ângulo de atrito baixo faz com que o ângulo do plano de cisalhamento se torne maior, reduzindo, como consequência, a quantidade de calor gerado na zona de cisalhamento.

Usualmente, existe um efeito de superposição entre os dois tipos de fluidos de corte. Os refrigerantes são formulados com ingredientes que ajudam a reduzir o atrito, e os lubrificantes têm propriedades térmicas que, apesar de não serem tão boas quanto as da água, agem na remoção do calor da operação de corte. Os fluidos de corte (tanto os lubrificantes como os refrigerantes) manifestam seus efeitos na equação de Taylor para a vida da ferramenta por meio de valores maiores para C. Aumentos de 10% a 40% são típicos. A inclinação n não é afetada significativamente.

Composição química dos fluidos de corte   Existem quatro categorias de fluidos de corte de acordo com sua composição química: (1) óleos de corte, (2) óleos emulsionados, (3) fluidos semissintéticos e (4) fluidos sintéticos. Todos eles têm funções tanto de refrigeração como de lubrificação. Os óleos de corte são mais eficazes como lubrificantes, enquanto as outras três categorias são mais efetivas como refrigerante, porque são constituídas principalmente por água.

Os *óleos de corte* são baseados em óleo derivado do petróleo, de origem animal, marinha ou vegetal. O principal tipo de óleo são os óleos minerais (à base de petróleo) em razão de sua abundância e as características lubrificantes em geral desejadas. Para alcançar a máxima capacidade de lubrificação, diversos tipos de óleos são usualmente combinados no mesmo fluido. Aditivos químicos também são misturados aos óleos para melhorar a qualidade lubrificante. Esses aditivos contêm compostos de enxofre, cloro e fósforo; eles são projetados para reagir quimicamente com as superfícies do cavaco e da ferramenta para formar filmes sólidos (lubrificação de extrema pressão) que ajudam a evitar o contato metal-metal entre as duas superfícies.

Os *óleos emulsionados* consistem em gotas de óleo suspensas em água. O fluido é feito pela mistura de óleo (normalmente óleo mineral) em água usando um emulsificador para promover a mistura e a estabilidade da emulsão. Uma razão típica de água em óleo é de 30:1. Aditivos químicos baseados em enxofre, cloro e fósforo com frequência são utilizados para promover a lubrificação de extrema pressão. Por conterem água e óleo, as emulsões combinam a capacidade de refrigeração e lubrificação em um fluido de corte.

Os *fluidos sintéticos* são produtos químicos em uma solução aquosa em vez de óleos em emulsão. Esses produtos dissolvidos incluem compostos de enxofre, cloro e fósforo e agentes para promover a "molhabilidade". Os produtos químicos têm o objetivo de proporcionar algum grau de lubrificação à solução. Os fluidos sintéticos fornecem boa capacidade refrigerante, mas sua capacidade lubrificante é menor que a de outros tipos de fluidos de corte. Os *fluidos semissintéticos* têm pequenas quantidades de óleo emulsionado adicionadas ao fluido de corte, com o objetivo de aumentar suas características de lubrificação. De fato, eles são uma classe híbrida entre os fluidos sintéticos e os óleos emulsionados.

17.4.2 APLICAÇÃO DOS FLUIDOS DE CORTE

Existem diversas formas de aplicação dos fluidos de corte nas operações de usinagem. Nesta seção, são apresentadas as técnicas de aplicação dos fluidos de corte, também considerados os problemas de contaminação do fluido de corte e que ações devem ser tomadas para resolver esse problema.

Métodos de aplicação do fluido de corte O método mais comum de aplicação é por meio de um *jorro de fluido à baixa pressão*, algumas vezes chamado simplesmente aplicação de fluido refrigerante, pois é em geral usado com fluido de corte do tipo refrigerante. Nesse método, um fluxo contínuo de fluido é direcionado às interfaces cavaco-ferramenta ou ferramenta-peça da operação de usinagem. Um segundo método é a *aplicação por névoa* (ou pulverização), essencialmente utilizadas com fluidos de corte à base de água. Nesse método, o fluido é direcionado à operação sob a forma de gotículas suspensas em alta velocidade injetadas através de um jato de ar pressurizado. Esse tipo de aplicação em geral não é tão eficaz quanto o jorro de fluido para o resfriamento da ferramenta. No entanto, por causa do fluxo de ar de alta velocidade, a aplicação por névoa pode ser mais efetiva em fornecer o fluido de corte às áreas de difícil acesso por jorro convencional.

A *aplicação manual*, por meio de um borrifador (almotolia) ou de um pincel, é por vezes utilizada para a aplicação de lubrificantes no rosqueamento e em outras operações com velocidades de corte baixas e nas quais o atrito é um problema. Em geral, não é um método de aplicação utilizado pela maioria das oficinas de usinagem em razão de sua variabilidade na aplicação.

Filtragem do fluido de corte e usinagem a seco Ao longo do tempo, os fluidos de corte podem ser contaminados com uma variedade de substâncias estranhas ao processo, tais como óleos sujos (óleo da máquina, óleo hidráulico etc.), lixo (pontas de cigarros, alimentos etc.), pequenos cavacos, moldes, fungos e bactérias. Além de produzir odores e riscos para a saúde, os fluidos de corte contaminados podem também não desempenhar sua função lubrificante. Diversas formas de lidar com esse problema podem ser utilizadas, como: (1) substituição do fluido de corte em intervalos regulares e frequentes (talvez, duas vezes por mês), (2) utilização de um sistema de filtragem para limpar contínua ou periodicamente o fluido, ou (3) usinagem a seco, isto é, usinar sem utilizar fluido de corte. Em virtude da crescente preocupação com a poluição ambiental e a legislação associada, o descarte de fluidos de corte usados tornou-se caro e contrário ao bem-estar do público em geral.

Sistemas de filtragem têm sido instalados em várias oficinas atualmente para resolver o problema da contaminação. As vantagens desses sistemas incluem (1) aumento da vida do fluido de corte entre as trocas, em vez de substituir o fluido uma ou duas vezes por mês; há relatos de fluido refrigerante com vida útil de um ano; (2) redução do custo de descarte do fluido, uma vez que o descarte é muito menos frequente quando utilizado um filtro; (3) um fluido de corte mais limpo, com ambiente de trabalho melhor e menores riscos à saúde; (4) menores custos de manutenção da máquina-ferramenta; e (5) vida mais longa da ferramenta. Existem vários tipos de sistemas de filtragem para filtrar fluidos de corte. Para o leitor interessado, os sistemas de filtração e os benefícios de sua utilização são discutidos na referência [12].

A terceira alternativa é chamada *usinagem a seco*, significando que nenhum fluido de corte é utilizado. Ela evita os problemas de contaminação do fluido de corte, de descarte e filtragem, mas pode levar a outros problemas na operação: (1) superaquecimento da ferramenta, (2) operação com velocidades de corte e taxas de produção mais baixas para prolongar a vida útil da ferramenta, e (3) ausência dos benefícios da remoção dos cavacos na retificação e no fresamento. Os fabricantes de ferramentas de corte desenvolveram determinadas classes de metal duro com e sem recobrimento para utilização na usinagem a seco.

17.5 USINABILIDADE

As propriedades do material usinado têm influência significativa no sucesso da operação de usinagem. Elas e outras características do processo são com frequência resumidas pelo termo "usinabilidade". A ***usinabilidade*** indica a facilidade com que um determinado material (normalmente um metal) pode ser usinado utilizando ferramentas e condições de corte apropriadas [14].

Vários critérios são usados para caracterizar a usinabilidade, e o mais importante de todos é (1) a vida da ferramenta em razão de sua relevância econômica em uma operação de usinagem. Outros critérios incluem (2) as forças de corte, (3) a potência, (4) o acabamento superficial, e (5) a facilidade de retirada do cavaco. Apesar de a usinabilidade geralmente se referir ao material usinado, deve-se reconhecer que a performance da usinagem depende de outros fatores além do material. O tipo de operação de usinagem, o ferramental e as condições de corte também são importantes. Adicionalmente, o próprio critério de usinabilidade é uma fonte de variação. Um material usinado pode fornecer vida mais longa para a ferramenta, enquanto outro proporciona acabamento superficial melhor. Todos esses fatores fazem com que a avaliação da usinabilidade seja difícil.

O ensaio de usinabilidade em geral envolve a comparação de materiais usinados. O desempenho durante a usinagem de um material de teste é medido em relação a um material-base, a um material-padrão. A performance relativa é expressa na forma de um índice numérico, chamado índice de usinabilidade (IU). O material usado como padrão recebe um índice de usinabilidade igual a 1,00. O aço B1112 é constantemente usado como material-padrão para a comparação da usinabilidade. Os materiais que são mais fáceis de usinar que o padrão têm índices maiores que 1,00, e os materiais que são mais difíceis de usinar têm índices menores que 1,00. Os índices de usinabilidade são comumente expressos em forma percentual. Vamos ilustrar como um índice de usinabilidade pode ser determinado usando um teste de vida da ferramenta como base de comparação.

Exemplo 17.2
Usinabilidade

Uma série de ensaios de vida da ferramenta é conduzida em dois materiais sob condições de corte idênticas, variando somente a velocidade de corte no procedimento de teste. O primeiro material, definido como padrão, produz uma equação de Taylor para a vida da ferramenta dada por $vT^{0,28} = 350$, e o outro material (de teste) produz uma equação de Taylor dada por $vT^{0,27} = 440$, em que a velocidade de corte v está em m/min, e a vida da ferramenta em min. Determine o índice de usinabilidade do material de teste usando a velocidade de corte que proporciona uma vida de ferramenta de 60 min como base de comparação. Essa velocidade é representada por v_{60}.

Solução: O material-padrão tem índice de usinabilidade igual a 1,0. O seu valor de v_{60} pode ser determinado a partir de sua equação de Taylor para a vida da ferramenta:

$$v_{60} = \left(350/60^{0,28}\right) = 111\,\text{m/min}$$

A velocidade de corte que proporciona uma vida de 60 min para o material de teste é determinada de forma similar:

$$v_{60} = \left(440/60^{0,27}\right) = 146\,\text{m/min}$$

Assim, o índice de usinabilidade pode ser calculado por:

$$IU(\text{para o material testado}) = \frac{146}{111} = 1,31 (131\%)$$

∎

Muitos fatores relacionados ao material afetam o desempenho da usinagem. Propriedades mecânicas importantes incluem a dureza e a resistência. À medida que a dureza aumenta, o desgaste abrasivo da ferramenta aumenta, e, assim, a vida útil da ferramenta é reduzida. A resistência é geralmente indicada como resistência à tração, embora a usinagem envolva tensões de cisalhamento. É claro que as tensões de tração e de cisalhamento estão correlacionadas. Com o aumento da resistência do material, as forças de corte, a energia específica de corte e a temperatura de corte aumentam, fazendo com que o material se torne mais difícil de usinar. Por outro lado, durezas muito baixas podem ser prejudiciais para o desempenho da operação de usinagem. Por exemplo, o aço de baixo carbono, que tem dureza relativamente baixa, é com frequência muito dúctil para ser bem usinado. A ductilidade elevada provoca rasgamento do metal à medida que o cavaco é formado, o que resulta em acabamento ruim e problemas com a retirada do cavaco. Para aumentar a dureza da superfície do material e proporcionar a quebra do cavaco durante o corte, a trefilação a frio é geralmente empregada em barras de aço com baixo carbono antes da usinagem.

A composição química do metal tem efeito importante sobre as propriedades do material; e, em alguns casos, ela afeta os mecanismos de desgaste que agem sobre o material da ferramenta. Por meio dessas relações, a composição química também afeta a usinabilidade. O teor de carbono tem efeito significativo sobre as propriedades do aço. Conforme o carbono aumenta, a resistência e a dureza do aço aumentam, o que reduz a performance na usinagem. Muitos elementos de liga adicionados ao aço para melhorar as propriedades são prejudiciais para a usinabilidade. O cromo, o molibdênio, o tungstênio formam carbonetos no aço, o que aumenta o desgaste da ferramenta e reduz a usinabilidade. O manganês e o níquel aumentam a resistência e a tenacidade do aço, o que também reduz a usinabilidade. Determinados elementos podem ser adicionados ao aço para melhorar o desempenho da usinagem, tais como o chumbo, o enxofre e o fósforo. Esses aditivos têm o efeito de reduzir o coeficiente de atrito entre a ferramenta e o cavaco, reduzindo assim as forças, a temperatura e a formação da aresta postiça de corte. Maior vida da ferramenta e melhor acabamento superficial resultam desses efeitos. Os aços-liga formulados para melhorar a usinabilidade são chamados *aços de usinagem fácil*.

Existem relações similares para outros materiais usinados. A Tabela 17.7 lista alguns metais selecionados e seus índices de usinabilidade aproximados. Esses índices têm o objetivo de descrever resumidamente o desempenho da usinagem dos materiais, com ênfase no critério de vida da ferramenta.

TABELA 17.7 Valores aproximados da dureza Brinell e índices de usinabilidade típicos para materiais selecionados

Material Usinado	Dureza Brinell	Índice de Usinabilidade[a]	Material Usinado	Dureza Brinell	Índice de Usinabilidade[a]
Aço-padrão: B1112	180–220	1,00	Aço ferramenta (não endurecido)	200–250	0,30
Aço com baixo carbono C1008, C1010, C1015	130–170	0,50	Ferro fundido Macio	60	0,70
Aço com médio carbono C1020, C1025, C1030	140–210	0,65	Dureza média	200	0,55
Aço com alto carbono C1040, C1045, C1050	180–230	0,55	Duro	230	0,40
Aços-liga 24[b]			Superligas Inconel	240–260	0,30
			Inconel X	350–370	0,15
1320, 1330, 3130, 3140	170–230	0,55	Waspalloy	250–280	0,12

TABELA 17.7	Continuação				
Material Usinado	Dureza Brinell	Índice de Usinabilidade[a]	Material Usinado	Dureza Brinell	Índice de Usinabilidade[a]
4130	180–200	0,65	Titânio		
4140	190–210	0,55	Puro	160	0,30
4340	200–230	0,45	Ligas	220–280	0,20
4340 fundido	250–300	0,25	Alumínio		
6120, 6130, 6140	180–230	0,50	2-S, 11-S, 17-S	Macio	5,00[c]
8620, 8630	190–200	0,60	Ligas de alumínio (macias)	Macio	2,00[d]
B1113	170–220	1,35	Ligas de alumínio (duras)	Duro	1,25[d]
Aços de usinagem fácil	160–220	1,50	Cobre	Macio	0,60
Aços inoxidáveis			Latão	Macio	2,00[d]
301, 302	170–190	0,50	Bronze	Macio	0,65[d]
304	160–170	0,40			
316, 317	190–200	0,35			
403	190–210	0,55			
416	190–210	0,90			

Os valores são estimativas médias baseadas nas referências [2], [5], [6], [12] e outras referências. Os índices representam velocidades de corte relativas para uma dada vida da ferramenta (como apresentado no Exemplo 17.2).
[a]Índices de usinabilidade são frequentemente expressos em forma percentual (número apresentado x 100%).
[b]A lista de aços-liga apresentada não pretende ser completa. Tentou-se incluir as ligas mais comuns para indicar a faixa do índice de usinabilidade para esses aços.
[c]A usinabilidade do alumínio varia muito. Embora tenha sido indicada como 5, pode variar entre 3 e 10, ou mais.
[d]Ligas de alumínio, latões e bronzes também variam significativamente o desempenho na usinagem. Diferentes tipos possuem diferentes índices de usinabilidade. Para cada caso, tentou-se reduzir a variação para um único valor médio a fim de indicar o desempenho relativo com outros materiais.

17.6 CONDIÇÕES ECONÔMICAS EM USINAGEM

Um dos problemas práticos em usinagem é a seleção das condições de corte apropriadas para uma determinada operação. Essa é uma das tarefas do planejamento do processo (Seção 28.2). Para cada operação, devem ser tomadas decisões a respeito da máquina-ferramenta, da(s) ferramenta(s) de corte e das condições de corte. Essas decisões devem levar em consideração a usinabilidade do material da peça, a geometria da peça, o acabamento superficial, e assim por diante.

17.6.1 SELEÇÃO DO AVANÇO E DA PROFUNDIDADE DE CORTE

As condições de corte em uma operação de usinagem consistem em: velocidade de corte, avanço, profundidade de corte e fluido de corte (se um fluido de corte deve ser utilizado e, em caso afirmativo, qual será esse tipo). Geralmente, as considerações sobre o ferramental compõem o fator dominante nas decisões a respeito dos fluidos de corte (Seção 17.4). A profundidade de corte, com frequência, é predeterminada pela geometria da peça e a sequência da operação. Muitas vezes, o processo de fabricação requer uma série de operações de desbaste, seguida por uma operação final de acabamento. Nas operações de desbaste, a profundidade de corte deve ser tão grande quanto possível, dentro das limitações de potência disponível, da rigidez da máquina e de sua configuração, da resistência da ferramenta de corte, e assim por diante. Na operação de acabamento, a profundidade é ajustada para atingir as dimensões finais da peça.

O problema então se reduz à seleção do avanço e da velocidade de corte. Em geral, os valores desses parâmetros devem ser decididos nessa ordem: ***primeiro o avanço e, em seguida,*** *a velocidade de corte*. A determinação do avanço apropriado para uma determinada operação de usinagem depende dos seguintes fatores:

- ➤ *Ferramenta*. Que tipo de ferramenta será usado? Materiais mais duros (por exemplo, metal duro, cerâmica etc.) tendem a fraturar mais fácil que o aço rápido. Essas ferramentas normalmente são usadas com velocidades de avanço menores. O aço rápido pode tolerar maiores avanços por causa de sua maior tenacidade.

- ➤ *Desbaste ou acabamento*. Operações de desbaste envolvem avanços elevados, tipicamente entre 0,5 e 1,25 mm/rot (0,020 e 0,050 in/rot) para o torneamento; operações de acabamento operam com avanços baixos, tipicamente entre 0,125 e 0,4 mm/rot (0,005 e 0,015 in/rot) para o torneamento.

- ➤ *Restrições para o avanço no desbaste*. Se a operação é de desbaste, qual é a máxima velocidade de avanço que pode ser definida? Para maximizar a taxa de remoção de metal, o avanço deve ser o mais alto possível. Os limites máximos para o avanço são impostos pelas forças de corte, rigidez da configuração do sistema e, algumas vezes, da potência da máquina.

- ➤ *Requisitos da superfície em operações de acabamento*. Se a operação é de acabamento, qual é o acabamento superficial desejado? O avanço é um fator importante no acabamento superficial, e cálculos como os realizados no Exemplo 16.1 podem ser utilizados para estimar o avanço que produzirá uma rugosidade superficial desejada.

17.6.2 VELOCIDADE DE CORTE

A seleção da velocidade de corte é baseada em fazer o melhor uso possível da ferramenta de corte, o que normalmente significa escolher uma velocidade que proporcione alta taxa de remoção de metal e, ainda, com a vida da ferramenta o mais longa possível. Fórmulas matemáticas foram derivadas para determinar a velocidade ótima de corte para uma operação de usinagem, uma vez que o tempo e os vários componentes de custo da operação sejam conhecidos. O desenvolvimento original das equações para *condições econômicas em usinagem* é creditado a W. Gilbert [13]. As fórmulas permitem que a velocidade de corte ótima seja calculada para qualquer um dos dois objetivos: (1) a taxa de produção máxima, ou (2) o custo unitário mínimo. Ambos os objetivos procuram alcançar um equilíbrio entre a taxa de remoção de material e a vida útil da ferramenta. As fórmulas se baseiam na equação de Taylor para a vida da ferramenta, que é aplicada à ferramenta utilizada na operação, assim como ao avanço, à profundidade de corte e ao material usinado. O desenvolvimento das equações é apresentado a seguir para uma operação de torneamento. Desenvolvimentos análogos podem ser feitos para outros tipos de operações de usinagem [4].

Maximização da Taxa de Produção Para máxima taxa de produção, a velocidade que minimiza o tempo do ciclo de produção por peça é determinada. Isso é equivalente a maximizar a taxa de produção. No torneamento, existem três componentes de tempo que contribuem para o tempo total do ciclo de produção de uma peça:

1. *Tempo de manipulação da peça T_m*. Esse é o tempo que o operador gasta para colocar a peça na máquina-ferramenta no início do ciclo de produção e para retirá-la ao final da usinagem. Qualquer tempo adicional necessário para o reposicionamento da ferramenta para o início do próximo ciclo também deve ser incluído aqui.

2. *Tempo de corte T_c*. Esse é o tempo em que a ferramenta está efetivamente envolvida no corte do metal durante o ciclo.

3. *Tempo de troca da ferramenta T_f*. Ao final da vida da ferramenta, ela deve ser trocada, o que consome tempo. Esse tempo deve ser distribuído pelo número de peças que são usinadas durante a vida da ferramenta. Seja n_p = o número de peças usinadas em uma vida

da ferramenta (o número de peças usinadas com uma aresta de corte até que a ferramenta seja trocada); assim, o tempo de troca da ferramenta por peça é igual a T_f/n_p.

A soma dessas três parcelas de tempo fornece o tempo total do ciclo por unidade para o ciclo de produção:

$$T_p = T_m + T_c + \frac{T_f}{n_p} \qquad (17.5)$$

em que T_p = tempo do ciclo de produção por peça, min; os outros termos foram definidos anteriormente. O tempo do ciclo é uma função da velocidade de corte. Quando a velocidade de corte aumenta, T_c diminui e T_f/n_p aumenta; T_m não é afetado pela velocidade. Essas relações são apresentadas na Figura 17.13.

O tempo do ciclo por peça é minimizado em um determinado valor da velocidade de corte, que pode ser estabelecido pela reformulação da Eq. (17.5) em função da velocidade. O tempo de corte em uma operação de torneamento cilíndrico é dado pela equação (16.5) apresentada anteriormente:

$$T_c = \frac{\pi DL}{vf}$$

na qual T_c = tempo de corte, min; D = diâmetro da peça, mm (in); L = comprimento da peça, mm (in); f = avanço, mm/rot (in/rot); e v = velocidade de corte, mm/min para que as unidades sejam consistentes (in/min para consistência de unidades).

O número de peças por ferramenta n_p também é função da velocidade. Pode ser mostrado que:

$$n_p = \frac{T}{T_c} \qquad (17.6)$$

em que T = vida da ferramenta, min/ferramenta; e T_c = tempo de corte por peça min/peça. Ambos T e T_c são funções da velocidade, logo, essa razão é função da velocidade:

$$n_p = \frac{fC^{1/n}}{\pi DL v^{1/n-1}} \qquad (17.7)$$

O efeito dessa relação é causar o aumento do termo T_f/n_p na Eq. (17.5) com o aumento da velocidade de corte. Substituindo as Eqs. (16.5) e (17.7) na Eq. (17.5) para T_p, temos:

$$T_p = T_m + \frac{\pi DL}{fv} + \frac{T_f\left(\pi DL v^{1/n-1}\right)}{fC^{1/n}} \qquad (17.8)$$

O tempo do ciclo por peça é mínimo na velocidade de corte em que a derivada da Eq. (17.8) é zero: $dT_p/dv = 0$. Resolvendo essa equação se obtém a velocidade de corte para a máxima taxa de produção na operação:

$$v_{máx} = \frac{C}{\left[\left(\frac{1}{n}-1\right)T_b\right]^n} \qquad (17.9)$$

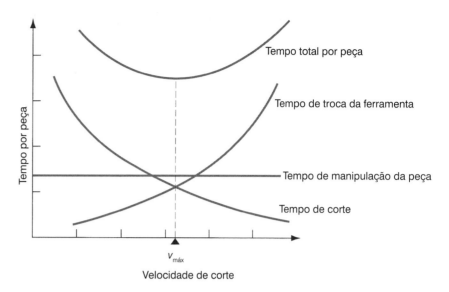

FIGURA 17.13 Representação das componentes de tempo em um ciclo de usinagem em função da velocidade de corte. O tempo total do ciclo por peça é minimizado para um determinado valor da velocidade de corte, chamado velocidade de máxima produção. (Crédito: *Fundamentals of Modern Manufacturing*, 4ª Edição por Mikell P. Groover, 2010. Reimpresso com permissão de John Wiley & Sons, Inc.)

em que $v_{máx}$ é expressa em m/min (ft/min). A vida da ferramenta correspondente à máxima taxa de produção é:

$$v_{máx} = \left(\frac{1}{n} - 1\right) \mathbf{T}_f \tag{17.10}$$

Minimização do Custo por Unidade Para um custo mínimo por unidade, a velocidade que minimiza o custo de produção por peça para a operação deve ser determinada. Tendo em vista encontrar as equações para esse caso, começamos com os quatro componentes de custo que determinam o custo total de produção de uma peça durante uma operação de torneamento:

1. *Custo do tempo de manipulação da peça*. Esse é o custo do tempo que o operador gasta para carregar e descarregar a peça da máquina. Seja C_o = a taxa de custo (p. ex., em R\$/ min) do operador e da máquina. Assim, o custo do tempo de manipulação da peça = $C_o \mathbf{T}_m$.

2. *Custo do tempo de corte*. Esse é o custo do tempo em que a ferramenta está em contato com a peça durante a usinagem. Usando novamente C_o para representar o custo por minuto do operador e da máquina-ferramenta, o custo do tempo de corte = $C_o \mathbf{T}_c$.

3. *Custo do tempo de troca da ferramenta*. O custo do tempo de troca da ferramenta = $C_o \mathbf{T}_f / n_p$.

4. *Custo da ferramenta*. Além do tempo de troca da ferramenta, a própria ferramenta tem um custo que deve ser adicionado ao custo total da operação. Esse custo é por aresta de corte C_f, dividido pelo número de peças usinadas por uma aresta de corte n_p. Dessa forma, o custo da ferramenta por peça é dado por C_f/n_p.

O custo da ferramenta requer uma explicação, porque é afetado por diferentes situações da ferramenta. Para pastilhas intercambiáveis (p. ex., insertos de metal duro), o custo da ferramenta é determinado por:

$$C_f = \frac{P_f}{n_a} \tag{17.11}$$

em que C_f = custo por aresta de corte, \$/vida; P_f = preço do inserto, \$/inserto; e n_a = número de arestas de corte por inserto. Isso depende do tipo de inserto; por exemplo, insertos triangulares que podem ser usados apenas de um lado (ferramenta com ângulo de saída positivo) têm três arestas/inserto; se ambos os lados do inserto podem ser usados (ferramenta com ângulo de saída negativo), então são seis arestas/inserto, e assim por diante.

Para ferramentas que podem ser reafiadas (por exemplo, ferramentas inteiriças de aço rápido e ferramentas de metal duro com insertos soldados), o custo da ferramenta inclui o preço de compra mais o custo de afiação:

$$C_f = \frac{P_f}{n_r} + \mathbf{T}_r C_r \qquad (17.12)$$

em que C_f é o custo por vida da ferramenta, \$/vida; P_f = preço de compra da ferramenta inteiriça ou da ferramenta com o inserto soldado, \$/ferramenta; n_a = número de vidas por ferramenta, isto é, o número de vezes que a ferramenta pode ser reafiada antes que não possa mais ser usada (5 a 10 vezes para ferramentas de desbaste e de 10 a 20 vezes para ferramentas de acabamento); $\mathbf{T}_r$ = tempo para afiar ou reafiar a ferramenta, min/vida; e C_r = taxa de reafiação, \$/min.

A soma dos quatro componentes do custo resulta no custo total C_p por unidade produzida para o ciclo de usinagem:

$$C_c = C_o \mathbf{T}_m + C_o \mathbf{T}_c + \frac{C_o \mathbf{T}_f}{n_p} + \frac{C_r}{n_p} \qquad (17.13)$$

C_p é função da velocidade de corte, assim como $\mathbf{T}_p$ é função de v. As relações para os termos individuais e para o custo total em função da velocidade de corte são apresentadas na Figura 17.14. A Eq. (17.13) pode ser reescrita em termos da velocidade v para se obter:

$$C_c = C_o \mathbf{T}_c + \frac{C_o \pi DL}{fv} + \frac{(C_o \mathbf{T}_f + C_f)(\pi DL v^{1/n-1})}{fC^{1/n}} \qquad (17.14)$$

A velocidade de corte que fornece o custo mínimo por peça para a operação pode ser determinada derivando a Eq. (17.14) com respeito a v, igualando a zero e resolvendo para $v_{\text{mín}}$:

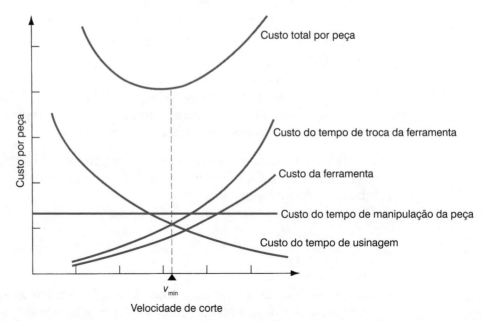

FIGURA 17.14 Componentes do custo de uma operação de usinagem em função da velocidade de corte. O custo total por peça é minimizado para um determinado valor da velocidade de corte, denominado velocidade de mínimo custo. (Crédito: *Fundamentals of Modern Manufacturing*, 4ª Edição por Mikell P. Groover, 2010. Reimpresso com permissão de John Wiley & Sons, Inc.)

Ferramentas de Usinagem e Tópicos Correlatos **443**

$$v_{min} = C\left(\frac{n}{1-n} \cdot \frac{C_o}{C_o T_f + C_f}\right)^n \quad (17.15)$$

A vida da ferramenta correspondente é dada por:

$$\mathbf{T}_{min} = \left(\frac{1}{n} - 1\right)\left(\frac{C_o T_f + C_f}{C_o}\right) \quad (17.16)$$

Exemplo 17.3
Determinação das Velocidades de Corte nas Condições Econômicas de Usinagem

Uma operação de torneamento de um aço doce é realizada com uma ferramenta de aço rápido, cujos coeficientes da equação de Taylor são $n = 0,125$ e $C = 70$ m/min (Tabela 17.2). O comprimento da peça = 500 mm e o diâmetro = 100 mm. O avanço = 0,25 mm/rot. O tempo de manipulação por peça = 5,0 min, e tempo de troca da ferramenta = 2,0 min. O custo da máquina e do operador é = R$ 30,00/hora, e o custo da ferramenta = R$ 3,00 por aresta de corte. Determine: (a) a velocidade de corte para máxima taxa de produção e (b) a velocidade de corte para mínimo custo.

Solução: (a) A velocidade de corte para máxima taxa de produção é dada pela Eq. (17.9):

$$v_{máx} = 70\left(\frac{0,125}{0,875} \cdot \frac{1}{2}\right)^{0,125} = 50\,\text{m/min}$$

(b) Convertendo C_o = R$ 30/hora para R$ 0,50/min, a velocidade de corte de mínimo custo é dada pela Eq. (17.15):

$$v_{min} = 70\left(\frac{0,125}{0,875} \cdot \frac{0,5}{0,5(2)+3,00}\right)^{0,125} = 42\,\text{m/min}$$

■

Exemplo 17.4
Taxa de Produção e Custo em Condições Econômicas de Usinagem

Determine a taxa de produção por hora e o custo por peça para as duas velocidades de corte calculadas no Exemplo 17.3.

Solução: (a) Para a velocidade de corte de máxima produção, $v_{máx} = 50$ m/min, o tempo de corte por peça e a vida da ferramenta são calculados como se segue:

$$\text{Tempo de corte } \mathbf{T}_c = \frac{\pi(0,5)(0,1)}{(0,25)(10^{-3})(50)} = 12,57\,\text{min/pc}$$

$$\text{Vida da ferramenta } \mathbf{T} = \left(\frac{70}{50}\right)^8 = 14,76\,\text{min/aresta de corte}$$

A partir desses valores, o número de peças por ferramenta pode ser determinado: $n_p = 14,76/12,57 = 1,17$. Utilizando $n_p = 1$ para evitar a quebra da ferramenta durante a fabricação da segunda peça. A partir da Eq. (17.5), o tempo médio do ciclo de produção para a operação é:

$$\mathbf{T}_p = 5,0 + 12,57 + 2,0/1 = 19,57\,\text{min/pc}$$

A taxa de produção por hora $\varphi_p = 60/19{,}57 = 3{,}1$ peça/h. A partir da Eq. (17.13), o custo médio por peça para a operação é:

$$C_c = 0{,}5(5{,}0) + 0{,}5(12{,}57) + 0{,}5(2{,}0)/1 + 3{,}00/1 = R\$12{,}79/\text{pc}$$

(b) A velocidade de corte para o mínimo custo de produção por peça é $v_{\text{mín}} = 42$ m/min, e o tempo de corte por peça e a vida da ferramenta são:

$$\text{Tempo de corte } \mathbf{T}_c = \frac{\pi(0{,}5)(0{,}1)}{(0{,}25)(10^{-3})(42)} = 14{,}96 \text{ min/pc}$$

$$\text{Vida da ferramenta } \mathbf{T} = \left(\frac{70}{42}\right)^8 = 59{,}54 \text{ min/aresta de corte}$$

O número de peças por ferramenta $n_p = 59{,}54/14{,}96 = 3{,}98$. Deve ser usado $n_p = 3$ para evitar falha durante a fabricação da quarta peça. O tempo médio do ciclo de produção para a operação é:

$$\mathbf{T}_p = 5{,}0 + 14{,}96 + 2{,}0/3 = 20{,}63 \text{ min/pc}$$

A taxa de produção por hora correspondente é $\varphi_p = 60/20{,}63 = 2{,}9$ peça/h. O custo médio por peça para a operação é:

$$C_p = 0{,}5(5{,}0) + 0{,}5(14{,}96) + 0{,}5(2{,}0)/3 + 3{,}00/3 = R\$11{,}32/\text{pc}$$

Note que a taxa de produção é maior para $v_{\text{máx}}$, e o custo por peça é mínimo para $v_{\text{mín}}$. ∎

Alguns Comentários sobre as Condições Econômicas em Usinagem Determinadas observações práticas podem ser feitas em relação a essas equações para as velocidades ótimas de corte. Em primeiro lugar, conforme os valores de C e n aumentam na equação de Taylor para a vida da ferramenta, a velocidade ótima de corte aumenta tanto pela Eq. (17.9) como pela Eq. (17.15). Ferramentas de metal duro e de cerâmica devem ser usadas em velocidades significativamente maiores que para as ferramentas de aço rápido.

Em segundo lugar, conforme o tempo de troca e/ou o custo da ferramenta ($\mathbf{T}_f$ e C_f) aumentam, as equações para velocidade de corte fornecem valores menores. Velocidades mais baixas permitem que as ferramentas durem mais, e é inútil trocá-las com muita frequência se o custo ou o tempo de troca da ferramenta são altos. Um efeito importante desse fator de custo da ferramenta é que os insertos intercambiáveis normalmente possuem uma vantagem econômica substancial sobre ferramentas reafiáveis. Apesar de o custo por inserto ser significativo, o número de arestas por inserto é grande o suficiente, e o tempo necessário para mudar a aresta de corte é baixo o suficiente para que a ferramenta intercambiável em geral alcance taxas de produção mais altas e custos mais baixos por unidade do produto.

Em terceiro lugar, $v_{\text{máx}}$ é sempre maior que $v_{\text{mín}}$. O termo C_f/n_p na Eq. (17.15) tem o efeito de empurrar o valor ótimo da velocidade para a esquerda na Figura 17.14, resultando em um valor mais baixo que na Figura 17.13. Em vez de correr o risco de usinar em uma velocidade acima de $v_{\text{máx}}$ ou abaixo de $v_{\text{mín}}$, algumas oficinas procuram operar no intervalo entre $v_{\text{mín}}$ e $v_{\text{máx}}$ – chamado usualmente "intervalo de máxima eficiência".

Os procedimentos descritos para a seleção de avanços e velocidades de corte na usinagem são muitas vezes difíceis de aplicar na prática. A melhor velocidade de avanço é difícil de determinar porque as relações entre avanço e acabamento superficial, força, potência e outras restrições não estão facilmente disponíveis para cada máquina-ferramenta. É necessário usar a experiência, o julgamento e a experimentação para selecionar o avanço adequado. A velocidade ótima de corte é difícil de calcular porque os parâmetros da equação de Taylor (C e n) geralmente não são conhecidos sem ensaios prévios. Testes desse tipo são caros em um ambiente de produção.

REFERÊNCIAS

[1] *ASM Handbook*, Vol. *16, Machining*. ASM International, Materials Park, Ohio, 1989.

[2] Bakerjian, R. (ed.). *Tool and Manufacturing Engineers Handbook*, 4th ed., Vol. *VI, Design for Manufacturability*. Society of Manufacturing Engineers, Dearborn, Michigan, 1992.

[3] Black, J., and Kohser, R. *DeGarmo's Materials and Processes in Manufacturing*, 10th ed. John Wiley & Sons, Inc., Hoboken, New Jersey, 2008.

[4] Boothroyd, G., and Knight, W. A. *Fundamentals of Metal Machining and Machine Tools*, 3rd ed. CRC Taylor and Francis, Boca Raton, Florida, 2006.

[5] Boston, O. W. *Metal Processing*, 2nd ed. John Wiley & Sons, Inc. New York, 1951.

[6] Bralla, J. G. (ed.). *Design for Manufacturability Handbook*, 2nd ed. McGraw-Hill Book Company, New York, 1998.

[7] Brierley, R. G., and Siekman, H. J. *Machining Principles and Cost Control*. McGraw-Hill Book Company, New York, 1964.

[8] Carnes, R., and Maddock, G. "Tool Steel Selection," *Advanced Materials & Processes*, June 2004, pp. 37–40.

[9] Cook, N. H. "Tool Wear and Tool Life," *ASME Transactions, J. Engrg. for Industry*, Vol. 95, November 1973, pp. 931–938.

[10] Davis, J. R. (ed.). *ASM Specialty Handbook: Tool Materials*. ASM International, Materials Park, Ohio, 1995.

[11] Destephani, J. "The Science of pCBN," *Manufacturing Engineering*, January 2005, pp. 53–62.

[12] Drozda, T. J., and Wick, C. (eds.). *Tool and Manufacturing Engineers Handbook*, 4th ed. Vol. I, Machining. Society of Manufacturing Engineers, Dearborn, Michigan, 1983.

[13] Gilbert, W. W. "Economics of Machining." *Machining – Theory and Practice*. American Society for Metals, Materials Park, Ohio, 1950, pp. 465–485.

[14] Groover, M. P. "A Survey on the Machinability of Metals." *Technical Paper MR76-269*. Society of Manufacturing Engineers, Dearborn, Michigan, 1976.

[15] Koelsch, J. R. "Beyond TiN," *Manufacturing Engineering*, October 1992, pp. 27–32.

[16] Krar, S. F., and Ratterman, E. *Superabrasives: Grinding and Machining with CBN and Diamond*. McGraw-Hill, Inc., New York, 1990.

[17] *Machining Data Handbook*, 3rd ed., Vols. I and II. Metcut Research Associates, Inc., Cincinnati, Ohio, 1980.

[18] *Modern Metal Cutting*. AB Sandvik Coromant, Sandvik, Sweden, 1994.

[19] Owen, J. V. "Are Cermets for Real?" *Manufacturing Engineering*, October 1991, pp. 28–31.

[20] Pfouts, W. R. "Cutting Edge Coatings," *Manufacturing Engineering*, July 2000, pp. 98–107.

[21] Shaw, M. C. *Metal Cutting Principles*, 2nd ed. Oxford University Press, Inc., Oxford, England, 2005.

[22] Spitler, D., Lantrip, J., Nee, J., and Smith, D. A. *Fundamentals of Tool Design*, 5th ed. Society of Manufacturing Engineers, Dearborn, Michigan, 2003.

[23] Van Voast, J. *United States Air Force Machinability Report*, Vol. 3. Curtis-Wright Corporation, 1954.

QUESTÕES DE REVISÃO

17.1 Quais são os dois principais aspectos da tecnologia de ferramentas de corte?

17.2 Cite os três modos de falha da ferramenta durante a usinagem.

17.3 Quais são os dois principais locais na ferramenta de corte em que o desgaste ocorre?

17.4 Identifique os mecanismos pelos quais as ferramentas se desgastam durante a usinagem.

17.5 Qual é a interpretação física do parâmetro C na equação de Taylor para a vida da ferramenta?

17.6 Quais são os critérios de vida da ferramenta usados nas operações de usinagem em produção?

17.7 Identifique três propriedades desejadas em um material para ferramenta de corte.

17.8 Quais são os principais elementos de liga do aço rápido?

17.9 Quais são as diferenças dos componentes entre as classes de ferramentas de metal duro para usinagem de aço e outros materiais?

17.10 Identifique alguns componentes comuns que formam as finas camadas de recobrimento na superfície dos insertos de metal duro.

17.11 Cite os sete elementos da geometria da ferramenta monocortante.

17.12 Identifique as formas de se fixar uma ferramenta durante a usinagem.

17.13 Cite as duas categorias do fluido de corte de acordo com sua função.

17.14 Cite as quatro categorias do fluido de corte de acordo com sua composição química.

17.15 Quais são os métodos pelos quais os fluidos de corte são aplicados em uma operação de usinagem?

17.16 A usinagem a seco tem sido considerada pelas oficinas em razão de determinados problemas inerentes ao uso dos fluidos de corte. Quais são esses problemas?

17.17 Quais são alguns dos novos problemas introduzidos pela usinagem a seco?

17.18 Defina usinabilidade.

17.19 Quais são os critérios pelos quais a usinabilidade é comumente avaliada em uma operação de usinagem em produção?

17.20 Quais são os fatores nos quais a seleção do avanço, em uma operação de usinagem, deve se basear?

17.21 O custo unitário de uma operação de usinagem é a soma de quatro componentes de custo. Os três primeiros termos são: (1) custo de colocação e retirada da peça, (2) custo do tempo em que a ferramenta está efetivamente cortando e (3) custo do tempo de troca da ferramenta. Qual é o quarto termo?

17.22 Qual velocidade de corte é sempre mais baixa para uma determinada operação de usinagem: a velocidade de corte de mínimo custo ou a velocidade de corte para máxima taxa de produção? Por quê?

PROBLEMAS

17.1 Dados de desgaste de flanco foram obtidos em uma série de ensaios usando uma ferramenta de metal duro revestido para tornear uma liga de aço endurecido, com um avanço de 0,30 mm/rot e uma profundidade de 4,0 mm. A uma velocidade de 125 m/min, o desgaste de flanco = 0,12 mm em 1 min, 0,27 mm em 5 min, 0,45 mm em 11 min, 0,58 mm em 15 min, 0,73 mm em 20 min, e 0,97 mm em 25 min. A uma velocidade de 165 m/min, o desgaste de flanco = 0,22 mm em 1 min, 0,47 mm em 5 min, 0,70 mm em 9 min, 0,80 mm em 11 min e 0,99 mm em 13 min. O último valor para cada velocidade é quando ocorreu a falha final da ferramenta. (a) Desenhe, em um único gráfico com eixos lineares, as funções do desgaste de flanco em relação ao tempo para as duas velocidades. Usando 0,75 mm de desgaste de flanco como o critério de falha da ferramenta, determine as vidas da ferramenta para as duas velocidades de corte. (b) Em um gráfico log-log natural, trace seus resultados encontrados no item anterior. A partir do gráfico, determine os valores de n e C da equação de Taylor para vida da ferramenta. (c) A título de comparação, repita o cálculo dos valores de n e C da equação de Taylor resolvendo as equações simultaneamente. Os resultados de n e C são os mesmos?

17.2 Resolva o Problema 17.1, agora considerando para o critério de fim de vida 0,50 mm de desgaste de flanco (e não 0,75 mm).

17.3 Foram realizados ensaios de vida da ferramenta em uma operação de torneamento e obtidos os seguintes resultados: (1) a uma velocidade de corte de 375 ft/min, a vida útil da ferramenta foi de 5,5 min, (2) a uma velocidade de corte de 275 ft/min, a vida útil da ferramenta foi de 53 min. (a) Determine os parâmetros n e C da equação de Taylor para a vida da ferramenta. (b) Com base nos valores de n e C, qual foi o provável material de ferramenta utilizado nessa operação de usinagem? (c) Utilizando a equação de Taylor, calcule a vida útil da ferramenta que corresponde a uma velocidade de corte de 300 ft/min. (d) Calcule a velocidade de corte que corresponde a uma vida útil da ferramenta $T = 10$ min.

17.4 Ensaios de vida da ferramenta para o torneamento produziram os seguintes dados: (1) quando a velocidade de corte é de 100 m/min, a vida da ferramenta é de 10 min, (2) quando a velocidade de corte é de 75 m/min, a vida da ferramenta é de 30 min. (a) Determine os valores de n e C da equação de Taylor para a vida da ferramenta. Com base nessa equação, calcule (b) a vida útil da ferramenta para uma velocidade de 110 m/min, e (c) a velocidade correspondente a uma vida útil de 15 min.

17.5 Ensaios de torneamento resultaram em 1 min de vida da ferramenta a uma velocidade de corte = 4,0 m/s e vida útil de 20 min a uma velocidade = 2,0 m/s. (a) Encontre os valores de n e C da equação de Taylor para a vida da ferramenta. (b) Quanto tempo a ferramenta irá durar a uma velocidade de 1,0 m/s?

17.6 Em uma operação de torneamento, a peça tem 125 mm de diâmetro e 300 mm de comprimento. Na operação, é utilizado um avanço de 0,225 mm/rot. Quando a velocidade de corte é 3,0 m/s, a ferramenta deve ser trocada a cada 5 peças; mas, se a velocidade de corte for 2,0 m/s, a ferramenta poderá ser usada para produzir 25 peças até que seja necessário realizar a troca da ferramenta. Para essa operação, determine a equação de Taylor para a vida da ferramenta.

17.7 No gráfico de vida da ferramenta da Figura 17.4, mostre que o par de coordenadas $v = 130$ m/min e $T = 12$ min (o ponto (2) no gráfico) é consistente com a equação de Taylor determinada no Exemplo 17.1 do livro.

17.8 No gráfico de desgaste da ferramenta da Figura 17.3, a falha completa da ferramenta de corte é indicada pela extremidade de cada curva de desgaste. Usando a falha completa como critério de vida útil da ferramenta, em vez do desgaste de flanco de 0,5 mm, os dados resultantes são: (1) $v = 160$ m/min e $T = 5,75$ min, (2) $v = 130$ m/min e $T = 14,25$ min e (3) $v = 100$ m/min e $T = 47$ min. Para esses dados, determine os parâmetros n e C da equação de Taylor para a vida da ferramenta.

17.9 Uma série de testes de torneamento é realizada para determinar os parâmetros n, m e K, na versão expandida da equação de Taylor, Eq. (17.4). Os seguintes dados foram obtidos durante os testes: (1) na velocidade de corte de 1,9 m/s e avanço de 0,22 mm/rot, a vida da ferramenta foi de 10 min; (2) na velocidade de corte de 1,3 m/s e avanço de 0,22 mm/rot, a vida da ferramenta foi de 47 min; e (3) na velocidade de corte de 1,9 m/s e avanço de 0,32 mm/rot, a vida da ferramenta foi de 8 min. (a) Determine n, m e K. (b) Utilizando a equação, calcule a vida da ferramenta quando a velocidade de corte é de 1,5 m/s e avanço de 0,28 mm/rot.

17.10 Uma operação de furação é realizada de forma que furos com 0,5 in de diâmetro são executados através de placas de ferro fundido com 1,0 in de espessura. Foram realizados alguns furos preliminares para determinar a vida útil da ferramenta com duas velocidades de corte. Com a velocidade de corte de 80 ft/min, a ferramenta durou exatamente 50 furos, e com a velocidade de 120 ft/min, ela durou exatos 5 furos. O avanço da broca foi de 0,003 ft/rot. (Ignore os efeitos de entrada e saída da broca no furo. Considere que a profundidade do furo é igual à espessura da placa, ou seja, exatamente 1,00 in.) Determine os valores de n e C da equação de Taylor para a vida da ferramenta usando os dados preliminares apresentados, considere que a velocidade de corte é expressa em ft/min, e a vida da ferramenta T em minutos.

17.11 O diâmetro externo de um cilindro feito de uma liga de titânio deve ser torneado. O diâmetro inicial é de 400 mm, e o comprimento de 1100 mm. O avanço é de 0,35 mm/rot, e a profundidade de corte de 2,5 mm. O torneamento será feito com uma ferramenta de corte de metal duro, cujos parâmetros da equação de Taylor são: $n = 0,24$ e $C = 450$. As unidades para a equação de Taylor são minutos para a vida da ferramenta e m/min para a velocidade de corte. Calcule a velocidade de corte que permitirá que a vida da ferramenta seja exatamente igual ao tempo de corte para essa peça.

17.12 A peça em uma operação de torneamento tem 88 mm de diâmetro, 400 mm de comprimento e é usinada com um avanço de 0,25 mm/rot. Quando é utilizada uma velocidade de corte de 3,5 m/s, a ferramenta deve ser trocada a cada 3 peças, mas se a velocidade de corte for de 2,5 m/s, a ferramenta poderá ser usada para produzir 20 peças entre as trocas de ferramenta. Determine a velocidade de corte que permitirá que a ferramenta seja utilizada para produzir 50 peças sem que seja necessário trocar a ferramenta.

17.13 O diâmetro externo de um cilindro feito de uma liga de aço deve ser torneado. O diâmetro inicial é de 300 mm, e o comprimento de 625 mm. O avanço utilizado é 0,35 mm/rot, e a profundidade de corte 2,5 mm. O torneamento será executado com uma ferramenta de corte de metal duro, cujos parâmetros da equação de Taylor são: $n = 0,24$ e $C = 450$. As unidades para a equação de Taylor são minutos para a vida da ferramenta e m/min para a velocidade de corte. Calcule a velocidade de corte que permitirá que a vida da ferramenta seja exatamente igual ao tempo de corte de três peças.

17.14 Em uma operação de torneamento usando ferramentas de aço rápido, a velocidade de corte utilizada é de 110 m/min. A equação de Taylor para a vida da ferramenta tem parâmetros $n = 0,140$ e $C = 150$ (m/min) quando a operação é realizada a seco. Quando é utilizado fluido de corte na operação, o valor de C aumenta em 15%. Determine a porcentagem de aumento na vida da ferramenta para a operação com fluido de corte se a velocidade de corte for mantida a 110 m/min.

17.15 Uma operação de torneamento em uma peça de aço normalmente opera com uma velocidade de corte de 125 ft/min e utiliza ferramentas de aço rápido sem a aplicação de fluido de corte. Os valores apropriados para n e C na equação de Taylor são apresentados na Tabela 17.2 do livro. Verificou-se que o uso de um fluido de corte do tipo refrigerante permitirá aumento de 25 ft/min na velocidade de corte sem nenhum efeito sobre a vida da ferramenta. Se for considerado que o efeito do fluido de corte é simplesmente o de aumentar a constante C em 25, qual seria o aumento na vida da ferramenta se a velocidade de corte original de 125 ft/min for utilizada na operação?

17.16 Deve-se determinar o índice de usinabilidade para um novo material utilizando a velocidade de corte para uma vida da ferramenta de 60 min como base de comparação. Utilizando o aço B1112 como material-padrão, os dados dos ensaios resultaram nos valores $n = 0,29$ e $C = 500$ para os parâmetros da equação de Taylor, em que a velocidade está em m/min e a vida da ferramenta em min. Para o novo material, os valores dos parâmetros foram $n = 0,21$ e $C = 400$. Esses resultados foram obtidos utilizando ferramentas de metal duro. (a) Calcule o índice de usinabilidade para o novo material. (b) Suponha que o critério de usinabilidade seja a velocidade de corte para uma vida da ferramenta de 10 min, e não 60 min como anteriormente. Calcule o índice de usinabilidade para esse caso. (c) O que os resultados desses dois cálculos mostram sobre as dificuldades de medição da usinabilidade?

17.17 Deve-se determinar o índice de usinabilidade para um novo material. O material-padrão utilizado é o aço B1112, e os dados dos ensaios produziram para a equação de Taylor os parâmetros $n = 0,29$ e $C = 490$. Para o material novo, os parâmetros da equação de Taylor foram $n = 0,23$ e $C = 430$. Em ambos os casos, as unidades foram: velocidade de corte em m/min e a vida da ferramenta em min. Esses resultados foram obtidos utilizando ferramentas de metal duro. (a) Calcule o índice de usinabilidade para o novo material usando a velocidade de corte para uma vida de ferramenta de 30 min como base de comparação. (b) Se o critério de usinabilidade for a vida da ferramenta para uma velocidade de corte de 150 m/min, qual o índice de usinabilidade para o novo material?

17.18 Uma ferramenta de aço rápido é utilizada para tornear uma peça de aço com 300 mm de comprimento e 80 mm de diâmetro. Os parâmetros da equação de Taylor são: $n = 0,13$ e $C = 75$ (m/min) para um avanço de 0,4 mm/rot. Os custos da máquina-ferramenta e do operador são R$ 30,00/h, e o custo da ferramenta por aresta de corte = R$ 4,00. O tempo para colocar e retirar a peça é de 2 minutos, e para trocar a ferramenta 3,5 min. Determine (a) a velocidade de corte para máxima taxa de produção, (b) a vida da ferramenta de corte em min e (c) o tempo de ciclo e o custo por unidade produzida.

17.19 Resolva o Problema 17.18 calculando (a) a velocidade de corte de mínimo custo, (b) a vida da ferramenta de corte em min e (c) o tempo de ciclo e o custo por unidade produzida.

17.20 Uma ferramenta de metal duro é utilizada para tornear uma peça com comprimento de 14,0 in e diâmetro de 4,0 in. Os parâmetros da equação de Taylor são: $n = 0,25$ e $C = 1000$ (ft/min). O custo da máquina-ferramenta e do operador é R$ 45,00/h, e o custo da ferramenta por aresta de corte R$ 2,50. O tempo para colocar e retirar a peça é de 2,5 min e 1,5 min para trocar a ferramenta. O avanço utilizado é de 0,015 in/rot. Determine (a) a velocidade de corte para máxima taxa de produção, (b) a vida da ferramenta de corte em min e (c) o tempo do ciclo e o custo por unidade produzida.

17.21 Resolva o Problema 17.20 calculando (a) a velocidade de corte para mínimo custo, (b) a vida da ferramenta de corte em min e (c) o tempo do ciclo e o custo por unidade produzida.

17.22 Pretende-se comparar ferramentas intercambiáveis com ferramentas que podem ser afiadas. A mesma classe de metal duro para ferramenta está disponível em duas formas para operações de torneamento em uma determinada oficina: pastilhas intercambiáveis e pastilhas soldadas. Os parâmetros da equação de Taylor para essa classe são: $n = 0{,}25$ e $C = 300$ (m/min), para as condições de corte consideradas. O preço de cada pastilha intercambiável é R$ 6,00, e podem ser utilizadas quatro arestas de corte por pastilha. O tempo de troca da ferramenta é de 1,0 min (o tempo médio necessário para girar a pastilha ou para substituí-la quando todas as arestas tiverem sido utilizadas). Para pastilhas soldadas, o preço da ferramenta é R$ 30,00, e estima-se que possa ser afiada por 15 vezes antes de ser descartada. O tempo de troca de ferramenta para a ferramenta com pastilha soldada é de 3,0 min. O tempo-padrão para afiar ou reafiar uma ferramenta é de 5,0 min, e o custo da afiadora de ferramentas é R$ 20,00/h. O custo do torno é R$ 24,00/h. A peça a ser utilizada na comparação tem 375 mm de comprimento e 62,5 mm de diâmetro, e demora 2 min para ser colocada e retirada do torno. O avanço é de 0,30 mm/rot. Para os dois tipos de ferramenta, compare (a) a velocidade de corte para mínimo custo, (b) a vida da ferramenta, (c) o tempo do ciclo e o custo por unidade produzida. Qual ferramenta você recomendaria?

17.23 Resolva o Problema 17.22 considerando para o item (a) a velocidade de corte para máxima taxa de produção.

17.24 Três materiais para ferramenta – aço rápido, metal duro e cerâmica – devem ser comparados para a mesma operação de torneamento de acabamento em um lote de 150 peças de aço. Para a ferramenta de aço rápido, os parâmetros da equação de Taylor são $n = 0{,}130$ e $C = 80$ (m/min). O preço da ferramenta de aço rápido é R$ 20,00, e estima-se que pode ser reafiada 15 vezes ao custo de R$ 2,00 por afiação. O tempo de troca da ferramenta é de 3 min. Tanto a ferramenta de metal duro como a ferramenta de cerâmica são usadas na forma de insertos e utilizam o mesmo porta-ferramenta. Os parâmetros da equação de Taylor para o metal duro são: $n = 0{,}30$ e $C = 650$ (m/min); e para a cerâmica $n = 0{,}6$ e $C = 3500$ (m/min). O custo por inserto de metal duro é R$ 8,00, e o de cerâmica R$ 10,00. Nos dois casos, podem ser usadas 6 arestas de corte por inserto, com um tempo de troca de 1,0 min. O tempo de troca de uma peça é de 2,5 min. O avanço é 0,30 mm/rot, e a profundidade de corte 3,5 mm. O custo da máquina é R$ 40,00/h. A peça tem 73 mm de diâmetro e 250 mm de comprimento. O tempo de preparação do lote é de 2 horas. Para os três tipos de ferramenta, compare: (a) as velocidades de corte para mínimo custo, (b) as vidas da ferramenta, (c) os tempos do ciclo, (d) os custos por unidade produzida e (e) os tempos totais para fabricar o lote e as taxas de produção. (f) Qual é a proporção do tempo gasto efetivamente em usinagem para cada ferramenta? A utilização de uma planilha eletrônica é recomendada.

17.25 Resolva o Problema 17.24 considerando em (a) e (b) as velocidades de corte e as vidas da ferramenta para máxima taxa de produção. A utilização de uma planilha eletrônica é recomendada.

17.26 Uma mandriladora vertical é utilizada para usinar o diâmetro interno de um grande lote de peças com forma tubular. O diâmetro do furo é 28 in, e o comprimento 14 in. As condições de corte são: velocidade de corte de 200 ft/min, avanço de 0,015 in/rot e profundidade de corte de 0,125 in. Os parâmetros da equação de Taylor para a ferramenta de corte na operação são: $n = 0{,}23$ e $C = 850$ (ft/min). O tempo de troca da ferramenta é de 3 min, e o custo da ferramenta é R$ 3,50 por aresta de corte. O tempo necessário para fixar e soltar as peças é de 12 min, e o custo da mandriladora é R$ 42,00/h. A gerência decidiu que a taxa de produção deve ser aumentada em 25%. Isso é possível? Assuma que o avanço deve permanecer inalterado a fim de se alcançar o acabamento superficial necessário. Qual a taxa atual de produção e a taxa máxima de produção possível para essa operação?

17.27 Como indicado na Seção 17.4, o efeito do fluido de corte é o de aumentar o valor de C na equação de Taylor para a vida da ferramenta. Em uma determinada situação de usinagem que utiliza ferramentas de aço rápido, o valor de C é aumentado de 200 para 225 em virtude da utilização do fluido de corte. O valor de $n = 0{,}125$ é o mesmo com ou sem a aplicação do fluido de corte. A velocidade de corte utilizada na operação é de 125 ft/min. O avanço é de 0,010 in/rot, e a profundidade de corte de 0,1 in. O efeito do fluido de corte pode ser o de aumentar a velocidade de corte (com a mesma vida da ferramenta) ou aumentar a vida da ferramenta (com a mesma velocidade de corte). (a) Qual a velocidade de corte que resultaria, ao se utilizar o fluido de corte, se a vida da ferramenta permanecer a mesma que a obtida sem fluido de corte? (b) Qual a vida da ferramenta que resultaria se a velocidade de corte permanecer em 125 ft/min? (c) Economicamente, qual é o melhor efeito, uma vez que o custo de ferramenta é R$ 2,00 por aresta, o tempo de troca da ferramenta é de 2,5 min, e o custo da máquina e do operador é R$ 30,00/h? Justifique sua resposta com cálculos utilizando o custo por polegada cúbica de metal usinado como critério de comparação. Ignore os efeitos do tempo de manipulação da peça.

18 RETIFICAÇÃO E OUTROS PROCESSOS ABRASIVOS

Sumário

18.1 Retificação
18.1.1 O Rebolo de Retificação
18.1.2 Análise do Processo de Retificação
18.1.3 Considerações Práticas na CRetificação
18.1.4 Operações de Retificação e Máquinas Retificadoras

18.2 Outros Processos Abrasivos
18.2.1 Brunimento
18.2.2 Lapidação
18.2.3 Superacabamento
18.2.4 Polimento e Espelhamento

A usinagem abrasiva consiste na remoção de material pela ação de duras partículas abrasivas que são geralmente aglomeradas sob a forma de um rebolo. A retificação é o processo de usinagem abrasiva mais importante que existe. Outros processos abrasivos tradicionais incluem: afiação, lapidação, superacabamento, polimento e brunimento. Os processos de usinagem abrasiva são, em geral, usados como operações de acabamento, embora alguns processos abrasivos sejam capazes de elevadas taxas de remoção de material que rivalizam com as operações de usinagem convencional.

O uso de abrasivos para produzir peças talvez seja o processo de remoção de material mais antigo que existe. Os processos abrasivos são importantes comercial e tecnologicamente pelas seguintes razões:

➢ Eles podem ser usados em todos os tipos de materiais, desde os metais leves aos aços endurecidos e materiais não metálicos, tais como cerâmicas e silício.

➢ Alguns destes processos apresentam a possibilidade de produzir acabamentos superficiais extremamente finos, até 0,025 µm (1 µ-in).

➢ Em determinados processos abrasivos, as dimensões podem ser obtidas com tolerâncias extremas.

A usinagem por jato d'água abrasivo ultrassônico é também um processo abrasivo, porque a remoção do material é conseguida por meio de abrasivos. No entanto, ele é comumente classificado como processo não tradicional e será abordado no próximo capítulo.

18.1 RETIFICAÇÃO

A retificação é um processo de remoção de material, realizada por partículas abrasivas que estão contidas em um rebolo dotado com velocidades periféricas muito elevadas. Os rebolos têm em geral a forma de disco e são balanceados precisamente para altas velocidades de rotação.

A retificação pode ser comparada ao processo de fresamento. O corte ocorre na periferia ou na face do rebolo, semelhante ao fresamento frontal ou radial. A retificação periférica é muito mais comum que a retificação radial. O rebolo consiste em muitos dentes de corte (as partículas abrasivas), e a peça avança em direção ao rebolo para realizar a remoção de material. Apesar destas semelhanças, há diferenças significativas entre o fresamento e a retificação: (1) os grãos abrasivos do rebolo são muito menores e mais numerosos que os dentes de uma fresa; (2) as velocidades de corte de retificação são muito mais elevadas que as de fresamento; (3) os grãos abrasivos de um rebolo são orientados aleatoriamente e possuem, em média, um ângulo de inclinação negativo muito elevado, e (4) o rebolo é autoafiado – quando o rebolo se desgasta, os grãos abrasivos fraturam para criar novas arestas de corte ou são arrancados para fora da superfície do rebolo para expor novos grãos.

18.1.1 O REBOLO DE RETIFICAÇÃO

Um rebolo de retificação é constituído por partículas abrasivas e de material aglomerante. O material aglomerante mantém as partículas no lugar e define a forma e a estrutura do rebolo. Estes dois ingredientes e a maneira como são fabricados determinam os cinco parâmetros básicos de um rebolo: (1) o material abrasivo, (2) o tamanho de grão, (3) o material aglomerante, (4) o grau do rebolo, e (5) a estrutura do rebolo. Para atingir o desempenho desejado para determinada aplicação, cada um dos parâmetros deve ser cuidadosamente selecionado.

Materiais Abrasivos Diferentes materiais abrasivos são apropriados para retificação de diferentes materiais. As propriedades gerais de um material abrasivo usado em rebolos incluem alta dureza, resistência ao desgaste, tenacidade e friabilidade. Dureza, resistência ao desgaste e tenacizdade são propriedades desejáveis para qualquer material de ferramenta de corte. A *friabilidade* refere-se à capacidade do material abrasivo de fraturar quando a aresta de corte do grão se desgastar, expondo assim uma nova aresta afiada.

O desenvolvimento dos abrasivos de retificação está descrito em nossas notas históricas. Atualmente, os materiais abrasivos de maior importância comercial são o óxido de alumínio, o carboneto de silício, o nitreto cúbico de boro e o diamante. Eles estão descritos na Tabela 18.1, que também fornece seus valores de dureza relativa.

TABELA 18.1 Abrasivos de maior importância na retificação

Abrasivo	Descrição	Dureza Knoop
Óxido de alumínio (Al_2O_3)	Material abrasivo mais comum, usado para retificar aços e ligas ferrosas, ligas de alta resistência.	2100
Carboneto de silício (SiC)	Mais duro que o Al_2O_3, porém não tão tenaz. As aplicações incluem metais dúcteis, tais como alumínio, latão e aços inoxidáveis, assim como materiais frágeis, tais como ferros fundidos e certas cerâmicas. Efetivamente, não podem ser usados para retificação de aços devido à forte afinidade química entre o carbono no SiC e o ferro nos aços.	2800
Nitreto cúbico de boro (cBN)	Quando usado como abrasivo, o cBN era produzido sob o nome comercial de Borazon pela General Electric Company.* Os rebolos de cBN são usados para retificação de materiais endurecidos, tais como aços ferramenta endurecidos e ligas para a indústria aeroespacial.	5000
Diamante	Os abrasivos de diamantes podem ser naturais ou artificiais. Os rebolos de diamante são geralmente usados para aplicações em materiais endurecidos e abrasivos, tais como cerâmicas, metais duros, e vidros.	7000

Compilado de [11] e de outras referências.

---

* Hoje, outras empresas fabricam rebolos de cBN utilizando outros nomes comerciais ou apenas cBN. (N.T.)

Tamanho de Grão O tamanho de grão das partículas abrasivas é importante para determinar o acabamento da superfície e a taxa de remoção de material. Pequenas granulometrias produzem melhores acabamentos, enquanto maiores tamanhos de grãos permitem maiores taxas de remoção de material. Assim, a escolha deve ser feita entre estes dois objetivos ao selecionar o tamanho do grão abrasivo. A seleção do tamanho do grão também depende, de certa forma, da dureza do material usinado. Materiais mais duros exigem menores tamanhos de grão para cortar de forma eficaz, enquanto materiais mais macios requerem maiores tamanhos de grão.

O tamanho de grão é medido pelo procedimento das malhas de peneiras, como foi explicado no apêndice do Capítulo 10. Neste processo, os menores tamanhos de grão têm número maior e vice-versa. Tamanhos de grãos usados em rebolos variam tipicamente entre 8 e 250. A peneira de tamanho 8 é muito grossa e a de tamanho 250 é muito fina. Granulometrias ainda mais finas são usadas para lapidação e superacabamento (Seção 18.2).

Aglomerantes O material aglomerante mantém os grãos abrasivos unidos e estabelece a forma e a integridade estrutural do rebolo. As propriedades desejáveis do material aglomerante incluem resistência, tenacidade, dureza e resistência à temperatura. O aglomerante deve ser capaz de suportar as forças centrífugas e as altas temperaturas experimentadas pelo rebolo, resistir à fragmentação durante os esforços de impacto do rebolo e manter os grãos abrasivos rigidamente no lugar durante a ação de corte, permitindo que os grãos usados sejam desalojados, de modo que novos grãos possam ser expostos. Materiais aglomerantes em geral usados em rebolos estão identificados e descritos de forma resumida na Tabela 18.2.

Estrutura e Grau do Rebolo A estrutura do rebolo refere-se ao espaçamento relativo dos grãos abrasivos no rebolo. Além dos grãos abrasivos e do aglomerante, os rebolos podem conter espaços vazios ou poros, tal como ilustrado na Figura 18.1. As proporções volumétricas de grãos, aglomerante e os poros podem ser expressos como:

$$p_g + p_a + p_p = 1,0 \tag{18.1}$$

em que p_g = proporção de grãos abrasivos no volume total do rebolo, p_a = proporção de material aglomerante e p_p = proporção de poros (espaços vazios).

A estrutura do rebolo é medida em um intervalo que varia entre "aberta'" e "densa". Uma estrutura aberta é aquela em que p_p é relativamente grande, e p_g é relativamente pequena. Isto é, existem mais poros e menos grãos por unidade de volume em um rebolo de estrutura aberta. Por outro lado, uma estrutura densa é aquela em que p_p é relativamente pequena, e p_g é maior.

TABELA 18.2	Materiais aglomerantes usados em rebolos de retificação
Material Aglomerante	**Descrição**
Aglomerante vitrificado	Consiste basicamente em argila cozida e materiais cerâmicos. A maioria dos rebolos de retificação de uso comum são rebolos vitrificados. Eles são resistentes e rígidos, suportam elevadas temperaturas e relativamente não são afetados por água e óleo, que podem ser usados como fluidos de retificação.
Aglomerante silicoso	Fabricados de silicato de sódio (Na_2SO_3). As aplicações são geralmente limitadas a situações nas quais a geração de calor pode ser minimizada, tais como na afiação de ferramentas de corte.
Aglomerante de borracha	É o mais flexível dos materiais aglomerantes e usado em discos de corte.
Aglomerante resinoide	Consistem em várias resinas termofixas, do tipo fenol-formaldeído. Possuem elevada dureza e são usados em retificação de desbaste e em discos de corte.
Aglomerante de âmbar (*Shellac*)	São relativamente resistentes, porém não são rígidos, com frequência são usados em operações em que bom acabamento superficial é requerido.
Aglomerante metálico	O metal, usualmente bronze, é o material ligante mais comum para os rebolos de diamante e de cBN. O processamento de particulados (Capítulos 10 e 11) é usado para unir a matriz metálica e os grãos abrasivos na periferia externa do rebolo, assim conservando os caros materiais abrasivos.

Compilado de [11] e de outras referências.

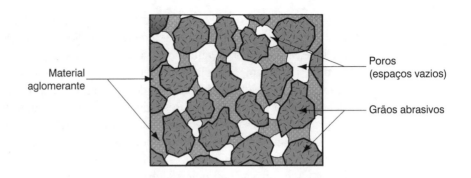

FIGURA 18.1 Estrutura típica de um rebolo de retificação. (Crédito: *Fundamentals of Modern Manufacturing*, 4ª Edição, por Mikell P. Groover, 2010. Reimpresso com permissão de John Wiley & Sons, Inc.)

Geralmente, estruturas abertas são recomendadas para situações em que o escoamento dos cavacos deve ser garantido. Estruturas densas são usadas para obtenção de melhor acabamento superficial e controle dimensional.

O **grau do rebolo** indica a resistência do rebolo em reter os grãos abrasivos durante o corte. Isto depende, em larga escala, da quantidade de aglomerante na estrutura do rebolo — p_a na Eq. (18.1). O grau é medido em uma escala que varia entre macio e duro. Rebolos "macios" perdem grãos prontamente, enquanto rebolos "duros" retêm seus grãos abrasivos. Rebolos macios são em geral usados para aplicações que exigem baixas taxas de remoção de material e retificação de materiais endurecidos. Os rebolos duros são normalmente utilizados para obtenção de altas taxas de remoção de material e para a retificação de materiais similares.

Especificação dos Rebolos de Retificação Os parâmetros anteriores são concisamente designados em um sistema de notação padronizada de rebolos de retificação definido pelo *American National Standards Institute* (ANSI) [3]. Este sistema de notação usa números e letras para especificar o tipo de abrasivo, tamanho do grão, grau, estrutura e material aglomerante. A Tabela 18.3 apresenta uma versão abreviada da Norma ANSI, indicando como os números e as letras são interpretados. A norma prevê também as identificações adicionais que possam ser utilizadas pelos fabricantes de rebolos de retificação. Para os rebolos de diamante e de nitreto cúbico de boro a Norma ANSI é um pouco diferente do que para os rebolos convencionais. O sistema de notação para estes rebolos de retificação mais recentes são apresentados na Tabela 18.4.

Os rebolos são fabricados em grande variedade de formas e tamanhos, como mostrado na Figura 18.2. As configurações de (a), (b) e (c) são rebolos tangenciais, em que a remoção de material é conseguida por meio da circunferência externa do rebolo. Um rebolo de corte abrasivo típico é mostrado em (d), que também envolve o corte tangencial. Rebolos (e), (f) e (g) são rebolos planos, em que a face plana do rebolo remove o material da superfície da peça.

TABELA 18.3 Sistema de classificação dos rebolos convencionais de retificação, conforme a Norma ANSI B74.13-1977

30	A	46	H	6	V	XX

- *Nome do fabricante do rebolo* (opcional)
- *Tipo do aglomerante*: B = Resinoide, BF = Resinoide reforçado, E = *Shellac*, R = Borracha, RF = Borracha reforçada, S = Silicato, V = Vitrificado.
- *Estrutura*: A escala vai de 1 a 15: 1 = estrutura muito densa, 15 = estrutura muito aberta
- *Grau*: A escala vai de A a Z: A = macio, M = médio, Z = duro
- *Tamanho do grão*: Grosso = tamanho de grão de 8 a 24, Médio = tamanho de grão de 30 a 60, Fino = tamanho de grão de 70 a 180, Muito fino = tamanho de grão de 220 a 600.
- *Tipo do abrasivo*: A = óxido de alumínio, C = carboneto de silício.
- *Prefixo*: Símbolo do fabricante para o abrasivo (opcional)

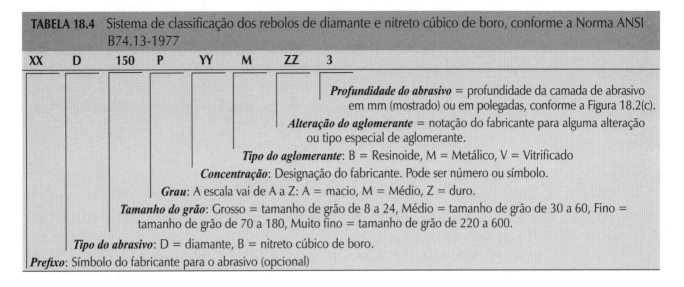

TABELA 18.4 Sistema de classificação dos rebolos de diamante e nitreto cúbico de boro, conforme a Norma ANSI B74.13-1977

XX D 150 P YY M ZZ 3

Profundidade do abrasivo = profundidade da camada de abrasivo em mm (mostrado) ou em polegadas, conforme a Figura 18.2(c).

Alteração do aglomerante = notação do fabricante para alguma alteração ou tipo especial de aglomerante.

Tipo do aglomerante: B = Resinoide, M = Metálico, V = Vitrificado

Concentração: Designação do fabricante. Pode ser número ou símbolo.

Grau: A escala vai de A a Z: A = macio, M = Médio, Z = duro.

Tamanho do grão: Grosso = tamanho de grão de 8 a 24, Médio = tamanho de grão de 30 a 60, Fino = tamanho de grão de 70 a 180, Muito fino = tamanho de grão de 220 a 600.

Tipo do abrasivo: D = diamante, B = nitreto cúbico de boro.

Prefixo: Símbolo do fabricante para o abrasivo (opcional)

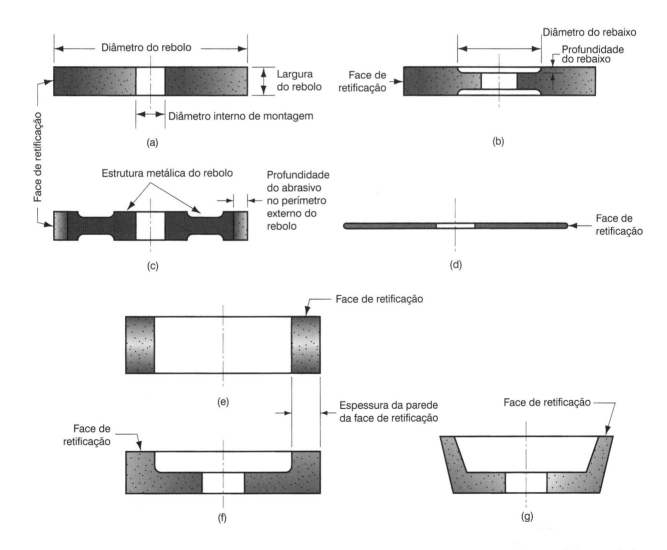

FIGURA 18.2 Alguns dos formatos normalizados de rebolos de retificação: (a) reto, (b) com rebaixo dos dois lados, (c) rebolo de estrutura metálica com abrasivo na circunferência externa, (d) disco abrasivo de corte, (e) rebolo cilíndrico, (f) rebolo tipo copo reto, e (g) rebolo de copo cônico. (Crédito: *Fundamentals of Modern Manufacturing*, 4ª Edição por Mikell P. Groover, 2010. Reimpresso com permissão de John Wiley & Sons, Inc.)

18.1.2 ANÁLISE DO PROCESSO DE RETIFICAÇÃO

As condições de corte na retificação são caracterizadas por velocidades muito elevadas e espessura de corte muito pequena em comparação com o fresamento e outras operações de usinagem tradicionais. Usando a retificação plana para ilustrar, a Figura 18.3(a) mostra as características principais do processo. A velocidade periférica do rebolo é determinada pela velocidade de rotação do rebolo:

$$\frac{\pi DN}{1000} \quad (18.2)$$

em que v = velocidade periférica do rebolo, m/min (ft/min), N = velocidade de rotação, rpm, e D = diâmetro do rebolo, mm (ft ou in).

A profundidade de corte p_c, na retificação também é chamada **entrada** e representa a penetração do rebolo abaixo da superfície original da peça. Como o funcionamento prossegue, o rebolo avança lateralmente através da superfície em cada passagem pela peça. Esta é o chamado **avanço longitudinal**, e determina a largura do caminho de retificação em w na Figura 18.3(a). Esta largura, multiplicada pela profundidade p_c determina a área da seção transversal de corte. Na maioria das operações de retificação, a peça se movimenta em direção ao rebolo com certa velocidade v_f, de modo que a taxa de remoção de material é:

$$\varphi_{RM} = v_f w p_c \quad (18.3)$$

Cada grão do rebolo corta um cavaco individual, cuja forma longitudinal após o corte é mostrada na Figura 18.3(b), e cuja seção transversal tem a forma triangular, como mostrado na Figura 18.3(c). No ponto de saída do grão da peça, onde a seção transversal do cavaco é maior, este triângulo tem altura t e largura w'.

Em uma operação de retificação, estamos interessados em como as condições de corte se combinam com os parâmetros do rebolo para influenciar: (1) o acabamento superficial, (2) as forças e a energia, (3) a temperatura da superfície da peça, e (4) o desgaste do rebolo.

Acabamento Superficial A maioria das operações de retificação comercial é realizada para obter um acabamento superficial superior ao que pode ser conseguido pela usinagem convencional. O acabamento superficial da peça é afetado pelo tamanho dos cavacos individuais formados durante a retificação. Um fator óbvio para determinar o tamanho do cavaco é o tamanho do grão – tamanhos menores de grão produzem melhores acabamentos.

Vamos examinar as dimensões de um cavaco individual. A partir da geometria do processo de retificação na Figura 18.3, pode ser demonstrado que o comprimento médio de um cavaco é dado por:

$$l_c = \sqrt{Dp_c} \quad (18.4)$$

em que l_c é o comprimento do cavaco, mm (in) D = diâmetro do rebolo, mm (in), e d = profundidade de corte, mm (in). Isto considera que o cavaco é formado por um grão que atua através do arco de varredura total mostrado no diagrama.

A Figura 18.3(c) mostra a seção transversal de um cavaco obtido na retificação. A forma da seção transversal é triangular, com a largura w' sendo maior que a espessura t por um fator chamado taxa de aspecto do grão, r_g, definida por:

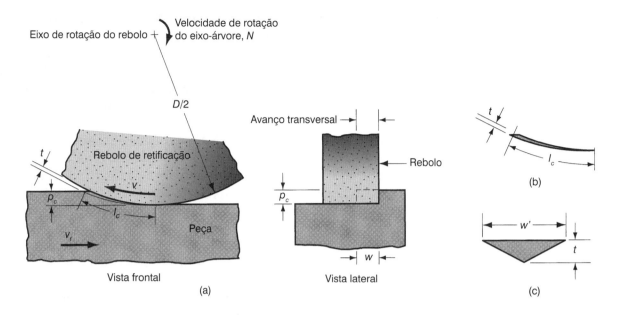

FIGURA 18.3 (a) Geometria da superfície de retificação mostrando as condições de corte; (b) perfil longitudinal considerado; e (c) seção transversal de um cavaco individual. (Crédito: *Fundamentals of Modern Manufacturing*, 4ª Edição por Mikell P. Groover, 2010. Reimpresso com permissão de John Wiley & Sons, Inc.)

$$r_g = \frac{w'}{t} \qquad (18.5)$$

Os valores típicos da taxa de aspecto de grão estão entre 10 e 20.

O número de grãos ativos (dentes de corte) por polegada quadrada, na periferia externa do rebolo de retificação é indicado por C. De modo geral, menores tamanhos de grão produzem maiores valores de C. Da mesma forma, C está relacionado com a estrutura do rebolo. A estrutura mais densa significa mais grãos por unidade de área. Com base no valor de C, o número de cavacos formados por tempo n_c é dado por:

$$n_c = vwC \qquad (18.6)$$

em que v = velocidade do rebolo, mm/min (in/min); w = avanço longitudinal, mm (in), e C = grãos por área na superfície do rebolo de retificação, grãos/mm² (grãos/in²). É óbvio que o acabamento superficial será melhorado pelo aumento do número de cavacos formados por unidade de tempo sobre a superfície da peça para uma dada largura w. Portanto, de acordo com a Eq. (18.6), aumentando v e/ou C melhorará o acabamento.

Forças e Energia Se a força necessária para conduzir a peça em direção ao rebolo for conhecida, a energia específica de retificação poderá ser determinada como:

$$U = \frac{F_c v}{v_f w p_c} \qquad (18.7)$$

em que U = energia específica, J/mm³ (in – lb/in³); F_c = força de corte, que é a força de condução da peça em direção ao rebolo, N (lb); v = velocidade do rebolo, m/min (ft/min); v_f = velocidade de deslocamento da peça, mm/min (in/min); w = largura do corte, mm(in), e p_c = profundidade de corte, mm (in).

Na retificação, a energia específica é muito maior que na usinagem convencional. Há várias razões para isso. A primeira é o *efeito de escala* na usinagem. Como discutido anteriormente, a espessura do cavaco de retificação é muito menor que em outras operações de usinagem, tais como o fresamento. De acordo com efeito de escala (Seção 15.4), as pequenas dimensões dos cavacos na retificação tornam a energia necessária para remover cada unidade de volume de material significativamente maior que na usinagem convencional – em cerca de 10 vezes maior.

Em segundo lugar, os grãos individuais de um rebolo de retificação possuem ângulos de inclinação muito negativos. O ângulo de inclinação média é de cerca de –30°, atingindo, em alguns grãos individuais, valores tão baixos quanto –60°. Estes valores de ângulos de inclinação muito baixos resultam em baixos valores de ângulo no plano de corte e de tensões de cisalhamento muito elevadas, ambos significam elevados níveis de energia na retificação.

Em terceiro, a energia específica é elevada na retificação porque as alturas dos grãos individuais não estão engajadas no corte real. Devido às posições e orientações aleatórias dos grãos no rebolo, alguns grãos não se projetam o suficiente na superfície da peça a fim de realizar o corte. Três tipos de ações dos grãos podem ser reconhecidos, como ilustrados na Figura 18.4: (a) o *corte*, no qual os grãos são posicionados suficientemente profundos na superfície da peça de modo a formar um cavaco e remover o material, (b), o *amassamento*, em que o grão é projetado na peça, mas não o suficiente para causar o corte, em vez disso a superfície de trabalho é deformada e a energia é consumida, sem qualquer remoção de material, e (c) a *fricção*, em que há o contato do grão com a superfície, mas apenas ocorre a abrasão por fricção e consumo de energia, sem a remoção de qualquer material.

O efeito de escala, os ângulos de inclinação negativos e uma efetiva ação dos grãos se combinam para tornar o processo de retificação ineficiente em termos de consumo de energia por unidade de volume de material removido.

Usando a relação da energia específica na Eq. (18.7) e considerando que a força de corte de um único grão do rebolo é proporcional a $r_g t$, é possível ver [10] que:

$$F'_c = K_1 \left(\frac{r_g v_f}{vC} \right)^{0,5} \left(\frac{p_c}{D} \right)^{0,25} \tag{18.8}$$

em que F'_c é a força de corte que atua sobre um grão individual, K_1 é uma constante de proporcionalidade que depende da resistência do material a ser cortado, da afiação de cada grão individual e dos outros termos que foram definidos previamente. O significado prático desta relação é que F'_c influencia se um grão individual será puxado para fora do rebolo, o que constitui um fator importante na capacidade do rebolo "afiar-se".

Voltando à nossa discussão sobre o grau de dureza do rebolo, um rebolo duro pode parecer mais macio pelo aumento da força de corte que atua sobre um grão individual por meio de ajustes em v_f, v, e em p_c, conforme a Eq. (18.8).

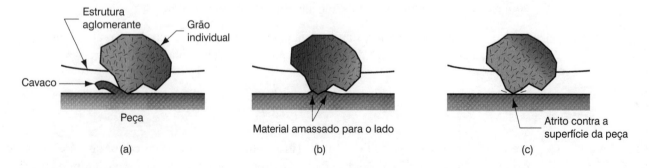

FIGURA 18.4 Três tipos de ações dos grãos na retificação: (a) corte, (b) amassamento, e (c) fricção. (Crédito: *Fundamentals of Modern Manufacturing*, 4ª Edição por Mikell P. Groover, 2010. Reimpresso com permissão de John Wiley & Sons, Inc.)

Temperaturas na Superfície Usinada Devido ao efeito de tamanho, elevados ângulos de inclinação negativos, abrasão e fricção dos grãos abrasivos contra a superfície da peça, o processo de retificação é caracterizado por temperaturas elevadas. Ao contrário das operações de usinagem convencionais, em que a maior parte do calor gerado no processo é realizado fora, no cavaco, a maior parte do calor na retificação permanece na superfície usinada, resultando em altas temperaturas superficiais na peça. As altas temperaturas superficiais apresentam vários possíveis efeitos nocivos, principalmente queimas superficiais e trincas. As marcas de queima se apresentam como uma descoloração da superfície causada pela oxidação. Queimas de retificação são, muitas vezes, um sinal de defeitos metalúrgicos situados nas camadas sub-superficiais da peça. As trincas superficiais são perpendiculares ao sentido de rotação do rebolo. Elas indicam um caso extremo de danos térmicos à superfície usinada.

O segundo efeito térmico nocivo é o amolecimento superficial da peça. Muitas operações de retificação são realizadas em peças que foram submetidas a tratamentos térmicos para a obtenção de elevada dureza. Altas temperaturas na retificação podem fazer com que a superfície perca parte da sua dureza. Em terceiro, os efeitos térmicos na retificação podem introduzir tensões residuais na superfície da peça, provavelmente diminuindo a resistência à fadiga do componente.

É importante entender os fatores que influenciam as temperaturas superficiais presentes na retificação. Por meio de experimentos, observou-se que a temperatura superficial é dependente da energia por área da superfície usinada (intimamente relacionada com a energia específica U). Uma vez que esta varia inversamente com a espessura do cavaco, pode ser mostrado que a temperatura superficial T_s está relacionada com parâmetros de retificação como segue [10]:

$$T_s = K_2 d^{0,75} \left(\frac{r_g C v}{v_f} \right)^{0,5} D^{0,25} \qquad (18.9)$$

em que K_2 = uma constante de proporcionalidade. A implicação prática desta relação é que os danos, devido às altas temperaturas superficiais, podem ser atenuados por meio da diminuição da profundidade de corte p_c, velocidade do rebolo v e número de grãos ativos por polegada quadrada no rebolo C, ou aumentando a velocidade de deslocamento v_f. Além disso, os rebolos de retificação, que possuem uma estrutura densa e elevado grau de dureza, tendem a causar problemas térmicos. É claro que o uso de um fluido de corte pode também reduzir as temperaturas de retificação.

Desgaste dos Rebolos O desgaste dos rebolos ocorre de forma similar àquele apresentado para ferramentas de corte convencionais. Três mecanismos são reconhecidos como as principais causas de desgaste em rebolos: (1) a fratura dos grãos, (2) o desgaste por abrasão, e (3) a fratura do aglomerante. A *fratura do grão* ocorre quando uma porção do grão quebra, mas o resto do grão permanece ligado no rebolo. Nas bordas da área fraturada, surgem novas arestas de corte no rebolo. A tendência do grão à fratura é chamada de *friabilidade*. Uma friabilidade elevada significa que os grãos fraturam mais facilmente devido às forças de corte sobre eles (F'_c).

Desgaste por abrasão (*Attritious wear*) envolve embotamento dos grãos individuais, resultando em pontos lisos e arestas arredondadas. O desgaste por abrasão ocorre de forma análoga ao desgaste de uma ferramenta de corte convencional. Ele é causado por mecanismos físicos semelhantes, incluindo abrasão e difusão, assim como as reações químicas entre o material abrasivo e o material da peça, na presença de temperaturas muito elevadas.

A *fratura do aglomerante* ocorre quando os grãos individuais são puxados para fora do material aglomerante. A tendência para este mecanismo depende do grau de dureza do rebolo, entre outros fatores. A fratura de ligação ocorre geralmente porque o grão tornou-se cego devido ao desgaste por abrasão, e a força de corte resultante é excessiva. Grãos afiados cortam mais de maneira mais eficiente e com menores forças de corte; portanto, eles permanecem ligados na estrutura aglomerante.

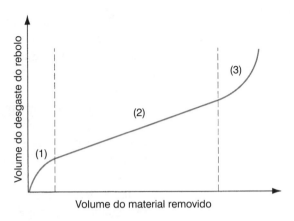

FIGURA 18.5 Curva de desgaste típico de um rebolo de retificação. O desgaste é convenientemente representado em gráfico como uma função do volume de material removido, e não como uma função do tempo. Com base em [16] (Crédito: *Fundamentals of Modern Manufacturing*, 4ª Edição por Mikell P. Groover, 2010. Reimpresso com permissão de John Wiley & Sons, Inc.)

Os três mecanismos combinados para provocar o desgaste do rebolo estão representados na Figura 18.5. As três regiões de desgaste podem ser identificadas. Na primeira região, os grãos são inicialmente afiados, e o desgaste é acelerado devido às fraturas dos grãos. Isto corresponde ao período inicial (*break-in*) da ferramenta convencional. Na segunda região, a taxa de desgaste é razoavelmente constante, o que resulta em uma relação linear entre o desgaste do rebolo e o volume de metal removido. Esta região é caracterizada pelo desgaste por abrasão, em alguns grãos e fratura de ligação. Na terceira região da curva de desgaste do rebolo, os grãos tornam-se cegos, e a quantidade de deslizamento e fricção aumenta em relação ao corte. Além disso, alguns cavacos entopem os poros do rebolo. Isto é chamado **carregamento do rebolo**, o que impede a ação de corte e leva ao maior aquecimento e a elevadas temperaturas superficiais da peça. Como consequência, diminui a eficiência de retificação, bem como o volume do rebolo removido aumenta com relação ao volume de metal removido.

A **taxa de retificação** é um termo usado para indicar o declive da curva de desgaste do rebolo. Especificamente,

$$q_r = \frac{V_m}{V_r} \qquad (18.10)$$

em que q_r = taxa de retificação, V_f = volume de material removido da peça, e V_m = volume correspondente do rebolo, que é usado no processo. A relação de retificação tem mais significado na região de desgaste linear da Figura 18.5. Os valores típicos de q_r estão entre 95 e 125 [5], que é cerca de cinco ordens de grandeza menor que a relação análoga na usinagem convencional. A relação de retificação é geralmente aumentada por meio da elevação da velocidade do rebolo v. A razão disto é que o tamanho do cavaco formado por cada grão é menor com velocidades mais elevadas, de modo que o montante da fratura do grão é reduzido. Como as velocidades mais elevadas do rebolo também melhoram o acabamento superficial, há uma vantagem geral em operar a altas velocidades de retificação. Entretanto, quando as velocidades de desgaste tornam-se demasiado elevadas, ocorre o aumento das temperaturas superficiais e do desgaste por abrasão. Como resultado, a taxa de retificação é reduzida, e o acabamento superficial é prejudicado. Este efeito foi originalmente relatado por Krabacher [14], como mostra a Figura 18.6.

Quando o rebolo está na terceira região da curva de desgaste, ele deve ser afiado por meio do processo chamado **dressagem**, que consiste em (1) romper os grãos embotados sobre a periferia externa do rebolo de retificação, a fim de expor os grãos frescos e afiados, e (2) a remoção de cavacos, que tornaram o rebolo obstruído. Isto é conseguido fazendo uso de um disco rotativo, uma vara de abrasivo, ou outra operação do rebolo em alta velocidade, mantido contra o rebolo a ser dressado à medida que ele gira. Embora a dressagem afie o rebolo, ele não garante sua forma. O **perfilamento** é um procedimento alternativo que não só afia o rebolo, mas também restaura sua forma cilíndrica e garante que ele está alinhado ao seu perímetro externo. O procedimento utiliza uma ferramenta de ponta de diamante (outros tipos de ferramentas de perfilar são também usados) que avança lenta e precisamente pelo rebolo enquanto ele gira. Uma profundidade muito pequena é usada (0,025 mm ou menos) no perfilamento do rebolo.

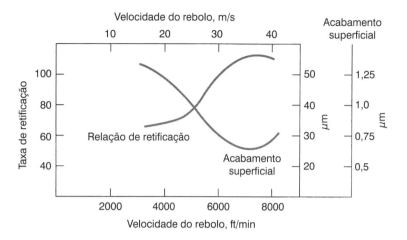

FIGURA 18.6 Taxa de retificação e acabamento superficial em função da velocidade do rebolo. Baseado em dados de Krabacher [14]. (Crédito: *Fundamentals of Modern Manufacturing*, 4ª Edição por Mikell P. Groover, 2010. Reimpresso com permissão de John Wiley & Sons, Inc.)

18.1.3 CONSIDERAÇÕES PRÁTICAS NA RETIFICAÇÃO

Nesta seção, tentamos reunir a discussão anterior dos parâmetros dos rebolos com a análise teórica da retificação e considerar sua aplicação prática. Levamos em conta também os fluidos de corte, que são normalmente utilizados em operações de retificação.

Guia Prático Muitas são as variáveis que afetam o desempenho e o sucesso da operação de retificação. As recomendações listadas na Tabela 18.5 são úteis para classificar as muitas complexidades e selecionar os parâmetros adequados de rebolos e condições de retificação.

TABELA 18.5 Guia prático para retificação

Aplicação ou Objetivo	Recomendação ou Instrução
Retificação de aços e maioria dos ferros fundidos	Escolher óxido de alumínio como abrasivo.
Retificação da maioria dos metais não ferrosos	Escolher carboneto de silício como abrasivo.
Retificação de aços ferramenta endurecidos e de certas ligas aeroespaciais	Escolher nitreto cúbico de boro como abrasivo.
Retificação de materiais abrasivos duros, tais como cerâmicas, carbonetos sinterizados e vidros	Escolher diamante como abrasivo.
Retificação de metais macios	Escolher grande tamanho de grão e rebolo de elevado grau de dureza.
Retificação de metais pesados	Escolher pequeno tamanho de grão e rebolo de baixo grau de dureza.
Otimização do acabamento superficial	Escolher pequeno tamanho de grão e rebolo de estrutura densa. Usar alta velocidade do rebolo (v), baixa velocidade da peça (v_f).
Maximização da taxa da remoção de material	Escolher grande tamanho de grão, rebolo de estrutura mais aberta e aglomerante vitrificado.
Para minimizar os danos térmicos, trincas e empenamentos na superfície da peça	Manter o rebolo afiado. Dressar o rebolo frequentemente. Usar pequenas profundidades de corte (p_c), baixas velocidades do rebolo (v), e altas velocidades da peça (v_f).
Se o rebolo de retificação vitrifica ou queima	Escolher rebolo com baixo grau de dureza e estrutura aberta.
Se o rebolo de retificação quebra muito rapidamente	Escolher rebolo com elevado grau de dureza e estrutura densa.

Compilado de [8], [11] e [16].

Fluidos de Corte na Retificação A aplicação adequada de fluidos de corte tem sido usada por ser eficaz na redução dos efeitos térmicos e das elevadas temperaturas da superfície usinada descritas anteriormente. Quando usados em operações de retificação, os fluidos de corte são chamados fluidos de retificação. As funções desempenhadas por um fluido de retificação são semelhantes às exercidas pelos fluidos de corte (Seção 17.4). A redução do atrito e a remoção do calor gerado no processo são as suas duas principais funções. Além disso, a remoção dos cavacos gerados e a redução da temperatura da superfície usinada são muito importantes na retificação.

Os tipos de fluidos de corte químicos incluem óleos de retificação e emulsões. Os óleos de retificação são derivados do petróleo e de outras fontes. Estes produtos são atraentes porque o atrito é um fator muito importante na retificação. No entanto, eles apresentam riscos em termos de incêndio e à saúde dos operadores, e seu custo é elevado em relação às emulsões. Além disso, sua capacidade para remover o calor é menor que os fluidos à base de água. Por conseguinte, misturas de óleo em água são mais comumente recomendadas como fluidos de retificação. Estes são geralmente misturados em concentrações mais elevadas do que as emulsões utilizadas como fluidos de corte convencionais. Desta forma, o mecanismo de redução de atrito é realçado.

18.1.4 OPERAÇÕES DE RETIFICAÇÃO E MÁQUINAS RETIFICADORAS

A retificação é de forma tradicional usada para dar acabamento a peças cujas geometrias já foram criadas por outras operações. Por conseguinte, as máquinas de retificação foram desenvolvidas para retificar superfícies planas lisas, cilíndricas externas e internas, e formas de contorno, tais como fios. As formas de contorno são normalmente criadas por rebolos especiais que têm o formato oposto ao contorno desejado para ser transmitido para a peça. A retificação é também utilizada em ferramentarias para formar as geometrias das ferramentas de corte. Além destas utilizações tradicionais, as aplicações da retificação estão expandindo para incluir as operações de alta velocidade e grande remoção de material. Nossa discussão das operações e máquinas ferramentas desta seção inclui os seguintes tipos: (1) retificação plana, (2) retificação cilíndrica, (3) retificação sem centro, (4) retificação *creep feed*, e (5) outras operações de retificação.

Retificação Plana A retificação plana é normalmente usada para retificar superfícies planas lisas. É executada utilizando a periferia do rebolo ou a face plana do rebolo. Uma vez que o trabalho é, em geral, realizado em uma orientação horizontal, a retificação tangencial é desempenhada pela rotação do rebolo em torno de um eixo horizontal, e a retificação de topo é realizada pela rotação do rebolo em torno de um eixo vertical. Em ambos os casos, o movimento relativo da peça é conseguido por meio do movimento consecutivo do rebolo pela peça. Estas possíveis combinações de orientações dos rebolos e movimentos da peça fornecem os quatro tipos de máquinas retificadoras planas, ilustrados na Figura 18.7.

Dos quatro tipos, a máquina de eixo horizontal, com mesa alternativa mostrada na Figura 18.8, é a mais comum. A retificação é realizada pela conjunção de movimentos consecutivos de vaivém da peça longitudinalmente sob o rebolo a uma profundidade muito pequena e o movimento transversal do rebolo a uma a certa distância entre cursos. Nesta operação, a largura do rebolo é em geral menor que a da peça usinada.

Além da sua aplicação convencional, uma retificadora com eixo horizontal e mesa de vaivém pode ser usada para formar superfícies especiais pelo emprego de rebolos de forma. Em vez de o rebolo avançar transversalmente através da peça, de forma recíproca, o rebolo de imersão é *faz um avanço de mergulho* verticalmente na peça. O formato do rebolo, por conseguinte, é transmitido à superfície da peça usinada.

As retificadoras com eixos verticais e mesas com movimento alternativo são configuradas de modo que o diâmetro do rebolo seja maior que a largura da peça usinada. Por conseguinte, estas operações podem ser realizadas sem a utilização de um movimento de avanço transversal. Em vez disso, a retificação é realizada pelo movimento alternativo da peça pelo rebolo e pela penetração vertical do rebolo na peça para a dimensão desejada. Esta configuração é capaz de produzir uma superfície muito lisa na peça.

Retificação e Outros Processos Abrasivos **463**

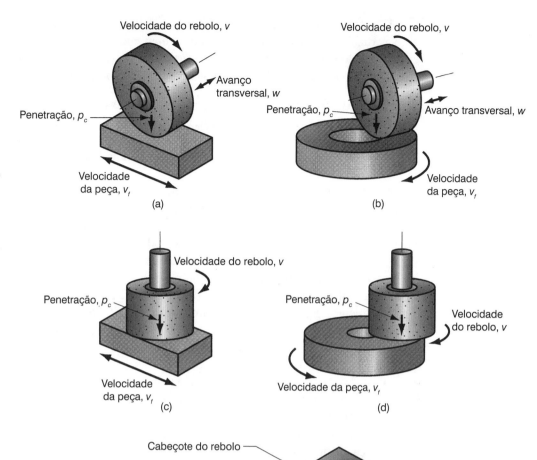

FIGURA 18.7 Quatro tipos de retificação plana: (a) eixo horizontal com movimento alternativo da mesa, (b) eixo horizontal com mesa giratória, (c) eixo vertical com movimento alternativo da mesa, e (d) eixo vertical com mesa giratória. (Crédito: *Fundamentals of Modern Manufacturing*, 4ª Edição por Mikell P. Groover, 2010. Reimpresso com permissão de John Wiley & Sons, Inc.)

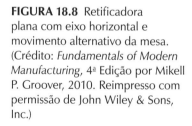

FIGURA 18.8 Retificadora plana com eixo horizontal e movimento alternativo da mesa. (Crédito: *Fundamentals of Modern Manufacturing*, 4ª Edição por Mikell P. Groover, 2010. Reimpresso com permissão de John Wiley & Sons, Inc.)

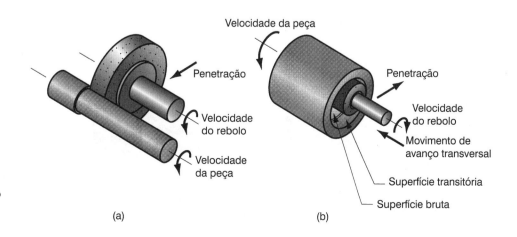

FIGURA 18.9 Dois tipos de retificação cilíndrica: (a) externa e (b) interna. (Crédito: *Fundamentals of Modern Manufacturing*, 4ª Edição por Mikell P. Groover, 2010. Reimpresso com permissão de John Wiley & Sons, Inc.)

Dos dois tipos de retificadoras de mesa rotativa da Figura 18.7(b) e (d), as máquinas de eixo vertical são mais comuns. Devido à relativamente grande área de contato superficial entre o rebolo e a peça, as retificadoras verticais de eixo rotativo são capazes de altas taxas de remoção de material quando equipadas com rebolos apropriados.

Retificação Cilíndrica Como o próprio nome sugere, a retificação cilíndrica é usada para peças de revolução. Estas operações de retificação se dividem em dois tipos básicos, Figura 18.9: (a) retificação cilíndrica externa e (b) retificação cilíndrica interna.

A *retificação cilíndrica externa* (também chamada *retificação entre centros* para diferenciá-la da retificação sem centro) é realizada de forma muito semelhante à operação de torneamento. As máquinas ferramentas utilizadas para estas operações se assemelham a um torno mecânico, em que o porta ferramentas foi substituído por um motor de alta velocidade para conferir rotação ao rebolo. A peça cilíndrica gira entre centros para proporcionar velocidade superficial de 18 a 30 m/min (60 a 100 ft/min) [16], e o rebolo, girando a 1200 até 2000 m/min (4000-6500 ft/min), é responsável pela execução do corte. Existem dois tipos de movimentos de avanço possíveis, lateral e de mergulho, mostrados na Figura 18.10. No avanço lateral, o rebolo avança numa direção paralela ao eixo de rotação da peça. O avanço é normalmente realizado dentro de uma faixa de 0,0075 a 0,075 mm (0,0003 a 0,003 in). Um movimento longitudinal alternativo é, por vezes, realizado pela peça ou pelo rebolo para melhorar o acabamento superficial. No avanço de mergulho, o rebolo avança radialmente ao encontro da peça usinada. Os rebolos perfiladores usam esse tipo de movimento de avanço.

A retificação cilíndrica externa é usada para dar acabamento a peças que foram usinadas em dimensões aproximadas e tratadas termicamente para obtenção da dureza desejada. As peças incluem eixos, virabrequins, eixos-árvores, rolamentos e buchas, e rolos para laminadores. O processo de retificação produz as dimensões finais e o acabamento superficial desejado nestas peças endurecidas.

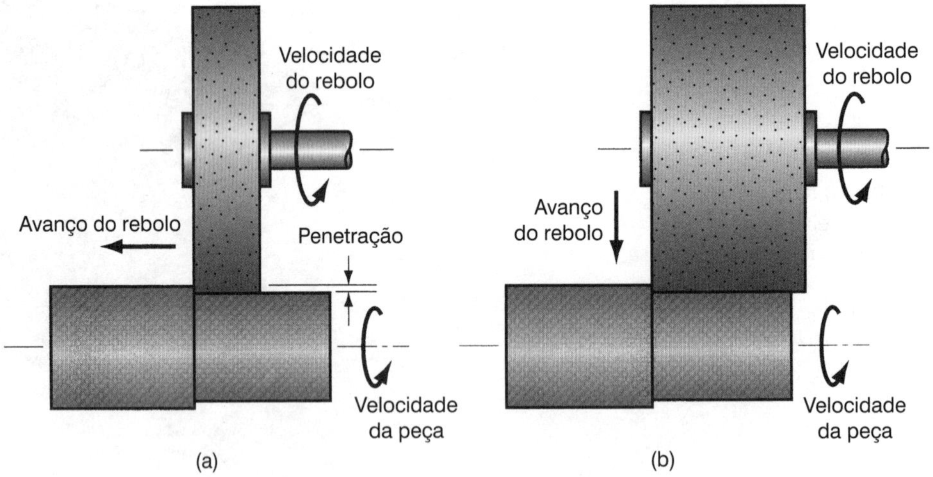

FIGURA 18.10 Dois tipos de movimento de avanço na retificação cilíndrica externa: (a) avanço transversal e (b) avanço de mergulho. (Crédito: *Fundamentals of Modern Manufacturing*, 4ª Edição por Mikell P. Groover, 2010. Reimpresso com permissão de John Wiley & Sons, Inc.)

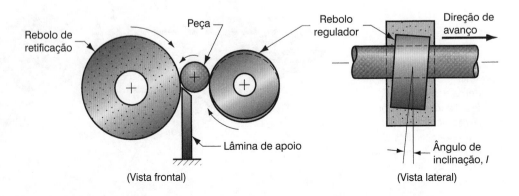

FIGURA 18.11 Retificação sem centro externa. (Crédito: *Fundamentals of Modern Manufacturing*, 4ª Edição por Mikell P. Groover, 2010. Reimpresso com permissão de John Wiley & Sons, Inc.)

Retificação cilíndrica interna A retificação cilíndrica interna funciona um pouco como uma operação de mandrilhamento. A peça é normalmente fixada em um mandril, com rotação que produza velocidades periféricas de 20 a 60 m/min (75 a 200 ft/min) [16]. São usados rebolos com velocidades periféricas similares às usadas na retificação cilíndrica externa. O rebolo avança por uma das duas formas: avanço transversal, Figura 18.9(b), ou avanço de mergulho. Obviamente, o diâmetro do rebolo na retificação cilíndrica interna deve ser menor que o diâmetro do furo inicial. Isto, muitas vezes, significa que o diâmetro do rebolo é bastante pequeno, necessitando de velocidades de rotação muito elevadas a fim de atingir a velocidade periférica desejada. A retificação cilíndrica interna é usada para dar acabamento às superfícies internas endurecidas de pistas de rolamentos e superfícies de buchas.

Retificação sem Centros A retificação sem centros é um processo alternativo para o acabamento de superfícies cilíndricas externas e internas. Como o próprio nome sugere, a peça não é mantida entre centros. Isto resulta numa redução do tempo de produção, razão pela qual a retificação sem centros é frequentemente utilizada para processos de elevada produtividade. A configuração para ***retificação externa sem centros*** (Figura 18.11) consiste em dois rebolos: o rebolo de retificação e o rebolo regulador. As peças, que podem ser numerosas peças individuais curtas ou barras compridas (por exemplo, de 3 a 4 m de comprimento), são suportadas por uma lâmina de apoio e alimentadas por meio de dois rebolos. O rebolo de retificação faz o corte, girando a velocidades periféricas de 1200 a 1800 m/min (4000 a 6000 ft/min). O rebolo regulador gira a velocidades muito menores e é inclinado a um ângulo pequeno, I, para controlar o avanço da peça. A seguinte equação pode ser usada para prever a taxa de avanço, com base no ângulo de inclinação e em outros parâmetros do processo [16]:

$$f_r = \pi D_r N_r \operatorname{sen} I \qquad (18.11)$$

em que f_r = taxa de avanço, mm/min (in/min); D_r = diâmetro do rebolo regulador, mm (in); N_r = velocidade de rotação do rebolo regulador, rpm; e I = ângulo de inclinação do rebolo regulador.

A configuração típica da ***retificação sem centros interna*** é mostrada na Figura 18.12. Em lugar da lâmina de apoio, dois rolos de suporte são utilizados para manter a posição da peça. O rebolo regulador é inclinado a um ângulo de inclinação pequeno para controlar o avanço da peça através do rebolo. Devido à necessidade de apoiar o rebolo retificador, o avanço da peça através do rebolo, como ocorre na retificação sem centros externa, não é possível. Por conseguinte, esta operação de retificação não pode atingir as mesmas taxas de produção elevadas, como no processo sem centro externo. A sua vantagem é que ele é capaz de produzir concentricidade muito precisa entre diâmetros interno e externo, de uma peça tubular, tal como uma pista de rolamento.

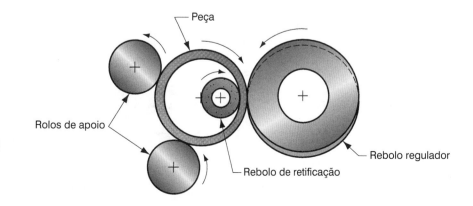

FIGURA 18.12 Retificação sem centro interna. (Crédito: *Fundamentals of Modern Manufacturing*, 4ª Edição por Mikell P. Groover, 2010. Reimpresso com permissão de John Wiley & Sons, Inc.)

Retificação *Creep Feed* Uma forma relativamente nova de retificação é a *creep feed*, desenvolvida por volta de 1958. A retificação *creep feed* é realizada com profundidades de corte muito elevadas e muito baixas taxas de avanço. A comparação com a retificação plana convencional está ilustrada na Figura 18.13.

As profundidades de corte na retificação *creep feed* são de 1000 a 10.000 vezes maiores que na retificação plana convencional, e as taxas de avanço são reduzidas aproximadamente na mesma proporção. Entretanto, a taxa de remoção de material e a produtividade são aumentadas na retificação *creep feed* porque o rebolo corta de forma contínua. Isto contrasta com a retificação plana convencional, em que o movimento alternativo da peça resulta em significativa perda de tempo durante cada curso.

A retificação *creep feed* pode ser usada tanto na retificação plana externa quanto na cilíndrica externa. As aplicações da retificação plana incluem retificação de ranhuras e perfis. O processo parece ser em especial adequado para os casos em que as proporções da profundidade *vs.* largura são relativamente grandes. As aplicações cilíndricas incluem roscas, engrenagens e outros componentes cilíndricos. O termo **retificação profunda** é usado na Europa para descrever estas aplicações cilíndricas externas da retificação *creep feed*.

A introdução de máquinas retificadoras projetadas com características especiais para a retificação *creep feed* tem estimulado o interesse pelo processo. As características incluem [11] alta estabilidade estática e dinâmica, as guias de alta precisão, duas a três vezes a potência do eixo árvore das máquinas retificadoras convencionais, velocidades de mesa consistentes para baixos avanços, sistemas de alimentação de fluidos de retificação de alta pressão e sistemas de dressagem capazes de dressar os rebolos durante o processo. As vantagens típicas da retificação *creep feed* incluem (1) elevadas taxas de remoção de material, (2) maior precisão das superfícies produzidas, e (3) redução das temperaturas superficiais da peça.

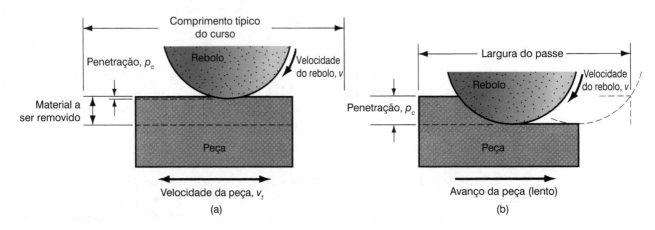

FIGURA 18.13 Comparação da (a) retificação plana convencional e (b) retificação *creep feed*. (Crédito: *Fundamentals of Modern Manufacturing*, 4ª Edição por Mikell P. Groover, 2010. Reimpresso com permissão de John Wiley & Sons, Inc.)

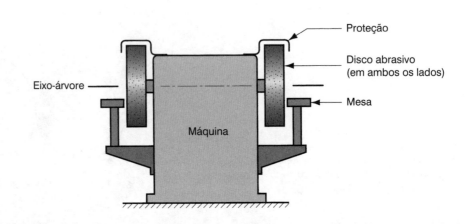

FIGURA 18.14 Configuração típica de um esmeril a disco. (Crédito: *Fundamentals of Modern Manufacturing*, 4ª Edição por Mikell P. Groover, 2010. Reimpresso com permissão de John Wiley & Sons, Inc.)

Outras Operações de Retificação Várias outras operações de retificação devem ser brevemente mencionadas para completar este capítulo. Estas incluem afiação de ferramenta, retificação de gabarito, retificadoras de disco, esmerilhadeiras e cintas abrasivas.

As ferramentas de corte são feitas de aço ferramenta temperado e outros materiais duros. *Afiadoras de ferramentas* são retificadoras especiais de vários projetos para afiar e recondicionar ferramentas de corte. Eles têm dispositivos para posicionar e orientar as ferramentas para afiar as superfícies desejadas em ângulos e raios específicos. Algumas retificadoras de ferramentas são de uso geral, enquanto outras afiam exclusivamente as geometrias específicas de alguns tipos de ferramentas. As retificadoras universais de ferramentas usam acessórios e ajustes especiais para acomodar uma variedade de geometrias de ferramentas. As retificadoras específicas para determinadas ferramentas incluem afiadores de fresas de engrenagens, fresas de vários tipos, brochas e brocas.

Retificadoras de gabarito são máquinas de retificar tradicionalmente utilizadas para polir furos em peças de aço temperado com elevada precisão. As aplicações originais incluem matrizes e ferramentas de conformação mecânica. Embora essas aplicações ainda sejam importantes, retificadoras de gabarito são usadas hoje em ampla gama de aplicações, nas quais elevada precisão e bom acabamento são necessários em componentes endurecidos. As modernas retificadoras CNC de gabarito são equipadas para possibilitar operações automatizadas.

Retificadoras de disco (disco de esmeril) são máquinas com grandes discos abrasivos montados em ambas as extremidades de um eixo horizontal, como na Figura 18.14. O trabalho é realizado (em geral manual) contra a superfície plana do disco abrasivo para realizar a operação de retificação. Algumas máquinas esmerilhadeiras têm duplo eixo. Ao configurar os discos com a separação desejada, as peças podem ser alimentadas automaticamente entre os dois discos e retificadas simultaneamente em lados opostos. As vantagens da retificadora de disco são boa planicidade e paralelismo com altas taxas de produção.

A *esmerilhadeira* é similar na configuração ao esmeril de disco. A diferença é que a retificação é feita sobre a periferia externa do rebolo, em vez de ser sobre a superfície plana lateral. Os rebolos são, portanto, diferentes dos discos de retificação. Este modo de retificação é geralmente uma operação manual usada para operações de retificação de desbaste, como a remoção de rebarbas de peças fundidas e forjadas, e desbastar juntas soldadas.

A *cinta abrasiva* (lixadeira) utiliza partículas abrasivas coladas a uma cinta (pano) flexível. Uma configuração típica é ilustrada na Figura 18.15. O suporte da cinta é necessário quando a peça é pressionada de encontro a ela, e este suporte é fornecido por um rolo ou cilindro localizado por trás da cinta. Um cilindro plano é usado para as peças que têm superfícies planas. Um cilindro macio pode ser utilizado se for desejável que a cinta abrasiva se conforme ao contorno geral da peça durante a retificação. A velocidade da cinta depende do material que está sendo polido; um intervalo de velocidades entre 750 e 1700 m/min (2500 e 5500 ft/min) é típico [16]. Devido às melhorias nos abrasivos e materiais ligantes, a cinta abrasiva está sendo cada vez mais utilizada para maiores taxas de remoção de material, em vez de retificação de polimento, que era sua aplicação tradicional. O termo cinta abrasiva refere-se às aplicações mais leves, em que a peça a ser polida é pressionada contra a correia para remover rebarbas e saliências, e para produzir manual e rapidamente melhor acabamento.

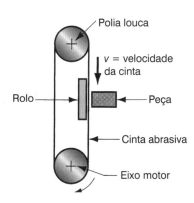

FIGURA 18.15 Cinta abrasiva de retificação. (Crédito: *Fundamentals of Modern Manufacturing*, 4ª Edição por Mikell P. Groover, 2010. Reimpresso com permissão de John Wiley & Sons, Inc.)

18.2 OUTROS PROCESSOS ABRASIVOS

Outros processos abrasivos incluem brunimento, lapidação, polimento e superacabamento. Eles são usados exclusivamente como operações de acabamento. A forma da peça inicial é criada por qualquer outro processo; em seguida, a peça é terminada por uma dessas operações para a obtenção de acabamento superficial superior. As geometrias normais das peças e valores típicos de rugosidade superficial para estes processos são indicados na Tabela 18.6. Para fins de comparação, também são apresentados os dados correspondentes para a retificação.

Outra classe de operações de acabamento, chamada acabamento em massa (Seção 21.1.2), é utilizada para dar acabamento a peças por atacado, em vez de individualmente. Estes métodos de acabamento em massa são também utilizados para limpeza e rebarbação.

18.2.1 BRUNIMENTO

O brunimento é um processo abrasivo realizado por um conjunto de seguimentos abrasivos ligados. Uma aplicação comum é dar acabamento aos furos dos motores de combustão interna. Outras aplicações incluem rolamentos, cilindros hidráulicos e tambores de armas. Acabamentos superficiais de cerca de 0,12 micrometro (5 µ-in) ou ligeiramente melhores são tipicamente alcançados nestas aplicações. Além disso, produz uma superfície brunida cruzada característica, que tende a manter a lubrificação durante o funcionamento do componente, contribuindo assim para sua função e durabilidade.

TABELA 18.6 Geometrias de peças típicas para brunimento, lapidação, polimento e superacabamento

Processo	Geometrias de Peças Típicas	Acabamento Superficial µm	Acabamento Superficial µ-in
Retificação, tamanho de grão médio	Superfícies planas, cilindros externos, furos redondos	0,4–1,6	16–63
Retificação, tamanho de grão fino	Superfícies planas, cilindros externos, furos redondos	0,2–0,4	8–16
Brunimento	Furos redondos (p. ex., cilindros de motor)	0,1–0,8	4–32
Lapidação	Superfícies planas ou levemente esféricas (p. ex., lentes)	0,025–0,4	1–16
Superacabamento	Superfícies planas, cilindros externos	0,013–0,2	0,5–8
Polimento	Miscelâneas de formas	0,025–0,8	1–32
Polimento fino	Miscelâneas de formas	0,013–0,4	0,5–16

Compilado de [4], [7] e [16], e de outras referências.

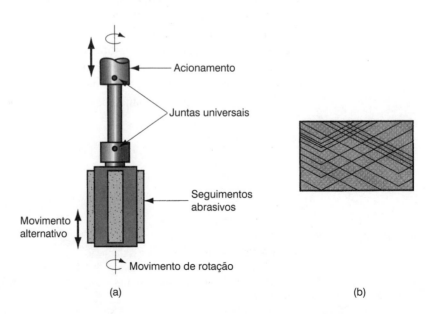

FIGURA 18.16 O processo de brunimento: (a) ferramenta de brunir usada para superfícies internas e (b) superfície com riscos diagonais-padrão criada pela ação da ferramenta de brunir. (Crédito: *Fundamentals of Modern Manufacturing*, 4ª Edição por Mikell P. Groover, 2010. Reimpresso com permissão de John Wiley & Sons, Inc.)

O processo de brunimento de uma superfície interna cilíndrica é ilustrado na Figura 18.16. A ferramenta de brunir é constituída por um conjunto de seguimentos abrasivos montados em um suporte. Quatro seguimentos são usados na ferramenta mostrada na figura, mas o número deles depende do diâmetro do furo. Dois a quatro seguimentos seriam utilizados para pequenos furos (por exemplo, tambores de armas), e uma dúzia ou mais seriam usados para furos de maior diâmetro. O movimento da ferramenta de brunir é uma combinação de rotação e movimento alternativo linear, regulado de tal maneira que um dado ponto do seguimento abrasivo não passe pelo mesmo caminho repetidamente. Estes complexos movimentos criam o padrão de linhas diagonais hachuradas na superfície do furo. As velocidades de brunimento são de 15 a 150 m/min (50 a 500 ft/min) [4]. Durante o processo, os seguimentos abrasivos são pressionados para fora, contra as paredes do furo, para produzir a desejada ação de corte abrasivo. As pressões típicas de brunimento são de 1 a 3 MPa (150-450 lb/in^2). A ferramenta de brunir é mantida no furo por duas juntas universais, fazendo com que a ferramenta acompanhe o eixo do furo previamente definido. O brunimento aumenta e dá acabamento ao furo, mas não pode mudar sua localização.

Os tamanhos de grão no brunimento se situam no intervalo entre 30 e 600. O mesmo compromisso entre melhor acabamento e maiores taxas de remoção de material existe tanto no brunimento quanto na retificação. A quantidade de material removido da superfície da peça durante a operação de brunimento pode ser da ordem de 0,5 mm (0,020 in), mas geralmente é muito menor que este. Um fluido de corte pode ser utilizado no brunimento para refrigerar e lubrificar a ferramenta e para ajudar na remoção dos cavacos.

18.2.2 LAPIDAÇÃO

A lapidação é um processo abrasivo usado para produzir acabamentos superficiais de extrema precisão e suavidade. Ela é utilizada na produção de lentes ópticas, superfícies metálicas de rolamentos, calibres e outros componentes que requerem graus de acabamento muito elevados. Peças metálicas que estão sujeitas a carregamento cíclicos ou superfícies que serão utilizadas para estabelecer vedação com uma peça de acoplamento são, geralmente, lapidadas.

Em vez de uma ferramenta abrasiva, a lapidação utiliza uma suspensão fluida de partículas abrasivas muito pequenas entre a peça e a ferramenta de polimento. O processo é ilustrado na Figura 18.17 tal como é aplicado no processo de fabricação de lentes. O fluido com abrasivos, chamado **composto de polimento**, tem o aspecto geral de uma massa esbranquiçada. Os fluidos usados para fazer o composto incluem óleos e querosene. Abrasivos comuns são o óxido de alumínio e o carboneto de silício, com tamanhos de grão típicos entre 300 e 600. A ferramenta de polimento é chamada **disco de lapidar** e tem o formato inverso da forma desejada na peça. Para realizar o processo, o disco é pressionado contra a peça e movido para frente e para trás sobre a superfície com um padrão de movimento em forma de oito, ou outro qualquer, submetendo todas as partes da superfície da peça à mesma ação. A lapidação é, às vezes, realizada manualmente, mas as máquinas de lapidar realizam o processo com maior eficiência.

Os materiais usados para fabricar os discos de lapidar vão desde o aço e o ferro fundido até o cobre e o chumbo. Discos de madeira também são fabricados. Considerando que um composto de polimento é utilizado em vez de uma ferramenta abrasiva, o mecanismo pelo

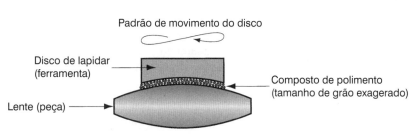

FIGURA 18.17 O processo de lapidação na fabricação de lentes. (Crédito: *Fundamentals of Modern Manufacturing*, 4ª Edição por Mikell P. Groover, 2010. Reimpresso com permissão de John Wiley & Sons, Inc.)

qual este processo funciona é um pouco diferente de retificar e brunir. A hipótese é que dois mecanismos alternativos de corte estão no trabalho de lapidação [4]. O primeiro mecanismo é que as partículas abrasivas rolam e deslizam entre o disco e a peça, provocando cortes muito pequenos em ambas as superfícies. O segundo mecanismo é que os abrasivos incorporados na superfície do disco e a ação de corte são muito semelhantes à retificação. É provável que a lapidação seja uma combinação destes dois mecanismos, dependendo das durezas relativas da peça e do disco. Para discos feitos de materiais macios, o mecanismo de grãos incorporados à superfície é enfatizado, e para discos rígidos, o mecanismo de rolamento e de deslizamento é dominante.

18.2.3 SUPERACABAMENTO

O superacabamento é um processo abrasivo semelhante ao brunimento. Ambos os processos utilizam um seguimento ou bastão abrasivo movido com um movimento alternativo e pressionado contra a superfície a ser acabada. O superacabamento difere do brunimento com relação aos seguintes aspectos [4]: (1) os passes são mais curtos, 5 mm (3/16 in); (2) são utilizadas frequências mais elevadas, acima de 1500 passes por minuto; (3) pressões mais baixas são aplicadas entre a ferramenta e a superfície, abaixo de 0,28 MPa (40 lb/in^2); (4) a velocidade da peça é menor, 15 m/min (50 ft/min), ou menos; e (5) os tamanhos de grãos são geralmente menores. O movimento relativo entre a ferramenta abrasiva e a superfície da peça é variado de tal modo que os grãos individuais não façam o mesmo caminho. Um fluido de corte é utilizado para refrigerar a superfície usinada e lavar os cavacos. Além disso, o fluido tende a separar a ferramenta abrasiva da superfície da peça depois que certo nível de acabamento é obtido, impedindo assim a ação de corte adicional. Como resultado destas condições de operação, é produzida uma superfície espelhada com valores de rugosidade superficial por volta de 0,025 μm (1 μ-in). O superacabamento pode ser usado para terminar superfícies externas planas e cilíndricas. O processo é ilustrado na Figura 18.18 para a geometria desta última.

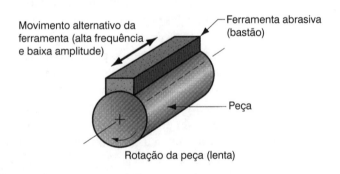

FIGURA 18.18 Superacabamento de uma superfície cilíndrica externa. (Crédito: *Fundamentals of Modern Manufacturing*, 4ª Edição por Mikell P. Groover, 2010. Reimpresso com permissão de John Wiley & Sons, Inc.)

18.2.4 POLIMENTO E ESPELHAMENTO

O polimento é utilizado para remover riscos e rebarbas e suavizar superfícies irregulares por meio de grãos abrasivos ligados a uma roda de polir que gira a altas velocidades, cerca de 2300 m/min (7500 ft/min). As rodas são feitas de lona, couro, feltro e até mesmo papel; assim, elas são de certa forma flexíveis. Os grãos abrasivos são colados à periferia exterior da roda. Após os abrasivos serem desgastados e esgotados, a roda é alimentada com novos grãos. Granulometrias de 20 a 80 são utilizadas para o polimento grosseiro, de 90 a 120 para o polimento de acabamento, e, acima de 120, para o polimento fino. Operações de polimento são realizadas em geral manualmente.

O *espelhamento* é semelhante ao polimento na aparência, mas sua função é diferente. O espelhamento é usado para fornecer superfícies atraentes com alto brilho. Rodas de espelhamento são feitas de materiais semelhantes aos utilizados para as rodas de polimento – couro, feltro, algodão etc. –, mas as rodas de espelhamento são em geral mais macias. Os abrasivos são muito finos e estão contidos em uma pasta de polimento, que é pressionada contra a superfície exterior da roda, enquanto ela gira. Isto contrasta com o polimento em que os grãos abrasivos são colados à superfície da roda. Tal como no polimento, as partículas abrasivas devem ser periodicamente reabastecidas. O espelhamento é em geral feito manualmente, embora máquinas tenham sido concebidas para executar o processo automaticamente. As velocidades são geralmente de 2400 a 5200 m/min (8000 a 17000 ft/min).

REFERÊNCIAS

[1] Aronson, R. B. "More Than a Pretty Finish," *Manufacturing Engineering*, February 2005, pp. 57–69.

[2] Andrew, C., Howes, T. D., and Pearce, T. R. A. *Creep Feed Grinding*. Holt, Rinehart and Winston, Ltd., London, 1985.

[3] *ANSI Standard B74. 13-1977*, "Markings for Identifying Grinding Wheels and Other Bonded Abrasives." American National Standards Institute, New York, 1977.

[4] Armarego, E. J. A., and Brown, R. H. *The Machining of Metals*. Prentice-Hall, Inc., Englewood Cliffs, New Jersey, 1969.

[5] Bacher, W. R., and Merchant, M. E. "On the Basic Mechanics of the Grinding Process," *Transactions ASME*, Series B, Vol. **80**, No. 1, 1958, pp. 141.

[6] Black, J., and Kohser, R. *DeGarmo's Materials and Processes in Manufacturing*, 10th ed. John Wiley & Sons, Inc., Hoboken, New Jersey, 2008.

[7] Black, P. H. *Theory of Metal Cutting*. McGraw-Hill Book Company, Inc., New York, 1961.

[8] Boothroyd, G., and Knight, W. A. *Fundamentals of Metal Machining and Machine Tools*, 3rd ed. CRC Taylor and Francis, Boca Raton, Florida, 2006.

[9] Boston, O. W. *Metal Processing*, 2nd ed. John Wiley & Sons, Inc., New York, 1951.

[10] Cook, N. H. *Manufacturing Analysis*. Addison-Wesley Publishing Company, Inc., Reading, Massachusetts, 1966.

[11] Drozda, T. J., and Wick, C. (eds.). *Tool and Manufacturing Engineers Handbook*, 4th ed., Vol. **I,** Machining. Society of Manufacturing Engineers, Dearborn, Michigan, 1983.

[12] Early, D. F., and Johnson, G. E. *Process Engineering for Manufacturing*. Prentice-Hall, Inc., Englewood Cliffs, New Jersey, 1962.

[13] Kaiser, R. "The Facts about Grinding," *Manufacturing Engineering*, Vol. **125**, No. 3, September 2000, pp. 78–85.

[14] Krabacher, E. J. "Factors Influencing the Performance of Grinding Wheels," *Transactions ASME*, Series B, Vol. **81**, No. 3, 1959, pp. 187–199.

[15] Krar, S. F. *Grinding Technology*, 2nd ed. Delmar Publishers, 1995.

[16] *Machining Data Handbook*, 3rd ed., Vol. **I** and **II**. Metcut Research Associates, Inc., Cincinnati, Ohio, 1980.

[17] Malkin, S. *Grinding Technology: Theory and Applications of Machining with Abrasives*, 2nd ed. Industrial Press, New York, 2008.

[18] Phillips, D. "Creeping Up," *Cutting Tool Engineering*, Vol. **52**, No. 3, March 2000, pp. 32–43.

[19] Rowe, W. *Principles of Modern Grinding Technology*. William Andrew, Elsevier Applied Science Publishers, New York, 2009.

[20] Salmon, S. "Creep-Feed Grinding Is Surprisingly Versatile," *Manufacturing Engineering*, November 2004, pp. 59–64.

QUESTÕES DE REVISÃO

18.1 Por que os processos abrasivos são tecnológica e comercialmente importantes?

18.2 Quais são os cinco parâmetros básicos de um rebolo?

18.3 Quais são alguns dos principais materiais abrasivos utilizados em rebolos?

18.4 O que é a estrutura do rebolo?

18.5 O que é grau do rebolo?

18.6 Por que os valores de energia específica são muito mais elevados na retificação do que em processos convencionais de usinagem, como o fresamento?

18.7 A retificação cria temperaturas elevadas. Como a temperatura é prejudicial à retificação?

18.8 Quais são os três mecanismos de desgaste do rebolo de retificação?

18.9 O que é dressagem, em relação aos rebolos?

18.10 O que é perfilamento, em relação aos rebolos?

18.11 Qual o material abrasivo seria uma escolha para retificar uma ferramenta de corte de metal duro?

18.12 Quais são as funções de um fluido de retificação?

18.13 O que é a retificação sem centros?

18.14 Como a retificação *creep feed* se diferencia da retificação convencional?

18.15 Como a retificação com cinta abrasiva difere de uma operação convencional de retificação plana?

18.16 Nomeie algumas das operações abrasivas disponíveis para atingir acabamentos superficiais muito bons.

PROBLEMAS

18.1 Em uma operação de retificação plana, o diâmetro do rebolo = 150 mm e a profundidade de corte = 0,07 mm. A velocidade do rebolo = 1450 m/min, velocidade da peça = 0,25 m/s, e o avanço transversal = 5 mm. O número de grãos ativos por área superficial do rebolo = 0,75 grãos/mm^2. Determine: (a) comprimento médio por cavaco, (b) taxa de remoção de metal, e (c) o número de cavacos formados por unidade de tempo para a parte da operação, quando o rebolo está em contato com a peça.

18.2 As seguintes condições e parâmetros são utilizados em determinada operação de retificação plana: diâmetro do rebolo = 6,0 in, profundidade de corte = 0,003 in, velocidade do rebolo = 4750 ft/min, velocidade da peça = 50 ft/min, e avanço transversal = 0,20 in. O número de grãos ativos por centímetro quadrado de superfície do rebolo = 500. Determine: (a) o comprimento médio do cavaco, (b) a taxa de remoção de metal, e (c) o número de cavacos formados por unidade de tempo para a parte da operação, quando o rebolo está em contato com a peça.

18.3 Uma operação de retificação cilíndrica interna é usada para terminar um furo interno a partir de um diâmetro inicial de 250 mm até um diâmetro final de 252,5 mm. O furo é de 125 mm de comprimento. Um rebolo com diâmetro inicial de 150 mm e largura de 20 mm é utilizado. Após a operação, o diâmetro do rebolo foi reduzido para 149,75 mm. Determine a razão de retificação nesta operação.

18.4 Em uma operação de retificação plana, realizada em chapa de aço carbono endurecido, o rebolo tem diâmetro = 200 mm e largura = 25 mm. O rebolo gira a 2400 rpm, com profundidade de corte (penetração) = 0,05 mm/passe e avanço transversal = 3,5 mm. A velocidade do movimento alternativo da peça é de 6 m/min, e a operação é realizada a seco. Determine: (a) o comprimento de contato entre o rebolo e a peça, e (b) a taxa de volume de metal removido. (c) Considerando que existem 64 grãos/cm^2 ativos na superfície do rebolo, estime o número de cavacos formados por unidade de tempo. (d) Qual é o volume médio por cavaco? (e) Considerando a força de corte tangencial sobre a peça = 25 N, calcule a energia específica nesta operação.

18.5 Um rebolo de 8 in de diâmetro e 1,0 in de largura é utilizado na retificação plana de uma peça de aço AISI 4340 tratado termicamente. O rebolo gira para alcançar velocidade periférica de 5000 ft/min, com profundidade de corte (avanço) = 0,002 in em cada passe e avanço transversal = 0,15 in. A velocidade alternativa da peça é de 20 ft/min, e a operação é realizada a seco. (a) Qual é o comprimento de contato entre o rebolo e a peça? (b) Qual é a taxa de volume de metal removido? (c) Se existem 300 grãos/in^2 ativos na superfície do rebolo, estime o número de cavacos formados por unidade de tempo. (d) Qual é o volume médio por cavaco? (e) Se a força tangencial de corte na peça = 7,3 lb, qual é a energia específica calculada para este trabalho?

18.6 Uma operação de retificação plana está sendo executada em uma peça de aço 6150 (recozido, cerca de 200 HB). A designação do rebolo é C-24-D-5-V. O diâmetro do rebolo = 7,0 in, e sua largura = 1,0 in. A rotação = 3000 rot/min. A profundidade de corte por passe = 0,002 in, e o avanço transversal = 0,5 in. A velocidade da mesa = 20 ft/min. Esta operação tem sido uma fonte de problemas desde o início. O acabamento superficial não é tão bom quanto os 16 μ-in especificados no projeto da peça, e existem sinais de danos metalúrgicos na superfície. Além disso, o rebolo parece ficar obstruído tão logo a operação se inicia. Resumindo, quase tudo o que podia dar errado com o trabalho já aconteceu. (a) Determine a taxa de remoção de metal, quando o rebolo está em contato com a peça. (b) Considerando o número de grãos de ativos por polegada quadrada = 200, determine o comprimento médio do cavaco e o número de cavacos formados por unidade de tempo. (c) Que mudanças você recomendaria no rebolo para ajudar a resolver os problemas encontrados? Explique por que você fez cada recomendação.

18.7 Em uma operação de retificação sem centros, o rebolo de retificação tem diâmetro = 200 mm, e diâmetro do rebolo regulador = 125 mm. O rebolo de retificação gira a 3000 rot/min, e o rebolo regulador gira a 200 rot/min. O ângulo de inclinação do rebolo regulador = 2,5°. Determine a taxa de avanço das peças cilíndricas de 25,0 mm de diâmetro e 175 mm de comprimento.

18.8 Uma operação de retificação sem centros usa um rebolo regulador de 150 mm de diâmetro, que gira a 500 rpm. Em que ângulo de inclinação o rebolo regulador deve ser ajustado, considerando que uma peça de comprimento = 3,5 m e diâmetro = 18 mm deverá ser retificada em exatamente 30 segundos?

18.9 Em determinada operação de retificação sem centros, o diâmetro do rebolo de retificação = 8,5 in, e o diâmetro do rebolo regulador = 5,0 in. O rebolo de retificação gira a 3500 rot/min, e o rebolo regulador gira a 150 rpm. O ângulo de inclinação do rebolo regulador = 3°. Determine a taxa de avanço das peças cilíndricas que têm as seguintes dimensões: diâmetro = 1,25 in e comprimento = 8,0 in.

18.10 Deseja-se comparar os ciclos de tempos necessários para retificar uma peça usando retificação plana convencional e retificação *creep feed*. A peça tem 200 mm de comprimento, 30 mm de largura e 75 mm de espessura. Para fazer uma comparação válida, o rebolo, em ambos os casos, tem 250 mm de diâmetro, 35 mm de largura, e gira a 1500 rot/min. É desejável remover 25 mm de material a partir da superfície. Quando a retificação plana convencional é utilizada, o avanço é de 0,025 mm, e os rebolos passam duas vezes (para a frente e para trás) em toda a superfície da peça durante cada passe antes de implementar nova profundidade. Não há avanço transversal, pois a largura do rebolo é maior que a largura da peça. Cada passe é efetuado à velocidade de 12 m/min, mas o rebolo ultrapassa a peça em ambos os lados. Com a aceleração e desaceleração, o rebolo está em contato com a peça em 50% do tempo em cada passe. Quando retificação *creep feed* é utilizada, a profundidade é aumentada em 1000 vezes, e o avanço é diminuído em 1000. Em quanto tempo a operação de retificação será concluída (a) com a retificação tradicional e (b) com a retificação *creep feed*?

18.11 Uma liga de alumínio será retificada numa operação de retificação cilíndrica externa para obter bom acabamento superficial. Indique os parâmetros do rebolo e as condições de retificação para este trabalho.

18.12 Uma brocha de aço rápido (endurecido) será afiada para obtenção de bom acabamento superficial. Especifique os parâmetros apropriados do rebolo de retificação para este trabalho.

19 PROCESSOS NÃO CONVENCIONAIS DE USINAGEM

Sumário

19.1 Processos Não Convencionais por Energia Mecânica
   19.1.1 Usinagem por Ultrassom
   19.1.2 Usinagem por Jatos d'Água
   19.1.3 Outros Processos Abrasivos Não Tradicionais

19.2 Processos de Usinagem Eletroquímica
   19.2.1 Usinagem Eletroquímica
   19.2.2 Rebarbação e Retificação Eletroquímica

19.3 Processos por Energia Térmica
   19.3.1 Processos por Eletroerosão
   19.3.2 Usinagem por Feixe de Elétrons
   19.3.3 Usinagem a Laser

19.4 Usinagem Química
   19.4.1 Princípios Mecânicos e Químicos da Usinagem Química
   19.4.2 Processos de Usinagem Química

19.5 Considerações Práticas

Os processos de usinagem convencionais (ou seja, torneamento, furação, fresamento) usam uma ferramenta de corte afiada para retirar um cavaco da peça por meio de deformação mecânica. Adicionalmente a esses métodos convencionais, existe um grupo de processos que utilizam outros mecanismos para remover o material. O termo ***usinagem não convencional*** refere-se a esse grupo, que, utilizando várias técnicas que envolvem energia mecânica, térmica, elétrica ou química (ou combinações dessas energias), remove o material em excesso de uma peça bruta. São chamados processos de usinagem, mas não usam uma ferramenta de corte afiada como nos processos convencionais.

Os processos não tradicionais têm sido desenvolvidos desde a Segunda Guerra Mundial, em grande parte em resposta às novas e incomuns necessidades de usinagem, que não poderiam ser satisfeitas pelos métodos convencionais. Esses requisitos, bem como a importância comercial e tecnológica resultante dos processos não tradicionais, incluem:

➢ A necessidade de usinar materiais metálicos e não metálicos recém-desenvolvidos. Esses novos materiais têm propriedades especiais (por exemplo, de alta resistência, elevada dureza, elevada tenacidade) que tornam difícil ou impossível a usinagem por meio dos métodos convencionais.

- ➢ A necessidade de produzir peças com geometrias incomuns e/ou complexas que não podem ser facilmente fabricadas e, em alguns casos, impossíveis de obter por usinagem convencional.
- ➢ A necessidade de evitar danos à superfície, que inclui muitas vezes as tensões residuais criadas por usinagem convencional.

Muitos desses requisitos estão associados com a aplicação dos produtos nas indústrias aeroespacial e eletrônica, que se tornaram cada vez mais importantes nas últimas décadas.

Há literalmente dezenas de processos de usinagem não tradicionais, a maioria dos quais são únicos em sua gama de aplicações. Neste capítulo, discutiremos os mais importantes comercialmente. Discussões mais detalhadas desses métodos não tradicionais são apresentadas em várias das referências.

Os processos não tradicionais muitas vezes são classificados de acordo com a principal forma de energia utilizada para efetuar a remoção do material. De acordo com essa classificação, existem quatro tipos:

1. *Mecânica.* A energia mecânica utilizada se encontra em alguma forma diferente daquela usada nos processos convencionais, ou seja, não envolve a ação de uma ferramenta de corte. A erosão da peça por meio de um fluxo em alta velocidade de abrasivos ou de fluido (ou ambos) é uma das formas típicas de ação mecânica nesses processos.
2. *Elétrica.* Esses processos não tradicionais utilizam energia eletroquímica para remover o material; o mecanismo utilizado é o inverso daquele usado na galvanoplastia.
3. *Térmica.* Esses processos utilizam a energia térmica para cortar ou moldar a peça. A energia térmica é geralmente aplicada em uma área muito pequena da superfície da peça, fazendo com que essa região seja removida por fusão e/ou vaporização. A energia térmica utilizada é gerada pela conversão a partir da energia elétrica.
4. *Química.* A maioria dos materiais (particularmente os metais) é suscetível ao ataque químico por meio de ácidos ou outros reagentes. Na usinagem química, os produtos químicos aplicados removem de forma seletiva partes do material da peça, enquanto as outras partes da superfície são protegidas por uma máscara.

19.1 PROCESSOS NÃO CONVENCIONAIS POR ENERGIA MECÂNICA

Nesta seção, examinaremos vários dos processos não tradicionais que utilizam energia mecânica que não seja uma ferramenta de corte: (1) usinagem por ultrassom, (2) processos por jato d'água e (3) outros processos abrasivos.

19.1.1 USINAGEM POR ULTRASSOM

A usinagem ultrassônica (*ultrasonic machining* — USM) é um processo de usinagem não tradicional, em que abrasivos contidos em uma suspensão são movidos em alta velocidade contra a peça por meio de uma ferramenta vibratória em baixa amplitude e alta frequência. As amplitudes são de quase 0,075 mm (0,003 in), e as frequências de aproximadamente 20.000 Hz. A ferramenta oscila em uma direção perpendicular à superfície da peça e avança de forma lenta para a peça, de tal modo que a forma da ferramenta é transferida para a peça em um processo de formação. No entanto, é a ação dos abrasivos, que colidem contra a superfície da peça, que executa o corte. A disposição geral do processo é mostrada na Figura 19.1.

Os materiais mais comuns usados em ferramentas de usinagem ultrassônica incluem aços carbono e aços inoxidáveis. Como materiais abrasivos, são utilizados nitreto de boro,

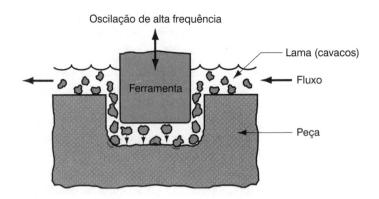

FIGURA 19.1 Usinagem por ultrassom (USM). (Crédito: *Fundamentals of Modern Manufacturing*, 4ª Edição, por Mikell P. Groover, 2010. Reimpresso com permissão de John Wiley & Sons, Inc.)

carboneto de boro, óxido de alumínio, carboneto de silício e diamante. O valor correspondente ao tamanho de grão (Capítulo 10, Apêndice A10.1) varia entre 100 e 2000. A amplitude de vibração deverá ser definida aproximadamente igual ao tamanho do grão, e o tamanho do *gap* deve ser mantido cerca de duas vezes o tamanho do grão. Este determina, de forma significativa, o acabamento superficial da nova peça. Além do acabamento superficial, a taxa de remoção de material é uma variável importante no desempenho da usinagem ultrassônica. Para um dado material da peça, a taxa de remoção na usinagem por ultrassom torna-se maior com o aumento de frequência e a amplitude de vibração.

A ação de corte na usinagem por ultrassom atua tanto sobre a peça como sobre a ferramenta. À medida que as partículas abrasivas corroem a superfície da peça, elas também desgastam a ferramenta, afetando assim a sua forma. Consequentemente, é importante conhecer os volumes relativos de material da peça e material da ferramenta que são removidos durante o processo, de forma semelhante ao que ocorre na taxa de retificação (Seção 18.1.2). Essa proporção de material removido para o desgaste da ferramenta de trabalho varia para os diferentes materiais, decrescendo de cerca de 100:1 para o corte de vidro até aproximadamente 1:1 para o corte de aço ferramenta.

A suspensão na usinagem ultrassônica consiste em uma mistura de água e partículas abrasivas. A concentração de abrasivos na água varia entre 20% e 60% [5]. A suspensão deve circular continuamente a fim de manter grãos frescos em ação no *gap* entre a ferramenta e a peça. Ela também lava os cavacos e os grãos desgastados criados pelo processo de corte.

O desenvolvimento da usinagem ultrassônica foi motivado pela necessidade de usinar materiais duros e frágeis, tais como cerâmicas, vidro e carbonetos. O processo também é utilizado com sucesso em certos metais, tais como aço inoxidável e titânio. As formas obtidas na usinagem por ultrassom incluem furos, furos passantes ao longo de um eixo curvo e operações de cunhagem, em que um padrão de imagem na ferramenta é transferido para a superfície plana da peça.

19.1.2 PROCESSOS POR JATOS D'ÁGUA

Os dois processos descritos na presente seção removem material por meio de jatos d'água em alta velocidade ou uma combinação de água e abrasivos.

Corte por Jato d'Água (*water jet cutting* — WJC) O corte por jato d'água usa um fino jato d'água, de alta pressão e velocidade, dirigido contra a superfície da peça para realizar o corte, tal como ilustrado na Figura 19.2. Para a obtenção de finas correntes d'água, é usado um bocal de pequeno diâmetro, que varia de 0,1 a 0,4 mm (0,004 a 0,016 in). Para fornecer o fluxo de energia suficiente para o corte, pressões de até 400 MPa (60.000 lb/in^2) são usadas, e o jato atinge velocidades de até 900 m/s (3.000 ft/s). O fluido é pressurizado ao nível desejado por meio de uma bomba hidráulica. O conjunto do bocal é constituído de um suporte feito de aço inoxidável e um precioso bocal feito de safira, rubi, ou diamante. O bocal de diamante é mais durável, porém, seu custo é maior. Sistemas de filtração devem ser utilizados em usinagem por jato d'água para separar os cavacos produzidos durante o corte.

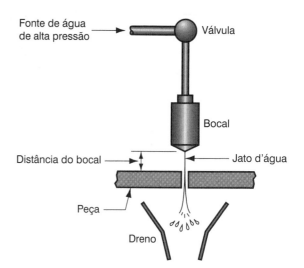

FIGURA 19.2 Usinagem por jato d'água (WJC). (Crédito: *Fundamentals of Modern Manufacturing*, 4ª Edição, por Mikell P. Groover, 2010. Reimpresso com permissão de John Wiley & Sons, Inc.)

Os fluidos de corte usados na usinagem por jato d'água são soluções de polímeros, preferidos em virtude de sua tendência para produzir um jato coerente. Fluidos de corte foram discutidos antes, no contexto de usinagem convencional (Seção 17.4), mas nunca o termo foi adequadamente aplicado à usinagem por jato d'água.

Os mais importantes parâmetros do processo incluem a distância do bocal, diâmetro da abertura do bocal, pressão d'água e velocidade de avanço do corte. Como mostrado na Figura 19.2, a **distância do bocal** é a distância entre a abertura do bocal e a superfície da peça. Geralmente, é desejável que a distância seja pequena para minimizar a dispersão do fluxo do fluido antes que ele atinja a superfície. A distância do bocal típica é de 3,2 mm (0,125 in). O tamanho do orifício do bocal afeta a precisão do corte, aberturas menores são utilizadas para cortes mais finos em materiais mais finos. Para cortar materiais mais espessos, é necessário utilizar um jato de fluxo maior e pressões mais elevadas. A velocidade de avanço refere-se à velocidade com que o bocal de usinagem por jato d'água percorre ao longo da linha de corte. As velocidades de avanço típicas variam de 5 mm/s (12 in/min) até mais de 500 mm/s (1200 in/min) em função do material da peça e da sua espessura [5]. O processo de usinagem por jato d'água é normalmente automatizado usando comando numérico por computador ou robôs industriais para manipular a unidade de bocal ao longo da trajetória desejada.

O corte por jato d'água pode ser usado de forma eficaz para cortar contornos estreitos em materiais planos como plásticos, têxteis, materiais compósitos, pisos cerâmicos, carpetes, couro e papelão. Células automatizadas podem ser instaladas com bicos de corte por jato d'água, montadas em uma ferramenta robótica a fim de traçar perfis de gabaritos de corte irregulares em três dimensões, tais como ocorre no corte e recorte de painéis de automóveis antes da montagem [9]. As vantagens do corte por jato d'água nessas aplicações incluem: (1) ausência de rebarbas ou da queima da superfície da peça, típicos de outros processos mecânicos ou térmicos, (2) mínima perda de material em razão da zona de corte estreita, (3) nenhuma poluição ambiental, e (4) facilidade de automatização do processo. Uma limitação do corte por jato d'água é que o processo não é adequado para o corte de materiais frágeis (por exemplo, vidro) por conta da sua tendência a trincar durante o corte.

Corte por Jato d'Água Abrasivo (*abrasive water jet cutting* — AWJC). Quando o corte por jato d'água é usado em peças metálicas, partículas abrasivas devem ser adicionadas à corrente do jato para facilitar o corte. Esse processo é por isso chamado ***corte por jato d'água abrasivo***. A introdução de partículas abrasivas no jato torna o processo mais complexo pela adição ao número de parâmetros que devem ser controlados. Entre os parâmetros adicionais estão o tipo de abrasivo, o tamanho do grão e taxa de fluxo. O óxido de alumínio, o dióxido de silício e a granada (um mineral de silicato) são típicos materiais abrasivos usados, com granulometrias que variam entre 60 e 120. As partículas abrasivas são adicionadas à corrente d'água a uma taxa de cerca de 0,25 kg/min (0,5 lb/min), depois de ela ter saído do bocal do processo.

Os demais parâmetros do processo são comuns ao corte por jato d'água: o diâmetro do bocal de abertura, a pressão d'água e a distância do bocal. Os diâmetros do bocal variam de 0,25 a 0,63 mm (0,010 a 0,25 in) — um pouco maiores que no corte por jato d'água para permitir taxas de fluxo mais elevadas e maior energia na corrente antes da injeção de abrasivos. As pressões da água são aproximadamente as mesmas que no corte por jato d'água. As distâncias do bocal são um pouco menores para minimizar o efeito da dispersão do fluido de corte que, agora, contém partículas abrasivas. Distâncias do bocal típicas estão entre 1/4 e 1/2 do que aquelas do corte por jato d'água.

19.1.3 OUTROS PROCESSOS ABRASIVOS NÃO TRADICIONAIS

Dois outros processos de energia mecânica utilizam produtos abrasivos para realizar rebarbação, polimento ou outras operações em que uma quantidade muito pequena de material é removida.

Usinagem por Jato Abrasivo (*abrasive jet machining* — AJM) A usinagem por jato abrasivo, que não deve ser confundida com a usinagem por jato d'água abrasivo, é um processo de remoção de material em virtude da ação de uma corrente de gás em alta velocidade, contendo pequenas partículas abrasivas, como mostrado na Figura 19.3. O gás é seco, e pressões de 0,2 a 1,4 MPa (25 a 200 lb/in^2) são usadas para empurrá-lo através dos orifícios dos bocais, com diâmetro que variam de 0,075 a 1,0 mm (0,003 a 0,040 in) a velocidades de 2,5 a 5,0 m/s (500 a 1000 ft/min). Os gases usados incluem ar seco, nitrogênio, dióxido de carbono e hélio.

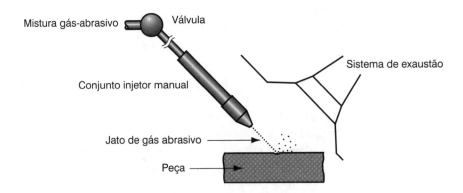

FIGURA 19.3 Usinagem por jato abrasivo (AJM). (Crédito: *Fundamentals of Modern Manufacturing*, 4ª Edição, por Mikell P. Groover, 2010. Reimpresso com permissão de John Wiley & Sons, Inc.)

Em geral, o processo é realizado manualmente por um operador, que dirige o bocal até a peça. As distâncias típicas entre a ponta do bocal e a superfície da peça se situam no intervalo entre 3 mm e 75 mm (0,125 e 3 in). A estação de trabalho deve ser configurada para fornecer ventilação adequada ao operador.

A usinagem por jato abrasivo é normalmente utilizada como um processo de acabamento em vez de um processo de produção para corte. As aplicações incluem rebarbação, esmerilhamento, limpeza e polimento. O corte é realizado com sucesso em materiais duros e frágeis (por extenso, vidro, silício, mica e cerâmica) em forma de chapas finas planas. Os abrasivos típicos usados na usinagem por jato abrasivo incluem óxido de alumínio (para alumínio e latão), carboneto de silício (para aços inoxidáveis e cerâmicas) e esferas de vidro (para o polimento). Os tamanhos dos grãos são pequenos, de 15 a 40 μm (0,0006 a 0,0016 in) de diâmetro, e devem ser uniformes para uma determinada aplicação. É importante não reciclar os abrasivos, porque os grãos utilizados se tornam fraturados (e, portanto, menores em tamanho), desgastados e contaminados.

Usinagem por Fluxo Abrasivo (*abrasive flow machining* — AFM) Este processo foi desenvolvido na década de 1960 para rebarbar e polir áreas de difícil acesso usando partículas abrasivas misturadas com um polímero viscoelástico, que é forçado a fluir através ou em torno das superfícies e bordas da peça. O polímero tem a consistência de massa de vidro. O carboneto de silício é um abrasivo típico desse processo. A usinagem com fluxo de abrasivo é particularmente adequada para as superfícies internas, que são em geral inacessíveis por métodos convencionais. A mistura de abrasivos com polímero, chamada mídia de jateamento, flui através das regiões-alvo da peça, sob pressões que variam entre 0,7 e 20 MPa (100 e 3.000 lb/in^2). Além de rebarbação e polimento, outras aplicações da usinagem por fluxo abrasivo incluem formação de raios sobre arestas de cortes, remoção de asperezas em superfícies de fundidos e outras operações de acabamento. Essas aplicações são encontradas em indústrias, tais como a aeroespacial, automotiva e de fabricação de matrizes. O processo pode ser automatizado para dar acabamento a centenas de peças por hora e torná-lo economicamente viável.

Uma configuração comum é posicionar a peça entre dois cilindros opostos, um contendo a mídia, e o outro estando vazio. A mídia é forçada a fluir para a peça a partir do primeiro cilindro para o outro e, em seguida, novamente, tantas vezes, quantas forem necessárias para obter a remoção do material e o acabamento desejado.

19.2 PROCESSOS DE USINAGEM ELETROQUÍMICA

Um grupo importante de processos não tradicionais utiliza a energia elétrica para a remoção de material. Esse grupo é identificado pelo nome de *processos eletroquímicos*, porque a energia elétrica é usada em combinação com reações químicas para realizar a remoção de material. Assim sendo, esses processos realizam a operação de modo inverso ao que ocorre na galvanoplastia (Seção 21.3.1). Nos processos de usinagem eletroquímica, a peça deve ser de material condutor para permitir esse tipo de fabricação.

19.2.1 USINAGEM ELETROQUÍMICA

O processo básico neste grupo é a usinagem eletroquímica (*electrochemical machining* — ECM). Ela remove metal de uma peça condutora por dissolução anódica, em que a forma da peça é obtida por meio de uma ferramenta-eletrodo, situada a uma distância bem próxima à peça, separada dela, entretanto, por um rápido fluxo de eletrólito. A usinagem eletroquímica é, basicamente, uma operação de desgalvanização. Como ilustrado na Figura 19.4, a peça é o anodo, e a ferramenta é o catodo. O princípio subjacente ao processo é que o material é retirado do anodo (polo positivo) e depositado sobre o catodo (polo negativo), na presença de um banho de eletrólito. A diferença na usinagem eletroquímica é que o banho de eletrólito flui rápido entre os dois polos para levar o produto da reação, de modo que ele não se deposite sobre a ferramenta.

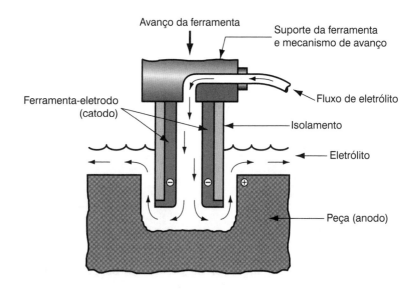

FIGURA 19.4 Usinagem Eletroquímica (ECM). (Crédito: *Fundamentals of Modern Manufacturing*, 4ª Edição, por Mikell P. Groover, 2010. Reimpresso com permissão de John Wiley & Sons, Inc.)

A ferramenta-eletrodo, em geral feita de cobre, latão ou aço inoxidável, é concebida para possuir aproximadamente o perfil inverso ao formato da peça final desejada. Nas dimensões da ferramenta, deve ser considerado o *gap* que existe entre a ferramenta e a peça. Para realizar a remoção metálica, o eletrodo avança sobre a peça a uma taxa igual à de remoção do metal a partir da peça. A taxa de remoção de metal é determinada pela Primeira Lei de Faraday, em que a quantidade de mudanças químicas produzida por uma corrente elétrica (isto é, a quantidade de metal dissolvido) é proporcional à quantidade de eletricidade que passa pela solução (corrente *vs.* tempo):

$$V = q_u I \tag{19.1}$$

em que V = volume de metal removido, mm³ (in³); q = uma constante denominada taxa de remoção específica, que depende da massa atômica, valência, e densidade do material da peça, mm³/A-s (in³/A-min); I = corrente, A e t = tempo, s (min).

Com base na lei de Ohm, a corrente $I = E/R$, na qual E = tensão e R = resistência. Nas condições de operação da usinagem eletroquímica, a resistência é dada por:

$$R = \frac{gr}{A} \tag{19.2}$$

em que g = *gap* entre o eletrodo e a peça, mm (in); r = resistividade do eletrólito, ohm-mm (ohm-in), e A = área superficial entre a peça e a ferramenta no *gap* frontal trabalho, mm² (in²). Substituindo essa expressão para R em lei de Ohm, temos:

$$I = \frac{EA}{gr} \tag{19.3}$$

E substituindo essa equação para a equação que define a lei de Faraday,

$$V = \frac{q_u EAt}{gr} \tag{19.4}$$

É conveniente convertê-la em uma expressão para a velocidade de avanço, a taxa em que o eletrodo (ferramenta) pode avançar para a peça. A conversão pode ser realizada em duas etapas. Primeiro, dividir a Eq. (19.4) por At (área *vs.* tempo) para converter o volume de metal removido em uma taxa de deslocamento linear:

$$\frac{V}{At} = v_f = \frac{q_u E}{gr} \tag{19.5}$$

na qual v_f = velocidade de avanço, mm/s (in/min). Segundo, substituir I/A no lugar de $E/(gr)$, como previsto pela Eq. (19.3). Assim, a velocidade de avanço na usinagem eletroquímica será:

$$v_f = \frac{q_u I}{A} \tag{19.6}$$

em que A = a área frontal do eletrodo, mm² (in²). Essa é a área projetada da ferramenta na direção de avanço na peça. Valores da taxa de remoção específica q_u são apresentados na Tabela 19.1 para diferentes materiais da peça. Devemos notar que essa equação supõe 100% de eficiência de remoção de metal. A eficiência real está entre 90% e 100% e depende da forma da ferramenta, da tensão e densidade de corrente e outros fatores.

TABELA 19.1 Valores típicos da taxa de remoção específica q_u em usinagem eletroquímica para vários materiais

Material da Peça[a]	Taxa de Remoção Específica q_u		Material da Peça[a]	Taxa de Remoção Específica q_u	
	mm³/amp-s	in³/amp-min		mm³/amp-s	in³/amp-min
Alumínio (3)	$3,44 \times 10^{-2}$	$1,26 \times 10^{-4}$	Aços:		
Cobre (1)	$7,35 \times 10^{-2}$	$2,69 \times 10^{-4}$	Baixa liga	$3,0 \times 10^{-2}$	$1,1 \times 10^{-4}$
Ferro (2)	$3,69 \times 10^{-2}$	$1,35 \times 10^{-4}$	Alta liga	$2,73 \times 10^{-2}$	$1,0 \times 10^{-4}$
Níquel (2)	$3,42 \times 10^{-2}$	$1,25 \times 10^{-4}$	Aço inoxidável	$2,46 \times 10^{-2}$	$0,9 \times 10^{-4}$
			Titânio (4)	$2,73 \times 10^{-2}$	$1,0 \times 10^{-4}$

Dados compilados de [8].
[a]As valências mais comuns dadas entre parênteses ( ) são consideradas para determinar taxas de remoção específicas q_u. Para diferente valência, multiplicar q_u pela valência mais comum e dividir pela atual valência.

Exemplo 19.1
Usinagem Eletroquímica

Uma operação de usinagem eletroquímica é usada para fazer um furo numa chapa de alumínio de 12 mm de espessura. O furo tem uma seção transversal retangular de 10 mm por 30 mm. A operação de usinagem eletroquímica será realizada com corrente de 1200 ampères (A), e eficiência de 95% é esperada. Determine a velocidade de avanço e o tempo necessário para cortar a chapa.

Solução: Consultando a Tabela 19.1, a taxa específica de remoção para o alumínio, $q_u = 3,44 \times 10^{-2}$ mm³/A-s. A área frontal do eletrodo $A = 10$ mm × 30 mm = 300 mm². Para o nível de corrente de 1200 A, a velocidade de avanço será:

$$v_f = 0,0344 \text{ mm}^3 / A-s \left(\frac{1200}{300} A / \text{mm}^2 \right) = 0,1376 \text{ mm/s}$$

Com eficiência de 95%, a velocidade de avanço real será:

$$v_f = 0,1376 \text{ mm/s} \ (0,95) = 0,1307 \text{ mm/s}$$

O tempo da máquina através da chapa de 12 mm será:

$$T_c = \frac{12,0}{0,1307} = 91,8 \text{ s} = 1,53 \text{ min}$$

As equações anteriores indicam os importantes parâmetros de processo para determinar a taxa de remoção de metal e a taxa de avanço na usinagem eletroquímica: a distância do *gap*, *g*, a resistividade do eletrólito, *r*, a corrente, *I*, e área frontal do eletrodo, *A*. A distância do *gap* precisa ser cuidadosamente controlada. Se *g* for muito grande, o processo eletroquímico desacelerará. Entretanto, se o eletrodo tocar a peça, ocorrerá um curto-circuito, o que impedirá o processo completamente. Como uma questão prática, a distância do *gap* é em geral mantida dentro de uma faixa de 0,075 a 0,75 mm (0,003 a 0,030 in).

A água é usada como a base para o eletrólito na usinagem eletroquímica. Para reduzir a resistividade de eletrólito, os sais, tais como NaCl ou NaNO$_3$, são adicionados à solução. Além de retirar da área de trabalho o material que foi removido da peça, o fluxo de eletrólito também tem a função de remover o calor e as bolhas de hidrogênio, criados nas reações químicas do processo. O material da peça é removido sob a forma de partículas microscópicas, que devem ser separadas do eletrólito por meio de centrifugação, sedimentação, ou outros meios. As partículas separadas formam uma lama espessa, cujo descarte é um problema ambiental associado à usinagem eletroquímica.

Grandes quantidades de energia elétrica são necessárias para realizar a usinagem eletroquímica. Como as equações indicam, a taxa de remoção de metal é determinada pela energia elétrica, em particular a densidade de corrente que pode ser fornecida para a operação. A tensão, na usinagem eletroquímica, é mantida relativamente baixa para minimizar a formação de arco através do *gap*.

A usinagem eletroquímica é em geral empregada em aplicações nas quais o metal da peça é muito duro e difícil de usinar, ou em que a geometria da peça é difícil (ou impossível) de realizar por métodos de usinagem convencionais. A dureza da peça não faz diferença na usinagem eletroquímica, porque a remoção de metal não é mecânica. Aplicações típicas da usinagem eletroquímica incluem: (1) **matrizes profundas**, o que envolve a usinagem de formas irregulares e contornos em matrizes de forjamento, moldes de plástico, e outras ferramentas de moldagem; (2) furação múltipla, em que muitos furos podem ser produzidos simultaneamente com usinagem eletroquímica, ao contrário do processo de furação convencional que provavelmente exigiria furos sequenciais; e (3) furos que não sejam redondos, pois a usinagem eletroquímica não utiliza brocas rotativas.

As vantagens da usinagem eletroquímica incluem (1) poucos danos à superfície da peça, (2) ausência de rebarbas, como em usinagem convencional, (3) baixo desgaste da ferramenta (o desgaste da ferramenta ocorre apenas pelo fluxo do eletrólito) e (4) taxas relativamente altas de remoção de metal de metais endurecidos e de difícil usinagem. As desvantagens da usinagem eletroquímica são: (1) o custo significativo da energia elétrica para conduzir a operação e (2) problemas de descarte da borra do eletrólito.

19.2.2 REBARBAÇÃO E RETIFICAÇÃO ELETROQUÍMICAS

A rebarbação eletroquímica (*electrochemical deburring* — ECD) é uma adaptação da usinagem eletroquímica, concebida para remover rebarbas ou arredondar os cantos pontiagudos de peças metálicas por dissolução anódica. Uma configuração possível para a ECD é mostrada na Figura 19.5. O furo na peça, com rebarbas afiadas, é do tipo produzido em uma operação de furação convencional de furo passante. A ferramenta-eletrodo é projetada para concentrar a ação de remoção de metal sobre a rebarba. As partes da ferramenta não usadas na usinagem estão isoladas. O eletrólito flui através do orifício para levar as partículas de rebarba. Os princípios de operação da usinagem eletroquímica também se aplicam à rebarbação eletroquímica. No entanto, uma vez que muito menos material é removido na rebarbação eletroquímica, os tempos do ciclo são muito mais curtos. Um tempo de ciclo típico de ECD é inferior a um minuto. O tempo pode ser aumentado, se for desejado arredondar os cantos além de remover a rebarba.

A *retificação eletroquímica* (*electrochemical grinding* — ECG) é uma forma especial de usinagem eletroquímica em que um rebolo de retificação com um material aglomerante condutor é usado para aumentar a dissolução anódica da superfície da peça metálica, tal como ilustrado na Figura 19.6. Abrasivos utilizados na ECG incluem óxido de alumínio e diamante. O material aglomerante é metálico (para abrasivos de diamante) ou resina aglomerante impregnada com partículas metálicas, para torná-la eletricamente condutora (para óxido de alumínio). Os grãos abrasivos salientes do rebolo em contato com a peça estabelecem a distância do *gap* na ECG. O eletrólito flui através do *gap* para desempenhar seu papel na eletrólise.

A decapagem é responsável por 95% ou mais da remoção de metal na ECG, e a ação abrasiva do rebolo remove os restantes 5% ou menos, na sua maior parte sob a forma de sal de filmes que foram formados durante as reações eletroquímicas na superfície da peça. Em virtude de a maior parte da usinagem ser realizada por ação eletroquímica, na ECG, o rebolo dura muito mais que um rebolo de retificação convencional. O resultado é uma taxa de retificação muito mais elevada. Além disso, a necessidade de dressagem do rebolo é muito menos frequente. Essas são as vantagens significativas do processo. Aplicações de ECG incluem afiação de ferramentas de metal duro e retificação de agulhas cirúrgicas, tubos de paredes finas e peças frágeis.

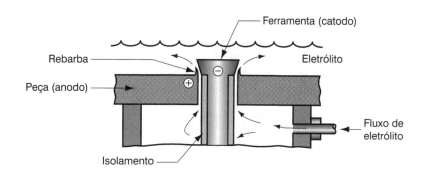

FIGURA 19.5 Rebarbação Eletroquímica (ECD). (Crédito: *Fundamentals of Modern Manufacturing*, 4ª Edição, por Mikell P. Groover, 2010. Reimpresso com permissão de John Wiley & Sons, Inc.)

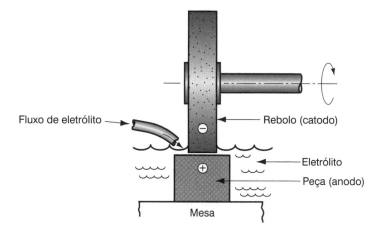

FIGURA 19.6 Retificação Eletroquímica (ECG). (Crédito: *Fundamentals of Modern Manufacturing*, 4ª Edição, por Mikell P. Groover, 2010. Reimpresso com permissão de John Wiley & Sons, Inc.)

19.3 PROCESSOS POR ENERGIA TÉRMICA

Os processos de remoção de material baseados em energia térmica são caracterizados por temperaturas localizadas muito elevadas — quentes o suficiente para remover o material por fusão ou vaporização. Por causa das altas temperaturas, esses processos causam danos físicos e metalúrgicos para a superfície recém-usinada da peça. Em alguns casos, o acabamento resultante é tão ruim, que operações subsequentes são necessárias para polir a superfície. Nesta seção, examinaremos vários processos não tradicionais por energia térmica que são comercialmente importantes: (1) usinagem por eletroerosão e eletroerosão a fio (2), usinagem por feixe de elétrons e (3) de usinagem a laser.

19.3.1 PROCESSOS POR ELETROEROSÃO

Os processos por eletroerosão removem o metal por meio de uma série de discretas descargas elétricas (faíscas), que provocam temperaturas localizadas suficientemente altas para fundir ou vaporizar o metal na proximidade imediata da descarga. Os dois principais processos nesta categoria são: (1) usinagem por eletroerosão e (2) e usinagem por eletroerosão a fio. Esses processos podem ser usados apenas em peças de materiais eletricamente condutores.

Usinagem por Eletroerosão A usinagem por eletroerosão (*electric discharge machining* — EDM) é um dos processos não convencionais de usinagem mais amplamente utilizados. Uma configuração de EDM é ilustrada na Figura 19.7. A forma da superfície da peça acabada é produzida por uma ferramenta-eletrodo. As faíscas ocorrem através de um pequeno *gap* entre a ferramenta e a superfície da peça. O processo de EDM deve ocorrer na presença de um fluido dielétrico, que cria um caminho para cada descarga à medida que o fluido se torna ionizado na região do *gap*. As descargas são geradas por uma fonte de alimentação de corrente contínua pulsada, ligada à peça e à ferramenta.

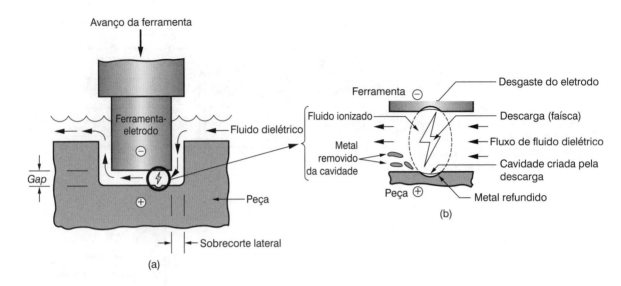

FIGURA 19.7 Usinagem por eletroerosão (EDM): (a) vista geral, e (b) detalhe do *gap* mostrando a descarga e a remoção do metal. (Crédito: *Fundamentals of Modern Manufacturing*, 4ª Edição, por Mikell P. Groover, 2010. Reimpresso com permissão de John Wiley & Sons, Inc.)

A Figura 19.7(b) mostra uma vista ampliada do *gap* entre a ferramenta e a peça. A descarga ocorre no local em que as duas superfícies estejam mais próximas. O fluido dielétrico é ionizado nesse local para criar um canal para a descarga. A região em que a descarga ocorre é aquecida a temperaturas extremamente altas, de modo que uma pequena porção da superfície da peça é de súbito fundida e removida. O dielétrico fluindo, em seguida, libera para fora a pequena partícula (digamos um "cavaco"). Uma vez que a superfície da peça no local da descarga anterior é, agora, separada da ferramenta por uma distância maior, esse local é menos provável de ser o lugar de outra faísca até que as regiões circundantes sejam reduzidas ao mesmo nível ou abaixo. Embora as descargas individuais removam metal em pontos muito localizados, elas ocorrem centenas ou milhares de vezes por segundo, de modo que a erosão gradual da superfície inteira ocorre na área do *gap*.

Os dois importantes parâmetros de processo na EDM são: a corrente de descarga e a frequência de ocorrência das descargas. Se qualquer um desses parâmetros for aumentado, a taxa de remoção de metal aumenta. A rugosidade superficial também é afetada pela corrente e frequência. O melhor acabamento superficial em EDM é obtido operando em altas frequências e baixas correntes de descarga. À medida que a ferramenta penetra no eletrodo de trabalho, ocorre um sobrecorte lateral. O **sobrecorte lateral** em EDM é a distância que a cavidade usinada na peça excede o tamanho da ferramenta nas suas paredes laterais, como ilustrado na Figura 19.7(a). Ele é produzido pelas descargas elétricas que ocorrem nos lados da ferramenta, bem como na sua área frontal. O tamanho do sobrecorte lateral é de alguns centésimos de milímetros. O sobrecorte lateral aumenta com a corrente e diminui em frequências mais altas.

As altas temperaturas de descarga que fundem a peça também fundem a ferramenta, criando uma pequena cavidade na superfície oposta à cavidade produzida na peça. O desgaste da ferramenta é normalmente medido como a taxa de remoção de material da peça com relação ao material retirado da ferramenta (similar à taxa de retificação). Essa taxa de desgaste varia entre 1,0 e 100, ou ligeiramente acima, de acordo com a combinação dos materiais da peça e do eletrodo. Os eletrodos são feitos de grafite, cobre, bronze, tungstênio-cobre, tungstênio-prata e outros. A escolha depende do tipo de fonte de energia disponível na máquina de EDM, o tipo de material da peça a ser usinada, e se é desbaste ou acabamento a ser feito. A grafite é a preferida para muitas aplicações por causa de suas características de fusão. Na verdade, ela não se funde; é, sim, vaporizada a temperaturas muito elevadas, e a cavidade criada pela faísca é em geral menor que para a maioria dos outros materiais de eletrodo para EDM.

Por conseguinte, com ferramentas de grafite é, normalmente, obtida uma elevada razão entre a remoção de material da peça e o desgaste da ferramenta.

A dureza e resistência do material da peça não são fatores relevantes em EDM, uma vez que o processo não é uma competição de dureza entre a ferramenta e a peça. O ponto de fusão do material da peça é uma propriedade importante, e a taxa de remoção de metal pode estar aproximadamente relacionada com o ponto de fusão pela seguinte fórmula empírica, baseada na equação descrita por Weller [16]:

$$Q_{RM} = \frac{KI}{T_f^{1,23}} \qquad (19.7)$$

em que Q_{RM} = taxa de remoção de metal, mm³/s (in³/min); K = constante de proporcionalidade cujo valor = 664 em unidades do sistema SI (5,08 em unidades britânicas); I = corrente de descarga, A, e T_f = temperatura de fusão do metal da peça, °C (°F). Os pontos de fusão de metais selecionados são apresentados na Tabela 3.10.

Exemplo 19.2
Usinagem por Eletroerosão?

Uma liga de cobre será usinada em uma operação de EDM. Se a corrente de descarga = 25 A, qual é a taxa de remoção de metal esperada?

Solução: A partir da Tabela 3.10, o ponto de fusão do cobre é de 1083°C. Usando a Eq. (19.7), a taxa de remoção de metal antecipada é:

$$Q_{RM} = \frac{664(25)}{1083^{1,23}} = 3,07 \text{ mm}^3/\text{s} \qquad \blacksquare$$

Os fluidos dielétricos utilizados na EDM incluem óleos de hidrocarbonetos, querosene e água destilada ou deionizada. O fluido dielétrico serve como um isolante no *gap*, exceto quando a ionização ocorre na presença de uma faísca. Suas outras funções são as de limpar os cavacos para fora do *gap* e remover calor da ferramenta e da peça.

As aplicações da usinagem por eletroerosão incluem tanto a fabricação de ferramentas como a produção de peças. O ferramental usado para vários dos processos mecânicos discutidos neste livro são muitas vezes feitos pela EDM, incluindo moldes para injeção de plástico, matrizes de extrusão, fieiras de trefilação, matrizes de forjamento e matrizes para estampagem. Como na usinagem eletroquímica, o termo **matriz profunda** é utilizado para operações em que uma cavidade de molde é produzida. Para a maioria das aplicações, os materiais usados na fabricação do ferramental é de difícil (ou mesmo impossível) usinagem por meio de métodos convencionais. Certas peças de produção também pedem aplicação de EDM. Os exemplos incluem peças delicadas, que não são suficientemente rígidas para resistir às forças de corte convencionais de perfuração do furo, em que o eixo do furo é em ângulo agudo com a superfície, de modo que uma broca convencional não seria capaz de iniciar o furo, e usinagem de metais duros e exóticos.

Usinagem por Eletroerosão a Fio A usinagem por eletroerosão a fio (*electric discharge wire cutting electric* — EDWC), comumente chamada **EDM a fio**, é uma forma especial de usinagem por eletroerosão que usa um fio fino como eletrodo para produzir um corte estreito na peça. A ação de corte na EDM a fio é conseguida por meio de energia térmica a partir de descargas elétricas entre um fio-eletrodo e a peça. A EDM a fio é ilustrada na Figura 19.8. A peça avança na direção do fio a fim de alcançar a linha de corte desejada, um pouco semelhante a uma operação de serra de fita. O comando numérico é utilizado para controlar os movimentos da peça ao longo do corte. Durante o corte, o fio é alimentado entre uma bobina de alimentação e uma bobina de recepção de forma lenta e contínua, para fornecer um eletrodo de diâmetro constante para a peça. Isso ajuda a manter uma largura de corte constante durante a operação. Assim como na EDM, a EDM a fio deve ser realizada na presença de um dielétrico. Este é aplicado através de bocais dirigidos para a interface ferramenta/peça, como mostrado na figura, ou a peça é submersa num banho de dielétrico.

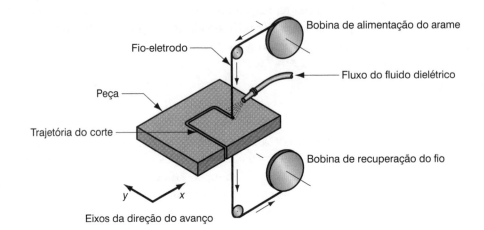

FIGURA 19.8 Usinagem por eletroerosão a fio (EDM a fio). (Crédito: *Fundamentals of Modern Manufacturing*, 4ª Edição, por Mikell P. Groover, 2010. Reimpresso com permissão de John Wiley & Sons, Inc.)

Os diâmetros dos fios estão entre 0,076 e 0,30 mm (0,003 e 0,012 in), dependendo da largura de corte desejada. Os materiais utilizados para o fio incluem bronze, cobre, tungstênio e molibdênio. Os fluidos dielétricos incluem água deionizada ou óleo. Como na usinagem por eletroerosão, existe um sobrecorte lateral na EDM a fio que faz com que o corte seja maior que o diâmetro do fio, como mostrado na Figura 19.9. Esse sobrecorte lateral está no intervalo 0,020 a 0,050 mm (0,0008 a 0,002 in). Uma vez que as condições de corte sejam estabelecidas para um determinado corte, o sobrecorte lateral permanece razoavelmente constante e previsível.

Embora a usinagem por eletroerosão a fio seja semelhante à operação de serra de fita, sua precisão é muito superior a de uma serra de fita. O corte é muito mais estreito, cantos muito mais agudos podem ser produzidos, e as forças de corte contra a peça são nulas. Além disso, a dureza e tenacidade do material da peça não afetam o desempenho do corte. O único requisito é que o material da peça seja condutor elétrico.

As características especiais da usinagem por eletroerosão a fio tornam ideal para a confecção de componentes para matrizes de estampagem. Uma vez que o corte é tão estreito, muitas vezes é possível fabricar o punção e a matriz em um único corte de um único bloco de aço de ferramenta. Outras ferramentas e peças com formas complexas, como ferramentas de perfilar de torno, matrizes de extrusão e moldes finos, também são feitos com usinagem por eletroerosão a fio.

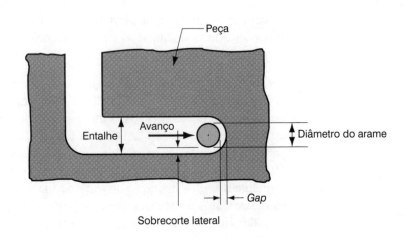

FIGURA 19.9 Definição de corte e sobrecorte lateral na usinagem por eletroerosão a fio. (Crédito: *Fundamentals of Modern Manufacturing*, 4ª Edição, por Mikell P. Groover, 2010. Reimpresso com permissão de John Wiley & Sons, Inc.)

19.3.2 USINAGEM POR FEIXE DE ELÉTRONS

A usinagem por feixe de elétrons (*electron beam machining* — EBM) é um dos vários processos industriais que utilizam feixes de elétrons. Além de usinagem, outras aplicações da tecnologia incluem tratamento térmico e soldagem. A ***usinagem por feixe de elétrons*** usa um fluxo de elétrons em alta velocidade focalizado na superfície da peça para remover o material por fusão e vaporização. Um diagrama esquemático do processo de EBM é ilustrado na Figura 19.10. Um canhão de feixe de elétrons gera um fluxo contínuo de elétrons, que é acelerado até 75% da velocidade da luz e focalizado através de uma lente eletromagnética na superfície da peça. A lente é capaz de reduzir a área do feixe para um diâmetro tão pequeno quanto 0,025 mm (0,001 in). Na colisão com a superfície, a energia cinética dos elétrons é convertida em energia térmica de densidade extremamente elevada, que funde ou vaporiza o material numa área bem localizada.

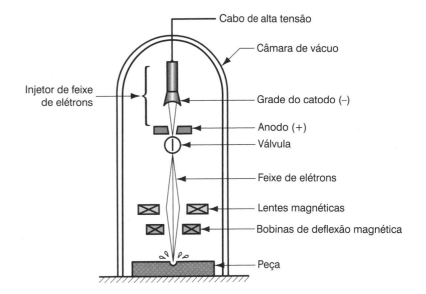

FIGURA 19.10 Usinagem por feixe de elétrons (EBM). (Crédito: *Fundamentals of Modern Manufacturing*, 4ª Edição, por Mikell P. Groover, 2010. Reimpresso com permissão de John Wiley & Sons, Inc.)

A usinagem por feixe de elétrons é usada para uma variedade de aplicações de corte de alta precisão em qualquer material conhecido. As aplicações incluem a perfuração de furos de diâmetros extremamente pequenos, abaixo de 0,05 mm (0,002 in) de diâmetro, perfuração de furos com elevadíssimas proporções profundidade/diâmetro acima de 100:1, e o corte de ranhuras de apenas cerca de 0,025 mm (0,001 in) de largura. Esses cortes podem ser feitos para tolerâncias muito estreitas e sem a presença de forças de corte ou desgaste da ferramenta. O processo é ideal para a microusinagem e geralmente limitado a operações de corte fino em peças de espessura entre 0,25 e 6,3 mm (0,010 e 0,250 in). A usinagem por feixe de elétrons deve ser efetuada numa câmara de vácuo para eliminar a colisão dos elétrons com as moléculas de gás. Outras limitações incluem altos níveis de energia e equipamentos de custo elevado.

19.3.3 USINAGEM A LASER

Os lasers são utilizados para uma variedade de aplicações industriais, incluindo tratamentos térmicos, soldagem e medições, bem como a traçagem, corte e furação, descritos aqui. O termo ***laser*** significa amplificação de luz por emissão estimulada de radiação. Um laser é um transdutor óptico que converte energia elétrica em um feixe de luz altamente coerente. Um feixe de luz laser tem várias propriedades que o distinguem de outras formas de luz. É monocromático (teoricamente, a luz tem um comprimento de onda único) e muito colimado (os raios de luz no feixe são quase que perfeitamente paralelos). Essas propriedades permitem que a luz gerada por um laser possa ser focalizada, usando lentes ópticas convencionais, para um ponto muito pequeno, com alta densidade de energia resultante. Dependendo da quantidade de energia contida no feixe de luz e seu grau de concentração no local, os diferentes processos a laser identificados anteriormente podem ser realizados.

A usinagem a laser ou **usinagem por feixe de laser** (*laser beam machining* — LBM) utiliza a energia da luz proveniente de um laser para remover material por meio de vaporização e ablação. A configuração do processo está ilustrada na Figura 19.11. Os tipos de lasers utilizados na usinagem são lasers gasosos de dióxido de carbono e de estado sólido (do qual existem vários tipos). Na usinagem a laser, a energia do feixe de luz coerente é concentrada não só opticamente, mas também em termos de tempo. O feixe de luz é pulsado de tal modo que resulte num impulso de energia liberada contra a superfície da peça, que produz uma combinação de fusão e de evaporação, com o material fundido sendo retirado da superfície à alta velocidade.

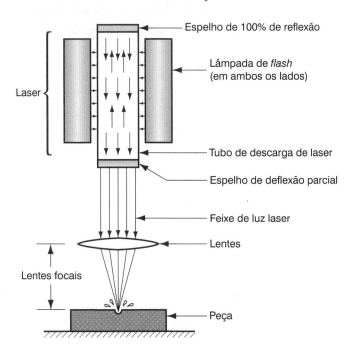

FIGURA 19.11 Usinagem a laser (LBM). (Crédito: *Fundamentals of Modern Manufacturing*, 4ª Edição, por Mikell P. Groover, 2010. Reimpresso com permissão de John Wiley & Sons, Inc.)

A usinagem a laser é utilizada para executar vários tipos de furação, corte, entalhes, traçagem e operações de marcação. A abertura de furos de pequeno diâmetro é possível até 0,025 mm (0,001 in). Para furos maiores, acima de 0,50 mm (0,020 in) de diâmetro, o feixe de laser é controlado para cortar o contorno do furo. A usinagem a laser não é considerada um processo de produção em massa, sendo usada geralmente em materiais finos. A gama de materiais que podem ser processados a laser é praticamente ilimitada. As propriedades ideais de um material para usinagem a laser incluem alta absorção de energia luminosa, pouca refletividade, boa condutividade térmica, baixo calor específico, baixo ponto de fusão e baixo ponto de vaporização. Naturalmente, nenhum material possui essa combinação ideal de propriedades. A lista atual de materiais processados por usinagem a laser inclui metais com alta dureza e resistência, metais macios, cerâmicas, vidro e epóxi de vidro, plásticos, borrachas, tecido e madeira.

19.4 USINAGEM QUÍMICA

A usinagem química (*chemical machining* — CHM) é um processo não convencional no qual o material é removido por meio de um forte ataque químico. As aplicações como um processo industrial começaram logo após a Segunda Guerra Mundial, na indústria aeronáutica. O uso de produtos químicos para remover o material não desejado de uma peça pode ser realizado de várias maneiras, e termos diferentes foram desenvolvidos para distinguir as aplicações. Esses termos incluem fresamento químico, estampagem química, gravação química e usinagem por fotocorrosão (*photochemical machining* — PCM). Todos eles utilizam o mesmo mecanismo de remoção de material, por isso é apropriado discutir as características gerais da usinagem química antes da definição dos processos individuais.

19.4.1 PRINCÍPIOS MECÂNICOS E QUÍMICOS DA USINAGEM QUÍMICA

O processo de usinagem química consiste em várias etapas. As diferenças nas aplicações e as formas em que as etapas são implementadas caracterizam as diferentes maneiras de usinagem química. As etapas são as seguintes:

1. ***Limpeza.*** O primeiro passo é a operação de limpeza, para assegurar que o material irá ser removido uniformemente das superfícies a serem gravadas.
2. ***Máscara.*** Um revestimento protetor chamado máscara é aplicado em certas partes da superfície da peça. Essa máscara é feita de um material quimicamente resistente ao ataque (o termo ***resiste*** é usado para o material da máscara). É, portanto, aplicado nas partes da superfície da peça que não serão atacadas.
3. ***Ataque.*** Esta é a etapa de remoção do material. A peça é imersa em um reagente, que quimicamente ataca as partes da superfície da peça que não estão protegidas pela máscara. O método usual de ataque é o de converter o material da peça (por exemplo, um metal) num sal que se dissolve no material de ataque, sendo assim removido da superfície. Quando a quantidade desejada de material tiver sido removida, a peça será retirada do ataque e lavada para interromper o processo.
4. ***Retirada da máscara.*** A máscara é removida da peça.

As duas etapas de usinagem química que incluem variações significativas nos métodos, materiais e parâmetros de processo são a máscara e o ataque — etapas 2 e 3.

Os materiais das máscaras incluem neoprene, cloreto de polivinil, polietileno e outros polímeros. A colocação da máscara pode ser feita por qualquer um dos três métodos: (1) corte e descascamento (2), resistência fotográfica e (3) serigrafia. No método do ***corte e descascamento***, aplica-se a máscara sobre toda a peça por imersão, pintura ou pulverização. A espessura resultante da máscara é 0,025 a 0,125 mm (0,001 a 0,005 in). Após o endurecimento da máscara, ela é cortada com uma lâmina de traçagem e descascada nas áreas de superfície da peça que serão atacadas. A operação de corte é feita manualmente, guiando a lâmina através de um gabarito. O método de corte e descascamento é em geral utilizado para grandes peças e pequenas produções, e onde a precisão não é um fator crítico. Esse método não pode atingir tolerâncias menores que 0,125 mm (0,005 in), exceto se for feito com extremo cuidado.

Como o nome sugere, o método de ***resistência fotográfica*** (o chamado método ***fotorresistência***, para abreviar) usa técnicas fotográficas para realizar a etapa de mascaramento. Os materiais de máscara contêm produtos químicos fotossensíveis. Eles são aplicados à superfície da peça e expostos à luz através de uma imagem negativa das áreas desejadas a serem gravadas. Essas áreas da máscara podem ser removidas da superfície utilizando técnicas fotográficas desenvolvidas. Esse procedimento deixa as superfícies desejadas da peça protegidas pela máscara, e as áreas restantes, não protegidas, ficam vulneráveis ao ataque químico. As técnicas de mascaramento fotossensíveis são normalmente aplicadas em pequenas peças produzidas em grandes quantidades, com exigências de estreitas tolerâncias. Tolerâncias menores que 0,0125 mm (0,0005 in) podem ser obtidas [16].

No método da ***serigrafia (silk screen)***, a máscara é aplicada por meio de métodos de impressão. Neles, a máscara é pintada sobre a superfície da peça através de uma estampa ou malha de aço inoxidável. Incorporado na malha, existe um estêncil que protege as áreas a serem gravadas a partir da parte pintada. A máscara é então pintada sobre as áreas da peça que não serão gravadas. O método tela resistente é geralmente utilizado em aplicações que estão entre os outros dois métodos de proteção por máscara em termos de precisão, dimensões da peça e os lotes de produção. Tolerâncias de 0,075 mm (0,003 in) podem ser alcançadas com esse método de colocação da máscara.

A seleção do **reagente** usado para o ataque depende do material da peça a ser gravado, da profundidade desejada e da taxa de remoção de material, além dos requisitos de acabamento superficial. O decapante deve ser também combinado com o tipo de máscara a ser usado para assegurar que o material da máscara não será quimicamente atacado pelo produto corrosivo. A Tabela 19.2 lista alguns dos materiais usinados por usinagem química junto com os ataques que são geralmente usados nesses materiais. Também estão incluídas na tabela as taxas de penetração e de fatores de ataque (corrosão). Esses parâmetros são explicados a seguir.

TABELA 19.2 Materiais e ataques comumente usados na usinagem química, com as taxas típicas de penetração e fatores de ataque

Material da Peça	Ataque	Taxa de Penetração		Fator de Ataque
		mm/min	in/min	
Alumínio	$FeCl_3$	0,020	0,0008	1,75
e suas ligas	NaOH	0,025	0,001	1,75
Cobre e suas ligas	$FeCl_3$	0,050	0,002	2,75
Magnésio e suas ligas	H_2SO_4	0,038	0,0015	1,0
Silício	HNO_3: HF: H_2O	Muito lento		ND
Aços doces	HCl:HNO_3	0,025	0,001	2,0
	$FeCl_3$	0,025	0,001	2,0
Titânio	HF	0,025	0,001	1,0
e suas ligas	HF: HNO_3	0,025	0,001	1,0

Compilado de [5], [8] e [16].
ND = dados não disponíveis.

As taxas de remoção de material na usinagem química são geralmente indicadas como as taxas de penetração, mm/min (in/min), uma vez que as taxas de ataque químico do material da peça pelo reagente corrosivo são direcionadas para a superfície. A taxa de penetração não é afetada pela área de superfície. As taxas de penetração listadas na Tabela 19.2 são valores típicos para o dado material e reagente.

As profundidades de corte em usinagem química são de até 12,5 mm (0,5 in) para painéis de aeronaves fabricados de chapas metálicas. Entretanto, muitas aplicações requerem profundidades que são apenas um centésimo de alguns milímetros. Junto com a penetração na peça, o ataque também ocorre lateralmente sob a máscara, como ilustrado na Figura 19.12. O efeito, referido como **rebaixo**, deve ser considerado no projeto da máscara a fim de permitir que o corte resultante tenha as dimensões especificadas. Para um dado material da peça, o rebaixo é diretamente relacionado com a profundidade de corte.

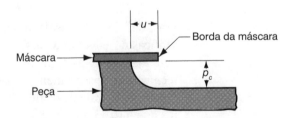

FIGURA 19.12 Rebaixo na usinagem química. (Crédito: *Fundamentals of Modern Manufacturing*, 4ª Edição, por Mikell P. Groover, 2010. Reimpresso com permissão de John Wiley & Sons, Inc.)

A constante de proporcionalidade para o material é chamada fator de ataque, definido como:

$$f_a = \frac{p_c}{u} \tag{19.8}$$

em que f_a = fator de ataque; p_c = profundidade de corte, mm (in); e u = rebaixo, mm (in). As dimensões u e p_c estão definidas na Figura 19.12. Diferentes materiais de peça têm diferentes fatores de ataque na usinagem química. Alguns valores típicos são apresentados na Tabela 19.2. O fator de ataque pode ser usado para determinar as dimensões das áreas de corte sob a máscara, de modo que as dimensões especificadas das áreas a serem atacadas na peça possam ser alcançadas.

19.4.2 PROCESSOS DE USINAGEM QUÍMICA

Nesta seção, são descritos os principais processos de usinagem química: (1) fresamento químico, (2) estampagem química, (3) gravação química e (4) usinagem fotoquímica.

Fresamento Químico O fresamento químico (*chemical milling*) foi o primeiro processo de usinagem química a ser comercializado. Durante a Segunda Guerra Mundial, uma empresa de aviação dos Estados Unidos começou a usar fresamento químico para remover metal de componentes de aeronaves. Eles se referiam ao processo como "*chem-mill*". Hoje, a usinagem química ainda é amplamente usada na indústria aeronáutica para remoção de material da asa da aeronave e de painéis da fuselagem na intenção de reduzir o peso. É aplicável a grandes peças em que quantidades substanciais de metal são removidas durante o processo. O método de máscara por corte e descascamento é empregado. Um gabarito é em geral utilizado para considerar o rebaixo que irá resultar durante o ataque. A sequência das etapas do processamento é ilustrada na Figura 19.13.

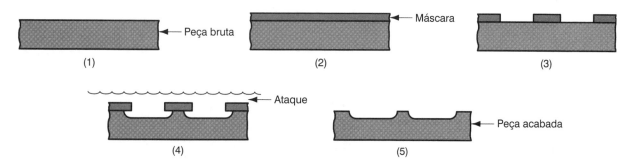

FIGURA 19.13 Sequência das etapas do processamento no fresamento químico: (1) limpeza da peça bruta, (2) aplicação da máscara, (3) cópia, corte e descasque da máscara nas áreas a serem gravadas, (4) ataque e (5) remoção da máscara e limpeza para produção da peça acabada. (Crédito: *Fundamentals of Modern Manufacturing*, 4ª Edição, por Mikell P. Groover, 2010. Reimpresso com permissão de John Wiley & Sons, Inc.)

Estampagem Química A estampagem química (*chemical blanking*) usa erosão química para cortar peças de folhas metálicas muito finas, abaixo de 0,025 mm (0,001 in) de espessura e/ou com complexos perfis de corte. Em ambos os casos, os métodos convencionais de punção e matriz não funcionam porque as forças de estampagem danificam a chapa metálica ou o custo das ferramentas seria proibitivo, ou podem ainda ocorrer ambos. A estampagem química produz peças sem rebarbas, o que constitui uma vantagem sobre as operações de corte convencionais.

Os métodos utilizados para aplicar a máscara na estampagem química são o método de fotorresistência ou o método da serigrafia (*silk screen*). Para cortes pequenos e/ou complexos padrões e tolerâncias estreitas, o método da fotorresistência é usado. Tolerâncias tão estreitas quanto 0,0025 mm (0,0001 in) podem ser obtidas em peças de 0,025 mm (0,001 in) de espessura utilizando o método de máscara por fotorresistência. Com o aumento das espessuras das peças, tolerâncias maiores devem ser consideradas. O método de serigrafia não é tão preciso quanto o método de máscara por fotorresistência. As pequenas dimensões das peças na estampagem química excluem o método de máscara por corte e descascamento.

O método da serigrafia (*silk screen*) é utilizado para ilustrar as etapas da estampagem química mostradas na Figura 19.14. Considerando que a decapagem química ocorre em ambos os lados da peça na estampagem química, é importante que o procedimento de mascaramento proporcione alinhamento preciso entre as duas partes. Caso contrário, a erosão na direção oposta da peça não vai estar alinhada. Isso é especialmente crítico em peças de dimensões pequenas e formas complexas.

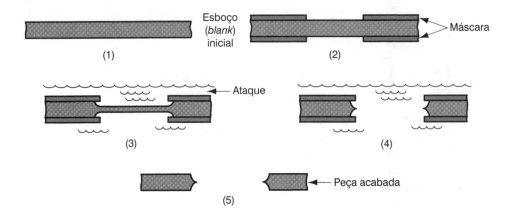

FIGURA 19.14 Sequência das etapas do processamento na estampagem química: (1) limpeza da peça bruta, (2) aplicação da máscara por meio da pintura da serigrafia, (3) ataque (parcialmente realizado), (4) ataque (completo) e (5) remoção da máscara e limpeza para produção da peça acabada. (Crédito: *Fundamentals of Modern Manufacturing*, 4ª Edição, por Mikell P. Groover, 2010. Reimpresso com permissão de John Wiley & Sons, Inc.)

FIGURA 19.15 Peças fabricadas por estampagem química. Cortesia da Buckbee-Mears St. Paul. (Crédito: *Fundamentals of Modern Manufacturing*, 4ª Edição, por Mikell P. Groover, 2010. Reimpresso com permissão de John Wiley & Sons, Inc.)

A aplicação da estampagem química é em geral limitada a materiais finos e/ou em peças complexas pelas razões já citadas. A espessura máxima é de cerca de 0,75 mm (0,030 in). Além disso, materiais endurecidos e frágeis podem ser processados por estampagem química, já que os métodos mecânicos, certamente, quebrariam a peça. A Figura 19.15 apresenta exemplos de peças produzidas utilizando o processo de estampagem química.

Gravação Química A gravação química (*chemical engraving*) é um processo de usinagem química usado para fazer placas com nomes e outros painéis planos com letras e/ou obras de arte em um dos lados. Essas placas e painéis de outra forma seriam feitos usando máquina de gravação convencional ou processo semelhante. A gravação química pode ser usada para fazer os painéis com baixo ou alto relevo simplesmente invertendo as partes do painel a serem atacadas. A colocação de máscaras é feita por um dos métodos, serigrafia ou fotorresistência. A sequência das etapas na gravação química é semelhante aos outros processos de usinagem química, exceto pela operação de preenchimento subsequente ao ataque. O objetivo do preenchimento é aplicar a pintura ou outro revestimento nas áreas rebaixadas que foram criadas por ataque. Em seguida, o painel será imerso em uma solução que dissolve a máscara, mas não ataca o material de revestimento. Assim, quando a máscara for removida, o revestimento permanecerá nas áreas gravadas, mas não nas áreas que foram mascaradas. O efeito é o de padrão luz-sombra.

Usinagem Fotoquímica A usinagem fotoquímica (*photochemical machining* — PCM) é a usinagem química na qual o método da máscara fotorresistente é usado. O termo pode, portanto, ser aplicado corretamente para estampagem química e gravação química quando esses métodos utilizarem o método fotorresistente. A PCM é empregada na fabricação mecânica nas circunstâncias em que são necessárias tolerâncias estreitas e/ou intrincados perfis em peças planas. Os processos fotoquímicos também são amplamente utilizados na indústria eletrônica para produzir projetos de semicondutores de circuitos complexos.

A Figura 19.16 mostra a sequência de etapas da usinagem fotoquímica, como ela é aplicada na estampagem química. Existem várias maneiras de expor fotograficamente a imagem desejada para obter o negativo. A figura mostra o negativo em contato com a superfície durante a exposição. Essa é a impressão de contato, mas outros métodos de impressão fotográficos estão disponíveis; eles expõem o negativo por meio de um sistema de lentes para ampliar ou reduzir o tamanho do padrão impresso na superfície do filme. Materiais fotossensíveis comuns são sensíveis à luz ultravioleta, mas não à luz de outros comprimentos de onda. Portanto, com uma iluminação adequada na fábrica, não é necessário ambiente de sala escura para a realização das etapas de processamento. Uma vez que a operação de mascaramento é realizada, as etapas restantes do processo são semelhantes aos outros métodos de usinagem química.

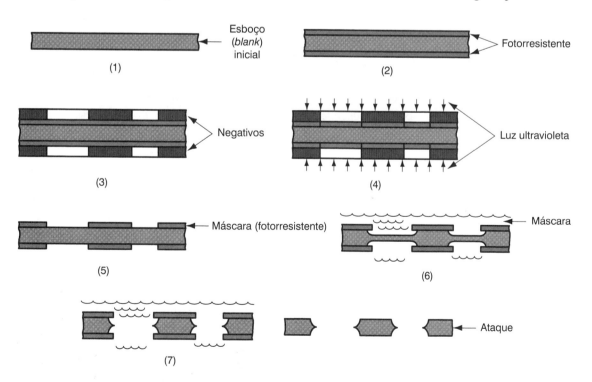

FIGURA 19.16 Sequência das etapas do processamento na usinagem fotoquímica (PCM): (1) limpeza da peça bruta, (2) aplicação da máscara por meio de imersão, pulverização ou pintura, (3) colocação do negativo na máscara, (4) exposição à luz ultravioleta, (5) remoção da máscara dos locais a serem atacados, (6) ataque (parcialmente atacado), (7) ataque (completo), (8) remoção da máscara e limpeza da peça acabada. (Crédito: *Fundamentals of Modern Manufacturing*, 4ª Edição, por Mikell P. Groover, 2010. Reimpresso com permissão de John Wiley & Sons, Inc.)

Na usinagem fotoquímica, o termo correspondente ao fator de ataque é definido como a profundidade de corte dividida pelo rebaixo (veja Figura 19.12). Essa é a mesma definição como dada na Eq. (19.8).

19.5 CONSIDERAÇÕES PRÁTICAS

As aplicações típicas dos processos não tradicionais incluem características geométricas especiais e peças de materiais que não podem ser facilmente processadas por meio de técnicas convencionais. Algumas peças especiais, para as quais os processos não tradicionais são adequados, estão listadas na Tabela 19.3, com os processos não tradicionais mais apropriados.

TABELA 19.3 Características geométricas das peças e processos não convencionais de usinagem mais apropriados

Característica Geométrica	Provável Processo
Furos muito pequenos. Diâmetros menores que 0,125 mm (0,005 in), em alguns casos abaixo de 0,025mm (0,001 in), geralmente menores que os diâmetros convencionais das brocas.	EBM, LBM
Furos com grande relação profundidade-diâmetro, isto é, $d/D > 20$. Exceto quando se pode utilizar brocas canhão, esses furos não podem ser usinados em operações de furação convencional.	ECM, EDM
Furos que não sejam redondos. Furos não redondos não podem ser usinados com ferramentas de rotação.	EDM, ECM
Ranhuras estreitas em chapas e placas de vários materiais. As ranhuras não são necessariamente em linha reta. Em alguns casos, as ranhuras têm formas extremamente complexas.	EBM, LBM, WJC, EDM a fio, AWJC
Microusinagem. Além de usinar pequenos furos e ranhuras estreitas, existem outras aplicações de remoção de materiais da peça e/ou áreas a serem cortadas que são muito pequenas.	PCM, LBM, EBM
Cavidades rasas e detalhes superficiais em peças planas. Existe uma gama significativa em termos das dimensões das peças nessa categoria, desde microscópicos *chips* de circuitos integrados até grandes painéis de aviões.	CHM
Formas especiais arredondadas para moldes e aplicações em matrizes. Estas EDM, ECM aplicações são por vezes referidas como matrizes-punções.	EDM, ECM

Como um grupo, os processos não tradicionais podem ser aplicados a quase todos os materiais, metálicos e não metálicos. No entanto, alguns processos não são adequados para certos materiais. A Tabela 19.4 relaciona a aplicabilidade dos processos não tradicionais para os vários tipos de materiais. Muitos dos processos podem ser utilizados em materiais metálicos, mas não em não metálicos. Por exemplo, usinagem eletroquímica e por eletroerosão exigem peças de materiais condutores elétricos. Isso limita sua aplicação, em geral, às peças metálicas. A usinagem química depende da disponibilidade de um produto corrosivo apropriado para o dado material da peça. Considerando que os metais são mais suscetíveis ao ataque químico por vários condicionadores, a usinagem química é comumente usada para processar metais. Com algumas exceções, os processos de usinagem por ultrassom, jato abrasivo, feixe de elétrons e a laser podem ser usados em materiais metálicos e não metálicos. A usinagem por jato d'água é geralmente limitada ao corte de materiais plásticos, papelão, têxteis e em outros materiais que não possuem a resistência dos metais.

TABELA 19.4 Aplicações dos processos não convencionais de usinagem selecionados para vários materiais. Para comparação, o fresamento e a retificação convencionais foram incluídos.

| Material da Peça | Processos Não Convencionais ||||||||| Processos Convencionais ||
| | Mecânico || Elétrico || Térmico ||| Químico | | |
	USM	WJC	ECM	EDM	EBM	LBM	PAC	CHM	Fresamento	Retificação
Alumínio	C	C	B	B	B	B	A	A	A	A
Aço	B	D	A	A	B	B	A	A	A	A
Superligas	C	D	A	A	B	B	A	B	B	B
Cerâmica	A	D	D	D	A	A	D	C	D	C
Vidro	A	D	D	D	B	B	D	B	D	C
Silício[a]			D	D	B	B	D	B	D	B
Polímeros	B	B	D	D	B	B	D	C	B	C
Papelão[b]	D	A	D	D			D	D	D	D
Têxteis[c]	D	A	D	D			D	D	D	D

Compilado de [16] e de outras referências.
Legenda: A = boa aplicação, B = aplicação justa, C = aplicação pobre, D = não aplicável, e lacunas em branco significa que os dados não estavam disponíveis durante a compilação.
[a]Refere-se ao silício usado na fabricação de *chips* de circuitos integrados.
[b]Inclui outros produtos de papel.
[c]Inclui feltro, couro e materiais similares.

REFERÊNCIAS

[1] Aronson, R. B. "Waterjets Move into the Mainstream," *Manufacturing Engineering*, April 2005, pp. 69–74.

[2] Bellows, G., and Kohls, J. B. "Drilling without Drills," Special Report 743, *American Machinist*, March 1982, pp. 173–188.

[3] Benedict, G. F. *Nontraditional Manufacturing Processes*. Marcel Dekker, Inc., New York, 1987.

[4] Dini, J. W. "Fundamentals of Chemical Milling," Special Report 768, *American Machinist*, July 1984 pp. 99–114.

[5] Drozda, T. J., and Wick, C. (eds.). *Tool and Manufacturing Engineers Handbook*, 4th ed., Vol. I, *Machining*. Society of Manufacturing Engineers, Dearborn, Michigan, 1983.

[6] El-Hofy, H. *Advanced Machining Processes: Nontraditional and Hybrid Machining Processes*. McGraw-Hill Professional, New York, 2005.

[7] Guitrau, E. "Sparking Innovations," *Cutting Tool Engineering*, Vol. 52, No. 10, October 2000, pp. 36–43.

[8] *Machining Data Handbook*, 3rd ed., Vol. 2. Machinability Data Center, Metcut Research Associates Inc., Cincinnati, Ohio, 1980.

[9] Mason, F. "Water Jet Cuts Instrument Panels," *American Machinist & Automated Manufacturing*, July 1988, pp. 126–127.

[10] McGeough, J. A. *Advanced Methods of Machining*. Chapman and Hall, London, England, 1988.

[11] Pande, P. C., and Shan, H. S. *Modern Machining Processes*. Tata McGraw-Hill Publishing Company, New Delhi, India, 1980.

[12] Vaccari, J. A. "The Laser's Edge in Metalworking," Special Report 768, *American Machinist*, *August*, 1984, pp. 99–114.

[13] Vaccari, J. A. "Thermal Cutting," Special 778, *American Machinist*, July 1988, pp. 111–126.

[14] Vaccari, J. A. "Advances in Laser Cutting," *American Machinist & Automated Manufacturing*, 1988, pp. 59–61.

[15] Waurzyniak, P. "EDM's Cutting Edge," *Manufacturing Engineering*, Vol. 123, No. 5, November pp. 38–44.

[16] Weller, E. J. (ed.). *Nontraditional Machining Processes*, 2nd ed. Society of Manufacturing Engineers, Dearborn, Michigan, 1984.

[17] www.engineershandbook.com/MfgMethods

QUESTÕES DE REVISÃO

19.1 Por que os processos não tradicionais de remoção de material são importantes?

19.2 Existem quatro categorias de processos não tradicionais de usinagem com base no tipo principal de energia. Cite as quatro categorias.

19.3 Como funciona o processo de usinagem por ultrassom?

19.4 Descreva o processo de corte por jato d'água.

19.5 Qual é a diferença entre o corte por jato d'água, corte por jato d'água abrasivo e corte por jato abrasivo?

19.6 Nomeie os três principais tipos de usinagem eletroquímica.

19.7 Identifique as duas desvantagens significativas da usinagem eletroquímica.

19.8 Como o aumento da corrente de descarga pode afetar a taxa de remoção de metal e o acabamento superficial na usinagem por eletroerosão?

19.9 O que se entende pelo termo *sobrecorte* lateral em usinagem por eletroerosão?

19.10 Cite as quatro principais etapas da usinagem química.

19.11 Quais são os três métodos para realizar a etapa de mascaramento na usinagem química?

19.12 O que é fotorresistência em usinagem química?

PROBLEMAS

19.1 Para a seguinte aplicação, identifique um ou mais processos não convencionais de usinagem que possam ser utilizados; apresente argumentos para apoiar sua seleção. Considere que tanto a geometria da peça ou o material da peça (ou ambos) excluem a utilização de usinagem convencional. A aplicação é uma matriz de furos de 0,1 mm (0,004 in) de diâmetro, em uma placa de 3,2 mm (0,125 in) de espessura de aço ferramenta endurecido. A matriz é retangular, 75 por 125 mm (3,0 por 5,0 in) com a distância entre os furos em cada direção = 1,6 mm (0,0625 in).

19.2 Para a seguinte aplicação, identifique um ou mais processos não convencionais de usinagem que possam ser utilizados; apresente argumentos para justificar sua seleção. Considere que tanto a geometria ou o material da peça (ou ambos) excluem a utilização de usinagem convencional. O aplicativo é a gravação de uma chapa de impressão de alumínio para ser usada em uma prensa de impressão *offset*, para fazer pôsteres de 275 por 350 mm (11 por 14 in) do endereço de Lincoln em Gettysburg.

19.3 Para a seguinte aplicação, identifique um ou mais processos não convencionais de usinagem que possam ser utilizados; apresente argumentos para justificar sua seleção. Considere que tanto a geometria ou o material da peça (ou ambos) excluem a utilização de usinagem convencional. A aplicação é um furo passante em forma da letra L em uma placa de vidro de 12,5 mm (0,5 in) de espessura. As dimensões da "L" são 25 por 15 mm (1,0 por 0,6 in) e a largura do furo é de 3 mm (1/8 in).

19.4 Para a seguinte aplicação, identifique um ou mais processos não convencionais de usinagem que possam ser utilizados; apresente argumentos para apoiar sua seleção. Considere que tanto a geometria ou o material da peça (ou ambos) excluem a utilização de usinagem convencional. A aplicação é um furo cego na forma da letra G em um cubo de aço de 50 mm (2,0 in). As dimensões totais do "G" são de 25 × 19 mm (1,0 × 0,75 in), a profundidade do furo é de 3,8 mm (0,15 in), e sua largura é de 3 mm (1/8 in).

19.5 Uma empresa de móveis, fabricante de poltronas e sofás, deve cortar grandes quantidades de tecidos. Muitos desses tecidos são fortes e resistentes ao desgaste, propriedades que os tornam difíceis de cortar. Que processo(s) não convencional(is) você recomendaria à empresa para essa aplicação? Justifique sua resposta indicando as características do processo que o tornam atraente.

19.6 A área frontal do eletrodo de trabalho em uma operação de usinagem eletroquímica é de 2000 mm². As correntes aplicadas = 1800 A e a tensão = 12 V. O material a ser cortado é o níquel (valência = 2). (a) Se o processo tem 90% de eficiência, determine a taxa de remoção de metal em mm³/min. (b) Se a resistividade do eletrólito for = 140 ohm-mm, determine o *gap* de trabalho.

19.7 Em uma operação de usinagem eletroquímica, a área frontal do eletrodo de trabalho é de 2,5 in². A corrente aplicada = 1500 A, e a tensão = 12 V. O material da peça é o alumínio puro. (a) Se o processo de usinagem eletroquímica é 90% eficaz, determine a taxa de remoção de metal em in³/h. (b) Sendo a resistividade do eletrólito = 6,2 ohm-in, determine o *gap* de trabalho.

19.8 Um furo quadrado deve ser cortado por usinagem eletroquímica em uma placa de cobre puro (valência = 1) de 20 mm de espessura. O furo é de 25 mm de cada lado, mas os lados do eletrodo utilizado para cortar o furo são ligeiramente menores do que 25 mm, para permitir um sobrecorte lateral, e seu formato inclui um furo no seu centro para permitir o fluxo de eletrólito e para reduzir a área do corte. Esta geometria da ferramenta configura uma área frontal de 200 mm². A corrente aplicada é de 1000 A. Considerando uma eficiência de 95%, determine o tempo necessário para realizar a usinagem do furo.

19.9 Um furo passante de 3,5 in de diâmetro deverá ser cortado, por usinagem eletroquímica, em um bloco de ferro puro (valência = 2). O bloco é de 2,0 in de espessura. Para acelerar o processo de corte, o eletrodo-ferramenta terá um furo central de 3,0 in, que irá produzir um núcleo central. Este poderá ser removido depois que a ferramenta se quebrar completamente. O diâmetro externo do eletrodo está subdimensionado para permitir sobrecorte. O sobrecorte lateral esperado será de 0,005 in em um dos lados. Se a eficiência da operação de ECM for de 90%, que corrente será necessária para completar a operação de corte em 20 minutos?

19.10 Uma operação de usinagem por eletroerosão é realizada em peças de dois materiais: tungstênio e estanho. Determine a quantidade de metal removido na operação após uma hora com uma corrente de 20 A, para cada um desses metais. Use unidades métricas e expresse as respostas em mm³/h. Use a Tabela 3.10 para determinar as temperaturas de fusão do tungstênio e estanho.

19.11 Uma operação de usinagem por eletroerosão será realizada em peças de dois materiais: ferro e zinco. Determine a quantidade de metal removido na operação após uma hora, com uma corrente de descarga = 15 A, para cada um desses metais. Use unidades do sistema britânico e expresse a resposta em in³/h. Use a Tabela 3.10 para determinar as temperaturas de fusão do ferro e zinco.

19.12 Suponhamos que o furo do Problema 19.9 será cortado usando usinagem por eletroerosão em vez de usinagem eletroquímica. Usando uma corrente de descarga = 20 A (o que seria típico para eletroerosão), quanto tempo seria necessário para cortar o furo? Use a Tabela 3.10 para determinar a temperatura de fusão do ferro puro.

19.13 A taxa de remoção de metal de 0,01 in³/min é realizada em uma certa operação de usinagem por eletroerosão numa peça de cobre puro. Qual seria a taxa de remoção de metal alcançada nessa operação de eletroerosão em níquel se a mesma corrente fosse usada? Use a Tabela 3.10 para determinar as temperaturas de fusão do cobre e do níquel.

19.14 Em uma operação de usinagem por eletroerosão a fio realizada em aço C1080 de 7 mm de espessura, com um eletrodo de fio de tungstênio de 0,125 mm de diâmetro, experiências anteriores sugerem que o sobrecorte será de 0,02 mm, de modo que a largura de corte será 0,165 mm. Utilizando uma corrente de descarga = 10 A, qual é a velocidade de avanço admissível que pode ser usada na operação? Considere a temperatura de fusão de 1500°C para o aço 1080.

19.15 Uma operação de usinagem por eletroerosão a fio será executada em uma chapa de alumínio de 3/4 in de espessura, utilizando um eletrodo de fio de bronze cujo diâmetro = 0,005 in. Prevê-se que o sobrecorte será 0,001 in, de modo que a largura de corte será 0,007 in. Usando uma corrente de descarga = 7 A, qual é a velocidade de avanço admissível esperada que pode ser utilizada na operação? A temperatura de fusão do alumínio é de 1220°F.

19.16 O fresamento químico é utilizado numa indústria aeronáutica para criar cavidades em seções das asas fabricadas de uma liga de alumínio. A espessura inicial da peça é de 20 mm. Uma série de cavidades retangulares de 200 mm por 400 mm e 12 mm de profundidade deve ser criada. Os cantos de cada retângulo são arredondados para 15 mm. A peça é uma liga de alumínio, e o reagente de ataque é o NaOH. Use a Tabela 19.2 para determinar a taxa de penetração e o fator de ataque para essa combinação. Determine: (a) a taxa de remoção de metal em mm³/min, (b) o tempo necessário para o ataque na profundidade especificada, e (c) as dimensões necessárias da abertura na máscara do tipo corte e descasque para atingir as dimensões desejadas das cavidades sobre a peça.

19.17 Em uma operação de fresamento químico de uma chapa plana de aço doce, pretende-se cortar uma cavidade em forma de elipse até a profundidade de 0,4 in. Os semieixos da elipse são $a = 9,0$ in e $b = 6,0$ in. Uma solução de ácidos clorídrico e nítrico será utilizada como reagente de ataque. Use a Tabela 19.2 para determinar a taxa de penetração e o fator de ataque para essa combinação. Determine: (a) a taxa de remoção de metal em in^3/h, (b) o tempo necessário para a profundidade de ataque, e (c) as dimensões necessárias da abertura da máscara de corte e descasque para atingir as dimensões desejadas da cavidade sobre a peça.

19.18 Em certa operação de estapagem química, um ataque com ácido sulfúrico é usado para remover o material de uma chapa de liga de magnésio. A chapa é de 0,25 mm de espessura. O método de mascaramento *silk screen* foi utilizado para permitir alcançar altas taxas de produção. Ao mesmo tempo, o processo produz grande quantidade de sucata. As tolerâncias especificadas de 0,025 mm não estão sendo alcançadas. O encarregado do departamento de usinagem química reclama que deve haver algo de errado com o ácido sulfúrico. "Talvez a concentração esteja incorreta", ele sugere. Analise o problema e recomende uma solução.

19.19 Em uma operação de estampagem química, a espessura da folha de alumínio é de 0,015 in. O gabarito de furos a ser cortado na folha é constituído de uma matriz de furos de 0,100 in de diâmetro. Se a usinagem fotoquímica for usada para cortar esses furos, e o método de serigrafia for o utilizado para fazer a máscara, determine o diâmetro dos furos que devem ser usados no gabarito.

Parte VI Melhoria de Propriedades e Tratamentos de Superfícies

20 TRATAMENTO TÉRMICO DE METAIS

Sumário

20.1 Recozimento

20.2 Formação da Martensita nos Aços
    20.2.1 Curva de Transformação Tempo–Temperatura
    20.2.2 Tratamento Térmico
    20.2.3 Temperabilidade

20.3 Endurecimento por Precipitação

20.4 Endurecimento Superficial

Os processos de fabricação apresentados nos capítulos anteriores envolvem a conformação geométrica das peças. Serão considerados, agora, os processos que melhoram as propriedades da peça (Capítulo 20) ou acarretam algum tratamento superficial à peça, tal como limpeza ou revestimento (Capítulo 21). As operações que melhoram as propriedades são realizadas para modificar as propriedades mecânicas ou físicas do material. Elas não alteram o formato das peças, pelo menos não intencionalmente. Os processamentos mais importantes para melhorar as propriedades são os tratamentos térmicos. O *tratamento térmico* envolve vários procedimentos de aquecimento e resfriamento, que são realizados para alterar a microestrutura do material, o que, por sua vez, afeta as propriedades mecânicas. A maioria das suas aplicações é em metais, como discutido neste capítulo. Tratamentos similares são usados em vitrocerâmicas (Seção 2.2.3), em vidros temperados (Seção 7.3.1), em metalurgia do pó e em cerâmicas (Seções 10.2.3 e 11.2.3).

    Os tratamentos térmicos podem ser realizados em uma peça metálica nas diversas etapas do seu processo de produção. Em alguns casos, o tratamento é aplicado antes da conformação plástica (por exemplo, para reduzir a dureza do metal, tal que ele possa ser mais facilmente conformado enquanto permanece aquecido). Em outros casos, o tratamento térmico é usado para aliviar os efeitos do encruamento que ocorre durante a conformação, de modo que o material possa ser submetido a uma deformação adicional. O tratamento térmico também pode ser aplicado ao final das etapas de conformação, ou próximo à etapa final, para alcançar a resistência mecânica e a dureza necessárias ao produto final. Os principais tratamentos térmicos são: recozimento, transformação martensítica nos aços, endurecimento por precipitação e tratamento de endurecimento superficial.

20.1 RECOZIMENTO

O recozimento consiste no aquecimento do metal em temperatura adequada, manutenção nessa temperatura por certo tempo (chamado *encharque*) e resfriamento lento. Esse tratamento é realizado nos metais para atingir qualquer um dos seguintes objetivos: (1) reduzir a dureza e a fragilidade; (2) modificar a microestrutura de modo a se obter propriedades mecânicas de interesse; (3) reduzir a dureza para melhorar a usinabilidade e a conformabilidade; (4) recristalizar os metais trabalhados a frio (endurecidos por deformação) e (5) aliviar as tensões residuais geradas em processos anteriores. O tratamento de recozimento recebe designações específicas dependendo dos detalhes do processo e das temperaturas empregadas em relação à temperatura de recristalização do metal sob tratamento.

O *recozimento pleno* está associado a metais ferrosos (usualmente aços baixo e médio-carbono) e envolve o aquecimento da liga até o campo austenítico, seguido de resfriamento lento, dentro do forno, para produzir perlita grosseira. A *normalização* envolve aquecimento e encharque similares aos do recozimento pleno, mas as taxas de resfriamento são mais rápidas. O aço é resfriado ao ar até a temperatura ambiente. Esse procedimento resulta em perlita fina e maiores resistência e dureza, porém menor ductibilidade que aquela obtida com o recozimento pleno.

As peças trabalhadas a frio são geralmente recozidas para reduzir o efeito do encruamento e aumentar a ductilidade. Esse tratamento permite aos metais trabalhados a frio recristalizarem, parcial ou completamente, dependendo da temperatura, tempo de encharque e taxas de resfriamento. Quando o recozimento é realizado para permitir que a peça sofra mais trabalho a frio ele é chamado *recozimento intermediário*. Ao ser executado na peça acabada (deformada a frio) com o objetivo de remover os efeitos do encruamento, quando não serão mais aplicadas deformações subsequentes, é chamado apenas *recozimento*. Os tratamentos de recozimentos são basicamente idênticos; mas diferentes designações são usadas para indicar os propósitos do tratamento.

Se as condições de recozimento permitem a recuperação total do metal deformado a frio à sua estrutura de grãos original, então ocorre *recristalização*. Após esse tipo de recozimento, o metal tem a nova forma criada pela operação de conformação plástica, mas sua estrutura de grãos e as propriedades a ela associadas são essencialmente as mesmas de antes do trabalho a frio. As condições que tendem a favorecer a recristalização são temperatura mais alta, tempo de encharque mais longo e menor taxa de resfriamento. Se o tratamento de recozimento permitir apenas um retorno parcial da estrutura de grãos ao seu estado original, ele é denominado tratamento de *recuperação*. A recuperação permite que o metal mantenha a maior parte do encruamento gerado no trabalho a frio, mas a tenacidade da peça é melhorada.

O alívio de tensão não é, em geral, o objetivo das operações anteriores de recozimento. Entretanto, o recozimento é algumas vezes realizado visando apenas aliviar as tensões residuais do componente. Chama-se esta operação *recozimento de alívio de tensão*, e ela favorece a redução da distorção e de variações dimensionais que poderiam ocorrer nas peças com tensões residuais.

20.2 FORMAÇÃO DA MARTENSITA NOS AÇOS

O diagrama ferro-carbono da Figura 2.1 indica as fases de ferro e de carbeto de ferro (cementita) presentes sob condições de equilíbrio. Esse diagrama considera que o resfriamento a partir de altas temperaturas é lento o suficiente para permitir a decomposição da austenita em uma mistura de ferrita e cementita (Fe_3C) à temperatura ambiente. Essa reação de decomposição requer difusão e outros processos dependentes do tempo e da temperatura para transformar o metal até sua microestrutura final de equilíbrio. Entretanto, sob condições de resfriamento rápido, tal que essas reações de equilíbrio são inibidas, a austenita se transforma em uma fase fora do equilíbrio chamada martensita. A **martensita** é uma fase dura e frágil, que tem a capacidade única de elevar a resistência mecânica dos aços a níveis muito altos.

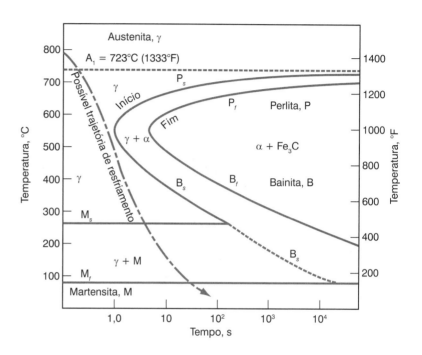

FIGURA 20.1 Curva TTT mostrando a transformação da austenita em outras fases, em função do tempo e da temperatura, para um aço de composição aproximada de 0,8% C. A possível trajetória de resfriamento mostrada produz a martensita. (Crédito: *Fundamentals of Modern Manufacturing*, 4ª Edição por Mikell P. Groover, 2010. Reimpresso com permissão de John Wiley & Sons, Inc.)

20.2.1 CURVA DE TRANSFORMAÇÃO TEMPO–TEMPERATURA

A natureza da transformação martensítica pode ser mais bem entendida usando a curva de transformação tempo-temperatura (curva TTT) para o aço eutetoide, que está ilustrada na Figura 20.1. A curva TTT mostra como a taxa de resfriamento afeta a transformação da austenita em várias fases possíveis. As fases podem ser divididas entre (1) formas alternativas de ferrita e cementita e (2) martensita. Nas curvas TTT, o tempo é colocado no eixo horizontal (sendo expresso em escala logarítmica por conveniência) e a temperatura está no eixo vertical. A curva é interpretada começando-se do tempo zero e no campo austenítico (em algum ponto acima da linha de temperatura A_1) e prosseguindo para baixo e para a direita ao longo de uma trajetória que representa como o metal é resfriado em função do tempo. A curva TTT apresentada na figura é para uma composição específica de aço (0,8% de carbono). A forma da curva é diferente para outras composições.

Em taxas de resfriamento lentas, a trajetória passa através da região que indica a transformação em perlita ou em bainita, que são formas alternativas de misturas de ferrita e carbeto de ferro. Como essas transformações levam tempo para ocorrer, o diagrama TTT tem duas linhas — de início e de término da transformação em função do tempo, indicadas para as regiões das diferentes fases, respectivamente, pelos subscritos *s* (*start*) e *f* (*final*). A **perlita** é uma mistura das fases ferrita e cementita na forma de pequenas lamelas paralelas. Ela é obtida pelo resfriamento lento a partir do campo austenítico, tal que a trajetória de resfriamento passa por P_s acima do "nariz" da curva TTT. A **bainita** é uma mistura alternativa das mesmas fases, que pode ser produzida por resfriamento inicial rápido até uma temperatura acima de M_s, de modo que o nariz da curva TTT seja evitado. A seguir, há o resfriamento muito lento, que passa pela linha B_s, para atingir a região de ferrita e cementita. A bainita tem estrutura semelhante a agulhas ou penas, formada por regiões de carbetos muito pequenos.

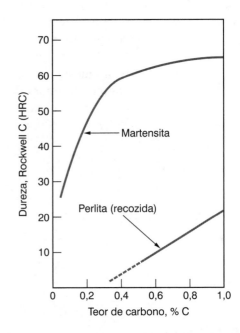

FIGURA 20.2 Dureza dos aços-carbono em função do teor de carbono da martensita (temperada) e da perlita (recozida). (Crédito: *Fundamentals of Modern Manufacturing*, 4ª Edição por Mikell P. Groover, 2010. Reimpresso com permissão de John Wiley & Sons, Inc.)

Se o resfriamento ocorre de modo suficientemente rápido, (indicado pela trajetória tracejada na Figura 20.1), a austenita se transforma em martensita. A **martensita** é uma fase diferenciada, sendo uma solução sólida de ferro e carbono cuja composição é a mesma da austenita que lhe deu origem. A estrutura cúbica de faces centradas da austenita é transformada quase que de forma instantânea em tetragonal de corpo centrado (TCC) da martensita — sem o processo de difusão, dependente do tempo necessário para separar a ferrita e o carbeto de ferro das transformações anteriores.

Durante o resfriamento, a transformação da martensita começa em certa temperatura M_s e termina em temperatura mais baixa M_f, como mostrada no diagrama TTT. Entre essas duas temperaturas, o aço é uma mistura de austenita e martensita. Se o resfriamento for interrompido em temperatura entre M_s e M_f, a austenita se transformará em bainita à medida que a trajetória tempo-temperatura cruza a linha B_s. O valor da temperatura M_s é influenciado pela presença de elementos de liga, incluindo o carbono. Em alguns aços, a linha M_s é inferior à temperatura ambiente, tornando impossível para esses aços formar martensita pelos métodos tradicionais de tratamento térmico.

A dureza extrema da martensita resulta da deformação da rede cristalina gerada pelos átomos de carbono que ficam aprisionados na estrutura TCC, criando, assim, barreiras à movimentação das discordâncias. A Figura 20.2 mostra o forte efeito da transformação martensítica na dureza de aços com teores crescentes de carbono.

20.2.2 TRATAMENTO TÉRMICO

O tratamento térmico para produzir martensita consiste em duas etapas: austenitização e têmpera. Essas etapas são, com frequência, seguidas pelo revenido para produzir martensita revenida. A **austenitização** envolve o aquecimento do aço a em temperatura suficientemente alta para transformá-lo, parcial ou por completo, em austenita. Essa temperatura pode ser determinada a partir dos diagramas de fase para a composição particular da liga. A transformação para austenita envolve mudança de fase, o que requer tempo, assim como aquecimento. Desse modo, o aço deve ser mantido em temperatura elevada por período suficiente para permitir que a nova fase se forme e seja atingida a necessária homogeneidade da composição.

A etapa de **têmpera** consiste no rápido resfriamento da austenita de modo a evitar a passagem pelo nariz da curva TTT, como indicado na trajetória de resfriamento mostrada na Figura 20.1. A taxa de resfriamento depende do meio de têmpera usado e da taxa de transferência de calor da peça de aço. Vários meios de têmpera são usados na prática industrial de tratamento

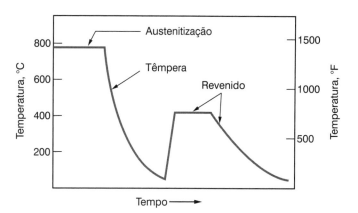

FIGURA 20.3 Tratamento térmico típico do aço: austenitização, têmpera e revenido. (Crédito: *Fundamentals of Modern Manufacturing*, 4ª Edição por Mikell P. Groover, 2010. Reimpresso com permissão de John Wiley & Sons, Inc.)

térmico: (1) salmoura — água salgada, normalmente com agitação; (2) água — sem agitação; (3) óleo, sem agitação; e (4) ar. A têmpera em salmoura sob agitação propicia as taxas de resfriamento mais elevadas da superfície da peça aquecida, enquanto a têmpera ao ar dá a menor taxa. O problema está que quanto mais eficiente for o meio de têmpera na extração de calor, maior é a probabilidade de causar tensões internas, distorção e trincas na peça.

A taxa de transferência de calor em uma peça depende muito da massa e da geometria. Uma peça grande, de formato cúbico, irá resfriar de forma mais lenta que uma chapa fina e pequena. O coeficiente de condutividade térmica k da composição específica do metal também é um fator que influencia o fluxo de calor. Existe variação significativa de k para os diferentes tipos de aço; por exemplo, o aço-carbono tem valor típico para k de 0,046 J/s-mm-°C (2,2 Btu/h-in-°F), enquanto o aço altamente ligado pode ter apenas um terço desse valor.

A martensita é dura e frágil. Então, o tratamento térmico de **revenido** é aplicado ao aço endurecido para reduzir a fragilidade, aumentar a ductilidade e a tenacidade, bem como aliviar as tensões na estrutura da martensita. Esse tratamento envolve aquecimento e encharque em temperatura inferior à de austenitização por cerca de uma hora, seguido de resfriamento lento. Este procedimento resulta na precipitação de partículas muito finas de carbetos da solução sólida de ferro e carbono da martensita e, assim, gradualmente transforma a estrutura cristalina de TCC para CCC. Essa nova microestrutura é denominada **martensita revenida**. Pequena redução da resistência e da dureza acompanha o aumento de ductilidade e tenacidade. A temperatura e o tempo do tratamento de revenido controlam o grau de amolecimento do aço temperado, pois as alterações da martensita temperada para a revenida envolvem difusão.

Mostradas juntas, as três etapas do tratamento térmico dos aços para produzir martensita revenida podem ser visualizadas na Figura 20.3. Existem dois ciclos de aquecimento e resfriamento; o primeiro ciclo produz martensita, e o segundo para revenir a martensita.

20.2.3 TEMPERABILIDADE

A temperabilidade refere-se à capacidade relativa de um aço endurecer pela transformação martensítica. Essa propriedade determina a profundidade abaixo da superfície temperada na qual o aço está endurecido ou a severidade da têmpera necessária para atingir a dureza a uma dada profundidade. Os aços com boa temperabilidade podem ser endurecidos a maior profundidade e não requerem altas taxas de resfriamento. A temperabilidade não se refere à máxima dureza que pode ser atingida por um aço, que depende essencialmente do teor de carbono.

A temperabilidade de um aço é aumentada pela presença de elementos de liga. Os elementos de liga que mais influenciam são o cromo, manganês, molibdênio e, com menor eficiência, níquel. O mecanismo pelo qual esses elementos de liga atuam é aumentando o tempo necessário ao início da transformação da austenita em perlita nos diagramas TTT. De fato, a curva TTT é deslocada para a direita, permitindo taxas de resfriamento mais lentas durante a têmpera. Como consequência, o resfriamento pode seguir uma trajetória com resfriamento mais lento para atingir a temperatura M_s, evitando-se mais facilmente o nariz da curva TTT.

FIGURA 20.4 Ensaio Jominy: (a) montagem do teste mostrando a extremidade temperada da amostra; e (b) curva típica da dureza em função da distância à extremidade temperada. (Crédito: *Fundamentals of Modern Manufacturing*, 4ª Edição por Mikell P. Groover, 2010. Reimpresso com permissão de John Wiley & Sons, Inc.)

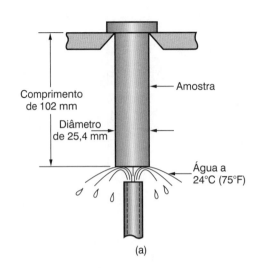
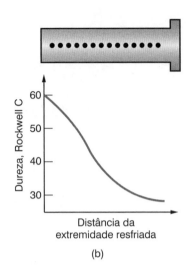

O método mais comum para medir a temperabilidade é o **ensaio Jominy da extremidade temperada**. O teste envolve o aquecimento de uma amostra padrão de diâmetro igual a 25,4 mm (1,0 in) e comprimento de 102 mm (4,0 in) até o campo austenítico e, subsequentemente, resfria-se uma das suas extremidades com jato de água fria. A amostra é mantida na posição vertical, como mostrado na Figura 20.4(a). A taxa de resfriamento na amostra diminui com o aumento da distância a partir da extremidade temperada. A temperabilidade é indicada pela dureza da amostra em função da distância a partir da face resfriada, como mostrada na Figura 20.4(b).

20.3 ENDURECIMENTO POR PRECIPITAÇÃO

O endurecimento por precipitação envolve a formação de partículas finas (precipitados) que atuam como barreiras ao movimento das discordâncias, e por isso elevam a resistência e endurecem os metais. Ele é o principal tratamento térmico para aumentar a resistência de ligas de alumínio, cobre, magnésio, níquel e de outros metais não ferrosos. O endurecimento por precipitação também pode ser empregado para aumentar a resistência de determinados aços. Quando aplicado aos aços, o processo é denominado **maraging** (uma abreviatura de martensita e *aging*–envelhecimento), e esses aços são chamados aços maraging.

A condição necessária que determina se a liga pode ter sua resistência aumentada por endurecimento por precipitação é a presença de uma linha de solubilidade, como mostrado no diagrama de fases da Figura 20.5(a). A liga cuja composição pode ser endurecida por precipitação é aquela que apresenta duas fases à temperatura ambiente, mas que pode ser aquecida em temperatura na qual a segunda fase se dissolve. A composição C satisfaz essa condição. O tratamento térmico consiste em três etapas, mostradas na Figura 20.5(b): (1) **tratamento de solubilização**, no qual a liga é aquecida até uma temperatura T_s acima da linha solvus, portanto dentro do campo monofásico alfa, e então mantida nessa temperatura por tempo suficiente para dissolver a fase beta; (2) **têmpera** até a temperatura ambiente para gerar uma solução sólida supersaturada; e (3) **tratamento de precipitação**, no qual a liga é aquecida em temperatura T_p, abaixo de T_s, para causar a precipitação de finas partículas da fase beta. Essa terceira fase é chamada **envelhecimento**, e por essa razão todo o tratamento térmico é, algumas vezes, chamado **endurecimento por envelhecimento**. Entretanto, o envelhecimento pode ocorrer em algumas ligas à temperatura ambiente, e assim o termo **endurecimento por precipitação** parece ser mais preciso para o tratamento térmico com as três etapas aqui discutidas. Quando a etapa de envelhecimento é realizada à temperatura ambiente, o tratamento é denominado **envelhecimento natural**. Quando essa etapa é realizada em temperatura elevada, como na Figura 20.5(b), o tratamento é normalmente chamado **envelhecimento artificial**.

FIGURA 20.5 Endurecimento por precipitação: (a) diagrama de fases de uma liga consistindo nos metais A e B, que pode ser endurecida por precipitação; e (b) tratamento térmico: (1) solubilização, (2) têmpera e (3) precipitação. (Crédito: *Fundamentals of Modern Manufacturing*, 4ª Edição por Mikell P. Groover, 2010. Reimpresso com permissão de John Wiley & Sons, Inc.)

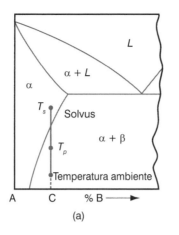
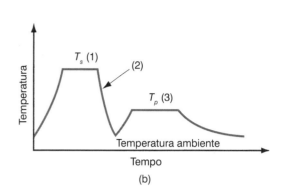

Ao longo da etapa de envelhecimento é que são obtidas altas resistência mecânica e dureza na liga. A combinação de temperatura e tempo durante o tratamento de precipitação (envelhecimento) é crítica para se obter as propriedades desejadas na liga. Em temperaturas mais elevadas do tratamento de precipitação, como na Figura 20.6(a), a dureza atinge valores máximos em tempos relativamente curtos. Em temperaturas mais baixas, como na Figura 20.6(b), mais tempo é necessário para endurecer a liga, mas sua dureza máxima será provavelmente maior que no primeiro caso. Como visto nos gráficos, a continuação do processo de envelhecimento resulta na redução da dureza e das propriedades de resistência mecânica, sendo denominada **superenvelhecimento**. O efeito global do superenvelhecimento é semelhante ao do recozimento.

FIGURA 20.6 Efeito da temperatura e do tempo durante o tratamento de precipitação (envelhecimento): (a) com temperatura de precipitação elevada; e (b) com temperatura de precipitação mais baixa. (Crédito: *Fundamentals of Modern Manufacturing*, 4ª Edição por Mikell P. Groover, 2010. Reimpresso com permissão de John Wiley & Sons, Inc.)

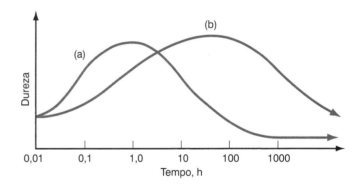

20.4 ENDURECIMENTO SUPERFICIAL

O endurecimento superficial refere-se a qualquer dos diversos tratamentos termoquímicos aplicados aos aços, nos quais a composição da superfície da peça é alterada pela adição de carbono, nitrogênio ou outros elementos. Os tratamentos mais comuns são a cementação, a nitretação e a carbonitretação. Esses processos são comumente aplicados a peças de aços baixo-carbono, para se obter uma camada externa dura e resistente ao desgaste, enquanto é mantido um núcleo tenaz. O termo **endurecimento superficial** é geralmente usado para esses tratamentos.

A **cementação** é o tratamento de endurecimento superficial mais comum. Ele envolve o aquecimento da peça de aço baixo-carbono na presença de um meio rico em carbono, de modo que o carbono se difunde para a superfície. De fato, a camada superficial é convertida em aço alto-carbono, e pode resultar numa dureza maior que o núcleo de baixo-carbono. O meio rico em carbono pode ser criado de diversas maneiras. Um método envolve o uso de materiais carbonáceos, tais como carvão ou coque, colocados em um recipiente fechado junto com a peça. Esse processo, chamado **cementação em caixa**, produz uma camada relativamente espessa na superfície da peça, variando de 0,6 a 4 mm (de 0,025 a 0,150 in). Outro método, denominado *cementação gasosa*, utiliza hidrocarbonetos como o propano (C_3H_8) em forno selado, e o carbono difunde para a peça. Nesse tratamento, a espessura da camada é fina, de 0,13 a 0,75 mm (de 0,005 a 0,030 in). Outro processo é a *cementação líquida*, que emprega um banho de sais fundidos contendo cianeto de sódio (NaCN), cloreto de bário ($BaCl_2$) e outros compostos que favoreçam a difusão do carbono no aço. Esse processo produz uma camada superficial de espessura geralmente intermediária entre as dos dois outros tratamentos. As temperaturas de cementação típicas ficam entre 875 e 925°C (de 1600 a 1700°F), bem dentro do campo austenítico.

A cementação seguida por têmpera produz endurecimento superficial com dureza de aproximadamente 60 HRC. Entretanto, como a região interna da peça consiste em aço baixo-carbono, e por isso sua temperabilidade é baixa, ela não é afetada pela têmpera, permanecendo relativamente tenaz e dúctil, e resistente aos impactos e à fadiga.

A *nitretação* é o tratamento no qual o nitrogênio é difundido para a superfície de aços-liga especiais para produzir uma camada fina e dura sem necessidade de têmpera. Para ser mais efetivo, o aço deve ter certos elementos de liga, tais como alumínio (de 0,855 a 1,5%) ou cromo (de 5% ou mais). Esses elementos formam nitretos que se precipitam como partículas muito finas na camada superficial e endurecida do aço. Os métodos de nitretação incluem: a *nitretação gasosa*, na qual as peças de aço são aquecidas em uma atmosfera de amônia (NH_3) ou de outras misturas gasosas ricas em nitrogênio; e a *nitretação líquida*, na qual as peças são mergulhadas em banhos de sal de cianeto fundido. Ambos os processos são executados a cerca de 500°C (950°F). A espessura da camada varia desde tão fina quanto 0,025 mm (0,001 in) até 0,5 mm (0,020 in), com durezas de até 70 HRC.

Como o próprio nome sugere, a *carbonitretação* é o tratamento no qual tanto o carbono quanto o nitrogênio são absorvidos na camada superficial do aço, geralmente por aquecimento em um forno contendo carbono e amônia. As espessuras da camada variam entre 0,07 a 0,5 mm (de 0,003 a 0,020 in), com durezas comparáveis às dos outros dois tratamentos de nitretação.

REFERÊNCIAS

[1] *ASM Handbook*, Vol. **4**, *Heat Treating*. ASM International, Materials Park, Ohio, 1991.

[2] Babu, S. S., and Totten, G. E. *Steel Heat Treatment Handbook*, 2nd ed. CRC Taylor & Francis, Boca Raton, FL, 2006.

[3] Brick, R. M., Pense, A.W., and Gordon, R. B. *Structure and Properties of Engineering Materials*, 4th ed. McGraw-Hill Book Company, New York, 1977.

[4] Chandler, H. (ed.). *Heat Treater's Guide: Practices and Procedures for Irons and Steels*. ASM International, Materials Park, Ohio, 1995.

[5] Chandler, H. (ed.). *Heat Treater's Guide: Practices and Procedures for Nonferrous Alloys*. ASM International, Materials Park, Ohio, 1996.

[6] Dossett, J. L., and Boyer, H. E. *Practical Heat Treating*, 2nd ed. ASM International, Materials Park, Ohio, 2006.

[7] Flinn, R. A., and Trojan, P. K. *Engineering Materials and Their Applications*, 5th ed. John Wiley & Sons, Inc., New York, 1995.

[8] Guy, A. G., and Hren, J. J. *Elements of Physical Metallurgy*, 3rd ed. Addison-Wesley Publishing Co., Reading, Massachusetts, 1974.

[9] Ostwald, P. F., and Munoz, J. *Manufacturing Processes and Systems*, 9th ed. John Wiley & Sons, New York, 1997.

[10] Vaccari, J. A. "Fundamentals of Heat Treating," Special Report 737, *American Machinist*, September 1981, pp. 185–200.

[11] Wick, C., and Veilleux, R. F. (eds.). *Tool and Manufacturing Engineers Handbook*, 4th ed., Vol. **3**, *Materials, Finishing, and Coating*. Section 2: Heat Treatment. Society of Manufacturing Engineers, Dearborn, Michigan, 1985.

QUESTÕES DE REVISÃO

20.1 Por que os metais são tratados termicamente?

20.2 Identifique as razões importantes pelas quais os metais são recozidos.

20.3 Qual é o tratamento térmico mais importante para endurecer os aços?

20.4 Qual é o mecanismo pelo qual o carbono eleva a resistência mecânica dos aços durante o tratamento térmico?

20.5 Qual informação é fornecida pela curva TTT?

20.6 Qual é a finalidade de revenir a martensita?

20.7 Defina temperabilidade.

20.8 Cite alguns dos elementos que têm os efeitos mais relevantes na temperabilidade dos aços.

20.9 Indique como os elementos de liga que aumentam a temperabilidade dos aços afetam a curva TTT.

20.10 Defina endurecimento por precipitação.

20.11 Como a cementação é realizada?

21 OPERAÇÕES DE TRATAMENTO DE SUPERFÍCIE

Sumário

21.1 Processos de Limpeza Industrial
  21.1.1 Limpeza Química
  21.1.2 Limpeza Mecânica e Tratamento de Superfície

21.2 Difusão e Implantação Iônica
  21.2.1 Difusão
  21.2.2 Implantação Iônica

21.3 Revestimentos e Processos Relacionados
  21.3.1 Eletrodeposição
  21.3.2 Eletroformação
  21.3.3 Deposição Química
  21.3.4 Imersão a Quente

21.4 Revestimento de Conversão
  21.4.1 Revestimento de Conversão Química
  21.4.2 Anodização

21.5 Deposição em Fase Vapor
  21.5.1 Deposição Física de Vapor
  21.5.2 Deposição Química de Vapor

21.6 Revestimentos Orgânicos
  21.6.1 Métodos de Aplicação
  21.6.2 Revestimentos à Base de Pós

Os processos apresentados neste capítulo modificam as superfícies de peças e/ou produtos. As principais operações realizadas nas superfícies são: (1) limpeza; (2) tratamento de superfície; e (3) revestimento e deposição de filmes finos. A operação de limpeza refere-se às operações de remoção de manchas e contaminantes que resultam do processamento anterior ou são decorrentes do ambiente fabril. Esta operação inclui os métodos de limpeza químicos e mecânicos. Os tratamentos de superfície são operações mecânicas e físicas que alteram a superfície da peça para melhorar o acabamento ou impregnar a superfície com átomos de outro material para mudar as propriedades químicas e físicas.

O revestimento e a deposição de filmes finos incluem vários processos que depositam uma camada de material à superfície. Produtos feitos de metais são geralmente revestidos por eletrodeposição (por exemplo, por cromagem), pinturas e outros processos. As principais razões para se revestir um metal são: (1) fornecer proteção contra a corrosão; (2) melhorar a aparência de produtos (como, por exemplo, por meio de textura ou cores); (3) aumentar a resistência ao desgaste e/ou reduzir o coeficiente de atrito; (4) aumentar a condutividade elétrica; (5) elevar a resistência elétrica; e (6) preparar a superfície para tratamentos subsequentes. Os materiais não metálicos também são revestidos. Alguns exemplos são: (1) revestimento de peças plásticas para terem a aparência de metais; (2) revestimentos antirreflexos em lentes de vidro;

(3) revestimentos e processos de deposição usados na fabricação de semicondutores e de circuitos impressos. Em todos esses casos, boa adesão deve ser atingida entre o revestimento e o substrato; para que isso ocorra, a superfície do substrato deve estar bem limpa.

21.1 PROCESSOS DE LIMPEZA INDUSTRIAL

Muitas peças precisam ser limpas uma ou mais vezes durante a sequência da manufatura. Processos químicos e/ou mecânicos são utilizados nessa limpeza. Os métodos de limpeza química empregam reagentes químicos para remover óleos e manchas da superfície das peças. A limpeza mecânica envolve a remoção, por diversos modos, de substâncias da superfície por ação mecânica. Estas operações servem para remover rebarbas, reduzir a rugosidade, conferir brilho e melhorar as propriedades superficiais.

21.1.1 LIMPEZA QUÍMICA

Uma superfície típica é recoberta por filmes, óleos, sujeiras e outros contaminantes (Seção 4.2.1). Embora algumas dessas substâncias possam atuar de forma benéfica (tal como o filme de óxido no alumínio), geralmente é desejável remover os contaminantes da superfície. Nesta seção, são apresentados os principais processos de limpeza química usados na indústria.

Algumas das importantes razões pelas quais as peças manufaturadas (e também os produtos) devem ser limpas incluem (1) preparar a superfície para processamento posterior, tal como aplicação de revestimento ou de adesivos; (2) melhorar as condições de higiene para operários e consumidores; (3) remover contaminantes que possam reagir quimicamente com a superfície e (4) melhorar a aparência e o desempenho dos produtos.

Não existe apenas um método de limpeza que possa ser usado em todos os processos. Assim como há diversos sabões e detergentes usados nas diversas limpezas domésticas (lavagem de roupas, lavagem de louças, lavagem de panelas, banho etc.), vários métodos são também necessários para resolver os problemas de limpeza nas indústrias. Na seleção do melhor procedimento, é necessário inicialmente identificar o que precisa ser limpo. Os contaminantes de superfície encontrados numa fábrica podem ser divididos nas seguintes categorias: (1) óleos e graxa, que inclui os lubrificantes usados em usinagem; (2) partículas sólidas, como cavacos, partículas abrasivas, sujidades encontradas em oficinas, poeira e materiais similares; (3) resíduos de polimento e (4) filmes de óxidos, ferrugens e carepas.

Os principais métodos de limpeza química são: (1) limpeza alcalina, (2) emulsão, (3) solvente, (4) ácido e (5) ultrassom. Em alguns casos, a ação química é potencializada por outras formas de energia, como o ultrassom, que emprega vibração mecânica de alta frequência combinada com a ação química.

A *limpeza alcalina* é o processo de limpeza industrial mais usado. Como o nome indica, ela usa álcalis para remover óleos, graxas, ceras e vários tipos de partículas (cavacos, sílica, carbono e ferrugem leve) da superfície metálica. As soluções de limpeza alcalina consistem em sais solúveis em água, tais como hidróxidos de sódio e de potássio (NaOH, KOH), carbonato de sódio (Na_2CO_3), bórax ($Na_2B_4O_7$), fosfatos e silicatos de sódio e potássio, combinados com dispersantes e tensoativos (ou surfactantes) em água. O método de limpeza é geralmente a imersão ou a aspersão em temperaturas da ordem de 50°C a 95°C (120°F a 200°F). Após essa aplicação alcalina, a superfície é lavada com água para remover a solução alcalina. As superfícies metálicas limpas por soluções alcalinas são usadas em eletrodeposição ou em revestimentos de conversão.

A *limpeza eletrolítica* é o processo no qual se aplica uma diferença de potencial da ordem de 3 a 12 V de corrente contínua a peças imersas em solução alcalina. A ação eletrolítica resulta da formação de bolhas na superfície da peça que favorecem a remoção de filmes de sujeira mais resistentes.

A *limpeza por emulsão* usa solventes orgânicos (óleos) dispersos em solução aquosa. O emprego de emulsificantes adequados (sabões) resulta em um fluido bifásico (óleo em água), que atua dissolvendo ou emulsificando as sujeiras da superfície. Este processo pode ser usado em superfícies metálicas e não metálicas. Após a limpeza por emulsão, deve-se aplicar uma limpeza alcalina para eliminar todos os resíduos do solvente orgânico antes de se revestir a superfície.

Na *limpeza com solventes*, os contaminantes de óleos e de graxa são removidos da superfície metálica por ação química que dissolve as sujeiras. Uma aplicação normal inclui a abrasão, imersão, aspersão e desengraxamento com vapores. O *desengraxamento com vapor* emprega vapores quentes de solventes para dissolver e remover óleos e graxas das superfícies. Os solventes mais comuns são tricloroetileno (C_2HCl_3), diclorometano (CH_2Cl_2) e tetracloroetileno (C_2Cl_4), e todos possuem baixo ponto de ebulição.[1] O desengraxamento por vapor consiste em aquecer o solvente até seu ponto de ebulição para produzir vapores aquecidos em um contêiner. As peças a serem limpas são expostas ao vapor que condensa na superfície relativamente fria da peça, dissolvendo os contaminantes e escoando para o fundo do contêiner. Condensadores posicionados no topo do contêiner evitam que vapores escapem para a atmosfera. Esta ação é necessária, pois os solventes são classificados como poluentes do ar, segundo o código americano *Clean Air Act* de 1992 [10].

A *limpeza ácida* remove óleos e óxidos de fácil remoção das superfícies metálicas por imersão, aspersão ou abrasão manual. O processo é realizado à temperatura ambiente ou em temperatura elevada. Fluidos de limpeza comuns são soluções ácidas combinadas com solventes miscíveis em água, com efeito umectante e emulsificante. Os ácidos empregados incluem o clorídrico (HCl), nítrico (NHO_3), fosfórico (H_3PO_4) e sulfúrico (H_2SO_4). A seleção do ácido depende do metal de base e dos propósitos da limpeza. Como exemplo, o ácido fosfórico produz um filme fino de fosfato na superfície metálica que pode ser útil na preparação para a pintura. Um processo de limpeza muito semelhante é denominado *decapagem ácida*, e envolve tratamento mais severo para a remoção de óxidos espessos, ferrugens e carepas de laminação. Nestes casos, ocorre algum ataque corrosivo à superfície metálica, o que pode ser útil para aumentar a adesão de revestimentos orgânicos.

A *limpeza ultrassônica* combina o efeito da limpeza química com a agitação mecânica do fluido e permite a remoção muito efetiva dos contaminantes superficiais. O fluido de limpeza é geralmente uma solução aquosa contendo detergentes alcalinos. A agitação mecânica é gerada pela vibração em alta frequência com amplitude suficiente para causar cavitação — formação de bolhas de vapor de baixa pressão. Quando a onda de vibração passa por determinado ponto da solução, a região de baixa pressão é seguida por uma frente de alta pressão que implode a bolha, gerando em consequência uma onda de pressão que penetra na partícula aderida à superfície metálica. O rápido ciclo de cavitação e implosão ocorre em todo o líquido, tornando a limpeza ultrassônica eficaz mesmo em peças complexas e com formatos internos intrincados. A limpeza é realizada com frequência entre 20 e 45 kHz, e a solução está em geral aquecida, tipicamente de 65°C a 85°C (150°F a 190°F).

21.1.2 LIMPEZA MECÂNICA E TRATAMENTO DE SUPERFÍCIE

A limpeza mecânica envolve a remoção física de sujeiras, carepas ou filmes da superfície de peças por meio de abrasão ou ação mecânica similar. Os processos usados na limpeza mecânica geralmente adicionam outras funções, como a rebarbação e a melhoria do acabamento superficial.

Jateamento Abrasivo e *Shot Peening* O jateamento usa o impacto de partículas para limpar e preparar a superfície. O método mais conhecido é o ***jateamento de areia***, que usa partículas de areia (SiO_2) como abrasivo. Várias outras substâncias são usadas no jateamento

---

[1] O mais alto ponto de fusão dos três solventes é 121°C (250°F) para o C_2Cl_4.

abrasivo, incluindo as partículas duras de óxido de alumina (Al_2O_3) e carbeto de silício (SiC), mas também materiais menos duros, como casca de noz e grânulos de náilon. Estas partículas são projetadas contra a superfície por ar pressurizado ou força centrífuga. Em algumas aplicações, este procedimento é realizado a úmido, e as finas partículas presentes na lama aquosa são projetadas contra a superfície por pressão hidráulica.

No jateamento por ***shot peening***, um jato a alta velocidade de pequenas partículas de aço fundido (chamadas, em inglês, ***shot***) é direcionado para a superfície metálica e, com isso, deforma a frio, induzindo tensões compressivas nas camadas superficiais. O *shot peening* é usado principalmente para aumentar a resistência à fadiga de componentes metálicos. O objetivo, neste caso, é diferente do jateamento com areia, embora também se obtenha a limpeza superficial como resultado adicional.

Tamboreamento e Outros Processos de Acabamento em Massa O tamboreamento, acabamento vibratório e operações similares compreendem um grupo de processos de acabamento conhecidos como acabamento em massa. O ***acabamento em massa*** envolve o acabamento de peças sólidas pela agitação em um contêiner, geralmente em presença de abrasivos. A agitação provoca o atrito das peças com as partículas abrasivas, e elas ainda atritam entre si, resultando no acabamento. Os métodos de acabamento em massa são usados nas operações de rebarbação, decapagem, separação de partes da peça, polimento, arredondamento de arestas, brunimento e limpeza. As peças incluem estampados, fundidos, forjados, peças extrusadas e usinadas. Mesmo os polímeros e as cerâmicas são algumas vezes submetidos a operações de acabamento em massa para obter o acabamento desejado. As peças processadas por esses métodos são em geral pequenas e por isso o acabamento individual é antieconômico.

Os métodos de acabamento em massa incluem o tamboreamento, acabamento vibratório e diversas outras técnicas que empregam força centrífuga. O ***tamboreamento*** (também chamado ***acabamento em tambor***) envolve o uso de um tambor horizontal de seção transversal hexagonal ou octogonal, em que as peças são misturadas pela rotação do tambor à rotação de 10 a 50 rpm. O acabamento é realizado pela ação de deslizamento do meio abrasivo e das peças, como consequência da rotação do tambor. Como mostrado na Figura 21.1, o conteúdo do tambor se eleva devido à rotação, mas é seguido de uma queda das camadas mais altas pela ação da gravidade. Este ciclo de subida e rolamento ocorre de forma contínua e, com o tempo, submete todas as peças à mesma ação de acabamento. Entretanto, como apenas as peças localizadas na parte mais elevada sofrem o acabamento, o tamboreamento torna-se um processo relativamente lento quando comparado com os demais métodos de acabamento em massa. Assim, é comum levar várias horas de tamboreamento para completar o processamento. Outra desvantagem do acabamento em tambor é o alto nível de ruído e a necessidade de grandes espaços para os equipamentos.

O ***acabamento vibratório*** foi introduzido no final dos anos 1950 como alternativa ao tamboreamento. Um vaso vibrante submete todas as peças à agitação com o meio abrasivo; diferentemente do tamboreamento, no qual apenas as peças localizadas na parte superior apresentam bom acabamento. Consequentemente, o tempo de processamento do acabamento vibratório é bastante reduzido. Os contêineres abertos usados nesse método permitem a inspeção das peças durante o processamento, e o ruído é reduzido.

A maioria dos ***meios*** empregados é abrasivo; entretanto, alguns meios atuam de modo não abrasivo e são empregados principalmente no brunimento e no endurecimento superficial. O meio pode ser feito de material natural ou sintético. Meios naturais incluem *corundum*, granito, calcário e até mesmo madeira dura. O problema com alguns materiais é que eles são em geral macios (e por isso desgastam mais rápido) e ainda são não uniformes no tamanho (e algumas vezes aderem nas peças). Os meios sintéticos podem ser produzidos com grande uniformidade de tamanho e de dureza. Como exemplo, temos Al_2O_3 e SiC, compactados com formatos e tamanhos desejados empregando-se como ligantes resinas poliésteres. A forma desses meios inclui esferas, cones, cilindros e outras formas geométricas regulares. Meios de aço são também usados para brunimento, endurecimento superficial e operações de rebarbação suave.

A seleção do meio é baseada nas características de tamanho e forma da peça, bem como nos requisitos de acabamento.

Na maioria dos processos de acabamento em massa, um composto é usado como meio. Esse *composto* é uma combinação de reagentes químicos para ter funções específicas, como limpeza, resfriamento, inibição de corrosão (de peças de aço, ou do próprio meio feito de aço), aumento do brilho e cor (em especial no brunimento).

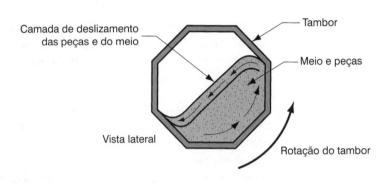

FIGURA 21.1 Diagrama do tamboreamento mostrando o deslizamento das peças e do meio abrasivo durante a operação de acabamento das peças. (Crédito: *Fundamentals of Modern Manufacturing*, 4ª Edição por Mikell P. Groover, 2010. Reimpresso com permissão de John Wiley & Sons, Inc.)

21.2 DIFUSÃO E IMPLANTAÇÃO IÔNICA

Nesta seção, são discutidos dois processos que alteram a composição e as propriedades da superfície do substrato pela impregnação de átomos estranhos.

21.2.1 DIFUSÃO

A difusão envolve a alteração de camadas superficiais do material pela difusão de átomos de um material diferente (geralmente um elemento químico) na superfície. O processo de difusão impregna as camadas superficiais com átomos diferentes, embora ainda mantendo-se na superfície alta proporção do material-base. As características da superfície com a difusão são tais que os elementos difundidos têm concentração máxima na superfície e se reduzem rapidamente com a distância abaixo da superfície. O processo de difusão tem grande importância na metalurgia e na manufatura de semicondutores.

Nas aplicações metalúrgicas, a difusão é usada para alterar a composição química dos metais em vários tratamentos. Um exemplo importante é o endurecimento superficial, como *cementação*, *nitretação* e *carbonitretação* (Seção 20.4). Nestes tratamentos, um ou mais elemento (C e/ou N) difundem pela superfície do ferro ou aço para dentro da peça. Em outros processos de difusão, a resistência à corrosão e/ou a resistência à oxidação em altas temperaturas são os objetivos principais. A aluminização e a siliconização são exemplos importantes. A *aluminização*, também conhecida como *calorização*, envolve a difusão do alumínio no aço-carbono, em aços-liga e ligas de níquel e de cobalto. A *siliconização* é o processo no qual o silício difunde-se na camada superficial da peça de aço para criar uma camada com boa resistência à corrosão, ao desgaste e com resistência moderada ao calor.

No processamento de semicondutores, a difusão de um elemento impuro na superfície da pastilha de silício é usada para modificar as propriedades elétricas na superfície, e com isso criam-se os componentes eletrônicos como transistores e diodos.

21.2.2 IMPLANTAÇÃO IÔNICA

A implantação iônica é uma alternativa quando a difusão não é exequível por causa das altas temperaturas requeridas. O processo de implantação iônica envolve o recobrimento por átomos de um (ou mais) elemento(s) estranho(s) usando um feixe de partículas ionizadas de alta energia. O resultado é a alteração das propriedades químicas e físicas na camada próxima à superfície.

As vantagens da implantação iônica incluem (1) processamento em baixa temperatura, (2) bom controle e reprodutibilidade da profundidade de penetração das impurezas e (3) os limites de solubilidade podem ser excedidos sem ocorrer precipitação dos átomos em excesso. A implantação iônica pode ser também aplicada como substituta dos processos de revestimentos. As outras vantagens são (4) não gera rejeitos, como ocorre na eletrodeposição e em muitos outros processos de revestimentos e (5) não há descontinuidade entre o revestimento e o substrato. As principais aplicações da implantação iônica são na modificação de superfícies metálicas para melhorar as propriedades e na fabricação de semicondutores.

21.3 REVESTIMENTOS E PROCESSOS RELACIONADOS

O revestimento envolve o recobrimento por uma fina camada metálica na superfície do substrato. O substrato é normalmente metálico, embora seja possível revestir peças de plásticos e de cerâmicas com esses métodos. A tecnologia de deposição mais comum, e mais usada, é a eletrodeposição.

21.3.1 ELETRODEPOSIÇÃO

A eletrodeposição, também conhecida como ***deposição eletroquímica***, é o processo eletrolítico no qual íons metálicos do eletrólito são depositados na peça polarizada catodicamente. Um esquema da eletrodeposição é mostrado na Figura 21.2. O anodo é em geral feito do metal que se deposita, e assim serve de fonte do metal de deposição. A corrente contínua de uma fonte externa passa entre o catodo e o anodo. O eletrólito é uma solução aquosa de ácido, base ou sais, e que permite a condução da corrente elétrica pelo movimento dos íons metálicos em solução. Para ter resultados ótimos, as peças devem estar quimicamente limpas de imediato antes da eletrodeposição.

Princípios da Eletrodeposição A eletrodeposição baseia-se em duas leis da física, primeiramente estabelecidas pelo cientista britânico Michael Faraday. De forma resumida, e para os propósitos desta seção, essas leis determinam (1) a massa de uma substância liberada na eletrólise é proporcional à quantidade de eletricidade que passa pela célula; e (2) a massa de material liberado é proporcional ao equivalente-grama (razão entre a massa atômica e a valência). Esses efeitos podem se avaliados pela equação:

$$V = c_d I t \tag{21.1}$$

em que V = volume de metal depositado, mm³ (in³); c_d = constante de deposição, que depende do equivalente-grama e da massa específica, mm³/A-s (in³/A-min); I = corrente, A; e t = tempo durante o qual há corrente, s (min). O produto It (corrente × tempo) é a carga elétrica que atravessa a célula, e a constante c_d indica o volume de material depositado no catodo por unidade de carga elétrica.

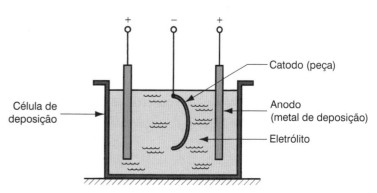

FIGURA 21.2 Esquema de eletrodeposição. (Crédito: *Fundamentals of Modern Manufacturing*, 4ª Edição por Mikell P. Groover, 2010. Reimpresso com permissão de John Wiley & Sons, Inc.)

TABELA 21.1 Eficiências típicas da eletrodeposição e valores da constante de deposição c_d

Metal de Deposição	Eletrólito	Eficiência Catódica (%)	Constante de Deposição c_d[a]	
			mm³/amp-s	in³/amp-min
Cádmio (2)	Cianeto	90	$6,73 \times 10^{-2}$	$2,47 \times 10^{-4}$
Cromo (3)	Cromo — ácido sulfúrico	15	$2,50 \times 10^{-2}$	$0,92 \times 10^{-4}$
Cobre (1)	Cianeto	98	$7,35 \times 10^{-2}$	$2,69 \times 10^{-4}$
Ouro (1)	Cianeto	80	$10,6 \times 10^{-2}$	$3,87 \times 10^{-4}$
Níquel (2)	Ácido sulfúrico	95	$3,42 \times 10^{-2}$	$1,25 \times 10^{-4}$
Prata (1)	Cianeto	100	$10,7 \times 10^{-2}$	$3,90 \times 10^{-4}$
Estanho (4)	Ácido sulfúrico	90	$4,21 \times 10^{-2}$	$1,54 \times 10^{-4}$
Zinco (2)	Cloreto	95	$4,75 \times 10^{-2}$	$1,74 \times 10^{-4}$

Compilado de [17].
[a] As valências mais comuns estão dadas entre parênteses ( ); este é o valor considerado na determinação da constante de deposição c_d. Para valências diferentes, calcule o novo valor de c_d multiplicando o valor tabelado pela valência mais comum e divida-o pela nova valência.

Para a maioria dos metais de deposição, nem toda a energia elétrica é usada na deposição, assim alguma energia pode ser consumida em reações concomitantes, tal como a liberação de hidrogênio no catodo. Isto reduz a quantidade de metal depositado. A quantidade real depositada no catodo (peça) dividida pela quantidade teórica, dada pela Eq. (21.1), é chamada *eficiência catódica*. Considerando a eficiência catódica, a equação mais realista para a determinação do volume de metal depositado seria:

$$V = Ec_d It \tag{21.2}$$

em que E = eficiência catódica, e os demais parâmetros são definidos como anteriormente. Valores típicos de eficiência catódica E e da constante de deposição c_d para diferentes metais estão apresentados na Tabela 21.1. A espessura média do depósito pode ser determinada como:

$$d = \frac{V}{A} \tag{21.3}$$

em que d = profundidade do depósito ou espessura, mm (in); V = volume do metal depositado dado pela Eq. (21.2); e A = superfície da peça, mm² (in²).

Exemplo 21.1 Eletrodeposição

Uma peça de aço com área A igual a 125 cm² deve ser niquelada. Qual a espessura média do revestimento que resulta de uma corrente de 12 A aplicada por 15 minutos em banho de ácido sulfúrico?

Solução: Da Tabela 21.1, a eficiência catódica E para o níquel é 0,95, e a constante de deposição c_d vale $3,42(10^{-2})$ mm³/A-s. Usando a Eq. (21.2), o volume total de metal depositado na superfície da peça em 15 min é dado por:

$$V = 0,95(3,42 \times 10^{-2})(12)(15)(60) = 350,9 \text{ mm}^3$$

Esse volume de material se espalha numa área A de 125 cm², então a espessura média do depósito é:

$$d = \frac{350,9}{12500} = 0,028 \text{ mm}$$

Operações de Tratamento de Superfície **515**

Métodos e Aplicações Diversos equipamentos estão disponíveis para o processo de eletrodeposição. A escolha depende do tamanho, geometria das peças, quantidade de produção e do metal depositado. Os principais métodos são (1) cuba, (2) porta-peça, (3) processo contínuo. O *processo em cuba* é executado em tambores rotativos que são orientados horizontalmente e ou em ângulo (35°). Este método é adequado para revestir muitas peças pequenas em uma cuba. O contato elétrico é estabelecido pela ação de rotação das peças em volta das demais e por conectores externamente ligados à cuba. Existem limitações à deposição em cuba, e a ação de rotação, inerente ao processo, pode danificar as partes macias da peça metálica, os componentes com rosca, as partes que requerem bom acabamento superficial e as peças pesadas contendo arestas afiadas.

A *deposição em porta-peças* é empregada para peças que são muito grandes, pesadas, ou complexas para a deposição em cuba. Os porta-peças são feitos de cobre e têm grande capacidade, e com formatos adequados para prender as peças em ganchos, por prendedores, ou ainda em cestas. Para evitar a deposição no próprio porta-peça de cobre, eles são isolados, com exceção dos locais onde ocorre o contato com as peças. O *processo contínuo* é um método de alta produção no qual uma tira contínua é tracionada através da solução de deposição por meio de um carretel. Fios revestidos são exemplos de peças produzidas por esse método. Pequenas estampas metálicas mantidas por longas tiras podem ser revestidas por este método. O processo pode ser ajustado de modo que apenas regiões específicas das peças sejam revestidas, como, por exemplo, os pinos de conectores elétricos revestidos com ouro.

Os metais comumente usados como revestimentos são zinco, níquel, estanho e cromo. O aço é o substrato mais comum. Metais preciosos (ouro, prata, platina) são usados como revestimentos de joias. O ouro também é usado em conectores elétricos.

Produtos de aço revestido por zinco incluem fivelas, produtos na forma de fios, quadros de conexão elétrica, e várias outras peças feitas de chapas metálicas. O revestimento de zinco serve como barreira de sacrifício para a corrosão do aço que está embaixo. Um processo alternativo de deposição de zinco sobre o aço é a galvanização (Seção 21.3.4). A *niquelagem* é empregada para proteção contra a corrosão e com propósitos decorativos sobre aços, bronze, fundidos de zinco e outros metais. O níquel também é usado como uma base para camadas muito finas de cromo. O *revestimento de estanho* é muito usado para proteção contra corrosão em latas de conserva e outros vasilhames de alimentos. O *revestimento de cromo* (também chamado *cromatização*) é útil para melhorar a aparência decorativa, e muito usado em produtos automotivos, móveis de escritórios e produtos de cozinha. O cromo também produz um dos revestimentos eletrodepositados de maior dureza, e por isso é usado em peças que necessitam de resistência ao desgaste (por exemplo, pistões e cilindros hidráulicos, anéis de pistão, componentes de motores de avião e roscas-guia de equipamentos da indústria têxtil).

21.3.2 ELETROFORMAÇÃO

Este processo é praticamente o mesmo da eletrodeposição, mas os propósitos são muito diferentes. A eletroformação envolve a deposição eletrolítica do metal sobre um molde, que é depois removido para resultar numa peça formada. Enquanto na eletrodeposição típica a espessura da camada é da ordem de 0,05 mm (0,002 in) ou menos, as peças eletroformadas têm espessura bem maior, e por isso o ciclo de produção é proporcionalmente mais lento.

Os moldes usados na eletroformação podem ser sólidos e descartáveis. Os moldes descartáveis têm a forma de fita ou de outra geometria que permita a remoção da peça eletroformada. Eles são usados quando o formato da peça impede o uso do modelo sólido. Além disso, os moldes descartáveis podem ser ainda fusíveis ou solúveis. O molde do tipo fusível é feito de liga de baixo ponto de fusão, plástico, cera ou outro material que possa ser removido por fusão. Quando materiais não condutores são usados, o molde deve ser metalizado para poder ser revestido por eletrodeposição. Moldes solúveis são feitos de material facilmente dissolvido por produtos químicos, assim como, por exemplo, o alumínio, que pode ser dissolvido por hidróxido de sódio (NaOH).

Peças eletroformadas são em geral fabricadas de cobre, níquel e ligas de níquel-cobalto. As aplicações incluem moldes finos de lentes, discos compactos (CD e DVD), folhas de cobre usadas para produzir *blank* de placas de circuito impresso e matrizes de gravação e impressão. Moldes de discos compactos representam uma exigente aplicação, pois os detalhes da superfície a serem impressos no disco são medidos em μm (1 μm = 10^{-6} m). Estes detalhes são facilmente obtidos por eletroformação.

21.3.3 DEPOSIÇÃO QUÍMICA

A deposição química (em inglês, *electroless plating*) é um processo controlado inteiramente por reações químicas; assim, não é necessário o uso de fonte externa de corrente elétrica. A deposição de metal nas superfícies de peças metálicas ocorre em solução aquosa contendo íons do metal a ser depositado. O processo usa um agente redutor, e a superfície da peça age como um catalisador da reação.

Os metais que podem ser revestidos por este processo são limitados, e, para aqueles que podem empregar esta técnica, o custo é em geral mais elevado que nos processos de deposição eletroquímica. Os metais mais comuns quimicamente depositados são o níquel e suas ligas (Ni–Co, Ni–P e Ni–B). O cobre e, em menor uso, o ouro também são depositados. O revestimento com níquel por deposição química é usado para aplicações que requerem alta resistência à corrosão e ao desgaste. A deposição química de cobre é empregada para revestir, pelos furos, as placas de circuito impresso. O cobre também pode revestir peças de plástico com fins decorativos. As vantagens citadas para a deposição química incluem: (1) espessura uniforme do depósito mesmo em peças de geometria complexa (um problema da eletrodeposição); (2) o processo pode ser usado para substratos metálicos e não metálicos e (3) não há necessidade de fonte de energia contínua para promover o processo.

21.3.4 IMERSÃO A QUENTE

A imersão a quente é o processo no qual o substrato é imerso em banho de outro metal fundido, e com a saída do substrato do banho resulta no revestimento. Claramente, o substrato deve ter temperatura de fusão mais elevada que o do revestimento. Os substratos mais comuns são o aço-carbono e o ferro fundido. Zinco, alumínio, estanho e chumbo são os metais de revestimentos mais usuais. A imersão a quente forma camadas de transição de ligas com diversas composições. Próximo ao substrato, formam-se normalmente compostos intermetálicos dos dois metais, e, na face exterior, há uma solução sólida com predominância do metal de revestimento. As camadas de transição fornecem excelente adesão do revestimento.

O objetivo primário da imersão a quente é a proteção anticorrosiva. Em geral, dois mecanismos atuam nesta proteção: (1) proteção por efeito barreira — o revestimento simplesmente serve como isolamento para o substrato e (2) proteção por sacrifício — o revestimento corrói por meio de reação eletroquímica lenta, e assim preserva o substrato.

A imersão a quente recebe diferentes nomes dependendo do metal de revestimento: **galvanização**, quando o zinco (Zn) é depositado sobre o aço ou ferro fundido; **aluminização**, quando o revestimento é de alumínio (Al), e **estanhagem**, para estanho (Sn). A galvanização é, de longe, o processo mais importante de imersão a quente, sendo usado há pelo menos 200 anos. Ela é aplicada para dar acabamento a aços e ferros fundidos em processo de batelada, e em processo contínuo automatizado para chapas, fitas, tubos e fios. O revestimento tem espessura típica de 0,04 a 0,09 mm (0,0016 a 0,0035 in). A espessura é controlada essencialmente pelo tempo de imersão. A temperatura do banho é mantida em cerca de 450°C (850°F).

O uso comercial da aluminização é crescente e tem aumentado em relação à galvanização. A imersão a quente de alumínio resulta em excelente proteção contra a corrosão; em alguns casos, é cinco vezes mais efetiva que a galvanização [17]. A imersão a quente do estanho cria uma proteção não tóxica para o aço usado em latas de alimentos, equipamentos de laticínio e aplicações soldadas. A imersão a quente tem gradualmente superado a eletrodeposição como o método comercial preferencial de revestimento do aço pelo estanho.

21.4 REVESTIMENTO DE CONVERSÃO

Os revestimentos de conversão referem-se à família de processos nos quais um filme fino de óxido, fosfato ou cromato é formado na superfície metálica por reação química ou eletroquímica. A imersão e a aspersão são dois dos métodos mais comuns de expor a superfície metálica à reação química. Os metais mais comuns tratados são o aço (incluindo o aço galvanizado), zinco e alumínio. Entretanto, qualquer peça metálica pode ser beneficiada por este tratamento. As razões para o uso do revestimento de conversão são: (1) fornece proteção contra corrosão; (2) prepara a superfície para ser pintada; (3) aumenta a resistência ao desgaste; (4) permite à superfície reter melhor o lubrificante dos processos de conformação; (5) aumenta a resistência elétrica da superfície; e (6) proporciona acabamento de decoração [17].

Os processos de revestimento de conversão podem ser classificados em duas categorias: (1) tratamentos químicos, no qual apenas reações químicas participam; e (2) anodização, que consiste em reações eletroquímicas para produzir um revestimento.

21.4.1 REVESTIMENTO DE CONVERSÃO QUÍMICA

Os processos de revestimentos de conversão química expõem o metal-base a certos reagentes químicos que formam um fino filme não metálico. Reações semelhantes ocorrem na natureza, como a oxidação do ferro e alumínio, por exemplo. Enquanto a formação progressiva da ferrugem do ferro é destrutiva para o aço, a formação de um filme fino de Al_2O_3 no alumínio protege o metal-base. Este é o propósito dos tratamentos químicos de conversão. Os dois principais processos são a fosfatização e a cromatização.

O revestimento de conversão por *fosfatização* transforma a superfície do metal em um filme de fosfato que a protege pela exposição à solução de sais de fosfatos (por exemplo, Zn, Mg e Ca) com ácido fosfórico (H_3PO_4) diluído. A espessura do revestimento varia de 0,0025 mm a 0,05 mm (0,0001 a 0,002 in). Os metais mais comuns são o zinco e o aço, incluindo o aço galvanizado. O revestimento serve como uma preparação para pinturas em peças de automóveis e em grandes equipamentos industriais.

O revestimento de conversão por *cromatização* converte o metal em filmes de cromato usando solução aquosa de ácido crômico, sais de cromato e outros reagentes. Os metais tratados com esse método incluem alumínio, cádmio, cobre, magnésio e zinco (e suas ligas). A imersão da peça é o método usual de aplicação. Os revestimentos de conversão de cromato são mais finos que os de fosfatização, sendo tipicamente inferiores a 0,0025 mm (0,0001 in). As razões comuns para se revestir por cromatização são: (1) proteção contra a corrosão; (2) base para pinturas; e (3) propósitos decorativos. O revestimento de cromato pode ser incolor ou colorido, estando disponível nas cores verde-oliva, bronze, amarelo e azul.

21.4.2 ANODIZAÇÃO

Embora os processos anteriores sejam em geral executados sem eletrólise, a anodização é o tratamento eletrolítico que produz uma camada de óxido estável sobre a superfície metálica. As aplicações mais comuns são em alumínio e magnésio, mas também se aplica a zinco, titânio e outros metais menos comuns. O revestimento de anodização é usado primariamente para fins decorativos, mas ele também fornece proteção anticorrosiva.

É interessante comparar a anodização com a eletrodeposição, pois ambos são processos eletroquímicos. Duas diferenças se destacam: (1) na eletrodeposição, a peça a ser revestida é o catodo da reação. Por contraste, na anodização, a peça é o anodo, enquanto a superfície do tanque é o catodo. Na eletrodeposição (2), o revestimento cresce por redução de íons e adesão de um segundo metal à superfície da peça. Na anodização, a superfície revestida é formada pela reação eletroquímica do substrato para formar a camada de óxido.

As camadas anodizadas têm em geral espessuras entre 0,0025 mm a 0,075 mm (0,0001 a 0,003 in). Pigmentos podem ser incorporados ao processo de anodização para tingir com várias cores. Este fato é especialmente comum em alumínio anodizado. Revestimentos bem espessos, de até 0,25mm (0,010 in), podem ser formados no alumínio por processos especiais chamados *anodização dura*, cujos revestimentos são notáveis pela alta resistência ao desgaste e à corrosão.

21.5 DEPOSIÇÃO EM FASE VAPOR

A deposição em fase vapor forma um revestimento fino nos substratos pela condensação ou por reação química de um gás sobre a superfície. Os dois processos deste item são a deposição física de vapor e a deposição química de vapor.

21.5.1 DEPOSIÇÃO FÍSICA DE VAPOR

A deposição física de vapor (*physical vapor deposition* — PVD) é o processo no qual um material é convertido à sua fase vapor numa câmara de vácuo e condensado na superfície do substrato como uma camada muito fina. A PVD pode aplicar uma grande gama de materiais de revestimentos: metais, ligas, cerâmicas e outros compostos inorgânicos, e mesmo certos polímeros. Os possíveis substratos incluem metais, vidros e plásticos. Assim, o processo de PVD representa uma tecnologia de revestimento versátil, aplicável a uma combinação quase ilimitada de substâncias de revestimento e materiais do substrato.

As aplicações da PVD incluem revestimentos decorativos em peças de plásticos e metais, tais como troféus, brinquedos, canetas, lápis, caixas de relógios e ornatos interiores de automóveis. Os revestimentos são filmes finos de alumínio (cerca de 150 nm) depositados como laquê transparente para ter aparência de prata ou cromo com alto brilho. Outro uso da PVD é na aplicação de revestimentos antirreflexos de fluoreto de magnésio (MgF_2) em lentes ópticas. A PVD é usada na fabricação de equipamentos eletrônicos, principalmente na deposição de metais para formar conexões elétricas em circuitos eletrônicos. Por fim, a PVD é muito empregada para revestir ferramentas de corte e moldes de injeção de plásticos resistentes ao desgaste com nitreto de titânio (TiN).

Todos os processos de deposição física de vapor consistem nas seguintes etapas: (1) síntese do vapor de revestimento, (2) transporte do vapor até o substrato e (3) condensação do vapor sobre a superfície do substrato. Estas etapas são geralmente desenvolvidas numa câmara de vácuo, de modo que a evacuação da câmara deve preceder o processo de PVD.

A síntese do vapor de revestimento deve ser realizada por um dos diversos métodos, tal como o aquecimento por resistência elétrica ou por bombardeamento iônico para vaporizar um sólido (ou um líquido). Estes métodos e outras variações resultam em vários processos de PVD. Eles são agrupados nos três principais tipos: (1) evaporação por vácuo; (2) *sputtering* e (3) deposição iônica.

Evaporação a Vácuo Alguns materiais (em especial metais puros) podem ser depositados sobre os substratos se inicialmente esses metais forem transformados do estado sólido para vapor, sob vácuo, e deixando-os então condensar na superfície do substrato. O esquema do processo por evaporação é mostrado na Figura 21.3. O material a ser depositado, chamado fonte, é aquecido à temperatura bastante alta para que haja a evaporação. Como o aquecimento

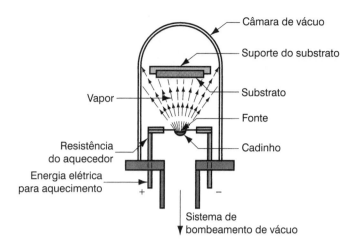

FIGURA 21.3 Esquema de evaporação a vácuo do processo de PVD. (Crédito: *Fundamentals of Modern Manufacturing*, 4ª Edição por Mikell P. Groover, 2010. Reimpresso com permissão de John Wiley & Sons, Inc.)

ocorre sob vácuo, a temperatura de vaporização é significativamente mais baixa que a correspondente em pressão atmosférica. Além disso, a ausência de ar na câmara evita a oxidação do material-fonte à temperatura de aquecimento.

Vários métodos podem ser usados para aquecer e vaporizar o material. Um cadinho mantém o material-fonte antes da vaporização. Dentre os métodos mais importantes de vaporização estão o de aquecimento por resistência e o bombardeamento por feixe de elétrons. O ***aquecimento por resistência*** é o de tecnologia mais simples. Um metal refratário (por exemplo, W ou Mo) é usado no cadinho, que tem formato adequado para suportar o material-fonte. A corrente é aplicada para aquecer o cadinho, que aquece o material em contato com ele. No sistema de evaporação por ***feixe de elétrons***, um feixe de elétrons à alta velocidade bombardeia diretamente a superfície do material-fonte e causa sua evaporação.

Qualquer que seja a técnica de evaporação, os átomos evaporados deixam o cadinho e seguem um caminho direto até colidir com outras moléculas gasosas ou a superfície sólida. O vácuo criado no interior da câmara praticamente elimina as moléculas gasosas e assim reduz a probabilidade de colisões dos átomos vaporizados. A superfície do substrato é bem posicionada em relação à fonte, de modo a ser a superfície mais favorecida para a deposição. Um manipulador mecânico é algumas vezes usado para girar o substrato de modo que toda a superfície seja recoberta. Após o contato com a superfície do substrato relativamente fria, o nível de energia dos átomos incididos é rapidamente reduzido a um valor que não permite que eles se mantenham no estado vapor. Assim, eles condensam e tornam-se aderidos à superfície sólida formando um filme fino.

Sputtering Se a superfície de um sólido (ou líquido) é bombardeada por partículas com energia bastante alta, os átomos individuais da superfície podem adquirir energia suficiente, devido à colisão, para serem ejetados da superfície por transferência de momento. Este processo é chamado *sputtering*. A forma mais adequada de dotar as partículas de alta energia é com gás ionizado, como argônio energizado por meio de um campo elétrico para formar um plasma. Como um processo de PVD, o ***sputtering*** envolve o bombardeamento do material da peça catódica com íons de argônio (Ar^+), permitindo aos átomos da superfície escapar e então serem depositados sobre o substrato formando um filme fino. O substrato deve ser posicionado perto do catodo para facilitar a deposição. Além disso, é geralmente aquecido para melhorar a ligação dos átomos do revestimento. Um arranjo típico é mostrado na Figura 21.4.

Enquanto a evaporação a vácuo é limitada aos metais, o *sputtering* pode ser aplicado a quase qualquer material — peças metálicas e não metálicas, ligas, cerâmicas e polímeros. Filmes de ligas e compostos podem ser depositados por *sputtering* sem mudar a composição química. Filmes de compostos químicos podem também ser depositados com uso de gases reativos que formam óxidos, carbetos ou nitretos com *sputtering* metálico.

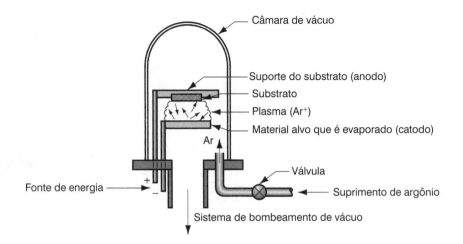

FIGURA 21.4 Possível arranjo de *sputtering*, uma forma de deposição física de vapor. (Crédito: *Fundamentals of Modern Manufacturing*, 4ª Edição por Mikell P. Groover, 2010. Reimpresso com permissão de John Wiley & Sons, Inc.)

As desvantagens do *sputtering* PVD incluem (1) baixa taxa de deposição e, (2) como os íons bombardeados sobre a superfície são gasosos, traços do gás podem com frequência ser encontrados na camada depositada, e o aprisionamento de gases algumas vezes afeta adversamente as propriedades mecânicas.

Deposição Iônica A deposição iônica usa a combinação de *sputtering* e evaporação a vácuo para depositar um filme fino sobre o substrato. O processo funciona como se segue. O substrato é ajustado para ser o catodo na parte superior da câmara, e o material-fonte é posicionado na parte inferior. O vácuo é produzido na câmara. O gás argônio é injetado, e um campo elétrico é aplicado para ionizar o gás (Ar^+) e gerar o plasma. Isto resulta em bombardeamento iônico (*sputtering*) do substrato, e assim a superfície é limpa à condição de limpeza atômica (reconhecida como muito limpa). A seguir, o material-fonte é aquecido à temperatura suficiente para gerar vapor que se deposita. O método de aquecimento usado nesse processo é semelhante àquele empregado na evaporação a vácuo: aquecimento por resistência e bombardeamento por feixe de elétron. As moléculas do vapor passam através do plasma e revestem o substrato. O *sputtering* é mantido durante a deposição, e então o bombardeamento iônico consiste não apenas em íons de argônio original, mas também em íons do metal-fonte que foram energizados, pois estavam submetidos ao mesmo campo que o argônio. O efeito dessas condições de processamento é a produção de filmes de espessura uniforme e excelente aderência ao substrato.

O processo de deposição iônica é aplicável a peças que têm geometria irregular devido ao espalhamento que existe no campo de plasma. Um exemplo de interesse é o revestimento com TiN das ferramentas de corte de aço rápido (por exemplo, bits de usinagem). Adicionalmente à uniformidade do revestimento e à boa aderência, outras vantagens incluem alta taxa de deposição, alta densidade do filme e a capacidade de revestir paredes internas de furos e formatos ocos.

21.5.2 DEPOSIÇÃO QUÍMICA DE VAPOR

A deposição física de vapor compreende a condensação no substrato da fase vapor, e é um processo estritamente físico. Por comparação, a **deposição química de vapor** (*chemical vapor deposition* — CVD) envolve a interação entre a mistura de gases e a superfície do substrato aquecido, causando a decomposição química de alguns constituintes dos gases e a formação de um filme sólido no substrato. As reações ocorrem em uma câmara fechada. O produto da reação (seja um metal ou um composto) nucleia e cresce sobre a superfície do substrato formando o revestimento. Muitas reações de CVD requerem calor. Entretanto, dependendo dos reagentes envolvidos, a reação pode ser induzida por outras fontes de energia, como a luz ultravioleta ou o plasma. O processo de CVD inclui ampla faixa de pressão e temperatura, e pode ser aplicado à grande variedade de revestimentos e materiais do substrato.

Os processos industriais metalúrgicos baseados na deposição química de vapor datam dos anos 1800 (por exemplo, o processo Mond da Tabela 21.2). O interesse moderno em CVD está nas aplicações de recobrimentos, tais como ferramentas revestidas de carbeto cementado, células solares, metal refratário depositado em palhetas de turbinas de motores a jato e demais aplicações em que a resistência ao desgaste, à corrosão, à erosão e ao choque térmico são importantes. Além disso, a CVD é uma tecnologia relevante na fabricação de circuito integrado.

As vantagens associadas ao processo de CVD incluem: (1) capacidade de depositar materiais refratários à temperatura inferior aos respectivos pontos de fusão ou à temperatura de sinterização; (2) possibilidade de controlar o tamanho de grão; (3) o processo pode ser executado à pressão atmosférica, ou seja, não requer equipamento para produzir vácuo; e (4) boa ligação do revestimento com o substrato [1]. As desvantagens são: (1) natureza corrosiva e/ou tóxica dos reagentes geralmente necessita de câmara fechada, sistema especial de exaustão e equipamentos de tratamento dos rejeitos; (2) alguns reagentes são relativamente caros; e (3) o aproveitamento dos reagentes usados é baixo.

Materiais e Reações Usados no Processo de CVD Em geral, os metais que são facilmente eletrodepositados não são bons candidatos para CVD devido ao perigo dos reagentes que

TABELA 21.2 Alguns exemplos de reações de deposição química de vapor

1. O *processo Mond* inclui o processo de CVD para a decomposição do níquel a partir do tetracarbonil de níquel (Ni(CO)$_4$), que é um composto intermediário formado da redução do minério de níquel:

$$Ni(CO)_4 \xrightarrow{200°C\ (400°F)} Ni + 4CO \qquad (21.4)$$

2. Revestimento do carbeto de titânio (TiC) em substrato de carbeto de tungstênio cementado (WC–Co) para produzir ferramenta de corte de alto desempenho:

$$TiCl_4 + CH_4 \xrightarrow[H_2\ em\ excesso]{1000°C\ (1800°F)} TiC + 4HCl \qquad (21.5)$$

3. Revestimento de nitreto de titânio (TiN) em substrato de carbeto de tungstênio cementado (WC–Co) para produzir ferramentas de corte de alto desempenho:

$$TiCl_4 + 0,5N_2 + 2H_2 \xrightarrow{900°C\ (1650°F)} TiN + 4HCl \qquad (21.6)$$

4. Revestimento de óxido de alumínio (Al$_2$O$_3$) em substrato de carbeto de tungstênio cementado (WC–Co) para produzir ferramentas de corte de alto desempenho:

$$2AlCl_3 + 3CO_2 + 3H_2 \xrightarrow{500°C\ (900°F)} Al_2O_3 + 3CO + 6HCl \qquad (21.7)$$

5. Revestimento de nitreto de silício (Si$_3$N$_4$) em silício (Si), um processo da manufatura de semicondutores:

$$3SiF_4 + 4NH_3 \xrightarrow{1000°C\ (1800°F)} Si_3N_4 + 12HF \qquad (21.8)$$

6. Revestimento de dióxido de silício (SiO$_2$) em silício (Si), uma etapa do processo da manufatura de semicondutores:

$$2SiCl_3 + 3H_2O + 0,5O_2 \xrightarrow{900°C\ (1600°F)} 2SiO_2 + 6HCl \qquad (21.9)$$

7. Revestimento do metal refratário, tungstênio (W), em peças como palhetas de turbinas de motores a jato:

$$WF_6 + 3H_2 \xrightarrow{600°C\ (1100°F)} W + 6HF \qquad (21.10)$$

Compilado de [6], [13] e [17].

devem ser usados e os custos decorrentes do armazenamento seguro. Os metais empregados na CVD são tungstênio, molibdênio, titânio, vanádio e tântalo. A deposição química de vapor é em especial adequada para depositar compostos, como óxido de alumínio (Al_2O_3), dióxido de silício (SiO_2), nitreto de silício (Si_3N_4), carbeto de titânio (TiC) e nitreto de titânio (TiN). A Figura 21.5 apresenta as aplicações de CVD e PVD para fornecer revestimentos resistentes ao desgaste em ferramentas de corte de carbeto cementado.

Os gases reacionais e vapores geralmente usados incluem hidretos metálicos (MH_x), cloretos (MCl_x), fluoretos (MF_x) e carbonílicos ($M(CO)_x$). M corresponde ao metal a ser depositado e x é usado para balancear as valências do composto. Outros gases, como hidrogênio (H_2), nitrogênio (N_2), metano (CH_4), dióxido de carbono (CO_2) e amônia (NH_3) são usados em algumas reações. A Tabela 21.2 apresenta alguns exemplos de reações CVD que resultam na deposição de metal ou de cerâmica sobre um substrato. As temperaturas típicas nas quais essas reações desenvolvem-se também são indicadas na tabela.

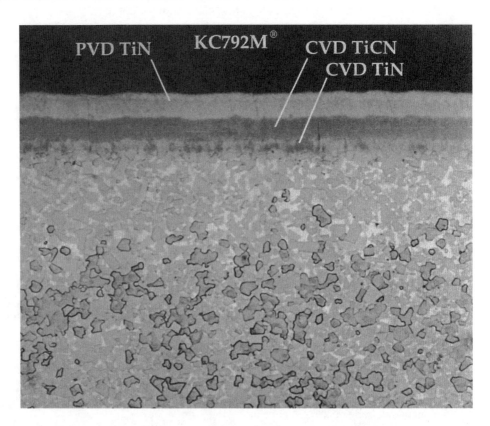

FIGURA 21.5 Fotomicrografia da seção transversal de uma ferramenta de corte revestida com carbeto (Kennametal Grade KC792M). O processo de CVD foi usado para revestir com TiN e TiCN na superfície do substrato de WC-Co e, em seguida, depositou-se TiN por PVD. (Crédito: *Fundamentals of Modern Manufacturing*, 4ª Edição por Mikell P. Groover, 2010. Reimpresso com permissão de John Wiley & Sons, Inc.)

Equipamento do Processo A deposição química de vapor se processa em um reator, que consiste em: (1) sistema de fornecimento dos reagentes;(2) câmara de deposição; e (3) sistema de reciclagem/descarte. Embora a configuração do reator varie dependendo da aplicação, um possível reator de CVD é ilustrado na Figura 21.6. O propósito do sistema de alimentação é fornecer reagentes à câmara de deposição em proporções adequadas. Diversos tipos de sistemas de alimentação são necessários dependendo se os reagentes são gasosos, líquidos ou sólidos (por exemplo, pelotas ou em pó).

A câmara de deposição contém o substrato e os reagentes que conduzem à deposição dos produtos da reação na superfície do substrato. A deposição ocorre a elevadas temperaturas, e o substrato deve ser aquecido por indução, radiação ou outros meios. As temperaturas das diferentes reações de CVD variam de 250ºC a 1950ºC (500ºF a 3500ºF), de modo que a câmara deve ser projetada para atender a estes requisitos.

O terceiro componente do reator é o sistema de reciclagem/descarte, cuja função é tornar inofensivos os coprodutos da reação de CVD. Isto inclui a coleta dos materiais que são tóxicos, corrosivos e/ou inflamáveis, seguido do adequado processamento e descarte.

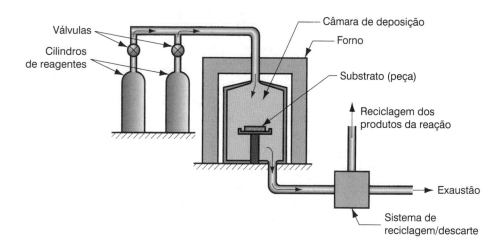

FIGURA 21.6 Reator típico usado em deposição química de vapor. (Crédito: *Fundamentals of Modern Manufacturing*, 4ª Edição por Mikell P. Groover, 2010. Reimpresso com permissão de John Wiley & Sons, Inc.)

21.6 REVESTIMENTOS ORGÂNICOS

Os revestimentos orgânicos são polímeros e resinas, produzidos natural ou sinteticamente, e em geral formulados para serem aplicados como tintas líquidas que secam ou endurecem como um filme fino nos substratos. Esses revestimentos são interessantes pela variedade de cores e texturas, capacidade de proteger a superfície dos substratos, baixo custo e facilidade com que eles podem ser aplicados. Nesta seção, foi considerado para estudo a composição do revestimento orgânico e os métodos para aplicá-lo. Embora a maioria dos revestimentos orgânicos seja aplicada na forma líquida, alguns são aplicados como pó, tal como mostrado na Seção 21.6.2.

Os revestimentos orgânicos são formulados para conterem os seguintes componentes: (1) veículo, que confere ao revestimento suas propriedades; (2) pigmentos e corantes, que fornecem a cor; (3) solventes, que dissolvem os polímeros e as resinas e possibilitam ter a propriedade de fluidez para os líquidos; e (4) aditivos.

Veículo em revestimento orgânico são polímeros e resinas que determinam as propriedades no estado sólido do revestimento, como resistência, propriedades físicas e adesão ao substrato. O veículo agrega o pigmento e os demais componentes do revestimento durante e após a aplicação na superfície. Os mais comuns veículos em revestimento orgânico são óleos naturais (usados para produzir tintas à base de óleo), resinas de poliésteres, poliuretanos, epóxis, acrílicos e celuloses.

Corantes e pigmentos fornecem a cor aos revestimentos. *Corantes* são compostos solúveis que colorem o revestimento líquido, mas não encobrem o substrato. Assim, os revestimentos tingidos com corantes são geralmente transparentes ou translúcidos. *Pigmentos* são partículas sólidas, uniformes e de tamanho microscópico que estão dispersas no revestimento líquido, mas insolúveis entre si. Eles não apenas colorem o revestimento, mas bloqueiam a superfície. Como os pigmentos são material particulado, eles tendem a aumentar a resistência do revestimento.

Os *solventes* são usados para dissolver o veículo e certos ingredientes da composição do revestimento. Os solventes mais comuns dos revestimentos orgânicos são os hidrocarbonetos alifáticos e aromáticos, alcoóis, ésteres, acetonas e solventes cloretados. Diferentes solventes são empregados nos diversos veículos. Os *aditivos*, em revestimentos orgânicos, incluem os surfactantes, cuja função é facilitar o espalhamento sobre a superfície, biocidas, fungicidas, espessantes, estabilizadores de congelamento/descongelamento, estabilizantes de calor e luz, agentes coalescentes, plastificantes, antiespumante e catalisadores, que promovem ligações cruzadas (também chamada reticulação). Estes componentes são formulados para gerar ampla variedade de revestimentos, como tintas, lacas e vernizes.

21.6.1 MÉTODOS DE APLICAÇÃO

O método de aplicação de um revestimento orgânico depende de fatores como a composição do revestimento líquido, a espessura desejada, a taxa de produção e ainda considerações de custo, tamanho da peça e requisitos ambientais. Para muitos métodos de aplicações, é de máxima importância que a superfície seja preparada de forma adequada. Isso pode incluir limpeza e possivelmente tratamento de superfície, como a deposição de camada de fosfato. Em alguns casos, a superfície metálica é, no início, recoberta com revestimento orgânico para ter máxima proteção anticorrosiva.

Qualquer que seja o método de revestimento, a eficiência de transferência é uma medida crítica. A *eficiência de transferência* é a proporção da tinta fornecida pelo processo que é realmente depositada na superfície. Alguns métodos têm rendimento tão baixo quanto 30% de eficiência (significando que 70% da tinta é perdida e não pode ser recuperada).

Os métodos disponíveis para aplicação de revestimento orgânico líquido incluem trinchas, rolos, aspersão, imersão e processo contínuo. Em alguns casos, métodos sucessivos são usados para obter o resultado desejado de recobrimento da superfície. A carroceria de automóveis é um exemplo importante, e a sequência típica empregada na carroceria metálica da produção em massa de automóveis inclui: (1) fosfatização aplicado por imersão; (2) tinta de fundo (*primer*) aplicada por imersão; (3) tintas coloridas aplicadas por aspersão; e (4) pintura de acabamento (para alto brilho e proteção adicional) aplicada por aspersão.

Trinchas e *rolos* são as ferramentas mais familiares de aplicação para a maioria das pessoas. Elas têm alta eficiência de transferência — próximo de 100%. A aplicação manual é adequada para pequena produção, mas não para larga escala. A trincha pode ter uso quase universal, mas o rolo é limitado às superfícies planas.

A *aspersão* é um método muito usado para aplicar revestimentos orgânicos. O processo atomiza o líquido de revestimento formando uma névoa de imediato antes da deposição sobre a peça. Quando as gotas atingem a superfície, elas coalescem para formar um revestimento uniforme na região localizada próxima do local diretamente aspergido. Se feita de modo adequado, a aspersão produz cobertura uniforme em toda a superfície da peça.

A aspersão pode ser executada de forma manual em cabines de pintura ou pode ser automatizada. A eficiência de transferência neste método é relativamente baixa, (tão baixa quanto 30%). A eficiência pode ser aumentada com a *aspersão eletrostática*, na qual a peça é eletricamente aterrada e as gotas atomizadas carregadas. Desta forma, as gotas são atraídas para a superfície da peça, aumentando a eficiência de transferência para até 90% [17]. A aspersão é bastante utilizada na indústria automotiva para pintura externa da carroceria dos carros. Ela também é usada para revestir eletrodomésticos e outros produtos de consumo.

A *imersão* emprega grande volume do líquido de revestimento, mas permite que o excesso seja drenado e então reciclado. O método mais simples é o *dip coating*, no qual a peça é imersa em um tanque aberto contendo o líquido; quando a peça é suspensa, o excesso drena de volta para o tanque. Uma variação do *dip coating* é a deposição *eletroforética*, na qual as peças são carregadas eletricamente e então imersas em um banho cuja tinta tem cargas contrárias. Esse método melhora a adesão e permite o uso de tintas à base de água (o que reduz o risco de incêndio e danos ambientais).

No processo de *pintura por lavagem*, as peças movem-se através de uma cabine de pintura fechada, onde uma série de bicos projeta o líquido sobre as peças. O excesso de líquido é drenado por coletores e pode ser reutilizado.

Uma vez aplicado o revestimento orgânico, ele deve se transformar de líquido para sólido. O termo *secagem* é geralmente usado para descrever esta transformação. Muitos revestimentos orgânicos secam por evaporação de seus solventes. Entretanto, para formar um filme durável sobre o substrato, uma conversão posterior é necessária. Ela é chamada cura. A *cura* envolve uma reação química da resina orgânica, na qual há a polimerização ou a formação de ligação cruzada que endurece o revestimento.

O tipo de resina determina qual reação química ocorre na cura. Os principais métodos pelos quais a cura do revestimento orgânico se processa são: (1) *cura à temperatura ambiente*, que envolve evaporação do solvente e oxidação da resina (muitas lacas curam por este princípio); (2) *cura à elevada temperatura*, na qual a temperatura elevada é usada para acelerar a evaporação do solvente, bem como promover polimerização e ligações cruzadas da resina; (3) *cura catalítica*, na qual a resina de partida requer agentes adicionados imediatamente antes da aplicação para permitir a polimerização e a ligação cruzada (epóxis e tintas de poliuretano são exemplos desta cura); e (4) *cura por radiação*, na qual várias formas de radiação, como micro-ondas, luz ultravioleta e feixe de elétrons, são necessárias para curar a resina [17].

21.6.2 REVESTIMENTOS À BASE DE PÓS

Os revestimentos orgânicos discutidos anteriormente são sistemas líquidos (ou pelo menos miscíveis) consistindo em resina solúvel em um solvente próprio. Os revestimentos à base de pós são diferentes. Eles são aplicados a seco, finamente pulverizados, e as partículas sólidas são fundidas na superfície para formar um filme líquido uniforme, após o qual elas se ressolidificam resultando em um revestimento seco. Os sistemas à base de pós têm tido crescimento significativo dentre os revestimentos orgânicos desde a metade dos anos 1970.

Os revestimentos à base de pós são classificados em termoplásticos ou termofixos. Os pós termoplásticos incluem o policloreto de vinila, náilon, poliéster, polietileno e polipropileno. Eles são em geral aplicados em camadas relativamente espessas, de 0,08 mm a 0,30 mm (de 0,003 in a 0,012 in). Os pós termofixos mais comuns são epóxi, poliéster e acrílico. Eles são aplicados na forma de resinas não curadas que polimerizam e formam ligações cruzadas sob aquecimento ou por ação de outro componente. A espessura de revestimento é tipicamente da ordem de 0,025 mm a 0,075 mm (0,001 in a 0,003 in).

Existem dois tipos principais de revestimento à base de pós: aspersão e leito fluidizado. No método por *aspersão*, cada partícula é carregada eletrostaticamente de forma a serem atraídas pela superfície da peça aterrada. Diversos modelos de pistolas estão disponíveis para carregar os pós. As pistolas podem ser operadas de forma manual ou por robôs industriais. Ar comprimido é usado para projetar os pós pelo bocal. Os pós são secos e aspergidos, e qualquer excesso de partículas que não adira à superfície pode ser reciclado (exceto quando se utilizam múltiplas cores que se misturam numa mesma cabine). Os pós podem ser aspergidos contra a superfície à temperatura ambiente, ocorrendo, em seguida, o aquecimento da peça para fundir os pós, ou ainda ser aspergidos em peças que já foram aquecidas à temperatura superior ao do ponto de fusão dos pós, e, neste caso, o revestimento é mais espesso.

O *leito fluidizado* é bem menos usado para a aspersão eletrostática. Neste método, a peça a ser revestida é preaquecida e passa por um leito fluidizado, no qual os pós estão suspensos (fluidizados) por corrente de ar. Os pós aderem-se à superfície da peça para formar o revestimento. Em algumas configurações desse método, os pós são carregados eletrostaticamente para aumentar a atração à superfície da peça que está aterrada.

REFERÊNCIAS

[1] *ASM Handbook*, Vol. 5, *Surface Engineering*. ASM International, Materials Park, Ohio, 1993.

[2] Budinski, K. G. *Surface Engineering for Wear Resistance*. Prentice Hall, Inc., Englewood Cliffs, New Jersey, 1988.

[3] Durney, L. J. (ed.). *The Graham's Electroplating Engineering Handbook*, 4th ed. Chapman & Hall, London, 1996.

[4] Freeman, N. B. "A New Look at Mass Finishing," Special Report 757, *American Machinist*, August 1983, pp. 93–104.

[5] George, J. *Preparation of Thin Films*. Marcel Dekker, Inc., New York, 1992.

[6] Hocking, M. G., Vasantasree, V., and Sidky, P. S. *Metallic and Ceramic Coatings*. Addison-Wesley Longman, Ltd., Reading, Massachusetts, 1989.

[7] *Metal Finishing*, Guidebook and Directory Issue. Metals and Plastics Publications, Inc., Hackensack, New Jersey, 2000.

[8] Morosanu, C. E. *Thin Films by Chemical Vapour Deposition*. Elsevier, Amsterdam, Holland, 1990.

[9] Murphy, J. A. (ed.). *Surface Preparation and Finishes for Metals*. McGraw-Hill Book Company, New York, 1971.

[10] Sabatka, W. "Vapor Degreasing." www.pfonline.com.

[11] Satas, D. (ed.). *Coatings Technology Handbook*, 2nd ed. Marcel Dekker, Inc., New York, 2000.

[12] Stuart, R. V. *Vacuum Technology, Thin Films, and Sputtering*. Academic Press, New York, 1983.

[13] Sze, S. M. *VLSI Technology*, 2nd ed. McGrawHill Book Company, New York, 1988.

[14] Tracton, A. A. (ed.). *Coatings Technology Handbook*, 3rd ed. CRC Taylor & Francis, Boca Raton, Florida, 2006.

[15] Tucker, Jr., R. C. "Surface Engineering Technologies," *Advanced Materials & Processes*, April 2002, pp. 36–38.

[16] Tucker, Jr., R. C. "Considerations in the Selection of Coatings," *Advanced Materials & Processes*, March 2004, pp. 25–28.

[17] Wick, C., and Veilleux, R. (eds.). *Tool and Manufacturing Engineers Handbook*, 4th ed., Vol III, *Materials, Finishes, and Coating*. Society of Manufacturing Engineers, Dearborn, Michigan, 1985.

QUESTÕES DE REVISÃO

21.1 Quais são algumas das razões pelas quais as peças manufaturadas devem ser limpas?

21.2 Os tratamentos de superfície de natureza mecânica são executados por motivos diferentes da limpeza, ou após a limpeza. Quais são esses motivos?

21.3 Quais são os tipos básicos de contaminantes que devem ser limpos das superfícies metálicas das peças manufaturadas?

21.4 Indique alguns métodos de limpeza química.

21.5 Além da limpeza superficial, qual é a principal função do *shot peening*?

21.6 O que se entende por produção em massa?

21.7 Qual é a diferença entre difusão e implantação iônica?

21.8 O que é calorização?

21.9 O que são metais de deposição?

21.10 Identifique os tipos mais comuns de processos de revestimento.

21.11 Qual é o metal mais revestido?

21.12 Um dos tipos de molde da eletroformação é o molde sólido. Como a peça é removida do molde sólido?

21.13 Como a deposição química difere da deposição eletroquímica?

21.14 O que é revestimento de conversão?

21.15 Como a anodização se diferencia dos outros processos de conversão?

21.16 O que é deposição física de vapor?

21.17 Qual é a diferença entre a deposição física de vapor (PVD) da deposição química de vapor (CVD)?

21.18 Cite os materiais mais comuns depositados em ferramentas de corte por PVD.

21.19 Quais são algumas das vantagens da deposição química de vapor?

21.20 Identifique os quatro componentes principais de um revestimento orgânico.

21.21 O que se entende por eficiência de transferência em tecnologia de revestimento orgânico?

21.22 Descreva os principais métodos pelos quais os revestimentos orgânicos são aplicados nas superfícies.

21.23 Os termos secagem e cura têm diferentes significados, indique-os.

PROBLEMAS

21.1 Qual volume (cm³) e massa (g) de zinco que será depositado em uma peça catodicamente carregada se uma corrente de 10 A for aplicada por uma hora?

21.2 Uma chapa de aço com área de 100 cm² deve ser revestida. Que espessura média do depósito resultará da aplicação de 15 A por 12 minutos em um eletrólito cloretado?

21.3 Uma chapa de aço com área de 15 in² (96,8 cm²) deve ser cromada. Que espessura média resultará da corrente de 15 A aplicada por 10 minutos em um banho de ácido sulfúrico contendo íons de cromo?

21.4 Vinte e cinco peças de joias, cada qual com área de 0,5 in² (3,2 cm²), devem ser douradas. (a) Qual é a espessura média do revestimento se for usada uma corrente de 8 A por 10 minutos em banho de cianeto? (b) Qual é o custo do ouro que será depositado em cada peça considerando que 1 onça (1 g) de ouro custa US$ 1000,00 (R$ 35,30) e que a massa específica do ouro é 0,698 lb/in³ (19,3 g/cm³)?

21.5 Uma peça de chapa de aço deve ser niquelada. A peça é retangular, com 0,075 cm de espessura, e tem faces com dimensões de 14 e 19 cm. A operação de deposição deve usar uma corrente de 20 A por 30 minutos. Determine a espessura média do metal revestido resultante desta operação.

21.6 Uma chapa de aço tem área total de 36 in². Qual é a duração do processo de um revestimento de cobre (considere a valência 1+) com espessura de 0,001 in se a corrente de 15 A for usada?

Parte VII Processos de União e Montagem

22 FUNDAMENTOS DA SOLDAGEM

Sumário

22.1 Revisão da Tecnologia de Soldagem
  22.1.1 Tipos de Processos de Soldagem
  22.1.2 Soldagem como uma Operação Comercial

22.2 Junta Soldada
  22.2.1 Tipos de Juntas
  22.2.2 Tipos de Soldas

22.3 Física da Soldagem
  22.3.1 Densidade de Potência
  22.3.2 Equilíbrio Térmico na Soldagem por Fusão

22.4 Aspectos de uma Junta Soldada por Fusão

Nesta parte do livro, discutiremos os processos que são usados para unir duas ou mais peças em uma unidade montada. Estes processos são classificados na parte inferior do diagrama da Figura 1.3. O termo *união* é geralmente usado para soldagem, brasagem e soldagem fraca, que forma união permanente entre duas peças — uma junta que não pode ser separada com facilidade. O termo *montagem* usualmente se refere a métodos mecânicos de fixação entre peças. Alguns destes métodos permitem fácil desmontagem, enquanto outros não. Começaremos nossa abordagem de processos de união e montagem com dois capítulos sobre soldagem. Brasagem, solda fraca e união com adesivos serão discutidos no Capítulo 24, e montagem mecânica no Capítulo 25.

Soldagem é o processo de união de materiais no qual duas ou mais peças são coalescidas em suas superfícies de contato pela aplicação adequada de calor e/ou pressão. Muitos processos de soldagem são realizados somente com calor, sem pressão aplicada; outros por uma combinação de calor e pressão; e ainda outros somente por pressão, sem aplicação externa de calor. Em alguns processos de soldagem, um *material de adição* é adicionado para facilitar a coalescência. A montagem das peças que são unidas por soldagem é chamada *conjunto de peças soldadas*. Soldagem é com frequência associada com peças metálicas, mas o processo é também usado para uniões plásticas. Nossa discussão de soldagem será direcionada em metais.

A importância comercial e tecnológica da soldagem decorre do seguinte:

➢ A soldagem fornece uma junta permanente. Os componentes tornam-se uma unidade.
➢ As juntas soldadas podem ser tão resistentes quanto os materiais de base se um metal de adição tiver propriedades de resistência superior a destes materiais e se as técnicas de soldagem são usadas de forma apropriada.
➢ A soldagem é usualmente a maneira mais econômica para unir componentes em termos de custos de utilização de material e custos de fabricação. Métodos mecânicos alternativos requerem alterações mais complexas de forma (por exemplo, com a usinagem de furos) e adição de elementos de fixação (por exemplo, rebites ou parafusos). O conjunto mecânico resultante é mais pesado que os conjuntos soldados correspondentes.
➢ A soldagem não se restringe a ambientes industriais. Pode ser realizada "no campo".

Embora a soldagem tenha as vantagens já indicadas, ela também tem suas limitações e desvantagens (ou potenciais desvantagens):

➢ A maioria das operações de soldagem é realizada manualmente e é cara em termos de mão de obra de custos do trabalho. Muitas operações de soldagem são consideradas "trabalhos especializados", e a mão de obra para executar estas operações pode ser escassa.
➢ A maioria dos processos de soldagem é inerentemente perigosa porque envolve o uso de alta energia.
➢ Como a soldagem realiza uma ligação permanente entre os componentes, não permite desmontagem simples. Se o produto deve ser ocasionalmente desmontado (por exemplo, reparo ou manutenção), então a soldagem não deve ser utilizada como método de montagem.
➢ A junta soldada pode apresentar certos tipos de defeitos difíceis de detectar. Os defeitos podem reduzir a resistência da junta.

22.1 REVISÃO DA TECNOLOGIA DE SOLDAGEM

A soldagem envolve a coalescência localizada ou a união de duas peças metálicas nas suas superfícies de atrito. As *superfícies de atrito* são as partes em contato ou próximas que irão se unir. A soldagem é geralmente realizada em peças feitas do mesmo material, mas algumas operações de soldagem podem ser usadas para unir metais dissimilares.

22.1.1 TIPOS DE PROCESSOS DE SOLDAGEM

Cerca de 50 processos de soldagem diferentes foram catalogados pela American Welding Society (AWS). Eles utilizam vários tipos ou combinações de energia para fornecer a potência necessária. Podemos dividir os processos de soldagem em dois grupos principais: (1) soldagem por fusão e (2) soldagem no estado sólido.

Soldagem por Fusão Processos de soldagem por fusão usam calor para fundir os metais de base. Em muitas operações de soldagem por fusão, o metal de adição é adicionado na poça fundida para facilitar o processo e prover o volume e resistência para a junta soldada. A operação de soldagem por fusão na qual não é adicionado o metal de adição é conhecida como uma solda *autógena*. A categoria de fusão inclui os processos mais amplamente usados, os

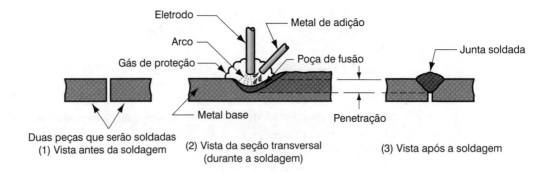

FIGURA 22.1 Aspectos básicos da soldagem a arco: (1) antes da solda; (2) durante a solda (metal base é fundido, e o metal de adição é adicionado à poça de fusão); e (3) o conjunto soldado. Existem muitas variações de processos de soldagem a arco. (Crédito: *Fundamentals of Modern Manufacturing*, 4ª Edição por Mikell P. Groover, 2010. Reimpresso com permissão de John Wiley & Sons, Inc.)

quais podem ser organizados nos seguintes grupos (as iniciais em parênteses são designações da American Welding Society):

> *Soldagem a arco* (*arc welding* — AW). A soldagem a arco refere-se ao grupo de processos de soldagem no qual o aquecimento dos metais é realizado por um arco elétrico, como mostrado na Figura 22.1. Algumas operações de soldagem a arco também aplicam pressão durante o processo e a maioria utiliza metal de adição.

> *Soldagem por resistência* (*resistance welding* — RW). A soldagem por resistência alcança coalescimento usando calor a partir da resistência elétrica ao fluxo de corrente passando entre a superfície de contato de duas peças mantidas unidas sobre pressão.

> *Soldagem a gás oxicombustível* (*oxyfuel gas welding* — OFW). Estes processos de união usam gás oxicombustível, tais como a mistura de oxigênio e acetileno, para produzir chama quente a fim de fundir o metal de base e o metal de adição, caso seja usado.

> Outros processos de soldagem por fusão. Outros processos que produzem fusão de metal incluem **soldagem com feixe de elétrons** e **soldagem a laser**.

Soldagem no Estado Sólido Soldagem no estado sólido refere-se aos processos de união nos quais o coalescimento resulta apenas da aplicação de pressão ou a combinação de calor e pressão. Se o calor é usado, a temperatura no processo é inferior ao ponto de fusão dos metais que estão sendo soldados. Nenhum metal de adição é utilizado. Os processos de soldagem representativos neste grupo incluem:

> *Soldagem por difusão* (*diffusion welding* — DFW). Duas superfícies são unidas sob pressão em elevadas temperaturas e coalescem por difusão no estado sólido.

> *Soldagem por fricção* (*friction welding* — FRW). A coalescência é alcançada pelo calor do atrito entre duas superfícies.

> *Soldagem por ultrassom* (*ultrasonic welding* — USW). Pressão moderada é aplicada entre as duas peças e um movimento oscilante em frequências ultrassônicas é usado na direção paralela da superfície de contato. A combinação das forças vibratória e normal resulta em tensões cisalhantes que removem filmes de superfície e atingem as ligações atômicas das superfícies.

No Capítulo 23, descreveremos vários processos de soldagem com mais detalhes. O levantamento anterior deveria fornecer um panorama suficiente para nossa discussão sobre terminologia e princípios de soldagem no presente capítulo.

22.1.2 SOLDAGEM COMO UMA OPERAÇÃO COMERCIAL

As principais aplicações de soldagem são (1) construções, tais como edifícios e pontes; (2) tubulações, vasos de pressão, caldeiras e tanques de armazenagem; (3) construção de navios;(4) aviões e aeroespacial; e (5) indústria automotiva e ferroviária [1]. Soldagem é executada em uma variedade de localizações e variedade de indústrias. Devido à sua versatilidade como técnica de montagem para produtos comerciais, muitas operações de soldagem são realizadas em fábricas. Contudo, muitos dos processos tradicionais, tais como soldagem a arco e soldagem a gás oxicombustível, usam equipamentos que podem ser rapidamente deslocados, então essas operações não estão limitadas apenas a fábricas. Elas podem ser executadas nos locais de construção, em estaleiros, plantas dos clientes e oficinas de reparo automotivo.

A maioria das operações de soldagem são trabalhos complexos. Por exemplo, soldagem por arco é usualmente realizado por um trabalhador habilidoso, conhecido como *soldador*, que controla de forma manual o caminho ou colocação da solda para unir peças separadas em uma unidade maior. Nas operações fabris, na qual a soldagem é executada manualmente, o soldador em geral trabalha com um segundo operador, conhecido como *ajustador*. A tarefa do ajustador é organizar os componentes de modo individual para que o soldador possa executar a solda. Fixadores de solda e posicionadores de solda são utilizados para esta finalidade. Um *fixador de solda* é um dispositivo para travamento e retenção de componentes na posição fixa para solda. A sua fabricação é customizada para a geometria peculiar do conjunto de peças soldadas e, por conseguinte, deve ser economicamente justificado com base nas quantidades das montagens a serem realizadas. Um *posicionador de solda* é um dispositivo que prende as peças e também as movimenta numa posição fixa única. A posição desejada é em geral uma na qual o caminho da solda é plano e horizontal.

A Questão da Segurança A soldagem é inerentemente perigosa aos trabalhadores. Precauções rigorosas de segurança devem ser praticadas por aqueles que realizam estas operações. As altas temperaturas do metal fundido na soldagem são um perigo óbvio. Na soldagem a gás, os combustíveis (por exemplo, acetileno) são um risco de incêndio. A maioria dos processos usa alta energia para causar fusão das superfícies das peças a serem unidas. Em muitos processos de soldagem, a energia elétrica é a fonte de energia térmica, então existe o perigo de choque elétrico para o trabalhador. Certos processos de soldagem têm seus perigos particulares. Por exemplo, a solda a arco emite radiação ultravioleta, que é prejudicial à visão humana. O soldador deve usar capacete especial que inclua um visor com filtros para a visualização. Estes filtros evitam a radiação perigosa, mas são tão escuros que tornam o soldador praticamente cego, exceto quando o arco é acesso. Deve-se adicionar a presença de faíscas, respingos de metal fundido e fumaça aos riscos associados às operações de soldagem. Unidades de ventilação devem ser usadas para eliminar os gases perigosos gerados por alguns fluxos e metais fundidos usados na soldagem. Se a operação é realizada em ambiente confinado, processos especiais de ventilação ou exaustores são obrigatórios.

Automatização na Soldagem Devido aos riscos da soldagem manual, e no intuito de aumentar a produtividade e melhorar a qualidade do produto, várias formas de mecanização e automação vêm sendo desenvolvidas. As categorias incluem máquinas de soldagem, soldagem automática e soldagem robótica.

A *Soldagem Mecânica* pode ser definida como soldagem mecanizada com equipamento que realiza a operação, sob supervisão contínua de um operador. É acompanhada normalmente por uma cabeça de soldagem, que é movida por meio mecânico relativo a uma plataforma de trabalho, ou por movimento da peça em relação a uma cabeça de soldagem estacionária. O operador deve observar de forma contínua e interagir com o equipamento para controlar a operação.

Se o equipamento é capaz de realizar a operação sem o controle do operador, é chamada *soldagem automática*. Um operador está normalmente presente para observar o processo e detectar alterações das condições normais. O que distingue a soldagem automática da soldagem mecânica é a existência do controlador do ciclo da solda para regular o movimento do arco e o posicionamento da peça de trabalho, sem o controle humano contínuo. A soldagem automática requer uma soldagem fixa e/ou posicionador da peça relativa à cabeça de soldagem. É exigido também grau elevado de consistência e precisão dos componentes usados no equipamento. Por essas razões, a soldagem automática pode ser justificada somente para produções em larga escala.

Na **Soldagem Robótica** um robô industrial ou manipulador programável é usado para controlar de forma automática o movimento da cabeça de soldagem em relação à peça. A versatilidade alcançada pelo braço de um robô permite o uso de fixação relativamente simples, e a capacidade do robô para ser reprogramado para configurações de novas partes permite esta forma de automação ser justificada para quantidades de produção relativamente baixa. Uma célula de soldagem robótica típica consiste em dois fixadores de soldagem e um ajustador humano para carregar ou descarregar peças enquanto o robô solda. Além da soldagem a arco, os robôs industriais são também usados em plantas automobilísticas na montagem final para realizar soldagem por resistência em partes do carro.

22.2 JUNTA SOLDADA

A soldagem produz uma conexão sólida entre duas partes, chamada junta soldada. Uma *junta soldada* é a junção de arestas ou superfícies que são unidas pela soldagem. Estas seções cobrem duas classificações de juntas soldadas: (1) tipos de juntas e (2) tipos de soldas usadas para unir peças que formam as juntas.

22.2.1 TIPOS DE JUNTAS

Existem cinco tipos básicos de juntas para união entre duas peças. Os cinco tipos de juntas não estão limitados à soldagem; eles se aplicam também a outras técnicas de união e fixação. Com referência à Figura 22.2, os cinco tipos de juntas podem ser definidos como a seguir:

(a) *Junta de topo*. Neste tipo de junta, as peças são alinhadas no mesmo plano e estão unidas pelas suas extremidades.

(b) *Junta de canto*. As partes em uma junta de canto formam um ângulo reto e são unidas no canto do ângulo.

(c) *Junta sobreposta*. Esta junta consiste em duas peças sobrepostas.

(d) *Junta em Tê*. Na junta em Tê, uma parte é perpendicular à outra em forma aproximada da letra "T".

(e) *Junta em aresta*. Na junta em aresta, as peças são paralelas com pelo menos uma das arestas em comum, e a junta é feita nesta aresta em comum.

22.2.2 TIPOS DE SOLDAS

Cada uma das juntas anteriores pode ser feita por soldagem. Deve-se distinguir entre o tipo de junta e a forma em que é soldada — o tipo de solda. As diferenças entre os tipos de solda estão na geometria (tipo de junta) e no processo de soldagem.

Uma **solda de filete** é usada para preencher as arestas das peças criadas nas juntas de canto, sobrepostas e Tê, como na Figura 22.3. O metal de adição é usado para fornecer uma seção transversal na forma aproximada de um triângulo retângulo. É o tipo de solda mais comum em soldagem a arco e oxicombustível porque requer o mínimo de preparação das arestas — as arestas retas das peças são usadas. Soldas de filete podem ser simples ou dupla (por exemplo, soldado ao longo de um lado ou em ambos) e pode ser contínua ou intermitente (isto é, soldado ao longo de todo o comprimento ou com espaços sem solda ao longo do comprimento).

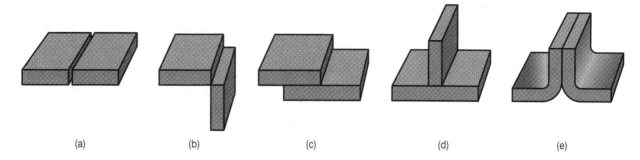

FIGURA 22.2 Cinco tipos básicos de juntas: (a) de topo, (b) de canto, (c) sobrepostas, (d) Tê, e (e) em aresta. (Crédito: *Fundamentals of Modern Manufacturing*, 4ª Edição por Mikell P. Groover, 2010. Reimpresso com permissão de John Wiley & Sons, Inc.)

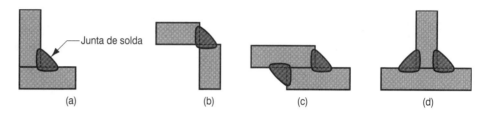

FIGURA 22.3 Várias formas de soldas filete: (a) junta de canto com filete interno; (b) junta de canto com filete externo; (c) junta sobreposta com filete duplo; e (d) solda em Tê com filete duplo. Linhas tracejadas mostram as arestas das peças originais. (Crédito: *Fundamentals of Modern Manufacturing*, 4ª Edição por Mikell P. Groover, 2010. Reimpresso com permissão de John Wiley & Sons, Inc.)

Soldas em chanfro normalmente necessitam que as arestas das peças sejam moldadas em um chanfro para facilitar a penetração da solda. As formas dos chanfros incluem reto, bisel, V, U e J, de um só lado ou duplo, como mostrado na Figura 22.4. O metal de adição é usado para preencher a junta, usualmente para soldagem a arco ou oxicombustível. A preparação das arestas das peças, em vez do uso de aresta reta, requer procedimento adicional, mas é muitas vezes empregada para aumentar a resistência da junta soldada ou quando peças mais espessas serão soldadas. Embora muito associada à junta de topo, a solda de chanfro é usada em todos os tipos de junta, exceto sobrepostas.

Soldas tampão e ***solda de fenda*** são utilizadas para fixar placas planas, como mostrado na Figura 22.5, usando um ou mais furos ou ranhuras na parte superior e, em seguida, preenchendo com metal de adição para fundir as duas partes.

As soldas de ponto e solda de costura, usadas para juntas sobrepostas, estão esquematizas na Figura 22.6. A ***solda por ponto*** é uma pequena seção fundida entre as superfícies de duas folhas ou placas. Múltiplas soldas de ponto são em geral necessárias para unir as partes, e isto é intimamente associado com a resistência da solda. Uma ***solda de costura*** é semelhante à solda de ponto, exceto que esta consiste em uma ou mais seções fundidas de forma contínua entre duas folhas ou placas.

FIGURA 22.4 Algumas soldas de chanfro típicas: (a) solda de chanfro reta, um lado; (b) solda de chanfro bisel; (c) solda de chanfro-V; (d) solda de chanfro-U; (e) solda de chanfro-J; (f) solda de chanfro-V dupla para seções mais espessas. Linhas tracejadas mostram as arestas originais das peças. (Crédito: *Fundamentals of Modern Manufacturing*, 4ª Edição por Mikell P. Groover, 2010. Reimpresso com permissão de John Wiley & Sons, Inc.)

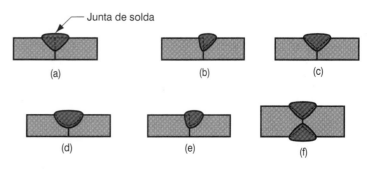

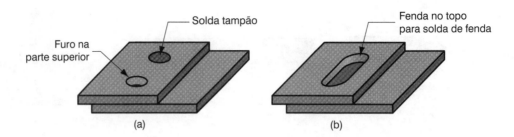

FIGURA 22.5 (a) Solda tampão e (b) solda de fenda. (Crédito: *Fundamentals of Modern Manufacturing*, 4ª Edição por Mikell P. Groover, 2010. Reimpresso com permissão de John Wiley & Sons, Inc.)

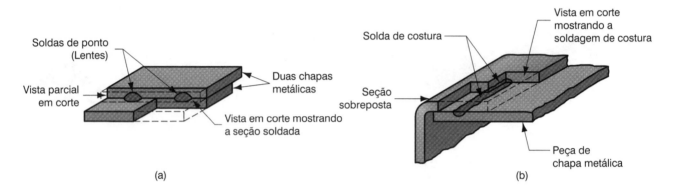

FIGURA 22.6 (a) Solda de ponto e (b) solda de costura. (Crédito: *Fundamentals of Modern Manufacturing*, 4ª Edição por Mikell P. Groover, 2010. Reimpresso com permissão de John Wiley & Sons, Inc.)

Soldas de flange e soldas de acabamento são mostradas na Figura 22.7. Uma ***solda de flange*** é feita nas arestas de duas (ou mais) peças, normalmente metal em chapa ou placa fina, sendo pelo menos uma das partes flangeada como na Figura 22.7 (a). Uma ***solda de acabamento*** não é usada para unir peças, mas de preferência depositar metal de adição na superfície de um metal de base em um ou mais cordões de solda. Os cordões de solda podem ser feitos em uma série de passes paralelos sobrepostos, cobrindo, deste modo, áreas maiores da peça base. A finalidade é aumentar a espessura da placa ou fornecer um revestimento protetor sobre a superfície.

22.3 FÍSICA DA SOLDAGEM

Apesar de vários mecanismos de coalescimento estarem disponíveis para soldagem, a fusão é de longe o meio mais comum. Nesta seção, consideramos as relações físicas que permitem executar a soldagem por fusão. Examinaremos primeiramente a questão de densidade de potência e sua importância, em seguida definiremos as equações de calor e energia que descrevem um processo de soldagem.

FIGURA 22.7 (a) Solda de flange e (b) solda de acabamento. (Crédito: *Fundamentals of Modern Manufacturing*, 4ª Edição por Mikell P. Groover, 2010. Reimpresso com permissão de John Wiley & Sons, Inc.)

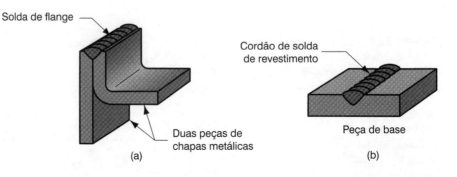

22.3.1 DENSIDADE DE POTÊNCIA

Para realizar a fusão, uma fonte de energia térmica de alta densidade é fornecida às superfícies de atrito, e as temperaturas resultantes são suficientes para causar fusão localizada nos metais de base. Se um metal de adição é adicionado, a densidade térmica deve ser bastante alta para fundi-lo também. A densidade de potência pode ser definida como a potência térmica transferida para a peça por unidade de área W/mm^2 (Btu/s-in^2). O tempo para fundir o metal é inversamente proporcional à densidade da potência. Em densidades de potência baixas, quantidade significativa de tempo é necessária para fusão. Se a densidade de potência é muito baixa, o calor é conduzido para a peça tão rápido quanto é adicionado à superfície, e a fusão nunca ocorre. Verificou-se que a densidade de potência mínima necessária para fundir a maioria dos metais na soldagem é de cerca de 10 W/mm^2 (6 Btu/s-in^2). À medida que a densidade de potência aumenta, o tempo de fusão é reduzido. Se a densidade de potência é muito alta — acima de aproximadamente 10^5 W/mm^2 (60.000 Btu/s-in^2) —, as temperaturas locais vaporizam o metal na região afetada. Assim, existe uma faixa de valores para densidade de potência dentro da qual a soldagem pode ser realizada. As diferenças entre processos nesta faixa são (1) a taxa em que a soldagem pode ser realizada e/ou (2) o tamanho da região que pode ser soldada. A Tabela 22.1 fornece uma comparação de densidade de potência para os principais processos de soldagem por fusão. A soldagem a gás oxicombustível é capaz de fornecer grandes quantidades de calor, mas a densidade de potência é relativamente baixa porque é distribuída sobre uma área extensa. O gás oxiacetileno, o mais quente dos combustíveis dos processos OFW, queima a uma temperatura superior próxima a 3500°C (6300°F). Por comparação, a solda a arco produz energia elevada sobre uma área menor, resultando em temperaturas locais de 5500°C a 6600°C (10.000°F a 12.000°F). Para fins metalúrgicos, é desejável fundir o metal com energia mínima, e densidades de potência elevadas são em geral as preferidas.

A densidade de potência pode ser calculada como a potência adicionada à superfície dividida pela área de superfície correspondente:

$$DP = \frac{P}{A} \qquad (22.1)$$

em que DP = densidade de potência, W/mm^2 (Btu/s-in^2); P = potência introduzida na superfície, W (Btu/s); e A = área da superfície sobre a qual a energia é inserida, mm^2 (in^2). A questão é mais complicada que a indicada pela Eq. (22.1). Uma complicação é que a fonte de potência (por exemplo, o arco) está, em muitos processos de soldagem, se movimentando, o que resulta no preaquecimento à frente da operação e pós-aquecimento atrás dela. Outra complicação é que a densidade de potência não é uniforme ao longo da superfície afetada; esta é distribuída como uma função da área, conforme demonstrado pelo exemplo a seguir.

TABELA 22.1 Comparação de vários processos de soldagem por fusão baseados em suas densidades de potência

Processos de Soldagem	Densidade de Potência Aproximada	
	W/mm²	Btu/s-in²
Soldagem a gás oxicombustível	10	6
Soldagem a arco	50	30
Soldagem por resistência	1000	600
Soldagem a laser	9000	5000
Soldagem por feixe de elétron	10.000	6000

Compilado de [1] e de outros autores.

EXEMPLO 22.1
Densidade de Potência da Soldagem

Uma fonte de calor transfere 300 W para a superfície de uma peça de metal. O calor incide sobre a superfície em uma área circular, com intensidades que variam no interior do círculo. A distribuição é realizada da seguinte forma: 70% de potência é transferida a um círculo interno com diâmetro de 5 mm, e 90% é transferida a um círculo concêntrico de diâmetro de 12 mm. Quais são as densidades de potência: (a) no círculo interno de 5 mm de diâmetro; e (b) no anel circular de 12 mm de diâmetro externo que está ao redor e concêntrico ao círculo interno?

Solução: (a) O círculo interno tem uma área $A = \pi (5)^2/4 = 19,63$ mm^2.

A potência no interior desta área $P = 0,70 \times 3000 = 2100$ W.

Logo, a densidade da potência é $DP = 2100/19,63 = 107$ W/mm^2.

(b) A área do anel no interior do círculo é $A = \pi (12^2 - 5^2)/4 = 93,4$ mm^2.

A potência nesta região $P = 0,9(3000) - 2100 = 600$ W.

A densidade de potência é, portanto $DP = 600/93,4 = 6,4$ W/mm^2.

Observação: A densidade de potência parece alta o suficiente para fundir no círculo interno, mas provavelmente não é suficiente no anel que se encontra fora desse círculo. ∎

22.3.2 EQUILÍBRIO TÉRMICO NA SOLDAGEM POR FUSÃO

A quantidade de calor necessária para fundir um dado volume do metal depende de (1) o calor para aumentar a temperatura do metal sólido para o ponto de fusão, que depende do calor específico volumétrico do metal, (2) o ponto de fusão do metal e (3) o calor para transformar o metal da fase sólida para líquida no ponto de fusão, que depende do calor de fusão do metal. Para aproximação razoável, esta quantidade de calor pode ser estimada pela equação [5]:

$$U_f = KT_f^2 \tag{22.2}$$

em que U_f = a unidade de energia para fusão (por exemplo, a quantidade de calor necessária para fundir uma unidade de volume do metal inicialmente para temperatura ambiente, J/mm^3 (Btu/in^3); T_f = ponto de fusão do metal em uma escala de temperatura absoluta, K (ºR); e K = constante em que o valor é $3,33 \times 10^{-6}$ quando a escala Kelvin é usada (e $K = 1,467 \times 10^{-5}$ para a escala de temperatura Rankine). As temperaturas de fusão absolutas para os metais selecionados são apresentadas na Tabela 22.2.

Nem toda a energia gerada pela fonte de energia é utilizada na fusão do metal de solda. Existem dois mecanismos de transferência de calor na peça, ambos reduzem a quantidade de calor gerado que é usada pelos processos de soldagem. O primeiro mecanismo envolve a transferência de calor entre a fonte de calor e a superfície do trabalho. Este processo tem um ***fator de transferência de calor*** f_1, definido como a razão do calor efetivamente recebido pela peça de trabalho, dividido pelo total de calor gerado na fonte. O segundo mecanismo envolve a condução de calor distante da área de solda a ser dissipada ao longo do metal de trabalho, de modo que apenas uma porção do calor transferido para a superfície esteja disponível para fusão. Este ***fator de fusão*** f_2 é a proporção de calor recebida na superfície de trabalho, que pode ser usada para fusão. O efeito combinado destes dois fatores é o de reduzir a energia térmica disponível para soldagem, como apresentada a seguir:

$$Q_s = f_1 f_2 Q_T \tag{22.3}$$

TABELA 22.2 Temperatura de fusão em escala de temperatura absoluta para os metais selecionados

Metal	Temperatura de Fusão		Metal	Temperatura de Fusão	
	K[a]	°R[a]		K[a]	°R[b]
Ligas de alumínio	930	1680	Aço		
Ferro fundido	1530	2760	Baixo-carbono	1760	3160
Cobre e ligas			Médio-carbono	1700	3060
Puro	1350	2440	Alto-carbono	1650	2960
Latão, naval	1160	2090	Baixa liga	1700	3060
Bronze (90 Cu –10 Sn)	1120	2010	Aço inoxidável		
Inconel	1660	3000	Austenítico	1670	3010
Magnésio	940	1700	Martensítico	1700	3060
Níquel	1720	3110	Titânio	2070	3730

Baseado em valores de [2].
[a]Escala Kelvin = temperatura em Centígrados (Celsius) + 273.
[b]Escala Rankine = temperatura em Fahrenheit + 460.

em que Q_s = calor disponível para soldagem, J (Btu), f_1 = fator de transferência de calor, f_2 = o fator de fusão, e Q_T = o total de calor gerado pelo processo de soldagem, J (Btu).

Os fatores f_1 e f_2 variam de valor entre zero e um. É apropriado separar f_1 e f_2 na concepção, mesmo que eles atuem em concordância durante o processo de soldagem. O fator de transferência de calor f_1 é predominantemente determinado pelo processo de soldagem e a capacidade de converter fonte de potência (por exemplo, energia elétrica) em calor disponível para superfície de trabalho. Os processos de soldagem a arco são relativamente eficientes neste caso, enquanto os processos de soldagem a gás oxicombustível são relativamente ineficientes.

O fator de calor f_2 depende do processo de soldagem, mas também é influenciado pelas propriedades térmicas do metal, configuração da junta e espessura de trabalho. Os metais com condutividade térmica alta, como alumínio e cobre, apresentam um problema na soldagem devido à dissipação de calor rápida ao longo da área de contato de calor. O problema é agravado pelas fontes de calor de soldagem com densidades de potência baixa (por exemplo, soldagem oxicombustível), porque o aporte de calor é distribuído sobre uma área mais extensa, facilitando, deste modo, a condução na peça. Em geral, a densidade de potência maior, combinada com a peça de trabalho com baixa condutividade, resulta num fator de fusão elevado.

Agora, podemos escrever uma equação de balanço entre o aporte de energia e a energia necessária para soldagem:

$$Q_s = U_f V \qquad (22.4)$$

em que Q_s = energia térmica total de uma operação de soldagem, J (Btu); U_f = unidade de energia requerida para fundir o metal, J/mm³ (Btu/in³); e V = o volume do metal fundido, mm³ (in³).

A maioria das operações de soldagem são variações de processos; isto é, a energia térmica total Q_s é entregue à determinada taxa, e o cordão de solda é efetuado à determinada velocidade de soldagem. Esta é uma característica, por exemplo, da maioria das operações de soldagem a arco, muitas operações de soldagem a gás oxicombustível e até mesmo em algumas operações de soldagem por resistência. Portanto, é adequado expressar a Eq. (22.4) como uma equação da taxa de equilíbrio:

$$q_s = U_f q_v \qquad (22.5)$$

em que φ_s = taxa de energia de calor liberada para a operação de soldagem, J/s = W (Btu/min); e q_v = fluxo em volume do metal soldado, mm³/s (in³/min).

Na soldagem de um cordão contínuo, a taxa de deposição em volume de metal soldado é o produto da área de solda A_s, e a velocidade de soldagem v. Substituindo estes termos na equação anterior, a equação da taxa de equilíbrio pode ser expressa como:

$$q_s = f_1 f_2 q_A = U_f A_s v \qquad (22.6)$$

em que f_1 e f_2 são os fatores de transferência de calor e de fusão; q_A = taxa (fluxo) de aporte de energia gerada pela fonte de potência de soldagem, W (Btu/min); A_s = área da seção transversal da solda, mm² (in²); v = a velocidade de soldagem de uma operação de soldagem, mm/s (in/mm). No Capítulo 23, examinaremos como a densidade de potência na Eq. (22.1) e a taxa de aporte de energia na Eq. (22.6) são elaboradas para alguns dos processos de soldagem.

EXEMPLO 22.2
Velocidade de Soldagem

A fonte de energia para o ajuste de uma soldagem específica gera 3500 W, que pode transferir à superfície de trabalho com um fator de transferência de calor = 0,7. O metal a ser soldado é um aço baixo-carbono, cuja temperatura de fusão, de acordo com a Tabela 22.2, é de 1760°K. O fator de fusão na operação é 0,5. Um metal de adição contínuo é feito com área de seção transversal = 20 mm². Determine a velocidade de deslocamento em que a operação de soldagem pode ser realizada.

Solução: Vamos, inicialmente, encontrar a unidade de energia necessária para fundir o metal U_f da equação (22.2).

$$U_f = 3,33(10^{-6}) \times 1760^2 = 10,3 \text{ J/mm}^3$$

Rearranjando a Eq. (22.6) para resolver a velocidade de soldagem, temos $v = \dfrac{f_1 f_2 q_A}{U_f A_s}$, e resolvendo para as condições do problema, $v = \dfrac{0,7(0,5)(3500)}{10,3(20)} = 5,95 \text{ mm/s}$. ∎

22.4 ASPECTOS DE UMA JUNTA SOLDADA POR FUSÃO

A maioria das juntas é soldada por fusão. Como ilustrado na vista da seção transversal da Figura 22.8 (a), uma típica junta soldada por fusão consiste naquela em que o metal de adição é adicionado e constituída de várias zonas: (1) zona de fusão; (2) interface da solda; (3) zona termicamente afetada; e (4) zona do metal base que não foi afetada.

A *zona de fusão* consiste em uma mistura de metal de adição e metal base que é completamente fundido. Esta região é caracterizada por elevado grau de homogeneidade entre os componentes metálicos que tenham sido fundidos durante a soldagem. A mistura destes componentes é motivada principalmente pela convecção na poça de solda fundida. A solidificação na zona de fusão tem semelhanças com o processo de fundição. Na solda, a poça é formada nas arestas que não fundiram ou nas superfícies de componentes a serem soldados. A diferença principal entre a solidificação por fundição e soldagem é o crescimento do grão epitaxial que ocorre apenas na soldagem. O leitor deve lembrar que, na fundição, os grãos metálicos são formados a partir da fusão pela nucleação de partículas sólidas na parede do molde, seguidos pelo crescimento do grão. Na soldagem, por outro lado, a fase de nucleação de solidificação é evitada pelo mecanismo de **crescimento de grão epitaxial**, no qual os átomos da poça de fusão solidificam nas lacunas preexistentes do metal de base adjacente. Em consequência, a estrutura do grão na zona de fusão próxima da zona termicamente afetada tende a seguir a orientação cristalográfica ao redor desta última zona. Além disso, na região de fusão, uma orientação preferencial é desenvolvida com grãos aproximadamente perpendiculares aos limites da interface da solda. A estrutura resultante na região fundida e solidificada tende a apresentar grãos colunares grosseiros, conforme representado na Figura 22.8(b). A estrutura dos grãos depende de vários fatores, incluindo processos de soldagem, metais a serem soldados (por exemplo, metais similares *versus* metais dissimilares soldados), se um metal de adição é usado e a taxa de alimentação na qual a soldagem é realizada. Uma discussão detalhada sobre metalurgia da soldagem está além do escopo deste texto, e os leitores interessados podem consultar qualquer das várias referências [1], [4], [5].

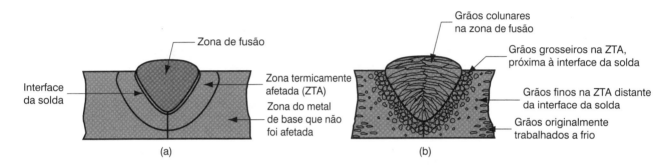

FIGURA 22.8 Seção transversal de uma típica junta soldada por fusão: (a) principais zonas em uma junta e (b) típica estrutura de grão. (Crédito: *Fundamentals of Modern Manufacturing*, 4ª Edição por Mikell P. Groover, 2010. Reimpresso com permissão de John Wiley & Sons, Inc.)

A segunda região em uma junta de solda é a ***interface da solda***, contorno estreito que separa a zona de fusão da zona termicamente afetada. A interface consiste em uma fina faixa do metal de base que foi fundida ou parcialmente fundida (fusão localizada dentro dos grãos) durante o processo de soldagem, mas que solidifica de imediato antes de ser misturada com o metal da região de fusão. Portanto, sua composição química é idêntica a do metal base.

A terceira região em uma solda de fusão típica é a ***zona termicamente afetada*** (ZTA). O metal nesta região apresenta temperaturas que estão abaixo do ponto de fusão, mas ainda alta o suficiente para causar alterações microestruturais no metal sólido. A composição química na zona termicamente afetada é a mesma do metal base, mas tem tratamento térmico devido à temperatura de soldagem, de modo que suas propriedades e estruturas são alteradas. A quantidade de danos metalúrgicos na ZTA depende de fatores tais como a quantidade de aporte térmico, temperaturas máximas alcançadas, distância da zona de fusão, duração do tempo em que o metal foi exposto a altas temperaturas, a taxa de resfriamento e as propriedades térmicas do metal. O efeito sobre as propriedades mecânicas na zona afetada térmica é geralmente negativo e é nesta região da junta de solda que ocorrem com frequência as falhas na soldagem.

À medida que se distancia da zona de fusão, a ***zona do metal de base que não foi afetada*** é finalmente alcançada, na qual não ocorrem mudanças microestruturais. Contudo, o metal de base em torno da ZTA é suscetível a estado de tensão residual elevado, resultando na contração da zona de fusão.

REFERÊNCIAS

[1] *ASM Handbook*, Vol. **6**, *Welding, Brazing, and Soldering*. ASM International, Materials Park, Ohio, 1993.

[2] Cary, H. B., and Helzer, S. C. *Modern Welding Technology*, 6th ed. Pearson/Prentice-Hall, Upper Saddle River, New Jersey, 2005.

[3] Datsko, J. *Material Properties and Manufacturing Processes*. John Wiley & Sons, Inc., New York, 1966.

[4] Messler, R. W., Jr. *Principles of Welding: Processes, Physics, Chemistry, and Metallurgy*. John Wiley & Sons, Inc., New York, 1999.

[5] *Welding Handbook*, 9th ed. Vol. **1**, *Welding Science and Technology*. American Welding Society, Miami, Florida, 2007.

[6] Wick, C., and Veilleux, R. F. *Tool and Manufacturing Engineers Handbook*, 4th ed., Vol. IV, *Quality Control and Assembly*. Society of Manufacturing Engineers, Dearborn, Michigan, 1987.

QUESTÕES DE REVISÃO

22.1 Quais são as vantagens e desvantagens da soldagem comparada com outros tipos de operação de montagem?

22.2 Qual é o significado do termo *superfície de atrito*?

22.3 Defina o termo *solda por fusão*.

22.4 Qual é a diferença fundamental entre solda por fusão e solda no estado sólido?

22.5 O que é solda autógena?

22.6 Discuta as razões por que a maioria das operações de soldagem são inerentemente perigosas.

22.7 Qual é a diferença entre soldagem mecânica e soldagem automática?

22.8 Nomeie e esboce os cinco tipos de juntas.

22.9 Defina e esboce uma solda de filete.

22.10 Defina e esboce uma solda de chanfro.

22.11 Por que uma solda de acabamento é diferente de outros tipos de solda?

22.12 Por que é desejável usar fontes de energia para soldagem que tenham densidades de calor elevadas?

22.13 Qual é a unidade de energia de fusão na soldagem e de que fatores ela depende?

22.14 Defina e distinga os dois termos *fator de transferência calor* e *fator de fusão* na soldagem.

22.15 O que é a zona termicamente afetada (ZTA) na solda por fusão?

PROBLEMAS

22.1 A fonte de calor pode transferir 3500 J/s para superfície de uma peça de um metal. A área aquecida é circular e a intensidade de calor decresce com aumento da taxa, como a seguir: 70% de calor são concentrados em área circular de 3,75 mm de diâmetro. A potência resultante é suficiente para fundir o metal?

22.2 Uma fonte de calor da soldagem é capaz de transferir 150 Btu/min (2641 J/s) para superfície de uma peça de metal. A área aquecida é aproximadamente circular, e a intensidade de calor diminui com o aumento do raio, como a seguir: 50% de potência é transferida para um círculo de diâmetro = 0,1 in (2,54 mm) e 75% é transferido para um círculo de diâmetro = 0,25 in (6,25 mm). Quais são as densidades em (a) um círculo de diâmetro interno de 0,1 in (2,54 mm) e (b) o diâmetro do anel que se encontra ao redor do círculo interno de 0,25 in (6,25 mm)? (c) As densidades de potência são suficientes para fundir o metal?

22.3 Calcule a unidade de energia para a fusão para os seguintes metais: (a) alumínio e (b) aço-carbono baixa liga.

22.4 Calcule a unidade de energia para fusão para os seguintes metais: (a) cobre e (b) titânio.

22.5 Um metal de adição tem área de seção transversal de 25,0 mm² e comprimento de 300 mm. (a) Qual é a quantidade de calor (em joules) necessária para realizar a solda, se o metal a ser soldado é um aço-carbono baixa liga? (b)

Quanto de calor é preciso para gerar uma fonte de soldagem, se o fator de transferência de calor é 0,75 e fator de fusão = 0,63?

22.6 Um chanfro tem seção transversal de área = 0,045 in^2 (29 mm^2) e 10 polegadas (254,0 mm) de comprimento. (a) Qual a quantidade de calor (Btu) (J) necessária para realizar a solda, se o metal a ser soldado é um aço médio-carbono? (b) Quanto de calor precisa ser gerado para uma fonte de calor, se o fator de transferência de calor = 0,9 e o fator de fusão = 0,7?

22.7 Resolva agora este problema considerando o enunciado do problema anterior, exceto que o metal a ser soldado é alumínio e o fator de fusão correspondente é metade do valor do aço.

22.8 A potência de soldagem gerada é uma operação de soldagem específica = 3000 W. Esta é transferida para superfície de trabalho com fator de transferência de calor = 0,9. O metal a ser soldado é o cobre, cujo ponto de fusão é dado na Tabela 22.2. Assuma que o fator de fusão = 0,25. Um metal de adição contínuo é feito com uma área de seção transversal = 15,0 mm^2. Determine a velocidade de soldagem na qual a operação de soldagem possa ser realizada.

22.9 Resolva agora este problema considerando o enunciado do problema anterior, exceto que o metal a ser soldado é um aço alto-carbono, área da seção transversal da solda = 25 mm^2 e o fator de fusão = 0,6.

22.10 A operação de soldagem em uma liga de alumínio é feita com uma solda de chanfro. A área de seção transversal da solda é 30,0 mm^2. A velocidade de soldagem é 4,0 mm/s. A fonte de transferência de calor é 0,92 e o fator de fusão é 0,48. A temperatura de fusão da liga de alumínio é 650°C. Determine a taxa de geração de calor necessária da fonte de soldagem para realizar esta solda.

22.11 A fonte de potência em uma operação de soldagem específica gera 125 Btu/min (2200 J/s) que é transferida para a superfície de trabalho com fator de transferência de calor = 0,8. O ponto de fusão para o metal a ser soldado = 1800°F (982°C) e seu fator de fusão = 0,5. Uma solda de filete contínua deve ser executada com área de seção transversal = 0,04 in^2 (25,8 mm^2). Determine a velocidade de soldagem na qual a operação de soldagem pode ser realizada.

22.12 Em certa operação de soldagem feita com um metal de adição, a área da seção transversal = 0,025 in^2 (16 mm^2) e velocidade de soldagem = 15 in/min-381 mm/min. Sendo o fator de transferência de calor = 0,95, o fator de fusão = 0,5 e ponto de fusão = 2000°F (1093°C) para o metal a ser soldado, determine a taxa de geração de calor necessária na fonte de calor para a realização desta solda.

23 PROCESSOS DE SOLDAGEM

Sumário

23.1 Soldagem a Arco
- 23.1.1 Tecnologia Geral de Soldagem a Arco
- 23.1.2 Processos de Soldagem a Arco — Eletrodos Consumíveis
- 23.1.3 Processos de Soldagem a Arco — Eletrodos Não Consumíveis

23.2 Soldagem por Resistência
- 23.2.1 Fonte de Calor em Soldagem por Resistência
- 23.2.2 Processos de Soldagem por Resistência

23.3 Soldagem a Gás Oxicombustível
- 23.3.1 Soldagem a Gás Oxiacetileno
- 23.3.2 Gases Alternativos para Soldagem a Gás Oxicombustível

23.4 Outros Processos de Soldagem por Fusão

23.5 Soldagem no Estado Sólido
- 23.5.1 Considerações Gerais sobre Soldagem no Estado Sólido
- 23.5.2 Processos de Soldagem no Estado Sólido

23.6 Qualidade da Solda

23.7 Considerações de Projeto em Soldagem

Os processos de soldagem são divididos em duas categorias principais: (1) *soldagem por fusão*, em que a coalescência é acompanhada pela fusão das duas partes que serão unidas e, em alguns casos, é utilizado metal de adição na junta; e (2) *soldagem no estado sólido*, na qual o calor e/ou pressão são usados para alcançar a coalescência, mas sem ocorrer fusão dos metais de base e não é utilizado metal de adição.

A soldagem por fusão é, de longe, a categoria mais importante. Ela inclui (1) soldagem a arco, (2) soldagem por resistência, (3) soldagem a gás oxicombustível e (4) outros processos de soldagem por fusão — aqueles que não são classificados em nenhum dos três primeiros tipos de processos. Os processos de soldagem por fusão são discutidos nas quatro primeiras seções deste capítulo. A Seção 23.5 descreve a soldagem no estado sólido. Nas quatro seções finais do capítulo, examinaremos a qualidade da solda e o projeto de soldagem.

23.1 SOLDAGEM A ARCO

A soldagem a arco (*arc welding* — AW) é um processo de soldagem por fusão, no qual a coalescência dos metais é alcançada pelo calor do arco elétrico entre um eletrodo e a peça de trabalho. O processo básico é o mesmo usado também no corte a arco. Um processo genérico é mostrado na Figura 23.1.

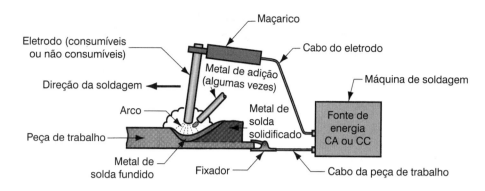

FIGURA 23.1 Configuração básica e circuito elétrico de processo de soldagem a arco. (Crédito: *Fundamentals of Modern Manufacturing*, 4ª Edição por Mikell P. Groover, 2010. Reimpresso com permissão de John Wiley & Sons, Inc.)

Um arco elétrico é uma descarga de corrente elétrica pela abertura de um circuito. Ele é mantido pela presença de uma coluna de gás ionizada termicamente (chamada ***plasma***), por meio da qual a corrente flui. Para iniciar o arco em um processo AW, o eletrodo é colocado em contato com uma peça e então rapidamente separado desta por distância curta. A energia elétrica do arco produz temperaturas de 5.500°C (10.000°F), ou mais, bastante quentes para fundir qualquer metal. A poça de metal fundido, composta de metal (ou metais) base e metal de adição (se um é usado), é formada perto da ponta do eletrodo. Na maioria dos processos de soldagem, o metal de adição é incluído durante a operação para aumentar o volume e a resistência da junta soldada. À medida que o eletrodo é movido ao longo da junta, a poça de fusão solidifica em seu caminho.

O movimento do eletrodo em relação à peça é realizado por um soldador (soldagem manual) ou por meio mecânico (isto é, soldagem mecânica, soldagem automática ou robótica). Um dos aspectos problemáticos da soldagem a arco manual é que a qualidade da junta soldada depende da habilidade e procedimento de trabalho do soldador. A produtividade também é um assunto não claramente definido. É geralmente medida como ***duração do arco*** (também chamada ***arc-on time***) — a proporção de horas em que o arco está aberto durante a soldagem:

Duração do arco = (Duração do arco aberto em horas) / (horas totais empregadas na soldagem)

(23.1)

Esta definição pode ser aplicada para um soldador ou uma estação de trabalho mecanizada. Para a soldagem manual, a duração do arco é usualmente em torno de 20%. Com frequência, períodos adicionais são necessários pelo soldador para superar fadiga em soldagem a arco manual, que exige coordenação manual-visual sob condições estressantes. A duração do arco aumenta em cerca de 50% (mais ou menos, dependendo da operação) para soldagem mecânica, automática e robótica.

23.1.1 TECNOLOGIA GERAL DE SOLDAGEM A ARCO

Antes de descrever os processos AW individualmente, é importante examinar algumas questões técnicas que se aplicam a estes processos.

Eletrodos Os eletrodos usados em processos AW são classificados como consumíveis ou não consumíveis. Os eletrodos consumíveis fornecem a fonte de metal de adição em soldagem a arco. Estes eletrodos estão disponíveis em duas formas principais: varetas (também chamadas eletrodos) e arame. As varetas de solda têm em geral comprimento de 450 mm (18 in) ou menos. O problema de soldagem com eletrodos consumíveis, pelo menos nas operações de soldagem em grande escala, é que eles precisam ser trocados periodicamente, reduzindo a duração de arco de um soldador. O arame de solda consumível tem a vantagem de poder ser de forma contínua alimentado à poça de fusão por meio dos carretéis com comprimentos extensos de arame, evitando, assim, as interrupções frequentes que ocorrem quando se usa eletrodos de solda. Em ambas as formas, vareta e arame, o eletrodo é consumido pelo arco durante o processo de soldagem e adicionado à junta soldada, como um metal de adição.

Os eletrodos não consumíveis são feitos de tungstênio (ou carbono, raramente), que resistem à fusão do arco. Apesar do nome, um eletrodo não consumível é gradualmente desgastado durante o processo de soldagem (vaporização é o principal mecanismo), similar ao uso gradual de uma ferramenta de corte em operação de usinagem. Para os processos AW, que utilizam eletrodos não consumíveis, qualquer metal de adição usado na operação precisa ser fornecido por meio de um arame separado, que é introduzido na poça de fusão.

Proteção do Arco Na soldagem a arco sob temperaturas elevadas, os metais que estão sendo unidos reagem quimicamente com o oxigênio, nitrogênio e hidrogênio do ar. As propriedades mecânicas da junta soldada podem ser muito degradadas por essas reações. Desse modo, alguns meios para proteger o arco do ar ao redor estão disponíveis em quase todos os processos AW. A proteção do arco é realizada pelo revestimento da ponta do eletrodo, arco e poça de solda fundida com uma camada de gás ou fluxo, ou ambos, que inibe a exposição do metal de solda ao ar.

Os gases de proteção mais comuns incluem argônio e hélio, ambos inertes. Na soldagem de metais ferrosos com certos processos AW, o oxigênio e o dióxido de carbono são usados geralmente em combinação com Ar e/ou He para produzir atmosfera oxidante ou controlar a forma da solda.

O *fluxo* é um material usado para prevenir a formação de óxidos e outros contaminantes indesejáveis, ou para dissolvê-los e facilitar sua remoção. Durante a soldagem, o fluxo funde e torna-se uma poça líquida, cobrindo a operação e protegendo o metal de solda fundido. A escória endurece após o resfriamento e deve ser removida depois por retirada de rebarbas ou escovação. O fluxo é usualmente formulado para atender várias funções adicionais: (1) proporcionar atmosfera protetora para soldagem (2) estabilizar o arco e (3) reduzir os respingos.

O método de aplicação do fluxo difere para cada processo. As técnicas de liberação do fluxo incluem (1) despejar fluxo granular sobre a operação de soldagem, (2) utilização de um eletrodo revestido com o material de fluxo, em que o revestimento fundido durante a soldagem recobre a operação e (3) utilização de eletrodos tubulares nos quais o fluxo que está contido no núcleo é liberado à medida que o eletrodo é consumido. Estas técnicas são discutidas mais adiante em nossas descrições de cada processo AW individualmente.

Fontes de Energia em Soldagem a Arco Tanto a corrente contínua (CC) como a corrente alternada (CA) são usadas em soldagem a arco. As máquinas CA são menos caras para comprar e operar, mas são geralmente restritas à soldagem de metais ferrosos. O equipamento CC pode ser usado em todos os metais com resultados bons e em geral é observado melhor controle do arco.

Em todos os processos de soldagem a arco, a energia para conduzir a operação é o produto da corrente I passando através do arco e a voltagem E através dele. Esta energia é convertida em calor, mas nem todo o calor é transferido para superfície de trabalho. A convecção, condução, radiação e uma quantidade de respingos causam perdas que reduzem a quantidade do calor disponível. O efeito das perdas é expresso pelo fator de transferência de calor f_1 (Seção 22.3). Alguns valores representativos de f_1 para vários processos AW são apresentados na Tabela 23.1. Os fatores de transferência de calor são maiores para os processos AW que utilizam eletrodos consumíveis, devido à maior parte do calor consumido na fusão do eletrodo ser posteriormente transferida para a peça de trabalho na forma de metal fundido. O processo com valor mais baixo de f_1 na Tabela 23.1 é o de soldagem a arco com eletrodo de tungstênio e proteção gasosa, no qual se usa um eletrodo não consumível. O fator de fusão f_2 (Seção 22.3) reduz ainda mais o calor disponível para soldagem. O balanço da energia em soldagem a arco é definido por:

$$q_s = f_1 f_2 I E = U_f A_s v \qquad (23.2)$$

em que E = voltagem, V; I = corrente, A; e os outros termos foram definidos na Seção 22.3. As unidades de q_s são Watts (corrente multiplicada por voltagem), sendo igual a J/s. Isto pode ser convertido para Btu/s, lembrando que 1 Btu = 1055 J e, portanto, 1 Btu/s = 1055W.

TABELA 23.1 Fatores de transferência de calor para vários processos de soldagem a arco[a]

Processos de Soldagem a Arco	Fatores de Transferência de Calor f_1 Típicos
Soldagem a arco com eletrodos revestidos	0,9
Soldagem a arco com proteção gasosa	0,9
Soldagem a arco com arame tubular	0,9
Soldagem a arco submerso	0,95
Soldagem a arco com eletrodo de tungstênio e proteção gasosa	0,7

Compilado de [1]
[a]Os processos de soldagem a arco são descritos nas Seções 23.1.2 e 23.1.3.

EXEMPLO 23.1
Energia em Soldagem a Arco

Uma operação de soldagem a arco com eletrodo de tungstênio e proteção gasosa é realizada com corrente de 300 A e voltagem de 20 V. O fator de fusão f_2 = 0,5 e a unidade de energia de fusão U_f = 10 J/ mm³. Determine (a) energia na operação, (b) taxa de geração de calor da solda e (c) fluxo em volume do metal soldado.

Solução: (a) A energia em operação de soldagem a arco é:

$$P = I E = (300\text{A})(20\text{V}) = 6000\text{ W}$$

(b) Pela Tabela 23.1, o fator de transferência de calor f_1 = 0,7. A taxa de calor usada para soldagem é dada por:

$$q_a = f_1 f_2 I E = (0,7)(0,5)(6000) = 2100\text{ W} = 2100\text{ J/s}$$

(c) O fluxo em volume do metal fundido é:

$$q_v = (2100\text{ J/s}) / (10\text{ J/mm}^3) = 210\text{ mm}^3/\text{s}$$ ∎

23.1.2 PROCESSOS DE SOLDAGEM A ARCO — ELETRODOS CONSUMÍVEIS

Um número importante de processos de soldagem a arco usa eletrodos consumíveis. Estes são discutidos nesta seção. Os símbolos para os processos de soldagem são os utilizados pela American Welding Society.

Soldagem a Arco com Eletrodos Revestidos A soldagem a arco com eletrodos revestidos (*shielded metal arc welding* — SMAW) é um processo AW que usa um eletrodo consumível,

FIGURA 23.2 Soldagem a arco com eletrodos revestidos (soldagem com eletrodos), realizada por um soldador humano. Foto cortesia de Hobart Brothers. (Crédito: *Fundamentals of Modern Manufacturing*, 4ª Edição por Mikell P. Groover, 2010. Reimpresso com permissão de John Wiley & Sons, Inc.)

consistindo em uma vareta de metal de adição revestida com elementos químicos que proporcionam o fluxo e a proteção. O processo é ilustrado nas Figuras 23.2 e 23.3. O eletrodo de soldagem (o processo SMAW é algumas vezes chamado ***soldagem com eletrodos***) tem comprimento geralmente entre 225 e 450 mm (9 e 18 in) e diâmetro de 2,5 a 9,5 mm (3/32 a 3/8 in). O metal de adição usado na vareta deve ser compatível com o metal a ser soldado, e a composição normalmente é muito próxima à do metal base. O revestimento consiste em celulose em pó (ou seja, algodão e madeira em pó) misturada com óxidos, carbonetos e outros ingredientes, mantidos unidos por um aglomerante de silicato. Os pós metálicos são incluídos também para aumentar a quantidade de metal de adição e adicionar elementos de liga. O calor do processo de soldagem funde o revestimento para fornecer atmosfera protetora e escória para a operação de soldagem. Ele também ajuda a estabilizar o arco e regular a taxa que o eletrodo funde.

Durante a operação, a extremidade não revestida da vareta metálica de soldagem (oposto à ponta de soldagem) é fixada em um suporte de eletrodo que está conectado à fonte de energia. O suporte tem uma alça isolante, de modo que ele pode ser segurado e manipulado por um soldador humano. As correntes usadas em processo SMAW variam geralmente entre 30 e 300 A, e as voltagens entre 15 e 45 V. A seleção dos parâmetros de alimentação apropriados depende dos metais a serem soldados, do tipo e comprimento do eletrodo e da profundidade desejada para a penetração da solda. A fonte de alimentação, cabos de conexão e suporte do eletrodo podem ser comprados por alguns milhares de dólares.

A soldagem a arco com eletrodos revestidos é em geral realizada manualmente. As aplicações mais comuns incluem edificações, tubulações, estruturas de máquinas, construção naval, processos de fabricação em oficina e trabalhos de reparos. É recomendado o uso de soldagem oxicombustível em seções mais espessas — acima de 5 mm (3/16 in) — devido à sua maior densidade de potência. O equipamento é portátil e de baixo custo, tornando o processo SMAW muito versátil e provavelmente o processo AW mais utilizado. Os metais

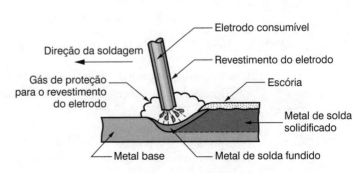

FIGURA 23.3 Soldagem a arco com eletrodos revestidos (Processo SMAW). (Crédito: *Fundamentals of Modern Manufacturing*, 4ª Edição por Mikell P. Groover, 2010. Reimpresso com permissão de John Wiley & Sons, Inc.)

de base incluem aços, aços inoxidáveis, ferros fundidos e certas ligas não ferrosas. Ele não é usado, ou o é raramente, para o alumínio e suas ligas, ligas de cobre e titânio.

Uma desvantagem da soldagem a arco com eletrodos revestidos, como uma operação de produção, é o uso de eletrodo consumível. À medida que os eletrodos são utilizados, eles devem ser periodicamente trocados. Isto reduz a duração do arco neste processo de soldagem. Outra limitação é o nível de corrente que pode ser usado. Devido ao comprimento do eletrodo variar durante a operação, e este comprimento afetar a resistência do eletrodo ao calor, níveis de corrente precisam ser mantidos em uma faixa segura ou o revestimento irá sobreaquecer e fundir prematuramente quando começar nova soldagem. Alguns dos outros processos AW superam as limitações do comprimento do eletrodo do processo SMAW usando alimentação contínua do eletrodo de arame.

Soldagem a Arco com Proteção Gasosa A soldagem a arco com proteção gasosa (*gas metal arc welding* — GMAW) é um processo AW no qual o eletrodo é um arame metálico consumível, e a proteção é realizada pelo preenchimento do arco com um gás. O arame é alimentado contínua e automaticamente na poça por uma pistola de soldagem, como ilustrado na Figura 23.4. No processo GMAW, os diâmetros dos arames usados variam de 0,8 mm a 6,5 mm (1/32 in a 1/4 in) e o tamanho depende da espessura das peças que serão unidas e a taxa de deposição desejada. Os gases usados para proteção incluem gases inertes, tais como argônio e hélio, e gases ativos, como dióxido de carbono. A seleção de gases (e mistura de gases) depende do metal que vai ser soldado, bem como de outros fatores. Os gases inertes são usados para soldagem de ligas de alumínio e aços inoxidáveis, e o CO_2 é normalmente usado para soldagem de aços baixo e médio-carbono. A combinação de eletrodos não revestidos e gases de proteção elimina a deposição de escória sobre o cordão de soldagem e, assim, evita a necessidade de esmerilhamento manual e remoção da escória. O processo GMAW é, portanto, ideal para soldagens multipasses na mesma junta.

Os vários metais usados no processo GMAW e as variações do próprio processo têm dado origem a uma gama de nomes para a soldagem a arco com proteção gasosa. Quando o processo foi introduzido no final dos anos de 1940, ele foi aplicado para soldagem de alumínio usando gás inerte (argônio) para proteção do arco. O nome utilizado para este processo foi ***soldagem MIG*** (soldagem com gás inerte — ***metal inert gas welding***). Quando o mesmo processo de soldagem foi aplicado para aços, verificou-se que gases inertes eram caros, e o CO_2 foi utilizado como alternativa. Assim, o termo ***soldagem CO_2*** foi aplicado. As melhorias em processo GMAW para soldagem de aços levaram à utilização de misturas de gases, incluindo CO_2 e argônio, e até mesmo o oxigênio e o argônio.

O processo GMAW é amplamente utilizado em operações de fabricação nas indústrias para soldagem de vários metais ferrosos e não ferrosos. Pelo fato de usar alimentação contínua de arame, em vez de eletrodos de soldagem, tem vantagem significativa sobre o processo SMAW em termos de duração do arco, quando realizada manualmente. Pela mesma razão,

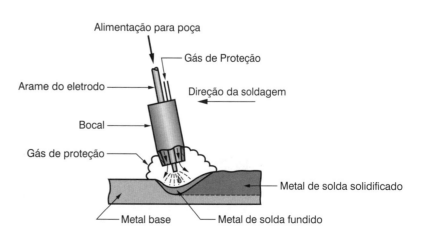

FIGURA 23.4 Soldagem a arco com proteção gasosa (processo GMAW). (Crédito: *Fundamentals of Modern Manufacturing*, 4ª Edição por Mikell P. Groover, 2010. Reimpresso com permissão de John Wiley & Sons, Inc.)

também se presta à automatização da soldagem a arco. Após a soldagem com eletrodos, os tocos dos eletrodos e também o resíduo do metal de adição permanecem; portanto, a utilização de material de eletrodo é maior com GMAW. Outras características do processo GMAW incluem taxas de deposição maiores que as do processo SMAW e boa versatilidade.

Soldagem com Arame Tubular Este processo de soldagem a arco foi desenvolvido em meados de 1950 como uma adaptação da soldagem com eletrodo revestido, para solucionar as limitações impostas pelos eletrodos revestidos. A soldagem com arame tubular (*flux-cored arc welding* – FCAW) é um processo de soldagem a arco, em que o eletrodo é um tubo contínuo, consumível que contém fluxo e outros elementos em seu núcleo. Os outros elementos podem incluir desoxidantes e elementos de liga. O "arame" tubular é flexível e pode, portanto, ser fornecido na forma de bobinas alimentadas continuamente por meio de uma pistola de soldagem a arco. Existem duas variações do processo FCAW: (1) autoprotegido (*self-shielded*) e (2) proteção gasosa (*gas shielded*). Na primeira variação do processo FCAW, a proteção do arco foi decorrente de um núcleo com fluxo, levando, assim, ao nome de **soldagem com arame tubular autoprotegido**. O núcleo nesta forma de processo FCAW inclui não somente os fluxos, mas também os elementos que geram os gases de proteção para o arco. A segunda variação do processo FCAW, desenvolvido em especial para soldagem de aços, obtém a proteção do arco por meio de gases fornecidos externamente, semelhante à soldagem a arco com proteção gasosa. Esta variação é chamada **soldagem com arame tubular e proteção gasosa**. Pelo fato de utilizar um eletrodo que contêm seu próprio fluxo, com gases de proteção separados, ele pode ser considerado uma combinação dos processos SMAW e GMAW. Os gases de proteção em geral utilizados são dióxido de carbono para aços doces, ou uma mistura de argônio e dióxido de carbono para aços inoxidáveis. A Figura 23.5 ilustra o processo FCAW, com o gás (opcional) diferenciando entre os dois tipos.

O processo FCAW tem vantagens similares ao processo GMAW devido à alimentação contínua do eletrodo. Ele é usado principalmente para soldagem de aços e aços inoxidáveis, com ampla variedade de faixa de espessuras. É conhecido pela capacidade de produzir juntas de altíssima qualidade que são planas e uniformes.

Soldagem por Eletrogás A soldagem por eletrogás (*electrogas welding* — EGW) é um processo AW que utiliza um eletrodo consumível contínuo (seja arame tubular com fluxo no interior ou arame com proteção gasosa fornecida externamente) e sapatas de moldagem para conter o metal fundido. O processo é de forma essencial aplicado a soldas de topo vertical, como mostrado na Figura 23.6. Quando o eletrodo tubular é empregado, sem o uso de gases

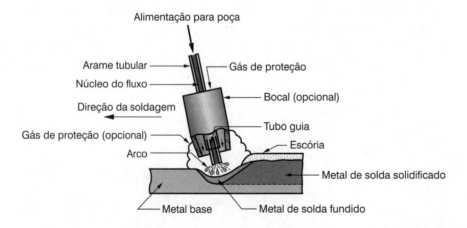

FIGURA 23.5 Soldagem com arame tubular. A presença ou ausência da proteção gasosa fornecida externamente distingue os dois tipos: (a) autoprotegido, em que a alma é provida dos elementos para proteção; (b) proteção gasosa, na qual a proteção gasosa é fornecida externamente. (Crédito: *Fundamentals of Modern Manufacturing*, 4ª Edição por Mikell P. Groover, 2010. Reimpresso com permissão de John Wiley & Sons, Inc.)

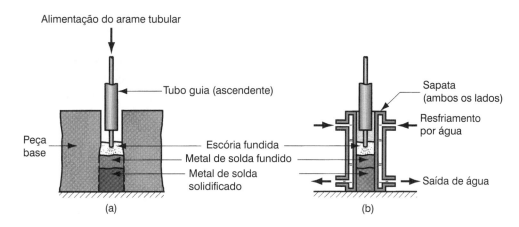

FIGURA 23.6 Soldagem eletrogás usando eletrodo tubular: (a) vista frontal com sapata de moldagem removida para limpeza e (b) vista lateral mostrando as sapatas de moldagem em ambos os lados. (Crédito: *Fundamentals of Modern Manufacturing*, 4ª Edição por Mikell P. Groover, 2010. Reimpresso com permissão de John Wiley & Sons, Inc.)

externos, o processo pode ser considerado uma aplicação especial do processo FCAW autoprotegido. Quando um eletrodo sólido é usado com proteção gasosa, a partir de uma fonte externa, considera-se um caso especial do processo GMAW. As sapatas de moldagem são refrigeradas à água para impedir que sejam adicionadas à poça fundida. As sapatas, junto com as bordas das peças a serem soldadas, formam um recipiente, quase como uma cavidade de molde, onde o metal do eletrodo fundido e das peças base é adicionado gradualmente. O processo é realizado de forma automática, com a movimentação vertical para cima de uma cabeça de solda, para encher a cavidade em um passe único.

As principais aplicações de soldagem por eletrogás são em aços (ligas baixo e médio-carbono e certos aços inoxidáveis), construção de grandes tanques de armazenamento e em construção naval. As espessuras entre 12 mm a 75 mm (0,5 in a 3,0 in) estão dentro da capacidade do processo EGW. Além de solda de topo, ele pode ser utilizado para soldas de filete e de chanfro, sempre na posição vertical. Algumas vezes, sapatas de moldagem especialmente projetadas devem ser fabricadas para as formas de juntas envolvidas.

Soldagem a Arco Submerso Este processo, desenvolvido durante os anos de 1930, foi um dos primeiros processos AW automatizado. A soldagem a arco submerso (*submerged arc welding* — SAW) é um dos processos de soldagem a arco que usam um eletrodo de fio contínuo e consumível, e a proteção do arco é fornecida por uma camada de fluxo granular. O eletrodo de fio é alimentado de forma automática no arco por meio de uma bobina. O fluxo é introduzido na junta, ligeiramente à frente do arco de solda, por gravidade a partir de um funil, como mostrado na Figura 23.7. A operação de soldagem fica por completo submersa na camada de fluxo granular, prevenindo faíscas, respingos e radiação, que são tão perigosos em outros processos AW. Deste modo, em processo SAW, o operador não precisa usar as incômodas viseiras exigidas nas demais operações (óculos de segurança e luvas de proteção, é claro, são exigidos). A porção de fluxo mais próximo do arco é fundida, misturando com o metal de solda fundido para remover as impurezas e, em seguida, solidificando sobre a junta da solda para formar uma escória com a aparência de vidro. A escória e o fluxo granular sobre o topo oferecem boa proteção da atmosfera e bom isolamento térmico para área de solda, resultando em resfriamento relativamente lento, junta de solda de alta qualidade, notável tenacidade e ductilidade. Como representado no esboço, o fluxo não fundido restante após a soldagem pode ser recuperado e reutilizado. A escória da solda que cobre a solda deve ser retirada, geralmente por meios manuais.

O processo de soldagem a arco submerso é amplamente usado na fabricação de aços para perfis estruturais (por exemplo, vigas em I soldadas); costuras longitudinais e circunferências para tubos de grande diâmetro, tanques, vasos de pressão e componentes soldados para máquinas pesadas. Nestes tipos de aplicações, placas de aço de 25 mm (1,0 in) de espessura e mais pesadas são normalmente soldadas por esse processo. Aços baixo-carbono e aços inoxidáveis podem ser com facilidade soldados pelo processo SAW; o que não ocorre com aços alto-carbono, aços ferramenta e metais não ferrosos. Devido à alimentação por gravidade do fluxo granular, as peças precisam estar sempre na posição horizontal, e, durante a operação de soldagem, é muitas vezes necessária uma placa de apoio abaixo da junta.

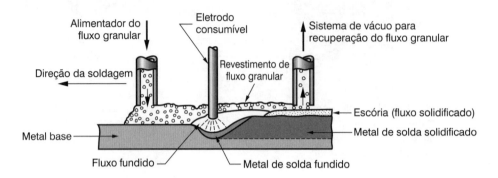

FIGURA 23.7 Soldagem a arco submerso (processo SAW). (Crédito: *Fundamentals of Modern Manufacturing*, 4ª Edição por Mikell P. Groover, 2010. Reimpresso com permissão de John Wiley & Sons, Inc.)

23.1.3 PROCESSOS DE SOLDAGEM A ARCO — ELETRODOS NÃO CONSUMÍVEIS

Os processos AW discutidos anteriormente usam eletrodos consumíveis. A soldagem a arco com eletrodo de tungstênio e proteção gasosa e soldagem a arco plasma usam eletrodos não consumíveis.

Soldagem a Arco com Eletrodo de Tungstênio e Proteção Gasosa A soldagem a arco com eletrodo de tungstênio e proteção gasosa (*gas tungsten arc welding* — GTAW) é um processo AW que usa um eletrodo de tungstênio não consumível e um gás inerte para proteção do arco. O termo ***soldagem TIG*** (*t*ungsten *i*nert *g*as *w*elding) é geralmente utilizado para este processo (na Europa, ***WIG welding*** é o termo — o símbolo químico para tungstênio é W, de Wolfram). O processo GTAW pode ser aplicado com ou sem metal de adição. A Figura 23.8 ilustra o último caso. Quando o metal de adição é usado, ele é adicionado à poça de fusão a partir de uma vareta ou arame separado, sendo fundido pelo calor do arco, em vez de transferido através do arco, como no processo AW com eletrodo consumível. O tungstênio é um bom elemento para eletrodo devido ao seu elevado ponto de fusão de 3410°C (6170°F). Os gases de proteção típicos incluem argônio, hélio, ou a mistura destes gases.

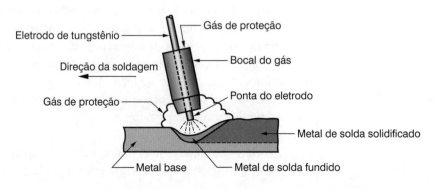

FIGURA 23.8 Soldagem a arco com eletrodos de tungstênio e proteção gasosa (processo GTAW). (Crédito: *Fundamentals of Modern Manufacturing*, 4ª Edição por Mikell P. Groover, 2010. Reimpresso com permissão de John Wiley & Sons, Inc.)

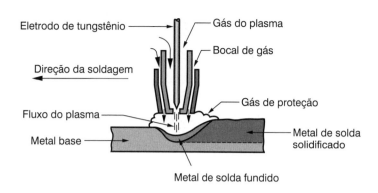

FIGURA 23.9 Soldagem a arco plasma (processo PAW). (Crédito: *Fundamentals of Modern Manufacturing*, 4ª Edição por Mikell P. Groover, 2010. Reimpresso com permissão de John Wiley & Sons, Inc.)

O processo GTAW é aplicável à maioria dos metais em grande variedade de espessuras. Ele pode ser usado para unir várias combinações de metais dissimilares. Suas aplicações mais comuns são para alumínio e aço inoxidável. Os ferros fundidos, forjados e, lógico, tungstênio são difíceis de serem soldados por processo GTAW. Em aplicações de soldagem de aço, o processo GTAW é geralmente mais lento e mais caro que os processos AW com eletrodos consumíveis, exceto quando seções finas são usadas e requeridas soldas de altíssima qualidade. Quando chapas finas são soldadas por TIG, com tolerâncias mais estreitas, o metal de adição normalmente não é utilizado. O processo pode ser realizado em todos os tipos de junta, de forma manual ou por métodos mecânicos ou automatizados. As vantagens do processo GTAW, nas aplicações em que seja apropriado, incluem soldas de altíssima qualidade, sem respingos de solda, porque não é transferido metal de adição através do arco, e pouca ou nenhuma limpeza após a soldagem, pois o fluxo não é utilizado.

Solda a Arco Plasma Soldagem a arco plasma (*plasma arc welding* — PAW) é uma forma especial de soldagem TIG em que um arco de plasma constrito é direcionado à área de soldagem. No processo PAW, um eletrodo de tungstênio está fixado em um bocal especialmente projetado, que concentra fluxo de alta velocidade de gás inerte (por exemplo, argônio ou misturas argônio-hidrogênio) na região do arco para formar um fluxo de arco plasma intensamente quente à elevada velocidade, como na Figura 23.9. Os gases argônio, argônio-hidrogênio e hélio também são usados como gases de proteção.

As temperaturas na soldagem a arco plasma alcançam 17.000°C (30.000°F), ou mais, calor suficiente para fundir qualquer metal conhecido. As razões pelas quais as temperaturas são tão altas em processos PAW (significativamente maiores que os outros processos GTAW) devem-se à constrição do arco. Embora os níveis de energia em geral utilizados em processo PAW sejam inferiores aos utilizados em processos GTAW, a energia é altamente concentrada para produzir um jato de plasma de pequeno diâmetro e densidade de potência muito elevada.

A soldagem a arco plasma foi introduzida por volta de 1960 e demorou a popularizar-se. Nos últimos anos, sua utilização tem aumentado como alternativa ao processo GTAW, em aplicações tais como subconjuntos de automóveis, armários de metal, portas, molduras de janelas e eletrodomésticos. Devido às características especiais do processo PAW, suas vantagens nestas aplicações incluem boa estabilidade do arco, melhor controle de penetração que a maioria dos outros processos AW, velocidades de soldagem superiores e excelente qualidade de solda. O processo pode ser usado para soldar quase todos os metais, incluindo os de tungstênio. Os metais com mais dificuldade de serem soldados com PAW são bronze, ferro fundido, chumbo e magnésio. Outras limitações incluem custo elevado do equipamento e tamanhos de tochas maiores que os outros processos AW, que levam a restrição de acesso a algumas configurações de junta.

23.2 SOLDAGEM POR RESISTÊNCIA

Soldagem por resistência (*resistance welding* — RW) é um grupo de processos por fusão que usa uma combinação de calor e pressão para realizar o coalescimento, e o calor é gerado por resistência elétrica decorrente do fluxo de corrente entre as junções a serem soldadas.

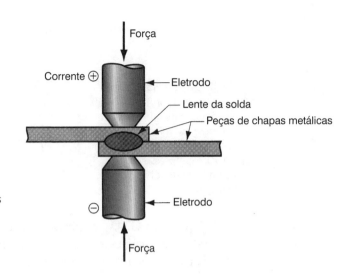

FIGURA 23.10 Soldagem por resistência (*resistance welding* — RW) mostrando os componentes da soldagem por pontos, um dos mais importantes processos no grupo de processos RW. (Crédito: *Fundamentals of Modern Manufacturing*, 4ª Edição por Mikell P. Groover, 2010. Reimpresso com permissão de John Wiley & Sons, Inc.)

Os principais componentes na soldagem por resistência são mostrados na Figura 23.10 para uma operação de soldagem por pontos, um dos processos mais amplamente usados neste grupo. Os componentes consistem em peças de trabalho a serem soldadas (em geral peças de chapas metálicas), dois eletrodos em posições opostas, um meio de aplicação de pressão para pressionar as peças entre os eletrodos e fonte de alimentação AC, a partir da qual uma corrente controlada pode ser aplicada. A operação resulta em uma zona fundida entre as duas peças, chamada **lente da solda** na soldagem por pontos.

Em comparação com a soldagem a arco, a soldagem por resistência não usa gases de proteção, fluxo ou metal de adição; e os eletrodos que conduzem energia elétrica no processo são não consumíveis. O processo RW é classificado como processo de fusão porque o calor aplicado resulta em fusão das superfícies em atrito.

23.2.1 FONTE DE CALOR EM SOLDAGEM POR RESISTÊNCIA

O calor gerado aplicado na operação de soldagem depende do fluxo de corrente, resistência do circuito e o tempo de corrente aplicado. Isto pode ser expresso pela equação

$$\varphi_s = I^2 RT \tag{23.3}$$

em que Q = calor gerado, J (para converter para Btu dividir por 1055); I = corrente, A; R = resistência elétrica, Ω; e T = tempo, s.

A corrente usada nas operações de soldagem por resistência é muito alta (tipicamente, 5000 a 20.000 A), embora a voltagem seja de forma relativa baixa (em geral abaixo de 10 V). A duração t da corrente é curta na maioria dos processos, talvez 0,1 a 0,4 segundos em operações de soldagem por pontos.

A razão pela qual a alta corrente é usada em processos RW é porque (1) o termo ao quadrado da Eq. (23.3) amplifica o efeito da corrente e (2) a resistência é muito baixa (em torno de 0,0001Ω). A resistência em um circuito de soldagem é a soma de (1) a resistência dos eletrodos, (2) resistência das peças de trabalho, (3) contato entre os eletrodos e as peças de trabalho e (4) resistência do contato das superfícies em atrito. Assim, o calor é gerado em todas estas regiões de resistência elétrica. A situação ideal é que as superfícies de atrito tenham resistência resultante maior, porque esta é a situação desejada na solda. A resistência do eletrodo é minimizada pela utilização de metais com resistividades muito baixas, tais como o cobre. Os eletrodos também são muitas vezes refrigerados à água para dissipar o calor que é gerado. As resistências das peças de trabalho são função das resistividades dos metais de base e das espessuras das peças. As resistências de contato entre os eletrodos e as peças são determinadas pelas áreas de contato (isto é, tamanho e forma do eletrodo) e a condição da superfície (por exemplo, limpeza das superfícies de trabalho e tamanho dos eletrodos). Finalmente, a resistência das superfícies em atrito depende do acabamento da superfície, limpeza, área de contato e pressão. Não devem estar presentes tinta, óleo, sujeira e outros contaminantes que separem as superfícies de contato.

EXEMPLO 23.2 Soldagem por Resistência

A operação de soldagem por pontos é realizada em duas peças de chapas de aço com espessura de 1,5 mm usando 12.000 A por período de 0,20 s. Os eletrodos têm diâmetros de 6 mm sobre as superfícies de contato. A resistência é de 0,0001 Ω, resultando em uma lente da solda com diâmetro de 6 mm e espessura de 2,5 mm. A energia de fusão para o metal é de U_f = 12,0 J/mm³. Qual porção de calor gerado foi usada para formar a lente da solda, e qual a porção de calor dissipado para a peça de trabalho, eletrodo e o ar ao seu redor?

Solução: O calor gerado na operação é dado pela Eq. (23.3) como:

$$H = (12.000)^2 (0,0001)(0,2) = 2880 \text{ J}$$

O volume da lente da solda (assumido com forma de disco) é

$$V = 2,5 \frac{\pi (6)^2}{4} = 70,7 \text{ mm}^3.$$

O calor necessário para fundir este volume de metal é Q_f = 70,7 (12,0) = 848 J. O calor remanescente, 2880 – 848 = 2032 J (70,6 % do total), é perdido para o metal de trabalho, eletrodos e ar ao seu redor. De fato, esta perda representa o efeito da combinação do fator de transferência de calor f_1 e o fator de fusão f_2 (Seção 22.3). ∎

O sucesso na soldagem por resistência depende da pressão, assim como do calor. As principais funções da pressão em processos RW são (1) forçar o contato entre os eletrodos e as peças de trabalho e entre as duas superfícies de trabalho em que a corrente é aplicada (2) pressionar as superfícies de atrito em conjunto para realizar a coalescência quando a temperatura de soldagem adequada tenha sido atingida.

As vantagens de soldagem por resistência incluem: (1) não é necessário metal de adição, (2) são possíveis taxas de produção elevadas, (3) presta-se à mecanização e automação, (4) o nível de habilidade do operador é menor que o requerido para soldagem a arco e (5) boa reprodutibilidade e confiabilidade. As desvantagens são (1) custo do equipamento é geralmente muito mais alto que a maioria das operações de soldagem a arco e (2) tipos de juntas que podem ser soldadas são limitadas a juntas sobrepostas para a maioria dos processos RW.

23.2.2 PROCESSOS DE SOLDAGEM POR RESISTÊNCIA

Os processos de soldagem por resistência mais importantes comercialmente são soldagem por pontos, costura e projeção.

Soldagem por Pontos A soldagem por pontos (*resistance spot welding* — RSW) é, de longe, o processo predominante neste grupo. É muito usado para produção em massa de automóveis, aparelhos eletrônicos, móveis metálicos e outros produtos feitos de chapa metálica. Se considerarmos que a carroceria de automóvel típica tem aproximadamente 10.000 soldas de ponto, e a produção anual de automóveis em todo o mundo é medida em dezenas de milhões de unidades, a importância econômica da soldagem por pontos pode ser destacada.

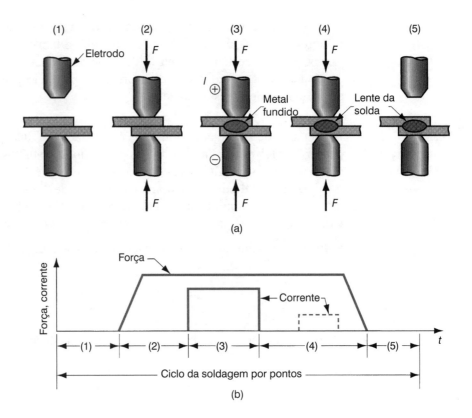

FIGURA 23.11 (a) Etapas do ciclo da soldagem por pontos e (b) gráfico da força de aperto e da corrente durante o ciclo. A sequência é: (1) as peças são inseridas entre os eletrodos, (2) os eletrodos fecham, e a força é aplicada, (3) tempo de solda — a corrente é desligada, (4) a corrente é desligada, mas a força é mantida ou aumentada (algumas vezes, uma corrente reduzida é aplicada perto do final desta etapa para aliviar tensões na região da solda) e (5) os eletrodos são abertos, e o conjunto soldado é removido. (Crédito: *Fundamentals of Modern Manufacturing*, 4ª Edição por Mikell P. Groover, 2010. Reimpresso com permissão de John Wiley & Sons, Inc.)

A soldagem por pontos é um processo RW em que a fusão das superfícies de atrito de uma junta sobreposta é alcançada em um local por meio de eletrodos em posições opostas. O processo é usado para unir chapas metálicas de espessura de 3 mm (0,125 in) ou menos usando uma série de soldas de ponto, em situações nas quais não é necessária a montagem hermética. O tamanho e a forma da solda por ponto são determinados pela ponta do eletrodo, e a maioria dos eletrodos tem a forma arredondada, mas a hexagonal, quadrada e outras formas também podem ser usadas. A lente da solda resultante em geral tem diâmetro de 5 mm a 10 mm (0,2 in a 0,4 in), com uma zona termicamente afetada se estendendo um pouco além da lente no metal base. Se a solda é feita de forma adequada, sua resistência será similar à do metal circundante. As etapas de um ciclo de solda por pontos são representadas na Figura 23.11.

Os materiais utilizados para os eletrodos do processo RSW consistem em dois grupos principais: (1) ligas à base de cobre e (2) composições de metais refratários, tais como ligas de tungstênio-cobre. O segundo grupo se destaca pela resistência superior ao desgaste. Como na maior parte dos processos de fabricação, o conjunto de ferramentas de soldagem por pontos se desgasta gradualmente com o uso. Na prática, os eletrodos são projetados com passagens internas para refrigeração à água.

Devido à sua ampla utilização industrial, vários tipos de máquinas e métodos estão disponíveis para realizar operações de soldagem por pontos. O equipamento consiste em máquinas de soldagem por um braço oscilante, uma máquina de soldagem de pontos similar a uma prensa e uma pistola de soldagem de pontos portátil. ***O braço oscilante das máquinas de soldagem por pontos***, mostrado na Figura 23.12, possui eletrodo estacionário inferior e eletrodo superior, que pode ser movimentado para cima ou para baixo, para o trabalho de carregamento e descarregamento da peça a ser soldada. O eletrodo superior é montado sobre um braço oscilante (daí o seu nome), cujo movimento é controlado por um pedal através de um operador. Máquinas modernas podem ser programadas para controlar a força e a corrente durante o ciclo de soldagem.

Máquinas de soldagem por pontos tipo prensa destinam-se a trabalhos em grande escala. O eletrodo superior tem movimento linear fornecido por uma prensa vertical e tem alimentação pneumática ou hidráulica. A ação da prensa permite aplicar forças maiores, e os controles geralmente permitem a programação de ciclos de solda complexos.

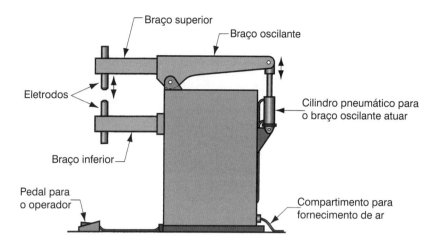

FIGURA 23.12 Máquinas de soldagem por pontos com braço oscilante. (Crédito: *Fundamentals of Modern Manufacturing*, 4ª Edição por Mikell P. Groover, 2010. Reimpresso com permissão de John Wiley & Sons, Inc.)

Os dois tipos de máquinas anteriores são máquinas de soldagem por pontos estacionárias, nas quais a peça de trabalho é levada para máquina. Para trabalhos em larga escala e pesados, é difícil mover e posicionar as peças em máquinas estacionárias. Para estes casos, as ***pistolas portáteis de soldagem por pontos*** estão disponíveis em vários tamanhos e configurações. Estes equipamentos consistem em eletrodos em posições opostas contendo mecanismo de pinça. Cada unidade é leve, de modo que pode ser realizada e manipulada por um operador ou robô industrial. A pistola está ligada à fonte de energia e é controlada por meio de cabos elétricos flexíveis e mangueiras de ar. Se necessário, a refrigeração dos eletrodos pode ser efetuada por meio de uma mangueira de água. Pistolas de soldagem por pontos portáteis são amplamente utilizadas em plantas de montagem final de carrocerias de automóveis com soldas por pontos. Algumas dessas pistolas são operadas por pessoas, mas os robôs industriais tornaram-se a tecnologia preferida.

Soldagem por Costura Na soldagem por costura (*resistance seam welding* — RSEW), os eletrodos revestidos são substituídos por rodas, como mostrado na Figura 23.13, e uma série de soldas por pontos sobrepostas são feitas ao longo da junta. O processo é capaz de produzir juntas herméticas, e suas aplicações industriais incluem a produção de tanques da gasolina, silenciadores de automóveis e vários outros, como contêineres de chapa metálica. Em termos técnicos, o processo RSEW é similar à soldagem por pontos, exceto que os eletrodos de roda introduzem certas complexidades. Devido à operação ocorrer normalmente de forma contínua, em vez de por etapas, as costuras devem ser ao longo de uma linha reta ou uma linha curvada de forma uniforme. Nos cantos pontiagudos e descontinuidades similares, são difíceis de serem efetuadas. Quando a deformação das peças também influencia na resistência de soldagem por costura, os fixadores são necessários para fixar a peça a ser soldada na posição e minimizar a distorção.

O espaçamento entre as lentes da solda na soldagem por costura depende da movimentação dos eletrodos de rodas em relação à corrente de soldagem aplicada. No método de operação usual, chamado ***soldagem contínua***, a roda é girada continuamente em velocidade constante, e a corrente é ativada em intervalos de tempo compatíveis com o espaçamento desejado entre as soldas por pontos ao longo da costura. A frequência de descargas de corrente é normalmente ajustada de modo que soldas por pontos sobrepostas sejam produzidas. Mas se a frequência é bastante reduzida, então haverá espaços entre as soldas por pontos, e este método é denominado ***soldagem por ponto (lente individual)***. Em outra variação, a corrente contínua de soldagem permanece em níveis constantes (em vez de ser pulsada) de modo que uma soldagem por costura é produzida. Estas variações são descritas na Figura 23.14.

Uma alternativa para soldagem contínua é a ***soldagem sobreposta***, na qual um eletrodo de roda é periodicamente interrompido para fazer a solda por pontos. A quantidade de rotações da roda entre as paradas determina a distância entre as soldas por pontos ao longo da costura, obtendo-se padrões semelhantes para (a) e (b) na Figura 23.14.

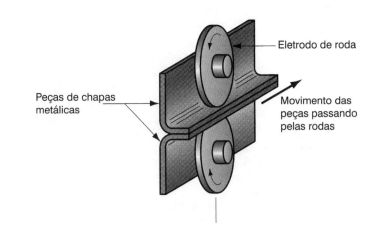

FIGURA 23.13 Soldagem por costura (processo RSEW). (Crédito: *Fundamentals of Modern Manufacturing*, 4ª Edição por Mikell P. Groover, 2010. Reimpresso com permissão de John Wiley & Sons, Inc.)

As máquinas de soldagem por costura são similares às máquinas de soldagem por ponto tipo prensa, exceto que os eletrodos são os de roda, em vez de eletrodos em forma de vareta. O resfriamento da peça de trabalho e das rodas é geralmente necessário no processo RSEW, sendo realizado pelo direcionamento da água às partes superior e inferior das superfícies das peças de trabalho próximas aos eletrodos de roda.

Soldagem por Projeção A soldagem por projeção (*resistance projection welding* — RPW) é um processo RW no qual o coalescimento ocorre em um ou mais pontos de contato nas peças. Estes pontos de contato são determinados pelo projeto das peças que serão unidas e podem consistir em projeções, relevos ou interseções localizadas nas peças. Um caso típico em que duas peças de chapas metálicas são soldadas em conjunto é descrito na Figura 23.15. A peça superior foi produzida com dois pontos em relevo para iniciar o processo de contato com outra peça. Poderia ser argumentado que a gravação dos relevos aumenta o custo das peças, mas este aumento pode ser mais que compensado pelas economias no custo da soldagem.

Existem variações da soldagem por projeção, duas das quais são mostradas na Figura 23.16. Em uma das variações, fixadores com projeções conformadas ou usinadas podem ser permanentemente unidos a uma chapa ou placa pelo processo RPW, facilitando as operações de montagem posteriores. Outra variação, chamada **soldagem com arames cruzados**, é usada para fabricar produtos de arames soldados, tais como arames para cercas, carrinhos de compras e grelhas de fogão. Neste processo, as superfícies de contato dos arames servem como projeções para concentrar a resistência de calor para soldagem.

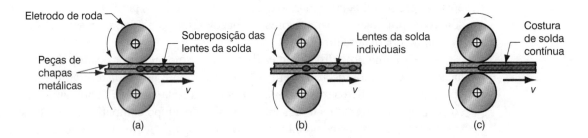

FIGURA 23.14 Diferentes tipos de costuras produzidas pelos eletrodos de rodas: (a) soldagem por costura convencional, em que pontos sobrepostos são produzidos; (b) soldagem por ponto (lente individual); e (c) soldagem contínua. (Crédito: *Fundamentals of Modern Manufacturing*, 4ª Edição por Mikell P. Groover, 2010. Reimpresso com permissão de John Wiley & Sons, Inc.)

FIGURA 23.15 Solda por projeção (processo RPW): (1) início da operação, contato entre as peças em projeção e (2), quando a corrente é aplicada, são formadas lentes da solda nas projeções, similares às da soldagem por pontos. (Crédito: *Fundamentals of Modern Manufacturing*, 4ª Edição por Mikell P. Groover, 2010. Reimpresso com permissão de John Wiley & Sons, Inc.)

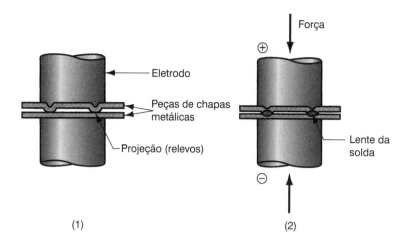

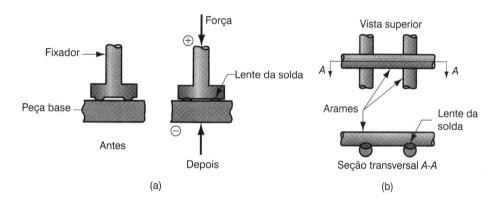

FIGURA 23.16 Duas variações de soldagem por projeção: (a) soldagem de um fixador, conformado ou usinado, sobre uma peça de chapa metálica; e (b) soldagem topo a topo por resistência. (Crédito: *Fundamentals of Modern Manufacturing*, 4ª Edição por Mikell P. Groover, 2010. Reimpresso com permissão de John Wiley & Sons, Inc.)

23.3 SOLDAGEM A GÁS OXICOMBUSTÍVEL

A soldagem a gás oxicombustível (*oxyfuel gas welding* — OFW) é o termo usado para descrever o grupo de operações FW em que a soldagem é realizada por meio da queima de vários combustíveis misturados com o oxigênio. Os processos OFW utilizam vários tipos de gases, que é a principal diferença dos processos deste grupo. O gás oxicombustível é usado normalmente em maçaricos para cortar e separar placas metálicas e outras peças. O processo OFW mais importante é a soldagem oxiacetileno.

23.3.1 SOLDAGEM A GÁS OXIACETILENO

A soldagem oxiacetileno (*oxyacetylene welding* — OAW) é um processo de soldagem por fusão, realizado por chama de temperatura elevada por meio da combustão de acetileno e oxigênio. A chama é direcionada por um maçarico. Um metal de adição é por vezes adicionado e, em processo OAW, uma pressão é, ocasionalmente, aplicada entre as superfícies de contato. A operação típica em processo OAW é esboçada na Figura 23.17. Quando um metal de adição é utilizado, ele é em geral usado na forma de varetas com diâmetros variando de 1,6 mm a 9,5 mm (1/16 in a 3/8 in). A composição do metal de adição deve ser similar à do metal de base. O metal de adição é normalmente revestido com um *fluxo*, que ajuda a limpar as superfícies e prevenir a oxidação, criando assim uma junta soldada de melhor qualidade.

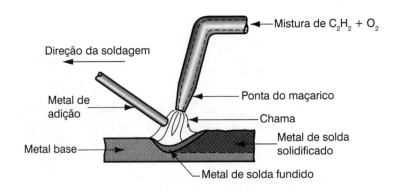

FIGURA 23.17 Uma operação de soldagem oxiacetileno típica. (Crédito: *Fundamentals of Modern Manufacturing*, 4ª Edição por Mikell P. Groover, 2010. Reimpresso com permissão de John Wiley & Sons, Inc.)

O acetileno (C_2H_2) é o combustível mais popular entre os processos OFW porque é capaz de alcançar temperaturas mais elevadas que qualquer um dos outros — acima de 3480°C (6300°F). Em processo OAW, a chama é produzida pela reação química de acetileno e oxigênio em duas reações. A primeira reação, ou reação primária, é definida pela reação:

$$C_2H_2 + O_2 \to 2CO + H_2 + calor \tag{23.4a}$$

ambos os produtos são combustíveis, que levam à segunda reação, ou reação secundária:

$$2CO + H_2 + 1,5 O_2 \to 2CO_2 + H_2O + calor \tag{23.4b}$$

As duas reações de combustão são visíveis na chama de oxiacetileno, emitidas a partir do maçarico. Quando a mistura de acetileno e oxigênio está na proporção de 1:1, como descrito na Eq. (23.4), resulta em **chama neutra**, mostrada na Figura 23.18. A reação primária é vista como um cone interno da chama (que é um branco brilhante), enquanto a reação secundária é exibida pelo envoltório externo (que é quase incolor, mas com tons variando do azul ao laranja). A temperatura máxima das chamas é alcançada na ponta do cone interno; as temperaturas da reação secundária são ligeiramente inferiores às do cone interno. Durante a soldagem, o envoltório externo se expande e cobre as superfícies de trabalho que serão unidas, protegendo-as assim da atmosfera circundante.

O calor total liberado durante as duas reações de combustão é de 55×10^6 J/m³(1470 Btu/in³) de acetileno. No entanto, devido à distribuição da temperatura na chama, a forma pela qual a chama se espalha sobre a superfície de trabalho e as perdas para o ar, os fatores de densidade de potência e de transferência de calor na soldagem a gás oxicombustível são relativamente baixos: $f_1 = 0,10$ a $0,30$.

A combinação de acetileno e oxigênio é altamente inflamável, e o ambiente no qual o processo OAW é realizado é, portanto, perigoso. Alguns dos perigos são relacionados de modo específico ao acetileno. O C_2H_2 puro é um gás incolor e inodoro. Por questões de segurança, o acetileno

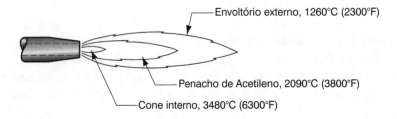

FIGURA 23.18 Chama neutra de um maçarico oxicombustível indicando as temperaturas alcançadas. (Crédito: *Fundamentals of Modern Manufacturing*, 4ª Edição por Mikell P. Groover, 2010. Reimpresso com permissão de John Wiley & Sons, Inc.)

comercial é processado para ter um odor característico de alho. Umas das limitações físicas do gás é ser instável a pressões muito acima de 1 atm (0,1MPa ou 15 lb/in^2). Portanto, os cilindros de estocagem de acetileno são embalados com material de enchimento poroso (tais como amianto, madeira de balsa e outros materiais), saturados com acetona (CH_3COCH_3). O acetileno dissolve-se em acetona líquida; na verdade, a acetona dissolve cerca de 25 vezes o seu próprio volume de acetileno, proporcionando, assim, relativa segurança de estocagem deste gás de soldagem. O soldador veste proteção para os olhos e pele (óculos de proteção, luvas e roupas de proteção) como precaução de segurança adicional, e diferentes roscas são padronizadas para cilindros de oxigênio e acetileno e mangueiras a fim de evitar uma conexão acidental errada de gases. A manutenção adequada do equipamento é fundamental. O equipamento do processo OAW é relativamente barato e portátil. Portanto, é um processo econômico, versátil e adequado para produção de baixa quantidade e trabalhos de reparos. Raramente é usado para chapas metálicas ou placas mais espessas que 6,4 mm (1/4 in), devido às vantagens dos processos a arco em tais aplicações. Embora o processo OAW possa ser mecanizado, é em geral realizado de forma manual e, portanto, depende da habilidade do soldador para produzir a junta de solda de alta qualidade.

23.3.2 GASES ALTERNATIVOS PARA SOLDAGEM A GÁS OXICOMBUSTÍVEL

Vários processos OFW são baseados em outros gases que não o acetileno. A maior parte dos combustíveis alternativos está listada na Tabela 23.2, junto com suas temperaturas de queima e calor de combustão. Para comparação, o acetileno é incluído na lista. Embora o oxiacetileno seja o combustível mais comum do processo OFW, cada um dos gases pode ser aplicado em determinadas aplicações – normalmente limitada à soldagem de chapas metálicas e metais com baixa temperatura de fusão e brasagem (Seção 24.1). Além disso, alguns usuários preferem estes gases alternativos por motivos de segurança.

O combustível que disputa mais de perto com o acetileno em temperatura de queima e aquecimento é o metilacetileno-propadieno. É um combustível desenvolvido pela Dow Chemical Company, vendido sob o nome comercial de **MAPP** (somos gratos à DOW pela abreviação). O MAPP (C_2H_4) tem características de aquecimento semelhantes ao acetileno e pode ser armazenado sobre pressão como um líquido, evitando assim os problemas de armazenagem associados ao C_2H_2.

Quando o hidrogênio é queimado com o oxigênio como combustível, o processo é chamado **soldagem a gás oxi-hidrogênio** (*oxy-hydrogen welding* — OHW). Como mostrado na Tabela 23.2, a temperatura de soldagem no processo OHW é inferior ao que é possível em soldagem oxiacetileno. Além disso, a cor da chama não é afetada pelas diferenças na mistura de hidrogênio e oxigênio, e, portanto, é mais difícil para o soldador ajustar o maçarico.

TABELA 23.2 Gases usados em soldagem oxicombustível e/ou corte, com temperaturas da chama e calor na combustão

Combustível	Temperatura[a]		Calor de Combustão	
	°C	°F	MJ/m^3	Btu/ft^3
Acetileno (C_2H_2)	3087	5589	54,8	1470
MAPP[b] (C_3H_4)	2927	5301	91,7	2460
Hidrogênio (H_2)	2660	4820	12,1	325
Propileno[c] (C_3H_6)	2900	5250	89,4	2400
Propano (C_3H_8)	2526	4579	93,1	2498
Gás natural[d]	2538	4600	37,3	1000

Compilado de [10].
[a]Temperaturas de chama neutra são comparadas porque é esta chama a mais usada para soldagem.
[b]MAPP é a abreviação comercial para metilacetileno propadieno.
[c]Propileno é usado principalmente em cortes com chama.
[d]Dados são baseados em gás metano (CH_4); gás natural consiste em etano (C_2H_6), assim como o metano; temperatura da chama e calor de combustão variam com a composição.

Outros combustíveis usados em processo OFW incluem o propano e o gás natural. O propano (C_3H_8) é de maneira mais estreita associado com brasagem, solda fraca e operações de corte que com a soldagem. O gás natural consiste principalmente em etano (C_2H_6) e metano (CH_4). Quando misturado com o oxigênio, ele alcança chama com temperaturas elevadas e vem se tornando mais comum em pequenas soldagens de fabricação.

23.4 OUTROS PROCESSOS DE SOLDAGEM POR FUSÃO

Alguns processos de soldagem por fusão não podem ser classificados como soldagem a arco, resistência ou gás oxicombustível. Cada um destes outros processos utiliza tecnologia única para desenvolver calor para fusão; e normalmente as aplicações são únicas.

Soldagem com Feixe de Elétrons A soldagem com feixe de elétrons (*electron-beam welding* — EBW) é um processo de soldagem por fusão no qual o calor para a soldagem é produzido por fluxo de alta intensidade e uma corrente extremamente concentrada de elétrons que incidem sobre a superfície de trabalho. O equipamento é similar ao utilizado para usinagem de feixe de elétrons (Seção 19.3.2). Um canhão de feixe de elétrons opera em alta tensão para acelerar os elétrons (por exemplo, normalmente de 10 a 150 kV) e as correntes de feixe são baixas (medidas em miliampères). A energia em processos EBW não é excepcional, mas sua densidade de potência é. A alta densidade de potência é alcançada por meio da concentração do feixe de elétrons em pequena área da superfície de trabalho, de modo que a densidade de potência (DP) é baseada em:

$$DP = \frac{f_1 EI}{A} \tag{23.5}$$

em que DP = densidade de potência, W/mm² (W/in², que pode ser convertido para Btu/s-in² dividindo por 1055); f_1 = fator de transferência de calor (valores típicos para processos EBW normalmente variam de 0,8 a 0,95[9]); E = voltagem de aceleração, V; I = corrente do feixe, A; e A = área da superfície de trabalho em que o feixe de elétrons é concentrado, mm² (in²). As áreas de soldagem normalmente variam de 13×10^{-3} a 2000×10^{-3} mm (20×10^{-6} a 3.000×10^{-6} in²).

O processo teve seu início na década de 1950, na área de energia atômica. Quando foi desenvolvido pela primeira vez, a soldagem teve de ser realizada em câmara de vácuo para minimizar a perturbação do feixe de elétrons pelas moléculas do ar. Esta exigência foi, e ainda é, um inconveniente significativo na produção devido ao tempo necessário para retirar o vácuo da câmara antes da soldagem. O tempo de bombeamento, como é chamado, pode demorar até uma hora, dependendo do tamanho da câmara e do nível de vácuo necessário. Hoje, a tecnologia do processo EBW tem progredido, pois algumas operações são realizadas sem vácuo.

Três categorias podem ser destacadas: (1) **soldagem de alto vácuo** (*high-vacuum welding* — EBW-HV), em que a soldagem é realizada no mesmo vácuo que gera o feixe; (2) **soldagem de médio vácuo** (*medium-vacuum welding* — EBW-MV), quando a operação é realizada numa câmara separada, onde somente um vácuo parcial é alcançado, e (3) **soldagem sem vácuo** (*nonvacuum welding* — EBW-NV), em que a soldagem é realizada próxima à pressão atmosférica. O tempo de bombeamento durante a carga e descarga é reduzido no processo EBW de médio vácuo e minimizado em processo EBW sem vácuo, mais há um preço a pagar por essa vantagem. Nas duas últimas operações, o equipamento deve incluir um ou mais divisores de vácuo (orifícios muito pequenos que impedem o fluxo de ar, mas permitem a passagem do feixe de elétrons) para separar o gerador de feixe (que requer alto vácuo) da câmara de vácuo. Em processo EBW sem vácuo, a peça a ser soldada também deve ser localizada perto do orifício do canhão de feixe de elétrons, aproximadamente 13 mm (0,5 in), ou menos.

Finalmente, os processos de baixo vácuo não podem alcançar a alta qualidade da solda e a relação profundidade-comprimento, obtidas pelo processo EBW-HV.

O processo EBW pode ser usado para soldar qualquer metal que possa ser soldado a arco, bem como certos metais difíceis de soldar e refratários que não são adequados para o processo AW. Os tamanhos das peças de trabalho variam de chapas finas a placas grossas. O processo EBW é aplicado principalmente nas indústrias automotiva, aeroespacial e nuclear. Na indústria automotiva, conjuntos soldados por feixe de elétrons incluem tubos de escapamento em alumínio, conversores de torque em aço, escapamentos catalíticos e componentes de transmissão. Nestas e em outras aplicações, a soldagem com feixe de elétrons é conhecida pela alta qualidade das soldas de perfis profundos e/ou estreitos, limitada zona afetada termicamente e baixa distorção térmica. As velocidades de soldagem são altas, comparadas com outras operações de soldagem contínua. Não é usado metal de adição e não são necessários fluxo ou gases de proteção. As desvantagens do processo EBW incluem custo elevado do equipamento, necessidade de preparação, alinhamento com precisão da junta e as limitações associadas à realização do processo sob vácuo, como já havíamos discutido. Além disso, existem preocupações de segurança porque o processo EBW gera raios X, dos quais os humanos devem ser protegidos.

Soldagem a Laser (*laser-beam welding* — LBW) é um processo de soldagem por fusão em que o coalescimento é alcançado pela energia de um feixe de luz coerente e altamente concentrado e centralizado sobre a junta a ser soldada. O termo *laser* é abreviatura de *light amplification by stimulated emission of radiation*. Esta mesma tecnologia é usada na usinagem por feixe a laser (Seção 19.3.3). O processo LBW é normalmente realizado com gases de proteção (por exemplo, hélio, argônio, nitrogênio e dióxido de carbono) para prevenir a oxidação. O metal de adição normalmente não é usado.

O processo LBW produz soldas de alta qualidade, penetração elevada e uma zona termicamente afetada estreita. Estas características são semelhantes às obtidas por soldagem com feixe de elétrons e os dois processos são muitas vezes comparados. Existem diversas vantagens do processo LBW sobre o processo EBW: não é necessário câmara de vácuo, não são emitidos raios X e os feixes de laser podem ser concentrados e direcionados por lentes ópticas e espelhos. Por outro lado, o processo LBW não possui a capacidade de soldas profundas e as altas razões profundidade-comprimento do processo EBW. A profundidade máxima em soldagem a laser é em torno de 19 mm (0,75 in), enquanto o processo EBW pode ser usado para soldas de profundidade de 50 mm (2 in) ou mais; a razão profundidade-comprimento em processo LBW é normalmente limitada e em torno de 5:1. Devido à energia muito concentrada em áreas pequenas do feixe a laser, o processo é em geral usado para unir peças pequenas.

Soldagem Aluminotérmica *Thermit* é uma marca comercial para *thermite*, mistura de pó de alumínio e óxido de ferro que produz uma reação exotérmica quando inflamada. É utilizada em bombas incendiárias e para soldagem. Como processo de soldagem, o uso de Thermit data de cerca de 1900. A soldagem aluminotérmica (*thermit welding* — TW) é um processo de soldagem por fusão no qual o calor para o coalescimento é produzido pelo metal fundido superaquecido, a partir de uma reação química do Thermit. O metal de adição é obtido por meio do metal líquido; embora o processo seja usado para união, ele é mais comum em fundição que em soldagem.

Os pós de alumínio e óxido de ferro misturados finamente (em uma mistura 1:3), quando inflamados à temperatura em torno de 1300°C e (2300°F), produzem a seguinte reação química:

$$8Al + 3Fe_3O_4 \rightarrow 9Fe + 4Al_2O_3 + calor \tag{23.6}$$

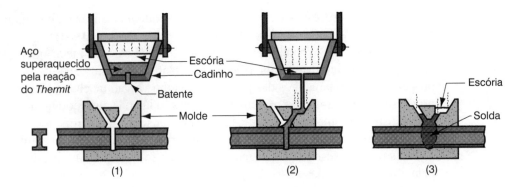

FIGURA 23.19 Soldagem aluminotérmica:(1) Thermit inflamado; (2) cadinho virado, os fluxos de metal superaquecido no molde; (3) metal solidifica para produzir a junta de solda. (Crédito: *Fundamentals of Modern Manufacturing*, 4ª Edição por Mikell P. Groover, 2010. Reimpresso com permissão de John Wiley & Sons, Inc.)

A temperatura da reação é de cerca de 2500°C (4500°C), resultando em ferro fundido superaquecido, além de óxido de alumínio, que fica flutuando sobre a parte superior como uma escória, protegendo o ferro da atmosfera. Em soldagem aluminotérmica, o ferro superaquecido (ou aço, se a mistura dos pós é formulada de maneira adequada) está contido em um cadinho localizado acima da junta a ser soldada, como indicado pelo nosso diagrama do processo TW na Figura 23.19. Após a reação ser finalizada (cerca de 30 segundos, independe da quantidade de Thermit envolvida), o cadinho é virado, e o metal líquido é derramado em um molde projetado especialmente para envolver a junta da solda. Devido ao metal que entra ser tão quente, ele derrete as arestas das peças de base, causando coalescimento mediante solidificação. Após o resfriamento, o molde é separado, e as entradas e tirantes são removidos por maçarico oxiacetileno ou outro método.

A soldagem aluminotérmica tem aplicações em junta de trilhos ferroviários (como em nossa figura), reparos de grandes trincas em aços fundidos e forjados, eixos de diâmetros maiores, quadros para máquinas e lemes de navios. A superfície da solda nestas aplicações é muitas vezes suficientemente plana, de modo que nenhum acabamento posterior é necessário.

23.5 SOLDAGEM NO ESTADO SÓLIDO

Na soldagem no estado sólido, o coalescimento das superfícies das peças é alcançado por (1) somente a pressão ou (2) calor e pressão. Para alguns processos no estado sólido, o tempo é também fator a ser considerado. Caso o calor e a pressão sejam ambos usados, a quantidade de calor por si só não é suficiente para gerar a fusão da peça a ser soldada. Em alguns casos, a combinação de calor e pressão, ou a forma especial pela qual somente pressão é aplicada, gera energia suficiente para causar fusão localizada das superfícies em atrito. No processo no estado sólido, não é utilizado metal de adição.

23.5.1 CONSIDERAÇÕES GERAIS SOBRE SOLDAGEM NO ESTADO SÓLIDO

Na maioria dos processos no estado sólido, a ligação metalúrgica é criada com pouca ou nenhuma fusão do metal de base. Para a ligação metalúrgica de metais similares ou dissimilares, os dois metais devem estar em contato, de modo que suas forças atômicas de atração coesivas atuem entre si. Em contato físico normal entre duas superfícies, o contato completo não é possível pela presença de filmes químicos, gases, óleos, e assim por diante. A fim de que a ligação atômica tenha sucesso, estes filmes ou outras substâncias devem ser removidos. Na soldagem por fusão (bem como em outros processos de união, tais como brasagem e solda fraca), os filmes são dissolvidos ou queimados em altas temperaturas, e a ligação atômica é estabelecida pela fusão e solidificação dos metais nestes processos. Mas em soldagem no estado sólido, os filmes e outros contaminantes devem ser removidos por outros meios que permitam realizar a ligação metalúrgica. Em alguns casos, a limpeza completa das superfícies é feita pouco antes do processo de soldagem; enquanto, em outros casos, a ação de limpeza é realizada como parte integrante para aproximar as superfícies do conjunto. Em resumo, as condições essenciais para o sucesso da solda no estado sólido são que as duas superfícies devem estar muito limpas e devem ser levadas ao contato físico muito próximo entre elas para permitir a ligação atômica.

Os processos de soldagem que não envolvem fusão têm muitas vantagens sobre os processos de soldagem por fusão. Se não ocorre a fusão, então não existe zona termicamente afetada e o metal em torno da junta preserva suas propriedades. Muitos desses processos produzem juntas soldadas que compõem a interface de contato total entre as duas peças, em vez de pontos distintos ou costuras, como na maioria das operações de soldagem por fusão. Além disso, alguns destes processos são bastante utilizados em ligações de metais dissimilares, sem a preocupação com as diferenças de ponto de fusão, expansão térmica, condutividade e outros problemas que normalmente surgem quando metais dissimilares são fundidos e, então, solidificam durante a união.

23.5.2 PROCESSOS DE SOLDAGEM NO ESTADO SÓLIDO

O grupo de soldagem no estado sólido inclui processos de união mais antigos, bem como alguns dos mais modernos. Cada processo deste grupo tem sua própria maneira de criar a interação das superfícies em atrito. Começaremos com soldagem por forjamento, o mais antigo processo de soldagem.

Soldagem por Forjamento A soldagem por forjamento é de importância histórica no desenvolvimento de tecnologia de fabricação. O processo remonta de aproximadamente 1000 a.C., quando ferreiros da Antiguidade aprenderam a unir duas peças de metal. A soldagem por forjamento é o processo de soldagem no qual os componentes que serão unidos são aquecidos em temperaturas de trabalho a quente e, em seguida, são forjados juntos por um martelo ou outros meios. Considerável habilidade era necessária pelos ferreiros que a praticavam para conseguir uma boa solda para os padrões atuais. O processo pode ser de interesse histórico; entretanto, ele tem atualmente importância comercial menor, exceto suas variantes que são discutidas a seguir.

Soldagem por Forjamento a Frio A soldagem por forjamento a frio (*cold welding* — CW) é um processo de soldagem no estado sólido realizado pela aplicação de pressão elevada entre superfícies de contato limpas, em temperatura ambiente. As superfícies de atrito precisam ser excepcionalmente limpas para o processo ser realizado, e a limpeza é em geral feita pelo desengorduramento e escovação de imediato antes de unir. Também, pelo menos um dos metais a serem soldados, e de preferência ambos, deve ser muito dúctil e livre de encruamento. Metais como o alumínio macio e o cobre podem ser soldados a frio com facilidade. As forças de compressão aplicadas no processo resultam em trabalho a frio das peças metálicas, reduzindo a espessura em até 50%; mas eles também causam deformação plástica localizada nas superfícies de contato, resultando em coalescimento. Nas peças pequenas, as forças podem ser aplicadas por ferramentas simples de operação manual. Em trabalhos mais pesados, são necessárias prensas mais potentes para exercer a força necessária. Não é aplicado calor por meio de fontes externas em processo CW, mas o processo de deformação aumenta um pouco a temperatura de trabalho. As aplicações do processo CW incluem a preparação de conexões elétricas.

Soldagem por Laminação A soldagem por laminação é uma variação da soldagem por forjamento e soldagem por forjamento a frio, dependendo se o aquecimento externo das peças de trabalho é aplicado antes do processo. A soldagem por laminação (*roll welding* — ROW) é

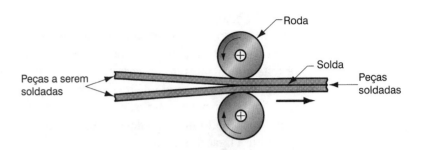

FIGURA 23.20 Soldagem por laminação (processo ROW). (Crédito: *Fundamentals of Modern Manufacturing*, 4ª Edição por Mikell P. Groover, 2010. Reimpresso com permissão de John Wiley & Sons, Inc.)

um processo de soldagem no estado sólido, no qual a pressão suficiente para provocar o coalescimento é aplicada por meio de rolos, com ou sem aplicação externa de calor. O processo é ilustrado na Figura 23.20. Se não é aplicado calor externo, o processo é chamado *soldagem por laminação* **a frio**; se calor é aplicado, o termo usado é *soldagem por laminação* **a quente**. As aplicações de soldagem por laminação incluem o revestimento de aço doce ou baixa-liga, com aço inoxidável para resistência à corrosão, preparação de tiras bimetálicas para medir temperatura e produção de moedas do tipo "sanduíche" para a Casa da Moeda dos EUA.*

Soldagem por Pressão a Quente A soldagem por pressão a quente (*Hot Pressure Welding* — HPW) é outra variação da soldagem por forjamento em que o coalescimento ocorre pela aplicação de calor e pressão suficientes para causar uma considerável deformação dos metais de base. A deformação rompe a superfície do filme de óxido, deixando assim o metal limpo para estabelecer boa ligação entre as duas peças. É necessário um tempo que permita ocorrer difusão entre as superfícies de atrito. A operação é geralmente realizada em uma câmara de vácuo ou na presença de um meio de proteção. As principais aplicações do processo HPW são na indústria aeroespacial.

Soldagem por Difusão A soldagem por difusão (*Diffusion Welding* — DFW) é uma soldagem no estado sólido resultante da aplicação de calor e pressão, geralmente em atmosfera controlada, com um tempo suficiente para permitir que ocorra difusão e coalescimento. As temperaturas são bem abaixo dos pontos de fusão dos metais (em torno de no máximo $0,5\ T_f$), e a deformação plástica nas superfícies é mínima. O principal mecanismo de coalescimento é a difusão no estado sólido, que envolve a migração de átomos através das interfaces entre as superfícies de contato. As aplicações do processo DFW incluem a união de elevada resistência e metais refratários nas indústrias aeroespacial e nuclear. O processo é usado para unir tanto metais similares como metais dissimilares, e, neste último caso, uma camada de enchimento de metal diferente é com frequência inserida entre os dois metais de base, para promover a difusão. O tempo para a difusão ocorrer entre as superfícies de atrito pode ser significativo, exigindo mais que uma hora em algumas aplicações [10].

Soldagem por Explosão A soldagem por explosão (*explosion welding* — EXW) é um processo de soldagem no estado sólido, em que um coalescimento rápido de duas superfícies metálicas é gerado pela energia da detonação de um explosivo. Ele é normalmente usado para unir dois metais dissimilares, em particular para revestir a parte superior de um metal base, sobre áreas extensas. As aplicações incluem a produção de chapas resistentes à corrosão e placas para equipamentos de estocagem nas indústrias petrolífera e química. O termo *revestimento por explosão* é usado neste contexto. No processo EXW não é usado metal de adição e não é aplicado calor externo. Também não ocorre difusão durante o processo (o tempo é muito curto). A natureza da ligação é metalúrgica e, em muitos casos, combinada com interação mecânica, resulta em uma interface irregular ou ondulada entre os metais.

O processo para revestimento de uma placa metálica sobre outra pode ser descrito conforme a Figura 23.21. Nesta condição, as duas chapas se encontram em uma configuração paralela, separadas por certa distância, com carga explosiva acima da chapa superior,

---

* No Brasil as moedas de R$1,00 também são do tipo bimetálicas sanduíche. (N.T.)

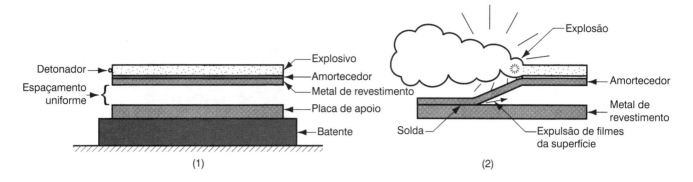

FIGURA 23.21 Soldagem por explosão (processo EXW): (1) arranjo de configuração em paralelo e (2) durante a detonação da carga explosiva. (Crédito: *Fundamentals of Modern Manufacturing*, 4ª Edição por Mikell P. Groover, 2010. Reimpresso com permissão de John Wiley & Sons, Inc.)

chamada *placa de revestimento*. Um amortecedor (por exemplo, borracha, plástico) é normalmente usado entre o explosivo e a placa de revestimento para proteger sua superfície. A chapa inferior, chamada *metal de apoio (metal base)*, repousa sobre um batente. Quando a detonação é iniciada, a carga explosiva propaga a partir de uma extremidade da placa de revestimento para a outra, representada na vista superior da Figura 23.21(2). Uma das dificuldades em compreender o que ocorre no processo EXW é o equívoco comum de que a explosão ocorre de forma instantânea; na realidade, é uma reação progressiva, embora reconhecidamente muito rápida — com taxas de propagação tão elevadas como 8500 m/s (28.000 in/s). A zona de alta pressão resultante impulsiona a chapa de revestimento a colidir de maneira progressiva com o amortecedor em velocidade alta, de modo que ela assume uma forma angular conforme a progressão da explosão, como ilustrado no nosso esboço. A placa superior permanece na posição da região em que o explosivo não tenha sido ainda detonado. A colisão em velocidade alta, ocorrendo de forma progressiva e angular, faz com que as superfícies no ponto de contato se tornem fluidas e qualquer filme superficial seja expelido para frente. As superfícies em colisão são, portanto, limpas quimicamente, e o comportamento fluido do metal, que envolve alguma fusão interfacial, provoca o contato maior entre as superfícies, levando a uma ligação metalúrgica. As variações na velocidade de colisão e no ângulo de impacto durante o processo podem ocasionar uma interface ondulada entre os dois metais. Este tipo de interface reforça a ligação porque aumenta a área de contato, levando à interação mecânica entre as duas superfícies.

Soldagem por Fricção A soldagem por fricção é um processo comercial largamente usado, propício a métodos automatizados de produção. O processo foi desenvolvido na antiga União Soviética e introduzido nos Estados Unidos por volta de 1960. A soldagem por fricção (*friction welding* — FRW) é um processo de soldagem no estado sólido, no qual a coalescência é alcançada pelo calor gerado pela fricção combinada com pressão. A fricção é induzida pelo atrito mecânico entre as duas superfícies, geralmente pela rotação de uma parte em relação à outra, para aumentar a temperatura na interface da junta e alcançar o intervalo de trabalho a quente dos metais envolvidos. Em seguida, as peças são movimentadas uma de encontro à outra com força suficiente para formar uma ligação metalúrgica. A sequência é representada na Figura 23.22 para soldagem de duas peças cilíndricas, uma aplicação típica. A força de compressão axial recalca as peças, e uma rebarba é produzida pelo material deslocado. Quaisquer filmes da superfície que estejam sobre as superfícies de contato são eliminados durante o processo. Posteriormente, a rebarba deve ser eliminada (por exemplo, por torneamento) para proporcionar uma superfície plana na região da solda. Quando realizada de forma adequada, não ocorre fusão nas superfícies de atrito. Normalmente não são usados metal de adição, fluxo e gases de proteção.

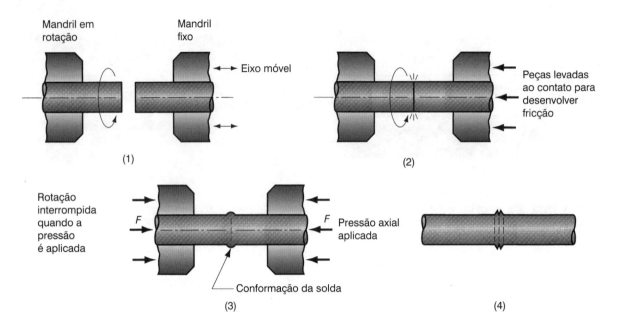

FIGURA 23.22 Soldagem por fricção (processo FRW): (1) peças girando, sem contato; (2) peças levadas ao contato para gerar calor de atrito; (3) rotação interrompida e aplicação de pressão axial; e (4) solda realizada. (Crédito: *Fundamentals of Modern Manufacturing*, 4ª Edição por Mikell P. Groover, 2010. Reimpresso com permissão de John Wiley & Sons, Inc.)

Quase todas as operações do processo FRW usam rotação para desenvolver o calor de atrito para soldagem. Existem dois sistemas de movimentação principais, diferenciando os dois tipos de processo FRW: (1) soldagem por fricção por arraste contínuo e (2) soldagem por fricção inercial. Na **soldagem por fricção por arraste contínuo**, a peça é conduzida a uma velocidade rotacional constante e pressionada para ter contato com a peça estacionária, a certo nível de força, que gera calor de atrito na interface. Quando a temperatura de trabalho a quente é alcançada, um travamento é aplicado para parar a rotação de forma abrupta, e, simultaneamente, as peças são forçadas em conjunto por pressões de forjamento. Na **soldagem por fricção inercial**, a peça girando é conectada a um volante, que tem velocidade predeterminada. Em seguida, o volante é desacoplado do motor, e as partes são pressionadas em conjunto. A energia cinética armazenada no volante é dissipada na forma de calor de atrito para gerar a coalescência nas superfícies adjacentes. O ciclo total para estas operações é de cerca de 20 segundos.

As máquinas utilizadas para soldagem por fricção têm a aparência de um torno. Elas necessitam de fuso potente para girar uma parte em alta velocidade e um meio de aplicar uma força axial entre a peça girando e a peça fixa. Com os seus tempos de ciclo menores, o processo serve para produção em grande escala. Ele é aplicado em vários tipos de eixos e peças tubulares, indústrias tais como automotiva, aeronaves, equipamentos agrícolas, petróleo e gás natural. O processo gera uma zona termicamente afetada estreita e pode ser usado para soldar metais dissimilares. No entanto, pelo menos uma das peças deve estar em rotação, rebarbas em geral devem ser removidas e o recalque reduz os comprimentos das peças (que devem ser levados em consideração no projeto do produto).

As operações de soldagem por fricção convencional já discutidas utilizam movimento rotativo para desenvolver o atrito necessário entre as superfícies de atrito. Uma modalidade mais recente do processo é a de **soldagem por fricção linear**, na qual o movimento alternado linear é usado para gerar o calor de atrito entre as peças. Isto elimina a necessidade de pelo menos uma das peças ser rotacional (por exemplo, cilíndrica, tubular).

Friction Stir Welding (FSW), ilustrada na Figura 23.23, é um processo de soldagem no estado sólido em que uma ferramenta rotativa é introduzida ao longo da linha de união entre duas peças a serem soldadas, gerando calor de atrito e agitação mecânica do metal para formar

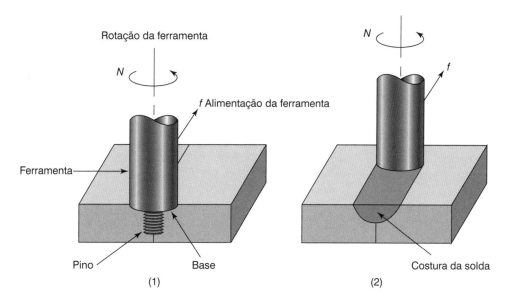

FIGURA 23.23 *Friction stir welding* (Processo FSW): (1) ferramenta rotativa antes do processo de alimentação na junta e (2) costura da solda parcialmente preenchida. N = rotação da ferramenta, f = alimentação da ferramenta. (Crédito: *Fundamentals of Modern Manufacturing*, 4ª Edição por Mikell P. Groover, 2010. Reimpresso com permissão de John Wiley & Sons, Inc.)

a solda de costura. O nome deste processo deriva desta ação de agitação ou mistura. O processo FSW distingue-se do processo FRW convencional pelo fato que o calor é gerado por uma ferramenta resistente ao desgaste separada, em vez das próprias peças. O processo FSW foi desenvolvido no *The Welding Institute*, em Cambridge, Reino Unido.

A ferramenta rotativa é escalonada, consistindo em uma base ("ombro" cilíndrico) e um pequeno pino projetado abaixo dele. Durante a soldagem, a base entra em atrito contra as superfícies de topo das duas peças, desenvolvendo grande parte do calor de atrito, enquanto o pino gera calor adicional por mistura mecânica do metal ao longo das superfícies de topo. O pino tem geometria projetada para facilitar a ação de mistura. O calor produzido pela combinação de atrito e mistura não funde o metal, mas induz uma condição altamente plástica. À medida que a ferramenta é movimentada para frente ao longo da junta, a superfície principal do pino gira e pressiona o metal em torno dele e em seu caminho, desenvolvendo forças para forjar o metal em uma solda de costura. A base serve para restringir a plastificação do metal ao redor do pino.

O processo FSW é usado nas indústrias aeroespacial, automotiva, ferroviária e naval. As aplicações típicas são as de junta de topo em peças de alumínio de grandes dimensões. Outros metais, incluindo aço, cobre e alumínio, bem como polímeros e compósitos, também são unidos pelo processo FSW. As vantagens nestes tipos de aplicações incluem: (1) boas propriedades mecânicas da junta de solda; (2) evita as questões de gases tóxicos, empenamento e outros problemas associados com a soldagem a arco; (3) pouca distorção ou contração; e (4) solda com boa aparência. As desvantagens incluem (1) um furo é produzido quando a ferramenta é retirada da peça de trabalho e (2) é necessário serviço pesado de fixação das peças.

Soldagem por Ultrassom A soldagem por Ultrassom (*ultrasonic welding* — USW) é um processo de soldagem no estado sólido, no qual dois componentes são mantidos unidos sobre pressão de aperto modesta e tensões de cisalhamento oscilatórias de frequência ultrassônica são aplicadas para provocar o coalescimento. A operação é ilustrada na Figura 23.24 para soldagem sobreposta, uma aplicação típica. O movimento vibratório entre as duas peças rompe quaisquer filmes na superfície para permitir contato e forte ligação metalúrgica entre as superfícies. Embora o aquecimento das superfícies de contato ocorra devido ao atrito interfacial e deformação plástica, as temperaturas resultantes são bem abaixo do ponto de fusão. No processo USW, não é necessário metal de adição, fluxos ou gases de proteção.

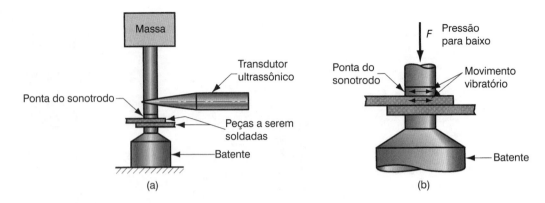

FIGURA 23.24 Soldagem por Ultrassom (processo USW): (a) configuração para uma junta sobreposta e (b) detalhe da área de solda. (Crédito: *Fundamentals of Modern Manufacturing*, 4ª Edição por Mikell P. Groover, 2010. Reimpresso com permissão de John Wiley & Sons, Inc.)

O movimento oscilatório é transmitido para a peça de trabalho superior por meio de um *sonotrodo*, que é acoplado a um transdutor ultrassônico. Este dispositivo converte energia elétrica em movimento vibratório de alta frequência. As frequências usadas nos processos USW normalmente estão entre 15 e 75 kHz com amplitudes de 0,018 a 0,13 mm (0,0007 a 0,005 in). As pressões de aperto são bem abaixo daquelas utilizadas em soldagem por forjamento e não produzem deformação plástica significativa entre as superfícies. Os tempos de soldagem sob estas condições são menores que 1 segundo.

As operações do processo USW são em geral limitadas a juntas sobrepostas em materiais macios, como o alumínio e cobre. A soldagem de materiais mais duros provoca rápido desgaste do sonotrodo em contato com a peça de trabalho superior. As peças de trabalho precisam ser relativamente pequenas e soldagem com espessuras inferiores a 3 mm (1/8 in) é o caso típico. As aplicações incluem os arames de terminações e emendas nas indústrias eletrônica e elétrica (elimina a necessidade de solda fraca), montagem de painéis de chapas metálicas de alumínio, soldagem de tubos em painéis solares e outras tarefas de montagem de peças pequenas.

23.6 QUALIDADE DA SOLDA

O objetivo de qualquer processo de soldagem é unir dois ou mais componentes em uma única estrutura. A integridade física da estrutura formada depende da qualidade da solda. Nossa discussão da qualidade da solda trata principalmente da soldagem a arco, o processo de soldagem mais utilizado, e aquele para o qual a questão da qualidade é mais crítica e complexa.

Tensões Residuais e Distorção O aquecimento e o resfriamento rápidos em regiões localizadas da peça de trabalho durante a soldagem por fusão, especialmente na soldagem a arco, resultam em expansão térmica e contração, que originam tensões residuais em conjuntos de peças soldadas. Estas tensões, por sua vez, podem causar distorção e empenamento do conjunto soldado.

O que ocorre na soldagem é complexo porque (1) o aquecimento é muito localizado, (2) a fusão dos metais base ocorre de forma localizada nestas regiões e (3) há movimentação da região sob aquecimento e fusão (pelo menos na soldagem a arco). Considere, por exemplo, uma solda de topo de duas placas por meio da soldagem a arco, como mostrado na Figura 23.25(a). A operação começa em uma extremidade e se desloca para a extremidade oposta. Dando sequência, uma poça de fusão é formada a partir do metal base (e o metal de adição, se usado), que solidifica rápido posteriormente ao arco móvel. As regiões da peça de trabalho adjacentes ao cordão de solda tornam-se muitíssimo quentes e expandem, ao mesmo tempo que regiões distantes da solda permanecem relativamente frias. A poça de solda

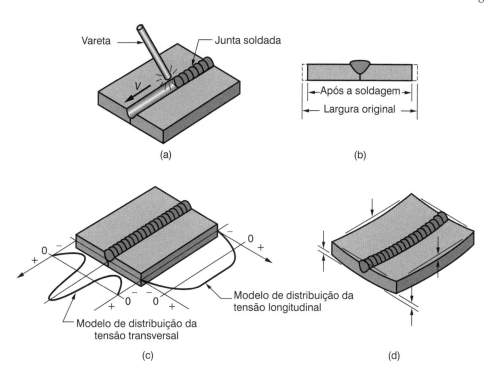

FIGURA 23.25 (a) Soldagem de topo de duas placas; (b) contração transversal do comprimento do conjunto soldado; (c) modelo de tensões residuais longitudinal e transversal e (d) empenamento provável do conjunto montado. (Crédito: *Fundamentals of Modern Manufacturing*, 4ª Edição por Mikell P. Groover, 2010. Reimpresso com permissão de John Wiley & Sons, Inc.)

solidifica rápido na cavidade entre as duas peças e, com o metal ao redor frio e contraído, uma contração ocorre por toda extensão da solda, como visto na Figura 23.25(b). A tensão residual na costura da solda gera tensões compressivas reativas nas regiões das peças distantes da solda. Tensões residuais e contração também ocorrem ao longo do comprimento do cordão de solda. Como as regiões externas das peças permaneceram relativamente frias e suas dimensões inalteradas, enquanto o cordão se solidificou a temperaturas muito elevadas e, em seguida, contraiu, as tensões trativas residuais permanecem longitudinalmente no cordão de solda. Os modelos de distribuição de tensões longitudinal e transversal geradas estão representados na Figura 23.25(c). O resultado final destas tensões residuais, transversal e longitudinalmente, pode causar empenamento no conjunto soldado, como mostrado na Figura 23.25(d).

A junta de topo soldada a arco no nosso exemplo é apenas uma dentre vários tipos de juntas e operações de soldagem. A tensão residual induzida termicamente e a distorção que a acompanha são problemas potenciais em quase todos os processos de soldagem por fusão e em certos processos de soldagem no estado sólido, no qual ocorra aquecimento significativo. A seguir são apresentadas algumas das técnicas para minimizar o empenamento do conjunto de peças soldadas: (1) *Fixadores de soldagem* podem ser usados para restringir fisicamente o movimento das peças durante a soldagem. (2) *Dissipadores de calor* podem ser usados para remover rápido o calor a partir das seções das peças soldadas para reduzir a distorção. (3) *Soldagem de ponteamento* de vários pontos ao longo da junta pode criar uma estrutura rígida antes da soldagem de costura contínua. (4) *Condições de soldagem* (velocidade, quantidade de metal de adição usado etc.) podem ser selecionadas para reduzir o empenamento. (5) Peças de base podem ser *preaquecidas* para reduzir o nível de tensões térmicas experimentadas pelas peças. (6) Tratamento térmico de *alívio de tensão* pode ser realizado no conjunto soldado, quer em um forno para um conjunto pequeno de peças soldadas, ou utilizando métodos que podem ser aplicados no campo para grandes estruturas. (7) Um *projeto adequado* do conjunto de peças soldadas pode, por si só, reduzir o grau de empenamento.

Defeitos em Soldagem Além das tensões residuais e a distorção na montagem final, outros defeitos podem ocorrer na soldagem. A seguir, é apresentada breve descrição de cada uma das principais categorias, baseada em uma classificação de Cary [3]:

> *Trincas*. As trincas são interrupções tipo fraturas na própria solda ou no metal de base adjacente à solda. Este é, possivelmente, o defeito de soldagem mais grave, porque constitui uma descontinuidade no metal, que reduz de forma significativa a resistência da solda. As trincas de soldagem podem ser originadas da fragilização ou baixa ductilidade da solda e/ou o metal base, combinado com a restrição elevada durante a contração. Geralmente, este defeito precisa ser reparado.

> *Vazios ou cavidades*. Estes incluem vários tipos de porosidades e vazios de contração. A *porosidade* consiste em pequenos vazios no metal de solda, formados por gases retidos durante a solidificação. A forma dos vazios varia entre esférica (bolha) e alongada (vermiforme). A porosidade em geral resulta da inclusão de gases atmosféricos, enxofre no metal de solda ou contaminantes sobre a superfície. Os *vazios de contração* são cavidades formadas pela contração durante a solidificação. Estes dois tipos de defeitos de cavidade são similares aos defeitos encontrados em fundição e enfatizam a estreita correlação entre fundição e soldagem.

> *Inclusões sólidas*. Estes são materiais sólidos não metálicos aprisionados no interior do metal de solda. A forma mais comum é a de inclusões de escória geradas durante os processos de soldagem a arco e que utilizam fluxo. Em vez de flutuar na poça de solda, esferas de escória são encapsuladas durante a solidificação do metal. Outras formas de inclusão são os óxidos metálicos que se formam durante a soldagem de metais, tais como alumínio, que normalmente tem revestimento de Al_3O_3 em sua superfície.

> *Fusão incompleta*. Também conhecido como *falta de fusão*, este defeito é simplesmente um cordão de solda no qual a fusão não ocorreu ao longo de toda a seção transversal da junta. Um defeito relacionado é a *falta de penetração*, que significa que a fusão não penetrou o suficiente até a raiz da junta.

> *Forma imperfeita ou contorno inaceitável*. A solda precisa ter certo perfil desejável para obter resistência máxima, como indicado na Figura 23.26(a) para uma solda de chanfro em V. O perfil desta solda maximiza a resistência da junta soldada e evita a fusão incompleta e a falta de penetração. Alguns dos defeitos comuns de forma e contorno de solda são ilustrados na Figura 23.26.

> *Defeitos diversos*. Esta categoria inclui *aberturas de arco*, quando o soldador acidentalmente permite que o eletrodo toque o metal base próximo à junta, deixando marca na superfície, respingo excessivo, no qual as gotas do metal de solda fundido respingam nas peças de base.

Inspeção e Métodos de Ensaio Uma variedade de métodos de ensaio e inspeção está disponível para avaliar a qualidade da junta soldada. Processos padronizados têm sido desenvolvidos

FIGURA 23.26 (a) Perfil de solda desejável para solda de junta de chanfro em V. A mesma junta com defeitos de solda: (b) **mordedura**, em que uma porção afastada do metal de base é fundida; (c) **falta de material (deposição insuficiente)**, depressão na solda abaixo do nível da superfície do metal de base adjacente; e (d) **sobreposição**, quando o metal de solda se espalha sobre a superfície do metal base onde não ocorre fusão. (Crédito: *Fundamentals of Modern Manufacturing*, 4ª Edição por Mikell P. Groover, 2010. Reimpresso com permissão de John Wiley & Sons, Inc.)

e especificados durante anos pelas sociedades comerciais e de engenharia como a American Welding Society (AWS). Com a finalidade de facilitar a discussão, estas inspeções e procedimentos podem ser divididos em três categorias: (1) visual, (2) não destrutivos e (3) destrutivos.

Inspeção visual é sem dúvida o método de inspeção de soldagem mais amplamente usado. Um inspetor examina visualmente o conjunto de peças soldadas para (1) conformidade com as especificações dimensionais dos desenhos da peça, (2) empenamento e (3) trincas, cavidades, fusão incompleta e outros defeitos visíveis. O inspetor de soldagem também determina se ensaios adicionais são necessários, em geral na categoria de não destrutivos. A limitação da inspeção visual é que defeitos superficiais são detectáveis, mas defeitos internos não podem ser analisados por métodos visuais.

Ensaios não destrutivos (END) incluem vários métodos que não danificam as amostras a serem inspecionadas. *Ensaios por líquido penetrante* e *líquido penetrante fluorescente* são métodos para detectar defeitos pequenos, tais como trincas e cavidades que se propagam na superfície. Os fluorescentes penetrantes são mais visíveis quando expostos à luz ultravioleta e seu uso é, portanto, mais sensível que os dos líquidos não fluorescentes.

Diversos outros métodos de END devem ser mencionados. O *ensaio de partícula magnética* é limitado para materiais ferro magnéticos. Um campo magnético é aplicado na peça e partículas magnéticas (por exemplo, limalha de aço) são espalhadas na superfície. Os defeitos abaixo da superfície, tais como trincas e inclusões, revelam-se pela distorção do campo magnético, fazendo com que as partículas se concentrem em certas regiões na superfície. *Ensaios de ultrassom* envolvem ondas sonoras de alta frequência (> 20 kHz) direcionadas através das amostras. As descontinuidades (por exemplo, trincas, inclusões, porosidade) são detectadas pelas perdas de transmissão de som. O *ensaio radiográfico* usa raios X ou radiação gama para detectar falhas internas no metal de solda. Ele fornece o registro de quaisquer defeitos em filme fotográfico.

Os métodos de *ensaios destrutivos* são aqueles em que a solda é destruída, seja durante o teste ou na preparação da amostra. Eles incluem ensaios metalúrgicos e mecânicos. Os *ensaios mecânicos* têm propósitos similares aos métodos de ensaio convencionais, tais como ensaios de tração e ensaios de cisalhamento (Capítulo 3). A diferença é que a amostra de ensaio é uma junta de solda. A Figura 23.27 apresenta exemplos de ensaios mecânicos utilizados em soldagem. Os *ensaios metalúrgicos* envolvem a preparação de amostras metalúrgicas do conjunto de peças soldada para examinar características, tais como estrutura metálica, defeitos, extensão e condição da zona termicamente afetada, presença de outros elementos e fenômenos similares.

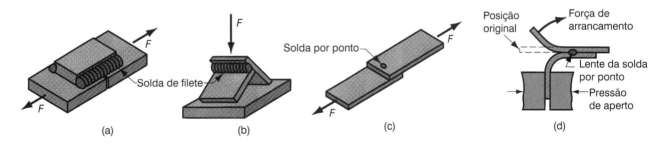

FIGURA 23.27 Ensaios mecânicos usados em soldagem: (a) ensaios de tração e cisalhamento de um conjunto de peças soldadas, (b) ensaio de ruptura do filete, (c) ensaio de cisalhamento de solda de pontos e (d) ensaio de arrancamento para solda de pontos. (Crédito: *Fundamentals of Modern Manufacturing*, 4ª Edição por Mikell P. Groover, 2010. Reimpresso com permissão de John Wiley & Sons, Inc.)

23.7 CONSIDERAÇÕES DE PROJETO EM SOLDAGEM

Se uma montagem deve ser soldada permanentemente, o projetista deve seguir algumas orientações (compiladas de [2], [3] e outras fontes):

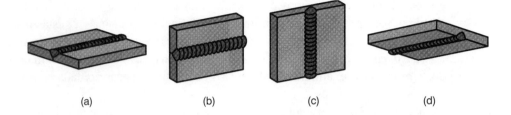

FIGURA 23.28 Posições de soldagem (definida aqui para soldas de chanfro): (a) plana, (b) horizontal, (c) vertical e (d) sobre cabeça. (Crédito: *Fundamentals of Modern Manufacturing*, 4ª Edição por Mikell P. Groover, 2010. Reimpresso com permissão de John Wiley & Sons, Inc.)

> ➤ *Projeto de soldagem*. A orientação mais básica é que o produto precisa ser projetado desde o início como um conjunto soldado, e não como um fundido ou forjado ou outra forma conformada.

> ➤ *Mínimo de peças*. Os conjuntos soldados precisam apresentar o menor número de peças possível. Por exemplo, geralmente é mais eficiente realizar operações com vigas simples em uma peça que soldar um conjunto com placas planas e chapas.

As orientações de projeto a seguir se aplicam à soldagem a arco:

> ➤ O *bom ajuste das peças* que são soldadas é importante para manter o controle dimensional e minimizar a distorção. A usinagem é algumas vezes necessária para alcançar o ajuste desejável.

> ➤ A montagem precisa fornecer acesso que permita a pistola de soldagem alcançar a área de soldagem.

> ➤ Sempre que possível, o projeto do conjunto deve permitir que a **soldagem plana** seja realizada, porque esta posição de soldagem é a mais conveniente e rápida. As posições de soldagem possíveis são definidas na Figura 23.28. A posição sobre cabeça é a mais difícil.

As orientações de projeto a seguir se aplicam à soldagem por resistência por pontos:

> ➤ A chapa de aço baixo carbono até 3,2 mm (0,125 in) é a ideal para soldagem por pontos.

> ➤ Resistência e rigidez adicionais podem ser obtidas em componentes de chapas metálicas planas grandes: (1) com soldagem por pontos reforçando estas peças, ou (2) conformando seus flanges e relevos.

> ➤ O conjunto soldado por pontos precisa oferecer acesso para que os eletrodos alcancem a área de soldagem.

> ➤ Uma sobreposição suficiente de peças de chapas metálicas é necessária para que a ponta do eletrodo faça o contato adequado em soldagem por pontos. Por exemplo, para chapas de aço baixo carbono, a distância de sobreposição deve variar em cerca de seis vezes a espessura para chapas grossas de 3,2 mm (0,125 in) e em até cerca de 20 vezes a espessura de chapas finas de 0,5 mm (0,020 in).

REFERÊNCIAS

[1] *ASM Handbook*, Vol. **6, Welding, Brazing, and Soldering**. ASM International, Materials Park, Ohio, 1993.

[2] Bralla, J. G. (Editor in Chief). **Design for Manufacturability Handbook**, 2nd ed. McGraw-Hill Book Company, New York, 1998.

[3] Cary, H. B., and Helzer S. C. **Modern Welding Technology**, 6th ed. Pearson/Prentice-Hall, Upper Saddle River, New Jersey, 2005.

[4] Galyen, J., Sear, G., and Tuttle, C. A. **Welding, Fundamentals and Procedures**, 2nd ed. Prentice-Hall, Inc., Upper Saddle River, New Jersey, 1991.

[5] Jeffus, L. F. *Welding: Principles and Applications*, 6th ed. Delmar Cengage Learning, Clifton Park, New York, 2007.

[6] Messler, R. W., Jr. *Principles of Welding: Processes, Physics, Chemistry, and Metallurgy*. John Wiley & Sons, Inc. New York, 1999.

[7] Stotler, T., and Bernath, J. "Friction Stir Welding Advances," *Advanced Materials and Processes*, March 2009, pp. 35–37.

[8] Stout, R. D., and Ott, C. D. *Weldability of Steels*, 4th ed. Welding Research Council, New York, 1987.

[9] *Welding Handbook*, 9th ed., Vol. **1**, *Welding Science and Technology*. American Welding Society, Miami, Florida, 2007.

[10] *Welding Handbook*, 9th ed., Vol. **2**, *Welding Processes*. American Welding Society, Miami, Florida, 2007.

[11] Wick, C., and Veilleux, R. F.(eds.). *Tool and Manufacturing Engineers Handbook*, 4th ed., Vol. **IV**, *Quality Control and Assembly*. Society of Manufacturing Engineers, Dearborn, Michigan, 1987.

QUESTÕES DE REVISÃO

23.1 Nomeie os principais grupos de processos incluídos na soldagem por fusão.

23.2 Qual é o aspecto principal que distingue soldagem por fusão de soldagem no estado sólido?

23.3 Defina o que é um arco elétrico.

23.4 O que significa os termos *arc-on time* e duração do arco?

23.5 Os eletrodos em soldagem a arco são divididos em duas categorias. Nomeie e defina os dois tipos.

23.6 Quais são os dois métodos básicos de soldagem a arco?

23.7 Por que o fator de transferência de calor é maior em processos de soldagem a arco que utilizam eletrodos consumíveis que naqueles que usam eletrodos não consumíveis?

23.8 Descreva os processos de soldagem a arco com eletrodos revestidos (SMAW).

23.9 Por que o processo de soldagem a arco com eletrodos revestidos (SMAW) é difícil de ser automatizado?

23.10 Descreva soldagem a arco submerso (SAW).

23.11 Por que as temperaturas são maiores em soldagem a plasma do que em outros processos a arco (AW)?

23.12 Defina soldagem por resistência.

23.13 Descreva a sequência das etapas do ciclo de operação da soldagem por pontos.

23.14 Descreva soldagem por projeção.

23.15 Descreva soldagem com arames cruzados.

23.16 Por que o processo de soldagem oxiacetileno é vantajoso sobre os outros processos de soldagem oxicombustíveis?

23.17 A soldagem com feixe de elétrons tem uma desvantagem importante em aplicações de alta produtividade. Qual é esta desvantagem?

23.18 A soldagem a laser e a soldagem com feixe de elétrons são geralmente comparadas porque ambas produzem densidades de corrente muito elevadas. Com certeza, o processo LBW tem vantagens sobre o processo EBW. Quais são elas?

23.19 Existem várias variações modernas de soldagem por forjamento, o processo mais antigo. Nomeie-os.

23.20 O que é *Friction stir welding*, e como se diferencia dos processos de soldagem por atrito?

23.21 O que é sonotrodo na soldagem por ultrassom?

23.22 A distorção (empenamento) é um sério problema na soldagem por fusão, particularmente em soldagem a arco. Quais são algumas das técnicas que podem ser aplicadas para reduzir a incidência e extensão da distorção?

23.23 Quais são alguns dos defeitos de soldagem importantes?

23.24 Quais são as três categorias básicas de inspeção e técnicas de ensaios usados para conjuntos de peças soldadas? Nomeie algumas das inspeções e/ou ensaios típicos de cada categoria.

23.25 Quais são algumas das orientações de projeto para conjuntos de peças soldadas que são fabricadas por meio de processo de soldagem a arco?

PROBLEMAS

23.1 Uma operação de soldagem a arco com eletrodos revestidos é realizada em um aço com voltagem de 30 volts e corrente de 225 ampères. O fator de transferência de calor = 0,90 e fator de fusão = 0,75. A unidade de energia de fusão para o aço = 10,2 J/mm³. Determine (a) a taxa de geração de calor na solda e (b) o fluxo em volume do metal soldado.

23.2 Uma operação do processo GTAW é realizada em aço baixo-carbono, cuja unidade de energia de fusão é 10,3 J/mm³. A voltagem de soldagem é 22 volts e a corrente é de 135 ampères. O fator de transferência de calor é 0,7 e o fator de fusão é 0,65. Se o arame do metal de adição de diâmetro 3,5 mm é adicionado à operação, o cordão de solda é composto de 60% de volume de adição e 40% de volume do metal base. Se a velocidade de soldagem na operação é 5 mm/s, determine (a) a área da seção transversal do cordão de solda e (b) a taxa de alimentação (mm/s) com a qual o arame de adição precisa ser fornecido.

23.3 Uma operação de soldagem com arames tubulares é realizada com solda de topo em um conjunto de duas placas de aço inoxidável austenítico. A tensão de soldagem é 21 volts e a corrente é 185 ampères. A área da seção transversal do cordão de solda = 75 mm² e o fator de fusão do aço inoxidável é 0,60. Usando dados tabelados e as equações dadas neste capítulo, determine o provável valor para a velocidade de soldagem na operação.

23.4 Um teste com soldagem a arco com proteção gasosa é realizado para determinar o valor do fator de fusão f_2 para certo metal e operação. A voltagem de soldagem de 25 volts, corrente de 125 ampères, e o fator de transferência de calor é assumido como = 0,90, valor típico para processo GMAW. A taxa na qual o metal de adição é adicionado é 0,50 in³ por minuto, e as medições indicam que o cordão de solda consiste em 57% de metal de adição e 43% de metal base. A unidade de energia de fusão para o metal é conhecida como 75 Btu/in³. (a) Encontre o fator de fusão. (b) Qual é a velocidade de soldagem, se a área da seção transversal do cordão de solda = 0,05 in²?

23.5 Uma solda contínua é feita em torno da circunferência de um tubo de aço de diâmetro = 6,0 ft usando operação de soldagem a arco submerso, controlada automaticamente, com tensão de 25 volts e corrente de 300 ampères. O tubo é girado de forma lenta em um cabeçote de soldagem estacionário. O fator de transferência para processo SAW é = 0,95 e assumido o fator de fusão = 0,7. A área da seção transversal do cordão de solda é 0,12 in². Se a unidade da energia de fusão para aço = 150 Btu/in³, determine (a) a velocidade de rotação do tubo e (b) o tempo necessário para completar a solda.

23.6 Uma operação do processo RSW é usada para fazer uma série de soldas de pontos entre dois pedaços de alumínio, cada qual com espessura de 2,0 mm. A unidade de energia de fusão para alumínio é 2,90 J/mm³. A corrente de soldagem de 6.000 ampères e a duração de tempo é de 0,15 s. Assumindo que a resistência é 75 micro-ohms, a solda resultante tem uma lente medindo 5,0 mm de diâmetro por 2,5 mm de espessura. Quanto da energia gerada é usada para formar a lente da solda?

23.7 A unidade de energia de fusão para certa chapa metálica é de 9,5 J/mm³. A espessura de cada uma das chapas soldadas por pontos é de 3,5 mm. Para alcançar a resistência necessária, é desejável formar uma lente da solda com diâmetro de 5,5 mm e espessura de 5,0 mm. A duração da solda deve ser ajustada para 0,3 s. Se for assumido que a resistência elétrica entre as superfícies é de 140 micro-ohms e somente um terço da energia elétrica gerada será usada para formar a lente da solda (sendo o restante dissipado), determine o nível de corrente mínima necessária nesta operação.

23.8 A operação de soldagem por pontos é realizada em dois pedaços de uma chapa de aço (baixo-carbono) com espessura de 0,040 in. A unidade de energia de fusão para aço = 150 Btu/in³. Corrente = 9.500 A e tempo de duração = 0,17 s, resultando numa lente de diâmetro = 0,060 in (1,52 mm). Assumindo resistência = 100 micro-ohms, determine (a) a média da densidade de potência na interface da área definida pela lente da solda e (b) a proporção da energia gerada usada na formação da lente da solda.

23.9 A operação de soldagem por costura é realizada em dois pedaços de aço inoxidável austenítico com espessura de 2,5 mm para fabricar um contêiner. A corrente de solda na operação é de 10.000 ampères, duração da solda é de 0,3 s e resistência na interface é de 75 micro-ohms. Uma soldagem de movimento contínuo é usada com eletrodos de rodas com diâmetro de 200 mm. A lente da solda formada nesta operação do processo RSEW tem diâmetro de 6 mm e espessura de 3 mm (assuma que as lentes da solda são em forma de disco). Estas lentes da solda devem ser contínuas para formar uma costura selada. A unidade de potência necessita de tempo de 0,1 s desligada entre as soldas de ponto. Dadas estas condições, determine (a) a unidade de energia de fusão de um aço inoxidável usando os métodos dos capítulos anteriores, (b) a velocidade de rotação dos eletrodos de roda.

23.10 A voltagem em uma operação de processo EBW é de 45 kV. A corrente do feixe é 60 miliampères. O feixe de elétrons é restringido a uma área circular com diâmetro de 0,25 mm. O fator de transferência de calor é 0,87. Calcule a densidade de potência média na área em watt/mm^2.

23.11 Uma operação de soldagem por feixe de elétrons é realizada em solda de topo de duas peças de chapa metálica com 3,0 mm de espessura. A unidade de energia de fusão é 5,0 J/mm^3. A junta de solda tem largura de 0,35 mm, de modo que a seção transversal do metal fundido é de 0,35 mm por 3,0 mm. A voltagem de aceleração é de 25 kV, corrente do feixe = 30 miliampères, fator de transferência de calor $f_1 = 0,85$ e o fator de fusão $f_2 = 0,75$. Determine a velocidade de soldagem na qual esta solda pode ser feita ao longo da costura.

23.12 Uma operação de soldagem por feixe de elétrons usa os seguintes parâmetros de processo: voltagem de aceleração é de 25 kV, corrente de feixe de 100 miliampères e área circular na qual o feixe concentrado tem diâmetro de 0,020 in (0,5 mm). Se o fator de transferência de calor for de 90%, determine a densidade de potência média na área em Btu/s in^2.

24 BRASAGEM, SOLDA FRACA E UNIÃO ADESIVA

Sumário

24.1 Brasagem
  24.1.1 Juntas Brasadas
  24.1.2 Metais de Adição e Fluxos
  24.1.3 Métodos de Brasagem

24.2 Solda Fraca
  24.2.1 Projetos da Junta em Solda Fraca
  24.2.2 Soldas e Fluxos
  24.2.3 Métodos de Solda Fraca

24.3 União Adesiva
  24.3.1 Projeto da Junta
  24.3.2 Tipos de Adesivos
  24.3.3 Tecnologia da Aplicação de Adesivo

Neste capítulo, consideraremos três processos de união que são similares à soldagem em certos aspectos: brasagem (*brazing*),* solda fraca (*soldering*)** e união adesiva (*adhesive bonding*). Tanto brasagem como solda fraca usam metal de adição para unir e ligar duas (ou mais) peças metálicas a fim de fornecer uma junta permanente. É difícil, embora possível, desmontar as peças após uma junta brasada ou por solda fraca ser executada. No espectro dos processos de união, brasagem e solda fraca comportam-se entre a soldagem por fusão e a soldagem no estado sólido. Na brasagem e na solda fraca, um metal de adição é adicionado, como na maioria das operações de soldagem por fusão; entretanto, os metais de base não fundem, similarmente à soldagem no estado sólido. Apesar destas particularidades, brasagem e solda fraca são em geral consideradas distintas da soldagem. Brasagem e solda fraca são consideradas vantajosas em comparação à soldagem em circunstâncias nas quais: (1) os metais possuem baixa soldabilidade, (2) metais dissimilares são unidos (3), o calor intenso da soldagem pode danificar os componentes a serem unidos (4), a geometria da junta não permite sua utilização por nenhum dos métodos de soldagem e (5) não é exigida resistência elevada.

A união adesiva compartilha certos aspectos em comum com brasagem e solda fraca. Ela utiliza

---

* Este processo também é denominado brasagem forte. (N.T.)
** Este processo também é denominado soldagem fraca, brasagem fraca ou solda (soldagem) branda. (N.T.)

as forças de ligação entre o metal de adição e as duas superfícies espaçadas para unir as peças. As diferenças são que o material de adição em uniões adesivas não é metálico e o processo de união é realizado à temperatura ambiente ou um pouco acima.

24.1 BRASAGEM

Brasagem é um processo de união no qual o metal de adição é fundido e distribuído por ação capilar entre as superfícies de contato e as peças metálicas a serem unidas. Não ocorre a fusão dos metais de base; somente os metais de adição fundem. Na brasagem, o metal de adição (também chamado ***metal de brasagem***) tem temperatura de fusão acima de 450°C (840°F), mas abaixo do ponto de fusão (*solidus*) do metal (ou metais) de base que será unido. Se a junta for projetada de maneira adequada e a operação de brasagem for executada devidamente, a junta brasada será mais resistente que o metal de adição a partir do qual ela tenha sido formada após a solidificação. Este resultado é bastante notável devido às pequenas folgas utilizadas na brasagem, a ligação metalúrgica que ocorre entre os metais de base e de adição e as restrições geométricas que são impostas à junta pelas peças base.

A brasagem tem várias vantagens na comparação com a soldagem: (1) quaisquer metais podem ser unidos, incluindo metais dissimilares; (2) certos métodos de brasagem podem ser realizados rápida e consistentemente e, deste modo, possibilitam a produção automatizada e taxas de ciclo elevadas; (3) alguns métodos permitem que múltiplas juntas sejam brasadas de forma simultânea; (4) brasagem pode ser aplicada para unir peças com espessuras finas que não podem ser soldadas; (5) em geral, necessitam de menos calor e energia que em soldagem por fusão; (6) problemas com a zona termicamente afetada (ZTA), próxima ao metal base da junta, são reduzidos; e (7) áreas da junta que são inacessíveis em muitos processos de soldagem podem ser brasadas, porque a ação de capilaridade molda o metal de adição fundido na junta.

As desvantagens e limitações da brasagem incluem: (1) a resistência da junta é geralmente menor que em uma junta soldada; (2) embora a resistência de uma boa junta brasada seja maior que a do metal de adição, é provável que seja menor que a dos metais base; (3) temperaturas de serviço elevadas podem fragilizar a junta brasada; e (4) a cor do metal em junta brasada pode não ser compatível com a cor das peças do metal base, uma possível desvantagem estética.

A brasagem, como um processo de produção, é largamente usada em várias indústrias, incluindo a automotiva (por exemplo, união de tubos e tubulações), equipamento elétrico (por exemplo, união de fios e cabos), ferramentas de corte (por exemplo, enxertos de carbeto cementado por brasagem para fresas) e produção de joias. Além disso, a indústria de processamento químico e empresas de canalização e aquecimento unem tubo e tubulações metálicas por meio da brasagem. O processo é usado extensamente para trabalhos de reparo e manutenção em quase todos os setores industriais.

24.1.1 JUNTAS BRASADAS

Juntas brasadas são normalmente de dois tipos: topo e sobreposta (Seção 22.2.1). Entretanto, os dois tipos têm sido adaptados para o processo de brasagem de diversas maneiras. A junta de topo convencional proporciona uma área limitada para a brasagem, comprometendo assim a resistência da junta. Para aumentar as áreas de atrito em juntas brasadas, as peças de encaixe são em geral biseladas ou escalonadas, como demonstrado na Figura 24.1. É claro que um processamento adicional é geralmente necessário na preparação das peças dessas juntas especiais. Uma das dificuldades associadas a uma junta biselada é o problema de manter alinhadas as peças, antes e durante a brasagem.

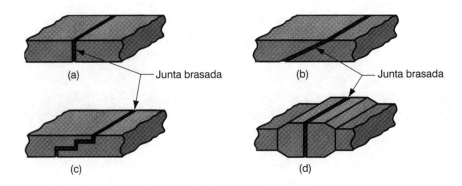

FIGURA 24.1 (a) junta de topo convencional e adaptações de junta de topo para brasagem: (b) junta biselada, (c) junta escalonada, (d) aumento da seção transversal da peça. (Crédito: *Fundamentals of Modern Manufacturing*, 4ª Edição por Mikell P. Groover, 2010. Reimpresso com permissão de John Wiley & Sons, Inc.)

Juntas de topo são as mais utilizadas na brasagem em razão de poderem proporcionar uma área de interface relativamente extensa entre as peças. Uma sobreposição de pelo menos três vezes a espessura da peça mais fina é em geral considerada uma prática de projeto desejável. Algumas adaptações da junta sobreposta para brasagem são ilustradas na Figura 24.2. Uma vantagem da brasagem sobre a soldagem em juntas sobrepostas é que o metal de adição é ligado aos metais de base por toda a interface entre as peças, em vez de apenas nas arestas (como em soldas de filete feita por soldagem a arco) ou pontos discretos (como em soldagem por pontos).

A folga, ou espaçamento, entre as superfícies de união das peças base é importante na brasagem. A folga precisa ser grande o bastante para não restringir o fluxo do metal de adição fundido em toda a interface. No entanto, se a folga da junta é muito maior, a ação da capilaridade será reduzida e haverá áreas entre as peças sem a presença de metal de adição. A resistência da junta é afetada pela folga, como demonstrado na Figura 24.3. Existe um valor de folga ótimo, no qual a resistência da junta é maximizada. O assunto é complicado pelo fato de que a otimização depende dos metais de adição e base, configuração da junta e as condições de processamento. As folgas de brasagem típicas são de 0,025 a 0,25 mm (0,001 in a 0,010 in). Estes valores representam a folga da junta na temperatura de brasagem, que pode ser diferente da folga na temperatura ambiente, dependendo da expansão térmica do metal (ou metais) base.

A limpeza das superfícies da junta a serem brasadas também é importante. As superfícies precisam estar livres de óxidos, óleos e outros contaminantes para promover molhamento e atração por capilaridade durante o processo, bem como a ligação por toda a interface. Os tratamentos químicos, tais como limpeza com solvente (Seção 21.1.1), e tratamentos mecânicos,

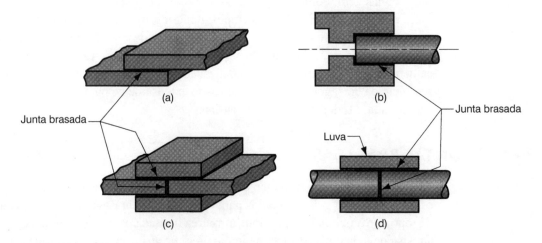

FIGURA 24.2 (a) Junta sobreposta convencional e adaptações da junta sobreposta para brasagem: (b) peças cilíndricas, (c) peças ensanduichadas (imprensadas) e (d) uso de luva para converter uma junta de topo em uma junta sobreposta. (Crédito: *Fundamentals of Modern Manufacturing*, 4ª Edição por Mikell P. Groover, 2010. Reimpresso com permissão de John Wiley & Sons, Inc.)

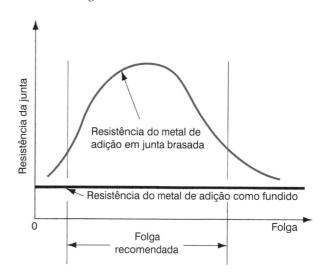

FIGURA 24.3 A resistência da junta em função da folga da junta. (Crédito: *Fundamentals of Modern Manufacturing*, 4ª Edição por Mikell P. Groover, 2010. Reimpresso com permissão de John Wiley & Sons, Inc.)

tais como escovação com escova de arame e jateamento de areia (Seção 21.1.2), são usados para limpar as superfícies. Após a limpeza e durante a operação de brasagem, fluxos são usados para manter a limpeza da superfície e promover molhamento para ação capilar na folga entre as superfícies de atrito.

24.1.2 METAIS DE ADIÇÃO E FLUXOS

Os metais de adição mais usados na brasagem estão listados na Tabela 24.1, além dos metais de base em que eles são tipicamente usados. Para qualificar como metal de brasagem, as seguintes características são necessárias: (1) temperatura de fusão precisa ser compatível com o metal base, (2) tensão superficial na fase líquida precisa ser baixa para boa molhabilidade, (3) o metal fundido precisa de elevada fluidez para penetração na superfície, (4) o metal deve ter a capacidade de ser brasado a uma junta de resistência adequada para resistir a uma aplicação e (5) interações físicas e químicas com o metal base (por exemplo, reação galvânica) precisam ser evitadas. Os metais de adição são aplicados para operação de brasagem de várias formas, incluindo arame, vareta, chapas, tiras, pós, peças pré-conformadas de metal de brasagem feitas para se adaptarem a uma configuração específica da junta e ao revestimento em uma das superfícies a serem brasadas. Várias destas técnicas são ilustradas na Figura 24.4.

Os fluxos de brasagem têm propósito similar aos empregados na soldagem: eles dissolvem, combinam com, e, caso contrário, inibem a formação de óxidos e outros subprodutos indesejáveis

TABELA 24.1 Metais de adição comumente usados em brasagem e os metais base nos quais os metais de adição são usados

Metal de Adição	Composição Típica	Temperatura de Brasagem Aproximada °C	Temperatura de Brasagem Aproximada °F	Metais Base
Alumínio e silício	90 Al, 10 Si	600	1100	Alumínio
Cobre	99,9 Cu	1120	2050	Níquel-cobre
Cobre e fósforo	95 Cu, 5 P	850	1550	Cobre
Cobre e zinco	60 Cu, 40 Zn	925	1700	Aço, ferro fundido, níquel
Ligas de Níquel	80 Au, 20 Ag	950	1750	Aço inoxidável, ligas de níquel
Ligas de Prata	Ni, Cr, others	1120	2050	Aço inoxidável, ligas de níquel
Ouro e prata	Ag, Cu, Zn, Cd	730	1350	Titânio, Monel, Inconel, aço ferramenta, níquel

Compilado de [5] e [7].

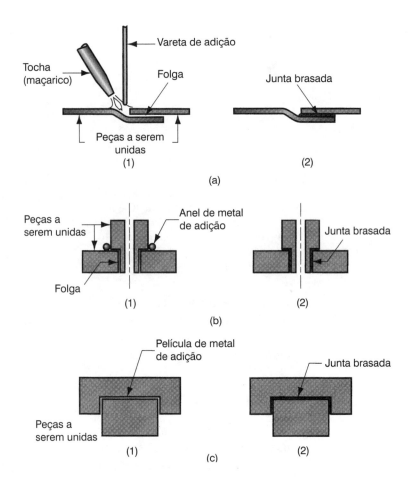

FIGURA 24.4 Várias técnicas para aplicação de metal de adição na brasagem: (a) tocha e vareta de adição; (b) anel de metal de adição na folga; e (c) película de metal de adição entre as superfícies planas das peças. Sequência: (1) antes e (2) depois. (Crédito: *Fundamentals of Modern Manufacturing*, 4ª Edição por Mikell P. Groover, 2010. Reimpresso com permissão de John Wiley & Sons, Inc.)

no processo de brasagem. O uso de um fluxo não substitui as etapas de limpeza descritas anteriormente. As características de um bom fluxo incluem (1) temperatura de fusão baixa, (2) viscosidade baixa para que ele possa ser deslocado pelo metal de adição, (3) facilitar o molhamento e (4) proteger a junta até a solidificação do metal de adição. O fluxo também deverá ser de fácil remoção após a brasagem. Os componentes mais comuns para os fluxos de brasagem incluem borato, boretos, fluoretos e cloretos. Os agentes de molhamento são também incluídos na mistura para reduzir a tensão superficial do metal de adição fundido e melhorar a molhabilidade. Os tipos de fluxo incluem pós, pastas e lamas. As alternativas ao uso de um fluxo são realizar operação a vácuo ou redução atmosférica que iniba a formação de óxido.

24.1.3 MÉTODOS DE BRASAGEM

Vários métodos são usados na brasagem. Referenciados como processos de brasagem, eles são diferenciados pelas fontes de aquecimento.

Brasagem por Chama Neste processo, o fluxo é aplicado nas superfícies das peças, e uma tocha é usada para direcionar a chama contra a peça nas vizinhanças da junta. Uma chama redutora é normalmente usada para inibir a oxidação. Após a região da junta da peça ser aquecida em temperatura apropriada, o arame de adição é acrescentado à junta, em geral na forma de arame ou vareta. Os combustíveis usados na tocha incluem acetileno, propano e outros gases, como ar ou oxigênio. A seleção de uma mistura depende das necessidades de aquecimento de trabalho. A brasagem por chama é geralmente realizada de forma manual, e a habilidade do operador precisa ser empregada para controlar a chama, manipular a tocha e avaliar as temperaturas apropriadas; trabalho de reparo é uma aplicação comum. O método também pode ser usado em operações de produção mecanizada, nas quais as peças e o metal de brasagem são colocados em uma esteira transportadora ou mesa divisora e passam sobre uma ou mais tochas.

Brasagem em Forno Este método utiliza um forno que fornece o calor para brasagem, que é a mais indicada para altas ou médias produções. Em produção média, normalmente em lotes, as peças e o metal de brasagem são introduzidos no forno, aquecidos até a temperatura de brasagem e, então, resfriados e removidos. As operações da alta produção utilizam fornos de fluxo contínuo, em que as peças são colocadas em uma esteira transportadora e passam por várias seções de resfriamento e aquecimento. A temperatura e o controle atmosférico são importantes na brasagem em forno; a atmosfera precisa ser neutra ou reduzida. Fornos a vácuo são algumas vezes usados. Dependendo da atmosfera e dos metais a serem brasados, a necessidade de um fluxo pode ser eliminada.

Brasagem por Indução Este processo utiliza o calor resultante da resistência elétrica a uma corrente de alta frequência induzida na peça de trabalho. O metal de adição é colocado com antecedência no metal de base e exposto a um campo CA (corrente alternada) de alta frequência — as peças não estão em contato direto com a bobina de indução. As frequências variam entre 5 kHz a 5 MHz. As fontes de energia de alta frequência tendem a aquecer a superfície, enquanto as de baixa frequência proporcionam maior penetração de calor na peça de trabalho e são apropriadas para seções mais pesadas. O processo pode ser usado para atender requisitos de alta à baixa produção.

Brasagem por Resistência O calor para fundir o metal de adição neste processo é obtido pela resistência ao fluxo de corrente elétrica através das peças. Diferente da brasagem por indução, na brasagem por resistência, as peças são conectadas diretamente ao circuito elétrico. O equipamento é similar ao usado na soldagem por resistência, exceto que um nível de energia menor é necessário para a brasagem. As peças, com os metais de adição posicionados, são mantidas entre eletrodos, enquanto pressão e corrente são aplicadas. As brasagens por resistência e por indução alcançam rápido os ciclos térmicos e são usadas para peças relativamente pequenas. A brasagem por indução é a mais usada dos dois processos.

Brasagem por Imersão Neste método, o aquecimento é realizado por um banho de sal fundido* ou banho de metal fundido. Em ambos os métodos, as peças montadas são imersas em banhos que ficam em um cadinho aquecido. A solidificação ocorre quando as peças são retiradas do banho. No ***método de banho de sal,*** a mistura fundida contém elementos fluidificantes, e o metal de adição é colocado previamente na montagem. No ***método de banho metálico,*** o metal fundido é aquecido a temperaturas médias; ele é atraído por ação capilar da junta durante a imersão. Uma cobertura de fluxo é mantida sobre a superfície do banho de metal fundido. A brasagem por imersão alcança ciclos de aquecimento rápidos e pode ser usada para brasar ao mesmo tempo muitas juntas em uma peça única ou em várias peças.

Brasagem por Infravermelho Este método usa o calor de uma lâmpada infravermelho de alta intensidade (*high-intensity infrared* — IR). Algumas lâmpadas IR** são capazes de gerar energia de calor radiante acima de 5000 W, que pode ser direcionada à peça trabalho para brasagem. O processo é mais lento que a maioria dos outros processos analisados anteriormente e em geral limitado a seções finas.

Solda-brasagem Este processo difere dos outros processos de brasagem no tipo de junta em que é aplicado. Como demonstrado na Figura 24.5, a solda-brasagem é usada para preenchimento de junta de solda convencional, tal como mostrado na junta em V. Maior quantidade de metal de adição é depositada do que na brasagem e nenhuma ação capilar ocorre. Na solda-brasagem, a junta consiste apenas em metal de adição; o metal base não funde e, portanto, não ocorre fusão na junta como em processo de soldagem por fusão convencional. A principal aplicação de solda-brasagem é o trabalho de reparo.

---

* Este processo também pode ser chamado banho químico. (N.T.)
** No Brasil, adota-se esta sigla para lâmpadas infravermelhas. (N.T.)

FIGURA 24.5 Solda-brasagem. A junta consiste em metal (de adição) brasada; o metal base não é fundido na junta. (Crédito: *Fundamentals of Modern Manufacturing*, 4ª Edição por Mikell P. Groover, 2010. Reimpresso com permissão de John Wiley & Sons, Inc.)

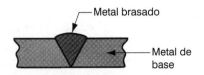

24.2 SOLDA FRACA

Solda fraca é similar à brasagem e pode ser definida como um processo de união no qual o metal de adição, com ponto de fusão (temperatura *liquidus*) que não exceda a 450°C (840°F), é fundido e distribuído pela ação da capilaridade entre as superfícies de atrito das peças metálicas que serão unidas. Como na brasagem, não ocorre fusão dos metais de base, mas o metal de adição molha e combina com o metal base para formar uma ligação metalúrgica. Os detalhes da solda fraca são similares aos da brasagem e muitos dos métodos de aquecimento são os mesmos. As superfícies a serem soldadas devem ser previamente limpas para que estejam livres de óxidos, óleos, e assim por diante. Um fluxo adequado deve ser aplicado às superfícies de atrito e as superfícies são aquecidas. O metal de adição, chamado **solda**, é adicionado à junta, que se distribui de forma uniforme entre as peças.

Em algumas aplicações, a solda é pré-revestida em uma ou em ambas as superfícies — um processo chamado **estanhagem**, independentemente do fato de a solda conter ou não estanho. As folgas típicas para solda fraca variam de 0,075 mm a 0,125 mm (0,003 a 0,005 in), exceto quando as superfícies são estanhadas, caso no qual a folga usada é de cerca de 0,025 mm (0,001 in). Após a solidificação, o resíduo do fluxo deve ser removido.

Como processo industrial, a solda fraca é mais frequentemente associada com montagem eletrônica. Também é usada em juntas mecânicas, mas estas juntas não podem ser submetidas a temperaturas e tensões elevadas. As vantagens atribuídas à solda fraca incluem (1) aporte baixo de energia em relação à brasagem e à soldagem por fusão, (2) variedade de métodos de aquecimento disponíveis, (3) boas condutividade térmica e elétrica na junta, (4) capacidade para executar costuras estanques a líquidos e ar em contêineres e (5) de fácil reparo e retrabalho.

As maiores desvantagens da solda fraca são (1) baixa resistência da junta, a menos que seja reforçada por meios mecânicos e (2) possível enfraquecimento ou fusão da junta em serviços a temperaturas elevadas.

24.2.1 PROJETOS DA JUNTA EM SOLDA FRACA

Tal como em brasagem, as juntas de solda fraca são limitadas aos tipos topo e sobreposta, embora as juntas de topo não devam ser usadas em aplicações sujeitas a cargas mecânicas. Algumas das adaptações da brasagem dessas juntas são aplicadas à solda fraca, e a tecnologia de solda fraca tem adicionado algumas variações próprias para lidar com geometria de peças especiais que se encontram em conexões elétricas. Em juntas mecânicas de solda fraca com peças de chapas metálicas, as bordas das chapas são frequentemente dobradas e interligadas antes da solda fraca, como mostrado na Figura 24.6, para aumentar a resistência da junta.

Para aplicações eletrônicas, a principal função da junta de solda fraca é fornecer um caminho eletricamente condutor entre duas peças a serem unidas. Outras considerações de projeto nestes tipos de juntas de solda fraca incluem problemas com a geração de calor (a partir da resistência elétrica da junta) e vibração. A resistência mecânica da solda fraca em uma conexão elétrica é em geral alcançada pela deformação de uma ou ambas as peças metálicas para criar uma junta mecânica entre elas, fazendo com que se tenha uma área de superfície maior, para proporcionar suporte máximo da solda fraca. Várias possibilidades são esboçadas na Figura 24.7.

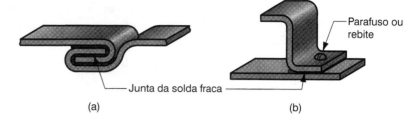
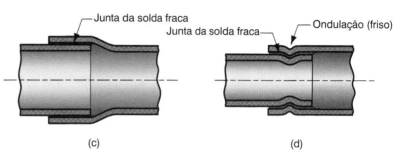

FIGURA 24.6 Travamento mecânico nas juntas de solda fraca para aumentar a resistência: (a) costura do tipo macho-fêmea; (b) junta rebitada ou aparafusada; (c) acessório de tubo de cobre — junta cilíndrica sobreposta e (d) dobramento (conformação) da junta sobreposta cilíndrica. (Crédito: *Fundamentals of Modern Manufacturing*, 4ª Edição por Mikell P. Groover, 2010. Reimpresso com permissão de John Wiley & Sons, Inc.)

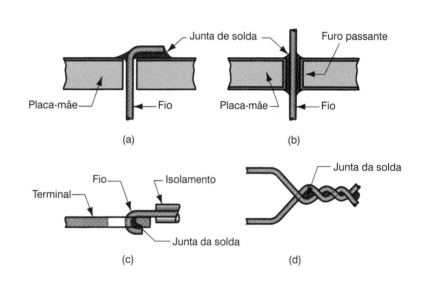

FIGURA 24.7 Técnicas para assegurar a união em conexões elétricas por meios mecânicos antes da solda fraca: (a) fio condutor cravado na placa-mãe; (b) furo passante na placa-mãe para aumentar a superfície de contato da solda fraca; (c) fio em forma de gancho no terminal plano; (d) fios trançados. (Crédito: *Fundamentals of Modern Manufacturing*, 4ª Edição por Mikell P. Groover, 2010. Reimpresso com permissão de John Wiley & Sons, Inc.)

24.2.2 SOLDAS E FLUXOS

Soldas e fluxos são os materiais usados em solda fraca. Ambos são muito importantes no processo de união.

Soldas Muitas soldas são de ligas de estanho e chumbo, porque ambos os metais têm pontos de fusão baixos. Estas ligas possuem uma faixa larga entre as temperaturas *liquidus* e *solidus*, o que permite atingir bom controle do processo de solda fraca em uma variedade de aplicações. O chumbo é tóxico e seu percentual é minimizado na maioria das composições das soldas. O estanho é quimicamente ativo em temperaturas de solda e promove a ação de molhamento, necessária para união bem-sucedida. Na solda fraca com cobre, comum em conexões elétricas, compostos intermetálicos de cobre e estanho são formados para aumentar a resistência da ligação. A prata e o antimônio também são, algumas vezes, usados em ligas de solda. A Tabela 24.2 lista várias composições de ligas de solda, indicando suas temperaturas de solda fraca aproximadas e as aplicações principais. As soldas sem chumbo estão se tornando cada vez mais importantes devido à legislação existente, que limita o uso de chumbo nas soldas.

TABELA 24.2 Algumas composições de solda fraca com suas temperaturas de fusão e aplicações				
		Temperatura de Fusão Aproximada		
Metal de Adição	Composição Típica	°C	°F	Principais Aplicações
Chumbo-prata	96 Pb, 4 Ag	305	580	Juntas para temperatura elevada
Estanho-antimônio	95 Sn, 5 Sb	238	460	Canalização & aquecimento
Estanho-chumbo	63 Sn, 37 Pb	183[a]	361[a]	Elétrica/eletrônica
	60 Sn, 40 Pb	188	370	Elétrica/eletrônica
	50 Sn, 50 Pb	199	390	Uso geral
	40 Sn, 60 Pb	207	405	Radiadores de automóveis
Estanho-prata	96 Sn, 4 Ag	221	430	Contêineres para alimentos
Estanho-zinco	91 Sn, 9 Zn	199	390	União de alumínio
Estanho-prata-cobre	95,5 Sn, 3,9 Ag, 0,6 Cu	217	423	Eletrônicos: tecnologia de montagem em superfície

Compilado de [2], [3], [4] e [13].
[a]Composição eutética — ponto de fusão mais baixo de composições estanho-chumbo.

Fluxos para Solda Fraca Um fluxo para solda fraca deverá ter as seguintes características: (1) ser fundido a temperaturas de solda fraca, (2) remover camadas de óxidos e manchas das superfícies da peça base, (3) prevenir oxidação durante o aquecimento, (4) promover o molhamento das superfícies de atrito, (5) deixar um resíduo que não seja corrosivo e nem condutor. Infelizmente, não há um único fluxo que atenda estas funções de forma plena para todas as combinações de solda fraca e metais de base. Assim, a formulação do fluxo precisa ser selecionada para determinada aplicação.

Os fluxos de solda fraca podem ser classificados como orgânicos ou inorgânicos. *Fluxos orgânicos* são feitos de resina (por exemplo, resina natural, que não é solúvel em água) ou componentes solúveis em água (por exemplo, álcoois, ácidos orgânicos e sais halogenados). O fato de serem solúveis em água facilita a limpeza após a solda. Os fluxos orgânicos são em geral mais usados para conexões eletrônicas e elétricas. Eles tendem a ser quimicamente reativos em temperaturas de solda fraca elevadas, mas de modo relativo não corrosivos em temperatura ambiente. *Fluxos inorgânicos* consistem em ácidos inorgânicos (por exemplo, ácido muriático) e são usados para alcançar rápida fluidez, em que os filmes de óxido são um problema. Os sais se tornam ativos quando fundidos, mas são menos corrosivos que os ácidos. É o caso do fio da solda fraca contendo um *núcleo ácido*.

Tanto o fluxo orgânico como o inorgânico devem ser removidos depois da solda, mas essa etapa é especialmente importante no caso do uso de ácidos inorgânicos, para evitar a corrosão contínua das superfícies metálicas. A remoção do fluxo é em geral realizada por meio de soluções aquosas, exceto no caso de resinas que requerem solventes químicos. Na indústria, as tendências recentes favorecem os fluxos solúveis em água sobre os de resinas, porque os solventes químicos usados com a resina são prejudiciais para o meio ambiente e os seres humanos.

24.2.3 MÉTODOS DE SOLDA FRACA

Muitos dos métodos usados na solda fraca são os mesmos utilizados na brasagem, exceto que, na solda fraca, são necessários menos calor e temperaturas mais baixas. Estes métodos incluem solda fraca por chama, solda fraca em forno, solda fraca por indução, solda fraca por resistência, solda fraca por imersão e solda fraca por infravermelho. Existem outros métodos de solda fraca, que não são utilizados na brasagem, que devem ser descritos aqui. Estes métodos são solda manual, solda por ondas e solda fraca por refluxo.

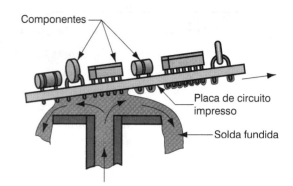

FIGURA 24.8 A solda por ondas utiliza uma solda líquida bombeada a partir de um banho fundido através de uma fenda na parte inferior da placa-mãe, para conectar os fios.

Solda Manual Este método é realizado manualmente usando ferro de solda quente. Uma ***ponta de solda*** feita de cobre é a extremidade de trabalho do ferro de solda. Suas funções são: (1) fornecer calor às peças que serão soldadas, (2) fundir a solda, (3) transmitir a solda fundida à junta e (4) retirar o excesso de solda. Os ferros de solda mais modernos são aquecidos por resistência elétrica. Alguns são projetados como uma ***pistola de solda*** com aquecimento rápido, que são comuns em montagem eletrônica para operação intermitente (*on-off*), acionada por um gatilho. Elas são capazes de fazer uma junta de solda em cerca de um segundo.

Solda por Ondas Esta técnica mecanizada permite soldar múltiplos fios de chumbo a uma placa de circuito impresso (PCI), que atravessa uma onda de solda fundida. A configuração típica é aquela na qual a PCI, onde os componentes eletrônicos foram fixados por meio de seus fios de chumbo nos furos da placa-mãe, é movimentada por uma esteira através de equipamento de solda por ondas. Os suportes da esteira estão posicionados nas laterais do PCI, de modo que sua face inferior está exposta às etapas do processamento, que consistem em: (1) o fluxo é aplicado utilizando qualquer um dos vários métodos, incluindo espumação, pulverização ou escovação; (2) preaquecimento (utilizando lâmpadas, bobinas de aquecimento e dispositivos de infravermelho) para evaporar os solventes, ativar o fluxo e aumentar a temperatura do conjunto e (3) solda por ondas, quando uma solda líquida é bombeada a partir de um banho fundido através de uma fenda na parte inferior da placa-mãe, para fazer as conexões de solda fraca entre os fios de chumbo e circuito metálico na placa. A terceira etapa é ilustrada na Figura 24.8. A placa-mãe, em geral, é ligeiramente inclinada, conforme representado no desenho, e óleo de estanhagem especial é misturado com a solda fundida para diminuir sua tensão superficial. Ambas as medidas ajudam a inibir a formação de excesso de solda e formação de "protuberâncias" na parte inferior da placa. Solda por ondas é muito aplicada em eletrônica para produção de conjuntos de placas de circuito impresso.

Solda por Refluxo* Este processo também é largamente utilizado em eletrônica para montar os componentes nas superfícies das placas de circuitos impresso. No processo, uma pasta da solda, que consiste em pó de solda em um fluxo ligante, é aplicada aos pontos na placa onde contatos elétricos são estabelecidos entre os componentes montados na superfície e o circuito de cobre. Os componentes são, então, colocados nos pontos de colagem, e a placa-mãe é aquecida para fundir a solda, formando ligações elétricas e mecânicas entre os fios dos componentes e o cobre da placa de circuito.

Os métodos de aquecimento na solda por refluxo incluem refluxo da fase vapor e refluxo de infravermelho. Na ***solda por refluxo da fase vapor***, um hidrocarboneto fluorado é vaporizado por aquecimento em um forno e, posteriormente, se condensa sobre a superfície da placa-mãe, onde se transfere o seu calor de vaporização para fundir a pasta de solda e formar as juntas de solda nas placas de circuito impresso. Na ***solda por refluxo de infravermelho***, o calor da lâmpada é usado para fundir a pasta de solda e formar as ligações dos componentes e as áreas do circuito na placa-mãe. Métodos de aquecimento adicionais para refluxo das pastas de solda incluem o uso de placas quentes, ar quente e lasers.

---

* Alguns autores classificam este processo como solda por refusão. (N.T.)

24.3 UNIÃO ADESIVA

Os adesivos são utilizados em grande variedade de aplicações de união e de vedação para unir materiais similares ou dissimilares, tais como metais, plásticos, cerâmicos, madeira, papel e papelão. Embora esteja bem estabelecida como técnica de união, a união adesiva é considerada uma área em crescimento entre as tecnologias de montagem por causa do aumento significativo de aplicações.

A *união adesiva* é um processo de união no qual o material de adição é usado para manter unidas por ligação da superfície duas (ou mais) peças pouco espaçadas entre si. O material de adição que liga as peças é o *adesivo*. É um elemento não metálico — geralmente um polímero. As peças a serem unidas são chamadas *substratos (aderentes)*. Os adesivos de maior interesse na engenharia são os *adesivos estruturais*, que são capazes de produzir juntas permanentes e fortes entre substratos rígidos. Grande quantidade de adesivos disponíveis comercialmente são curados por meio de vários mecanismos e adequados para união de diversos materiais. *Cura* refere-se ao processo pelo qual as propriedades físicas do adesivo são modificadas do estado líquido para o sólido, normalmente por reação química, para realizar a ligação da superfície das peças. A reação química pode envolver polimerização, condensação ou vulcanização. A cura é em geral motivada pelo calor e/ou um catalisador, e a pressão é muitas vezes aplicada entre as duas peças para ativar a ligação. Se calor é necessário, as temperaturas de cura são relativamente baixas, e, assim, os materiais a serem unidos em geral não são afetados — uma vantagem para união adesiva. A cura ou endurecimento do adesivo necessita de tempo, chamado *tempo de cura* ou *tempo de preparo*.* Em alguns casos, este tempo é significativo — geralmente uma desvantagem na fabricação.

A resistência da junta de união adesiva é determinada pelas resistências do adesivo e da ligação entre o adesivo e cada um dos substratos. Um dos critérios muitas vezes utilizado para definir a união adesiva satisfatória é que se a falha ocorrer devido a tensões excessivas, ela ocorra em um dos substratos, em vez de uma interface ou no próprio adesivo. A resistência da ligação resulta de vários mecanismos, todos dependendo das características dos substratos e do adesivo: (1) ligação química, em que o adesivo se une com os substratos e formam a ligação química principal no endurecimento; (2) interações físicas, que resultam em forças de ligação secundária entre os átomos e as superfícies opostas; e (3) travamento mecânico, em que a rugosidade da superfície do substrato possibilita o adesivo endurecido tornar-se encapsulado nas asperezas microscópicas de sua superfície.

Para estes mecanismos de adesão proporcionarem resultados melhores, as seguintes condições devem prevalecer: (1) as superfícies do substrato devem estar limpas — livres de sujeiras, óleo e filmes de óxidos que possam interferir com a realização do contato entre o adesivo e o substrato; a preparação especial das superfícies é muitas vezes necessária; (2) o adesivo na forma líquida inicial precisa atingir molhamento completo da superfície do substrato; e (3) em geral é útil que as superfícies não sejam perfeitamente lisas — a superfície um pouco rugosa aumenta a área de contato efetiva e promove a interligação mecânica. Além disso, a junta precisa ser projetada para explorar os pontos fortes da união adesiva e evitar suas limitações.

24.3.1 PROJETO DA JUNTA

Juntas adesivas geralmente não são tão fortes como as feitas por soldagem, brasagem ou solda fraca. Assim, é necessário considerar o projeto das juntas que são unidas de forma adesiva. Os seguintes princípios de projetos são aplicáveis: (1) área de contato comum deverá ser maximizada, (2) juntas adesivas são mais fortes sob tensão e cisalhamento, como na Figura 24.9(a) e (b), respectivamente, e as juntas devem ser projetadas de modo que as tensões aplicadas sejam

---

* Este termo varia de acordo com a área específica. Na área odontológica, o termo é tempo de pega. Na área de engenharia civil, o termo empregado é tempo de presa. (N.T.)

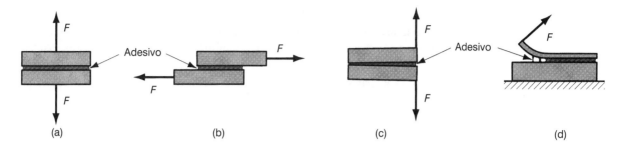

FIGURA 24.9 Tipos de tensões que devem ser consideradas em juntas de união adesiva: (a) tensão, (b) cisalhamento, (c) clivagem e (d) descascamento. (Crédito: *Fundamentals of Modern Manufacturing*, 4ª Edição por Mikell P. Groover, 2010. Reimpresso com permissão de John Wiley & Sons, Inc.)

um destes tipos, (3) uniões adesivas são mais frágeis na clivagem ou descascamento,* como na Figura 24.9(c) e (d), respectivamente, e as juntas de uniões adesivas devem ser projetadas de modo a evitar que as tensões aplicadas sejam um destes tipos.

Projetos de juntas típicas para união adesiva que ilustram estes princípios de projeto são apresentados na Figura 24.10. Alguns projetos de junta combinam a união adesiva com outros métodos de união para aumentar a resistência e/ou proporcionar vedação entre os dois componentes. Algumas das possibilidades são mostradas na Figura 24.11. A combinação de união adesiva e soldagem por pontos, por exemplo, é chamada *weldbonding*.

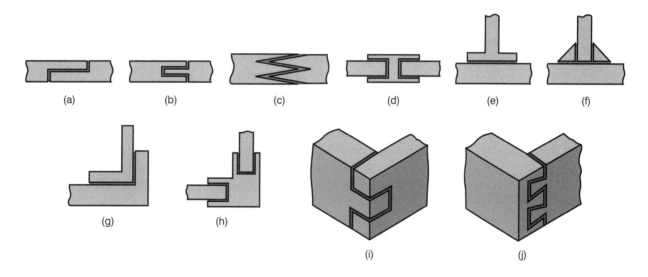

FIGURA 24.10 Alguns projetos de juntas para união adesiva: (a) biselada; (d) junta de topo; (e) e (f) juntas em T; (g) biseladas e (j) juntas de canto. (Crédito: *Fundamentals of Modern Manufacturing*, 4ª Edição por Mikell P. Groover, 2010. Reimpresso com permissão de John Wiley & Sons, Inc.)

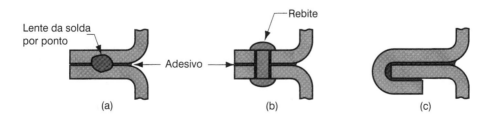

FIGURA 24.11 União adesiva combinada com outros métodos de união: (a) *weldbonding* — soldagem por pontos e união adesiva; (b) rebite (ou parafuso) e união adesiva; e (c) conformação e união adesiva. (Crédito: *Fundamentals of Modern Manufacturing*, 4ª Edição por Mikell P. Groover, 2010. Reimpresso com permissão de John Wiley & Sons, Inc.)

---

* Este termo também pode ser traduzido como despelamento. (N.T.)

Além da configuração mecânica da junta, a aplicação deve ser selecionada de forma que as propriedades físicas e químicas do adesivo e do substrato sejam compatíveis com as condições de serviço em que o conjunto será submetido. Os materiais do substrato incluem metais, cerâmica, vidro, plásticos, madeira, borracha, couro, tecido, papel e papelão. Nota-se que a lista inclui materiais que são rígidos e flexíveis, porosos e não porosos, metálico e não metálico, e os componentes diferentes e similares podem ser ligados entre si.

24.3.2 TIPOS DE ADESIVOS

Grande quantidade de adesivos comerciais está disponível. Eles podem ser classificados em três categorias: (1) natural, (2) inorgânico e (3) sintético.

Adesivos naturais são derivados de fontes naturais (por exemplo, plantas e animais), incluindo as gomas, o amido, a dextrina, a farinha de soja e o colágeno. Esta categoria de adesivo é geralmente limitada à aplicação de tensões baixas, tais como caixas de papelão, móveis e encadernação ou onde grandes áreas de superfície estão envolvidas (por exemplo, madeira compensada). *Adesivos inorgânicos* são constituídos de basicamente de silicato de sódio e oxicloreto de magnésio. Apesar de um pouco baratos, eles são também de resistência baixa — uma limitação séria em adesivo estrutural.

Adesivos sintéticos constituem a categoria mais importante na fabricação. Eles incluem uma variedade de polímeros termorrígidos e termoplásticos. Eles são curados por diversos mecanismos, tais como (1) mistura de um catalisador, ou um componente reativo, com o polímero imediatamente antes da aplicação, (2) aquecimento para iniciar a reação química, (3) radiação por cura, tais como luz ultravioleta e (4) cura por evaporação de água do líquido ou pasta adesiva. Além disso, alguns adesivos sintéticos são aplicados como películas ou como revestimentos sensíveis à pressão sobre a superfície de um dos substratos.

24.3.3 TECNOLOGIA DA APLICAÇÃO DE ADESIVO

As aplicações industriais de união adesiva são amplas e em crescimento. Os principais usuários são as indústrias automotiva e aeronáutica, produtos de construção civil e de embalagem; outras indústrias incluem mobiliária, de calçados, encadernação, elétrica e construção naval. Nesta seção, consideramos várias questões relativas à tecnologia de aplicação de adesivos.

Preparação de Superfície Para que uma união adesiva seja satisfatória, as superfícies da peça devem estar extremamente limpas. A resistência da ligação depende do grau de adesão entre o adesivo e o substrato, e isto depende da limpeza da superfície. Na maioria dos casos, etapas de procedimento adicionais são necessárias para limpeza e preparação da superfície, e os métodos variam com os diferentes materiais do substrato. Para peças não metálicas, uma limpeza com solvente é em geral usada e as superfícies algumas vezes são mecanicamente desgastadas ou atacadas de maneira química para aumentar a rugosidade. Após estes tratamentos, é desejável realizar o processo de união adesiva o mais rápido possível, porque a oxidação e o acúmulo de sujeira aumentam com o tempo.

Métodos de Aplicação A efetiva aplicação de adesivo em uma ou ambas as superfícies da peça é realizada de várias maneiras. A lista a seguir, embora incompleta, fornece uma amostra das técnicas utilizadas na indústria.

- *Escovação*, realizada manualmente, usa uma escova de cerdas duras. Os revestimentos são muitas vezes irregulares.
- *Por escoamento*, usando pistolas para alimentação por pressão manual de fluxo, tem controle mais consistente que a escovação.
- *Rolos manuais*, semelhantes a pintar com rolos, são usados para aplicar o adesivo a partir de uma face plana.

> *Serigrafia* (*silk screening*) envolve a escovação do adesivo através das áreas abertas da tela sobre a superfície da peça, de forma que apenas as áreas selecionadas são revestidas.

> *Pulverização* usa uma pistola pneumática (ou sem ar) para aplicação rápida sobre áreas de grande dimensão ou de acesso difícil.

> *Aplicadores automáticos* incluem vários distribuidores automáticos e bocais para uso em aplicações de média a alta taxa de produção

> *Revestimento com rolo*, técnica mecanizada na qual um rolo em rotação é parcialmente imerso em uma panela com líquido adesivo e absorve certa quantidade de adesivo, que é, então, transferida para a superfície de trabalho. Revestimento com rolo é utilizado para aplicar o adesivo em materiais flexíveis e finos (por exemplo, papel, tecido, couro), bem como a madeira, madeiras compósitas, papelão e materiais similares com grandes áreas superficiais.

Vantagens e Limitações As vantagens da união adesiva são: (1) o processo é aplicável em variedade ampla de materiais; (2) peças de diferentes tamanhos e seções transversais podem ser unidas — peças frágeis podem ser unidas por união adesiva; (3) a união ocorre sobre toda a superfície da junta, em vez de pontos discretos ao longo da costura, como na soldagem por fusão, proporcionando, assim, a distribuição de tensões sobre toda a área; (4) alguns adesivos são flexíveis após a união e, portanto, são tolerantes a carregamento cíclico e diferenças nas expansões térmicas de substratos; (5) a cura em baixas temperaturas evita danos às peças a serem unidas; (6) a vedação, além da união, pode ser obtida; e (7) projeto da união é geralmente simplificado (por exemplo, duas superfícies podem ser unidas sem precisar de furos para parafuso).

As principais limitações desta tecnologia incluem: (1) juntas são geralmente menos resistentes que outros métodos de união; (2) adesivo deve ser compatível com os materiais a serem unidos; (3) temperaturas de serviço são limitadas; (4) a preparação da superfície antes da aplicação do adesivo é importante; (5) tempos de cura podem impor limitação a taxas de produção; e (6) a inspeção da junta é difícil.

REFERÊNCIAS

[1] Adams, R. S. (ed.). *Adhesive Bonding: Science, Technology, and Applications*. CRC Taylor & Francis, Boca Raton, Florida, 2005.

[2] Bastow, E. "Five Solder Families and How They Work," *Advanced Materials & Processes*, December 2003, pp. 26–29.

[3] Bilotta, A. J. *Connections in Electronic Assemblies*. Marcel Dekker, Inc., New York, 1985.

[4] Bralla, J. G. (Editorin Chief). *Design for Manufacturability Handbook*, 2nd ed. McGraw-Hill Book Company, New York, 1998.

[5] *Brazing Manual*, 3rd ed. American Welding Society, Miami, Florida, 1976.

[6] Brockman, W., Geiss, P. L., Klingen, J., and Schroeder, K. B. *Adhesive Bonding: Materials, Applications, and Technology*. John Wiley & Sons, Hoboken, New Jersey, 2009.

[7] Cary, H. B., and Helzer, S. C. *Modern Welding Technology*, 6th ed. Pearson/Prentice-Hall, Upper Saddle River, New Jersey, 2005.

[8] Doyle, D. J. "The Sticky Six—Steps for Selecting Adhesives," *Manufacturing Engineering*, June 1991 pp. 39–43.

[9] Driscoll, B., and Campagna, J. "Epoxy, Acrylic, and Urethane Adhesives," *Advanced Materials & Processes*, August 2003, pp. 73–75.

[10] Hartshorn, S. R. (ed.). *Structural Adhesives, Chemistry and Technology*. Plenum Press, New York, 1986.

[11] Humpston, G., and Jacobson, D. M. *Principles of Brazing*. ASM International, Materials Park, Ohio, 2005.

[12] Humpston, G., and Jacobson, D. M. *Principles of Soldering*. ASM International, Materials Park, Ohio, 2004.

[13] Lambert, L. P. *Soldering for Electronic Assemblies*. Marcel Dekker, Inc., New York, 1988.

[14] Lincoln, B., Gomes, K. J., and Braden, J. F. *Mechanical Fastening of Plastics*. Marcel Dekker, Inc., New York, 1984.

[15] Petrie, E. M. *Handbook of Adhesives and Sealants*, 2nd ed. McGraw-Hill, New York, 2006.

[16] Schneberger, G. L. (ed.). *Adhesives in Manufacturing*. CRC Taylor & Francis, Boca Raton, Florida, 1983.

[17] Shields, J. *Adhesives Handbook*, 3rd ed. Butterworths Heinemann, Woburn, England, 1984.

[18] Skeist, I. (ed.). *Handbook of Adhesives*, 3rd ed. Chapman & Hall, New York, 1990.

[19] *Soldering Manual*, 2nd ed. American Welding Society, Miami, Florida, 1978.

[20] *Welding Handbook*, 9th ed., Vol. 2, *Welding Processes*. American Welding Society, Miami, Florida, 2007.

[21] Wick, C., and Veilleux, R. F. (eds.). *Tool and Manufacturing Engineers Handbook*, 4th ed., Vol. 4, *Quality Control and Assembly*. Society of Manufacturing Engineers, Dearborn, Michigan, 1987.

QUESTÕES DE REVISÃO

24.1 Como a brasagem e a solda fraca se diferenciam dos processos de soldagem por fusão?

24.2 Como a brasagem e a solda fraca se diferenciam dos processos de soldagem no estado sólido?

24.3 Qual a diferença técnica entre a brasagem e a solda fraca?

24.4 Em que circunstâncias a brasagem ou a solda fraca são preferíveis em relação à soldagem?

24.5 Quais os dois tipos de juntas mais usadas na brasagem?

24.6 Certas mudanças na configuração de juntas brasadas são geralmente feitas para aumentar a resistência mecânica da junta. Quais são algumas dessas mudanças?

24.7 O metal de adição fundido em brasagem é distribuído ao longo da junta por ação de capilar. O que é a ação capilar?

24.8 Quais são as características desejáveis de um fluxo de brasagem?

24.9 O que é brasagem por imersão?

24.10 Defina solda-brasagem.

24.11 Quais são algumas das desvantagens e limitações da brasagem?

24.12 Quais são as funções supridas pela ponta do ferro de solda na solda manual?

24.13 O que é solda fraca por onda?

24.14 Liste as vantagens normalmente atribuídas à solda fraca como um processo de união industrial.

24.15 Quais são as desvantagens e os inconvenientes da solda fraca?

24.16 Qual é o significado do termo adesivo estrutural?

24.17 Um adesivo precisa ser curado para a união. O que significa o termo cura?

24.18 Quais são alguns dos métodos usados na cura dos adesivos?

24.19 Nomeie as três categorias básicas de adesivos comerciais.

24.20 Qual é a condição essencial para o sucesso de uma operação de união adesiva?

24.21 Quais são alguns dos métodos utilizados para a aplicação de adesivos nas operações de produção industriais?

24.22 Identifique algumas das vantagens de união adesiva em comparação com os métodos de união alternativos.

24.23 Quais são algumas das limitações da união adesiva?

25 MONTAGEM MECÂNICA

Sumário

25.1 Elementos de Fixação Roscados
25.1.1 Parafusos e Porcas
25.1.2 Outros Elementos de Fixação Roscados e Acessórios
25.1.3 Tensões e Resistência em Juntas Aparafusadas
25.1.4 Ferramentas e Métodos para a Montagem de Elementos de Fixação Roscados

25.2 Rebites

25.3 Métodos de Montagem Baseados em Ajustes com Interferência

25.4 Outros Métodos de Fixação Mecânica

25.5 Moldagem de Insertos e Elementos de Fixação Integrados

25.6 Projeto Orientado à Montagem (DFA)
25.6.1 Princípios Gerais de DFA
25.6.2 Projeto para Montagem Automatizada

A montagem mecânica consiste na utilização de diversos métodos para acoplar mecanicamente dois (ou mais) elementos. Na maioria dos casos, o método envolve a utilização de componentes mecânicos, chamados **elementos de fixação**, que são adicionados aos componentes durante a operação de montagem. Em outros casos, o método envolve a conformação ou a alteração de forma de um dos componentes da montagem, não sendo necessários elementos de fixação adicionais. Muitos produtos são produzidos utilizando montagens mecânicas: automóveis, pequenos e grandes dispositivos, telefones, móveis, computadores — até peças do vestuário são "montadas" por meios mecânicos. Além disso, produtos industriais como aviões, máquinas-ferramenta e equipamentos de construção quase sempre envolvem montagens mecânicas.

Os métodos de montagem mecânica podem ser divididos em duas classes principais: (1) aqueles que permitem a desmontagem e (2) aqueles que resultam em junção permanente. Elementos de fixação com rosca (por exemplo, parafusos e porcas) são exemplos da primeira classe, enquanto os rebites ilustram a segunda. Existem boas razões pelas quais a montagem mecânica é frequentemente preferida em comparação a outros processos de montagem discutidos nos capítulos anteriores. As principais razões são (1) a facilidade de montagem e (2) a facilidade de desmontagem (para os métodos de fixação que permitem a desmontagem).

A montagem mecânica é em geral realizada por trabalhadores não especializados com ferramentas comuns, em intervalo de tempo relativamente pequeno. A tecnologia é muito simples, e os resultados podem ser avaliados com facilidade. Estes fatores apresentam vantagens não só durante a etapa de montagem na indústria como também ao longo da instalação no campo. Produtos grandes com dimensões e peso bastante elevados a ponto de tornar inviável seu transporte completamente montados, podem ser despachados em conjuntos menores, para que sejam montados no local do cliente.

É claro que a facilidade de desmontagem se aplica somente a fixações que permitem a desmontagem. Muitos produtos requerem desmontagem periódica, para que atividades de manutenção e reparo possam ser efetuadas, por exemplo, para trocar componentes gastos, realizar ajustes, e assim por diante. Técnicas de união permanente, tais como a soldagem, não permitem a desmontagem.

Com objetivo de organizar a forma de apresentação, os métodos de montagem serão divididos nas seguintes categorias: (1) elementos de fixação roscados, (2) rebites, (3) ajustes com interferência, (4) outros métodos de fixação e (5) insertos e elementos de fixação integrais. Estas categorias estão descritas nas Seções 25.1 a 25.5. Na Seção 25.6, discute-se um item importante na montagem: projeto para montagem.

25.1 ELEMENTOS DE FIXAÇÃO ROSCADOS

Os elementos de fixação são componentes adicionais a um conjunto e possuem roscas externas ou internas para a montagem de partes. Eles permitem a desmontagem em praticamente todos os casos. Os elementos de fixação formam a categoria mais importante de montagem mecânica; os elementos de fixação comuns são os parafusos e as porcas.

25.1.1 PARAFUSOS E PORCAS

Os parafusos são elementos de fixação roscados que possuem roscas externas.

Alguns tipos de parafusos, denominados **autoatarraxantes**, possuem geometrias que os permitem formar ou cortar roscas correspondentes no furo. A **porca** é um elemento de fixação roscado contendo uma rosca padrão correspondente a parafusos de mesmo diâmetro, passo e forma do filete. A Figura 25.1 apresenta as montagens típicas que resultam da utilização de parafusos.*

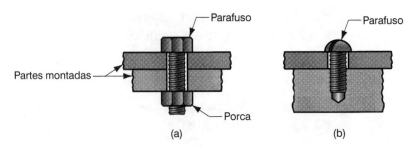

FIGURA 25.1 Montagens típicas utilizando: (a) parafuso e porca e (b) parafuso. (Crédito: *Fundamentals of Modern Manufacturing*, 4ª Edição por Mikell P. Groover, 2010. Reimpresso com permissão da John Wiley & Sons, Inc.)

Os parafusos são fabricados em uma variedade de roscas, formas e tamanhos padronizados tanto em unidades métricas (norma ISO) como em unidades inglesas utilizadas habitualmente nos EUA (norma ANSI).[1] A especificação métrica consiste no maior diâmetro nominal

---

* Em inglês, existe uma diferenciação técnica para dois tipos de parafusos. A palavra **screw** é utilizada para parafusos com cabeça e rosca externa que normalmente são montados em um furo cego com rosca e não utilizam porcas. A palavra **bolt** é utilizada para parafusos com cabeça e rosca externa, inseridos através de furos nas partes a serem unidas, sendo "aparafusados" a uma porca na extremidade oposta. (N.T.)

[1] ISO é a abreviação de International Standars Organization. ANSI é a abreviação para American National Standards Institute.

em mm, seguido pelo passo em mm. Por exemplo, uma especificação 4-0,7 representa diâmetro máximo de 4,0 mm e passo de 0,7 mm. A norma americana especifica um número designando o diâmetro máximo (até 0,2160 in) ou o diâmetro nominal máximo em polegadas seguido pelo número de filetes por polegada. Por exemplo, a especificação 1/4-20 indica diâmetro máximo de 0,25 in e 20 filetes por polegada.

Dados técnicos sobre elementos de fixação roscados normalizados podem ser encontrados em *handbooks* de projeto e catálogos de produtos de elementos de fixação. Os Estados Unidos passam por processo de conversão gradual para o sistema métrico, o que irá contribuir para reduzir a proliferação de especificações. É importante observar que as diferentes características observadas entre elementos de fixação roscados acabam afetando as ferramentas utilizadas na fabricação. Para que possa utilizar determinado tipo de parafuso, o montador deve ter ferramentas próprias para aquele tipo de elemento de fixação. Existem, por exemplo, numerosos estilos de cabeça de parafusos disponíveis, sendo os mais comuns mostrados na Figura 25.2. As geometrias destas cabeças, assim como a variedade de tamanhos disponíveis, requerem diferentes ferramentas manuais (por exemplo, chaves de fendas) para o trabalhador. Não se pode apertar um parafuso *Allen* com uma chave de fenda de lâmina chata.

FIGURA 25.2 Diversos estilos disponíveis para a cabeça de parafusos. Existem estilos de cabeça diferentes que não estão aqui mostrados. (Crédito: *Fundamentals of Modern Manufacturing*, 4ª Edição por Mikell P. Groover, 2010. Reimpresso com permissão da John Wiley & Sons, Inc.)

Os parafusos sem porca estão disponíveis em maior variedade de configurações do que os parafusos com porca. Os tipos incluem parafusos de máquina, parafusos de fixação, parafusos de ajuste e parafusos autoatarraxantes. Os ***parafusos de máquina*** são um tipo genérico, projetados para montagens em furos roscados. Eles são, às vezes, montados em porcas e com este uso se sobrepõem aos parafusos com porca. Os ***parafusos de fixação ou de alta resistência*** (*capscrews*) têm a mesma geometria dos parafusos de máquina, mas são feitos de metais de resistência mais elevada e tolerâncias mais justas. Os ***parafusos de ajuste*** têm dureza elevada e são projetados para funções de montagem como fixação de luvas, engrenagens e polias a eixos, conforme mostrado na Figura 25.3(a). Eles podem ser encontrados em diversas geometrias, algumas das quais estão ilustradas na Figura 25.3(b). Um ***parafuso autoatarraxante*** (**tappingscrew**) é projetado para formar ou cortar uma rosca em um furo preexistente no qual ele será aparafusado. A Figura 25.4 mostra duas das geometrias de rosca típicas de parafusos autoatarraxantes.

FIGURA 25.3 (a) Montagem de um anel em um eixo utilizando um parafuso de ajuste; (b) varias geometrias de parafusos de ajuste (cabeça e pontas). (Crédito: *Fundamentals of Modern Manufacturing*, 4ª Edição por Mikell P. Groover, 2010. Reimpresso com permissão da John Wiley & Sons, Inc.)

FIGURA 25.4 Parafusos autoatarraxantes: (a) por conformação e (b) por corte. (Crédito: *Fundamentals of Modern Manufacturing*, 4ª Edição por Mikell P. Groover, 2010. Reimpresso com permissão da John Wiley & Sons, Inc.)

(a) (b)

A maioria dos elementos de fixação roscados é produzida por trabalho a frio (Seção 13.1.4) e alguns são usinados (Seções 16.2.2 e 16.3.2), o que apresenta custo mais elevado. Diversos materiais são utilizados para os elementos de fixação, sendo o aço o material mais comum devido à sua boa resistência e ao seu baixo custo. Estes podem incluir tanto aços de baixo e médio-carbono quanto ligas de aço. Os elementos de fixação feitos de aço são normalmente chapeados ou revestidos para aumentar a resistência superficial à corrosão. Níquel, cromo, zinco, óxido negro e revestimentos similares são utilizados para este propósito. Quando a corrosão ou outros fatores tornam a utilização de elementos de fixação de aço inviável, outros materiais, como aços inox, ligas de alumínio, ligas de níquel e plásticos (entretanto, os plásticos podem ser utilizados em aplicações com baixos níveis de tensão), devem ser utilizados.

25.1.2 OUTROS ELEMENTOS DE FIXAÇÃO ROSCADOS E ACESSÓRIOS

Outros elementos de fixação roscados e acessórios relacionados incluem parafusos prisioneiros, insertos roscados e arruelas. O ***parafuso prisioneiro*** (no contexto de elementos de fixação) é um elemento de fixação com rosca externa, mas sem a cabeça usual de um parafuso. Os parafusos prisioneiros podem ser usados para montar duas partes utilizando duas porcas, conforme mostrado na Figura 25.5(a). Eles estão disponíveis com roscas em uma extremidade ou em ambas, como mostrado na Figura 25.5(b) e (c).

FIGURA 25.5 (a) Parafuso prisioneiro e porcas utilizados em uma montagem. Outros tipos de parafusos prisioneiros: (b) roscas em somente uma extremidade e (c) em ambas as extremidades. (Crédito: *Fundamentals of Modern Manufacturing*, 4ª Edição por Mikell P. Groover, 2010. Reimpresso com permissão da John Wiley & Sons, Inc.)

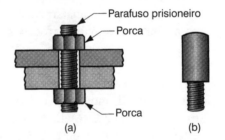

(a) (b) (c)

Insertos roscados são plugues com rosca interna ou molas de arame feitos para serem inseridos em um furo sem rosca, de modo a poderem receber um elemento de fixação com rosca externa. Eles são montados em materiais de menor resistência (por exemplo, plástico, madeira e metais mais leves, como o magnésio) com o objetivo de fornecer roscas resistentes. Existem muitas formas de insertos roscados, sendo apresentado um exemplo na Figura 25.6. Após a montagem do parafuso no plugue, o corpo do inserto expande-se pressionando a superfície do furo, fixando a montagem.

A ***arruela*** é um componente acessório frequentemente utilizado com elementos de fixação roscados para garantir o aperto da junta mecânica; na sua forma mais simples, é um anel fino plano de uma chapa metálica. As arruelas têm diversas funções. Elas (1) distribuem as tensões que, de outra forma, estariam concentradas na cabeça do parafuso e na porca, (2) fornecem suporte para furos com grandes folgas nas partes a serem montadas, (3) aumentam o efeito-mola da junta, (4) protegem as superfícies das peças, (5) selam a junta e (6) resistem ao desaparafusamento inadvertido [13]. Três tipos de arruelas estão ilustrados na Figura 25.7.

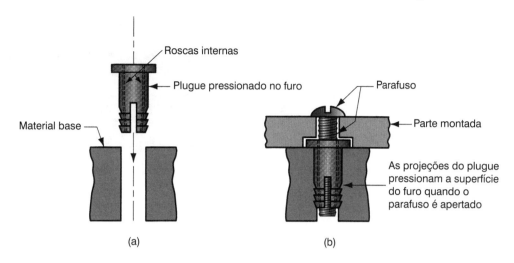

FIGURA 25.6 Insertos roscados: (a) antes de ser inserido e (b) após ter sido inserido no furo e o parafuso colocado no plugue. (Crédito: *Fundamentals of Modern Manufacturing*, 4ª Edição por Mikell P. Groover, 2010. Reimpresso com permissão da John Wiley & Sons, Inc.)

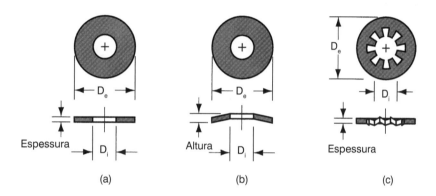

FIGURA 25.7 Tipos de arruelas: (a) arruela plana (chata); (b) arruelas mola, utilizadas para amortecer a vibração ou compensar o desgaste; e (c) arruelas de travamento para resistir a efeitos de perda de aperto do parafuso. (Crédito: *Fundamentals of Modern Manufacturing*, 4ª Edição por Mikell P. Groover, 2010. Reimpresso com permissão da John Wiley & Sons, Inc.)

25.1.3 TENSÕES E RESISTÊNCIA EM JUNTAS APARAFUSADAS

As tensões usuais atuando em uma junta aparafusada incluem componentes de tensão normal e de cisalhamento, conforme mostrado na Figura 25.8. Na figura, é mostrada a montagem com parafuso e porca. Uma vez dado o aperto na junta, o parafuso é carregado em tração, e as partes ficam carregadas em compressão. Além disso, as forças podem estar agindo em sentidos opostos nos elementos, o que resulta em tensão de cisalhamento na seção transversal do parafuso. Finalmente, existem tensões aplicadas nos filetes da rosca ao longo do seu comprimento de acoplamento com a porca, em uma direção paralela ao eixo do parafuso. Estas tensões de cisalhamento podem causar o *arrancamento* dos filetes da rosca. (Esta falha também pode ocorrer na rosca interna da porca.)

A resistência de um elemento de fixação roscado é em geral especificada por meio de duas medidas: (1) limite de resistência, o qual tem a definição tradicional (Seção 3.1.1), e (2) resistência de prova. De forma simplificada, pode-se considerar que a *resistência de prova* é equivalente ao limite de escoamento; especificamente, ela é a tensão trativa máxima à qual um elemento de fixação com rosca externa pode ser submetido sem que ocorra deformação permanente. A Tabela 25.1 apresenta valores típicos de limite de resistência e de resistência de prova para parafusos.

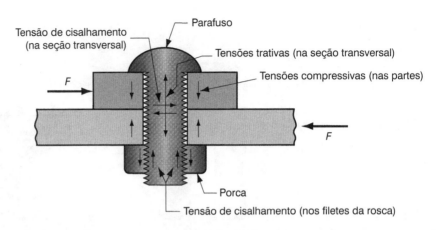

FIGURA 25.8 Tensões típicas atuando em uma junta aparafusada. (Crédito: *Fundamentals of Modern Manufacturing*, 4ª Edição por Mikell P. Groover, 2010. Reimpresso com permissão da John Wiley & Sons, Inc.)

TABELA 25.1 Valores típicos de limite de resistência e resistência de prova para parafusos de diâmetro entre 6,4 mm (0,25 in) a 38 mm (1,50 in)

Materiais	Resistência de Prova		Limite de Resistência	
	MPa	lb/in²	MPa	lb/in²
Aço baixo/médio C	228	33.000	414	60.000
Aço-liga	830	120.000	1030	150.000

Referência: [13].

Um problema que pode ocorrer durante a etapa de montagem é a aplicação de sobreaperto nos elementos de fixação, causando tensões que excedam a resistência do material do elemento de fixação. Considerando a montagem parafuso-e-porca mostrada na Figura 25.8, a falha pode ocorrer de uma das seguintes formas: (1) a rosca externa (por exemplo, no parafuso) pode espanar, (2) a rosca interna (por exemplo, na porca) pode espanar, ou (3) o parafuso pode quebrar devido à presença de tensão trativa excessiva na sua área da seção transversal. O espanamento da rosca, apontado nas falhas (1) e (2), é um modo de falha por cisalhamento e ocorre quando o comprimento do acoplamento é muito pequeno (inferior a 60% do diâmetro nominal do parafuso). Isto pode ser evitado providenciando o acoplamento da rosca adequado durante o projeto da fixação. A falha por tensão trativa (3) é o problema mais comum. O parafuso quebra com aproximadamente 85% do seu limite de resistência em função da combinação das tensões trativas e de torção desenvolvidas durante o aperto [2].

A tensão trativa à qual um parafuso está submetido pode ser calculada dividindo-se a carga trativa pela área efetiva:

$$\sigma = \frac{F}{A_s} \tag{25.1}$$

em que σ = tensão, MPa (lb/in²); F = carga, N (lb); e A_s = área submetida à tensão trativa, mm² (in²). Esta tensão é comparada com os valores de resistência do parafuso listados na Tabela 25.1. A área submetida à tensão trativa para um elemento de fixação roscado é a área da seção transversal do menor diâmetro. Esta área pode ser calculada diretamente de uma das seguintes equações [2], dependendo se o parafuso segue a norma ISO ou ANSI. Para a norma métrica (ISO), a equação é:

$$A_s = \frac{\pi}{4}(D - 0{,}9382P)^2 \tag{25.2}$$

em que D = tamanho nominal (basicamente o maior diâmetro) do parafuso, mm; e P = passo da rosca, mm. Para a norma americana (ANSI), a equação é:

$$A_s = \frac{\pi}{4}\left(D - \frac{0,9743}{n}\right)^2 \qquad (25.3)$$

em que D = tamanho nominal (basicamente o maior diâmetro) do parafuso, em polegadas; e n = número de filetes da rosca por polegada.

25.1.4 FERRAMENTAS E MÉTODOS PARA A MONTAGEM DE ELEMENTOS DE FIXAÇÃO ROSCADOS

A função básica das ferramentas e os métodos para montagem de elementos de fixação roscados é fornecer rotação relativa entre as roscas externas e internas e aplicar torque suficiente para manter firme a montagem. As ferramentas disponíveis vão desde chaves de fenda manuais ou chaves de boca, até ferramentas automáticas, com sofisticados sensores eletrônicos para garantir o aperto adequado. Uma vez que existe grande quantidade de tipos e tamanhos, é importante que a ferramenta combine com o parafuso e/ou a porca em termos de tipo e tamanho. Ferramentas manuais são normalmente feitas com uma única ponta ou lâmina, enquanto as ferramentas automáticas são em geral projetadas para utilizar pontas intercambiáveis. As ferramentas automáticas são acionadas por meio de potência pneumática, hidráulica ou elétrica.

A questão de se um elemento de fixação roscada serve para determinado propósito depende principalmente da magnitude do torque aplicado para apertá-lo. Após o parafuso (ou porca) ter sido girado até que assente na superfície da peça, um aperto adicional irá aumentar a tensão no parafuso (e ao mesmo tempo a compressão nas partes que estão sendo montadas juntas); e o aperto será resistido pelo aumento de torque. Assim, existe correlação entre o torque necessário para apertar o elemento de fixação e a tensão trativa que ele experimenta. Para obter a função desejada na junta montada (por exemplo, aumentar a resistência à fadiga) e travar os elementos de fixação roscados, o projetista do produto irá frequentemente especificar a força de tração que deverá ser aplicada. Esta força é chamada **pré-carga**. A seguinte relação pode ser empregada para determinar o torque necessário a fim de obter uma pré-carga especificada [13]:

$$T = c_t D F \qquad (25.4)$$

em que T = torque, N-mm, (lb-in); c_t = coeficiente de torque que apresenta valores típicos entre 0,15 e 0,25, dependendo das condições da superfície da rosca; D = diâmetro nominal do parafuso, mm (in); e F = força trativa de pré-carga especificada, N (lb).

Diversos métodos são empregados para aplicar o torque necessário, incluindo (1) sentimento do operador — não muito preciso, mas adequado para a maioria das aplicações; (2) chaves de torque, as quais medem o torque à medida que o elemento de fixação é apertado; (3) parafusadeiras ou apertadeiras, que são chaves motorizadas projetadas para interromper a aplicação da carga quando o torque requerido é alcançado, e (4) torque de aperto por volta, por meio do qual o elemento de fixação é inicialmente apertado até um baixo nível de torque e, em seguida, é girado em quantidade adicional especificada (por exemplo, um quarto de volta).

25.2 REBITES

Os rebites são amplamente utilizados para obter-se uma junta mecânica permanente. O rebitamento é um método de fixação que oferece altas taxas de produtividade, simplicidade, confiabilidade e baixos custos. Apesar destas vantagens aparentes, sua aplicação tem declinado nos últimos anos em favor de elementos de fixação roscados, soldagem e adesivos. A rebitagem é um dos processos de fixação primários nas indústrias de aviação e aeroespacial para fixar a cobertura às vigas e outros membros estruturais.

O **rebite** é um pino com cabeça e sem rosca, utilizado para unir duas partes (ou mais), passando-se o pino pelas partes e então formando a segunda cabeça (por recalque) no pino na extremidade oposta. A operação de conformação pode ser processada a quente ou a frio (trabalho a quente ou trabalho a frio) e por meio de martelamento ou de prensagem. Uma vez que o rebite foi deformado, ele não pode ser removido, exceto quebrando-se uma das cabeças. Os rebites são especificados pelo seu comprimento, diâmetro, cabeça e tipo. Os tipos de rebites estão associados a cinco geometrias básicas que afetam como o rebite experimentará a conformação para formar a segunda cabeça. Os cinco tipos são definidos na Figura 25.9. Adicionalmente, existem rebites especiais para aplicações especiais.

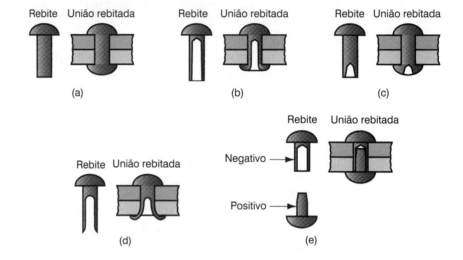

FIGURA 25.9 Cinco tipos básicos de rebites, também mostrados na sua configuração montada: (a) sólido, (b) tubular, (c) semitubular, (d) bifurcado e (e) compressão. (Crédito: *Fundamentals of Modern Manufacturing*, 4ª Edição por Mikell P. Groover, 2010. Reimpresso com permissão da John Wiley & Sons, Inc.)

Os rebites são utilizados essencialmente para juntas sobrepostas. A dimensão do furo em que o rebite é inserido deve ser muito próxima ao diâmetro do rebite. Se o furo for muito pequeno, a introdução do rebite será difícil, reduzindo assim a taxa de produtividade. Se o furo for muito grande, o rebite não preencherá o furo e pode fletir ou comprimir durante a conformação da cabeça oposta. Existem tabelas de projeto de rebites para a especificação dos tamanhos ótimos dos furos.

As ferramentas e os métodos utilizados na rebitagem podem ser divididos nas seguintes categorias: (1) impacto, no qual um martelo pneumático fornece sucessão de golpes para a conformação do rebite; (2) compressão uniforme, na qual uma ferramenta de rebitagem aplica pressão constante para a conformação do rebite; e (3) uma combinação de impacto e compressão. A maioria dos equipamentos utilizados na rebitagem é portátil e operada manualmente. Existem equipamentos automáticos de furação-e-rebitagem que realizam a furação e, em seguida, inserem e conformam os rebites.

25.3 MÉTODOS DE MONTAGEM BASEADOS EM AJUSTES COM INTERFERÊNCIA

Diversos métodos de montagem são baseados na interferência mecânica entre as duas partes a serem unidas. Esta interferência, a qual ocorre ou durante a montagem ou após as partes serem unidas, mantém as partes juntas. Os métodos incluem ajustes prensados, ajustes por encolhimento e expansão, encaixe rápido e anéis de retenção.

Ajustes Prensados Uma montagem com ajuste prensado é aquela na qual dois componentes apresentam entre si encaixe com interferência. O caso típico é quando um pino (por exemplo, um pino reto cilíndrico) de determinado diâmetro é pressionado em um furo de diâmetro um pouco menor. Estão disponíveis no mercado tamanhos padrão de pinos para realizar várias funções, como (1) posicionar e travar os componentes — utilizado para acrescentar elementos de fixação roscados mantendo duas (ou mais) partes alinhadas uma em relação à outra; (2) pontos de articulação, para permitir a rotação de um elemento em relação ao outro; e (3) pinos de cisalhamento. Com exceção do caso (3), os pinos normalmente são temperados. Os pinos de cisalhamento são feitos de metais mais macios de modo a romper sob a ação de uma carga de cisalhamento repentina ou severa, com o objetivo de preservar o restante da montagem. Outras aplicações de ajustes prensados incluem a montagem de anéis, engrenagens, polias e componentes similares em eixos.

As pressões e as tensões em ajuste com interferência podem ser estimadas utilizando diversas equações específicas. Se o ajuste consiste em um pino sólido circular ou eixo dentro de um anel (ou componente similar), conforme mostrado na Figura 25.10, e os componentes são feitos do mesmo material, a pressão radial entre o pino e o anel pode ser determinada por [13]:

$$p_f = \frac{Ei\left(D_a^2 - D_p^2\right)}{D_p D_a^2} \tag{25.5}$$

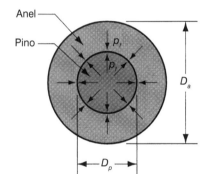

FIGURA 25.10 Seção transversal de um pino ou eixo sólido montado em um anel por meio de ajuste com interferência. (Crédito: *Fundamentals of Modern Manufacturing*, 4ª Edição por Mikell P. Groover, 2010. Reimpresso com permissão da John Wiley & Sons, Inc.)

em que p_f = pressão radial do ajuste com interferência, MPa (lb/in²); E = módulo de elasticidade do material; i = interferência entre o pino (eixo) e o anel; isto é, a diferença inicial entre o diâmetro interno do furo do anel e o diâmetro externo do pino, mm (in); D_a = diâmetro externo do anel, mm (in); e D_p = diâmetro externo do pino ou eixo, mm (in).

A tensão efetiva máxima ocorre no anel e pode ser calculada por:

$$\sigma_{e_{f\text{máx}}} = \frac{2p_f D_a^2}{D_a^2 D_p^2} \tag{25.6}$$

em que $\sigma_{e_{f\text{máx}}}$ = a tensão efetiva máxima, MPa (lb/in²) e p_f é a pressão de ajuste com interferência calculada da Eq. (25.5).

Em situações em que um pino reto ou eixo é pressionado contra um furo de uma parte grande com geometria diferente de um anel, é possível alterar as equações anteriores tomando o diâmetro externo D_a como infinito, reduzindo assim a equação da pressão de interferência a:

$$p_f = \frac{Ei}{D_p} \tag{25.7}$$

e a tensão efetiva máxima correspondente torna-se:

$$\sigma_{e_{f_{máx}}} = 2p_f \qquad (25.8)$$

Na maioria dos casos, especialmente para metais dúcteis, a tensão efetiva máxima deve ser comparada com a tensão de escoamento do material, aplicando um fator de segurança apropriado, da seguinte forma:

$$\sigma_{e_{f_{máx}}} \leq \frac{S_e}{FS} \qquad (25.9)$$

em que S_e é a tensão de escoamento do material, e FS é o fator de segurança aplicado.

Diversas geometrias de pinos estão disponíveis para ajustes com interferência. O tipo básico é um **pino reto**, usualmente feito de um arame ou barra de aço-carbono trabalhado a frio, indo de diâmetros de 1,6 mm até 25 mm (1/16 até 1,0 in). Eles não são retificados e contêm extremidades com chanfros ou quadradas (extremidades chanfradas facilitam a ajustagem com montagem forçada). Os **pinos guia** são fabricados com especificações mais precisas que os pinos retos e podem ser retificados e temperados. Eles são utilizados para fixar o alinhamento de componentes montados em matrizes, gabaritos e equipamentos. Os **pinos cônicos** possuem conicidade de 6,4 mm (0,25 in) por pé e são introduzidos em um furo para estabelecer uma posição relativa fixa entre as partes. Sua vantagem é que podem ser retirados do furo com facilidade.

Ajuste por Encolhimento e Expansão Estes termos referem-se à montagem de duas partes que possuem uma interferência à temperatura ambiente. O caso típico é composto de um pino cilíndrico ou eixo montado em um anel. Na montagem por meio de *ajuste por encolhimento*, a parte externa é aquecida para aumentar suas dimensões por expansão térmica, e a parte interna tanto pode permanecer na temperatura ambiente como ser resfriada para reduzir seu tamanho. Em seguida, as duas partes são montadas e trazidas de volta à temperatura ambiente, de modo que a parte externa encolhe enquanto a parte interna, caso tenha sido resfriada, expande para formar forte ajuste com interferência. Um *ajuste por expansão* ocorre quando somente a parte interna é resfriada para contrair para a montagem; uma vez inserida no componente correspondente, ela aquece até a temperatura ambiente, expandindo-se para criar a montagem com interferência. Estes métodos de montagem são utilizados para acoplar engrenagens, polias, luvas e outros componentes em eixos sólidos e vazados.

Diversos métodos são utilizados para aquecer e/ou resfriar as peças. Equipamentos de aquecimento incluem tochas, fornos, aquecedores por resistência elétrica e aquecedores por indução elétrica. Métodos de resfriamento incluem refrigeração convencional, empacotamento em gelo seco e imersão em líquidos frios, incluindo nitrogênio líquido. A alteração resultante no diâmetro depende do coeficiente de dilatação térmica e da diferença de temperatura que é aplicada à peça. Considerando que o aquecimento, ou o resfriamento, produz temperatura uniforme ao longo da peça, a diferença de diâmetro pode ser dada por:

$$D_2 - D_1 = \alpha D_1 (T_2 - T_1) \qquad (25.10)$$

em que α = coeficiente de dilatação térmica linear, mm/mm-°C (in/in-°F) para o material (veja a Tabela 3.10); T_2 = temperatura na qual as peças foram aquecidas ou resfriadas, °C (°F); T_1 = temperatura ambiente inicial; D_2 = diâmetro da peça para T_2, mm (in); D_1 = diâmetro da peça para T_1, mm (in).

As Equações (25.5) a (25.9) usadas para calcular as pressões de interferência e as tensões efetivas podem ser utilizadas para determinar os valores correspondentes dos ajustes por encolhimento e expansão.

Encaixe Rápido e Anéis de Retenção Os encaixes rápidos são variações de ajustes com interferência. O *encaixe rápido* envolve a união de duas peças, na qual os dois elementos do par possuem uma interferência temporária enquanto estão sendo pressionados entre si, mas, quando montados, eles se conectam mantendo a montagem. A Figura 25.11 mostra um exemplo típico: À medida que uma peça é pressionada contra a outra, os elementos do par se deformam elasticamente de modo a acomodar a interferência, permitindo que, em seguida, se estabeleça o encaixe entre as peças; uma vez na posição, os elementos tornam-se conectados mecanicamente de modo que não podem ser desmontados com facilidade. Normalmente, as peças são projetadas para que exista pequena interferência após a montagem.

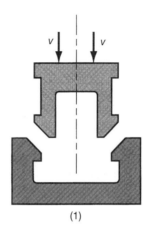
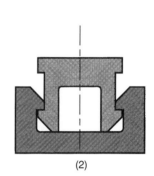

FIGURA 25.11 Montagem de um encaixe rápido, mostrando as seções transversais das duas peças que formam o par: (1) antes da montagem e (2) as peças encaixadas. (Crédito: *Fundamentals of Modern Manufacturing*, 4ª Edição por Mikell P. Groover, 2010. Reimpresso com permissão da John Wiley & Sons, Inc.)

Entre as vantagens da montagem por encaixe rápido pode-se incluir: (1) as peças podem ser projetadas com características autoalinhamento, (2) não são necessárias ferramentas específicas e (3) a montagem pode ser efetuada de forma muito rápida. O encaixe rápido foi originalmente concebido para ser o método ideal adequado para aplicações com robôs industriais; no entanto, não é nenhuma surpresa que técnicas de montagem que apresentem facilidades para robôs também apresentem facilidades para trabalhadores humanos envolvidos com operações de montagem.

O *anel de retenção*, também conhecido como *anel elástico*, é um elemento de fixação que encaixa em uma ranhura circunferencial sobre um eixo ou tubo para formar um ressalto, conforme mostrado na Figura 25.12. A montagem pode ser utilizada para posicionar ou restringir o movimento de peças montadas sobre o eixo. Os anéis de retenção estão disponíveis tanto para aplicações externas (eixo) como para aplicações internas (furo). Eles são fabricados de chapas metálicas ou a partir de lâminas em bobinas, com tratamento térmico para garantir a dureza e rigidez. Para a montagem do anel de retenção, um alicate especial é utilizado para deformar elasticamente o anel de modo que ele encaixe sobre o eixo (ou furo) e, então, é liberado na ranhura.

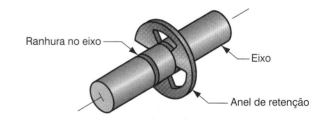

FIGURA 25.12 Anel de retenção montado sobre uma ranhura de um eixo. (Crédito: *Fundamentals of Modern Manufacturing*, 4ª Edição por Mikell P. Groover, 2010. Reimpresso com permissão da John Wiley & Sons, Inc.)

25.4 OUTROS MÉTODOS DE FIXAÇÃO MECÂNICA

Além das técnicas de montagem mecânica discutidas anteriormente, existem diversos métodos adicionais que envolvem a utilização de elementos de fixação como a utilização de grampos, costura e contrapinos.

O grampeamento industrial envolve a utilização de elementos de fixação metálicos na forma de U. O **grampeamento por máquina** (em inglês, *stitching*) realiza a operação de fixação na qual um equipamento é utilizado para formar grampos com a forma de U a partir de um arame de aço, e de imediato conduzi-los através das duas peças a serem unidas. A Figura 25.13 apresenta diversos tipos de grampos feitos a partir de arames contínuos. As peças a serem unidas devem ser relativamente finas, consistentes com o tamanho do grampo, e a montagem pode envolver diversas combinações de materiais metálicos e não metálicos. As aplicações desta montagem industrial incluem a união de chapas metálicas leves, dobradiças metálicas, conexões elétricas, encadernação de revistas, caixas de papelão e embalagens de produtos. As condições que favorecem o grampeamento com máquina são (1) velocidade de operação elevada, (2) eliminação da necessidade da existência de furos pré-fabricados nas peças e (3) necessidade de utilizar elementos de fixação que envolvam as peças.

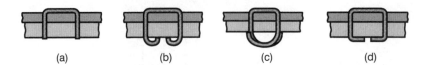

FIGURA 25.13 Tipos comuns de grampos formados a partir de arames contínuos: (a) não rebitado, (b) com laço simples, (c) com laço transpassado, (d) com dobra chata. (Crédito: *Fundamentals of Modern Manufacturing*, 4ª Edição por Mikell P. Groover, 2010. Reimpresso com permissão da John Wiley & Sons, Inc.)

Quando são utilizados grampos na forma de U pré-fabricados, o **grampeamento simples** (em inglês, *stapling*) une as duas partes por meio de puncionamento do grampo. Os grampos são fornecidos em tiras. Os grampos individuais são unidos de modo fraco com o objetivo de formar uma tira, mas que podem ser separados pelo grampeador durante a sua aplicação. Os grampos são fornecidos com diversos tipos de ponta para facilitar sua penetração na peça. Os grampos são normalmente aplicados por pistolas pneumáticas portáteis (grampeadores industriais), nas quais as tiras contendo diversas centenas de grampos podem ser carregadas. As aplicações de grampeamento industrial incluem: mobiliário e estofamentos, montagem de assentos de carros e vários trabalhos leves de montagens envolvendo chapas metálicas e plásticos.

A *costura* é um método de união comum para peças moles e flexíveis, como tecido e couro. O método envolve a utilização de um longo fio ou cordão entrelaçado com as peças de modo a produzir entre elas uma costura contínua. O processo é amplamente utilizado na indústria da moda para montagem de roupas.

Os **contrapinos** ou cupilhas são elementos de fixação formados por uma meia volta de arame na forma de um pino com duas hastes, conforme mostrado na Figura 25.14. Eles variam no diâmetro, na faixa de 0,8 mm (0,031 in) a 19 mm (3/4 in), e também no estilo da ponta, sendo algumas delas mostradas na figura. Os contrapinos são inseridos em furos das peças que formam o conjunto, sendo suas pernas separadas para travar a montagem. Eles são utilizados para manter fixas peças em eixos ou outras aplicações similares.

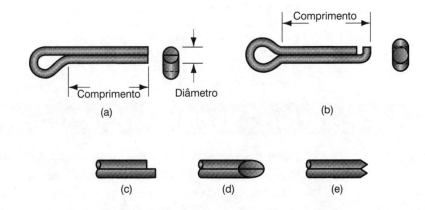

FIGURA 25.14 Contrapinos: (a) cabeça descentrada e ponta comum, (b) cabeça simétrica e ponta assimétrica do tipo *hammerlock*, (c) ponta quadrada, (d) ponta chanfrada e (e) ponta cinzel. (Crédito: *Fundamentals of Modern Manufacturing*, 4ª Edição por Mikell P. Groover, 2010. Reimpresso com permissão da John Wiley & Sons, Inc.)

25.5 MOLDAGEM DE INSERTOS E ELEMENTOS DE FIXAÇÃO INTEGRADOS

Estes métodos de fixação formam união permanente entre as peças modelando ou remodelando um dos componentes por meio de um processo de fabricação como fundição, moldagem ou estampagem de chapas metálicas.

Insertos em Moldagem e Fundidos Este método envolve a introdução de um componente em um molde antes da moldagem de plásticos ou da fundição de metais, de modo que ele torna-se parte permanente e integral da moldagem ou do fundido. A introdução de um componente separado é preferível à sua moldagem ou fundição da sua forma se as propriedades superiores (por exemplo, resistência) do inserto forem necessárias, ou se a geometria obtida por meio do uso do inserto for muito complexa ou intricada para ser incorporada ao molde. Exemplos de insertos em peças moldadas ou fundidas incluem porcas e buchas com rosca interna, parafusos prisioneiros com roscas externas, mancais e contatos elétricos. Dois desses exemplos estão ilustrados na Figura 25.15. Insertos com roscas internas devem ser colocados no molde com pinos roscados para evitar que o material da moldagem flua para dentro do furo roscado.

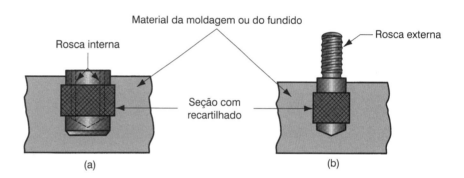

FIGURA 25.15 Exemplos de insertos em moldagens: (a) bucha com rosca interna e (b) parafuso prisioneiro roscado. (Crédito: *Fundamentals of Modern Manufacturing*, 4ª Edição por Mikell P. Groover, 2010. Reimpresso com permissão da John Wiley & Sons, Inc.)

A colocação de insertos em um molde possui determinadas desvantagens na produtividade: (1) o projeto do molde torna-se mais complicado; (2) a condução e o posicionamento do inserto na cavidade toma tempo, o que reduz a taxa de produtividade e (3) o inserto introduz um material estranho no fundido ou na moldagem e, na eventualidade do surgimento de um defeito, o metal fundido ou plástico não pode ser facilmente reaproveitado e reciclado. Apesar destas desvantagens, a utilização de insertos é com frequência a configuração mais funcional e o método de mais baixo custo de produção.

Elementos de Fixação Integrais A fixação integral envolve a deformação de partes do componente de modo a se interconectarem e criarem uma fixação mecânica. Este método de montagem é mais comum para peças feitas de chapas metálicas. Algumas possibilidades, mostradas na Figura 25.16, incluem: (a) *linguetas* para acoplar arames ou eixos a partes estampadas em chapas metálicas; (b) *protuberâncias por conformação*, nas quais são encaixadas peças com a forma em baixo relevo correspondente; (c) *grafagem*, quando as bordas de duas chapas metálicas ou as bordas opostas da mesma chapa metálica são dobradas para formar uma junção — o metal precisa ser dúctil para que seja possível efetuar o dobramento; (d) *rebordeamento*, no qual uma peça tubular é acoplada a um eixo menor (ou outra peça circular) deformando-se o diâmetro externo para dentro de modo a resultar em interferência ao longo de toda a circunferência e (e) *escareamento* — formação de indentações circulares simples em uma peça externa para reter uma peça interna.

Crimpagem (*crimping*) processo no qual as extremidades de uma peça são deformadas sobre um componente de acoplamento; é outro exemplo de elemento de fixação integrado. Um exemplo típico consiste em pressionar um tubo de um terminal elétrico em torno de um fio.

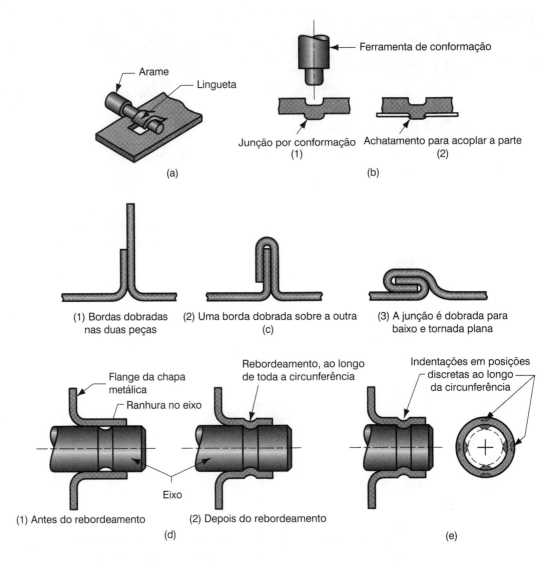

FIGURA 25.16 Fixações integrais: linguetas para acoplar arames ou eixos a chapas metálicas, (b) protuberâncias por conformação, similar à rebitagem, (c) grafagem, (d) rebordeamento e (e) escareamento. Números nos parênteses indicam a sequência de montagem nas operações (b), (c) e (d). (Crédito: *Fundamentals of Modern Manufacturing*, 4ª Edição por Mikell P. Groover, 2010. Reimpresso com permissão da John Wiley & Sons, Inc.)

25.6 PROJETO ORIENTADO À MONTAGEM (DFA)

Recentemente, o conceito de projeto orientado à montagem (DFA, do inglês *Design For Assembly*) tem recebido muita atenção, uma vez que as operações para montagem apresentam custos elevados para muitas empresas de fabricação. Pode-se dizer que a chave para o sucesso de um projeto para montagem depende apenas das seguintes diretivas [3]: (1) projetar o produto com a menor quantidade possível de partes e (2) projetar as partes de modo que elas sejam montadas com facilidade. O custo de montagem é amplamente determinado durante a etapa de projeto do produto, porque é quando o número de diferentes componentes do produto é determinado e são tomadas decisões de como estes componentes serão montados. Uma vez que estas decisões tenham sido tomadas, existe pouco que possa ser feito durante a fabricação para influenciar nos custos da montagem (exceto, é claro, de gerenciar bem as operações).

Nesta seção, apresentam-se alguns princípios que podem ser aplicados durante o projeto do produto para facilitar a montagem. A maioria dos princípios tem sido desenvolvida no contexto da montagem mecânica, embora alguns se apliquem a processos de união (por exemplo, soldagem, brasagem etc.). A maior parte da pesquisa em projeto para montagem tem sido motivada pelo aumento do uso de sistemas automáticos de montagem na indústria. Dessa forma, a discussão aqui desenvolvida é dividida em duas seções. A primeira trata dos princípios gerais do DFA, e a segunda é voltada especificamente para o projeto da montagem automatizada.

25.6.1 PRINCÍPIOS GERAIS DE DFA

Em sua maioria, os princípios gerais aplicam-se tanto para os processos de montagem manuais como para os automáticos. O seu objetivo é alcançar a função requerida, estipulada no projeto, pelos meios mais simples e com o menor custo. As seguintes recomendações foram compiladas de [1], [3], [4] e [6]:

> *Utilize o menor número de partes possível para reduzir a quantidade de montagens necessárias.* Este princípio é implementado combinando-se funções em um mesmo elemento, que, de outra forma, poderiam ser realizadas por componentes separados (por exemplo, utilizando uma parte de plástico moldado em vez de uma montagem composta por partes de chapas metálicas).

> *Reduza o número de elementos de fixação roscados.* Em vez de utilizar elementos de fixação roscados separados, projete o componente para que este utilize encaixes rápidos, anéis de retenção, elementos de fixação integrais e mecanismos de fixação similares que possam ser implementados de forma mais rápida. Somente utilize elementos de fixação quando for justificado (por exemplo, quando a desmontagem ou o ajuste for necessário).

> *Padronização dos elementos de fixação.* O objetivo é reduzir o número de dimensões e de tipos de elementos de fixação necessários para a composição do produto. Desta forma, os problemas de fornecimento e inventário são reduzidos, o trabalhador que atua na montagem não precisa lidar com número elevado de diferentes elementos de fixação, a estação de trabalho fica mais simples e o número de ferramentas necessárias para os elementos de fixação é menor.

> *Reduzir dificuldades associadas ao posicionamento das peças.* Os problemas de orientação e posicionamento das peças podem ser normalmente reduzidos projetando-se uma peça de modo que seja simétrica e minimizando-se o número de características de assimetria. Isto facilita o manuseio e a inserção durante a montagem. Este princípio é ilustrado na Figura 25.27.

> *Evite partes que fiquem travadas.* Determinados formatos e configurações de peças estão mais sujeitas a travarem, frustrando os trabalhadores que atuam na montagem ou entupindo alimentadores automáticos. Partes com ganchos, furos, ranhuras e ondulações exibem esta tendência de forma mais exacerbada que as partes sem estas características. Veja a Figura 25.18.

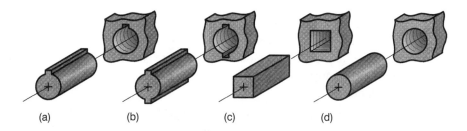

FIGURA 25.17 Partes simétricas são geralmente mais fáceis de inserir e montar: (a) somente uma orientação possível para inserir; (b) duas orientações possíveis; (c) quatro orientações possíveis; e (b) infinitas orientações possíveis. (Crédito: *Fundamentals of Modern Manufacturing*, 4ª Edição por Mikell P. Groover, 2010. Reimpresso com permissão da John Wiley & Sons, Inc.)

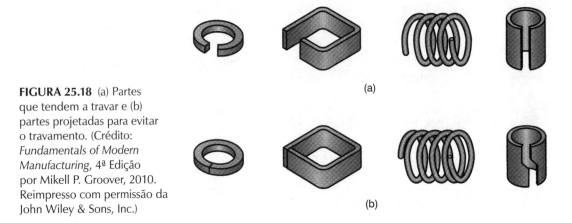

FIGURA 25.18 (a) Partes que tendem a travar e (b) partes projetadas para evitar o travamento. (Crédito: *Fundamentals of Modern Manufacturing*, 4ª Edição por Mikell P. Groover, 2010. Reimpresso com permissão da John Wiley & Sons, Inc.)

25.6.2 PROJETO PARA MONTAGEM AUTOMATIZADA

Os métodos adequados para montagem manual não são necessariamente os métodos mais adequados para montagem automatizada. Algumas operações de montagem que são desempenhadas com facilidade por um operador humano são bastante difíceis de automatizar (por exemplo, montagem utilizando parafusos e porcas). Para automatizar o processo de montagem, os métodos de fixação de partes devem ser especificados durante a etapa de projeto do produto, de modo que sua inserção seja efetuada por meio de equipamentos e técnicas de união e para que não dependam dos sentidos, da destreza e da inteligência de trabalhadores humanos de montagem. Em seguida, são apresentadas algumas recomendações e princípios que podem ser aplicados no projeto do produto para facilitar a montagem automatizada [6], [10]:

- *Utilize modularidade no projeto do produto.* Aumentando o número de tarefas separadas a serem desenvolvidas por um sistema de montagem automatizada, irá reduzir a confiabilidade do sistema. Para reduzir o problema de confiabilidade, Riley [10] sugere que o projeto do produto seja modular, de modo que cada módulo ou submontagem tenha número máximo de 12 ou 13 partes para serem produzidas em um único sistema de montagem. Também, a submontagem deve ser projetada em torno de uma parte base, à qual os outros componentes são adicionados.

- *Reduza o número de componentes múltiplos a serem manipulados de uma só vez.* A prática preferível para montagem automatizada consiste em separar as operações em diferentes estações de trabalho, em vez de manipular e fixar múltiplos componentes na mesma estação de trabalho.

- *Limite o número de direções de montagem.* Isto significa que deve ser minimizado o número de direções nas quais novos componentes são adicionados a uma submontagem existente. O ideal é que, se for possível, todos os componentes sejam adicionados na vertical, de cima para baixo.

- *Componentes de alta qualidade.* A alta performance de um sistema de montagem automatizado requer que sejam fornecidos a cada estação de trabalho componentes que apresentem boa qualidade de forma consistente. Componentes de baixa qualidade promovem a interrupção da alimentação e da montagem, o que resulta em tempo de inatividade.

- *Utilização de montagens com encaixe rápido.* Isto elimina a necessidade de elementos de fixação roscados; a montagem é realizada por simples inserção, usualmente por cima. Requer que as partes sejam projetadas com características especiais positivas e negativas para facilitar a inserção e a fixação.

REFERÊNCIAS

[1] Andreasen, M., Kahler, S., and Lund, T. *Design for Assembly*. Springer-Verlag, New York, 1988.

[2] Blake, A. *What Every Engineer Should Know About Threaded Fasteners*. Marcel Dekker, New York, 1986.

[3] Boothroyd, G., Dewhurst, P., and Knight, W. *Product Design for Manufacture and Assembly*, 2nd ed. CRC Taylor & Francis, Boca Raton, Florida, 2001.

[4] Bralla, J. G. (Editor-in-Chief). *Design for Manufacturability Handbook*, 2nd ed. McGraw-Hill Book Company, New York, 1998.

[5] Dewhurst, P., and Boothroyd, G. "Design for Assembly in Action," *Assembly Engineering*, January 1987, pp. 64–68.

[6] Groover, M. P. *Automation, Production Systems, and Computer Integrated Manufacturing*, 3rd ed. Pearson Prentice-Hall, Upper Saddle River, New Jersey, 2008.

[7] Groover, M. P., Weiss, M., Nagel, R. N., and Odrey, N. G. *Industrial Robotics: Technology, Programming, and Applications*. McGraw-Hill Book Company, New York, 1986.

[8] Nof, S. Y., Wilhelm, W. E., and Warnecke, H-J. *Industrial Assembly*. Chapman & Hall, New York, 1997.

[9] Parmley, R. O. (ed.). *Standard Handbook of Fastening and Joining*, 3rd ed. McGraw-Hill Company, New York, 1997.

[10] Riley, F. J. *Assembly Automation, A Management Handbook*, 2nd ed. Industrial Press, New York, 1999.

[11] Speck, J. A. *Mechanical Fastening, Joining, and Assembly*. Marcel Dekker, New York, 1997.

[12] Whitney, D. E. *Mechanical Assemblies*. Oxford University Press, New York, 2004.

[13] Wick, C., and Veilleux, R. F. (eds.). *Tool and Manufacturing Engineers Handbook*, 4th ed., Vol **IV**, *Quality Control and Assembly*. Society of Manufacturing Engineers, Dearborn, Michigan, 1987.

QUESTÕES DE REVISÃO

25.1 De que forma a montagem mecânica difere dos outros métodos de montagem discutidos nos capítulos anteriores (por exemplo, soldagem, brasagem etc.)?

25.2 Forneça algumas razões para que, às vezes, as montagens precisem ser desmontadas.

25.3 Descreva os dois tipos básicos de montagem de parafusos (em inglês há dois termos distintos — *screw* e *bolt*).

25.4 O que é um parafuso prisioneiro (no contexto de elementos de fixação roscados)?

25.5 O que é um aperto por volta?

25.6 Defina o termo *resistência de prova* no contexto de elementos de fixação roscados.

25.7 Quais são as três formas que um elemento de fixação roscado pode falhar durante o aperto?

25.8 O que é um rebite?

25.9 Em uma montagem, qual é a diferença entre um ajuste por encolhimento e um ajuste por expansão?

25.10 Quais são as vantagens do encaixe rápido?

25.11 Qual é a diferença entre o grampeamento realizado por máquina de grampear e grampeamento simples, feito com grampeador industrial?

25.12 O que são elementos de fixação integrais?

25.13 Identifique alguns dos princípios gerais e diretrizes do projeto orientado à montagem.

25.14 Identifique alguns dos princípios gerais e orientações que se aplicam especificamente à montagem automatizada.

PROBLEMAS

25.1 Um parafuso de 5 mm de diâmetro deve ser apertado de modo a produzir pré-carga de 250N. Se o coeficiente de torque for 0,23, determine o torque que deverá ser aplicado.

25.2 Um parafuso métrico 10 × 1,5 (10 mm de diâmetro, passo $P = 1,5$ mm) de aço liga está para ser apertado em um furo com rosca até um quarto da sua resistência de prova. De acordo com a Tabela 25.1, a resistência de prova é 830 MPa. Determine o torque máximo que deverá ser utilizado se o coeficiente de torque = 0,18.

25.3 Um parafuso métrico 16 × 2 (16 mm de diâmetro, passo $P = 2$ mm) é submetido a torque de 15 N-m durante o aperto. Se o coeficiente de torque é 0,24, determine a tensão trativa no parafuso.

25.4 Um parafuso 1/2-13 está para ser pré-carregado até carga = 1000 lb. O coeficiente de torque = 0,22. Determine o torque que deve ser utilizado para apertar o parafuso.

25.5 Uma chave de torque é utilizada e um parafuso 3/4-10 em uma planta automotiva de montagem final. Torque de 70 ft-lb é gerado pela chave. Se o coeficiente de torque = 0,17, determine a tensão trativa no parafuso.

25.6 O projetista especificou que um parafuso 3/8-16 (3/8 de diâmetro nominal, 16 filetes/in) de baixo-carbono utilizado em determinada operação deve ser carregado até a sua tensão de prova de 33.000 lb/in^2 (da Tabela 25.1). Determine o torque máximo que pode ser utilizado se o coeficiente de torque for 0,25.

25.7 Um pino guia feito de aço (módulo de elasticidade = 209.000 MPa) será montado em anel por meio de ajuste prensado. O pino tem diâmetro nominal de 16,0 mm e o anel tem diâmetro externo de 27,0 mm. (a) Calcule a pressão radial e a tensão efetiva máxima se a interferência entre o diâmetro externo do eixo e o diâmetro interno do anel é de 0,03 mm. (b) Determine o efeito de aumentar o diâmetro externo do anel para 39,0 mm na pressão radial e na tensão efetiva máxima.

25.8 Uma engrenagem feita de alumínio (módulo de elasticidade = 69.000 MPa) será montada em eixo de alumínio por meio de ajuste prensado. A engrenagem tem diâmetro de 55 mm na base dos seus dentes. O diâmetro interno nominal da engrenagem = 30 mm e a interferência = 0,10 mm. Calcule: (a) a pressão radial entre o eixo e a engrenagem e (b) a tensão efetiva máxima na engrenagem no seu diâmetro interno.

25.9 Um anel de aço é montado em um eixo de aço por meio de ajuste prensado. O módulo de elasticidade do aço é 30×10^6 lb/in^2. O anel possui diâmetro interno de 2,498 in e o eixo possui diâmetro externo = 2,500 in. O diâmetro externo do anel é 4,000 in. Determine: (a) a pressão radial (interferência) na montagem e (b) a máxima tensão efetiva no anel no seu diâmetro interno.

25.10 A tensão de escoamento de determinado metal = 50.000 lb/in^2 e seu módulo de elasticidade = 22×10^6 lb/in^2. Ele será utilizado para um anel externo de uma montagem realizada por meio de ajuste prensado com um eixo feito do mesmo metal. O diâmetro interno nominal do anel é 1000 in e seu diâmetro externo = 2,500 in. Utilizando fator de segurança 2,0, determine a interferência máxima que pode ser utilizada nesta montagem.

25.11 Um eixo feito de alumínio tem 40,0 mm de diâmetro à temperatura ambiente (21°C). O seu coeficiente de dilatação térmica = $2,8 \times 10^{-6}$ mm/mm por °C. Se o seu diâmetro precisa ser reduzido de 0,20 mm para que possa ser montado em um furo por meio de ajuste por expansão, determine a temperatura para a qual o eixo deve ser resfriado.

25.12 Um anel de aço tem diâmetro interno de 30 mm e diâmetro externo de 50 mm à temperatura ambiente (21°C). Se o coeficiente de dilatação térmica do aço = $12,1 \times 10^{-6}$ mm/mm por °C, determine o aumento no diâmetro interno do anel quando ele é aquecido a 500°C.

25.13 Um anel de aço vai ser aquecido a partir da temperatura ambiente (70°F) até 700°F. O seu diâmetro interno = 1,000 in e seu diâmetro externo = 1,625 in. Se o coeficiente de dilatação térmica do aço é = $6,7 \times 10^{-6}$ in/in por °F, determine o aumento no diâmetro interno do anel.

25.14 Um anel de aço cujo diâmetro externo de 3.000 in à temperatura ambiente será montado por meio de ajuste por encolhimento em um eixo de aço aquecendo-o até uma temperatura elevada, enquanto o eixo permanece na temperatura ambiente. O diâmetro do eixo é 1,500 in. Para facilitar a montagem, quando o anel é aquecido até a temperatura de 1000°F, a folga entre o eixo e o anel é de 0,007 in. Determine (a) o diâmetro interno inicial do anel à temperatura ambiente de modo que esta folga seja satisfeita, (b) a pressão radial e (c) a tensão efetiva máxima no ajuste com interferência à temperatura ambiente (70°F). Para o aço, o módulo de elasticidade = 30.000 lb/in^2 e o coeficiente de dilatação térmica = $6,7 \times 10^{-6}$ in/in por °F.

Parte VIII Processos Especiais de Fabricação e Montagem

26 PROTOTIPAGEM RÁPIDA

Sumário

26.1 Fundamentos da Prototipagem Rápida

26.2 Tecnologias de Prototipagem Rápida
- 26.2.1 Sistemas de Prototipagem Rápida com Base Líquida
- 26.2.2 Sistemas de Prototipagem Rápida com Base Sólida
- 26.2.3 Sistemas de Prototipagem Rápida com Base em Pó

26.3 A Prototipagem Rápida na Prática

Nesta parte do livro, são discutidos diversos processos e tecnologias de montagens que não se encaixam perfeitamente na classificação exposta na Figura 1.3. São tecnologias que foram adaptadas de processos e operações de fabricação convencionais ou desenvolvidas a partir do zero para proporcionar funções especiais ou necessidades aos projetistas e fabricantes. A prototipagem rápida, assunto que será coberto no presente capítulo, é um conjunto de processos utilizados para fabricar um modelo, peça ou ferramenta no menor tempo possível. O Capítulo 27 levanta algumas tecnologias utilizadas para produzir peças e produtos de pequenas dimensões. A tecnologia da microfabricação é utilizada para produzir itens medidos em mícrons (10^6 m), enquanto a tecnologia da nanofabricação produz peças com unidades de nanômetros (10^{-9} m).

A ***prototipagem rápida*** (PR) é a família de métodos que é capaz de produzir protótipos de engenharia de forma a reduzir ao mínimo possível os prazos de entrega da peça baseados em técnicas de projeto assistido por computador (CAD). O método tradicional de fabricação de um protótipo é a usinagem, a qual pode requerer prazo de entrega significativamente longo: algumas semanas ou até mais, dependendo da complexidade da peça e da dificuldade de requisitar os materiais e programar a produção do equipamento. Hoje, algumas técnicas de prototipagem rápida estão disponíveis para que uma peça seja produzida em algumas horas ou dias, e não semanas, a partir da geração e recebimento das informações da plataforma CAD.

26.1 FUNDAMENTOS DA PROTOTIPAGEM RÁPIDA

O principal motivo do desenvolvimento da variedade existente de tecnologias de prototipagem rápida foi a necessidade por parte dos projetistas em ter em mãos o modelo físico, e não um modelo computacional, ou as linhas de um desenho mecânico. A fabricação do protótipo é então uma das etapas do projeto mecânico. O *protótipo virtual*, ou seja, o modelo da peça em uma plataforma CAD, pode não estar adequado às necessidades de visualização da peça. Certamente, não é o suficiente para permitir o desenvolvimento de testes físicos reais na peça, embora seja possível realizar simulações em elementos finitos, ou métodos similares, para testar o elemento de forma virtual. Quando se utiliza uma das técnicas de PR, um elemento concreto pode ser fabricado em prazo relativamente baixo (algumas horas se a empresa dispuser de equipamento de PR, ou dias se este processo for desenvolvido fora da empresa). O projetista pode, desta forma, examinar visual e fisicamente a peça. Com isso, ele pode realizar testes e experimentos e avaliar seus méritos e defeitos.

As técnicas de prototipagem rápida disponíveis podem ser divididas em duas categorias: (1) processos com remoção de material e (2) processos com adição de material. Os *processos de PR com remoção de material* envolvem a usinagem (Capítulo 16), inicialmente fresamento e furação, usando equipamento de comando numérico (CNC) dedicado ou disponível no setor de projeto. Um programa de CNC deve ser preparado para a peça, a partir do modelo CAM (Seção 29.1). Normalmente, a matéria-prima consiste em um bloco sólido de cera, madeira, plásticos ou metais de boa usinabilidade, como o bronze e o alumínio. A cera, além de ser usinada com facilidade, pode ser reciclada a partir da fusão dos cavacos retirados e da própria peça para formar um novo bloco quando o protótipo não for mais necessário. As máquinas CNC usadas para a prototipagem rápida em geral são pequenas. Assim, o termo *fresadora de bancada* é com frequência usado para esta tecnologia.

Neste capítulo, é dada maior ênfase às *tecnologias de PR com adição de material*. A adição de material é realizada pela deposição de materiais em camadas subsequentes de material, e assim o sólido é formado desde a superfície da base até a superfície superior do corpo. Os materiais utilizados para a deposição podem ser: (1) monômeros líquidos e polímeros que vão sofrendo a cura camada por camada e se transformando no sólido final, (2) pós que são agregados e aderidos camada a camada, e (3) folhas laminadas sólidas que são combinadas para criar o elemento sólido. Além do material que compõe o produto final, o método utilizado para montar as camadas também é utilizado para distinguir as diferentes tecnologias de PR. Algumas técnicas utilizam lasers para solidificar a matéria-prima, outras depositam um filamento plástico no perfil do contorno de cada camada, enquanto outras prensam e unem camadas sólidas. De fato, existe relação entre a matéria-prima e a forma de união e deposição das camadas, a qual será discutida posteriormente neste texto.

O procedimento comum para o preparo das instruções de controle (a programação da peça) em todos os tipos de técnicas de PR passa pelas seguintes etapas [5]:

1. *Modelagem geométrica*. Esta etapa consiste no modelamento do componente na plataforma CAD para definir seu volume e os planos limites da extensão da peça. O modelo sólido é a técnica preferida, pois confere representação completa e matemática sem ambiguidades da geometria. Para a prototipagem rápida, um ponto importante está em distinguir a parte interna (a massa ou corpo) da parte externa, e o modelo sólido fornece esta diferenciação.

2. *Tesselação do modelo geométrico*.[1] Nesta etapa, o modelo em CAD é transformado em um formato que aproxima suas superfícies por formas triangulares ou poligonais, com

---

[1] O termo tesselação foi adaptado do significado geral que se refere à definição ou à criação de um mosaico, aquele que é formado de pequenos azulejos coloridos que formam figuras quando fixados a uma região plana, usados para decoração.

seus vértices dispostos de modo a distinguir o interior do exterior da peça. O formato mais comum de tesselação utilizado na PR é o STL,[2] que se tornou o padrão do formato de entrada de todos os sistemas de PR.

3. **Corte do modelo em camadas**. O modelo em STL, nesta etapa, é fatiado por planos horizontais paralelos e próximos, com espaçamento entre eles. A conversão do modelo sólido em camadas é ilustrada na Figura 26.1. Estas camadas são usadas depois pelo sistema de PR para construir fisicamente o modelo. Por convenção, cada camada é formada em planos orientados pelos eixos x-y e empilhadas em camadas ao longo da direção z. Em cada camada, é gerada uma trajetória de cura, chamada arquivo STI, que é a trajetória que será percorrida pelo sistema de PT para realizar a cura da camada (ou outra forma de solidificação).

Como indica este breve resumo, existem diferentes tipos de tecnologias utilizadas na prototipagem rápida por adição de material. Esta heterogeneidade gerou diversos nomes alternativos para prototipagem rápida, incluindo *fabricação por camadas*, *fabricação direta do CAD* e *fabricação sólida de livre forma*.* O termo *fabricação por prototipagem rápida* (FPR) também tem sido frequentemente utilizado para indicar que a tecnologia PR pode ser aplicada para produzir peças e construir ferramental, não apenas protótipos.

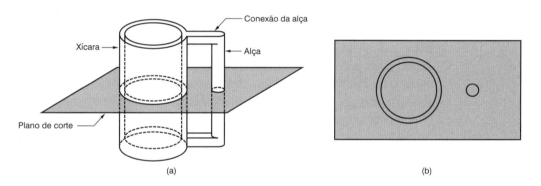

FIGURA 26.1 Transformação de um modelo sólido em um corpo formado por camadas (apenas uma camada está representada). (Crédito: *Fundamentals of Modern Manufacturing*, 4ª Edição por Mikell P. Groover, 2010. Reimpresso com permissão de John Wiley & Sons, Inc.)

26.2 TECNOLOGIAS DE PROTOTIPAGEM RÁPIDA

As tecnologias disponíveis de PR podem ser classificadas de diferentes maneiras. Vamos adotar a classificação recomendada por [5] que está alinhada com aquela adotada neste livro nos demais processos de fabricação com mudança de forma (afinal, a prototipagem rápida é um processo de mudança de forma). O método de classificação se baseia no estado da matéria-prima utilizada no processo de PR: (1) processos de base líquida, (2) base sólida e (3) base em pó. Serão apresentados exemplos de cada um destes grupos nas próximas três sessões.

26.2.1 SISTEMAS DE PROTOTIPAGEM RÁPIDA COM BASE LÍQUIDA

Aproximadamente uma dúzia de tecnologias de prototipagem rápida pertence a este grupo, que utiliza material líquido para produzir a peça final. Foram selecionadas três destas tecnologias para serem detalhadas nesta sessão: (1) estereolitografia, (2) cura sólida na base e (3) deposição em gotas.

---

[2] STL é a abreviação de *STereoLithography*, que significa estereolitografia, uma das primeiras tecnologias usadas na PR desenvolvida por 3D Systems Inc.

* Termos traduzidos do original; não foi identificado um consenso da nomenclatura técnica em português. (N.T.)

Estereolitografia Esta foi a primeira tecnologia de PR com adição de material, desenvolvida a partir de 1988 e implementada pela 3D Systems Inc., baseada no trabalho do inventor Charles Hull. Há mais instalações de estereolitografia que qualquer outra tecnologia RP. A estereolitografia (STL) é o processo de fabricação que transforma um polímero líquido fotossensível em uma peça sólida e plástica utilizando um feixe direto de laser para solidificar o polímero. A Figura 26.2 ilustra o equipamento utilizado neste processo. A peça fabricada é formada por uma série de camadas, nas quais uma nova camada é adicionada sobre as camadas anteriores para gradualmente construir a forma tridimensional da geometria.

O equipamento de estereolitografia consiste em (1) uma plataforma que se move verticalmente dentro de um tanque contendo um polímero fotossensível, (2) um gerador de laser cujo feixe pode ser controlado na direção *x-y*. No início do processo, a plataforma é posicionada de forma vertical próxima à superfície do polímero líquido, e o feixe de laser é direcionado percorrendo uma trajetória de cura que engloba a área correspondente à base da peça (camada inferior). Esta e as subsequentes trajetórias de cura são definidas pelo arquivo STI (passo 3 na preparação das instruções de controle já descritas). A ação do laser é endurecer (fazer a cura) o polímero fotossensível em que o feixe atinge o líquido, formando uma camada sólida de plástico que adere à plataforma. Quando a primeira camada está completa, a plataforma se desloca uma distância igual à espessura da camada inferior. A seguir, a segunda camada é formada pelo laser acima da primeira, e assim sucessivamente até completar a peça. Antes da cura de cada camada, uma lâmina de limpeza é colocada sobre o líquido viscoso de resina para assegurar que sua altura seja a mesma em toda a superfície. Cada camada consiste na forma da sua própria área, e a sucessão de camadas, uma após a outra, cria o formato da peça. Cada camada tem de 0,076 a 0,50 mm de espessura (ou seja 0,003 a 0,020 in). Camadas mais finas formam uma peça com resolução melhor e permitem formas mais complexas; por outro lado, o tempo de fabricação é maior. Os acrílicos são os fotopolímeros típicos deste processo de fabricação [13], embora o uso do epóxi para STL tenha sido citado [10]. O material inicialmente é um monômetro líquido e a polimerização ocorre sob exposição à luz ultravioleta produzida pelos íons (hélio-cádmio ou argônio) do *laser*. A velocidade típica percorrida pelos *lasers* está na faixa entre 500 e 2500 mm/s.

O tempo necessário para construir a forma final da peça pela deposição das camadas pode levar uma hora, para peças pequenas de geometria simples, ou até algumas dezenas de horas para peças mais complexas. Outros fatores que afetam o tempo do ciclo completo são

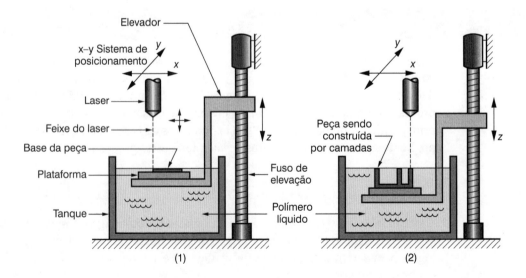

FIGURA 26.2 Estereolitografia (1) no início do processo, quando a camada inicial é adicionada à plataforma, e (2), após diversas camadas terem sido adicionadas, o elemento toma forma gradualmente. (Crédito: *Fundamentals of Modern Manufacturing*, 4ª Edição por Mikell P. Groover, 2010. Reimpresso com permissão da John Wiley & Sons, Inc.)

a velocidade do movimento do laser e a espessura das camadas. Após a formação de todas as camadas, o fotopolímero apresenta aproximadamente 95% de cura. A peça é "cozida" em forno fluorescente para solidificar por completo o polímero. O polímero que foi depositado em excesso é removido com álcool e, às vezes, é utilizado jateamento com areia fina para suavizar a forma e melhorar a aparência da peça.

Dependendo do seu projeto e do posicionamento da peça, a estereolitografia pode não ser indicada para a fabricação. A peça pode conter elementos não apoiados em camadas anteriores e, por isso, a abordagem de superposição de baixo para cima não pode ser realizada. Imagine, por exemplo, uma peça formada apenas pela metade superior da peça ilustrada na Figura 26.1. A parte superior da alça não tem base para ser fabricada. Nestes casos, podem ser necessários pilares ou teias para que haja este apoio. De outra forma, as projeções poderiam flutuar ou ainda provocar distorções da geometria da peça desejada. Estes acessórios extras devem ser retirados após a finalização do processo.

Cura Sólida na Base Como a estereolitografia, a cura sólida na base (*solid ground curing* — SGC) é realizada pela cura de camadas de um polímero fotossensível para criar um modelo sólido baseado nos dados de geometria desenvolvida no CAD. Em vez de utilizar a trajetória do feixe de *lasers* para realizar a cura de certa camada, a camada inteira é exposta a uma fonte de luz ultravioleta por meio de uma máscara, que é posicionada sobre a superfície abaixo do polímero líquido. O processo de endurecimento leva de 2 a 3 segundos para cada camada. Os sistemas SGC são comercializados sob o nome de **Solider system** pela Cubital Ltd.

Os dados de partida do sistema SGC são similares ao utilizado na estereolitografia: o modelo geométrico no CAD é fatiado em camadas. Para cada camada, o passo a passo do procedimento do SGC é ilustrado na Figura 26.3. O procedimento é composto das seguintes etapas: (1) a máscara é criada em uma placa de vidro por carregamento eletrostático, aplicando uma imagem negativa da camada na superfície. A tecnologia da criação da imagem é basicamente a mesma utilizada em fotocopiadoras. (2) Uma camada fina e plana do líquido fotopolímero é distribuído sobre a superfície de trabalho da plataforma. (3) A máscara é posicionada sobre a superfície do polímero líquido e exposta a uma lâmpada potente (por exemplo, 2000 W). As porções da camada do líquido polimerizado que não estão protegidas pela máscara são solidificadas em aproximadamente 2 segundos. As áreas da camada que estão na sombra permanecem no estado líquido. (4) A máscara é removida, a placa de vidro é limpa e está pronta para realizar o passo 1 para a próxima camada. Enquanto isto, a camada de líquido que permaneceu na superfície é removida por um procedimento de limpeza e aspiração. (5) As áreas abertas da camada são completadas com cera quente. Quando endurecida, a cera age para dar base às partes salientes que não tem apoio. (6) Quando a cera esfria e se solidifica, a superfície formada pelo polímero e pela cera é fresada para formar uma camada plana de espessura determinada, pronta para receber a próxima aplicação do líquido fotopolimérico no passo 2. Embora o processo tenha sido descrito por meio de passos sequenciais, determinados passos são realizados em paralelo. Especificamente a preparação da máscara é realizada ao mesmo tempo com as etapas de 2 a 6, utilizando duas placas de vidro, uma para cada camada de forma alternada.

A sequência de cada camada leva aproximadamente 90 segundos. O tempo de produção total para fabricar uma peça por SGC é cerca de oito vezes inferior ao utilizado nos demais sistemas de PR [5]. O produto criado pelo SGC consiste em um bloco sólido de polímero e cera. A cera dá suporte para aquelas partes da peça que não têm apoio e para as partes mais frágeis. Ela se derrete com facilidade posteriormente, para que esta região fique vazia. Não é necessária a fase posterior de cura, como realizado na estereolitografia.

Fabricação por deposição em gotas Estes sistemas operam com fusão da matéria-prima e a deposição de pequenas gotas em uma camada previamente produzida. As gotas líquidas resfriam e se fundem na superfície formando nova camada. A deposição das gotas para cada nova camada é controlada pelo movimento x-y de um cabeçote de pulverização, e sua trajetória é baseada na sessão transversal do modelo geométrico de CAD, uma vez que o

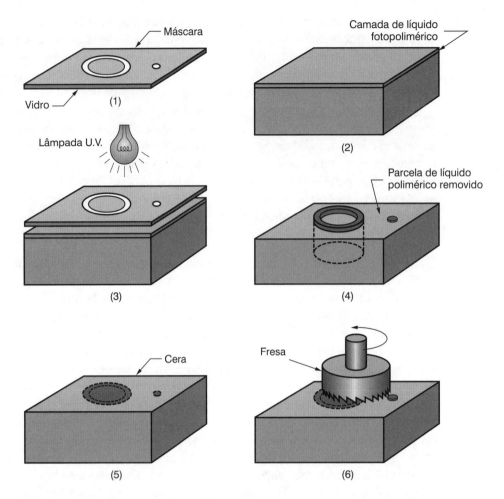

FIGURA 26.3 Processo de cada camada com cura sólida na base — SGC: (1) preparação de máscara, (2) aplicação da camada com líquido fotopolimérico, (3) posicionamento da máscara e exposição da camada, (4) remoção da parte da superfície que não foi curada, (5) aplicação de cera, (6) fresamento para dar planicidade e ajustar a espessura da camada. (Crédito: *Fundamentals of Modern Manufacturing*, 4ª Edição por Mikell P. Groover, 2010. Reimpresso com permissão da John Wiley & Sons, Inc.)

modelo foi fatiado em camadas (como os demais sistemas descritos anteriormente). Após a aplicação de cada camada, a plataforma em que a peça está depositada desce até a distância correspondente à espessura da camada e se prepara para receber a próxima camada. O termo fabricação por deposição em gotas (*droplet deposition manufacturing* — DDM) se refere ao fato que pequenas partículas de material são depositadas e projetadas do bocal de trabalho.

Diversos sistemas de PR se baseiam nesta operação, diferenciando-se pelo tipo de material que é depositado e pela técnica com que o cabeçote opera para fundir e aplicar o material. Um importante critério que deve ser satisfeito pela matéria-prima é que ela deve ser capaz de fundir e solidificar prontamente. Ceras e materiais termoplásticos são usados em DDM. Metais com baixo ponto de fusão como o titânio, zinco, chumbo e o alumínio também têm sido testados.

Um dos sistemas DDM mais populares é o *Personal Modeler*®, oferecido pela *BPM Technology, Inc.* A cera é usualmente utilizada como matéria-prima. O cabeçote ejetor usa um oscilador piezelétrico para lançar as gotas de cera com velocidade de 10.000 a 15.000 gotas por segundo. As gotas têm tamanho uniforme de cerca de 0,076 mm (0,003 in) de diâmetro, que se transformam em placas de cerca de 0,05 mm (0,002 in) de espessura quando se chocam com a superfície existente da peça em construção. Depois de cada camada ter sido formada, a superfície é fresada ou termicamente suave para alcançar precisão na direção z. A espessura da camada é cerca de 0,09 mm (0,0035 in).

26.2.2 SISTEMAS DE PROTOTIPAGEM RÁPIDA COM BASE SÓLIDA

A característica que une este grupo de sistemas de PR é ter a matéria-prima inicialmente sólida. Aqui serão apresentados dois sistemas de PR com base sólida: (1) manufatura de objetos em lâminas e (2) modelagem por deposição de material fundido.

Manufatura de objetos em lâminas A principal empresa que oferece o sistema de manufatura de objetos em lâminas (*laminated-object manufacturing* — LOM) é a *Helisys, Inc.* Fato interessante é que a maior parte do trabalho inicial de pesquisa e desenvolvimento realizado na LOM foi financiada pela National Science Foundation. O primeiro sistema comercial LOM foi entregue em 1991.

O sistema de fabricação de objetos em lâminas produz um modelo sólido através do empilhamento de lâminas, que tem o perfil correspondente à sessão transversal do formato do modelo em CAD que foi fatiado em camadas. As camadas são unidas, umas sobre as outras, antes do corte. Depois do corte, o excesso de material nas camadas permanece no local para dar suporte ao elemento durante sua formação. Em teoria, a matéria-prima no LOM pode ser de qualquer material que possa ser produzido em forma de folhas ou placas, como: papel, plástico, celulose, metais ou placas de compósitos com fibras. A espessura das placas é de 0,05 a 0,50 mm (0,002 a 0,020 in). No sistema LOM, a lâmina de matéria-prima é normalmente fornecida em rolos com base adesiva e passa entre dois carretéis, como pode ser observado na Figura 26.4. Como alternativa, o processo LOM deve incluir um passo de recobrimento adesivo para cada camada.

A fase de preparação de informações no LOM consiste em fatiar o modelo geométrico utilizando o arquivo STL para o dado elemento. A função de corte é realizada pela LOMSlice™, um software utilizado de forma especial para o sistema LOM. O fatiamento do modelo STL no LOM é realizado após cada camada ter sido fisicamente completada e a altura vertical do elemento ter sido medida. Isto proporciona que sejam efetuadas correções levando em consideração a espessura real da lâmina utilizada, uma opção indisponível para a maioria dos sistemas de PR. Observando a Figura 26.4, o processo LOM para cada camada pode ser detalhado como se segue, após a retirada da lâmina do estoque e efetuado o seu posicionamento e colagem à pilha anterior: (1) LOMSlice™ calcula o perímetro da seção transversal a partir do modelo STL e baseado na medida de altura da peça na referida camada. (2) Um feixe de laser é usado para cortar ao longo do perímetro, bem como para hachurar a porção exterior da lâmina para a remoção subsequente. A trajetória de corte é controlada por um sistema de posicionamento *x-y*. A profundidade de corte é controlada de modo que apenas a camada

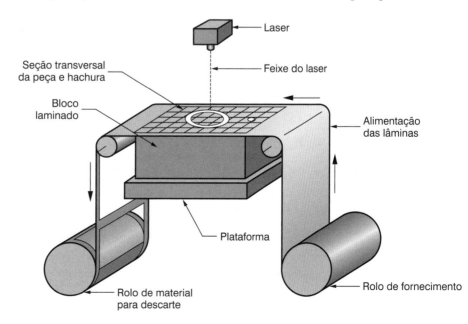

FIGURA 26.4 Manufatura de objetos em lâminas — *Laminated-object Manufacturing* — LOM. (Crédito: *Fundamentals of Modern Manufacturing*, 4ª Edição por Mikell P. Groover, 2010. Reimpresso com permissão da John Wiley & Sons, Inc.)

superior é cortada. (3) A plataforma sob a qual a peça está apoiada é abaixada, e a próxima lâmina é alimentada por meio do avanço da bobina e da rotação do carretel para posicionar a próxima camada. A plataforma é então elevada para altura consistente com a espessura da folha, e um rolo aquecido se desloca em toda a superfície da nova camada para ser colada à camada anterior. A altura da pilha física é medida para a preparação do cálculo do próximo corte pelo LOMSlice™.

Quando todas as camadas estão finalizadas, a peça recém-fabricada é separada do material em excesso do exterior usando um martelo, uma espátula ou ferramentas de trabalho utilizadas em esculturas com madeira. A peça pode ser lixada para suavizar e adoçar as arestas das camadas. A aplicação de selante é recomendada usando um uretano, resina epóxi, ou spray de outro polímero, para evitar a absorção de umidade e danos à peça. O tamanho das peças produzidas pelo LOM pode ser relativamente grande em relação aos demais processos de PR, com volumes de trabalho de até 800 mm × 500 mm por 550 mm (32 in × 20 in × 22 in). O mais comum é ter volume de trabalho em torno de 380 mm × 250 mm × 350 mm (15 in × 10 in × 14 in).

Modelagem por Deposição de Material Fundido O processo de modelagem por deposição de material fundido (*fused-deposition modeling* — FDM) é um processo de PR no qual um filamento de cera ou de polímero é extrudado de dentro de um cabeçote sobre uma superfície inferior da peça até a superfície superior externa da peça, por superposição de camadas. O movimento do cabeçote tem controle no plano *x-y* durante a composição de cada camada e, entre a confecção de cada camada, se move de uma distância em *z* referente à espessura de uma camada. A matéria-prima inicial é composta de filamento sólido com diâmetro de 1,25 mm (0,050 in) acomodado em um carretel que alimenta o cabeçote, no qual o material é aquecido para que saia do bocal a aproximadamente 0,5°C (1°F) abaixo da temperatura de fusão e seja depositado na superfície da peça em construção. O material extrudado é solidificado, resfriado e soldado à parte fria da peça em aproximadamente 0,1 s. A peça é fabricada desde a base, camada a camada, em processo similar aos demais processos de PR.

O processo de FDM foi desenvolvido por *Stratasys Inc.*, que vendeu sua primeira máquina em 1990. Os dados iniciais são provenientes de um modelo de CAD que é processado por um programa específico da *Stratasys* nos módulos QuickSlice® e SupportWork™. O QuickSlice® é usado para fatiar o modelo em camadas, e o SupportWork™ para gerar as estruturas de suporte necessárias durante o processo de fabricação. Quando se faz necessária a colocação de suportes na estrutura, o cabeçote duplo é utilizado e outro material é extrudado para criar os suportes. O segundo material é projetado de forma a ser separado com facilidade do material principal ao final do processo. A espessura das camadas deve estar calibrada em valores entre 0,05 a 0,75 mm (0,002 a 0,030 in). Aproximadamente 400 mm por segundo de material filamentar pode ser depositado por meio da extrusão pelo cabeçote com largura entre 0,25 e 2,5 mm (0,010 a 0,100 in). A matéria-prima inicial pode ser a cera ou diversos polímeros, incluindo ABS, poliamida, polietileno e polipropileno. Estes materiais não são tóxicos, o que permite que este tipo de equipamento possa funcionar em ambiente administrativo.

26.2.3 SISTEMAS DE PROTOTIPAGEM RÁPIDA COM BASE EM PÓ

A característica comum das tecnologias de PR descritas nesta seção é que a matéria-prima se encontra no estado de pó.[3] Serão discutidos dois sistemas de PR nesta categoria: (1) sinterização a laser e (2) impressão 3D.

Sinterização Seletiva a Laser A Sinterização Seletiva a Laser (*selective laser sintering* — SLS) usa um feixe de laser que se move para sinterizar pós fusíveis por calor nas áreas correspondentes ao modelo em CAD, uma camada por vez até formar a peça completa.

---
[3] A definição, as características e a produção de pós estão descritas nos Capítulos 10 e 11.

Após cada camada ter sido completada, nova camada de pó é espalhada sobre a superfície. Os pós são preaquecidos até um pouco abaixo do seu ponto de fusão, para facilitar a ligação e reduzir a distorção. Camada por camada, os pós são gradualmente ligados a uma massa sólida, que forma a geometria da peça tridimensional. Nas áreas não sinterizadas pelo feixe de laser, os pós permanecem soltos de forma que podem ser tirados com facilidade para fora da peça acabada. Enquanto isso, os pós não sinterizados servem para apoiar as regiões sólidas da peça durante o processo de fabricação. A espessura das camadas é de 0,075 a 0,50 mm (0,003-0,020 in).

O processo de SLS foi desenvolvido pela Universidade do Texas, em Austin, como alternativa à estereolitografia, mas hoje as máquinas SLS são comercializadas pela empresa DTM. É um processo mais versátil que a estereografia em relação ao numero de possíveis matérias-primas a serem utilizadas para a fabricação da peça. Os materiais utilizados atualmente na sinterização seletiva a laser incluem policloreto de vinila (PVC), policarbonato, poliéster, poliuretano, ABS, náilon, e fundição em cera perdida. Estes materiais são mais baratos que as resinas fotossensíveis utilizadas em estereolitografia. Eles também não são tóxicos e podem ser sinterizados com lasers de CO_2 de baixa potência (25 a 50 W). Pós metálicos e cerâmicos também estão sendo usados no SLS.

Impressão 3D   Esta tecnologia de PR foi desenvolvida pelo MIT (Massachusetts Institute of Technology). A impressão 3D constrói a peça camada a camada usando uma impressora jato de tinta para ejetar material adesivo de ligação entre camadas sucessivas de pós. O ligante é depositado em áreas correspondentes às seções transversais da parte sólida, determinadas pelo fatiamento do modelo CAD. Os pós com adesivo se unem à parte sólida da peça, enquanto os demais permanecem soltos e podem ser removidos mais tarde. Os pós sem ligantes servem de suporte para partes flutuantes ou frágeis da peça durante o processo de fabricação. Quando o processo se completa, a peça é tratada termicamente para reforçar a ligação e, em seguida, os pós não ligados são removidos. Para reforçar ainda mais a peça, uma etapa adicional de sinterização pode ser realizada para unir os pós ligados.

A peça é montada sobre uma plataforma cujo nível é controlado por um pistão. O processo realizado em uma camada pode ser descrito usando como referência a Figura 26.5: (1) Uma camada de pó é espalhada sobre a peça que está sendo fabricada. (2) A cabeça de impressão de jato de tinta se move sobre a superfície, lançando gotas de ligante sobre as regiões que irão se tornar a parte sólida. (3) Quando a impressão da camada se completa, o pistão desce a plataforma para realizar o mesmo processo na camada seguinte.

A matéria-prima utilizada na impressão 3D pode ser composta de pós cerâmicos, metálicos ou cermetos e de aglomerantes que são poliméricos, sílica coloidal ou carbeto de silício

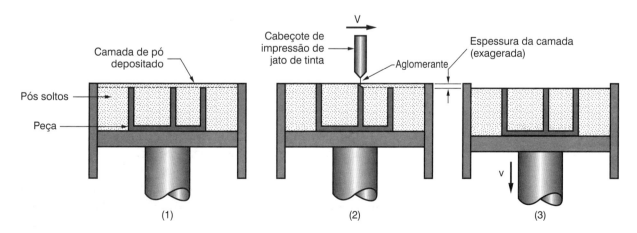

FIGURA 26.5 Impressão 3D: (1) Camada de pó depositada, (2) Impressão em jato de tinta das áreas que vão se tornar parte da peça e (3) êmbolo descendo para fazer a próxima camada (v representa a velocidade do movimento do êmbolo) (Crédito: *Fundamentals of Modern Manufacturing*, 4ª Edição por Mikell P. Groover, 2010. Reimpresso com permissão da John Wiley & Sons, Inc.)

[10], [13]. A espessura típica das camadas está na faixa de 0,10 a 0,18 mm (0,004 a 0,007 in). O cabeçote de impressão em jato de tinta se move sobre a camada de material a uma velocidade de aproximadamente 1,5 m/s (59 in/s) e libera o líquido aglomerante durante a varredura por digitalização *raster*. O tempo de varredura, em conjunto com a dispersão dos pós, permite tempo de ciclo por camada de cerca de 2 segundos [13].

26.3 A PROTOTIPAGEM RÁPIDA NA PRÁTICA

As aplicações que utilizam a prototipagem rápida podem ser classificadas em três categorias: (1) projeto, (2) análise e planejamento de engenharia, e (3) fabricação de ferramentais e peças finais.

Projeto Esta foi a primeira área que utilizou os sistemas de PR. Por meio da PR, um modelo físico real pode ser fabricado em tempo reduzido, o que oferece aos projetistas a possibilidade de conferir o que foi idealizado. As características e a funcionalidade da peça podem ser demonstradas e discutidas com mais facilidade utilizando um modelo físico que quando se apresenta um desenho mecânico no papel ou pelo monitor de computador e de um sistema CAD. Dentro dos benefícios que a prototipagem rápida fornece ao projeto, podem ser citados: (1) redução dos tempos de produção de protótipos de componentes, (2) melhoria na capacidade de visualizar a peça em função da sua existência física, (3) redução de erros de projeto ou detecção antecipada da existência de erros, e (4) aumento da capacidade de perceber fisicamente a distribuição de massa dos componentes e do conjunto montado [2].

Análise e Planejamento de Engenharia A existência de uma peça fabricada por prototipagem rápida permite determinados tipos de análise de engenharia e planejamento de atividades a serem desenvolvidas, as quais seriam mais difíceis sem a posse da peça em mãos. Alguns exemplos destas possíveis análises são (1) comparação de diferentes formas e estilos para aperfeiçoar o apelo estético da peça, (2) análise de fluxo de fluidos por orifícios de diferentes geometrias de válvulas fabricadas por PR, (3) comparação de testes no túnel de vento de diferentes perfis de modelos criados por PR, (4) análise de tensões de um modelo físico, (5) análise do processo de fabricação por meio de peças pré-produzidas por PR como auxílio no planejamento do processo e no projeto de ferramental, e (6) com o auxílio das tecnologias de diagnóstico médico por imagens, como, por exemplo, em exames de imagem por ressonância magnética — RM (*magnetic resonance imaging* — MRI), é possível realizar por PR a criação de protótipos para médicos avaliarem procedimentos cirúrgicos ou fabricarem próteses e implantes.

Fabricação de Ferramentais e Peças Finais Existe tendência, nas aplicações de PR, em direção a haver uma utilização envolvendo a fabricação de ferramentas de produção e a fabricação de peças como produtos finais, e não apenas de protótipos auxiliares ao projeto. Quando a PR é adotada para fabricar ferramentas de produção, o termo ***ferramental rápido*** — FR (*rapid tool making* — RTM) é frequentemente utilizado. As aplicações de FR se dividem em duas abordagens [4]: método ***indireto*** de ferramental rápido, em que um padrão é criado por PR e utilizado para fabricar a ferramenta; e método ***direto*** de FR, em que a prototipagem rápida é usada para fazer a ferramenta propriamente dita. Exemplos de FR indireto são: (1) a fabricação de um modelo de borracha de silicone por PR que será utilizado para fazer o molde de produção, (2) a utilização de PR para fazer os modelos e usá-los para montar o molde na fundição em areia (Seção 6.1), (3) fabricação de modelos em materiais com baixo ponto de fusão (por exemplo, cera) em pequenas quantidades para fundição de precisão (Seção 6.2.3), e (4) fazer eletrodos para EDM (Seção 19.3.1) [5], [10]. Exemplos de FR direto são: (1) fabricação de insertos para formar a cavidade de um molde, que pode ser pulverizada com metal para produção de moldes de injeção a fim de produzir pequena quantidade de peças plásticas (Seção 8.6) e (2) criação da geometria de uma matriz por impressão 3D a partir de pós metálicos, seguida pela sinterização e infiltração para completar a fabricação da matriz [4], [5], [10].

Como exemplos de produtos finais produzidos por PR pode-se citar: (1) pequenos lotes de peças plásticas, para as quais não valeria a pena fabricá-las por injeção de plástico em função do alto custo do molde, (2) peças com geometria interna complexa e fechada, de difícil fabricação por outros tipos de processos convencionais sem que fosse necessário realizar uma montagem, e (3) peças únicas como, por exemplo, próteses ósseas, que são projetadas e fabricadas com as dimensões adequadas a cada paciente [10].

Nem todas as tecnologias de PR podem ser usadas para todas as aplicações de ferramentais e de produtos finais. Se o leitor estiver interessado em obter mais detalhes sobre este e outros casos, deve consultar bibliografia específica.

Problemas Relacionados com a Prototipagem Rápida Os principais problemas relacionados às tecnologias atuais de PR são: (1) precisão das peças, (2) variedade limitada de materiais, e (3) desempenho mecânico das peças fabricadas.

São diversos os motivos para a limitação da precisão nos sistema de PR: (1) erro matemático, (2) erros relacionados ao processo, e (3) erros relacionados ao material [13]. Erros matemáticos incluem aproximações de superfícies de peças usadas em PR, a preparação de dados e as diferenças entre as espessuras das fatias no modelo geométrico e a espessura real da camada. Esta última é resultado dos erros dimensionais na direção do eixo z. Uma limitação inerente ao processo é a própria divisão da peça em fatias e camadas, especialmente quando a espessura da camada aumenta, resultando em aparência de degraus quando a peça deveria ter superfície de inclinação mais suave. Erros relacionados ao processo são aqueles que são fruto de uma tecnologia específica de PR. Estes estão relacionados à forma de cada camada, bem como à conexão entre as camadas adjacentes. Erros de processo também podem afetar a dimensão na direção do eixo z. Finalmente, erros relacionados ao material envolvem a contração e a distorção. Pode ser realizada a previsão e compensação da contração aumentando as dimensões do modelo em CAD, tomando como base experiências anteriores envolvendo o mesmo processo e o mesmo material.

Os sistemas de prototipagem rápida atuais estão limitados a uma variedade de materiais que podem ser utilizados neste tipo de processo. Por exemplo, a estereolitografia, a tecnologia mais comum de PR, está limitada à fabricação de peças em polímeros fotossensíveis. Em geral, os materiais utilizados nos sistemas de RP não são tão robustos quanto os materiais usados na produção de produtos finais realizados pelos processos convencionais. Isto limita o desempenho mecânico dos protótipos e a quantidade de testes realistas que podem ser feitos com o objetivo de verificar a concepção durante o desenvolvimento do produto.

REFERÊNCIAS

[1] Ashley, S. "Rapid Prototyping Is Coming of Age," *Mechanical Engineering*, July 1995 pp. 62–68.

[2] Bakerjian, R., and Mitchell, P. (eds.). ***Tool and Manufacturing Engineers Handbook***, 4th ed., Vol. **VI**, ***Design for Manufacturability***. Society of Manufacturing Engineers, Dearborn, Michigan, 1992, Chapter 7.

[3] Destefani, J. "Plus or Minus," *Manufacturing Engineering*, April 2005, pp. 93–97.

[4] Hilton, P. "Making the Leap to Rapid Tool Making," *Mechanical Engineering*, July 1995 pp. 75–76 .

[5] Kai, C. C., Fai, L. K., and Chu-Sing, L. ***Rapid Prototyping: Principles and Applications***, 2nd ed. World Scientific Publishing Co., Singapore, 2003.

[6] Kai, C. C., and Fai, L. K. "Rapid Prototyping and Manufacturing: The Essential Link between Design and Manufacturing," Chapter 6 in ***Integrated Product and Process Development: Methods, Tools, and Technologies***, J. M. Usher, U. Roy, and H. R. Parsaei (eds.). John Wiley & Sons, Inc., New York, 1998, pp. 151–183.

[7] Kochan, D., Kai, C. C., and Zhaohui, D. "Rapid Prototyping Issues in the 21st Century," ***Computers in Industry*** , Vol. **39**, 1999, pp. 3–10.

[8] Noorani, R. I. *Rapid Prototyping: Principles and Applications*. John Wiley & Sons, Hoboken, New Jersey, 2006.

[9] Pacheco, J. M. *Rapid Prototyping*, Report MTIAC SOAR- 93-01. Manufacturing Technology Information Analysis Center, IIT Research Institute, Chicago, Illinois, 1993.

[10] Pham, D. T., and Gault, R. S. "A Comparison of Rapid Prototyping Technologies," *International Journal of Machine Tools and Manufacture*, Vol. **38**, 1998, pp. 1257–1287.

[11] Tseng, A. A., Lee, M. H., and Zhao, B. "Design and Operation of a Droplet Deposition System for Freeform Fabrication of Metal Parts," *ASME Journal of Eng. Mat. Tech.*, Vol. **123**, No. 1, 2001.

[12] Wohlers, T. "Direct Digital Manufacturing," *Manufacturing Engineering*, January 2009, pp. 73–81.

[13] Yan, X., and Gu, P. "A Review of Rapid Prototyping Technologies and Systems," *Computer-Aided Design*, Vol. **28**, No. 4, 1996, pp. 307–318.

QUESTÕES DE REVISÃO

26.1 O que é a prototipagem rápida? Forneça uma definição do termo.

26.2 Quais são os três tipos de matérias-primas na prototipagem rápida?

26.3 Além da matéria-prima, qual é a outra característica que distingue as tecnologias de prototipagem rápida?

26.4 Qual é a abordagem usual utilizada em todas as tecnologias de adição de material para preparar os dados de entrada nos sistemas de prototipagem rápida?

26.5 De todas as tecnologias atuais de prototipagem rápida, qual delas é a mais usada?

26.6 Descreva a tecnologia de PR chamada cura sólida na base (SGC).

26.7 Descreva a tecnologia de PR chamada manufatura de objetos em lâminas.

26.8 Qual é a matéria-prima do processo de modelagem por deposição de material fundido?

27 MICROFABRICAÇÃO E NANOTECNOLOGIA DE FABRICAÇÃO

Sumário

27.1 Produtos de Microssistemas
    27.1.1 Tipos de Dispositivos dos Microssistemas
    27.1.2 Aplicações dos Microssistemas

27.2 Processos de Microfabricação
    27.2.1 Processos com Camadas de Silício
    27.2.2 Processos LIGA
    27.2.3 Outros Processos de Microfabricação

27.3 Produtos de Nanotecnologia

27.4 Microscópios para Nanometrologia

27.5 Processos de Nanofabricação
    27.5.1 Processos com Abordagem Micro-Nano
    27.5.2 Processos com Abordagem Pico-Nano

Em função do crescente número de produtos e componentes de produtos cujas dimensões são medidas em mícrons ($1\ \mu m = 10^{-3}\ mm = 10^{-6}\ m$), a engenharia de projetos e fabricação tem um novo e importante desafio. Nesta área, diversos termos têm sido criados e aplicados à fabricação desses componentes miniaturizados. A Figura 27.1 apresenta alguns destes termos e suas dimensões associadas. A *tecnologia de microssistemas* (*micro system technology* — MST) é usada como termo geral que se refere aos produtos e às tecnologias de fabricação para a produção destes itens. Os *sistemas microeletromecânicos* (*microelectromechanical systems* — MEMS) englobam a miniaturização dos sistemas que contêm componentes eletrônicos e mecânicos. A expressão *micromáquinas* é usada em alguns textos para se referir a estes dispositivos.

Nanotecnologia é o termo que se refere à fabricação e à aplicação de componentes ainda menores, em dimensões que estão entre os valores de 1 nm a 100 nm ($1\ nm = 10^{-3}\ \mu m = 10^{-6}\ mm = 10^{-9}\ m$).[1] Estes componentes são filmes, recobrimentos, fios, tubos, placas, estruturas e sistemas. A *nanociência* é o campo da ciência que estuda todos os aspectos relacionados com os objetos nesta faixa dimensional. A *nanoescala* se refere às dimensões dentro desta faixa ou um pouco abaixo, que é compatível com os tamanhos dos átomos e moléculas.

---

[1] A linha divisória, em termos dimensionais, que separa nanotecnologia da tecnologia de microssistemas é considerada 100 nm = 0,100 μm [8], como está ilustrada na Figura 27.1.

Por exemplo, o hélio monoatômico tem diâmetro próximo de 0,1 nm. O urânio tem diâmetro de aproximadamente 0,22 nm e é o maior átomo encontrado na natureza. Moléculas tendem a ser maiores, pois são formadas por um conjunto de átomos. As moléculas compostas de aproximadamente 30 átomos têm em torno de 1nm de comprimento, dependendo dos elementos envolvidos. Assim, a nanociência é campo de estudo da matéria em escala molecular ou atômica, e a nanotecnologia envolve a aplicação da nanociência para criar produtos úteis ao homem.

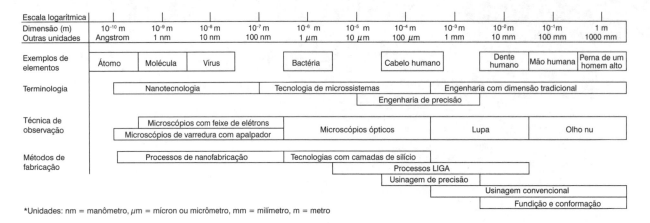

FIGURA 27.1 Terminologia, dimensões dos microssistemas e as tecnologias associadas. (Crédito: *Fundamentals of Modern Manufacturing*, 4ª edição por Mikell P. Groover, 2010. Reimpresso com permissão de John Wiley & Sons, Inc.)

Este capítulo apresenta as tecnologias de microfabricação e de nanofabricação, e inicia com duas seções de produtos relacionados aos microssistemas e seus processos de fabricação. Em seguida, são apresentados os produtos e os processos de fabricação por nanotecnologia.

27.1 PRODUTOS DE MICROSSISTEMAS

Projetar produtos e equipamentos cada vez menores significa redução de material utilizado, menor consumo de energia, mais funcionalidade por unidade de comprimento e acesso a regiões que não são possíveis com produtos maiores. Na maioria dos casos, produtos menores deveriam significar preços mais baixos porque menos quantidade de material foi usado. No entanto, o preço de determinado produto também é influenciado pelos custos da pesquisa, desenvolvimento e produção, e esses custos são distribuídos pelo número de unidades vendidas. A economia de escala, que implica menor preço dos produtos, ainda não ocorre de modo amplo na tecnologia de microssistemas, com exceção de número limitado de casos que examinaremos nesta seção.

27.1.1 TIPOS DE DISPOSITIVOS DOS MICROSSISTEMAS

Os produtos de microssistemas podem ser classificados por tipo de dispositivo (por exemplo, sensor e atuador) ou por área de aplicação (tais como, médico, automotivo etc.).

As categorias de dispositivos em microssistemas são as seguintes [6]:

➤ **Microssensores**. Sensor é um dispositivo que mede ou detecta algum fenômeno físico, tal como calor ou pressão. Ele inclui um transdutor que converte uma variável física em outra (por exemplo, um dispositivo piezelétrico converte força mecânica em corrente elétrica), além do encapsulamento físico e as conexões com os dispositivos ou equipamentos externos. A maioria dos microssensores é fabricada em substratos de silício utilizando as mesmas tecnologias de processamento usadas para fabricar os circuitos integrados. Sensores em tamanho microscópico têm sido desenvolvidos para medir força, pressão, posição, velocidade, aceleração, temperatura, fluxo e uma variedade de parâmetros ópticos, químicos, ambientais e biológicos. A Figura 27.2 mostra micrografia de um microacelerômetro desenvolvido pela empresa Motorola Co.

➢ *Microatuadores.* O atuador também converte uma variável física de um tipo para outro, tal como o sensor. Porém, no atuador, a variável convertida normalmente envolve ação mecânica (por exemplo, um dispositivo piezelétrico que oscila em resposta a um campo elétrico alternado). Um atuador provoca mudança de posição ou aplica uma força. Podem ser citados alguns exemplos de microatuadores como: válvulas, posicionadores, interruptores, bombas, motores de rotação e motores lineares [6].

➢ *Microestruturas e microcomponentes.* Estes termos são utilizados para indicar elementos com dimensões micrométricas que não são microssensores nem microatuadores. Exemplos de microestruturas e microcomponentes podem ser citados: engrenagens microscópicas, lentes, espelhos, bocais e vigas. Estes elementos devem ser combinados com outros componentes (também microscópicos ou não) para ter funcionalidade. A Figura 27.3 mostra engrenagem microscópica ao lado de um fio de cabelo humano, para permitir a comparação de suas dimensões.

➢ *Microssistemas e microinstrumentos.* Estas expressões indicam que existe integração dos componentes descritos anteriormente para compor um conjunto. Assim, a integração desses componentes com a eletrônica forma sistemas e instrumentos. Os microssistemas e os microinstrumentos tendem a ter aplicação muito específica; por exemplo, micro lasers, analisadores químicos ou ópticos, e microespectrômetros. Entretanto, o custo de produção destes sistemas dificulta sua comercialização.

FIGURA 27.2 Mecanismo microscópico fabricado com silício (a foto é uma cortesia de Paul McWhorter).

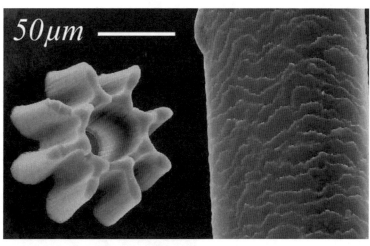

FIGURA 27.3 Engrenagem microscópica e um cabelo humano dispostos lado a lado. A imagem foi produzida usando microscópio eletrônico de varredura. A engrenagem é feita de polietileno de alta densidade produzido por processo similar ao processo LIGA (Seção 27.2.2), com diferença que a cavidade do molde é fabricada usando feixes de elétrons em vez de raios X. Esta foto é uma cortesia de M. Ali (*International Islamic University Malaysia*).

27.1.2 APLICAÇÕES DOS MICROSSISTEMAS

Os microdispositivos e os microssistemas são aplicados em muitas áreas. Alguns exemplos importantes são apresentados a seguir:

> *Cabeças de impressão de impressoras jato de tinta.* Esta é, atualmente, uma das maiores aplicações dos microssistemas, pois é comum que uma impressora utilize vários cartuchos de tinta por ano. Hoje em dia, as impressoras jato de tinta possuem resoluções acima de 1.200 pontos por polegada (dpi), o que representa uma distância entre bocais de aproximadamente 21 μm. Esta dimensão permite classificar os bocais na faixa dimensional dos microssistemas.

> *Cabeçotes magnéticos de filmes finos.* Cabeçotes de leitura e gravação são os principais componentes de dispositivos de armazenamento magnético. O desenvolvimento de cabeçotes magnéticos de filmes finos da *IBM Corporation* foi um importante avanço na tecnologia de armazenamento digital, bem como uma história de grande sucesso das tecnologias de microfabricação. O tamanho diminuto do cabeçote de gravação e leitura permitiu aumentos significativos na densidade de *bits* dos discos de armazenamento. Anualmente, são produzidos centenas de milhões de unidades destes elementos que representam um mercado de vários bilhões de dólares por ano.

> *CDs e DVDs.* Os discos compactos (CDs e DVDs)[2] são hoje importantes produtos comerciais utilizados como mídia de armazenamento de áudio, vídeo, jogos, programas de computador e armazenamento de dados. Um disco de CD moldado em policarbonato tem 120 mm de diâmetro e 1,2 mm de espessura. Os dados consistem em pequenos furos (depressões) em uma trajetória helicoidal, que começa com diâmetro de 46 mm e termina próximo de 117 mm. As faixas nesta espiral são separadas por 1,6 μm. Cada furo tem cerca de 0,5 μm de largura e entre 0,8 e 3,5 μm de comprimento. As dimensões correspondentes nos DVDs são ainda menores, permitindo que sua capacidade de armazenamento de dados seja muito maior.

> *Aplicações na indústria automotiva.* Os microssensores e os demais microdispositivos são cada vez mais utilizados em veículos automotivos. Este aumento da eletrônica embarcada decorre da utilização em segurança e controle do veículo. As funções destes dispositivos incluem desde o controle eletrônico do motor e da velocidade, até os sistemas de freio, *airbag*, transmissão automática, direção hidráulica, tração nas quatro rodas, controle de estabilidade, sistemas de navegação e bloqueio/desbloqueio remoto do veículo. Esses sistemas de controle e segurança exigem sensores e atuadores, que são cada vez mais substituídos por elementos de dimensões microscópicas. Existem, hoje em dia, de 20 a 100 sensores instalados num automóvel moderno. Em 1970, praticamente não havia sensores embarcados.

> *Aplicações médicas.* As possibilidades de utilização da tecnologia de microssistemas nesta área são enormes. De fato, significativo avanço já foi realizado, e muitos dos métodos médicos e cirúrgicos tradicionais já foram transformados pela tecnologia de microssistemas. Uma das principais tendências com a utilização de dispositivos microscópicos é a terapia com mínima invasão. Esta terapia envolve o uso de incisões e aberturas muito pequenas para acessar a região em que ocorrerá o procedimento médico. Entre as diversas técnicas baseadas na miniaturização de instrumentação médica, uma delas está no campo da endoscopia,[3] utilizada comumente para fins de diagnóstico e cirurgia. Atualmente, a prática médica padrão realiza exame endoscópico acompanhado por cirurgia laparoscópica para correção de problemas de hérnia e remoção de órgãos, como a vesícula biliar e o

---

[2] O DVD foi originalmente chamado disco de vídeo digital porque suas aplicações primárias foram em discos de vídeo. No entanto, hoje os DVDs são usados para armazenamento de dados, aplicativos de computador, jogos de vídeo e de áudio de alta qualidade.

[3] Utilização de um pequeno instrumento (ou seja, um endoscópio) para examinar visualmente o interior de um órgão do corpo, como o reto ou o cólon.

apêndice. Processos semelhantes têm sido desenvolvidos para cirurgia cerebral realizada por meio de um ou mais pequenos orifícios perfurados no crânio.

> *Aplicações químicas e ambientais.* O principal objetivo da tecnologia de microssistemas em aplicações químicas e ambientais é a análise de substâncias para quantificar traços de produtos químicos ou detectar contaminantes nocivos. Vários microssensores químicos têm sido desenvolvidos. Eles são capazes de analisar amostras muito pequenas da substância em estudo.

> *Microscópio de varredura com apalpador.* Esta tecnologia é utilizada para a medição de detalhes microscópicos de superfícies, permitindo que a estrutura da superfície possa ser examinada na escala nanométrica. Para operar nesta faixa dimensional, os instrumentos requerem apalpadores de apenas alguns μm de comprimento, capazes de medir variações na superfície da ordem de nm. Estes apalpadores[4] são produzidos utilizando técnicas de microfabricação.

27.2 PROCESSOS DE MICROFABRICAÇÃO

Muitos produtos da tecnologia de microssistemas são compostos de silício, e a maioria das técnicas de fabricação utilizadas para produzir microssistemas tem origem na indústria da microeletrônica. Esta indústria desenvolveu, ao longo de muitos anos, a técnica da produção de circuitos integrados com dimensões medidas em mícrons. Existem importantes motivos pelos quais o silício é um material adequado à tecnologia de microssistemas: (1) Os microdispositivos são usados frequentemente associados a circuitos eletrônicos; assim, tanto o circuito quanto o microdispositivo podem ser fabricados em conjunto, no mesmo substrato. (2) Além de suas propriedades eletrônicas, o silício também possui propriedades mecânicas interessantes, tais como alta resistência e elasticidade, boa dureza e massa específica relativamente baixa. (3) As tecnologias de fabricação do silício são bem estabelecidas devido à grande utilização em microeletrônica. (4) O uso de um monocristal de silício permite a produção de dispositivos cujas propriedades físicas têm tolerâncias muito estreitas.

A tecnologia de microssistemas muitas vezes requer que o silício seja fabricado junto com outros materiais para produzir o microdispositivo. Por exemplo, os microatuadores com frequência são feitos de materiais diferentes. Consequentemente, as técnicas de microfabricação devem considerar o processamento de outros materiais além do próprio silício. Os processos de microfabricação apresentados neste capítulo estão divididos em três seções: (1) processos com camadas de silício, (2) processos LIGA, e (3) outros processos realizados em escala microscópica.

27.2.1 PROCESSOS COM CAMADAS DE SILÍCIO

A primeira aplicação de silício em tecnologia de microssistemas ocorreu na fabricação de sensores piezorresistivos de silício para a medição de tensão, deformação e pressão no início da década de 1960 [13]. Hoje em dia, o silício é muito utilizado nos microssistemas para produzir sensores, atuadores e outros microdispositivos. A tecnologia de fabricação é basicamente a mesma utilizada para a produção de circuitos integrados. No entanto, deve-se notar que existem as seguintes diferenças entre o processamento de CIs e a fabricação de microdispositivos:

1. As relações dimensionais na microfabricação são geralmente muito maiores que na fabricação de circuitos integrados (CIs). A razão de proporção ou *razão de aspecto* é definida como a razão entre a altura e a largura dos elementos produzidos, como ilustrada na Figura 27.4. Razões típicas de processamento de semicondutores estão na ordem de 1,0

---

[4] Os microscópios de varredura com apalpador são apresentados na Seção 27.4.2.

ou menos, enquanto, na microfabricação, a razão correspondente pode ser tão elevada quanto 400 [13].

2. Os tamanhos dos dispositivos feitos em microfabricação são geralmente muito maiores que os de CIs. Já a tendência predominante em microeletrônica é a contínua miniaturização dos CIs, com densidade cada vez maior de componentes no circuito eletrônico.

3. As estruturas produzidas em microfabricação muitas vezes incluem vigas, pontes e outras geometrias contendo um espaço entre camadas adjacentes. Estes tipos de estruturas não são comuns na fabricação de CI.

Apesar destas diferenças, a maioria das etapas de processamento com silício utilizada na microfabricação é igual, ou muito semelhante, às empregadas na produção de CIs. De fato, o material é o mesmo, o silício, seja ele utilizado para circuitos integrados ou para microdispositivos. Uma breve descrição das etapas de processamento e fabricação é apresentada na Tabela 27.1. Muitas destas etapas de processamento foram discutidas em capítulos anteriores, como indicadas na tabela. Na fabricação de CI, as etapas dos processos de fabricação adicionam, alteram ou removem camadas de material do substrato, de acordo com as informações contidas na geometria das máscaras litográficas. A litografia é a tecnologia fundamental que determina a forma do microdispositivo fabricado.

TABELA 27.1 Processos de camadas de silício usadas em microfabricação

Processo	Breve descrição
Litografia	Processo usado para expor um revestimento de um resiste em superfície de silício ou outros substratos (por exemplo, dióxido de silício) a radiação. Uma máscara contendo o padrão requerido separa a fonte de radiação do resiste, assim apenas as partes que não são bloqueadas pela máscara ficam expostas. Desta forma, o padrão da máscara é transferido para o resiste, que é um polímero cuja solubilidade a certos produtos químicos é alterada pela radiação. A variação na solubilidade permite a remoção das regiões do resiste correspondentes ao padrão da máscara de tal forma que o substrato pode ser processado (por exemplo, decapado ou revestido). A técnica usual de microfabricação é a fotolitografia, cuja fonte de radiação é a luz visível ou a luz ultravioleta (UV). Consulte a descrição de usinagem fotoquímica na Seção 19.4. Tecnologias de litografia alternativas incluem raios X e feixes de elétrons.
Oxidação térmica	(Adição de camadas) Oxidação de superfície de silício para formar a camada de dióxido de silício.
Deposição química de vapor (CVD)	(Adição de camadas) Formação de um filme fino sobre a superfície de um substrato por meio de reações químicas ou de decomposição de gases (Seção 21.5.2).
Deposição física de vapor (PVD)	(Adição de camadas) Família dos processos de deposição em que o material é convertido em fase de vapor e condensado em superfície de substrato como um filme fino (Seção 21.5.1).
Eletrodeposição e eletroformação	(Adição de camadas) Processo eletrolítico em que os íons metálicos na solução são depositados sobre um material de catódico (Seções 21.3.1 e 21.3.2).
Deposição química	(Adição de camadas) Deposição em solução aquosa contendo íons do metal de revestimento sem corrente elétrica externa. A superfície de trabalho atua como um catalisador da reação (Seção 21.3.3).
Difusão térmica (dopagem)	(Alteração de camadas) Processo físico no qual os átomos migram de regiões de alta concentração para regiões de baixa concentração (Seção 21.2.1).
Implantação iônica (dopagem)	(Alteração de camadas) A incorporação de átomos de um ou mais elementos de um substrato utilizando feixe de alta energia de partículas ionizadas (Seção 21.2.2).
Decapagem úmida	(Remoção de camadas) Aplicação de um decapante químico em solução aquosa para retirar o material desejado, geralmente é realizado com máscara.
Decapagem a seco	(Remoção de camadas) Erosão por plasma a seco utilizando gás ionizado para retirar o material desejado.

Crédito: *Fundamentals of Modern Manufacturing*, 4ª Edição por Mikell P. Groover, 2010. Reimpresso com permissão de John Wiley & Sons, Inc.

A respeito da lista apresentada sobre as diferenças entre a fabricação dos CIs e dos microdispositivos, a razão de aspecto deve ser abordada com mais detalhes. A geometria das estruturas dos CIs é basicamente plana, enquanto, em microssistemas, pode ser necessário projetar estruturas tridimensionais. E, como já levantado, os microdispositivos podem ter grandes razões altura-largura. Estes dispositivos tridimensionais podem ser produzidos a partir de um único monocristal de silício por corrosão química por via úmida, já que o cristal está orientado para permitir que o processo de corrosão ocorra de modo anisotrópico. O processo de corrosão química no silício policristalino é isotrópico. Entretanto, no monocristal de Si, a velocidade de corrosão depende da orientação cristalina. Na Figura 27.5, três planos cristalográficos de uma estrutura cúbica são ilustrados. Determinadas soluções corrosivas, tais como hidróxido de potássio (KOH) e hidróxido de sódio (NaOH), produzem taxa de corrosão muito baixa no plano (111) do cristal. Isto permite a formação de estruturas com geometria distinta. Assim, arestas são formadas por cantos vivos em um substrato de Si monocristalino quando a estrutura está orientada para favorecer a penetração vertical da corrosão, ou em ângulos agudos direcionados para o substrato. Estruturas, tais como as da Figura 27.6, podem ser criadas usando este procedimento. O termo *microusinagem por corrosão volumétrica** é usado para o processamento em via úmida com corrosão relativamente profunda no substrato do monocristal de silício (bolacha de Si), enquanto o termo *microusinagem por corrosão superficial* refere-se à estruturação de planos sobre a superfície do substrato, gerando camadas bem mais rasas.

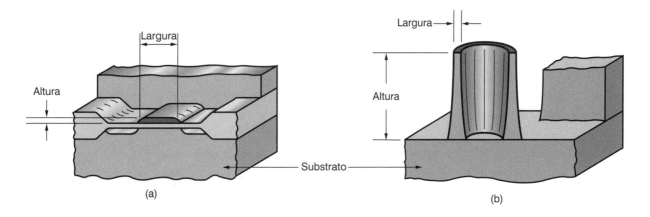

FIGURA 27.4 Razão de aspecto (relação altura-largura) típica (a) da fabricação de circuitos integrados e (b) de microdispositivos. (Crédito: *Fundamentals of Modern Manufacturing*, 4ª Edição por Mikell P. Groover, 2010. Reimpresso com a permissão de John Wiley & Sons, Inc.)

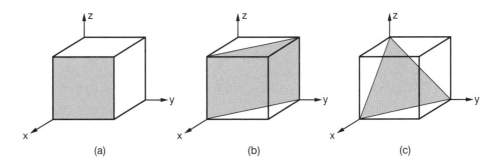

FIGURA 27.5 Três planos cristalográficos na estrutura cúbica do silício (a) plano (100), (b) plano (110) e (c) plano (111). (Crédito: *Fundamentals of the modern manufacturing*, 4ª Edição por Mikell P. Groover, 2010. Reimpresso com permissão de John Wiley & Sons, Inc.)

---

* No texto original, o termo é chamado *bulk micromachining*. Em português, o termo microusinagem volumétrica também pode ser compreendido como o processo mecânico de microusinagem, e, portanto, se faz necessário especificar. (N.T.)

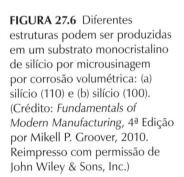
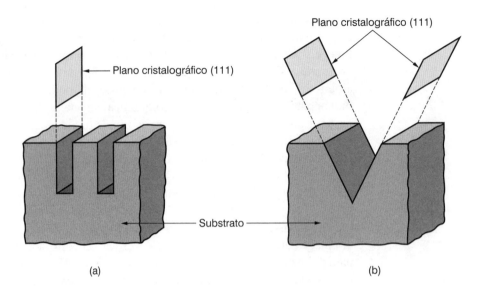

FIGURA 27.6 Diferentes estruturas podem ser produzidas em um substrato monocristalino de silício por microusinagem por corrosão volumétrica: (a) silício (110) e (b) silício (100). (Crédito: *Fundamentals of Modern Manufacturing*, 4ª Edição por Mikell P. Groover, 2010. Reimpresso com permissão de John Wiley & Sons, Inc.)

A microusinagem por corrosão volumétrica pode ser usada para criar membranas finas em uma microestrutura. No entanto, é necessário método para controlar a penetração da corrosão para o silício, de modo a preservar a membrana. Um método comum utilizado para este fim é dopar (por difusão) com átomos de boro o substrato de silício, o que reduz significativamente a velocidade de corrosão do silício. A sequência de processamento é mostrada na Figura 27.7. No passo (2), a deposição epitaxial é usada para aplicar uma camada superficial de silício com a mesma estrutura e orientação cristalográfica do substrato. Este é um requisito da microusinagem por corrosão volumétrica que gera uma região profundamente corroída no processamento subsequente.

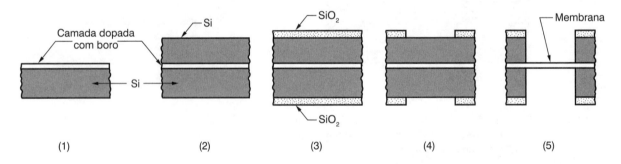

FIGURA 27.7 Formação de fina membrana sobre um substrato de silício: (1) o substrato de silício é dopado com boro, (2) uma espessa camada de silício é aplicada no topo da camada dopada por deposição epitaxial, (3) os dois lados são termicamente oxidados para formar um resiste de SiO_2 nas superfícies, (4) parte do resiste é retirado por litografia e (5) corrosão anisotrópica é usada para remover o excesso de silício na camada dopada com boro. (Crédito: *Fundamentals of Modern Manufacturing*, 4ª Edição por Mikell P. Groover, 2010. Reimpresso com permissão de John Wiley & Sons, Inc.)

A microusinagem por corrosão superficial pode ser utilizada para construir pequenas vigas, protuberâncias e estruturas semelhantes sobre um substrato de silício, como se mostra na parte (5) da Figura 27.8. As vigas apresentadas na figura são paralelas e separadas da superfície de silício. O espaçamento e a espessura da viga têm dimensões micrométricas. As sequências de fabricação deste tipo de estrutura estão descritas na Figura 27.8.

O procedimento denominado **técnica de lift-off** é utilizado para construir texturas em metais, tais como a deposição de platina sobre um substrato. Essas estruturas são usadas em determinados sensores químicos e são difíceis de serem realizadas por corrosão química em via úmida. A sequência de processamento desta técnica encontra-se ilustrada na Figura 27.9.

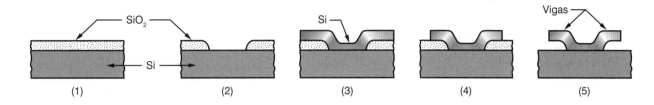

FIGURA 27.8 Microcorrosão de superfície para fabricar vigas: (1) sobre o substrato de silício cria-se uma camada de dióxido de silício, cuja espessura determina o espaçamento da viga com a superfície; (2) partes da camada de SiO_2 são corroídas usando litografia; (3) uma camada de polissilício é aplicada; (4) partes da camada de polissilício são corroídas usando litografia; e (5) a camada de SiO_2 abaixo das vigas sofre corrosão seletiva. (Crédito: *Fundamentals of Modern Manufacturing*, 4ª Edição por Mikell P. Groover, 2010. Reimpresso com permissão de John Wiley & Sons, Inc.)

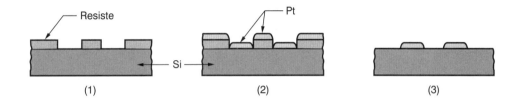

FIGURA 27.9 Técnica *lift-off*: (1) um resiste com estruturação dada por litografia é aplicado sobre o substrato, (2) a platina é depositada na superfície, (3) o resiste é retirado e com ele a platina depositada sobre o resiste, mas mantendo a platina e sua estrutura sobre o substrato. (Crédito: *Fundamentals of Modern Manufacturing*, 4ª Edição por Mikell P. Groover, 2010. Reimpresso com permissão de John Wiley & Sons, Inc.)

27.2.2 PROCESSOS LIGA

LIGA é um processo importante das tecnologias de microssistemas. Ele foi desenvolvido na Alemanha no início da década de 1980. A sigla **LIGA** é formada pela união de três palavras em alemão: **LI***thographie* (litografia, que é apresentada na Tabela 27.1; em particular a litografia por raios X, embora outros métodos de exposição litográfica, como o feixe de íons apresentado na Figura 27.3, sejam também utilizados), **G***alvanoformung* (eletroformação, apresentada na Seção 21.3.2), e **A***bformtechnik* (moldagem por injeção, apresentada na Seção 8.6).

As etapas de processamento LIGA estão ilustradas na Figura 27.10. A breve descrição fornecida na legenda da figura é detalhada: (1) Camada espessa de um resiste sensível a raios X é aplicada a um substrato. A espessura da camada pode variar entre vários mícrons até alguns centímetros, dependendo do tamanho da peça a ser produzida. Um material comum para este tipo de resiste em LIGA é o PMMA (Polimetil-metacrilato ou acrílico, um polímero termoplástico). O substrato deve ser feito de um material condutor para que a eletroformação subsequente possa ser realizada. O resiste é exposto, por meio de uma máscara, à radiação de raios X de alta energia. (2) As áreas irradiadas do resiste são, em seguida, imersas em produtos químicos que dissolvem a região do polímero que foi exposto aos raios X, deixando as regiões encobertas pela máscara com estrutura tridimensional. (3) As regiões em que o resiste foi removido são preenchidas com metal por eletroformação. O metal de revestimento mais comum usado no processo LIGA é o níquel. (4) A estrutura do resiste remanescente é removida, obtendo-se uma estrutura metálica tridimensional. Dependendo da geometria criada, esta estrutura metálica pode ser utilizada como (a) molde usado para a produção de peças de plástico em moldagem por injeção, moldagem por injeção reativa, ou por moldagem por compressão. No caso da moldagem por injeção de peças termoplásticas, estas partes podem ser utilizadas como moldes perdidos para fundição de precisão (Seção 6.2.3). Ou, então, a peça metálica fabricada pode ser utilizada como (b) modelo para fabricação de moldes de plástico que serão utilizados na produção de outras peças metálicas por eletroformação.

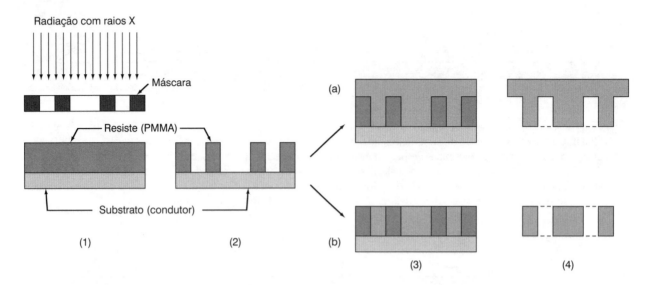

FIGURA 27.10 Processo LIGA e suas etapas: (1) espessa camada de resiste é aplicada, e algumas seções são expostas a raios X por meio de uma máscara, (2) as áreas expostas do resiste são removidas, (3) a eletroformação é utilizada para completar os espaços deixados no resiste, e (4) o resiste é retirado para formar (a) um molde ou (b) uma peça metálica. (Crédito: *Fundamentals of Modern Manufacturing*, 4ª Edição por Mikell P. Groover, 2010. Reimpresso com permissão de John Wiley & Sons, Inc.)

Como apresentado anteriormente, o processo LIGA permite fabricar peças por vários métodos diferentes. Esta é uma das grandes vantagens deste processo de microfabricação. As vantagens do processo LIGA são: (1) é um processo versátil; (2) é possível produzir peças com razões de aspecto elevadas, ou seja, grandes razões altura-largura na peça fabricada; (3) grande variedade dimensional é possível, com alturas fabricadas que variam de micrômetros a centímetros; e (4) tolerâncias justas podem ser alcançadas. Uma desvantagem importante do processo LIGA é ser um processo muito caro, e por isso só se justifica na fabricação de grande quantidade de peças. Outra desvantagem é o uso da radiação com raios X.

27.2.3 OUTROS PROCESSOS DE MICROFABRICAÇÃO

A pesquisa em tecnologia de microssistemas tem criado diversos processos adicionais de fabricação. Estes processos são variações da litografia ou adaptações dos processos de fabricação da escala macro. Nesta seção, são discutidas diversas destas tecnologias.

Litografia Suave Esta expressão é usada para processos que utilizam molde elastomérico plano (semelhante a uma borracha para carimbo com tinta) para criar uma estampa na superfície do substrato. A sequência de criação do modelo é ilustrada na Figura 27.11. A estampa primária é fabricada em uma superfície de silício usando o processo litográfico denominado fotolitografia com radiação ultravioleta. Esta estampa primária é então usada para produzir o molde plano do processo de litografia suave. O material mais comum para fabricação do molde é o polidimetilsiloxano ou PDMS, uma borracha siliconada. Depois da cura do PDMS, ele é destacado da estampa e afixado em um substrato para suporte e manuseio.

Dois dos processos de litografia suave são: litografia de microimpressão (*imprint*) e impressão por microcontato. Na **litografia de microimpressão**, o molde é pressionado contra a superfície de um resiste flexível, que se desloca para outras regiões do substrato, e, nestas regiões, o resiste remanescente é, em seguida, removido. A sequência deste processo é ilustrada na Figura 27.12. O molde é plano, mas contém relevo como vales e ressaltos. Os ressaltos do molde correspondem a áreas da superfície do resiste que serão deslocadas para expor o substrato. O material do resiste é um polímero termoplástico que foi amolecido por aquecimento antes da microimpressão. A alteração da camada do resiste ocorre mais por deformação mecânica que por radiação eletromagnética, como nos métodos mais tradicionais de litografia. Assim, as regiões comprimidas das camadas do resiste são removidas por ataque específico (*etching*). Este ataque remove a camada remanescente do resiste. A litografia de microimpressão pode ser configurada para a produção em larga escala a custo moderado. No processo de microimpressão, não é necessário utilizar máscara. Além disso, na fabricação do molde emprega-se processo análogo.

O mesmo tipo de carimbo plano pode ser usado para impressão. Neste caso, o processo é chamado ***impressão por microcontato***. Nesta forma de litografia suave, o molde é usado para transferir a amostra de um substrato para uma superfície do substrato. Este processo permite que camadas muito finas sejam fabricadas no substrato.

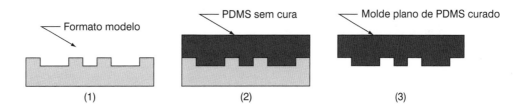

FIGURA 27.11 Etapas para fabricação do molde para litografia suave: (1) o perfil-padrão é fabricado por litografia tradicional, (2) o molde plano de PDMS é conformado pelo perfil-padrão e (3), após a cura, o molde plano é destacado do perfil-padrão para ser usado. (Crédito: *Fundamentals of Modern Manufacturing*, 4ª Edição por Mikell P. Groover, 2010. Reimpresso com permissão de John Wiley & Sons, Inc.)

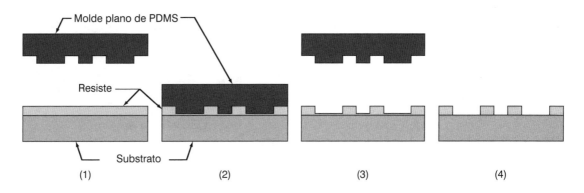

FIGURA 27.12 Etapas da microimpressão litográfica: (1) o molde é posicionado acima do resiste e (2) pressionado contra o resiste, (3) em seguida, o molde é retirado, e (4) o resiste remanescente é removido de regiões específicas da superfície do substrato. (Crédito: *Fundamentals of Modern Manufacturing*, 4ª Edição por Mikell P. Groover, 2010. Reimpresso com permissão de John Wiley & Sons, Inc.)

Processos Convencionais e Não Convencionais de Usinagem em Microfabricação
Muitos processos não convencionais de usinagem (Capítulo 19), e também os convencionais (Capítulo 16), são importantes em microfabricação. A *usinagem fotoquímica* (PCM, Seção 19.4.2) é um dos processos essenciais na fabricação de CIs e na microfabricação, porém já foram mencionados neste capítulo como corrosão por via úmida (combinada com a fotolitografia). A usinagem fotoquímica é usualmente utilizada com os processos tradicionais de ***eletrodeposição***, ***eletroformação*** e/ou ***deposição química*** (Seção 21.3.3) que adicionam camadas de materiais metálicos de acordo com as máscaras microscópicas.

Outros processos não convencionais capazes de fabricar na escala micrométrica são [13]: (1) ***usinagem por eletroerosão***, usada para fazer furos com geometria de, por exemplo, 0,3 mm de diâmetro com razão de aspecto (profundidade-diâmetro) da ordem de 100; (2) ***usinagem por feixe de elétrons***, para realizar furos de diâmetros menores que 100 μm em materiais de difícil usinagem; (3) ***usinagem a laser***, que pode produzir perfis complexos e furos da ordem de 10 μm de diâmetro com razão de aspecto (profundidade-largura ou profundidade-diâmetro) de aproximadamente 50; (4) **usinagem por ultrassom**, capaz de realizar furos em materiais duros e frágeis da ordem de 50 μm de diâmetro; e (5) **usinagem por eletroerosão a fio** ou EDM a fio, que pode cortar finas estrias com razões de aspecto (profundidade-largura) maiores que 100.

A tendência da **microusinagem mecânica** (convencional) é se capacitar para retirar espessuras de cavaco cada vez menores e com tolerâncias cada vez mais estreitas. A **usinagem de ultra-alta-precisão** utiliza ferramentas de diamante monocristalino associados a sistemas de controle de posicionamento com resoluções tão altas quanto 0,01 μm [13]. Numa aplicação deste tipo de usinagem, a Figura 27.13 apresenta o fresamento de ranhuras em lâmina de alumínio usando ferramenta com uma aresta de diamante. A lâmina de alumínio tem 100 μm de espessura e as ranhuras possuem de 85 μm de largura e 70 μm de profundidade. Processos semelhantes de ultra-alta-precisão têm sido aplicados, hoje em dia, na produção de produtos como discos rígidos de computadores, cilindros de fotocopiadora, insertos de moldes para cabeçotes de leitores de CDs e lentes de projeção de TVs de alta-definição.

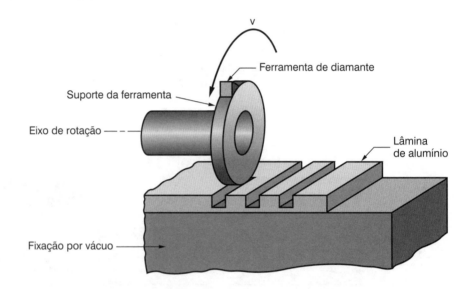

FIGURA 27.13 Fresamento de ultra-alta-precisão de ranhuras em uma lâmina de alumínio. (Crédito: *Fundamentals of Modern Manufacturing*, 4ª Edição por Mikell P. Groover, 2010. Reimpresso com permissão de John Wiley & Sons, Inc.)

Tecnologias de Prototipagem Rápida Diversos métodos de prototipagem rápida (Capítulo 26) têm sido adaptados para produzir peças de dimensões micrométricas [20]. Estes métodos adicionam camadas para construir componentes tridimensionais, baseados em modelo geométrico computacional em CAD. Cada camada é muito fina, tipicamente com espessura da ordem de 0,05 mm, e assim se adéquam à escala das tecnologias de microfabricação. Com a formação de camadas cada vez menores, os microcomponentes podem ser fabricados.

Uma das abordagens de prototipagem rápida é chamada **fabricação por deposição eletroquímica** e envolve a deposição eletroquímica de camadas metálicas nas áreas determinadas pelas máscaras criadas a partir das seções modeladas em CAD do objeto a ser fabricado (Seção 26.1). As camadas têm em geral de 5 a 10 μm de espessura e são depositados em peças tão estreitas quanto 20 μm de largura. Este processo é realizado em temperaturas abaixo de 60°C (140 °F) e não necessita ambiente de sala limpa (*clean room*). No entanto, o processo é lento, requer aproximadamente 40 min para a aplicação de cada camada ou 24 horas para a aplicação de 36 camadas (com altura entre 180 μm e 360 μm). Para superar esta desvantagem, a máscara de cada camada pode conter texturas de diferentes seções da peça, permitindo que múltiplas peças sejam produzidas ao mesmo tempo, num processo de batelada.

Outra abordagem de prototipagem rápida, chamada **microestereolitografia**, baseia-se em estereolitografia (STL, Seção 26.2.1), e a dimensão das camadas de fabricação tem tamanho reduzido. Considerando que a faixa da espessura da camada na estereolitografia convencional está entre 75 a 500 μm, a microestereolitografia utiliza tipicamente espessuras de camada entre 10 a 20 μm, ou camadas ainda mais finas. A dimensão do foco do laser no processo de estereolitografia é de cerca de 250 μm de diâmetro, enquanto, na escala micrométrica, utilizam-se focos de apenas 1 μm ou 2 μm. Outra diferença referente à microescala é que o material de trabalho não se limita a um polímero fotossensível. Pesquisadores relatam sucesso na fabricação de microestruturas tridimensionais em cerâmicas e metais. A diferença é que o material inicial está na forma de pó em vez de líquido.

27.3 PRODUTOS DE NANOTECNOLOGIA

Os produtos relacionados com nanotecnologia, em sua maioria, não são apenas versões reduzidas dos produtos da tecnologia de microssistemas. Na nanotecnologia, são considerados novos materiais, recobrimentos e estruturas diferenciadas que não compõem o escopo das tecnologias de microssistemas. Podem ser citados alguns produtos e processos na nanoescala que já são corriqueiros há algum tempo:

> Os vitrais coloridos das igrejas construídas na Idade Média empregaram partículas de ouro de escala nanométrica embutidas no vidro. Dependendo do seu tamanho, as partículas exibem cores diferentes.
> O início das películas tradicionais de fotografia tem mais de 150 anos. Elas dependem da formação de nanopartículas de prata para criar a imagem no filme fotográfico.
> Nanopartículas de carbono são usadas como carga de reforço em pneus de automóvel.
> Os catalisadores cerâmicos utilizados nos sistemas de escapamento dos automóveis modernos usam revestimentos de platina e paládio em nanoescala sobre uma estrutura de colmeias. Os revestimentos metálicos agem como catalisadores para converter os gases nocivos em inofensivos.

Observa-se ainda que a tecnologia atual de fabricação de circuitos integrados já produz dispositivos de dimensões típicas da nanotecnologia. Ainda que os circuitos integrados estejam sendo produzidos desde a década de 1960, só nos últimos anos as características provenientes da tecnologia em nanoescala foram alcançadas.

Produtos recentes em que a nanotecnologia já está presente incluem: cosméticos, loções protetoras da radiação solar, cera polidora para carro, revestimentos para lentes de óculos e tintas resistentes ao riscamento. Todos esses itens contêm partículas em nanoescala (nanopartículas), que os definem como produtos de nanotecnologia. Para uma extensa lista de produtos da nanotecnologia, o leitor interessado pode consultar www.nanotechproject.org/inventories/consumer [33].

Uma importante tecnologia de microssistemas é a de sistemas microeletromecânicos (MEMS), com aplicações na indústria da computação, automotiva e na área médica (Seção 27.1.2). Além disto, com o advento da nanotecnologia, tem havido interesse crescente para estender o desenvolvimento destes dispositivos na escala nanométrica. *Sistemas nanoeletromecânicos* (NEMS) são extensões à escala submicro dos dispositivos MEMS. Estes sistemas apenas teriam, potencialmente, novas vantagens se suas dimensões fossem ainda menores. Um importante produto NEMS, nos dias de hoje, produzido é a sonda apalpadora usada nos microscópios de força atômica (Seção 27.4). A ponta afiada da sonda tem dimensão nanométrica. Nanossensores são outra aplicação que está em desenvolvimento. Espera-se que os sensores nano sejam mais precisos, respondam mais rápido e consumam menos energia que os de maior tamanho. Aplicações atualmente em desenvolvimento dos sensores NEMS incluem acelerômetros e sensores químicos. Tem sido sugerido que múltiplos nanossensores poderiam estar distribuídos em toda a área sujeita à aquisição de dados, proporcionando assim a vantagem de múltiplas leituras da variável em interesse, em vez de se usar um único sensor de grande dimensão fixo em determinada posição.

Duas estruturas de grande interesse científico e comercial em nanotecnologia são os fulerenos e os nanotubos de carbono. Eles são, basicamente, camadas de grafite que formam esferas e tubos, na respectiva ordem.

O nome *fulereno* (ou *buckyball*) refere-se à molécula de C_{60}, que contém exatamente 60 átomos de carbono e tem a forma de uma bola de futebol, como mostrada na Figura 27.14. O nome original da molécula foi **buckminsterfullerene**, relacionado ao arquiteto e inventor R. Buckminster Fuller, que desenhou o domo geodésico que se assemelha à estrutura C_{60}. Hoje, a molécula C_{60} é simplesmente chamada *fulereno*, que se refere a qualquer molécula de carbono oca e fechada, contendo 12 faces pentagonais e várias faces hexagonais. No caso do C_{60}, 60 átomos estão dispostos de forma simétrica em 12 faces pentagonais e 20 faces hexagonais de modo a formar uma bola. Estas bolas moleculares podem ser unidas para formar cristais. A separação entre qualquer molécula C_{60} e seu vizinho mais próximo na estrutura do cristal é de 1 nm.

Fulerenos são elementos interessantes por vários motivos. Um deles está relacionado às suas propriedades elétricas e sua capacidade de alterá-las. O cristal C_{60} tem as propriedades de um isolante. No entanto, quando há difusão de um metal alcalino como o potássio (forma-se o K_3C_{60}), ele se transforma em um condutor elétrico. Além disso, este cristal apresenta propriedades supercondutoras a temperaturas próximas de 18°K. Outra aplicação potencial para os fulerenos C_{60} é na medicina. A molécula de C_{60} tem muitos pontos de possíveis ligações que podem ser úteis nos tratamentos com drogas direcionadas. Outras possíveis aplicações médicas para os fulerenos incluem antioxidantes, pomadas para queimaduras e diagnóstico por imagem.

Os **nanotubos de carbono** (*carbon nanotubes* — CNTs) são outra estrutura molecular que consiste em átomos de carbono ligados entre si na forma de um tubo longo. Os átomos podem estar dispostos em inúmeras configurações, três das quais são ilustradas na Figura 27.15. As configurações mostradas nesta figura são do tipo nanotubos de parede simples (*single-walled nanotubes* — SWNT), mas podem ser produzidos de parede múltipla (*multi-walled nanotubes* — MWNT), que apresentam tubos no interior de outro tubo. O SWNT tem diâmetro típico de alguns nanômetros (até 1 nm) e comprimento de cerca de 100 nm, sendo fechado em ambas as extremidades.

As propriedades elétricas dos nanotubos são peculiares. Dependendo da estrutura e do diâmetro, os nanotubos podem ter propriedades metálicas (condutoras) ou propriedades semicondutoras. A condutividade elétrica de nanotubos metálicos pode ser superior à do cobre em seis ordens de grandeza [8]. A explicação para isto é que estes nanotubos contêm pequena quantidade, em relação aos metais, dos defeitos existentes que tendem a dispersar os elétrons, aumentando assim a resistência elétrica. Como os nanotubos têm uma resistência elétrica muito baixa, mesmo com altas correntes, a temperatura não aumenta como ocorre com os metais com a passagem da mesma carga elétrica. A condutividade térmica de nanotubos metálicos também é muito alta. Estas propriedades elétricas e térmicas são particularmente interessantes para os fabricantes de computadores e de circuitos integrados uma vez que podem permitir altas velocidades de processamento sem os problemas de aquecimento existentes nos dias de hoje. Deste modo, seria possível aumentar a densidade dos componentes presentes em um chip de silício e elevar as velocidades de processamento em 10^4 vezes em relação às atuais [23].

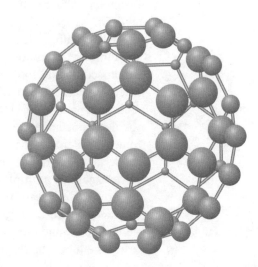

FIGURA 27.14 Estrutura de um fulereno de molécula C_{60}. Reimpresso com permissão de [23]. (Crédito: *Fundamentals of Modern Manufacturing*, 4ª Edição por Mikell P. Groover, 2010. Reimpresso com permissão de John Wiley & Sons, Inc.)

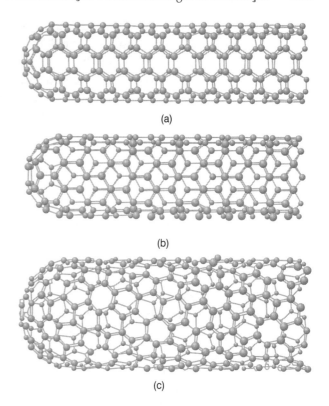

FIGURA 27.15 Estruturas de nanotubos de carbono: (a) *armchair*, (b) zigue-zague e (c) quiral. (Crédito: *Fundamentals of Modern Manufacturing*, 4ª Edição por Mikell P. Groover, 2010. Reimpresso com permissão de John Wiley & Sons, Inc.)

Outra propriedade elétrica dos nanotubos de carbono é a emissão de campo, na qual os elétrons são emitidos a partir das extremidades dos tubos a taxas muito elevadas quando um campo elétrico é aplicado paralelamente ao eixo de um nanotubo. As possíveis aplicações comerciais das propriedades de emissão de campo de nanotubos incluem telas planas para televisores e monitores de computador.

As propriedades mecânicas revelam outro aspecto importante na utilização de nanotubos de parede única. Em comparação com o aço, a densidade dos nanotubos é de apenas 1/6, enquanto o módulo de elasticidade é cinco vezes maior e a resistência à tração é 100 vezes maior [8]. No entanto, quando nanotubos de parede simples são dobrados, eles exibem grande resiliência e regressam à sua forma anterior sem danos. Estas propriedades mecânicas apresentam possibilidades interessantes para usá-los em aplicações que vão desde materiais de reforço em compósitos poliméricos à matriz para tecidos com fibra em coletes à prova de balas. Interessante notar que os nanotubos de parede múltipla não são tão fortes.

27.4 MICROSCÓPIOS PARA NANOMETROLOGIA

A impossibilidade de visualizar objetos em nanoescala inibiu, até recentemente, o desenvolvimento da nanotecnologia. O aparecimento dos microscópios de varredura por sonda na década de 1980 permitiu que os objetos pudessem ser visualizados e medidos a nível molecular. Microscópios ópticos convencionais usam luz visível focada, por meio de lentes ópticas, para fornecer imagens ampliadas de objetos muito pequenos. No entanto, o comprimento de onda da luz visível é de 400 a 700 nm, que é maior que as dimensões dos objetos nanométricos. Assim, esses objetos não podem ser vistos com microscópios ópticos convencionais. Os microscópios ópticos mais poderosos proporcionam aumento de cerca de 1.000 vezes, permitindo a observação com resolução de 0,0002 mm (200 nm). Os microscópios eletrônicos, que utilizam feixe de elétrons, em vez de luz, foram desenvolvidos na década de 1930. O feixe de elétrons pode ser considerado uma forma de propagação de ondas, mas com comprimento de onda muito mais curto. Os microscópios eletrônicos atuais permitem ampliações até cerca de 1.000.000 vezes e resoluções de cerca de um nanômetro. Para se obter a imagem de uma superfície, o feixe de elétrons percorre a superfície de um objeto, de modo semelhante com que o raio catódico varre a superfície de uma tela de televisão. A imagem é digitalizada para cada ponto da superfície.

Para fazer medições em escala nanométrica, a família de instrumentos de varredura por sonda representa melhoria em relação ao microscópio eletrônico. Ela possui capacidade de ampliar aproximadamente 10 vezes mais que um microscópio eletrônico. Num microscópio de varredura por sonda, a sonda (ou apalpador) é constituída de uma agulha com ponta muito afiada. O tamanho da ponta da sonda é próximo do tamanho de um átomo. Durante a operação, a sonda é movida ao longo da superfície da amostra, a uma distância de praticamente apenas um nanômetro, e, dependendo do tipo de sonda, as várias propriedades de superfície podem ser medidas. Os dois microscópios de varredura por sonda de maior interesse em nanotecnologia são o microscópio de varredura por tunelamento e o microscópio de força atômica.

O **microscópio de varredura por tunelamento** (*scanning tunneling microscope* — STM) foi o primeiro instrumento por sonda a ser desenvolvido. Ele é chamado microscópio de tunelamento porque seu funcionamento se baseia no fenômeno da mecânica quântica conhecido como **tunelamento**, no qual os elétrons de um material sólido podem saltar de forma individual para além da superfície do sólido, ou seja, para fora do material. A probabilidade de se encontrar elétrons na região acima da superfície diminui exponencialmente em função da altura. Esta sensibilidade com a distância é explorada no STM posicionando-se a ponta da sonda muito perto da superfície (cerca de 1 nm) e aplicando pequena tensão elétrica entre as duas. Isto faz com que elétrons dos átomos da superfície sejam atraídos pela pequena carga positiva da ponta, e eles "tunelam" através deste espaço até a sonda. À medida que a sonda é transladada ao longo da superfície, variações na corrente resultante ocorrem devido à localização dos átomos individuais existentes na superfície. De modo alternativo, é possível variar a altura da ponta em relação à superfície ao se impor uma corrente constante, e tendo como resposta a deflexão vertical da ponta enquanto ela percorre a superfície. As variações de corrente, ou de deflexão, podem ser usadas para criar imagens ou mapas topográficos da superfície em escala atômica ou molecular.

Uma limitação do microscópio de tunelamento é ser utilizado apenas em superfícies de materiais condutores. Por outro lado, o **microscópio de força atômica** (*atomic force microscope* — AFM) pode ser utilizado em qualquer material e faz uso de uma sonda instalada em uma delicada viga que deflete devido à força da superfície contra a sonda à medida que ela varre a superfície da amostra. O AFM responde a diversos tipos de forças, dependendo da aplicação. As forças resultam do contato físico da sonda com a superfície da amostra (forças mecânicas) ou de outros fenômenos sem contato, tais como forças de van der Waals, forças

FIGURA 27.16 Imagem obtida por microscópio de força atômica de uma peça contendo letras feitas com dióxido de silício em um substrato de silício. As linhas oxidadas das letras têm aproximadamente 20 nm de largura. Esta imagem é uma cortesia da IBM Corporation. (Crédito: *Fundamentals of Modern Manufacturing*, 4ª Edição por Mikell P. Groover, 2010. Reimpresso com permissão de John Wiley & Sons, Inc.)

de capilaridade, forças magnéticas[5] etc. A deflexão vertical da sonda é medida opticamente, baseada no padrão de interferência de um feixe de luz ou da reflexão de um feixe de laser na viga. A Figura 27.16 mostra imagem gerada por AFM.

A discussão desta seção se concentrou no uso de microscópios de varredura por sonda para a observação de superfícies. Na Seção 27.5.2, esses instrumentos são usados para manipular átomos individuais, moléculas e outros aglomerados em nanoescala de átomos ou moléculas.

27.5 PROCESSOS DE NANOFABRICAÇÃO

Os processos de fabricação para a criação de produtos e estruturas cujas dimensões características estão em escala nanométrica podem ser divididos em duas categorias básicas:

1. *Abordagem micro-nano*, ou seja, de cima para baixo, quando algumas das técnicas de microfabricação são adaptadas para objetos de tamanhos em nanoescala. Elas envolvem principalmente processos de subtração (remoção de material) para conseguir a geometria desejada.

2. *Abordagem pico-nano*, ou seja, de baixo para cima, quando os átomos e moléculas são manipulados e combinados em estruturas maiores. Esta abordagem pode ser descrita como processos aditivos porque constroem o objeto em nanoescala a partir de componentes ainda menores.

A organização desta seção é baseada nas duas abordagens. Uma vez que os métodos de processamento associados às abordagens micro-nano foram discutidos na Seção 27.2, a Seção 27.5.1 enfatizará como estes processos podem ser modificados para nanoescala. A Seção 27.5.2 discute as abordagens pico-nano, que talvez sejam as de maior interesse aqui por causa de sua particularidade e relevância para a nanotecnologia.

27.5.1 PROCESSOS COM ABORDAGEM MICRO-NANO

As abordagens de cima para baixo para a fabricação de objetos de nanoescala envolvem o processamento de materiais sólidos (por exemplo, bolachas de silício) e filmes finos utilizando técnicas litográficas, como os utilizados na fabricação de circuitos integrados e microssistemas. As abordagens micro-nano também incluem técnicas de usinagem de precisão (Seção 27.2.3) adaptadas para a fabricação de nanoestruturas. O termo *nanousinagem* é usado para os processos de remoção de material quando se referem à escala submícron. Nanoestruturas são usinadas por retirada de materiais como silício, carbeto de silício, diamante e nitreto de silício [30]. A nanousinagem é geralmente associada a processos de deposição, tais como a deposição física de vapor e a deposição química de vapor (Seção 21.5) para obter a estrutura desejada e a combinação de materiais.

Como o tamanho das características dos componentes dos microssistemas e circuitos integrados (CIs) torna-se cada vez menor, as técnicas de fabricação com base na litografia óptica são limitadas pelos comprimentos de onda da luz visível. Para contornar essa dificuldade, a luz ultravioleta é atualmente utilizada porque o comprimento de onda é mais curto, e assim permite a criação de dimensões menores. A tecnologia atual usada na fabricação de CIs é chamada litografia ultravioleta profunda (*extreme ultraviolet* — EUV). Ela utiliza luz ultravioleta com comprimento de onda tão curto quanto 13 nm, isto é, dentro da escala da nanotecnologia. No entanto, problemas técnicos ocorrem com os produtos químicos fotossensíveis (fotorresistentes) e com o foco do equipamento de laser quando a litografia EUV é usada nestes comprimentos de onda muito curtos.

---

[5] O termo microscópio de força magnética (MFM) é usado quando as forças são magnéticas. O princípio de operação é semelhante ao de um cabeçote de leitura em um disco rígido.

Outras técnicas de litografia estão disponíveis para a fabricação de estruturas nanométricas. Elas incluem a litografia por feixe de elétrons, litografia por raios X e nanoimpressão litográfica. A *litografia por feixe de elétrons* (*electron-beam lithography* — EBL) opera projetando um feixe de elétrons muito focado sobre a superfície da amostra e contornando padrões predefinidos. Desta forma, áreas da superfície são expostas em processo sequencial, e sem necessidade de máscara. Embora a EBL seja capaz de resoluções da ordem de 10 nm, o funcionamento sequencial torna este método relativamente lento em comparação com as técnicas que utilizam máscaras, sendo, portanto, inadequado para a produção em larga escala. A *litografia com raios X* pode produzir amostras com resoluções de cerca de 20 nm e, por usar máscara, possibilita a produção em larga escala. No entanto, os raios X são difíceis de focar, o equipamento é considerado caro para o uso em fabricação, e os raios X são nocivos para os seres humanos.

Dois processos conhecidos como litografia suave são descritos na Seção 27.2.3: litografia de microimpressão e impressão por microcontato. Estes mesmos processos podem ser aplicados à nanofabricação e, neste caso, são chamados *litografia de nanoimpressão* e *impressão por nanocontato*. A litografia de nanoimpressão pode produzir amostras com resoluções de aproximadamente 5 nm [30]. Uma das aplicações originais de impressão por nanocontato era na transferência de uma película fina de tióis (família de compostos orgânicos derivados do sulfeto de hidrogênio) para uma superfície de ouro. A particularidade desta aplicação estava no fato de o filme depositado ter apenas uma molécula de espessura (chamada monocamada, Seção 27.5.2), com certeza caracterizada como pertencente à nanoescala.

27.5.2 PROCESSOS COM ABORDAGEM PICO-NANO

Nos processos com abordagem de baixo para cima, o elemento inicial são átomos, moléculas e íons. Esses processos unem esses elementos, como tijolos de construção, em alguns casos, um de cada vez, para fabricar a peça desejada na nanoescala. Esta seção é constituída por três processos que são de considerável interesse em nanotecnologia: (1) produção dos nanotubos de carbono, (2) nanofabricação com técnicas de varredura por sonda e (3) formação espontânea.

Produção de nanotubos de carbono As notáveis propriedades e as potenciais aplicações dos nanotubos de carbono são discutidas na Seção 27.3.1. Os nanotubos de carbono podem ser produzidos por diversas técnicas. Nos parágrafos seguintes, discutiremos três: (1) ablação a laser, (2) as técnicas de descarga por arco e (3) deposição química de vapor.

No *método de ablação a laser*, a matéria-prima é uma peça de grafite que contém pequenas quantidades de cobalto e níquel. Esses traços de metal funcionam como catalisadores, atuando como regiões de nucleação para a formação posterior dos nanotubos. A grafite é colocada num tubo de quartzo cheio de gás argônio e aquecido a 1200°C (2200°F). Um feixe de laser pulsado é focado sobre a peça fazendo com que os átomos de carbono evaporem da peça de grafite. O argônio move os átomos de carbono para longe da região de alta temperatura do tubo e mais para perto de uma região em que existem trocadores de calor de cobre resfriados por água. Os átomos de carbono condensam no cobre resfriado formando os nanotubos com diâmetros de 10 a 20 nm e comprimentos de cerca de 100 μm.

A *técnica de descarga por arco* utiliza dois eletrodos de carbono com 5-20 μm de diâmetro e à distância de 1 mm. Os eletrodos encontram-se em um recipiente com baixo vácuo (cerca de dois terços da pressão atmosférica), mas com fluxo de gás hélio. Para iniciar o processo, tensão elétrica de cerca de 25 V é aplicada entre os dois eletrodos fazendo com que os átomos de carbono sejam ejetados do eletrodo positivo para o eletrodo negativo quando formam os nanotubos. A estrutura dos nanotubos depende se é empregado catalisador. Se nenhum catalisador for utilizado, serão produzidos nanotubos com multicamadas. Se traços de cobalto, ferro ou níquel estiverem presentes no interior do eletrodo positivo, então se formarão nanotubos de parede simples com diâmetro de 1 a 5 nm e cerca de 1 μm de comprimento.

A ***deposição química de vapor*** (Seção 21.5.2) pode ser utilizada para produzir nanotubos de carbono. Em uma variação do CVD, o material inicial é um hidrocarboneto gasoso como o metano (CH_4). O gás é aquecido a 1100°C (2000°F), causando a decomposição e a liberação de átomos de carbono. Os átomos, em seguida, se condensam em um substrato resfriado para formar nanotubos com extremidades abertas, ao contrário das outras técnicas que formam extremidades fechadas. O substrato pode conter ferro ou outros metais que atuem como catalisadores do processo. O catalisador metálico funciona como núcleo para o crescimento do nanotubo e também controla a orientação da estrutura. Um processo CVD alternativo é chamado HiPCO[6] e se inicia com monóxido de carbono (CO) e usa pentacarbonilo de carbono ($Fe(CO)_5$) como catalisador para a produção de nanotubos de alta pureza e de parede simples, empregando temperaturas de 900 a 1100°C (1700 a 2000°F) e pressão de 30 a 50 atm [8].

Os nanotubos por CVD podem ser produzidos de modo contínuo, e esta característica torna este processo economicamente atrativo para a produção em grande escala.

Nanofabricação por Técnicas de Varredura por Sonda As técnicas de microscopia de varredura por sonda encontram-se descritas na Seção 27.4, no contexto de medição e observação de elementos na escala nanométrica. Além de permitir a observação da superfície, o microscópio de tunelamento (STM) e o microscópio de força atômica (AFM) também podem ser usados para manipular átomos, moléculas ou *cluster* de átomos, ou moléculas que aderem a uma superfície do substrato devido às forças de adsorção (fracas ligações químicas). *Clusters* de átomos ou moléculas são chamadas **nanopartículas** (*nanoclusters*), e seu tamanho é de apenas alguns nanômetros [30]. A Figura 27.17 (a) ilustra a variação da corrente elétrica ou da deflexão da ponta da sonda do STM à medida que ela se move sobre a superfície em que se localiza um átomo adsorvido. Ao se mover sobre a superfície, em um plano acima do átomo adsorvido e bem próximo dele, há o aumento no sinal. Embora a força de ligação que atrai o átomo à superfície seja fraca, ela é bem maior que a força de atração criada pela sonda. Apenas porque a distância sonda-átomo é maior que aquela átomo-superfície. No entanto, se a ponta da sonda se move suficientemente perto do átomo adsorvido, de modo que a sua força de atração seja maior que a força de adsorção, o átomo será arrastado ao longo da superfície, como mostra a Figura 27.17(b). Deste modo, os átomos ou moléculas podem ser manipulados para criar estruturas na nanoescala. Exemplo interessante foi realizado no *IBM Research Labs* com a fabricação do logotipo da empresa a partir de átomos de xênon adsorvidos sobre uma superfície de níquel em área de 5 nm por 16 nm. Esta área é consideravelmente menor que a usada para as letras apresentadas na Figura 27.16 (que também é considerada nanoescala, como observado na legenda).

A movimentação dos átomos ou moléculas por técnicas de microscopia de varredura pode ser classificada como manipulação lateral ou vertical. Na manipulação lateral, os átomos ou moléculas são transferidos horizontalmente sobre a superfície pelas forças de atração ou de repulsão exercidas pela sonda do STM, como mostra a Figura 27.17(b). Na manipulação vertical, os átomos ou moléculas são suspensos da superfície e depositados em posição diferente para formar uma estrutura. Embora este tipo de manipulação por microscopia de tunelamento de átomos e moléculas seja de interesse científico, ainda apresenta limitações tecnológicas que inibem a aplicação comercial, pelo menos na produção em larga escala de produtos de nanotecnologia. Uma das limitações é que ela deve ser realizada em ambiente sob alto vácuo para evitar que átomos ou moléculas estranhos interfiram no processo. Outra limitação é que a superfície do substrato deve ser resfriada a temperaturas próximas do zero absoluto (−273°C ou − 460°F), a fim de reduzir a difusão térmica que distorceria gradualmente a estrutura atômica ainda em formação. Estas limitações tornam o processo muito lento e custoso.

---

[6] HiPCO utiliza alta pressão (***High Pressure***) no processo de decomposição do monóxido de carbono.

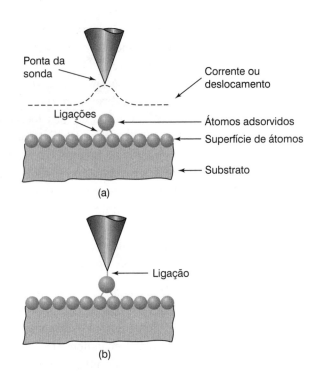

FIGURA 27.17 Manipulação de átomos individuais por meio de técnicas de microscopia de varredura por sonda: (a) a ponta da sonda é mantida a uma distância da superfície suficiente para evitar perturbações no átomo adsorvido e (b) a ponta da sonda é trazida para mais perto da superfície a fim de que o átomo adsorvido seja atraído pela ponta. (Crédito: *Fundamentals of Modern Manufacturing*, 4ª Edição por Mikell P. Groover, 2010. Reimpresso com permissão de John Wiley & Sons, Inc.)

Uma técnica de varredura por sonda que promete ter aplicações práticas é chamada **nanolitografia tipo caneta-tinteiro** (*Dip-pen nanolithography — DPN*). Neste tipo de nanolitografia, a ponta de um microscópio de força atômica é usada para transferir moléculas da superfície de substrato por meio de um menisco do solvente, conforme ilustrado na Figura 27.18. O processo é bem parecido com o que ocorre na utilização de uma antiga caneta-tinteiro, que transfere a tinta para a superfície do papel por meio de forças capilares. Na nanolitografia *dip-pen*, a ponta do AFM funciona como a ponta da caneta, e as moléculas dissolvidas (isto é, a tinta) são depositadas sobre o substrato. As moléculas depositadas devem ter afinidade química com o material do substrato, da mesma forma que a tinta molhada adere ao papel. Assim, a técnica DPN usa as moléculas para "escrever", com dimensão submícron, sobre uma superfície. Além disso, diferentes tipos de moléculas podem ser depositados por DPN nos diversos locais do substrato.

Formação Espontânea A formação espontânea é um processo básico da natureza. A formação natural de uma estrutura cristalina durante o resfriamento lento de minerais fundidos é um exemplo de formação espontânea de elementos inanimados. O crescimento de organismos vivos é um exemplo biológico da formação espontânea. Em ambos os casos, os elementos em nível atômico e molecular se combinam por si só em entidades maiores, crescendo de forma

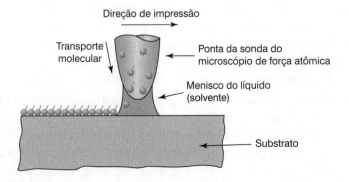

FIGURA 27.18 Nanolitografia tipo caneta-tinteiro, na qual a ponta de um microscópio de força atômica é usada para transferir moléculas por meio de um menisco do solvente que se forma naturalmente entre a ponta e o substrato. (Crédito: *Fundamentals of Modern Manufacturing*, 4ª Edição por Mikell P. Groover, 2010. Reimpresso com permissão de John Wiley & Sons, Inc.)

a construir determinada estrutura. Se o elemento inicial é um organismo vivo, as entidades intermediárias são células biológicas, e o organismo é o elemento construído por processo aditivo que apresenta replicação maciça de células individuais; mas o resultado final é, muitas vezes, extremamente complexo (por exemplo, o ser humano).

Uma das abordagens mais promissoras das técnicas pico-nano envolve a simulação de processos de formação espontânea da natureza para produzir materiais e sistemas que têm elementos nanométricos ou nanopartículas em construção, mas o produto final pode estar acima da nanoescala. Ou seja, o produto final pode ter tamanho micro ou macroescala em pelo menos uma de suas dimensões. O termo **biomimético** descreve um processo de montagem artificial, de entidades não biológicas, mas que imita os métodos encontrados na natureza. É desejável nos processos de formação espontânea, no nível atômico ou molecular da nanotecnologia, que: (1) possam ser realizados rápido, (2) ocorram automaticamente sem exigir nenhum controle central; (3) realizem replicação maciça; e (4) possam ser realizados sob condições ambientais amenas (sob condições de pressão atmosférica e temperatura ambiente ou próximo delas). A formação espontânea é provavelmente o mais importante dos processos de nanofabricação devido ao seu baixo custo, sua capacidade para produzir estruturas em ampla faixa de dimensões (da nanoescala à macroescala) e sua aplicabilidade em grande variedade de produtos [24].

Um princípio que rege a formação espontânea é o princípio da mínima energia. Os átomos e as moléculas procuram o estado físico que minimiza a energia total do sistema que os contêm. Este princípio tem as seguintes implicações para a formação espontânea:

1. Deve haver algum mecanismo de movimentação dos elementos (por exemplo, átomos, moléculas e íons) no sistema, assim eles podem se aproximar uns dos outros. Os mecanismos possíveis para este movimento incluem a difusão, a convecção em um fluido e a migração em campos elétricos.

2. Deve haver alguma forma de reconhecimento molecular entre os elementos. O termo reconhecimento molecular refere-se à tendência de uma molécula (ou átomo ou íon) ser atraída e se conectar com outra molécula (ou átomo, ou íon). Por exemplo, a forma como o sódio e o gás cloro são mutuamente atraídos para formar o sal de mesa.

3. O reconhecimento molecular entre os elementos faz com que eles se unam de modo que o arranjo físico resultante atinja um estado de energia mínima. O processo de união envolve ligações químicas, em geral aquelas de tipos mais fracos, secundários (por exemplo, ligações de van der Waals).

Uma série de técnicas de formação espontânea na nanofabricação foi desenvolvida, a maioria delas ainda em fase de pesquisa. As seguintes categorias podem ser identificadas: (1) fabricação de objetos em nanoescala, como moléculas, macromoléculas, aglomerados de moléculas, nanotubos e cristais; e (2) formação de matrizes bidimensionais, tais como monocamadas de formação espontânea (filmes de superfície com uma molécula de espessura) e redes tridimensionais de moléculas.

Já foram discutidos a produção de nanotubos, que representa a categoria 1. Vamos considerar a formação espontânea de filmes de superfície como exemplo da categoria 2. Filmes superficiais são revestimentos bidimensionais formados sobre um substrato sólido (tridimensional). A maioria dos filmes superficiais é naturalmente fina, e a espessura é normalmente medida em micrômetros, ou até mesmo milímetros (ou frações de milímetros), bem acima da escala nanométrica. Os filmes superficiais que a nanotecnologia tem interesse possuem espessura medida em nanômetros. Em particular, os filmes superficiais formados espontaneamente têm espessura de uma molécula, e suas moléculas estão organizadas de forma ordenada. Esse tipo de filme é chamado monocamadas com formação espontânea (*self-assembled monolayers* — SAMs). Estruturas multicamadas, ordenadamente formadas, podem ter espessura correspondente a duas ou mais moléculas.

---

[7] Esta combinação de tiol em uma superfície de ouro foi mencionada na Seção 27.5.1, no contexto da impressão por microcontato.

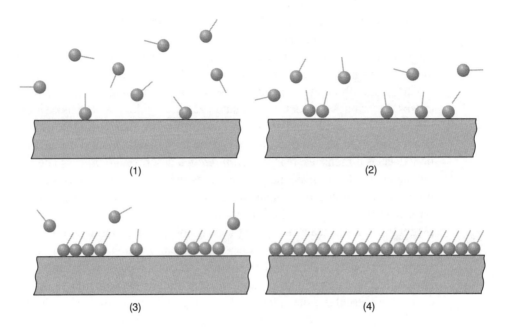

FIGURA 27.19 Sequência típica para a formação de uma monocamada de tiol em substrato de ouro: (1) algumas das moléculas da camada em movimento acima do substrato são atraídas para a superfície, (2) elas adsorvem na superfície, (3) elas formam ilhas, (4) as ilhas coalescem até recobrir a superfície. Figura baseada em [10]. (Crédito: *Fundamentals of Modern Manufacturing*, 4ª Edição por Mikell P. Groover, 2010. Reimpresso com permissão de John Wiley & Sons, Inc.)

Os materiais de substrato para as monocamadas e multicamadas com formação espontânea incluem variedade de metais e outros materiais inorgânicos. Esta lista inclui a prata, o ouro, o cobre, o silício e o dióxido de silício. Metais nobres têm a vantagem de não formar uma película de óxido na superfície, o que poderia interferir nas reações que geram a camada desejada. Os materiais utilizados na camada incluem tióis, sulfetos e dissulfetos. O material utilizado nas camadas deve ser capaz de ser adsorvido pelo material da superfície. A sequência típica do processo para formação da monocamada de tiol em ouro é ilustrada na Figura 27.19.[7] As moléculas da camada se movem livremente sobre a superfície do substrato e são adsorvidas na superfície. O contato ocorre entre as moléculas adsorvidas na superfície, e elas formam ilhas estáveis. As ilhas se tornam maiores e de maneira gradual se unem pela adição de mais moléculas pelas laterais, até que o substrato esteja por completo coberto. A união à superfície de ouro é dada pelo átomo de enxofre na camada de tiol, sulfeto ou dissulfeto. Em algumas aplicações, as monocamadas de formação espontânea podem formar padrões desejados ou regiões sobre a superfície do substrato, utilizando técnicas tais como a impressão de nanocontato ou nanolitografia tipo caneta-tinteiro (*pen-dip nanolithography*).

REFERÊNCIAS

[1] Baker, S., and Aston, A. "The Business of Nanotech," *Business Week*, February 14, 2005, pp. 64–71.

[2] Balzani, V., Credi, A., and Venturi, M. *Molecular Devices and Machines — A Journey into the Nano World*. Wiley-VCH Verlag GmbH & Co. KGaA, Weinheim, Germany, 2003.

[3] Bashir, R."Biologically Mediated Assembly of Artificial Nanostructures and Microstructures," Chapter 5 in *Handbook of Nanoscience, Engineering, and Technology*, W. A. Goddard, III, D. W. Brenner, S. E. Lyshevskiand G. J. Iafrate (eds.). CRC Press, Boca Raton, Florida, 2003.

[4] Chaiko, D. J. "Nanocomposite Manufacturing," *Advanced Materials & Processes*, June 2003, pp. 44–46.

[5] Drexler, K. E. *Nanosystems: Molecular Machinery, Manufacturing, and Computation*.

Wiley-Interscience, John Wiley & Sons, Inc., New York, 1992.

[6] Fatikow, S., and Rembold, U. *Microsystem Technology and Microrobotics*. Springer-Verlag, Berlin, 1997.

[7] Fujita, H. (ed.). *Micromachines as Tools for Nanotechnology*. Springer-Verlag, Berlin, 2003.

[8] Hornyak, G. L., Moore, J. J., Tibbals, H. F., and Dutta, J. *Fundamentals of Nanotechnology*. CRC Taylor & Francis, Boca Raton, Florida, 2009.

[9] Jackson, M. J. *Micro and Nanomanufacturing*. Springer, New York, 2007.

[10] Kohler, M., and Fritsche, W. *Nanotechnology: An Introduction to Nanostructuring Techniques*. Wiley-VCH Verlag GmbH & Co. KGaA, Weinheim, Germany, 2004.

[11] Li, G., and Tseng, A. A. "Low Stress Packaging of a Micromachined Accelerometer," *IEEE Transactions on Electronics Packaging Manufacturing*, Vol. **24**, No. 1, January 2001, pp. 18–25.

[12] Lyshevski, S. E. "Nano-and Micromachines in NEMS and MEMS," Chapter 23 in *Handbook of Nanoscience, Engineering, and Technology*, W.A. Goddard, III, D. W. Brenner, S. E. Lyshevski, and G. J. Iafrate (eds.). CRC Press, Boca Raton, Florida, 2003, pp. 23–27.

[13] Madou, M. *Fundamentals of Microfabrication*. CRC Press, Boca Raton, Florida, 1997.

[14] Madou, M. *Manufacturing Techniques for Microfabrication and Nanotechnology*. CRC Taylor & Francis, Boca Raton, Florida, 2009.

[15] Maynor, B. W., and Liu, J. "Dip-Pen Lithography," *Encyclopedia of Nanoscience and Nanotechnology*, American Scientific Publishers, 2004, pp. 429–441.

[16] Meyyappan, M., and Srivastava, D. "Carbon Nanotubes," Chapter 18 in *Handbook of Nanoscience, Engineering, and Technology*, W. A. Goddard, IIID. W. Brenner, S. E. Lyshevski, and G. J. Iafrate (eds.). CRC Press, Boca Raton, Florida, 2003, pp. 18–1 to 18–26.

[17] Morita, S., Wiesendanger, R., and Meyer, E. (eds.). *Noncontact Atomic Force Microscopy*. Springer-Verlag, Berlin, 2002.

[18] National Research Council (NRC). *Implications of Emerging Micro-and Nanotechnologies*. Committee on Implications of Emerging Micro- and Nanotechnologies, The National Academies Press, Washington, D.C., 2002.

[19] Nazarov, A. A., and Mulyukov, R. R. "Nanostructured Materials," Chapter 22 in *Handbook of Nanoscience, Engineering, and Technology*, W.A. Goddard, IIID. W. Brenner, S. E. Lyshevski, and G. J. Iafrate (eds.). CRC Press, Boca Raton, Florida, 2003, pp. 22–1 to 22–41.

[20] O'Connor, L., and Hutchinson, H. "Skyscrapers in a Microworld," *Mechanical Engineering*, Vol. **122**, N°. 3, March 2000, pp. 64-67.

[21] Paula, G. "An Explosion in Microsystems Technology," *Mechanical Engineering*, Vol. **119**, N°. 9, September 1997, pp. 71–74.

[22] Piner, R. D., Zhu, J., Xu, F., Hong, S., and Mirkin, C. A. "Dip-Pen Nanolithography," *Science*, Vol. **283**, January 29, 1999, pp. 661–663.

[23] Poole, Jr., C. P., and Owens, F. J. *Introduction to Nanotechnology*. Wiley-Interscience, John Wiley & Sons, Inc., Hoboken, New Jersey, 2003.

[24] Ratner, M., and Ratner, D. *Nanotechnology: A Gentle Introduction to the Next Big Idea*. Prentice Hall PTR, Pearson Education, Inc., Upper Saddle River, New Jersey, 2003.

[25] Rietman, E. A. *Molecular Engineering of Nanosystems*. Springer-Verlag, Berlin, 2000.

[26] Rubahn, H.-G. *Basics of Nanotechnology*, 3rd ed. Wiley-VCH, Weinheim, Germany, 2008.

[27] Schmid, G. (ed.). *Nanoparticles: From Theory to Application*. Wiley-VCH Verlag GmbH & Co. KGaA, Weinheim, Germany, 2004.

[28] Torres, C. M. S. (ed.). *Alternative Lithography: Unleashing the Potentials of Nanotechnology*. Kluwer Academic/Plenum Publishers, New York, 2003.

[29] Tseng, A. A., and Mon, J-I. "NSF 2001 Workshopon Manufacturing of Micro-Electro Mechanical Systems," in *Proceedings of the 2001 NSF Design, Service, and Manufacturing Grantees and Research Conference*, National Science Foundation, 2001.

[30] Tseng, A. A. (ed.). *Nanofabrication Fundamentals and Applications*. World Scientific, Singapore, 2008.

[31] Weber, A. "Nanotech: Small Products, Big Potential," *Assembly*, February 2004, pp. 54–59.

[32] Website: en.wikipedia.org/wiki/nanotechnology.

[33] Website: www.nanotechproject.org/inventories/consumer.

[34] Website: www.research.ibm.com/nanscience.

[35] Website: www.zurich.ibm.com/st/atomic_manipulation.

QUESTÕES DE REVISÃO

27.1 Defina a expressão sistema microeletromecânico.

27.2 Qual é a escala dimensional dos elementos na tecnologia de microssistemas?

27.3 Por que parece razoável afirmar que os produtos dos microssistemas deveriam ter custos menores que os produtos maiores, com dimensões convencionais?

27.4 Quais são os principais tipos de dispositivos em microssistemas?

27.5 Nomeie alguns produtos que representam a tecnologia de microssistemas.

27.6 Por que o silício é o material mais utilizado na tecnologia de microssistemas?

27.7 O que significa o termo *razão de aspecto* na tecnologia de microssistemas?

27.8. Qual é a diferença entre microusinagem por corrosão volumétrica e microusinagem por corrosão superficial?

27.9 Quais são as três etapas do processo LIGA?

27.10 Qual é a faixa dimensional das peças associadas à nanotecnologia?

27.11 O que é fulereno?

27.12 O que é um nanotubos de carbono?

27.13 O que é um equipamento de varredura por sonda e por que é tão importante na nanociência e na nanotecnologia?

27.14 O que é tunelamento, em relação ao fenômeno que ocorre em microscopia de varredura por tunelamento?

27.15 Quais são as duas categorias básicas usadas na nanofabricação?

27.16 Por que a fotolitografia baseada na luz visível não é usada em nanotecnologia?

27.17 Quais são as técnicas de litografia usadas na nanofabricação?

27.18 Como a litografia de microimpressão e a de nanoimpressão se diferem?

27.19 Quais são as limitações do microscópio de varredura por tunelamento que inibem sua aplicação comercial em nanofabricação?

27.20 O que é a formação espontânea em nanofabricação?

27.21 Quais são as características desejadas ao átomo ou à molécula para o processo de formação espontânea em nanotecnologia?

Parte IX Temas Relacionados a Sistemas de Manufatura

28 SISTEMAS DE PRODUÇÃO E PLANEJAMENTO DE PROCESSO

Sumário

28.1 Visão Geral dos Sistemas de Produção
  28.1.1 Instalações de Produção
  28.1.2 Sistemas de Apoio à Manufatura

28.2 Planejamento do Processo
  28.2.1 Planejamento Tradicional do Processo
  28.2.2 Decisão entre Fabricar ou Comprar
  28.2.3 Planejamento do Processo Auxiliado por Computador
  28.2.4 Resolução de Problemas e Melhoria Contínua

28.3 Engenharia Simultânea e Projeto de Manufatura
  28.3.1 Projeto para Fabricação e Montagem
  28.3.2 Engenharia Simultânea

Esta parte final do livro diz respeito aos tópicos relacionados a sistemas e procedimentos usados na manufatura. Esses sistemas incluem o uso dos equipamentos de produção automatizados e computadorizados, que realizam operações individuais, agrupamento de máquinas e de operadores. Esses sistemas são associados ao sequenciamento de operações, às práticas de melhoria da eficiência operacional e de sistemas de apoio à manufatura no planejamento e controle das operações de produção e da qualidade dos seus produtos. Neste capítulo, apresentamos uma visão panorâmica dos sistemas de produção e como eles são organizados em diferentes tipos de operações produtivas. Em seguida, examinamos o planejamento de processo relacionado com a decisão de como a fabricação de um produto ou parte do produto deve ser executada. O capítulo também inclui dois tópicos que são estreitamente relacionados ao planejamento de processo: projeto para a fabricação e engenharia simultânea. O Capítulo 29 abrange alguns tópicos relacionados à automação industrial e sistemas de manufatura. Esses tópicos incluem controle numérico, célula de manufatura, produção enxuta e produção integrada por computador. Por fim, o Capítulo 30 discute o controle de qualidade e sistemas de inspeção. Esses tópicos são tratados mais detalhadamente na referência [4].

28.1 VISÃO GERAL DOS SISTEMAS DE PRODUÇÃO

Uma fábrica deve dispor de sistemas que permitam o aperfeiçoamento eficaz do seu tipo de produção para funcionar de forma eficaz. Sistemas de produção são constituídos de pessoas, equipamentos e procedimentos projetados para combinar materiais e processos nas operações de fabricação. Os sistemas de produção podem ser divididos em duas categorias: (1) instalações de produção e (2) sistemas de apoio à produção, como mostrado na Figura 28.1. As *instalações de produção* se referem aos equipamentos e o arranjo físico desses equipamentos na fábrica. *Sistemas de apoio* são os procedimentos adotados pela empresa para gerenciar a produção e solucionar os problemas técnicos e logísticos das ordens de compra de materiais, movimentação das ordens de serviços pela fábrica, assegurando assim os padrões de qualidade. Ambas as categorias incluem pessoas. São elas que fazem os sistemas funcionarem. De modo geral, a mão de obra direta é responsável por operar os equipamentos de produção; e a mão de obra indireta é responsável pelos sistemas de apoio à manufatura.

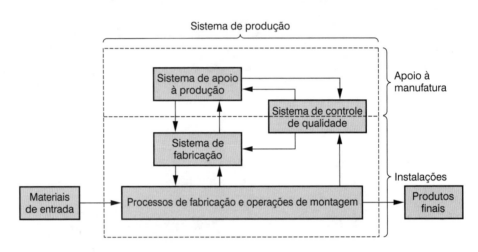

FIGURA 28.1 Visão geral do sistema de produção e seus componentes: sistemas de apoio à produção, sistemas de controle de qualidade e sistemas de produção na fábrica. (Crédito: *Fundamentals of Modern Manufacturing*, 4ª Edição por Mikell P. Groover, 2010. Reproduzido com permissão de John Wiley & Sons, Inc.)

28.1.1 INSTALAÇÕES DE PRODUÇÃO

As instalações de produção consistem em fábricas e os equipamentos da fábrica, incluindo as máquinas, os equipamentos de movimentação de materiais e os ferramentais. Os equipamentos entram em contato direto com produtos e peças componentes enquanto estão sendo fabricados. Os equipamentos "tocam" os produtos. As instalações incluem o arranjo dos equipamentos no chão de fábrica — o *layout de fábrica*. Esses equipamentos são normalmente dispostos num agrupamento lógico, referido neste texto como *sistemas de manufatura*. Eles incluem máquinas-ferramentas automatizadas, células de trabalho consistindo em diferentes equipamentos produtivos, e métodos de redução de desperdício de manufatura (produção enxuta — lean production). Nós discorremos sobre esses tipos de sistemas de manufatura no Capítulo 29.

Uma empresa de manufatura tenta atingir os objetivos de cada unidade de produção buscando projetar seus sistemas de fabricação e organizando de maneira mais eficiente suas unidades fabris. Ao longo do tempo, certos tipos de instalações têm sido reconhecidos como a melhor forma de organizar uma combinação diversificada de variedade de produtos e quantidades a serem produzidas (Seção 1.1.2). Diferentes tipos de instalações são mais adequados para cada um dos diferentes níveis de produção anual: baixa, média e larga escala de produção.

Produção em Pequenas Quantidades A *oficina** é a instalação de produção mais adequada para uma pequena escala de produção (de 1 a 100 unidades por ano). A oficina produz pequenas quantidades de produtos, com características especializadas e customizadas. São

---
* É usual adotar-se o termo inglês original *job shop*. (N.T.)

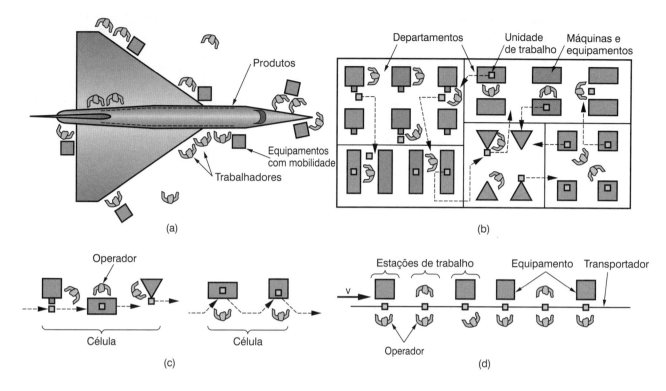

FIGURA 28.2 Vários tipos de *layout* de fábrica: (a) *layout* de posição fixa, (b) *layout* de processo, (c) *layout* celular e (d) *layout* de produto. (Crédito: *Fundamentals of Modern Manufacturing*, 4ª Edição por Mikell P. Groover, 2010. Reproduzido com permissão de John Wiley & Sons, Inc.)

usualmente produtos bastante sofisticados e complexos, tais como cápsulas espaciais, protótipos aeronáuticos e maquinaria especial. Os equipamentos e o ferramental de uma oficina são de uso geral, e a força de trabalho é muito qualificada.

A oficina deve ser projetada para ter a máxima flexibilidade a fim de poder lidar com ampla variedade de produtos com que venha a se deparar (grande variedade de produtos, Seção 1.1.2). Se o produto é grande e pesado, e consequentemente de difícil movimentação, em geral permanece em um único local durante a fabricação ou na montagem. Os operários e os equipamentos de fabricação são trazidos ao produto em lugar de movimentar o produto para os equipamentos. Este tipo de *layout* é referenciado como **layout de posição fixa**, como mostrado na Figura 28.2(a). Nessas circunstâncias, o produto se mantém estacionário durante toda a fabricação e montagem. Exemplos de tais produtos incluem navios, aeronaves, locomotivas e máquinas pesadas. Na prática do processo industrial, estes itens são geralmente construídos a partir de grandes módulos montados em locais separados, e, em seguida, estes módulos são movimentados por guindastes de grande capacidade* e unidos em um local de montagem final.

Os componentes individuais de tais produtos de grande dimensão são muitas vezes executados em unidades industriais em que os equipamentos são dispostos fisicamente de acordo com a função ou tipo. Este arranjo é chamado **layout por processo ou layout funcional**. Os tornos ficam em um departamento, as fresadoras ficam em outro, e assim por diante, como na Figura 28.2(b). Diferentes peças exigem uma sequência de operação distinta e movimentam-se pelos departamentos de forma específica à sua produção, em geral em lotes. O *layout* por processo é conhecido pela sua grande flexibilidade, que permite grande variedade de sequências de operação para execução de diferentes configurações de peças. Contudo, tem

---

* Em galpões industriais, grandes peças são movimentadas por pontes rolantes. Em peças maiores ainda, por exemplo em módulos navais, são utilizados pórticos sobre trilhos para movimentação no canteiro de montagem. (N.T.)

por desvantagem o fato de que as máquinas e os métodos de produção de peças não atingem grande eficiência produtiva.

Produção de Quantidades Intermediárias Na escala de produção intermediária (100 a 10.000 unidades anualmente), dois tipos diferentes de instalação são usuais dependendo do grau de variedade dos produtos a serem fabricados. Quando há mudança nas especificações de produtos a serem produzidos, a abordagem usual é a ***produção por lote ou batelada***, em que, após a produção de determinado produto, o equipamento de fabricação é readaptado para produzir o lote do produto seguinte, e assim por diante. A taxa nominal de produção do equipamento é bem maior que a taxa de demanda de determinado produto (qualquer), fazendo com que o mesmo equipamento possa ser compartilhado por vários produtos. A transição na fabricação entre um tipo de produto e o seguinte exige tempo — tempo que é utilizado para a mudança de ferramental e *setup** de máquina. Esse tempo de *setup* vem a ser perda de tempo de produção, o que representa desvantagem da produção por batelada. A produção por batelada é comumente adotada em situações em que a fabricação é do tipo *make-to-stock* (produção planejada e antecipada contra a previsão da demanda), em que os itens são fabricados para repor os estoques que venham a ser de forma gradual esgotados pela demanda. O equipamento é em geral disposto em um *layout* de processo, como na Figura 28.2(b).

Uma abordagem alternativa na produção de escala intermediária é possível quando não há variação significativa entre os produtos. Neste caso, tempos menos significativos são exigidos nas paradas para as trocas entre um tipo de produto e o próximo. Ou seja, muitas vezes é possível configurar o sistema de fabricação de modo que grupos de produtos semelhantes sejam feitos no mesmo equipamento, sem perda significativa de tempo de *setup*. O processamento ou montagem de diferentes peças ou produtos é realizado em células constituídas de várias estações de trabalho e máquinas. O termo **manufatura celular** é frequentemente associado a esse tipo de organização da produção em que cada célula é concebida para produzir uma variedade limitada de configurações de peças, isto é, a célula é especializada na produção de determinado conjunto de peças semelhantes, de acordo com princípios de ***tecnologia de grupo*** (Seção 29.2). Na Figura 28.2(c), é representado o ***layout celular***.

Produção em Larga Escala A produção em larga escala (10.000 a milhões de unidades por ano) é muitas vezes designada como ***produção em massa***, especialmente quando os volumes anuais de produção ultrapassam 100.000 unidades. As circunstâncias características de sua adoção ocorrem quando há uma demanda elevada pelo produto, e o sistema produtivo é dedicado à fabricação de um único item. Duas categorias de produção em massa podem ser identificadas: a produção em quantidade e produção em fluxo.** ***Produção em quantidade*** envolve a produção em massa de peças únicas em equipamentos isolados. Geralmente são utilizadas máquinas-padrão (por exemplo, prensas de estampagem) equipadas com implementos e ferramentas específicas (tais como, matrizes e dispositivos de manuseio de material), permitindo a dedicação do equipamento para a produção de um único tipo de peça. Um *layout* de processo é típico na produção em quantidade.

A ***produção em fluxo*** envolve a disposição de equipamentos e estações de trabalho em sequência, com movimentação cadenciada de peças pelas unidades de trabalho para montar o produto. As estações de trabalho e equipamentos são projetadas (e balanceados) para otimizar a eficiência do processo produtivo. A organização da produção se dá em uma disposição chamada ***layout de produto***, na qual as estações de trabalho são organizadas em uma linha contínua, tal como na Figura 28.2(d), ou em uma série articulada de linhas de produção. As peças,

---

* O termo *setup* é adotado para designar a reconfiguração da máquina, com novo ajuste e readaptação de implementos, para a produção de novo produto ou nova batelada de produtos. (N.T.)

** "Produção em quantidade" é a tradução literal de *quantity production*. O sentido é o de produção em massa rígida, com fabricação em máquinas dedicadas. Enquanto "produção em fluxo" é a tradução literal de *flow time production*. Neste caso, o sentido é a produção por processo, quando a sequência de atividades é balanceada, não admitindo estoque em processo. (N.T.)

à medida que são trabalhadas, são movimentadas entre as estações por transporte mecanizado. Em cada estação de trabalho, cada unidade de produção completa uma parte do trabalho total.

O exemplo mais conhecido de produção em fluxo é a linha de montagem, associada a produtos como carros e eletrodomésticos. O caso mais comum da produção em fluxo ocorre quando não há nenhuma variação nos produtos feitos na linha. Os produtos são idênticos, e a linha é designada como *simples modelo de produção em fluxo*. O sucesso comercial de um produto muitas vezes é determinado pela presença de funcionalidades e variações de modelo para que os clientes possam ter opções de escolha de produtos que mais o agradam particularmente. Do ponto de vista da produção, as variações nas funcionalidades dos produtos requerem leves variações na linha de montagem. O termo *linha de produção mista* aplica-se a situações em que existe uma leve variedade nos produtos feitos na linha. A montagem do automóvel moderno é um exemplo. Os carros que saem da linha de montagem têm leves variações que, em muitos casos, são oferecidos ao mercado como modelos e nomes distintos, mesmo sendo fabricados a partir do mesmo projeto básico.

28.1.2 SISTEMAS DE APOIO À MANUFATURA

Para operar suas instalações de forma eficiente, a empresa deve projetar processos e equipamentos, planejar e controlar ordens de produção e satisfazer os requisitos de qualidade do produto. Essas funções são realizadas por sistemas de apoio à manufatura — pessoas e procedimentos pelos quais uma empresa gerencia suas operações de produção. Especificamente, os *sistemas de apoio à manufatura* compõem o conjunto de procedimentos e sistemas utilizados pela empresa para resolver os problemas técnicos e logísticos enfrentados no planejamento de processos, pedidos de materiais, controle de produção, e assegurar que os produtos da empresa atendem às especificações de qualidade. Tal como acontece com os sistemas de produção na fábrica, os sistemas de apoio à manufatura incluem pessoas. As pessoas fazem o sistema funcionar. Ao contrário dos sistemas de produção na fábrica, a maior parte dos sistemas de apoio não entra em contato diretamente com o produto durante seu processamento e montagem. Em vez disso, esses sistemas apoiam o planejamento e controle das atividades na fábrica para garantir que os produtos sejam concluídos e entregues ao cliente no tempo, na quantidade certa, atendendo aos mais altos padrões de qualidade.

As funções de apoio à manufatura são frequentemente executadas na empresa por pessoas organizadas em departamentos, tais como:

➢ **Engenharia de fabricação.** O departamento de engenharia de fabricação é responsável pelo processo de planejamento — decidindo qual processo produtivo deve ser usado para fabricar as peças e montar os produtos. O processo de planejamento e engenharia de fabricação é abordado na Seção 28.2.

➢ **Planejamento e controle da produção.** Este departamento é responsável por resolver o problema de logística na fabricação — gerenciando ordens de fabricação e compras de materiais, programando a produção e certificando-se de que os departamentos têm capacidade necessária para atender aos programas de produção.

➢ **Controle de qualidade.** Produzir produtos de alta qualidade deve ser prioridade de qualquer empresa de manufatura competitiva hoje. Isso significa projetar e fabricar produtos que estejam em conformidade com as especificações, e satisfazer ou exceder as expectativas dos clientes. Sistemas de controle de qualidade e inspeção são abordados no Capítulo 30.

28.2 PLANEJAMENTO DO PROCESSO

O planejamento do processo consiste em determinar os processos de fabricação mais adequados e a ordem em que devem ser realizados para produzir determinada peça ou produto de acordo com as especificações estabelecidas pela engenharia de projeto. Caso se trate de um produto montado, o planejamento do processo também consiste em determinar a sequência apropriada de etapas de montagem. O plano do processo deve ser desenvolvido dentro das limitações impostas pela disponibilidade de equipamentos e a capacidade produtiva da fábrica. Peças ou subconjuntos, que não podem ser fabricados internamente, devem ser comprados de fornecedores externos. Em alguns casos, peças que poderiam ser produzidas internamente são adquiridas de fornecedores externos por diferentes razões, entre elas, econômicas.

O planejamento de processo é em geral realizado no departamento de engenharia de fabricação da empresa. A *engenharia de fabricação* é uma função técnica que se ocupa do planejamento dos processos para a fabricação otimizada de produtos de alta qualidade. Seu papel principal é projetar a transição das especificações de projeto no produto físico. É uma função de apoio, cujo objetivo global é otimizar a produção na organização. O departamento de engenharia de fabricação geralmente está sob responsabilidade do gerente de produção. Em algumas empresas, o departamento é conhecido por outros nomes, tais como engenharia de processo ou engenharia de produção. Muitas vezes, o projeto de ferramentas de fabricação, as próprias ferramentas de fabricação e os grupos técnicos de apoio fazem parte do escopo do departamento de engenharia de fabricação. O escopo da engenharia de fabricação inclui muitas atividades e responsabilidades que dependem do tipo de operação de produção realizadas pela organização. Essas atividades são discutidas nesta seção. Os tipos de operações de produção foram discutidos na Seção 28.1.1.

TABELA 28.1 Decisões e detalhes necessários no planejamento do processo

Processos e sequências. O plano de processo deve descrever resumidamente todos os passos de processamento utilizados na unidade de trabalho (p. ex., peça, montagem), na ordem em que são realizados.

Seleção de equipamentos. Em geral, os engenheiros de fabricação tentam desenvolver planos de processo que utilizam equipamentos existentes. Quando isto não for possível, o componente em questão deve ser comprado (Seção 28.2.2) ou novos equipamentos devem ser instalados na fábrica.

Ferramentas, matrizes, moldes, acessórios e medidores. O planejador do processo deve decidir o ferramental necessário para cada processo. O projeto normalmente está sob responsabilidade do departamento de projeto da ferramenta, e a fabricação é realizada na ferramentaria.

Ferramentas de corte e condições de corte das máquinas. Esses elementos são especificados pelo planejador do processo, engenheiro industrial, mestre da ferramentaria ou operador de máquina, muitas vezes com referência a padrões de operação.

Métodos. Os métodos incluem a definição de movimentos de mão e de corpo, *layout* do local de trabalho, ferramentas de pequeno porte, guinchos para içar peças pesadas, e assim por diante. Os métodos devem ser especificados para operações manuais (p. ex., a montagem) e intervenções do trabalhador nos ciclos de operação das máquinas (p. ex., carga e descarga de uma máquina de produção). O planejamento de métodos é tradicionalmente feito por engenheiros industriais.

Padrões de trabalho. Técnicas de medição do trabalho são usadas para estabelecer tempos-padrão de cada operação.

Estimativa de custos de produção. Muitas vezes realizado por funcionários da área financeira, que gerenciam os custos de produção com o auxílio do planejador de processo.

(Crédito: *Fundamentals of Modern Manufacturing*, 4ª Edição por Mikell P. Groover, 2010. Reproduzido com permissão de John Wiley & Sons, Inc.)

28.2.1 PLANEJAMENTO TRADICIONAL DO PROCESSO

O planejamento do processo é de modo tradicional realizado por engenheiros de produção conhecedores dos processos específicos do chão de fábrica e capazes de interpretar projetos de engenharia. Os engenheiros de produção, com base em seu conhecimento, habilidade e experiência, desenvolvem as etapas de processamento na sequência mais adequada para produção de cada peça. A Tabela 28.1 lista detalhes e decisões normalmente considerados no âmbito do processo de planejamento. Alguns desses detalhes são muitas vezes delegados a especialistas, como projetistas de ferramentas, mas o engenheiro de produção é o responsável por todo esse processo.

Planejamento do Processo para Produção de Peças Os processos necessários para a fabricação de determinada peça são definidos, em grande parte, pelo material utilizado na peça. O material é selecionado pelo projetista do produto com base nos seus requisitos funcionais. Uma vez que o material tenha sido selecionado, a escolha dos processos de fabricação torna-se possível.

Sequência típica de processo de fabricação de uma peça consiste em (1) um processo primário, (2) um ou mais processos secundários, (3) as operações para melhoria das propriedades físicas e (4) as operações de acabamento, conforme ilustrado na Figura 28.3. Processos primários e secundários são processos de mudança de forma (Seção 1.2.1), que criam ou alteram a geometria inicial de uma peça. O *processo primário* estabelece a geometria inicial de uma peça. Exemplos incluem a fundição, o forjamento e a laminação. Na maioria dos casos, a geometria inicial deve ser aperfeiçoada por meio de uma série de *processos secundários*. Essas operações transformam a forma básica da peça em sua geometria final. Existe uma correlação entre os processos secundários que podem ser usados e o processo primário que proporciona a forma inicial. Por exemplo, quando a fundição ou forjamento são os processos básicos, as operações de usinagem são geralmente os processos secundários. Quando o laminador produz tiras ou bobinas de chapa de metal, os processos secundários são operações de estampagem, tais como corte, embutimento e dobramento. A seleção de certos processos primários minimiza a necessidade de processos secundários. Por exemplo, se a moldagem por injeção de plástico é o processo primário, então as operações secundárias geralmente não são necessárias porque a moldagem por si só já é capaz de proporcionar as características geométricas com boa precisão dimensional.

As operações primárias e secundárias são geralmente seguidas por operações para garantir boas propriedades físicas e o acabamento do produto. *Os processos de aprimoramento das propriedades físicas* incluem operações de tratamento térmico de componentes de metal e vidro. Em muitos casos, as etapas de melhoria das propriedades físicas são necessárias na sequência de fabricação das peças. Isto é indicado pela seta que aponta o caminho alternativo na nossa figura. O *acabamento* são as operações finais da sequência, que geralmente proporcionam revestimento sobre a peça (ou conjunto). Exemplos desses processos são a pintura e a galvanização.

Em alguns casos, as operações de melhoria das propriedades físicas são seguidas por operações secundárias adicionais antes de passar para as operações de acabamento, tal como sugerido pelo circuito de retorno na Figura 28.3. Um exemplo é uma peça endurecida por tratamento térmico. Antes do tratamento térmico, a peça é dimensionada ligeiramente acima da dimensão final para permitir distorções. Após o endurecimento, a peça tem seu formato corrigido para a dimensão final na retificação para acabamento. Outro exemplo, também na fabricação de peças de metal, é quando o recozimento é usado para restaurar a maleabilidade ao metal após o trabalho a frio a fim de permitir que a peça possa apresentar deformações.

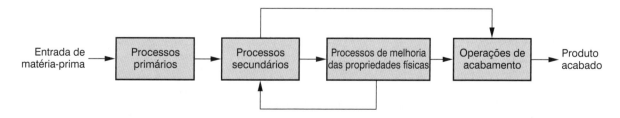

FIGURA 28.3 Sequência típica de processos de fabricação de peças. (Crédito: *Fundamentals of Modern Manufacturing*, 4ª Edição por Mikell P. Groover, 2010. Reproduzido com permissão de John Wiley & Sons, Inc.)

A Tabela 28.2 apresenta algumas das sequências de operações típicas de vários materiais e processos primários. A tarefa do planejador do processo em geral começa após o processo primário ter proporcionado a forma inicial da peça. As peças inicialmente assumem formas fundidas ou forjadas, estocadas em barras, e os processos primários para essas formas são com frequência externos à fábrica. A estampagem é iniciada com bobinas ou tiras vindas da laminação — matérias-primas fornecidas por fornecedores externos para os processos secundários e operações subsequentes a serem executadas na fábrica. Determinar os processos mais adequados e a ordem em que devem ser realizados depende da habilidade, experiência e julgamento do planejador do processo. Algumas das orientações básicas e considerações utilizadas pelos planejadores do processo para tomar essas decisões são apresentadas na Tabela 28.3.

TABELA 28.2 Algumas sequências típicas de processo produtivo

Processo Primário	Processo(s) Secundário(s)	Processos para Melhoria das Propriedades Físicas	Operações de Acabamento
Moldagem em areia	Usinagem	(nenhum)	Pintura
Fundição de precisão	(nenhum, forma final)	(nenhum)	Pintura
Moldagem do vidro	Embutimento, moldagem por sopro	(nenhum)	(nenhum)
Moldagem por injeção	(nenhum, forma final)	(nenhum)	(nenhum)
Laminação de barras	Usinagem	Tratamento térmico (opcional)	Galvanização
Laminação de chapas	Estampagem	(nenhum)	Galvanização
Forjamento	Usinagem (próximas da forma final)	(nenhum)	Pintura
Extrusão de alumínio	Corte longitudinal	(nenhum)	Anodização
Atomização pós metálicos	Prensagem	Sinterização	Pintura

Compilado de [4].

TABELA 28.3 Orientações e considerações do processo de decisão e suas consequências

Requisitos do projeto. A sequência de operações deve satisfazer as dimensões, as tolerâncias, o nível de acabamento de superfície e outras especificações estabelecidas no projeto do produto.

Requisitos de qualidade. Os processos devem satisfazer os requisitos de qualidade em termos de tolerâncias, integridade da superfície projetada, consistência e robustez, entre outras medidas de qualidade.

Volume e taxa de produção. A produção se encaixa na categoria baixa, média ou alta escala? A seleção de processos e sistemas é fortemente influenciada pelo volume e taxa de produção.

Disponibilidade de processos. Se o produto e seus componentes são fabricados internamente, o planejador do processo deve selecionar processos e equipamentos já disponíveis na fábrica.

Utilização de material. É desejável que a sequência de operações de um processo considere o uso eficiente dos materiais, com o mínimo de perdas possível. Quando possível, processos *net-shape* ou *near-net-shape* podem ser selecionados.

Restrições de precedência. Trata-se dos requisitos tecnológicos de sequenciamento das operações que determinam ou restringem a ordem pela qual as operações podem ser executadas. Um furo deve ser usinado antes de ser utilizado no processo; uma peça fabricada por metal em pó deve ser prensada antes da sinterização; uma superfície deve ser limpa antes da pintura, e assim por diante.

Superfícies de referência. Certas superfícies da peça devem ser fabricadas (em geral por usinagem) no início do processo para que possa facilitar a usinagem de outras superfícies fabricadas posteriormente. Por exemplo, se um furo deve ser usinado a certa distância da borda de uma peça, então essa borda deve ser usinada em primeiro lugar.

Minimizar setups. O número de *setups* de máquina deve ser minimizado. Sempre que possível, as operações devem ser executadas na mesma estação de trabalho. Isso economiza tempo e reduz a necessidade de manuseio de materiais.

Eliminar etapas desnecessárias. A sequência do processo deve ser planejada com o número mínimo de etapas. Operações desnecessárias devem ser evitadas. Alterações de projeto deverão ser solicitadas para eliminar funcionalidades não necessárias, eliminando as etapas de processamento associadas a essas funcionalidades.

Flexibilidade. Se possível, o processo deve ser suficientemente flexível para acomodar mudanças na engenharia do produto. Problemas ocorrem com frequência quando ferramentas especiais devem ser projetadas para se produzir uma peça; se o projeto de uma peça é alterado, o ferramental utilizado até então torna-se obsoleto.

Segurança. A segurança do trabalhador deve ser considerada na seleção dos processos produtivos. Além das considerações econômicas, há também as questões legais (Lei da Saúde e Segurança Ocupacional).

Custos mínimos. A sequência de operações, além de satisfazer todos os requisitos anteriores, deve também buscar o custo de produção mais baixo possível.

(Crédito: *Fundamentals of Modern Manufacturing*, 4ª Edição por Mikell P. Groover, 2010. Reproduzido com permissão de John Wiley & Sons, Inc.)

Registro de Atividades O plano de processo é preparado em formato denominado *registro de atividades*, cujo exemplo pode ser visualizado na Figura 28.4 (algumas empresas usam outros nomes para este registro; como, por exemplo, delineamento de fabricação). Ele é chamado roteiro ou registro de atividades porque especifica a sequência de operações e equipamentos que serão utilizados durante a produção de determinada peça. O registro de atividades está para o planejador do processo assim como o diagrama esquemático do projeto de uma peça está para o engenheiro de produto. Trata-se do documento oficial que especifica os detalhes do plano de processo. O registro de atividades deve incluir todas as operações de fabricação a serem realizadas na peça, listadas na ordem correta em que devem ser executadas. Para cada operação, as seguintes informações devem ser contempladas: (1) breve descrição da operação que indica o trabalho a ser feito, a superfície a ser usinada com referência ao desenho da peça e das dimensões (e tolerâncias, se não for especificado no desenho da peça) a serem consideradas; (2) o equipamento no qual a operação deverá ser executada; e (3) qualquer ferramenta especial necessária, como matrizes, moldes, ferramentas de corte, gabaritos ou acessórios e escalas. Além disso, algumas empresas incluem tempos de ciclo-padrão, tempos de *setup* e outros dados no registro de atividades.

Peça nº: 031393	Título: Alojamento da válvula		Rev. 2	Página 1 de 2	
Material: Aço Inox 416	Dimensão: 2,0 diâm. × 5,0 compr.		Projetista: MPG	Data: 13/3/XX	
No.	Operação	Dept.	Equipamento	Ferram., Gabaritos	Tempo Prepar.	Tempo Ciclo
10	Face: Desbastar e acabar no torno para 1,473 ± 0,003 dia. × 1,250 ± 0,003 comp.; Acabamento no torno para 1,875 × 0,002 dia.; 3 rasgos de 0,125 larg. × 0,063 prof.	L	325	G857	1,0 h	8,22 m
20	Face oposta: Facear para 4,760 ± 0,005 comp.; Tornear para 1,875 × 0,002 dia. furar 1,0 + 0,006 − 0,002 dia. furo axial.	L	325		0,5 h	3,10 m
30	Furar e alargar 3 furos radiais em 0,375+ 0,002 dia.	D	114	F511	0,3 h	2,50 m
40	Fresar rasgo 0,500 ± 0,004 larg. × 0,375 ± 0,003 prof.	M	240	F332	0,3 h	1,75 m
50	Fresar platô com 0,750 ± 0,04 larg. × 0,375 ± 0,03 prof.	M	240	F333	0,3 h	1,60 m

FIGURA 28.4 Típico registro de atividades para especificação do planejamento do processo. (Crédito: *Fundamentals of Modern Manufacturing*, 4ª Edição por Mikell P. Groover, 2010. Reproduzido com permissão de John Wiley & Sons, Inc.)

Por vezes, um ***roteiro de operações*** mais detalhado pode ser necessário para cada operação. Tal roteiro fica sob responsabilidade do departamento específico em que o trabalho será realizado. Ele indica os detalhes específicos da operação, tais como velocidades de corte, ferramentas e outras instruções úteis para o operador da máquina. Esboços de *setup* são também incluídos, por vezes.

Planejamento do Processo para Montagem Para a produção em pequenas quantidades, a montagem é geralmente feita em estações de trabalho individuais, e um trabalhador ou equipe de trabalhadores executa as operações de montagem para fabricar o produto. Na produção em quantidades intermediárias e em larga escala, a montagem é em geral realizada em linhas de produção. Em ambos os casos, existe uma ordem de prioridade em que o trabalho deve ser realizado.

O planejamento de processos para a montagem envolve a preparação das instruções de montagens que devem ser realizadas. Para as estações individuais, a documentação é semelhante ao registro de atividades da Figura 28.4. Ela contém uma lista das etapas de montagem na ordem em que devem ser realizadas. Para a linha de montagem, o planejamento consiste em definições de trabalho atribuídas às estações ao longo da linha, procedimento denominado **balanceamento da linha**. Com efeito, a linha de montagem move a unidade de trabalho pelas estações individuais, e o balanceamento de linha de montagem determina quais etapas são executadas em cada estação. Tal como acontece com o planejamento do processo para fabricação de peças, todas as ferramentas e equipamentos necessários para realizar o trabalho de montagem devem ser definidos, e o *layout* do local de trabalho deve ser concebido de forma a acomodar todo o processo.

28.2.2 DECISÃO ENTRE FABRICAR OU COMPRAR

Inevitavelmente, uma questão crítica que os gestores se deparam é decidir se determinada peça deve ser comprada de fornecedor externo ou fabricada internamente. No início, imagina-se que, como hipótese, todos os fabricantes compram materiais de entrada de seus fornecedores. Um fabricante de equipamentos e peças compra lingotes de metal de um fornecedor que as produziu a partir do processo de fundição. Uma fábrica que executa processo de moldagem de plástico obtém a matéria-prima de uma empresa petroquímica. Uma empresa que trabalha com estampagem compra chapas de metal de uma empresa que realiza o processo de laminação. Poucas empresas são por completo integradas verticalmente, desde a produção de matérias-primas até o produto acabado.

Dado que uma empresa adquira pelo menos alguns dos seus materiais de entrada, pode-se questionar se a empresa deveria ou não comprar alguns materiais de outras empresas. A resposta para a pergunta é a decisão entre **fabricar ou comprar**. A decisão entre fabricar ou comprar se faz pertinente para cada componente utilizado pela empresa.

O custo é o fator mais importante para decidir se uma peça deve ser feita na própria fábrica ou comprada. Se o vendedor é significativamente mais eficiente nos processos necessários para se produzir o componente, é provável que o custo de produção interna seja maior que o preço de compra, mesmo quando o lucro está incluído no preço determinado pelo fornecedor. Por outro lado, se a compra de componentes acarretar ociosidade na fábrica, então uma vantagem aparente em termos de custo pode significar na verdade desvantagem para a fábrica compradora. Considere o exemplo a seguir.

EXEMPLO 28.1
Comparação entre os Custos de Fabricar ou Comprar

Suponha que o preço de R$ 8,00 por unidade para 1000 unidades tenha sido estabelecido por um fornecedor de determinado componente. A mesma peça feita na fábrica custaria R$ 9,00. A composição dos custos neste último caso é a seguinte:

$$\begin{aligned}
\text{Custo de material} &= \text{R\$ } 2{,}25 \text{ / unidade} \\
\text{Trabalho direto} &= \text{R\$ } 2{,}00 \text{ / unidade} \\
\text{Trabalho indireto} &= \text{R\$ } 3{,}00 \text{ / unidade} \\
\text{Custo fixo dos equipamentos} &= \text{R\$ } 1{,}75 \text{ / unidade} \\
\text{Total} &= \text{R\$ } 9{,}00 \text{ / unidade}
\end{aligned}$$

O componente deve ser comprado ou fabricado?

Solução: Embora o preço menor do vendedor pareça favorecer a decisão de compra, vamos considerar o possível efeito sobre a fábrica se a decisão for aceitar o preço e a compra do componente. O custo do equipamento é fixo alocado com base em um investimento já feito. Se considerarmos que o equipamento ficará ocioso com a decisão de comprar o componente, podemos argumentar que o custo fixo de R$ 1,75 continuará a incidir mesmo se o equipamento não estiver em uso. Da mesma forma, os custos de *overhead* de R$ 3,00 relacionados ao espaço físico de chão de fábrica, o trabalho indireto e outros custos também irão continuar, mesmo se a peça for comprada. Por esse raciocínio, a decisão de compra pode custar à empresa R$ 8,00 + R$ 1,75 + R$ 3,00 = R$ 12,75, se isso resultar em ociosidade na máquina que seria utilizada para fabricar a peça.

Por outro lado, se o equipamento pode ser utilizado para produzir outros componentes cujos custos internos sejam menores que os preços cobrados por fornecedores externos, então a decisão pela compra passa a fazer sentido em termos econômicos.

A decisão entre fabricar ou comprar raramente é tão simples como no Exemplo 28.1. Alguns outros fatores que entram na decisão estão listados na Tabela 28.4. Embora estes fatores pareçam subjetivos, todos têm implicações de custo, seja de maneira direta ou indireta. Nos últimos anos, as grandes empresas têm feito grande esforço na construção de relações estreitas com fornecedores. Esta tendência foi especialmente prevalente na indústria automobilística, em que acordos de longo prazo foram estabelecidos entre as montadoras e número limitado de fornecedores eram capazes de oferecer componentes de alta qualidade de forma confiável.

TABELA 28.4 Fatores-chave envolvidos na decisão entre fazer e comprar	
Fatores	**Explicação e Efeito na Decisão entre Fabricar ou Comprar**
Processo disponível na empresa	Se determinado processo não está disponível internamente, então a decisão óbvia é a compra. Os vendedores costumam desenvolver habilidade em um conjunto limitado de processos, o que os torna competitivos em termos de custo. Há exceções a essa orientação: a empresa decide que, na sua estratégia de longo prazo, deve desenvolver habilidade em uma tecnologia de processo de fabricação que não possui atualmente.
Quantidade a ser produzida	Número de unidades necessárias. Grande volume tende a favorecer a decisão de fazer internamente. Pequenas quantidades tendem a favorecer a decisão de comprar.
Ciclo de vida do produto	Ciclo de vida longo do produto tende a favorecer a produção interna.
Itens-padrão	Itens padronizados, tais como parafusos, porcas, arruelas e muitos outros tipos de componentes são produzidos por fornecedores especializados. É quase sempre melhor comprar esses itens-padrão.
Confiabilidade do fornecedor	O fornecedor confiável sempre ganha a competição pela produção.
Fontes alternativas	Em alguns casos, as fábricas compram peças de fornecedores como fonte alternativa de sua própria produção. Esta é uma tentativa de assegurar o fornecimento ininterrupto de peças ou facilitar a produção em períodos de pico de demanda.

(Crédito: *Fundamentals of Modern Manufacturing*, 4ª Edição por Mikell P. Groover, 2010. Reproduzido com permissão de John Wiley & Sons, Inc.)

28.2.3 PLANEJAMENTO DO PROCESSO AUXILIADO POR COMPUTADOR

Durante as últimas décadas, tem havido considerável interesse em **planejamento do processo auxiliado por computador** (*computer aided process planning* — CAPP), que trata da automação do planejamento do processo por meio de sistemas de computador. Pessoas com profundo conhecimento em processos de fabricação estão gradualmente se aposentando. Uma abordagem alternativa para o planejamento do processo é necessária, e sistemas CAPP proporcionam esta alternativa. Sistemas de planejamento do processo auxiliado por computador são projetados em torno de duas abordagens: sistemas por recuperação e sistemas generativos.

Sistemas CAPP por Recuperação Esses sistemas, também conhecidos como **sistemas CAPP na forma variante**, baseiam-se na tecnologia de grupo e no sistema de classificação de peças e codificação (Seção 29.2.1). Nestes sistemas, um plano-padrão de processo é armazenado em arquivos de computador para cada código da peça. O código identifica as características únicas de uma peça, como tipo de material, forma, dimensões principais, tolerâncias e quantidades envolvidas na produção. Esses dados são a base para determinar qual sequência de processos de fabricação deve ser usada para fabricar a peça. O plano-padrão é baseado em roteiros de peças utilizadas na fábrica ou em um plano ideal, que é preparado para cada código de peça. Os sistemas CAPP por recuperação funcionam como indicado na Figura 28.5. O usuário identifica o código da peça para a qual o plano de processo será determinado. Uma busca é feita nos arquivos da família da peça para determinar se existe uma rota-padrão para aquele código da peça. Se o arquivo contém plano de processo para a peça, este é recuperado e exibido para o usuário. O plano-padrão de processo é examinado para determinar se modificações são necessárias. Embora a nova peça tenha o mesmo código, pequenas diferenças nos processos podem ser necessárias para fabricação da peça.

O plano-padrão é então editado. Uma vez que é possível alterar o plano de processo existente, os sistemas CAPP por recuperação são também chamados sistemas variantes.

Se o arquivo não contém um plano-padrão de processo para determinado código, o usuário poderá pesquisar o arquivo a partir de um código semelhante para o qual o roteamento-padrão já existe. O usuário desenvolve o plano de processo para a nova peça tanto pela edição do plano de processo existente, ou começando do zero. Ele torna-se então o plano de processo-padrão para o novo código da peça.

O passo final é o formatador do plano de processo, que imprime o registro de atividades no formato adequado. O formatador pode chamar outros programas de aplicação: determinação das condições de usinagem para operações de máquinas-ferramenta, cálculo dos tempos-padrão de ciclos de usinagem, ou cálculo de estimativas de custos.

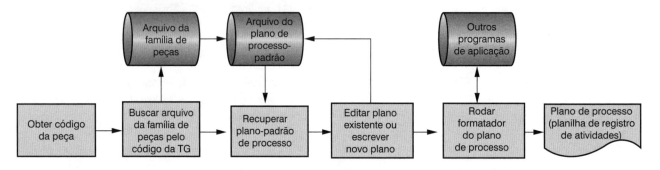

FIGURA 28.5 Operação de um sistema de planejamento de processo auxiliado por computador (CAPP) por recuperação. Referências [3] e [4]. (Crédito: *Fundamentals of Modern Manufacturing*, 4ª Edição por Mikell P. Groover, 2010. Reimpresso com permissão de John Wiley & Sons, Inc.)

Sistemas CAPP Generativos Esses sistemas são uma alternativa aos sistemas CAPP por recuperação. Em vez de recuperar e editar planos existentes a partir de um banco de dados, o sistema gerador cria o plano de processo utilizando procedimentos sistemáticos que podem ser aplicadas por um planejador. Em um sistema CAPP totalmente generativo, a sequência do processo é planejada, sem assistência humana e sem plano-padrão predefinido.

O projeto de um sistema CAPP generativo é um problema inserido no campo de sistemas especialistas, ramo da inteligência artificial. Os *sistemas especialistas* são programas de computador capazes de resolver problemas complexos, que normalmente exigem anos de formação e experiência do especialista. O planejamento do processo se encaixa nessa definição. Vários elementos são necessários em um sistema CAPP totalmente generativo:

1. **Base de conhecimento.** O conhecimento técnico da produção e a lógica usada pelos planejadores de processo bem-sucedidos devem ser capturados e codificados em um programa de computador. Um sistema especialista aplicado ao planejamento de processo requer o conhecimento e a lógica dos planejadores de processo para serem incorporados em uma base de conhecimento. Sistemas CAPP generativos usam a base de conhecimento para resolver problemas de planejamento de processos e, a partir dessas soluções, geram planilhas com rotas de processo.

2. **Computador compatível com descrição da peça.** O processo de planejamento generativo requer computador compatível com a descrição da peça. A descrição contém todos os dados necessários para planejar a sequência do processo. Duas descrições possíveis são

(1) o modelo geométrico da peça desenvolvida em um sistema CAD durante o projeto do produto, ou (2) o código da tecnologia de grupo da peça definindo suas características em detalhes.

3. *Motor de inferência.* Um sistema de CAPP generativo requer capacidade para aplicar a lógica do planejamento e do conhecimento do processo contido na base de conhecimento para uma descrição da peça. O sistema CAPP aplica sua base de conhecimento para resolver o problema específico de planejar o processo para uma nova peça. Este procedimento de resolução de problemas é tratado como o motor de inferência na terminologia dos sistemas especialistas. Ao utilizar sua base de conhecimento e o motor de inferência, o sistema CAPP sintetiza um novo plano de processo para cada peça nova que lhe é apresentada.

Benefícios do CAPP Os benefícios do sistema de planejamento de processo auxiliado por computador são os seguintes: (1) racionalização dos processos e padronização — processo de planejamento automatizado leva a planos de processo mais lógicos e consistentes do que quando o planejamento do processo tradicional é utilizado; (2) aumento da produtividade dos planejadores de processo — a abordagem sistemática e a disponibilidade de planos de processo-padrão nos arquivos de dados permitem o desenvolvimento de número maior de planos de processo por planejador; (3) redução do *lead time* para preparar planos de processo; (4) legibilidade melhorada em comparação com as planilhas de rota preparadas manualmente; e (5) capacidade de aumentar a interface do CAPP com outras aplicações, tais como estimativa de custos, padrões de trabalho e outros.

28.2.4 SOLUÇÃO DE PROBLEMAS E MELHORIA CONTÍNUA

Problemas podem surgir nas atividades de fabricação que exigem apoio técnico de pessoal qualificado. Ocorre que, em muitas ocasiões este quadro técnico pode não estar disponível em número suficiente na organização. Os problemas são normalmente específicos para as tecnologias dos processos realizados na operação. Na usinagem, os problemas podem estar relacionados com a seleção de ferramentas, acessórios que não funcionam de forma adequada, peças fora da especificação, ou condições afastadas das consideradas ótimas de usinagem. Na moldagem com plástico, os problemas podem ser diversos, por exemplo, quando as peças colam no molde, ou qualquer um dos defeitos que podem ocorrer numa peça moldada. Estes problemas são técnicos, e conhecimentos de engenharia são necessários para resolvê-los.

Em alguns casos, a solução pode necessitar de alteração de projeto, por exemplo, mudando a tolerância de uma dimensão da peça para eliminar uma operação de retificação, sem comprometer as características da peça. O engenheiro de fabricação é responsável por desenvolver a solução adequada para o problema e propor alterações no produto ao departamento de projeto.

Além de resolver problemas técnicos ("de combate a incêndio", como pode ser chamado), o departamento de engenharia de produção também é responsável pela melhoria contínua de projetos. Melhoria contínua significa buscar constantemente formas de reduzir custos, melhorar qualidade e aumentar a produtividade no processo de fabricação. É realizado um projeto de cada vez. Dependendo do tipo de problema, pode ser necessário criar uma equipe de projeto cujos membros incluem não só engenheiros de produção, mas também outros profissionais, como projetistas do produto, engenheiros de qualidade e operadores da produção.

Um dos elementos com maior potencial para melhorias é o tempo de *setup*. Os procedimentos envolvidos na mudança de configuração da produção de um produto para outro (ou seja, na produção em lotes) são demorados e dispendiosos. Engenheiros de produção são responsáveis por analisar os procedimentos de configuração e encontrar maneiras de reduzir o tempo necessário para realizá-los.

28.3 ENGENHARIA SIMULTÂNEA E PROJETO DE MANUFATURA

Grande parte da função de planejamento de processo descrita na Seção 28.2 depende de decisões tomadas no projeto do produto. As decisões sobre materiais, geometria da peça, tolerâncias, técnicas de acabamento de superfície, agrupamento das peças e técnicas de montagem limitam os processos de produção disponíveis que podem ser usados para fazer determinada peça. Se o engenheiro de produto projeta um molde de alumínio com características que podem ser alcançadas apenas com usinagem (por exemplo, superfícies planas com bons acabamentos, tolerâncias pequenas e furos roscados), então o planejador do processo não tem escolha a não ser planejar para o processo de moldagem em areia, seguido pelas operações de usinagem necessárias. Se o projetista do produto especifica um conjunto de chapas estampadas a serem montadas por parafusos, então o planejador de processo deve prever a utilização de uma série de equipamentos de estampagem e prensas para realizar as etapas de fabricação e, em seguida, de montagem. Em ambos os exemplos, uma peça moldada de plástico pode ter melhor projeto, tanto do ponto de vista funcional quanto econômico. É importante para o engenheiro de fabricação atuar como conselheiro para o engenheiro de projeto nas questões relacionadas ao processo de fabricação. Um projeto de produto é capaz de levar ao mercado produtos que podem ser produzidos a custo mínimo e, ao mesmo tempo, ser um sucesso em termos de aceitação de mercado. Carreiras bem-sucedidas de engenheiros de projeto são construídas sobre produtos bem-sucedidos.

Os termos frequentemente associados às práticas de se influenciar positivamente a fabricação de um produto são **projeto para manufatura** (*design for manufacturing* — DFM) e **projeto para montagem** (*design for assembly* — DFA). Já que DFM e DFA estão intrinsecamente ligados, então vamos nos referir a eles como DFM/A. O escopo de atuação do DFM/A é expandido em algumas empresas para incluir não só elementos relacionados à produção, mas também relacionados ao sucesso comercial, ao controle de qualidade, às formas de se envolver serviços relacionados ao produto, à capacidade de manutenção, e assim por diante. Este escopo mais amplo demanda o envolvimento de vários departamentos, além de engenharia de projeto e engenharia de produção. A abordagem é chamada **engenharia simultânea**. Nossa discussão é organizada em torno desses dois temas: DFM/A e engenharia simultânea.

28.3.1 PROJETO PARA MANUFATURA E MONTAGEM

O projeto para manufatura e montagem é uma abordagem de projeto de produto que sistematicamente inclui considerações de fabricação e montagem no projeto. DFM/A inclui mudanças organizacionais, princípios e orientações de projeto.

Para implementar o DFM/A, a empresa deve mudar sua estrutura organizacional, quer formal ou informalmente, para proporcionar maior interação e melhor comunicação entre o pessoal de projeto e produção. Isso é muitas vezes feito por meio da formação de equipes de projetos que consistem em projetistas de produto, engenheiros de produção e de outras especialidades (p. ex., engenheiros de qualidade, engenheiro de materiais) para o projeto do produto. Em algumas empresas, engenheiros de projeto são obrigados a passar algum tempo das suas carreiras na fabricação para lidarem mais proximamente com os problemas encontrados no chão de fábrica. Outra possibilidade é a de atribuir aos engenheiros de fabricação a função de consultores do departamento de projeto em tempo integral.

O DFM/A também inclui princípios e diretrizes que indicam como projetar um dado produto para máxima eficiência na fabricação. Muitos destes princípios e diretrizes são concepções universais, tais como os apresentados na Tabela 28.5. São regras que podem ser aplicadas a certas situações de projeto de um produto. Além disso, vários de nossos capítulos sobre os processos de fabricação incluem princípios de DFM/A específicos para esses processos.

As diretrizes estão, por vezes, em conflito. Por exemplo, uma orientação para o projeto da peça é fazer com que a geometria seja tão simples quanto possível. No entanto, na concepção de montagem, é muitas vezes desejável combinar características de várias peças montadas em um único componente para reduzir o número de peças e o tempo de montagem. No entanto, combinar várias características torna a geometria da peça mais complexa. Nesses casos, o projeto de fabricação conflita com o projeto de montagem, e um ponto de equilíbrio deve ser encontrado para satisfazer os lados opostos do conflito.

Os benefícios normalmente encontrados na DFM/A incluem (1) menor tempo para levar o produto para o mercado, (2) transição mais suave para a produção, (3) menos componentes na versão final do produto, (4) montagem mais fácil, (5) menores custos de produção, (6) qualidade superior do produto e (7) maior satisfação do cliente [1].

TABELA 28.5 Princípios gerais e diretrizes para projeto, manufatura e montagem

Minimizar o número de componentes. Os custos de montagem são reduzidos. O produto final é mais confiável porque há menos conexões. Desmontagem para manutenção e outros serviços são mais fáceis. Número menor de peças leva a maior facilidade para implementar automação. O estoque em processo é reduzido, e há menos problemas de controle de estoque. Menos peças precisam ser compradas, o que reduz os custos de encomenda.

Utilizar componentes padronizados disponíveis no mercado. O tempo e esforço de projeto são reduzidos. O projeto de componentes customizados é evitado. Há pouca variedade de peça. O controle de estoque é facilitado. A oferta de descontos no preço final pode ser possível.

Utilizar peças comuns em diferentes linhas de produtos. Há oportunidade para aplicar a tecnologia de grupo (Seção 29.2). A implementação de células de produção pode ser possível. A oferta de descontos no preço final pode ser possível.

Projetar peças para fabricação facilitada. A geometria da peça é simplificada, e os recursos desnecessários são evitados. Requisitos de acabamento de superfície desnecessários devem ser evitados; caso contrário, processos adicionais podem ser necessários.

Projetar peças com tolerâncias que estão dentro da capacidade do processo. Tolerâncias mais estreitas que a capacidade do processo (Seção 30.2) devem ser evitadas; caso contrário, processamentos adicionais e amostragens serão necessários. Tolerâncias bilaterais devem ser especificadas.

Projetar o produto para ser à prova de falhas durante a montagem. A montagem deve ser inequívoca. Os componentes devem ser projetados para que possam ser montados de uma única maneira. Características geométricas especiais devem, por vezes, serem adicionadas aos componentes para atingir a montagem à prova de falhas.

Minimizar o uso de componentes flexíveis. Componentes flexíveis incluem peças feitas de borracha, correias, juntas, cabos etc. Componentes flexíveis são geralmente mais difíceis de manusear e montar.

Projetar para facilitar montagem. Características da peça, como chanfros e escariados, devem ser concebidas em peças de encaixe. Projete a montagem usando componentes a partir dos quais outros componentes sejam adicionados. A montagem deve ser projetada de modo que os componentes sejam adicionados em uma única direção, geralmente na vertical. Fixadores roscados (parafusos, porcas e arruelas) devem ser evitados quando possível, em especial quando a montagem automatizada é utilizada; técnicas de montagem rápida, tais como ajustes de encaixe e colagem de adesivo, devem ser empregadas. O número de elementos de fixação deve ser minimizado.

Utilizar projeto modular. Cada subconjunto da peça final deve consistir em cinco a quinze peças. Nesses casos, a manutenção e o reparo são facilitados. A montagem manual e automatizada é implementada mais facilmente. Necessidades de estoques são reduzidas. O tempo de montagem final é minimizado.

Utilizar formatos de peças e produtos de forma a facilitar a embalagem. O produto deve ser projetado de modo que o padrão de embalagens possa ser usado, compatível com o equipamento de embalagem automática. A remessa aos clientes é facilitada.

Eliminar ou reduzir ajustes necessários. Ajustes são consumidores de tempo na linha de montagem. Projetar ajustes sobre o produto significa mais oportunidades para eliminar ajustes pontuais que venham a surgir.

Compilação de [1] e [8].

28.3.2 ENGENHARIA SIMULTÂNEA

A engenharia simultânea refere-se a uma abordagem de projeto de produto em que as empresas tentam reduzir o tempo decorrido para colocar um novo produto no mercado por integrar a engenharia de projeto, a engenharia de fabricação e outras funções da empresa. A abordagem tradicional tende a separar as duas funções, como ilustrado na Figura 28.6(a). O departamento de projeto de produto desenvolve o novo projeto, por vezes com poucas considerações sobre a capacidade de produção. Há pouca interação entre os engenheiros de projeto e os engenheiros de fabricação que possam fornecer informações sobre esses recursos e como o projeto do produto pode ser alterado. É como se existisse um muro entre as duas funções; quando a engenharia finaliza o projeto, os desenhos e especificações são jogados sobre a parede de modo que o planejamento do processo pode ser iniciado.

Em uma empresa com práticas de *engenharia simultânea*, o planejamento da fabricação inicia enquanto o projeto do produto está sendo desenvolvido, como representado na Figura 28.6(b). A engenharia de produção é envolvida no início do ciclo de desenvolvimento de produto. Além disso, outras funções também estão envolvidas neste momento, tais como serviços de campo, engenharia de qualidade, departamentos de produção, fornecedores que produzem componentes críticos e, em alguns casos, os clientes que irão utilizar o produto. Todas estas funções podem contribuir para um projeto de produto que não só apresente bom desempenho funcional, mas também tenha bom desempenho no processo de fabricação, montagem, inspeção, testes e manutenção, livre de defeitos e seguro. Todos os pontos de vista foram combinados para criar um produto de alta qualidade que irá proporcionar a satisfação do cliente. O envolvimento dessas funções logo nas fases iniciais do projeto do produto elimina os riscos de alterações posteriores, mais críticas e inconvenientes, tornando o ciclo de desenvolvimento completo do produto mais reduzido.

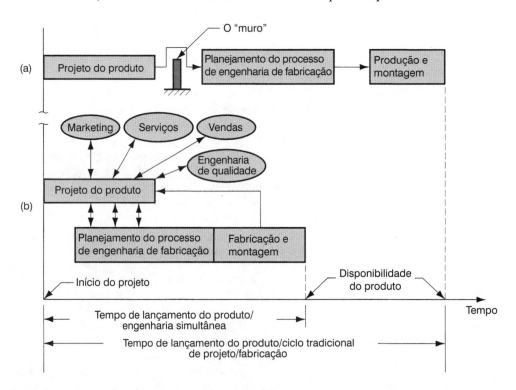

FIGURA 28.6 Comparação entre: (a) ciclo tradicional de desenvolvimento do produto, e (b) desenvolvimento do produto por engenharia simultânea. (Crédito: *Fundamentals of Modern Manufacturing*, 4ª Edição por Mikell P. Groover, 2010. Reimpresso com permissão de John Wiley & Sons, Inc.)

REFERÊNCIAS

[1] Bakerjian, R., and Mitchell, P. *Tool and Manufacturing Engineers Handbook*, 4th ed. Vol. **VI**, *Design for Manufacturability*. Society of Manufacturing Engineers, Dearborn, Michigan, 1992.

[2] Eary, D. F., and Johnson, G. E. *Process Engineering for Manufacturing*. Prentice-Hall, Inc., Englewood Cliffs, New Jersey, 1962.

[3] Groover, M. P., and Zimmers, E. W., Jr. *CAD/CAM: Computer-Aided Design and Manufacturing*. Prentice Hall, Englewood Cliffs, New Jersey, 1984.

[4] Groover, M. P. *Automation, Production Systems, and Computer Integrated Manufacturing*, 3rd ed. Pearson Prentice Hall, Upper Saddle River, New Jersey, 2008.

[5] Kane, G. E. "The Role of the Manufacturing Engineer." *Technical Paper M M70-222*. Society of Manufacturing Engineers, Dearborn, Michigan, 1970.

[6] Koenig, D. T. *Manufacturing Engineering*. Hemisphere Publishing Corporation (Harper & Row, Publishers, Inc.), Washington, D.C., 1987.

[7] Kusiak, A. (ed.). *Concurrent Engineering: Automation, Tools, and Techniques*. John Wiley & Sons, Inc. New York, 1993.

[8] Martin, J. M. "The Final Piece of the Puzzle," *Manufacturing Engineering*, September 1988, pp. 46–51.

[9] Nevins, J. L., and Whitney, D. E. (eds.). *Concurrent Design of Products and Processes*. McGraw-Hill, New York, 1989.

[10] Tanner, J. P. *Manufacturing Engineering*, 2nd ed. CRC Taylor & Francis, Boca Raton, Florida, 1990.

[11] Usher, J. M., Roy, U., and Parsaei, H. R. (eds.). *Integrated Product and Process Development*. John Wiley & Sons, Inc., New York, 1998.

[12] Veilleux, R. F., and Petro, L. W. *Tool and Manufacturing Engineers Handbook*, 4th ed., Vol. **V**, *Manufacturing Management*. Society of Manufacturing Engineers, Dearborn, Michigan, 1988.

QUESTÕES DE REVISÃO

28.1 Defina o termo *sistemas de produção*.

28.2 Quais são as duas categorias de sistemas de produção?

28.3 Cite os quatro tipos de *layouts* tipicamente encontrados em fábricas. Que tipos de sistemas produtivos são por via de regra associados com esses *layouts*?

28.4 Defina o termo *sistemas de apoio à manufatura*.

28.5 O que é planejamento do processo?

28.6 Defina o termo *engenharia de produção*.

28.7 Identifique alguns dos detalhes e decisões que estão incluídos no âmbito do planejamento do processo.

28.8 O que é uma planilha de registro de atividades (delineamento de fabricação)?

28.9 Qual é a diferença entre um processo básico e um processo secundário?

28.10 O que é uma restrição de precedência no planejamento do processo?

28.11 Na decisão de fabricar ou comprar, por que a compra de um componente de um fornecedor pode custar mais que produzir internamente o componente, apesar de o preço cotado com o fornecedor ser menor que o preço interno?

28.12 Identifique alguns dos fatores importantes que devem entrar na decisão entre fabricar ou comprar.

28.13 Nomeie três dos princípios e diretrizes gerais de projetos para manufatura.

28.14. O que é engenharia simultânea?

29 VISÃO GLOBAL SOBRE AUTOMAÇÃO E SISTEMAS DE MANUFATURA

Sumário

29.1 Controle Numérico Computadorizado
- 29.1.1 A Tecnologia do Controle Numérico
- 29.1.2 Análise dos Sistemas de Posicionamento do CNC
- 29.1.3 Programação da Peça no CNC
- 29.1.4 Aplicações do Controle Numérico

29.2 Manufatura Celular
- 29.2.1 Família de Peças
- 29.2.2 Células de Manufatura

29.3 Sistemas Flexíveis e Células de Manufatura
- 29.3.1 Integração dos Componentes do Sistema de Manufatura
- 29.3.2 Aplicações dos Sistemas Flexíveis de Manufatura

29.4 Produção Enxuta
- 29.4.1 Sistemas de Produção *Just-In-Time*
- 29.4.2 Outras Abordagens em Produção Enxuta

29.5 Manufatura Integrada por Computador

Neste capítulo, abordaremos diversos elementos relacionados com a fabricação: controle numérico computadorizado, manufatura em célula, sistemas flexíveis de manufatura, produção enxuta e manufatura integrada por computador. O ***controle ou comando numérico computadorizado*** (CNC) é uma tecnologia de automação amplamente utilizada para controlar operações de máquinas-ferramentas na produção em lotes, na qual as instruções de processamento são diferentes para cada lote. As instruções são passadas pelo operador do equipamento por meio de programas específicos preparados para cada lote. O CNC é usado para controlar máquinas que operam de forma independente, ou como um componente de um sistema de manufatura mais amplo.

Um *sistema de manufatura* pode ser definido como um conjunto de equipamentos e recursos humanos integrados, que processam operações em materiais ou em conjunto de materiais componentes de um produto. Os equipamentos integrados consistem em uma ou mais máquinas utilizadas na manufatura, no manuseio de materiais, nos dispositivos de posicionamento e nos sistemas computacionais, enquanto os recursos humanos são utilizados em tempo integral ou meio período para manter os sistemas em funcionamento. Os sistemas de manufatura estão localizados na fábrica, agregando valor ao produto ou aos seus componentes.

Os sistemas de manufatura comportam operações automatizadas e manuais. A distinção entre as duas categorias nem sempre é muito clara, já que muitos sistemas de manufatura consistem tanto em elementos de trabalho automatizados quanto manuais (por exemplo, uma máquina-ferramenta opera em um ciclo de processamento sobre o controle de um CNC, mas deve ser carregada e descarregada por um operador). Alguns sistemas de manufatura consistem em uma máquina simples suportada por equipamentos auxiliares (tais como carregadores, equipamentos de inspeção), enquanto outros sistemas consistem em múltiplas estações de trabalho e/ou equipamentos cujas operações são integradas por meio de subsistemas de manuseio de materiais, que movimentam produtos ou itens entre estações. Além disso, muitos desses sistemas utilizam computadores para coordenar as ações entre as estações de trabalho e as estações de manuseio de materiais, além da coleta de dados referentes ao desempenho global do sistema. O sistema de manufatura integrado apresentado neste capítulo envolve as células de manufatura (das quais o termo "manufatura celular" é derivado) e os sistemas de manufatura flexível.

Nas duas seções finais, a produção enxuta e a manufatura integrada por computador são examinadas. A produção enxuta é uma abordagem no nível do chão de fábrica, que objetiva eliminar perdas e aumentar a produtividade na manufatura. A manufatura integrada por computador (*computer integrated manufacturing* — CIM) admite extensiva aplicação de sistemas computacionais para apoiar o planejamento e controle das operações em manufatura.

Discussão mais detalhada desta questão pode ser encontrada na referência [7]. Iniciamos a discussão com a apresentação do controle numérico computadorizado, tecnologia que habilita a automação de máquinas-ferramentas.

29.1 CONTROLE NUMÉRICO COMPUTADORIZADO

O controle numérico (CNC) é a forma de automação programável em que as atuações mecânicas de um equipamento são controladas por um programa contendo códigos alfanuméricos. Os dados representam a posição relativa entre a ferramenta e a peça a ser usinada. O princípio de operação do CNC é controlar o movimento do dispositivo de usinagem em relação à peça a ser usinada, além da sequência pela qual esses movimentos serão executados. As primeiras aplicações do CNC se deram em processos de usinagem, considerados até hoje as principais aplicações. Duas máquinas de CNC são mostradas no Capítulo 16 (Figuras 16.26 e 16.27).

29.1.1 A TECNOLOGIA DO CONTROLE NUMÉRICO

Nesta seção, definimos os componentes de um sistema de controle numérico e, então, descreveremos os sistemas de coordenadas e o controle de movimentos.

Componentes de um Sistema CNC Este sistema consiste em três componentes: (1) programa, (2) unidade de controle de máquina, (3) equipamento de processamento. O ***programa*** é um conjunto detalhado de instruções a serem seguidas pelo dispositivo de usinagem do equipamento. Cada bloco de comando especifica a posição ou o movimento que deve ser passado ao dispositivo de usinagem. A posição é definida pelas coordenadas *x-y-z*. Nas aplicações em máquina-ferramenta, detalhes adicionais devem ser incluídos nos programas, tais como a velocidade de rotação do eixo, sentido da rotação, velocidade de avanço, instruções de seleção da ferramenta de corte e outros comandos relacionados à operação. O programa para a fabricação da peça é desenvolvido por um ***programador*** familiarizado com os detalhes da linguagem da programação, da tecnologia de usinagem e do equipamento.

A ***unidade de controle do equipamento*** (*machine control unit* — MCU) em tecnologias CNC modernas é um microcomputador que armazena e executa esses programas, convertendo cada comando em atuações do equipamento, um comando por vez. A MCU consiste em *hardware* e *software*. O *hardware* consiste em microcomputador, componentes de interface com o equipamento de usinagem e elementos de retroalimentação. O software da MCU inclui sistema de controle, algoritmos de cálculo e compiladores para converter o programa do CNC em formato reconhecido pela MCU. A MCU permite que o programa seja editado caso contenha erros, ou mudanças nos requisitos de usinagem sejam necessárias. Já que a MCU é um computador, o termo **controle numérico computadorizado** (CNC) é com frequência utilizado para distinguir este tipo de CNC do seu antecessor, baseado inteiramente em *hardware*.

A **máquina-ferramenta** realiza a sequência de passos para transformar a peça bruta em peça usinada. Ele opera sob controle da MCU de acordo com as instruções contidas no programa. Pesquisamos uma variedade de aplicações e equipamentos de usinagem na Seção 29.1.4.

Sistema de Coordenadas e Controle de Movimento no CNC Um padrão de sistema de coordenadas é usado para especificar posições no CNC e consiste em três eixos lineares (*x, y, z*) do sistema de coordenadas cartesianas, mais três eixos rotacionais (*a, b, c*), como mostrado na Figura 29.1(a). Os eixos rotacionais são usados para movimentar a peça ou para posicionar a ferramenta em determinado ângulo de trabalho, de forma a facilitar a usinagem em diferentes superfícies da peça. Muitos sistemas CNC não utilizam todos os seis eixos. Sistemas CNC mais simples (por exemplo, *plotters*, prensas para corte de chapas e equipamentos de inserção de componentes) utilizam os eixos de posicionamento definidos no plano *x-y*. A programação desses equipamentos requer a especificação da sequência de coordenadas *x-y*. Por outro lado, algumas máquinas-ferramentas requerem o controle em cinco eixos para modelar peças com geometria mais complexa. Esses sistemas tipicamente consistem em três eixos lineares e dois eixos rotacionais.

As coordenadas de um sistema CNC rotacional são ilustradas na Figura 29.1(b). Esses sistemas são associados com operações de tornearia em tornos CNC. Embora a peça gire, este eixo de rotação não é um dos eixos com controle numérico em um centro CNC de torneamento. A trajetória do corte da ferramenta é definida no eixo *z*, como mostrado na figura.

Em muitos sistemas CNC, o movimento entre a ferramenta e a peça é realizado a partir do controle da posição e movimento da mesa, com a peça nela fixada, em relação a um cabeçote estacionário ou semiestacionário. Muitas máquinas-ferramentas e equipamentos de inserção de componentes são baseados neste método de operação. Em outros sistemas, a peça é mantida fixa e o dispositivo de usinagem é movimentado ao longo de dois ou três eixos. Equipamentos de oxicorte, *plotters x-y* e equipamentos de medição por coordenadas também operam desta forma.

O sistema de controle de movimento baseado em CNC pode ser de dois tipos: (1) ponto a ponto e (2) caminho contínuo. **Sistemas ponto a ponto**, também chamados **sistemas de posicionamento**, movem a ferramenta de usinagem (ou a peça) para uma posição programada, sem considerar o registro da trajetória traçada até tal posição. Uma vez que esta movimentação é concluída, é seguida de operação de usinagem, tal como furação, puncionamento etc. Então, o programa consiste em uma série de posicionamentos que colocam a ferramenta onde a operação será realizada.

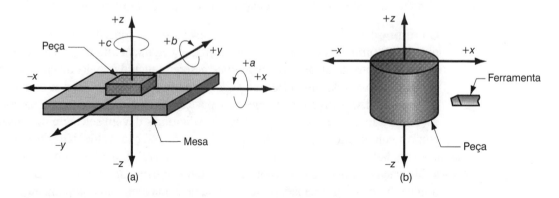

FIGURA 29.1 Sistema de coordenadas usadas em controle numérico: (a) para operações em planos ou prismas e, (b) para operações rotacionais. (Crédito: *Fundamentals of Modern Manufacturing*, 4ª Edição por Mikell P. Groover, 2010. Reimpresso com permissão de John Wiley & Sons, Inc.)

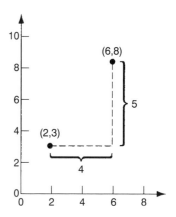

FIGURA 29.2 Posicionamento absoluto *vs.* incremental. A ferramenta está localizada no ponto (2,3) e é movimentada para o ponto (6,8). No posicionamento absoluto, o movimento é especificado por $x = 6$ e $y = 8$; enquanto, no posicionamento incremental, o movimento é especificado por $x = 4$ e $y = 5$. (Crédito: *Fundamentals of Modern Manufacturing*, 4ª Edição por Mikell P. Groover, 2010. Reimpresso com permissão de John Wiley & Sons, Inc.)

Os ***sistemas de caminho contínuo*** fornecem uma trajetória com controle contínuo simultâneo em mais de um eixo, monitorando assim o caminho seguido pela ferramenta em relação à peça. Isto permite que a ferramenta execute o processo de usinagem enquanto os eixos estão em movimento, possibilitando a geração por usinagem de superfícies com ângulos, curvas bidimensionais ou contornos tridimensionais. Estas características podem ser exigidas em equipamentos de impressão, determinadas operações de fresamento, torneamento e oxicorte. Quando o controle do caminho contínuo é usado para o controle simultâneo de dois ou mais eixos em operações de usinagem, o termo ***contorno*** é usado.

Aspecto importante do movimento de caminho contínuo é a ***interpolação***, que está relacionada com o cálculo do caminho a ser seguido pela ferramenta em relação à peça a ser usinada. As formas mais comuns de interpolação são a linear e a circular. A ***interpolação linear*** é utilizada para movimentos em linha reta, em que o programador especifica as coordenadas do ponto inicial e final do movimento, bem como a velocidade de avanço a ser utilizada. O interpolador, então, calcula as velocidades do movimento dos dois ou três eixos que irão realizar o caminho especificado. A ***interpolação circular*** permite que a ferramenta execute movimento circular, especificando as coordenadas dos pontos de início e fim, junto com a posição do centro e do raio do arco. O interpolador calcula uma série de pequenos segmentos de reta que, em sequência, se aproximam da geometria do arco.

Outro aspecto do controle do caminho é se as posições no sistema de coordenadas são definidas em termos absolutos ou de forma incremental. No ***posicionamento absoluto***, a localização dos pontos sempre se dá em relação a uma origem definida no sistema de eixos de coordenadas. No ***posicionamento incremental***, a posição do próximo ponto é definida em relação à posição anterior. A diferença está ilustrada na Figura 29.2.

29.1.2 ANÁLISE DOS SISTEMAS DE POSICIONAMENTO DO CNC

A função do sistema de posicionamento é transformar as coordenadas especificadas no programa da CNC em posições relativas entre a ferramenta e a peça durante o processo. Vamos considerar como um simples sistema de posicionamento, mostrado na Figura 29.3, pode funcionar. O sistema é composto de uma mesa em que uma peça a ser usinada é afixada. A finalidade da mesa é mover a peça em relação à ferramenta. Para conseguir este objetivo, a mesa é movimentada linearmente pela rotação de um fuso roscado acionado por motor. Por simplicidade, apenas um eixo é mostrado nesta figura. Para executar uma trajetória no plano *x-y*, o sistema ilustrado deveria estar apoiado no topo de um segundo eixo perpendicular ao primeiro. O fuso roscado tem um passo P, mm/rosca (in/rosca) ou mm/rot (in/rot). Assim, a mesa se movimenta à distância igual ao passo do fuso para cada rotação. A velocidade em que a mesa se movimenta é determinada pela velocidade de rotação do eixo.

Dois tipos básicos de controle de trajetória são utilizados em CNC: (a) em malha aberta e (b) em malha fechada, como mostra a Figura 29.4. A diferença entre eles é que um sistema em malha aberta opera sem verificar se a posição desejada foi alcançada. Um sistema em malha

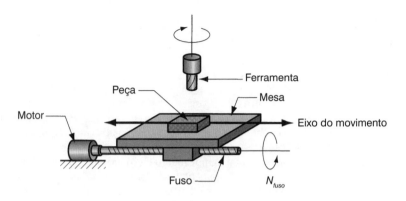

FIGURA 29.3 Disposição de motor e fuso roscado em sistemas de posicionamento CNC. (Crédito: *Fundamentals of Modern Manufacturing*, 4ª Edição por Mikell P. Groover, 2010. Reimpresso com permissão de John Wiley & Sons, Inc.)

fechada utiliza medição e realimentação para verificar se a posição da mesa está, de fato, na posição especificada no programa. Sistemas em malha aberta são mais baratos que sistemas em malha fechada e são adequados quando a resistência ao movimento de acionamento é mínima, por exemplo, na furação ponto a ponto. Os sistemas em malha fechada são normalmente utilizados em máquinas-ferramentas que executam operações de caminho contínuo, tais como fresamento ou torneamento, em que a resistência ao movimento pode ser significativa.

Sistema de Posicionamento em Malha Aberta Para acionar o fuso, o sistema de posicionamento em malha aberta geralmente utiliza um motor de passo. No CNC, o motor de passo é acionado por uma série de pulsos elétricos gerados por uma unidade de controle. Cada pulso faz o motor girar uma fração da sua rotação, chamada ângulo de passo. Os ângulos de passo admissíveis devem obedecer à seguinte relação:

$$\alpha = \frac{360}{n_a} \quad (29.1)$$

em que α = ângulo do passo, graus; e n_a = número de passos angulares do motor, que deve ser um número inteiro. O ângulo a partir do qual o eixo do motor gira é dado por:

$$A_m = \alpha n_p \quad (29.2)$$

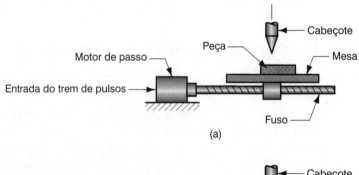

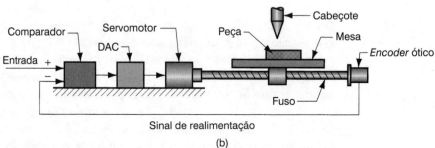

FIGURA 29.4 Dois tipos de controle de trajetória em CNC: (a) malha aberta e (b) malha fechada. (Crédito: *Fundamentals of Modern Manufacturing*, 4ª Edição por Mikell P. Groover, 2010. Reimpresso com permissão de John Wiley & Sons, Inc.)

em que A_m = ângulo de rotação do eixo do motor, graus; n_p = número de pulsos recebidos pelo motor; e α = ângulo de passo, aqui definido como graus/pulso. Finalmente, a velocidade de rotação do eixo do motor é determinada pela frequência de pulsos enviados ao motor:

$$N_m = \frac{60\alpha f_p}{360} \tag{29.3}$$

em que N_m = velocidade de rotação do eixo do motor, rpm; f_p = frequência de pulsos de acionamento do motor de passo, Hz (pulsos/s), uma constante 60 converte pulsos/s para pulsos/min; uma constante 360 converte graus de rotação em rotações completas; e α = ângulo de passo, como definido anteriormente.

O eixo de rotação do motor aciona o fuso que determina a posição e a velocidade da mesa. A conexão é com frequência projetada a partir de um redutor para aumentar a precisão do movimento da mesa. No entanto, o ângulo de rotação e a velocidade de rotação do fuso são reduzidos pela relação de transmissão. As relações são como segue:

$$A_m = r_r A_{fuso} \tag{29.4a}$$

e

$$N_m = r_r N_{fuso} \tag{29.4b}$$

em que A_m e N_m são o ângulo de rotação, graus e velocidade de rotação, rpm, do motor, respectivamente; A_{fuso} e N_{fuso} são o ângulo de rotação, graus e velocidade de rotação, rpm, do fuso, respectivamente; e r_r = relação de redução entre o eixo do motor e o fuso; por exemplo, uma taxa de redução de 2 significa que o eixo do motor gira duas vezes para cada giro do fuso.

A posição linear da mesa, em resposta à rotação do fuso, depende do passo do fuso P, e pode ser determinado pela seguinte equação:

$$x = \frac{PA_{fuso}}{360} \tag{29.5}$$

em que x = posição relativa à posição inicial, no eixo x, mm (in); P = passo do fuso, mm/rot (in/rot); e $A_{fuso}/360$ = número de rotações (e rotações parciais) do fuso. Combinando as Eqs. (29.2), (29.4a) e (29.5), o número de pulsos necessários para se alcançar uma posição x específica, no sistema de posicionamento ponto a ponto é dada por:

$$n_p = \frac{360 r_r x}{P\alpha} = \frac{r_r n_a A_{fuso}}{360} \tag{29.6}$$

A velocidade da mesa na direção do fuso pode ser determinada como se segue:

$$v_i = v_f = N_{fuso} P \tag{29.7}$$

em que v_i = velocidade linear da mesa, mm/min (in/min); v_f = velocidade de avanço da mesa, mm/min (in/min); N_{fuso} = velocidade rotacional do fuso, rpm; e P = passo do fuso, mm/rot (in/rot).

A velocidade de rotação do fuso depende da frequência de pulsos que acionam o motor de passo:

$$N_{fuso} = \frac{60 f_p}{n_a r_r} \tag{29.8}$$

em que N_{fuso} = velocidade rotacional do fuso, rpm; f_p = frequência do pulso, Hz (pulsos/s); n_a = passos/rot, ou pulsos/rot e r_r = taxa de redução entre o motor e o fuso. Para uma mesa com dois eixos com controle de caminho contínuo, as velocidades relativas dos eixos são coordenadas para atingir o sentido do movimento desejado. Finalmente, a frequência do pulso requerido para acionar a mesa a uma velocidade de avanço específica pode ser obtida pela combinação das Eqs. (29.7) e (29.8) para se estabelecer f_p:

$$f_p = \frac{v_t n_a r_r}{60 P} = \frac{v_f n_a r_r}{60 P} = \frac{N_{fuso} n_a r_r}{60} = \frac{N_m n_a}{60} \tag{29.9}$$

Exemplo 29.1
Posicionamento no Sistema de Malha Aberta

Um motor de passo tem 48 passos. Seu eixo de saída é acoplado a um fuso com uma taxa de redução de engrenagens 4:1 (4 voltas do eixo do motor para cada volta do fuso). O passo do fuso é de 5,0 mm. A mesa de um sistema de posicionamento é acionada pelo fuso. A mesa deve se movimentar 75,0 mm da sua posição atual a uma velocidade de 400 mm/min. Determine (a) quantos pulsos são necessários para movimentar a mesa pela distância especificada, e (b) a velocidade do motor e (c) a frequência necessária de pulsos para alcançar a velocidade desejada da mesa.

Solução: (a) Para movimentar a mesa por uma distância de $x = 75$ mm, o fuso deve girar por meio de um ângulo calculado como se segue:

$$A_{fuso} = \frac{360 x}{P} = \frac{360(75)}{5} = 5400°$$

Com 48 ângulos de passo e taxa de redução de 4, o número de pulsos necessários para movimentar a mesa até a posição 75 mm é:

$$n_p = \frac{4(48)(5400)}{360} = 2880 \text{ pulsos}$$

(b) A Eq. (29.7) pode ser usada para achar a velocidade do fuso que proporciona a velocidade da mesa de 400 mm/min,

$$N_{fuso} = \frac{v_f}{P} = \frac{400}{5,0} = 80,0 \text{ rpm}$$

A velocidade do motor será quatro vezes maior:

$$N_m = r_r N_{fuso} = 4(80) = 320 \text{ rpm}$$

(c) Finalmente, a taxa de pulsos é dada pela Eq. (29.9):

$$f_p = \frac{320(48)}{60} = 256 \text{ Hz}$$

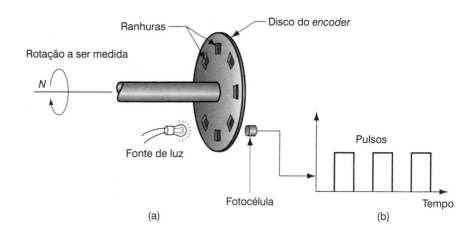

FIGURA 29.5 Encoder ótico: (a) dispositivos e (b) série de pulsos emitidos para medir a rotação do disco. (Crédito: *Fundamentals of Modern Manufacturing*, 4ª Edição por Mikell P. Groover, 2010. Reimpresso com permissão de John Wiley & Sons, Inc.)

Sistema de Posicionamento em Malha Fechada O sistema de CNC em malha fechada, Figura 29.4(b), utiliza servomotores e realimentação para garantir que a posição desejada seja alcançada.

Um sensor bastante utilizado em CNC em malha fechada é o *encoder* (codificador ótico), ilustrado na Figura 29.5. É constituído de uma fonte de luz, uma célula fotoelétrica e um disco contendo uma série de ranhuras a partir das quais uma fonte de luz energiza a fotocélula. O disco está acoplado a um eixo de rotação, que por sua vez está ligado diretamente ao fuso. À medida que o fuso gira, a luz passa pelas ranhuras e incide *flashes* de luz na fotocélula, que são convertidos em uma série de pulsos elétricos. Pela frequência desses pulsos, o ângulo de rotação e a velocidade do fuso podem ser determinados, e, portanto, a posição e a velocidade da mesa podem ser calculadas usando o passo do fuso.

As equações que descrevem a operação do sistema de posicionamento em malha fechada são análogas àquelas que descrevem o sistema de malha aberta. Em um *encoder* ótico comum, o ângulo entre as ranhuras do disco devem satisfazer os seguintes requisitos:

$$\alpha = \frac{360}{n_r} \tag{29.10}$$

em que α = ângulo entre as ranhuras, graus/ranhura; e n_r = número de ranhuras no disco, ranhuras/rot; e 360 = graus/rot. Para determinado ângulo de rotação do fuso, o *encoder* gera um número de pulsos dado por:

$$n_p = \frac{A_{fuso}}{\alpha} = \frac{A_{fuso} n_r}{360} \tag{29.11}$$

em que n_p = número de pulsos, A_{fuso} = ângulo de rotação do fuso, graus; e α = ângulo entre ranhuras do *encoder* em graus/pulso. A contagem de pulsos pode ser utilizada para determinar a posição linear da mesa no eixo x a partir do passo do fuso. Assim,

$$x = \frac{P n_p}{n_r} = \frac{P A_{fuso}}{360} \tag{29.12}$$

Da mesma forma, a taxa na qual a mesa é movimenta é obtida a partir da frequência do trem de impulsos:

$$v_l = v_f = \frac{60 P f_p}{n_r} \tag{29.13}$$

em que v_l = velocidade linear da mesa, mm/min (in/min); v_f = velocidade de avanço da mesa, mm/min (in/min); P = passo, mm/rot (in/rot); f_p = frequência do trem de pulsos, Hz (pulsos/s); n_r = número de ranhuras do *encoder*, ranhuras/rot; uma constante 60 converte segundos para minutos. A relação de velocidade dada pela Eq. (29.7) é também válida para o sistema de posicionamento em malha fechada.

A série de pulsos gerados pelo *encoder* é comparada com a posição e a velocidade de avanço especificada no programa de usinagem da peça, e a diferença é utilizada pela unidade de controle do CNC para acionar um servomotor que, por sua vez, aciona o fuso e a mesa. Tal como acontece com o sistema de malha aberta, uma redução de engrenagens entre o servomotor e o fuso pode também ser usada, de modo que as Eqs. (29.4a) e (29.4b) sejam aplicáveis. Um conversor analógico-digital é usado para converter os sinais digitais utilizados pela Unidade de Comando em sinal analógico e contínuo para acionar o motor. Sistemas CNC em malha fechada apresentados aqui são adequados quando há resistência considerável ao movimento da mesa. Boa parte das operações ocorridas em equipamentos de usinagem se enquadra nessa categoria, especialmente aquelas que envolvem controle de caminho contínuo, tais como fresamento e torneamento.

Exemplo 29.2
Posição em Malha Fechada

Uma mesa é acionada por um sistema de posicionamento em malha fechada constituído de um servomotor, um fuso e um *encoder* ótico. O fuso tem um passo = 5,0 mm e é acoplado ao eixo do motor com uma relação de engrenagem de 4:1 (quatro voltas do motor para cada volta do fuso). O *encoder* ótico gera 100 pulsos/rot. A mesa foi programada para se mover a uma distância de 75,0 mm à velocidade de avanço de 400 mm/min. Determine (a) quantos pulsos são recebidos pelo sistema de controle para permitir que a mesa se mova 75,0 mm, (b) a frequência do pulso e (c) a velocidade do motor, que correspondem à velocidade de avanço especificado.

Solução: (a) Arrumando a Eq. (29.12) para achar n_p

$$n_p = \frac{x \, n_r}{P} = \frac{75(100)}{5} = 1500 \text{ pulsos}$$

(b) A frequência dos pulsos correspondente a 400 mm/min pode ser obtida pelo rearranjo da Eq. (29.13):

$$f_p = \frac{v_f \, n_r}{60P} = \frac{400(100)}{60(5)} = 133{,}33 \text{ Hz}$$

(c) A velocidade de rotação do fuso é a velocidade da mesa dividida pelo passo:

$$N_{fuso} = \frac{v_f}{P} = 80 \text{ rpm}$$

Com a relação de engrenagem r_r = 4,0, a velocidade do motor N_m = 4(80) = 320 rpm. ∎

29.1.3 PROGRAMAÇÃO DA PEÇA NO CNC

A tarefa de programar a usinagem de uma máquina-ferramenta é usualmente denominada programação da peça no CNC, já que programa específico deve ser desenvolvido para uma usinagem específica de determinada peça. Em geral, o programa é desenvolvido por um profissional conhecedor do processo de usinagem em si, além de ser familiarizado com o equipamento. Para diferentes processos, outros termos podem ser utilizados para se referir à programação, mas os princípios são semelhantes, e um profissional capacitado é necessário para desenvolver o programa. Sistemas computacionais são utilizados extensivamente na preparação dos programas CNC.

A programação das peças requer que o programador defina os pontos, retas e superfícies da peça no sistema de coordenadas, e controle o movimento da ferramenta em relação às características da peça. Várias técnicas de programação da peça estão disponíveis, dentre elas as mais importantes são (1) programação manual da peça, (2) programação da peça assistida por computador, (3) programação da peça assistida por CAD/CAM e (4) entrada manual de dados.

Programação Manual da Peça Para usinagem ponto a ponto, tais como operações de furação, a programação manual é muitas vezes o método mais fácil e econômico. A programação manual da peça utiliza dados numéricos básicos e códigos alfanuméricos especiais para definir os passos do processo. Por exemplo, para executar operação de furação, uma linha de comando do seguinte tipo deve ser inserido:

$$N010 \ X70,0 \ Y85,5 \ F175 \ S500$$

Cada "comando" especifica um detalhe na operação de furação. O comando N ($N010$) é simplesmente o número que indica a sequência de comandos do programa. Os comandos X e Y indicam as posições das coordenadas x e y ($x = 70,0$ mm e $y = 85,5$ mm). Os comandos F e S especificam a velocidade de avanço e a velocidade de rotação a serem utilizadas na operação de furação (velocidade de avanço = 175 milímetros/min e a velocidade de rotação = 500 rpm). O programa completo da peça consiste na sequência de comandos semelhantes ao comando anterior.

Programação da Peça Assistida por Computador A programação da peça assistida por computador utiliza uma linguagem de programação de alto nível, que se mostra mais adequada para a programação de trabalhos mais complexos. A primeira linguagem de programação de peças foi a APT (Ferramenta Programada Automaticamente), desenvolvida como extensão de máquinas-ferramentas CNC utilizadas em pesquisa e usadas nas fábricas pela primeira vez em torno de 1960.

Na APT, a tarefa de programação da peça é dividida em duas etapas: (1) definição da geometria da peça e (2) especificação do caminho da ferramenta e sequência de operações. No passo 1, o programador da peça define a geometria da peça por meio de elementos geométricos básicos, tais como pontos, linhas, planos, círculos e cilindros. Estes elementos são definidos usando comandos em APT, tais como:

$$P1 = POINT/25,0,150,0$$
$$L1 = LINE/P1, P2$$

P1 é um ponto definido no plano x-y localizado em $x = 25$ mm e $y = 150$ mm. L1 é uma linha que passa pelos pontos P1 e P2. Comandos similares podem ser usados para definir os círculos, cilindros e elementos com outros formatos. A maioria das formas das peças pode ser descrita usando comandos como esses para definir suas superfícies, cantos, bordas e a localização dos furos.

O caminho da ferramenta é especificado pelos comandos de movimento da APT. Comando típico para uma operação ponto a ponto é:

$$GOTO/P1$$

Este comando direciona a ferramenta para se deslocar de sua posição atual para uma posição definida por P1, em que P1 foi definido por um comando anterior na APT. Comandos utilizados em caminho contínuo consideram elementos geométricos como linhas, círculos e planos. Por exemplo, o comando:

$$GORGT/L3, PAST, L4$$

direciona a ferramenta para a direita (GORGT) ao longo da linha L3 até que ela esteja posicionada sobre a linha L4 (L4 deve ser uma linha que cruza L3).

Outros comandos da APT são usados para definir parâmetros operacionais, tais como velocidade de avanço, velocidade de rotação do eixo, dimensão das ferramentas e tolerâncias. Quando concluída a programação, o programador da peça compila o programa em um computador, que gera instruções de baixo nível (semelhante às instruções preparadas na programação manual da peça), e que pode ser usado em uma máquina-ferramenta em particular.

Programação da Peça Assistida por CAD/CAM O uso de sistemas CAD/CAM leva a programação de peças assistida por computador a um passo adiante, usando sistemas computacionais gráficos (CAD/CAM) para interagir com o programador à medida que o programa está sendo preparado. No uso convencional da APT, um programa completo é escrito e, em seguida, introduzido no computador para processamento. Muitos erros de programação não são detectados até o processamento do computador. Quando um sistema CAD/CAM é usado, o programador recebe a verificação visual imediata quando cada comando é inserido, de forma a determinar se o comando está correto ou não. Quando a geometria da peça é inserida pelo programador, o elemento é mostrado graficamente no monitor. Quando o caminho da ferramenta é construído, o programador pode ver exatamente como os comandos de movimentação irão movimentar a ferramenta em relação à peça. Os erros podem ser corrigidos de imediato, e não após a elaboração de todo o programa.

A interação entre o programador e o sistema é, sem dúvida, um benefício significativo dos sistemas CAD/CAM. Há outros benefícios importantes do uso de CAD/CAM na programação CNC. Primeiro, os projetos do produto e de seus componentes podem já ter sido realizados em um sistema CAD/CAM. A base de dados resultante, incluindo a definição geométrica de cada peça, pode ser recuperada pelo programador do CNC para ser utilizada como ponto de partida para outras programações. Essa recuperação economiza tempo valioso em comparação à reconstrução da peça desde o início, usando comandos em APT.

Em segundo lugar, algumas rotinas de *software* específicas de determinada peça estão disponíveis para programação assistida por CAD/CAM para automatizar partes da geração de caminhos da ferramenta, tais como perfis de fresamento de uma peça, de contorno de superfície e certas operações ponto a ponto. Essas rotinas são chamadas pelo programador da peça como **macros** especiais de comandos. Sua utilização traz economia significativa no tempo e esforço de programação.

Entrada Manual de Dados Neste método (EMD), um operador da máquina entra com o programa da peça na fábrica. O método envolve a utilização de um monitor CRT com capacidade gráfica para suportar os comandos de máquinas-ferramentas. Comandos de programação CNC são inseridos por meio de um console, o que exige formação mínima do operador da máquina-ferramenta. Em casos em que a programação da peça seja simples e não exija uma equipe especial de programadores CNC, o EMD é um meio econômico pelo qual pequenas fábricas podem implementar o controle numérico em suas operações.

29.1.4 APLICAÇÕES DO CONTROLE NUMÉRICO

A aplicação mais importante (e a mais comum) do controle numérico é a usinagem, mas o princípio de funcionamento do CNC pode ser aplicado a outras operações. Existem muitos processos industriais em que a posição de uma ferramenta deve ser controlada em relação à peça ou produto a ser trabalhado. Vamos dividir as aplicações em duas categorias: (1) aplicações de usinagem e (2) aplicações não destinadas à usinagem. Deve-se notar, contudo, que as aplicações nem sempre são identificadas como controle numérico em todas as indústrias.

Nas *aplicações em usinagem*, o CNC é muito utilizado para operações tais como torneamento, furação e fresamento (Seções 16.2, 16.3 e 16.4, respectivamente). O uso do CNC nestes processos tem motivado o desenvolvimento de máquinas-ferramentas altamente automatizadas chamadas *centros de usinagem*, que mudam suas próprias ferramentas para executar uma variedade de operações de usinagem sob o controle do programa CNC (Seção 16.5). Outros equipamentos de usinagem podem ser controlados por CNCs, tais como (1) retíficas, (2) prensas de corte de chapas, (3) dobradeiras de tubos e (4) em processos de corte por fusão.

Nas aplicações não destinadas à usinagem, as aplicações de CNC incluem (1) confecção de materiais compósitos tanto para placas quanto no enrolamento filamentar; (2) máquinas de solda, tanto por arco elétrico quanto por resistência; (3) máquinas de inserção automática de componentes para montagem de placas eletrônicas; (4) máquinas de prototipagem; e (5) máquinas de medição por coordenadas para inspeção.

Alguns benefícios da CNC em relação à operação manual do equipamento podem ser considerados, tais como: (1) redução do tempo não produtivo, que resulta em ciclos de operação mais curtos; (2) redução dos tempos de fabricação; (3) utilização de acessórios mais simples; (4) aumento da flexibilidade de fabricação; (5) aumento de precisão; e (6) redução do erro humano.

29.2 MANUFATURA CELULAR

A manufatura celular refere-se à utilização de células de trabalho especializadas na produção de famílias de peças ou produtos em médias quantidades. Neste volume, peças e produtos são tradicionalmente feitos em lotes. No entanto, a produção em lotes requer tempo de inatividade para a troca de ferramentas entre os lotes, e os custos de estoque desses lotes podem ser significativos. A manufatura celular é baseada em uma abordagem chamada *tecnologia de grupo* (TG), que minimiza as desvantagens da produção em lotes reconhecendo que, embora as peças sejam diferentes, elas também possuem semelhanças. Quando essas semelhanças são exploradas na produção, a eficiência operacional é melhorada. A melhoria é tipicamente alcançada por meio da organização da produção em torno de células de manufatura. Cada célula é concebida para produzir uma família de peças (ou um número limitado de famílias de peças), seguindo assim o princípio da especialização das operações. A célula inclui equipamentos especiais de produção, ferramentas e acessórios personalizados, de modo que a produção da família de peças possa ser otimizada. Na realidade, cada célula torna-se uma fábrica dentro da fábrica.

29.2.1 FAMÍLIAS DE PEÇAS

Um conceito central da manufatura celular e da tecnologia de grupo é a família de peças. Uma família de peças é um grupo de peças que possuem semelhanças na forma geométrica e no tamanho, ou nas etapas executadas em sua fabricação. Não é incomum para uma fábrica que produz 10.000 peças diferentes poder agrupá-las em 20 a 30 famílias de peças. Em cada família de peças, as etapas de processamento são semelhantes. Há sempre diferenças entre as peças dentro de uma família, mas as semelhanças são suficientemente próximas tal que as peças possam ser agrupadas na mesma família. As Figuras 29.6 e 29.7 mostram duas famílias de peças diferentes. As peças apresentadas na Figura 29.6 têm o mesmo tamanho e forma; no entanto, seus requisitos de processamento são bastante diferentes devido às diferenças de material utilizado, às quantidades envolvidas na produção e às tolerâncias. A Figura 29.7 mostra várias peças com geometrias diferentes, mas suas características de produção são bastante semelhantes.

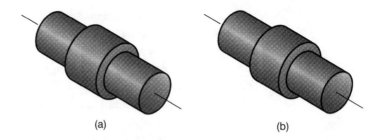

FIGURA 29.6 Duas peças idênticas em forma e tamanho, mas diferentes em relação à sua produção: (a) 1.000.000 unidades/ano, tolerância ± 0,010 in, material de aço-cromo 1015 niquelado; e (b) 100 unidades/ano, tolerância = 0,001 in, material de aço inoxidável de liga 18-8. (Crédito: *Fundamentals of Modern Manufacturing*, 4ª Edição por Mikell P. Groover, 2010. Reimpresso com permissão de John Wiley & Sons, Inc.)

Há diversas maneiras pelas quais as famílias de peças são identificadas. Um método, por exemplo, envolve a inspeção visual de todas as peças feitas na fábrica (ou fotos das peças) e o agrupamento em famílias apropriadas usando o bom senso. Outra abordagem, chamada **análise de fluxo de produção**, utiliza informações contidas nos roteiros de produção (Seção 28.2.1) para classificar as peças. Com efeito, as peças com roteiros de fabricação semelhantes são agrupadas na mesma família.

O terceiro método, normalmente mais caro, porém mais útil, é a **classificação e codificação das peças**. Este método consiste em identificar diferenças e semelhanças entre as peças e relacionar essas características por meio de um esquema de codificação numérica. A maioria das classificações e codificações é realizada a partir de um dos seguintes critérios: (1) atributos de projeto das peças, (2) atributos de fabricação das peças e (3) atributos de projeto e fabricação das peças. Os atributos comuns de projeto e fabricação das peças usados em sistemas de tecnologia de grupo são apresentados na Tabela 29.1. Como cada empresa produz um único conjunto de peças e produtos, o sistema de classificação e codificação de peças que pode ser satisfatório para uma empresa não é necessariamente apropriado para outra empresa. Cada empresa deve conceber seu próprio esquema de codificação. Classificação de peças e sistemas de codificação são descritos mais detalhadamente em várias de nossas referências: [6], [7], [8].

FIGURA 29.7 Dez peças diferentes no tamanho e na forma, mas bastante semelhantes em termos de fabricação. Todas as peças são fabricadas a partir de um único tipo de peça cilíndrica, mas algumas peças requerem furação e/ou fresamento. (Crédito: *Fundamentals of Modern Manufacturing*, 4ª Edição por Mikell P. Groover, 2010. Reimpresso com permissão de John Wiley & Sons, Inc.)

TABELA 29.1 Atributos de projeto e manufatura normalmente incluídos no sistema de classificação e codificação de peças

Atributos de Projeto da Peça		Atributos da Fabricação da Peça	
Dimensões principais	Tipo de material	Processo produtivo	Dimensões principais
Formato externo básico	Funcionalidades da peça	Sequência de operação	Formato externo básico
Formato interno básico	Tolerâncias	Tamanho do lote	Razão comprimento/diâmetro
Razão comprimento/diâmetro	Acabamento de superfície	Produção anual	Tipo de material
		Máquina-ferramenta	Tolerâncias
		Ferramentas de corte	Acabamento de superfície

Compilação de [6], [7] e [8].

Os benefícios frequentemente citados para classificação e codificação bem concebida incluem: (1) facilidade para definição de famílias de peças; (2) recuperação rápida das informações de projeto de uma peça; (3) redução da duplicação de projetos, já que informações de projetos de peças idênticas ou similares podem ser recuperadas e reutilizadas sem a necessidade de se iniciar um projeto a partir do zero; (4) padronização de projetos; (5) melhoria da estimativa de custo e contabilidade de custos; (6) facilidade de programação de peças por controle numérico (CNC) permitindo que as peças novas possam utilizar o mesmo programa básico das peças da mesma família; (7) compartilhamento de ferramentas e acessórios utilizados na produção; e (8) facilita o planejamento do processo apoiado por computador (Seção 28.2.3) já que os planos de processo-padrão podem ser relacionados com os códigos numéricos da família da peça, e os planos de processos existentes podem ser reutilizados ou editados por novas peças da mesma família.

29.2.2 CÉLULAS DE MANUFATURA

Para explorar plenamente as semelhanças entre as peças de uma família, a produção deverá ser realizada em células de manufatura projetadas especificamente para produzir peças daquela família. Um dos princípios utilizados em projetos de células de manufatura é o conceito da peça composta.

Conceito da Peça Composta Os membros de uma família de peças possuem projeto e/ou características de manufatura semelhantes. Geralmente, há correlação entre as características de projeto e as operações de fabricação que atendem a tais características. Furos redondos são feitos por furação; formas cilíndricas são feitas por torneamento, e assim por diante.

A *peça composta* para determinada família (o conceito não deve ser confundido com uma peça feita de material compósito) é uma peça hipotética que inclui todos os atributos de projeto e fabricação de determinada família de peças. Em geral, uma peça individual da família terá algumas das características da família, mas não todas elas. Uma célula de produção projetada para a família de peças incluiria os equipamentos necessários para a fabricação da peça composta. Esta célula seria capaz de produzir qualquer peça da família simplesmente não realizando as operações correspondentes às características não possuídas pela peça em particular. A célula também seria projetada para permitir variações de tamanho dentro da família, bem como as variações de características das peças.

Para ilustrar, considere a peça composta na Figura 29.8(a). Ela representa uma família de peças com geometria de revolução e características definidas na parte (b) da figura. Uma operação está associada a cada detalhe geométrico da família de peças, como ilustrado na Tabela 29.2. Para produzir esta família de peças, uma célula de manufatura deveria ser projetada de forma a realizar todas as operações descritas na última coluna da tabela.

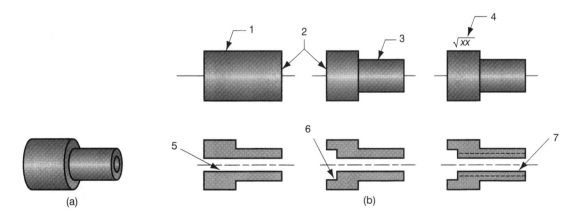

FIGURA 29.8 Conceito da peça composta: (a) peça composta para uma família de peças rotacionais (b) características individuais da peça composta. (Crédito: *Fundamentals of Modern Manufacturing*, 4ª Edição por Mikell P. Groover, 2010. Reimpresso com permissão de John Wiley & Sons, Inc.)

TABELA 29.2 Características de projeto de peças compostas da Figura 29.8 e as operações de manufatura necessárias para produzir tais características

Rótulo	Característica do Projeto	Processo Fabril Correspondente
1	Cilindro externo	Torneamento
2	Face do cilindro	Faceamento
3	Degrau cilíndrico	Torneamento
4	Superfície lisa	Retífica cilíndrica externa
5	Furo axial	Furação
6	Escareado (rebaixo)	Alargamento, escareamento
7	Roscas internas	Rosqueamento

Projeto de Célula de Manufatura Células de manufatura podem ser classificadas de acordo com o número de equipamentos e nível de automação. As possibilidades são (a) um único equipamento, (b) vários equipamentos com o manuseio do operador, (c) vários equipamentos mecanizados, (d) célula flexível de manufatura, ou (e) sistema flexível de manufatura. Essas células de manufatura estão representadas na Figura 29.9.

A *célula de manufatura simples* possui um único equipamento operado de forma manual. A célula também inclui acessórios e ferramentas para permitir variações nas características e no tamanho da peça dentro da família produzida pela célula. A célula de manufatura necessária para a família de peças da Figura 29.8 deveria, provavelmente, seguir este modelo.

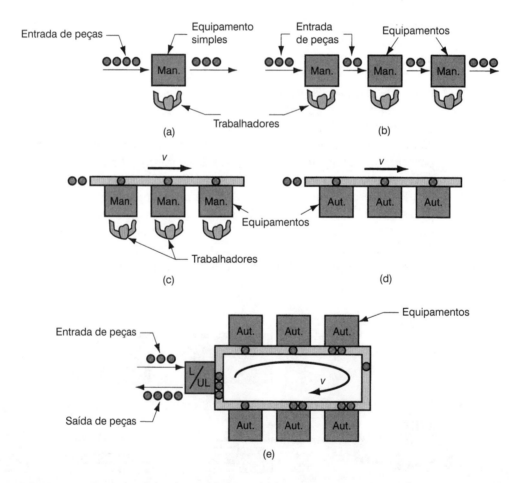

FIGURA 29.9 Tipos de células de manufatura: são (a) um único equipamento, (b) vários equipamentos com o manuseio do operador, (c) vários equipamentos mecanizados, (d) célula de manufatura flexível, ou (e) sistema de manufatura flexível. Man = operação manual; Aut = estação automatizada. (Crédito: *Fundamentals of Modern Manufacturing*, 4ª Edição por Mikell P. Groover, 2010. Reimpresso com permissão de John Wiley & Sons, Inc.)

As **células de manufatura em grupo** têm dois ou mais equipamentos operados manualmente. Essas células distinguem-se pelo tratamento dado à peça na célula, que pode ser manual ou mecanizado. O tratamento manual significa que as peças são movimentadas dentro da célula por trabalhadores, em geral os operadores de máquinas. O tratamento mecanizado refere-se à transferência das peças a partir de transportadores de uma máquina para a próxima. Esses transportadores podem ser necessários devido ao tamanho e peso das peças processadas na célula, ou simplesmente para aumentar a taxa de produção. Nosso esquema mostra o fluxo de trabalho em uma linha; outros esquemas são também possíveis, tais como em forma de U ou circuito fechado.

Células flexíveis de manufatura e **sistemas flexíveis de manufatura** consistem em equipamentos com operações automatizadas. Dada a natureza especial destes sistemas de manufatura integrados e sua importância, dedicamos a Seção 29.3 à sua discussão.

Pós e Contras da Tecnologia de Grupo As células de manufatura e a tecnologia de grupo proporcionam benefícios importantes para as empresas que possuem disciplina e perseverança necessárias para implementá-los. Os benefícios potenciais incluem: (1) A TG promove a padronização de ferramentas, dispositivos de fixação e *setups* de máquina; (2) o manuseio de materiais é reduzido porque as peças são movimentadas dentro de uma célula de manufatura, e não por toda a fábrica; (3) a programação da produção é simplificada; (4) o *lead time* de produção é reduzido; (5) o estoque em processo é reduzido; (6) o planejamento do processo é mais simples; (7) a satisfação do trabalhador em geral melhora o trabalho em uma célula; e (8) um trabalho de melhor qualidade é realizado.

Dois problemas principais são observados na implementação de células de manufatura. Um problema óbvio é reorganizar os equipamentos em células de manufatura apropriadas. Planejar e realizar este rearranjo leva tempo e, enquanto isso, os equipamentos não estão produzindo. O maior problema em iniciar um projeto de TG é identificar as famílias das peças. Se a planta produz 10.000 peças diferentes, rever todos os desenhos de peças e agrupar as peças em famílias são tarefas importantes que consomem quantidade significativa de tempo.

29.3 SISTEMAS FLEXÍVEIS E CÉLULAS DE MANUFATURA

Um sistema flexível de manufatura (*flexible manufacturing system* — FMS) é uma célula de manufatura altamente automatizada, consistindo em um grupo de estações de processamento (com frequência máquinas-ferramentas CNCs), interligados por um sistema de transporte e armazenamento de materiais e controlado por um sistema computacional integrado. Um FMS é capaz de processar uma variedade de tipos de peças, ao mesmo tempo, sob o controle do programa CNC nas diferentes estações de trabalho.

Um FMS depende dos princípios da tecnologia de grupo. Nenhum sistema de produção pode ser completamente flexível. Nenhum sistema pode produzir uma gama infinita de peças ou produtos. Há limites para o quanto de flexibilidade pode ser incorporado em um FMS. Por conseguinte, um sistema flexível de produção é concebido para produzir peças (ou produtos) dentro de uma gama de estilos, tamanhos e processos. Em outras palavras, um FMS é capaz de produzir uma única família de peças ou uma gama limitada de famílias de peças.

Sistemas flexíveis de manufatura variam em termos de número de máquinas-ferramentas e nível de flexibilidade. Quando o sistema tem apenas alguns equipamentos, o termo **célula flexível de manufatura** (FMC) é por vezes utilizado. Ambos, célula e sistema, são altamente automatizados e controlados por computador. A diferença entre um FMS e uma FMC nem sempre é clara, mas se dá, por vezes, com base no número de equipamentos (estações de trabalho) incluídos. O sistema flexível de manufatura consiste em quatro ou mais equipamentos, ao passo que uma célula flexível de manufatura possui três equipamentos ou menos [7].

Para se qualificar como flexível, o sistema de manufatura deve satisfazer alguns critérios. Para o sistema automatizado de produção ser flexível, ele deve ter capacidade para (1) fabricar diferentes estilos de peças sem lotes de produção, (2) aceitar mudanças na programação de produção, (3) responder prontamente ao mau funcionamento do equipamento e avarias no sistema e (4) acomodar a introdução de novas peças. Estas características são viabilizadas pela utilização de um computador central que controla e coordena as componentes do sistema. Os critérios mais importantes são (1) e (2); os critérios (3) e (4) são suplementares e podem ser implementados em vários níveis de sofisticação.

29.3.1 INTEGRAÇÃO DOS COMPONENTES DO SISTEMA DE MANUFATURA

Um FMS é composto de *hardware* e *software*, que devem ser integrados em uma unidade eficiente e confiável. Também inclui recursos humanos. Nesta seção, vamos examinar esses componentes e como eles são integrados.

Componentes de *Hardware* O *hardware* para FMS inclui estações de trabalho, sistemas de transporte de materiais e um computador de controle central. As estações de trabalho são equipamentos CNC para usinagem, inspeção, limpeza de peças e outras operações de suporte. Um sistema central de transporte é em geral instalado abaixo do nível do chão.

O sistema de transporte de materiais é o meio pelo qual as peças são movimentadas entre as estações. O sistema de transporte de materiais normalmente inclui a capacidade (mesmo que limitada) para armazenar peças. Sistemas de transporte utilizados na manufatura automatizada incluem transportadores em esteiras rolantes, veículos teleguiados e robôs industriais. O tipo mais adequado depende do tamanho e geometria da peça, bem como fatores relacionados à economia e compatibilidade com outros componentes do FMS. Peças não rotacionais são muitas vezes movimentadas em paletes, projetados para o sistema de transporte específico. Os acessórios são projetados para acomodar as diversas geometrias de peças da família. Peças rotacionais são muitas vezes processadas por robôs, se o peso não for fator limitante.

O sistema de transporte estabelece o *layout* básico do FMS. Cinco tipos de *layout* podem ser considerados: (1) em linha, (2) circular (*loop*), (3) escada, (4) campo aberto e (5) célula com robô centrado. Os tipos 1, 3, 4 e 5 são mostrados na Figura 29.10. O tipo 2 é mostrado na Figura 29.9(e). O *layout em linha* utiliza um sistema de transporte linear para movimentar peças entre as estações de processamento e estação de carga/descarga(s). O sistema de transporte em linha é geralmente capaz de executar movimentos bidirecionais; caso não seja possível, então o FMS opera como um transporte em linha, e as diferentes peças processadas no sistema devem seguir a mesma sequência básica de processamento em uma única direção. O *layout circular* consiste em circuito de transporte com estações de trabalho localizadas em torno da sua periferia. Esta configuração permite qualquer sequência de processamento, porque qualquer estação é acessível de qualquer outra estação. Isto também é válido na ***disposição escada***, na qual as estações de trabalho estão localizadas nos degraus da escada. O ***layout em campo aberto*** é o elemento mais complexo das configurações do FMS e consiste em vários *loops* amarrados. Finalmente, a célula com robô centrado consiste em um robô cujo trabalho inclui a carga/descarga de peças nas máquinas da célula.

O FMS também inclui um computador central com interfaces com outros componentes de *hardware*. Além do computador central, os equipamentos individuais e outros componentes possuem microcomputadores para controle das suas unidades individuais. A função do computador central é coordenar as atividades dos componentes de modo a alcançar bom funcionamento global do sistema. Ele faz essa função por meio de *software*.

***Software* de FMS e Controles** O *software* de FMS consiste em módulos associados com as várias funções desempenhadas pelo sistema de manufatura. Por exemplo, uma função envolve baixar programas de peças de CNC para as máquinas-ferramentas individuais; outra função controla o sistema de transporte de material; outra se ocupa com a gestão das ferramentas; e assim por diante. A Tabela 29.3 lista as funções incluídas na operação de um FMS típico. Um ou mais módulos de *software* estão associados com cada função. Outros elementos não apresentados no nosso quadro podem ser utilizados numa dada aplicação. As funções e os módulos são, em grande parte, aplicações específicas.

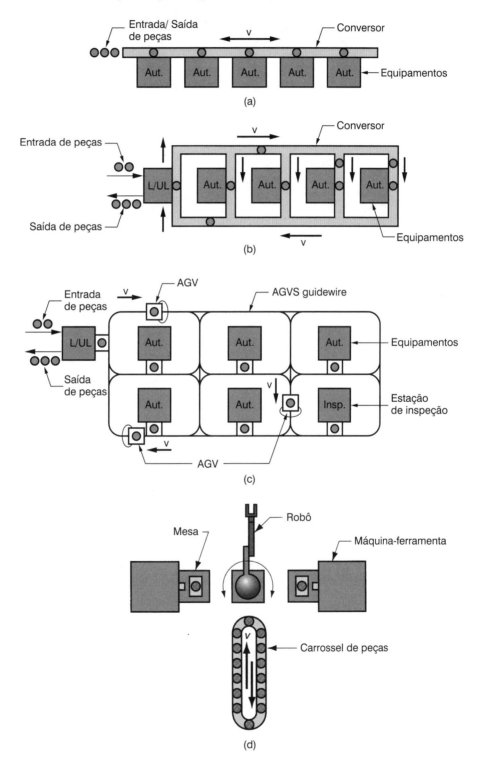

FIGURA 29.10 Quatro dos cinco tipos de *layout* de FMS: (a) em linha, (b) escada, (c) campo aberto, e (d) célula com robô centrado. Aut = estação automatizada; L/UL = estação de carga/descarga; Insp = estação de inspeção; AGV = veículo automaticamente guiado. AGVS guidewire = rota. (Crédito: *Fundamentals of Modern Manufacturing*, 4ª Edição por Mikell P. Groover, 2010. Reimpresso com permissão de John Wiley & Sons, Inc.)

TABELA 29.3	Funções típicas implementadas por *software* de sistema flexível de manufatura
Função	**Descrição**
Programação de peças no CNC	Desenvolvimento de programas CNC para peças novas introduzidas no sistema. Isto inclui pacote de linguagens de programação, tais como APT.
Controle da produção	*Mix* de produtos, programação de equipamentos e outras funções de planejamento.
Download de programa CNC	Comandos do programa da peça devem ser baixados para cada estação do computador central.
Controle de equipamentos	Estações de trabalho individuais exigem controles, geralmente controle numérico computadorizado.
Controle das peças	Monitoramento do *status* de cada peça no sistema, *status* dos paletes, ordens de carga/descarga de paletes.
Ferramentas de gestão	Funções que incluem ferramentas de controle de estoques, ferramentas de *status* das condições de uso das ferramentas, ferramentas de mudança e reprogramação, e transporte de e para ferramentas de corte.
Controle de transporte	Sistema de programação e controle de transporte de peças.
Gestão do sistema produtivo	Compilação de informações para gestão de desempenho (taxa de utilização, contagem de peças, taxa de produção etc.). Simulação de FMS é, por vezes, incluída.

Trabalho Humano Componente adicional na operação de manufatura de um sistema ou célula flexível é o trabalho humano. Funções desempenhadas por trabalhadores humanos são: (1) carregamento e descarregamento de peças do sistema, (2) configuração e mudanças nas ferramentas de corte, (3) manutenção e reparação de equipamento, (4) a programação CNC de peças, (5) programação e operação do sistema computacional, e (6) gestão global do sistema.

29.3.2 APLICAÇÕES DOS SISTEMAS FLEXÍVEIS DE MANUFATURA

Sistemas flexíveis de manufatura são normalmente utilizados para a produção em médio volume e variedade intermediária. Se a peça ou produto for produzido em grandes quantidades, sem variações de estilo, então uma linha de montagem dedicada seria mais adequada. Se as peças são de baixo volume com grande variedade, então um equipamento CNC ou mesmo métodos manuais de fabricação seriam mais apropriados.

Sistemas flexíveis de manufatura compreendem a aplicação mais comum da tecnologia FMS. Devido à flexibilidade inerente e à capacidade computacional, é possível conectar várias máquinas-ferramentas CNC em um pequeno computador central, além da elaboração de métodos automatizados de movimentação de materiais para o transporte de peças entre as máquinas. A Figura 29.11 mostra um sistema flexível composto de cinco centros de usinagem CNC e um sistema de movimentação para pegar peças de uma estação central de carga/descarga e movê-los para as estações de usinagem apropriadas.

Além de sistemas de usinagem, outros tipos de sistemas flexíveis de manufatura também foram desenvolvidos, embora o estado da tecnologia nestes outros processos não tenha permitido a aplicação rápida que ocorreu na usinagem. Os outros tipos de sistemas incluem a montagem, inspeção e processamento de folha de metal (furação, corte, dobra e moldagem).

A maior parte da experiência em sistemas flexíveis de manufatura foi adquirida em aplicações de usinagem. Para sistemas flexíveis de manufatura, os benefícios geralmente são: (1) maior utilização do equipamento em relação aos sistemas tradicionais — a utilização de equipamentos varia entre 40% e 50% nas operações fazendo uso de lotes convencionais e 75% para um FMS devido às melhorias proporcionadas ao fluxo de trabalho, *setups* e sequenciamento do processo; (2) tempo em processo reduzido, com a transformação do processo em lote para o processo contínuo; (3) *lead times* menores; (4) maior flexibilidade na programação da produção.

FIGURA 29.11 Um sistema de manufatura flexível com cinco estações de trabalho. Foto cedida por Cincinnati Milacron. (Crédito: *Fundamentals of Modern Manufacturing*, 4ª Edição por Mikell P. Groover, 2010. Reimpresso com permissão de John Wiley & Sons, Inc.)

29.4 PRODUÇÃO ENXUTA

Nesta seção e na seguinte, serão apresentados os sistemas que abrangem um escopo mais amplo que os anteriormente citados nas seções até aqui descritas. A produção enxuta é uma abordagem aplicada à fábrica inteira, e não apenas em equipamentos específicos (como o controle numérico) ou grupos de equipamentos de fabricação (sistemas flexíveis e células de manufatura). A ***produção enxuta*** pode ser definida como "uma adaptação da produção em massa em que os trabalhadores e células de trabalho tornam-se mais flexíveis e eficientes pela adoção de métodos que reduzem o desperdício em todas as formas."[1] A lógica por trás de um sistema enxuto envolve a tentativa de identificar e eliminar todas as atividades que representam um desperdício de recursos — trabalhadores, ferramentas e equipamentos, materiais, tempo e espaço na fábrica. Todas as atividades na fabricação podem ser classificadas nas seguintes categorias: (1) atividades que agregam valor, que em geral se referem às atividades de processamento e montagem efetivamente geram valor real para o cliente; (2) atividades que apoiam a agregação de valor, como carregamento de peças em um equipamento da fábrica; e (3) atividades desnecessárias que não agregam valor e nem apoiam as atividades de valor agregado. Exemplos de desperdícios na fabricação incluem a produção de peças defeituosas, a produção de peças em quantidade maior que o necessário (superprodução), trabalhadores em espera, estoques excessivos e etapas desnecessárias de processamento. A produção enxuta tem como objetivo eliminar as atividades desnecessárias de produção, de modo que apenas as atividades que realmente agregam valor ou apoiam a agregação de valor sejam realizadas. O resultado é que menos recursos e menos tempo são necessários, e a qualidade do produto final é melhorada. Um dos fundamentos da produção enxuta é entrega *just-in-time* de peças.

29.4.1 SISTEMAS DE PRODUÇÃO *JUST-IN-TIME*

O sistema *just-in-time* (JIT) é uma abordagem de programação da produção cuja principal característica é que os materiais ou peças são entregues à estação de trabalho seguinte na sequência correspondente à etapa de processamento no momento exato em que eles são necessários nessa estação. Quando aplicada em toda a fábrica, essa abordagem faz diminuir os estoques entre os processos e os *lead times* de produção. Outra característica importante nos

---

[1] M. P. Groover, ***Automation, Production Systems, and Computer-Integrated Manufacturing*** [7], p. 834.

sistemas baseados na filosofia JIT é a redução de defeitos, uma vez que peças defeituosas podem forçar a interrupção da produção na fábrica.

Práticas baseadas na filosofia JIT têm se mostrado mais eficazes em produção repetitiva e com alto volume, tal como ocorre na indústria automotiva [12]. Há aumento potencial de estoque em processo neste tipo de sistema produtivo, porque tanto a quantidade de produtos quanto o número de componentes por produto são grandes. O sistema *just-in-time* produz exatamente o número certo de cada componente necessário para satisfazer a operação seguinte na sequência de produção, e assim o faz apenas quando esse componente é necessário "na hora certa". O tamanho de lote ideal é a peça unitária. Por questão prática, mais de uma peça é produzida de uma vez, mas o tamanho do lote é mantido pequeno. No JIT, a produção de muitas unidades deve ser evitada tanto quanto a produção de poucas unidades.

O sistema JIT requer uma lógica de **puxar a produção**, em que a ordem de produzir peças em uma estação de trabalho é dada pela estação de trabalho subsequente que irá utilizar essas peças na produção. Quando as peças utilizadas por essa estação chegam próximas ao fim, uma ordem de produção é enviada à estação de trabalho anterior para repor o fornecimento. Esta ordem fornece a autorização para a estação anterior produzir as peças em quantidades necessárias. Este procedimento, repetido por todas as estações de trabalho da fábrica, faz com que as peças sejam "puxadas" pelo sistema de produção. Por outro lado, o **sistema de produção** empurrado funciona por meio do fornecimento de peças para cada estação na planta, direcionando o trabalho das estações a montante para as estações a jusante. O risco de um sistema de produção empurrado é a sobrecarga da fábrica, programando mais trabalho que ela pode realmente executar. Isto acarreta grandes estoques de peças próximos aos equipamentos, já que eles não possuem capacidade de processamento necessário frente à carga de trabalho existente.

Um sistema de produção puxado mais utilizado é o sistema **kanban** da Toyota Motors. *Kanban* (pronuncia *cân-bân*) é uma palavra japonesa que significa **cartão**. O sistema *kanban* de controle de produção baseia-se na utilização de cartões para autorizar a produção e o fluxo de trabalho na fábrica. Existem dois tipos de *kanbans*: (1) *kanbans* de produção e (2) *kanbans* de transporte. Um **kanban de produção** autoriza a produção de um lote de peças. As peças são colocadas em contêineres, de modo que o lote deve consistir em peças em número suficiente apenas para preencher o contêiner. Não é permitida a produção de peças adicionais. O **kanban de transporte** autoriza a movimentação dos contêineres com peças para a estação de trabalho seguinte na sequência de trabalho.

A Figura 29.12 ilustra como duas estações de trabalho operam na lógica do sistema *kanban*. A figura mostra quatro estações, mas as estações B e C são as que realmente interessam. A estação B é a fornecedora neste par, e a estação C é a consumidora. A estação C é a fornecedora da estação D. A estação B é abastecida pela estação A. Quando a estação C começa a trabalhar e consumir as peças do contêiner, o trabalhador retira o *kanban* de transporte do contêiner e o leva de volta para a estação B. O trabalhador encontra um contêiner cheio de peças em B que acabaram de ser produzidas, remove o *kanban* de produção daquele contêiner e coloca-o na estação B. O trabalhador, então, coloca o *kanban* de transporte no contêiner cheio, que autoriza seu movimento para a estação C. O *kanban* de produção na estação B autoriza a produção de um novo lote de peças. A estação B produz mais de um tipo de peça, talvez a partir de várias outras estações a jusante, para além de C. O sequenciamento do trabalho é determinado pela ordem em que os *kanbans* de produção são colocados na estação.

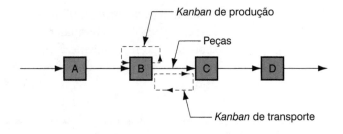

FIGURA 29.12 Operação de sistemas *kanban* entre estações de trabalho. (Crédito: *Fundamentals of Modern Manufacturing*, 4ª Edição por Mikell P. Groover, 2010. Reimpresso com permissão de John Wiley & Sons, Inc.)

O sistema *kanban* entre as estações de trabalho A e B, C e D funciona de maneira idêntica como acontece entre as estações B e C. Este sistema de controle de produção elimina a burocracia desnecessária; os cartões são usados de maneira contínua gerando novas ordens de produção e transporte em cada ciclo. Uma aparente desvantagem deste sistema é o envolvimento considerável de esforços na movimentação de materiais (movimentação dos cartões e contêineres entre as estações); no entanto, alega-se que esta movimentação promove o trabalho em equipe e a cooperação entre os trabalhadores.

O sucesso do sistema *just-in-time* exige perfeição na entrega dentro do prazo, na qualidade dos produtos fabricados e na confiabilidade dos equipamentos. A utilização de lotes e pulmão de proteção pequenos exige que as peças estejam disponíveis antes da necessidade da estação subsequente. Caso contrário, a produção deve ser suspensa por essa estação devido à ausência de peças. Se as peças apresentarem defeitos, elas não podem ser utilizadas no processo, assim o sistema JIT promove a política de zero defeito em peças. Trabalhadores inspecionam a saída de seus próprios processos para ter certeza que não haverá defeitos sendo propagados na próxima operação. Níveis baixos de estoque em processos exigem confiabilidade dos equipamentos. Quebras de equipamentos não podem ser toleradas em um sistema de produção JIT. Assim, a filosofia JIT enfatiza a necessidade de equipamentos confiáveis e de manutenção preventiva.

O sistema JIT se estende também às empresas fornecedoras de materiais e de componentes. Os fornecedores devem garantir padrões de entrega no prazo, zero defeito e outros requisitos do JIT. Algumas das políticas usadas por empresas para implementar o JIT estendido aos fornecedores incluem (1) redução do número total de fornecedores, (2) seleção de fornecedores com padrões comprovados de qualidade de fabricação e entrega, (3) estabelecimento de parcerias de longo prazo com os fornecedores e (4) seleção dos fornecedores localizados mais próximos à fábrica da empresa contratante.

29.4.2 OUTRAS ABORDAGENS EM PRODUÇÃO ENXUTA

Além da produção e entrega *just-in-time*, os sistemas de produção enxuta incluem mais algumas abordagens que são projetadas para reduzir o desperdício e aumentar a eficiência. Algumas dessas abordagens são descritas aqui.

Envolvimento do Funcionário e Melhoria Contínua Em uma fábrica com práticas de produção enxuta, são dadas mais responsabilidades aos funcionários, que também são treinados para serem mais flexíveis e versáteis no trabalho que podem desempenhar. Isto permite atribuir a eles grande variedade de tarefas. A variedade de atribuições relacionadas aos cargos da empresa e as regras que definem rigidamente a atuação dos funcionários são reduzidas no sistema enxuto. Trabalhadores são treinados para inspecionar a qualidade da saída do seu próprio processo e lidar com problemas técnicos de menor complexidade de seu equipamento de produção a fim de que as paradas na produção sejam evitadas. Além disso, os trabalhadores atuam em equipes para resolver problemas cuja solução envolve melhoria contínua. Como indicado na Seção 28.2.4, a melhoria contínua refere-se à constante busca por meios de se reduzir custos, melhorar a qualidade e aumentar a produtividade. Os trabalhadores podem fazer importantes contribuições para esses programas de melhoria, já que eles estão intimamente familiarizados com as operações.

Tamanho de Lote Reduzido e Redução de Tempo de *Setup* Dois pré-requisitos para se diminuir estoques em um sistema *just-in-time* são tamanhos pequenos de lotes e tempo reduzido de *setup*. Os tamanhos menores de lote não podem ser economicamente justificáveis a menos que os tempos de *setup* entre os lotes sejam reduzidos. Algumas das abordagens utilizadas para reduzir o tempo de *setup* incluem: (1) realizar o máximo de trabalho de *setup* possível, enquanto o trabalho da estação anterior ainda está em execução; (2) usar dispositivos de fixação que garantam rapidez no *setup*, em vez de parafusos e porcas que tornam as tarefas de *setup* mais demoradas; (3) eliminar ou minimizar ajustes no *setup*; e (4) utilizar a tecnologia de grupo e manufatura celular, de modo que as peças similares sejam produzidas no mesmo equipamento.

Interrupção do Processo Outra abordagem da produção enxuta é a concepção de equipamentos que param automaticamente quando algo anormal ocorre na produção. Funcionamento anormal significa peças defeituosas sendo produzidas, ferramentas quebradas ou desgastadas, ou peças sendo produzidas em quantidade a mais que o exigido pelo próximo equipamento na sequência. Quando um dispositivo de parada automática é ativado, ele chama a atenção para o equipamento, exigindo assim que a ação corretiva seja tomada para se resolver o problema.

Prevenção de Falhas As falhas são comuns na produção. Exemplos incluem etapas de processamento omitidas durante a sequência de produção, itens não adicionados na montagem final de produtos, uso de ferramentas inadequadas e ferramentas localizadas incorretamente nos fixadores. Em um sistema enxuto, dispositivos de baixo custo são implementados nas estações de trabalho para evitar falhas na produção.

Manutenção Produtiva Total Na seção anterior, foi mencionado que a confiabilidade de equipamentos é requisito importante de um sistema de produção *just-in-time*. A Manutenção Produtiva Total utiliza várias abordagens cujo objetivo é minimizar o tempo de produção perdido devido ao mau funcionamento do equipamento. As abordagens incluem: (1) trabalhadores que executam a manutenção de rotina e limpeza de seus equipamentos; (2) manutenção preventiva, cuja finalidade é substituir periodicamente os componentes e ferramentas desgastados para evitar paradas dos equipamentos; e (3) manutenção preditiva, que tenta antecipar potenciais problemas utilizando monitorização computacional e outras técnicas preditivas. Um programa de manutenção produtiva total bem-sucedido maximiza a utilização do equipamento evitando quebras emergenciais que interrompam a produção.

29.5 MANUFATURA INTEGRADA POR COMPUTADOR

Redes de computadores distribuídos são amplamente utilizadas em fábricas modernas na monitoração e/ou controle dos sistemas descritos neste capítulo. Mesmo que algumas operações sejam realizadas de forma manual, sistemas computacionais são utilizados para a programação de produção, coleta de dados, registros, acompanhamento de desempenho e outras informações relacionadas à produção. Nos sistemas mais automatizados (por exemplo, máquinas-ferramentas CNC e células flexíveis de manufatura), computadores controlam diretamente as operações. O termo *manufatura integrada por computador* (CIM) refere-se ao uso de sistemas computacionais em toda a organização, não só para monitorar e controlar as operações, mas também para projetar o produto, planejar os processos de fabricação e realizar processos de negócios relacionados à produção. Pode-se dizer que o CIM é o sistema integrado de produção.

Para começar, vamos identificar quatro funções gerais que devem ser realizadas em muitas empresas de manufatura: (1) projeto do produto, (2) planejamento de produção, (3) controle da produção e (4) processos de negócios. O projeto do produto é geralmente um processo iterativo que inclui o reconhecimento da necessidade de um produto, definição do problema, síntese criativa de uma solução, análise e otimização, avaliação e documentação. A qualidade resultante do projeto é o fator mais importante sobre o qual o sucesso comercial de um produto depende. Além disso, parte significativa do custo final do produto é determinada por decisões feitas durante o projeto do produto. O planejamento da produção está relacionado com a conversão dos desenhos e especificações de engenharia que definem o projeto do produto em um plano de produção do produto. O planejamento da produção inclui decisões sobre quais peças serão adquiridas (a "decisão de fazer ou comprar"), como cada peça será produzida, o equipamento a ser utilizado, como o trabalho será agendado, e assim por diante. A maioria dessas decisões é discutida no Capítulo 28. O controle da produção consiste não apenas no controle dos processos individuais e dos equipamentos da planta, mas também nas funções de apoio, tais como controle de qualidade e inspeção, discutidos no Capítulo 30. Finalmente, os processos de negócio incluem a entrada de pedidos, contabilidade de custos, folha de pagamento, faturamento e outras atividades orientadas para informações relacionadas à fabricação.

Os sistemas computacionais desempenham papel importante nessas quatro funções gerais, e sua integração na organização é uma característica marcante da manufatura integrada por computador, como representado na Figura 29.13. Os sistemas computacionais associados ao projeto do produto são chamados sistemas CAD (projeto auxiliado por computador). Os sistemas relacionados a projetos incluem modelagem geométrica, análise de engenharia, tais como modelagem de elementos finitos, revisão e avaliação de projeto, e desenho automatizado. Sistemas computacionais que suportam o planejamento da produção são chamados sistemas CAM (manufatura auxiliada por computador) e incluem o planejamento do processo apoiado por computador, programação de peças no CNC, sequenciamento da produção e planejamento dos recursos de manufatura. Os sistemas de controle da produção incluem os utilizados no controle de processos, controle de chão de fábrica, controle de estoque e inspeção para controle de qualidade auxiliada por computador. E sistemas de processos de negócios são usados para apoiar entrada de pedidos, faturamento e outras funções. Os pedidos dos clientes são inseridos pela força de vendas da empresa ou pelos próprios clientes para o sistema informatizado de entrada de pedidos. As ordens contêm especificações do produto que fornecem os insumos para o departamento de projetos. Com base nesses insumos, novos produtos são projetados nos sistemas CAD. Os detalhes do projeto servem como insumos para o grupo de engenharia, para quem o planejamento do processo, o projeto das ferramentas de trabalho e outras funções relacionadas são realizados antes da produção real. As saídas da engenharia fornecem grande parte dos dados de entrada necessários para o planejamento de recursos e programação da produção. Assim, a manufatura integrada por computador fornece os fluxos de informação requeridos para realizar a produção real do produto.

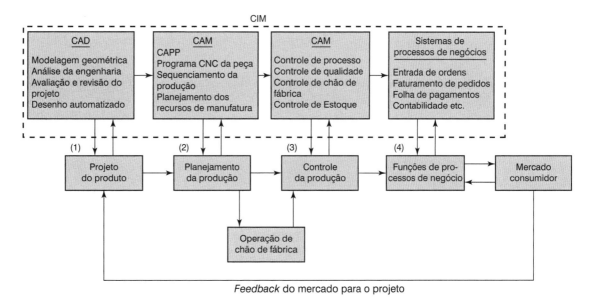

FIGURA 29.13 Quatro funções gerais de uma organização fabril integrada e como sistemas de manufatura integrada por computador suportam essas funções. (Crédito: *Fundamentals of Modern Manufacturing*, 4ª Edição por Mikell P. Groover, 2010. Reimpresso com permissão de John Wiley & Sons, Inc.)

Atualmente, a manufatura integrada por computador é implementada em muitas empresas a partir de sistemas de ***planejamento de recursos empresariais*** (*enterprise resource planning* — ERP), uma extensão do planejamento de recursos da produção que organiza e integra o fluxo de informações da empresa por meio de uma base única de dados. As funções cobertas pelo ERP vão além das operações em manufatura, como vendas, marketing, compras, logística, distribuição, controle de estoque, finanças e recursos humanos. Usuários de ERP dentro de uma empresa acessam e interagem com o sistema utilizando computadores pessoais em seus próprios locais de trabalho, localizados tanto em escritórios ou no chão de fábrica.

REFERÊNCIAS

[1] Black, J. T. *The Design of the Factory with a Future*. McGraw-Hill, New York, 1990.

[2] Black, J. T. "An Overview of Cellular Manufacturing Systems and Comparison to Conventional Systems," *Industrial Engineering*, November 1983, pp. 36–84.

[3] Bollinger, J. G., and Duffie, N. A. *Computer Control of Machines and Processes*. Addison-Wesley Longman, Inc., New York, 1989.

[4] Chang, C-H, and Melkanoff, M. A. *NC Machine Programming and Software Design*, 3rd ed. Prentice-Hall, Inc., Upper Saddle River, New Jersey, 2005.

[5] Chang, T-C, Wysk, R. A., and Wang, H-P. *Computer-Aided Manufacturing*, 3rd ed. Prentice Hall, Upper Saddle River, New Jersey, 2005.

[6] Gallagher, C. C., and Knight, W. A. *Group Technology*, Butterworth & Co., Ltd., London, 1973.

[7] Groover, M. P. *Automation, Production Systems, and Computer Integrated Manufacturing*, 3rd ed. Pearson Prentice-Hall, Upper Saddle River, New Jersey, 2008.

[8] Ham, I., Hitomi, K., and Yoshida, T. *Group Technology*. Kluwer Nijhoff Publishers, Hingham, Massachusetts, 1985.

[9] Houtzeel, A. "The Many Faces of Group Technology," *American Machinist*, January 1979, pp. 115–120.

[10] Luggen, W. W. *Flexible Manufacturing Cells and Systems*. Prentice Hall, Inc., Englewood Cliffs, New Jersey, 1991.

[11] Maleki, R. A. *Flexible Manufacturing Systems: The Technology and Management*. Prentice Hall, Inc., Englewood Cliffs, New Jersey, 1991.

[12] Monden, Y. *Toyota Production System*, 3rd ed. Engineering and Management Press, Norcross, Georgia, 1998.

[13] Moodie, C., Uzsoy, R., and Yih, Y. *Manufacturing Cells: A Systems Engineering View*. Taylor & Francis, Ltd., London, United Kingdom, 1995.

[14] Parsai, H., Leep, H., and Jeon, G. *The Principles of Group Technology and Cellular Manufacturing*. John Wiley & Sons, Hoboken, New Jersey, 2006.

[15] Seames, W. *Computer Numerical Control, Concepts and Programming*. Delmar-Thomson Learning, Albany, New York, 2002.

QUESTÕES DE REVISÃO

29.1 Defina o termo *sistema produtivo*.

29.2 Identifique e descreva os três componentes básicos de um sistema de controle numérico.

29.3 Qual é a diferença entre sistemas de controle ponto a ponto e sistemas de caminho contínuo?

29.4 Qual é a diferença entre posicionamento absoluto e posicionamento incremental?

29.5 Qual é a diferença entre um sistema de posicionamento em malha aberta e um sistema de posicionamento em malha fechada?

29.6 Em quais circunstâncias um sistema de posicionamento em malha fechada é preferível frente a um sistema em malha aberta?

29.7 Explique o funcionamento de um *encoder* óptico.

29.8 O que é entrada manual de dados em programação CNC?

29.9 Identifique algumas das aplicações de controle numérico sem máquinas-ferramentas.

29.10 Quais são os benefícios do CNC frente ao uso de métodos manuais?

29.11 Defina o termo *tecnologia de grupo*.

29.12 O que é uma família de peças?

29.13 Defina o termo *manufatura celular*.

29.14 O que se entende pelo conceito de peça composta em tecnologia de grupo?

29.15 O que é um sistema flexível de manufatura?

29.16 Quais os critérios que devem ser atendidos para que um sistema de fabricação automatizado seja flexível?

29.17 Cite exemplos de alguns *softwares* de FMS e das funções de controle associadas.

29.18 Quais são as vantagens da tecnologia de FMS frente à fabricação em lotes convencionais?

29.19 Defina o termo *produção enxuta*.

29.20 Identifique o objetivo principal de um sistema de produção *just-in-time*.

29.21 Como um sistema de produção puxada se diferencia de um sistema empurrado na produção e no controle de estoque?

29.22 Defina o termo manufatura integrada por computador.

PROBLEMAS

29.1 Um fuso com passo de 7,5 mm está acoplado a uma mesa no sistema de posicionamento CNC. O eixo é alimentado por um motor de passo, que tem 200 passos. A mesa está programada para ser movida à distância de 120 mm a partir da sua posição atual em velocidade de 300 mm/min. Determine (a) o número de pulsos necessários para mover a mesa até a distância especificada e (b) a velocidade requerida do motor e a taxa de pulsos para atingir a velocidade desejada.

29.2 Um motor de passo tem 200 passos. Seu eixo é diretamente acoplado ao fuso com passo = 0,250 in. Uma mesa é acoplada ao fuso. A mesa deve mover-se à distância de 5,00 in. a partir da sua posição atual, a uma velocidade de 20,0 in/min. Determine (a) o número de pulsos necessários para mover a mesa até a distância especificada e (b) a velocidade requerida do motor e a frequência de pulsos para atingir a velocidade da mesa.

29.3 Um motor de passo com 100 passos é acoplado a um fuso por meio de engrenagens com taxa de redução de 9:1 (9 rotações do motor para cada rotação do fuso). O eixo tem 5 roscas/in. A mesa é impulsionada pelo eixo e deve mover-se à distância = 10,00 in à velocidade de avanço de 30,00 in/min. Determine (a) número de pulsos necessários para mover a mesa, e (b) a velocidade do motor requerida e a frequência de pulsos para que a mesa atinja a velocidade desejada.

29.4 Uma máquina-ferramenta CNC contém servomotor, fuso e *encoder* ótico. O fuso tem um passo = 5,0 mm e está ligado ao eixo do motor com relação de engrenagem de 16:1 (16 voltas do motor para cada volta do fuso). O *encoder* é conectado diretamente ao fuso e gera 200 pulsos/rot. A mesa deve mover-se à distância = 100 milímetros, à velocidade de avanço = 500 mm/min. Determine (a) o número de pulsos recebidos pelo sistema de controle para verificar se a mesa moveu-se exatamente por 100 mm; (b) a frequência de pulsos; (c) a velocidade do motor, que corresponde à velocidade de avanço de 500 mm/min.

29.5 A mesa de uma máquina-ferramenta CNC é acionada por um sistema de posicionamento em malha fechada que contém servomotor, fuso e *encoder* ótico. O fuso tem 4 roscas/in e é acoplado diretamente ao eixo do motor (relação de engrenagem = 1:1). O *encoder* ótico gera 200 pulsos por rotação do motor. A mesa foi programada para mover-se à distância de 7,5 in, à velocidade de avanço = 20,0 in/min. (a) Quantos impulsos são recebidos pelo sistema de controle para verificar se a mesa foi movida à distância programada? Quais são (b) a frequência de pulsos e (c) a velocidade do motor que correspondem à velocidade de avanço especificada?

29.6 Um fuso acoplado diretamente a um servomotor DC é usado para acionar a mesa de uma fresa CNC. O fuso tem 5 roscas/in. O *encoder* ligado ao fuso emite 100 pulsos/rot. O motor gira em velocidade máxima de 800 rpm. Determine (a) a frequência de impulsos emitidos pelo *encoder* quando o servomotor opera em máxima velocidade e (b) a velocidade da mesa quando o servomotor opera em máxima velocidade.

29.7 Resolva o problema anterior com o servomotor conectado ao fuso por meio de uma caixa de engrenagens cuja taxa de redução = 12:1 (12 revoluções para cada revolução do eixo).

29.8 Um fuso ligado diretamente a um servomotor DC aciona uma mesa de posicionamento. O passo do eixo = 4 mm. O *encoder* acoplado ao eixo emite 250 pulsos/rot. Determine (a) a frequência de pulsos emitidos pelo *encoder* quando o servomotor opera a 14 rot/s, e (b) a velocidade da mesa a partir da velocidade de operação do motor.

29.9 Uma operação de fresamento é realizada em um centro de usinagem. A distância total = 300 mm em relação a um dos eixos da sua mesa. Velocidade de corte = 1,25 m/s e carga de cavaco = 0,05 mm. A fresa tem quatro dentes e seu diâmetro = 20,0 mm. O eixo utiliza um servomotor DC cuja saída é acoplada a um fuso com passo = 6,0 mm. Um *encoder* ótico realimenta o fuso e emite 250 pulsos por revolução. Determine (a) velocidade de avanço e o tempo para completar o corte, e (b) a velocidade de rotação do motor e a taxa de pulsos do *encoder* à velocidade de avanço indicada.

29.10 Uma operação de fresamento é executada ao longo de uma trajetória em linha reta, por 325 mm de comprimento. O corte é feito em direção paralela ao eixo x, em um centro de usinagem CNC. A velocidade de corte = 30 m/min e a carga de cavaco = 0,06 mm. A fresa tem dois dentes, e seu diâmetro = 16,0 milímetros. O eixo x usa um servomotor DC conectado diretamente a um fuso com passo = 6,0 mm. O dispositivo de realimentação é um *encoder* ótico, que emite 400 pulsos por revolução. Determine (a) a velocidade de avanço e o tempo para completar o corte, e (b) a velocidade de rotação do motor e da frequência do pulso do *encoder* à velocidade de avanço indicada.

29.11 Um servomotor DC aciona o eixo x da mesa de uma fresa CNC. O motor é acoplado à mesa usando redução de engrenagens 4:1 (4 voltas do motor para cada volta do eixo). O passo do fuso = 6,25 milímetros. Um *encoder* ótico é ligado ao fuso. O *encoder* emite 500 pulsos por revolução. Para executar determinada instrução programada, a mesa deve mover-se a partir do ponto (x = 87,5 milímetros, y = 35,0) para o ponto (x = 25,0 milímetros, y = 180,0 milímetros) em uma linha reta à velocidade de avanço = 200 mm/min. Para o eixo x, determine (a) a velocidade de rotação do motor e (b) a frequência do trem de pulsos emitidos pelo *encoder* ótico, à velocidade de avanço desejada.

29.12 Um servomotor DC aciona o eixo y da mesa de uma fresa. O motor é acoplado à mesa por um fuso com redução de engrenagens de 2:1 (2 voltas do eixo do motor, para cada rotação simples do fuso). Existem 2 roscas por cm no fuso. Um *encoder* ótico está diretamente ligado ao fuso (relação de transmissão 1:1). O codificador ótico emite 100 pulsos por revolução. Para executar a instrução de determinado programa, a mesa deve mover-se do ponto (x = 25,0 milímetros, y = 28,0) para o ponto (x = 155,0 milímetros, y = 275,0 milímetro) em uma trajetória em linha reta à velocidade de avanço = 200 mm/min. Para o eixo y, determine (a) a velocidade de rotação do motor e (b) a frequência do trem de pulsos emitida pelo *encoder* ótico, na velocidade de avanço desejada.

30 CONTROLE DE QUALIDADE E INSPEÇÃO

Sumário

30.1 Qualidade do Produto

30.2 Capabilidade do Processo e Tolerâncias

30.3 Controle Estatístico de Processo
    30.3.1 Gráficos de Controle para Variáveis
    30.3.2 Gráficos de Controle para Atributos
    30.3.3 Interpretando os Gráficos

30.4 Programas de Qualidade em Fabricação
    30.4.1 Gestão da Qualidade Total
    30.4.2 Programa Seis Sigma
    30.4.3 ISO 9000

30.5 Princípios de Inspeção

30.6 Tecnologias Modernas de Inspeção
    30.6.1 Máquinas de Medição por Coordenadas
    30.6.2 Visão Artificial
    30.6.3 Outras Técnicas de Inspeção sem Contato

Tradicionalmente, o *controle de qualidade* (CQ) tem se preocupado com a detecção da má qualidade em produtos fabricados e na ação corretiva para eliminá-la. O CQ tem sido, com certa frequência, limitado a inspecionar o produto e seus componentes, e decidir se as dimensões e outras características estão em conformidade com as especificações de projeto. Caso isso ocorra, o produto é liberado. A visão moderna de controle de qualidade abrange amplo escopo de atividades, incluindo diversos programas da qualidade, tais como o controle estatístico de processo, a metodologia Seis Sigma e tecnologias modernas de inspeção, como máquinas de medição por coordenadas e sistemas de visão artificial. Neste capítulo, serão discutidos estes e outros tópicos voltados à qualidade e à inspeção considerados atualmente relevantes em operações de fabricação modernas. Vamos começar nossa explanação, definindo a qualidade do produto.

30.1 QUALIDADE DO PRODUTO

A Sociedade Americana para a Qualidade (*American Society for Quality*) define qualidade como "a totalidade de atributos e características de um produto ou serviço que sustentam sua capacidade de satisfazer a determinadas necessidades" [2]. Em um produto de um processo de fabricação, a qualidade tem dois aspectos [4]: (1) as características do produto e

(2) a ausência de deficiências. As *características do produto* são aquelas oriundas do projeto do produto. Elas representam as características funcionais e estéticas do item pretendido para atrair o cliente e prover sua satisfação. Em um automóvel, tais características incluem tamanho do carro, modelo, acabamento da carroceria, consumo de combustível, confiabilidade, reputação do fabricante, além dos opcionais e aspectos semelhantes. A soma das características de um produto geralmente define seu *valor*, o qual se relaciona com o nível de mercado a que ele se destina. Os carros (e outros produtos) se apresentam em diferentes valores. Alguns deles se apresentam de forma básica,* pois certos clientes assim o desejam, enquanto outros são de alto padrão para consumidores dispostos a gastar mais a fim de possuírem um "produto melhor". As características de um produto são decididas no projeto e geralmente determinam o custo inerente do produto. Itens de qualidade superior significam custo mais elevado.

A expressão *ausência de deficiências* significa que o produto faz o que ele é destinado a fazer (dentro das limitações de suas características de projeto), não apresenta defeitos, condições fora das tolerâncias especificadas e nenhuma de suas peças está faltando. Esse aspecto da qualidade inclui componentes, submontagens do produto e o próprio produto final. Ter ausência de deficiências significa estar em conformidade com as especificações de projeto, a qual é realizada por meio da fabricação. Embora o custo inerente à fabricação de um produto seja função do seu projeto, minimizar o custo do produto ao nível mais baixo possível, dentro dos limites estabelecidos pelo seu projeto, é realmente uma forma de evitar defeitos, desvios de tolerância e outros erros durante a produção. Os custos associados a essas deficiências compõem uma extensa lista: peças refugadas, aumento do lote de refugo, retrabalho, reinspeção, separação, reclamações de clientes, devoluções, custos relacionados à garantia do produto, perda de vendas e perda do valor de mercado da empresa.

Assim, as características do produto representam o aspecto da qualidade pelo qual o departamento de projeto é responsável. As características do produto determinam o preço que a empresa pode cobrar por seus produtos. A ausência de deficiências é o aspecto de qualidade pelo qual os departamentos de fabricação são responsáveis. A capacidade de minimizar essas deficiências tem influência importante no custo do produto. Essas generalidades simplificam muito a forma como as coisas funcionam, pois a responsabilidade pela alta qualidade vai muito além das funções de projeto e fabricação em uma organização.

30.2 CAPABILIDADE DO PROCESSO E TOLERÂNCIAS

Em qualquer operação de fabricação, a variabilidade está presente nas variáveis de saída do processo. Na operação de usinagem, que é um dos processos mais precisos que existem, as peças fabricadas podem parecer idênticas, mas a inspeção cuidadosa revela diferenças dimensionais de uma peça para outra.** As variações de fabricação podem ser divididas em dois tipos: aleatórias e atribuíveis.

As *variações aleatórias* são causadas por vários fatores, tais como: variabilidade causada pelo homem dentro de cada ciclo de operação, variações nas matérias-primas, vibração da máquina etc. Individualmente, esses fatores podem não ser representativos, mas combinados, os erros podem ser significantes o suficiente para causar problemas, a menos que estejam dentro das tolerâncias estabelecidas. As variações aleatórias geralmente apresentam uma distribuição estatística normal. Os dados de saída do processo, em termos de características de qualidade do produto, tendem a se aglomerar em torno do valor médio. Grande proporção do conjunto de peças se apresenta centrada em torno da média, com poucas peças afastadas dela. Quando as únicas variações no processo são desse tipo, diz-se que ele está sob *controle estatístico*. Esse tipo de variabilidade continuará enquanto o processo estiver funcionando

---

* São os conhecidos carros populares, sem acessórios opcionais ou com poucos. (N.T.)
** Essas diferenças também ocorrem a níveis geométricos. (N.T.)

normalmente. No entanto, quando ele se desvia dessa condição normal de funcionamento, as variações do segundo tipo aparecem.

As ***variações atribuíveis*** indicam exceção nas condições normais de operação. Ocorreu algo no processo que não é explicado por variações aleatórias. As razões para essas variações incluem: erros do operador, defeitos nas matérias-primas, falhas na ferramenta, mau funcionamento da máquina etc. As variações atribuíveis na fabricação geralmente provocam um desvio da distribuição normal, e o processo não está mais sob controle estatístico.

A capabilidade do processo se relaciona com as variações normais inerentes aos valores de saída quando o processo está sob controle estatístico. Por definição, a ***capabilidade do processo*** é igual a ± 3 vezes o desvios-padrão em relação ao valor médio de saída (um total de 6 desvios-padrão).

$$CP = \mu \pm 3\sigma \qquad (30.1)$$

em que CP = capabilidade do processo; μ = média do processo, que é estabelecida pelo valor nominal da característica quando o sistema de tolerâncias bilateral é usado (Seção 4.1.1); e σ = desvio-padrão do processo. As suposições básicas a esta definição são: (1) operação de estado constante foi alcançada e o processo está sob controle estatístico, e (2) a saída tem distribuição normal. Partindo-se dessas suposições, 99,73% das peças produzidas terão valores de saída que caem dentro de $\pm 3{,}0$ σ da média. A capabilidade do processo de determinada operação de fabricação nem sempre é conhecida, e experimentos devem ser conduzidos para avaliá-la.

A questão das tolerâncias é crítica para a qualidade do produto. Os engenheiros projetistas tendem a alocar as tolerâncias dimensionais em componentes e montagens, baseando-se na sua experiência de como as variações de tamanho afetarão a função e o desempenho do produto.* Sabe-se, porém, que tolerâncias mais apertadas geram melhor desempenho. Pouca importância é dada ao custo resultante das tolerâncias que são indevidamente apertadas em relação à capabilidade do processo. Quando a tolerância é reduzida, o custo para alcançá-la tende a aumentar, pois etapas adicionais de processamento podem ser necessárias, ou ainda sendo necessária a utilização de máquinas de fabricação mais precisas e caras.** O engenheiro projetista deve estar ciente dessa relação. Embora a consideração mais importante na alocação de tolerâncias deva ser dada à função, o custo também é fator a ser considerado, e qualquer alívio que possa ser dado aos departamentos responsáveis pela fabricação, no sentido de ampliar as tolerâncias sem sacrificar a função do produto, vale a pena ser concedido.***

As tolerâncias de projeto devem ser compatíveis com a capabilidade do processo.**** Elas não servem, por exemplo, para especificar tolerância de 0,025 mm (0,001 in) em uma dimensão, se a capabilidade do processo for significativamente maior que 0,025 mm (0,001 in). De qualquer forma, a tolerância deve ser mais aberta (se a funcionalidade do projeto permite), ou um processo de fabricação diferente deve ser selecionado. O ideal é que a tolerância especificada seja maior que a capabilidade do processo. Se a função e os processos utilizáveis não possibilitam isso, então a operação de triagem deve ser incluída na sequência de fabricação para inspecionar cada unidade, e separar aquelas que atendem às especificações daquelas que não atendem.

As tolerâncias de projeto podem ser especificadas como sendo iguais à capabilidade do processo, como definido na Eq. (30.1). Os limites superior e inferior desse intervalo são conhecidos como ***limites naturais de tolerância***. Quando as tolerâncias de projeto são colocadas

---

* Na fase de projeto, as tolerâncias de projeto são determinadas considerando-se as funções do produto com base na experiência dos engenheiros projetistas e em certos padrões. (N.T.)

** Esse aumento no valor de aquisição das máquinas se dá em função da necessidade de maior precisão, nível de automação, rigidez etc. (N.T.)

*** Durante o projeto do produto deve-se levar em consideração a capacidade de se poder fabricá-lo e de se poder medi-lo a custos realísticos. (N.T.)

**** As tolerâncias de projeto são relatadas por requisitos operacionais ou de um dado componente. (N.T.)

iguais aos limites naturais de tolerância, então 99,73% das peças estarão dentro da tolerância e 0,27% estarão fora dos limites. Qualquer aumento no intervalo de tolerância reduzirá o percentual de peças defeituosas.

O desejo de alcançar frações muito baixas de taxas de defeito tem levado à percepção dos limites "Seis Sigma" no controle de qualidade. Alcançar os limites Seis Sigma praticamente elimina os defeitos em um produto manufaturado, assumindo que o processo é mantido dentro do controle estatístico. Como veremos mais adiante neste capítulo, os programas de qualidade Seis Sigma não correspondem por completo aos seus nomes. Antes de abordarmos essa questão, vamos discutir uma técnica de controle de qualidade amplamente usada: o controle estatístico de processo.

30.3 CONTROLE ESTATÍSTICO DE PROCESSO

O controle estatístico de processo (CEP) envolve o uso de vários métodos estatísticos para avaliar e analisar variações no processo. Os métodos de CEP abrangem a guarda dos registros dos dados de produção, histogramas, análise de capabilidade do processo e gráficos de controle (ou cartas de controle). O gráfico de controle é o método de CEP mais amplamente usado e será focado nesta seção.

O princípio básico desse gráfico está na afirmação de que as variações em qualquer processo se dividem em dois tipos, conforme discutido na Seção 30.2: (1) variações aleatórias, as quais se apresentam apenas se o processo estiver sob controle estatístico, e (2) variações atribuíveis, que indicam uma saída de controle estatístico. O objetivo do gráfico de controle é identificar quando o processo está fora de controle estatístico, sinalizando que algumas ações corretivas deverão ser tomadas.

O *gráfico de controle* é uma técnica gráfica na qual estatísticas computadas a partir de valores medidos de certa característica de processo são traçadas ao longo do tempo para determinar se o processo permanece sob controle estatístico. A forma geral do gráfico de controle está ilustrada na Figura 30.1. O gráfico consiste em três linhas horizontais que permanecem constantes ao longo do tempo: a linha central, um limite inferior de controle (LIC) e um limite superior de controle (LSC). A linha central é geralmente definida como o valor nominal de projeto. Os limites superior e inferior de controle são em geral fixados em 3 vezes o desvio-padrão em torno da média amostral.

É muito improvável que uma amostra aleatória tirada do processo fique fora dos limites superior ou inferior de controle, enquanto o processo estiver sob controle estatístico. Deste modo, se ocorre que um valor amostral cai fora desses limites, interpreta-se que o processo está fora de controle. Portanto, uma investigação é realizada para se determinar a razão para a condição fora de controle com a ação corretiva apropriada a fim de eliminar tal condição.

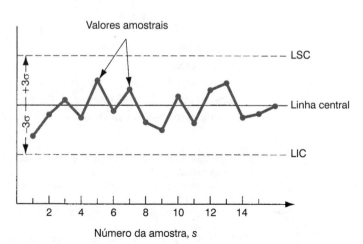

FIGURA 30.1 Gráfico de controle. (Crédito: *Fundamentals of Modern Manufacturing*, 4ª Edição por Mikell P. Groover, 2010. Reproduzido com permissão de John Wiley & Sons, Inc.)

Similarmente, se o processo for considerado sob controle estatístico e não houver evidências de tendências indesejáveis nos dados, então nenhum ajuste deverá ser feito, pois isso introduziria uma variação atribuível ao processo. O ditado, "se não estiver quebrado, não conserte", é aplicável aos gráficos de controle.

Existem dois tipos básicos de gráficos de controle: (1) os gráficos de controle para variáveis e (2) os gráficos de controle para atributos. Os gráficos de controle para variáveis requerem a medição da característica de qualidade de interesse. Os gráficos de controle para atributos simplesmente necessitam que se determine se uma peça está defeituosa ou quantos defeitos existem na amostra.

30.3.1 GRÁFICOS DE CONTROLE PARA VARIÁVEIS

Um processo que está fora de controle estatístico manifesta essa condição na forma de mudanças significativas na sua média e/ou na sua variabilidade. De acordo com essas possibilidades, existem dois tipos principais de gráficos de controle para variáveis: o gráfico $\bar{x}$ e o gráfico R. O *gráfico* $\bar{x}$ (chamado "gráfico de barras x") é usado para traçar o valor médio medido de determinada característica de qualidade para cada uma das séries de amostras coletadas de um processo de produção. Ele indica como o processo se comporta ao longo do tempo. O *gráfico* R traça a amplitude de cada amostra, monitorando a variabilidade do processo e indicando as mudanças ao longo do tempo.

Uma característica de qualidade do processo adequada deve ser selecionada como variável a ser monitorada nos gráficos $\bar{x}$ e R. Em um processo mecânico, tal característica pode ser, por exemplo, o diâmetro de um eixo ou outra dimensão crítica. As medições do próprio processo devem ser usadas para construir os dois gráficos de controle.

Com o processo funcionando sem problemas e sem variações atribuíveis, um conjunto de amostras (p. ex., $m = 20$. Um número elevado é geralmente recomendado) de pequeno tamanho (p. ex., $n = 4$, 5 ou 6 peças por amostra) é coletado e a característica de interesse é medida em cada peça. O seguinte procedimento é utilizado para construir a linha central, o LIC e o LSC para cada gráfico:

1. Calcule a média $\bar{x}$ e a amplitude R para cada uma das m amostras.
2. Calcule a média resultante $\bar{\bar{x}}$, que é a média dos valores $\bar{x}$ de cada uma das m amostras. Essa será a linha central para o gráfico $\bar{x}$.
3. Calcule $\bar{R}$, que é a média dos valores R para suas amostras. Essa será a linha central para o gráfico R.
4. Determine os limites de controle superior e inferior, LSC e LIC para os gráficos $\bar{x}$ e R. Essa abordagem é baseada nos fatores estatísticos apresentados na Tabela 30.1, os quais foram derivados especificamente para esses gráficos de controle. Os valores desses fatores dependem do tamanho da amostra n. Para o gráfico $\bar{x}$, tem-se:

$$\text{LIC} = \bar{\bar{x}} - A_2 \bar{R} \quad \text{e} \quad \text{LSC} = \bar{\bar{x}} + A_2 \bar{R} \qquad (30.2)$$

e para o gráfico R, tem-se:

$$\text{LIC} = D_3 \bar{R} \quad \text{e} \quad \text{LSC} = D_4 \bar{R} \qquad (30.3)$$

TABELA 30.1 Constantes para os gráficos $\bar{x}$ e R			
Tamanho da Amostra n	Gráfico $\bar{x}$ A_2	Gráfico R D_3	D_4
3	1,023	0	2,574
4	0,729	0	2,282
5	0,577	0	2,114
6	0,483	0	2,004
7	0,419	0,076	1,924
8	0,373	0,136	1,864
9	0,337	0,184	1,816
10	0,308	0,223	1,777

Referência: [11]

Exemplo 30.1
Gráficos $\bar{x}$ e R

Oito amostras ($m = 8$) de tamanho 4 ($n = 4$) foram coletadas de um processo de fabricação que está sob controle estatístico, e a dimensão de interesse foi medida em cada peça. Deseja-se determinar os valores da linha central, LIC e LSC para os gráficos $\bar{x}$ e R. Os valores calculados de $\bar{x}$ (em centímetros) para as oito amostras são 2,008, 1,998, 1,993, 2,002, 2,001, 1,995, 2,004 e 1,999. Os valores calculados de R (em centímetros) são, respectivamente, 0,027, 0,011, 0,017, 0,009, 0,014, 0,020, 0,024 e 0,018.

Solução: O cálculo anterior dos valores de $\bar{x}$ e R compreendem o passo 1 no nosso procedimento. No passo 2, calculamos a média geral resultante das médias amostrais.

$$\bar{\bar{x}} = (2,008 + 1,998 + \cdots + 1,999)/8 = 2,000$$

No passo 3, o valor de R é calculado.

$$\bar{R} = (0,027 + 0,011 + \cdots + 0,018)/8 = 0,0175$$

No passo 4, os valores de LIC e LSC são determinados com base nos fatores da Tabela 30.1. Primeiro, usando a Eq. (30.2) para o gráfico de $\bar{x}$,

$$\text{LIC} = 2,000 - 0,729(0,0175) = 1,9872$$
$$\text{LSC} = 2,000 + 0,729(0,0175) = 2,0128$$

e para o gráfico R, usando a Eq. (30.3),

$$\text{LIC} = 0(0,0175) = 0$$
$$\text{LSC} = 2,282(0,0175) = 0,0399$$

Os dois gráficos de controle estão construídos na Figura 30.2, com os dados amostrais neles traçados. ∎

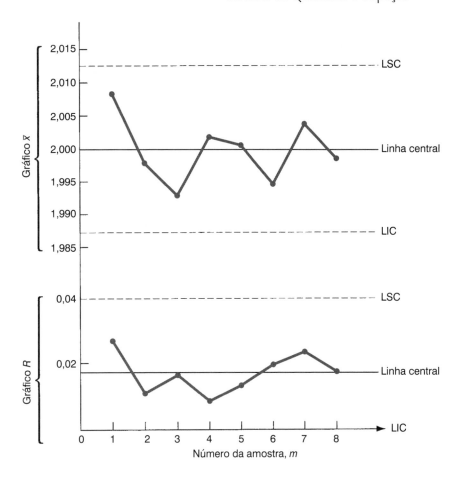

FIGURA 30.2 Gráficos de controle do Exemplo 30.1. (Crédito: *Fundamentals of Modern Manufacturing*, 4ª Edição por Mikell P. Groover, 2010. Reproduzido com permissão de John Wiley & Sons, Inc.)

30.3.2 GRÁFICOS DE CONTROLE PARA ATRIBUTOS

Os gráficos de controle para atributos não utilizam uma variável de qualidade medida; em vez disso, eles monitoram o número de defeitos presentes na amostra ou a fração da taxa de defeitos como a estatística avaliada. Exemplos desses tipos de atributos incluem o número de defeitos por automóvel, frações de peças ruins em uma amostra, a existência ou ausência de rebarba em moldagens de plásticos e o número de falhas em um rolo de chapa de aço. Os dois tipos principais de gráficos de controle para atributos são o ***gráfico p***, no qual se marca a fração da taxa de defeitos em amostras sucessivas, e o ***gráfico c***, no qual se marca o número de defeitos, falhas ou outras não conformidades por amostra.

Gráfico p No gráfico p, a característica de qualidade de interesse é a proporção (p para proporção) de unidades defeituosas ou não conformes.* Para cada amostra, essa proporção p_i é dada pela razão entre o número de itens defeituosos ou não conformes d_i e o número de unidades da amostra n (assumimos amostras de tamanhos iguais na construção e utilização dos gráficos de controle):

$$p_i = \frac{d_i}{n} \qquad (30.4)$$

em que i é utilizado para identificar a amostra. Se os valores de p_i, para um número suficiente de amostras, são produzidos, então o valor médio $\bar{p}$ é uma estimativa razoável do valor real de p para o processo. O gráfico p é baseado na distribuição binomial, na qual p é a probabilidade de uma unidade não conforme. A linha central no gráfico p é o valor calculado de $\bar{p}$ para

---

* O gráfico p pode ser considerado o gráfico de percentual de defeitos. (N.T.)

m amostras de tamanho igual a n, coletadas enquanto o processo está operando sob controle estatístico.

$$\bar{p} = \frac{\sum_{i=1}^{m} p_i}{m} \qquad (30.5)$$

Os limites de controle são calculados com três desvios-padrão em cada lado da linha central. Assim,

$$\text{LIC} = \bar{p} - 3\sqrt{\frac{\bar{p}(1-\bar{p})}{n}} \quad \text{e} \quad \text{LSC} = \bar{p} + 3\sqrt{\frac{\bar{p}(1-\bar{p})}{n}} \qquad (30.6)$$

em que o desvio-padrão de $\bar{p}$ na distribuição binomial é dado por:

$$\sigma_p = \sqrt{\frac{\bar{p}(1-\bar{p})}{n}}$$

Se o valor de $\bar{p}$ for relativamente baixo e o tamanho da amostra n for pequeno, então o limite inferior de controle, apresentado na primeira Eq. (30.6), poderá apresentar valor negativo. Nesse caso, LIC = 0 (a fração da taxa de defeito não pode ser inferior a zero).

Gráfico c No gráfico c (c para contagem), o número de defeitos na amostra é inserido ao longo do tempo. A amostra pode ser um único produto, tal como um automóvel, e c = número de defeitos relacionados à qualidade, encontrados durante a inspeção final. Ela também pode ser um comprimento de tapete antes do corte, e c = número de imperfeições descobertas naquela tira específica. O gráfico c se baseia na distribuição de Poisson, em que c = parâmetro que representa o número de eventos que ocorrem dentro do espaço amostral definido (p. ex., defeitos por carro, imperfeições em determinado comprimento de tapete). A melhor estimativa do valor verdadeiro de c é o valor médio obtido de um grande número de amostras retiradas enquanto o processo está sob controle estatístico.

$$\bar{c} = \frac{\sum_{i=1}^{m} c_i}{m} \qquad (30.7)$$

Esse valor de $\bar{c}$ é usado como a linha central para o gráfico de controle. Na distribuição de Poisson, o desvio-padrão é a raiz quadrada do parâmetro $\bar{c}$. Logo, os limites de controle são:

$$\text{LIC} = \bar{c} - 3\sqrt{\bar{c}} \quad \text{e} \quad \text{LSC} = \bar{c} + 3\sqrt{\bar{c}} \qquad (30.8)$$

30.3.3 INTERPRETANDO OS GRÁFICOS

Quando os gráficos de controle são usados para monitorar a qualidade da produção, amostras aleatórias são retiradas do processo do mesmo tamanho n para a construção deles. Para os gráficos $\bar{x}$ e R, os valores de $\bar{x}$ e R da característica medida são colocados no gráfico de controle. Por convenção, os pontos são normalmente ligados, conforme mostrado nas nossas figuras. Para interpretar os dados, procura-se por sinais que indicam que o processo não está sob controle estatístico. O sinal mais evidente é quando $\bar{x}$ ou R (ou ambos) se encontra fora dos limites LIC e LSC. Isso indica uma causa atribuível, tal como matérias-primas ruins, operador novo, ferramental quebrado ou outros fatores semelhantes. Um $\bar{x}$ fora do limite indica mudança na média do processo. Por outro lado, um R fora do limite mostra que a variabilidade do processo foi alterada. O efeito usual é que, quando R aumenta, indica que a variabilidade aumentou. Condições menos óbvias podem revelar problemas no processo, mesmo que os pontos amostrais se encontrem dentro dos limites $\pm 3\sigma$. Essas condições incluem: (1) tendências ou padrões cíclicos nos dados, o que pode significar desgaste ou outros fatores que ocorrem como uma função do tempo; (2) mudanças repentinas no nível médio dos dados; e (3) pontos sistematicamente próximos dos limites superior e inferior.

As mesmas interpretações que se aplicam ao gráfico $\bar{x}$ e ao gráfico R também são aplicáveis ao gráfico p e ao gráfico c.

30.4 PROGRAMAS DE QUALIDADE EM FABRICAÇÃO

O controle estatístico de processo é amplamente utilizado para o monitoramento da qualidade de peças e produtos fabricados. Vários programas de qualidade adicionais também são utilizados na indústria, e, nesta seção, nós descrevemos, de forma breve, três deles: (1) gestão da qualidade total, (2) Seis Sigma e (3) ISO 9000. Esses programas não são alternativas para o controle estatístico de processo. Na verdade, as ferramentas utilizadas no CEP estão incluídas dentro das metodologias de gestão da qualidade total e Seis Sigma.

30.4.1 GESTÃO DA QUALIDADE TOTAL

A gestão da qualidade total (GQT) é uma abordagem de gestão para a qualidade que busca alcançar três metas principais: (1) assegurar a satisfação do cliente, (2) incentivar o envolvimento de toda força de trabalho e (3) melhoria contínua.

O cliente e sua satisfação são o foco central da GQT, e os produtos são projetados e fabricados com esse foco em mente. O produto deve ser projetado com as características que os clientes desejam, devendo ser fabricado livre de deficiências. No tocante à sua satisfação, existem duas categorias de clientes: (1) os clientes externos e (2) os clientes internos. Os clientes externos são aqueles que compram os produtos e serviços da empresa. Os clientes internos, por sua vez, estão dentro da empresa, como, por exemplo, o departamento de montagem final, que é cliente dos departamentos de produção de peças. Para que a empresa seja eficaz e eficiente, a satisfação deve ser alcançada em ambas as categorias de clientes.

Na GQT, a participação dos trabalhadores nas ações de qualidade da organização vai desde a alta direção até o nível mais baixo. Há o reconhecimento da importante influência que o projeto do produto desempenha em sua qualidade e como as decisões tomadas durante o projeto afetam a qualidade que pode ser alcançada na fabricação. Além disso, os operários são responsáveis pela qualidade dos produtos fabricados por eles, em vez de dependerem de inspetores para descobrir, posteriormente, defeitos nas peças prontas. O treinamento de GQT, incluindo o uso das ferramentas de controle estatístico de processo, é fornecido a todos os trabalhadores. A busca pela qualidade é abraçada por todos os membros da organização.

A terceira meta da GQT é a melhoria contínua, na qual se adota a atitude de que é sempre possível fazer algo melhor em se tratando de um produto ou um processo. A melhoria contínua é geralmente implementada na organização usando equipes de trabalho formadas para resolver problemas específicos que são identificados na produção. Tais problemas não estão limitados a questões de qualidade. Eles podem incluir produtividade, custo, segurança ou qualquer outra área de interesse da organização. Os membros da equipe são selecionados com base no seu conhecimento e experiência na área do problema. Eles são provenientes de vários departamentos e participam da equipe em tempo parcial, encontrando-se várias vezes por mês, até serem capazes de fazer recomendações e/ou resolver o problema. Depois disso, a equipe é desfeita.

30.4.2 PROGRAMA SEIS SIGMA

O programa de qualidade Seis Sigma se originou e foi usado pela primeira vez na Motorola na década de 1980. Ele foi adotado por muitas outras empresas nos Estados Unidos. O programa Seis Sigma é bastante semelhante à gestão da qualidade total, com ênfase no envolvimento de gestão, equipes de trabalho para resolver problemas específicos e uso de ferramentas de CEP, tais como os gráficos de controle. A principal diferença entre o Seis Sigma e a GQT é que o Seis Sigma estabelece metas mensuráveis para a qualidade com base no número de desvios-padrão (sigma σ) em torno da média na distribuição normal. Seis Sigma pressupõe estar perto da perfeição com um processo com distribuição normal. Um processo operando no nível 6σ em um programa Seis Sigma, produz não mais que 3,4 defeitos por milhão, quando um defeito é qualquer coisa que possa resultar na falta de satisfação do cliente.

Como na GQT, as equipes de trabalho participam de planos de resolução de problemas. Um projeto requer da equipe Seis Sigma os seguintes pontos: (1) definir o problema, (2) medir o processo e avaliar o atual desempenho, (3) analisar o processo, (4) recomendar melhorias e (5) desenvolver um plano de controle para implementar e manter as melhorias. A responsabilidade da gestão Seis Sigma é identificar os problemas importantes em suas operações e apoiar as equipes para lidarem com esses problemas.

Base Estatística do Seis Sigma Uma suposição básica em Seis Sigma é que os defeitos em qualquer processo podem ser medidos e quantificados. Uma vez quantificados, suas causas podem ser identificadas e melhorias podem ser feitas para eliminá-los ou reduzi-los. Os efeitos de quaisquer melhorias podem ser avaliados utilizando as mesmas medidas, comparando-se o antes e o depois. Essa comparação é com frequência resumida como um nível sigma. Por exemplo, o processo está agora operando no nível 4,8-sigma, enquanto antes só operava no nível 2,6-sigma. A relação entre o nível sigma e os defeitos por milhão — DPM está listada na Tabela 30.2 para um programa Seis Sigma. Nós vemos que, anteriormente, o número de defeitos por milhão, no nosso exemplo, era 135.666; e agora foi reduzido a 483 DPM.

Uma medida tradicional para a boa qualidade do processo é $\pm 3\sigma$ (nível três sigma). Isso implica a estabilidade do processo e seu controle estatístico, e a variável que representa a

TABELA 30.2 Níveis Sigma e os correspondentes defeitos por milhão em um programa Seis Sigma

Nível Sigma	Defeitos por milhão	Nível Sigma	Defeitos por milhão
6,0σ	3,4	3,8σ	10.724
5,8σ	8,5	3,6σ	17.864
5,6σ	21	3,4σ	28.716
5,4σ	48	3,2σ	44.565
5,2σ	108	3,0σ	66.807
5,0σ	233	2,8σ	96.801
4,8σ	483	2,6σ	135.666
4,6σ	968	2,4σ	184.060
4,4σ	1.866	2,2σ	241.964
4,2σ	3.467	2,0σ	308.538
4,0σ	6.210	1,8σ	382.089

Referência: [3]

saída do processo* é normalmente distribuída. Nessas condições, 99,73% das saídas estarão dentro da faixa de ±3σ e 0,27% ou 2700 partes por milhão ficarão fora desses limites (0,135% ou 1350 partes por milhão além do limite superior e o mesmo número aquém do limite inferior). Mas espere um minuto, se olharmos para indicação a 3,0 sigma na Tabela 30.2, nós encontraremos que ela corresponde a 66.807 defeitos por milhão. Por que há diferença entre o valor da distribuição normal padrão (2700 DPM) e o valor dado na Tabela 30.2 (66.807 DPM)? Há duas razões para essa discrepância. Em primeiro lugar, os valores indicados na Tabela 30.2 se referem a uma cauda da distribuição, de modo que a comparação apropriada com as tabelas de distribuição normal seria utilizar apenas uma cauda da distribuição (1350 DPM). Em segundo lugar, e mais importante, é que quando a Motorola criou o programa Seis Sigma, eles consideraram a operação de processos durante longos períodos de tempo, e os processos por longos períodos tendem a sentir mudanças da sua média original de processo. Para compensar essas mudanças, a Motorola decidiu ajustar os valores normais padrão para 1,5σ. Em resumo, a Tabela 30.2 inclui apenas uma cauda da distribuição normal e desloca a distribuição de 1,5σ em relação à distribuição normal padrão. Esses efeitos podem ser vistos na Figura 30.3.

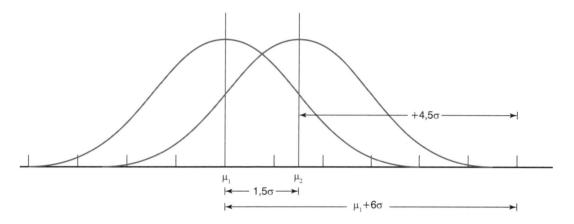

FIGURA 30.3 Deslocamento da distribuição normal de 1,5σ da média original, considerando-se apenas uma cauda da distribuição (à direita). Legenda: μ_1 = média da distribuição original, μ_2 = média da distribuição alterada, σ = desvio-padrão. (Crédito: *Fundamentals of Modern Manufacturing*, 4ª Edição por Mikell P. Groover, 2010. Reproduzido com permissão de John Wiley & Sons, Inc.)

Medindo o Nível Sigma   Em um projeto Seis Sigma, o nível de desempenho do processo é resumido por um nível sigma. Isso é realizado em dois pontos durante o projeto: (1) após as medições terem sido realizadas no processo com ele em operação e (2) depois de terem sido feitas melhorias de processo para avaliar seus efeitos. Isso fornece uma comparação antes e depois das melhorias. Altos valores sigma representam bom desempenho, enquanto baixos valores significam mau desempenho.

Para encontrar o nível sigma, o número de defeitos por milhão deve ser inicialmente determinado. Há três medidas de defeitos por milhão utilizadas em Seis Sigma. A primeira e mais importante é a defeitos por milhão de oportunidades (DPMO), a qual considera que há a possibilidade de haver mais de um tipo de defeito que pode ocorrer em cada unidade (produto ou serviço). Produtos mais complexos são mais suscetíveis a ter mais oportunidades para defeitos, enquanto produtos simples, menos oportunidades. Assim, DPMO representa a complexidade do produto e permite que tipos de produtos ou serviços totalmente diferentes sejam comparados. A variável defeitos por milhão de oportunidades é calculada usando a seguinte equação:

---

* Chamada de variável de saída ou simplesmente saída. (N.T.)

$$\text{DPMO} = 1.000.000 \frac{N_d}{N_u N_o} \qquad (30.9)$$

em que N_d = número total de defeitos encontrados, N_u = número de unidades na população de interesse e N_o = número de oportunidades para um defeito por unidade. A constante 1.000.000 converte a relação em defeitos por milhão.

Outras medidas além da DPMO são defeitos por milhão (DPM), que mede todos os defeitos encontrados na população e as unidades defeituosas por milhão (UDPM), que conta o número de unidades defeituosas na população e reconhece que pode haver mais de um tipo de defeito em qualquer unidade defeituosa. As duas equações seguintes podem ser usadas para as variáveis DPM e UDPM.

$$\text{DPM} = 1.000.000 \frac{N_d}{N_u} \qquad (30.10)$$

$$\text{UDPM} = 1.000.000 \frac{N_{du}}{N_u} \qquad (30.11)$$

em que N_{du} = número de unidades defeituosas na população, e os demais termos são os mesmos utilizados para a Eq. (30.9). Uma vez que os valores de DPMO, DPM e UDPM tenham sido determinados, a Tabela 30.2 pode ser usada para converter esses valores para os correspondentes níveis sigma.

Exemplo 30.2 Determinando o Nível Sigma do Processo

Uma instalação de montagem final que fabrica máquinas de lavar louça inspeciona 23 características consideradas importantes para a qualidade total do produto. No último mês, foram produzidas 9.056 dessas máquinas. Durante a inspeção, 479 defeitos foram encontrados entre as 23 características, e 226 máquinas de lavar louça apresentaram um ou mais defeitos. Determine DPMO, DPM e UDPM para esses dados e converta cada uma dessas três variáveis para seus correspondentes níveis sigma.

Solução: Resumindo, N_u = 9056, N_o = 23, N_d = 479 e N_{du} = 226. Assim,

$$\text{DPMO} = 1.000.000 \frac{479}{9056(23)} = 2300$$

O nível sigma correspondente é 4,3, conforme Tabela 30.2.*

$$\text{DPM} = 1.000.000 \frac{479}{9056} = 52.893$$

O nível sigma correspondente é 3,1.

$$\text{UDPM} = 1.000.000 \frac{226}{9056} = 24.956$$

O nível sigma correspondente é 3,4.

---

* O nível Sigma pode ser determinado na tabela por meio de interpolação linear. (N.T.)

30.4.3 ISO 9000

ISO 9000 é um conjunto de normas internacionais que dizem respeito à qualidade dos produtos (ou serviços, se for o caso) distribuídos por determinada empresa. Essas normas foram desenvolvidas pela Organização Internacional de Padronização ISO (*International Organization for Standardization* — ISO), com sede em Genebra, na Suíça. A ISO 9000 estabelece padrões para os sistemas e procedimentos utilizados pela empresa, que determina a qualidade de seus produtos. A série ISO 9000 não é um padrão para seus próprios produtos. Seu foco está nos sistemas e procedimentos que incluem: a estrutura organizacional da empresa, responsabilidades, métodos e recursos necessários para a gestão da qualidade. Ela está preocupada com as atividades utilizadas pela empresa para garantir que seus produtos consigam atingir a satisfação do cliente.

A ISO 9000 pode ser implementada de duas maneiras: formalmente e informalmente. A implementação formal significa que a empresa se torna certificada, o que garante que ela satisfaz os requisitos dessa norma. Essa certificação é obtida por meio de um organismo de terceira parte que realiza inspeções no local e análises nos sistemas da qualidade e procedimentos da empresa. Um benefício da certificação é que ela qualifica a empresa para fazer negócios com companhias que exigem a certificação ISO 9000, o que é comum na comunidade econômica europeia,* onde certos produtos são regulamentados, e a certificação ISO 9000 é requerida pelas companhias que fazem esses produtos.

A implementação informal da ISO 9000 significa que a empresa pratica a norma, ou partes dela, simplesmente para melhorar seus sistemas da qualidade. Mesmo sem a certificação formal, essas melhorias são válidas para as companhias que desejam oferecer produtos de alta qualidade.

30.5 PRINCÍPIOS DE INSPEÇÃO

A *inspeção* envolve o uso de medições e técnicas de verificação para determinar se um produto, seus componentes, submontagens ou matérias-primas estão em conformidade com as especificações de projeto. Tais especificações são estabelecidas pelos projetistas, e, para produtos mecânicos, elas se referem a dimensões, tolerâncias, acabamento superficial e outras características similares. As dimensões, tolerâncias e acabamento superficial foram definidos no Capítulo 4, e muitos dos instrumentos de medição e calibres para avaliação dessas especificações estão descritos no apêndice desse capítulo.

A inspeção é realizada antes, durante e depois da fabricação. As matérias-primas e peças pré-fabricadas são inspecionadas no recebimento dos fornecedores, as unidades de trabalho são inspecionadas em vários estágios durante sua produção, e o produto final deve ser inspecionado antes de seu envio ao cliente.

Nós devemos esclarecer a diferença entre inspeção e ensaio, que são termos muito próximos. Enquanto a inspeção determina a qualidade do produto em relação às especificações de projeto, o ensaio geralmente se refere aos aspectos funcionais do produto. Será que o produto funciona do jeito que deveria funcionar? Ele continuará a operar por período razoável? Ele operará em ambientes de temperatura e umidade extremas? No controle de qualidade, o *ensaio* é um procedimento em que o produto, submontagens, uma peça ou o material são observados sob condições que possam ser encontradas durante o serviço. Por exemplo, um produto pode ser ensaiado em operação por certo período para se determinar se ele funciona corretamente. Caso ele passe no teste, estará aprovado para envio ao cliente.

O ensaio de um componente ou material às vezes gera dano ao corpo de prova ou causa a destruição do elemento ensaiado.** Nesses casos, os itens devem ser ensaiados por amostragem.

---

* A comunidade econômica europeia foi antecessora à união europeia. (N.T.)
** Ensaio destrutivo é todo aquele que deixa no item ensaiado uma deformação permanente, por menor que ela possa se apresentar. (N.T.)

O custo do ensaio destrutivo é significativo e, em função disso, grandes esforços são feitos para se desenvolver métodos que não destruam o item ensaiado; eles são conhecidos como *ensaios não destrutivos* ou *avaliação não destrutiva*.

As inspeções se dividem em dois tipos: (1) *inspeção por variáveis*, em que o produto ou as dimensões de interesse da peça são medidos por instrumentos de medição apropriados e (2) *inspeção por atributos*, em que as peças são verificadas com calibres para se determinar se elas estão dentro dos limites de tolerância. A vantagem de se medir a dimensão de uma peça é que os dados são obtidos do seu valor real. Eles podem ser registrados ao longo do tempo e usados em gráficos de controle e para analisar tendências nos processos de fabricação. Ajustes no processo podem ser feitos com base nos dados, de modo que peças futuras sejam produzidas mais perto do valor nominal de projeto. Quando uma dimensão de uma peça é simplesmente verificada com o auxílio de um calibre, tudo o que se sabe é se a peça está dentro da tolerância, se é maior que o limite superior ou menor que o limite inferior. Como vantagens, pode-se dizer que essa verificação pode ser realizada rapidamente e com baixo custo.

Os procedimentos de inspeção são frequentemente executados de forma manual. O trabalho é em geral chato e monótono, mas a necessidade por precisão e acurácia é elevada. Às vezes, horas são necessárias para medir as dimensões importantes de uma única peça. Por causa do tempo e custo da inspeção manual, procedimentos estatísticos por amostragem são em geral utilizados para reduzir a necessidade de inspecionar cada peça.

Amostragem *versus* Inspeção 100% Quando a inspeção por amostragem é usada, o número de peças na amostra é geralmente pequeno em comparação com a quantidade de peças produzidas. O tamanho da amostra pode ser de apenas 1% do ciclo de produção. Como nem todos os itens da população são medidos, há risco, em qualquer procedimento amostral, que peças defeituosas passem sem serem detectadas. Um dos objetivos da amostragem estatística é definir o risco esperado, que consiste em determinar a taxa média de defeitos que passarão pelo procedimento de amostragem. Esse risco pode ser reduzido pelo aumento do tamanho da amostra e a frequência com que as amostras são coletadas. Mas permanece o fato de que 100% de peças de boa qualidade não podem ser garantidas em um procedimento de inspeção por amostragem.

Teoricamente, a única maneira de atingir 100% de peças com boa qualidade é pela inspeção 100%. Assim, todos os defeitos são examinados, e apenas peças boas passam pelo procedimento de inspeção. No entanto, quando a inspeção 100% é feita de forma manual, dois problemas são encontrados. O primeiro é a despesa envolvida. Em vez de dividir o custo de inspecionar a amostra pelo número de peças no ciclo de produção, o custo de inspeção por unidade é aplicado a cada peça do lote. Os custos de inspeção, às vezes, ultrapassam o de confeccionar a peça. O segundo é que, na inspeção 100% manual, há quase sempre erros associados ao procedimento. A taxa de erro depende da complexidade e da dificuldade da tarefa de inspeção, e o quanto de discernimento for requerido pelo inspetor. Esses fatores são agravados pelo cansaço do operador. Erros significam que certo número de peças de má qualidade será aceito e certo número de peças de boa qualidade será rejeitado. Portanto, a inspeção 100% utilizando métodos manuais não é garantia de 100% do produto de boa qualidade.

Inspeção 100% Automatizada A automação do processo de inspeção oferece uma maneira possível de superar os problemas associados à inspeção 100% manual. A inspeção 100% automatizada pode ser integrada com o processo de fabricação para realizar alguma ação relativa ao processo. As ações, isoladas ou em conjunto, podem ser: (1) separação de peças e/ou (2) realimentação de informações ao processo. A *separação de peças* significa dividir as peças em dois ou mais níveis de qualidade. A separação básica inclui dois grupos: aceitável ou inaceitável. Algumas situações exigem mais de dois níveis, tais como: aceitável, retrabalhável e refugo. A separação e a inspeção podem ser combinadas na mesma estação. Abordagem alternativa é localizar uma ou mais inspeções ao longo da linha de processamento e enviar as instruções à estação de separação localizada no final da linha, indicando qual ação é necessária para cada peça.

Realimentação das informações de inspeção (feedback) A realimentação dos dados de inspeção à montante para a operação de fabricação permite que ajustes compensatórios sejam realizados no processo a fim de reduzir a variabilidade e melhorar sua qualidade. Se as medições da inspeção indicarem que a saída está se movendo em direção a um dos limites de tolerância (p. ex., devido ao desgaste da ferramenta), podem ser feitas correções nos parâmetros de processo para mover a saída em direção ao valor nominal. A saída é, desse modo, mantida dentro de uma faixa de variabilidade, a menor possível com os métodos de inspeção por amostragem.

Inspeção por Contato *versus* Inspeção sem Contato Há uma variedade de tecnologias de medição e de calibração disponíveis para inspeção. As opções podem ser divididas em inspeção por contato e inspeção sem contato. A *inspeção por contato* envolve o uso de um sensor mecânico ou outro dispositivo que faz o contato com o objeto a ser inspecionado. Por sua natureza, essa inspeção está em geral preocupada com a medição ou calibração de alguma dimensão física da peça. Ela é realizada manualmente ou automaticamente. A maior parte dos aparelhos de medição e calibração descritos no apêndice do Capítulo 4 está relacionada à inspeção por contato. Exemplo de um sistema de medição por contato é a máquina de medição por coordenadas (Seção 30.6.1).

Os métodos de *inspeção sem contato* utilizam um sensor localizado a certa distância do objeto a ser medido ou da característica desejada a calibrar. As vantagens típicas da inspeção sem contato são (1) ciclos de inspeção mais rápidos e (2) ausência de danos na peça, provenientes do contato. Os métodos sem contato muitas vezes podem ser realizados na linha de produção sem qualquer tratamento especial. Em contrapartida, a inspeção por contato geralmente requer posicionamento especial da peça, sendo necessária a sua remoção da linha de produção. Além disso, os métodos de inspeção sem contato são mais rápidos porque empregam um sensor estacionário que não requer o posicionamento de todas as peças. Ao contrário, a inspeção por contato requer o posicionamento do sensor de contato contra a peça, o que requer tempo.

As tecnologias de inspeção sem contato podem ser classificadas como ópticas e não ópticas. Proeminente entre os métodos ópticos é a visão artificial (Seção 30.6.2). Os sensores de inspeção não óptica incluem técnicas de campo elétrico, técnicas de radiação e ultrassom (Seção 30.6.3).

30.6 TECNOLOGIAS MODERNAS DE INSPEÇÃO

As tecnologias avançadas estão substituindo as técnicas manuais de medição e calibração nas fábricas modernas. Elas incluem os métodos de detecção por contato e sem contato. Nós começamos este tópico com uma importante tecnologia de inspeção por contato: as máquinas de medição por coordenadas.

30.6.1 MÁQUINAS DE MEDIÇÃO POR COORDENADAS

Uma máquina de medição por coordenadas (MMC) consiste em uma sonda e um mecanismo para posicioná-la em três dimensões em relação às superfícies e características de uma peça. Ver Figura 30.4. As coordenadas de posição da sonda podem ser registradas com exatidão, uma vez que ela toca a superfície da peça para obter seus dados geométricos.

Na MMC, a sonda é fixada a uma estrutura que permite seu movimento em relação à peça, a qual é fixada sobre uma mesa ligada à estrutura da máquina. A estrutura deve ser rígida para minimizar os desvios que contribuem para os erros de medição. A máquina da Figura 30.4 tem estrutura do tipo de ponte, um dos tipos mais comuns. Componente importante de uma MMC é a sonda e seu funcionamento. Uma moderna sonda do tipo "*touch-trigger*" possui contato elétrico sensível que emite sinal quando ela se desvia levemente de uma posição neutra. Durante o contato, as posições das coordenadas são registradas pelo controlador da MMC, ajustando-a para o seu fim de curso e para o tamanho da sonda.

FIGURA 30.4 Máquina de medição por coordenadas. Cortesia de Brown & Sharpe Manufacturing Company. (Crédito: *Fundamentals of Modern Manufacturing*, 4ª Edição por Mikell P. Groover, 2010. Reproduzido com permissão de John Wiley & Sons, Inc.)

O posicionamento da sonda em relação à peça pode ser realizado manualmente ou controlado por computador. Os métodos de operação de uma MMC podem ser classificados como: (1) controle manual, (2) manual auxiliado por computador, (3) motorizado auxiliado por computador e (4) controle direto por computador.

No ***controle manual***, o operador move fisicamente a sonda ao longo dos eixos para tocar a peça e registrar as medições. A sonda é tipo flutuante para proporcionar o fácil movimento. As medições são indicadas por leitura digital, e o operador pode registrá-las de forma manual ou automática (impressão em papel). Quaisquer cálculos trigonométricos devem ser feitos pelo operador. A MMC ***manual auxiliada por computador*** é capaz de processar as informações para executar esses cálculos. Os tipos de cálculos incluem conversões simples de unidades inglesas para métricas, determinação do ângulo entre dois planos e a determinação da posição do centro de um furo. A sonda ainda é flutuante para permitir que o operador a coloque em contato com as superfícies da peça.

As MMCs ***motorizadas auxiliadas por computador*** acionam mecanicamente a sonda junto com os eixos da máquina sob orientação do operador. Um *joystick* ou aparelho similar é usado para controlar o movimento. Motores de passo de baixa potência e embreagens de atrito são usados para reduzir os efeitos de colisões entre a sonda e a peça. A MMC com ***controle direto por computador*** funciona como uma máquina-ferramenta CNC. É uma máquina de inspeção computadorizada que opera sob as ordens de um programa de controle. A capacidade básica de uma MMC está em determinar os valores das coordenadas em que sua sonda toca a superfície da peça. O controle computacional permite à MMC realizar medições e inspeções mais sofisticadas, tais como: (1) determinação da localização do centro de um furo ou cilindro, (2) definição de um plano, (3) medição de planicidade de uma superfície ou paralelismo entre duas superfícies e (4) medição de um ângulo entre dois planos.

As vantagens do uso das máquinas de medição por coordenadas sobre os métodos de inspeção manual incluem: (1) aumento da produtividade — uma MMC pode realizar procedimentos de inspeção complexos em muito menos tempo que os métodos manuais tradicionais; (2) maior exatidão e precisão que os métodos convencionais; e (3) redução do erro humano por meio da automação do procedimento de inspeção e cálculos associados [8].

30.6.2 VISÃO ARTIFICIAL

A visão artificial envolve a aquisição, processamento e interpretação de dados de imagem por computador para alguma aplicação útil. Os sistemas de visão podem ser classificados em bidimensional ou tridimensional. Os sistemas bidimensionais veem a cena como uma imagem bidimensional, o que é bastante adequado para aplicações envolvendo objeto planar. Exemplos incluem medição e calibração dimensional, verificação da presença de componentes e verificação do aspecto de uma superfície plana (ou quase plana). Os sistemas de visão tridimensional são necessários em aplicações que precisam de análise tridimensional da cena, em que contornos ou formas estão envolvidos. A maioria das aplicações atuais é bidimensional, e nossa discussão focará (desculpe o trocadilho) nessa tecnologia.

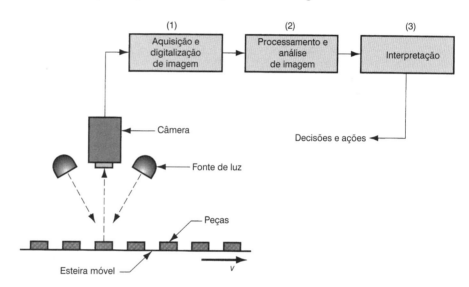

FIGURA 30.5 Operação de um sistema de visão artificial. (Crédito: *Fundamentals of Modern Manufacturing*, 4ª Edição por Mikell P. Groover, 2010. Reproduzido com permissão de John Wiley & Sons, Inc.)

O funcionamento de um sistema de visão artificial consiste em três passos, ilustrados na Figura 30.5: (1) aquisição e digitalização de imagem, (2) processamento e análise de imagem e (3) interpretação.

A aquisição e digitalização de imagem são realizadas por uma câmera de vídeo conectada a um sistema de digitalização a fim de armazenar os dados da imagem para o processamento subsequente. Com a câmera focada sobre o objeto, a imagem é obtida pela divisão da área de visualização em uma matriz de elementos discretos de quadros (chamados ***pixels***), na qual cada elemento assume valor proporcional à intensidade da luz naquela parte da cena. O valor de intensidade para cada *pixel* é convertido para seu valor digital equivalente pela conversão de analógico para digital. A aquisição e digitalização de imagem são mostradas na Figura 30.6 para um sistema de ***visão binária***, em que a intensidade de luz é reduzida para um dos dois valores (preto ou branco = 0 ou 1), conforme Tabela 30.3. A matriz de *pixel* na nossa ilustração é de apenas 12 × 12; um sistema real teria número muito maior de *pixels* a fim de se obter melhor resolução. Cada conjunto de *pixels* é um ***quadro*** que consiste em um conjunto de dados digitais com valor de cada *pixel*. Esse quadro é armazenado na memória do computador. O processo de leitura de todos os valores de *pixel* em um quadro é executado 30 vezes por segundo nos sistemas americanos e 25 ciclos/s nos sistemas europeus.

FIGURA 30.6 Aquisição e digitalização de imagem: (a) a cena consiste em uma peça de cor escura contra a luz de fundo; (b) uma matriz de *pixels* de 12 × 12 imposta à cena. (Crédito: *Fundamentals of Modern Manufacturing*, 4ª Edição por Mikell P. Groover, 2010. Reproduzido com permissão de John Wiley & Sons, Inc.)

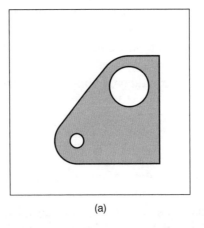
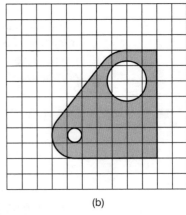

(a) (b)

TABELA 30.3			Valores de *pixel* em um sistema de visão binária para a imagem da Figura 30.6								
1	1	1	1	1	1	1	1	1	1	1	1
1	1	1	1	1	1	1	1	1	1	1	1
1	1	1	1	1	1	1	1	1	1	1	1
1	1	1	1	1	1	1	0	0	0	1	1
1	1	1	1	1	1	0	1	1	0	1	1
1	1	1	1	1	0	0	1	1	0	1	1
1	1	1	1	0	0	0	0	0	0	1	1
1	1	1	0	0	0	0	0	0	0	1	1
1	1	1	0	1	0	0	0	0	0	1	1
1	1	1	1	0	0	0	0	0	0	1	1
1	1	1	1	1	1	1	1	1	1	1	1
1	1	1	1	1	1	1	1	1	1	1	1

A **resolução** de um sistema de visão é a sua capacidade de perceber detalhes e características na imagem. Isso depende do número de *pixels* utilizado. As disposições comuns de *pixel* são: 640 (horizontal) × 480 (vertical), 1024 × 768 ou 1040 × 1392 elementos por quadro. No entanto, o custo do sistema aumenta conforme aumenta o número de *pixels*. E também, o tempo necessário para a leitura dos elementos do quadro e processamento dos dados aumenta com o número de *pixels*. Além dos sistemas de visão binária, sistemas de visão mais sofisticados distinguem vários níveis de cinza na imagem, que os permitem determinar características de superfície, tais como a textura. Chamados **visão da escala de cinza**, esses sistemas geralmente usam 4, 6 ou 8 bits de memória. Outros sistemas de visão podem reconhecer cores.

A segunda função na visão artificial é o ***processamento e análise de imagem***. Os dados de cada quadro devem ser analisados dentro do tempo necessário para completar uma varredura (1/30 s ou 1/25 s). Diversas técnicas têm sido desenvolvidas para analisar os dados de imagem, incluindo a de detecção de arestas e a de extração da característica. A técnica de ***detecção de arestas*** consiste na determinação de locais de fronteira entre um objeto e seu entorno. Isso é conseguido pela identificação do contraste na intensidade de luz entre *pixels* adjacentes às bordas do objeto. A técnica de ***extração da característica*** preocupa-se com a determinação dos valores da característica de uma imagem. Muitos sistemas de visão artificial identificam um objeto por meio de suas características. As características de um objeto incluem: área, comprimento, largura, diâmetro de um objeto, perímetro, centro de gravidade e razão de aspecto.* Os algoritmos de extração da característica são projetados para determinar essas características com base na área e fronteiras do objeto. A área de um

---

* A razão de aspecto é dada pela relação entre duas grandezas, como, por exemplo, a relação entre a largura e a altura de determinado elemento, como observado no Capítulo 27. (N.T.)

objeto pode ser determinada pela contagem do número de *pixels* que compõem o objeto. O comprimento pode ser encontrado pela medição da distância (em *pixels*) entre duas arestas opostas da peça.

A ***interpretação*** da imagem é a terceira função. Consegue-se realizá-la por meio das características extraídas. A interpretação está geralmente preocupada com o reconhecimento do objeto — identificando-o na imagem por comparação com modelos predefinidos ou valores-padrão. Uma técnica de interpretação muito comum é a ***casamento de padrões***,* que se refere a métodos que comparam uma ou mais características de uma imagem com as correspondentes características de um modelo (padrão), armazenadas na memória do computador.

A função de interpretação em visão artificial está geralmente relacionada às aplicações, as quais se dividem em quatro categorias: (1) inspeção, (2) identificação da peça, (3) orientação e controle visual e (4) monitoramento de segurança.

A ***inspeção*** é a categoria mais importante, representando cerca de 90% de todas as aplicações industriais. Essas aplicações estão na produção em massa, na qual o tempo para programar e instalar o sistema pode ser dividido por muitos milhares de unidades. As tarefas típicas de inspeção incluem: (1) medição ou calibração dimensional, que envolve a medição ou a calibração de certas dimensões de peças ou produtos que se deslocam ao longo de uma esteira; (2) funções de verificação, que incluem a verificação da presença de componentes em um produto montado, a presença de um furo em uma peça e tarefas semelhantes; e (3) identificação de falhas e defeitos, tais como a identificação de falhas em um rótulo impresso fora da posição ideal ou texto, numeração ou gráficos mal impressos no rótulo.

Aplicações de ***identificação da peça*** incluem a contagem de peças passando em um transportador, classificação de peças e reconhecimento de caracteres. A ***orientação e controle visual*** envolvem sistema de visão ligado a um robô ou máquina similar para controlar o movimento da máquina. Exemplos incluem a localização de trincas em cordões contínuos de solda a arco, posicionamento de peças, reorientação de peças e retirada de peças do almoxarifado. Em aplicações de ***monitoramento de segurança***, o sistema de visão monitora a operação de produção para detectar irregularidades que possam indicar condição de risco ao equipamento ou a seres humanos.

30.6.3 OUTRAS TÉCNICAS DE INSPEÇÃO SEM CONTATO

Adicionalmente aos métodos de inspeção ópticos, várias técnicas não ópticas são utilizadas em inspeção. Essas incluem técnicas de sensores baseadas em campos elétricos, radiação e ultrassom.

Sob certas condições, os ***campos elétricos*** criados por uma sonda elétrica podem ser usados para inspeção. Esses campos incluem relutância, capacitância e indutância. Eles são afetados por um objeto na vizinhança da sonda. Em aplicação típica, a peça é posicionada em relação à sonda. Por meio da medição do efeito do objeto no campo elétrico, a medição indireta das características de certa peça pode ser feita, tais como características dimensionais, espessura de uma chapa fina e falhas (trincas e vazios internos) no material.

As ***técnicas de radiação*** utilizam radiação de raios X para inspecionar metais e conjuntos soldados. A quantidade de radiação absorvida pelo objeto metálico indica sua espessura e a presença de falhas na peça ou na seção soldada. Por exemplo, a inspeção de raios X é utilizada para medir a espessura de uma folha metálica na laminação (Seção 13.1). O dado da inspeção é usado para ajustar o espaço entre os rolos no laminador.

As ***técnicas de ultrassom*** utilizam a alta frequência do som (> 20.000 Hz) para executar várias tarefas de inspeção. Uma das técnicas analisa as ondas de ultrassom emitidas por elemento emissor** e refletidas pelo objeto. Durante a configuração para o procedimento de

---

* Do inglês "*template matching*", também conhecida como casamento de modelos. (N.T.)
** Os elementos emissores e receptores no ensaio de ultrassom são denominados de transdutores, sendo também conhecidos como cabeçotes. (N.T.)

inspeção, a peça de teste é posicionada na frente do transdutor para se obter um padrão do som refletido. Esse modelo de som é usado como referência para as peças produzidas serem posteriormente comparadas. Se o modelo refletido de determinada peça corresponde ao padrão, a peça é aceita. Caso contrário, ela é rejeitada.

REFERÊNCIAS

[1] DeFeo, J.A., Gryna, F. M., and Chua, R. C. H. *Juran's Quality Planning and Analysis for Enterprise Quality*, 5th ed. McGraw-Hill, New York, 2006.

[2] Evans, J. R., and Lindsay, W. M. *The Management and Control of Quality*, 6th ed. Thomson/South-Western College Publishing Company, Mason, Ohio, 2005.

[3] Groover, M. P. *Automation, Production Systems, and Computer Integrated Manufacturing*, 3rd ed. Prentice Hall, Upper Saddle River, New Jersey, 2008.

[4] Juran, J. M., and Gryna, F. M. *Quality Planning and Analysis*, 3rd ed. McGraw-Hill, New York, 1993.

[5] Lochner, R. H., and Matar, J. E. *Designing for Quality*. ASQC Quality Press, Milwaukee, Wisconsin, 1990.

[6] Montgomery, D. C. *Introduction to Statistical Quality Control*, 6th ed. John Wiley & Sons, Inc., Hoboken, New Jersey, 2008.

[7] Pyzdek, T., and Keller, P. *Quality Engineering Handbook*, 2nd ed. CRC Taylor & Francis, Boca Raton, Florida, 2003.

[8] Schaffer, G. H. "Taking the Measure of CMMs," Special Report 749, *American Machinist*, October 1982, pp. 145–160.

[9] Schaffer, G. H. "Machine Vision: A Sense for CIM," Special Report 767, *American Machinist*, June 1984 pp. 101–120.

[10] Taguchi, G., Elsayed, E. A., and Hsiang, T. C. *Quality Engineering in Production Systems*. McGraw-Hill, New York, 1989.

[11] Wick, C., and Veilleux, R. F. *Tool and Manufacturing Engineers Handbook*, 4th ed., Vol. IV, *Quality Control and Assembly*. Society of Manufacturing Engineers, Dearborn, Michigan, 1987.

QUESTÕES DE REVISÃO

30.1 Quais são os dois principais aspectos da qualidade do produto?

30.2 Como é distinguido um processo operando sob controle estatístico de um que não esteja?

30.3 Defina o termo *capabilidade do processo*.

30.4 Quais são os limites naturais de tolerância?

30.5 Qual é a diferença entre gráficos de controle para variáveis e gráficos de controle para atributos?

30.6 Identifique os dois tipos de gráficos de controle para variáveis.

30.7 Quais são os dois tipos básicos de gráficos de controle para atributos?

30.8 Ao se interpretar um gráfico de controle, o que se procura para identificar problemas?

30.9 Quais são os três principais objetivos na gestão da qualidade total?

30.10 Qual é a diferença entre clientes externos e clientes internos na GQT? Em que empresa o programa de qualidade Seis Sigma foi utilizado pela primeira vez?

30.11 Por que a tabela estatística da distribuição normal usada em um programa Seis Sigma é diferente das tabelas da distribuição normal padrão encontradas em livros sobre probabilidade e estatísticas?

30.12 Um programa Seis Sigma utiliza três medidas de defeitos por milhão (DPM) para avaliar o desempenho de determinado processo. Cite as três medidas de DPM.

30.13 A inspeção automatizada pode ser integrada ao processo de fabricação para realizar certas ações. Quais são essas possíveis ações?

30.14 Dê exemplo de uma técnica de inspeção sem contato.

30.15 O que é uma máquina de medição por coordenadas?

30.16 O que é um sistema de visão binária?

30.17 Cite algumas das tecnologias não ópticas de sensor sem contato disponíveis para inspeção.

PROBLEMAS

30.1 Um processo de torneamento automático está configurado para produzir peças com diâmetro médio = 6,255 cm. O processo está sob controle estatístico, e a saída está normalmente distribuída com desvio-padrão = 0,004 cm. Determine a capabilidade do processo.

30.2 Uma operação de dobramento de chapa metálica produz peças dobradas com ângulo incluso = 92,1°. O processo está sob controle estatístico, e os valores do ângulo incluso estão normalmente distribuídos com desvio-padrão = 0,23°. A especificação do projeto para o ângulo = $90 \pm 2°$. Determine a capabilidade do processo.

30.3 Um processo de extrusão de plástico produz um extrudado tubular redondo com diâmetro externo médio = 28,6 mm. O processo está sob controle estatístico, e a saída está normalmente distribuída com desvio-padrão = 0,53 mm. Determine a capabilidade do processo.

30.4 Em 12 amostras de tamanho $n = 7$, o valor médio das médias amostrais é $\bar{\bar{x}} = 6,860$ cm para a dimensão de interesse, e a média das amplitudes das amostras é $\bar{R} = 0,027$ cm. Determine (a) os limites de controle superior e inferior para o gráfico $\bar{x}$ e (b) os limites de controle superior e inferior para o gráfico R.

30.5 Em nove amostras de tamanho $n = 10$, a média geral das amostras é $\bar{\bar{x}} = 100$ para a característica de interesse, e a média das amplitudes das amostras $\bar{R} = 8,5$. Determine (a) os limites de controle superior e inferior para o gráfico $\bar{x}$ e (b) os limites de controle superior e inferior para o gráfico R.

30.6 Dez amostras de tamanho $n = 8$ foram coletadas de um processo sob controle estatístico, e a dimensão de interesse foi medida para cada peça. Os valores de $\bar{x}$ calculados para cada amostra são (em mm): 9,22, 9,15, 9,20, 9,28, 9,19, 9,12, 9,20, 9,24, 9,17 e 9,23. Os valores de R são (em mm): 0,24, 0,17, 0,30, 0,26, 0,26, 0,19, 0,21, 0,32, 0,21 e 0,23, respectivamente. (a) Determine os valores da linha central, LIC e LSC para os gráficos $\bar{x}$ e R. (b) Construa os gráficos de controle e marque os dados amostrais nos gráficos.

30.7 Sete amostras, com 5 peças cada uma, foram coletadas de um processo de extrusão que está sob controle estatístico, e o diâmetro do extrudado foi medido para cada peça. Os valores de $\bar{x}$ calculados para cada amostra são (em in): 1,002, 0,999, 0,995, 1,004, 0,996, 0,998 e 1,006. Os valores de R são (em in): 0,010, 0,011, 0,014, 0,020, 0,008, 0,013 e 0,017, respectivamente. (a) Determine os valores da linha central, LIC e LSC para os gráficos $\bar{x}$ e R. (b) Construa os gráficos de controle e marque os dados amostrais nos gráficos.

30.8 Deseja-se construir um gráfico p. Seis amostras, cada uma com 25 peças, foram coletadas, e a média do número de defeitos por amostra foi de 2,75. Determine a linha central, LIC e LSC para o gráfico p.

30.9 Dez amostras de tamanhos iguais são tomadas para se preparar um gráfico p. O número total de peças nessas dez amostras foi de 900, e o número total de defeitos contados foi de 117. Determine a linha central, LIC e LSC para o gráfico p.

30.10 O rendimento de chips bons durante determinado passo no processamento de silício de circuitos integrados é em média de 91%. O número de chips por *wafer** é 200. Determine a linha central, LIC e LSC para o gráfico p que possa ser utilizado para esse processo.

30.11 Doze carros foram inspecionados após a montagem final. O número de defeitos encontrados variou entre 87 e 139 defeitos por carro com média de 116. Determine a linha central e os limites de controle superior e inferior para o gráfico c que pode ser usado nessa situação.

30.12 Uma fundição que funde palhetas de turbina inspeciona oito características que são consideradas críticas para a qualidade. Durante o mês anterior, foram produzidas 1.236 peças fundidas. Durante a inspeção, 47 defeitos entre as oito características foram encontrados, e 29 peças tiveram um ou mais defeitos. Determine DPMO, DPM e UDPM em um programa Seis Sigma para esses dados e converta cada uma dessas variáveis para seus correspondentes níveis sigma.

30.13 No problema anterior, se a fundição desejou melhorar seu desempenho de qualidade para o nível sigma 5,0 em todas as três medidas de DPM, quantos defeitos e unidades defeituosas eles produziriam em uma produção anual de 15.000 peças fundidas? Suponha que as mesmas oito características são usadas para avaliar a qualidade.

---

* *Wafer* é uma placa feita de silício usada para a fabricação de *chips*, como foi visto no Capítulo 27. (N.T.)

30.14 O departamento de inspeção, em uma fábrica de montagem final de automóveis, inspeciona carros saindo da linha de produção em 55 características consideradas importantes para a satisfação do cliente. O departamento conta o número de defeitos encontrados por 100 carros, que é o mesmo tipo de métrica usada por um organismo nacional de defesa do consumidor. Durante o período de um mês, o total de 16.582 carros passou pela linha de montagem. Esses carros juntos apresentaram o total de 6.045 defeitos das 55 características, o que se traduz em 36,5 defeitos em 100 carros. Além disso, o total de 1.955 carros apresentaram um ou mais dos defeitos durante esse mês. Determine DPMO, DPM e UDPM em um programa Seis Sigma para esses dados e converta cada uma dessas variáveis para seus correspondentes níveis sigma.

ÍNDICE

A

Abertura de arco, 570
Abordagem
   micro-nano, 637
   pico-nano, 637
Abrasão, 413
Abrasive
   flow machining (AFM), 478, 479
   jet machining (AJM), 478
Abrasivos, 32
Acabamento, 651
   em massa, 511
   em tambor, 511
   superficial, 456, 457
   vibratório, 511
Aço(s), 21
   -carbono, 19, 421
   de baixa liga, 20
   de usinagem fácil, 437
   ferramenta, 22
   galvanizado, 29
   inoxidáveis, 22
      austeníticos, 22
      ferríticos, 22
      martensíticos, 22
   Mushet, 421
   rápidos, 22, 421
      ao molibdênio, 421
Acrílicos, 39
Acrilonitrila-butadieno-estireno, 40
Aderência
   atrito de, 266
   na transformação dos metais, 266
Aderentes, 586
Adesão, 414
Adesivo(s), 586
   comuns, 588
   estruturais, 586
   inorgânicos, 588
   métodos de aplicação de, 588
   sintéticos, 588
   tipos de, 588

Aditivos, 523
   defloculantes, 253
   ligantes, 253
   lubrificantes, 253
   plastificantes, 253
Afastamento angular, 317
Afiadoras de ferramentas, 467
Agarramento, 273
Agentes umidificantes, 253
Agrafamento, 324
Ajustador, 531
Ajuste
   por encolhimento, 600
   por expansão, 600
Alargador, 384
Alargamento, 375, 384
Alívio de tensão, 569
Almas, 289
Alumina, 7
Alumínio, 7, 25
   ligas de, 25
Aluminização, 512, 516
Amassamento, 458
Amostragem *versus* inspeção 100%, 702
Análise
   de fluxo de produção, 674
   dos sistemas de posicionamento do CNC, 665
Anel
   de retenção, 601
   elástico, 601
Ângulo(s)
   da ponta, 431
   de cisalhamento, 318
   de folga, 350
   de hélice, 430
   de posição, 427
      da aresta secundária, 427
   de repouso, 242
   de saída, 289, 350
   facial
      de folga, 427
      de saída, 427

lateral
    de folga, 427
    de saída, 427
Anodização, 517, 518
  dura, 518
  revestimento de, 517
Aparamento, 320
Aplainamento, 396
Aplicação
  automática, 589
  por escoamento, 588
Apontamento, 308
Aquecimento por resistência, 519
Aquisição de imagem, 705
Arc
  -on-time, 543
  welding (AW), 530, 542, 543
Aresta transversal, 431
Arrastador, 377
Arruela, 594
  funções da, 594
Aspersão, 171, 191, 524
  eletrostática, 524
  método de, 211, 525
Atomização, 223
  a gás, 223
  em água, 223
  por centrifugação, 223
Atrito
  de aderência, 266
  de agarramento, 266
  força de, 357
    normal ao, 357
  na conformação, dos metais, 266
Attritious wear, 459
Austenita, 18
Austenitização, 502
Autoclave, 212
  moldagem em, 212
Avaliação
  da integridade de superfície, 90
  não destrutiva, 702
Avanço, 349
  longitudinal, 456

B

Bailarina, 386
Bainita, 501
Balanceamento da linha, 654
Barbotina, colagem de, 248
Base estatística do Seis Sigma, 698
Batente, 334
Batting, 249
Bens
  de capital, 4
  de consumo, 4
Benefício(s)
  do CAPP, 657
  na DFM/A, 659
Biomimético, 641
Bloco(s), 270
  -padrão de precisão, 93
Bobina, 207
Borazon, 34
Borracha(s)
  butílica, 43
  conformação para produtos de, 199
  correias de, 205
  crepe clara, 198
  de butadieno, 43
  de cloropreno, 43
  de estireno
    -butadieno, 44
    -propileno, 44
  mangueiras de, 205
  natural, 44, 46, 197, 198
  produção da, 197
  revestimento de, 200
  sintética, 43, 198
  termoplástico, 206
Brasagem, 577
  desvantagens da, 577
  em forno, 581
  limitações da, 577
  metais de adição na, 579
  metal de, 577
  métodos de, 580
  por chama, 580
  por imersão, 581
  por indução, 581
  por infravermelho, 581

por resistência, 581
   vantagens da, 577
Britagem, 245, 246
Broca(s), 382, 430
   de centro, 385
   geometria da, 431, 432
   helicoidal, 430
Brocha, 398
Brochadeira, 398
   contínua, 399
   horizontal, 399
   por compressão, 399
   vertical, 399
Brochamento, 398
   externo, 398
   interno, 398
Bronze, 27
Broqueamento, 375
Brunimento, 468
   velocidades de, 469
Buckminsterfullerene, 634
Buckyball, 634

C

Cabestrante, 307
Cabo, 207
Cachimbo, 302
Cadeira(s)
   com cilindros agrupados, 277
   de laminação
      irreversível, 277
      quádruo, 277
      reversível, 277
   -trio, 277
Caixa de moldagem, 102, 103
Calandragem, 200, 341
   de polímeros, 168, 169
   desempeno por, 341
Calibração, 230, 276, 308
Calor
   de fusão, 77
   específico volumétrico, 79
Calorização, 512
Camada modificada, 87
Campos elétricos, 707
Canais helicoidais, 430

Canaleta
   de admissão, 173
   de distribuição, 173
   quente, molde com, 174
Capabilidade
   de fabricação, 6
   do processo, 691
   tecnológica de processamento, 6
Capacidade
   de produção, 6
   fabril, 6
Capscrews, 593
Carbeto(s), 20
   cementados, 255
   de silício, 31
Carbon nanotubes (CNTs), 634
Carbonitretação, 506, 512
Carga(s), 45, 179
   reforçadoras, 49
Carregamento do forno, 145
Carro torpedo, 396
Casamento de padrões, 707
Caulinita, 30
Cavaco(s)
   contínuo, 356
      com aresta postiça, 356
   descontínuo, 356
   -ferramenta, termopar, 366
   razão, 353
      de espessura do, 353
   segmentados, 357
   tipos básicos de, 356
Cavidades, 570
Cementação, 505, 512
   em caixa, 505, 506
   gasosa, 506
   líquida, 506
   seguida por têmpera, 506
Cementita, 18
Centrifugação, 146
   do vidro, 146
Cerâmica(s), 30
   avançadas, 30, 244
      fabricação de, 252
   ferramentas de corte em, 425, 426
   tradicionais, 30, 244

Cermeto, 31
   de carbeto de titânio, 47
Cermets, 422-425
Chama neutra, 558
Chanframento, 375
Chapa(s), 166
   compostos moldados em, 208
   defumada, 198
   layout de, 335
   metálicas
      conformação de, 314
      estampagem de, 330
   operações de conformação de, 262
   processo de conformação de, 261
   seca, 198
Chapelim, 118, 119
Chatter em uma operação de usinagem, 406
Chemical
   blanking, 491
   engraving, 492, 493
   machining (CHM), 488, 489
   milling, 491
   vapor deposition (CVD), 520
Cinta(s), 202
   abrasiva, 467
Cisalhamento, 64, 316
   ângulo de, 318
   deformação de, 64, 65
   força de, 357
   -localizado, 357
   módulo, 65
      de elasticidade ao, 65
   tensão, 65
      última ao, 65
Classificação
   das peças, 674
   dos pós, 240
Cobre, 76
Codificação das peças, 674
Coeficiente
   de condutividade térmica, 79
   de resistência, 59
Colagem
   de barbotina, 248
   drenada, 248
   sólida, 248

Coluna, 391
   única, 397
Comando numérico computadorizado (CNC), 380, 662
Cominuição, 245
Compactação, 221, 226-228
Compactado verde, 226
Compasso
   externo, 94
   interno, 94
   reto, 94
Compensação do modelo para contração, 111
Composição química do vidro, 72
Compósito de matriz
   cerâmica, 45
   metálica, 45
      reforçados por fibras, 45
   polimérica (CMP), 45, 196, 197
Composto(s), 512
   de polimento, 469
   moldados, 208
      em blocos, 208
      em chapas, 208
      em massa, 208
      em *pellets*, 209
      espessos, 208, 209
Comprimento de amostragem, 89
Computer integrated manufacturing (CIM), 663
Condições de corte, 351
   na furação, 382-384
   no fresamento, 389
   no torneamento, 373, 374
Conformação
   a altas taxas de energia, 342
   a frio, 264
   a quente, 265
   a vácuo, 186
   de cabeça por recalque axial, 289
   de chapas
      metálicas, 314
      operações de, 262
      processo de, 261
   dos metais, 259
      atrito na, 266
      processo de, 260
   eletro-hidráulica, 343
   eletromagnética, 343
   estágios de, 284

isotérmica, 265, 266
no torno, 249
para produtos de borracha, 199
por descarga elétrica, 343
por estiramento, 340
por explosivos, 342
por pulso magnético, 343
por rolos, 341
por sopro, 187
processos de, 259, 269, 270
progressiva, matriz para, 335
volumétrica, processos de, 260, 269, 270
Conjunto de peças soldadas, 528
Console, 391
Contorno, 665
    inaceitável, 570
Contrapino, 602
Controle
    de qualidade (CQ), 689
    de trajetória em CNC, tipos de, 665
    estatístico, 690
        de processo (CEP), 692
    gráfico de, 692
    manual, 704
    numérico
        aplicações do, 672, 673
        computadorizado (CNC), 662
    para variáveis, gráfico de, 693
    tipos de gráficos de, 693
Coordenadas de um sistema CNC rotacional, 664
Corantes, 523
Correias de borracha, 205
Corte(s)
    com bedame, 375
    com disco abrasivo, 400
    condições de, 351
        na furação, 382384
        na retificação, 456
        no fresamento, 389
        no torneamento, 373, 374
    de tiras
        com aparas, 319, 320
        sem aparas, 319
    do modelo em camadas, 611
    ferramentas de, 350
    força de, 358
    operações de, 399
    por jato d'água, 477
        abrasivo (AWJC), 477, 478
    profundidade de, 350, 351
    temperatura de, 365
    velocidade de, 350, 351
Costura, 602
Cota, 85
Crescimento
    de grão epitaxial, 538, 539
    dendrítico, 108
Crimpagem, 603
Crimping, 603, 604
Cromatização, 515
Cunhagem, 230, 286, 331
Cupilha, 602
Cura, 38, 524, 586
    à elevada temperatura, 525
    à temperatura ambiente, 525
    catalítica, 525
    por radiação, 525
    sólida na base, 613
    tempo de, 586
Curva(s)
    de desgaste da ferramenta, 415
    de escoamento, 262, 264
    de fluxo, 39
    TTT, 501
Curvatura
    admissível, 322
    dobramento por excesso de, 322
    tolerância da, 321, 322
Custo
    da ferramenta, 441
    do tempo
        de corte, 441
        de manipulação da peça, 441
        de troca de ferramenta, 441
    por unidade, minimização do, 441
CVD, vantagens do processo de, 521

D

Decapagem, 482
    ácida, 510
Defeito(s)
    de fundição, 136
    diversos, 570

em peças moldadas por injeção, 176
em produtos extrudados, 302
na extrusão, 165, 166
Deficiências, ausência de, 690
Deformação(ões)
de cisalhamento, 64
de engenharia, 54
plástica, 315, 414
verdadeira, 58
zona de, 316
Densidade
a verde, 226
de potência da soldagem, 535
Deposição
eletroforética, 524
eletroquímica, 513
em fase vapor, 518
em porta-peças, 515
física de vapor, 518
iônica, 520
química, 516, 631
de cobre, 516
de vapor, 520, 639
Desbaste, 271, 272
Desempeno, 94
por calandragem, 341
Desengraxamento com vapor, 510
Desgaste(s)
à taxa constante, 414, 415
de cratera, 413
de entalhe, 413
de ferramenta, 413
curva de, 415
de flanco, 413
marca de, 413
dos rebolos, 459
gradual, 413
no raio de ponta, 413
por abrasão, 459
resistência ao, 418
Design for assembly (DFA), 604
Deslizamento avante, 272, 273
Detecção de arestas, 706
DFA, princípios de, 605
Diagrama
característico da extrusora, 161
característico da rosca, 161

Diamante policristalino sinterizado, 426
Diâmetro admissível, 377
Die casting, 128
Diffusion welding (DFW), 530, 564
Difusão, 414, 512
Difusividade térmica, 79
Digitalização de imagem, 705
Dilatação térmica, 75
Dip coating, 524
Diretrizes de projeto para montagem e manufatura, 659
Disco de lapidar, 469
Disposição escada, 678
Dissipadores de calor, 569
Distância
do bocal, 477, 478
máxima entre pontas, 377
Dobramento, 325
de flange, 321
de fundo, 322
em V, 321
força de, 322
por excesso de curvatura, 322
Dressagem, 460
Droplet deposition manufacturing (DDM), 614
Ductilidade, 56
Duração do arco, 543
Dureza a quente, 69, 418

E
EDM a fio, 485, 486
Efeito
de escala, 364
na usinagem, 458
do material da ferramenta, na geometria da ferramenta, 428, 429
térmico nocivo, 459
Eficiência
catódica, 514
de transferência, 524
Ejetor, 334
Elastômeros termoplásticos, 206
Electric discharge
machining (EDM), 483, 484
wire cutting electric (EDWC), 485

Electrochemical
  deburring (ECP), 482
  grinding (ECG), 482
  machining (ECM), 479, 480
Electrogas welding (EGW), 548, 549
Electroless plating, 516
Electron beam
  machining (EBM), 487
  welding (EBW), 560
Elemento(s)
  de fixação integrais, 603
  de reforço, 45
Eletrodeposição, 513, 631
  princípios da, 513, 514
Eletrodo(s)
  em processos AW, 543, 544
  soldagem com, 546
Eletroformação, 515, 516, 631
Eletrólise, 225
Encaixe rápido, 601
  vantagens do, 601
Encapsulamento, 189
Encharcamento, 270
Encharque, 500
Encruamento, 21, 59
Endireitamento, 325
Endurecimento, 21
  por envelhecimento, 504
  por precipitação, 504
  por trabalho mecânico, 59, 60
  superficial, 505
Energia específica, 363
Engenharia
  de fabricação, 650
  simultânea, 658, 660
Enrolamento, 324
  biaxial, 215
  circunferencial, 215
  de pré-impregnados, 215
  em hélice, 215
  filamentar, 206, 214, 215
  polar, 215
  seco, 215
  úmido, 215
Enrugamento
  na parede, 330
  no flange, 330

Ensaio(s), 701
  de compressão, 61
  de curvamento, 63
  de dureza, 66
    de Brinell, 66
    Knoop, 67
    Rockwell, 66
    Vickers, 67
  de flexão, 63
  de partícula magnética, 571
  de torção, 64
  de tração, 61
  de ultrassom, 571
  destrutivos, 571
  Jominy da extremidade temperada, 504
  mecânicos, 571
  metalúrgicos, 571
  não destrutivos, 571, 702
  por líquido penetrante, 571
    fluorescente, 571
  radiográfico, 571
Entalhamento, 320
Enterprise resource planning (ERP), 685
Entrada, 456
  manual de dados, 672
Envelhecimento, 504
  artificial, 504
  endurecimento por, 504
  natural, 504
Epóxis, 37
Equação
  de Merchant, 359-362
  de Taylor, para a vida da ferramenta, 416-418
Equilíbrio
  equação da taxa de, 537, 538
  térmico na soldagem por fusão, 536
Equipamentos de produção, 131
Erosão do molde, 105
Esboço, 303
Escareador, 385
Escareamento, 385, 603
Escoamento
  curva de, 262, 264
  tensão de, 263
  tensão média de, 263, 264
Escória, 180

Escovação, 588
Escumação, 200
Esforço, 271, 272
Esmerilhadeira, 467
Espalhamento, 272
Espelhamento, 470
Espuma(s)
   de poliestireno, 190
   de poliuretano, 190, 191
   expansíveis, moldagem de, 190
   poliméricas, 189, 190
      elastoméricas, 190
      flexíveis, 190
      rígidas, 190
Estampagem, 261, 324-327
   com estiramento de parede, 331
   de chapas, metálicas, 330
   em relevo, 331
   força de, 328
   química, 491
   razão-limite de, 327
   reversa, 329
Estampos, 315
Estanhagem, 516, 582
Estereolitografia, 612
   equipamento de, 612
Estricção, 62
Estrutura sólida em C, 336
Evaporação por feixe de elétrons, 519
Exames de imagem por ressonância magnética, 618
Expansão, 340
Explosion welding (EXW), 564
Expoente de encruamento, 70
Extensores, 49
Extração da característica, 706
Extrusão, 156, 191, 192, 250, 292
   a frio, 294, 295
   a quente, 294
   a ré, 294
   análise da, 295
   avante, 292, 293
   de pós, 233
   defeitos na, 165, 166
   direta, 292, 293, 296
      atrito na, 296
      problemas da, 293
   em matriz com canal fino
      de chapas, 166, 167
      de filmes, 166, 167
   hidrostática, 301, 302
   indireta, 294, 296
   isotérmica, 294
   matrizes de, 298-300
   por impacto, 294, 295, 300, 301
   por sopro de filmes, 168
   prensas de, 300
   razão de, 295
   reversa, 294
   sobre cilindros resfriados, 167
   tipos de, 292-295

F

Fabricação, 16
   capabilidade de, 90
   de cerâmicas avançadas, 252
   de ferramentais e peças finais, 618
   de vidros planos, 146
   direta do CAD, 611
   indústrias de, 53
   make-to-stock, 648
   manual do vidro, 146
   por camadas, 611
   por deposição
      eletroquímica, 632
      em gotas, 613, 614
   por prototipagem rápida (FPR), 611
   processo de, 17
   sólida de livre forma, 611
Fabricar ou comprar, 654
Faceamento, 375
Falha(s), 88
   por fatura, 413
   por temperatura, 413
   região de, 415
Falta
   de fusão, 570
   de penetração, 570
Família de peças, 673
Fase
   dispersa, 48
   matriz, 45
Fator(es)
   da rugosidade de uma superfície, 403

Índice **719**

    de compressibilidade, 243
    de forma da matriz, 299
    de fusão, 536
    de transferência de calor, 536
    do material usinado, 404
    relacionados à geometria, 403
Feedback, 703
Feldspato, 31
Fenólicos, 37, 78
Ferramenta(s)
    CNC
        multifunções, máquina-, 396
        multitarefa, máquina-, 396
    curva de desgaste da, 415
    custo, 441
        do tempo de troca de, 441
    de corte, 350
        de diamante, 426
        em cerâmica, 425, 426
        em óxido de alumínio, 426
        insertos para, 429
        materiais para, 420
    desgaste de, 413
    -eletrodo, 480
    equação de Taylor para a vida da, 416-418
    geometria das, 427
    máquina-, 352
    materiais de, 419
    monocortantes, 350
        geometria das, 427
    multicortantes, 350, 430
    propriedade de um material de, 418
    tempo
        de troca de, 439, 440
        de vida da, 415
    termopar cavaco-, 366
    valores de vida da, 416
    vida da, 412, 413, 415
Ferramental, 9
    rápido, 618
Ferrita, 18
Ferro fundido, 18, 23
    branco, 24
    cinzento, 23
    maleável, 24
    nodular, 24
Fiação, 169
    a seco, 170
    a úmido, 170
    com fusão, 169
Fibra(s), 35, 169
    contínuas, 46
    de vidro, 36
    descontínuas, 46
Fieira, 169
Filamento, 169
Filmes, 166
    superficiais, 243
Fissura central, 302
Fixação elementos de, 591, 592
Fixadores de solda, 531, 569
Flangeamento, 321, 324
Flexible manufacturing system (FMS), 677
Flocos, 46
Fluido(s)
    à baixa pressão, jorro de, 435
    aplicação manual de, 435
    de corte, 433
        aplicação dos, 435
        composição química dos, 434
        filtragem do, 435
        funções dos, 433
        lubrificantes, 433
        método de aplicação do, 435
        na retificação, 460, 461
        químicos, tipos de, 461
        refrigerantes, 433
        tipos de, 433
    newtoniano, 72, 154
    por névoa, aplicação de, 435
    semissintéticos, 434, 435
    sintéticos, 434, 435
Fluxcored-arc welding (FCAW), 548
Fluxo(s), 544
    de vazamento, 160
    funções do, 544
    inorgânicos, 584
    orgânicos, 584
    para solda fraca, 584
    placa de quebra de, 158
    por arraste, 159
    retroativo, 159

Fonte(s)
    de calor em soldagem por resistência, 552, 553
    de energia em soldagem a arco, 544
Força
    de aperto, 328
    de atrito, 357
    de cisalhamento, 357
    de corte, 317, 318, 358
    de dobramento, 322
    de estampagem, 328
    de penetração, 358
    normal
        ao atrito, 357
        ao cisalhamento, 357
Forjamento(s), 280, 281
    de metal-líquido, 130
    de pós, 233
    de precisão, 285, 286
    em matriz
        aberta, 280, 281, 283
            análise do, 281-284
        aquecida, 292
        fechada, 281, 284, 285
    formas de realização do, 280
    isotérmico, 291, 292
    martelos de, 287
    matrizes de, 287, 288
    por compressão, 289
    prensas de, 287
    radial, 291
    rotativo, 290, 291
    sem rebarba, 281, 286
        forças no, 286
    vantagens do, 285
Forma imperfeita, 570
Formação espontânea, 640
    princípio da, 641
Forno(s)
    acumuladores, 145
        contínuos, 145
    carregamento do, 133
    de cadinho, 133, 134
    elétricos, 32, 133
    Lehr, 150
    poços, 270
    tipos de, 133

Fotorresistência, 489
    método de, 491
Fratura(s)
    de ponta de flecha, 302
    do aglomerante, 459
    do fundido, 165
    do grão, 459
    tipo chevron, 302
Fresa(s), 386, 387, 432
    cilíndricas
        helicoidais, 432
        tangenciais, 432
    de facear, 432
    de perfil constante, 432
    de topo, 433
Fresadora, 387, 391
    CNC, 393
    copiadora, 392
        perfil
            em x-y, 392, 393
            em x-y-z, 393
        tipos de, 392
    de arrasto, 392
    de bancada, 610
    de coluna e console, 391
    de mesa fixa, 392
    duplex, 392
    ferramenteira, 392
    horizontal, 391
    simples, 392
    triplex, 392
    universal com mesa divisora, 392
    vertical, 391
Fresagem, 386
Fresamento, 350, 386
    avanço no, 389
    cilíndrico tangencial, 387
    concordante, 388
    condições de corte no, 389
    convencional, 388
    de borda, 389
    de canais, 387
    de cavidades, 389
    de disco, 387
    de faceamento
        convencional, 389
        parcial, 389

de mergulho, 389
de moldes de matrizes, 389
de perfil, 387
de rasgos, 387
    paralelos, 387
de superfícies curvas, 389
de topo, 389
discordante, 388
frontal, 388, 389
periférico, 387
químico, 491
tangencial de face, 387
tipos de operações de, 387
Friabilidade, 452, 459
Fricção, 458
Friction
    stir welding (FSW), 566, 567
    welding (FRW), 530, 565
Fulerano, 634
Fundição
    baixa-pressão, 127
    centrífuga
        horizontal, 131
        verdadeira, 131
        vertical, 66, 131
    com espuma evaporável, 67
    com metal semissólido, 67
    de peças, 101
    de polímeros, 189
    de precisão, 140
    defeitos de, 125
    em areia, 136
        defeitos de, 137
    em molde
        cerâmico, 103
        de areia, 103
        de gesso, 103
        permanente, 102, 103
            sob vácuo, 127
        semipermanente, 126
    métodos de inspeção de, 102
    por centrifugação, 218
    por derretimento, 127
    por mergulho, 201
    sob pressão, 103

Fundido
    fratura do, 165
    polimérico, 154
Fundo, 292, 293
Furação, 350, 375, 382
    CNC, 386
    de centro, 385
    dispositivo de, 386
    gabarito de, 386
Furadeira, 385
    de bancada, 385
    de coluna, 385
    em série, 385
    radial, 385
Furo(s)
    cegos, 383
    passantes, 383
Fusão
    calor de, 77
    do vidro, 77
    falta de, 570
    incompleta, 570
    ponto de, 70, 77
Fused-deposition modeling (FDM), 616

G

Gabarito, 386
    de furação, 386
Galvanização, 516
Gas
    metal arc welding (GMAW), 547
    tungsten arc welding (GTAW), 550
Geometria
    da broca, 431
    das ferramentas monocortantes, 427
Geradora de engrenagens, 398
Gestão da qualidade total (GQT), 697
Grafagem, 603
Gráfico(s)
    c, 696
    de barras x, 693
    de controle, 692
        para variáveis, 693
        tipos de, 693
    p, 695, 696
    R, 693
    x, 693

Grampeamento
　por máquina, 602
　simples, 602
Grampo, 377
Grão(s)
　fratura do, 459
　na retificação, tipos de ações dos, 458
　tipos de ações dos, 458
Gravação química, 492, 493

H
Hardware para FMS, 678
Hidroconformação, 333
High
　-intensity infrared (IR), 581
　speed
　　cutting (HSC), 401
　　machining (HSM), 401
　　steel (HSS), 421
　-vacuum welding (EBWHV), 560
Homogeneização, 225
Hot pressure welding (HPW), 564

I
Identificação da peça, 707
Imersão, 171, 524
　a quente, 516
Implantação iônica, 512, 513
Impregnação, 230
　posterior, 215
Impressão
　3D, 617
　por microcontato, 631
　por nanocontato, 638
Inchamento, 156
　razão de, 156
Inclusões sólidas, 570
Indústria(s)
　de fabricação, 3
　primárias, 3
　secundárias, 3
Infiltração, 231
Injeção
　de polímero fundido, 172
　defeitos em peças moldadas por, 176
　moldagem
　　convencional por, 214

　　de espuma termoplástica, 177
　　de resina, 214
　　de termorrígidos, 177, 178
　　reativa, 178
Inserto(s), 429
　circulares, 430
　em moldagem e fundidos, 603
　para ferramentas de corte, 429
　quadrado, 429
　roscados, 594
Inspeção(ões), 701, 707
　100%, amostragem *versus,* 702
　100% automatizada, 702
　por atributos, 702
　por contato, 703
　por variáveis, 702
　princípios de, 701
　realimentação das informações de, 703
　sem contato, 703
　tecnologias modernas de, 703
　tipos de, 702
　visual, 571
Instalação de produção, 646
Instrumentos de medição
　graduados, 94
　não graduados, 94
　por comparação, 96
Interface da solda, 539
Interpolação, 665
　circular, 665
　linear, 665
Interpretação da imagem, 707
Investment casting, 122
ISO 9000, 701

J
Jateamento de areia, 510, 511
Jaule, 249
Junta(s)
　brasadas, 577
　de canto, 532
　de topo, 532, 578
　em aresta, 532
　em solda fraca, projetos da, 582
　em Tê, 532
　projetos de, 587
　sobreposta, 532

soldada, 532
tipos de, 532

K

Kanban
   de produção, 682
   de transporte, 682
   sistema, 682

L

Laminação, 270
   a frio, 271
   a quente, 270
   a úmido, 210
   atrito na, 273
   cadeira de
      quádruo, 277
      reversível, 277
   coeficiente de atrito na, 273
   com matriz, 200
   contínua, 218
   de anéis, 278
      vantagens da, 278
   de engrenagens, 279
      vantagens da, 279
   de perfis, 276
   de planos, 271, 272
      análise de, 271-276
   de pós, 232, 233
   de roscas, 278
      tipos de matrizes para, 278
      vantagens da, 278
   de tubos, 218
      sem costura com mandril, 279
   de vidros planos, 148
   irreversível, cadeira de, 277
   manual, 210
   por contato, 209, 211
   torque na, 275
Laminador(es), 276-278
   de tubos com mandril, 279
     -duo, 276, 277
   Sendzimir, 277
   trem, 277
Laminated-object manufacturing (LOM), 615
Lapidação, 469

Laser, 487, 488, 561
   beam
      machining (LBM), 488
      welding (LBW), 561
Latão, 86
Layout
   básico do FMS, 678
   celular, 648
   circular, 678
   de fábrica, 646
   de posição fixa, 647
   de produto, 648, 649
   em campo aberto, 678
   em linha, 678
   funeral, 647
   por processo, 647
Lei(s)
   de continuidade, 106
   de Hooke, 55
Leito fluidizado, 525
Lente
   de solda, 552
   individual, 555
Liga(s)
   à base
      de alumínio, 56, 139
      de cobalto, 30
      de estanho, 139
      de ferro, 30
      de níquel, 30
   de cobre, 56, 125, 139
   de magnésio, 56, 139
   de níquel, 140
   de titânio, 140
   de zinco, 57, 139
   eutética, 77, 109
   fundidas, de cobalto, 422
   metálica, 108
Limitações dos materiais plásticos, 191
Limite(s)
   de resistência à tração, 56
   naturais de tolerância, 691, 692
Limpeza
   ácida, 510
   alcalina, 509
   com solventes, 510
   eletrolítica, 509

mecânica, 510
por emulsão, 510
química, 509
  métodos de, 509
superficial, 136
ultrassônica, 510
Lingote, segregação de, 94
Linguetas, 603
Linha(s)
  balanceamento da, 654
  de partição, 173, 288
  de produção mista, 649
  de solda, 177
Liofização, 252
Litografia
  com raios X, 638
  de microimpressão, 630
  de nanoimpressão, 638
  por feixe de elétrons, 638
  suave, 630
  ultravioleta profunda, 637
Lixadeira, 467
Lógica, de puxar a produção, 682
Lubrificação de extrema pressão, 433, 434
Lubrificante de transformação de metais, 266, 267

M
Machine control unit (MCU), 663
Macho, 94, 291
Magnésio, ligas de, 56, 139
Mandril, 216
  laminação de tubos sem costura com, 279
Mandriladora, 380, 381
  horizontal, 381
  vertical, 381
Mandrilamento, 380, 381
Mangueiras de borracha, 205
Manta, 207, 208
Manufatura(s), 101
  celular, 648, 673
  células, 676
    flexíveis de, 677
  de objetos em lâminas, 615
  em grupo, célula de, 677
  funções gerais das empresas de, 684
  integrada por computador (CIM), 663, 684
  projeto para, 658

simples, célula de, 676
sistema(s)
  de apoio à, 649
  de, 646, 663
  flexíveis de, 677
Máquina(s)
  de medição por coordenadas (MMC), 703, 704
  de soldagem por pontos tipo prensa, 555
    específicas, 13
    -ferramenta, 24, 352, 664
    CNC, 396
  multifunções, 396
  multitarefa, 396
  universais, 13
Maraging, 504
Marca(s)
  de afundamento, 176
  de bambu, 166
Martelo
  de forjamento, 287
  de forjar, 280
  de queda, 287
Martensita, 501, 502
  revenida, 503
Massa específica, 243
  aparente, 243
  verdadeira, 243
Massalote, 102
  aberto, 113
  cego, 113
  de topo, 113
  lateral, 113
  projeto de, 113
Material(is)
  cerâmica, 100
  compósito, 100
  de adição, 528
  de engenharia, 100
  de ferramentas, 419
    propriedade de um, 418
  para ferramentas de corte, 420
  primas, cerâmicas, 31
Matriz(es), 22, 75, 334
  aquecida, forjamento em, 292
  característica da, 162
  combinada, 334, 335

composta, 334
de estampar, 315, 334
de extrusão, 298-300
de forjamento, 287, 288
fator de forma da, 299
laminação com, 200
para conformação progressiva, 335
para laminação de roscas, tipos de, 278
produção de cavidades de, 291
profundas, 482, 485
punção e, 315
simples, 334
suporte da, 334
Máxima redução por passe, 305, 306
Maximização da taxa de produção, 439-441
Medição, 93
Medium-vacuum welding (EBW-MV), 560
Melhoria contínua, 657
Mesa de fixação, 396
Mesh, 240
Metal(is), 16
atrito na conformação dos, 266
base, 565
conformação dos, 259
de adição, na brasagem, 579
de apoio, 565
duros, 33, 47, 255, 423
com recobrimento, 425
não indicado para aço, 423
para aço, 423, 424
revestidos, 425
sistema de classificação da ANSI para, 424
ferrosos, 18
inert gas welding (MIG), 547
limpeza do, 308
lubrificantes de transformação de, 266, 267
não ferrosos, 18, 25
powder industries federation (MPIF), 235, 236
preparação do, 308
processo de conformação dos, 260
recristalização do, 265
solidificação dos, 17, 23, 36
Metalurgia do pó, 221, 222
Método(s)
da serigrafia, 489, 491
de ablação a laser, 638
de aplicação de revestimento orgânico, 524
de aspersão, 211, 525
de banho
de sal, 581
metálico, 581
de brasagem, 580
de fotorresistência, 491
de laminação, 171
de limpeza química, 509
de operação de um MMC, 704
de prensagem-e-sopro, 147
de solda fraca, 584, 585
de sopro-e-sopro, 147
direto de ferramental rápido, 618
do bisturi, 171
do corte e descascamento, 489
indireto de ferramental rápido, 618
para montagem de elementos de fixação roscados, 597
por disco rotativo, 223
Microcomponentes, 623
Microestereolitografia, 632
Microestruturas, 623
Microinstrumentos, 623
Micromáquinas, 621
Micrômetro, 95
de profundidade, 95
externo, 95
interno, 95
Microscópio
de força atômica, 636
de varredura por tunelamento, 636
Microssensores, 622
Microssistemas, 623
aplicações dos, 624, 625
Microtatuadores, 623
Microusinagem
mecânica, 632
por corrosão superficial, 627
por corrosão volumétrica, 627
Minimização do custo por unidade, 441
Mistura, 225
base, 199
MMC
manual auxiliada por computador, 704
motorizada auxiliada por computador, 704

Moagem, 246
   por impacto, 247
Modelagem
   geométrica, 610
   manual, 248, 249
   por deposição de material fundido, 616
Modelo(s), 117
   bipartidos, 118
   de corte, ortogonal, 353-355
   de produção em fluxo, 649
   individual, 117
   sólido, 117
Módulo
   de cisalhamento, 65
   de elasticidade, 38, 65
      ao cisalhamento, 65
Moinho
   de bolas, 247
   de rolo, 199, 247
Moldagem, 100
   BMC, 213
   caixa de, 102
   convencional, por injeção, 214
   de espumas
      estruturais, 177
      expansíveis, 190
   em autoclave, 212
   em reservatório elástico, 213
   por compressão, 179, 180
      de compostos convencionais, 213
   por contato, 209
   por injeção, 171
      de espuma termoplástica, 177
      de pós, 232, 253, 254
      de resina, 214
      de termorrígidos, 177, 178
      metálica, 232
      reativa, 178
         com reforços, 214
      por pré-forma, 213
   por rotação, 184, 185
   por sopro, 181
      com estiramento, 184
      com extrusão, 181-183
      com injeção, 183, 184
   por transferência, 180
      a partir de uma cuba, 180
      convencional, 213, 214
      de resina, 214
      por punção, 180
   processo de, 247, 248
   sem caixa, 120
   SMC, 213
   temperatura de, 176
Molde(s)
   aberto, 102
   automático, 180
   bipartido, 173
   cheio, 121
   com canaleta quente, 174
   em areia-verde, 120
   erosão do, 105
   fechado, 102
   manuais, 180
   negativos, 187
   perecível, 102
   permanente, 102
   positivos, 187
   -seco na superfície, 120
   semiautomáticos, 180
   tripartido, 174
Monitoramento de segurança, 707
Montagem, 528
   automatizada, projeto para, 606
   baseada na interferência mecânica, 598
   com ajuste prensado, 599
   mecânica, 592
      classes de métodos de, 591
   projeto para, 658
Morsa, 386
Muflas, 251

N

Nanociência, 621
Nanoclusters, 639
Nanoescala, 621, 622
Nanofabriação por técnicas de varredura por sonda, 639
Nanolitografia
   dip-pen, 640
   tipo caneta-tinteiro, 640
Nanopartículas, 639
Nanotecnologia, 621

Nanotubo(s)
  de carbono, 634
  de parede
    múltipla, 634
    simples, 634
  propriedades
    estáticas dos, 634
    mecânicas dos, 635
Nanousinagem, 637
Negro de fumo, 198
Neoprene, 43
Nervuras, 289
Níquel, ligas de, 140
Niquelagem, 515
Nitretação, 506, 512
  gasosa, 506
  líquida, 506
Nitreto(s), 33
  cúbico de boro, 117, 426
  de boro, 33, 48
  de silício, 33, 48
  de titânio, 33
Nível sigma, 699
Nonvacuum welding (EBW-NV), 560
Normalização, 500
Núcleo, ácido, 584

O

Oficina, 646, 647
Óleo(s)
  de corte, 434
  emulsionados, 434
Ondulação, 98
Operação(ões)
  com ferramental rígido, 331
  de acabamento, 98
    requisitos da superfície em, 439
  de conformação de chapas, 262
  de corte, 399
  de deformação volumétrica, 260, 261
  de desbaste de contorno, 400
  de montagem, 9
  de processamento, 9
  de usinagem, 362, 412
    chatter em uma, 406
    condições de corte em uma, 438, 439
    convencional, 350
    tipos de, 349, 350, 429
    vibrações em uma, 406
  real de recalque, 282
  unitária, 8
Orelhamento, 330
Orientação e controle visual, 707
Overshooting, 401
Óxido(s)
  cerâmicos, 122
  de alumínio, 426
    ferramentas de corte em, 426
Oxyacetylene welding (OAW), 557, 558
Oxyfuel gas welding (OFW), 530, 557
Oxy-hydrogen welding (OHW), 559

P

Paquímetro
  de Vernier, 96
  universal, 94
Parafuso(s)
  autoatarraxantes, 592, 593
  de ajuste, 593
  de alta resistência, 593
  de fixação, 593
  de máquina, 593
  prisioneiro, 594
  sem porca, 593
Parison, 181
Partículas abrasivas, grão das, 453
Peça(s)
  codificação das, 674
  com geometria de revolução, 370
  compostas, 675
  injetada, 171
  prismática, 370
  sem geometria de revolução, 370
Pele de tubarão, 166
Penetração, falta de, 570
Perfil(is)
  laminação de, 276
  sólidos, 163, 164
  vazados, 164
Perfilamento, 341, 460
  radial, 375
Perfilômetro, 98
Perfuração, 320
Período inicial, 414

Perlita, 501
Photochemical machining (PCM), 493
Physical vapor deposition (PVD), 518
Pigmentos, 523
Pinça, 378
Pino(s)
   cônico, 600
   ejetores, 173
   guia, 600
   reto, 600
Pintura por lavagem, 524
Pistolas portáteis de soldagem por ponto, 555
Placa(s), 270
   autocentrante, 378
   de castanhas, 378
   de quebra de fluxo, 158
   plana, 378
Plaina
   aberta, 397
   de arrasto, 397
   de mesa, 397
      com dupla coluna, 397
   limadora, 396
Planejamento
   de engenharia, 618
   de recursos empresariais, 685
   do processo, 650
      auxiliado por computador, 655
      para montagem, 653, 654
      para produção de peças, 651
   tradicional do processo, 650, 651
Plano(s)
   análise da laminação de, 271-276
   de cisalhamento, 352, 353
   de passes, 276
   laminação de, 271, 272
Plasma, 543
Plasma arc welding (PAW), 551
Pneu(s), 202
   cinturado, 202
   diagonal, 202
   radial, 202
      cinturado, 202
Pós, 240
   elementares, 234
   extrusão de, 233

   forjamento de, 233
   laminação de, 233
   pré-ligados, 234
   revestimento à base de, 525
   termofixos, 525
   termoplásticos, 525
Poliamidas, 189
Policarbonato, 176
Policloreto de vinila, 158
Poliéster, 169
Poliestireno, 176
   espumas de, 190
Polietileno, 166
Polimento, 470
Polimérico fundido, 154
Polímero(s), 36
   calandragem de, 168, 169
   com ligações cruzadas, 38
   fundição de, 189
   fundido, injeção de, 172
   linear, 38
   ramificado, 38
   reforçado por fibras, 48
   termofixos, 37
   termoplásticos, 37
   termorrígidos, 37
Polipropileno, 40
Poliuretanos, 42
Ponta
   fixa, 377
   rotativa, 377
Ponto
   de congelamento, 55
   de fusão, 25
   de não deslizamento, 272
   neutro, 272
Porcas, 592, 593
Poros
   abertos, 241
   fechados, 241
Porosidade, 243, 570
Portas, 173
Posicionador de solda, 531
Posicionamento
   absoluto, 665
   incremental, 665

Potência unitária, 363
  em HP, 363
Prato, 249
Precipitação de solução, 252
Pré-impregnados, 209
  enrolamento de, 215
Prensa(s), 315, 336
  com estrutura em montantes retos, 337
  de corpo em C, 336
  de estampar, 315
  de extrusão, 300
  de forjamento, 287
  de forjar, 280
  de parafusos, 287
  de perfuração, 336
  em C, 336
  hidráulicas, 287, 338
  inclinável com traseira aberta, 336
  mecânicas, 287, 339
  viradeira, 336
Prensagem, 144, 226
  a quente, 233, 253
  isostática, 231, 253
    a frio, 231
    a quente, 231, 233
  plástica, 249
  seca, 250
  semisseca, 250
Preparação de informações no LOM, 615
Preparo, tempo de, 586
Pressão retroativa, 159
Processamento
  contínuo, 295
  de particulados, 136
  discreto, 295
  e análise de imagem, 706
Processo(s)
  abrasivos, 347, 468
  Antioch, 125
  Bayer, 252, 253
  com abordagem
    micro-nano, 637
  pico-nano, 638
  com camadas de silício, 625, 626
  com poliestireno expandido, 121
  contínuo, 515

Danner, 149
de aprimoramento das propriedades, 127
  físicas, 651
de cera-perdida, 127
de conformação, 9, 259, 269, 270
  de chapas, 261
  de vidros, 145
  dos metais, 260
  volumétrica, 260, 269, 270
de deposição física de vapor, etapas do, 518
de energia mecânica, 475
de espumação, 190
de fabricação, 145
de flutuação, 148
de microfabricação, 625
de modificação da superfície, 9
de moldagem, 145
de molde aberto, 209, 210
de mudança de forma, 9
de nanofabricação, 637
de prototipagem rápida, com remoção de material, 610
de remoção de material, 9, 347
de secagem, 250, 251
de soldagem
  categorias de, 542
  no estado sólido, 563
  por resistência, 553
de solidificação, 9, 36, 100
de usinagem, 22, 347
  eletroquímica, 479
  química, 491
    etapas, 489
Doctor Blade, 253
eletroquímicos, 479
em cuba, 515
espuma-perdida, 121
FCAW, variações do, 548
Guerin, 332
liga, 629, 630
  etapas de, 629
  vantagens da, 630
Mannesmann, 279
modelo-perdido, 121

não tradicionais, 347
   aplicações dos, 494
   tipos de, 475
near net shape, 12, 270, 285, 286
net shape, 12, 270, 285, 286
OAW, equipamento do, 559
operação de, 145
por eletroerosão, 483
por energia térmica, 483
por jato d'água, 477
primário, 651
secundário, 651

Produção
   da borracha, 197
   de cavidades de matrizes, 291
   de nanotubos de carbono, 638
   de quantidades intermediárias, 648
   dos pós metálicos, 223
   em fluxo, 648
   em larga escala, 648
   em massa, 648
   em pequenas quantidades, 646, 647
   em quantidade, 648
   enxuta, 681
      abordagens em, 683, 684
   lógica de puxar a, 682
   maximização da taxa de, 439-441
   por lote, 648
   sistema de, 682

Produto(s)
   características do, 690
   de aço revestido por zinco, 515
   de borracha, conformação para, 199
   de cerâmicas, 30-32
   de microssistemas, 622
   de nanotecnologia, 633
   de vidro, 34

Profundidade de corte, 351

Programa(s), 663
   de qualidade em fabricação, 697
   Seis Sigma, 698

Programação
   da peça
      assistida por
         CAD/CAM, 672
         computador, 671
      no CNC, 670, 671
   manual da peça, 671

Projeto(s), 618
   adequado, 569
   de juntas, 587
      em solda fraca, 582
   orientado à montagem, 604
   para manufatura, 658
      e montagem, 658
   para montagem, 658
      automatizada, 606

Propriedade(s)
   do vidro, 34
   dos metais, 145
   térmicas, 146
      em fabricação, 146

Proteção do arco, 544

Prototipagem rápida (PR), 609
   com adição de material, tecnologias de, 610
   com remoção de material, processos de, 610
   categoria(s)
      de aplicação da, 618
      de técnicas de, 610
   limitações nos sistemas de, 619
   problemas com a, 619

Protótipo virtual, 610
Protuberâncias por conformação, 603
Pseudoplasticidade, 155
Pseudoplástico, 73, 155
Pulconformação, 217
Pultrusão, 206, 216, 217
   etapas da, 216
Pulverização, 589
Punção
   e matriz, 315
   suporte de, 334
Puncionamento, 316
PVD, aplicações da, 518

Q

Quebra-cavacos, 427, 428
Queima, 244, 251

R

Rabo de peixe, 302
Raio
   de adoçamento, 289
   de cantos, 289
   de ponta, 427

Ranhuramento, 320
Rapid tool making (RTM), 618
Rasgamento, 330
Razão(ões)
   de aspecto, 625
   de espessura do cavaco, 353
   de extrusão, 295
   de inchamento, 156
   de redução, 295
   do cavaco, 353
   e proporção, 625
   espessura-diâmetro, 327
   -limite, de estampagem, 327
   resistência-massa, 76
Reações químicas, 414
Realimentação das informações de inspeção, 703
Rebaixador, 385
Rebaixamento, 385
   cônico, 385
   de faces, 385
Rebaixo, 490
Rebarba, 281, 289, 316
Rebarbação, 102, 292
   eletroquímica, 482
Rebitagem, 598
Rebites, 597, 598
Rebolo(s)
   carregamento do, 460
   de retificação, 452
   desgaste dos, 459
   estrutura do, 453
   grau do, 454
   materiais abrasivos usados em, 452
Rebordeamento, 603
Recalcamento, 281, 289
Recalque, 281
   axial, conformação de cabeça por, 289
   operação real de, 282
Recartilhado, 375
Recozimento, 150, 308, 500
   de alívio de tensão, 500
   intermediário, 500
   pleno, 500
Recravação, 324

Recristalização, 148, 500
   do metal, 265
   temperatura de, 147
Recuperação, 500
Redução química, 224
Reestampagem, 329
Região(ões)
   de entrada, 307
   de falha, 415
Registro de atividades, 653
Regra de Chvorinov, 109, 112
Relação
   hp/rpm, 401
   tensão-deformação, 53
Relógio comparador, 97
Reprensagem, 230
Repuxo, 341, 342
   convencional, 342
   manual, 342
   mecânico, 342
Resinas amínicas, 41
Resistance
   projection welding (RPW), 556
   seam welding (RSEW), 555
   spot welding (RSW), 553, 554
   welding (RW), 530, 551, 552
Resistência
   à ruptura transversal, 63
   ao desgaste, 418
   de prova, 596
   de um elemento de fixação roscado, 596
   fotográfica, 489
   verde, 226
Resolução de um sistema de visão, 706
Restrições para o avanço no desbaste, 439
Retificação, 451, 452, 461
   cilíndrica, 463
      externa, 463
      interna, 465
      tipos de, 462
   condições de corte na, 456
   creep feed, 466
   eletroquímica, 482
   entre centros, 463
   fluidos de cortes na, 460, 461

plana, 461, 462
    tipos de, 462
profunda, 466
rebolo de, 452
sem centros, 465
    externa, 465
    interna, 465
taxa de, 460
tipos de ações dos grãos na, 458
Retificadora(s)
    de disco, 467
    de gabarito, 467
Retorno elástico, 322
Reviramento(s), 324, 513
    à base de pós, 525
    com rolo, 589
    de anodização, 517
    de borracha, 200
    de contornos, 171
    de conversão
        por cromatização, 517
        por fosfatização, 517
        química, 517
    de cromo, 515
    de estanho, 515
    de fios e cabos, 164, 165
    orgânico, 523
        método de aplicação de, 524
    placa de, 565
    plano, 170
    plásticos, 170
    por explosão, 564
Riscos nas superfícies, 330
Roda de oleiro, 249
Rolos, 524
    manuais, 588
Rosca alternada, 172
Rosqueamento, com macho, 385
Roteiro de operações, 653
Rotomoldagem, 184, 185
Rugosidade, 88
    da superfície, 98
    média, 88
        ideal, 403
    teórica, 403

Rugosímetro(s)
    de forma, 98
    portáteis, 98

S

Sangramento, 375
Sapata
    inferior, 334
    superior, 334
Secagem, 524
Seção
    de alimentação, 157
    de compressão, 157
    de dosagem, 157
Segurança na soldagem, 531
Seis sigma, 698
    base estatística do, 698
Seleção do reagente, 490
Selective laser sintering (SLS), 616, 617
Semientalhamento, 320
Sensor, 622
Separação de peças, 702
Sequências de processo produtivo, 652
Serigrafia, 589
Serra
    alternativa, 399
    circular, serramento com, 400
    de fita, 399, 400
        serramento com, 399, 400
    lâmina dentada da, 399
    tipos de, 399
Serramento, 399
    alternativo, 399
    com disco de fricção, 400
    com serras
        circulares, 400
        de fita, 399
Setor terciário, 3
Shell-molding, 140
Shielded metal arc welding (SMAW), 545, 546
Shot peening, 511
Sílica, 7
Siliconização, 512
Silk
    screen, 489, 491
    screening, 589

Sinterização, 221, 228-230, 251, 254
   convencional, 234
   de fase líquida, 234
   de fase sólida, 228
   do WC-Co, 256
   no estado sólido, 228
   seletiva a laser, 616, 617

Sistema(s)
   CAPP
      generativo, 656
         elementos de um, 656, 657
      na forma variante, 655, 656
   CNC
      componentes de um, 663
      rotacional, coordenadas de um, 664
   computacionais, 685
   de apoio, 646
      à manufatura, 649
   de caminho contínuo, 665
   de classificação da ANSI para metais duros, 424
   de coordenadas e controle de movimento no CNC, 664
   de ejeção, 173
   de fabricação de objetos em lâminas, 615
   de manufatura, 646, 662
   de posicionamento, 664
      do CNC, análise dos, 665
      em malha
         aberta, 666-668
         fechada, 669, 670
   de produção, 646, 682
   de prototipagem rápida, com base
      em pó, 616, 617
      líquida, 612
      sólida, 615
   de resfriamento, 174
   de transporte de materiais, 678
   especialistas, 656
   flexíveis de manufatura, 677, 680
      aplicações do, 680
   just-in-time (JIT), 681, 682
      sucesso do, 683
   kanban, 682
   limite, 85
   microeletromecânicos, 621
   nanoeletromecânicos (NEMS), 633
   ponto a ponto, 664

Sobrecorte lateral, 484
Software de FMS, 678, 679
Solda(s)
   a arco, plasma, 551
   autógena, 529, 530
   -brasagem, 581
   de acabamento, 534
   de costura, 533
   de fenda, 533
   de filete, 532
   de flange, 534
   em chanfro, 533
   fixador de, 531
   fraca, 582
      desvantagens da, 582
      fluxos para, 584
      projetos da junta em, 582
      vantagens da, 582
   interface da, 539
   lente de, 552
   manual, 585
   ponta de, 585
   por ondas, 585
   por ponto, 533
   por refluxo, 585
      da fase vapor, 585
      de infravermelho, 585
   posicionador de, 531
   qualidade da, 568
   tampão, 533
   tipos de, 532
Soldador, 531
Soldagem, 528
   a arco, 530, 542
      com eletrodo de tungstênio e proteção gasosa, 550
      com eletrodos revestidos, 545, 546
      com proteção gasosa, 547
      fontes de energia em, 544, 545
      orientações para, 572
      plasma, temperaturas na, 551
      submerso, 549, 550
   a gás
      oxicombustível, 530, 557
      oxi-hidrogênio, 559
   a laser, 530, 561

aluminotérmica, 561, 562
   aplicações da, 562
aplicações de, 531
automática, 531
automatização na, 531
categorias de processos de, 542
CO_2, 547
com arame(s)
   cruzados, 556
   tubular, 548
      e proteção gasosa, 548
      protegido, 548
com eletrodos, 546
com feixe de elétrons, 530, 560
com gás inerte, 547
condições de, 569
contínua, 555
de alto vácuo, 560
de médio vácuo, 560
de ponteamento, 569
defeitos em, 570
densidade de potência da, 535
física da, 534
fixadores de, 569
importância da, 529
mecânica, 531
MIG, 547
no estado sólido, 530, 542, 562, 563
   processos de, 563
oxiacetileno, 557, 558
por costura, 555
por difusão, 530, 564
por eletrogás, 548
   aplicações de, 549
por explosão, 564
por forjamento, 563
   a frio, 563
por fricção, 530, 565
   inercial, 566
   linear, 566
   por arraste contínuo, 566
por fusão, 529, 542
   equilíbrio na, 536
por laminação, 563, 564
   a frio, 564
   a quente, 564
por ponto(s), 553-555
   pistolas portáteis de, 555
   tipo prensa, máquinas de, 555
por pressão a quente, 564
por projeção, 556
por resistência, 530, 551, 552
   desvantagens da, 553
   fonte de calor em, 552, 553
   por pontos, orientações para, 572
   processos de, 553
   sucesso na, 553
   vantagens da, 553
por ultrassom, 530, 567
robótica, 532
segurança na, 531
sem vácuo, 560
sobreposta, 556
TIG, 550
tipos de processos de, 529
velocidade de, 538
Solid ground curing (SGC), 613
Solider system, 613
Solidificação
   contração de, 110
   direcional, 112
   dos metais, 107
   tempo de, 109
      local, 107
      total, 107
Solventes, 523
Sonotrodo, 568
Sputtering, 519
Squeeze casting, 130
Stapling, 602
Stitching, 602
Submerged arc welding (SAW), 549, 550
Substratos, 586
Superacabamento, 470
Superaquecimento, 105
Superenvelhecimento, 505
Superfície(s), 84, 86
   acabamento da, 88
   características das, 86, 90
   cilíndricas, 308
   de atrito, 529
   de partição, 173

integridade de, 90
nominais, 89
rugosidade da, 89
tecnologia de, 86
textura de, 88-90
Superligas, 29
Suporte
da matriz, 334
de punção, 334

T
Talão, 203, 204
Tambor de montagem, 204
Tamboreamento, 511
Tappingscrew, 593
Tarugo, 270
Taxa de vazamento, 105
Tecido, 207
trançado, 207
Técnica(s)
de descarga por arco, 638
de formação espontânea, na nanofabricação, 641
de *lift-off*, 628
de radiação, 707
de ultrassom, 707
Tecnologia, 1, 14
de grupo (TG), 648, 673
benefícios da, 677
problemas da, 677
de microssistemas, 621, 625
de prototipagem rápida, 632
classificação de, 611
com adição de material, 610
Têmpera, 151
etapa de, 502
Temperabilidade, 503, 504
Temperatura(s)
de corte, 365
de moldagem, 176
de recristalização, 70
de vazamento, 104
eutética, 109
na soldagem a arco plasma, 551
na superfície de trabalho, 459
Tempo
de corte, 439
custo do, 441

de manipulação da peça, 439
custo do, 441
de troca de ferramenta, 439, 440
custo do, 441
do ciclo por peça, 440
Tenacidade, 418
Tensão(ões)
de cisalhamento, 64
de compressão, 54
de engenharia, 54, 56
de escoamento, 52, 56, 263
de ruptura, 56
de tração, 53
média de escoamento, 263, 264, 273
última
ao cisalhamento, 65
do material, 56
verdadeira, 57
Teorema de Bernoulli, 105
Termoformação, 186
a vácuo, 186
mecânica, 188
por pressão, 187, 188
Termopar cavaco-ferramenta, 366
Tesselação do modelo geométrico, 610, 611
Thermit, 561
welding (TW), 561
Thermite, 561
Titânio, 7, 28
ligas de, 28
Tolerância, 85, 149
bilateral, 85
da curvatura, 321, 322
unilateral, 85
Torcimento, 332
Torneamento, 350, 373
CNC, centro de, 395
condições de corte no, 373, 374
cônico, 375
curvilíneo, 375
Torno, 373
alimentado por barras
de eixo único, 379
de múltiplos eixos, 379
automático, 379
com avanço manual, 379

com fixação
  por mandril, 379
  por pinça, 379
de ferramentaria, 379
-fresamento CNC, centro de, 395
horizontal, 377
mecânico, 375, 376
  tecnologia do, 377
revólver, 379
rosqueamento no, 375
vertical, 377
Trabalho
a frio, 264
a morno, 264, 265
a quente, 71, 265
manual, 249
temperaturas na superfície de, 459
Transferidor
simples, 97
universal, 97
Tratamento
de precipitação, 504
de solubilização, 504
térmico, 17, 31, 499, 500, 502
  de revenido, 503
Trefilação, 302, 303, 306
bancada de, 306
contínua, 303
de arame, 303, 306
de barra, 303, 306
equipamento de, 306
fieiras de, 307
mecânica da, 304, 305
vantagens de, 306
velocidades de, 306
Trinca(s), 570
central, 302
de superfície, 302
Trinchas, 524
Tunelamento, 636
Turbulência, 105

U

Ultrasonic
  machining (USM), 475, 476
  welding (USW), 530, 567
Undershooting, 401

União, 528
adesiva, 586
  limitações da, 589
  vantagens da, 589
Unidade
de controle do equipamento, 663
de injeção, 172
de suporte do molde, 172
Usinabilidade, 436
ensaio de, 436
índice de, 436, 437
  típicos, 437, 438
Usinagem, 230, 348, 370, 372
a laser, 488, 631
a seco, 435
abrasiva, 451
acabamento de superfície na, 403
aplicações em, 673
centro(s) de, 393, 673
  características de, 394
ceração em, 371
chatter em uma operação de, 406
com interrupções, 387
condições
  de corte em uma operação de, 438, 439
  econômicas em, 438, 439, 444, 445
convencional, 347
de acabamento, 352
de desbaste, 351, 352
de ultra-alta-precisão, 632
de uma fenda, 400
desvantagens da, 348, 349
efeito de escala na, 458
eletroquímica, 479, 481, 482
em alta velocidade, 401
fácil, aço de, 437
formação em, 372
fotoquímica, 493, 631
horizontal, centros de, 394
não convencional, 44, 47, 474
operação de, 362, 412
por eletroerosão, 483, 631
  a fio, 485, 632
por feixe
  de elétrons, 487, 631
  de laser, 488

    por fluxo abrasivo, 478
    por jato abrasivo, 478
    por ultrassom, 632
    processo de, 22, 347
    química, 488, 489
        princípios
            mecânicos da, 489
            químicos da, 489
    tecnologia de, 412
    tipos de operações de, 349
    tolerâncias na, 402
    ultrassônica, 475, 476
        desenvolvimento da, 476
        suspensão na, 476
    universais, centros de, 394
    vantagens da, 348
    vertical, centros de, 394
    vibrações em uma operação de, 406

V

Valor da dureza Brinell, 68, 437, 438
Variações
    aleatórias, 690
    atribuíveis, 691
Variedade de produtos
    leve, 5
    severa, 5
Vazamento, 191
Vazio(s), 176, 177, 570
    de contração, 570
Veículo, 523
Velocidade de corte, 349-351, 439
Vibrações em uma operação de usinagem, 406
Vidro(s), 7, 31, 34
    centrifugação do, 146
    composição química do, 34
    fabricação manual do, 146
    fibras de, 36
    fusão do, 145
    planos
        fabricação de, 148
        laminação de, 148
    produtos de, 34
    propriedades do, 34
    temperado, 151
Visão
    artificial, 705
    binária, 705
    da escala de cinza, 706
    resolução de um sistema de, 706
Viscoelasticidade, 56,154, 156
Viscosidade, 71, 154
Vitrificação, 251, 252
Vitrocerâmicas, 30, 36
Vulcanização, 42, 201, 202

W

Water jet cutting (WJC), 477
Weldbonding, 587
WIG welding, 550

Z

Zinco, 7, 25, 29
    ligas de, 29, 57, 134
Zona(s)
    de deformação, 316
    de fusão, 538
    de penetração, 316
    de redução, 307
    de saída, 308
    de trabalho, 307
    do metal de base que não foi afetada, 539
    fraturada, 316
    pastosa, 108
    termicamente afetada (ZTA), 539